蒸发冷却空调理论与应用

黄翔　等编著

中国建筑工业出版社

图书在版编目（CIP）数据

蒸发冷却空调理论与应用/黄翔等编著. —北京：中国建筑工业出版社，2010.8

ISBN 978-7-112-12195-3

Ⅰ.①蒸… Ⅱ.①黄… Ⅲ.①蒸发冷却制冷-制冷技术 Ⅳ.①TB66

中国版本图书馆 CIP 数据核字（2010）第 116002 号

本书是为适应从事蒸发冷却空调技术的工程技术人员和研究工作者的需要，作者在总结十余年来蒸发冷却空调技术理论研究成果和工程实践经验的基础上完成的。全书共分 14 章，内容涵盖了蒸发冷却空调的基础理论、蒸发冷却空调的气候适应区及室内热舒适性、直接蒸发冷却器（段）用填料、直接蒸发冷却器（段）、喷水室、间接蒸发冷却器（段）、集中式蒸发冷却空调系统、半集中式蒸发冷却空调系统、蒸发冷却技术与其他空调新技术的结合、建筑表面被动蒸发冷却、蒸发冷却空调其他方面的问题、蒸发冷却空调的应用及蒸发冷却空调标准等方面。全书反映了进入 21 世纪以来国内外蒸发冷却空调技术发展的最新动态和研究进展及成果。书中着重启示工程应用；突出“创新”意识、“实用”价值；注重将蒸发冷却空调理论与应用相结合。并力求反映作者最新的研究成果。

本书适用于从事蒸发冷却空调技术的工程设计、施工、研究及应用的技术人员参考，还可供高等学校建筑环境与设备工程、制冷与低温工程等专业的师生作为暖通空调制冷新技术和热质交换原理与设备及建筑环境传质学等课程教学时参考。

* * *

责任编辑：张文胜 姚荣华
责任设计：李志立
责任校对：王金珠 陈晶晶

蒸发冷却空调理论与应用
黄翔 等编著
*
中国建筑工业出版社出版、发行（北京西郊百万庄）
各地新华书店、建筑书店经销
北京红光制版公司制版
北京中科印刷有限公司印刷
*
开本：787×1092 毫米 1/16 印张：33¾ 字数：842 千字
2010 年 8 月第一版 2010 年 8 月第一次印刷
定价：**88.00** 元
ISBN 978-7-112-12195-3
(19437)

本 书 编 委 会

主　　编　黄　翔

参编人员　宣永梅　颜苏芊　强天伟　狄育慧
屈　元　吴志湘　武俊梅　汪　超
靳贵铭　吴　生　樊丽娟　徐方成
文　力　殷清海　刘小文

序　一

我于20世纪80年代中期与美国劳伦斯—伯克利实验室进行蒸发冷却空调技术的国际合作研究。当时，我注意到20世纪70年代美国等国家出现石油危机以后，将蒸发冷却技术用于空调，并且日益受到人们的重视。一些工厂开发了有关直接蒸发冷却和间接蒸发冷却的产品，逐步实现了商业化。与此同时，对蒸发冷却空调技术的研究及其实际应用在不断扩大。美国ASHRAE早已成立了名为“蒸发冷却”的技术委员会（TC 5.7），还成立了一个制订“额定间接蒸发冷却器的试验方法”标准的委员会（SPC 143P）。在其他国家（如澳大利亚等）也已在多年前生产出间接蒸发空气冷却器。在一些空调系统中采用了这一技术后，取得了极为明显的节能效果。通过不断的研究，在国外已出现了无论在干燥地区还是非干燥地区都可避免使用机械制冷设备的空调系统，使得空调技术在其发展途径中出现另一个很有前景的领域。为此，本人多次撰文建议国内应投入一定精力从事间接蒸发冷却技术的研制，尽早在我国推广这一技术。

我于1989年在《暖通空调》第2期上曾发表过“论间接蒸发冷却技术在我国的应用前景”一文，事隔10年后的1999年4月22日，受西安制冷学会的邀请，我和秦慧敏教授、张旭教授及李峥嵘教授前往西安，出席了在西安建国饭店召开的“蒸发冷却与热能回收新技术交流及申海集团新产品推广会”。在会上与当时的西北纺织工学院空调教研室主任黄翔教授和该校其他专家作了全面的交流。黄教授作了主题为“两种适合于西北地区气象条件的新型空调设备的开发”的报告，同时还作为西安制冷学会常务理事，代表学会作了总结发言。当时我对他的第一印象是非常谦虚好学，且具有年轻人的朝气。

从那以后至今又过去了十年，黄翔教授现在已是西安工程大学的教授、副校长，西安制冷学会理事长。10年来，他率领的蒸发冷却研究团队，紧密结合我国西部地区的气象条件特征，开展了利用干燥空气可再生自然湿能的蒸发冷却空调技术理论与工程应用的研究。主要研究成果包括蒸发冷却技术的工程设计简化模型及设计方法、新型间接蒸发冷却器的开发、蒸发冷却与机械制冷相结合的多级蒸发冷却空调系统及自动控制系统的开发、蒸发冷却与辐射供暖/供冷及置换通风相结合的半集中式空调系统的开发、建筑物的被动蒸发冷却技术、蒸发冷却水质处理方法及蒸发冷却高温冷水机组等，使蒸发冷却空调技术在我国西北地区的旅馆、写字楼、商场、体育馆、影剧院、展览馆、工业厂房等多个工业与民用建筑实际工程中得到应用。《中国制冷史》第253页1．6．4节中记载“进入21世纪后，西安工程大学对蒸发冷却技术开展了大量的研究和推广应用工作，取得了可喜的成果”。看到黄翔教授和他所领导的蒸发冷却研究团队十年来取得如此多的成绩，尤其是看到蒸发冷却空调技术在我国广东、福建、江苏、浙江、湖南等沿海地区及新疆、甘肃、青海、宁夏、陕西等西北地区得到推广应用，我感到由衷的高兴和欣慰。

俗话说“十年磨一剑”。《蒸发冷却空调理论与应用》一书无疑是黄翔教授领导的蒸发冷却研究团队十年来所取得成果的展示。黄翔教授组织翻译的美国约翰·瓦特教授等编著的《蒸发冷却空调技术手册》(原书第 3 版) 堪称国际蒸发冷却空调方面的经典之作。但该书主要反映的是上个世纪即 1997 年以前美国等国外的蒸发冷却空调技术的有关情况。而进入 21 世纪的近十年来，随着材料科学、高效换热器技术及智能控制技术等学科的快速发展，现代蒸发冷却空调技术也得到了长足的发展，如直接蒸发冷却器用多孔陶瓷填料、热管式和露点式间接蒸发冷却器、半间接蒸发冷却器、采用干式风机盘管或毛细管等空调显热末端装置的半集中式蒸发冷却空调系统、蒸发冷却空调循环水质处理系统、蒸发冷却空调自动控制系统、建筑表面被动蒸发冷却以及蒸发冷却空调标准等。另外，蒸发冷却与自然通风技术的结合、蒸发冷却与置换通风技术的结合、蒸发冷却与辐射供冷（暖）技术的结合、蒸发冷却与机械制冷的结合及蒸发冷却与除湿技术的结合、蒸发冷却空调应用实例等。而这些恰恰是黄翔教授领导的蒸发冷却研究团队十年来的主攻研究方向和科研课题，已充分反映在该书的相关章节之中，从而体现出“创新”意识。

十年来，黄翔教授领导的蒸发冷却研究团队紧密围绕着工程应用开展了广泛的产学研合作，大量研究是深入新疆等蒸发冷却空调工程实际调查研究和现场测试所获得的第一手资料，搭建了多个适合干燥地区和中等湿度地区气象条件的集中式和半集中式蒸发冷却空调系统实验台，所获得的实验数据具有一定的准确性和可靠性。研究出的集中式和半集中式蒸发冷却空调系统工程设计计算方法，对工程设计人员正确地选择和设计蒸发冷却空调设备及系统具有一定的指导意义。书中的许多实例和有关图表来自国内生产蒸发冷却空调设备的骨干企业，从而体现出“实用”价值。

黄翔教授领导的蒸发冷却研究团队还十分重视蒸发冷却空调工程应用理论的研究。运用 CFD 技术、智能控制技术和纳米、陶瓷材料科学等新技术提升蒸发冷却空调的工程应用理论。优化了原有直接和间接蒸发冷却器的数学模型，建立了新的热管式间接蒸发冷却器和露点式间接蒸发冷却器数学模型等。注重将蒸发冷却空调理论与应用相结合，将传统蒸发冷却空调技术与现代高新技术相结合，将蒸发冷却空调技术与机械制冷、除湿等空调技术相结合，为蒸发冷却空调工程的应用奠定了坚实的基础，从而体现出“三结合”。

当前，节约能源是我国经济和社会发展的一项战略任务。黄翔教授等编著的《蒸发冷却空调理论与应用》一书，对暖通空调行业来说，无疑是雪中送炭，填补了我国在该领域的空白。我深信该书的出版必将对我国的节能减排工作起到积极的促进作用，会为我国建筑节能作出一定的贡献。衷心地祝愿黄翔教授领导的蒸发冷却研究团队在未来的征程中，再接再厉，不断创新，再创辉煌！

同济大学教授　陈沛霖

2010 年 4 月 22 日于上海

序　二

蒸发冷却空调技术是一种高效环保而且经济的冷却方式，能有效降低系统耗电量和用电高峰期对电能的要求、能减少温室气体等的排放，是真正意义上的节能环保和可持续发展的制冷空调技术。

目前，蒸发冷却空调技术在我国的西北地区等地得到了大量的应用和推广，且形成了一定的产业规模，涌现出一批掌握先进技术的企业，产品已形成系列化。如此快速的增长，使我们相信这项技术具有很强的竞争力，可以依赖市场而良好地生存发展。

西安工程大学副校长黄翔教授很早就进行了蒸发冷却空调技术方面的工作，有着十余年的蒸发冷却空调技术理论研究和工程实践经验。为了推动蒸发冷却空调技术在我国的应用与发展，以及满足从事蒸发冷却空调技术的工程技术人员和研究工作者的需要，编著了《蒸发冷却空调理论与应用》一书。本书内容翔实，结合我国大量工程实践，较强的突出"创新"意识和"实践"价值，注重理论研究和实际应用的结合，反映出作者最新的研究成果。本书从基础理论、气候适应区及室内热舒适性、主要系统设备、不同系统构成、同其他空调新技术的结合、技术应用领域、标准规范等方面对蒸发冷却空调技术进行了全面的介绍和总结，这对蒸发冷却空调技术在实际中的推广应用有良好的指导作用。本书的出版对推动蒸发冷却空调技术在国内健康发展是一项十分有益的事。

本书的出版是对蒸发冷却空调技术应用发展的一大贡献，编者为此付出了辛勤的劳动，本人对该书的出版发行表示衷心的祝贺。

中国建筑学会暖通空调分会理事长
中国建筑科学研究院建筑环境与节能研究院院长
2010年4月28日

前　　言

西安工程大学蒸发冷却空调研究团队是由该校供热、供燃气、通风及空调工程学科带头人黄翔教授率领的10余位教师及40余名研究生所组成的队伍。该团队在进入21世纪的近十年来，结合我国西部地区的气象条件特征和纺织行业空气热湿处理的特点，系统地开展了利用干燥空气可再生自然湿能的蒸发冷却空调技术理论与工程应用的研究，取得了阶段性成果，并得到了国家自然科学基金专项基金的资助（项目编号：50846056）。主持的陕西省科技厅工业攻关科技计划项目“包覆吸水性材料椭圆管式间接蒸发冷却器的研究”（项目编号：2005K07-G7）通过陕西省科技厅组织的技术鉴定，达到国际先进水平。该项目荣获2009年陕西高等学校科学技术一等奖和陕西省科技二等奖；主持的项目“节能生态型管式间接蒸发冷却空调的开发”荣获中国纺织工业协会2009年度科学技术进步三等奖；主持的陕西省教育厅产业化培育项目“热回收型热管式间接—直接蒸发冷却空调机组的开发”（项目编号：07JC02）和“蒸发冷却空调机组自控系统的开发”等项目分别通过陕西省科技厅组织的技术鉴定，达到国际先进水平；主编的国际大型实用工具书《纺织空调除尘手册》，获中国纺织工业协会2005年度科学技术进步二等奖；主编的21世纪高等教育建筑环境与设备工程系列规划教材《空调工程》，被批准为普通高等教育“十一五”国家级规划教材，并获中国纺织工业协会2008年度科学技术进步三等奖；组织翻译了国际蒸发冷却空调经典之作，美国约翰·瓦特等编著的《蒸发冷却空调技术手册》译著，参编《制冷学科进展研究与发展报告》和《实用供热空调设计手册》（第二版）。近年来在国内外刊物上发表有关论文200余篇，其中被三大检索收录30余篇，获奖论文近10篇；荣获省部级科技奖10余项（其中二等奖4项、三等奖5项）；目前已申报近百项国家专利，其中已获得“一种椭圆管式间接蒸发冷却器”、“热回收型热管式两级蒸发冷却器”、“一种露点板式间接蒸发冷却器”、“强化管式间接蒸发冷却器换热管外传热传质的方法”、“一种蒸发冷却与机械制冷复合空调机组”、“基于蒸发冷却的置换通风与辐射供冷/热复合空调系统”、“一种四级蒸发冷却组合式空调机组”、“多孔陶瓷板翅式间接蒸发冷却器”、“一种多孔陶瓷管式露点间接蒸发冷却器”、“一种热端带有多孔陶瓷储水器的热管间接蒸发冷却器”、“立管式露点间接蒸发冷却器”、“蒸发冷却空调机组自控装置”、“节能生态型智能化蒸发冷却组合式空调机组自控装置”、“蒸发冷却空调循环冷却水的臭氧净化装置”、“冷风/冷水复合型空调机组”、“一种热管冷回收型蒸发冷却式高温冷水机组”及“管式蒸发冷却器、蒸发冷却盘管组成的闭式空调机组”等50余项专利授权；参编国家标准《蒸发式冷气机》和《水蒸发冷却空调机组》及《水蒸发冷却工程技术规程》，并多次在国际会议及中国香港、中国台湾等地进行学术交流。

“十年磨一剑”，由黄翔教授组织编著的《蒸发冷却空调理论与应用》一书，正是对十年研究工作的全面总结。全书共分14章，内容涵盖了蒸发冷却空调的基础理论、蒸发冷却空调的气候适应区及室内热舒适性、直接蒸发冷却器（段）用填料、直接蒸发冷却器

(段)、喷水室、间接蒸发冷却器(段)、集中式蒸发冷却空调系统、半集中式蒸发冷却空调系统、蒸发冷却与其他空调新技术的结合、建筑表面被动蒸发冷却、蒸发冷却空调其他方面问题、蒸发冷却空调的应用及蒸发冷却空调标准等方面。其中第1章由黄翔编著;第2章由武俊梅、黄翔、强天伟和屈元编著;第3章由狄育慧和黄翔编著;第4章由宣永梅、黄翔和刘小文编著;第5章由黄翔、吴生和汪超编著;第6章由颜苏芊和黄翔编著;第7章由黄翔、樊丽娟和文力编著;第8章由屈元和黄翔编著;第9章由宣永梅、黄翔和靳贵铭编著;第10章由黄翔、徐方成和樊丽娟编著;第11章由颜苏芊、黄翔编著;第12章由强天伟、黄翔编著;第13章由吴志湘、黄翔和殷清海编著;第14章由汪超和黄翔编著。全书由黄翔统稿。

本书在编著过程中得到了暖通空调界前辈们的亲切关怀和同仁们的鼎力支持,以及在蒸发冷却空调技术领域辛勤耕耘和潜心研究者的鼓励和鞭策。特别要感谢同济大学陈沛霖教授十年来时时刻刻对我们研究团队所给予的悉心关怀和指导。即便在他身患疾病的情况下,还为本书作序,充分体现出老一辈暖通空调专家的高尚品德及对年轻一代的提携和关爱。感谢中国建筑学会暖通空调分会理事长、中国建筑科学研究院建筑环境与节能研究院徐伟院长对蒸发冷却空调技术的关爱及对我们的指导与帮助,尤其是他在百忙中抽出时间为本书作序,对我们研究团队给予了极大的鼓舞和鞭策。感谢新疆绿色使者空气环境有限公司、西安井上人工环境有限公司、澳蓝(福建)实业有限公司、东莞市科达机电设备有限公司、杭州兴环科技开发有限公司、南通昆仑空调有限公司及TROX妥思空调设备(苏州)有限公司等单位为本书提供了相关的资料和支持。

本书是团队集体智慧的结晶,特向全体作者的愉快合作表示祝贺,同时向大家表示感谢。另外还要感谢研究生汪超、郑小丽、刘小文、孙铁柱、尧德华、卢永梅、李成成、王伟等同学,他们为本书做了大量的文字处理、绘制图表、整理等工作,特别是汪超同学协助导师做了大量协调和校对工作,使得本书能够如期完成。

最后,对所有关心和支持本书编著的人士表示真挚的谢意!尤其是感谢中国建筑工业出版社及本书的责任编辑张文胜和姚荣华两位同志,为本书的出版付出了辛勤的劳动,对作者给予了极大的支持。

十年的研究只是蚕蛹破茧,我们还只是针对我国西北等干燥地区的蒸发冷却空调的应用做了一些基础研究工作。在未来的十年,我们还将永不放弃蒸发冷却空调技术这一研究方向,继续做好干燥地区蒸发冷却空调的推广应用工作,并在此基础上进一步研究中等湿度地区蒸发冷却空调与机械制冷等技术的集成等技术问题,不断拓展蒸发冷却空调的应用范围和提高蒸发冷却空调的稳定性及可靠性。未来十年,我们的目标是使蒸发冷却空调这一可再生能源技术在我国干燥地区成为主流空调,在中等湿度地区成为机械制冷空调重要的预冷装置,降低机械制冷空调的负荷,尽量减少人工冷源的开启时间。为我国的节能减排和建筑节能作出应有的贡献。

由于本书作者水平有限,书中难免存在疏漏,敬请读者不吝赐教。

作者
2010年4月于西安工程大学

目　　录

序一
序二
前言
符号说明

第 1 章　绪论…………………………………………………………………… 1

1.1　直接蒸发冷却器 ……………………………………………………… 1
1.2　间接蒸发冷却器 ……………………………………………………… 8
1.3　复合式蒸发冷却空调系统 …………………………………………… 15
1.4　蒸发冷却空调技术相关问题………………………………………… 19
1.5　结束语 ………………………………………………………………… 21
参考文献…………………………………………………………………… 22

第 2 章　蒸发冷却空调的基础理论 ……………………………………… 38

2.1　直接蒸发冷却空调的基础理论……………………………………… 38
2.2　间接蒸发冷却空调的基础理论……………………………………… 53
参考文献…………………………………………………………………… 76

第 3 章　蒸发冷却空调的气候适应区及室内热舒适性 ………………… 79

3.1　气候及其划分………………………………………………………… 79
3.2　蒸发冷却空调应用范围分区………………………………………… 85
3.3　蒸发冷却的热舒适性区域及设计参数……………………………… 106
参考文献 …………………………………………………………………… 130

第 4 章　直接蒸发冷却器（段）用填料…………………………………… 136

4.1　概述 …………………………………………………………………… 136
4.2　填料种类及性能 ……………………………………………………… 136
4.3　填料降温性能 ………………………………………………………… 140
4.4　填料加湿性能 ………………………………………………………… 160
4.5　填料过滤除尘性能 …………………………………………………… 165
参考文献 …………………………………………………………………… 171

第 5 章　直接蒸发冷却器（段）…………………………………………… 173

5.1　概述…………………………………………………………………… 173

5.2 普通（商用）直接蒸发冷却器 …… 174
5.3 家用直接蒸发冷却器 …… 182
5.4 新型直接蒸发冷却器 …… 183
5.5 直接蒸发冷却器的性能评价 …… 188
参考文献 …… 192

第6章 喷水室 …… 193

6.1 概述 …… 193
6.2 喷嘴 …… 195
6.3 喷水室的热工性能和影响因素分析 …… 203
6.4 低速喷水室的热工计算 …… 205
6.5 高速喷水室的热工计算和实验研究 …… 212
6.6 流体动力式喷水室 …… 215
6.7 复合式喷水室 …… 219
参考文献 …… 225

第7章 间接蒸发冷却器（段） …… 227

7.1 概述 …… 227
7.2 板翅式间接蒸发冷却器 …… 227
7.3 管式间接蒸发冷却器 …… 231
7.4 热管式间接蒸发冷却器 …… 245
7.5 露点式间接蒸发冷却器 …… 254
7.6 半间接式蒸发冷却器 …… 263
7.7 间接蒸发冷却器的性能评价 …… 265
参考文献 …… 266

第8章 集中式蒸发冷却空调系统 …… 268

8.1 概述 …… 268
8.2 系统流程及应用模式 …… 268
8.3 多级蒸发冷却空调机组 …… 271
8.4 集中式蒸发冷却空调系统设计 …… 291
参考文献 …… 297

第9章 半集中式蒸发冷却空调系统 …… 299

9.1 概述 …… 299
9.2 系统流程及应用模式 …… 300
9.3 蒸发冷却新风机组 …… 308
9.4 蒸发式冷水机组及冷却塔 …… 318
9.5 半集中式蒸发冷却空调系统末端装置 …… 336

9.6　半集中式蒸发冷却空调系统设计 …… 349
参考文献 …… 367

第10章　蒸发冷却技术与其他空调新技术的结合 …… 369

10.1　概述 …… 369
10.2　蒸发冷却与机械制冷的结合 …… 369
10.3　蒸发冷却与除湿技术的结合 …… 388
10.4　蒸发冷却与辐射供冷（暖）技术的结合 …… 394
10.5　蒸发冷却与自然通风技术的结合 …… 396
10.6　蒸发冷却与置换通风技术的结合 …… 398
10.7　蒸发冷却与工位—环境送风技术的结合 …… 399
10.8　蒸发冷却与纳米光催化技术的结合 …… 401
10.9　蒸发冷却与负离子净化技术的结合 …… 402
参考文献 …… 403

第11章　建筑表面被动蒸发冷却 …… 404

11.1　概述 …… 404
11.2　建筑表面被动蒸发降温基础 …… 414
11.3　多孔调湿材料被动蒸发冷却综合实验研究 …… 419
11.4　新型建筑表面被动蒸发冷却技术 …… 425
参考文献 …… 428

第12章　蒸发冷却空调其他方面的问题 …… 430

12.1　概述 …… 430
12.2　蒸发冷却空调自动控制系统 …… 431
12.3　蒸发冷却空调循环水质处理系统 …… 459
参考文献 …… 470

第13章　蒸发冷却空调的应用 …… 472

13.1　工业应用 …… 472
13.2　农业应用 …… 482
13.3　公共建筑应用 …… 485
参考文献 …… 497

第14章　蒸发冷却空调标准 …… 498

14.1　概述 …… 498
14.2　国外蒸发冷却空调标准 …… 502
14.3　国内蒸发冷却空调标准 …… 514
参考文献 …… 524

符 号 说 明

$AUST$——加权平均温度,℃

B——宽度，m；当地大气压，Pa

C——浓度，mol/m^3

c_p——干空气的定压比热容，kJ/（kg·℃）

c_{pa}——空气的定压比热，kJ/（kg·℃）

c'_{pa}——以湿空气湿球温度定义的空气定压比热，kJ/（kg·℃）

c_{pw}——以空气湿球温度定义的湿空气定压比热，kJ/（kg·℃）

D——扩散系数，m^2/s

d——含湿量，g/kg 干空气；直径，m

E——蒸发率

EER——能效比，kW/ kW；

F——面积，m^2

g——重力加速度，m/s^2

H——高度，m

h——对流换热系数，W /（m^2·℃）；焓，kJ/kg；

h_m——对流传质系数，m/s

K——传热系数，W/（m^2·℃）

k——斜率

L——风量，m^3/h

l——长度，m

M——质量流量，kg/s

NTU——传热单元数

P——输入功率，kW；压力，Pa

Q——热量、负荷，kW

q——风量，kg/s；单位面积淋水密度，kg/（m^2·s）；热量，kJ

r——热阻，m^2·K/W

t——温度,℃

U——湿周，m

V——流量，m^3/h

v——迎面风速，m/s

W——加湿量 kg/s；湿负荷，kg/s

希腊字母：

α——空气与水的热交换系数，kW/（m^2·℃）

β——逐时变化系数

δ——厚度，m

ε——发射率

ζ——蒸发阻力，m^2·s/kg

η——直接蒸发冷却器的换热效率，%

λ——导热系数，W/（m·℃）

ν——水的运动黏性系数，m^2/s

ξ——比表面积，m^2/m^3

ρ——密度，kg/m^3；反射率

τ——时间变量，s

φ——相对湿度，%

Γ——单位长度淋水密度，kg/（m·s）

准则数：

Nu——努谢尔特准则

Pr——普朗特准则数

Re——雷诺准则

下标：

a——空气

b——饱和

DEC——直接蒸发冷却器

e——当量

g——干球

IEC——间接蒸发冷却器

l——露点

n——房间

o——送风

r——平均

s——湿球

w——水

DIEC——露点间接蒸发冷却器

第1章 绪　论

蒸发冷却空调技术是一项利用水蒸发吸热制冷的技术。水在空气中具有蒸发能力。在没有别的热源的条件下，水与空气间的热湿交换过程是空气将显热传递给水，使空气的温度下降。而由于水的蒸发，空气的含湿量不但要增加，而且进入空气的水蒸气带回一些汽化潜热。当这两种热量相等时，水温达到空气的湿球温度。只要空气不是饱和的，利用循环水直接（或通过填料层）喷淋空气就可获得降温的效果。在条件允许时，可以将降温后的空气作为送风以降低室温，这种处理空气的方法称为蒸发冷却空调。

蒸发冷却空调技术是一种环保、高效、经济的冷却方式。它具有较低的冷却设备成本，能大幅度降低用电量和用电高峰期对电能的要求，能减少温室气体和CFC的排放量。因此，广泛应用于居住建筑和公共建筑中的舒适性冷却，并可在传统的工业领域，如纺织厂、面粉厂、铸造车间、动力发电厂等工业建筑中提高工人的舒适性。蒸发冷却空调可以降低干球温度，给居住者提供一个较舒适的环境。蒸发冷却空调还可通过控制干球温度和相对湿度来改善农作物的生长环境及满足生产工艺要求。

在我国，将蒸发冷却空调技术作为自然冷源替代人工冷源的研究早在20世纪60年代已引起国内学者的关注。20世纪80～90年代，开展蒸发冷却空调技术的研究主要集中在同济大学、哈尔滨工业大学、天津大学、北京工业大学等高校，主要对蒸发冷却空调技术的传递过程理论分析、热湿交换计算、填料性能以及在空调机组、风冷热泵中的应用进行了研究和相关试验，对蒸发冷却空调技术与晚间通风、机械制冷联用进行了研究，并开发出了直接蒸发冷却局部空调器。与此同时，哈尔滨空调机厂生产出了我国第一台填料蒸发式空气冷却器，新疆绿色使者环境技术有限公司开发出了亲水性铝填料直接蒸发冷却器和板翅式间接蒸发冷却器等系列产品，澳蓝（福建）实业有限公司开发出系列蒸发式冷气机。进入21世纪，西安工程大学对蒸发冷却空调技术开展了大量的研究和推广应用工作，取得了可喜的成果[1]。

目前，蒸发冷却空调技术已在我国的新疆、甘肃、青海、宁夏、陕西等西北地区及广东、福建、江苏、浙江等沿海地区得到推广应用。

以下从直接蒸发冷却器、间接蒸发冷却器、复合式蒸发冷却空调系统、蒸发冷却空调技术相关问题等四个方面，系统地介绍进入21世纪以来国内外蒸发冷却空调技术的发展概况。

1.1 直接蒸发冷却器

目前，直接蒸发冷却器主要有两种类型：一类是将直接蒸发冷却装置与风机组合在一起，称为单元式空气蒸发冷却器；另一类是将直接蒸发冷却装置设在组合式空气处理机组内作为直接蒸发冷却段。

填料或介质是直接蒸发冷却器的核心部件。目前，填料主要有木丝填料、刚性填料和合成填料三种。国内市场上常见的刚性填料有瑞典某公司生产的 CELdek 有机填料和 GLASdek 无机填料及国产的金属（不锈钢或铝箔）填料等。国家空调设备质量监督检验中心对三种填料的检验结果如表 1-1 所示。从填料的热工性能来看，三种填料中无机填料最好。综合考虑填料的防腐耐久性、防火性能、除尘性能及经济性等，金属填料性能最好，目前在工程中应用最广[2]。

1.1.1 填料的传热传质性能

Dzivama 对四种作为主动式蒸发冷却器填料的材料（碎海绵、茎海绵、黄麻纤维及炭）进行了测试[3]，结果表明，当周围温度为 32℃、相对湿度为 25%时，茎海绵的性能最好，能使温度降到 18℃，相对湿度达到 84%。

国家空调设备检验中心对三种填料的检验结果　　表 1-1

湿材类型	填料前			填料后		测试结果		
	干球温度（℃）	湿球温度（℃）	迎面风速（m/s）	干球温度（℃）	湿球温度（℃）	填料前后温差（℃）	加湿量（g/kg）	风侧阻力（Pa）
有机	40.02	24.99	2.59	32.66	25.48	7.36	4.06	36.8
无机	40.06	23.54	2.45	29.58	23.74	10.48	9.70	26.7
金属	40.01	23.50	2.61	37.10	25.01	2.91	3.63	38.4

Faleh 设计了一种专门的测试装置，对用于蒸发冷却器填料的三种天然纤维［棕榈（茎）纤维、黄麻和 Luffa 纤维］的性能进行了评估[4]。结果表明，几种湿填料中，黄麻的平均冷却效率最高，达到 62.1%，Luffa 纤维为 55.1%，棕榈（茎）纤维为 38.9%，用来作对比的商用填料的平均冷却效率为 49.9%。材料性能测试结果表明，黄麻的盐沉积最少，其次是棕榈（茎）纤维和 Luffa 纤维，而商用填料则最多；Luffa 纤维抵制发霉的能力最强，其次是棕榈（茎）纤维，而商用填料和黄麻纤维则很差。冷却效率衰减幅度的研究结果表明，Luffa 纤维在整体上强于棕榈（茎）纤维，商用填料的冷却效率衰减明显，而黄麻纤维则最差。总体结果显示，Luffa 纤维最好，对于黄麻纤维，如果能对表面作防霉处理，那么它将成为商用填料的最佳替代物。

Chung-Min Liao 等人设计了一个简洁紧凑的风洞，用于模拟蒸发冷却填料—风机系统，以便能够直接测试系统的性能[5]。选择了孔径为 2.5mm 的粗糙 PVC 海绵筛网和孔径为 7.5mm 的优质 PVC 海绵筛网两种填料进行测试。通过风洞实验，测试了空气流速、水流量、通过填料的静压降、填料厚度等对蒸发冷却效率的影响情况，以及填料—风机系统正常运行下，填料的迎面风速和相关的静压降，得到了不同厚度填料介质时热质传递系数的量纲方程。测试结果表明，在淋水密度为 15L/（min · m^2），填料厚度为 150mm，气流速度为 0.75～1.5m/s 等条件下，粗糙 PVC 海绵筛网的冷却效率为 81.75%～84.48%，优质 PVC 海绵筛网的冷却效率为 76.68%～91.64%。Chung-Min Liao 等人还对无纺纤维多孔填料和椰子皮纤维填料进行了风洞实验[6]，得到了不同厚度替代填料的蒸发冷却过程的热质传递系数的量纲方程。测试结果表明，当气流速度为 2.0～3.0m/s 时，对于

150mm 厚的填料来讲，通过无纺纤维多孔填料的静压降和冷却效率分别为 48～108Pa，89.69%～92.86%；而通过椰子皮纤维填料的则分别为 60～130Pa，89.69%～92.86%。

Y. J. Dai 考察了一个填料由湿的耐用蜂巢纸构成的交叉流直接蒸发冷却器，建立了一个包括液膜、气态物质、交界面边界条件等诸多控制方程在内的数学模型[7]。综合各方面因素，预测了降膜的界面温度。分析结果表明，存在一个最佳气流通道长度使温度最低，通过优化选型参数，可进一步提高系统的性能。

由世俊对金属填料表面上的热质传递性能进行了理论与实验研究[8]，建立了理论模型，采用差分法建立方程组并求解。得出了填料表面水温和空气温湿度的分布规律。理论分析和实验结果表明，填料的传质系数不仅与淋水密度、空气的质量流速、填料的进口水温、进口空气状态有关，还与填料的材料、表面处理方法、几何尺寸等多个因素有关。采用比表面积为 $500m^2/m^3$ 的铝合金填料，在高度为 400mm、沿气流方向长度为 500mm 时，空气比焓降可达到 37kJ/kg。

邢永杰和孙贺江分别对金属填料的传热传质性能进行了实验研究[9,10]。通过采用美国“SAS 对实验数据多元回归分析”专用统计分析软件，对填料出口空气温度、相对湿度、填料两侧静压差及接触系数等回归公式中的变量进行了显著性分析。结果表明，相关系数均大于 0.98，各因素的显著水平均在 0.05 以上。

由世俊和邢永杰还分别选择了铝质和不锈钢薄板金属制孔板波纹填料进行了冷却除湿实验研究[11,12]。实验表明，金属填料是一种性能良好的空气热湿处理材料，不但可实现绝热加湿过程，还可实现冷却除湿过程。在实际应用中，建议风速取 2.2～2.8m/s。如果综合考虑填料的热质传递性能和阻力，比表面积为 $500m^2/m^3$、沿空气流动方向填料的长度为 500mm、高度为 500～800mm 的填料是最佳的。

天津大学的华君和李泌如也分别对金属填料的除湿性能及加热加湿性能进行了研究。华君的硕士学位论文题目为《金属填料冷却除湿性能的研究》[13]。李泌如的硕士学位论文题目为《金属填料加热加湿性能的研究》[14]。

黄翔、宣永梅和武俊梅分别对采用木丝和 GLASdek 两种不同填料的直接蒸发冷却式空调机进行了实验研究[15～17]。系统地分析了进口空气干湿球温度和相对湿度对两种不同填料空调机温降、加湿管冷却效率及加湿效率的影响。对目前直接蒸发冷却式空调机常用的有机填料、无机填料、金属填料和无纺布填料的热工性能进行了对比分析。结果表明，GLASdek 填料的热工性能最好，但金属填料的综合性能最好。另外，从填料层厚度的优化、淋水量的优化、迎面风速的优化、过滤器设置、风机选择、风量调节、水泵选择、室内湿度控制以及空调机整体结构的优化等方面，提出了直接蒸发冷却式空调机优化设计的主要措施，以提高其综合性能。

杜鹃通过对直接蒸发冷却式空调机与冷却塔的传热传质过程进行类比分析，推导出了直接蒸发冷却式空调机的热工计算方法[18]，并分别对迎面风速，空气与填料表面的换热系数、填料厚度及填料的面积系数等影响直接蒸发冷却式空调机热湿交换性能的各因素进行了详细分析。在此基础上，对直接蒸发冷却空调系统的传热传质过程进行了数值模拟[19]，采用 SIMPLE 算法求解后，将数值模拟值与实验测试值进行了对比。结果表明，二者吻合得很好，得到了温度场和湿度场的分布图，并通过在求解程序中改变不同变量的值，根据数值模拟结果绘出了迎面风速、填料厚度及空气入口状态参数等因素对直接蒸发冷却系统冷却效率及空气出口状态的影响关系曲线。

黄秋菊从湿膜加湿机机理出发，建立了数学控制方程，利用有限差分法将控制方程离散，并利用 MATLAB 软件编程求解。根据数值求解的结果，研究了湿膜加湿器的加湿性能，并对影响加湿性能的因素进行了分析，为提高加湿性能提供了理论依据[20]。

西安工程科技学院（现西安工程大学）的宣永梅和杜鹃分别对无机填料直接蒸发冷却空调机和直接蒸发冷却空调系统的传热传质过程进行了理论与实验研究及数值模拟。宣永梅的硕士学位论文题目为《无机填料直接蒸发冷却空调机的理论与实验研究》[21]，杜鹃的硕士学位论文题目为《直接蒸发冷却系统传热传质过程的理论分析与数值模拟》[22]。

董炳戌认为，我国西北大部分地区利用水膜来处理空气能达到冷却的目的[23]。他建立了数学模型，给出了用平面水膜淋水器处理空气所能达到的送风参数，经计算分析后，得到了各种因素的影响，为实验设备尺寸的设计提供了依据，并为新型节能环保、高效空调的开发提供了理论基础。

宋垚臻对空气与水逆流通过填料的热质交换过程进行了分析，建立了通用的计算公式，并应用 MATLAB 软件方便快速地对公式进行了求解。同时利用文献［24］中已建立的模型公式和计算方法，计算出了空气与水逆流通过纸质填料后空气和水的状态参数，并与前人的实验结果比较，验证了文献［23］给出的模型公式的准确性，并为模型公式的推广应用提供依据[25]。

苏为总结了近几十年来关于湿帘体内蒸发降温机理的分析方法，着重讨论了各种分析方法得出的结论，及其对提高湿帘换热效率的指导意义，并在此基础上提出深入分析湿帘工作效率的思路[26]。

张继元研究了湿热冷却装置在喷淋水完全蒸发条件下的热质交换特征。经理论推导，给出了喷淋水量及湿热参数的计算式[27]。从节能、节水的角度出发，提出了在控制好喷淋用水量的基础上取消循环水泵，实现喷淋水完全蒸发的降温方案。强天伟也对不循环喷淋水喷淋填料的过程进行了分析[28]，得到的结论为：不循环喷淋水喷淋填料时，直接蒸发冷却器冷却效率受喷淋水温度的影响较大，只有当不循环喷淋水温等于空气湿球温度时，蒸发冷却效率最高。

吕金虎就进口空气相对湿度对直接蒸发冷却式空调机性能的影响进行了分析，得到了在保证一定冷却效果的条件下，冷却效率、填料厚度和出口空气相对湿度与进口空气相对湿度的关系曲线[29]。

张正一通过风洞实验检验了各种填料的阻力特性和降温特性，利用不锈钢丝网制成一种 26 层的金属丝网热式多孔材料，并对以这种材料为填料的蒸发冷却中冷器的阻力特性和蒸发降温特性进行了实验。结果表明，用蒸发冷却式中冷器替换原有中冷器是可行的，可用于柴油机、燃气轮机及 ICR 船用燃气轮机上[30]。

蒋毅对空气经过无机填料的直接蒸发冷却过程进行了实验研究[31]，分析了直接蒸发冷却效率、换热系数以及空气阻力的主要影响因素，并给出了关于体积换热系数和空气阻力的两个经验公式，具有较好的精度，能满足一般工程设计的要求。

天津大学的孙洲阳和由世俊以及东华大学的强天伟先后对直接蒸发冷却填料的传热传质性能进行了深入的理论研究[32~34]。孙洲阳的博士学位论文题目为《基于智能方法的蒸发型空调系统性能实验与优选研究》，由世俊的博士学位论文题目为《空调用金属填料传热传质性能的实验研究》，强天伟的博士学位论文题目为《通风空调设备蒸发冷却节能技术的研究》。孙洲阳、由世俊和强天伟还分别采用人工神经网格方法预测分析了直接蒸发冷却空调机的传热传质性能，预测结果与实测结果吻合较好[35~37]。

天津大学的葛柳平对金属填料热质交换性能进行了研究，葛柳平的硕士学位论文题目为《金属填料热质交换性能的研究》[38]。

冯胜山、刘庆丰对泡沫陶瓷填料直接蒸发冷却换热性能进行了实验研究[39]。实验结果表明：新型泡沫陶瓷材料可用作直接蒸发冷却换热填料，其换热效率接近纸质填料，高于金属填料。

刘小文对多孔陶瓷填料进行了实验研究。结果表明，多孔陶瓷材料用作直接蒸发冷却器填料，其换热效率高于铝箔填料、低于CELdex纸质填料，但过流阻力明显大于两者[40]。刘小文还针对目前各种常用填料缺少在相同条件下的对比实验研究数据的情况，以GLASdex、CELdex、铝箔、冷却塔用多孔陶瓷填料及PVC填料等五种填料为对象，在完全相同的实验条件下对各种填料性能进行了系统的实验研究。实验结果表明：各种填料各有优缺点，应根据实际情况具体选用[41]。刘小文还对多孔陶瓷填料直接蒸发冷却器进行了理论与实验研究[42]。

卢振分析和计算了规则纸填料淋水式空气冷却器的热工特性。结果显示，填料厚度越大，总换热量越大；淋水初温越低，相同换热量下的填料厚度越小[43]。

何淦明申请了"一种自吸水湿帘"发明专利，该发明充分利用了填料的结构和材质，可在不需要水泵的情况下，让在湿帘起到加湿降温的效果的同时，节约了使用水泵所消耗的能量[44]。

黄翔获得了"一种基于多孔陶瓷填料的直接蒸发冷却器"实用新型专利授权。该直接蒸发冷却器采用多孔陶瓷作为填料，能够提高换热效率、节约能源、改善空调的冷却效果，同时，避免了空气的二次污染[45]。

1.1.2 填料的净化性能

Paschold在一蒸发冷却器测试室中对室内外可吸入颗粒物进行了测定，以确定蒸发冷却对环境空气的影响[46]。通过在两个普通蒸发冷却器模型中所做的实验，发现采用蒸发冷却器后室内PM_{10}可吸入颗粒物可减少50%，对$PM_{2.5}$可吸入颗粒物的去除效率为10%～40%。这些结果与采用除尘系统的结果是一致的。

Wen-Whai Li于2001年夏天在美国得克萨斯州西部的E1 Paso地区10所居室内对室内空气中的可吸入颗粒物进行了测定[47]。同时记录了得克萨斯州西部一装有蒸发冷却器的居室内外$PM_{2.5}$和PM_{10}可吸入颗粒物的10min平均浓度，并建立了室内外PM的相互关系。测定结果表明，蒸发冷却器作为PM过滤器使用，能有效地对室内空气进行置换，大约可使室内空气中PM_{10}可吸入颗粒物的浓度减少40%，而$PM_{2.5}$的浓度大约减少35%。不论是刚性填料还是木丝填料，两种蒸发冷却器对$PM_{2.5}$和PM_{10}可吸入颗粒物的去除率相似。

Paschold还对美国得克萨斯州西部的E1 Paso地区的10所居室所使用的蒸发冷却器的冷却水成分进行了测定[48]，采集了各家的水样用于化学及PM关系分析。测定结果表明，蒸发冷却器供水并未向室内空气中引入不溶性固体。总之，蒸发冷却器能给室内提供清洁的空气。Paschold 的博士论文见文献［49］。

孙贺江提出了一种完全区别于传统空气过滤概念的过滤——脱离理念[50]，并根据该理念研究出能够同时完成过滤、脱离、灭菌消毒三个过程的填料型洗涤式空气过滤器。实验研究表明，对于直径大于 1μm，3μm，5μm 和 10μm 的尘粒及气溶胶，大气尘计数效率分别为 31.4%，93.3%，96.4%和 96.5%，而空气阻力只有 99.96Pa。填料型洗涤式空气过滤器的大气尘计数效率达到中效过滤器的水平，而空气阻力却低于传统粗效过滤器的平均值。

马德刚提出利用湿式填料除尘器作为空气粉尘过滤和消毒的功能段[51]。通常情况下，湿式填料除尘器对 1μm 粉尘的去除效率可以达 25%～40%，对 5μm 粉尘的去除效率为 75%～98%，压力损失范围为 30～130Pa。结果表明，湿式填料除尘器具备净化消毒、加湿、蒸发冷却等功能，可以替代传统空调中的粗效过滤器，对阻止传染病通过空调系统蔓延、改善室内空气质量和节能具有重要作用。

王一飞提出利用洗涤式金属填料过滤器来代替原空调系统的纤维过滤器，以去除车间内化纤油剂形成的油雾[52]。首先以大气尘作为过滤的对象进行了必要的实验研究，在对大气尘过滤实验结果进行整理分析的基础上，对洗涤式金属填料过滤器应用于化纤油剂的去除进行了探讨。

张伟峰研究了填料式喷水室中填料段对 PM_{10} 可吸入颗粒物的去除率情况[53,54]。实验结果表明，风速（范围为 1.2～1.58m/s）一定时，填料段对 PM_{10} 可吸入颗粒物的去除效率随喷水量的增加而增大；喷水量一定时，填料段对 PM_{10} 的去除率随着风速增加而减小，去除率最高可达 57.6%。

天津大学的金明对金属过滤器进行了研究，金明的硕士学位论文题目为《金属填料过滤器的实验研究》[55]。

张欢通过对金属填料型直接蒸发冷却装置在空气处理机组中的应用研究表明，该装置在对空气进行传热传质处理的同时，还具有过滤、消毒杀菌、改善室内空气质量的作用。另外还可用于处理化纤车间空气中的油雾污染[56]。

1.1.3　直接蒸发冷却器的应用

Prasad 详细介绍了坐落于印度 Kanpur 的某私人公司生产厂房蒸发冷却通风系统的设计情况[57]。据观测，厂房内弥漫着浓度很大的氨气，由于冷却器填料上的淋水可以溶解氨水，所以该系统可以向用户提供更高品质的空气。针对表面蒸发的形式，设计了几种不同的蒸发冷却系统，尤其是提出了填料间歇供水的蒸发冷却系统，节能显著且安全可靠。

Hindo Li Ya 通过模拟研究对居住者的热舒适性和室内相对湿度进行了评价[58]。为了保持室内相对湿度低于 65%，对蒸发冷却器的饱和效率和房间换气次数作了规定。观察发现，把具有高饱和效率的直接蒸发冷却器应用于室内相对湿度要求较低的场所是不可取的。对于这些要求低湿度的场所，在允许室内有较高换气次数的前提下，可采用普通的低饱和效率（60%）的直接蒸发冷却器。

Chker 通过对美国 122 个地区的气象参数进行详细分析，得到了这些地方使用直接蒸发冷却器的时间[59]。汽轮机操作者利用这些数据可以很方便地对蒸发冷却的经济性作出评价。通过数学分析的方法得出了美国不同地区应用蒸发冷却空调技术的潜力，并对汽轮机在美国122个地区的简单循环进行了模拟运行。

Kant分析研究了印度Delhi等地区综合办公楼4、5、6月份使用蒸发冷却器的可能性[60]。利用模拟手段研究了建筑内使用蒸发冷却空调所获得的温度和湿度以及换气次数和旁通量对空调运行的影响。研究能否找到使室内相对湿度保持在80%以下，温度保持在27～31℃之间的换气次数和旁通量范围。结果表明，如果环境空气的温度和相对湿度太高，直接蒸发冷却器则不能达到该房间的舒适性要求。为了得到最好的效果，必须选择适当的换气次数和旁通量。

Lucas针对葡萄牙Alentejo地区夏季高温和低湿的气候条件是导致生猪产量减少的主要原因开展了研究[61]。分析了1995～1997年Alentejo地区4个气象台记录的每小时气温和相对湿度数据，建立了气温与相对湿度之间的函数关系，给出了温度—湿度指标(THI)，并用气象台的THI加以证实，通过这些指标可确定出夏季的热压期。在热压期频繁出现的高温和低湿环境下，采用蒸发冷却系统可能是减少高温对生猪产量影响的灵活有效的解决方案。

林易谈介绍了蒸发型制冷机在国内外高温车间的应用情况[62]，认为与传统空调相比，蒸发型制冷机不仅能有效排除车间内的有害气体，增加换气量，还可以降低车间温度，适宜在高温环境下应用。他还对新疆地区增设空调系统、新风系统、冷凝器进风系统以及各种公共场所的制冷工程实例作了分析[63]。结果表明，蒸发冷却制冷系统用于干燥炎热气候的新疆地区，既能降低投资成本与运行费用，又能改善使用场所的温度和湿度。

强天伟对直接蒸发冷却空调机中填料的正确使用，循环水水质的处理及空气预过滤等影响空调机使用寿命的问题进行了分析[64]。为了搞清楚直接蒸发冷却的实际运行效果，强天伟对在广东东莞使用的某一直接蒸发冷却器进行了具体测试[65]。结果表明，直接蒸发冷却器在东莞地区使用降温效果较好（10月份时，平均降温达7.3℃），但相对湿度太大（平均相对湿度大于80%），达不到空调设计标准。强天伟还对陕西宝鸡电厂空压机房使用直接蒸发冷却器的情况作了介绍[66]，并对房间中各测点的温湿度进行了测试。结果表明，蒸发冷却设备风力范围内空气温度比风力范围外空气温度大约低5℃。檀志恒对蒸发冷却空调在工业厂房中的应用进计了研究[67]，建立了气候小室，利用直接蒸发冷却空调，采取正压送风的方法对其进行通风降温，系统地测得了不同条件下蒸发冷却空调的性能与使用效果，其结论对蒸发冷却空调设备的优化与运行有一定的指导意义。

黄金福申请了蒸发型制冷机的外观设计专利[68]。汤志勤研究开发了旋转蒸发式空调，它以独创的旋转湿膜专利技术为核心[69]，克服了传统固定湿膜空调器被粉尘堵塞的弊端。运转过程中，转动的湿膜持续被喷射水流冲洗，气流中的粉尘被湿膜表面粘附后，即时被冲入储水池并排出机外。

北京工业大学的张兰在分析我国空调器市场需求和技术发展的基础上，介绍了直接蒸发冷却空调的研究现状，并对该种空调在我国的应用前景和发展潜力进行了论述[70]，她的硕士学位论文题目为《直接蒸发冷却空调的理论及实验研究》[71]。秦继恒等人对一种新型直接蒸发冷却空调机的性能进行了测试[72]。

东北大学的高晓明也对直接蒸发冷却的理论和实验进行了研究[73]，他的硕士学位论文题目为《直接蒸发冷却的理论和实验研究》。

同济大学的沈学明对蒸发式降温换气机在高温高湿地区的实际使用性能进行了研究，

他的硕士学位论文题目为《高温高湿地区蒸发式降温换气机实际的使用性能研究》[74]。

东华大学檀志恒对湿膜直接蒸发冷却在工业车间通风降温的应用进行了研究，他的硕士学位论文题目为《湿膜直接蒸发冷却在工业车间通风降温的应用研究》[75]。

山东建筑大学黄秋菊进行了湿膜加湿器性能的计算机仿真与实验研究，她的硕士学位论文题目为《湿膜加湿器性能的计算机仿真与实验研究》[76]。

西南交通大学赵红英对西北干旱地区大型民用建筑节能空调作了深入地研究。通过对比分析得出在西北地区特殊的气候条件下，直接蒸发冷却空气处理方案是一种经济环保节能的空调方案的结论，她的硕士学位论文题目为《西北干旱地区空调系统节能研究》[77]。

何淦明申请了"采用调速电机驱动的蒸发式降温换气机"实用新型专利。将可控硅斩波调速技术应用到蒸发式降温换气机上，使得电机在低速运行时不会引起温升过高等情况，可以通过在控制面板设置调速档位进行风速调节[78]。

黄翔获得了"一种复合空调器"实用新型专利授权。该复合空调器是环绕直接蒸发冷却器外围设置了纯逆流板翅式露点间接蒸发冷却器，从而形成间接＋直接两级蒸发式冷气机，既可提供逼近露点温度的空气，又不使空气湿度过高[79]。

辛军哲等人就室外气象条件对直接蒸发冷却式空调使用功效的影响进行了系统地研究[80~82]。给出了室外设计参数的选取方法和直接蒸发冷却空调的适用气象条件及运行的要求。

马建兴对直接蒸发冷却在纺织空调中的应用进行了探讨，对比分析了直接蒸发冷却空调技术中正压系统和负压系统两种方式，认为正压系统有着更多的优点和实用性[83]。

1.2 间接蒸发冷却器

1.2.1 板翅式间接蒸发冷却器

Igor KRAJCI 讨论了用水喷淋未混合流体交叉流换热器的可行性[84]，研究了由未混合流体喷射错流式换热器的边界条件及微分方程所组成的热传递计算模型。微分方程用来对温度、含湿量及换热器中水的质量流量进行模拟，通过它来计算获得所有其他值，并分析了测量结果。

A. J. Khalid 等人以伊拉克典型住宅为对象，就如何利用间接蒸发冷却满足室内冷负荷变化的需要进行了研究[85]，研究用的房子为位于巴格达的一栋两层建筑。通过模拟，评估了系统的应用情况。采用 VAV 原理作为控制策略，根据冷负荷的变化，改变风机的转速，从而改变送风量。运用传递函数法，借助计算机逐时计算每天 24h 的冷负荷变化，系统地模拟了间接蒸发冷却段的板翅式换热器的效率变化和它对空气流量的影响。结果表明，间接蒸发冷却系统能在大部分时间提供舒适的室内环境。由于该系统仅有风机和水泵的能耗，因此系统的性能系数很高。

G. P. Maheshwari 等人给出了对某实际应用的间接蒸发冷却器现场性能参数进行分析评价得到的结果，同时提供了科威特沿岸和内陆的气象数据记录[86]。内部和沿海地区间接蒸发冷却器冷却能力经估计分别为 10.9kW 和 8.4kW（仅需消耗 1.11kW 的电量）。而对于上述两类地区，若采用常规的组合式空气处理机组要达到这一冷量则分别需消耗

4.93kW 和 3.85kW 的电量，间接蒸发冷却器在内陆和沿海地区的季节性节能分别为12418kWh 和 6320kWh。

A. Gasparella 等人描述了普通湿球预热器（WBE）和预处理湿球预热器（PWBE）循环的室外新风流量控制方案[87]。在焓湿图上确定了不同的调节区域及相关的控制方案。评估了欧洲和美国的 14 种气候条件下的影响范围，确定了靠冷却过程除湿所需要消耗的季节性冷却能量（它是所考虑地区冷却能量费用的主要来源）。在通常情况下，采用热回收装置和间接蒸发冷却器对排风进行了预处理，对 WBE 和 PWBE 循环进行了比较和分析。

H. X. Yang 等人介绍了香港地区在集中式空调系统中使用间接蒸发冷却系统（IECS）的性能与效果[88]。给出了典型年份使用 IECS 系统的年耗能的实验与模拟结果。系统地讨论了 IECS 系统应用于香港地区的技术性与经济性。

Hyun Seon Choo 等人对蒸发冷却水的流速的作用进行了理论研究[89]，对间接蒸发冷却器的冷却过程建立了线性微分方程，然后求解得到热流体温度、湿空气温度和蒸发水温度的精确解，并在精确解的基础上，分析了蒸发水的流速对冷却性能的影响。结果显示，即使是较低的蒸发水流速，冷却效力的降低也是显著的。越是高性能的蒸发冷却器，降低越多。

周孝清等人推导出了以二次空气湿球温度为依据的板翅式间接蒸发冷却器热工计算方法[90]，并对实验工况进行了校核计算。结果表明，计算值与实验值的对比结果令人满意。

任承钦等人提出了对蒸发冷却过程进行㶲分析研究的观点[91～93]，提出了一种隔板为六边形的准逆流板翅式换热器的设想。采用三维流动与换热的数值计算方法对换热器内传热传质过程的影响因素和机理进行了模拟研究。建立了㶲效率与㶲效比的分析评价指标。阐明了湿空气㶲作为蒸发冷却潜力的合理性。通过对蒸发冷却方案的㶲分析评价，指出了各种蒸发冷却方式的适用原则以及蒸发冷却过程有用能利用的发展方向。以数据节点及指针链接的图结构方式建立了模拟对象及网络与内存数据之间的对应关系，适用于几何相似比发生变化时的网格自动生成，为换热器的模拟分析提供了基础。在尽可能满足对流扩散过程数值格式中的输运性、守恒性及稳定性的同时，采用以扩散熵产仿真为原则的伪扩散系数可有效地提高数值模拟的准确性，为数值计算中扩散系数的修正提供了一种有效的手段，对数值格式的有效性进行了实验验证。通过模拟研究分析了换热器内的流场结构，温度场、涡流的形成机理与特征，强化传热的作用及回流损失。建立了换热器效能准则关联式。

张龙爱等人应用计算流体力学（CFD）方法建立了间接蒸发冷却板翅式换热器内三维层流流动与传热的数学物理模型[94,95]。采用交错网格离散化非线性控制方程组，编制了三维 SIMPLE 算法程序，对间接蒸发冷却器内的流场、温度场及浓度场进行了数值模拟研究，得到了换热器内流体流动状态和热流分布情况，并分析了通道宽度变化对换热器内流体流动与换热的影响。通过计算表明，换热器通道间距、空气迎面风速以及一次风的干球温度的变化对换热器效率有很大的影响；分析了参数不同时通道内流场、能量场以及换热器效率的变化。

范伟明等人应用计算流体力学（CFD）方法建立了板翅式间接蒸发冷却器的三维数学物理模型[96,97]，探讨了内部边界耦合的传热、传质过程，对一次空气通道有冷凝和无冷凝过程的间接蒸发冷却进行了三维数值模拟。在模拟数据的基础上，对有冷凝和无冷凝过程的间接蒸发冷却进行了比较，分析了影响冷却的因素。

丁杰等人根据数值模拟计算结果，比较了间接蒸发冷却器（IEC）和回热式间接蒸发冷却器（RIEC）的温度、换热效率、㶲效比[98,99]。结果表明，RIEC 的㶲效比略低于 IEC，但能得到更低的温度。这两种方案都有非常显著的节能潜力。

湖南大学王华辉对间接蒸发冷却器的换热特性与阻力特性进行了理论与实验研究，他的硕士学位论文题目为《间接蒸发冷却换热器换热特性与阻力特性的实验研究》[100]。

杨建坤等人以一间接蒸发冷却器的结构优化为例，展示了一个完整的优化过程[101]。该过程包括数学建模、计算机程序的编制等。根据优化结果，分析了影响间接蒸发冷却器性能的结构因素，得出在换热面积一定的情况下，在影响间接蒸发冷却器性能的三个结构变量中，板间距的影响更显著的结论。杨建坤等人还应用 K-ε 方程湍流模型和数值模拟方法对蒸发冷却空调房间的三维温度场、速度场以及热舒适指标进行了模拟[102,103]。研究结果表明，蒸发冷却空调能够有效地改善室内热环境，较好地满足人体热舒适要求；满足最不利条件的常规全空气空调系统的设计方案也适用于蒸发冷却空调的设计。屈元等人在对现有的几种间接蒸发冷却器的热工计算数学模型进行反复对比的前提下，就其中的两种计算方法进行了实验验证[104]。结果表明，这两种方法真实可靠。其中文献［90］给出的间接蒸发冷却器热工计算数学模型更适合在工程实践中应用。

李刚等人用根据文献［105］建立的数学模型对叉流式板翅式间接蒸发冷却器进行了求解[106]。结果表明，分析计算结果与试验结果相比误差在 10%以内。他们还分析了一次风量、二次风量、淋水量以及隔板厚度对一次风出口温度的影响。

山东建筑大学陈恒亮对横流板式间接蒸发冷却热回收装置进行了理论与实验研究[107]。他的硕士学位论文题目为《横流板式间接蒸发冷却热回收装置的研究》。

于向阳获得了“逆流复合间接蒸发制冷空气处理机”、“交叉流复合间接蒸发冷却空气处理机”、“递进式间接蒸发冷却器”及“逆流间接蒸发冷却器”等发明专利[108~111]。

黄翔获得了“多孔陶瓷板翅式间接蒸发冷却器”实用新型专利授权。该蒸发冷却器通过接近空气露点的水和接近露点的二次空气进行热湿交换，使得出风温度进一步逼近露点，使布水更均匀，热湿交换效率大大提高[112]。

1.2.2 管式间接蒸发冷却器

张旭等人根据不可逆热力学理论，定义了管式间接蒸发冷却器的熵产单元数，并给出了管式间接蒸发冷却器的熵产单元数的解析表达式；分析了换热器结构参数与最小熵产单元数间的关系；指出了提高管式间接蒸发冷却器热力学完善度的基本方向[113]。

嵇伏耀等人就如何提高管式间接蒸发冷却器的性能进行了深入的理论分析与实验研究[114,115]，提出了从吸水性材料、换热器结构和布水器均匀布水方式等方面强化传热的措施，即采用异形涤纶与 lanseal 纤维混合而成的功能性纤维套、铝箔椭圆管、间歇性供水优化间接蒸发冷却器的结构。建立了数学模型，给出了一些参数规律性的变化趋势和优化值。通过实验验证了功能性纤维套理论的有效性。证实了设计的功能性纤维套完全可起到强化传热的作用。实验结果表明，采用上述传热优化措施的新型管式间接蒸发冷却器具有良好的传热性能，与板翅式换热器相比，具有相近的换热效率，但其阻力损失明显小于板翅式。

贺进宝等人分析了椭圆管式间接蒸发冷却器的热质交换过程，指出一次空气与水膜空气的焓差是热质交换的动力。建立了一个简化数学模型，讨论了影响热质交换的各种因素，指出椭圆管式间接蒸发冷却器的使用效果受气流速度、淋水量及其结构特性的影响[116]。

黄翔、周斌等人针对目前间接蒸发冷却器在工程实际应用中存在的均匀布水问题，从布水器结构形式和吸水性材料的使用两个方面入手，进行了系统的实验研究[117~119]。实验表明，管式间接蒸发冷却器在加装二次布水网格后，换热效率可提高5%～10%左右；在包覆吸水性材料后，可提高5%～8%左右；在保证换热效率的情况下，使用管式间接蒸发冷却器相对于板式间接蒸发冷却器可降低成本50%～75%左右。

王玉刚等人就如何开发和研究低能耗、高效率的管式间接蒸发冷却器，从管内插入螺旋线和管外包覆吸水性材料两方面入手，进行了理论与实验研究[120~122]。研究表明，管内插入螺旋线后换热效率提高了20%～30%左右，而管内一次空气的流动阻力只增加了5%～10%左右。通过理论与实验分析后优选的由coolplus纱线织成的吸水性材料，比文献[114]和[115]中的异形涤纶与Lanseal纤维混纺而成的吸水性材料的吸水性和蒸发冷却效果要好。

黄翔等人从吸水性材料、换热器结构及布水方式入手，设计了包覆吸水性材料的椭圆管式间接蒸发冷却器，并进行了详细和深入的论证分析与实验研究。为了系统地研究管式间接蒸发冷却器二次/一次空气风量比和淋水量对冷却器效率和温降的影响，搭建了实验台，通过实验得到了二次/一次风量比的变化以及管式间接蒸发冷却器效率和温降的变化关系[123~126]。

樊丽娟等人从强化传热的理论出发，以管式间接蒸发冷却器为研究对象，就如何开发和研究低能耗和高效的管式间接蒸发冷却器，阐述了几种强化传热、传质的方法[127,128]。

徐方成等人探讨了管式间接蒸发冷却空调机组在纺织厂中的应用效果[129]。通过计算认为：与传统喷水室相比，两级蒸发冷却空调机组不但可以满足车间的温湿度要求，还可以节约夏季冷冻水量，减少机械制冷和冷冻水泵的能耗。

王芳对管式间接蒸发空气冷却器热工性能进行了模拟研究，建立了针对管式间接蒸发空气冷却器整体热工性能模拟的数值模型，并进行了数值模拟[130,131]。

黄翔获得了“一种椭圆管式间接蒸发冷却器”实用新型专利授权。该新型蒸发冷却器的结构简单，使管式间接蒸发冷却器的效率得到大大提高[132]。黄翔还获得了“一种管式间接蒸发冷风/冷水机”实用新型专利授权。该复合型空调机组将间接蒸发冷却器与填料式冷却塔合为一体，既可为建筑物提供冷却的空气，同时又可为空调末端装置提供冷媒水[133~135]。在此基础上，黄翔还分别获得了“一种管式间接和填料式直接两级蒸发冷却空调机组”和“管式间接蒸发冷却和喷淋式直接蒸发冷却复合空调机组”实用新型专利授权。

为了强化管式间接蒸发冷却器换热管外侧的传热传质，黄翔还获得了“强化管式间接蒸发冷却器换热管外传热传质的方法”发明专利授权[136]。

黄翔还获得了“一种多孔陶瓷管式露点间接蒸发冷却器”、“立管式露点间接蒸发冷却器”实用新型专利授权[137,138]。

1.2.3 热管式间接蒸发冷却器

Felver 等人为美国加利福尼亚 Livermore 和 Sandia 国家实验室设计的新计算机中心采用了热管间接—直接蒸发冷却空调系统[139]。该工程的蒸发冷却设计所面临的问题是系统余量的处理、能效和计算机房室内空气质量的提高。这一设计方法为业主节约了很有价值的计算机中心地板使用空间，减少了机房的水污染及增加了计算机中心的安全性。

Martinez 等人设计了一个混合式空气能量回收系统，该系统由两个热管和间接蒸发换热器组成[140]。他们介绍了所建的实验装置并对能量回收系统进行了论述；通过设计技术的实现来体现混合式能量回收系统的能量特性；分析了温度、风量、相对湿度、水流量等因素对混合式系统的基本特性如热量、热效率和 COP 的影响。

Riffat 等人提出了一种在热管热端设置装满水的多孔陶瓷容器的方法，以提高热端蒸发冷却散热效果；介绍了热管作为换热设备的间接蒸发冷却器的原理[141]；建立了热质交换数学模型，并用于模拟间接蒸发冷却器的性能；用实验数据验证了模拟结果。研究结果表明，该数学模型可对间接蒸发冷却器的性能进行预测。

Scofield 介绍了美国 Sonma 州立大学如何利用高效节能的热管间接—直接蒸发冷却系统对该校图书馆空调区进行降温处理[142]。将热管间接—直接蒸发冷却系统同一个 76kW 的屋顶太阳能交流光电转换系统结合起来使用，远远超过了预期的节能目标。该系统没有使用冷却水，即使在夏季最热的几天，也能够将建筑物完全冷却。另外，该建筑还采用全新风系统，提高了室内空气质量。

柯明村等人提出了一种新型外气空调机[143]。该空调机主要由水喷雾器、热管换热器与水盘管换热器组成，水喷雾器和热管换热器可以将室内的冷能有效回收，结合水盘管换热器，可进一步使送风温度降低。由实验结果可知，原来要直接送入室内的室外空气，经过此新型空调机后，可减少 20.56kJ/kg 的焓，亦即此新型空调机此时可发挥 6.86kW 的制冷能力。

王文等人提出了一种间接蒸发冷却式空调通风节能系统[144,145]。该系统将热管换热器与间接蒸发冷却结合起来，即利用直接蒸发冷却后的空气通过热管换热器去冷却预处理空气，在夏季工况下使用可以达到较高的新风预冷效率，预冷后的空气含湿量保持不变。如果工作于比较干燥的环境，可以作为空调使用。另外，其蒸发冷却用水可以用空调系统的冷凝水，减少了冷凝水排放带来的问题。

余霞对间接蒸发冷却在大型空调回热换气及节能中的应用进行了研究[146]。针对某地铁空调通风实际情况，设计了一套通风节能方案。该间接蒸发冷却系统采用分离型热管换热器。为了更好地提高间接蒸发冷却系统的整体性能，使其尽可能接近实际应用，首先，对系统的各部件及整体建立数学模型，进行理论模拟研究；其次，设计并搭建了间接蒸发冷却系统实验台，对其进行性能实验和深入的理论分析研究；最后，对该系统及部件进行热力学分析。研究结果表明，系统的实际换热效率为 31.1%左右；新风实际进、出口温差接近 4.4℃；有间接蒸发冷却过程比没有间接蒸发冷却过程系统换热效率高出 2 倍多；新风进、出口温差大于 1.7℃。

包向忠等人介绍了热毛细泵循环式热管用于间接蒸发和吸湿冷却空调系统热回收的工作原理，对该新型热管的原理及运行的毛细压头极限进行了分析；对热管间接蒸发—吸湿冷却空调系统的性能进行了模拟和分析。研究结果表明，热管间接蒸发—吸湿冷却空调系统是一种节能的复合空调系统[147]。

吉仕福等人从温差换热驱动势和吸湿驱动势出发，分析了热管型间接蒸发冷却空调系统换热效率的影响因素，通过实验得到了模拟工况下新风进出口温度、排风进口温度以及相对湿度对换热效率和新风进出口温差的影响[148]。

王晓杰等人提出以水平吸液芯热管式换热器作为间接蒸发冷却用换热器应用于空调系统中，通过对热管热阻组成进行分析，得知热管外部热阻是需要控制的因素，总传热系数取决于一次空气与热管蒸发段外壁之间、二次空气与热管冷凝段之间的表面传热系数。实验中对二次空气侧采取了两种强化换热方式，即采用直接蒸发冷却段预冷空气和直接向热管冷凝段喷水。通过对比验证可知，强化传热后，空气温降值大于1～3℃。当一次空气干球温度达到30℃以上时，直接向热管冷凝段喷淋水的间接蒸发冷却方式空气温降最大，可达5～6℃，换热效率可达60%左右[149～151]。

郑久军等人对热管式间接蒸发冷却器进行了详细的设计计算，对王晓杰搭建的实验台加以完善，配备了变频器、数显温湿度传感器、一次侧直接蒸发冷却段等，并在夏季做了三种热端不同散热方式下的对比实验以及冬季的热回收实验。通过实验发现，冬季热回收效率达60%以上。另外，他们还提出了热管式两级蒸发冷却空调系统，该系统比现有的蒸发冷却空调系统结构更为紧凑，处理新风的能力更强[152～156]。

姚文江等人为西安工程大学的热管式间接蒸发冷却器实验台设计了水平吸液芯式热管换热器，该换热器水平安装，冬夏季无需转换冷凝段和蒸发段，更加方便、经济，达到了设计要求[157]。

黄翔等人针对制冷空调行业冷热流体温差小、热管外空气侧换热系数小，从而影响热回收的问题，基于一种新型热管式间接蒸发冷却器，建立了相应的数学模型，以乌鲁木齐某旅馆为例，进行了分析计算，得出了热管式间接蒸发冷却空调系统可以满足舒适性空调的要求，同时可改善室内空气质量，缓解夏季用电压力的结论，为该系统在炎热干旱地区的应用提供了一定的依据[158～160]。

吴生等人以热回收型热管式间接蒸发冷却空调机组为对象，重点研究了布水装置均匀布水方案的优化设计及改进措施，同时还对淋水密度进行了实验研究，得出最佳淋水密度为0.322～0.418t/h之间[161～164]。

黄翔获得了“热回收型热管式两级蒸发冷却器”实用新型专利授权。该蒸发冷却器是由热管间接蒸发冷却与直接蒸发冷却所组成的两级蒸发冷却器。使一套装置具有热回收和蒸发冷却两种功能，还采用了平置吸液芯热管换热器，加装了滴淋式布水装置，能够对空调系统室内排风进行热回收，使蒸发冷却空调的效率得到大大提高[165]。黄翔还获得了“一种热端带有多孔陶瓷储水器的热管间接蒸发冷却器”实用新型专利授权。该多孔陶瓷储水器为冷源，一方面对新风进行冷却，另一方面又是很好的间接蒸发蓄水容器，提高了热管间接蒸发冷却器的冷却效率[166]。

1.2.4 露点式间接蒸发冷却器

Maisotsenko提出了一种新的热力学循环，可以在不使用压缩机或化学制冷剂的情况下，使任何一种气体和液体冷却到湿球温度之下，直至达到露点温度。这种新的制冷循环可以从一处确定的区域排出热量并把热量转移到其他地方。他的研究成果主要体现在他的专利——用于露点蒸发冷却器的方法和板装置中[167~169]。

李大宁等人发明了一种再生式蒸发冷却器[170]，该冷却器利用蒸发冷却效应来冷却空气而不增加其含湿量。它是由多重干通道和湿通道组成的，通过改变流经干通道的一部分空气的流动方向使其进入湿通道，空气在干通道的出口可以被冷却到低于入口湿球温度。Bong Su CHOI 等人对平板式、波纹式、肋片式三种再生式蒸发冷却器进行了优化，发现肋片式再生蒸发冷却器结构最为紧凑，体积约为平板式的 1/8[171]。

赵旭东等人对用于露点蒸发冷却的一种新式逆流热质交换器进行了数值模拟研究。模拟结果表明，露点和湿球效率及能效主要依赖于流道尺寸、气流速度和二次空气与入口空气的比例，对供水温度的依赖较小[172]。赵旭东等人还对分别对英国和中国应用露点蒸发冷却空调系统的可行性进行了分析[173~175]。所涉及的问题包括分析当地的气象条件，调查露点冷却中可利用的水资源，并评价在各地区的冷却能力。得到的结论是该露点空调系统适合于英国和中国的大部分地区。

袁一军等人提出了湿能空调器的概念。该空调器无制冷压缩机，无真空泵，具有独特的除湿器和再生器。他们对湿能空调器的结构、性能进行了分析，并提出了全新风湿能空调器、机械压缩和蒸发冷却复合新风空调器。另外，袁一军还申请了一种多级再生式多通道蒸发冷却方法及其换热器发明专利。该专利是在 Maisotsenko 申请的专利[168]基础之上，加以改进形成的[176~181]。

尹进福申请了一种重复利用湿能的单多级间接蒸发冷却方法的发明专利。该冷却方法的气流出口温度可以低于其原始湿球温度，接近露点温度，湿球效率超过 100%，降低了能耗[182]。

陈俊萍等人针对露点间接蒸发冷却器进行了系统的理论与实验研究[183~190]。从理论上分析了露点间接蒸发冷却器的传热传质过程，建立了数学模型和控制方程。对露点间接蒸发冷却器进行了烟计算方法和转化关系分析。搭建了样机测试实验台，进行了实验研究。另外，他们还对露点间接蒸发冷却与机械制冷复合空调机组的工程实例进行了测试与分析。

张强等人较为详细地介绍了露点间接蒸发冷却相关的最新研究进展，提出了直流式、叉流式和逆流式露点间接蒸发冷却器三种基本机构，并结合露点间接蒸发冷却空调技术固有的特点，对其送风状态进行分析[191]。

伍耀钧申请了“一种复叠式多级蒸发芯体”发明专利。该多级蒸发芯体的直接风的温度在等湿降温的条件下，可以低于当地空气的湿球温度，接近或达到当地空气的露点温度[192]。

黄翔获得了“一种露点板式间接蒸发冷却器”发明专利授权。该蒸发冷却器包括相连接的预冷段和冷却段构成的板式冷却器机芯和供水装置。该发明的结构使换热效率大大提高，出风空气温度接近露点，并且湿通道壁面水膜分布更加均匀[193]。黄翔还获得了“一种再循环管式露点蒸发冷却空调机组”和“基于露点间接蒸发冷却器的两级空调机组”等实用新型专利授权[194,195]。

1.2.5　半间接式蒸发冷却器

F. J. R. Martynez 等人提出了一种半间接陶瓷蒸发冷却器。所谓的半间接蒸发冷却器是指由固体多孔陶瓷管制成，一次空气（新风）除了换热以外，还存在质交换的现象，除了具有显热冷却能外，还有潜热冷却能力的间接蒸发冷却器。该装置采用的陶瓷材料的孔径是特定的，可以阻止有害物质通过多孔结构，防止二次空气（回风）中污染物造成二次污染[196]。

R. Herrero Martin 等人对由陶瓷制的半间接蒸发冷却器（SIEC）和热管装置（HP）所组成的组合回收装置（SIECHP）提供的热舒适性进行了实验研究和分析评价[197]。同时还对半间接蒸发冷却器进行了数值模拟和性能分析[198,199]。

毛秀明、刘小文等人对多孔陶瓷板翅式和管式露点间接蒸发冷却器进行了理论与实验研究[200~204]。

1.3 复合式蒸发冷却空调系统

主要介绍多级蒸发冷却空调系统、除湿与蒸发冷却相结合的空调系统、半集中式蒸发冷却空调系统、建筑物被动蒸发冷却技术、蒸发冷却自动控制系统及蒸发冷却水质处理的研究情况。

1.3.1 多级蒸发冷却空调系统

Mathaudhu 介绍了两级蒸发冷却系统在美国加利福尼亚州维克多峡谷水区行政管理部门所属的设备厂中的具体应用。该设计达到了以下 6 个方面的要求：1）使建筑物总能耗降低 30%、HVAC 系统总能耗降低 40%，这两项指标均高于加利福尼亚州颁布的节能标准和 ASHRAE/IESNA90.1—1989 标准；2）新型建筑设计使能量得以有效利用；3）尽可能减少使用制冷剂；4）改善室内空气质量；5）提高系统效率；6）整体机械性能最佳。该项目取得了成功，达到了设计要求。机械装置在运行中节省的费用能抵消增加建筑外围护结构保温产生的费用[205]。

B. Tashtoush 等人对两级蒸发冷却系统的运行特性作了模拟。模拟结果表明，两级蒸发冷却器的 COP 比单独的间接蒸发冷却器要高出 20%[206]。

M. LAIN 等人对应用于捷克电视中心的两级蒸发冷却系统作了能耗分析，发现单级蒸发冷却在捷克不可能保证室内舒适度和空气质量[207]。

美国戴维斯能源组提出了第三代两级蒸发冷却器，即露点式间接蒸发冷却器和直接蒸发冷却器。与第二代两级蒸发冷却器相比，用该冷却器可以冷却空气到更低的温度，并且使室内空气湿度增加更少。第三代蒸发冷却器的 EER 比第一代和第二代的提高了 28%～53%[208]。

于向阳申请了多级蒸发制冷空调机实用新型专利。该空调机将至少两个单级间接蒸发冷却器串联在一起，用其对空气进行多级等湿降温可使空气的温度低于当地空气的湿球温度，接近露点温度[209]。

屈元针对我国西北地区已投入使用的三级蒸发冷却空调系统进行了初步理论与实验研究，预测了西北地区应用冷却塔预冷的效果，对国内外几种间接蒸发冷却数学模型进行了优选并加以改进，通过实测数据与计算值的比较证明了所选模型的合理性[210]。

黄翔等人在消化吸收国外多级蒸发冷却空调系统技术的基础上，提出了适合于我国西北地区的三级蒸发冷却空调系统，并通过对新疆地区一运行中的三级蒸发冷却空调系统的实测，比较了几种运行方式的效果，得出了其运行范围。经过分析计算得知，当湿球温度低于18℃时，三级蒸发冷却空调系统完全可以替代传统的机械制冷系统[211]。他们还针对新疆地区三个实际应用的蒸发冷却空调工程，作了现场测试，并进行了系统的分析。结果表明，冷却塔表冷段＋板翅式间接蒸发冷却段＋直接蒸发冷却段的三级蒸发冷却系统的出风温度可以达到14.5℃，趋近于进风的露点温度12℃[212]。

黄翔在现有的国外蒸发冷却空调集成系统的基础上，借鉴Mumma教授提出的DOAS系统设计思想，根据我国的实际情况，提出了一种新的蒸发冷却新风空调集成系统方案。该集成系统将蒸发（除湿）冷却与机械制冷相结合，由新风机组承担新风负荷和室内负荷；采用全空气系统，无回风；新风与排风之间采用全热交换器；新风机组上安装了粒子过滤效率≥99.999%的高效空气过滤器；控制系统采用VAV控制[213]。

黄翔等人介绍了三级蒸发冷却空调的热工计算方法，并结合实际工程作了测试验证。同时还介绍了三级蒸发冷却空调的自动控制系统[214]。他们还从工程最优化角度出发，以通过实验手段得到的目前广泛应用的比表面积为500m^2/m^3的铝箔填料式直接蒸发冷却器和板式间接蒸发冷却器的最佳淋水密度为基础，对这两种目前使用较多的蒸发冷却器的热工计算进行了简化，以增强蒸发冷却空调热工计算方法的实用性和便利性，使蒸发冷却空调设备的制造更加规范化和标准化[215]。

张丹等人类比了喷水室热工计算方法，分析了冷却塔供冷型间接蒸发预冷器＋叉流板式间接蒸发冷却器＋设置填料的直接蒸发冷却器的三级蒸发冷却空调系统的已知条件、计算内容和计算步骤。针对实际的工程测试数据，给出了一种蒸发冷却空调热工计算简化方法[216]。张丹等人系统地研究了间接、直接蒸发冷却空调的热工计算简化方法，并给出了详细的设计计算和校核计算过程。她还从节能的角度出发，对两级蒸发冷却空调机组进行了测试，得出了铝箔填料式直接蒸发冷却器最佳淋水密度在5500～6000kg/（m^2·h）之间，板式间接蒸发冷却器的最佳淋水密度在15～20kg/（m·h）之间[217～220]。

祝大顺等人介绍了新疆某医院住院楼的三级蒸发冷却空调系统，并作了能耗分析。结果表明，三级蒸发冷却空调系统的耗电量是机械制冷方式的1/5[221]。

熊军等人提出了一种再循环蒸发冷却方法，即利用一部分送风作为二次空气直接蒸发制取冷水，然后用冷水冷却室外空气。他们设计了一套再循环蒸发冷却装置，并通过实验测试了它的冷却效果。对再循环蒸发冷却空调技术在空调行业的应用进行了具体分析，提出了相应的系统应用设计方法[222]。

徐方成、尧德华等人对蒸发冷却与机械制冷复合空调机组进行了系统、深入的研究[223～231]。

黄翔获得了“一种蒸发冷却与机械制冷复合空调机组”、“蒸发冷却与机械制冷相结合的三级蒸发冷却空调机组”、“一种四级蒸发冷却组合式空调机组”、“紧凑型蒸发冷却与机械制冷复合空调机组”、“蒸发冷却与蒸发冷凝相结合的空调机组”、“热管与热泵相结合的蒸发冷却空调机组”、“多孔陶瓷间接、直接蒸发冷却器组合吊顶式蒸发冷却机组”及“一种超薄吊顶式蒸发冷却新风机组”等实用新型专利授权。黄翔等人还对蒸发冷却与机械制冷复合空调在中等湿度地区运行模式进行了系统研究[232～240]。

1.3.2 除湿与蒸发冷却相结合的空调系统

DESSOUKY 提出了一种新型的空调系统，该系统将膜空气干燥和间接/直接蒸发冷却进行了复合。膜除湿蒸发冷却系统工作的相对湿度范围在 30%～100%之间，温度在 22～45℃之间。分析表明，膜除湿蒸发冷却系统相对于机械蒸发式制冷机可节能 86.2%；机械蒸发式制冷机和间接蒸发冷却的组合系统及机械蒸发式制冷机和直接加间接蒸发冷却的组合系统分别比传统的单独机械蒸发式制冷方式节能 49.8%和 58.9%[241]。

Johnson 等人描述了中空纤维膜在蒸发冷却系统中的应用，中空纤维膜被捆扎成束，类似接触器的原理。实验研究结果表明，合理的纤维数量和膜表面积能提供比传统空调更好的制冷效率[242]。

曹熔泉等人从系统流程的构建、系统性能的研究、系统关键部位的优化等方面介绍了溶液除湿蒸发冷却空调系统的研究情况，探讨了进一步研究中的关键问题[243]。

1.3.3 半集中式蒸发冷却空调系统

L. Bellia 等人在意大利的气候条件下，针对加装蒸发冷却段的全空气和空气—水混合系统作了经济分析。对欧洲测试参考年中意大利的气象数据进行处理后，得出了这种系统与传统系统的性能比较结果。采用适当的计算程序对能量消耗和运行成本作出了评价[244]。

J. L. Niu 等人提出了一种用于炎热潮湿地区的辐射吊顶与除湿冷却相结合的空调系统。为了评价该系统的性能和节能潜力，还对另外 3 种系统的运行进行了分析。逐时模拟结果表明，辐射吊顶与除湿冷却相结合的空调系统比普通定风量全空气系统节能 44%，该系统转轮除湿的再生在全年 70%的时间内可用温度为 80℃的低品位热能来实现[245]。

B. Costelloe 等人分析了蒸发冷却在南欧和北欧的应用情况，吸收了最近的实验研究成果，用于分析的气象数据为气象测试参考年的数据。研究结果表明，用蒸发冷却方法产生冷却水有很大的潜力。间接蒸发冷却空气—水系统不但在北欧温带地区，而且在南欧部分城市也具有广阔的应用前景[246]。

L. Z. Zhang 等人采用逐时计算方法对除湿冷却与辐射吊顶相结合的空调系统在我国东南地区气象条件下的应用情况进行了测试。结果表明，该空调系统比全空气系统可节能 40%以上，该系统转轮除湿的再生在全年 99%的时间内可用温度为 80℃的低品位热能来实现，而采用旧的蒙特环境控制循环，全年只有 30%的时间可以利用低品位热能[247]。

T. W. Qing 等人分析了现有集中式蒸发冷却空调系统存在的风道尺寸大和不能实现分时控制的缺点，对应用半集中式蒸发冷却空调系统的可行性进行了分析和论证[248]。

黄翔等人在分析和研究集中式蒸发冷却空调自动控制系统的基础上，首次提出了在我国西北地区采用半集中式蒸发冷却空调系统的方案，并对该方案的应用场所和条件进行了详细的阐述[249]，为蒸发冷却空调系统在西北地区更多的民用与公共建筑中推广应用指明了方向。

屈元等人针对西北地区目前使用的蒸发冷却系统模式单一及其他问题，以乌鲁木齐为例对半集中式蒸发冷却空调系统与传统的半集中式空调系统进行了对比分析，讨论了半集中式蒸发冷却空调系统在西北应用的可能性[250]。

江亿等人提出了一种间接蒸发式供冷的方法及其装置[251]。该装置是在普通冷却器进风口处增设了增加成本不高却可节约大量能源的空气—水逆流换热器而形成的，其目的是采用逆流换热、逆流传质来尽量减少传热传质过程中的不可逆损失，以得到较低的供冷温度和较大的供冷量，提高设备利用率，节约能源。该装置的研制成功为半集中式蒸发冷却空调系统在西北地区的应用奠定了基础。江亿等人还获得了“一种基于间接蒸发冷却空调技术的空调系统”、“蒸发制冷冷水机组”和“一种同时产生冷水和冷风的间接蒸发制冷方法及装置”等发明专利授权[252~254]。

杨垒等人针对干工况风机盘管加蒸发冷却新风的空调方式的应用的几个相关问题进行了讨论，包括干工况风机盘管加新风空调系统各种参数的确定、节能情况和经济性，以实现风机盘管加新风系统从湿工况改造为干工况[255]。

兰治科等人对蒸发冷却与干式（工况）风机盘管相结合的半集中式空调系统的设计过程进行了详细分析。通过实例计算和系统分析表明，它不仅解决了目前蒸发冷却系统中存在的风管尺寸大、难以分室控制等问题，还比直流式全新风蒸发冷却空调系统节省能耗21.9%以上[256~260]。

李银明对蒸发冷却与辐射吊顶相结合的半集中式空调系统进行了系统的研究[261]；对新型辐射板在夏季与蒸发冷却结合供冷和在冬季供热的能力进行了实验研究，为辐射吊顶与蒸发冷却相结合的新型空调系统的设计计算和实际应用提供了详尽的技术参数；指出了新型辐射板与蒸发冷却相结合具有广阔的应用前景[262]；提出了将蒸发冷却空调技术与冷吊顶相结合的新型半集中式蒸发冷却空调系统方案。该系统由蒸发冷却空调机组承担室内的潜热负荷，冷却吊顶承担室内的显热负荷，冷却吊顶盘管中的冷水采用新疆当地的天然地下水、自来水或冷却塔产生的冷却水（16～18℃），冷却吊顶在夏季用于冷辐射，冬季用于热辐射。该系统达到蒸发冷却空调系统节能，减少送风管道尺寸，满足全年运行需要的目的[263]。以西安地区某一高档办公室为例，分析了室内空气温度分别为24℃和26℃时外围护结构内表面温度与发射系数 ε 的关系，得到了当外围护结构内表面发射系数满足一定条件时，蒸发冷却/辐射吊顶空调系统要比传统空调系统节能，并且热舒适性相同的结论[264]。李银明等人还针对目前国内应用辐射吊顶系统存在初投资高、冷却能力有限、容易结露等问题，提出了一种适合炎热干燥地区并能解决上述问题的送风方式——顶棚散流器扩散送风，并从西北地区的气象条件出发，详细分析了在西北主要城市应用该系统时辐射板上结露的可能性，并提出了解决结露问题的具体方案[265,266]。

刘晓华等人提出了在新疆设计温湿度独立控制的空调系统的方案：新风承担湿负荷，风机盘管运行在“干工况”以带走显热负荷。介绍了间接蒸发冷水机组利用室外干燥的新风产生冷水（冷水温度理论上可无限接近新风露点温度）的方法，并以新疆石河子某大厦为例，介绍了间接蒸发冷却制冷的温湿度独立控制系统的具体设计方法[267]。

谢晓云等人对间接蒸发冷水机组进行了理论与实验研究[268,269]。

黄翔获得了“基于蒸发冷却的置换通风与辐射供冷/热复合空调系统”发明专利授权。该发明的复合空调系统采用蒸发冷却空调技术为空调房间提供免费冷新风和零费用高温冷水，使同一辐射末端冬季用于供热、夏季用于供冷，一管两用，减少了系统初投资，克服了辐射末端结露的现象，极大地提高了室内空气品质，具有显著节能减排优势[270]。黄翔还获得了“基于再循环蒸发冷却塔和地源热泵冷热源的辐射空调系统”[271]和“蒸发冷却与工位—环境送风相结合的空调系统”[272]等实用新型专利授权。

闫振华等人对蒸发冷却与辐射供冷/热相复合的空调系统从理论基础、系统形式、工程设计、实验台设计及实验验证方面作了深入的研究[273~283]。

康宁对基于蒸发冷却的辐射供冷加置换通风系统进行了实验与数值模拟研究[284]。

高宏博等人对再循环蒸发冷却塔进行了系统的实验研究[285~290]。

黄翔还获得了“一种间接蒸发冷却式冷风/冷水复合型空调机组”发明专利授权[291]。该机组将间接蒸发冷却式冷风机组与冷水机组复合为一体，既可为建筑物提供冷却（加热）的空气，同时又可为间接蒸发冷却式冷风机组和空调末端装置提供冷水。黄翔还获得了“蒸发式冷凝/冷却空调冷水机组”、“一种热管冷回收型蒸发冷却式高温冷水机组”和“管式蒸发冷却器、蒸发冷却盘管组成的闭式空调机组”等实用新型专利授权[292~294]。

1.4 蒸发冷却空调技术相关问题

1.4.1 建筑物被动蒸发冷却技术

B. Givoni 论述了由一个隔热水池构成的间接蒸发冷却系统，分析了几种结构的系统（如带有和不带有夜间通风的情况，不同时刻冷却水在屋顶内循环的情况等），建立了用于计算温度平均值和最大值的预测方程[295]。

Z. Ghiabaklou 假设了一个被动蒸发冷却系统，并进行了相关的热舒适性研究，该方法是基于 Fanger 教授提出的热舒适方程而得出的[296]。

N. M. Nahar 等人针对干旱地区搭建了测试小室，在屋顶采用了不同的被动蒸发冷却空调技术，并进行了相关的性能研究[297]。

E. Ibrahim 等人在外界环境变化的条件下，对多孔陶瓷蒸发冷却器进行了实验研究，结果表明，在相对湿度升高 30％的情况下，干球温度降低了 6～8K，最大冷量达到了 $224W/m^2$[298]。

Jiang He 等人研究了多孔陶瓷构成的被动式蒸发冷却壁面（PECW）[299~301]。通过夏季收集到的实验数据分析得到，湿润的陶瓷管垂直表面放在室外有太阳辐射的地方，1h 时湿润高度超过 1m。潮湿的表面状况可以在夏季连续晴朗的条件下维持。陶瓷管垂直表面的温度发生了微小的变化。在夏季的白天，空气流过 PECW 时被冷却，并且温度被降低到最小值。同时发现陶瓷管阴面表面温度能够维持在一个温度几乎接近室外空气的湿球温度。

孟庆林对建筑表面被动蒸发冷却进行了系统的理论与实验研究。近年来主要研究了含湿砂层蒸发过程的温度波衰减，获得了含湿砂层常温工况下的蓄热系数和热惰性指标，该指标可用于含湿砂层构造体系的衰减度计算[302~304]。

范影等人将被动蒸发冷却空调技术在建筑中的应用方式归纳为 4 大类，由于建筑物得热的 50％来源于屋顶，所以着重阐述了屋顶的被动蒸发冷却空调技术。他们对各种被动蒸发冷却方式的结构特征进行了描述和性能比较，总结了适用于干热地区环境因素的建筑物被动冷却方式，提出了一种新型的用于贴附于建筑物墙体外表面的多孔调湿材料，分析了这种材料的结构特征及内部的传递机理，并进行了相关的实验研究。结果表明，在 10h

内，密闭空间相对湿度降低了25%左右；多孔调湿材料前后壁面温差最大可以达到7.3℃，平均温差约为4℃[305~309]。

1.4.2 蒸发冷却与相关技术的结合

王鸽鹏提出了在新疆地区将自然通风技术同蒸发冷却空调技术结合到一起的系统，并对此生态系统进行了分析[310]。

向瑾等人对蒸发冷却与置换通风相结合的空调系统从理论基础、系统组成、系统设计以及工程应用情况进行了深入的研究[311~315]。

樊丽娟等人提出了可以利用纳米光催化杀菌来解决蒸发冷却空调中细菌滋生的问题，且蒸发冷却空调可以为纳米光催化的反应提供适宜的温湿度与空气流速，为纳米光催化与蒸发冷却空调技术相结合的空调系统的开发及进一步推广提供了思路[316]。

黄翔等人提出了将直接蒸发冷却和负离子技术相结合，以进一步提高经过直接蒸发冷却器处理后的空气品质。通过实验测试了织物组织、纱线类别、织物纬密和相对湿度对织物的负离子释放量的影响[317]。

尧德华等人提出了蒸发冷却与工位—环境送风相结合的复合空调系统[318]。

1.4.3 蒸发冷却自动控制系统

强天伟和黄翔等人以西门子楼宇科技公司的SYSTEM 600 APOGEE（楼宇控制系统）为平台，结合在乌鲁木齐地区实际应用的蒸发冷却工程，针对自动控制系统中主要硬件的排放顺序、软件编写的优化，设计了较完善的集中式蒸发冷却空调系统自动控制方案。通过合理设置蒸发冷却设备，编写系统运行程序以及搭建BAS系统，使整个空调系统达到了最佳的温湿度控制，同时大大降低了能耗[319,320]。另外，他们还分别介绍了DDC在蒸发冷却空调机组自动控制中的应用，着重讨论了控制程序的作用，强调了控制程序的独特性和唯一性[321,322]。归纳了蒸发冷却VAV系统在我国智能建筑中的应用，提出了将两者结合应用的观点，并给出了VAV空调系统的设计方法[323]。

贺进宝阐明了如何将变风量控制技术结合到家用蒸发冷却空调系统当中，以解决分室控制的问题。结合我国居民目前的价格接受水平，针对不同的需求层次，在分析对比现有方法的基础上，提出了各自的解决方案及机组运行工况控制流程，完善了机组对温、湿度的控制[324~326]。介绍了新疆乌鲁瓦提水利枢纽发电厂的集中式蒸发冷却空调系统的设计以及运行调试情况[327]。

刘翔、黄翔等人分别对蒸发冷却空调系统的自动控制进行了研究，并引入了变风量空调系统控制总风量方法的设计思路——对风机的变频控制通过PLC实现，以使整个空调系统达到节能的目的[328~330]。

熊理等人引入了一种可编程控制器PLC结合模糊PID控制的基本设计思想和控制实现方法，设计了一个基于蒸发冷却组合式空调机组的自动控制方案，实现了对组合式空调机组的最佳温湿度控制和节能控制[331~335]。

卢永梅等人对蒸发冷却空调的监控系统进行了研究[336,337]。

黄翔申请了“蒸发冷却空调机组自控装置”、“节能生态型智能化蒸发冷却组合式空调机组自控装置”及“蒸发冷却空调的可视化监控系统”等三项实用新型专利。通过对

PLC可编程序控制器软硬件设计和对蒸发冷却空调机组电气线路原理的设计及控制程序的编写，实现对蒸发冷却空调机组现场数据的控制。同时通过WINcc组态，实现了上位机、触摸屏与PLC的连接、通信，进行数据处理和数据交换，从而达到对蒸发冷却空调机组可视化监控的目的[339~341]。

1.4.4 蒸发冷却水质处理

杨秀贞等人分析了蒸发冷却空调水系统结垢、腐蚀和菌藻增生的原因，在总结目前冷却水处理方法的基础上，首次提出将臭氧法应用于蒸发冷却空调水系统处理的方法。通过实验证明了臭氧法用于蒸发冷却空调水系统是可行的[342~347]。

何淦明申请了“具有磁化水处理器的蒸发式降温换气机”实用新型专利。该蒸发式降温换气机水泵的出水口接有一个磁化水处理器，利用永久磁场、自发式电子流、激发稀土纳米材料产生突变功能，从而形成“共振场”的协同效应，对水进行深度处理，使水中的矿物质溶解氧活化，从而达到去除水垢及细菌的目的[348]。

黄翔申请了“蒸发冷却空调循环冷却水的臭氧净化装置”实用新型专利。该臭氧净化装置减小了臭氧发生器的体积与能耗、提高了臭氧的利用率，节水效果明显。同时，杀菌、缓蚀、阻垢效果得到最大限度的提高[349]。

程刚申请了“臭氧协同紫外光催化净化蒸发冷却空调循环冷却水的装置”实用新型专利。该装置将臭氧氧化和光催化技术相结合，不仅减小了臭氧发生器的体积与能耗、提高了臭氧的利用率，还大幅度减少了臭氧投加量，而且水质净化效果好[350]。

1.4.5 蒸发冷却空调标准

合肥通用机械研究院、澳蓝（福建）实业有限公司和西安工程大学等单位在广泛吸收国内外蒸发冷却空调标准的基础上，起草了国家标准《蒸发式冷气机》[351~356]。宁波市产品质量监督检验所、东莞市科达机电设备有限公司和深圳市联创实业有限公司等单位起草了《蒸发式冷风扇》GB/T 23333—2009[357]。中国农业机械化科学研究院环境工程设备研究开发中心、中国农业大学设施农业生物环境工程重点实验室、陕西杨凌秦川节水灌溉设备工程有限公司等单位起草了《湿帘降温装置》JB/T 10294—2001[350]。中国建筑科学研究院、西安工程大学等单位还在编写《水蒸发冷却空调机组》标准。中国建筑科学研究院、北京市建筑设计研究院、上海机电设计研究院有限公司、新疆建筑设计研究院、西安工程大学等单位正在编写《水蒸发冷却工程技术规程》。

1.5 结束语

以上综述了近年来国内外蒸发冷却空调技术研究进展[362~365]。我国许多学者分别对蒸发冷却空调在我国不同区域的适用性进行了分析研究[366~369]。

《公共建筑节能设计标准》GB 50189—2005 第5.3.24条规定：在满足使用要求的前提下，对于夏季空气调节室外计算湿球温度较低、温度日较差大的地区，空气的冷却过程宜采用直接蒸发冷却、间接蒸发冷却或直接蒸发冷却与间接蒸发冷却相结合的二级或三级冷却方式[370]。《民用建筑供暖通风与空气调节设计规范》（征求意见稿）第7.3.18条规定：在气候比较干燥的西部和北部地区，如新疆、青海、西藏、甘肃、宁夏、内蒙古、黑龙江的全部、吉林的大部分地区、陕西、山西的北部、四川、云南的西部等地，考虑到节能，空气的冷却应优先采用蒸发冷却方式[371]。目前，人们正在就间接蒸发冷却的关键技术进行深入的研究，探索适宜采用蒸发冷却空调技术的特殊形式，使室外干燥空气中的自然湿能能被充分利用，并且寻找相应的温度和湿度调控手段；研究系统的设计方法和设计参数，并完成一批示范工程，将蒸发冷却空调技术与纳米光催化技术、活性炭吸附技术及离子化技术加以集成，使之在节能、环保和提高室内空气质量等方面发挥其重要作用。

参考文献

[1] 潘秋生．中国制冷史．北京：中国科学技术出版社，2008.

[2] 黄翔．空调工程．北京：机械工业出版社，2006.

[3] Dzivama A U, Bindir U B, Aboaba F O. Evaluation of Pad materials in construction of active evaporative cooler for storage of fruits and vegetables in arid environments. Agricultural mechanization in Asia Afria and Latin America，1999，30（30）.

[4] Faleh A S. Evaluation of the performance of local fibers in evaporative cooling. Energy Conversion and Management，2002，(43)：2267-2273.

[5] Liao C M, Chiu K H. Wind tunnel the system performance of alternative evaporative cooling pads in Taiwan region. Building and Environment，2002，(37)：177-187.

[6] Liao C M, Sher Singh, Wang T S.. Characterizing the performance of alternative evaporative cooling pad media in thermal environmental control applications. J Environ Sci Health，1998，33（7）：1391-1417.

[7] Dai Y J，Sumathy K. Theoretical study on a cross-flow direct evaporative cooler using honeycomb paper as packing material. Applied Thermal Engineering，2002，(22)：1417-1430.

[8] 由世俊，张欢，孙贺江等．金属填料型空气处理设备的热质传递性能研究．全国暖通空调制冷学术年会论文集（下册），2002：818-821.

[9] 邢永杰，魏东．淋水金属填料的直接蒸发冷却实验研究．制冷，2001，(4)：16-19.

[10] 孙贺江，由世俊，涂光备．空调用金属填料传热传质性能实验．天津大学学报，2005，38（6）：561-564.

[11] 由世俊，华君，涂光备．金属填料表面热质传递实验研究．制冷学报，2000，(4)：35-39.

[12] 邢永杰，由世俊．淋水金属填料的冷却、除湿性能研究．全国暖通空调制冷学术年会论文集，2002：632-635.

[13] 华君．金属填料冷却除湿性能研究［硕士学位论文］．天津：天津大学，2000.

[14] 李泌如．金属填料加热加湿性能的研究［硕士学位论文］．天津：天津大学，2001.

[15] 黄翔，武俊梅，宣永梅．两种填料直接蒸发冷却式空调机性能的实验研究．制冷学报，2001，(3)：33-40.

[16] 宣永梅，黄翔，武俊梅．直接蒸发冷却式空调机用填料的性能评价．洁净与空调技术，2001，(1)：6-8.

[17] 武俊梅，黄翔，陶文铨．单元式直接蒸发冷却空调机的优化设计．流体机械，2003，(1)：59-62.

[18] 杜鹃，武俊梅，黄翔．直接蒸发冷却空调机与冷却塔内部传热、传质过程的类比分析．制冷与空调，2003，(1)：11-14.

[19] 杜鹃，武俊梅，黄翔．直接蒸发冷却系统传热传质过程的数值模拟．制冷与空调，2005，(2)：28-33.

[20] 黄秋菊，刘乃玲，陈伟等．湿膜加湿器加湿性能的数值模拟分析．制冷，2006，25 (3)：44-50..

[21] 宣永梅．无机填料直接蒸发冷却空调机的理论与实验研究［硕士学位论文］．西安：西安工程科技学院，2001.

[22] 杜鹃．直接蒸发冷却系统传热传质过程的理论分析与数值模拟：［硕士学位论文］．西安：西安工程科技学院，2004.

[23] 董炳戌，张晓莉．平面水膜淋水器蒸发冷却过程的理论研究．兰州铁道学院学报（自然科学版），2001，(3)：99-102.

[24] 宋垚臻．空气与水逆流直接接触热质交换模型及分析．化工学报，2005，(4)：614-619.

[25] 宋垚臻．空气与水逆流直接接触热质交换模型计算及与实验比较．化工学报，2005， (6)：999-1003.

[26] 苏为，张天柱．湿帘体内强制换热机理分析．制冷与空调，2005，(3)：84-86.

[27] 张继元．湿垫内“水-气”间热质交换过程的理论分析．农业机械学报，1999，(4)：47-50.

[28] 强天伟，沈恒根．直接蒸发冷却空调工作原理及不循环水喷淋填料分析．制冷与空调，2005，(2)：62-65.

[29] 吕金虎，宋垚臻，卓献荣等．进口空气相对湿度对直接蒸发冷却式空调机性能的影响．制冷，2005，(3)：67-69.

[30] 张正一，张妍，孙聿峰．一种多孔介质蒸发冷却中冷器性能的初步研究．热能动力工程，2004，(2)：163-166.

[31] 蒋毅，张小松，殷勇高．无机填料的直接蒸发冷却实验研究．第四届全国制冷空调新技术研讨会论文集，2006：211-215.

[32] 孙洲阳．基于智能方法的蒸发型空调系统性能实验与优选研究：［博士学位论文］ ，天津：天津大学，2002.

[33] 由世俊．空调用金属填料传热传质性能的实验研究［博士学位论文］．天津：天津大学，2003.

[34] 强天伟．通风空调设备用蒸发冷却节能技术的研究［博士学位论文］．上海：东华大学，2006.

[35] Sun Z. Y，Tu G. B，You S. J et al. A novel method to study on evaporative cooling air conditioning performance. Cryogenics and Refrigeration Proceedings of ICCR，2003.

[36] 由世俊，牛润萍，张欢．空调用填料表面传热传质性能的预测分析．暖通空调增刊，2006，36：254 256.

[37] 强天伟，沈恒根，宣永梅．用人工神经网络方法预测分析直接蒸发冷却空调机的性能参数．暖通空调，2005，35 (11)：10-12.

[38] 葛柳平．金属填料热质交换性能研究［硕士学位论文］．天津：天津大学，2003.

[39] 冯胜山，刘庆丰．泡沫陶瓷填料表面热、质传递过程研究．洁净与空调技术，2007，(4)：11-14.

[40] 刘小文，黄翔，吴志湘．多孔陶瓷填料直接蒸发冷却器的实验研究．制冷与空调，2010，10 (2)：46-49.

[41] 刘小文，黄翔，吴志湘．直接蒸发冷却器填料性能的研究［J］ 流体机械，2010，38 (4)：53-57.

[42] 刘小文，黄翔，吴志湘．多孔陶瓷填料直接蒸发冷却器性能分析．建筑热能通风空调，2009，28 (5)：45-48.

[43] 卢振，李志勇，张吉礼．规则纸填料淋水式空气冷却器热工特性分析．暖通空调，2009，39 (11)：83-87.

[44] 何淦明．一种自吸水湿帘：中国，ZL 200810028481.1 ，2008-06-03.

[45] 黄翔，刘小文等．一种基于多孔陶瓷填料的直接蒸发冷却器：中国，ZL 200920031965.1，2009-02-20.

[46] Helmut Paschold，Wen-Whai Li，Hugo Morales et al. Laboratory study of the impact of evaporative coolers on indoor PM concentrations. Atmospheric Environment，2003，(37)：1075-1086.

[47] Wen-Whai Li，Helmut Paschold，Hugo Morales et al. Correlations between short-term indoor and outdoor PM concentrations at residences with evaporative coolers. Atmospheric Environment，2003，(37)：2691-2703.

[48] Helmut Paschold，Wen-Whai Li，Hugo Morales et al. Elemental analysis of airborne particulate matter and cooling water in west Texas residences. Atmospheric Environment，2003，(37)：2681-2690.

[49] Helmut Paschold. The effects of evaporative cooling on indoor/outdoor air quality in an arid region：[博士学位论文]，American：The University of Texas at EI Paso，2002.

[50] 孙贺江，马德刚，张欢等．填料型洗涤式空气过滤器实验研究．暖通空调新技术．北京：中国建筑工业出版社，2003：66-69.

[51] 马德刚，张欢，叶天震等．湿式填料在中央空调中除尘的效果观察．中国公共卫生，2004，(3)：369-370.

[52] 王一飞，张欢，由世俊．洗涤式金属填料空气过滤器的试验研究．燃气与热力，2006，(2)：74-76.

[53] 张伟峰，黄翔，颜苏芊．填料式喷水室净化处理室外新风中 PM_{10} 的实验研究．洁净与空调技术，2006，(1)：8-11.

[54] 张伟峰．填料式喷水室净化处理室外新风中 PM_{10} 及加湿性能的研究［硕士学位论文］．西安：西安工程科技学院，2006.

[55] 金明．金属填料过滤器的实验研究［硕士学位论文］．天津：天津大学，2004.

[56] 张欢，李博佳，由世俊．金属填料型直接蒸发冷却装置在空气处理机组中的应用研究．暖通空调，2009，39 (9)：24-27.

[57] Prasad M. Design of an evaporative cooling ventilation system for a production shop-a case study. International Congress of Regrigeration，2003.

[58] Hindoliya D A，Mullick S C. Effect of saturation efficiency of direct evaporative cooler on indoor conditions and thermal comfort in a small office room of a building. Indoor air，2005：254-259.

[59] Chaker M，Meher-Homji C B，Mee III T et al. Inlet fogging of gas turbine engines detailed climatic analysis of gas turbine evaporation cooling potential in the USA. Transctions of the ASME，2003，(125)：300-309.

[60] Krishan Kant，Ashvini Kumar，Mullick S. C. Space conditioning using evaporative cooling for summers in Delhi. Building and Environment，2001，(36)：15-25.

[61] Lucas E M，Randall，Meneses J F. Potential for evaporative cooling during heat stress periods in pig profuction in Protugal (Alentejo)．J agric Engng Res，2000，(76)：363-371.

[62] 林易谈．蒸发型冷气机在高湿车间中的应用．暖通空调，2001，31 (6)：102-104.

[63] 林易谈，聂武雄，戴树百．蒸发冷却在新疆地区应用探讨．供热制冷，2000：25-26.

[64] 强天伟，沈恒根，冯健民等．直接蒸发冷却空调机使用中的问题及探讨．制冷与空调，2005，(6)：92-94.

[65] 强天伟，沈恒根，冯健民等．直接蒸发冷却空调在我国非干燥地区应用分析．制冷空调与电力机械．2006，(3)：21-24.

[66] 强天伟，沈恒根，冯健民等．蒸发冷却空调设备在空压机房中的应用．暖通空调，2006，(10)：114-116.

[67] 檀志恒，强天伟，沈恒根．蒸发冷却空调在工业厂房的应用研究．制冷与空调，2006，(2)：63-66.

[68] 黄金福．蒸发型冷气机：中国，ZL 200430049410.2，2004-04-30.
[69] 汤志勤，汤焕毅等．一种空调器：中国，ZL 200420043298.6，2004-03-09.
[70] 张兰．直接蒸发冷却空调的技术现状及应用前景．第四届全国制冷空调新技术研讨会论文集，南京，2006：416-419.
[71] 张兰．直接蒸发冷却空调的理论及实验研究［硕士学位论文］．北京：北京工业大学，2006.
[72] 秦继恒，刘忠宝，王志敏，等．一种新型直接蒸发冷却空调机的性能测试．制冷与空调，2007，7（1）：69-72.
[73] 高晓明．直接蒸发冷却的理论和实验研究［硕士学位论文］．沈阳：东北大学，1998.
[74] 沈学明．高温高湿地区地区蒸发式降温换气机实际的使用性能研究［硕士学位论文］．上海：同济大学，2006 .
[75] 檀志恒．湿膜直接蒸发冷却在工业车间通风降温的应用研究［硕士学位论文］．上海：东华大学，2006.
[76] 黄秋菊．湿膜加湿器性能的计算机仿真与实验研究［硕士学位论文］．山东：山东建筑大学，2006.
[77] 赵红英．西北干旱地区空调系统节能研究［硕士学位论文］．四川：西南交通大学，2007.
[78] 何淦明．采用调速电机驱动的蒸发式降温换气机：中国，ZL 200620068179.5，2006-11-24.
[79] 黄翔，汪超等．一种复合空调器：中国，ZL 200920032384.X，2009-03-30.
[80] 辛军哲，何淦明，周孝清．室外气象条件对直接蒸发冷却式空调使用功效的影响．流体机械，2007，35（10）：79-81.
[81] 辛军哲，周孝清，何淦明．直接蒸发冷却式空调系统的适用室外气象条件．暖通空调，2008，38（1）：52-53.
[82] 向强，辛军哲．蒸发式冷风扇在干燥地区的性能分析．制冷，2009，28（2）：33-35.
[83] 马建兴．直接蒸发冷却在纺织空调中的应用．制冷，2009，37（增刊）：55-56.
[84] KRAJCI I. Indirect adiabatic cooling with sprayed cross-flow heat exchanger by water. International Congress of Refrigeration ，2003.
[85] Khalid A J，Mehdi S M . Application of indirect evaporative cooling to variable domestic cooling load. Energy Conversion and Management，2000，(41)：1931-1951.
[86] Maheshwari G P，Al-Ragom F，Suri R K. Energy-saving potential of an indirect evaporative cooler. Applied Energy，2001，(69)：69-76.
[87] Gasparella A，Longo G A . Indirect evaporative cooling and economy cycle in summer air conditioning. International Journal of Energy Research，2003，(27)：625-637.
[88] Yang H X，Wu K T. Utilization of indirect evaporative cooling technology for energy recoverg of central air conditioning system，7th Asia Pacific Conference on the Building Environment，2003.
[89] Choo Hyun Seon，LEE Kwan Soo，LEE Dae-Young . Effects of evaporation water flow rate on the cooling performance of an indirect evaporative cooler，The 3rd Conference on Refrigeration and air conditioning，2006：409-412.
[90] 周孝清，陈沛霖．间接蒸发冷却器的设计计算方法．暖通空调，2000，30（1）：39-42.
[91] 任承钦．蒸发冷却烟 分析及板式换热器的设计与模拟研究［博士学位论文］．长沙：湖南大学，2001.
[92] 任承钦，彭美君．间接蒸发冷却板式换热器的烟 效率分析．工业加热，2005，(3)：7-10.
[93] Ren Chengqin，Yang Hongxing. An analytical model for the heat and mass transfer processes in indirect evaporative cooling with parallel/counter flow configurations. International Journal of Heat and Mass Transfer，2006，(49)：617-627.

[94] 张龙爱，任承钦，丁杰，等．CFD方法与间接蒸发冷却换热器的三维数值模拟．制冷与空调，2005，(4)：14-19.

[95] 张龙爱，任承钦．间接蒸发冷却板式换热器换热性能的数值模拟．制冷空调与电力机械，2005，(5)：6-9.

[96] 范伟明，丁杰，刘彪．一次空气有冷凝的间接蒸发冷却过程的三维数值模拟．制冷空调与电力机械，2006，(3)：12-16.

[97] 范伟明．有冷凝的板式间接蒸发冷却器三维数值模拟及性能分析［硕士学位论文］．长沙：湖南大学，2006.

[98] 丁杰，任承钦．间接蒸发冷却方案的比较研究．建筑热能通风空调，2006 (4)：100-103.

[99] 丁杰．间接蒸发冷却器的数值模拟及传热传质系数研究［硕士学位论文］．长沙：湖南大学，2006.

[100] 王华辉．间接蒸发冷却换热器换热特性与阻力特性的实验研究［硕士学位论文］．上海：湖南大学，2008.

[101] 杨建坤，张旭，刘乃玲．板式间接蒸发冷却器的优化设计．制冷空调与电力机械，2004，(5)：43-46.

[102] 杨建坤，张旭，徐琳．蒸发冷却空调房间气流组织的数值模拟．建筑热能通风空调，2004，(3)：14-17.

[103] 杨建坤．蒸发冷却空调技术的应用研究［硕士学位论文］．西安：西安建筑科技大学，2002.

[104] 屈元，黄翔．间接蒸发冷却器热工计算数学模型及验证．流体机械，2004，32 (11)：50-53.

[105] 李刚，黄翔．一种板式间接蒸发冷却器数学模型的验证．纺织高校基础科学学报，2005，(4)：381-384.

[106] Stoitchkov N J, Dimitrov G I. Effectiveness of cross-flow plate heat exchange for indirect evaporative cooling. Int JRefrig，1998，21 (6)：463-471.

[107] 陈恒亮．横流板式间接蒸发冷却热回收装置的研究［硕士学位论文］．济南：山东建筑大学，2007.

[108] 于向阳．逆流复合间接蒸发制冷空气处理机：中国，ZL 200610131949.0，2008-04-16.

[109] 于向阳．交叉流复合间接蒸发冷却空气处理机：中国，ZL 200610131948.6，2008-04-16.

[110] 于向阳．递进式间接蒸发冷却器：中国，ZL 200710148446.9，2007-08-31.

[111] 于向阳．逆流间接蒸发冷却器：中国，ZL 200710180049.X，2007-12-19.

[112] 黄翔，毛秀明等．多孔陶瓷板翅式间接蒸发冷却器：中国，ZL 200820028837.7，2008-04-14.

[113] 张旭，陈沛霖．管式间接蒸发冷却器中传递过程熵分析及优化．同济大学学报，2000，(4)：457-461.

[114] 嵇伏耀．包覆吸水性材料椭圆管式间接蒸发冷却器的研究［硕士学位论文］．西安：西安工程科技学院，2003.

[115] 嵇伏耀，黄翔，狄育慧．塑料椭圆管式间接蒸发冷却器的研究．流体机械，2003，(增刊)：305-309.

[116] 贺进宝，黄翔．椭圆管式间接蒸发冷却器热质交换过程初探．西安：西安工程科技学院学报，2003，(专辑)：6-8.

[117] 周斌，黄翔，狄育慧．间接蒸发冷却器中布水器对传热传质的影响．建筑热能通风空调，2003，(5)：24-26.

[118] 周斌．间接蒸发冷却器中均匀布水的试验研究［硕士学位论文］．西安：西安工程科技学院，2005.

[119] 黄翔，周斌，于向阳，等．管式间接蒸发冷却器均匀布水的实验研究．暖通空调，2006，36

(12)：48-52.

[120] 王玉刚，黄翔，武俊梅，等．包覆在椭圆管式间接蒸发冷却器上功能性吸湿材料的理论与试验研究．流体机械，2005，(3)：46-49.

[121] 王玉刚，黄翔，武俊梅．TIEC管内插入螺旋线强化一次空气传热的研究．纺织高校基础科学学报，2005，(4)：385-388.

[122] 王玉刚．管式间接蒸发冷却器中强化传热传质的实验研究[硕士学位论文]．西安：西安工程科技学院，2006.

[123] 黄翔，嵇伏耀，狄育慧，等．包覆吸水性材料椭圆管式间接蒸发冷却器的理论与实验研究．制冷学报，2006，(2)：48-54.

[124] 黄翔，武俊梅．管式间接蒸发冷却器数学模型分析．建筑热能通风空调，2007，26(2)：33-36.

[125] 黄翔，王玉刚，于向阳，等．管式间接蒸发冷却器工作原理与试验研究．棉纺织技术，2007，35(4)：8-12.

[126] 黄翔，樊丽娟，吴志湘．管式间接蒸发冷却器性能测试与分析．建筑科学，2009，25(6)：49-53.

[127] 樊丽娟，黄翔，吴志湘．管式间接蒸发冷却系统中强化管外传热传质方法的对比分析．流体机械，2008，36(11)：47-51.

[128] 樊丽娟．管式间接蒸发冷却器亲水性能的实验研究[硕士学位论文]．西安：西安工程大学，2009.

[129] 徐方成，黄翔，武俊梅．管式间接蒸发冷却空调机组在纺织厂的应用．棉纺织技术，2009，37(2)：59-61.

[130] 王芳．管式间接蒸发空气冷却器热工性能模拟[硕士学位论文]．西安：西安工程大学，2010.

[131] 王芳，武俊梅，黄翔等．管式间接蒸发空气冷却器传热传质模型的建立及验证，制冷与空调，2010，10(1)：45-50.

[132] 黄翔，宣永梅等．一种椭圆管式间接蒸发冷却器：中国，ZL 200720031002.2，2007-01-05.

[133] 黄翔，于优城等．一种管式间接蒸发冷风/冷水机：中国，ZL 200720126423.3，2007-11-20.

[134] 黄翔，于优城等．一种管式间接和填料式直接两级蒸发冷却空调机组：中国，ZL 200820028781.5，2008-04-10.

[135] 黄翔，汪超等．管式间接蒸发冷却和喷淋式直接蒸发冷却复合空调机组：中国，ZL 200820028782.X，2008-04-10.

[136] 黄翔，樊丽娟等．强化管式间接蒸发冷却器换热管外传热传质的方法：中国，200710018981.2，2007-10-31.

[137] 黄翔，王芳等．一种多孔陶瓷管式露点间接蒸发冷却器：中国，ZL 200820029064.4，2008-05-09.

[138] 黄翔，毛秀明等．立管式露点间接蒸发冷却器：中国，ZL 200820029619.5，2008-07-14.

[139] Felver T G，Sxofield M，Dunnavant K. Cooling California’s computer centers. Heating/Piping/Air conditioning Engieering，2001，(73)：59-63.

[140] Martinez F J R，Plasencia M A Alvarez-Guerra，Gomez E V，et al. Design and esperimental study of a mixed energy recovery system，heat pipes and indirect evaporative equipment for air conditioning. Energy and Buildings，2003，(35)：1021-1030.

[141] Riffat S B，Zhu Jie. Mathematical model of indirect evaporative cooler using porous ceramic and heat pipe. Applied Thermal Engineering，2004，(24)：457-470.

[142] Scofield M. Indirect/Direct evaporative cooling. Heating/Piping/Air conditioning Engineering，2005：38-45.

[143] 柯明村，黄建忠．创新型外气空调机之研发．第一届中华明国制冷空调学术研讨会论文集，

2002：270-281.

[144] 王文，余霞等．间接蒸发冷却式空调通风节能系统：中国，ZL 03151037.X，2003-09-18.

[145] 王文，余霞，肖萧，等．热管换热器在间接蒸发冷却空调系统中的应用分析．第九届全国热管会议论文集，2004：256-261.

[146] 余霞．间接蒸发在大型空调回热换气及节能中的应用研究［硕士学位论文］．上海：上海交通大学，2004.

[147] 包向忠，陈振乾．热管间接蒸发和吸湿冷却空调系统应用分析．建筑热能通风空调，2004，(4)：43-46.

[148] 吉仕福，余霞，王文．间接蒸发冷却用于空调新风预冷的实验研究．暖通空调，2006，36（4）：97-99.

[149] 王晓杰．热管式间接蒸发冷却器的理论分析与实验研究［硕士学位论文］．西安：西安工程科技学院，2006.

[150] 王晓杰，黄翔，武俊梅．一种新型热管间接蒸发冷却器的分析．流体机械，2004，(12)：72-74.

[151] 王晓杰，黄翔，武俊梅，等．热管式间接蒸发冷却器性能试验研究．第十届全国热管会议论文集，2006：58-65.

[152] 郑久军，黄翔，王晓杰，等．热管式间接蒸发冷却空调系统的探讨．制冷空调与电力机械，2006，(5)：14-17.

[153] 郑久军，黄翔，王晓杰．热管式间接蒸发冷却器实验台的设计．全国空调与热泵节能技术交流会论文集，2005：228-233.

[154] 郑久军．热回收型热管式两级蒸发冷却空调系统性能实验研究［硕士学位论文］．西安：西安工程大学，2007.

[155] 郑久军，黄翔，狄育慧，等．一种节能型的舒适性空气调节系统．流体机械，2007，35（3）：73-75.

[156] 郑久军，黄翔，王晓杰，等．热管式两级蒸发冷却空调系统性能实验研究．西安工程科技学院学报，2007，21（1）：122-125.

[157] 姚文江，陈建良，许岷．空调用平置吸液芯热管换热器的研制．第十届全国热管会议论文集，2006：143-147.

[158] 黄翔，王晓杰，郑久军．一种新型热管间接蒸发冷却器传热传质分析．暖通空调，2005，35（增刊）：285-288.

[159] 黄翔，郑久军，王晓杰，等．热管式间接蒸发冷却空调系统在建筑中的应用的节能分析．第十届全国热管会议论文集，2006：251-257.

[160] 黄翔，武俊梅，王晓杰，等．热管式蒸发冷却器性能实验．化工学报，2006，57（增刊）：63-67.

[161] 吴生．热回收型热管式间接蒸发冷却空调机组的研究［硕士学位论文］．西安：西安工程大学，2009.

[162] 吴生，黄翔，武俊梅．热回收型热管式间接蒸发冷却器的传热传质机理及优化设计．制冷，2009，28（1）：7-12.

[163] 吴生，黄翔，武俊梅，等．热回收型热管式间接蒸发冷却器的设计计算．制冷与空调，2009，23（3）：16-20.

[164] 吴生，黄翔，武俊梅．热管式间接蒸发冷却空调机组的性能分析．西安工程大学学报，2009，23（1）：79-83.

[165] 黄翔，殷清海等．热回收型热管式两级蒸发冷却器：中国，ZL 200720031417.X，2007-03-27.

[166] 黄翔，吴生等．一种热端带有多孔陶瓷储水器的热管间接蒸发冷却器：中国，ZL

200820029279.6，2008-06-04.

[167] Maisotsenko V，Gillan L E，Heaton T L，et al. Method and plate apparatus for dew point evaporative cooler：US 6，581，402，B2，2003-06-24.

[168] 麦索特森科 V 等．用于露点蒸发冷却器的方法和板装置：中国，ZL 02828060.1，2001-09-27.

[169] Maisotsenko V，Gillan L. The Maisotsenko cycle for air desiccant cooling. The 4th International Symposium on HVAC，2003.

[170] 李大宁，姜炳复等．再生式蒸发冷却器：中国，ZL 01123204.8，2001-07-17 .

[171] CHOI Bong Su ，HONG HiKi，LEE Dae-Young. Optimal configuration for a compact regenerative evaporative cooler，The 3rd Asian conference on refrigeration and air-conditioning. Gyeongju，2006.

[172] Zhao X，Li JM，Riffat SB. Numerical study of a novel counter-flow heat and mass exchanger for dew point evaporative cooling. Applied Thermal Engineering ，2008，(28)：1942-1951.

[173] Zhao X. Feasibility study of novel dew point air conditioning for the UK and China buildings. Research Proposal to ICUK Partnership Grant，2008，(6) ..

[174] Zhao X，Zhiyin Duan，Changhong Zhan Riffat SB. Dynamic performance of a novel dew point air conditioning for the UK buildings. International Journal of Low-Carbon Technologies ，2009，(4)，27-35..

[175] Zhao X，Shuang Yang，Zhiyin Duan，Riffat SB. Feasibility study of a novel dew point air conditioning system for China building application. Building and Environment，2009，(44)：1990-1999.

[176] 袁一军，沃尔特·阿尔伯斯等．多级再生式多通道蒸发冷却方法及换热器：中国，ZL 200310122817.8，2003-12-21.

[177] 袁一军．Genius 湿能空调器．暖通空调，2000，30 (3)：46-47.

[178] 袁一军．新型绿色空调-Genius 湿能空调器应用前景分析．建筑热能通风空调，2000，(1)：18-20.

[179] 裴德凤，袁一军．一种新型空调—全新风湿能空调器的研究．流体机械，2005，(3)：70-72.

[180] 丁胜华，袁一军，沈永年．机械压缩和蒸发冷却复合新风空调器的研究．流体机械，2005，(4)：50-52.

[181] 蒋珍华，邱利民，欧阳录春，等．湿能空调器的结构与性能分析．流体机械，2005，(7)：82-85.

[182] 尹进福．一种重复利用湿能的单多级间接蒸发冷却方法：中国，ZL 200510018082.3，2005-10-10.

[183] 陈俊萍．露点间接蒸发冷却器优化及应用研究［硕士学位论文］．西安：西安工程大学，2008.

[184] 陈俊萍，黄翔，宣永梅．露点间接蒸发冷却器设计探讨．制冷与空调，2006，6 (6)：35-38.

[185] 陈俊萍，黄翔，宣永梅．露点间接蒸发冷却器性能影响因素分析．暖通空调，2007，37 (增刊)：305-308.

[186] 陈俊萍，黄翔，宣永梅．露点间接蒸发冷却器㶲分析．流体机械，2007，35 (11)：78-82.

[187] 陈俊萍，黄翔，宣永梅．露点间接蒸发冷却器性能测试研究．西安工程科技学院学报，2007，21 (3)：393-397.

[188] 陈俊萍，黄翔，宣永梅．露点间接蒸发冷却器的应用分析．制冷与空调，2008，8 (5)：23-26.

[189] 陈俊萍，黄翔，宣永梅．露点间接蒸发冷却空调技术在纺织厂的应用．棉纺织技术，2008，36 (5)：23-26.

[190] 黄翔，陈俊萍，宣永梅．露点间接蒸发冷却器的研究．暖通空调，2008，38 (增刊)：191-195 .

[191] 张强，郝玉涛，杨双等．露点间接蒸发冷却空调技术的研究进展及现状分析．制冷与空调，

2010，10（1）：17-22.

[192] 伍耀钧．一种复叠式多级蒸发芯体：中国，ZL 200710030855. 9，2007-10-16.

[193] 黄翔，陈俊萍等．一种露点板式间接蒸发冷却器：中国，ZL 200710017989. 7 ，2007-06-05.

[194] 黄翔，武俊梅等．一种再循环管式露点蒸发冷却空调机组：中国，ZL 200820028836. 2，2008-04-14.

[195] 黄翔，刘小文等．基于露点间接蒸发冷却器的两级空调机组：中国，ZL 200920032214. 1，2009-08-16.

[196] Martinez F J R，Gomez E V，Martin R H，et al. Comparative study of two different evaporative systems：an indirect evaporative cooler and a semi-indirect ceramic evaporative cooler. Energy and Buildings，2004.

[197] R. Herrero Martl'n，F. J. Rey Martl'nez，E. Velasco Go'mez. Thermal comfort analysis of a low temperature waste energy recovery system：SIECHP Energy and Buildings ，2008，（40）：561-572.

[198] R. Herrero Martl'n. Numerical simulation of a semi-indirect evaporative cooler. Energy and Buildings ，2009，(41)：1205-1214.

[199] R. Herrero Martl'n. Characterization of a semi-indirect evaporative cooler Applied Thermal Engineering ，2009，(29)：2113-2117.

[200] 毛秀明，黄翔，文力．多孔功能陶瓷露点板翅式间接蒸发冷却器设计探讨．制冷与空调，2008，8（6）：27-31.

[201] 毛秀明，黄翔，文力．多孔陶瓷管式露点间接蒸发冷却器的设计计算．西安工程大学学报，2009，23（4）：88-92.

[202] 刘小文，黄翔，吴志湘．多孔陶瓷露点间接蒸发冷却器传热传质机理分析．洁净与空调技术，2009，(2)：11-14 .

[203] 毛秀明．多孔陶瓷管式露点间接蒸发冷却器的研究［硕士学位论文］．西安：西安工程大学，2010.

[204] 毛秀明，黄翔，文力，多孔陶瓷管式露点间接蒸发冷却器实验研究，建筑科学，2010，26（4）：57-61.

[205] Sukhdev S，Mathaudhu P E. Evaporative cooling in California. ASHRAE Journal，2000，（10）：81-83.

[206] Tashtoush B，Mahmood T，Ahmed Al-hayayneh. Thermodynamic behaviour of an air-conditioning system employing combined evaporative-water and and air coolers. Applied Energy，2001，（70）：305-319.

[207] Lain M，Duska M，Matejicek K. Application of evaporative cooling techniques in the CZECH Republic. Inernational Congress of Refrieration ，2003：1-8.

[208] Davis Energy Group. Development of an improved two-stage evaporative cooling system . Consultant Report，2004 .

[209] 于向阳．多级蒸发冷却制冷机：中国，ZL 99259083. 3，2000-09-16 .

[210] 屈元．多级蒸发冷却空调系统的理论与实验研究［硕士学位论文］．西安：西安工程科技学院，2003.

[211] 黄翔，屈元，狄育慧．多级蒸发冷却空调系统在西北地区的应用．暖通空调 .2004，34（6）：67-71 .

[212] 黄翔，周斌，于向阳，等．新疆地区三级蒸发冷却空调系统工程应用分析．暖通空调，2005，35（7）：104-107.

[213] 黄翔．蒸发冷却新风空调集成系统．暖通空调，2003，33（5）：13-16.
[214] 黄翔，周斌，屈元，等．三级蒸发冷却空调热工计算法与工程应用分析．第三届全国制冷空调新技术研讨会论文集，2005：62-66.
[215] 黄翔，张丹，吴志湘，等．蒸发冷却空调设计方法研究—两种蒸发冷却器热工计算方法的简化．流体机械，2006，34（12）：75-78 .
[216] 张丹．蒸发冷却空调简化热工计算与系统设计方法的理论与实验研究［硕士学位论文］．西安：西安工程科技学院，2006.
[217] 张丹，黄翔，吴志湘．关于三级蒸发冷却空调系统简化热工计算方法的探讨．全国暖通空调制冷学术会议论文集．北京：中国建筑工业出版社，2004：202-208.
[218] 张丹，黄翔，吴志湘．蒸发冷却空调系统设计方法研究—简化热工计算的步骤与内容分析．流体机械，2005，(增刊)：323-327.
[219] 张丹，黄翔，吴志湘．蒸发冷却空调最佳淋水密度的实验研究．西安工程科技学院学报，2006，(2)：191-194.
[220] 张丹，黄翔，刘舰等．蒸发冷却空调系统的设计原则与设计方法的研究，制冷与空调，2008，8(2)：18-24.
[221] 祝大顺．浅谈新疆某医院住院楼蒸发制冷空调系统．制冷与空调，2004，(3)：50-53.
[222] 熊军，刘泽华，宁顺清．再循环蒸发冷却空调技术及其应用．建筑热能通风空调，2005，(4)：41-44.
[223] 徐方成．蒸发冷却与机械制冷复合空调机组的研究［硕士学位论文］．西安：西安工程大学，2009.
[224] 徐方成，黄翔，武俊梅．与蒸发冷却复合的三种除湿空调系统的设计与实践．建筑热能通风空调，2008，27（6）：47-49.
[225] 徐方成，黄翔，武俊梅．蒸发冷却与机械制冷复合空调系统分析．西安工程大学学报，2008，22（6）：741-745.
[226] 徐方成，黄翔，武俊梅．蒸发冷却与机械制冷复合空调机组㶲分析．建筑节能，2008，36(11)：4-6.
[227] 徐方成，黄翔，武俊梅．蒸发冷却在空调系统中的应用分析．流体机械，2009，37（1）：77-80.
[228] 徐方成，黄翔，武俊梅，等．蒸发冷却与机械制冷复合空调机组实验研究．暖通空调，2009，39（9）：42-45.
[229] 尧德华，黄翔，吴志湘．四级蒸发冷却组合式空调机组能耗分析．建筑节能，2009，37（5）：42-43.
[230] 尧德华，黄翔，吴志湘．西安某综合楼四级蒸发冷却空调系统设计．制冷空调工程技术，2009，(4)：23-25.
[231] 尧德华，黄翔，吴志湘．蒸发冷却空调新风机组探讨，洁净与空调技术，2010，(2)：61-64.
[232] 黄翔，徐方成等．一种蒸发冷却与机械制冷复合空调机组：中国，ZL 200720126381.3 ，2007-11-15.
[233] 黄翔，尧德华等．蒸发冷却与机械制冷相结合的三级蒸发冷却空调机组：中国，ZL 200920032353.4 ，2009-03-26.
[234] 黄翔，汪超等．一种四级蒸发冷却组合式空调机组：中国，ZL 200820028835.8，2008-04-14.
[235] 黄翔，汪超等．紧凑型蒸发冷却与机械制冷复合空调机组：中国，ZL 200820222560.1 ，2008-11-21.
[236] 黄翔，汪超等．蒸发冷却与蒸发冷凝相结合的空调机组：中国，ZL 200820221674.4 ，2008-09-28.

[237] 黄翔，汪超等．热管与热泵相结合的蒸发冷却空调机组：中国，ZL 200820221681.4 ，2008-09-28.

[238] 黄翔，汪超等．多孔陶瓷间接、直接蒸发冷却器组合吊顶式蒸发冷却机组：中国，ZL 200920308694.X ，2008-08-24.

[239] 黄翔，汪超等．一种超薄吊顶式蒸发冷却新风机组：中国，2009203088979，2008-08-26.

[240] 黄翔，徐方成，闫振华，等．蒸发冷却与机械制冷复合空调在中湿度地区的运行模式研究．暖通空调，2009，39（9）：28-33.

[241] EL-DESSOUKY H T，ETTOUNEY H M and BOUHAMRA W. A novel air conditioning system membrane air drying and evaporative cooling. Institution of Chemical Engineers，2000，(78)：999-1009.

[242] Johnson D W，Yavuzturk C，Pruis J. Analysis of heat and transfer phenomena in hollow fiber membranes used for evaporative cooling. Journal of Membrane Science，2003，(227)：159-171.

[243] 曹熔泉，张小松，彭冬根．溶液除湿蒸发冷却空调系统及其若干重要问题．暖通空调，2009，39（9）：13-19.

[244] Bellia L，Mazzei P，Minichiello F，et al. Cooling energy consumption and operating costs：evaporative all-air and air-waer systems in the Italian climate. International Journal of Energy Reseach，2000，(24)：163-175.

[245] Niu J L，Zhang L Z，Zuo H G. Energy savings potential of chilled-ceiling combined with desiccant cooling in hot and humid climates. Energy and Buildings，2002，(34)：487-495.

[246] Costelloe B ，Finn D. Indirect evaporative cooling potential in air-water systems in air-water systems in temperate climates. Energy and Buildings，2003，(35)：573-591.

[247] Zhang L Z，Niu J L. A pre-cooling Munters environmental control desiccant cooling cycle in combination with chilled-ceiling panels. Energy，2003，(28)：275-292.

[248] Qiang Tianwei，Shen Henggen，Huang Xiang，et al. Semi-central evaporative cooling air conditioning system. . InternationalJournal of Heat & Technology，2005，(23)：109-113.

[249] 黄翔，强天伟，武俊梅，等．蒸发冷却空调系统自动控制方案的探讨．暖通空调，2003，33（4）：109-112.

[250] 屈元，黄翔，狄育慧．西北地区半集中式蒸发冷却空调系统的设计．西安工程科技学院学报，2003，(2)：158-161.

[251] 江亿，等．一种间接蒸发式供冷的方法及其装置：中国，ZL 02100431.5，2002-01-30 .

[252] 江亿．一种基于间接蒸发冷却空调技术的空调系统：中国，ZL 200610114684.3 ，2006-11-21.

[253] 江亿．蒸发制冷冷水机组：中国，ZL 200610164414.3，2006-11-30.

[254] 江亿．一种同时产生冷水和冷风的间接蒸发制冷方法及装置：中国，ZL 200810103448.0 ，2008-04-03.

[255] 杨垒，汪友元．新疆医科大学第五附属医院内科综合楼空调系统．新疆 2005 年暖通空调、热能动力、建筑给排水学术年会论文集，2005.

[256] 兰冶科．蒸发冷却＋干工况风机盘管半集中式空调系统的研究［硕士学位论文］．西安：西安工程科技学院，2007.

[257] 兰冶科，黄翔，狄育慧．蒸发冷却＋干式风机盘管半集中式空调系统探讨．西安工程科技学院学报，2006，(6)：735-740.

[258] 兰治科，黄翔，狄育慧．蒸发冷却＋干式风机盘管的空调系统探讨．建筑热能通风空调，2007，26（4）：41-44.

[259] 吴志湘，黄翔，兰治科，等．干工况风机盘管—半集中式蒸发冷却空调系统．西安工程大学学

报，2008，22 (2)：182-186.

[260] 黄翔，周彤宇，吴志湘，等．蒸发冷却新风机组加干工况风机盘管系统设计方法及软件开发．暖通空调，2008，38 (4)：72-75.

[261] 李银明．蒸发冷却与冷却吊顶相结合的半集中式空调系统的应用研究 [硕士学位论文]．西安工程科技学院，2006.

[262] 李银明，黄翔，梁才航．新型辐射板的实验研究及在西北地区的应用．西安工程科技学院学报，2004，(4)：353-356.

[263] 李银明，黄翔．蒸发冷却与冷却吊顶相结合的半集中式空调系统的探讨．流体机械，2005，33 (1)：56-59.

[264] 李银明，黄翔，刘毅．蒸发冷却/辐射吊顶供冷房间的能耗分析．纺织高校基础科学学报，2005，(2)：194-198.

[265] 李银明，黄翔．西北地区蒸发冷却/辐射吊顶系统的顶棚送风方式．制冷空调，2005，(3)：44-47.

[266] 黄翔，李银明，武俊梅．蒸发冷却＋辐射吊顶空调系统能耗模拟．化工学报，2006，(增刊)：205-208.

[267] 刘晓华，江亿，谢晓云等．温湿度独立控制空调系统．北京：中国建筑工业出版社，2006.

[268] 谢晓云，江亿，刘拴强，等．间接蒸发冷水机组设计开发及性能分析．暖通空调，2007，37 (7)：66-71.

[269] 江亿，谢晓云，于向阳．间接蒸发冷却空调技术——中国西北地区可再生干空气资源的高效应用．暖通空调，2009，39 (9)：1-4.

[270] 黄翔．基于蒸发冷却的置换通风与辐射供冷/热复合空调系统：中国，ZL 200710019193.5，2007-11-27.

[271] 黄翔．基于再循环蒸发冷却塔和地源热泵冷热源的辐射空调系统：中国，ZL 200820028783.4，2008-04-10.

[272] 黄翔，尧德华等．蒸发冷却与工位—环境送风相结合的空调系统：中国，ZL 200920032005.7，2009-02-25.

[273] 闫振华．基于蒸发冷却辐射供冷/热空调系统实验研究 [硕士学位论文]．西安：西安工程大学，2009.

[274] 赵军．辐射供冷舒适性及蒸发冷却空调节能性研究 [硕士学位论文]．西安：西安工程大学，2009.

[275] 闫振华，黄翔，宣永梅．基于蒸发冷却的地板供冷＋置换通风工程设计．制冷空调工程技术，2007，(4)：30-33.

[276] 闫振华，黄翔，宣永梅．关于毛细管辐射供冷空调系统应用的初探．制冷，2008，27 (1)：65-68.

[277] 闫振华，黄翔，宣永梅．蒸发冷却＋辐射供冷空调系统的设计．纺织高校基础科学学报，2008，21 (4)：505-510.

[278] 闫振华，黄翔，宣永梅．蒸发冷却与毛细管辐射供冷复合式空调．建筑热能通风空调，2008，27 (4)：23-25.

[279] 闫振华，黄翔，宣永梅．基于蒸发冷却的地板供冷＋置换通风工程设计．制冷空调工程技术，2007，(4)：30-33.

[280] 闫振华，黄翔，宣永梅．基于蒸发冷却的地板辐射供冷能力探讨．建筑节能，2008，36 (6)：4-6.

[281] 闫振华，黄翔，宣永梅．基于蒸发冷却的辐射供冷/热实验台设计探讨．暖通空调，2009，39

(9)：51-54.

[282] 黄翔，闫振华，宣永梅．蒸发冷却与毛细管辐射供冷复合空调系统实验研究．暖通空调，2009，39 (9)：34-41.

[283] 宣永梅，黄翔，闫振华等．西北地区使用干空气能的蒸发冷却辐射供冷系统应用分析．流体机械，2009，37 (2)：82-85.

[284] 康宁．基于蒸发冷却的辐射供冷加置换通风系统的实验与数值模拟研究［硕士学位论文］．西安：西安工程大学，2010.

[285] 高宏博．再循环冷却塔与辐射供冷复合式空调系统实验研究［硕士学位论文］．西安：西安工程大学，2010.

[286] 高宏博，黄翔，吴志湘．基于再循环蒸发冷却塔和地源热泵热/冷源的辐射空调系统初探．建筑节能，2008，36 (12)：25-27.

[287] 高宏博，黄翔，吴志湘．蒸发冷却冷源＋辐射供冷系统三种模式经济性分析．制冷与空调，2009，23 (3)：64-68.

[288] 高宏博，黄翔，吴志湘．再循环蒸发冷却塔设计与能耗分析．洁净与空调技术，2009，(4)：59-62.

[289] 高宏博．再循环冷却塔与辐射供冷复合式空调系统实验研究［硕士学位论文］．西安：西安工程大学，2010.

[290] 高宏博，黄翔，吴志湘，再循环冷却塔辐射供给的试验研究．流体机械，2010，38 (5)：67-71.

[291] 黄翔，徐方成等．一种间接蒸发冷却式冷风/冷水复合型空调机组：中国，ZL 200810017581.4，2008-03-03.

[292] 黄翔，于优城等．蒸发式冷凝/冷却空调冷水机组：中国，ZL 200820228444.0，2008-12-25.

[293] 黄翔，汪超等．一种热管冷回收型蒸发冷却式高温冷水机组：中国，ZL 200820029280.9，2008-06-04.

[294] 黄翔，汪超等．管式蒸发冷却器、蒸发冷却盘管组成的闭式空调机组：中国，2009203086954，2009-08-24.

[295] Givoni B，PABLO L，ROCHE A，et al. Indirect evaporative cooling with an outdoor pond. Proceedings of PLEA，2000：310-311.

[296] Ghiabaklou Z. Thermal comfort prediction for a new passive cooling system. Building and Environment，2003，(38)：883-891.

[297] Nahar N M，Sharma P，Purohit M M . Performance of different passive techniques for cooling of buildings in arid regions. Building and Environment，2003，(38)：109-116.

[298] Ibrahim E，Li shao，Riffat S B. Performance of porous ceramic evaporators for building cooling application. Building and Environment，2003，(35)：941-949.

[299] Jiang He，Akira Hoyano. Experimental study of cooling effects of a passive evaporative cooling wall constructed of porous ceramics with high water soaking-up ability Building and Environment，2010，(45)：461-472.

[300] Jiang He，Akira Hoyano. Experimental study of cooling effects of a passive evaporative cooling wall constructed of porous ceramics with high water soaking-up ability. Building and Environment，2010，(45)：461-472.

[301] Elfatih Ibrahim，Li Shao，Saffa B. Riffat. Performance of porous ceramic evaporators for building cooling application. Energy and Buildings，2003，(35)：941-949.

[302] 孟庆林．建筑表面被动蒸发冷却．广州：华南理工大学出版社，2001.

[303] 孟庆林．屋面被动冷却蒸发层层波衰减．太阳能学报，2002，(5)：667-669.

[304] 孟庆林．屋面含湿砂层温度波衰减研究．暖通空调，2003，33（2）：110-111.
[305] 范影．应用于被动蒸发冷却的复合型高分子多孔调湿材料的理论及实验研究［硕士学位论文］．西安：西安工程科技学院，2006.
[306] 范影，黄翔，狄育慧．利用太阳能的被动蒸发冷却．中国建设，2004，(8)：46-50.
[307] 范影，黄翔，狄育慧．被动冷却技术在我国建筑节能中应用展望．建筑热能通风空调，2005，24（5）：29-32.
[308] 范影，黄翔，狄育慧．用于建筑物被动技术的多孔调湿材料．西部制冷空调与暖通，2006，(1)：46-52.
[309] 黄翔，范影，狄育慧．用于墙体表面的多孔调湿材料实验研究．西安工程科技学院学报，2006，(6)：731-734.
[310] 王鸽鹏．自然通风和蒸发冷却空调技术及其在新疆建筑中的应用简介．西部制冷空调与暖通，2006，(1)：110-113.
[311] 向瑾．蒸发冷却与置换通风相结合空调系统的研究［硕士学位论文］．西安：西安工程大学，2008.
[312] 向瑾，黄翔，武俊梅．西北地区置换通风与混合通风空调系统的能耗比较．西安工程科技学院学报，2007，21（6）：807-810.
[313] 向瑾，黄翔，武俊梅．蒸发冷却与置换通风相结合空调系统的应用分析．建筑节能，2007，35（7）：12-14.
[314] 向瑾，黄翔，武俊梅．蒸发冷却与置换通风复合空调系统设计探讨．建筑科学，2008，24（6）：49-53.
[315] 向瑾，黄翔，武俊梅．蒸发冷却与置换通风复合空调系统测试．化工学报，2008，59（增刊）：181-186.
[316] 樊丽娟，黄翔，吴志湘．纳米光催化与蒸发冷却空调技术的空调系统初探．洁净与空调技术，2007，(3)：42-45.
[317] 黄翔，王与娟，文力，等．带负离子功能滤料的直接蒸发冷却器的实验研究．洁建筑热能通风空调，2007，26（6）：6-9.
[318] 尧德华，黄翔，吴志湘．蒸发冷却与工位—环境送风相结合空调系统的应用分析．制冷空调与电力机械，2009，30（3）：69-71.
[319] 强天伟．蒸发冷却空调自动控制系统的研究［硕士学位论文］．西安：西安工程科技学院，2002.
[320] 黄翔，强天伟，武俊梅，等．蒸发冷却空调自动控制系统的研究．建筑智能化，2002，（12）：38-42.
[321] 强天伟，黄翔，蒸发冷却空调机组的自动控制程序．西北纺织工学院学报，2000，（增刊）：31-35.
[322] 黄翔，强天伟，狄育慧，等，蒸发冷却式空调自动控制的研究．建筑热能通风空调，2003，22（1）：39-42.
[323] 强天伟，黄翔，狄育慧，等．蒸发冷却空调技术与VAV控制系统．制冷与空调，2001，（4）：65-68.
[324] 贺进宝．家用蒸发冷却变风量中央空调系统自动控制方案的研究［硕士学位论文］．西安：西安工程科技学院，2003.
[325] 贺进宝，黄翔．蒸发冷却变风量空调系统自动控制的研究．流体机械，2003，(增刊)：301-304.
[326] 贺进宝，黄翔．一种简单实用的户式蒸发冷却变风量系统风系统控制方案．电器 & 智能建筑，2003，(11)：104-106.

［327］ 贺进宝，黄翔．新疆乌鲁瓦提水利枢组发电厂蒸发冷却空调控制系统的设计．制冷空调与电力机械，2002，(4)：31-32.

［328］ 刘翔．空调机组 PLC 控制与末端装置模糊相相结合的范发冷却空调控制系统的开发：［硕士学位论文］．西安：西安工程大学，2007.

［329］ 刘翔，黄翔．可编程控制器 PLC 在蒸发冷却空调系统中的应用．流体机械，2005，(增刊)：372-376.

［330］ 黄翔，刘翔．蒸发冷却空调自动控制系统的研究．西部制冷空调与暖通，2005，(2)：24-30.

［331］ 熊理．基于蒸发冷却组合式空调机组自控系统的研究［硕士学位论文］．西安：西安工程大学，2010.

［332］ 熊理，黄翔，强天伟．基于蒸发冷却智能化空调系统自动控制方案的探讨．制冷空调与电力机械，2008，29 (6)：47-50.

［333］ 熊理，黄翔，强天伟．基于蒸发冷却组合式空调机组自控系统的研究．制冷，2009，28 (1)：13-18.

［334］ 熊理，黄翔，强天伟．基于蒸发冷却组合式空调机组个性化控制柜的设计．制冷与空调，2009，23 (4)：71-74.

［335］ 熊理．基于蒸发冷却组合式空调机组自控系统的研究［硕士学位论文］．西安：西安工程大学，2010.

［336］ 卢永梅，黄翔，强天伟．基于 Lonworks 技术的蒸发冷却空调监控系统的研究．制冷与空调，2008，23 (4)：38-40.

［337］ 卢永梅，黄翔，强天伟．基于 WINCC 的蒸发冷却空调监控系统的探讨．暖通制冷设备，2009，(11)：5-7.

［338］ 卢永梅，黄翔，强天伟．蒸发冷却空调监控系统的探讨．制冷空调与电力机械，2010，31 (1)：51-54.

［339］ 黄翔，强天伟等．蒸发冷却空调机组自控装置：中国，ZL 200720032677.9，2007-09-07．

［340］ 黄翔，熊理等．节能生态型智能化蒸发冷却组合式空调机组自控装置：中国，ZL 200820028963.2，2008-04-29．

［341］ 黄翔，卢有梅等．蒸发冷却空调的可视化监控系统：中国，ZL 200920032793.X，2009-04-27.

［342］ 杨秀贞．臭氧处理蒸发冷却空调水［硕士学位论文］．西安：西安工程科技学院，2006.

［343］ 杨秀贞，黄翔，程刚．蒸发冷却空调水质问题的分析研究．制冷空调与电力机械，2004，(6)：33-36.

［344］ 杨秀贞，黄翔，程刚．开式蒸发冷却中央空调水质分析及研究．供热制冷，2005，(8)：83-85.

［345］ 杨秀贞，黄翔，程刚．臭氧法在蒸发冷却空调水系统中的应用．西安制冷，2005，(2)：126-132.

［346］ 杨秀贞，黄翔，程刚．臭氧处理蒸发冷却空调水的实验研究．西安工程科技学院学报，2006，(5)：579-582.

［347］ 程刚，黄翔，杨秀贞．直接蒸发冷却空调循环冷却水的臭氧净化．暖通空调，2007，37 (9)：148-150.

［348］ 何淦明．具有磁化水处理器的蒸发式降温换气机：中国，ZL 200620068180.8，2006-11-24.

［349］ 黄翔，程刚等．蒸发冷却空调循环冷却水的臭氧净化装置：中国，ZL 200820028148.6，2008-01-21.

［350］ 程刚，黄翔等．臭氧协同紫外光催化净化蒸发冷却空调循环冷却水的装置：中国，ZL 200820028147.6，2008-01-21.

［351］ 黄翔，汪超，吴志湘．国内外蒸发冷却空调标准初探．暖通空调，2008，38 (12)：71-75.

[352] 汪超，黄翔，吴志湘．国外直接蒸发冷却空调标准的分析．制冷与空调，2009，9（3）：25-29.
[353] 汪超，黄翔，张明圣，等．《商业或工业用的蒸发型冷气机》标准制定的若干问题探讨．暖通空调，2009，39（9）：20-23.
[354] 汪超，黄翔，吴志湘．《蒸发式冷气机》国家标准起草中的关键问题研究．西安工程大学学报，2009，23（6）：90-94.
[355] 黄翔，汪超，吴志湘．美国间接蒸发冷却空调标准的分析．暖通空调标准与质检，2009，（6）：14-17.
[356] 汪超．蒸发式冷气机标准的研究［硕士学位论文］．西安：西安工程大学，2010.
[357] 宁波市产品质量监督检验所，东莞市科达机电设备有限公司，东莞市联创实业有限公司．GB/T23333-2009 蒸发式冷风扇，2009.
[358] 中国农业机械化科学研究院环境工程设备研究开发中心、中国农业大学设施农业生物环境工程重点实验室、陕西杨凌秦川节水灌溉设备工程有限公司．JB/T 10294-2001 湿帘降温装置，2001.
[359] 陆耀庆．实用供热空调设计手册．第2版．北京：中国建筑工业出版社，2008.
[360] 本书编委会．公共建筑节能设计标准宣贯辅导教材．北京：中国建筑工业出版社，2005.
[361] 中国建筑科学研究院．民用建筑供暖通风与空气调节设计规范（征求意见稿）.
[362] 黄翔．国内外蒸发冷却空调技术研究进展（1）．暖通空调，2007，37（2）：24-30.
[363] 黄翔．国内外蒸发冷却空调技术研究进展（2）．暖通空调，2007，37（3）：32-37.
[364] 黄翔．国内外蒸发冷却空调技术研究进展（3）．暖通空调，2007，37（4）：24-29.
[365] 黄翔．蒸发冷却空调技术发展动态．制冷，2009，28（1）：19-25.
[366] 狄育慧，刘加平，黄翔．蒸发冷却空调应用的气候适应性区域划分．暖通空调，2010，40（2）：108-111.
[367] 郭学森，韩旭，周森林等．蒸发冷却在我国不同区域地下工程中的适用性分析．暖通空调，2010，40（4）：52-56.
[368] 颜苏芊，黄翔，文力等．蒸发冷却技术在我国各区域适用性分析．制冷空调与电力机械，2004，25（3）：25-28.
[369] 花严红，曹阳．蒸发冷却空调系统在我国村镇的运用性研究．制冷学报，2008，29（5）：49-53.
[370] 中国建筑科学研究院等．公共建筑节能设计标准 GB 50189—2005，2005.
[371] 中国建筑科学研究院等．民用建筑供暖通风与空气调节设计规范（征求意见稿），2010.

第2章　蒸发冷却空调的基础理论

2.1　直接蒸发冷却空调的基础理论

2.1.1　直接蒸发冷却空调传热传质机理

空气与水之间的直接接触，热湿交换可以像大自然中空气和江、河、湖、海水表面间那样进行，也可以通过将水喷淋雾化形成细小的水滴后与空气进行热湿交换。

从质量传递的角度看，由于分子作不规则运动，当空气与水直接接触时，在紧靠水表面附近或水滴周围将形成一个温度等于水温的饱和空气边界层，如图2-1所示。此时，边界层内水蒸气分子的浓度或水蒸气分压力仅取决于边界层的饱和空气温度。在边界层的两侧，一侧是待处理的空气，为区别边界层中的空气把这部分空气称为主体空气；另一侧是水。由于水蒸气分子所作的不规则运动，在边界层外的主体空气侧经常有一部分水分子进入边界层，同时也必然有一部分水蒸气分子离开边界层回到水中。如果边界层内水蒸气分子浓度大于主体空气侧的水蒸气分子浓度（即边界层内的水蒸气分压力大于主体空气的水蒸气分压力），则由边界层进入主体空气中的水蒸气分子数大于由主体空气进入边界层的水蒸气分子数，结果主体空气中的水蒸气分子数将增加，实现加湿的目的；反之，主体空气中的水蒸气分子数则将减少，主体空气的含湿量降低，达到减少湿度的目的。通常所说的“蒸发”与“凝结”现象，就是这种水蒸气分子迁移作用的结果。在蒸发过程中，边界层中减少了的水蒸气分子由水面跃出的水分子补充；在凝结过程中，边界层中过多的水蒸气分子将回到水面。

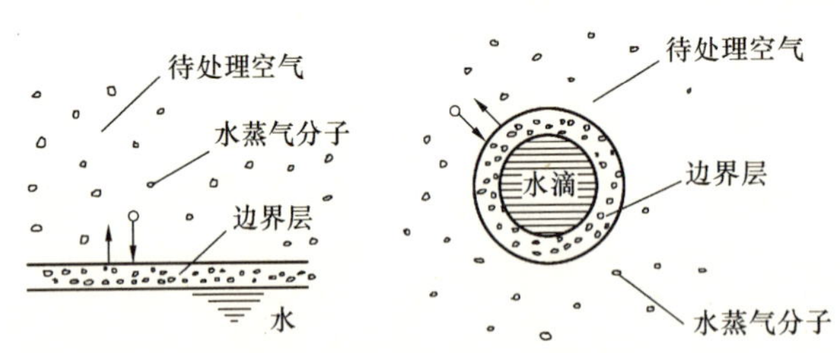

图2-1　空气与水的直接热湿交换

空气与水之间的热量传递是显热交换和潜热交换的综合结果。温差是显热交换的推动力，水蒸气分压力差是潜热交换的推动力，而总热交换的推动力是焓差。一方面，空气的温度与水的温度不同，既然有温差存在，两者之间必然通过导热、对流或辐射等传热方式进行热量传递，这就是所谓的显热交换；另一方面，空气与水接触时所发生的质量传递将必然伴随有空气中水蒸气的凝结或蒸发，从而放出或吸收汽化潜热。当边界层内空气的温度（近似等于水温）高于主体空气的温度时，则由边界层向主体空气传热；反之，则由主体空气向边界层内空气传热。根据水温的不同，可能仅发生显热交换；也可能既有显热交换，又有湿交换（质交换），而进行湿交换的同时将发生潜热交换。总的热交换量（全热交换量）是显热交换量与潜热交换量的代数和。当总的热交换量大于零时，空气得到加热，温度升高，焓值增大；而总的热交换量小于零时，空气被冷却，温度降低，焓值减小。

绝热加湿的冷却程度是有一定限度的，干空气传递的显热量不可能超过液态水汽化所吸收的潜热，它受空气湿球温度（即水温）限制，即空气只能在这个湿球温度下达到饱和。在实际应用中，干空气的饱和程度达不到 100%，即冷却器的冷却效率（或饱和效率）达不到 100%，一般能达到 70%～95%。

2.1.2　直接蒸发冷却空气处理过程分析

1. 使用不循环水喷淋填料分析

不循环水喷淋，即喷淋到填料中的水从填料下端流出后直接排到外面，不再流入水池进行循环喷淋。这样做的优点是不需要考虑怎样控制水池中溶解在水里的矿物质浓度，即水的硬度。在设计蒸发冷却器时就不需要计算水的蒸发量和排出流量，使得设计过程简单，设备结构简单，便于维护。而且由于水中钙镁离子浓度不会增加，可适当延长填料使用寿命。其缺点是耗水量大，喷淋水温度对冷却器效率影响较大。

周围环境空气的湿球温度一直变化，一个用不循环水的冷却器一般很少能进行绝热加湿冷却。然而，在热天大多数情况下，供水温度可以近似看作周围环境空气的湿球温度，这是因为许多水源的温度自然接近或稍微低于周围环境空气的湿球温度。但是暴露在外面的水管长时间受到太阳照射，水温就会升高。下面分析喷淋水温对冷却效率的影响。

（1）当喷淋水温度等于空气湿球温度时

当冷却器使用不循环水，若喷淋到填料上的水温等于冷却器进风湿球温度，在空气与水的温差的作用下，空气传给水的显热量在数值上恰好等于二者水蒸气分压力差的作用下水蒸发到空气中所需要的汽化潜热，总热交换为零。此过程中忽略水蒸发带给空气的水自身原有的液态热（湿球温度×1kcal/kg），称为等焓冷却加湿过程，简称绝热加湿过程。空气变化过程如图 2-2 所示，空气干球温度为 t_{gw}，从图中状态 1 进入冷却器，冷却过程沿等焓线 h_w 向空气湿球温度状态 2 移动，但因为蒸发冷却器效率达不到 100%，所以空气只能被冷却到状态 3，状态 3 就是空气离开冷却器的状态点。

（2）当喷淋水温度大于空气湿球温度小于空气干球温度时

如图 2-3 所示，当冷却器使用不循环水且喷淋水温度高于空气湿球温度而低于空气干球温度时，空气与外界有热交换，所以冷却过程是非绝热加湿冷却过程。空气传给水的显热量在数值上小于二者水蒸气分压力差作用下水蒸发到空气中所需要的汽化潜热，即显热

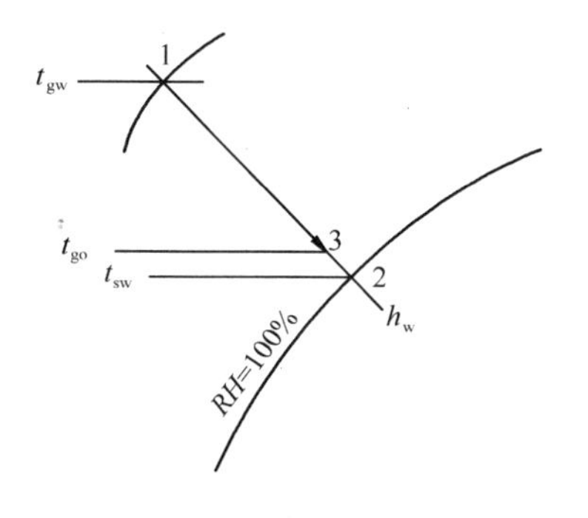

图 2-2　绝热加湿冷却过程

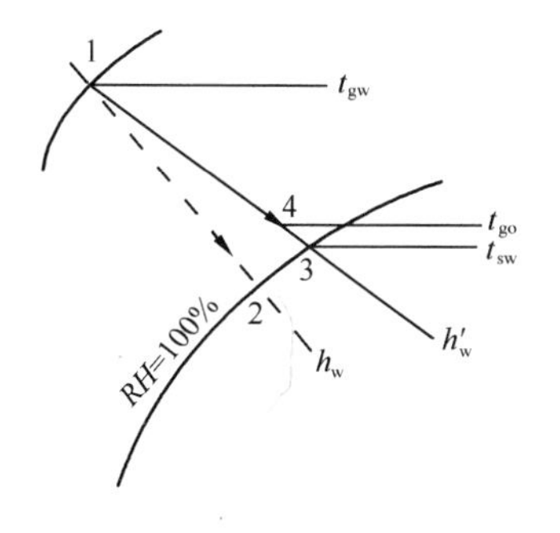

图 2-3　非绝热加湿冷却过程

交换量小于潜热交换量，空气焓值增加。图中状态 2 是空气湿球温度，线段 1-2 是绝热加湿冷却过程，此时这种情况不会发生。室外空气从状态 1 进入冷却器，空气从水中吸收额外的热量，冷却过程沿增焓增湿线向状态 3 移动。但是因为空气最终被冷却的状况不确定，所以理论上位置 3 的位置不确定。状态 4 是空气的最终状况。又因为冷却器的效率总是低于 100%，所以状态 4 的温度总是高于饱和温度，也就是离开蒸发冷却器的干球温度。

（3）空气最终温度计算

对于绝热加湿过程，空气最终被冷却的温度可根据式（2-1）计算，而对于非绝热加湿冷却过程，用式（2-1）计算就不准确了。由于它不是在等焓状态下冷却空气，喷淋水的部分焓被空气吸收，这部分焓的影响在理论上很难准确计算出，但可以估算。

由于一部分水蒸发并进入空气，水蒸发带给空气的水自身原有的液态热，这将稍微提高空气的湿球温度，导致最终干球温度和湿球温度的不确定。估算时，不考虑进入空气中水蒸气本身原有的热量，假设水被冷却到湿球温度时，用喷淋水温和空气湿球温度之差表示水传给空气的显热。这部分显热使空气的温升值和式（2-1）计算值之和即为空气最终温度估算值。

$$\eta_{DEC}=\frac{t_{gw}-t_{go}}{t_{gw}-t_{sw}}\times 100\% \tag{2-1}$$

由式（2-1）得：$t_{go}=t_{gw}-\eta_{DEC}(t_{gw}-t_{sw})$

而 $Q=M_{w}c_{pw}\ (t_{w}-t_{sw})$

空气最终温度估算值

$$t_{终}=t_{go}+Q/m_{a}c_{pa} \tag{2-2}$$

$$t_{终}>t_{go}$$

式中　Q——空气从水中得热，kJ；

t_{gw}——空气干球温度，℃；

t_{go}——绝热条件下空气被冷却的温度，℃；

t_{sw}——空气湿球温度，℃；

$t_{终}$——空气最终温度，℃；

t_{w}——喷淋水温，℃；

m_{a}——空气质量流量，℃；

M_{w}——喷淋水质量流量，℃；

c_{pw}——1kcal/（kg·℃）；

c_{pa}——0.24kcal/（kg·℃）；

$\eta_{DEC}=90\%$。

由此可见，若使用不循环水喷淋填料，一旦喷淋水温高于空气湿球温度，空气最终被冷却的温度将升高，冷却器冷却效率将下降。

2. 使用循环水喷淋填料分析

使用循环水的冷却器，则不论水的开始温度是多少，不用多久水温就会变得非常接近空气湿球温度以致两者的温度可以认为相等。其原理与湿球温度计纱布中水的温度变化趋于湿球温度道理相同，其物理过程及空气处理过程如图 2-4 和图 2-5 所示。

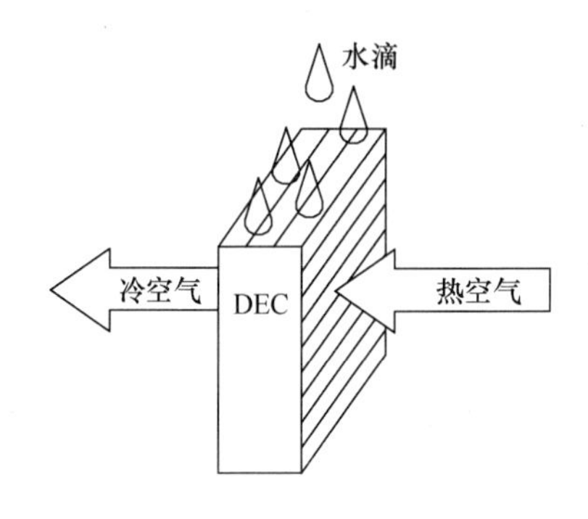

图 2-4　直接蒸发冷却示意图

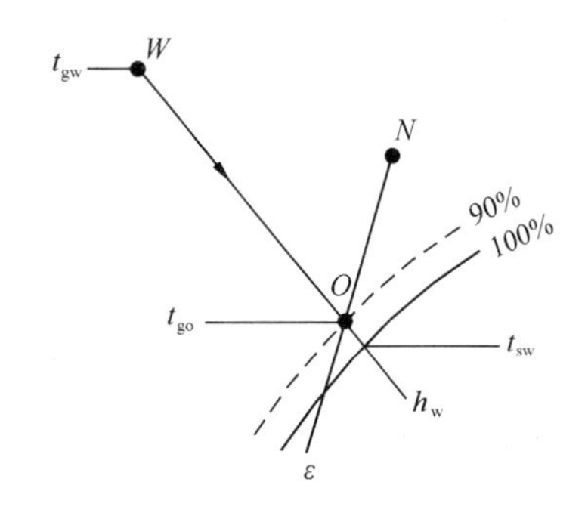

图 2-5　直接蒸发冷却过程焓湿图

t_{gw}—空气干球温度；t_{go}—绝热条件下空气被冷却的温度；t_{sw}—空气湿球温度；W—室外工况点；N—室内工况点；O—送风点

当水温高于空气湿球温度时，空气传热给水，水分子蒸发所需汽化潜热一部分来自空气，一部分来自水本身。因为采用循环水，所以水温下降放出显热作为蒸发部分水分子所需的汽化潜热。随着水温下降，水的蒸发量也逐渐减少，当空气传给水的显热量正好等于水蒸发所需的汽化潜热时，水的蒸发量稳定。此时水温即空气湿球温度，冷却过程为绝热过程。

使用不循环水喷淋填料，可以减少设备初投资，不会产生沉淀，但耗水量大，最重要的一点是对蒸发冷却过程喷淋水温要求严格。喷淋水温必须用等于空气湿球温度的水喷淋填料，冷却过程才是绝热过程，否则一旦水温升高，冷却过程为非绝热过程，冷却效率将下降。

而使用循环水喷淋填料，对喷淋水的水温要求不高，因为即使水温高于空气湿球温度，但它最终都将达到空气湿球温度，使得冷却过程为绝热加湿过程，所以冷却效率较高，但是必须控制水中溶解矿物质的浓度，以防出现沉淀。

2.1.3　直接蒸发冷却器热工设计计算

1. 边界层理论模型

（1）假设条件

现有的边界层理论建立的数学模型很少考虑到质量源项产生的动量源项对动量方程的影响。为此，在建立动量方程时将动量源项的影响考虑进去以减小数学模型和实际问题之间的偏差。

假设条件：

①忽略空气、水与外界的换热，空气进行绝热加湿。

②空气温度、含湿量和水温只沿流动方向变化。

③液膜流动为层流，表面无波动。

④水膜很薄，淋水量只要满足润湿整个填料表面即可，故而忽略其厚度。

⑤直接蒸发冷却过程稳定。

⑥气液、液固界面表面无滑移。

如图 2-6 所示，空气流动方向为 x，水流动方向为 y，填料宽度方向为 z。根据假设条件，可简化为二维模型，确定如图 2-7 所示的计算区域。

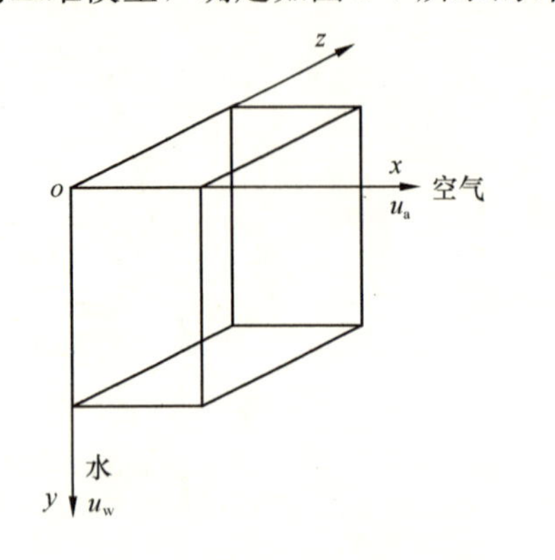

图 2-6 空气和水流动坐标示意图

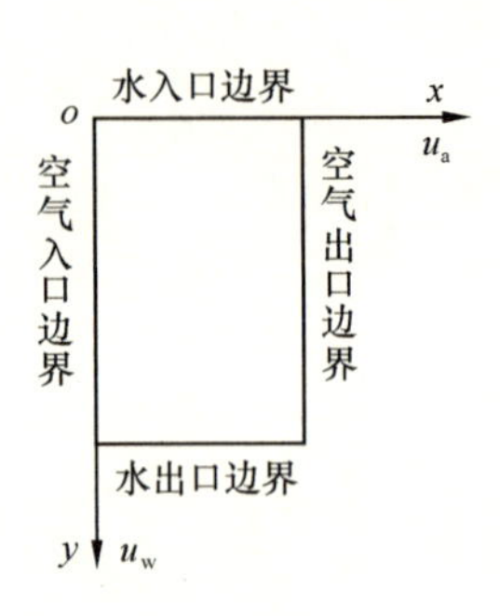

图 2-7 计算区域及边界

(2) 控制方程

1) 质量方程

$$空气：\frac{\partial(\rho_a u_a)}{\partial x}=m_v \tag{2-3}$$

$$水：\frac{\partial(\rho_w u_w)}{\partial y}=-m_v \tag{2-4}$$

2) 动量方程

通常情况下，x 轴（速度为 u）的动量方程为：

$$\frac{\partial(\rho u)}{\partial \tau}+\frac{\partial(u\rho u)}{\partial x}+\frac{\partial(u\rho v)}{\partial y}+\frac{\partial(u\rho w)}{\partial z}$$

$$=\rho g_x-\frac{\partial p}{\partial x}+\frac{\partial}{\partial x}\left(\mu\frac{\partial u}{\partial x}\right)+\frac{\partial}{\partial y}\left(\mu\frac{\partial u}{\partial y}\right)+\frac{\partial}{\partial z}\left(\mu\frac{\partial u}{\partial z}\right)+\frac{1}{3}\frac{\partial}{\partial x}\left(\mu\frac{\partial u}{\partial x}+\mu\frac{\partial v}{\partial y}+\mu\frac{\partial w}{\partial z}\right)$$

考虑了动量源项影响的空气、水的动量方程如下：

$$空气：\frac{\partial(\rho_a u_a u_a)}{\partial x}=\rho_a g_x-\frac{\partial p}{\partial x}+\frac{4}{3}\mu_a\frac{\partial^2 u_a}{\partial x^2}+S_x \tag{2-5}$$

$$水：\frac{\partial(\rho_w u_w u_w)}{\partial y}=\rho_w g_y-\frac{\partial p}{\partial y}+\frac{4}{3}\mu_w\frac{\partial^2 u_w}{\partial y^2}+S_y \tag{2-6}$$

3) 能量方程

$$空气：\frac{\partial(\rho_a u_a t_a)}{\partial x}=\frac{\lambda_a}{c_{pa}}\frac{\partial^2 t_a}{\partial x^2}-\frac{q_v}{c_{pa}} \tag{2-7}$$

$$水：\frac{\partial(\rho_w u_w t_w)}{\partial y}=\frac{\lambda_w}{c_{pw}}\frac{\partial^2 t_w}{\partial y^2}+\frac{q_v}{c_{pw}} \tag{2-8}$$

4) 空气含湿量质量守恒方程

$$\frac{\partial(\rho_a u_a d_a)}{\partial x}=\frac{\lambda_a}{c_{pa}}\frac{\partial^2 d_a}{\partial x^2}+m_v \tag{2-9}$$

5) 湿空气状态方程

$$\rho_a=\frac{0.00348B}{T}-\frac{0.001315p_q}{T} \tag{2-10}$$

6）质量交换方程

$$m_{v} = K_{a}(d_{as} - d_{a}) \tag{2-11}$$

7）热量交换方程

$$q_{v} = K_{a}c_{p}(t_{a} - t_{as}) \tag{2-12}$$

8）

$$K_{a} = b_{1} \times m_{a}^{b_{2}} \times \Gamma^{b_{3}} \tag{2-13}$$

K_{a}与空气质量流率m_{a}、淋水密度Γ以及填料种类和结构有关。

（3）边界条件

针对图2-7所示的计算区域，控制方程的边界条件表达如下：

1）空气入口边界（$x=0$）

入口边界的速度u_{a}给定，温度、含湿量、焓给定。

$$u_{a}=u_{ai}，t_{a}=t_{ai}，d_{a}=d_{ai}，h_{a}=h_{ai}$$

2）空气出口边界（$x=\delta$）

$$u_{a}=u_{ao}=u_{ai}，h_{a}=h_{ao}=h_{ai}$$

3）水入口边界（$y=0$）

入口边界的速度u_{w}给定，焓也给定。

$$u_{w}=u_{wi}，h_{w}=h_{wi}$$

4）水出口边界（y=填料高度）

$$u_{w}=u_{wi}=u_{wo}，h_{w}=h_{wo}=h_{wi}$$

注：i：输入值

　　o：输出值

一般来说，出口边界总是最难处理的边界条件。按微分方程理论，应当给定出口截面上的条件，但除非能用实验方法测定，否则我们对出口截面上的信息一无所知，但有时这正是计算所想要知道的内容。目前广泛采用的一种处理方法是假定出口截面上的节点对第一个内节点已无影响，因而可以令边界节点对内节点的影响系数为0，这样出口截面上的信息对内部节点就不起作用，也就无需知道出口边界上的值了。这种处理的物理实质相当于假定出口截面上流动方向的坐标是局部单向的，下游不影响上游[4]。

（4）模型分析

从式（2-3）～式（2-9）可以看出，质量方程、动量方程和能量方程中都出现了源项。这是因为在直接蒸发冷却过程中，蒸发后的水分进入空气，使得空气的含湿量增加，同时失去显热，温度降低，这些蒸发的水分就被视为质量源项。但是，不能单纯地只把质量源项放入连续性方程中，由于水分蒸发进入空气中和空气一起流动，这些气态的水具有速度，所以会增加空气的动量，所以它的出现会同时对动量方程产生影响。因此，还应把相关联的量带入动量控制方程中。这些源项都是所求解未知量的函数，如质量源项m_{v}是含湿量的函数，能量源项q_{v}是温度的函数，而动量方程中的源项S_{x}和S_{y}也分别是速度u_{a}和u_{w}的函数。

容积传质系数K_{a}的引入虽然给计算带来了方便，但仍有近似性。此外，模型假设直接蒸发冷却过程稳定，即水温基本不变（一直维持在接近空气湿球温度的数值），模型没有考虑到水温变化的影响。

若能确定出黏性系数μ、导热系数λ、容积扩散系数K_{a}，以及源项S_{x}和S_{y}，用

SIMPLE 算法或 PHOENIX 算法求解偏微分方程，就可以得出进出口空气的温湿度参数之间关系，从而可以为设备选型提供依据，并可以为提高过程的热力学完善度提供理论依据。

2. BP 神经网络模型

蒸发冷却空调器运行过程中，传热、传质现象同时发生。由于多个影响因素之间的高度非线性关系使得其过程非常复杂。这个过程可以通过建立数学模型（一组复杂的偏微分方程组）来描述，虽然构成模型的能量守恒方程、动量守恒方程、质量守恒方程众所周知，但是要得到微分方程组的解不容易。因为大部分填料的表面积不规则，难以准确计算其值，而热质传递中接触面积无法确定则无法通过数值算法求得偏微分方程组的数值解，以至于在工程应用中无法预测它的运行工况。在这种情况下，考虑学科交叉引入智能化方法，即利用神经网络黑箱模型结合输入输出实验数据预测蒸发冷却空调机的运行性能，不失为另一种可取的方法。

为此，考虑使用人工神经网络方法研究蒸发冷却现象。神经网络已经经历了半个多世纪的研究，近年来我国在人工神经网络的研究方面取得了不少成果，它作为一种非传统的黑箱式表达工具，在系统辨识、预测、优化、控制等领域的应用比传统方法具有许多优越之处。尽管人工神经网络模型已经不是新鲜事物，但利用它研究蒸发冷却现象的文献资料并不多。此外，人工神经网络模型的前提是需要足够的实验数据来训练模型，少量的实验数据很难保证模型训练的准确性。

本章介绍人工神经网络算法并结合大量实验数据（493 组数据）建立 BP 神经网络模型，对瑞典蒙特公司的 5090 型“多层波纹纤维叠合物”（CELdek®）的蒸发冷却过程进行了研究。

（1）BP 神经网络算法

神经网络算法的实质体现了网络输入及其输出之间的一种函数关系，通过选取不同的模型结构和激活函数（传递函数），可以形成各种不同的人工神经网络模型。反向传播网络（Backpropagation Network，简称 BP 网络）是通过将 Widrow-Hoff 学习规则推广到多层网络和非线性可微传递函数而建立起来的。通过用一组匹配的输入矢量和相应的输出矢量训练一个网络，使它逼近一个函数或把输入矢量以合适的方式进行分类。通常含有偏置，S 型（Sigmoid）传递函数层，线性传递函数输出层的 BP 网络能够逼近任何含有有限断点的函数。

标准的反向传播是梯度下降算法，也就是 Widrow-Hoff 学习规则或称为最小均方差算法（LMS），权值和偏置顺着网络性能函数（定义的误差函数）的负梯度方向移动，即沿着网络性能函数（定义的误差函数）的负梯度方向不断调整权值和偏置的数值，从而使性能函数（定义的误差函数）达到预先设定的要求[5~9]。

图 2-8 所示为本章建立的 BP 神经网络结构图。反向传播（BP）网络包括正向传播和反向传播。设：$j=1, 2, \cdots, R^1$

$i=1, 2, \cdots, S^1$

$k=1, 2, \cdots, S^2$

1）正向传播：输入向量经输入层、隐含层，逐层计算传向输出层。

隐含层的第 i 个神经元的输出：

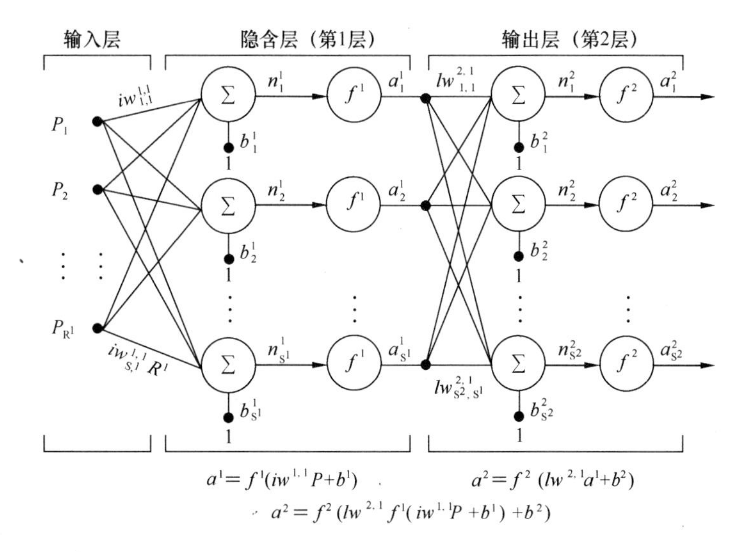

图 2-8　BP 神经网络结构图

$$a_i^1 = f^1\left(\sum_{j=1}^{R^1} iw_{i,j}^{1,1} p_j + b_i^1\right) \tag{2-14}$$

输出层的第 k 个神经元的输出：

$$a_k^2 = f^2\left(\sum_{i=1}^{S^1} lw_{k,i}^{2,1} a_i^1 + b_k^2\right) \tag{2-15}$$

定义误差函数 E：

$$E(W,b) = \frac{1}{2}\sum_{k=1}^{S^2}(t_k - a_k^2)^2 \tag{2-16}$$

2）反向传播：如果输出值和期望值不一致，则计算输出层的误差变化值，通过网络将误差信号沿原来的连接通路反传回来修改各层神经元的权值和偏置，从而使输出值和期望值尽可能地接近。

①输出层的权值和偏置变化，即从第 i 个输入到第 k 个输出的权值和偏置变化：

$$\Delta lw_{k,i}^{2,1} = -\eta\frac{\partial E}{\partial lw_{k,i}^{2,1}} = -\eta\frac{\partial E}{\partial a_k^2}\frac{\partial a_k^2}{\partial lw_{k,i}^{2,1}}$$

$$= \eta(t_k - a_k^2)f^{2'}a_i^1 = \eta\delta_{k,i}a_i^1$$

$$\delta_{k,i} = (t_k - a_k^2)f^{2'} = e_k f^{2'}$$

$$e_k = t_k - a_k^2 \tag{2-17}$$

$$\Delta b_{k,i}^2 = -\eta\frac{\partial E}{\partial b_{k,i}^2} = -\eta\frac{\partial E}{\partial a_k^2}\frac{\partial a_k^2}{\partial b_{k,i}^2}$$

$$= \eta(t_k - a_k^2)f^{2'} = \eta\delta_{k,i}$$

$$\delta_{k,i} = (t_k - a_k^2)f^{2'} \tag{2-18}$$

②隐含层的权值和偏置变化，即从第 j 个输入到第 i 个输出的权值和偏置变化：

$$\Delta iw_{i,j}^{1,1} = -\eta \frac{\partial E}{\partial iw_{i,j}^{1,1}} = -\eta \frac{\partial E}{\partial a_k^2} \frac{\partial a_k^2}{\partial a_i^1} \frac{\partial a_i^1}{\partial iw_{i,j}^{1,1}}$$

$$= \eta \sum_{k=1}^{S^2} (t_k - a_k^2) f^{2'} lw_{k,i}^{2,1} f^{1'} p_j = \eta \delta_{i,j} p_j$$

$$\delta_{i,j} = \sum_{k=1}^{S^2} (t_k - a_k^2) f^{2'} lw_{k,i}^{2,1} f^{1'} = e_i f^{1'}$$

$$e_i = \sum_{k=1}^{S^2} (t_k - a_k^2) f^{2'} lw_{k,i}^{2,1} = \sum_{k=1}^{S^2} \delta_{k,i} lw_{k,i}^{2,1} \tag{2-19}$$

$$\Delta b_{i,j}^1 = -\eta \frac{\partial E}{\partial b_{i,j}^1} = -\eta \frac{\partial E}{\partial a_k^2} \frac{\partial a_k^2}{\partial a_i^1} \frac{\partial a_i^1}{\partial b_{i,j}^1}$$

$$= \eta \sum_{k=1}^{S^2} (t_k - a_k^2) f^{2'} lw_{k,i}^{2,1} f^{1'} = \eta \delta_{i,j} \tag{2-20}$$

③传递函数的可微性：对于隐含层中对数 S 型传递函数 logsig：

$$f^1(n) = \frac{1}{1+e^{-n}} \tag{2-21}$$

$$f^{1'}(n) = \left(\frac{1}{1+e^{-n}}\right)' = \left(\frac{0-e^{-n}(-1)}{(1+e^{-n})^2}\right) = \frac{1+e^{-n}-1}{(1+e^{-n})^2}$$

$$= \frac{1}{1+e^{-n}}\left(1-\frac{1}{1+e^{-n}}\right) = f^1(n)[1-f^1(n)]$$

$$= a(1-a) \tag{2-22}$$

对于输出层中线性传递函数 purelin：

$$f^2(n) = n \tag{2-23}$$

$$f^{2'}(n) = n' = 1 \tag{2-24}$$

（2）网络结构设计

1）隐含层层数确定

理论上已经证明，具有偏差和至少一个 S 型隐含层加上一个线性输出层的网络，能够逼近任何具有有限断点的函数。增加层数可以更进一步降低误差，提高精度，但也使网络复杂化，增加了网络权值的训练时间，而误差精度的提高也可以通过增加隐含层中的神经元数目来获得，其训练效果也比增加层数更容易观察和调整。因此，通常隐含层层数取 1，即 1 个隐含层。

2）隐含层的神经元数确定

如上所述，网络训练精度的提高可以通过用一个隐含层，增加其神经元数的方法来获得。这在结构实现上，要比增加更多的隐含层要简单得多，而选取多少个隐含层节点（神经元数目）才合适？在理论上没有一个明确的规定，在具体设计时，比较实际的做法是通过对不同神经元数进行训练对比，然后选取认为合适的神经元数。

实践中发现神经元太少，网络不能很好地学习，需要训练的次数多，训练精度不高。一般来说，网络隐含层神经元的个数越多，功能越强大，但当神经元数太多，则训练时间随之增加。

Mr. Kawashima 指出，隐含层神经元数可按照 $2R^1+1$ 个选取，R^1 为输入向量的元素个数，而胡守仁则提出隐含层神经元个数参考值可根据下面经验公式计算 $S^1 =$

$\sqrt{0.43R^1S^2+0.12(S^2)^2+2.54R^1+0.77S^2+0.35}+0.51$。其中，$R^1$是输入向量的元素个数[10]，$S^2$是输出层神经元数，$S^1$是隐含层神经元数[11]。总之，网络隐含层神经元数的选择有较广的范围，但从网络实现的角度上说，应倾向于选择较少的神经元数。一般来讲，网络隐含层的神经元数的选择原则是在能够解决问题的前提下，再加上1～2个神经元即可。

此模型中影响蒸发冷却性能的参数有进口空气的温度t_1、相对湿度ϕ_1、风速v、自来水水温t_{w1}、淋水量、填料厚度δ，共6个。如图2-8所示，建立神经网络模型结构，输入层包括以上提到的6个参数；采用一个隐含层，取隐含层神经元个数为$2\times6=12$（用Mr. Kawashima提出的方法），再加2个神经元，共取14个；输出层有2个参数：出风温度t_{ao}、出风含湿量d_{ao}。即$R^1=6$，$S^1=14$，$S^2=2$。

（3）网络训练及预测结果分析

为了更有效地训练网络，需要对训练数据（输入矢量和相应的输出矢量）进行预处理，即先规范化，然后使用函数prepca和trapca正交化输入向量的元素，使得它们彼此互不相关，从而减少输入向量的维数[12～14]。

用2/3测试数据（训练数据）对网络进行训练，迭代次数为有限次迭代后网络误差达到容许水平（设定为0.005）。用其余1/3的测试数据（检验数据）对网络进行检验。

1）训练

使用trainlm算法对网络进行训练，设置训练次数为200，训练目标误差为0.005，其他参数使用默认值，得到的训练过程误差变化如图2-9所示。图中显示，此网络的训练过程比较快，在经过约10次训练以后，网络的误差就达到了0.00469634，小于设定目标0.005。

2）分析及讨论

图2-10对比了神经网络预测温度（A）与测试温度（T），其中虚线为理想的线性拟合（$A=T$），实线为实际的线性拟合（$A=0.988T+0.273$），相关性系数$R=0.996$，图中实际拟合直线与理想拟合直线几乎重合，表明神经网络模型的预测结果良好。

图2-11和图2-12分别显示了神经网络预测空气温度值相对于测试温度值的绝对误差和相对误差，分析结果如表2-1所示。

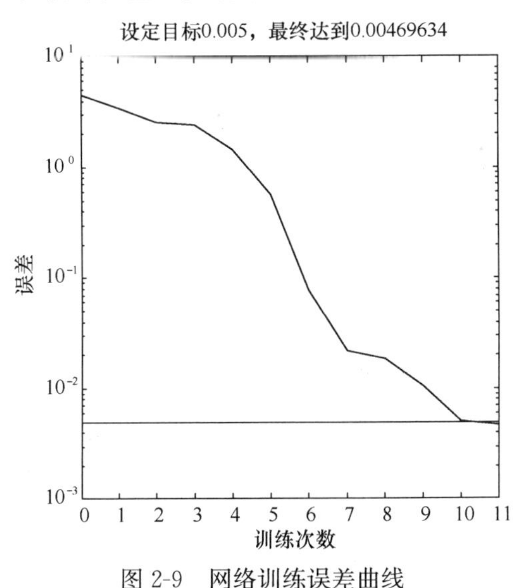

图2-9　网络训练误差曲线

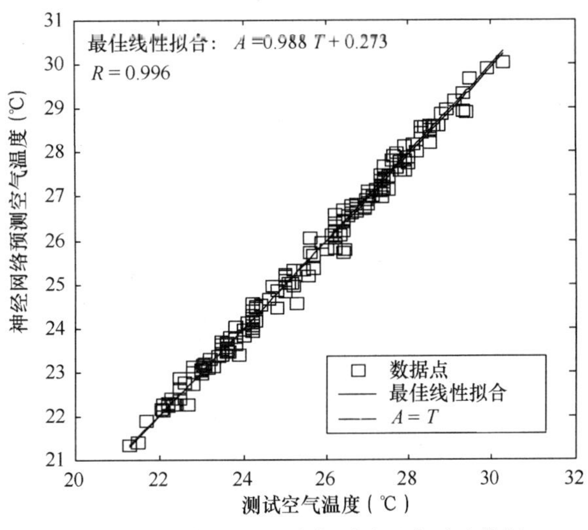

图2-10　空气预测温度与测试温度对比分析

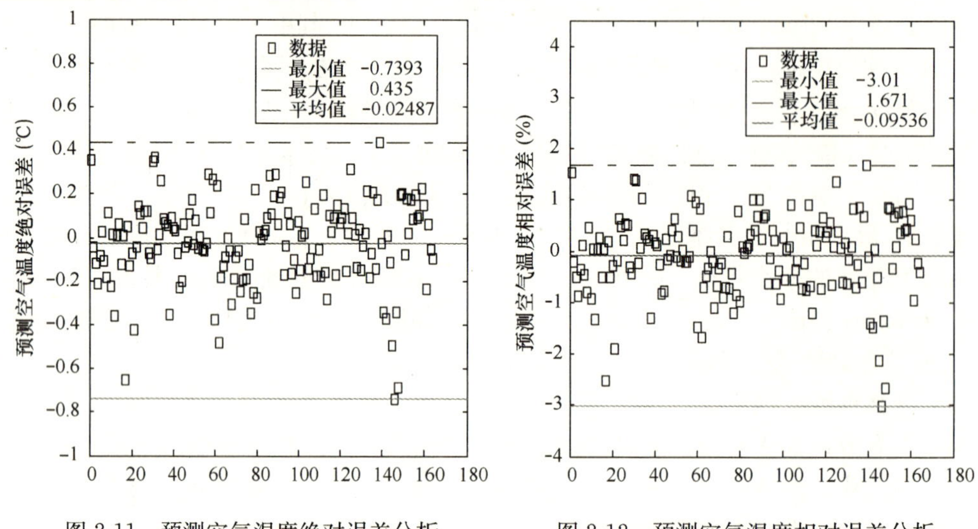

图 2-11 预测空气温度绝对误差分析
测试序号（164 个）

图 2-12 预测空气温度相对误差分析
测试序号（164 个）

绝对误差与相对误差分析表 **表 2-1**

	最小值	最大值	平均值	中位数	标准差	范　围
绝对误差	−0.7393	0.435	−0.02487	0.006788	0.1988	1.174
相对误差	−3.01	1.671	−0.09536	0.02446	0.781	4.681

图 2-13 对比了神经网络预测空气含湿量（A）与测试含湿量（T），实际的线性拟合（$A=0.994T+0.11$），相关性系数 $R=0.999$，图中实际拟合直线与理想拟合直线几乎重合。从拟合直线的斜率、截距和相关系数比较来看，空气含湿量的预测结果好于空气温度的预测结果。

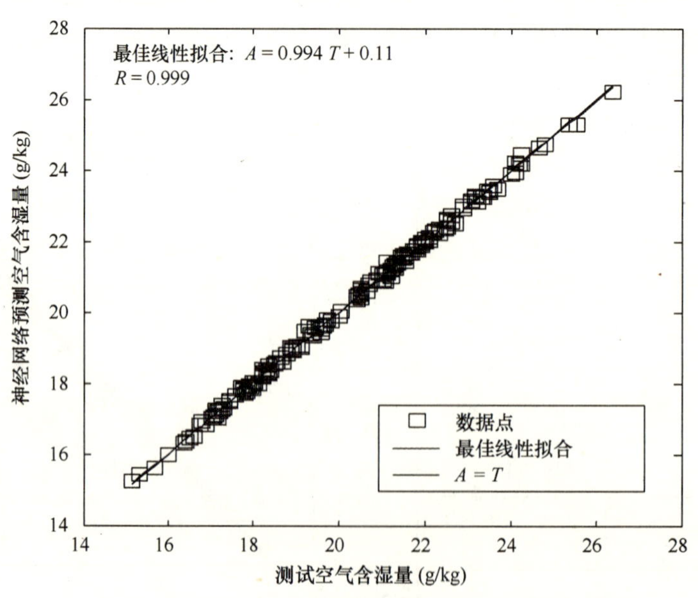

图 2-13 空气预测含湿量与测试含湿量对比分析

图 2-14 和图 2-15 分别显示了神经网络预测空气含湿量值相对于测试含湿量值的绝对误差和相对误差，分析结果如表 2-2 所示。

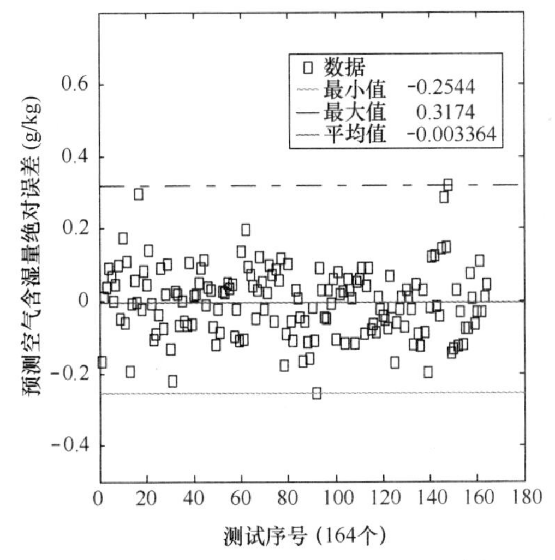

图 2-14　预测空气含湿量绝对误差分析

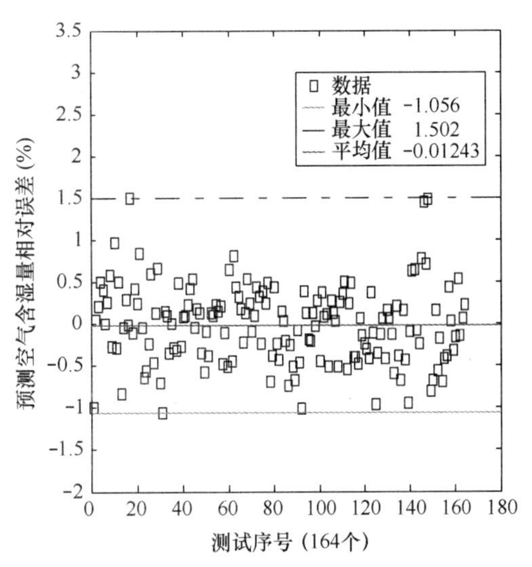

图 2-15　预测空气含湿量相对误差分析

绝对误差与相对误差分析表　　**表 2-2**

	最小值	最大值	平均值	中位数	标准差	范　围
绝对误差	−0.2544	0.3174	−0.003364	0.003903	0.09535	0.5718
相对误差	−1.056	1.502	−0.01243	0.01995	0.4677	2.557

3）权值矩阵和偏置[7,8]

由于系统是非线性的，初始权值是否达到局部最小、是否能够收敛与训练时间长短的关系很大。如果初始权值太大，使得加权后的输入和 n 落在了 S 型激活函数的饱和区，从而导致其导数 f' 非常小，继而导致 δ 趋于 0、Δw 趋于 0，结果使得调节过程几乎停顿下来。所以，一般总是希望经过初始加权后的每个神经元的输出值都接近于零，这样可以保证每个神经元的权值都能够在它们的 S 型激活函数变化最大之处进行调节。BP 神经网络训练中，初始化函数被 newf 函数调用，它根据缺省的参数自动初始化，它缺省用函数 initnw 初始化第 1 层，用 initwb 初始化第 2 层。因为 initnw 通常用于传递函数是曲线函数，它能使每层神经元的活动区域能大致平坦地分布在输入空间，而 initwb 通常用于传递函数是线性函数，它使权值在（−1，1）之间随机取值。

本节所建立的 BP 神经网络被训练之后的权重所下：

输入层权值矩阵：$IW^{1,1}$（14×6）

−1.0404	0.1575	0.1955	−0.1165	−0.2557	0.3370
0.1113	0.4246	−0.2876	0.7771	0.1888	−0.1198
0.3494	−0.0233	0.5772	−0.5075	1.3250	−0.9988
0.0561	−0.3203	0.2493	0.0113	0.6251	0.2086
−0.3730	−0.0998	−0.5788	0.5210	0.6465	−0.4219
0.0948	−0.1717	0.2787	0.6621	0.0596	0.3829

0.0859	0.0342	0.1122	−0.6388	−0.6338	−0.2857
0.0206	0.4553	0.1314	0.0926	0.3250	0.0496
0.0323	−0.0526	−0.4184	0.3029	−0.4596	0.0101
−0.2864	−0.1239	−0.1909	0.0015	−0.5902	0.8095
0.1845	0.0374	0.4602	0.3300	0.3107	0.2439
−0.1674	−0.0574	−0.2028	0.0985	0.6344	−0.2216
−0.0150	0.2433	0.6315	0.7526	0.6063	0.4390
−0.0858	−0.0140	−0.1004	0.0773	0.8543	0.1074

隐含层到输出层（第1层到第2层）权值矩阵：$lw^{2,1}$（2×14）

Columns 1 through 7

0.1762	0.5666	0.8617	0.6986	0.1286	0.6575	−2.2617
−0.1774	0.0264	0.0114	−0.2338	−0.6215	−0.2507	−2.3403

Columns 8 through 14

0.3740	1.0623	0.0720	0.5734	−0.1246	0.5597	0.6691
−0.0293	−0.3637	0.6164	0.4326	−0.6635	−0.1864	0.6466

隐含层（第1层）偏置向量：b^1

1.8529
2.2863
2.5894
−0.7465
1.1595
−1.0164
−0.1412
1.3991
−1.4796
−1.0016
0.5504
−0.7419
−2.1439
−0.7520

输出层（第2层）偏置向量：b^2

0.0445
−0.3303

3. 直接蒸发冷却器热工计算

大量的实验和工程实践证明，综合考虑填料换热性能和阻力特性，比表面积为500m^2/m^3、厚度不大于0.5m，迎面风速在2.2～2.7m/s的金属铝箔填料最适合工程使用。因此，以比表面积为500m^2/m^3的金属铝箔填料直接蒸发冷却器为例说明简化热工计算的方法和步骤。

（1）填料型直接蒸发冷却器的简化热工计算方法

直接蒸发冷却段的热工计算是在分析直接蒸发冷却传热传质机理的基础上，推导出换热效率与影响其换热效率的各个影响因素之间的关系式。同样，在做简化热工计算之前必须做以下简化假设：

1）湿空气比热（C_p）、水的比热（C_w）及水的汽化潜热（r）均为常数；

2）填料表面的水膜温度均匀一致；

3）空气的温度只沿流动方向变化，即为一维模型；

4）刘易斯（Lewis）关系成立；

5）忽略空气、水与外界环境的换热；

6）紧靠水膜的空气为饱和空气，其焓和含湿量可按该处水温确定；

7）填料的表面完全被水膜均匀覆盖。

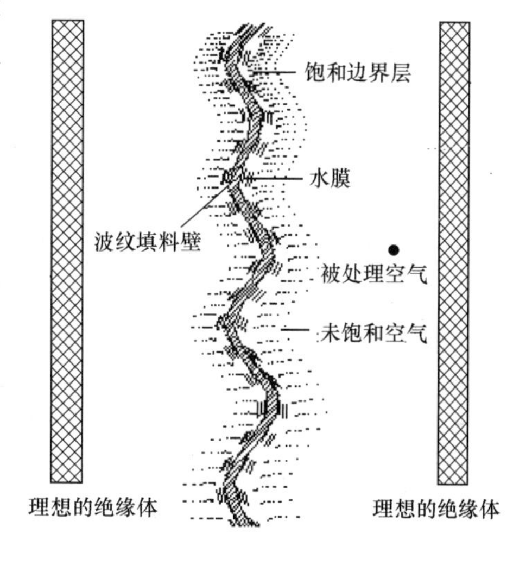

图 2-16　直接蒸发冷却热湿交换的数学模型结构图

直接蒸发冷却热湿交换的数学模型结构图如图 2-16 所示。

经推导，直接蒸发冷却段冷却效率 η_{DEC} 为：

$$\eta_{DEC} = 1 - \exp\left(-\frac{\alpha\xi\delta}{v_a \rho_a c_{pa}}\right) \tag{2-25}$$

式中　α——空气与水的热交换系数，kW/（m^2・℃）；

ξ——填料的比表面积，指 $1m^3$ 的填料内部空气与水的接触面积，与填料种类有关，其值由生产厂家给出；

δ——填料层厚度，m；

ρ_a——空气密度，kg/m^3；

v_a——迎面风速，m/s。

式（2-25）中，除 α 以外的参数都可通过测量或按指定的值给出。热工计算的任务是在给定的换热效率的前提下，得到填料的厚度。为此，在式中的对流换热系数就成为热工计算中的重点。

由于填料表面的形状和构造很复杂，空气在填料内部与水膜的换热不能被看成任何一种单纯形态的流动，这样就使得利用理论分析和计算求解对流换热系数十分困难。文献［26］通过实验手段得出了比表面积为 $500m^2/m^3$ 的铝箔填料对流换热系数与淋水质量流速、空气质量流速、进口水温、进口空气干球温度和湿球温度等影响因素的关系式：

$$\alpha = 0.033M^{0.03} q_{DEC}^{0.1} t_w^{-1.98} t^{1.68} t_s'^{0.129} \tag{2-26}$$

式中　M——被处理空气的质量流量，kg/s；

q_{DEC}——填料的淋水密度，kg/（m^2・s）；

t_w——喷淋水的进口温度，℃；

t——被处理空气的干球温度，℃；

t_s'——被处理空气的湿球温度，℃。

实验采用 7℃的冷水，对空气实现的是冷却减湿处理过程。而直接蒸发冷却过程的喷淋水是循环水，实现的是近似等焓加湿的过程。因此，式中的 t_w 和 t'_{wb} 可近似认为是相等的。此外，通过实验得到直接蒸发冷却器最佳淋水密度为 1.67kg/（m·s），以该值为常数，将上式简化为：

$$\alpha = 0.035v^{0.031}t'^{1.678}t'^{-1.855}_{s} \tag{2-27}$$

式中 v——迎面风速，m/s。

由此可得到比表面积为 $500m^2/m^3$ 的铝箔填料的热工简化计算的表达式为：

$$\eta_{DEC} = 1 - \exp\left(-1.45t'^{1.678}t'^{-1.855}_{s}v^{-0.97}\delta\right) \tag{2-28}$$

式中 t'、t'_s 和 v 很容易得到，为此，在要求的换热效率条件下，填料厚度 δ 迎刃而解。

因此，只要给出直接蒸发冷却段的入口空气状态参数、空气密度等参数，即可应用以上公式进行设计或校核计算。

（2）填料型直接蒸发冷却器的简化热工计算步骤

根据上述直接蒸发冷却器热工计算的内容，可归纳出填料型直接蒸发冷却器的热工计算的步骤如下：

1）初步给定（或假定）要求的送风温度，用公式 $\eta=\dfrac{t_1-t_2}{t_1-t_{wb}}$ 求出所要选择的直接蒸发冷却器的效率；

2）根据冷负荷和送风温差确定送风量，再根据迎面风速（$2<v_a<3$m/s）的要求在其范围内确定 v_a 的具体值，确定填料的迎风断面积；

3）根据当地夏季室外空气设计干、湿球温度，计算出所需的填料厚度 δ；根据计算出的填料厚度 δ 选择现存最接近该值的实际的填料厚度；如果相差在允许的误差范围内，则说明所选的填料迎风面积和厚度都合适，否则需要从步骤 2）重新计算，直到合适为止。

4）根据填料的迎风面积和厚度，设计填料的具体尺寸。

需要指出，目前工程中选择的填料的厚度是通过实验确定为某一最佳值，如纸制填料的最佳厚度值为 0.4m，金属铝箔填料的最佳厚度值为 0.36m 等，所以在选择时只要确定了填料的材料，其厚度就是定值，再用旁通调节方法调节直接蒸发冷却段的出风温度和效率。所以，可直接将填料厚度值带入公式中，保证选择的填料效率不小于要求的效率值即可，否则从步骤 2）重新计算，直到合适为止。

在校核计算时，只要有确定的填料比表面积和厚度，入口空气的相关物性参数，既定的迎面风速等，即可计算出该填料所能达到的换热效率。

为使填料式直接蒸发冷却段的热工计算步骤和所使用到的公式更加清晰明了，将其整理成表 2-3。

直接蒸发冷却器热工设计计算 **表 2-3**

计算步骤	计算内容	计算公式
1	预定直接蒸发冷却器的出口温度 t_{g2}，计算换热效率 η_{DEC}	$\eta_{DEC}=\dfrac{t_{g1}-t_{g2}}{t_{g1}-t_{s1}}$ (2-29)
2	计算送风量 L，v_y 按 2.7m/s 计算，计算填料的迎风断面积 F_y	$L=\dfrac{Q}{1.212(t_n-t_o)}$；$F_y=\dfrac{L}{v_y}$ (2-30)

续表

计算步骤	计 算 内 容	计 算 公 式
3	计算填料的厚度 δ	$\eta_{DEC}=1-\exp(-0.029t_{g1}^{1.678}t_{s1}^{-1.855}v_y^{-0.97}\xi\delta)$ (2-31)
4	根据填料的迎风面积和厚度，设计填料的具体尺寸	
5	如果填料的具体尺寸能够满足工程实际的要求，计算完成，否则重复步骤 1～5	

注：表中符号：η_{DEC}——直接蒸发冷却器的换热效率；

t_{g1}、t_{g2}——直接蒸发冷却器进、出口干球温度,℃；

t_{s1}——直接蒸发冷却器进口湿球温度,℃；

L——直接蒸发冷却段的送风量，m^3/h；

Q——空调房间总的冷负荷，kW；

t_o——空调房间的送风温度,℃；

t_n——空调房间的干球温度,℃；

v_y——直接蒸发冷却器的迎面风速，m/s；

F_y——填料的迎风面积，m^2；

ξ——填料的比表面积，m^2/m^3。

2.2　间接蒸发冷却空调的基础理论

2.2.1　间接蒸发冷却空调传热传质机理

与直接接触式热湿处理有所不同，间接接触式热湿处理依靠的是空气与金属固体表面相接触，在固体表面处进行热湿交换，热湿交换的结果将取决于固体表面的温度。实际上，由于空气侧的表面传热系数总是远低于冷、热媒流体侧的表面传热系数，一般情况下，金属固体表面的温度更接近于冷、热媒流体的温度。当金属固体表面的温度高于空气的温度时，空气以对流换热方式为主与固体表面间进行热量交换，此时并不会发生质量交换，也就是说，空气的含湿量不发生变化；当固体表面的温度低于空气的温度而高于空气的露点温度时，空气与固体表面间同样以对流换热方式为主进行换热，与加热情况所不同的是空气将因失热而温度不断降低，空气的含湿量同样也没有发生任何变化；然而，当固体表面的温度低于空气的露点温度时的情况就比较复杂。空气中的部分水蒸气将开始在固体表面上凝结，随着凝结液的不断增多，在固体表面处将形成一层流动的水膜，在与空气相邻的水膜一侧将形成饱和空气边界层（参见图 2-17），可以近似认为边界层的温度与固体表面上的水膜温度相等。此时，

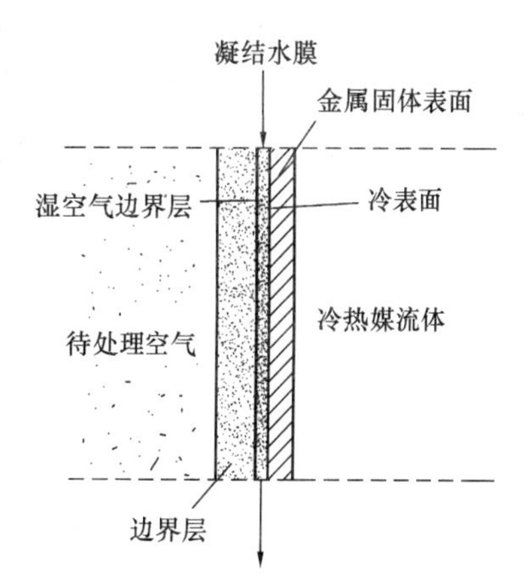

图 2-17　空气通过表面换热器的热湿交换

空气与固体表面的热交换是由于空气与凝结水膜之间的温差而产生的，质交换则是由于空气与水膜相邻的饱和空气边界层中的水蒸气的分压力差引起的。而湿空气气流与紧靠水膜饱和空气的焓差是热、质交换的推动力。这个过程将会导致空气的温度和含湿量降低，从而实现降温减湿的目的。

间接蒸发冷却器通过间壁将被冷却空气（一次空气）与淋水侧的空气（二次空气）隔开，在湿通道中喷淋循环水，水与二次空气接触，蒸发产生冷却效果，干通道中的一次空气只被冷却而不被加湿，间接蒸发冷却器使蒸发冷却空调技术的应用范围可以扩展到中湿度以上地区。

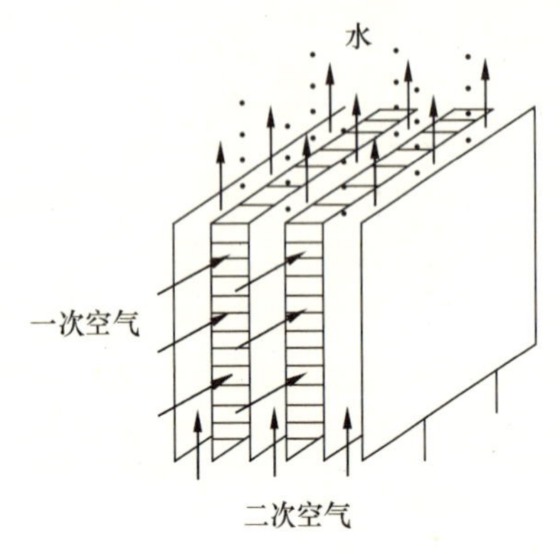

图 2-18 板式间接蒸发空气冷却器结构示意图

间接蒸发冷却器的形式主要有板翅式、管式和热管式三种，目前常用的是板翅式、管式两种。

板式间接蒸发冷却器与一般的板式换热器的几何结构相同，一次空气与二次空气交叉流过相间的板壁通道，板壁采用金属薄板（铝箔）和高分子材料（塑料等），结构见图2-18。与普通板式换热器流程不同的是在二次空气通道内（称为湿通道）有水膜自上而下流动，二次空气自下而上逆向掠过水膜表面，空气与水膜产生热、湿交换，一次空气在相间的另外的通道（称为干通道）水平流过，得到冷却。板式间接蒸发空气冷却器除了由板壁组成的换热通道外，还要有布水装置和循环水泵、二次空气风机、一次空气风机。为了使板壁上存留均匀的水膜，板面可以做亲水处理。板式间接蒸发冷却器具有换热效率高、体积小等优点。在新疆地区的蒸发冷却空调工程中，多采用板式间接蒸发冷却器。通过对项目的跟踪调查，发现板式间接蒸发冷却存在以下不足之处：1）由于流道窄小，因而流道容易堵塞，尤其是在空气含尘量大的场合，随着运行时间的增加，换热效率急剧降低，流动阻力增大；2）另外由于流道狭窄，布水不均匀、传热面浸润能力差；3）板壁表面结垢，不易清洗；4）一次空气和二次空气容易出现漏风，并伴随有漏水现象；5）成本高。

管式间接蒸发冷却器由一组按一定方式排列的管束组成，一次空气在管内流过，在管束上方由布水装置淋水，在管外壁形成水膜，二次空气自下而上横掠管束，与管外水膜发生热、湿交换，冷却管内一次空气，其工作原理见图 2-19。传热管可以采用圆管或椭圆管，材料为聚氯乙烯等高分子材料或铝箔。为了尽可能保证管外有均匀的水膜覆盖，传热管外可以包覆吸水性纤维材料，以增强蒸发冷却的效果。管式间接蒸发冷却器除了有管束外，还要有布水装置和循环水泵、二次空气风机、一次空气风机。尽管管式间接蒸发空气冷却器的紧凑性不及板式，但它刚好能弥补板式的不足，即：1）管式间接蒸发冷却器通过合理设计布水装置，做到布水均匀，形成稳定水膜，有利于蒸发冷却的进行；2）流道较宽，不会产生堵塞，因而流动阻力小；3）容易清洗；4）成本低。目前蒸发冷却空调工程中越来越多地使

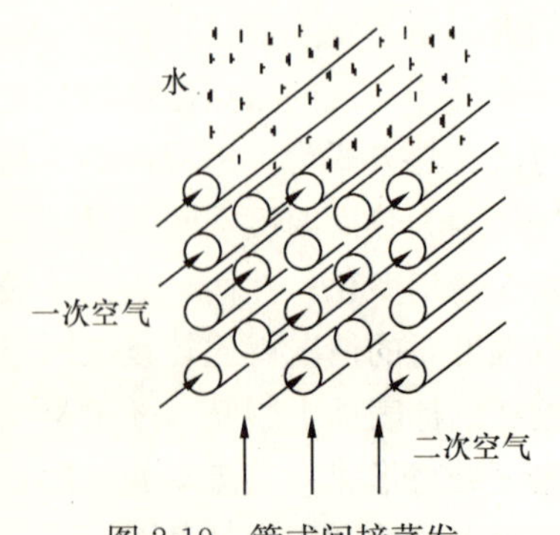

图 2-19 管式间接蒸发空气冷却器结构

用管式间接蒸发空气冷却器。

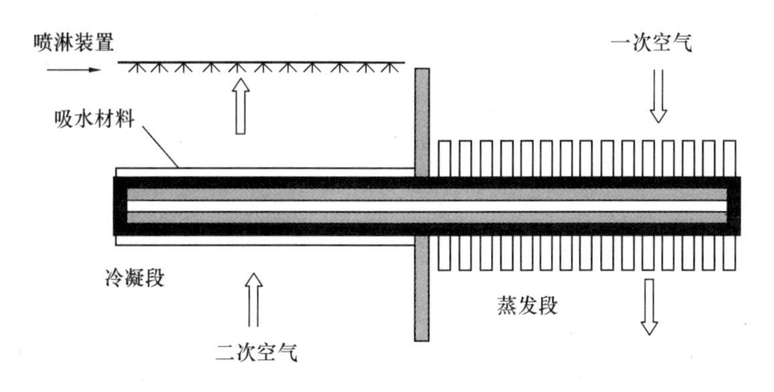

图 2-20　热管式间接蒸发空气冷却器结构

热管式间接蒸发冷却器是另一种新型的间接蒸发冷却器，其工作原理见图 2-20。热管换热器吸收热量的一端为蒸发段，另一端为冷凝段。管内相变工质吸收热量后蒸发，由于蒸发段和冷凝段间存在饱和压力差，蒸发后的工质流到冷凝段中。蒸汽在冷凝段放出热量变成液体，在热管内吸液芯的毛细作用下流回蒸发段，并再次蒸发，如此不断循环。热管式间接蒸发空气冷却器与普通热管不同的是，热管管束外侧被隔板分开，一次空气在蒸发段管外横掠管束流过，与热管内的工质进行热交换，在等湿条件下得以冷却；二次空气则在冷凝段把喷淋的水膜处理到无限接近二次空气的湿球温度，水膜与热管内的蒸汽状态的工质进行热交换，蒸汽发生相变凝结，水膜吸热蒸发。二次空气把水膜蒸发的潜热和显热带走。同样，热管式间接蒸发冷却器除了热管管束外，也要有布水装置和循环水泵、二次空气风机、一次空气风机。显然，热管式间接蒸发冷却器的冷却效率要比板式、管式蒸发冷却器的效率要高。同时，因热管式间接蒸发冷却器具有无需外部动力来促使流体循环，较常规换热器更安全、可靠，可长期连续运行，且冷热段结构位置布置灵活，结构紧凑，流动阻力小。目前对热管换热器用于蒸发冷却还处于研究阶段，同时因其制作成本高，还没有工程应用实例。

2.2.2　间接蒸发冷却空气处理过程分析

发生在间接蒸发空气冷却器的传热、传质过程分为以下几个环节，各环节受不同因素的影响：

（1）一次空气和传热壁面之间的热传递。因为一般情况下传热壁面的温度均高于一次空气的露点温度 t_d，所以该传热过程导致一次空气温度下降，含湿量不变。一次空气的状态变化过程如图 2-21 所示。影响一次空气温度变化的主要因素有一次空气流道的几何结构和尺寸、一次空气在流道内的流速以及空气物性等。

（2）通过传热壁面的热传导。由于一般采用很薄的金属或高分子材料作为换热间壁，所以这部分热阻可以忽略不计。

（3）二次空气侧换热间壁与水膜之间的热交换。间壁将一次空气传来的热量传递给水膜，该环节的主要影响因素包括二次空气侧换热间壁的几何结构及尺寸、淋水密度、逆向流过水膜表面的二次空气的流速以及淋水和二次空气的物性等。

（4）二次空气和水膜之间的热、质交换。决定该过程能否进行的关键不是二次空气温度和淋水温度的高低，而是二次空气的焓与淋水温度下饱和空气的焓的大小，即使淋水温度高于二次空气的温度，只要淋水温度下饱和空气的焓大于二次空气的焓，就可以实现热量由水膜传给二次空气，此时二次空气的状态变化如图 2-22 中的 1-2 过程，w 点为淋水温度下的饱和空气状态点。对于间接蒸发空气冷却器而言，一般情况下淋水温度低于二次空气的干球温度，此时二次空气的状态变化如图 2-22 中的 $1'$-$2'$过程，w'仍然是淋水温度下的饱和空气状态点。所以在间接蒸发空气冷却器中，二次空气侧发生热、质交换的结果是水蒸发吸热，二次空气湿度增加、温度降低。影响该热、质传递环节的主要因素有：二次空气侧换热间壁的几何结构及尺寸、淋水温度、二次空气入口干球温度、湿球温度、二次空气流速等。

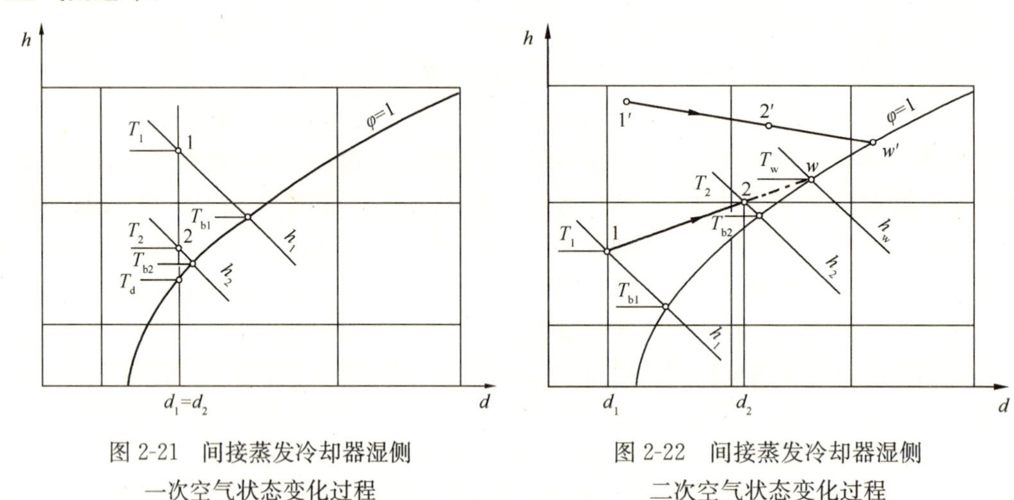

图 2-21　间接蒸发冷却器湿侧一次空气状态变化过程

图 2-22　间接蒸发冷却器湿侧二次空气状态变化过程

强化其换热是研制和使用任何换热器的出发点。对于几何结构一定的间接蒸发空气冷却器而言，二次空气与水膜之间的热、湿交换的效果直接受制于湿表面上的水膜分布，湿侧传热面上保持均匀、稳定的水膜至关重要。因此，布水装置也是间接蒸发空气冷却器的一个关键部件，以前常采用喷嘴喷淋布水、打孔管滴淋布水等方式。为进一步改善管外水膜分布的均匀性，西安工程大学蒸发冷却研究团队做了许多实验研究的工作。

在樊丽娟的研究中[15]，为提高管壁的润湿性，提出管式间接蒸发空气冷却器的传热管采用亲水铝箔材料，实验研究了亲水铝箔与水滴的接触角，证明采用亲水性铝箔可以改善管外水膜分布的均匀性和稳定性。

在吴生的研究中[16]，提出采用喷淋加二次网格的布水方式。实验研究结果表明，管外水膜分布的均匀性得到极大的改善。研究还表明，间接蒸发空气冷却器湿侧淋水量达到一定量后，不仅不会带来空气冷却效果的继续提高，而且会增加布水能耗及湿空气侧风机能耗。

在徐方成的研究中[17]，管式间接蒸发空气冷却器的传热管采用椭圆管，管外包覆吸水纤维材料，依靠包覆吸水材料的毛细作用，管外四周形成稳定的水膜。实验证明，管外二次空气与水膜之间的热、湿交换性能得到提高。

由于空气的密度小、导热系数小，所以间接蒸发空气冷却器一次侧的换热热阻很大，所以强化一次空气的对流换热也非常必要。文献［17］的研究中采用椭圆管不仅可以改善管外水膜分布的均匀性，也可以改善管内一次空气的对流换热。另外，在王玉刚的研究中[18]提出，管内插入螺旋钢丝增加管内气流扰动，进而强化一次空气对流换热的方法，并对带绕丝的管式间接蒸发空气冷却器性能进行了实验研究。研究结果表明，管内插入螺旋钢丝可以提高一次空气管内换热系数6%～8%。

另外，从二次空气气流分布的均匀性和管外水膜的稳定性来看，二次空气应采用吸入式，即二次空气风机应在布水装置上方。而一次空气应采用鼓入式，以增加管内扰动，提高管内对流换热系数。

2.2.3 间接蒸发冷却器热工设计计算

1. 板式间接蒸发冷却器模型

间接蒸发冷却器的形式很多，但交错流板式间接蒸发冷却器是多级蒸发冷却空调中常用的设备。与一般换热器不同，间接蒸发冷却过程中既有热传递又有质交换，见图2-23。二次空气与一次空气交错流动，二次风道表面被循环水润湿，湿表面与二次气流之间发生热质交换，使热通过换热面从干热的一侧传到湿冷的一侧。质量的传递促使热量的迁移，同时热传递又强化液膜的蒸发，其传热传质机理相当复杂。

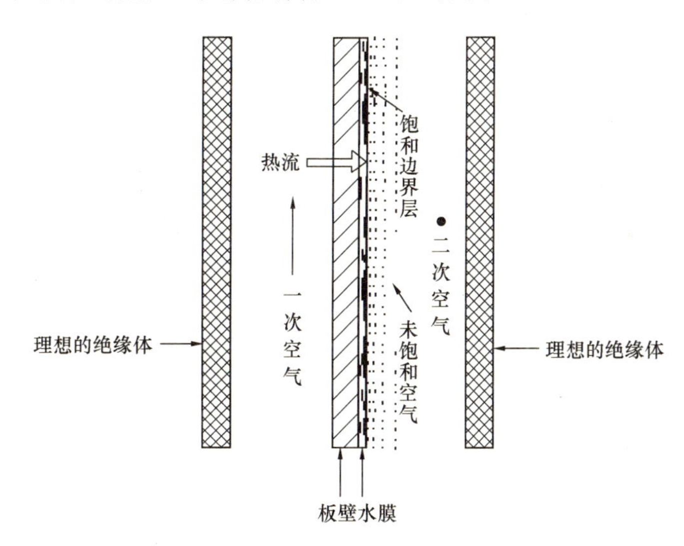

图2-23　间接蒸发冷却器热湿交换的数学模型结构图

换热器传热计算通常有两种方法：平均温差法（LMTD法）和效能—传热单元数（ε-*NTU*）法。平均温差法的基本依据是传热公式$Q=KF\Delta t_m$。在设计换热器时，根据要求先确定换热器的形式，由给定的换热量和冷热流体进出口温度中的三个温度，按热平衡求出冷流体或热流体的出口温度，再计算出平均温度差，然后由传热公式求出换热器面积，并据此确定换热器的主要结构参数。所以平均温差法设计计算的思路是$Q\rightarrow\Delta t_m\rightarrow K\rightarrow F$。但设计时，若$K$值未知，则需计算换热系数。而换热器的计算必然涉及换热器的主要结构参数（如管径、流速等），故在设计计算前，又应初步给出换热器的主要结构参数，以便能计算换热系数，最后对应预先给定的结构参数进行校核，如不相符，则需重新计算，直到达到设计要求。平均温差法可用于校核计算。然而，在间接蒸发冷却器中，二次空气侧液膜表面的水分蒸发所产生的相变热破坏了一般换热器设计或校核计算中对数平均温差方法的基本假设条件（即无内热源的假设条件），因此这一方法不能在间接蒸发冷却器中直接应用。

在 ε-NTU 法中，效率 ε 是传热单元数与热容比的函数，而传热单元数与热容比可以采用以二次空气湿球温度为基准的计算方法进行计算。因此，在热工计算中两种方法相结合。首先，采用平均温差法对板式间接蒸发冷却器的热工计算进行分析，然后采用 ε-NTU 法推导出交错流板式间接蒸发冷却器的换热效率与各影响因素之间的关系表达式。

（1）设计计算内容

为使板式间接蒸发冷却器的热工计算便于实施，需在工程允许范围内对其计算模型进行适当简化，具体简化假设如下：

1）换热器与外界无热交换；

2）忽略沿壁面纵向的热传导以及沿流动方向流体内部的热传导；

3）质量流量、入口热力状态均匀一致；

4）水均匀地淋在每个通道间壁上且表面完全润湿；

5）二次通道侧的水膜是静止的；

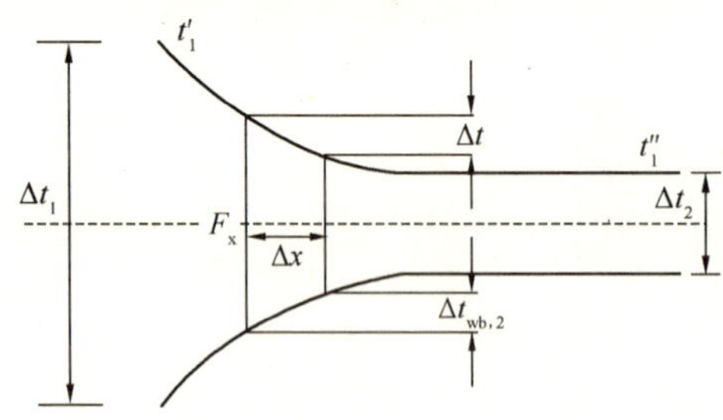

图 2-24　一、二次空气的平均温度变化

6）满足刘易斯关系式，即刘易斯数 Le 为 1；

7）水对壁面无扩散，即间壁隔板无渗透性；

8）各个通道的换热过程及换热量完全相同。

间接蒸发冷却的数学模型结构图见图 2-23。

（2）平均传热温差的确定

假定一次空气的质量流量为 M_1，入口干球温度为 t'_1，湿球温度为 $t'_{wb,1}$；出口干球温度为 t''_1，湿球温度为 $t''_{wb,1}$。二次空气质量流量为 M_2，入口空气干球温度为 t'_2，湿球温度为 $t'_{wb,2}$；出口干球温度为 t''_2，湿球温度为 $t'_{wb,2}$。其变化过程如图 2-24 所示。入口处的温差 $\Delta t_1 = t'_1 - t'_{wb,2}$，出口处的温差 $\Delta t_2 = t''_1 - t''_{wb,2}$。

假定间接蒸发冷却器与周围环境无热交换，并忽略水膜的热容，根据在 F_x 处微元体 dF 面积上热平衡关系可推导出：

$$\frac{\mathrm{d}(t_1 - t_{wb,2})}{t_1 - t'_{wb,2}} = -K\left(\frac{1}{M_1 c_p} + \frac{1}{M_2 c_p}\right) \cdot \mathrm{d}F \tag{2-32}$$

式中　t_1、$t_{wb,2}$——分别为 F_x 处一次空气空气的干球温度和二次空气的湿球温度，℃；

K——平均传热系数，W/（m^2·℃）。

在所研究的温度范围内，可以假定空气混合物的各物性参数为常数。由此可将式（2-24）在 0～F 上积分，得到：

$$\ln\frac{\Delta t_2}{\Delta t_1} = -KF\left(\frac{1}{M_1 c_p} + \frac{1}{M_2 c_p}\right) \tag{2-33}$$

在间接蒸发冷却器中，一次空气的得热量为：

$$Q = M_1 c_p (t'_1 - t''_1) \tag{2-34}$$

二次空气的换热量为：

$$Q = M_2 c_{pw} (t''_{wb,2} - t'_{wb,2}) \tag{2-35}$$

式中　c_{p}——干空气的定压比热，kJ/（kg·℃）；

c_{pw}——以空气湿球温度定义的湿空气定压比热，kJ/（kg·℃）。

将式（2-34）和式（2-35）代入式（2-33），并整理得：

$$Q = KF \cdot \frac{\Delta t_1 - \Delta t_2}{\ln \dfrac{\Delta t_1}{\Delta t_2}} \tag{2-36}$$

由此可定义间接蒸发冷却器中的换热温差为：

$$\Delta t_{\infty} = \frac{\Delta t_1 - \Delta t_2}{\ln \dfrac{\Delta t_1}{\Delta t_2}} \tag{2-37}$$

（3）ε-*NTU* 法在间接蒸发冷却器中的应用

间接蒸发冷却器的换热效率可以表示为：

$$\eta_{\mathrm{IEC}} = \frac{t'_1 - t''_1}{t'_1 - t'_{\mathrm{wb,2}}} \tag{2-38}$$

根据式（2-34）可得：

$$\frac{\Delta t_2}{\Delta t_1} = \frac{t''_1 - t''_{\mathrm{wb,2}}}{t'_1 - t'_{\mathrm{wb,2}}} = \exp\left[-KF\left(\frac{1}{M_1 c_{\mathrm{p}}} + \frac{1}{M_2 c_{\mathrm{pw}}}\right)\right] \tag{2-39}$$

一次空气和二次空气在进行热交换过程中，总能达到热平衡，因此：

$$t''_{\mathrm{wb,2}} = t'_{\mathrm{wb,2}} + \frac{M_1 c_{\mathrm{p}}}{M_2 c_{\mathrm{p}}}(t'_1 - t''_1) \tag{2-40}$$

将式（2-40）代入式（2-39），并应用式（2-38）整理得：

$$\eta_{\mathrm{IEC}} = \frac{1 - \exp\left[-\dfrac{KF}{M_1 c_{\mathrm{p}}} \cdot \left(1 + \dfrac{M_1 c_{\mathrm{p}}}{M_2 c_{\mathrm{pw}}}\right)\right]}{1 + \dfrac{M_1 c_{\mathrm{p}}}{M_2 c_{\mathrm{pw}}}} \tag{2-41}$$

传热单元系数 *NTU* 为：

$$NTU = \frac{KF}{M_1 c_{\mathrm{p}}} \tag{2-42}$$

则式（2 41）可写成：

$$\eta_{\mathrm{IEC}} = \frac{1 - \exp\left[-NTU \cdot \left(1 + \dfrac{M_1 c_{\mathrm{p}}}{M_2 c_{\mathrm{pw}}}\right)\right]}{1 + \dfrac{M_1 c_{\mathrm{p}}}{M_2 c_{\mathrm{pw}}}} \tag{2-43}$$

经推导，间接蒸发冷却器的冷却效率 η_{IEC}：

$$\eta_{\mathrm{IEC}} = \left[\frac{1}{1 - \exp(-NTU)} + \frac{\dfrac{M_1 c_{\mathrm{pa}}}{M_2 c'_{\mathrm{pa}}}}{1 - \exp\left(-\dfrac{M_1 c_{\mathrm{pa}}}{M_2 c'_{\mathrm{pa}}} \cdot NTU\right)} - \frac{1}{NTU}\right]^{-1} \tag{2-44}$$

式中　M_1——一次空气的质量流量，kg/s；

M_2——二次空气的质量流量，kg/s；

c_{pa}——空气的定压比热，kJ/（kg·℃）；

c'_{pa}——以湿空气湿球温度定义的空气定压比热，kJ/(kg·℃)。

从式（2-44）可以看出，板式间接蒸发冷却器的换热效率与一次风量/二次风量、c'_{pa}

和 NTU 有关。理论上，二次风量越大（二次风道间距一定），间接蒸发冷却段的效率越高，但随着二次风量的不断增加，效率增长非常缓慢，考虑到风机的能耗，当换热效率提高到一定程度时，再加大二次风量就显得得不偿失了。根据经验和实验得出，二次风量与一次风量之比的最佳值为 0.6～0.8 之间，即 $\frac{M_1}{M_2}$ 为 1.25～1.67。此时蒸发冷却器的换热效率与风机能耗之间达到最佳匹配。只要计算出 c'_{pa} 和 NTU，就可以计算出特定结构尺寸的板式间接蒸发冷却器的冷却效率 η_{IEC}。

（4）定压比热 c'_{pa} 的简化计算结果

任意状态下的湿空气，在忽略液体热时，其焓值均可用该空气状态下的空气湿球温度 t_{wb} 和该温度下的空气饱和含湿量 w_s 来表示，即：

$$h = c_{pa} \cdot t_{wb} + w_s(r + 1.84t_{wb}) \tag{2-45}$$

式中 r——0℃时水的汽化潜热，约为 2500×10^3J/kg，

式（2-45）两边对 t_{wb} 求导，得：

$$\frac{\partial h}{\partial t_{wb}} = c_{pa} + \frac{\partial w_s}{\partial t_{wb}}(r + 1.84t_{wb}) + 1.84w_s \tag{2-46}$$

式中 $\frac{\partial w_s}{\partial t_{wb}}$ 是湿空气饱和曲线斜率 k 的倒数，即：

$$\frac{\partial w_s}{\partial t_{wb}} = \frac{1}{k} \tag{2-47}$$

在空气调节的范围内，可假定空气饱和状态曲线为直线，则其斜率 k 为常数：

$$k = \overline{\frac{t_{wb} - t_l}{d_b - d}}$$

其中 t_l——湿空气的露点温度，℃；

d_b——湿空气同温度下的饱和状态的含湿量，g/kg 干空气；

d——湿空气的含湿量，g/kg 干空气。

同时，由于 $c_{pa} \gg 1.84w_s$，忽略此项后产生的误差很小。

仿照干空气的定义，湿空气的焓可定义为：

$$h = c'_{pa} \cdot t_{wb} \tag{2-48}$$

则：$c'_{pa} = \frac{\partial h}{\partial t_{wb}} = c_{pa} + \frac{r + 1.84t_{wb}}{k} = c_{pa} + \frac{h_q}{k}$

式中 h_q——水蒸气焓值，$h_q = r + 1.84t_{wb}$；

r——水的汽化潜热；

$1.84t_{wb}$——液体热成分，其大小对 h_q 的数值影响比较小，工程上仍可认为 h_q 是常数 2500kJ/（kg·汽）。

以空气湿球温度定义的湿空气定压比热可简化为：

$$c'_{pa} = 1.01 + 2500\,\overline{\frac{d_b - d}{t_{wb} - t_l}} \tag{2-49}$$

（5）传热单元数 NTU 和平均传热系数 K 的计算

传热单元数 NTU 的表达式为：

$$NTU = \frac{KF}{M_1 c_{pa}} \tag{2-50}$$

式中　F——板式间接蒸发冷却器总传热面积，m^2；

K——板式间接蒸发冷却器平均传热系数，W/（$m^2\cdot$℃）。

根据一维稳态传热模型可推出：

$$K=\left[\frac{1}{\alpha_1}+\frac{\delta}{\lambda}+\frac{\delta_w}{\lambda_w}+\frac{1}{\alpha_w}\right]^{-1} \tag{2-51}$$

式中　$\frac{1}{\alpha_1}$——一次空气与壁面之间对流换热热阻，$m^2\cdot$℃/W。

一次通道可看成是管槽，一次空气在管槽内的流动属于紊流，其对流换热热阻可以由经验准则方程式进行计算：

$$\frac{1}{\alpha_1}=\frac{d_{e,1}}{Nu\cdot\lambda_1} \tag{2-52}$$

式中　λ_1——一次空气的导热系数，W/（m·℃）；

$d_{e,1}$——一次通道的当量直径，m；

$$d_{e,1}=\frac{4F}{U} \tag{2-53}$$

式中　F——流道断面面积，m^2；

U——流道湿周，m；

Nu——努谢尔特准则。

由于一次空气在一次通道内运动的雷诺数在设计状态大于10^4，一次通道的长度l与当量直径的比值也大于10，一次空气的普朗特准则数在0.7～160之间，而且一次空气的温度大于间隔避面的温度，因此有：

$$Nu=0.023Re^{0.8}Pr^{0.3} \tag{2-54}$$

注意：在计算雷诺数Re时需要用当量直径。

将以上参数带入式（2-52），一次空气与壁面之间对流换热热阻最终的表达式为：

$$\frac{1}{\alpha_1}=\frac{d_{e,1}^{0.2}}{0.023\times\left(\frac{v_1\cdot l}{\nu}\right)^{0.8}Pr^{0.3}\cdot\lambda_1} \tag{2-55}$$

式中　$d_{e,1}$——一次通道的当量直径，m；

v_1——一次空气流速，m/s；

l——板长，m；

ν——一次空气运动黏度，m^2/s；

Pr——普朗特准则数；

λ_1——一次空气导热系数，W/（m·℃）。

假定相界面上显热对流传热系数为h_s和湿交换系数为α_m（m/s），则单位面积相界面上的传热量为：

$$q=h_s(t_i-t_2)+\rho\alpha_m(w_{i,s}-w_2)h_q \tag{2-56}$$

式中　t_i，$w_{i,s}$——相界面温度和其对应的饱和空气含湿量，℃，kg/kg；

t_2，w_2——二次空气断面平均温度和其对应的断面平均含湿量，℃，kg/kg；

ρ——水的密度，kg/m^3。

根据湿空气焓值的表达方法，推出二次空气断面平均温度：

$$t_2 = t_{wb,2} + (w_{2,s} - w_2)\frac{h_{fg}}{c_{pa}} \tag{2-57}$$

式中 $w_{2,s}$——二次空气断面湿球温度 $t_{wb,2}$ 下的饱和含湿量，kg/kg。

将式（2-57）代入式（2-56）得：

$$q = h_s(t_i - t_{wb,2}) + h_s \cdot \frac{h_q}{c_{pa}} \cdot \left[\left(\frac{\alpha_m \rho c_{pa}}{h_s} \cdot w_{i,s} - w_{2,s}\right) + w_2\left(1 - \frac{\alpha_m \rho c_{pa}}{h_s}\right)\right] \tag{2-58}$$

相界面对二次空气的总传热量也可以用另外一种形式来表达：

$$q = \alpha_w(t_i - t_{wb,2}) \tag{2-59}$$

式中 α_w——以湿球温度差为基准的相界面对流换热系数，W/（m·℃）。

对比式（2-58）和式（2-59）得到：

$$\alpha_w = h_s + \frac{\frac{h_s \cdot h_{fg}}{c_{pa}} \cdot \left[\left(\frac{\alpha_m \rho c_{pa}}{h_s} \cdot w_i - w_{2,s}\right) + w_2\left(1 - \frac{\alpha_m \rho c_{pa}}{h_s}\right)\right]}{t_i - t_{wb,2}} \tag{2-60}$$

通过上式可计算出以空气湿球温度为参考温度的相界面对流传热系数 α_w 的值。然而在该计算中包含的未知参数太多，计算上具有相当的难度。为了工程上的应用，可假设这种汽水系统的 Lewis 数为 1，则式（2-60）可简化为：

$$\alpha_w = h_s\left(1 + \frac{2500}{k \cdot c_{pa}}\right) \tag{2-61}$$

式中 k——湿空气饱和状态曲线的斜率。

由于形成的水膜非常薄，在工程应用上完全可以忽略液膜内对流换热的影响因素，液膜的厚度可用下式计算：

$$\delta_w = \left(\frac{3\nu\Gamma}{\rho g}\right)^{\frac{1}{3}} \tag{2-62}$$

式中 ν——水的运动黏性系数，m^2/s；

g——当地重力加速度，m/s^2；

Γ——单位淋水长度上的淋水量，也称间接蒸发冷却器的淋水密度，kg/（m·s），其最佳值由实验确定。

（6）最佳淋水密度

对板式间接蒸发冷却器的淋水密度的定义式为：

$$\Gamma = \frac{M_w}{(n+1)l} \tag{2-63}$$

式中 M_w——淋水的质量流量，kg/s；

n——隔板数；

l——一次空气的通道长度，m。

对于特定结构尺寸的交错流板式间接蒸发冷却器，如果淋水量太少，由于在壁面上形成的液膜太薄，在表面张力的作用下，液膜会产生断裂或收缩，不能全部覆盖整个换热表面，使得部分换热表面未能参与传热传质过程，从而导致其总体换热效率不高。实际操作中，由于通道很窄，所以内壁面的表面湿润率很难观察和测量，因此考虑用板式间接蒸发冷却器的换热效率来间接反映，即换热效率最大时，可认为此时壁面的表面湿润率达到了最大。

同样，在工程上对蒸发冷却空调机组进行设计时，对于某一特定结构的板式间接蒸发冷却器来说（忽略水的蒸发量），只要$(n+1)l$相等，不管，n或l相差多少，设计的淋水量也是相等的，只是它们对所冷却的风量不同而已。因为不管风道的垂直高度是多少，向下流动的水流或者继续流到填料上，或者流到水箱里，对冷却效率也是没有影响的，所以适当增加间接蒸发冷却器的高度同样可以增加机组的制冷量。

实验表明：板式间接蒸发冷却器的最佳一、二次风道宽度在 5mm 左右，最佳的二次风量/一次风量为 0.6～0.8，工程设计中的最佳淋水密度在 15～20kg/（m・h）之间。

最后，分别将 NTU、c'_{pa}和在一、二次风量比的最佳范围内取定的值带入式（2-29），即可按要求的换热效率设计具体的间接蒸发冷却器的尺寸。

2. 管式间接蒸发冷却器模型

（1）模型假设

考虑管式间接蒸发空气冷却器的结构及传热、传质过程的特点，在建立其热工计算模型时，做以下假设：

1）蒸发冷却器与周围的环境无热传递；

2）蒸发冷却器管子外表面被稳定不间断的水膜完全包覆；

3）二次空气在管束外分布均匀，二次空气与水膜的传热、传质系数各处都相等；

4）淋水，一、二次空气的物性均为常数；

5）忽略管壁导热热阻。

（2）管式间接蒸发空气冷却器热工模型计算单元

在以上假设条件下，选取图 2-25 所示的一根传热管作为建立模型的计算单元。其中上角标 i 表示第 i 个计算单元，计算单元总数等于自上而下总的管排数 N。计算单元管长即为换热器实际管长。下脚标 1、2 分别表示一次空气和二次空气，下脚标 f、w 分别表示水膜和管壁。

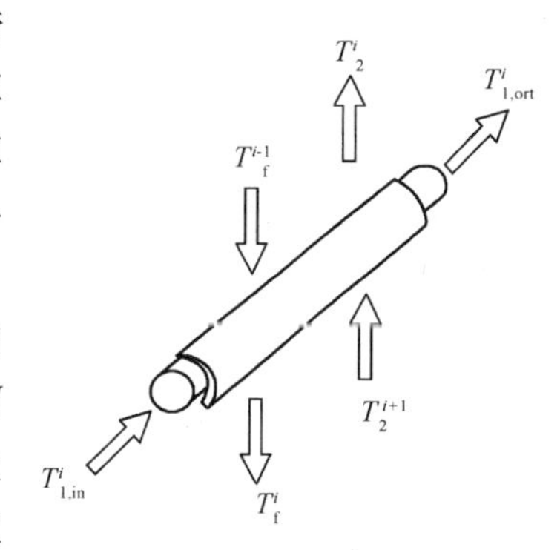

图 2-25　管式间接蒸发空气冷却器热工性能计算单元

结合管式间接蒸发空气冷却器的结构特点，二次空气从底部入口到上部出口，经历相当于上下管排数的 N 个单元，下面一个单元的出口温、湿度和流量参数为上面一个单元的入口参数。因此，即使各个计算单元一次空气入口参数都一样，但每个计算单元管外二次空气参数不同，所以每个计算单元的一次空气温降并不相同。从理论上讲，底部计算单元一次空气温降大于顶部计算单元一次空气温降。这样采用合适的算法对模型的计算结果就是针对整体换热器的，而不是单个计算单元。

3. 管式间接蒸发空气冷却器热工计算模型

（1）一次空气和管壁面之间的热传递平衡方程

$$m_1 c_{p1}(T^i_{1,in} - T^i_{1,out}) = \pi \cdot d_i \cdot L \cdot h_1 \cdot (\overline{T^i_1} - T^i_w) \tag{2-64}$$

式中　m_1——一次空气在管内的质量流量，kg/s；

c_{p1}——一次空气定压比热，J/（kg·K）；

$\overline{T_1^i}$——一次空气在传热管内的平均温度，$\overline{T_1^i}=\dfrac{T_{1,in}^i+T_{1,out}^i}{2}$，K；

T_w^i——管壁温度，K；

d_i——传热管内径，m；

L——传热管长度，m；

h_1——一次空气与管壁之间的对流换热系数，可由式（2-65）计算：

$$h_1=\frac{Nu_1\cdot\lambda_1}{d_i} \tag{2-65}$$

式中 λ_1——一次空气导热系数，W/（m·K）。

当 Re 在 2 300～10^6 范围内时，式（2-65）中的一次空气在管内的努谢尔特数 Nu_1 可以采用下式计算：

$$Nu_1=\frac{\frac{\lambda_T}{8}(Re_1-1000)Pr_1}{1+12.7\sqrt{\frac{\lambda_T}{8}}(Pr_1^{2/3}-1)}\left[1+\left(\frac{d_i}{L}\right)\right] \tag{2-66}$$

式中 Pr_1——一次空气普朗特数。

摩擦系数 λ_T 和管内一次空气的雷诺数 Re_1 可用式（2-67）和式（2-68）确定：

$$\lambda_T=(1.82\log Re_1-1.64)^{-2} \tag{2-67}$$

$$Re_1=\frac{w_1\cdot d_i}{\nu_1} \tag{2-68}$$

式中 w_1——一次空气管内平均流速，m/s；

ν_1——一次空气运动黏性系数，m/s^2。

（2）水膜与传热管外表面之间的热传递平衡方程

$$m_1c_{p1}(T_{1,in}^i-T_{1,out}^i)=\pi\cdot d_0\cdot L\cdot h_f\cdot(T_w^i-T_I^i)+m_f^ic_{pf}(T_f^i-T_f^{i-1}) \tag{2-69}$$

式中 T_I——水膜与二次空气交界面处的温度，K；

d_0——传热管外径，m；

c_{pf}——水膜比热，J/（kg·K）；

T_f——水膜温度，K；

h_f——水膜流过水平管外表面的对流换热系数[19]，可由式（2-70）计算：

$$h_f=\frac{Nu_f\cdot\lambda_f}{\left(\frac{\nu_f}{g}\right)^{\frac{1}{3}}} \tag{2-70}$$

式中 λ_f——水膜导热系数，W/（m·K）；

ν_f——水膜运动黏性系数，m/s^2；

Nu_f——水膜努谢尔特数，可用式（2-71）和式（2-72）确定。

当 Re_f=160～1360，Re_2=3000～6900 时：

$$Nu_f=0.011Re_f^{0.3}Pr_f^{0.62} \tag{2-71}$$

当 Re_f=160～1360，Re_2＞6900 时：

$$Nu_f=0.24Re_f^{0.3}Re_2^{-0.36}Pr_f^{0.66} \tag{2-72}$$

式中　Pr_f——水膜普朗特数；

Re_f——水膜流动雷诺数，定义为 $Re_f=\frac{4G}{\mu_f}$；

G——单位管长的淋水量，称为淋水密度，kg/（m·s）。

（3）二次空气和水膜之间热质传递平衡方程

$$m_{ev}\cdot r+m_2^i c_{p2}(T_2^{i+1}-T_2^i)=\pi\cdot d_0\cdot L\cdot h_2(T_1^i-\overline{T_2^i}) \tag{2-73}$$

式中　r——淋水温度下水的汽化潜热，可以作为定值；

$\overline{T_2^i}$——二次空气第 i 传热单元的平均温度$\overline{T_2^i}=\frac{T_2^i+T_2^{i+1}}{2}$，K；

m_{ev}——蒸发到空气中的水蒸气流量，kg/s，可按式（2-74）计算：

$$m_{ev}=\pi\cdot d_0\cdot L\cdot\beta[x''(T_f)-x] \tag{2-74}$$

式中　β——二次空气与水膜之间的质传递系数，kg/（m^2·s），按式（2-75）计算：

$$\beta=\frac{h_2}{c_{p2}\cdot Le^{1-n}} \tag{2-75}$$

值得一提的是，大多数蒸发冷却的文献中取 $Le=1$，$n=0$，则有 $\beta=\frac{h_2}{c_{p2}}$。

而根据文献［19］，对于二次空气为湍流状态时，蒸发冷却传热、传质类比时，取 $Le=0.865$，$n=0.33$ 与实验数据更吻合。

$x''(T_f)$ 是在水膜温度 T_f 下，二次空气饱和状态下的含湿量，由式（2-75）来确定。

$$x''(T_f)=\frac{0.622p''(T_f)}{p-p''(T_f)} \tag{2-76}$$

p''是在水膜温度 T_f 下，饱和空气的水蒸气分压力，与 T_f 的关系如式（2-77）：

$$p''=p_0\cdot 10^{\left(\frac{T_f}{a_0+a_1T_f+a_2T_f^2}\right)} \tag{2-77}$$

式中　p_0——0℃时空气的水蒸气分压力，$p_0=610.7\text{N/m}^2$。

根据文献［19］，在 0～100℃范围内，$a_0=31.6639$℃，$a_1=0.131305$，$a_2=2.63247\times10^{-5}$。

式（2-73）中，m_2^i 为第 i 个计算单元二次空气的质量流量，kg/s，由质量平衡方程得：

$$m_2^{i-1}=m_2^i+m_{ev} \tag{2-78}$$

$$m_{ev}=m_2^i(x^i-x^{i+1}) \tag{2-79}$$

另外，为考虑二次空气中水蒸气量变换带来的湿空气比热 c_{p2} 的变化，c_{p2} 按式（2-80）确定：

$$c_{p2}=c_p+c_{pf}\cdot x \tag{2-80}$$

式中　c_p——干空气的比热；

c_{pf}——水蒸气比热，可按 20～30℃进行确定。

式（2-73）中 h_2 为二次空气与水膜之间的对流换热系数，按式（2-81）来计算。

$$h_2=\frac{Nu_2\cdot\lambda_2}{d_0} \tag{2-81}$$

式中二次空气的努谢尔特数 Nu_2 与传热管排列方式、二次空气流动雷诺数 Re_2 以及湿空气物性有关[19]。

对于叉排管束：

$$Nu_2 = a_0\left(\frac{S_t}{d_0}\right)^{a_1}\left(\frac{S_l}{d_0}\right)^{a_2}\left(\frac{S_t}{S_l}\right)^{a_3} R_s^{a_4} Re_2^{a_5} Pr_2^{0.33} \tag{2-82}$$

式中，$a_0=0.55101$，$a_1=9.8464$，$a_2=-9.8979$，$a_3=-9.8556$，$a_4=0.064556$，$a_5=0.56537$。

$$R_s=\left(\frac{S_t}{d_0}-1\right)\left[2\times\left(0.25\left(\frac{S_t}{d_0}\right)^2+\left(\frac{S_l}{d_0}\right)^2\right)^{0.5}-1\right]^{-1} \tag{2-83}$$

式中 S_l——管束排列的纵向管间距，m；

S_t——管束排列的横向管间距，m；

Re_2——二次空气在管束间流动雷诺数，按式（2-84）计算：

$$Re_2=\frac{w_0 d_0}{\nu_2} \tag{2-84}$$

式中 w_0——二次空气在管束最小流通截面上的流速，m/s；

ν_2——二次空气运动黏性系数，m^2/s。

（4）一次空气和水膜及二次空气的热、质传递平衡方程

$$m_1 c_{p1}(T_{1,in}^i - T_{1,out}^i) = m_{ev}\cdot r + m_2^i c_{p2}(T_2^{i+1}-T_2^i)+m_f^i c_{pf}(T_f^i - T_f^{i-1}) \tag{2-85}$$

该式表明，在与环境没有热交换的假设下，间接蒸发冷却器内水膜蒸发导致一、二次空气温度降低，淋水温度降低。

实际换热器在工作条件下，已知一次空气入口温度及流量、二次空气入口温度及流量、淋水温度及流量，利用上述模型方程联立、迭代可以模拟整个换热器的热工性能，计算出一次空气出口温度、二次空气出口温度和淋水出口温度，当然这需要通过计算机编程模拟计算。

4. 热管式间接蒸发冷却器模型

（1）模型假设

间接蒸发冷却中热量的交换和质量的迁移同时发生，尤其在相界面上由于水分蒸发产生的相变改变了一、二次空气的热传递特性，使间接蒸发冷却器既区别于一般的气—气换热器，又不同于冷却塔的绝热蒸发过程。因此，其传输机理相当复杂，为了研究间接蒸发冷却器某方面的性能，必须对其作相应的简化假设：

1）系统无散热损失；

2）该换热器中整个热质交换过程为一稳态过程；

3）进口各项参数在管轴向方向上分布均匀；

4）由于淋水量不大，二次空气通道侧淋水水滴与二次空气间的热湿交换作用可以忽略；

5）空调工况下，水蒸气在空气中扩散时，Le 近似等于 1；

6）热管内的蒸汽流视为不可压缩和层流运动，因为它的流速低；

7）热管蒸发段、冷凝段传热面积相同。

（2）模型的建立

1）二次空气与湿壁之间热交换

在间接蒸发冷却器中，由于二次空气侧存在潜热的传递，不能简单地用对数平均温差

法来进行换热器的设计或校核计算，但在二次空气干球温度增加的同时，其湿球温度也发生了变化，从而导致二次空气焓值的变化。最终在假设 $Le=1$ 的条件下得出了二次空气与湿壁之间的换热方程：

$$dQ = h(t_w - t_{wbs})dA_s = G_s C_{sw} dt_{wbs} \tag{2-86}$$

式中　C_{sw}——以空气湿球温度定义的空气定压比热，kJ/（kg·℃）；

h——二次空气与湿壁相界面综合对流换热系数，w/（m^2·℃）。

2）一次空气与干侧之间热交换

$$dQ = \alpha_p(t_p - t_w)dA_p = -G_p C dt_p \tag{2-87}$$

由式（2-86）和式（2-87）式得：

$$\frac{t_{p2} - t_{wbs2}}{t_{p1} - t_{wbs1}} = \exp\left[-KA\left(\frac{1}{G_p C} + \frac{1}{G_s C_{sw}}\right)\right] \tag{2-88}$$

其中：

$$K = \frac{1}{1/\alpha_p + 1/\alpha_s}$$

3）一、二次空气间的热平衡

$$G_p C(t_{p1} - t_{p2}) = G_s C_{sw}(t_{wbs2} - t_{wbs1}) \tag{2-89}$$

由式(2-89)得：

$$t_{wbs2} = t_{wbs1} + \frac{G_p C(t_{p1} - t_{p2})}{G_s C_{sw}} \tag{2-90}$$

间接蒸发冷却器热效率定义式为：$\varepsilon = \dfrac{t_{p1} - t_{p2}}{t_{p1} - t_{wbs1}}$　(2-91)

联合式（2-89）、式（2-90）、式（2-91）得：

$$\varepsilon = \frac{1 - \exp\left[-\dfrac{KA}{G_p C}\left(1 + \dfrac{G_p C}{G_s C_{sw}}\right)\right]}{1 + \dfrac{G_p C}{G_s C_{sw}}} \tag{2-92}$$

令 $\beta = \dfrac{G_p C}{G_s C_{sw}}$ 为一、二次空气比热之比，则热管间接蒸发冷却器效率为：

$$\varepsilon = \frac{1 - \exp\left[-\dfrac{KA}{G_p C}(1 + \beta)\right]}{1 + \beta} \tag{2-93}$$

（3）模型讨论

对热管间接蒸发冷却器实验台的实际数据对该简化模型作一讨论。由于一次空气流量在空调计算时已确定，所以此处固定一次空气流量值，以分析一、二次空气比热比，也即二次空气流量对冷却器效率的影响情况（G_p、C、C_{sw} 均为确定值）。主要参数如下：一次空气流量 G_p=1.08 kg/s（3000m^3/h）；换热面积 A=55m^2；传热系数 K=24W/（m^2·℃）；将以上数据代入式（2-93），得：

$$\varepsilon = \frac{1 - \exp[-1.22(1 + \beta)]}{1 + \beta} \tag{2-94}$$

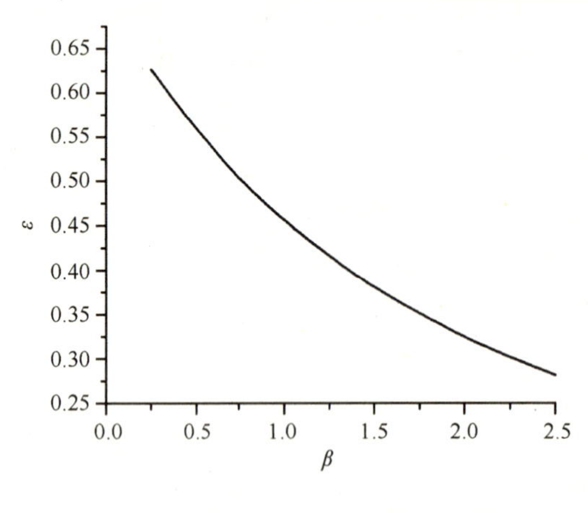

图 2-26　β、ε 关系图

由图 2-26 可看出，在满足二次空气侧空气压损、气流速度不至于过大而将喷淋水直接带走等要求之下，应尽可能增大二次空气流量，以提高换热器效率。另外，二次空气流量增大，会加大对相界面的扰动，同时将湿度增加了的空气及时带走，提高了换热系数，对换热器效率的提高有积极作用。

5. 露点式间接蒸发冷却器模型[20][24]

如图 2-27 所示，当室外空气通过露点式间接蒸发冷却器的干通道，空气先被冷却至 1 点，1 点空气穿过传热壁的孔穿过湿通道，1 点可达到最低温度为 A 点的湿球温度 A_{wp}，1 点与水接触后其温度为 1_{wp}，其温度低于 A_{wp}，因此 1 点可继续至 2 点，其温度为 1_{wp}，2 点再穿过传热壁的孔，其与水接触温度为 2_{wp}，因为 2 点可被继续冷却，达到 3 点，其温度为 3_{wp}，如此反复至最后到达 N 点，其温度为 A 点的露点温度。露点式冷却器中空气在焓湿图上的变化原理见图 2-28。

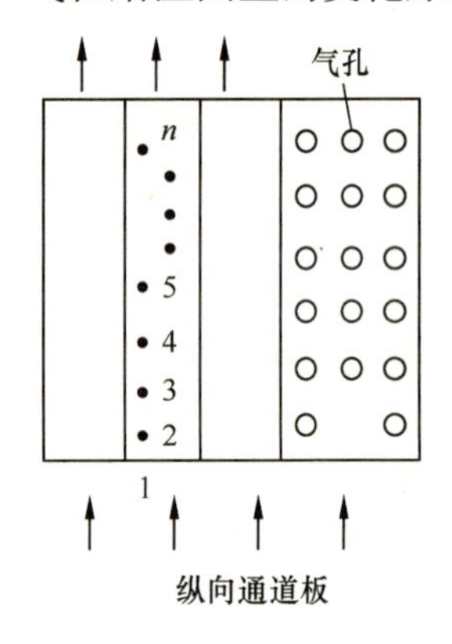

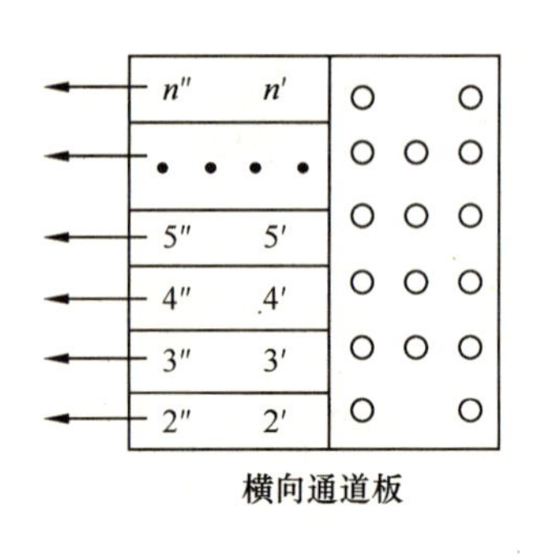

图 2-27　露点间接蒸发冷却器工作示意图

图 2-28　露点式空气变化原理图

为了确定逆流交换器的最佳尺寸和最佳运行状况，进行了数值模拟，这包括确定干湿流道的几何尺寸、气流速度、二次空气与入口空气（流速）的比率和供水温度。为了模拟引入空气与二次空气之间的气流和热质传递开发了计算机模型。它允许在制冷（湿球和露点）效率、能效和其他待定参数之间相互关联。相互关系的分析提供了最优化的设备几何参数和运行状况的数据。

（1）截面网格布局和模拟假设

将网格设计成等边三角形状的折皱，如图 2-29 所示。假定流道断面上的气流速度和温度是一样的。假定热量从一层的干通道传到下一层的湿通道，空气沿着流道流过，那么就构成了一个二维模型，如图 2-30 所示。为了数值分析简单，作以下假设：1）热量在隔层上垂直传递，并且沿着气流方向不产生热流；2）穿过流道的气流是均匀的；3）隔层湿表面储存的水与经过的空气垂直移动；4）隔层湿表面的水完全饱和；5）空气是不可压缩的。

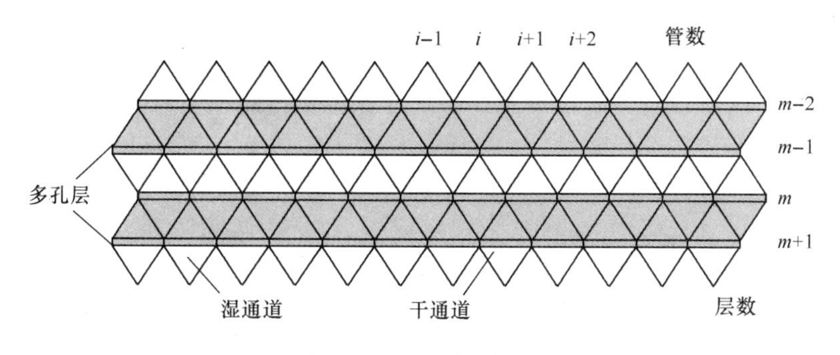

图 2-29 流道的布局

此模拟采用有限单元法，单元的选择如图 2-31 所示。此单元是由干通道部分、湿通道部分和热质传递隔层（壁）组成的。考虑一个适当的边界条件，那么每一个单元都可应用能量守恒方程。这样，在干通道和湿通道部分上可以建立温度和湿度的分布图。对一个单元来说，作以下假设：1）每一个单元都有均匀的隔层表面温度；2）在湿通道部分的入口和出口处，空气有均匀的温度和湿度含量。

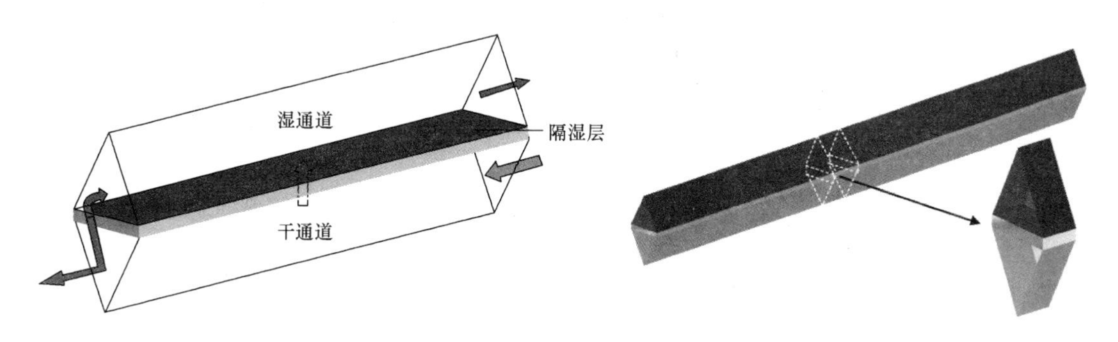

图 2-30 模拟的简单流道　　　　图 2-31 计算单元

（2）热质传递机理——数值表示[9]

对于干通道中发生的强迫对流热质传递，所选节点的能量平恒可以表达如下：

$$h_1 A(t_{a,f1} - t_{w1}) = m(h_{in} - h_{out}) \tag{2-95}$$

对于湿通道中发生的强迫对流热质传递，所选节点的能量平恒可以表达如下：

$$h_2 A(t_{w2} - t_{a,f2}) + mh_{in} + h_m A(\rho_{w,a2} - \rho_{a,r2})\gamma = mh_{out} \tag{2-96}$$

由于相对小的流道尺寸和气流速度，流道中的气流流动为层流。在这种情况下，应用下面的方程：

$$\frac{l}{d} = 0.05 Re \cdot Pr \tag{2-97}$$

远离入口处的热传递可以用下式计算：

$$Nu = 1.86\left(\frac{Re \cdot Pr}{l/d}\right)^{1/3}\left(\frac{\eta_{a,f}}{\eta_{w,a}}\right)^{0.14} \tag{2-98}$$

湿通道气流和隔层湿表面之间的传质系数可用下式计算：

$$\frac{h}{h_m} = \rho c_p Le^{\frac{2}{3}} \tag{2-99}$$

6. 冷却塔供冷型间接蒸发预冷器的热工计算

如前所述，室外空气湿球温度是冷却塔出水温度的理论极限值。因此，将冷却塔的水通入水冷却盘管后，其表面温度必然高于室外空气的露点温度。当采用全新风时，整个表冷器处于干工况。这样，空气实现等湿冷却，计算也变得简单。

计算采用效能—传热单元数法。

（1）设计计算

已知被处理空气量（体积流量 V_a，m^3/h），空气初（干球温度 t_1，湿球温度 t_{s1}，焓 h_1）、终参数（干球温度 t_2，湿球温度 t_{s2}，焓 h_2），进入表冷器的冷水初温 t_{w1}，选择表冷器型号、台数、排数（冷却面积），并确定水量（体积流量 V_w，m^3/h）和冷量（Q，kW）。

1）计算需要的接触系数 ε'_2，确定冷却器的排数

$$\varepsilon'_2 = 1 - \frac{t_2 - t_{s2}}{t_1 - t_{s1}} \tag{2-100}$$

在常用的迎面风速 v_y（m/s）范围内选择能满足 ε_2 的表冷器类型和排数。

2）确定表冷器的型号

假定一个迎面风速 v'_y，算出所需冷却器的迎风面积 f'_a（m^2）：

$$f'_a = \frac{V_a}{3600 v'_y}\ (m/s) \tag{2-101}$$

根据 f'_a 选择合适的冷却器型号、台数及排数，确定实际的迎风面积 f_a，并算出实际的 v_y 值。

$$v_y = \frac{V_a}{3600 f_a} (m/s) \tag{2-102}$$

根据所选表冷器，查实际的 ε_2，与需要的 ε'_2 差别不大时可继续计算。若二者差别较大，则应改选别的型号的表冷器。

3）析湿系数 ξ

因为整个表冷器处于干工况，故 $\xi=1$。

4）传热系数 K

传热系数 K 的实验公式由所选表冷器给出，通常 $K = f(v_y, \xi, \omega)$。其中 ω 是管内水流速（m/s），由下式确定：

$$\omega = \frac{V_w}{3600 F_w} (m/s) \tag{2-103}$$

式中　V_w——冷水体积流量，m^3/h；

　　F_w——通水断面积，m^2。

5）计算需要的全热交换效率 ε_1

$$\varepsilon_1 = \frac{t_1 - t_2}{t_1 - t_{w1}} \tag{2-104}$$

同时，表冷器能达到的全热交换效率为：

$$\varepsilon'_1 = \frac{1 - \exp[-NTU(1-\gamma)]}{1 - \gamma\exp[-NTU(1-\gamma)]} \tag{2-105}$$

式中　NTU——传热单元数；

　　γ——水当量比。

所选表冷器应满足 $\varepsilon_1 = \varepsilon'_1$。

6）传热单元数 NTU 和水当量比 γ

$$NTU = \frac{KF}{M_a \cdot c_{pa}} \tag{2-106}$$

式中　F——换热面积，m^2，由所选冷却器型号、台数及排数确定；

M_a——空气质量流量，kg/s；

c_{pa}——干空气定压比热，常温下约为 1.01×10^3J/（kg·℃）。

$$\gamma = \frac{M_a \cdot c_{pa}}{V_w \cdot c_{pw} \times 10^3} \tag{2-107}$$

式中　c_{pw}——水定压比热，约为 4.19×10^3J/（kg·℃）

7）冷水量 V_w

根据以上分析，$\varepsilon_1 = \dfrac{t_1 - t_2}{t_1 - t_{w1}} = f(v_y, \omega, \xi)$，可计算出 ω。

则
$$V_w = \omega \cdot f_w$$

8）制冷量 Q 与冷水终温 t_{w2}

表冷器的制冷量等于空气放出的热量：

$$Q = M_a(h_1 - h_2) = V_w(t_{w2} - t_{w1})c_{pw} \tag{2-108}$$

若冷水初温未知，则可假定水流速，计算传热系数。然后根据传热单元数 NTU 和水当量比 γ 算出 ε_1。

（2）校核计算

已知被处理空气量（体积流量 V_a，m^3/h），空气初始参数（干球温度 t_1，湿球温度 t_{s1}，焓 h_1），进入表冷器的冷水初温 t_{w1}，冷水量（体积流量 V_w，m^3/h），表冷器型号、台数、排数（冷却面积），要求确定空气的终状态参数（干球温度 t_2，湿球温度 t_{s2}，焓 h_2），冷水终温 t_{w2}。

1）求冷却器迎面风速和水流速；

2）求冷却器可提供的 ε_2；

3）假定空气终状态温度 t_2；

4）析湿系数（干工况 $\xi=1$）；

5）求传热系数；

6）求传热单元数和水当量比；

7）求表冷器能达到的 ε'_1；

8）求需要的 ε_1 并与上面得到的 ε'_1 比较，若两个值相差不多，证明所设 t_2 合适，否则，应重设 t_2 再算。

冷却塔供冷型预冷器使空气等湿降温，可由此得到空气终状态的湿球温度 t_{s2} 和焓 h_2。

9）求冷量和水终温

$$t_2 = \frac{Q}{V_w \cdot c_{pw}} + t_1 \tag{2-109}$$

上述计算过程可用计算机实现，将大大减少计算工作量。

7. 间接蒸发冷却器热工计算

（1）交错流板式间接蒸发冷却器设计计算步骤

1）根据初步给定的间接蒸发冷却器冷却效率（应<75%），计算间接蒸发冷却器的出风温度；

2）根据室内冷负荷或对间接蒸发冷却器制冷量的要求和房间送风温差计算机组送风量，根据最佳风量比计算二次风量；

3）根据一次空气迎面风速 v_1 $(2m/s < v_1 < 3m/s)$ 的范围要求，计算一、二次风道的迎风断面积；

4）根据工程实际预算换热器的具体尺寸，即一、二次通道的宽度和长度（即通道数），计算一、二次通道的当量直径，求出空气流动的雷诺数 Re；

5）根据管槽湍流，计算 Nu，进而计算一次空气与壁面之间对流换热热阻，二次空气与水之间的对流换热系数；

6）根据间接蒸发冷却器所用材料和厚度计算间隔平板的导热热阻 $\frac{\delta}{\lambda}$；

7）根据公式，求出 $\frac{1}{\alpha_w}$；

8）根据实验确定最佳淋水密度，计算二次空气侧水膜厚度 δ_w，根据水的物性参数求出水膜导热热阻 $\frac{\delta_w}{\lambda_w}$；

9）计算板式间接蒸发冷却器平均传热系数 K；

10）根据当地大气压下的焓湿图，计算湿空气饱和状态曲线的斜率，求出 c'_{pa}；

11）给出总换热面积 F 和 NTU 的表达式；

12）计算所需的总传热面积 F；

13）按照总传热面积 F 确定间接蒸发冷却器的具体尺寸，选择合适的间接蒸发冷却器。若所选设备和热工效率同时满足工程要求，则计算完成，否则重算。

在校核计算时，只要换热器的结构形式一定，确定出一、二次空气质量流量、淋水最佳密度等，即可用上述方法检验已有的换热器是否满足使用要求。只是将间接蒸发冷却器的总传热面积作为已知条件，一次空气的出口温度和效率作为未知数用上述方法进行求解。

为使计算过程更加清晰，将板式间接蒸发冷却器的简化热工计算公式列于表 2-4 中。

间接蒸发冷却器热工设计计算 **表 2-4**

计算步骤	计算内容	计算公式
1	给定要求的热交换效率 η_{IEC}（小于75%），计算一次空气出风干球温度 t'_{g2}	$\eta_{IEC}=\frac{t'_{g1}-t'_{g2}}{t'_{g1}-t''_{s1}}$ (2-110)
2	根据室内冷负荷或对间接蒸发冷却器制冷量的要求和送风温差计算机组送风量 L'，根据 M'/M'' 的最佳值计算 L''	$L'=\frac{Q}{1.2(t_n-t_o)\cdot c_p}$ (2-111)
3	按照一次风迎面风速 v' 为 2.7m/s，M''/M' 在 0.6～0.8 之间，计算一、二次风道迎风断面积 F'_y、F''_y	$L''=0.6-0.8L'$；$F'_y=\frac{l'}{v'}$；$F''_y=\frac{l''}{v''}$

续表

计算步骤	计 算 内 容	计 算 公 式
4	预算具体尺寸，即一、二次通道的宽度 B'、B''（5mm 左右）和长度 l'（1m 左右）、l''，计算一、二次通道的当量直径 d'_e、d''_e和空气流动的雷诺数 Re'、Re''	$d_e=\frac{4f}{U};Re'=\frac{v'd'_e}{\nu};Re''=\frac{v''d''_e}{\nu}$
5	一次空气在单位壁面上的对流换热热阻 $\frac{1}{\alpha'}$，二次空气侧的对流换热系数 α''	$\frac{1}{\alpha'}=\frac{d'^{0.2}_e}{0.023\left(\frac{v'}{\nu}\right)^{0.8}\cdot Pr^{0.3}\cdot\lambda}$; $\alpha''=\frac{0.023\left(\frac{v'}{\nu}\right)^{0.8}\cdot Pr^{0.3}\cdot\lambda}{d''^{0.2}_e}$
6	根据间接蒸发冷却器所用材料计算间隔平板的导热热阻$\frac{\delta_m}{\lambda_m}$	
7	计算以二次空气干、湿球温度差表示的相界面对流换热系数 α_w	$\alpha_w=\alpha''\left(1.0+\frac{2500}{c_p\cdot k}\right)$　(2-112)
8	根据实验确定的最佳淋水密度 Γ 为 4.4×10^{-3} kg/（m・s），计算得到 δ_w 为 0.51mm，计算$\frac{\delta_w}{\lambda_w}$	
9	计算板式间接蒸发冷却器平均传热系数 K	$K=\left[\frac{1}{\alpha'}+\frac{\delta_m}{\lambda_m}+\frac{\delta_w}{\lambda_w}+\frac{1}{\alpha_w}\right]^{-1}$　(2-113)
10	给出关于总换热面积 F 的 NTU 表达式	$NTU=\frac{KF}{M'c_p}$　(2-114)
11	根据当地大气压下的焓湿图，分别计算湿空气饱和状态曲线的斜率 k 和以空气湿球温度定义的湿空气定压比热 c_{pw}	$k=\frac{\overline{t_s-t_l}}{d_b-d};c_{pw}=1.01+2500\cdot\frac{\overline{d_b-d}}{t_s-t_l}$
12	根据步骤 1 预定的 η_{IEC}，计算板式间接蒸发冷却器的总换热面积 F	$\eta_{IEC}=\left[\frac{1}{1-\exp(-NTU)}+\frac{\frac{M'c_p}{M'c_{pw}}}{1-\exp\left(-\frac{M'c_p}{M'c_{pw}}\cdot NTU\right)}-\frac{1}{NTU}\right]^{-1}$　(2-115)

续表

计算步骤	计 算 内 容	计 算 公 式
13	按照 F，确定间接蒸发冷却器的具体尺寸，如果尺寸和换热效率同时满足工程要求，则计算完成，否则重复步骤 1～12	

注：表中符号的意义：

η_{IEC}——间接蒸发冷却却器的换热效率；

t'_{g1}、t'_{g2}——间接蒸发冷却器一次空气的进、出口干球温度,℃；

t''_{s1}——二次空气的进口湿球温度,℃；

Q——空调房间总冷负荷，kW；

t_o——空调房间的送风温度,℃；

t_n——空调房间的干球温度,℃；

L'、L''——一、二次风量，m^3/h；

F'_y——一次空气通道总的迎风面积，m^2；

v'、v''——一、二次空气通道的空气流速，m/s；

B'、B''——一、二次空气通道宽度，m；

L'、L''——一、二次通道沿空气流动方向的长度，m；

d_e——当量直径，m；

f——通道的内断面面积，m^2；

U——湿周，m；

Re——雷诺（Reynolds）数；

ν——运动黏度，m^2/s；

$\frac{1}{\alpha'}$——一次空气在单位壁表面积上的对流换热热阻，$m^2 \cdot ℃/W$；

α''——二次空气侧显热对流换热系数，W / m^2 • ℃；

Pr——普朗特（Prandtl）数；

λ——空气的导热系数，W/（m • ℃）；

α_w——以二次空气干、湿球温度差表示的相界面对流换热系数，W/（m^2 • ℃）；

c_p——干空气的定压比热，kJ/（kg • ℃）；

k——湿空气饱和状态曲线的斜率；

K——板式间接蒸发冷却器平均传热系数，W/（m^2 • ℃）；

δ_m——板材的厚度，m；

λ_m——板材的导热系数，W/（m • ℃）；

δ_w——水膜厚度，m；

λ_w——水的导热系数，W/（m • ℃）；

NTU——传热单元数；

F——间接蒸发冷却器总传热面积，m^2；

M'、M''——一、二次空气的质量流速，kg/s；

t_s——空气的湿球温度,℃；

t_l——空气的露点温度,℃；

d_b——空气饱和状态含湿量，kg/kg 干空气；

d——空气的含湿量，kg/kg 干空气；

c_{pw}——以空气湿球温度定义的空气定压比热，kJ/（kg • ℃）；

μ——水的动力黏度，kg/（s • m）；

ρ——水的密度，kg/m^3；

g——重力加速度，m/s^2；

Γ——单位淋水长度上的淋水量，kg/m。

（2）设计计算程序

简化后的计算过程仍较复杂，完全用手工计算需要花费大量的时间，所以将这套简化后的热工计算方法用计算机编程实现是很有必要的。文献［29］针对板式间接蒸发冷却器提出了一个基于网络的蒸发冷却空调计算选型程序，便于设计人员在热工计算和设计选型时取得较为准确和完备的计算结果和设备型号资料，其热工计算程序的误差率小于 5%，在工程计算精度要求范围内。

1）程序流程图

在实际工程应用中，由给定的热交换效率计算一次空气出口干球温度；由室内冷负荷和送风温差计算机组一次送风量 L_1，再根据 M_2/M_1 的最佳值（即 0.6～0.8），计算二次送风量 L_2；由一、二次空气的进口干球温度得出工程计算中所需要的空气的物性参数，如密度、定压比热、导热系数、运动黏度和普朗特数等；最后将以上得到的参数带入公式中，计算板式间接蒸发冷却器的总换热面积。

但是由于换热效率公式计算过程仍然较为复杂，而换热面积一般为 $1\sim1000m^2$，故采用代入法直接计算，取整数，用二分法判断。二分法的原理如下：在 $1\sim N$ 个元素范围内有一值为所求结果，即为 key 值，将 $1\sim N$ 个元素从小到大有序地存放在数组中作为字典，首先将 key 值与字典中间位置上的元素比较，如果满足判断检索成功的条件，则检索成功。否则，若 key 小，则在字典前半部分中继续进行二分法检索，若 key 值大，则在字典后半部分中继续进行二分法检索。这样，经过一次比较就缩小一半的检索区间，如此进行下去，直到检索成功或检索失败。在这个程序中将判断检索成功的条件设为代入后得出的换热效率和实际要求的换热效率差不超过 0.1%。程序流程图见图 2-32。

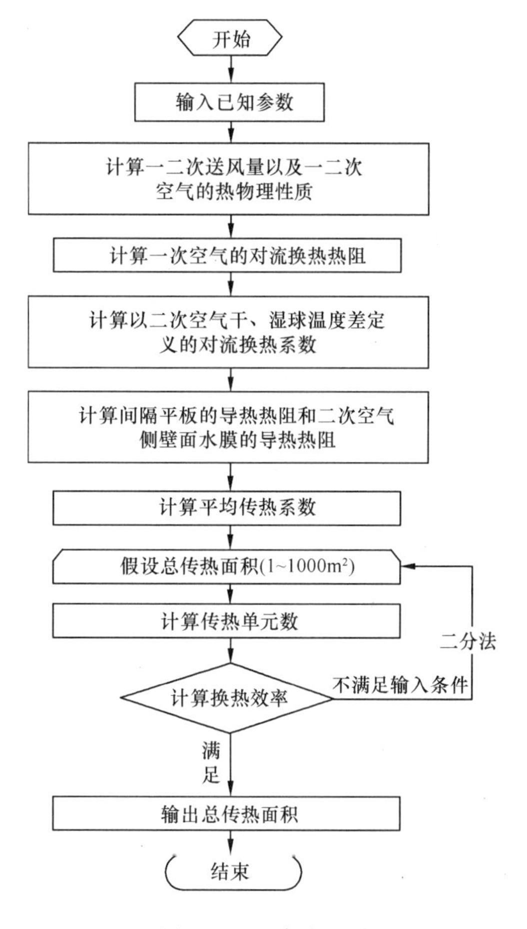

图 2-32　程序流程图

2）主程序介绍

主要编程工具使用 Microsoft Visual C++ 6。新建一个 project，名为“rgjs”的 MFC AppWizard，由于仅需用到一个对话框，所以使用单独对话框模式。

根据上文所述，需要用户预先输入以下数据：所在城市、要求的热交换效率、空调房间的总冷负荷、空调房间的干球温度、空调房间的送风温度、换热器板材的厚度、换热器板材的导热系数、循环水的温度、一次空气的入口干球温度，一次通道的宽度及长度、一次空气的风速、二次空气的入口干湿球温度、二次通道的宽度及长度、二次空气的风速以及二次空气和一次空气的流量质量比等。

建立二位数组，存储从 $-30\sim90$℃干空气的 8 个热物理性质，本程序用到其中的 5 个热物理性质，在输入一、二次空气的入口干球温度后用内插法计算，免去查表的过程。主界面如图 2-33 所示。

为了验证程序的可靠性，现用一组已知的工程数据来检验，比较结果见表 2-5。表中 T'_1，T'_2 分别为一、二次空气的进口干球温度，℃；T'_{wb1}，T'_{wb2} 分别为一、二次空气的进口湿球温度，℃；T''_1 为一次空气的出口干球温度，℃。

由表 2-5 可以看出，计算结果和实际数据比较接近，误差率均小于 5 %，在工程计算精度范围之内。

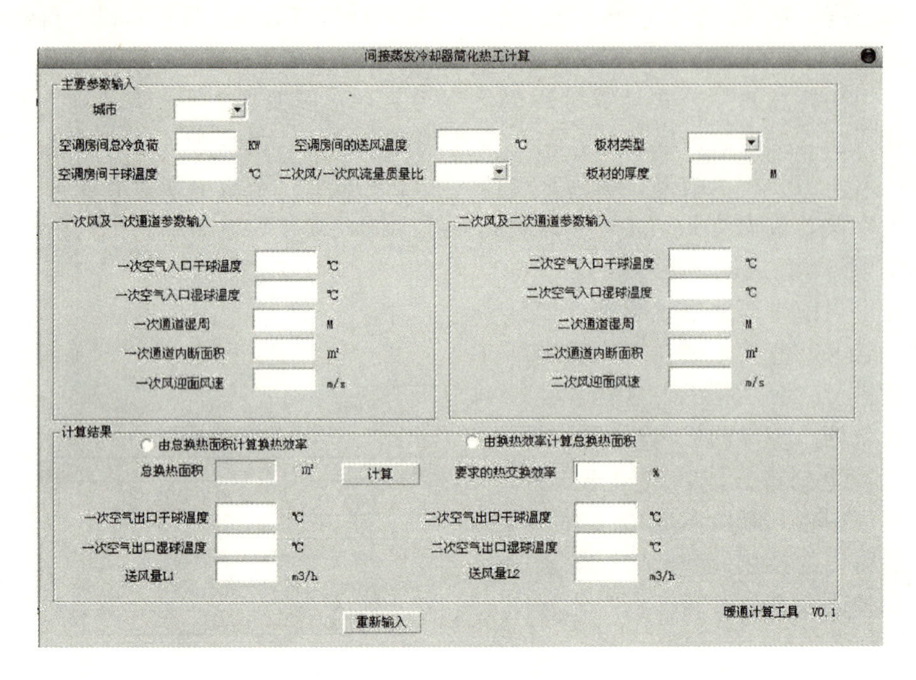

图 2-33 程序界面

实际数据和程序计算数据比较 **表 2-5**

一次空气进口参数			二次空气进口参数			实 际 值		计 算 值	
L_1 (m³/h)	T'_1 (℃)	T'_{wb1} (℃)	L_2 (m³/h)	T'_2 (℃)	T'_{wb2} (℃)	T''_1 (℃)	η_{IEC} (%)	T''_1 (℃)	η_{IEC} (%)
13260	33.6	18.0	8735	33.6	18.0	21.8	75.6	20.87	81.03
14895	29.5	17.7	11761	29.5	17.7	21.1	71.1	20.81	73.67
13263	33.2	17.8	10610	33.2	17.8	21.0	79.2	20.79	80.59
13260	33.0	18.0	9900	32.0	17.6	21.0	76.3	19.42	81.50
14895	29.2	17.3	11345	29.2	17.3	20.6	72.2	20.22	75.31

参考文献

[1] 黄翔 武俊梅等．中国西北地区蒸发冷却空调技术应用状况的研究．第 11 届全国暖通空调技术信息网大会论文集．

[2] 陈沛霖．蒸发冷却在空调中的应用，西安制冷，1999，1：1～7.

[3] Wei Fang. Matlab based design software for greenhouse evaporative cooling system. 第二届智能化农业信息技术国际研讨会，2003.

[4] 陶文铨．数值传热学．第 2 版．西安：西安交通大学出版社，2002.

[5] 闻新，周露，李翔等．MATLAB 神经网络仿真与应用．北京：科学出版社，2003.

[6] 飞思科技产品研发中心编著．MATLAB6.5 辅助神经网络分析与设计．北京：电子工业出版社，2003.

[7] Howard Demuth. Mark Beale. Neural Network Toolbox For Use with MATLAB.
[8] 丛爽．面向MATLAB工具箱的神经网络理论与应用．第2版．合肥：中国科学技术大学出版社，1998.
[9] 胡良剑，丁晓东，孙晓君．数学实验-使用MATLAB. 上海：上海科学技术出版社，2001.
[10] Kawashima M. Artificial neural network back-propagation model with three-phase annealing developed for the building energy predictor shootout. ASHRAE Trans，1994.100（2）pp.1096～1103.
[11] 胡守仁．神经网络应用技术．北京：国防科技大学出版社，1998.
[12] 罗建军，杨琦．精讲多练MATLAB. 西安：西安交通大学出版社，2002.
[13] 周金萍，王冉，吴斌．MATLAB 6实践与提高．北京：中国电力出版社，2002.
[14] 王洪元，史国栋．人工神经网络技术及其应用．北京：中国石化出版社，2002.
[15] 樊丽娟．管式间接蒸发冷却器亲水性能的实验研究［硕士学位论文］．西安：西安工程大学，2009.
[16] 吴生．热回收型热管式间接蒸发冷却空调机组的研究［硕士学位论文］．西安：西安工程大学，2009.
[17] 徐方成．蒸发冷却与机械制冷复合空调机组的研究［硕士学位论文］．西安：西安工程大学，2009.
[18] 王玉刚．管式间接蒸发冷却器中强化传热传质的实验研究［硕士学位论文］．西安：西安工程科技学院，2006.
[19] w. zalewski，p. a. gryglaszewski. mathematical model of heat and mass transfer processes in evaporative fluid coolers. chemical engineering and processing，1997，36：271-280.
[20] Zhao X，Li JM，Riffat SB. Numerical study of a novel counter-flow heat and mass exchanger for dew point evaporative cooling. Applied Thermal Engineering，2008，28：1942-51.
[21] 陈俊萍．露点间接蒸发冷却器优化及应用研究［硕士学位论文］．西安：西安工程大学，2008.
[22] S. B. Riffat，Jie Zhu. Mathematical model of indirect evaporative cooler using porous ceramic and heat pipe. Applied Thermal Engineering. 2004（24）：457-470 .
[23] 黄翔，王晓杰，郑久军．一种新型热管间接蒸发冷却器传热传质分析．暖通空调，2005，35（增刊）：285-288.
[24] 袁一军．基于湿能理论的空气能量转换方法和实践．暖通空调，2009，39（9）：55-57.
[25] 周孝清，陈沛霖．间接蒸发冷却器的设计计算方法．暖通空调，2000，30（1）：39-42.
[26] 孙贺江，由世俊，涂光备．空调用金属填料传热传质性能实验．天津大学学报，2005，38（6）：561-564.
[27] 周彤宇，黄翔，吴志湘．基于网络的蒸发冷却空调计算选型程序的研究．暖通空调．2007，37（增刊）：297-301.
[28] 陈旸，姚杨，路亚俊等．对利用西北地区的自然条件，降低空调耗电量，减少CFCs污染问题的分析与研究．暖通空调，1993，4：15-18.
[29] 王芳，武俊梅，黄翔等．管式间接蒸发空气冷却器传热传质模型的建立及验证．制冷与空调，2010，10（1）：45-50.
[30] 强天伟．通风空调设备用蒸发冷却节能技术的研究：［博士学位论文］，上海：东华大学，2006.
[31] 屈元．多级蒸发冷却空调系统的理论与实验研究［硕士学位论文］．西安：西安工程科技学院，2003.
[32] 屈元，黄翔．间接蒸发冷却器热工计算数学模型及验证．流体机械，2004，32（11）：50-53.
[33] 李刚，黄翔．一种板式间接蒸发冷却器数学模型的验证．纺织高校基础科学学报，2005（4）：

381-384.

[34] 张丹．蒸发冷却空调简化热工计算与系统设计方法的理论与实验研究［硕士学位论文］．西安：西安工程科技学院，2006.

[35] 黄翔，张丹，吴志湘等．蒸发冷却空调设计方法研究—两种蒸发冷却器热工计算方法的简化．流体机械，2006，34（12）：75-78．

[36] 张丹．蒸发冷却空调简化热工计算与系统设计方法的理论与实验研究［硕士学位论文］．西安：西安工程科技学院，2006.

[37] 张丹，黄翔，吴志湘．关于三级蒸发冷却空调系统简化热工计算方法的探讨．全国暖通空调制冷2004年学术会议论文集．北京：中国建筑工业出版社，2004.

[38] 张丹，黄翔，吴志湘．蒸发冷却空调系统设计方法研究—简化热工计算的步骤与内容分析．流体机械，2005（增刊）：323-327.

[39] 张丹，黄翔，吴志湘．蒸发冷却空调最佳淋水密度的实验研究．西安工程科技学院学报，2006（2）：191-194.

[40] 王芳．管式间接蒸发空气冷却器热工性能模拟［硕士学位论文］．西安：西安工程大学，2010.

[41] 王芳，武俊梅，黄翔等．管式间接蒸发空气冷却器传热传质模型的建立及验证．制冷与空调，2010，10（1）：45-50.

第3章 蒸发冷却空调的气候适应区及室内热舒适性

3.1 气候及其划分

3.1.1 气候概述

气候系统由大气、海洋、陆地表面、冰雪覆盖层和生物圈等5个部分组成，太阳辐射是这个系统的主要能源。在太阳辐射的作用下，气候系统内部产生一系列的复杂过程，各个组成部分之间通过物质交换和能量交换，紧密地连接成一个开放系统。

气候系统的属性可以概括为以下4个方面：热力属性，包括空气、水、冰和陆地的温度；动力属性，包括风、洋流及与之相联系的垂直运动和冰体移动；水分属性，包括空气湿度、云量及云中含水量、降水量、土壤湿度、河湖水位、冰雪等；静力属性，包括大气和海水的密度和压强、大气的组成成分、大洋盐度及气候系统的几何边界和物理常数等。这些属性在一定的外因条件下通过气候系统内部的物理过程（也有化学过程和生物过程）而互相关联着，并在不同时间尺度内变化。气候是复杂的自然地理现象之一。气候系统本身就说明了这个问题，气候的地带性和非地带性的地区差异，更足以表征它的自然地理特性。

地球上某一地区多年时段大气的一般状态是该时段各种天气过程的综合表现。气象要素（温度、降水、风等）的各种统计量（均值、极值 、概率等）是表述气候的基本依据。气候与人类社会有密切的关系，许多国家很早就有关于气候现象的记载。中国春秋时代用圭表测日影以确定季节，秦汉时期就有二十四节气、七十二候的完整记载。气候一词源自古希腊文，意为倾斜，指各地气候的冷暖同太阳光线的倾斜程度有关。

由于太阳辐射在地球表面分布的差异以及海、陆、山脉、森林等不同性质的下垫面在到达地表的太阳辐射的作用下所产生的物理过程不同，使气候除具有温度大致按纬度分布的特征外，还具有明显的地域性特征。按水平尺度大小，气候可分为大气候、中气候与小气候。大气候（Macroclimate）是指全球性和大区域的气候，如：热带雨林气候、地中海型气候、极地气候、高原气候等；中气候（Mesoclimate）是指较小自然区域的气候，如：森林气候、城市气候、山地气候以及湖泊气候等；小气候是指更小范围的气候，如：贴地气层和小范围特殊地形下的气候（如一个山头或一个谷地）。世界气象组织（WMO）规定，通过气象参数统计分析确定一个地区的气候特征的最短统计时段是30年。有学者将小气候又分为地区气候（Local Climate）和微气候（Microclimate）。这样就形成了按照不同空间尺度的气象学研究范围，各种气候的水平和垂直尺度范围见表3-1。

气候的空间尺度和时间范围 表 3-1

气候范围	空间尺寸		时间范围
	水平距离（10^3m）	垂直距离（10^3m）	
大气候（全球气候带）	2×10^3	3～10	1～6个月
中气候	5×10^2～10^3	1～10	1～6个月
地区气候	1～10	10^{-2}～10^{-1}	1～24h
微气候	10^{-1}	10^{-2}	24h

3.1.2 中国气候区划

3.1.2.1 中国气候特征

中国气候类型复杂多样，大部分地区位于北温带和亚热带，属大陆性季风气候区。大部分地区四季分明，冬寒夏热。由于幅员辽阔，地形复杂，高差悬殊，因而具有多种多样的气候类型。

中国最北部的黑龙江省漠河地区，位于北纬53°以北，属寒温带气候，而最南端的海南省曾母暗沙距赤道只有400km，属赤道气候，南北各地气温相差悬殊。因此，南方温暖，北方寒冷，南北气温差别大是中国冬季气温的分布特征。冬季气温的分布：0℃等温线穿过了淮河—秦岭—青藏高原东南边缘，此线以北（包括北方、西北内陆及青藏高原）的气温在0℃以下，其中黑龙江漠河的气温在−30℃以下；此线以南的气温则在0℃以上，其中海南三亚的气温为20℃以上。夏季，由于此时阳光直射点在北半球，北方白昼比较长，获得的光热与南方相差较小，因此，除地势特别高的青藏高原以外，全国普遍高温，南北气温差别不大。夏季气温的分布：除了地势高的青藏高原和天山等以外，大部地区在20℃以上，南方许多地方在28℃以上；新疆吐鲁番盆地7月平均气温高达32℃，是中国夏季的炎热中心。

表征温度的分布，一般用温度带划分，中国采用积温来划分温度带。当日平均气温稳定升到10℃以上时，大多数农作物才能活跃生长，所以通常把日平均气温连续≥10℃的天数叫生长期。把生长期内每天平均气温累加起来的温度总和叫积温。一个地区的积温，反映了该地区的热量状况。根据积温的分布，中国划分了5个温度带和一个特殊的青藏高原区，由南向北依次是热带、亚热带，温暖带、中温带、寒温暖带，青藏高原垂直温带，见表3-2。

温度带的划分 表 3-2

温度带	≥10℃积温	生长期（d）	分布范围
热带	>8000℃	365	海南全省和滇、粤、台三省南部
亚热带	4500～8000℃	218～365	秦岭—淮河以南，青藏高原以东
暖温带	3400～4500℃	171～218	黄河中下游大部分地区及南疆
中温带	1600～3400℃	100～171	东北、内蒙古大部分及北疆
寒温带	<1600℃	<100	黑龙江省北部及内蒙古东北部
青藏高原区	<2000℃（大部分地区）	0～100	青藏高原

中国大部分地区受海洋暖湿气流的影响，降水比较丰富，但降水存在着地区分布和时间分配不均匀。东部多，西部少，由东南向西北逐渐减少，并且多集中在夏季。南方雨季

长，集中在5～10月，北方雨季短，集中在7、8月。降水量有的年份多、有的年份少，年际变化很大。

我国年降水量的空间分布是：800mm等降水量线在淮河—秦岭—青藏高原东南边缘一线；400mm等降水量线在大兴安岭—张家口—兰州—拉萨—喜马拉雅山东南端一线。塔里木盆地年降水量少于50mm，其南部边缘的一些地区降水量不足20mm；吐鲁番盆地的托克逊平均年降水量仅5.9mm，是中国的“旱极”。中国东南部有些地区降水量在1600mm以上，台湾东部山地可达3000mm以上，其东北部的火烧寮年平均降水量达6000mm以上，最多的年份为8408mm，是中国的“雨极”。中国年降水量空间分布的规律是：从东南沿海向西北内陆递减。各地区差别很大，大致是沿海多于内陆，南方多于北方，山区多于平原，山地中暖湿空气的迎风坡多于背风坡。根据年降水量的不同，我国进行了干湿地区的划分，划分原则是：一个地方的干湿程度由降水量和蒸发量的对比关系决定，降水量大于蒸发量，该地区就湿润；降水量小于蒸发量，该地区就干燥。中国各地干湿状况差异很大，共划分为4个干湿地区：湿润区、半湿润区、半干旱区和干旱区，见表3-3。

干湿地区的划分　　**表3-3**

	年降水量（mm）	干湿状况	分布地区
湿润区	＞800	降水量＞蒸发量	秦岭—淮河以南、青藏高原南部、内蒙古东北部、东北三省东部
半湿润区	＞400	降水量＞蒸发量	东北平原、华北平原、黄土高原大部、青藏高原东南部
半干旱区	＜400	降水量＜蒸发量	内蒙古高原、黄土高原的一部分、青藏高原大部
干旱区	＜200	降水量＜蒸发量	新疆、内蒙古高原西部、青藏高原西北部

中国绝大部分地区地处北回归线以北，冬季太阳入射角度小，日照时间短，获得的太阳光热较少，而且越往北越少；夏季阳光直射点在北半球，因而获得的光热普遍增多，且日照时间长。全国700多个气象台站长期观测积累的资料表明，中国各地的太阳辐射年总量大致在3.35×10^3～$8.40\times10^3 MJ/m^2$之间，其平均值约为$5.86\times10^3 MJ/m^2$。该等值线从大兴安岭西麓的内蒙古东北部开始，向南经过北京西北侧，朝西偏南至兰州，然后径直朝南至昆明，最后沿横断山脉转向西藏南部。在该等值线以西和以北的广大地区，除天山北面的新疆小部分地区的年总量约为$4.46\times10^3 MJ/m^3$外，其余绝大部分地区的年总量都超过$5.86\times10^3 MJ/m$，我国的太阳能分布见图3-1。

中国的气候可以总结为三个特点：季风气候明显；大陆性气候强；气候类型多种多样。

3.1.2.2　中国气候分区

我国气候区划工作开始于20世纪30年代初期，按照用途不同，分为综合性气候区划和单项气候区划。综合性气候区划主要为了满足工农业生产的需要；单项气候区划是按照某一个重要的气候要素来划分气候的，主要是对综合性区划的补充和深化，如干湿气候区划、季风气候区划、沙区气候区划等。此外，还有服务于某一行业的应用气候区划，如农业气候区划、建筑气候区划和服装气候区划等。

1929年，著名气象学家竺可桢先生根据少量的气候资料提出了中国的第一个气候区划。他将全国分为华南、华中、华北、东北、云贵高原、草原、西藏和蒙新共8个气候区。此后，涂长望（1936年）提出了更为细致和完善的气候区划。至1949年，卢鋈又提出下列4条界线：1）1月平均气温为－6℃的等温线（大致与长城平行），作为春麦与冬

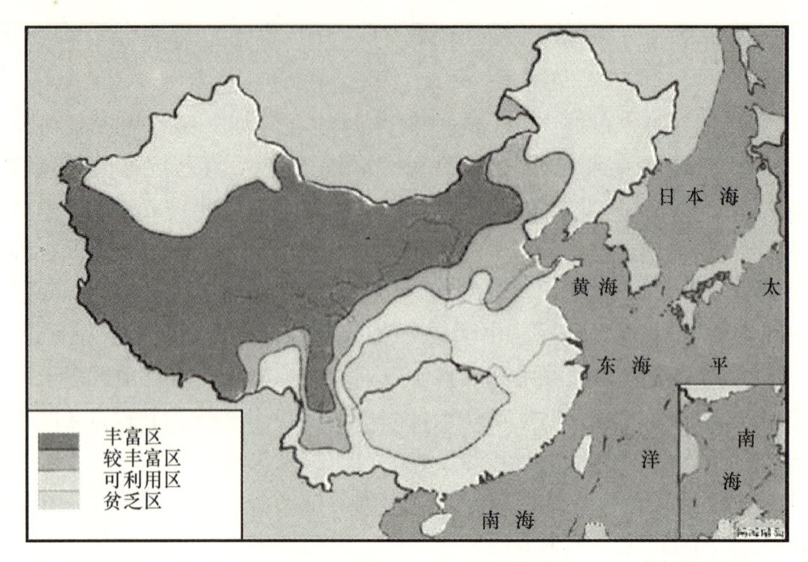

图 3-1　中国太阳能分布图

麦的分界；2）1 月平均气温为 6℃的等温线（大致与南岭山地一致），作为一季稻和二季稻的分界；3）年降水量为 750mm 的等值线（大约与秦岭—淮河一线相当），作为水稻的北界；4）年降水量为 1250mm 的等值线，作为麦作的南限。在此基础上他进一步将全国分成 10 大气候区。么枕生（1951 年）对气温的年变化曲线的谐波进行分析，将中国分为季风气候、温带内陆气候、温带高原气候，季风气候中又分为热带、大陆型、海洋性等 5 个副区。陶诗言（1959 年）对中国气候进行了二级区划，用最大可能蒸发量（热量）将中国从寒温带到热带分为 5 大类，相当于现在的气候带，又根据湿润度指数将中国划分十余个气候区，开创了我国气候区划的新格局。

1959 年，中国科学院自然区划工作委员会公布了中国气候区划初稿，他们以日平均气温不低于 10℃稳定期的积温和最冷月气温或极端最低气温多年平均值为热量指标，以干燥度为水分指标。根据热量指标，把全国分划成 6 个气候带和一个高原气候区。高由禧等（1962 年）将中国划为西风带、副热带、热带、赤道和青藏高原季风区。此后，中国科学院和中国气象局（1979 年）又在前人的基础上结合新的资料进行了较大规模的全国气候区划，以热量指标（日均温≥10℃稳定期积温）作为一级区划指标，把全国分为 9 个气候带和一个高原区，再以年干燥度 $K=E/r$（E 为年最大可能蒸发量，r 为年降水量）为二级指标，将各气候带再区分为湿润、亚湿润、亚干旱、干旱几种类型的气候大区，最后用季干燥度作为三级区划指标将各大区分为若干小区。根据上述分类系统，把全国划分为 9 个气候带、1 个高原区，9 个气候带又划分为 18 个气候大区、36 个气候区，高原气候区划分为 4 个气候大区，9 个气候区，见表 3-4。

气候分区研究不仅可为区域性短、中、长期气候诊断分析和预测研究提供科学依据，也可为农业、水利、国家规划和经济计划等部门广泛应用和开发气候资源提供参考。

由于气候对建筑的影响很大，加之我国幅员辽阔，地形复杂，地区气候差异大，因此为了适应各地不同气候条件并在建筑设计上反映其地区气候特点和要求，需要科学、合理的气候区划标准。目前，我国与建筑有关的气候区划标准主要有“建筑气候区划”和“建筑热工设计区划”两种。

中国气候带、气候大区和气候区划分　　表3-4

气候带	气候大区			
	A湿润区	B亚湿润区	C亚干旱区	D干旱区
	气候区			
Ⅰ北温带	ⅠA1 根河区			
Ⅱ中温带	ⅡA1 小兴安岭 ⅡA2 三江—长白区	ⅡB1 大兴安岭 ⅡB2 松辽区	ⅡC1 小兴安岭 ⅡC2 三江—长白区 ⅡC3 大兴安岭 ⅡC4 松辽区	ⅡD1 小兴安岭 ⅡD2 三江—长白区
Ⅲ南温带	ⅢA1 辽东—胶东半岛	ⅢB1 河北区 ⅢB2 鲁淮区 ⅢB3 渭河区	ⅢC1 晋陕甘区	ⅢD1 南疆区
Ⅳ北亚热带	ⅣA1 江北区 ⅣA2 秦巴区			
Ⅴ中亚热带	ⅤA1 江南区 ⅤA2 瓯江区、闽江区、南岭区 ⅤA3 四川区 ⅤA4 贵州区 ⅤA5 滇北区	ⅤB1 金沙江—楚雄、玉溪区		
Ⅵ南亚热带	ⅥA1 台北区 ⅥA2 闽南—珠江区 ⅥA3 滇南区			
Ⅶ北热带	7A1 台南区 ⅦA2 雷琼区 ⅦA3 滇南河谷区	ⅦB1 琼西区	ⅦC1 元江区	
Ⅷ中热带	ⅧA1 琼南—西沙区			
Ⅸ南热带	ⅨA1 南沙区			
Ⅹ高原气候区	HⅤⅥⅦA1 达旺—察区 HA1 波密—川西区	HB1 青南区 HB2 昌都区	HC1 祈连—青海湖区 HC2 藏中区 HC3 藏南区	HD1 柴达木 HD2 藏北区

1. 建筑气候区划

为区分我国不同地区气候条件对建筑影响的差异性，明确各气候区的建筑基本要求，提供气候参数，从总体上做到合理利用气候资源，防止气候对建筑的不利影响。我国建筑工程部在1960年第一次制订了《全国建筑气候分区初步区划》，1989年中国建筑科学院与北京气象中心等又对该气候区划进行了修订，采用综合分析和主导因素相结合的原则把全国按两级区划标准进行分区。其中一级区划指标是以1月、7月平均气温，年降水量，7月平均相对湿度，日平均气温≤5℃和≥25℃的日数为指标，把全国分为7个一级区。二级区划指标以每个区内建筑气候差异的2～3个参数，如采暖期度日数、风压等为指标，将每个区又分为若干二级区，全国共分为20个二级区。1993年，我国制定了《建筑气候区划标准》GB 50178—1993，将我国的建筑气候的区划系统分为一级区和二级区两级。一级区划分为7个区，二级区划分为20个区。这里主要简单介绍一级区的分区标准、类型、包括范围等。

一级区划以1月平均气温、7月平均气温、7月平均相对湿度为主要指标；以年降水量、年日平均气温小于或等于5℃的日数和年日平均气温大于或等于25℃的日数为辅助指标，分区情况见表3-5。

建筑气候区划表 表3-5

建筑气候区	分区指标		气候特点
	主要指标	辅助指标	
Ⅰ	1月平均气温为－31～10℃，7月平均气温低于25℃，年平均相对湿度为50%～70%	年降水量为200～800mm，年日平均气温小于或等于5℃的日数大于145d	冬季漫长、严寒，夏季短促、凉爽；西部偏于干燥，东部偏于湿润；气候年较差很大；冰冻期长，冻土深，积雪厚；太阳辐射量大，日照丰富；冬半年多大风
Ⅱ	1月平均气温为－10～0℃，7月平均气温为18～28℃，年平均相对湿度为50%～70%	年降水量为300～1000mm，年日平均气温小于或等于5℃的日数为145～90d，年日平均气温大于或等于25℃的日数少于80d	冬季较长且寒冷、干燥，平原地区夏季较炎热湿润，高原地区夏季较凉爽，降水量相对集中；气温年较差较大，日照较丰富；春、秋季短促，气温变化剧烈；春季雨雪稀少，多大风沙天气，夏秋多冰雹和雷暴
Ⅲ	1月平均气温为－31～10℃，7月平均气温为25～30℃，年平均相对湿度较高，为70%～80%	年降水量为1000～1800mm，年日平均气温小于或等于5℃的日数为90～0d，年日平均气温大于或等于25℃的日数为40～110d	夏季闷热，冬季湿冷，气温日差较小；年降水量大；日照偏少；春末夏初为长江中下游的梅雨期，多阴雨天气，常有大雨和暴雨出现；沿海及长江中下游地区夏秋常受热带风暴和台风袭击，易有暴雨大风天气
Ⅳ	1月平均气温高于10℃，7月平均气温为25～29℃，年平均相对湿度为80%左右	年降水量为1500～2000mm，年日平均气温大于或等于25℃的日数为100～200d	长夏无冬，温高湿重，气温年较差和日较差均小；雨量丰沛，多热带风暴和台风袭击，易有大风、暴雨天气；太阳高度角大，日照较小，太阳辐射强烈
Ⅴ	1月平均气温为0～13℃，7月平均气温为18～25℃，年平均相对湿度为60%～80%	年降水量为600～2000mm，年日平均气温小于或等于5℃的日数为90～0d	立体气候特征明显，大部分地区冬温夏凉，干湿季分明；常年有雷暴、多雾，气温的年较差偏小，日较差偏大，日照较少，太阳辐射强烈，部分地区冬季气温偏低
Ⅵ	1月平均气温为0～－22℃，7月平均气温为2～18℃，年平均相对湿度为30%～70%	年降水量为25～900mm，年日平均气温低于或等于5℃的日数为90～285d	长冬无夏，气候寒冷干燥，南部气温较高，降水较多，比较湿润；气候年较差较小而日较差大；气压偏低，空气稀薄，透明度高；日照丰富，太阳辐射强烈；冬季多西南大风；冻土深、积雪较厚，气温垂直变化明显
Ⅶ	1月平均气温为－20～－5℃，7月平均气温为18～33℃，年平均相对湿度为35%～70%	年日平均气温小于或等于5℃的日数为110～180d，年日平均气温大于或等于25℃的日数小于120d	地区冬季漫长严寒，南疆盆地冬季寒冷；大部分地区夏季干热，吐鲁番盆地酷热，山地较凉；气温年较差和日较差均大；大部分地区雨量稀少，气候干燥，风沙大；部分地区冻土较深，山地积雪较厚；日照丰富，太阳辐射强烈

2. 建筑热工设计区划

《民用建筑热工设计规范》GB 50176—93 规定的热工设计分区是从建筑热工设计的角度、主要针对建筑保温和防热设计问题制定的气候分区。它采用累年1月和7月的平均温度作为分区的主要指标，累年日气温等于5℃和25℃的天数作为辅助指标，将我国分为5个区，并提出相应的设计要求。它们分别是：严寒气候区、寒冷气候区、夏热东冷气候区、夏热东暖气候区。各区划分的主要指标和设计要求见表3-6。

我国建筑热工设计分区及设计要求　表3-6

分区名称	分区指标		设计要求
	主要指标	辅助指标	
严寒地区	最冷月平均温度≤−10℃	日平均温度≤5℃的天数≥145d	必须充分满足冬季保温要求，一般可不考虑夏季防热
寒冷地区	最冷月平均温度为0～−10℃	日平均温度≤5℃的天数90～145d	应满足冬季保温要求，部分地区兼顾夏季防热
夏热冬冷地区	最冷月平均温度≤0～10℃，最热月平均温度为25～30℃	日平均温度≤5℃的天数为0～90d，日平均温度≥25℃的天数为40～110d	必须满足夏季防热要求，适当兼顾冬季保温
夏热冬暖地区	最冷月平均温度>10℃，最热月平均温度为25～29℃	日平均温度≥5℃的天数为0～90d，日平均温度≥25℃的天数为25～39d	必须充分满足夏季防热要求，一般不考虑冬季保温
温和地区	最冷月平均温度0～13℃最热月平均温度为18～25℃	日平均温度≤5℃的天数为0～90d	部分地区应考虑冬季保温，一般可不考虑夏季防热

3. 其他分区

其他气候分区有李元哲等人的被动式太阳能利用分区、杨柳的被动式气候设计分区、董宏的自然通风降温设计分区等[25]。

3.2 蒸发冷却空调应用范围分区

我国幅员辽阔，地形地貌复杂多样，地区海拔差异很大，受海上风及地理位置等因素的影响，形成湿热、温湿、干旱及半干旱等多样气候条件，多种多样的气候条件加上蒸发冷却空调技术的独特特点，决定了蒸发冷却在不同的地区有不同的适用性。

3.2.1 已有的几种分区方法

由于蒸发冷却可以带来很大的节能效果，符合现代空调的发展方向，已经引起越来越多的国内外业界人士的关注。对于它的能耗分析、应用状况、产品开发、在全球各区域的适用程度及应用形式等各方面的研究都有不少。许多学者、专家分别研究了蒸发冷却空调技术在干燥地区、中南地区、非干燥地区的应用情况。

文献［28］分析了蒸发冷却空调技术在南、北欧的应用情况，这篇论文还吸收了最近的研究成果，这些分析的气象数据则来自气象测试参考年。研究结果更进一步确定了通过蒸发冷却方式产生冷却水的主要潜力，通常是把冷却水通到显热冷却系统（如风机盘管系统、冷却辐射顶板、顶板冷却对流器）中向房间供冷。这种技术在北欧温带地区有很大潜力，在一些南欧城市，也有很大潜力。

文献［29］以室外湿球温度 T_s 为指标，对适用蒸发冷却的方案进行了分析。

文献［3］中介绍了直接蒸发冷却、间接蒸发冷却的原理以及冷却效率的定义，分析了间接—直接蒸发两级冷却系统及多级冷却系统的处理过程并对比分析了节能效果。为了研究间接—直接蒸发冷却系统在我国的适用性，文章也对我国的气候条件进行了分析。分析计算基于下列条件：夏季的室外设计干球温度采用《工业企业采暖通风空调设计规范19—75》中给出的空调温度，室外设计湿球温度取规范中每年不保证 50h 的湿球温度减 1.5℃，分别对我国黑龙江北部、华北地区的西北部、西部的大部分地区、西南地区的云贵高原等地；我国东北中部、河北北部等地区；东北的南部地区、华北部分地区、山东部分地区、广西部分地区；华东及中南的大部分高湿度地区等 4 大区域分析了这种系统的利用可能、发展前景。

文献［4］中对我国哈尔滨、乌鲁木齐、兰州三个城市应用蒸发冷却系统进行空调的适应性进行了评价。

文献［32］选择了遍布全国的 77 个城市，分别采用室内温度是 26℃、27℃、28℃、29℃，相对湿度是 60％的设计条件，根据有关规范规定的气象资料进行计算，通过计算 4 种室内条件下的含湿量和焓以及夏季设计条件下室外空气的含湿量和焓，将室内外空气参数进行对比；计算最热月室外空气平均状态下的参数（含湿量、焓）室内条件依旧，将室内外空气参数进行对比；确定热效率 $E=0.9$，分别计算夏季设计条件下的送风温度和最热月的平均送风温度。根据计算结果在地图上绘出了蒸发冷却在我国的适用范围和使用方式的分布情况，并较为细致地分析了各区域的适用情况。

文献［6］通过介绍国外间接蒸发冷却空调技术的原理，在干燥地区和非干燥地区空调和新风预冷上应用的可能性以及经济效益，说明了该项新技术不但节省机械制冷耗电量，而且可以满足空调要求。说明在我国间接蒸发冷却技术在空调中的应用及复合式系统有着极好的前景。

文献［7］根据有关研究，提出蒸发冷却空调技术在非干燥地区有广阔的应用前景，它在改善炎热环境、除湿法供冷和扩大传热温差以改善设备性能等方面都起明显的作用，文章介绍了应用方法并分析了节能效果。

文献［35］中应用 ASHRAE RP—890 提供的气象数据分析了在空调设计条件下蒸发冷却技术在北半球应用的可能性；并比较了使用各种不同气象数据分析可适用范围的不同结果；也对设定不同室内设计值所得到的结果作了比较。依据分析直接蒸发冷却、间接蒸发冷却过程在焓湿图上的表示，得出划分适用性的参数，设定室内空调设计状态点 N，通过它的焓线和含湿量线可以把工程所在地的气候包络线范围分隔为 4 个气象区，通过 4 个气象区的空气湿球温度和含湿量与室内设计值的大小比较，就可以得出每个气象区蒸发冷却的适用性，如图 3-2 所示。

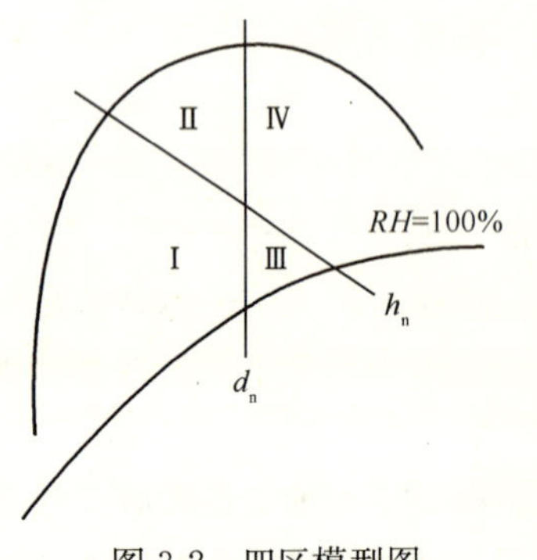

图 3-2　四区模型图

Ⅰ区，空气的湿球湿度和含湿量都低于室内设计值，因此，此区域内可以使用 DEC 或 IEC+DEC。

Ⅱ区，空气的湿球温度高于室内设计值，但是含湿量低于室内设计值，这表明可以使用 DEC +IEC 技术。

Ⅲ区，其湿球温度低于室内设计值，含湿量高于室内设计值，只可以采用 DEC 技术，对于有减湿要求的空调工程而言，蒸发冷却不适用。

Ⅳ区，其湿球温度和含湿量均高于室内设计值，蒸发冷却空调技术不适用，但可以考虑将空气进行去湿后再采用相应的蒸发冷却空调技术。

与此类似的分区方式、研究方法在许多文献里都有应用，文献［9］将不同的夏季室外空气状态点在焓湿图上划分了 5 个区域（图 3-3），分析了夏季室外设计状态点在不同分区内所应选择的蒸发冷却空调的功能段形式，其中点 N、O 分别代表室内设计空气状态点、理想的送风状态点（机器露点）：

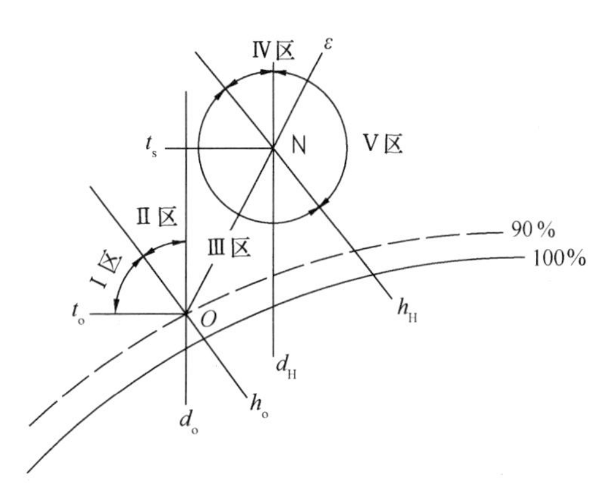

图 3-3 蒸发冷却空调在焓湿图上的设计分区

（1）夏季室外空气设计状态点 W 在象限Ⅰ区，即室外空气焓值小于机器露点的焓值，室外空气含湿量小于送风状态点的含湿量（$h_w<h_o$，$d_w<d_o$）。夏季室外设计参数状态点落在该区的地区，对空调房间的要求不是很高的场所（如家庭使用），可以采用全新风的一级直接蒸发冷却空调器。

（2）状态点 W 在象限Ⅱ区，即室外空气焓值大于送风焓值，室外空气含湿量小于送风含湿量（$h_w>h_o$，$d_w\leqslant d_o$），需先经一次、两次或三次等湿冷却，再经一次等焓加湿，送风状态点可以落在热湿比线上，应使用二级、三级蒸发冷却空调机组，此时室外空气焓值小于室内空气焓值，所以不采用回风，即 100%的全新风。

（3）状态点 W 在象限Ⅲ区，即室外空气焓值大于送风焓值，室外空气含湿量大于送风含湿量（$h_w>h_o$，$d_w\geqslant d_o$）。如果室外空气状态点在热湿比线的下方，此时室外空气的相对湿度比空调房间要求的还要大，所以不能单独使用蒸发冷却空调。

（4）状态点 W 在象限Ⅳ区，即室外空气焓值大于室内空气的焓值，室外空气含湿量小于送风含湿量（$h_w>h_N$，$d_w\leqslant d_N$）。该区与象限Ⅲ区内热湿比线 ε 上方的情况类似，如果采用一级或多级蒸发冷却空调器可以将空气冷却到 ε 线上，而且房间的送风温差≥5℃，则可以考虑采用上述蒸发冷却空调机组，否则不能单独使用蒸发冷却空调。

（5）夏季室外空气设计状态点 W 在象限Ⅴ区，即室外空气焓值大于室内空气的焓值，室外空气含湿量大于送风含湿量（$h_w>h_N$，$d_w>d_N$），此时室外空气含湿量比室内设计空气状态的含湿量大，单独使用蒸发冷却空调不能达到制冷要求。

因为我国地域辽阔，气候南北差异大，而蒸发冷却空调的使用有它的限制原则。因此通过划分蒸发冷却在我国的适应性区域划分能更好地选择系统的形式，以达到节能的目的。以上的划分方法都是以焓值和含湿量两个参数作为分区指标的，确定方案时较为麻烦，笔者在此基础上，提出一种更简单的划分方法，即以湿球温度作为单一指标进行划分。

3.2.2 新的分区方法

3.2.2.1 分析用气象数据来源

气象参数是影响建筑室内热环境和采暖空调能耗的主要因素，在应用计算机软件进行动态模拟时，没有逐时气象资料，是不可能完成的。20世纪70年代，随着计算机程序的问世，美国开发出了至今仍具有重要影响的建筑能耗模拟程序BLAST和DOE－2，欧洲也同时开始研究模拟分析的方法，其中具有代表性的软件为ESP－r，日本也随后开发出了HASP。尽管程序的开发者不同，但它们的输入内容都包括逐时的气象数据，如温度、湿度，太阳辐射、风向及风速以及大气辐射量（或云量）等，其模拟结果均取决于输入的气象数据。因此，长期以来，人们对模拟程序采用的气象数据进行了一系列的探讨，在具备长期逐时实测数据的条件下，可以采用统计法获得典型年的逐时气象计算参数。

1978年，美国的National Renewable Energy Laboratory发表了26个地区的典型年数据（Typical Meteorological Year以下简称TMY），其原始数据是1954～1972年的气象资料。

1994年，National Renewable Energy Laboratory又利用1961～1990年的观测气象数据，研究成功了TMY2 。

我国对典型年气象数据的研究起步较晚。1988年，田胜元在收集广州、北京等地区最近10年的太阳辐射、气温和含湿量等7项逐时观测数据的基础上，提出了一种用于空调能耗分析的“标准年”气象资料构成方法[37]。

2002年，郎四维通过与美国劳伦斯·伯克利国家实验室的技术合作，研究建立了我国26个城市的逐时资料，用于建筑能耗动态模拟分析。该研究的气象资料原始数据来自于国际地面气象观测站（ISWO），是由美国军事卫星记录下来的数据[38]。

2004年10月，张晴原主编了《中国建筑用标准年气象数据库》，该数据库包括我国57个城市的标准年气象数据，其使用的原始数据是来自1982～1997年国际地面气象观测数据库[39]。

2005年4月，清华大学等主编了《中国建筑热环境分析专用气象数据集》，该数据集包括了我国270个地面气象台站的TMY数据，使用的原始数据是1971～2003年134个国家基准气候站和136个国家基本气象站[40]。

3.2.2.2 区域划分原则及分区指标的确定

新的分区研究方法选择了我国177个国家地面气象观测站进行研究，本研究采用《中国建筑热环境分析专用气象数据集》中的统计数据气象台站的挑选尽量覆盖各省级行政单位的重要城市，同时兼顾气象环境的代表性。由于受气象台站资料的完备性及保密级别的限制，有的重要城市没有包括在所选台站中，对于这些城市的状况可参考地理位置临近的地区。

177个台站的基本信息见表3-7。

区域划分的关键是分区指标的确定，以往的几种划分方法都是以焓值和含湿量两个参数作为分区指标，确定方案时较为麻烦。根据文献［4］得出的结论：影响蒸发冷却效果的主要因素是室外湿球温度；文献［19］对西北地区一些城市采用IEC的空气温降的测试结果（表3-8）显示：空气温降主要取决于湿球温度。本文提出一种更简单的划分方法，即以湿球温度作为单一指标进行划分。

177 个站点基本台站信息表　　表 3-7

序号	台站号	台站名称	所属省份	地理北纬（度）	地理东经（度）	海拔高度（m）	常年大气压（Pa）
1	54511	北京	北京	39.80	116.47	31.30	101168.60
2	54416	密云	北京	40.38	116.87	71.80	100846.80
3	58362	上海	上海	31.40	121.45	5.50	101617.90
4	54527	天津	天津	39.08	117.07	2.50	101677.40
5	57633	酉阳	重庆	28.83	108.77	664.10	93952.50
6	57516	重庆沙坪坝	重庆	29.58	106.47	259.10	98351.60
7	50854	安达	黑龙江	46.38	125.32	149.30	99600.80
8	50953	哈尔滨	黑龙江	45.75	126.77	142.30	99616.30
9	50756	海伦	黑龙江	47.43	126.97	239.20	98506.00
10	50873	佳木斯	黑龙江	46.82	130.28	81.20	100386.40
11	50136	漠河	黑龙江	52.97	122.52	433.00	97524.70
12	54094	牡丹江	黑龙江	44.57	129.60	241.40	98576.80
13	50557	嫩江	黑龙江	49.17	125.23	242.20	98433.40
14	50745	齐齐哈尔	黑龙江	47.38	123.92	147.10	99649.60
15	50968	尚志	黑龙江	45.22	127.97	189.70	99222.80
16	50564	孙吴	黑龙江	49.43	127.35	234.50	98487.80
17	50963	通河	黑龙江	45.97	128.73	108.60	100140.20
18	54161	长春	吉林	43.90	125.22	236.80	98671.90
19	54284	东岗	吉林	42.10	127.57	774.20	92483.90
20	54186	敦化	吉林	43.37	128.20	524.90	95297.40
21	54374	临江	吉林	41.80	126.92	332.70	97690.40
22	54157	四平	吉林	43.17	124.33	165.70	99590.50
23	54292	延吉	吉林	42.88	129.47	176.80	99409.90
24	54324	朝阳	辽宁	41.55	120.45	169.90	99552.80
25	54662	大连	辽宁	38.90	121.63	91.50	100522.00
26	54497	丹东	辽宁	40.05	124.33	13.80	101520.30
27	54337	锦州	辽宁	41.13	121.12	65.90	100831.50
28	54493	宽甸	辽宁	40.72	124.78	260.10	98541.90
29	54342	沈阳	辽宁	41.73	123.45	44.70	101124.60
30	54471	营口	辽宁	40.67	122.27	3.30	101628.50
31	54236	彰武	辽宁	42.42	122.53	79.40	100623.80
32	54423	承德	河北	40.98	117.95	385.90	97244.10
33	54308	丰宁	河北	41.22	116.63	661.20	93967.40

续表

序号	台站号	台站名称	所属省份	地理北纬（度）	地理东经（度）	海拔高度（m）	常年大气压（Pa）
34	54539	乐亭	河北	39.43	118.88	10.50	101609.70
35	54606	饶阳	河北	38.23	115.73	19.00	101452.40
36	53698	石家庄	河北	38.03	114.42	81.00	100715.20
37	53798	邢台	河北	37.07	114.50	77.30	100761.40
38	53487	大同	山西	40.10	113.33	1067.20	89525.10
39	53963	侯马	山西	35.65	111.37	433.80	96604.60
40	53772	太原	山西	37.78	112.55	778.30	92742.80
41	53787	榆社	山西	37.07	112.98	1041.40	89821.30
42	53673	原平	山西	38.73	112.72	828.20	92118.70
43	54808	朝阳	山东	36.23	115.67	37.80	101158.10
44	54776	成山头	山东	37.40	122.68	47.70	101151.10
45	54725	惠民县	山东	37.48	117.53	11.70	101564.70
46	54823	济南	山东	36.60	117.05	170.30	100813.20
47	54936	莒县	山东	35.58	118.83	107.40	100453.30
48	54753	龙口	山东	37.62	120.32	4.80	101667.30
49	58251	东台	江苏	32.87	120.32	4.30	101658.70
50	58040	赣榆	江苏	34.83	119.12	3.30	101644.90
51	58144	淮阴	江苏	33.63	119.02	14.40	101520.90
52	58265	吕泗	江苏	32.07	121.60	5.50	101620.50
53	58238	南京	江苏	32.00	118.80	7.10	101569.30
54	58027	徐州	江苏	34.28	117.15	41.20	101218.30
55	58477	定海	浙江	30.03	122.10	35.70	101239.60
56	58457	杭州	浙江	30.23	120.17	41.70	101166.60
57	58665	洪家	浙江	28.62	121.42	4.60	101572.60
58	58633	衢州	浙江	29.00	118.90	82.40	100784.00
59	58659	温州	浙江	28.03	120.65	28.30	101509.00
60	59133	崇武	福建	24.90	118.92	21.80	101181.60
61	58847	福州	福建	26.08	119.28	84.00	100525.50
62	58834	南平	福建	26.65	118.17	125.60	100017.80
63	58918	上杭	福建	25.05	116.42	198.00	99130.60
64	59134	厦门	福建	24.48	118.07	139.40	100080.60
65	58921	永安	福建	25.97	117.35	206.00	99078.40
66	59287	广州	广东	23.17	113.33	41.00	101147.70

续表

序号	台站号	台站名称	所属省份	地理北纬（度）	地理东经（度）	海拔高度（m）	常年大气压（Pa）
67	59293	河源	广东	23.73	114.68	40.60	100887.50
68	57996	南雄	广东	25.13	114.32	133.80	99876.20
69	59316	汕头	广东	23.40	116.68	2.90	101318.10
70	59663	阳江	广东	21.87	111.97	23.30	100998.60
71	59294	增城	广东	23.33	113.83	38.90	101195.40
72	53898	安阳	河南	36.05	114.40	62.90	100815.20
73	57178	南阳	河南	33.03	112.58	129.20	100168.80
74	57297	信阳	河南	32.13	114.05	114.50	100454.70
75	57083	郑州	河南	34.72	113.65	110.40	100361.70
76	57290	驻马店	河南	33.00	114.02	82.70	100689.00
77	58424	安庆	安徽	30.53	117.05	19.80	101348.20
78	58221	蚌埠	安徽	32.95	117.38	18.70	101401.30
79	58102	亳州	安徽	33.87	115.77	37.70	101192.20
80	58321	合肥	安徽	31.87	117.23	26.80	101243.90
81	58314	霍山	安徽	31.40	116.32	68.10	100844.50
82	58215	寿县	安徽	32.55	116.78	22.70	101408.70
83	57265	老河口	湖北	32.38	111.67	90.00	100585.90
84	57399	麻城	湖北	31.18	115.02	59.30	100979.50
85	57494	武汉	湖北	30.62	114.13	23.10	101351.50
86	57461	宜昌	湖北	30.70	111.30	133.10	100098.20
87	57378	钟祥	湖北	31.17	112.57	65.80	100894.10
88	57687	长沙	湖南	28.22	112.92	68.00	100783.60
89	57662	常德	湖南	29.05	111.68	35.00	101231.00
90	57874	常宁	湖南	26.42	112.40	116.60	100175.00
91	57649	吉首	湖南	28.32	109.73	208.40	99159.90
92	57562	石门	湖南	29.58	111.37	116.90	100227.70
93	57853	武冈	湖南	26.73	110.63	341.00	97606.30
94	57780	株洲	湖南	27.87	113.17	74.60	100708.20
95	57993	赣州	江西	25.87	115.00	137.50	100023.10
96	57799	吉安	江西	27.05	114.92	71.20	100638.60
97	58527	景德镇	江西	29.30	117.20	61.50	100867.50
98	58606	南昌	江西	28.60	115.92	46.90	101005.40
99	58715	南城	江西	27.58	116.65	80.80	100580.80

续表

序号	台站号	台站名称	所属省份	地理北纬（度）	地理东经（度）	海拔高度（m）	常年大气压（Pa）
100	58634	玉山	江西	28.68	118.25	116.30	100265.70
101	57957	桂林	广西	25.32	110.30	164.40	99501.30
102	59254	桂平	广西	23.40	110.08	42.50	100763.80
103	59023	河池	广西	24.70	108.05	211.00	98843.70
104	59446	灵山	广西	22.42	109.30	66.60	100477.30
105	59431	南宁	广西	22.63	108.22	121.60	100306.80
106	57245	安康	陕西	32.72	109.03	290.80	98209.70
107	53725	定边	陕西	37.58	107.58	1360.30	86368.60
108	57127	汉中	陕西	33.07	107.03	509.50	95704.30
109	53942	洛川	陕西	35.82	109.50	1159.80	88639.30
110	53754	绥德	陕西	37.50	110.22	929.70	91113.60
111	57036	西安	陕西	34.30	108.93	397.50	97028.90
112	53845	延安	陕西	36.60	109.50	958.50	90810.10
113	53646	榆林	陕西	38.23	109.70	1057.50	89690.40
114	53817	固原	宁夏	36.00	106.27	1753.00	82492.10
115	53723	盐池	宁夏	37.80	107.38	1349.30	86594.60
116	53614	银川	宁夏	38.48	106.22	1111.40	89085.70
117	52418	敦煌	甘肃	40.15	94.68	1139.00	88754.30
118	56080	合作	甘肃	35.00	102.90	2910.00	71551.00
119	52533	酒泉	甘肃	39.77	98.48	1477.20	85266.90
120	52889	兰州	甘肃	36.05	103.88	1517.20	84819.60
121	56093	岷县	甘肃	34.43	104.02	2315.00	77010.10
122	53915	平凉	甘肃	35.55	106.67	1346.60	86635.50
123	57006	天水	甘肃	34.58	105.75	1141.70	88770.20
124	56096	武都	甘肃	33.40	104.92	1079.10	89355.10
125	52436	玉门镇	甘肃	40.27	97.03	1526.00	84720.80
126	56294	成都	四川	30.67	104.02	506.10	95669.40
127	56146	甘孜	四川	31.62	100.00	3393.50	67422.80
128	56671	会理	四川	26.65	102.25	1787.30	81955.00
129	56196	绵阳	四川	31.45	104.73	522.70	95998.00
130	56462	九龙	四川	29.00	101.50	2987.30	71365.10
131	56386	乐山	四川	29.57	103.75	424.20	96546.40
132	56571	西昌	四川	27.90	102.27	1590.90	83756.90

续表

序号	台站号	台站名称	所属省份	地理北纬（度）	地理东经（度）	海拔高度（m）	常年大气压（Pa）
133	57707	毕节	贵州	27.30	105.28	1510.60	84847.00
134	57816	贵阳	贵州	26.58	106.73	1223.80	89193.20
135	57832	三穗	贵州	26.97	108.67	626.90	94479.50
136	56691	威宁	贵州	26.87	104.28	2237.50	77750.40
137	57902	兴义	贵州	25.43	105.18	1378.50	86168.20
138	57713	遵义	贵州	27.70	106.88	843.90	91864.00
139	56768	楚雄	云南	25.03	101.55	1824.10	82168.30
140	56778	昆明	云南	25.02	102.68	1892.40	81072.80
141	56954	澜沧	云南	22.57	99.93	1054.80	89507.70
142	56651	丽江	云南	26.87	100.22	2392.40	76266.10
143	56951	临沧	云南	23.88	100.08	1502.40	84899.20
144	56985	蒙自	云南	23.38	103.38	1300.70	86876.30
145	56964	思茅	云南	22.78	100.97	1302.10	86918.10
146	56739	腾冲	云南	25.02	98.50	1654.60	83458.70
147	51716	巴楚	新疆	39.80	78.57	1116.50	88924.50
148	52203	哈密	新疆	42.82	93.52	737.20	93098.10
149	51828	和田	新疆	37.13	79.93	1375.00	86230.70
150	51709	喀什	新疆	39.47	75.98	1289.40	87198.60
151	51243	克拉玛依	新疆	45.62	84.85	449.50	96901.50
152	51839	民丰	新疆	37.07	82.72	1409.50	85833.50
153	51133	塔城	新疆	46.73	83.00	534.90	95663.40
154	51573	吐鲁番	新疆	42.93	89.20	34.50	101285.10
155	51463	乌鲁木齐	新疆	43.78	87.65	935.00	91835.20
156	51346	乌苏	新疆	44.43	84.67	478.70	96449.60
157	51431	伊宁	新疆	43.95	81.33	662.50	94171.10
158	56046	达日	青海	33.75	99.65	3967.50	62782.10
159	52836	都兰	青海	36.30	98.10	3191.10	69121.90
160	52818	格尔木	青海	36.42	94.90	2807.60	72471.40
161	56004	托托河	青海	34.22	92.43	4533.10	58477.20
162	52866	西宁	青海	36.72	101.75	2295.20	77414.10
163	52943	兴海	青海	35.58	99.98	3323.20	68120.20
164	56029	玉树	青海	33.02	97.02	3681.20	65024.80
165	56137	昌都	西藏	31.15	97.17	3306.00	68155.00

续表

序号	台站号	台站名称	所属省份	地理北纬（度）	地理东经（度）	海拔高度（m）	常年大气压（Pa）
166	55591	拉萨	西藏	29.67	91.13	3648.90	65242.60
167	56312	林芝	西藏	29.67	94.33	2991.80	70731.30
168	52495	巴音毛道	内蒙古	40.17	104.80	1323.90	86785.30
169	50632	博克图	内蒙古	48.77	121.92	739.70	92647.90
170	54218	赤峰	内蒙古	42.27	118.93	568.00	94882.50
171	50527	海拉尔	内蒙古	49.22	119.75	610.20	94192.70
172	53463	呼和浩特	内蒙古	40.82	111.68	1063.00	89612.70
173	54134	开鲁	内蒙古	43.60	121.28	241.00	98679.50
174	54115	林西	内蒙古	43.60	118.07	799.50	92254.50
175	50834	索伦	内蒙古	46.60	121.22	499.70	95479.90
176	54135	通辽	内蒙古	43.60	122.27	178.70	99389.90
177	54102	锡林浩特	内蒙古	43.95	116.12	1003.00	90164.90

部分城市采用 IEC 的空气温降　　表 3-8

序 号	站台号	站台名称	入口干球（℃）	入口湿球（℃）	空气温降（℃）
1	52818	格尔木	27.00	13.50	5.61
2	52866	西宁	26.40	16.60	3.23
3	51463	乌鲁木齐	33.40	18.30	8.35
4	51243	克拉玛依	36.40	19.80	8.71
5	52889	兰州	31.30	20.10	4.53
6	53463	呼和浩特	30.70	21.00	3.66
7	53614	银川	31.30	22.20	3.30
8	54423	承德	32.80	24.00	3.30
9	51573	吐鲁番	40.30	24.20	1.28
10	57036	西安	35.10	25.80	3.73
11	54511	北京	33.60	26.30	2.00
12	57516	重庆	36.30	27.30	3.73
13	59431	南宁	34.40	27.90	1.93

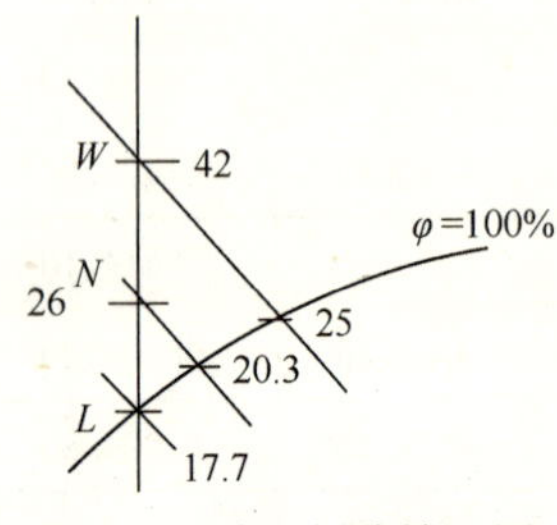

图 3-4　分区划分焓湿图

根据我国现行《采暖通风与空气调节设计规范》GB 50019—2003对舒适性空调房间夏季设计参数的规定：温度 t=22－28℃，相对湿度 φ=40%～65%；如果取 t=26℃，φ=60%为室内设定点 N，则该设定点对应的湿球温度 t_s=20.3℃，含湿量 d=12.8g/kg 干空气；露点（L 点）温度 t_l=17.7℃。根据吉沃尼的研究结论，蒸发冷却的最大降温边界（W 点）温度（干球温度）t_g=42℃，与室内设定点等含湿量线上对应的湿球温度为25℃，如图3-4所示。

依据图3-4，分区指标的临界值可定为18℃、21℃、26℃，并以此临界值在全国范围对蒸发冷却空调的应用范围，做4区划分，如表3-9所示。

4 区 划 分 范 围 **表3-9**

设计分区	分区指标	区域特点	分区名称
设计一区	t_s＜18℃	干燥凉爽	通风区
设计二区	18℃≤t_s＜21℃	干燥较热	高适应区
设计三区	21℃≤t_s＜26℃	干燥炎热	适应区
设计四区	t_s≥26℃	潮湿炎热	非适应区

3.2.2.3 分区结果

按照以上划分原则对177个城市进行整理、划分，并计算出各城市对应的干湿球温差，结果见表3-10～表3-13。

设计一区：通风区 **表3-10**

序号	台站号	台站名称	所属省份	地理北纬	地理东经	t_g（℃）	t_s（℃）	温差（℃）
1	56004	托托河	青海	34.22	92.43	16.40	8.40	8.00
2	56046	达日	青海	33.75	99.65	17.40	11.00	6.40
3	52836	都兰	青海	36.30	98.10	24.60	12.70	11.90
4	56029	玉树	青海	33.02	97.02	21.90	13.20	8.70
5	52943	兴海	青海	35.58	99.98	21.30	13.30	8.00
6	52818	格尔木	青海	36.42	94.90	27.00	13.50	13.50
7	55591	拉萨	西藏	29.67	91.13	24.00	13.50	10.50
8	56146	甘孜	四川	31.62	100.00	22.90	14.50	8.40
9	56080	合作	甘肃	35.00	102.90	22.30	14.60	7.70
10	56137	昌都	西藏	31.15	97.17	26.20	15.10	11.10
11	56462	九龙	四川	29.00	101.50	24.90	15.40	9.50
12	56312	林芝	西藏	29.67	94.33	22.90	15.60	7.30
13	52866	西宁	青海	36.72	101.75	26.40	16.60	9.80
14	56093	岷县	甘肃	34.43	104.02	24.80	17.50	7.30

设计二区：高适应区 **表3-11**

序号	台站号	台站名称	所属省份	地理北纬	地理东经	t_g（℃）	t_s（℃）	温差（℃）
1	52436	玉门镇	甘肃	40.27	97.03	30.70	18.00	12.70
2	56651	丽江	云南	26.87	100.22	25.50	18.10	7.40
3	56691	威宁	贵州	26.87	104.28	24.60	18.20	6.40
4	51463	乌鲁木齐	新疆	43.78	87.65	33.40	18.30	15.10
5	52495	巴音毛道	内蒙古	40.17	104.80	32.80	18.50	14.30
6	53817	固原	宁夏	36.00	106.27	27.70	19.00	8.70

续表

序号	台站号	台站名称	所属省份	地理北纬	地理东经	t_g（℃）	t_s（℃）	温差（℃）
7	52533	酒泉	甘肃	39.77	98.48	30.40	19.50	10.90
8	51243	克拉玛依	新疆	45.62	84.85	36.40	19.80	16.60
9	56778	昆明	云南	25.02	102.68	26.30	19.90	6.40
10	50632	博克图	内蒙古	48.77	121.92	27.30	19.90	7.40
11	54102	锡林浩特	内蒙古	43.95	116.12	31.20	19.90	11.30
12	56768	楚雄	云南	25.03	101.55	27.90	20.00	7.90
13	52889	兰州	甘肃	36.05	103.88	31.30	20.10	11.20
14	53723	盐池	宁夏	37.80	107.38	31.80	20.20	11.60
15	51839	民丰	新疆	37.07	82.72	35.10	20.40	14.70
16	51133	塔城	新疆	46.73	83.00	33.50	20.40	13.10
17	56739	腾冲	云南	25.02	98.50	26.30	20.50	5.80
18	50527	海拉尔	内蒙古	49.22	119.75	29.20	20.50	8.70
19	50136	漠河	黑龙江	52.97	122.52	29.10	20.80	8.30
20	56671	会理	四川	26.65	102.25	28.00	20.90	7.10

设计三区：适应区　　　　**表 3-12**

序号	台站号	台站名称	所属省份	地理北纬	地理东经	t_g（℃）	t_s（℃）	温差（℃）
1	53463	呼和浩特	内蒙古	40.82	111.68	30.70	21.00	9.70
2	53487	大同	山西	40.10	113.33	31.00	21.10	9.90
3	52418	敦煌	甘肃	40.15	94.68	34.10	21.10	13.00
4	51709	喀什	新疆	39.47	75.98	33.80	21.10	12.70
5	54115	林西	内蒙古	43.60	118.07	30.90	21.10	9.80
6	53915	平凉	甘肃	35.55	106.67	29.80	21.30	8.50
7	56951	临沧	云南	23.88	100.08	28.50	21.30	7.20
8	51431	伊宁	新疆	43.95	81.33	32.90	21.30	11.60
9	51716	巴楚	新疆	39.80	78.57	35.50	21.40	14.10
10	51828	和田	新疆	37.13	79.93	34.50	21.40	13.10
11	51346	乌苏	新疆	44.43	84.67	35.00	21.40	13.60
12	54284	东岗	吉林	42.10	127.57	27.60	21.50	6.10
13	50834	索伦	内蒙古	46.60	121.22	30.40	21.50	8.90
14	53646	榆林	陕西	38.23	109.70	32.30	21.60	10.70
15	57006	天水	甘肃	34.58	105.75	30.90	21.80	9.10
16	56571	西昌	四川	27.90	102.27	30.60	21.80	8.80
17	57707	毕节	贵州	27.30	105.28	29.20	21.90	7.30
18	53942	洛川	陕西	35.82	109.50	30.00	22.00	8.00
19	56985	蒙自	云南	23.38	103.38	30.60	22.00	8.60
20	56964	思茅	云南	22.78	100.97	29.60	22.10	7.50

续表

序号	台站号	台站名称	所属省份	地理北纬	地理东经	t_g（℃）	t_s（℃）	温差（℃）
21	50564	孙吴	黑龙江	49.43	127.35	29.30	22.20	7.10
22	53614	银川	宁夏	38.48	106.22	31.30	22.20	9.10
23	57902	兴义	贵州	25.43	105.18	28.70	22.20	6.50
24	50557	嫩江	黑龙江	49.17	125.23	29.90	22.30	7.60
25	53787	榆社	山西	37.07	112.98	30.90	22.30	8.60
26	52203	哈密	新疆	42.82	93.52	35.80	22.30	13.50
27	56096	武都	甘肃	33.40	104.92	32.60	22.40	10.20
28	54186	敦化	吉林	43.37	128.20	28.60	22.50	6.10
29	53754	绥德	陕西	37.50	110.22	33.10	22.50	10.60
30	53725	定边	陕西	37.58	107.58	33.20	22.60	10.60
31	54218	赤峰	内蒙古	42.27	118.93	32.70	22.60	10.10
32	54308	丰宁	河北	41.22	116.63	31.20	22.70	8.50
33	50756	海伦	黑龙江	47.43	126.97	29.70	22.80	6.90
34	53845	延安	陕西	36.60	109.50	32.50	22.80	9.70
35	53673	原平	山西	38.73	112.72	31.90	22.90	9.00
36	57816	贵阳	贵州	26.58	106.73	30.10	23.00	7.10
37	56954	澜沧	云南	22.57	99.93	31.80	23.10	8.70
38	54094	牡丹江	黑龙江	44.57	129.60	30.90	23.40	7.50
39	50854	安达	黑龙江	46.38	125.32	31.20	23.50	7.70
40	50873	佳木斯	黑龙江	46.82	130.28	30.80	23.50	7.30
41	50745	齐齐哈尔	黑龙江	47.38	123.92	31.20	23.50	7.70
42	54374	临江	吉林	41.80	126.92	30.70	23.50	7.20
43	54292	延吉	吉林	42.88	129.47	31.20	23.60	7.60
44	50953	哈尔滨	黑龙江	45.75	126.77	30.60	23.80	6.80
45	50968	尚志	黑龙江	45.22	127.97	29.90	23.80	6.10
46	53772	太原	山西	37.78	112.55	31.60	23.80	7.80
47	50963	通河	黑龙江	45.97	128.73	30.00	24.00	6.00
48	54161	长春	吉林	43.90	125.22	30.40	24.00	6.40
49	54423	承德	河北	40.98	117.95	32.80	24.00	8.80
50	54134	开鲁	内蒙古	43.60	121.28	32.80	24.00	8.80
51	54493	宽甸	辽宁	40.72	124.78	29.70	24.10	5.60
52	51573	吐鲁番	新疆	42.93	89.20	40.30	24.20	16.10
53	57713	遵义	贵州	27.70	106.88	31.80	24.30	7.50
54	54157	四平	吉林	43.17	124.33	30.70	24.50	6.20
55	54135	通辽	内蒙古	43.60	122.27	32.40	24.50	7.90
56	54662	大连	辽宁	38.90	121.63	29.00	24.80	4.20
57	54236	彰武	辽宁	42.42	122.53	31.40	24.90	6.50

续表

序号	台站号	台站名称	所属省份	地理北纬	地理东经	t_g（℃）	t_s（℃）	温差（℃）
58	57633	酉阳	重庆	28.83	108.77	32.20	25.00	7.20
59	54324	朝阳	辽宁	41.55	120.45	33.60	25.00	8.60
60	54337	锦州	辽宁	41.13	121.12	31.40	25.10	6.30
61	54497	丹东	辽宁	40.05	124.33	29.50	25.20	4.30
62	54342	沈阳	辽宁	41.73	123.45	31.40	25.20	6.20
63	54776	成山头	山东	37.40	122.68	27.30	25.40	1.90
64	57832	三穗	贵州	26.97	108.67	32.00	25.40	6.60
65	54471	营口	辽宁	40.67	122.27	30.30	25.50	4.80
66	57036	西安	陕西	34.30	108.93	35.10	25.80	9.30

设计四区：非适应区 **表 3-13**

序号	台站号	台站名称	所属省份	地理北纬	地理东经	t_g（℃）	t_s（℃）	温差（℃）
1	57127	汉中	陕西	33.07	107.03	32.30	26.00	6.30
2	54539	乐亭	河北	39.43	118.88	31.70	26.20	5.50
3	54511	北京	北京	39.80	116.47	33.60	26.30	7.30
4	56196	绵阳	四川	31.45	104.73	32.80	26.30	6.50
5	54416	密云	北京	40.38	116.87	33.70	26.40	7.30
6	56294	成都	四川	30.67	104.02	31.90	26.40	5.50
7	57853	武冈	湖南	26.73	110.63	34.20	26.50	7.70
8	56386	乐山	四川	29.57	103.75	32.90	26.60	6.30
9	53963	侯马	山西	35.65	111.37	36.80	26.70	10.10
10	54753	龙口	山东	37.62	120.32	32.00	26.70	5.30
11	53698	石家庄	河北	38.03	114.42	35.20	26.80	8.40
12	58918	上杭	福建	25.05	116.42	34.70	26.80	7.90
13	58921	永安	福建	25.97	117.35	35.90	26.80	9.10
14	57245	安康	陕西	32.72	109.03	34.90	26.80	8.10
15	54527	天津	天津	39.08	117.07	33.90	26.90	7.00
16	54606	饶阳	河北	38.23	115.73	34.80	26.90	7.90
17	53798	邢台	河北	37.07	114.50	35.20	26.90	8.30
18	54823	济南	山东	36.60	117.05	34.80	27.00	7.80
19	57993	赣州	江西	25.87	115.00	35.50	27.10	8.40
20	59133	崇武	福建	24.90	118.92	31.10	27.20	3.90
21	58834	南平	福建	26.65	118.17	36.20	27.20	9.00
22	57996	南雄	广东	25.13	114.32	35.00	27.20	7.80
23	57649	吉首	湖南	28.32	109.73	34.80	27.20	7.60
24	59023	河池	广西	24.70	108.05	34.60	27.20	7.40
25	57516	重庆	重庆	29.58	106.47	36.30	27.30	9.00

续表

序号	台站号	台站名称	所属省份	地理北纬	地理东经	t_g（℃）	t_s（℃）	温差（℃）
26	54725	惠民县	山东	37.48	117.53	34.10	27.30	6.80
27	54936	莒县	山东	35.58	118.83	32.70	27.30	5.40
28	57957	桂林	广西	25.32	110.30	34.20	27.30	6.90
29	53898	安阳	河南	36.05	114.40	34.80	27.40	7.40
30	58634	玉山	江西	28.68	118.25	36.10	27.40	8.70
31	59293	河源	广东	23.73	114.68	34.50	27.50	7.00
32	57083	郑州	河南	34.72	113.65	35.00	27.50	7.50
33	54808	朝阳	山东	36.23	115.67	34.60	27.60	7.00
34	58027	徐州	江苏	34.28	117.15	34.40	27.60	6.80
35	58477	定海	浙江	30.03	122.10	32.40	27.60	4.80
36	59134	厦门	福建	24.48	118.07	33.60	27.60	6.00
37	59316	汕头	广东	23.40	116.68	33.40	27.70	5.70
38	57297	信阳	河南	32.13	114.05	34.50	27.70	6.80
39	57799	吉安	江西	27.05	114.92	35.90	27.70	8.20
40	58040	赣榆	江苏	34.83	119.12	32.70	27.80	4.90
41	58633	衢州	浙江	29.00	118.90	35.90	27.80	8.10
42	59287	广州	广东	23.17	113.33	34.20	27.80	6.40
43	59663	阳江	广东	21.87	111.97	33.00	27.80	5.20
44	57461	宜昌	湖北	30.70	111.30	35.60	27.80	7.80
45	57874	常宁	湖南	26.42	112.40	36.50	27.80	8.70
46	57562	石门	湖南	29.58	111.37	35.40	27.80	7.60
47	58527	景德镇	江西	29.30	117.20	36.00	27.80	8.20
48	58715	南城	江西	27.58	116.65	35.30	27.80	7.50
49	59254	桂平	广西	23.40	110.08	34.40	27.80	6.60
50	59446	灵山	广西	22.42	109.30	33.90	27.80	6.10
51	58457	杭州	浙江	30.23	120.17	35.70	27.90	7.80
52	59294	增城	广东	23.33	113.83	34.00	27.90	6.10
53	57178	南阳	河南	33.03	112.58	34.40	27.90	6.50
54	58102	亳州	安徽	33.87	115.77	35.10	27.90	7.20
55	59431	南宁	广西	22.63	108.22	34.40	27.90	6.50
56	58265	吕泗	江苏	32.07	121.60	33.30	28.00	5.30
57	57290	驻马店	河南	33.00	114.02	35.00	28.00	7.00
58	58221	蚌埠	安徽	32.95	117.38	35.40	28.00	7.40
59	57780	株洲	湖南	27.87	113.17	35.90	28.00	7.90
60	58144	淮阴	江苏	33.63	119.02	33.30	28.10	5.20
61	58238	南京	江苏	32.00	118.80	34.80	28.10	6.70

续表

序号	台站号	台站名称	所属省份	地理北纬	地理东经	t_g（℃）	t_s（℃）	温差（℃）
62	58847	福州	福建	26.08	119.28	36.00	28.10	7.90
63	58424	安庆	安徽	30.53	117.05	35.30	28.10	7.20
64	58321	合肥	安徽	31.87	117.23	35.10	28.10	7.00
65	58314	霍山	安徽	31.40	116.32	35.60	28.10	7.50
66	57265	老河口	湖北	32.38	111.67	35.00	28.10	6.90
67	57399	麻城	湖北	31.18	115.02	35.50	28.10	7.40
68	58362	上海	上海	31.40	121.45	34.60	28.20	6.40
69	58251	东台	江苏	32.87	120.32	34.00	28.20	5.80
70	57378	钟祥	湖北	31.17	112.57	34.60	28.30	6.30
71	58606	南昌	江西	28.60	115.92	35.60	28.30	7.30
72	58659	温州	浙江	28.03	120.65	34.10	28.40	5.70
73	57494	武汉	湖北	30.62	114.13	35.30	28.40	6.90
74	58665	洪家	浙江	28.62	121.42	33.30	28.60	4.70
75	57662	常德	湖南	29.05	111.68	35.50	28.60	6.90
76	58215	寿县	安徽	32.55	116.78	34.20	28.70	5.50
77	57687	长沙	湖南	28.22	112.92	36.50	29.00	7.50

3.2.3 分区结果的修正

众所周知，由于种种原因，全球变暖已成为近年来气候变化的一个主要趋势。1998年，人们经历了自1860年开始有完整气象记录以来年平均气温最高的一个年份。根据世界气象组织的报告，1998年地球表面平均气温比1961～1990年间基准时期平均气温高0.58℃，而比19世纪末高出将近0.7℃。1998年是全球表面气温超出正常值的连续第20个年度。以上海为例，1998年有4个月的月平均气温突破了历史记录，夏季高温持续27天之久，创1953年以来的最高记录。夏季极端最高气温达39.4℃，创1942年以来的最高记录。7～8月的平均气温29.9℃，更是刷新1873年以来的历史记录。

考虑到全球表面气温升高的因素，同时考虑到我国南北气候条件的差异及气象数据的特点。因此，对分区指标的临界值做了修正（按2℃左右考虑），即修正为20℃、23℃、28℃，修正的4区划分范围见表3-14，分区结果见表3-15～表3-18。

修正4区划分范围 **表3-14**

设计分区	分区指标	区域特点	分区名称
设计一区	$t_s<20$℃	干燥凉爽	通风区
设计二区	20℃$\leqslant t_s<23$℃	干燥较热	高适应区
设计三区	23℃$\leqslant t_s<28$℃	干燥炎热	适应区
设计四区	$t_s\geqslant 28$℃	潮湿炎热	非适应区

设计一区：通风区 表 3-15

序号	台站号	台站名称	所属省份	地理北纬	地理东经	t_g（℃）	t_s（℃）	温差（℃）
1	56004	托托河	青海	34.22	92.43	16.40	8.40	8.00
2	56046	达日	青海	33.75	99.65	17.40	11.00	6.40
3	52836	都兰	青海	36.30	98.10	24.60	12.70	11.90
4	56029	玉树	青海	33.02	97.02	21.90	13.20	8.70
5	52943	兴海	青海	35.58	99.98	21.30	13.30	8.00
6	52818	格尔木	青海	36.42	94.90	27.00	13.50	13.50
7	55591	拉萨	西藏	29.67	91.13	24.00	13.50	10.50
8	56146	甘孜	四川	31.62	100.00	22.90	14.50	8.40
9	56080	合作	甘肃	35.00	102.90	22.30	14.60	7.70
10	56137	昌都	西藏	31.15	97.17	26.20	15.10	11.10
11	56462	九龙	四川	29.00	101.50	24.90	15.40	9.50
12	56312	林芝	西藏	29.67	94.33	22.90	15.60	7.30
13	52866	西宁	青海	36.72	101.75	26.40	16.60	9.80
14	56093	岷县	甘肃	34.43	104.02	24.80	17.50	7.30
15	52436	玉门镇	甘肃	40.27	97.03	30.70	18.00	12.70
16	56651	丽江	云南	26.87	100.22	25.50	18.10	7.40
17	56691	威宁	贵州	26.87	104.28	24.60	18.20	6.40
18	51463	乌鲁木齐	新疆	43.78	87.65	33.40	18.30	15.10
19	52495	巴音毛道	内蒙古	40.17	104.80	32.80	18.50	14.30
20	53817	固原	宁夏	36.00	106.27	27.70	19.00	8.70
21	52533	酒泉	甘肃	39.77	98.48	30.40	19.50	10.90
22	51243	克拉玛依	新疆	45.62	84.85	36.40	19.80	16.60
23	56778	昆明	云南	25.02	102.68	26.30	19.90	6.40
24	50632	博克图	内蒙古	48.77	121.92	27.30	19.90	7.40
25	54102	锡林浩特	内蒙古	43.95	116.12	31.20	19.90	11.30

设计二区：高适应区 表 3-16

序号	台站号	台站名称	所属省份	地理北纬	地理东经	t_g（℃）	t_s（℃）	温差（℃）
1	56768	楚雄	云南	25.03	101.55	27.90	20.00	7.90
2	52889	兰州	甘肃	36.05	103.88	31.30	20.10	11.20
3	53723	盐池	宁夏	37.80	107.38	31.80	20.20	11.60
4	51839	民丰	新疆	37.07	82.72	35.10	20.40	14.70
5	51133	塔城	新疆	46.73	83.00	33.50	20.40	13.10
6	56739	腾冲	云南	25.02	98.50	26.30	20.50	5.80

续表

序号	台站号	台站名称	所属省份	地理北纬	地理东经	t_g（℃）	t_s（℃）	温差（℃）
7	50527	海拉尔	内蒙古	49.22	119.75	29.20	20.50	8.70
8	50136	漠河	黑龙江	52.97	122.52	29.10	20.80	8.30
9	56671	会理	四川	26.65	102.25	28.00	20.90	7.10
10	53463	呼和浩特	内蒙古	40.82	111.68	30.70	21.00	9.70
11	53487	大同	山西	40.10	113.33	31.00	21.10	9.90
12	52418	敦煌	甘肃	40.15	94.68	34.10	21.10	13.00
13	51709	喀什	新疆	39.47	75.98	33.80	21.10	12.70
14	54115	林西	内蒙古	43.60	118.07	30.90	21.10	9.80
15	53915	平凉	甘肃	35.55	106.67	29.80	21.30	8.50
16	56951	临沧	云南	23.88	100.08	28.50	21.30	7.20
17	51431	伊宁	新疆	43.95	81.33	32.90	21.30	11.60
18	51716	巴楚	新疆	39.80	78.57	35.50	21.40	14.10
19	51828	和田	新疆	37.13	79.93	34.50	21.40	13.10
20	51346	乌苏	新疆	44.43	84.67	35.00	21.40	13.60
21	54284	东岗	吉林	42.10	127.57	27.60	21.50	6.10
22	50834	索伦	内蒙古	46.60	121.22	30.40	21.50	8.90
23	53646	榆林	陕西	38.23	109.70	32.30	21.60	10.70
24	57006	天水	甘肃	34.58	105.75	30.90	21.80	9.10
25	56571	西昌	四川	27.90	102.27	30.60	21.80	8.80
26	57707	毕节	贵州	27.30	105.28	29.20	21.90	7.30
27	53942	洛川	陕西	35.82	109.50	30.00	22.00	8.00
28	56985	蒙自	云南	23.38	103.38	30.60	22.00	8.60
29	56964	思茅	云南	22.78	100.97	29.60	22.10	7.50
30	50564	孙吴	黑龙江	49.43	127.35	29.30	22.20	7.10
31	53614	银川	宁夏	38.48	106.22	31.30	22.20	9.10
32	57902	兴义	贵州	25.43	105.18	28.70	22.20	6.50
33	50557	嫩江	黑龙江	49.17	125.23	29.90	22.30	7.60
34	53787	榆社	山西	37.07	112.98	30.90	22.30	8.60
35	52203	哈密	新疆	42.82	93.52	35.80	22.30	13.50
36	56096	武都	甘肃	33.40	104.92	32.60	22.40	10.20
37	54186	敦化	吉林	43.37	128.20	28.60	22.50	6.10
38	53754	绥德	陕西	37.50	110.22	33.10	22.50	10.60
39	53725	定边	陕西	37.58	107.58	33.20	22.60	10.60
40	54218	赤峰	内蒙古	42.27	118.93	32.70	22.60	10.10

续表

序号	台站号	台站名称	所属省份	地理北纬	地理东经	t_g（℃）	t_s（℃）	温差（℃）
41	54308	丰宁	河北	41.22	116.63	31.20	22.70	8.50
42	50756	海伦	黑龙江	47.43	126.97	29.70	22.80	6.90
43	53845	延安	陕西	36.60	109.50	32.50	22.80	9.70
44	53673	原平	山西	38.73	112.72	31.90	22.90	9.00

设计三区：适应区　　**表3-17**

序号	台站号	台站名称	所属省份	地理北纬	地理东经	t_g（℃）	t_s（℃）	温差（℃）
1	57816	贵阳	贵州	26.58	106.73	30.10	23.00	7.10
2	56954	澜沧	云南	22.57	99.93	31.80	23.10	8.70
3	54094	牡丹江	黑龙江	44.57	129.60	30.90	23.40	7.50
4	50854	安达	黑龙江	46.38	125.32	31.20	23.50	7.70
5	50873	佳木斯	黑龙江	46.82	130.28	30.80	23.50	7.30
6	50745	齐齐哈尔	黑龙江	47.38	123.92	31.20	23.50	7.70
7	54374	临江	吉林	41.80	126.92	30.70	23.50	7.20
8	54292	延吉	吉林	42.88	129.47	31.20	23.60	7.60
9	50953	哈尔滨	黑龙江	45.75	126.77	30.60	23.80	6.80
10	50968	尚志	黑龙江	45.22	127.97	29.90	23.80	6.10
11	53772	太原	山西	37.78	112.55	31.60	23.80	7.80
12	50963	通河	黑龙江	45.97	128.73	30.00	24.00	6.00
13	54161	长春	吉林	43.90	125.22	30.40	24.00	6.40
14	54423	承德	河北	40.98	117.95	32.80	24.00	8.80
15	54134	开鲁	内蒙古	43.60	121.28	32.80	24.00	8.80
16	54493	宽甸	辽宁	40.72	124.78	29.70	24.10	5.60
17	51573	吐鲁番	新疆	42.93	89.20	40.30	24.20	16.10
18	57713	遵义	贵州	27.70	106.88	31.80	24.30	7.50
19	54157	四平	吉林	43.17	124.33	30.70	24.50	6.20
20	54135	通辽	内蒙古	43.60	122.27	32.40	24.50	7.90
21	54662	大连	辽宁	38.90	121.63	29.00	24.80	4.20
22	54236	彰武	辽宁	42.42	122.53	31.40	24.90	6.50
23	57633	酉阳	重庆	28.83	108.77	32.20	25.00	7.20
24	54324	朝阳	辽宁	41.55	120.45	33.60	25.00	8.60
25	54337	锦州	辽宁	41.13	121.12	31.40	25.10	6.30
26	54497	丹东	辽宁	40.05	124.33	29.50	25.20	4.30
27	54342	沈阳	辽宁	41.73	123.45	31.40	25.20	6.20

续表

序号	台站号	台站名称	所属省份	地理北纬	地理东经	t_g（℃）	t_s（℃）	温差（℃）
28	54776	成山头	山东	37.40	122.68	27.30	25.40	1.90
29	57832	三穗	贵州	26.97	108.67	32.00	25.40	6.60
30	54471	营口	辽宁	40.67	122.27	30.30	25.50	4.80
31	57036	西安	陕西	34.30	108.93	35.10	25.80	9.30
32	57127	汉中	陕西	33.07	107.03	32.30	26.00	6.30
33	54539	乐亭	河北	39.43	118.88	31.70	26.20	5.50
34	54511	北京	北京	39.80	116.47	33.60	26.30	7.30
35	56196	绵阳	四川	31.45	104.73	32.80	26.30	6.50
36	54416	密云	北京	40.38	116.87	33.70	26.40	7.30
37	56294	成都	四川	30.67	104.02	31.90	26.40	5.50
38	57853	武冈	湖南	26.73	110.63	34.20	26.50	7.70
39	56386	乐山	四川	29.57	103.75	32.90	26.60	6.30
40	53963	侯马	山西	35.65	111.37	36.80	26.70	10.10
41	54753	龙口	山东	37.62	120.32	32.00	26.70	5.30
42	53698	石家庄	河北	38.03	114.42	35.20	26.80	8.40
43	58918	上杭	福建	25.05	116.42	34.70	26.80	7.90
44	58921	永安	福建	25.97	117.35	35.90	26.80	9.10
45	57245	安康	陕西	32.72	109.03	34.90	26.80	8.10
46	54527	天津	天津	39.08	117.07	33.90	26.90	7.00
47	54606	饶阳	河北	38.23	115.73	34.80	26.90	7.90
48	53798	邢台	河北	37.07	114.50	35.20	26.90	8.30
49	54823	济南	山东	36.60	117.05	34.80	27.00	7.80
50	57993	赣州	江西	25.87	115.00	35.50	27.10	8.40
51	59133	崇武	福建	24.90	118.92	31.10	27.20	3.90
52	58834	南平	福建	26.65	118.17	36.20	27.20	9.00
53	57996	南雄	广东	25.13	114.32	35.00	27.20	7.80
54	57649	吉首	湖南	28.32	109.73	34.80	27.20	7.60
55	59023	河池	广西	24.70	108.05	34.60	27.20	7.40
56	57516	重庆	重庆	29.58	106.47	36.30	27.30	9.00
57	54725	惠民县	山东	37.48	117.53	34.10	27.30	6.80
58	54936	莒县	山东	35.58	118.83	32.70	27.30	5.40
59	57957	桂林	广西	25.32	110.30	34.20	27.30	6.90
60	53898	安阳	河南	36.05	114.40	34.80	27.40	7.40
61	58634	玉山	江西	28.68	118.25	36.10	27.40	8.70

续表

序号	台站号	台站名称	所属省份	地理北纬	地理东经	t_g（℃）	t_s（℃）	温差（℃）
62	59293	河源	广东	23.73	114.68	34.50	27.50	7.00
63	57083	郑州	河南	34.72	113.65	35.00	27.50	7.50
64	54808	朝阳	山东	36.23	115.67	34.60	27.60	7.00
65	58027	徐州	江苏	34.28	117.15	34.40	27.60	6.80
66	58477	定海	浙江	30.03	122.10	32.40	27.60	4.80
67	59134	厦门	福建	24.48	118.07	33.60	27.60	6.00
68	59316	汕头	广东	23.40	116.68	33.40	27.70	5.70
69	57297	信阳	河南	32.13	114.05	34.50	27.70	6.80
70	57799	吉安	江西	27.05	114.92	35.90	27.70	8.20
71	58040	赣榆	江苏	34.83	119.12	32.70	27.80	4.90
72	58633	衢州	浙江	29.00	118.90	35.90	27.80	8.10
73	59287	广州	广东	23.17	113.33	34.20	27.80	6.40
74	59663	阳江	广东	21.87	111.97	33.00	27.80	5.20
75	57461	宜昌	湖北	30.70	111.30	35.60	27.80	7.80
76	57874	常宁	湖南	26.42	112.40	36.50	27.80	8.70
77	57562	石门	湖南	29.58	111.37	35.40	27.80	7.60
78	58527	景德镇	江西	29.30	117.20	36.00	27.80	8.20
79	58715	南城	江西	27.58	116.65	35.30	27.80	7.50
80	59254	桂平	广西	23.40	110.08	34.40	27.80	6.60
81	59446	灵山	广西	22.42	109.30	33.90	27.80	6.10
82	58457	杭州	浙江	30.23	120.17	35.70	27.90	7.80
83	59294	增城	广东	23.33	113.83	34.00	27.90	6.10
84	57178	南阳	河南	33.03	112.58	34.40	27.90	6.50
85	58102	亳州	安徽	33.87	115.77	35.10	27.90	7.20
86	59431	南宁	广西	22.63	108.22	34.40	27.90	6.50

设计四区：非适应区　　**表 3-18**

序号	台站号	台站名称	所属省份	地理北纬	地理东经	t_g（℃）	t_s（℃）	温差（℃）
1	58265	吕泗	江苏	32.07	121.60	33.30	28.00	5.30
2	57290	驻马店	河南	33.00	114.02	35.00	28.00	7.00
3	58221	蚌埠	安徽	32.95	117.38	35.40	28.00	7.40
4	57780	株洲	湖南	27.87	113.17	35.90	28.00	7.90
5	58144	淮阴	江苏	33.63	119.02	33.30	28.10	5.20
6	58238	南京	江苏	32.00	118.80	34.80	28.10	6.70

续表

序号	台站号	台站名称	所属省份	地理北纬	地理东经	t_g（℃）	t_s（℃）	温差（℃）
7	58847	福州	福建	26.08	119.28	36.00	28.10	7.90
8	58424	安庆	安徽	30.53	117.05	35.30	28.10	7.20
9	58321	合肥	安徽	31.87	117.23	35.10	28.10	7.00
10	58314	霍山	安徽	31.40	116.32	35.60	28.10	7.50
11	57265	老河口	湖北	32.38	111.67	35.00	28.10	6.90
12	57399	麻城	湖北	31.18	115.02	35.50	28.10	7.40
13	58362	上海	上海	31.40	121.45	34.60	28.20	6.40
14	58251	东台	江苏	32.87	120.32	34.00	28.20	5.80
15	57378	钟祥	湖北	31.17	112.57	34.60	28.30	6.30
16	58606	南昌	江西	28.60	115.92	35.60	28.30	7.30
17	58659	温州	浙江	28.03	120.65	34.10	28.40	5.70
18	57494	武汉	湖北	30.62	114.13	35.30	28.40	6.90
19	58665	洪家	浙江	28.62	121.42	33.30	28.60	4.70
20	57662	常德	湖南	29.05	111.68	35.50	28.60	6.90
21	58215	寿县	安徽	32.55	116.78	34.20	28.70	5.50
22	57687	长沙	湖南	28.22	112.92	36.50	29.00	7.50

从以上结果可知，采用修正的划分指标，蒸发冷却空调的适用范围扩大。

3.3 蒸发冷却的热舒适性区域及设计参数

3.3.1 热舒适研究概述

建筑物内部环境可以简单分为物理环境和心理环境两部分，其中物理环境是指室内，通过人体感觉器官对人的生理发生作用和影响的物理因素，通常包括室内热环境、室内光环境、室内声环境及室内空气品质等，室内热环境又称室内微气候，由室内空气温度、相对湿度、气流速度和壁面平均辐射温度 4 种参数综合形成，是以人体舒适感进行评价的一种室内环境。

美国采暖、制冷和空气调节工程师学会（ASHRAE）在 55－56 标准中给出热舒适环境的定义为：人在心理状态上感到满意的热环境。热舒适环境取决于 6 个主要因素，其中与环境有关的 4 个因素是：空气温度及其在空间的分布以及随时间的变化；空气中水蒸气的分压力（相对湿度）；气流速度；围护结构的平均辐射温度。另外，热舒适与个人有关的两个因素是：人体的温度、散热、体温调节（新陈代谢）以及衣服的保温性能。

在第五届国际制冷大会上提出影响人的舒适的因素有：声学因素、嗅觉与呼吸、机械的感觉、视觉、色调的影响、温度、湿度、气流，安全、卫生因素、集体的活动方式、意外危险的因素、经济因素等。人们对于某种外界条件的适应是一个综合的过程，对共同作用的外界因素反映非常复杂，因此从技术观点来看，研究那些可以控制的因素具有非常重要的意义。

国外一些学者一直致力于揭示室内微气候最佳参数方面的研究，美国、泰国、巴基斯坦、日本、澳大利亚和加拿大等国的学者分别从不同角度对室内热环境进行了研究。

我国在热舒适方面的研究主要是探索室内热环境舒适的最佳经济方案，即在保证人体热舒适的条件下，尽可能地节约建筑能耗。因此，我们不能全部照搬国外的研究成果，而应立足于我国的实际情况，研究适于我国国情的室内热舒适理论。

从20世纪80年代开始，魏润柏等率先展开了人体、环境和服装的关系及人体热舒适理论的研究[60]。改革开放后，随着经济的发展、人们生活水平的提高，我国的人居环境获得了较大的改善。人们对住宅建筑的要求已不仅限于能居住，而且要宽敞明亮、温湿度适宜、室内空气清新，使居住者感到温馨、舒适。即人们更加关注影响人体热感觉、热舒适的居室热环境指标。这就促使我国科技工作者在人居热环境领域进行大量的研究工作。

我国在人居热环境、人体热感觉等方面虽然作了一定的工作，但由于起步较晚，所做有限。并且这些工作大都是在国际上通用的热环境评价标准、热舒适理论的基础上进行的，目前被国际上公认的评价和预测室内热环境的热舒适标准是ISO 7703和ASHRAE55—1992，ASHRAE—1997及ASHRAE—2004。它们主要是以欧美国家的健康青年人为研究对象，通过实验建立的标准。由于地理位置的不同、经济发展不平衡以及人们对热环境适应能力的不同，导致这些标准不一定适合其他国家和地区。最近几年，许多学者对上述标准提出了质疑。因此，在不同区域展开室内热环境调查，进行现场研究，逐渐被国内外研究人体热舒适的有关专家学者所关注。为此，从1995年开始，ASHRAE发动了一次全世界范围内的室内热环境和热舒适的实测与调查活动。

由于各国的经济状况、能源状况不同，人们的研究目标不同。因此，我们不能全部照搬国外的研究成果，而应立足于我国的实际情况，研究适合我国国情的室内热环境热舒适理论。随着我国经济的发展和生活水平的提高，对室内环境品质和居室热舒适的要求也随之提高，人们更加关注影响人体热感觉、热舒适的居室热环境指标，这就要结合我国人的生理参数及实际情况，在热环境领域尤其是在对室内热环境的评价标准和方法方面做较深入的研究。

上述研究成果主要适用于设有传统的集中空调系统的商场、办公楼等公共建筑。而对使用蒸发冷却空调的建筑室内热环境的研究国内至今还鲜有人涉足。作者通过实验的手段对使用蒸发冷却空调的室内热环境进行分析，提出了舒适指标。

3.3.2　人体热舒适的评价标准

3.3.2.1　热舒适指标

对于热舒适问题，人类很早就已经开始研究。早在1733年，阿巴斯诺特就指出空气流动具有驱散身体周围热湿空气的降温效应。特雷德戈尔德在1824年指出，关于人体的热辐射问题，即当人置于辐射热源中，需要较低的空气温度才能使人体的舒适程度保持不变。1913年，希尔提出头宜凉、脚宜热，辐射热与气流有关，相对湿度要适中的人体舒适度标准的建议。

1919年，美国采暖通风工程师学会（ASHVE）的匹森堡实验室以室内气候对人体舒适的影响研究作为开端，经过一系列广泛的调查研究，得到人们熟知的等效温度。在英国，贝德福（Bedford）对工厂的热舒适性做了广泛的调查得出了当量温度标度。

其中比较有代表性的指标有：

1. 美国的有效温度和标准有效温度

在早期的美国空调工程中，人们迫切想知道湿度对舒适的影响方面的可靠资料。这一问题以及其他一些问题促使美国的ASHVE新建了一个实验室。该实验室于1919年在匹茨堡开始工作，而有效温度指标便是它的首批研究课题之一，并由此产生了这一指标。其定义为：这是一个将干球温度、湿度、空气流速对人体温暖感或冷感的影响综合成一个单一数值的任一指标。它在数值上等于产生相同感觉的静止饱和空气的温度。1923年Houghton和Yaglou确定了包括温度、湿度两个变量的裸体男子的等舒适线，并由此创立了对热环境研究具有深远影响的有效温度指标ET（Effective Temperature）。

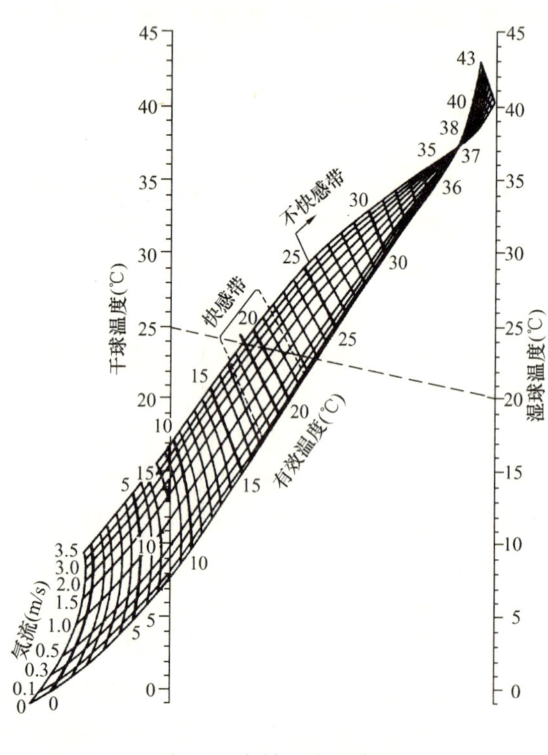

图3-5 有效温度诺谟图
（摘自ASHRAE手册，1967）

有效温度曾被很多官方和专业团体所采用（特别是用在热环境规范中），直到1967年，ASHRAE也一直转载这个指标（图3-5）。但是有效温度在低温时过分强调了湿度的影响，而在高温时对湿度的影响强调得不够。目前，任何主要的官方机构均已不再推荐有效温度指标，ASHRAE则推荐使用其代替形式——新的有效温度ET^*。尽管如此，它仍是那些早期指标中最值得注意的指标。因为它不但得到普遍的承认，而且是具有大量的实验数据。有效温度温标的建立是一项卓越的成就，ET作为标准指标被空气调节工程师使用了近50年。

1924～1925年，Houghton、Yaglou和Miller又进一步研究了包括空气流速和衣着影响的实验。1932年，Vernon和Warner使用黑球温度代替干球温度对热辐射进行了修正，产生了修正有效温度温标CET（Corrected Effective Temperature）。1950年，Yaglou等对热辐射进行了修正，提出了当量有效温度的概念。

1971年，Pierce研究所的盖奇（Gagge）提出了新的有效温度ET^*（New Effective Temperature）指标，该指标综合了温度、湿度对人体热舒适的影响，适用于穿标准服装和坐着工作的人群，并已被ASHRAE 55－74舒适标准所采用。新的有效温度ET^*，就是相对湿度为50%的假想封闭环境中相同作用的温度。该指标同时考虑了辐射、对流和蒸发三种因素的影响，因而受到了广泛的应用。ASHRAE 55－1992 的舒适区域要求，ET^* 值在 23～26℃之间，相对湿度小于 60%。新有效温度曲线如图 3-6 所示：

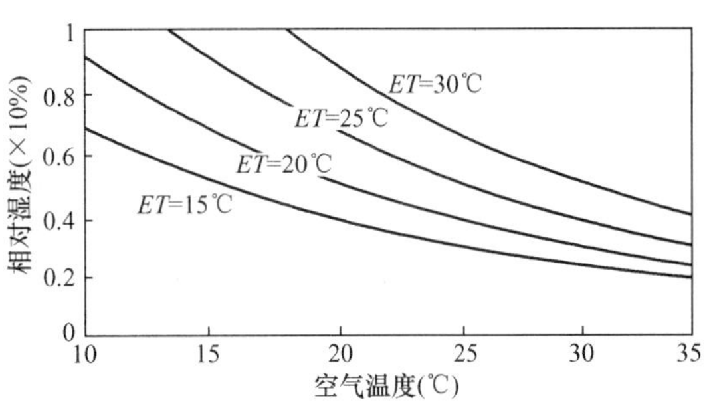

图 3-6　等新有效温度曲线

随后，又综合考虑了不同的活动水平和服装热阻的影响，提出了众所周知的标准有效温度指标 *SET*（Standard Effective Temperature）。*SET* 包含平均皮肤温度和皮肤湿润度，以便确定某个人的热状态。确定某一状态的标准有效温度需分两步进行，首先求出一个人的皮肤温度和皮肤湿润度，这可以通过实测来完成；其次就是求出产生相同皮肤温度和湿润度值的标准环境温度，这一步可通过对人体的传热分析来完成。其中皮肤湿润度是皮肤表面的实际蒸发损失与在相同环境中可能出现的最大损失之比，最大损失意味着皮肤表面是完全湿润的。将这一指标与空气的温度和湿度联系起来，就可提供一个适用于穿标准服装和坐着工作的人的指标。标准有效温度是比较全面的一种，尽管它的最初设想是用以预测人体排汗时的不舒适感，但经过发展却能应付各种各样衣着条件、活动量和环境变量的情况。然而它所具有的复杂性，使其需要用计算机来计算皮肤温度和皮肤湿润度，因此阻碍了它的通用性。

2. 英国的卡他冷却能力、当量温度和主观温度

英国的气候特点是冬季寒冷、夏季温湿度适宜。因此，英国的研究重点在房间供暖方面。卡他冷却能力是 1914 年由 Leonard hiss 爵士提出的，以大温包温度计的热损失量为基础。卡他温度计由一根长为 40mm，直径为 20mm 的圆柱形大温包的酒精玻璃温度计组成。温度计杆上有 38℃和 35℃两条标线，使用时将温度计加热到酒精柱高于 38℃这一刻度。然后将其挂于流动的空气中，测量酒精柱从 38℃下降到 35℃所需的时间。根据这一时间和每一温度计所配有的校正系数，即可计算环境的“冷却能力”。20 世纪 30 年代进行的大量实验都采用卡他温度计，它综合了平均辐射温度、空气温度、空气流速的影响，但未考虑湿度的影响。

Dufton 在 1929 年研制了一种综合恒温器。这种恒温器可在空气温度、热辐射和空气速度变化的条件下保持房间具有舒适的温度，这一装置被称为拟人器（eupatheostat）。1932 年，Dufton 又定义了当量温度（Equivalent Temperature）。所谓当量温度，即是一个均匀封闭体的温度。在该封闭体内，一个高为 550mm、直径为 190mm 的黑色圆柱体的散热量与其在实际环境中的散热量相等。圆柱体表面所维持的温度是圆柱体所散失的热量的精确函数，并且这一温度在任何均匀空间内都比 37.8℃要低一个数值，这个数值是 37.8℃和封闭空间温度之差的 2/3。当量温度未给出能根据基本环境变量进行计算的分析表达式，所用的拟人器是一种又大又相当笨重的仪器，因此限制了它的应用。1936 年，Bedford 用卡他温度计、Mark I 型拟人器等几种仪器对工厂的热环境进行了现场测量和问卷调查，通过回归分析得到了当量温度的解析表达式。1976 年，McIntyre 提出了主观温度（Subjective Temperature）指标，并给出了计算公式，该指标将人体变量和环境变量分开，更便于实际应用。

以上几个指标现在大多已不用了，它们被舒适方程和标准有效温度等更完善的指标所代替。但是，新指标固然有自己的优点，它们也有共同的弱点：其一，数学公式的复杂性，导致必须在计算机上求值；其二，尽管它们包括了所有的变量，但令人遗憾的是这都使得它们在实际中的用处不大。基于以上原因，工程师又定义了一个新的指标，这种指标的应用是以想要设计一个舒适环境的设计师的问题为中心，它要求有两种数据，即居住者需要什么样的温度以及什么样的物理变量组合会产生这一温度。这一指标就是主观温度，它的定义为：一个具有空气温度（T_a）等于平均辐射温度（T_r），相对空气流速（v_a）等于 0.1m/s 和相对湿度为 50%的均匀封闭空间的温度，该环境将产生与实际环境相同的温暖感。

主观温度的定义在很大程度上取决于主观温暖感，利用环境变量表示的主观公式无论何时均可由现有的温暖感数据加以确定，因此这是由经验得出的公式。

Bedford 在 1936 年提出热舒适的 7 级评价指标，如表 3-19 所示。

Bedford 热舒适和热感觉评价指标 **表 3-19**

Bedford 值	+3	+2	+1	0	−1	−2	−3
测热感觉	热	暖	舒适的温暖	舒适并不冷不热	舒适的凉爽	凉	冷

3. 丹麦的预测平均投票数和预测不满意百分数

20 世纪 60 年代，美国采暖、制冷和空调工程师学会（ASHRAE）在堪萨斯州立大学环境实验室进行了大量的研究和试验工作，提出了有关舒适度条件的数据，并产生了 ASHRAE 55−74 标准。1967 年，丹麦工业大学 Fanger 教授以这些数据为基础并与人体产热、散热的物理方程相结合，提出了一个综合性的舒适方程。该方程将环境的物理变量与人体新陈代谢及服装隔热等个人变量联系在一起，经测试验证了其正确性，为以后的研究工作提供了坚实的理论依据。国际标准化组织（ISO）根据 Fanger 教授的研究成果，于 1984 年制定了 ISO—7730 标准。

1970 年，Fanger 教授以人体热平衡方程及 ASHRAE 七点标度为出发点，并对 Mc-Nall 等在堪萨斯州立大学所进行的实验得出的 4 种新陈代谢率情况下的热感觉数据进行曲线拟合，得到了至今被广泛使用的热舒适评价指标——预测平均投票数 *PMV*（Predic-ted Mean Vote）和预测不满意百分数 *PPD*（Predicted Percentage of Dissatisfied）指标。该指标综合了空气温度、平均辐射温度、空气流速、空气湿度、人体新陈代谢率及服装热阻 6 个因素，是至今最全面的评价热环境的指标[84]。

1972～1975 年，Fanger 教授又对影响人体热舒适的其他因素，如年龄、性别、种族、健康水平等作了进一步的研究，认为：人体热舒适不受上述因素影响。但已有人对此表示怀疑。首先，Fanger 教授制定了 3 个舒适条件：第一个条件是人体必须处于热平衡状态，以便使人体对环境的散热量等于人体体内产生的热量；第二个条件是皮肤平均温度应具有与舒适相适应的水平；第三个条件是人体应具有最佳的排汗率，排汗率也是新陈代谢的函数。随后，Fanger 教授得出了热平衡方程的每一个量的表达式。将热平衡方程与其他两个舒适条件组合起来就得到了著名的舒适方程。满足舒适方程的一组变量必须满足舒适的 3 个条件，因此该方程是舒适的必要条件，但不是充分条件。因为可以设想会出现这样的情况，即满足了舒适方程，却并不令人舒适，很容易变化的环境就是一个例子。

舒适方程已被证明是很成功的，但它所依据的大多数试验是以健康的美国年轻人或欧洲大学生为受试者而进行的，因此不能假定将舒适方程应用到其他各种人群时是没有问题的。

当一组环境变量满足舒适方程时就将产生最佳的舒适感。如果该方程未得到满足，则该环境就不是最佳的，但是方程并未给出任何说明所处的环境是如何不舒适的方法。Fanger 教授进一步发展了舒适方程，并用公式表示一个可预测任何给定环境变量的组合所产生热感觉的指标，这一指标被称为预测平均反应（*PMV*），Fanger 教授把它分为 7 个等级，每一个等级的代表意义如表 3-20 所示。

Fanger 的七级指标　　**表 3-20**

PMV 值	+3	+2	+1	0	−1	−2	−3
测热感觉	热	暖	稍暖	舒适	稍凉	凉	冷

为了扩大该想法的应用范围，Fanger 教授提出在某一活动量下的热感使人体热负荷的函数的建议（所谓人体热负荷就是体内产热量与人体对实际环境散热量两者之差，假设人体的平均皮肤温度及实际活动量相适应的汗液分泌量均保持舒适值），并通过实验建立了 PMV 方程。PMV 方程没有被各种衣着和活动情况下的实验数据所证实，它对于坐着工作和穿着轻便衣服的人体可给出很好的结果，然而有关在较高新陈代谢下的热感觉的资料是不大令人满意的。

4. 慕尼黑单体能量平衡模型（MEMI）

20 世纪 70 年代，研究的领域从环境的热感觉问题扩散到设计整体的热刺激领域，认为人们的姿势和活动量也像热参数一样，会对人体的热舒适感产生影响。德国慕尼黑大学生物气候及实用气象研究所的 Hoppe 博士认为，Fanger 教授的舒适性方程存在不足，因为后者评价舒适性的条件是：1）人体在没有蓄热状态下达到热平衡；2）皮肤温度低于 33℃；3）没有用出汗来散热。

实际上，严格定义不出汗和无感觉的微量出汗是很难区分的。因此，Hoppe 博士认为应该附加另外一个条件，即皮肤湿润度小于 25%。

在 Fanger 教授模型的基础上，发展了“慕尼黑单体能量平衡模型（MEMI）”。该模型以传统的人体能量平衡方程为基础，并补充人体核心到皮肤表面的热流方程以及从皮肤到衣着表面的热流方程，构成一个封闭模型。这个模型能够对气候与人之间的一切可能的参数进行组合，定量计算出人体的一切热流、出汗率、皮肤湿润度、生理当量温度等。由于性别不同而引起的出汗率和产生内热不同，模型分为男、女两个类型。当 MEMI 静态计算模型中的人体能量平衡式中增加蓄热项时，就称为 IMEMI；当知道人体热容量以及人体纵容量中体内和体表不同部位的函数时，IMEMI 就能够按照 1s 的时间间隔给出各种所要计算参数的动态变化值。

5. 热应力指标

第二次世界大战期间，由于军事上的需要，人们开始对过热、过冷环境下人体的热感觉进行研究，由此产生了评价过热、过冷环境的指标。主要的热应力指标如下：

（1）预测 4h 排汗量

1947 年，McArdle 提出了预测 4h 排汗量 P4SR（Predicted Four Hour Sweat Rate）。

该指数综合了人体变量和环境变量 6 个影响人体热舒适的因素，是个实验性指标，可利用诺谟图求出其指数值。

（2）热应力指数

1955 年美国匹兹堡大学的 Belding 和 Hatch 提出了热应力指数 *HIS*（ Heat Stress Index ）的概念。它是建立在假定皮肤温度为 35℃ 的热交换理论模型基础之上的一个导出指标，因此可以方便地用它来估算热环境变量改变时所产生的作用。该指数最初是以诺谟图的形式给出的，只适用于裸体男子。

（3）热应力指标

1963 年，吉沃尼提出了热应力指标 *ITS*（ Index of Temperature Stress ）。该指标综合了 P4SR 与 *HSI* 的优点，有解析表达式，便于计算。1976 年，吉沃尼又将其推广应用到较大的环境条件中。

（4）湿球黑球温度计指数

第二次世界大战期间，由于美国海军在军事训练中频繁发生热伤亡事故，急需研究一个用来判断在热负荷较高时是否应对军事训练加以限制的指标，由此产生了湿球黑球温度计指数 WBGT（Wet-Bulb Globe Thermometer Index ）。1957 年，Yaglou 和米纳尔德将修正后的CET 用作热应力指数，由于 CET 的测量和计算比较繁琐，后来他们通过自然湿球温度、空气温度和黑球温度成功地导出了 CET 的近似值，即湿球黑球温度计指数。1976 年，Gagge 和 Nishi 在低风速下直接测量了 20～42℃范围内的 42 种环境条件，并将实验结果回归成一条 WBGT 对于空气温度和水蒸气分压力的曲线。在分析了热伤亡事故记录后，Yaglou 提出了 WBGT 最大值表，当达到这些值时，不同训练小组应减少或停止训练。1975 年，美国工业卫生协会建议用 WBGT 作为工业热暴露极限指标。

6. 温度指标

此外，在热舒适的现场研究中，所采用的热舒适指标还有空气温度 t_a、操作温度 (OperativeTemperature) t_0 和热中性温度 t_s，采用不同的热舒适指标对同一环境进行评价其结果是有差异的。

操作温度 t_0 是综合考虑了空气温度和平均辐射温度对人体热感觉的影响而得出的合成温度，其物理意义是综合考虑了环境与人体的对流换热与辐射换热。

操作温度 t_0 可由式（3-1）计算得出：

$$t_0 = (h_c t_a + h_r t_r)/(h_c + h_r) \tag{3-1}$$

式中 h_c——换热系数，W/（m²·℃）；

h_r——射换热系数，W/（m²·℃）。

米森纳尔德曾证明了人在静止空气中辐射与对流换热系数之比为 1∶0.9，因此式(3-1) 可写为：

$$t_0 = 0.47\, t_a + 0.53\, t_r \tag{3-2}$$

式（3-2）适用于空气静止时。当空气流动时，对流换热系数增加，式（3-2）变成式(3-3)：

$$t_0 = 0.5 t_a + 0.5\, t_r \tag{3-3}$$

热舒适现场研究中所采用的人体热感觉的表述方式有两种：一种是热感觉 t_s（Thermal Sensation)，另一种是平均热感觉 *MTS*（Mean Thermal Sensation)。前者为某一温度的人体热感觉，后者为某一温度区间的人体热感觉平均值。由于人的个体之间的差异，在同一温度下，不同人的热感觉不同，变量 t_s和温度之间的线性相关系数较低。

采用温度频率法（Din 法），即将操作温度以 0.5℃的间隔分为若干个操作温度区间，以每一操作温度区间中心温度为自变量，以受试者在每一温度区间内填写的热感觉投票值的平均值 MTS 为因变量，通过线性回归分析得到以下关系式：$MTS=a+b\,t_n$。变量 MTS 和操作温度之间的线性相关系数很高，令 $MTS=0$，即可计算出热中性温度。

3.3.2.2　热舒适标准

1. ASHRAE 55—1992 舒适标准[89,90]

ASHRAE 55—1992 舒适标准冬季的舒适区为：20.4～23.7ET^*，夏季的舒适区为：23.2～26.6ET^*，冬季平均风速 $v\leqslant 0.15$m/s，夏季平均风速 $v\leqslant 0.25$m/s。

ASHRAE 舒适标准是以坐着为主的轻体力活动，新陈代谢率 $M\leqslant 1.2$met，规定服装热阻为：冬季为 0.9clo，夏季为 0.5clo。

图 3-7 是 ASHRAE 1977 年版手册基础篇里给出的等效温度图。图中斜画的一组虚线即为等效温度线，它们的数值是在 $\varphi=50\%$的相对湿度曲线上标注的。例如，通过 $t=25$℃，$\varphi=50\%$的交点的虚线即为 25℃等效温度线，该线上各点所表示的空气状态的实际干球温度均不相等，相对湿度也不同，但各点空气状态给人体的冷热感觉却相同，都相当于 $t=25$℃，$\varphi=50\%$时的感觉。这些等效温度是室内空气流速 $v=0.15$m/s 时，通过对身着 0.6clo 的服装，静坐着的被实验人员实测所得的。图中画了两块舒适区，一块是美国堪萨斯州立大学通过实验所得；另一块平行四边形面积是 ASHRAE 推荐的舒适标准 55－74 所绘出的舒适区。两者实验条件不同，前者适用于身着 0.6～0.8clo 服装坐着的人，后者适用于身着 0.9～1.0clo 服装坐着但运动量稍大的人，两块舒适区重叠处则是推荐的室内空气设计条件。

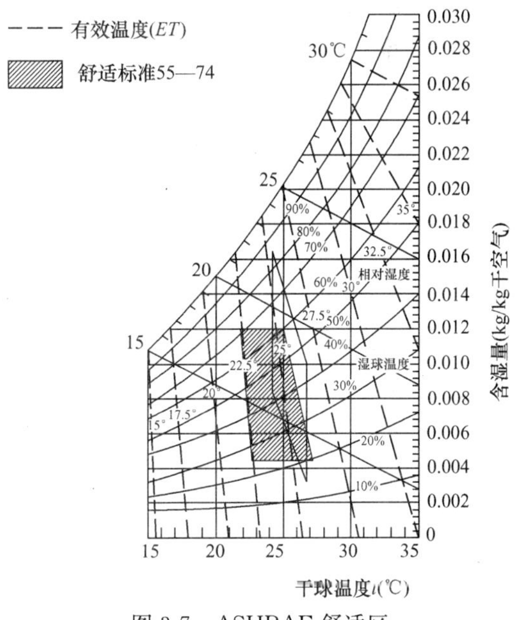

图 3-7　ASHRAE 舒适区（ASHRAE 手册，1977）

新的有效温度图和舒适区由 ASHRAE 55—1992 给出，它的适用范围并不局限于任何一款特定的建筑类型，所以它可用于民用和商用建筑和新建或已建的建筑物。ASHRAE 55—1992 所推荐的适合那些从事轻度，主要是静坐活动（小于 1.2met）的人群。人们在典型气象年的夏季（供冷的季节）、衣着热阻(～0.5clo)和典型气象年的冬季(供热季节)、衣着热阻(～1.0clo)，其可接受的有效温度范围（以 10%的不满意准则为基础）由图 3-8 给出。

2. ISO 7730 热环境的评价指标[91]

ISO 7730 与 ASHRAE 舒适标准非常类似，只是该标准中未规定湿度的界限。

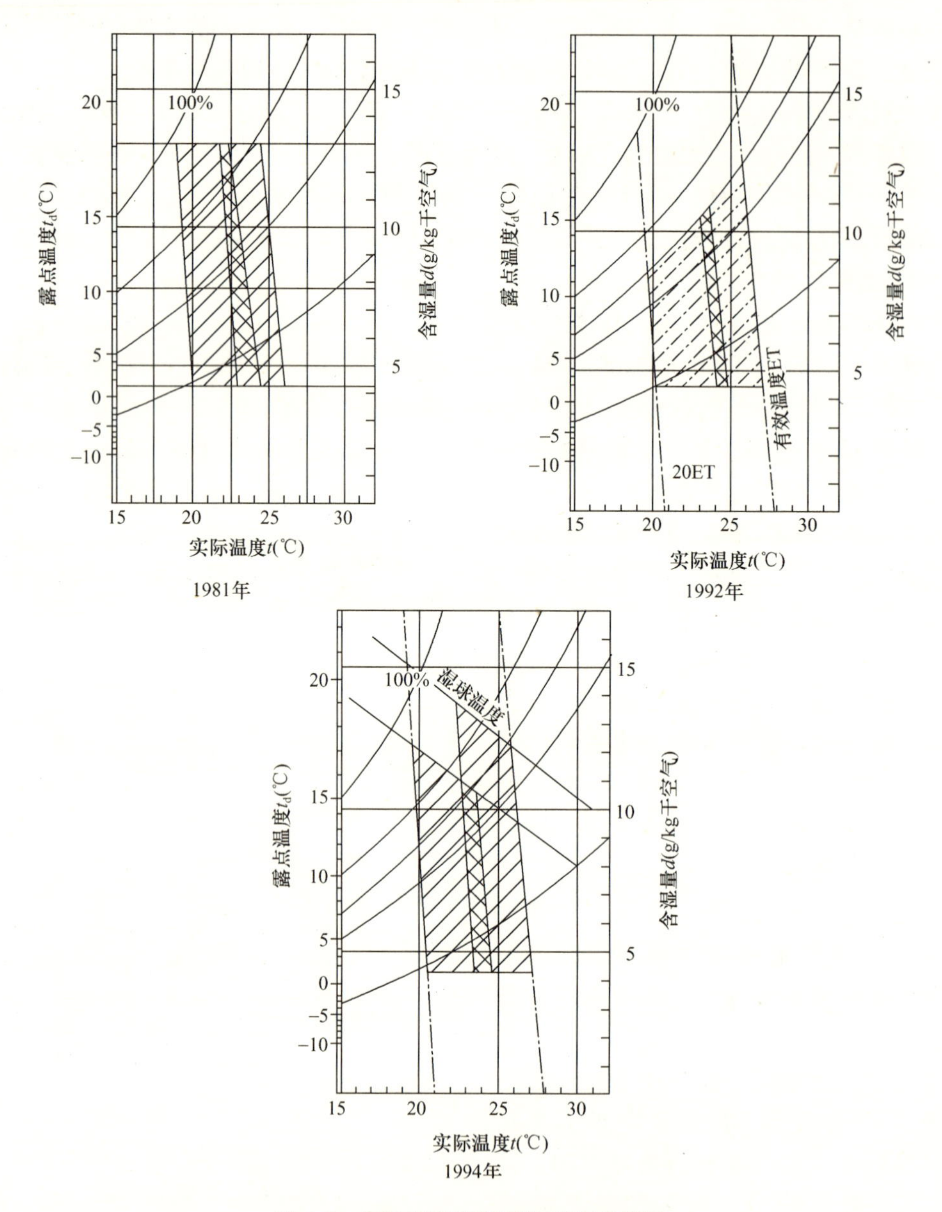

图 3-8　实际温度和湿度的可接受范围

ISO 7730以操作温度给出了热舒适区域。冬季舒适温度范围是：t_0=20.0～24.0℃，夏季舒适温度范围是：t_0=23.0～26.0℃。相当于 ASHRAE 舒适标准中相对湿度为 50%时的操作温度。冬季平均风速 $v\leqslant 0.15$m/s，夏季平均风速 $v\leqslant 0.25$m/s。

ISO 7730 舒适标准适用于以坐着为主的轻体力活动，新陈代谢率 $M\leqslant 1.2$met，规定服装热阻为：冬季为 1.0clo，夏季为 0.5clo。

造成舒适热环境所必须满足的条件由 ISO 7730 新标准给出，称作《舒适热环境条件——表明热舒适程度的 *PMV* 和 *PPD* 指标》。以前在 ASHRAE 标准和 NKB 指南中，也给过类似要求的条件。

舒适热环境所要满足的第一个条件就是要使人从整个身体角度考虑处在一个热的“收

支平衡”状态。换句话说，处于该热环境下的人不能明确表示他是愿意得到一个更高一些还是更低一点的环境温度。这就要通过 *PMV—PPD* 指标来描述和评价。这个指标受下述6个因素的影响：

人本身的因素：运动程度，人体产热 M（met，1met 相当于 58 W/m^2）；着衣情况，热阻或隔热系数 I（clo，1clo 相当于 0.155m^2 · ℃/W）；环境参数：空气温度 t_a，影响蒸发与对流；平均辐射温度 t_r，影响辐射；空气流速 v_a，影响蒸发与对流；空气湿度（用水蒸气压力 P 表示），影响蒸发。

PMV—PPD 之间的关系见图 3-9，由图可知，在 *PMV*＝0 处，即处于热平衡状态时，*PPD* 为 5％，即室内环境为最佳热舒适状态时，还有约 5％的人感到不满意。ISO 7730 所推荐的可接受的热环境参数为－0.5＜*PMV*＜0.5，*PPD*＜10％，即相当于人群中有 10％的人感觉不满意，图 3-10 给出了上述参数的推荐值。对于典型的冬季情况（供热周期，衣服隔热系数为 1.0clo），当人们主要从事坐在固定位置轻工作时，推荐的有效温度在 20～24℃范围内，在夏季（衣服隔热系数为 0.5clo）则为 23～26℃。

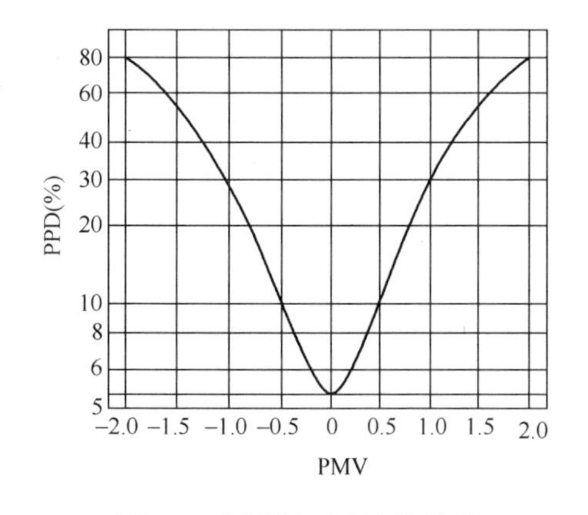

图 3-9　*PMV* 与 *PPD* 的关系

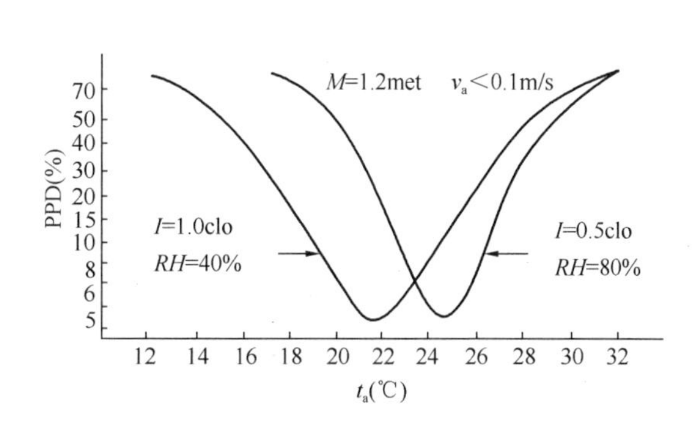

图 3-10　室内空气参数的推荐值

以“舒适方程”或 PMV—PPD 指标所描述的热平衡，并不是热舒适的唯一条件。这是因为虽然一个人就整个身体而言可能处于热平衡条件下，然而当身体某一部分受热而另一部分受冷时，那么他的感觉并不舒服。因此，对热环境的进一步要求是不要在身体的任何部位造成过热或过冷的不舒适感。产生局部不舒适感的原因包括不对称热辐射场、冷风感、与热或冷地板接触以及空气的垂直温度等。ISO 7730 对主要坐在固定位置上从事轻体力劳动的人提出了不会造成局部不舒适感觉的极限值：1）由窗子或其他垂直冷表面存在而产生的不对称热辐射温度应小于 10℃（相对高于地面 0.6m 的小垂直面而言）；2）平均空气流速 v_a（3min 平均值）：冬季时（供热周期）$v_a \not> 0.5$m/s，即有效温度在 20～24℃ 之间；夏季时（供冷周期）$v_a \not> 0.25$m/s，即有效温度为 23～26℃；3）地板以上 0.1～1.1m（脚部至头部高度间）空气温差小于 3℃；4）地板表面温度一般应在 19～26℃之间，但对于地板采暖系统，可维持在 29℃。

3.《采暖通风与空气调节设计规范》GB 50019—2003 设计参数[42]

我国现行《采暖通风与空气调节设计规范》GB 50019—2003 对舒适性空调房间的设计参数规定如表 3-21 所示。

舒适性空调室内设计参数　　表 3-21

季　节	温　度	相对湿度	速　度
夏季	22～28℃	40%～65%	≤0.3 m/s
冬季	18～24℃	30%～60%	≤0.2m/s

3.3.2.3 Fanger 热舒适方程[84]

人体表面与周围环境之间的热交换过程可用热平衡方程来描述：

$$S = M - W - R - C - E \tag{3-4}$$

当蓄热率 $S>0$ 时，人感到热；$S<0$ 时，人感到冷；因此，人体热舒适条件为：

$$S = 0 \tag{3-5}$$

经推导，式（3-4）化为：

$$\begin{aligned} S = &(M-W) - 3.05\times10^{-3}\times[5733-6.99\times(M-W)-P_a] \\ &-0.42[(M-W)-58.15]-1.7\times10^{-5}\times M\times(5867-P_a) \\ &-0.0014M\times(34-t_a)-3.96\times10^{-8}f_{CL}\times[(t_{CL}+273)^4 \\ &-(t_r+273)^4]-f_{CL}\times h_c\times(t_{CL}-t_a) \end{aligned} \tag{3-6}$$

式中，t_{CL}由下式确定：

$$\begin{aligned} t_{CL} = &35.7-0.028(M-W)-I_{CL}\times\{3.96\times10^{-8}\times f_{CL}\times \\ &[(t_{CL}+273)^4-(t_r+273)^4]+f_{CL}\times h_c\times(t_{CL}-t_a)\} \end{aligned} \tag{3-7}$$

式（3-5）和式（3-6）即为 Fanger 热舒适方程，它反映了各影响因素在人体处于舒适平衡状态下的定量关系，式中 h_c，f_{CL}分别由式（3-8）和式（3-9）确定：

$$h_c = M\times\{2.38(t_{CL}-t_a)^{0.25}12.1\sqrt{v_a}\} \tag{3-8}$$

当 $I_{CL}\leqslant0.078\text{m}^2\cdot\text{k/W}$ 时　$f_{CL}=1.00+1.290\times I_{CL}$

当 $I_{CL}\geqslant0.078\text{m}^2\cdot\text{k/W}$ 时　$f_{CL}=1.05+0.645\times I_{CL}$　　(3-9)

根据对众多受测对象的热感觉试验及表决结果，Fanger 进一步提出了表征人体热舒适的 *PMV—PPD* 指标，其表达式为：

$$PMV = [0.303\exp(-0.036M)+0.0275]\,S \tag{3-10}$$

$$PPD = 100-95\exp[-(0.03353PMV^4+0.2179PMV^2)] \tag{3-11}$$

其中 S 由式（3-6）确定。

式中　S——人体蓄热率，W/m²；

M——人体能量代谢率，W/m²；

W——人体所作机械功，W/m²；

E——人体蒸发热损失，W/m²；

R——穿衣人体外表面与周围环境之间的辐射热交换，W/m²；

C——穿衣人体外表面与周围环境之间的对流热交换，W/m²；

t_a——室内空气干球温度，℃；

P_a——人体周围空气中的水蒸气分压力（比）；

t_{CL}——衣服外表面温度，℃；

t_r——房间的平均辐射温度，℃；

I_{CL}——衣服热阻，m²·K/W；

f_{CL}——穿衣面积系数；

h_c——对流换热系数，W/（m^2·K）；

v_a——室内空气流速，m/s。

3.3.3　人体热适应性的影响因素

在实验室研究中，适应性假设中的测定最佳温度（preferred temperature）的方法在人工环境实验室中得到应用，实验室可以由每一个试验者控制，因此可调节试验工况使之达到个人期望的温度，从而得出一群人的最佳温度。有资料显示，实验室中的最佳温度并不随受试者的背景不同而产生显著性差异。在实验室中的适应性研究，受试者处于静坐或从事轻微活动的状态，其最佳温度没有受到非自觉的来自生理上的调节（行为习惯）影响。

实验研究可以很准确地控制环境状况，而实测调查是研究发生在实际建筑中人体行为或心理上的适应性所产生潜在影响力的有效手段。如果周围环境温度不包括在ASHRAE的舒适区内，而人体仍感到舒适的话，可能是适应性在热感觉上占有了重要的作用。1998年夏季，清华大学对北京市居民进行了调查测试，测试值结果表明：实测热感觉值ASH普遍低于Fanger教授的预期评价指标*PMV*值。这说明被调查的人群特别是中国北方居民对热的承受能力比预测值要高一些。

3.3.3.1　影响人体热舒适的因素

1. 环境因素

人体的蒸发散热量随不同的气温、湿度或气流速度（风速）而变化，对流换热量与气温、气流有关，而辐射换热量则随不同的周围壁面温度而变化。因此，室内人体的冷热感觉取决于空气温度、相对湿度、气流速度及室内平均辐射温度4个环境要素。该4项构成要素与人体产热量及衣着情况的不同组合，使得室内热环境大致可以分为舒适的、可以忍受的和不能忍受的三种情况。显然，只有采用空调设备的房间，才能实现舒适的室内热环境。

（1）空气温度

在室内一般情况下，气流不大，如果湿度很低，气温与周围壁面温度相差又不多，则身体感觉可完全由气温决定。但在高温或高湿地区，湿度的作用也很大。室内空气稳定对人体热舒适起着很重要的作用。根据我国国情，在实践中推荐室内空气温度为：夏季，26～28℃，高级建筑及人员停留时间较长的建筑可取低值，一般建筑及人员停留时间较短的建筑可取高值；冬季，18～22℃，高级建筑及人员停留时间长的建筑可取高值，一般建筑及人员停留时间短的可取低值。气温主要取决于太阳辐射和大气温度，同时也受生活环境中各种热源的影响。气温对体温调节起主导作用，是描述环境影响人体热反应的主要因素，也是决定热舒适条件的重要参数。实验表明，人可以耐受的室内温度，冬季下限为8～10℃，夏季上限为28～30℃。对于穿一套单衣服静坐的人，在气流速度很小且无明显热辐射的温度环境中，舒适的气温约为23.15℃±2℃。夏季和冬季由于服装隔热和室内外温差作用，可使舒适气温分别提高或降低2～2.5℃。

（2）相对湿度

相对湿度表示气湿，即空气中的含水量，$\varphi>80\%$为高气湿，$\varphi<30\%$为低气湿。相对湿度φ随气温的升高而降低。在气温较高的夏季，借汗水蒸发散热相当重要，这时湿度

和气流在体感上同样重要。以一般饮水用杯子来衡量，蒸发半杯的汗水（100g），体温大约下降1℃。在一定温度下，空气中所含水蒸气的量有一个最大限度，即为“饱和”湿空气，当水蒸气含量超过了这一极限时，多余的水蒸气就会从湿空气中凝结出来，即“结露”现象。

相对湿度表示空气接近饱和的程度。相对湿度值越小，说明空气的饱和程度越低，感觉越干燥；相对湿度越大，表示空气越接近饱和程度，感觉越湿润。相对湿度的大小还关系到人体的蒸发散热量，相对湿度在60%～70%左右是人体感觉舒适的相对湿度。

我国民用及公共建筑室内相对湿度的推荐值为：夏季为40%～60%，一般的或人员短时间停留的建筑可取偏高值；冬季对一般建筑不作规定，高级建筑应大于35%。

（3）空气流速

室内空气的流动速度是影响对流散热和水分蒸发散热的主要因素之一。气流速度越大，人体对流蒸发散热量越强，亦加剧了空气对人体的冷却作用。我国对室内空气平均流速的推荐值为：夏季，0.2～0.5m/s，对于自然通风房间可以允许高一些，但不高于2m/s；冬季，0.15～0.3 m/s。

气流速度除受大自然风力影响外，还与居室门窗的开口大小、形状、高低、位置以及局部区域的热源和通风设备有关。夏季，气流能明显地影响人体的对流和蒸发散热；冬季，又可使人体散热加快，特别是在低温高湿环境中尤为明显。在气温小于皮肤表面温度时，每增加1m/s的气流速度，会使人感到气温降低2℃～3℃。相反，在气温大于皮肤表面温度时，反而会有热的感觉，其热感觉还会随着温度增加而增加。在室内热环境中舒适温度的气流速度一般为0115～0.25m/s。当气流速度v_a=0.5m/s时，身着单衣的人在23℃的空气温度环境中能很舒适地生活与休息。

（4）壁面平均辐射温度

据实验报告，在气温超过40℃的室内，使壁面变冷时，室内的人会感到心情舒畅。室内平均辐射温度t_r近似等于室内各表面温度的平均值，它决定了人体辐射散热的强度，进而影响人体的冷热感。在同样的室内空气温湿度条件下，如果室内表面温度高，人体会增加热感；如果室内表面温度低，则会增加冷感。我国《民用建筑热工设计规范》GB 50176—1993对房间围护结构内表面温度的要求是：冬季，保证内表面温度不低于室内空气的露点温度，即保证内表面不出现结露现象；夏季，保证内表面最高温度不高于室外空气计算温度的最高值。

在常温（25℃）、常湿（50%）的适宜热环境中，人体的总散热量约有25%是通过皮肤汗腺和呼吸道等途径无感蒸发散失，约有75%是以辐射、对流和传导方式通过体表散失。人体在环境无热负荷条件下，较为舒适的正常散热最佳比值为，无感蒸发散热：辐射散热：对流散热＝12：25：13。

（5）温度、湿度、空气流速的最佳组合

温度、湿度、空气流速的不同组合不仅直接决定着室内人员的热舒适状况，而且也影响着整个空调系统的节能状况。在规范中，空调的温度在24～26℃之间，相对湿度在55%～70%之间，空气的流速不超过0.15m/s。但当温度、湿度超出这个范围时，提高空气流速可以使人体获得热舒适。当湿度在55～70%之间变化时，它对人体的蒸发散热量影响不大，只要人体的显热量不变，其热舒适感不变。因此，环境温度提高时，可以通过提高空气流速使增大对流换热系数，使人体的显热散热不变，来补偿温度的提高，以获得舒适的环境。此外，空气流速补偿作用与人体的外表面平均温度与室内的温度的差值有关，当差值为零时，空气流速的补偿作用为零。表 3-22 给出了在封闭环境中热舒适的情况下，当湿度近似不变，室内温度升高时，对应的空气流速。如果空气流速太高时，会引起吹风感，造成人不舒适。

湿度不变时，温度与湿度的组合　　表 3-22

湿度（%）	温度（℃）	风速（m/s）	*SET*（℃）
68.8	27.1	0.23	25.5
69.3	28.1	0.44	25.3
69.0	29.1	0.63	25.7
70.3	30.1	0.74	26.6

在保证热感觉的前提下，相对湿度的范围在 40%～70%时，平均空气流速的极限是 0.8m/s。表 3-23 所列的是各相对湿度下，在保证热感觉或热舒适条件下，人体所能容忍的最高空气温度。当空气温度小于上述值时，通过在环境中产生适当的气流速度，就可以保证居住者的热舒适。

空气流速不变时，湿度与温度的组合　　表 3-23

湿度（%）	*SET*=25.6℃时的空气温度（℃）	*SET*=26.3℃时的空气温度（℃）
70%	29.3	30.0
60%	29.7	30.5
50%	30.0	30.9
40%	30.4	31.3

从表中可以看出，相对湿度每增加 10%，可容忍的空气温度降低 0.4℃[129]。

当空气的相对湿度超过 70%，温度超过 28℃，平均空气流速小于 0.8m/s 时，无法满足人体的热舒适性要求。温湿度越高，气流对舒适感的正面作用越明显；反之，温湿度越低，气流引起的吹风感的负面作用越明显。清华大学的研究表明，温度在 28～32℃，相对湿度在 70%～90%时，人体感到满意的空气流速在 1.0～1.2m/s 之间。这个空气流速虽然高，但是人体没有感受到气流的压力。这可能是高的温湿度缓和了空气流速过高而引起的吹风感。

2. 人体因素

(1) 人体活动量（代谢量）

人体本身是一个生物有机体，无时无刻不在制造热能与散发热能，以便和外界达成一种“热平衡”。基于此，散发热量随着环境的不同而有所改变。例如，秋冬时，人体的散热量显著降低，以维持个体所需；而夏季又会大量散热，以降低不舒适程度。同时，人体产生的热量亦随着活动、人种、性别及年龄而有差异，如表 3-24 所示。

人体经由各种方式或途径所消耗的能量称为“代谢率”，而安静状态下产生的热量称为“基础代谢率”。身高 177.4cm、体重 77.1kg、表面积为 $1.8m^2$ 的成年男子静坐时，其代谢率为 $58.2W/m^2$，定义为 1met，作为人体散热量的标准单位。

成年男子发热量　　表 3-24

活动类型	新陈代谢率		活动类型	新陈代谢率	
	(met)	(W/m²)		(met)	(W/m²)
基础代谢（睡眠中）	0.8	46.4	步行，速率 4km/h	3.0	174.0
静坐	1.0	58.2	步行，速率 5.6km/h	4.0	232.0
一般办公室工作或驾驶汽车	1.6	92.8	步行，速率 5.6km/h，2kg 负荷	6.0	348.0
站着从事工作	2.0	116.0			

(2) 衣着

人的衣着也在一定程度上影响着人对热环境的感觉。例如，在冬季人们身上穿上厚重的衣物，以隔绝冷空气来保持身体的温暖；而在夏天则穿短袖等少量衣物，以加速人体的散热达到舒适程度。常用 clo 作为比较单位，所谓 clo 是指在 21.2℃、相对湿度为 50%、风速为 0.1m/s 的条件下，人体感觉舒适的衣着状况。若以衣物隔热程度来表示，则/clo 相当于 0.18m²·℃/W。常用服装的热阻值见表 3-25。

常用服装的热阻值　　表 3-25

男子		女子	
衬衫和裤子	0.51～0.65	衬衫和裤子	0.33～0.51
针织衬衫和裤子	0.48～0.76	连衣裙	0.21～0.71
绒衣和裤子	0.60～0.75	连衣裙和衬衫	0.32～0.73
衬衫、绒线衫和裤子	0.81～0.90	绒线衣和裙子	0.40～0.68
衬衫、外套和裤子	0.89～1.00	衬衫、绒线衫和裙子	0.42～0.80
		衬衫、外套和裙子	0.45～0.80
		衬衫和裤子	0.51～0.82
		绒线衫和裤子	0.58～0.89

文献 [53] 中在运动程度 M=1.2met，空气流速 $v_a \leqslant 0.1$m/s，相对湿度为 50%的条件下统计出的衣服隔热系数和空气温度对应的 PMV 值，见表 3-26。

衣服隔热系数和空气温度对应的 PMV 值　　表 3-26

I/(clo) t_a/(℃)	0.1	0.3	0.5	0.8	1.0	1.5	2.0
10					−2.7	−1.6	−0.9
12				−2.8	−2.2	−1.2	−0.6
14				−2.3	−1.8	−0.9	−0.3
16			−2.8	−1.8	−1.3	−0.5	−0.0
18		−2.9	−2.1	−1.2	−0.8	0.1	−0.3
20		−2.2	−1.5	−0.7	−0.4	0.2	0.6
22	−2.3	−1.4	−0.8	−0.2	0.6	0.6	0.9
24	−1.4	−0.7	−0.2	0.3	0.6	1.0	1.3
26	−0.5	0.1	0.4	0.8	1.0	1.4	1.6
28	0.4	0.8	1.1	1.3	1.5	1.7	1.9
30	1.3	1.5	1.7	1.8	1.9	2.1	2.2
32	2.0	2.1	2.2	2.3	2.3	2.4	2.4

按照中国人的生活习惯，冬夏的平均服装热阻分别是 1.5clo 和 0.3clo。从上表可以看出，在我国规范规定的舒适性空调设计温度下（18℃，26℃），这两个值是最令人舒适的。ASHRAE 55—1992 舒适标准冬季的舒适区为 20.4～23.7ET^*，夏季的舒适区为 23.2～26.6ET^*（0.9clo/0.5clo，M=1）。文献［54］指出，服装热阻每增加 0.1clo，边界温度值降低 0.6℃，按照这个原则计算出我国冬夏室内热环境的舒适区范围是：冬季，16.8～20.1ET^*；夏季，24.4～27.4ET^*。

3. 空调系统送风方式对室内热舒适的影响

（1）地板送风

影响舒适性的因素较多，其中送风速度、送风温度及空气品质对室内环境的舒适性影响较大。

地板送风是射流送风的一种，送风散流器的形状和结构决定气流的扩散性能和湍流状态，故在出风口 2.5m 范围的速度场主要由散流器类型决定。为了防止人员有吹风感，送风气流的速度不能超过 3m/s。对于旋流式散流器，出风气流受扭转叶片的影响形成涡流，使气流扰动增加，出口风速减小，避免了产生吹风感。同时，送风气流与室内空气混合充分，人员活动区内温度场分布均匀。

由于人脚对温度的敏感性较强，通常地板送风的送风温度较高，一般为 18℃，送回风温差为 8～10℃。图 3-11 为地板送风方式情况下，室内温度沿高度的分布。根据ISO 7730—1990及 ASHRAE 55—1992 的热舒适性标准 $\Delta t_{1.1} \leqslant 3$℃（坐姿 1.1m 处）或 $\Delta t_{1.8} \leqslant 3$℃（站立 1.8m 处）可以看出，地板送风室内温度分布较一致，没有出现明显的温度梯度。

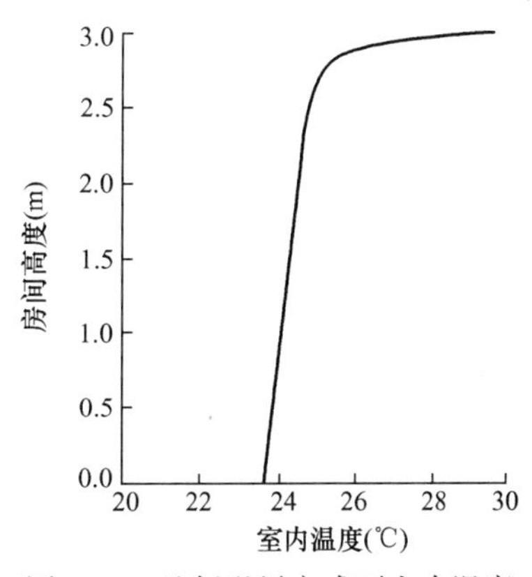

图 3-11 地板送风方式下室内温度沿高度的分布

在一个采用地板送风系统的办公室（4.2m×3.4m×3.7m）（夏季）中，散流器周围（ϕ200mm）气流扰动强度为 30%～40%，送风温度为 18℃，送风口风量为 16.7L/s 和 19.4L/s，距地面 0.1m～1.1m 之间的平均温差分别为 1.3℃、0.9℃；位于人头部附近的空气流速分别为 0.05m/s、0.1m/s（送风口风量为 19.4L/s）。被试验人员的服装热阻为 0.4clo，代谢率为 1.2met。结果得到，人员对空气舒适性的不满意率低于 15%。

（2）工位送风

由于工位送风的送风参数可以根据需要进行调节，实行区域控制，它的舒适性一般高于地板送风。

根据 ASHRAE 舒适度标准，核心区域的空气流速必须限制在：冬季不超过 0.15m/s，夏季不超过 0.8m/s。由于送风口在人员的头部附近，送风温度高于一般的地板送风，因此，空调系统的蒸发温度可以相应提高，故冷水机的性能系数（COP）增加。研究表明，蒸发温度升高 1℃，离心式冷水机的 COP 增加 3.1%。工位送风在满足舒适要求的同时，也降低了系统的能耗。

（3）置换通风

置换通风系统中，温度梯度和送风速度是两个比较关键的因素。为保证人体热舒适性要求，必须严格控制工作区的温度梯度和气流速度大小。

置换通风的送风散流器一般位于侧墙下部，为避免产生吹风感，必须严格控制送风速度。散流器出口处的空气流速主要取决于于送风量、气流阿基米德数和散流器类型。当送风量增加时，散流器出口附近气流的平均速度增加，使得靠近风口处的人有强烈的吹风感。

由于置换通风系统在垂直方向上存在明显的温度梯度，根据 ASHRAE 55—1992 热舒适性度的要求，应减小室内温度梯度。研究表明，温度梯度的大小受送风量和送风速度的影响较大，送风量增加，温度梯度减小。适当增大送风速度，室内垂直温度梯度明显减小，有助于提高热舒适性。根据 ISO 7730 的 *PMV—PPD* 评价指标，*PPD* 应该低于10%，在置换通风系统中，减小送风速量或提高送风温度都可以降低 *PPD*。以上送风方式的比较见表 3-27。

不同送风方式对比　　　表 3-27

	置换通风	地板送风
空调负荷	送风主要负担工作区负荷，送风量较小	送风负担全部室内负荷，送风量较大
送风速度	送风气流速度较低，一般小于 0.2m/s	送风气流速度较高 1.5～2.0m/s
送风温度	送风温度 18～20℃ 送风温差 2～4℃	送风温度 15.5～18℃ 送风温差 6～8℃
气流组织	推荐全部使用室外新风，以保证空气品质； 下区存在温度梯度，上区温度比较均匀 室内空气品质好	利用部分室内回风，气流掺混、扰动较大； 室内气流温湿度分布比较均匀 室内空气品质较好

3.3.3.2　气流运动与热舒适的关系

气流运动与热舒适的研究于 20 世纪 20 年代起源于美国，到 20 世纪 70 年代，由于能源价格的提高，吊扇和摇摆风扇引起了人们的重视。1983 年，Rohles 等人研究吊扇形成的紊动气流对人体舒适的影响，他发现处在超出以前所认为的合理风速（0.8m/s）时，受试者仍感觉舒适，认为气流的紊动是有益的。

1983 年，Konz 等人比较了固定风扇和摇摆风扇的效果，并探索了吹风角度对热舒适的影响。实验结果表明，摇摆风扇优于固定风扇，并且发现吹风角度对受试者的影响是不显著的。

1986 年，Jones 等人主要针对不同的着装水平，研究新陈代谢率增加时，气流对于舒适的影响。试验结果表明，对于每一种着装水平，风速和温度较高时与风速和温度较低时的舒适度相似。

1987 年，Berglund 等人研究了空气运动与热辐射非对称的关系。实验结果表明：1）风速小于 0.25m/s，且辐射非对称温度小于 10℃时，风速和辐射非对称温度对热环境的可接受性无影响。当风速和辐射非对称温差超过此范围时的热环境的可接受性下降。2）冷吹风感独立于辐射非对称性，并可表示为风速与温度的线性函数。

1989 年，Scheatzle 等人将 Rohles 对吊扇的研究扩展到不同的相对湿度下，发现对于较高的相对湿度 Rohles 的速度上限可提高，对于较低的相对湿度，速度上限应降低。

1994年，Fountain等人在25.5～28.5℃的范围内研究了台扇、地板送风散流器及台式散流器送风速度与热舒适的关系，他让受试者自己控制风速。在实验结果中给出了满意率与风速的关系式，发现气流的湍流度与热舒适无确定的关系。因此，他猜测气流紊动对热舒适的影响与Fanger1989年给出的模型中采用的计算方法不同。

1977年，丹麦技术大学的Fanger和Pedersen将受试者置于设定好的波动气流中，并研究频率变化范围，以确定哪种频率对吹风感产生影响。实验结果表明，在相同的平均风速时，紊动气流比均匀气流更不舒适；频率在0.5Hz左右时，比别的频率更不舒服。说明人体的热舒适和气流速度、波动幅度和频率有关。1981年，Hensel证实了人体皮肤温度的变化率会对大脑产生刺激信号。1984年，Madsen用计算机模拟了人的皮肤温度感受器，证实对大脑产生的最强的信号发生在0.5Hz左右，与Pedersen的实验结果相一致。

1986年，Fanger和Chritensen对100名受试者进行冷吹风试验。他们将吹风感表示为平均风速和温度的函数。结果表明，温度相同时，冷吹风引起的不满意率随平均风速的增大而增加；平均风速相同时，不满意率随温度的增加而减少。

1989年，Fanger和Melikov等人将湍流度作为表征气流紊动的变量，给出了因吹风感引起的不满意率的计算公式：

$$PD=(34-t_a)(v+0.05)^{0.62}(0.37vT_u+3.14)$$

式中　PD——由于冷吹风而引起的不满意百分数；

t_a——空气温度，℃；

v——平均速度，m/s；

T_u——湍流强度。

该模型后来被用于ASHRAE 55-92标准中。

1989年，日本的Tanabe研究了空气速度周期性变化的效果，他将受试者置于0.5～2m/s的气流中，采用7种不同的流型，包括正弦变化（周期从10s到60s）、随机变化、恒定及脉冲气流等，发现正弦变化的气流比随机、恒定及脉冲变化的气流会产生更多的冷感觉。1994年，Tanabe比较了平均速度为0.2m/s时，波动速度与平均速度造成的人体对于恒定流速和波动流速的感觉是不同的，波动流速会产生更多的冷感觉和吹风感。

不同的研究结果给出的舒适风速范围不同。图3-12给出了几位学者推荐的风速范围，同时也给出了ASHRAE55-81及ASHRAE55-92给出的舒适范围。

空气运动是影响人体热舒适的关键因素，室内舒适的空气流速范围是空调设计的重要内容，它关系到室内的舒适状况和空调系统的节能。

自1984年以来，天津大学等一些科研单位开始从事房间气流的研究工作，建立了气流实验室和相应的测试系统，并取得了一定的研究成果，为进一步进行房间气流的研究奠定了基础。

以往的实验结果表明，一些研究者赞成传统稳态低风速的，同时环境温度也较低的空调模式，他们认为风速应该限制在一定的范围内，以防止冷吹风感的产生；另一些研究者则认为环境温度可以适当提高，用增大空气流动来补偿温度的升高。这一观点被一些研究者在现场调查中得到证实。两种不同的观点体现了对空气流动的两种不同态度，但从人体

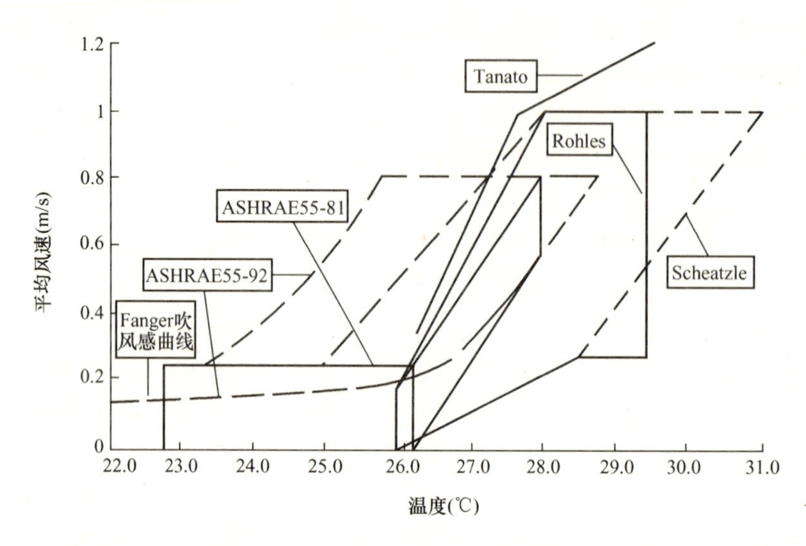

图 3-12　不同学者给出的风速范围

热感觉上讲，两种观点是一致的。前者之所以要求较低的气流速度，是因为来流温度和人体周围的空气温度都较低的缘故，而后者主张用强度较高、流速较大的气流来改善人体热感觉也正是因为有较高的环境温度。所以，在不同的环境温度条件下，空气流动的作用是不同的。

在传统的空调系统中，送风温度通常低于室内空气温度，因为它要承担室内的冷负荷。这样，在环境温度较低的地方，通常也是风速较大，最易产生冷吹风感的地方；而环境温度较高的地方，也是风速较低的地方。由于送风温度与速度的这种耦合关系与人们的需求刚好相反，便造成了在同一个空调房间中有的地方产生冷吹风感，有的地方则使人感到沉闷不适。另外，即使房间的风速场、温度场非常均匀，由于每个人对温度和速度的要求不同，这种热环境也不能达到很高的满意度。由此，我们可以推想一套新的系统，打破送风温度与速度的耦合关系，送入室内的空气不再承担室内的冷负荷，而是由其他手段，如冷顶棚系统来承担，这时空气系统只承担室内的混负荷。于是，送入室内的空气可以采用经过单独去湿处理过的、温度较高的全新风直接送入工作区，其风速大小、方向等特性由居住者自行调节。可以预测，这样的系统与传统的空调系统相比，会有如下的优点：1）由于新鲜空气直接送入工作区，工作区的空气品质较传统的混合型空调系统要好；2）以工作区为主要空调区，而非整个房间，整个空调系统的能耗会大大减少；3）由于空气流动的大小、方向等特性由居住者自由调节，增加了人们对热环境的满意程度。基于以上观点，蒸发冷却＋辐射吊顶空调系统是最佳选择，因此本章将对这一系统进行探讨，以较低的能耗达到较高的居住者的满意程度。

当环境温度不低于 28℃，相对湿度小低于 70％时，空气相对湿度对热感觉和热舒适都有明显的影响[55]。特别是相对湿度为 90％时，湿度的影响比相对湿度为 70％和 80％时显著许多。空气温湿度越高，气流增强人体换热的正面作用越明显；反之，温湿度越低，气流引起吹风感的负面作用越明显。t_n＝28～32℃，φ＝70％～90％时，使受试者感到满意的风速在 1.0～1.2m/s 之间；在夏季的热湿环境中，只要控制环境温度不超过 30℃采用动态送风，选择合适的送风速度，基本能满足人的热舒适需求。这时，室内参数的控制区得以扩大，最终能够实现有效的空调节能。

医学研究表明，气温的骤变会对人的健康构成危害，急性脑血管病与气温突变有关，有研究认为室内外温差不应超过 7℃。在一些调查中发现热冲击对人的心理也构成了一定的影响。因此，对使用蒸发冷却空调系统来说，室内温度可以设置得高一些。

3.3.4　蒸发冷却空调室内热舒适的实验研究

3.3.4.1　*蒸发冷却空调室内热环境测试*

实验在进行环境测试的同时采用问卷调查的方式。实验内容为：蒸发冷却机进、出口空气的温度和湿度、空气流动速度；室内空气的温度和湿度、空气流动速度，以及温度和湿度变化对受试者热感觉和热舒适性的影响程度。实验在 6 月份连续测试 1 周，每天连续测试 6h（10：00～16：00），半小时记录一次数据，表 3-28 和表 3-29 是部分测试数据。

实验中受试者的服装为短袖衬衫和裤子，此时的衣服热阻值约为 0.3clo，在实验时，受试者保持静坐状态，此状态下人体的活动量为 1.0met。

实验的问卷包括：ASHRAE 的七级热感觉标准、受试者对所处热环境的空气流速以及心情的四级评价指标。

出风口数据汇总表　　　　表 3-28

档位		平均风速(m/s)	断面平均风速(m/s)	断面面积(m^2)	断面最大风速(m/s)	断面最大平均风速(m/s)	断面最大风量(m^3/s)	断面最小风速(m/s)	断面最小平均风速(m/s)	断面最小风量(m^3/s)	断面平均风量(m^3/s)
低档	中心位置	0.67	1.207	0.2	0.7	1.3	0.26	0.6	1.1	0.22	0.24
	左上位置	0.66			0.8			0.6			
	右上位置	0.57			0.7			0.4			
	左下位置	0.62			0.7			0.5			
	右下位置	1.03			1.1			0.9			
中档	中心位置	0.83	1.422	0.2	0.9	1.5	0.3	0.8	1.34	0.27	0.29
	左上位置	0.88			0.9			0.8			
	右上位置	0.8			0.9			0.7			
	左下位置	0.98			1.1			0.9			
	右下位置	1.13			1.2			1			
高档	中心位置	1.25	1.92	0.2	1.4	2.04	0.41	1.2	1.78	0.36	0.39
	左上位置	1.35			1.4			1.2			
	右上位置	1.35			1.5			1.2			
	左下位置	1.33			1.4			1.2			
	右下位置	1.82			2			1.6			

进风口数据汇总表 **表 3-29**

档位		平均风速(m/s)	断面平均风速(m/s)	断面面积(m^2)	断面最大风速(m/s)	断面最大平均风速(m/s)	断面最大风量(m^3/s)	断面最小风速(m/s)	断面最小平均风速(m/s)	断面最小风量(m^3/s)	断面平均风量(m^3/s)
低档	中心位置	0.96			1.04			0.72			
	左上位置	1.03			1.11			0.97			
	右上位置	0.93	1.002	0.202	0.99	1.084	0.219	0.86	0.9	0.182	0.202
	左下位置	1			1.1			0.95			
	右下位置	1.09			1.18			1			
中档	中心位置	1.1			1.18			1.03			
	左上位置	1.23			1.28			1.14			
	右上位置	1.17	1.173	0.202	1.25	1.254	0.253	0.74	1.022	0.206	0.237
	左下位置	1.22			1.27			1.14			
	右下位置	1.15			1.29			1.06			
高档	中心位置	1.52			1.69			1.42			
	左上位置	1.58			1.64			1.53			
	右上位置	1.56	1.581	0.202	1.7	1.702	0.344	1.45	1.478	0.298	0.319
	左下位置	1.58			1.73			1.45			
	右下位置	1.67			1.75			1.54			

3.3.4.2 蒸发冷却空调热环境综合作用温度

评价热环境舒适度的指标应该以影响热环境舒适条件的各个热物理因素组合形成的一个综合热物理量，如前所述，影响热环境的因素主要是温度、湿度、气流速度及环境热辐射。因此，提出热环境综合作用温度 t_{et} 作为室内环境热舒适度的评价指标。人体在热环境中处于热舒适区时，为保持体温基本恒定，人体的产热与散热应维持平衡，即热环境综合作用温度相对于体表及衣着表面温度而言，是一个综合地起散热作用的当量温度，可用该指标与人体表面之间的热交换关系，求出热环境综合作用温度 t_{et}。

$$M-E=C \tag{3-12}$$

式中 $C=f_{CL}\times h_c\times(t_{cl}-t_{et})$ (3-13)

$$t_{et}=t_{cl}-(M-E)/f_{CL}\times h_c \tag{3-14}$$

对流换热系数 h_c 包含了一系列影响对流换热的复杂因素，根据不少学者的试验研究，大多推荐下式计算 h_c：

$$h_c=1.163(270v_a+23)^{1/3} \quad [W/(m^2\cdot K)] \tag{3-15}$$

式中 v_a——体表周围的空气流速，m/s；

其他参数见式（3-1）。

衣服外表面温度 t_{cl} 的确定：

衣服外表面温度 t_{cl} 采用试算法确定，用 Excel 对其作编程处理，其结果见表 3-30。

衣服外表面温度 t_{cl} 计算结果　　表 3-30

时　间	10：00	12：00	14：00	16：00
t_a	26.8	27.6	28.3	27.3
t_{cl}	32.628	32.505	32.627	32.995
t_{cl}	32.62907	32.50745	32.62977	32.99637
p	3.28×10^5	7.53×10^5	8.48×10^5	4.16×10^5

表 3-32 中只是对部分时刻进行举例，对大量实验数据的 t_{cl} 与 t_a 的拟合关系见图 3-13。

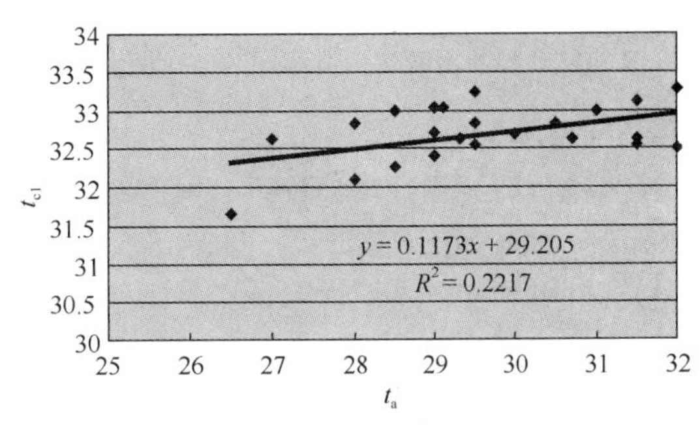

图 3-13　t_{cl} 与 t_a 的拟合关系见图

由此可以得出 t_{cl} 的近似计算公式：$t_{cl}=0.1173t_a+29.205$。

热环境综合作用温度是建立在人体产热与散热平衡、体温基本恒定的前提下，以人体和热环境中的 4 个热物理因素之间的热交换关系，导出的一个综合的环境热作用当量温度，符合节能与热环境设计指标需要的热工性能依据。以此作为室内环境热舒适度的评价指标。

如果以作用温度 t_{et} 作为期望温度 ET^*，则 ET^* 和 PMV 的拟合关系见图 3-14。

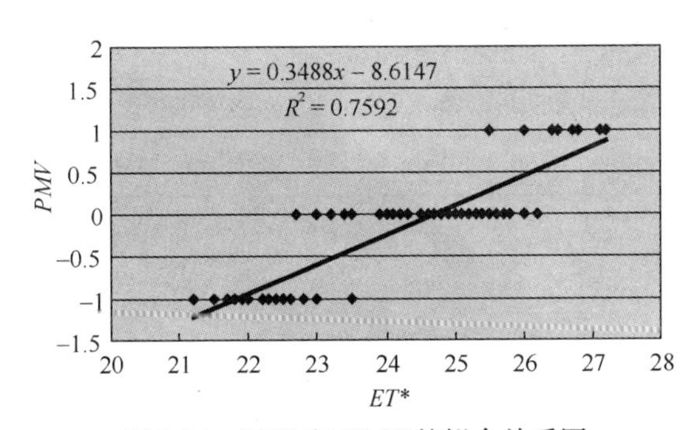

图 3-14　ET^* 和 PMV 的拟合关系图

由此可得出 ET^* 和 PMV 的关系式：$PMV=0.3488\ ET^*-8.6147$。

由 Fanger 教授统计分析的 PMV－PPD 关系以及 ASHRAE Standar 55－1992 的舒适区可知在舒适区的确定原则是使 80%的人满意，即当 $PPD=20\%$时，$PMV=\pm0.85$。经换算本实验满意率为 80%时的 ET^* 范围是 22.3～27.2 ET^*，综合服装热阻的修正范围是 24.4～27.4ET^*，可以得出蒸发冷却空调夏季舒适区的范围为 22～28ET^*。

3.3.4.3　蒸发冷却空调舒适区参数确定

除了空气温度外，空气湿度直接或间接影响人体的热舒适，一般在低温环境下对人体热平衡影响较小，在高温环境下对人体热平衡影响较大；室内空气相对湿度大于 70%时，人能感觉到湿度的变化，在 Nicol，de Dear，Brager 和 Humphrey 的实践研究的基础上，Givoni 提出，那些居住在较热国家的人比居住在温和气候的人在高温下更能感到舒适；假如能提供改进的机会，那些建筑居住者可以容许已建立的热舒适标准有偏差，例如开窗能增加换气效率；换气扇可以增加空气流速；百叶窗可以提供移动阴凉区域，可以自由选择穿衣水平等。Givoni 提供了热舒适环境的两种条件：1）静止空气（设定速度低于 0.25 m/s)，温度可以设定为 27℃（夏季)；2）微风（速度低于 2.0 m/s)，环境温度可提高到

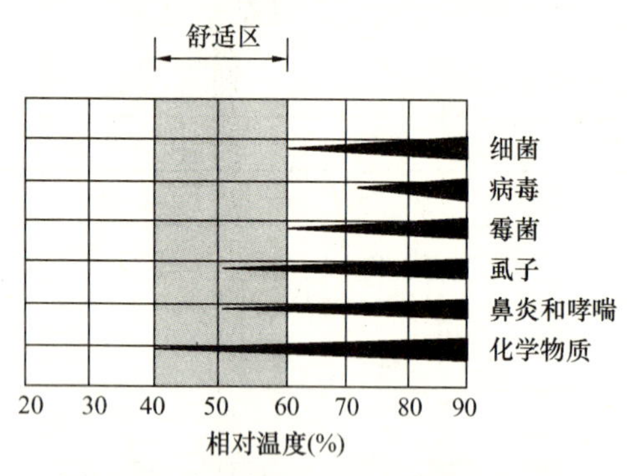

图 3-15　各种物质随相对湿度的变化图

30℃。Givoni 引用 Tanabe 、Mctnlyre 和 Wu 对此观点的引证，提出相对湿度可以设定在 80%，甚至 90%。

建筑物表面结露和形成水滴的危险一般是由于相对湿度连续长时间超过 80%，而各种物质随相对湿度的变化，见图 3-15。

夏季，气流能明显地影响人体的对流和蒸发散热；冬季，又可使人体热散加快，特别是在低温高湿环境中尤为明显。在气温小于皮肤表面温度时，每增加 1m/s 的气流速度，会使人感到气温降低 2～3℃。相反，在气温大于皮肤表面温度时，反而会有热的感觉，其热感觉还会随着温度的增加而增加。在室内热环境中，舒适温度的气流速度一般为 0.15～0.25m/ s。当气流速度 v_a=0.5m/s 时，身着单衣的人在 23℃的环境中能很舒适地生活与休息。

空气流动能加快人体的对流和蒸发散热，也能促进室内空气的更新。气流速度较低时，各种有害物不能及时排除，各种微生物大量滋生，造成室内空气质量恶化；气流速度较大时，有利于提高室内热舒适度，房间维持在比传统空调高的舒适温度，可降低空调设备容量，减少运行费用，但风速过高，会使人有吹风感，而流速达到 0.8 m/s，纸张会被吹起。

因此，对于使用蒸发冷却空调的房间，通过计算确定出合适的湿度及风速范围。

在不同风速条件下计算热环境综合作用温度 t_{et}，结果见表 3-31：

不同风速条件下计算热环境综合作用温度（℃）　　表 3-31

t_a	23	24	25	26	27	28
t_{cl}	31.9	32.0	32.1	32.3	32.4	32.5
t_{et}（v_a=0.3m/s)	24.87	24.97	25.07	25.27	25.37	25.47
t_{et}（v_a=0.4m/s)	25.35	25.45	25.55	25.75	25.85	25.95
t_{et}（v_a=0.5m/s)	25.75	25.85	25.95	26.15	26.25	26.35
t_{et}（v_a=0.6m/s)	26.06	26.16	26.26	26.46	26.56	26.66
t_{et}（v_a=0.7m/s)	26.32	26.42	26.52	26.72	26.82	26.92
t_{et}（v_a=0.8m/s)	26.55	26.65	26.75	26.95	27.05	27.15

根据以上观点和表 3-31 的计算结果，并结合本次实验得出的舒适区范围：22～28ET^* 可以得到蒸发冷却空调的夏季舒适的热环境设计条件：$t_{et}\leqslant$28℃，$\varphi\leqslant$70%，$v_a\leqslant$0.7m/s。

3.3.4.4　*蒸发冷却空调热舒适区确定*

空气温湿图（图 3-16）用来确定空气的 4 个基本参数，包括温度、含湿量、大气压力和水蒸气分压力与热环境的关系。

温湿图横坐标为空气的干球温度，纵坐标表示空气的绝对湿度，曲线表示空气相对湿

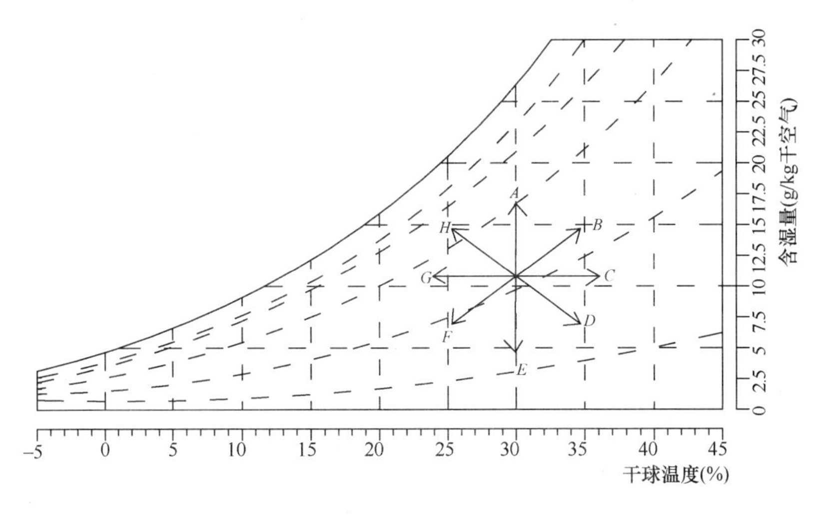

图 3-16 空气温湿图

度。由于随空气温度的升高，空气所能容纳的水蒸气含量增加，相对湿度表现为一条上升的曲线。图中的任意一点代表了空气的温度和湿度水平。空气温度和湿度的改变过程就是加热、冷却或加湿、除湿的过程。

利用空气温湿图 Milne 提出热舒适区，见图 3-17。

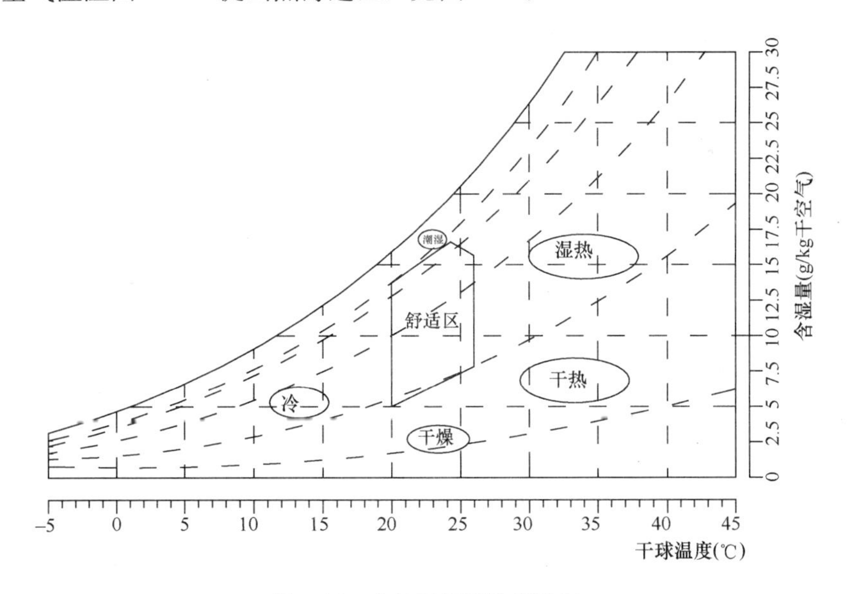

图 3-17 空气温湿图热舒适区

Landsberg（1972 年）提出人体感觉舒适的最大湿球温度为 21.9℃，根据 ASHRAE 舒适区的含湿量上限值 12kg/kg 干空气，且相对湿度界限不超过 90%，对应的干球温度为 33.6℃，综合以上提出的蒸发冷却空调热舒适设计条件 $t_{et} \leqslant 28℃$，$\varphi \leqslant 70\%$，$v_a \leqslant 0.7m/s$，舒适区温度范围取作用温度值的上下 2～2.5℃范围，因此蒸发冷却的舒适区可以扩展为图 3-18。

3.3.4.5 蒸发冷却空调方式的热舒适

蒸发冷却空调是一种环保、节能、经济、舒适的、高品质的冷却新风的空调方式。经

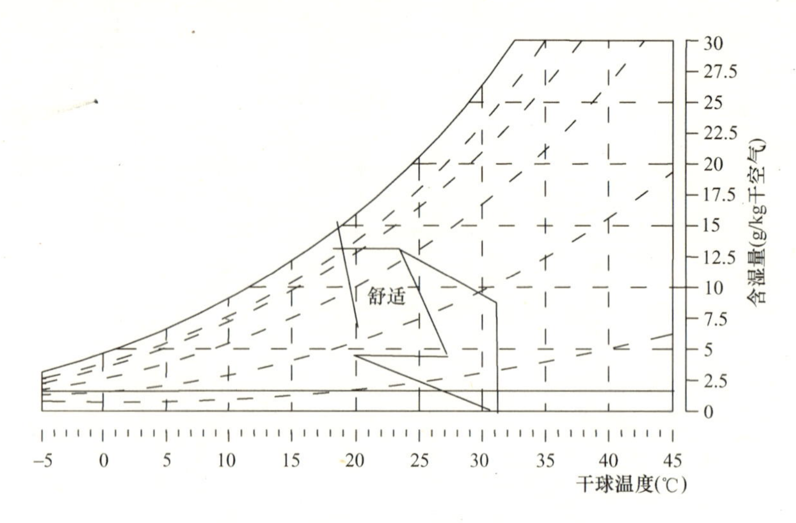

图 3-18 蒸发冷却空调舒适区温湿图

过蒸发冷却处理的新风，空气的温度和相对湿度都比较高，空气的温度在 28℃左右，相对湿度约为 70%，空气的速度比传统空调方式的空气流速高很多。人们包括设计人员对蒸发冷却存在着一种错误的认识，就是使用蒸发冷却空调方式处理的空气的温湿度的范围与规范所要求的温湿度的范围不同，因而使用蒸发冷却不舒适。从上面的论述可知，通过提高空气的流速，可以使蒸发冷却空调达到比较舒适的状态。夏天到过海边的人都应发现，虽然海边的温湿度也很高，但人们依然感到舒适。另外，使用蒸发冷却空调的建筑物，新风量都很大，有时几乎接近全新风。大量的新风稀释了空气中的 CO_2 等有害物的浓度，同时提供了丰富的负离子和充足的氧气，使空气清新，提高了舒适性和空气品质。在相对湿度比较低的地方，使用蒸发冷却空调技术可以获得良好的经济效益和非常舒适的室内热环境。目前，在我国新疆地区使用蒸发冷却空调的工程已有一百多个。通过笔者的调查，用户反映室内的热环境很舒服。值得注意的是，蒸发冷却还可以除湿，这一点被很多人所忘记。在那些内部产热、产湿量很大的建筑物中，其空气相对的湿度都很大，从而在此环境下的人们有种不舒适感。这些条件通常远比不上室外的空气条件，在此种情况下，有效的解决办法就是每 0.5～1min 换一次空气。蒸发冷却了的新风吹走了高湿、高热的空气，取而代之的是经过过滤冷却处理后的清新的空气。火锅城是产湿、产热量都很大的地方，使用传统的空调方式不但能耗高且很难达到舒适的环境。重庆某火锅城安装了蒸发冷却空调，顾客反映吃火锅时的感觉如同在海边吃海鲜时一样舒服、凉爽惬意，其顾客比未安装蒸发冷却式空调之前多了一倍多，运行费用省了不少。

参考文献

[1] 陈沛霖，秦慧敏．在美国蒸发冷却技术在空调中的应用．全国暖通空调学术会议论文集，1989.（4）：1-4.

[2] 杨建坤．蒸发冷却器技术的应用研究［硕士学位论文］．西安：西安建筑科技大学，2002.

[3] 陈沛霖．蒸发冷却在空调中的应用．西安制冷，1999，（1）：1-8.

[4] 张登春，陈焕新．蒸发冷却技术在我国干燥地区的应用研究．建筑热能通风空调，2001，（3）：

12-14.
[5] 孟华，龙惟定．蒸发冷却技术．能源技术，2003，24（4）.
[6] 彭美君，任承钦．间接蒸发冷却技术的应用研究与现状．节能与环保，2004，（12）：24-26.
[7] 强天伟，沈恒根．直接蒸发冷却空调工作原理及不循环水喷淋填料分析．制冷与空调，2005，（4）.
[8] 陈沛霖．介绍除湿冷却技术在大型客车中的应用．西安制冷，1999，（1）：21-24.
[9] 陆耀方. 实用供热空调设计手册. 第2版. 北京：中国建筑工业出版社，2008.
[10] 陈焕新，张登春．蒸发冷却技术在我国中南地区应用的可行性研究．制冷，2001，（4）.
[11] 强天伟，沈恒根，冯健民等．直接蒸发冷却空调在我国非干燥地区的应用分析．制冷与空调与电力机械，2006，21（3）：21-2.
[12] 周孝清，陈沛霖．间接蒸发冷却器的设计计算方法．暖通空调，2000，31（1）：39-42.
[13] 张爱龙，任承钦，丁杰等．CFD方法与间接蒸发冷却器的三维数值模拟．制冷与空调，2005，（4）：14-19.
[14] 范影．应用于被动蒸发冷却的复合型高分子多孔调湿材料的理论与实验研究［硕士学位论文］，西安：西安工程大学，2006.
[15] 麦金太尔著. 室内气候．龙惟定译．上海：上海科学技术出版社，1988.
[16] 中国自然资源丛书编撰委员会. 中国自然资源丛书气候卷（5）．北京：中国环境科学出版社，1995.
[17] 周淑贞．气象学与气候学．高等教育出版社，1999.
[18] 谢琳娜．被动式太阳能建筑应用气候分区研究［硕士学位论文］，西安：西安建筑科技大学，2006.
[19] Wladimir Koppen. The encyclopedic reference of Energy：Input and Output April，2002，(26).
[20] S. V. Szokolay. Environmental science handbook：For architecture and buildings，Lancaster：Construction Press，1980.
[21] R. S. Briggs，R. G. Lucas，P. E.，Z. T. Taylor，Climate Classification for Building Energy Codes and Standards：Part 2-Zone Definitions Maps，and Comparisons，ASHRAE Transaction：Research，2003.
[22] 秦爱民，钱维宏，蔡亲波．1960～2000年中国不同季节的气温分区及趋势．中国气象学会年会论文集，2005：1863-1872.
[23] 中国建筑科学研究院．建筑气候区划标准 GB 50178—1993. 1993.
[24] 中国建筑科学研究院．民用建筑热工设计规范 GB 50176—93. 1993.
[25] 李元哲. 被动式太阳能热工设计手册．北京：清华大学出版社，1993.
[26] 杨柳，建筑气候分析与设计策略研究［硕士学位论文］，西安：西安建筑科技大学，2003.
[27] 董宏．自然通风降温设计分区研究［硕士学位论文］，西安：西安建筑科技大学，2006.
[28] B. Costelloea，D. Finnb. Indirect evaporative cooling potential in air-water systems in temperate climates. Energy and Buildings，2003：573 - 591.
[29] R. G. Supple，P. E. D. R. Broughton. Indirect Evaporative Cooling-Mechanical Cooling Design，ASHRAE Trans，1985，(91)：319-328.
[30] 陆亚俊．间接—直接蒸发冷却在空调中的应用．暖通空调，1982，12（6）：37-40.
[31] 陆亚俊，刘文．我国某几个城市利用蒸发冷却进行空调的适用性分析．哈尔滨建筑工程学院院报，1989，22（2）：88-93.
[32] 陈沛霖．间接蒸发冷却在我国适用性的分析．暖通空调，1994，（5）：3-8.
[33] 陈沛霖．论间接蒸发冷却技术在我国的应用前景．暖通空调，1989，（2）：24-29.
[34] 陈沛霖．蒸发冷却技术在非干燥地区的应用．暖通空调，1995，（4）：3-8.

[35] 秦慧敏．蒸发冷却技术在北半球大陆适用性的分析．西安制冷，1999，(1)：9-20.
[36] D. Pescpd，M. I. E. Aust，M. Airah. Evaporative cooling performance and energy savings in Australia. Australian refrigeration，Air condition and heating，September，1975：9-17.
[37] 田胜元．建筑空调能耗分析用气象数据构成方法研究．全国暖通空调制冷 1988 年学术年会论文集，1988.
[38] 郎四维．建筑能耗分析逐时气象资料的开发研究．暖通空调，2002，32 (4).
[39] 张晴原，Joe Huang. 中国建筑用标准气象数据库．北京：机械工业出版社，2004.
[40] 中国气象局气象信息中心气象资料室，清华大学建筑技术科学系．中国建筑热环境分析专用气象数据集．北京：中国建筑工业出版社，2005.
[41] 刘加平．建筑节能设计的基础科学问题研究报告. 西安建筑科技大学，2007.
[42] 中国有色工程设计研究总院．采暖通风与空气调节设计规范. GB 50019—2003，2003.
[43] 电子工业部第十设计研究院. 空气调节设计手册. 北京：中国建筑工业出版社，1995.
[44] 屈元．多级蒸发冷却空调的理论与实验研究［硕士学位论文］. 西安：西安工程大学，2003.
[45] 邬伦．地理信息系统原理方法和应用．北京：科学出版社，2001.
[46] 谢榕．面向对象地理信息系统软件 Arcview 的高级应用. 计算机系统应用，1998，(11)：58-60.
[47] 龙惟定．用 BIN 参数作建筑物能耗分析．暖通空调，1992，(2)：6-10.
[48] 谢庄，苏德斌，虞海燕．北京地区热度日和冷度日的变化特征．应用气象学报，2007，(2)：232-235.
[49] 刘加平，杨柳．室内热环境设计．北京：机械工业出版社，2005.
[50] R. J. Dedear，G. S. Brager. Deveioping an Adaptive model of Thermal Comfort and Preference. ASHRAE Trans. 1998，104 (1)：145-167.
[51] N. Yamtraiatl. The standards for air conditioned buildings in Thailand. SolarEnergy，2005，(78)：504-517.
[52] F. J. Nicol，I. A. Raja，A. Allaudin，N. G. Jamy. Climatic variations on comfortable temperature：the Pakistan projects. Energy and Buildings，1999，30 (3)：261-279.
[53] Tanabe S，Kimura K. Hara T. Thermal comfort requirements during the summer season in Japan. ASHRAE Trans，1987，93 (1)：564-577.
[54] Tao P. The Thermal Sensation difference between Chinese and American. People. Indoor Air，1991，(4).
[55] Marc E. Fountain，Charlie Huizenga. A Thermal Sensation Prediction Tool for Use by the Profession. ASHRAE Trans：Research.
[56] G. S. Brager，R. J. De Dear. Thermal adaptation in the build environment. A literature review. Enwegy and Buildings，1998，(27)：83-96.
[57] J. F. Busch. Thermal Responses to the THAI Office Environment. ASHRAE Trans. 1990，96 (1)：859-872.
[58] G. E. Schiller. A Comparison of Measured and Predicted Comfort in Office Buildings. ASHRAE Trans. 1990，96 (1)：609-622.
[59] G. Donnini，J. Molina，C. Martello. Field Study of Occupant Comfort and Office Thermal Environments in a Cold Climate. ASHRAE Trans，1996，102 (2)：795-802.
[60] 魏润柏，徐文华．人与室内环境．上海：同济大学出版社，1988.
[61] S. A. 康兹，魏润柏．人与室内环境．北京：中国建筑工业出版社，1985.
[62] 文学军．肌体热感觉预测及在环境工程中应用的研究［博士学位论文］. 哈尔滨：哈尔滨建筑大学，2000.

[63]　叶海．人体的对流辐射换热与热舒适［博士学位论文］．上海：同济大学，1999.
[64]　周雪飞．玻璃幕墙建筑夏季室内热环境的研究［博士学位论文］．哈尔滨；哈尔滨建筑大学，1998.
[65]　贾庆贤，赵荣义，许为全等．吹风对舒适性影响的主观调查与客观评价．暖通空调，2000，(3)：15-17.
[66]　王昭俊．严寒地区居室热环境与热舒适性研究［博士学位论文］．哈尔滨：哈尔滨工业大学，2002.
[67]　王怡，寒冷地区居住建筑夏季室内热环境研究［博士学位论文］．西安：西安建筑科技大学，2003.
[68]　潘尤贵．长沙市居住建筑室内环境及其能耗的实侧与调查分析研究［博士学位论文］．长沙：湖南大学，2004.
[69]　谭福君．办公建筑冬季室内热环境和舒适性调查及研究［博士学位论文］．哈尔滨：哈尔滨建筑大学，1993．
[70]　宋凌，林波荣，朱颖心．安徽传统民居夏季室内热环境模拟．清华大学学报，2003，43 (6)：826-828.
[71]　夏一哉，赵荣义，江亿．北京市住宅环境热舒适研究．暖通空调，1999，(2)：1-5.
[72]　李百战，彭绪亚，姚润明．改善重庆住宅热环境质量的研究．建筑热能通风空调，1999，(3)：6-8.
[73]　张旭，薛卫华，王宝凯等．供暖房间热舒适模糊分析及最优室内计算温度的研究．暖通空调，1999，(2)：66-68．
[74]　孟庆林，陈启高，冉茂宇．中国供暖临界地区居住建筑热环境分析．暖通空调，1998，(4)：19-21.
[75]　陈滨，彭菲菲，郭丽燕．大连沈阳夏季室内热湿环境的实测调查．暖通空调，2003，(4)：23-26.
[76]　简毅文，江亿．北京市住宅夏季室内温度调查分析 (1)，(2)．暖通空调，2002，32 (3)：7-10.
[77]　唐鸣放．重庆夏季居住热环境研究．暖通空调，2001，31 (4)：16-17.
[78]　杨盛旭，忻尚杰，艾青云等．用PMV-PPD指标研究长江流域地区室内热环境质量及对策．住宅科技，1996，(12)：3 6.
[79]　蒋培青，唐世君．夏季服用织物动态热湿舒适性的影响因素研究．中国纺织大学学报，1999，25 (2)：9-13.
[80]　赵博，连之伟．基于神经网络的室内热舒适评判模型．哈尔滨工业大学学报，2003，35 (12)：1436-1438.
[81]　张泠，张楠．共轭传热室内环境数值预测模型．湖南大学学报（自然科学版)，2002，29 (4)：92-97.
[82]　王昭俊，王刚，廉乐明．室内热环境研究历史与现状．哈尔滨建筑大学学报，2000，33 (6)：97-100.
[83]　T. Bedford. The Warmth factor in Comfort at Work. Rep Industr Health Res，1936，(76).
[84]　P. 0. Fanger. Thermal Comfort. McGram-Hill New York，1972.
[85]　王昭俊．现场研究中热舒适指标的选取问题．暖通空调，2004，34 (12)：39-42.
[86]　陶爱荣，虞萍．关于室内环境舒适性评价指标的研究．通风除尘，1996：25-27.
[87]　牛润萍，陈其针，张培红．热舒适的研究现状与展望．人类工效学，2004，10 (1)：38-40.
[88]　茅艳．人体热舒适气候适应性研究［博士学位论文］．西安：西安建筑科技大学，2006.
[89]　ASHRAE. ANSI/ASHRAE Standard 55-1992，Thermal Environmental Conditions for Human Occupancy. Atlanta，GA，1992.

[90] ASHRAE. ANSI/ASHRAE Standard 55-2004, Thermal Environmental Conditions for Human Occupancy. Atlanta: ASHRAE Inc, 2004.
[91] ISO. International Standard 7730-1994. Moderate thermal environments- determination of the PMV and PPD indices and specification of conditions for thermal comfort, ISO, Geneva, 1994.
[92] 朱颖心，彦启森．建筑环境学．北京：中国建筑工业出版社，2005，5.
[93] 黄晨，龙惟定．建筑环境学．北京：机械工业出版社，2005.
[94] 贾衡，冯义．人与建筑环境．北京：北京工业大学出版社，2001.
[95] 杨仁忠，耿世彬，张华．室内空气环境的舒适与健康．制冷空调与电力机械，2002，(1)：14-16.
[96] 韦延年．节能住宅室内热环境设计指标的选择．四川建筑科学研究．2002，28 (9)：83-85.
[97] 徐小林，李百战．室内热环境对人体热舒适的影响．重庆大学学报，2005，(4)：102-105.
[98] 巨永平．气流运动及其与热舒适关系研究的进展．暖通空调，1999，29 (4)：27-30.
[99] 李建兴，于燕玲，涂光备等．空调系统送风方式对热舒适性的影响．中国建设信息供热制冷，2005，(10)：77-80.
[100] 田元媛，许为全．热环境下人体热反应的实验研究．暖通空调，2003，33 (4)：27-30.
[101] 夏一哉，牛建磊，赵荣义．空气流动对热舒适影响的实验研究：总结与分析．暖通空调，2000，(3)：41-44.
[102] 陈晓春，王元．热舒适、健康与环境．暖通空调，2003，33 (4)：27-30.
[103] 陈丽明，袁成林，李军．1584 例急性脑血管病患者的发病与季节气温及年龄的关系．临床神经病学杂志，1999，12 (3)：63-164.
[104] 姚止鸣，傅善宋．居室环境与健康．上海预防医学杂志，2000，12 (4)：94-96.
[105] 张渭源．服装舒适性与功能．北京：中国纺织出版社，2005.
[106] [韩] 成秀光．服装环境学．北京：中国纺织出版社，1999.
[107] 王志远，杨惠珍．室内热环境评价与测量的新标准化方法．洛阳工学院．洛阳工学院学报，1999，(6)：88-92.
[108] 李念平，潘尤贵，吉野博．长沙市住宅室内热环境测试与分析研究．建筑热能通风空调，2004，23 (23)：94-97.
[109] 刘欧子，胡欲立，刘训谦．人体热舒适与室内空气品质研究．建筑热能通风空调，2001，(2)：26～28.
[110] 闫斌，郭春信，程宝义等．舒适性空调室内设计参数的优化．暖通空调．1999，29 (1)：44-45.
[111] 秦蓉，刘烨，燕达等．办公建筑提高夏季空调设定温度对建筑能耗的影响．暖通空调，2007，37 (8)：33-35.
[112] Watson, D. Lab, K. Climate Design: Energy-efficient Building Principle and Practices. McGraw-Hill, New York, 1983.
[113] 张金良．居住环境与健康．北京：化学工业出版社，2004.
[114] 郭利华，朱能，蒋薇．人体热舒适性的实验研究．全国暖通空调制冷学术年会论文集，2002.
[115] M. Milne, B. Givoni. Architectural Design Based on Climate. Energy Conservation Through Building Design. McGraw hill Book Company: 96-113.
[116] John Martin Evans: Evaluating comfort with varying temperatures. Energy and buildings, 2002, (1463): 1-7.
[117] ASHRAE HANDBOOK FUNDAMENTALS, 1997. American Society of Heating Refrigerating and Air-Conditioning Engineer, Inc.
[118] 黄翔，梁才航，狄育慧．热舒适与蒸发冷却空调．建筑热能通风空调，2004，(2)：.
[119] 辛军哲，周孝清．直接蒸发冷却式空调系统的适用室外气象条件．暖通空调，2008，38 (1)：

52-53.

[120] 辛军哲，何淦明，周孝清．室外气象条件对直接蒸发冷却式空调使用功效的影响，流体机械，2007，35（10）：79-81.

[121] 高屹，王晓杰，涂光备．空气流速对人体热舒适影响的研究．兰州大学学报（自然科学版）2003，(39)：2.

[122] 狄育慧．基于气候的蒸发冷却空调技术设计基础研究［博士学位论文］. 西安：西安建筑科技大学，2008.

[123] 狄育慧，刘加平，黄翔．蒸发冷却空调应用的气候适应性区域划分．暖通空调，2010，40（2）：108-111.

[124] 王倩，孙晓秋. 蒸发冷却技术在我国非干燥地区的应用研究. 节能，2004，(7)：8-12.

[125] 颜苏芊，黄翔，文力等. 蒸发冷却技术在我国各区域适用性分析［J］. 制冷空调与电力机械，2004，25（3）：25-28.

[126] 住房和城乡建设部工程质量安全监管司等. 全国民用建筑工程设计技术措施2009［M］. 北京：中国计划出版社，2009：111-116.

[127] 郭学森，韩旭，周森林等. 蒸发冷却在我国不同区域地下工程中的适用性分析［J］. 暖通空调，2010，40（4）：52-56.

[128] 辛军哲，周孝清，何淦明. 直接蒸发冷却式空调系统的室外气象条件［J］. 暖通空调，2008，38（1）：52-53.

[129] 花严红，曹阳. 蒸发冷却空调系统在我国村镇的适用性研究［J］. 制冷学报，2008，29（5）：49-53.

第4章　直接蒸发冷却器（段）用填料

4.1　概述

直接蒸发冷却器（段）的结构示意图如图4-1所示，它主要由填料、循环水泵、布水系统以及风机等组成。水箱中的水经循环水泵及流量调节阀送至填料顶部的布水系统，均匀喷淋在填料表面上，然后淋水依靠重力下流，润湿整个填料表面，干燥的空气由风机吸入，经过淋水填料层，与布满水膜的填料进行热湿交换，循环水量由浮球阀自动控制。

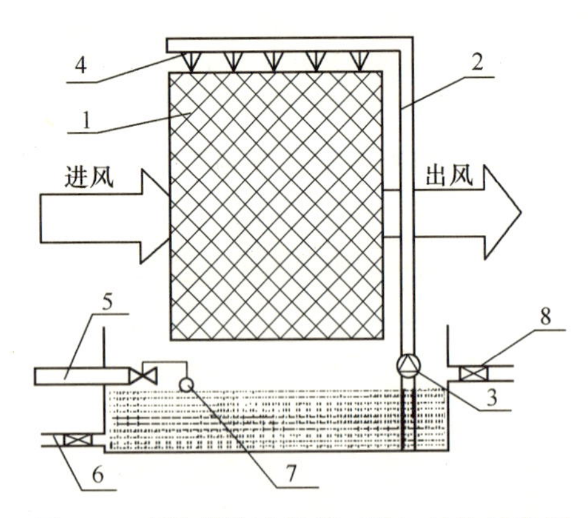

图4-1　直接蒸发冷却器（段）结构示意图

1—填料；2—供水管；3—循环水泵；4—布水系统；5—补水管；6—排水管；7—浮球；8—溢流管

直接蒸发冷却器（段）中，冷却器填料（也称湿膜）是为了使直接蒸发冷却器（段）中水和空气接触均匀，同时增大接触面积、延长接触时间而专门设置的一个关键部件，直接蒸发冷却器（段）用填料具有以下功能：

（1）降温。填料表面水膜与进入直接蒸发冷却器（段）空气的直接接触，利用本身具有的直接蒸发冷却作用降低空气温度，详见第4.3节。

（2）加湿。填料可作为湿膜加湿器对空气进行加湿处理，进而提高空调房间的舒适性，详见第4.4节。

（3）过滤除尘。填料作为湿式除尘器可以有效去除空气中的粉尘以及气态污染物，进而改善空气品质，详见第4.5节。

直接蒸发冷却器（段）使用时的注意事项如下：

（1）开始正常工作前，先让循环水泵独立运转30min，以充分发挥淋水对空气和填料的洗涤、净化作用，同时使填料充分湿润，避免因尘埃附着而产生异味。

（2）使用季节应定期排水、补水，以免水质变差导致水在填料表面结垢，以及水内滋生微生物，进而导致冷却效率下降和室内空气品质降低。

（3）使用季节后，将水排干净，并让风机单独运行1～2h，使填料干燥，以免微生物滋生，并防止配管冻胀破损现象。

4.2　填料种类及性能

目前常用的直接蒸发冷却器（段）填料有：有机填料、无机填料、天然植物纤维填料、金属填料、无纺布填料、PVC填料、多孔陶瓷材料等。上述填料按材料的填充方式，通常可分为自由填充和规则填充两类，其中天然植物纤维填料及无纺布填料多为自由填充，其他多为规则填充。各种规则填充的填料虽然材质不同，但一般均设计成波纹板交叉重叠的形式，以同时控制水流与气流间最大的接触表面积。下面介绍常见的几种填料及其特点。

图 4-2　CELdek 填料外观图

4.2.1　有机填料

有机填料由加入特殊化学原料的植物纤维纸浆制成，瑞典蒙特（Munters）公司的 CELdek 填料是有机填料的典型代表，其外观如图 4-2 所示。CELdek 填料设计的特殊波纹角度可控制水流与空气交叉流动的方向，并提供水流与气流间最大的接触表面积和较小的流动阻力。$1m^3$的 CELdek 填料可吸水 30kg，CELdek 填料热工性能好，价格便宜，其化学成分不会随着水流、气流的作用而分解，具有易清洁、使用寿命较长的良好性能，但它易燃且湿挺度较差。

4.2.2　无机填料

无机填料是以玻璃纤维为基材，经具有特殊成分的树脂浸泡，再经高温烧结处理的高分子复合材料，如瑞典蒙特（Munters）公司的 GLASdek 填料（图 4-3）。与 CELdek 填料相同，GLASdek 填料也是由设计了特殊波纹角度的强吸水性材料制成，填料吸水并在材料内部扩散直到完全湿透，水蒸气从填料表面的微细孔蒸发出来，内部的水分又向微细孔补充，形成一个动态平衡。$1m^3$ GLASdek 填料可吸水 100kg，并提供 440～660m^2的水汽接触面积，这个面积相当于一个 50m 的标准游泳池表面积。GLASdek 填料具有良好的湿挺度，不随水流、气流作用而分解，抗霉、耐腐蚀、阻燃、易清洁、使用寿命长的优点。

4.2.3　金属填料[1~3]

金属填料主要由铝箔或不锈钢制成，其材质的特殊性决定了其吸湿性能远远落后于上述填料，但其耐腐蚀性能优于上述填料，图 4-4 为铝箔填料外观图。金属填料选用很薄的不锈钢板或铝箔作为原料，结构上设计了空气与水交叉流动的结构，阻力小。金属原料经

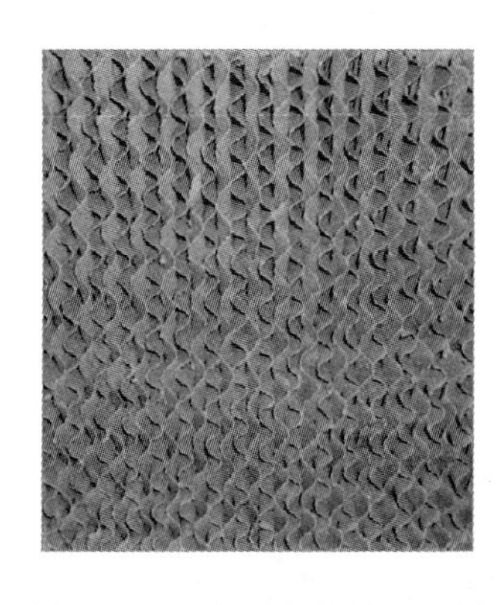

图 4-3　GLASdek 填料外观图

图 4-4　铝箔填料外观图

过表面冲孔、刺孔、轧制存水细波纹，并做钝化和亲水处理，然后十字交叉组装成块。金属薄片上冲有小孔，可以粗分配薄片上的液体，加强横向混合，薄片上的沟纹起到细分配液体的作用，增强了液体均布和填料的润湿性能，提高了传热传质效率。金属波纹孔板填料属于规则填料，具有自分布性能，能得到较为均匀的液流分布。水在湿材里曲折立体流动，填料表面刺孔被水膜张力连接封堵，克服了浸润性差的缺点。

实践与理论研究均表明，金属波纹板填料的液体分布性能远优于其他自由填充型填料，具有压降低、传质效率高、通量大、滞液量少、无放大效应等优点。金属刺孔轧制的斜纹填料比表面积大，设备的体积小，加上填料表面被刺孔，增加了表面的粗糙度和亲水性，强化了润湿效果，使用寿命长，维护容易。在通常的条件下，蒸发冷却的效率一般在60%～90%之间，空气侧的阻力约在60～90Pa之间。

4.2.4　天然植物纤维填料

天然植物纤维填料由天然树木经特殊加工而成，俗称木丝填料。天然植物纤维填料属于自由填充型填料，比表面积大于GLASdek和CELdek填料，吸湿性好，廉价、高效，但其阻力大，填料内部液体分布不均匀，填料可燃，不易清洁，湿挺度较差，使用寿命短，且其性能随时间迅速衰减。

4.2.5　其他填料

随着材料科学的发展，新型直接蒸发冷却器（段）用填料的种类日益增加，如无纺布填料、多孔陶瓷填料，PVC填料等。其中无纺布填料由化纤加工而成，属于自由填充型填料，吸湿性好、比表面积大、热湿交换性能较好。多孔陶瓷填料由于其独特的多孔结构，具有比表面积大、孔隙率高、体积密度小、过流阻力小、吸湿性和散水性好、强度和湿挺度高、耐腐蚀性优良、使用寿命长等优点，是近年来兴起的新型填料[4]。

发明专利“一种自吸水湿帘”[5]（专利号：200810028481.1）所采用的技术方案是自吸水填料由一散热膜和一吸水壁叠加组成，散热膜为瓦楞形，吸水壁为直板形。其中散热膜和吸水壁为纤维纸。由于散热膜为瓦楞形，可以使风所受阻力小而顺利通过，吸水壁为直板形，则比曲线形吸水效果好。该自吸水填料充分利用了结构和材质，可在不需要水泵的情况下，让填料达到加湿降温的效果，节约了使用水泵所消耗的能量。

实用新型专利“一种基于多孔陶瓷填料的直接蒸发冷却器”[6]（专利号：200920031965.1）所采用的技术方案是多孔陶瓷填料由多孔陶瓷波纹板累加而成。多孔陶瓷波纹板为采用机械加工方法制作而成的单斜形波纹板，其波峰高度为4～30mm。波纹板的波纹纹路向下倾斜，与水平线之间形成20°～60°的夹角。

广东美的环境电器，制造有限公司最新推出的蒸发式冷风扇中，采用了新型晶须体填料，既提高了填料的吸水性，同时又可防止填料表面生长细菌和产生异味。

4.2.6　填料性能对比[7,8]

填料的性能可以从以下几个方面来描述：

（1）比表面积：指单位体积的填料外表面积，与填料块整体布置及填充方式有关。

（2）吸湿性能：指1m³填料所能吸纳的水量。

（3）阻力：指空气经过填料时的阻力，与空气流道的大小和曲折程度有关。

（4）热工性能：指水在填料表面的蒸发能力，与填料的材质、结构、填充方式、表面状况、比表面积、吸湿能力等因素有关，并直接影响到直接蒸发冷却器（段）的降温加湿能力、净化过滤能力以及空气流过填料层的阻力，进而间接影响到直接蒸发空调器（段）的外形尺寸、寿命、使用安全性以及水泵与风机的能耗等。

（5）除尘性能：指填料表面的水膜对空气中的灰尘、异味的洗涤和去除能力以及自净能力。

（6）物理性能：指填料的湿挺度（即吸湿后的刚度）、整体强度、干脆性能等。在湿挺度方面，金属填料的湿挺度最好，GLASdek 和 CELdek 的湿挺度次之，木丝填料的湿挺度最差，湿润后填料明显下坠，空调机下部湿材高于上部密度，运行时相同迎风面积上空气蒸发冷却加湿效率及阻力有明显差异。在强度方面，金属填料的强度最好，经久耐用，无机填料发脆易碰碎，而纸质有机填料易撕碎。

（7）防腐性能：指填料长期在湿环境下发生霉变以及细菌在其表面繁殖的可能性。填料防腐性能的好坏是关系到直接蒸发器（段）能否健康使用及其寿命长短的一个关键因素。我们知道，霉菌的生成需要有一定的条件，即温度为 20～30℃，相对湿度＞70％，风速＜1m/s。在此条件下霉菌需要 2～3d 的时间生成，流动的水里不会产生霉菌。直接蒸发冷却空调机中的水是流动的，并且填料表面的风速一般＞1m/s，因而不利于霉菌的生成。而且采用蒸发冷却加湿时，水分是通过蒸发而以气态形式离开直接蒸发冷却段的，这正如江河湖泊中的水蒸发一样，它不会产生随空气飘散的水滴（通常情况下，正是这些水滴才可能造成细菌如军团病菌的传播），更不会将细菌带入空气中。

无机填料、金属填料具有良好的耐腐蚀性，且自身不会发生霉变，但霉菌有可能从外界直接附着在填料上，或者外界的有机物附着在填料上，在暖湿的条件下产生霉菌，因而它们就有携带霉菌的可能。有机填料、木丝及无纺布填料自身的耐腐蚀性不好，但一般都会经过抗腐浸渍处理，它们自身有霉变的可能，也不排除外界带菌的可能。同样，它们在制作中也会加入抗菌剂加以处理。

此外，大多数直接蒸发冷却器（段）填料都可以方便地取下清洗，这大大减少了其带菌的可能。中国预防医学科学院环境卫生监测所对无机填料的监测报告表明，含有抑菌剂的无机填料对细菌总数和白色念珠菌有抑菌作用，对白色念珠菌抑菌环直径为 40～50mm，当菌浓度为 8.0×10^3CFU/ml 时，杀菌率为 100％，细菌总数抑菌环直径为 30～35mm，当菌浓度为 7.0×10^3CFU/ml 时，杀菌率为 100％[9]。

（8）阻燃性能：指填料的防火性能。填料的防火性能与材料密切相连，它直接关系到直接蒸发冷却段的使用安全性。目前常用的填料中金属填料属于不燃材料，无机填料属于阻燃性材料，而有机填料、木丝及无纺布填料都具有可燃性。

表 4-1 是各种填料性能的定性分析对比。可见，填料的性能各有差异，本章第 4.3 节、第 4.4 节、第 4.5 节将对填料的降温、加湿和除尘性能做详细介绍。

各种填料的性能对比　　**表 4-1**

性　能	无　机	有　机	金　属	木　丝	无纺布
填充方式	规则	规则	规则	自由	自由
比表面积	较大	较大	较大	大	大
吸湿性	好	好	较差	好	好

续表

性 能	无 机	有 机	金 属	木 丝	无纺布
阻力	小	小	小	大	大
热工性能	好	好	较差	好	较好
除尘性能	好	好	较好	较好	较好
物理性能	好	较好	好	差	差
防腐性能	好	较好	好	较好	较好
阻燃性能	好	差	好	差	差

4.2.7 直接蒸发冷却器（段）填料与冷却塔填料的对比

填料不仅是直接蒸发冷却器（段）中的一个重要部分，也是暖通空调行业常用设备——冷却塔的核心部分，下面简要对比分析直接蒸发冷却器（段）填料与冷却塔填料。

首先，填料材质及表面形式不同。直接蒸发冷却器（段）通常采用比表面积较大、热工性能较好的材料作为填料，如上述的有机填料 CELdek、无机填料 GLASdek 及铝箔或不锈钢金属填料，为扩大热湿换热面积，直接蒸发冷却器（段）填料通常设计成波纹板交叉重叠的形式。而冷却塔通常采用温降大、气流阻力小，价格便宜的亲水性材料作为填料，早期的填料多使用木材，后因木材容易腐烂，有些国家又缺少木材，从 20 世纪 50 年代起开始使用石棉水泥板，后来发现石棉水泥板在生产中对人体有害，所以被停止使用。从 20 世纪 70 年代开始，塑料在冷却塔填料中得到广泛应用，尤其是 PVC 塑料填料。随着材料科学的发展，陶瓷填料等新型填料在电厂冷却塔中得到应用。冷却塔填料的表面形式通常有点滴式、薄膜式和点滴薄膜式三种。

其次，填料中空气与水换热流动方式不同。两种填料中空气的流道、角度及片间距各不相同，两者的流动方向也不同，直接蒸发冷却器（段）填料中，空气与水多采用交叉流方式进行热质传递，即空气与水的流动方向相互垂直；而冷却塔中，空气与水多采用逆流方式进行热质传递，即空气与水的流动方向相反。

4.3 填料降温性能

4.3.1 降温原理

直接蒸发冷却器（段）填料内的空气与水直接接触并交叉流动，根据热质交换理论可知，在水与空气直接接触时，在贴近水表面处，由于水分子作不规则运动，形成了一个温度等于水表面温度的饱和空气边界层，边界层内水蒸气分压力取决于边界层内饱和空气温度。当边界层温度与周围空气温度有温差时，就会发生显热交换，有水蒸气分压力差时就会发生质交换。

在温度差的驱动下，空气向水传热，空气因失去显热而温度下降；在水蒸气分压力差的作用下，水分蒸发进入空气中，空气得到汽化潜热并被加湿，整个过程中空气的焓值基本不变。空气与水之间发生热质传递，空气将显热传给水，空气的干球温度降低，从而达到冷却空气的目的。空气的状态变化过程见图4-5，1 点为空气处理前的状态，2 点为空气处理后的状态。

对于直接蒸发冷却器（段）填料的降温效果，通常采用蒸发冷却效率 η 来描述其处理空气的完善程度，其表达式见式（4-1）。

$$\eta_{DEC}=\frac{t_{g1}-t_{g2}}{t_{g1}-t_{s1}}=1-\frac{t_{g2}-t_{s1}}{t_{g1}-t_{s1}} \tag{4-1}$$

式中　t_{g1}、t_{g2}——空气处理前、后的干球温度，℃；

t_{s1}——空气处理前湿球温度，℃。

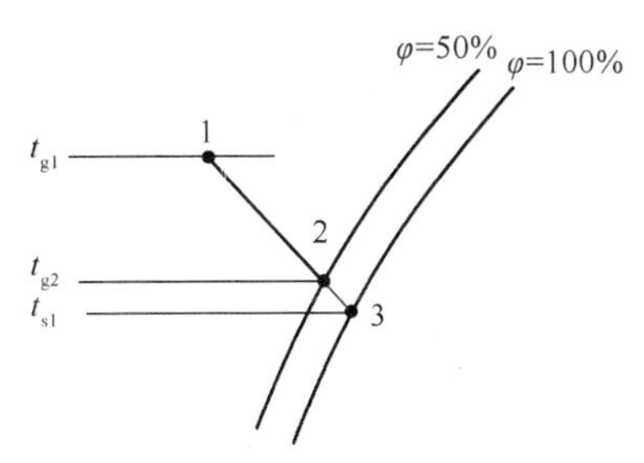

图 4-5　直接蒸发冷却器（段）空气处理过程焓湿图

冷却效率 η_{DEC} 越高，说明热质交换越完善，空气干球温度与湿球温度越接近，降温加湿效果越明显。通常，直接蒸发冷却器（段）冷却效率在 50％～90％之间。

对于不同类型填料的降温性能，目前的研究成果主要集中在三个方面：一是扩展开发填料降温性能的适用场合；二是研究不同入口参数对填料冷却性能的影响；三是基于各影响因素，推导特定结构形式填料的降温性能关联式。

4.3.2　适用场合

4.3.2.1　干燥地区替代常规的机械制冷

利用直接蒸发冷却器（段）填料对进风的冷却性能，可以在春、秋干燥季节或干燥地区的空调季节，采用直接蒸发冷却器（段）替代常规的机械制冷，冷却室外新风，或者与间接蒸发式空气冷却器一起构成两级或多级蒸发冷却系统，冷却室外新风，然后再送入室内或车间，以用来改善室内的生活环境或车间的工作环境，这种冷却降温方式比机械制冷方式投资少，运行费用低。不仅可用于常规空调系统，还可广泛用于车间、动物、温室、家禽饲养场等要求不高的冷却场合。

直接蒸发冷却器（段）通过水的蒸发对空气起到降温作用，但它不需要将蒸发后的水蒸气再进行压缩、冷凝回到液态水后再进行蒸发，一般可以直接补充水分来维持蒸发过程的进行。因此，与机械制冷相比，直接蒸发冷却器（段）降温过程的 *COP* 远远大于机械制冷，节能效果明显。并且直接蒸发冷却器（段）采用水为制冷剂，不使用 CFCs，对大气环境无污染。

目前，直接蒸发冷却器（段）在美国西南地区、澳大利亚大部分地区以及西亚干燥地区得到了广泛应用，在我国西部地区，由于昼夜温差大，空气干燥，夏季室外空调计算湿球温度较低，也具有广泛的应用前景。通过直接蒸发冷却器（段）在乌鲁木齐、西安、哈尔滨、北京地区的应用分析可知[9]，其 *COP* 值约为常规机械制冷的 2.5～5 倍，运行能耗约为常规空调设备的 1/5（机械制冷系统装机功率约 50W/m^2 左右，而蒸发冷却系统装机功率一般仅 10W/m^2，节电 80％），投资可节省 30％～50％（蒸发冷却系统造价约 250 元/m^2，而机械制冷方式系统造价约 400 元/m^2）。

4.3.2.2　扩大传热温差，提高换热设备性能

在中等湿度及潮湿地区，直接蒸发冷却器（段）用于空气调节的潜力下降，但仍可用于扩大传热温差，改善换热设备性能。传热温差是影响换热器热交换量的诸多因素之一，凡是利用空气来冷却某种流体的换热器，如风冷冷水机组中的风冷冷凝器或分体空调器的

室外机组，都可以使空气先经过直接蒸发冷却器（段）降温后，再进入换热器，从而提高换热设备的换热效率。

以风冷冷水机组为例，采用直接蒸发冷却降低空气侧温度的方法主要有两种：一是直接向换热器空气侧淋水，二是利用直接蒸发冷却器（段）降低环境空气的干球温度。第一种方法具有易使设备锈蚀及湿表面积灰，易使空气通道堵塞等弊端，故通常采用第二种方法。直接蒸发冷却器（段）与风冷冷水机组的联用系统见图 4-6，对应的空气处理过程见图 4-7[8,9]。

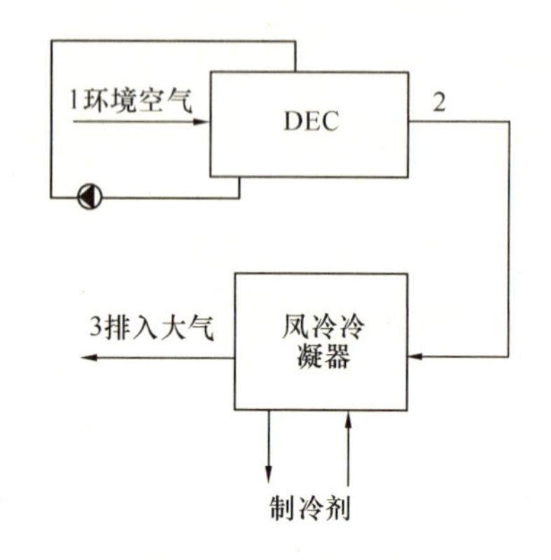

图 4-6 DEC与风冷冷水机组联用示意图

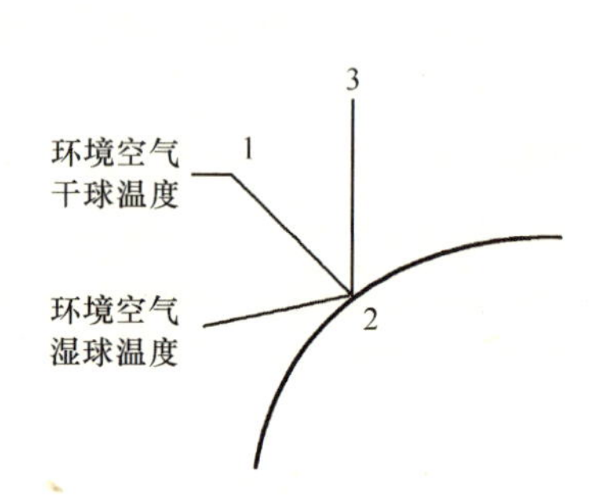

图 4-7 空气处理过程示意图

环境空气先经过直接蒸发冷却器，充分利用环境空气中干湿球温差形成的天然冷源，使其干球温度降低后，再进入风冷冷水机组的风冷冷凝器。环境空气温度降低，风冷冷水机组的冷凝温度降低，输入功率减少，制冷量增加，*COP* 提高。尽管被直接蒸发冷却器（段）处理后的环境空气含湿量增加，但质量良好的直接蒸发冷却设备出风口处可以不带水，风冷冷凝器肋片间仍可保持干燥，对传热过程无不良影响。

同济大学张旭等人以某螺杆式压缩机的风机冷水机组为分析对象，在环境温度 27～45℃，制冷量和输入功率分别为 300～550kW 和 140～175kW 范围内，拟合得到其制冷量和输入功率随环境温度变化的特征曲线方程式[10]，见式（4-2）和式（4-3）。

$$Q = 747.68 - 8.29t_{\text{in}} \tag{4-2}$$

$$P = 86.94 + 2.05t_{\text{in}} \tag{4-3}$$

式中 Q——制冷量，kW；

P——压缩机输入功率，kW；

t_{in}——制冷机组入口空气温度，℃。

从式（4-2）和式（4-3）可以看出，环境空气干球温度每降低 1℃，则使制冷量增加 1.8%，输入功率减小 1.3%。可见，采用直接蒸发冷却器（段）使环境空气降温后，风冷冷水机组的 *COP* 得到明显改善。

在此基础上，同济大学张旭等人计算得到全国除台湾省以外 83 个主要城市一般风冷冷水机组在设计气象参数下的制冷量、功率和性能系数 *COP*，并假设直接蒸发冷却器（段）冷却效率为 0.85，计算得到采用直接蒸发冷却器（段）与风冷冷水机组联用后机组的实际制冷量、输入功率和性能系数。对比计算结果表明：

（1）在计算的所有城市中，直接蒸发冷却器（段）与风冷冷水机组联用系统的 *COP*

都有不同程度的增加，环境空气湿球温度较高的沿海地区，如上海、青岛、大连等增幅较小，但也约为10%；环境空气干、湿球温度差较大的我国西北地区，增幅最大，其中乌鲁木齐和克拉玛依增幅达50%；绝大部分中部城市和南方大部分城市的增幅约为15%～30%。*COP* 的明显提高是由于双向得益，一是空气温度降低带来的制冷量提高，二是空气温度降低带来的功率下降。

（2）所有城市的制冷量都有不同程度的增加，沿海地区如上海、青岛、大连等地的制冷量增加百分数为5%；西北地区的制冷量增加相对百分数最大，其中乌鲁木齐和克拉玛依增幅达24%；中部的绝大部分城市和南方大部分城市的增幅约为10%～15%。

（3）沿海地区如上海、青岛、大连的功率减少相对百分数分别为3%；而西北地区一般为20%左右；大部分地区的输入功率减少的幅度为7%～12%。

东南大学蒋毅、张小松等人分析了直接蒸发冷却与风冷螺杆式冷水机组在我国15个典型城市联合使用的应用效果[11]。计算中取直接蒸发冷却效率 $\eta=85\%$，计算结果表明，在所有的计算城市中，采用直接蒸发冷却处理新风后，风冷冷水机组的制冷量都有不同程度的增加，输入功率都有减少，*COP* 均有明显提高，在我国具有广泛的应用前景。沿海城市如大连、香港等地的 *COP* 增幅较小，约为8%～14%；环境干湿球温差较大的西北地区，*COP* 增幅最大，如乌鲁木齐 *COP* 增幅高达50%；绝大部分城市 *COP* 增幅为15%～25%。这与文献［10］中的结论基本相同。

天津大学由世俊等人也分析了天津市金属填料直接蒸发冷却器与风冷冷水机组结合的节能效果[12]。分析结果表明，空气经直接蒸发冷却器处理后得到净化，减少了风冷冷凝器表面的积灰，降低了冷凝温度，增加了机组制冷量，减少了机组耗功率，提高了换热效率，经济性能良好，在气候炎热干燥地区的节能效果更好。

由此可见，采用直接蒸发冷却器（段）对风冷冷水机组的风冷冷凝器进风空气进行预冷，具有明显的节能效果，即使在干湿球温差较小的沿海地区，也有明显的节能效果。

4.3.3 冷却效率影响因素

从热力学宏观角度，根据能量平衡、质量平衡和刘易斯准则（$L_e\approx1$），可推导出蒸发冷却效率为[12]：

$$\eta=1-\exp\left(\frac{\xi hL}{\rho_a v_a c_p}\right) \tag{4-4}$$

式中 ξ——填料的比表面积，m^2/m^3；

h——空气与水的对流换热系数，kJ/（m^2·K）；

L——填料的厚度，m^3；

ρ_a——空气密度，kg/m^3；

v_a——空气的迎面风速，m/s；

c_p——干空气的定压比热，kJ/（kg·K）。

对于某种固定的填料而言，比表面积 ξ 是固定的，可以通过试验确定填料的比表面积，因而在实际计算通常采用填料的体积来表示填料的接触面积，与其相应的传热系数称为体积传热系数，用 h_v 来表示，单位是 kJ/（m^3·K），h 和 h_v 之间的关系可用式（4-5）来表示：

$$h_v = \xi h \tag{4-5}$$

则式（4-4）可以改写：

$$\eta = 1 - \exp\left(\frac{h_v L}{\rho_a v_a c_p}\right) \tag{4-6}$$

从式（4-4）和式（4-6）可见，直接蒸发冷却器（段）的冷却效率与空气流速 v_a、填料的比表面积 ξ、填料的厚度 L 以及空气与水膜之间的对流换热系数 h 有关。而空气与水膜之间的对流换热系数 h 则与直接蒸发冷却器的结构尺寸、填料的种类、空气入口参数（干球温度、相对湿度）及淋水量等参数有关，下面对各影响因素作一简要分析[13]。

4.3.3.1 填料厚度

当直接蒸发冷却段中填料厚度增加时，空气与水的热湿交换时间增加，空气出口的干球温度也显著下降，效率升高，但同时阻力明显增加，风机的能耗及噪声增大。根据式（4-1）可知，被处理空气出口的干球温度最低只能达到入口空气的湿球温度。因而，当填料厚度增加到一定数量时，空气的出口温度已基本等于入口湿球温度了，此时再增加填料的厚度对空气的处理已无多大意义，填料厚度的选取应综合考虑设备体积、填料的成本以及空气的阻力等因素。

4.3.3.2 迎面风速

迎面风速增大，空气与水的对流换热加强，热质交换系数增大，直接蒸发冷却器的冷却效果会提高。但当风速太大时，则会由于空气与填料之间接触时间的缩短而降低其效果，同时导致空气阻力的急剧升高，风机能耗增大，甚至出现送风带水现象，热质交换效率下降。所以直接蒸发冷却器（段）应有适宜的填料迎面风速，过小会造成设备体积庞大，过大则会造成蒸发冷却效率降低且空气阻力明显增大，一般选取 1.0～2.0m/s 的中间流速较为合适。

4.3.3.3 入口空气参数

在湿球温度不变的情况下，入口空气干球温度升高，直接蒸发冷却器（段）的温降、加湿量、冷却效率及加湿效率都会增加。这是由于进口空气干球温度升高时，空气与水的温差增加，而温差是显热交换的推动力。因此，温差越大，空气与水之间的热交换越显著，水蒸发带走的空气显热就越多，直接蒸发冷却器（段）的降温效果则越好，效率也越高。

在干球温度不变的情况下，入口空气湿球温度下降，直接蒸发冷却器（段）的温降、加湿量、冷却效率及加湿效率也会升高。但湿球温度较干球温度的影响大，这是因为空气与水热湿交换的推动力是焓差，而焓值又是由湿球温度唯一确定的。

也就是说，入口空气状态决定着入口空气放出显热或是吸收水分的能力。进口空气的干湿球温度差越大，热湿交换的推动力也越大，直接蒸发冷却器（段）的降温效果也越好。

4.3.3.4 淋水量

在淋水量较小的情况下，由于填料不能完全湿润，填料表面未能形成均匀的水膜，因而空气与水膜的热湿交换面积小，蒸发冷却效率低。大量实验数据也表明，淋水密度由小逐渐增大时，由于填料润湿情况的改善，直接蒸发冷却器的降温效果随淋水量的增大而增大。

然而，当淋水量达到已能使填料完全湿润并形成均匀的水膜时，再增加淋水量可能会增加热湿交换表面积（淋水在填料表面从水膜变为不断滑落的水滴，带出水滴的表面积），但总的热湿交换面积随淋水量的变化不大，效率变化也不大，再增加淋水量不仅不会提高空调机的效果，反而由于水对空气流道的堵塞，造成空调送风带水和空气阻力的提高，增加能耗且影响使用。

可见，直接蒸发冷却器（段）中，淋水填料层热湿交换面形成机理与喷水室完全不同。直接蒸发冷却器（段）填料层中热湿交换面是湿润的材料表面。因此，淋水填料层中通常采用淋水密度 q [kg/（m^2·s）] 来替代水汽比衡量淋水量对填料降温性能的影响，淋水密度为每平方米填料每秒通过的水的质量流量，其定义如下：

$$q_w = \frac{Q_w}{F} \tag{4-7}$$

式中　Q_w——是填料的总淋水量，kg/s；

F——是填料的淋水面积，m^2；

q_w——是淋水密度，kg/（m^2·s）。

而在喷水室的热湿交换过程中，热湿交换面是雾化形成的水滴表面，为达到一定的热湿交换效率，必须要求与空气量相适应的喷水量。因此，通常采用水汽比描述喷淋水与空气之间的比例关系，必须保证喷水量与空气流量成一定比例（即一定的水汽比），方可保证预期的热交换效率，而且改变这种比例（水汽比）就会使热交换效率系数发生改变。

4.3.4　各种填料的降温性能

不同填料构成的直接蒸发冷却器（段）的降温冷却性能可由填料的冷却效率公式［式（4-6）］计算得到，但是由于填料结构的复杂性，从理论上很难计算出空气与水膜之间直接接触时的换热系数，通常要以实验数据为基础，针对某种情况进行拟合，得到直接蒸发冷却填料的热质交换系数和阻力特性等经验公式，从而为直接蒸发冷却的理论计算和分析奠定基础。

4.3.4.1　有机填料的降温性能

解放军理工大学魏征等人测试了无机填料 CELdck 在不同的淋水量、不同的空气流速下的冷却性能和空气阻力，填料由波纹角度 a'、$\hat{a}$ 均为 45°的两片波纹纸交替粘接而成，波纹高度为 7mm，断面尺寸为 900mm×600mm，厚度分别为：300mm、200mm 和 100mm[14]。

测试得到关于淋水量、填料厚度以及空气流速对填料冷却效率、填料阻力和体积换热系数的影响，其结论与第 4.3.3 节分析的结果基本一致，这里不再赘述。在此基础上，魏征等人根据实验所测得的数据，采用二次多项式拟合方法，得到填料充分湿润情况下，300mm 填料冷却效率、填料阻力和体积换热系数的实用经验公式。式（4-8）为冷却效率与空气流速之间的实用经验公式，式（4-9）为淋水量为 2/9 kg/m^3 时填料阻力与空气流速之间的关系式，式（4-10）为填料体积换热系数与空气流速之间的关系式。

$$\eta = \frac{99.41339 + 0.32267v_a - 0.65653v_a^2}{100} \tag{4-8}$$

$$\Delta P = 14.297 + 8.257v_a \tag{4-9}$$

$$h_v = 0.5571v_a^3 - 8.07509v_a^2 + 37.03775v_a - 16.40709 \tag{4-10}$$

式（4-8）的相关系数 $R^2=0.98645$，并且当空气流速在 0～1.4m/s 区间时，冷却效率≥98.5%，当空气流速无限趋近于 0 时，冷却效率无限趋近于 99.4%，与实际情况相符。式（4-9）的相关系数 $R^2=0.98107$，式（4-10）的相关系数 $R^2=0.97774$，相关性较好。

在实验测试的结果上，魏征等人对所测试的 CELdek 填料推荐使用的最优参数为：厚度为 300mm，空气流速为 3m/s，喷淋水量为 2/9kg/（m^3・s）。此时，填料的冷却效率在 95%以上，填料的阻力小于 40Pa，此时没有出风带水现象，在工程实际使用中，根据拟合得到的相关系数较高的经验公式可以方便准确地计算得到填料相关性能参数，从而为 CELdek 有机填料直接蒸发冷却机组的设计提供参考。

4.3.4.2　无机填料的降温性能

（1）实验 1

东南大学蒋毅、张小松等人测试了北京某公司提供的无机填料在不同空气流速、不同淋水量、不同进口空气参数以及不同填料厚度下的降温性能数据，测试填料的迎面尺寸为 400mm×460mm，厚度为 200mm[15]。

实验得到的空气流速、淋水量、空气进口参数及填料厚度对填料降温性能的影响与第 4.3.3 节分析的结果一致，这里不再赘述。同时，实验结果表明，采用无机填料作为直接蒸发冷却填料处理空气时，冷却效率较高，空气阻力较小，实用性好。例如，当空气流速 $v_a=2$m/s，填料厚度 $L=200$mm 时，冷却效率 η 为 0.85 左右，空气阻力 Δp 为 60Pa 左右。

根据实验值，采用最小二乘法拟合的方法得到无机填料体积换热系数以及空气阻力的经验公式，见式（4-11）和式（4-12）。

$$h_v = 11.35423 v_a^{0.87495}\,\text{kJ/(m}^3\cdot\text{K)} \tag{4-11}$$

$$\Delta p = 16.2063 v_a^{2.0275} q_w^{0.0858}\,\text{Pa} \tag{4-12}$$

与实验值相比，用式（4-11）计算 h_v 的绝对误差最大为 0.95kJ/（m^3・K），相对误差最大为 3.63%；用式（4-12）计算 Δp 的绝对误差最大为 1.16Pa，相对误差最大为 1.84%。因此，经验公式的精度较好，能够满足一般工程设计的要求。值得注意的是，空气阻力 Δp 的拟合公式［式（4-12）］仅适用于填料厚度为 200mm 的无机填料。

（2）实验 2

西安工程大学宣永梅、黄翔、武俊梅等人测试了 GLASdek 无机填料在我国西北地区部分城市的使用效果，该填料迎风面积为 550mm×500mm，填料厚度为 138mm，测试结果见表 4-2[16]。在测试结果上，作者还分析了进口空气干湿球温度、风量、风速等参数对填料降温性能的影响。

无机填料 GLASdek 在西北部分城市使用效果　　表 4-2

城市	夏季空调设计参数			填料降温加湿效果			
	计算干球温度（℃）	计算湿球温度（℃）	计算干湿球温差（℃）	温降（℃）	加湿量（g/kg）	冷却效率（%）	加湿效率（%）
西安	35.2	26.0	9.2	5.83	2.39	64.49	64.42
兰州	30.5	20.2	10.3	6.73	2.73	61.12	61.07
银川	30.6	22.0	8.6	5.46	2.23	65.38	65.39
乌鲁木齐	34.1	18.5	15.6	9.44	3.79	59.86	59.63

4.3.4.3　金属填料的降温性能

1. 不锈钢填料

天津大学由世俊等人对金属填料的直接蒸发冷却器的直接蒸发冷却性能进行了实验研究[3]。测试填料由不锈钢薄板制成，表面经刺孔，轧制斜波纹，十字交错地组装成块，冷却器填料厚度为200mm，挡水板填料厚度为100mm（注：填料的断面尺寸不详），比表面积为500m²/m³，空隙率为93%。

测量得到金属填料直接蒸发冷却器进出口空气的干、湿球温度，空气流量、循环水流量及空气的压力降，通过逐步回归分析处理，给出了冷却效率、空气阻力等经验公式。

根据实验数据，该结构的金属填料直接蒸发冷却器的冷却效率的回归关系式如下：

$$\eta = A_1 \cdot t_{a1}^{A2} \cdot \varphi_{a1}^{A3} \cdot q_a^{A4} \cdot q_w^{A5} \tag{4-13}$$

式中　t_{a1}——进口空气干球温度，℃；

φ_{a1}——进口空气相对湿度，%；

q_a——空气单位面积质量流速，kg/（m²·s）；

q_w——水单位面积质量流速，kg/（m²·s）。

由式（4-13），结公式（4-1）可得到金属填料直接蒸发冷却器（段）的出口空气干球温度 t_{a2}：

$$t_{a2} = t_{a1} - \eta(t_{a1} - t_{s1}) \tag{4-14}$$

根据实验数据整理得：

$$t_{a2} = B_1 \cdot t_{a1}^{B2} \cdot \varphi_{a1}^{B3} \cdot q_a^{B4} \cdot q_w^{B5} \tag{4-15}$$

空气通过直接蒸发冷却器（段）的加湿量 ΔW（g/kg 干空气）可按下式计算：

$$\Delta W = C_1 \cdot t_{a1}^{C2} \cdot \varphi_{a1}^{C3} \cdot q_a^{C4} \cdot q_w^{C5} \tag{4-16}$$

总加湿量 W（g/s）为：

$$W = \rho_a V_a \cdot \Delta W \tag{4-17}$$

式中　V_a——空气流量，m³/s；

ρ_a——空气密度，kg/m³。

空气流经填料型直接蒸发冷却器的阻力 Δp（Pa）主要取决于空气的空气的质量流速 q_a 和水的质量流速 q_w，由实验得到：

$$\Delta p = D_1 \cdot q_a^{D2} \cdot q_w^{D3} \tag{4-18}$$

A_i，B_i，C_i，D_j（$i=1，6$；$j=1，3$）是回归得到的系数，式（4-13）、式（4-15）、式（4-16）及式（4-18）中各系数具体数值见表4-3。

金属填料经验公式系数表　　表 4-3

	1	2	3	4	5
A	4.53219	−0.267064	−0.189317	−0.303847	0.152021
B	0.0701483	1.29418	0.350635	0.143530	−0.073970
C	6.54943	0.545961	−0.657123	−0.203414	0.125626
D	10.6487	1.64071	0.0617773		

实验测试表明，该金属填料是一种性能良好的热湿处理设备，金属填料直接蒸发冷却

器空气质量流速在 1.5～3.5kg/（m² · s）为宜、水的质量流速在 0.8～1.4kg/（m² · s）为宜，此时，空气阻力小，冷却效率高。

2. 铝制填料

（1）实验 1

1999 年，天津大学由世俊、张欢等人对 JKB-500X 型铝质孔板波纹填料的直接蒸发冷却器的直接蒸发冷却性能进行了测试，测试填料由铝箔制成，先在铝箔上打孔、轧制小波纹，再将其轧成大波纹状，然后斜向交错地组装在一起。填料厚度为 100mm，迎风面积（宽×高）为 400mm×800mm，比表面积为 500m²/m³，空隙率为 93%，测试风速范围为 2.0～2.8m/s[12]。

测试得到蒸发冷却效率、空气阻力与迎面风速、淋水密度之间的关系式和曲线，并对实验数据进行回归得到空气出口温度 t_{a2} 以及空气流动阻力 ΔP 的计算公式，见式（4-19）和式（4-20）。

$$t_{a2} = 1.01495 t_{a1}^{0.579121} t_{w}^{0.369226} v_{a}^{0.0817684} q_{w}^{-0.0302} \tag{4-19}$$

$$\Delta P = 5.32435 v_{a}^{1.60471} q_{w}^{0.0617773} \tag{4-20}$$

（2）实验 2

为了进行填料的优化设计，天津大学由世俊、华君、涂光备 2000 年研究了填料长、宽、高、比表面积等特征尺寸对填料热质传递性能的影响[1]。实验选用了 3 种不同特征尺寸的铝质填料进行冷却除湿工况下的性能研究，填料的特征尺寸见表 4-4。

实验用填料特征尺寸 **表 4-4**

序　号	材　质	比表面积（m²/m³）	长×宽×高（mm）
1	铝	350	500×400×800
2	铝	500	500×400×800
3	铝	500	400×400×800

实验中，水的质量流速范围为 1.0～2.2kg/（m² · s），空气的质量流速范围为 2.3～3.5kg/（m² · s），入口空气干球温度为 24～33℃，入口空气湿球温度为 20～25℃，对测试数据采用多元逐步回归方法进行处理，选取复相关系数最高的回归方程作为最终结果。填料传质系数 σ、出口水温 t_{w2}、出口空气相对湿度 φ_{a2}、出口空气干球温度 t_{a2} 以及阻力 ΔP 的回归方程式见式（4-21）～式（4-25）。

$$\sigma = A_1 \cdot q_a^{A_2} \cdot q_w^{A_3} \cdot t_{w1}^{A_4} \cdot t_{a1}^{A_5} \cdot t_{1s}^{A_6} \tag{4-21}$$

$$t_{w2} = B_1 \cdot q_a^{B_2} \cdot q_w^{B_3} \cdot t_{w1}^{B_4} \cdot t_{a1}^{B_5} \cdot t_{1s}^{B_6} \tag{4-22}$$

$$\varphi_{a2} = C_1 \cdot q_a^{C_2} \cdot q_w^{C_3} \cdot t_{w1}^{C_4} \cdot t_{a1}^{C_5} \cdot t_{1s}^{C_6} \tag{4-23}$$

$$t_{a2} = D_1 \cdot q_a^{D_2} \cdot q_w^{D_3} \cdot t_{w1}^{D_4} \cdot t_{a1}^{D_5} \cdot t_{1s}^{D_6} \tag{4-24}$$

$$\Delta P = E_1 \cdot q_a^{E_2} \cdot q_w^{E_3} \tag{4-25}$$

式中 q_a——空气单位面积质量流速，kg/（m² · s）；

q_w——冷冻水单位面积质量流速，kg/（m² · s）；

t_{a1}——空气入口干球温度,℃；

t_{1s}——空气入口湿球温度,℃；

t_{w1}——冷冻水淋水温度,℃；

ΔP——空气阻力，Pa。

A_i，B_i，C_i，D_i，E_j（$i=1$，6；$j=1$，3）是回归得到的系数，式（4-21）～式（4-25）中不同尺寸金属填料的方程回归系数见表 4-5～表 4-7。

1 号填料回归方程系数表　　表 4-5

	1	2	3	4	5	6
A	0.00217969	0.613708	0.576021	−0.861727	2.73399	−2.33093
B	0.621155	0.174594	−0.150235	0.271324	0.410086	0.393932
C	276.4342	−0.107476	−0.0889787	−0.106999	−0.418823	0.544892
D	1.30858	0.172220	−0.176668	0.363781	−0.145438	0.767295
E	13.199	1.84643	0.220487			

2 号填料回归方程系数表　　表 4-6

	1	2	3	4	5	6
A	5.520794	1.17577	0.224576	−0.698849	1.55587	−3.59147
B	1.26669	0.232193	−0.201784	0.135233	0.0523225	0.710804
C	207.799	−0.0203254	0.0226561	−0.0712147	−0.113498	−0.0825802
D	0.219165	0.144940	−0.214551	0.561969	−0.0752346	1.03974
E	17.6314	1.82986	0.140137			

3 号填料回归方程系数表　　表 4-7

	1	2	3	4	5	6
A	3.94923	1.18169	0.207223	−0.678167	1.69564	−3.65186
B	0.801451	0.304050	−0.231491	0.0576723	0.163164	0.799393
C	260.161	−0.00231399	0.0082817	−0.0292934	−0.072925	−0.228537
D	0.0580899	0.352482	−0.236673	0.416555	−0.279415	1.77280
E	14.265	1.83130	0.68694			

实验结果表明，金属填料是一种性能良好的空气热湿处理设备。在实际应用中，由世俊等人建议其迎面风速在 2.2～2.8m/s，综合考虑填料的热质传递性能和阻力，建议比表面积为 500m^2/m^3，沿空气流动方向填料长度为 500mm，高度为 500～800mm 填料是最佳的，这些结论为金属填料在空调领域的应用和新产品开发提供了基础。

（3）实验 3

2003 年，天津大学葛柳平、张欢等人对天津大学填料厂生产的 5 种不同几何尺寸的铝制金属孔板波纹填料进行了多工况实验研究[17]。测试时进口空气干球温度范围为 28～38℃，进口空气湿球温度范围为 20～30℃，空气流速范围为 1.0～2.5m/s，淋水密度范围为 1.5～4.0kg/（m^2·s），冷冻水温度范围为 7～15℃。

测试填料是瑞士苏尔寿公式在 20 世纪 70 年代后期开发的一种金属孔板斜波纹填料，

具有效率高、耐腐蚀等优点。填料由许多铝金属薄片组成，金属薄片上轧制小波纹，再轧制大波纹，然后十字交叉组装成块。薄片上冲有小孔，可以粗分配薄片上的液体，加强横向混合，薄片上加沟起到细分液体的作用，增强了液体的分布均匀性和填料的润湿性能，提高了传热传质效率。测试填料的特征尺寸见表 4-8。

实验用填料特征尺寸　　**表 4-8**

序　号	材　质	比表面积（m^2/m^3）	长×宽×高（mm）
1	铝	500	400×800×450
2	铝	500	400×800×550
3	铝	500	600×800×550
4	铝	500	600×800×350
5	铝	500	700×800×350

葛柳平等人分析了该金属填料的几何特征、空气和水入口状态、空气和水质量流量对金属填料传质系数、空气和水出口状态的影响。在整理分析实验数据的基础上，采用多元逐步回归方法得到了金属填料传质系数、出口空气含湿量、出口空气焓值以及冷冻水出口水温的经验公式，分析了 5 种金属填料空气出口状态的理论计算值与实测值之间的差异，为金属填料的热质交换理论计算提供了一种新的方法。金属孔板波纹填料传质系数 σ、空气出口焓值 h_{a2}、空气出口含湿量 d_{a2} 以及冷冻水出口温度 t_{w2} 的回归公式，见式（4-26）～式（4-29）。

$$\sigma = A_1 \cdot q_a^{A_2} \cdot q_w^{A_3} \cdot t_{a1}^{A_4} \cdot t_{1s}^{A_5} \cdot t_{w1}^{A_6} \tag{4-26}$$

$$h_{a2} = B_1 \cdot q_a^{B_2} \cdot q_w^{B_3} \cdot t_{a1}^{B_4} \cdot t_{1s}^{B_5} \cdot t_{w1}^{B_6} \tag{4-27}$$

$$d_{a2} = C_1 \cdot q_a^{C_2} \cdot q_w^{C_3} \cdot t_{a1}^{C_4} \cdot t_{1s}^{C_5} \cdot t_{w1}^{C_6} \tag{4-28}$$

$$t_{w2} = D_1 \cdot q_a^{D_2} \cdot q_w^{D_3} \cdot t_{a1}^{D_4} \cdot t_{1s}^{D_5} \cdot t_{w1}^{D_6} \tag{4-29}$$

式中　q_a——空气单位面积质量流速，kg/（$m^2 \cdot s$）；

q_w——冷冻水单位面积质量流速，kg/（$m^2 \cdot s$）；

t_{a1}——空气入口干球温度，℃；

t_{1s}——空气入口湿球温度，℃；

t_{w1}——冷冻水淋水温度，℃。

A_i，B_i，C_i，D_i（i=1，6）是回归得到的系数，式（4-26）～式（4-29）中不同尺寸金属填料的方程回归系数见表 4-9～表 4-13。

1 号填料回归方程系数表　　**表 4-9**

	1	2	3	4	5	6	*R*
A	0.003083	0.00021	0.55408	−1.9682	2.9684	−0.68414	0.975
B	1.45542	2.41734	−0.12953	0.00043	0.30740	0.52792	0.974
C	6.2067	0.18586	−0.078745	0.00134	0.29768	0.37165	0.961
D	0.001151323	0.20998	0.07194	−0.31043	0.65237	0.34219	0.942

2号填料回归方程系数表　表4-10

	1	2	3	4	5	6	R
A	0.00194	0.00012	4.880	−1.6782	2.6425	−5.5048	0.907
B	1.1569	0.1385	−0.15403	0.086866	0.54446	0.52335	0.984
C	3.9	0.085375	−0.14023	−0.16495	0.54303	0.53494	0.971
D	0.00087814	0.11455	−0.13276	−0.26202	0.68177	0.54166	0.942

3号填料回归方程系数表　表4-11

	1	2	3	4	5	6	R
A	0.0076415	0.089456	0.59716	−1.4499	2.0486	−0.71137	0.956
B	1.5220	0.1435	−0.76253	0.079899	0.27034	0.50563	0.974
C	4.9623	0.043279	−0.1479	0.00016	0.18489	0.66795	0.952
D	0.0011262	0.058094	−0.15479	0.0035	0.200141	0.67591	0.909

4号填料回归方程系数表　表4-12

	1	2	3	4	5	6	R
A	0.005398	0.15922	0.36243	−1.0849	1.4122	−2.2530	0.957
B	2.640669	−0.084652	−0.40194	0.0003	0.0001	0.90078	0.910
C	6.8632	−0.058516	−0.059576	0.0012	0.30019	0.43549	0.953
D	0.001971	0.00026	0.00057	−0.14107	0.41773	0.33781	0.953

5号填料的回归方程系数表　表4-13

	1	2	3	4	5	6	R
A	0.0029668	0.00019	0.52329	−0.36684	0.504204	−0.3329	0.997
B	1.34398	0.15864	0.00018	0.37838	0.00031	0.37501	0.842
C	11.6528	−0.33507	0.00230	0.25955	−0.00017	0.25866	0.817
D	0.0016967	0.00036	0.00015	−0.17995	0.59812	0.25387	0.832

实验结果表明，这种金属填料直接蒸发冷却器淋水密度在1.5～4.0kg/（m^2·s）、空气流速在1.0～2.5m/s为宜，冷冻水的淋水温度应在7～15℃。

（4）实验4

2005年，天津大学孙贺江、由世俊、涂光备等人对比表面积为350m^2/m^3和500m^2/m^3的3块金属填料在夏季冷却去湿工况下的传热传质性能进行了实验研究[18]，实验填料的特征尺寸见表4-14。

实验用填料特征尺寸　表4-14

序　号	材　质	比表面积（m^2/m^3）	长×宽×高（mm）
1	铝	500	500×400×800
2	铝	500	400×400×800
3	铝	350	400×400×800

实验中，控制空气质量流速、进口空气温度、淋水质量流速和进口水温 4 个变量，对上述 3 种填料的夏季除湿工况进行分析，实验点参数范围见表 4-15，对每一个工况，选其中 3 个变量保持不变，改变另外 1 个变量进行实验。

实验参数表　　表 4-15

工况	空气入口干球温度（℃）	迎面风速（m/s）	进水温度（℃）	水流量（m^3/h）
1	28	1.5	8.0	2.3
2	30	2.0	10.0	3.0
3	32	2.4	12.0	3.7

用多元逐步回归方法对所得的实验数据进行处理，得到对流传质系数 σ、对流传热系数 α、阻力 ΔP 与淋水质量流速 q_w、空气质量流速 q_a、进口水温 t_{w1}、进口空气干球温度 t_{a1} 和湿球温度 t_{1s} 等影响因素的关系式，回归方程形式见式（4-30）～式（4-32）。

$$\sigma = A_1 \cdot q_a^{A_2} \cdot q_w^{A_3} \cdot t_{w1}^{A_4} \cdot t_{a1}^{A_5} \cdot t_{1s}^{A_6} \tag{4-30}$$

$$\alpha = B_1 \cdot q_a^{B_2} \cdot q_w^{B_3} \cdot t_{a1}^{B_4} \cdot t_{1s}^{B_5} \cdot t_{w1}^{B_6} \tag{4-31}$$

$$\Delta P = C_1 \cdot q_a^{C_2} \cdot q_w^{C_3} \tag{4-32}$$

A_i，B_i，C_j（$i=1$，6；$j=1$，3）是回归得到的系数，表 4-16 为 2 号填料回归方程系数表。

2 号填料回归方程系数表　　表 4-16

	1	2	3	4	5	6	R
A	0.228646	0.870126	−0.274528	−0.472527	−0.973658	0.562544	0.939000
B	0.033082	0.030725	0.099833	−1.984030	1.677780	0.128663	0.869000
C	14.265000	1.831300	0.686940				0.949000

实验结果表明，增大淋水质量流速和空气质量流速，会使填料表面空气与水之间的传热传质系数增大，进口水温从 5℃增加到 12℃，传质系数降低程度超过 50%，空气的温降和焓降也分别降低 20%以上，进口水温低对传热传质更有利，但冷水温度过低运行经济型变差。比表面积为 500m^2/m^3 的铝合金填料与比表面积为 350m^2/m^3 的铝合金填料相比，更适宜在空调机组中应用，其迎面风速取 2.2～2.8m/s，淋水质量流速取 1.8～2.5kg/（m^2·s）为宜。

（5）实验 5

2007 年，西安工程大学杨洋、黄翔、颜苏芊等人测试了比表面积为 500m^2/m^3 的铝箔填料在不同迎面风速（1.5m/s、2.0m/s、2.7m/s）条件下，淋水密度与换热效率的关系式[19]。实验结果表明：在所采用的喷嘴型号和喷嘴密度情况下，额定迎面风速为 2.7m/s 时，对应的最佳淋水密度为 6000kg/（m^2·h），即 1.67kg/（m^2·s）。此外，杨洋等人在前人的基础上，将风速从 2.0～2.8m/s 扩大到 4.5m/s 以上的高风速范围，得到 0.1～4.0m/s 风速范围内铝箔填料的冷却性能数据。实验测得的铝箔填料冷却性能数据见表 4-17，迎面风速与冷却效率之间的关系曲线如图 4-8 所示。

铝箔填料测试数据 表 4-17

序号	填料前空气温度（℃）		填料后空气温度（℃）		风速（m/s）	蒸发冷却效率（%）
	干球温度	湿球温度	干球温度	湿球温度		
1	27.8	24.2	24.8	24.0	0.1	83.33
2	27.8	24.0	24.6	23.8	0.4	84.21
3	27.0	24.4	25.0	23.4	0.9	76.92
4	27.4	23.6	24.8	23.8	1.2	68.42
5	27.6	23.8	25.0	24.0	1.6	68.42
6	28.4	23.6	25.2	23.8	2.1	66.67
7	27.8	24.0	25.4	24.4	2.7	63.16
8	28.0	23.6	25.6	24.2	3.0	54.55
9	28.4	23.8	25.8	24.0	3.5	56.52
10	28.2	24.4	25.8	24.6	3.9	63.16

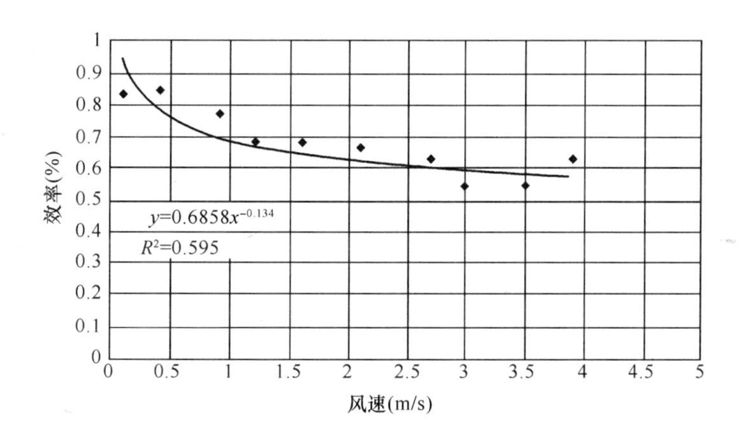

图 4-8 铝箔填料风速与冷却效率关系式

从图 4-8 可见，随着风速的增加，填料的效率逐步降低，其中风速在 2～4m/s 时，填料的效率稳定在 60%，而这一风速范围正是实际工程中常用的风速。图中函数曲线的相关系数 R^2＝0.595，说明该函数曲线吻合度较好。

4.3.4.4 纸质填料降温性能

1. 实验 1

同济大学张庆民、陈沛霖等人对上海某厂生产的纸质填料冷却性能进行了实验研究，该纸质填料耐水浸泡，外形为 45°斜波纹片，相邻片粘叠成块，其结构示意图见图 4-9[20]。

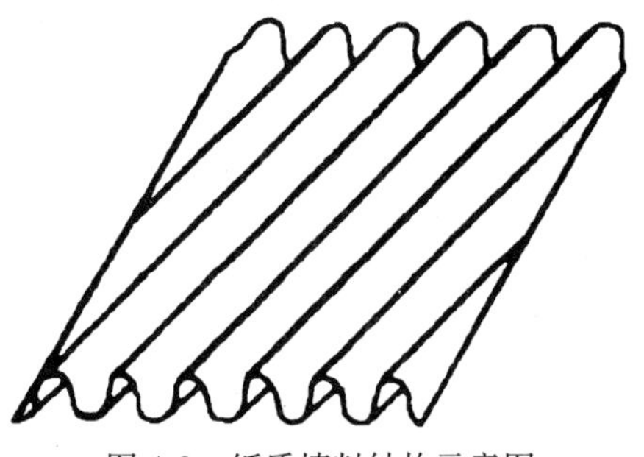

图 4-9 纸质填料结构示意图

张庆民等人测试了淋水温度等于入口空气湿球温度时，纸质填料蒸发冷却器的性能参数。实验中，入口空气干球温度范围为 30～40℃，入口空气湿球温度范围为 20～30℃，空气流量为

$150\sim700\text{m}^3/\text{h}$，水流量为 $50\sim550\text{kg/h}$，水气比范围为 $0.1\sim1.0$，填料厚度分别为100mm、200mm和300mm。

实验测试得到空气流速、填料厚度、淋水量以及入口空气干湿球温度等因素对蒸发冷却器效率的影响。实验结果表明，对于该结构填料，空气流速取 $1.0\sim2.0\text{m/s}$ 的中间流速较为合适；水汽比宜在 $0.3\sim0.6$ 之间；当填料厚度接近400mm时，出口空气温度已经基本等于入口湿球温度，此时，再增加填料厚度，对空气的处理已无任何意义了。

根据传热传质原理，显热交换量 Q_x 和湿交换量 m_e 可分别表示成：

$$Q_x = k_h \cdot \Delta t_m \cdot A \tag{4-33}$$

$$m_e = k_m \cdot \Delta \rho_m \cdot A \tag{4-34}$$

式中　A——为有效面积；

Δt_m、$\Delta \rho_m$——分别为对数平均温度差和对数平均密度差；

k_h、k_m——分别为显热交换系数和湿交换系数。

知道 k_h、k_m后，便可方便地求出 Q_x 和 m_e。k_h、k_m可以通过努赛尔特准则 Nu 和宣乌特准则 Sh 的准则方程式求出。实验研究得到纸质填料热交换和质交换的实验经验准则方程式为：

$$\text{热交换：} Nu = 0.2086\,\text{Re}^{0.88}\,\text{Pr}^{1/3}\,l_d^{0.38} \tag{4-35}$$

$$\text{质交换：} Sh = 0.2086\,\text{Re}^{0.88}\,Sc^{1/3}\,l_d^{0.38} \tag{4-36}$$

式中　Re——雷诺准则；

Pr——普朗特准则；

Sc——施密特准则；

l_d——修正项。

传热单元数 NTU 与效率 η 的经验公式为：

$$NTU = -5.78 + 29.00\eta - 44.48\eta^2 + 24.79\eta^3 \tag{4-37}$$

或：

$$\eta = 0.0066 + 0.7692(NTU) - 0.2437\,(NTU)^2 + 0.0285\,(NTU)^3 \tag{4-38}$$

效率 η 的经验公式为：

$$\eta = 0.20164 v^{-0.00102} \mu^{0.15806}\,(l/l_{ch})^{0.33701} \tag{4-39}$$

式中　l_{ch}——定型尺寸，m；

$l_{ch}=V/A$，V 为填料体积，m^3；A 为填料表面积，m^2。

利用准则方程式及 NTU 的经验公式，或者直接由 η 的经验公式均可以求出纸质填料的冷却效率。

空气阻力的经验公式：

$$\Delta P = 0.158 v_a^2 \mu^{0.50272}\,(l/l_{ch})^{1.13185}\,(\text{Pa}) \tag{4-40}$$

上述实验研究结果可用于纸质填料直接蒸发冷却系统的设计计算和产品的优化设计。在此基础上，张庆民等人还研究了淋水温度低于入口空气露点温度时，纸质填料对空气的冷却去湿效果。并指出，使用该填料实现空气冷却去湿在实际工程中是可行的，可用它来替代体积庞大的喷水室，如在工程中推广使用必将带来更好的经济效果。

2. 实验2

哈尔滨工业大学马最良、肖玉生等人探讨了纸质淋水填料应用于卧式组合空调机组直接蒸发冷却段的可行性[21]。设计中选择规则纸填料作为淋水填料层，该填料比表面积≥

370m²/m³，吸湿性能良好，阻力远小于木丝等自由填充材料，有足够的湿挺度，无毒，不会产生有害气体。该直接蒸发冷却段设计迎面风速为1.5～2.5m/s，填料厚度在125～200mm范围内，最小淋水密度为0.695kg/（m²·s），实际淋水量应大于最小淋水量，并考虑20%的富裕量，采用池式重力布水方式给填料布水，冷却效率介于80%～92%之间。

4.3.4.5　多孔陶瓷填料降温性能

湖北工业大学冯胜山等人研究了泡沫陶瓷填料冷却过程，实验填料比表面积为500m²/m³，几何尺寸为500mm×1000mm×300mm（其中迎风面积为500mm×1000mm，淋水面积为1000mm×300mm），实验分析了水的质量流速、空气质量流速等参数对空气出口状态和填料阻力的影响[22]。

4.3.5　几种填料降温性能对比

4.3.5.1　有机、无机、金属填料降温性能对比

表4-18是国家空调设备质量监督检验中心对3种主要填料的检验结果[8]。

国家空调设备质量监督检验中心对3种主要填料的检验结果　表4-18

填料类型	测试条件			测试结果				风侧阻力（Pa）
	填料前			填料后		填料前后温差（℃）	加湿量（g/kg）	
	干球温度（℃）	湿球温度（℃）	迎面风速（m/s）	干球温度（℃）	湿球温度			
有机	40.02	24.99	2.59	32.66	25.48	7.36	4.06	36.8
无机	40.06	23.54	2.45	29.58	23.74	10.48	9.70	26.7
金属	40.01	23.50	2.61	37.10	25.01	2.91	3.63	38.4

4.3.5.2　无机填料与木丝填料降温性能对比

西安工程大学宣永梅、黄翔、武俊梅等人在同一气候模拟室中，对比测试了木丝填料与无机填料GLASdek的降温性能[7,16,23]。两种直接蒸发冷却器主要性能参数对比见表4-19。

两种直接蒸发冷却器性能参数　表4-19

性能参数	木丝填料空调机	无机填料空调机
填料种类	木丝	GLASdek
填料厚度（mm）	50	138
填料迎风面积（mm×mm）	500×500	550×500
风机类型	低噪声双速离心风机	低噪声离心风机
风机转速（rpm）	920/1410	950
额定风量（m³/h）	3500/4500	4700
填料迎面风速（m/s）	1.85/2.83	1.54
水泵流量（kg/s）	0.295	0.530
电机功率（kW）	1.3/2.5	1.8
外形尺寸（mm×mm×mm）	700×700×900	990×990×925

测试得到的部分实验结果见表 4-20。

两种填料性能对比结果　　**表 4-20**

木丝填料					GLASdek 填料				
t_1（℃）	t_{s1}（℃）	t_2（℃）	Δt（℃）	η（%）	t_1（℃）	t_w（℃）	t_2（℃）	Δt（℃）	η（%）
30.60	18.70	20.60	10.00	84.03	30.50	18.76	22.77	7.73	65.84
33.70	20.40	22.00	11.70	87.31	34.06	20.36	25.73	8.33	60.80
35.70	19.50	21.09	14.61	90.20	35.01	20.35	25.90	9.11	62.14
30.50	20.10	21.65	8.85	85.10	30.83	19.82	24.10	6.73	61.12

表中：t_1、t_2——空气处理前、后的干球温度，℃；t_{s1}——空气处理前湿球温度，℃；Δt——空气处理前后的干球温差，℃；η——直接蒸发冷却器效率，%。

从表 4-20 的测试结果可见，当被处理空气的干湿球温差大于 10℃时，木丝填料直接蒸发冷却器的冷却效率均在 85%以上，而 GLASdek 填料的空调机冷却效率一般在 60%左右，效率偏低。也就是说，50mm 厚木丝填料的降温加湿效果明显优于 100mm 厚的 GLASdek 填料，这是由于木丝填料的比表面积大于 GLASdek 填料，而蒸发冷却过程的总热交换量是与热湿交换面积密切相关的。所以，尽管木丝填料的厚度小于 GLASdek，但是由于其比表面积大，其效率远远高于 GLASdek 填料。

但是作者同时指出，木丝填料也有其不足之处，即阻力大于 GLASdek 填料，这是因为木丝填料属于自由填充填料，而 GLASdek 填料表面设计了特殊的波纹角度，可以控制空气与水交叉流动的方向。另外，实验中发现，木丝填料的湿挺度不如 GLASdek，填料湿润后明显下坠。综合比较 GLASdek 填料与木丝填料的性能，笔者认为 GLASdek 填料优于木丝填料，在此基础上，笔者进一步提出了 GLASdek 填料冷却器的优化措施。

4.3.5.3　五种不同填料降温性能对比

为了解不同填料的降温性能，西安工程大学刘小文，黄翔等人在同一实验台上，在近乎相同的实验条件下，对 5 种常见填料进行了实验研究[24]，这 5 种填料分别是：CELdek，GLASdek，金属填料（刺孔波纹铝箔填料），多孔陶瓷填料（一般工业冷却塔用填料），国内某公司新研制的蓝色 PVC 填料。图 4-10 是 5 种填料实物图。

测试时，5 种填料的迎风面尺寸均为 250mm×250mm，厚度均为 100mm。实验中，填料入口的温度范围为 28～33℃，湿度范围为 40%～65%。在近乎相同的气象条件下测试空气流速和淋水密度对上述 5 种填料冷却效率的影响。

实验过程中，迎面风速有 5 个水平，分别为：1m/s、1.5m/s、2.0m/s、2.5m/s、3.0m/s，而淋水密度有 4 个水平，依次为 1600kg/（m^2·h）、2400kg/（m^2·h）、3200kg/（m^2·h）、4000kg/（m^2·h）。

实验内容包括两方面：（1）迎面风速为 2.0m/s 和 2.5m/s 的条件下，不同淋水密度下对填料效率及阻力的影响；（2）淋水密度为 1600kg/（m^2·h）和 2400kg/（m^2·h）的条件下，不同迎面风速对填料效率及阻力的影响。

图 4-11 是风速为 2.0m/s、2.5m/s 时，各种填料效率随淋水密度的变化，从图 4-11 中可以发现：

（1）除了 PVC 外，其他 4 种填料的效率都随淋水密度的增加先降低再增加，且都在

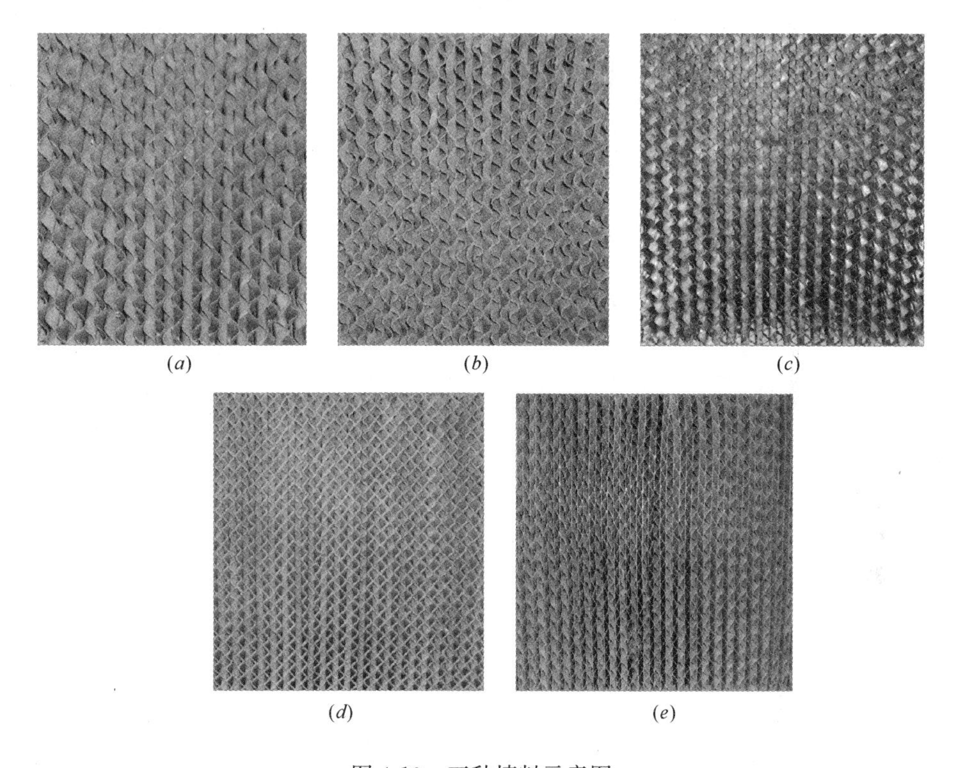

图 4-10 五种填料示意图

（*a*）CELdek；（*b*）GLASdek；（*c*）铝箔；（*d*）多孔陶瓷；（*e*）蓝色 PVC

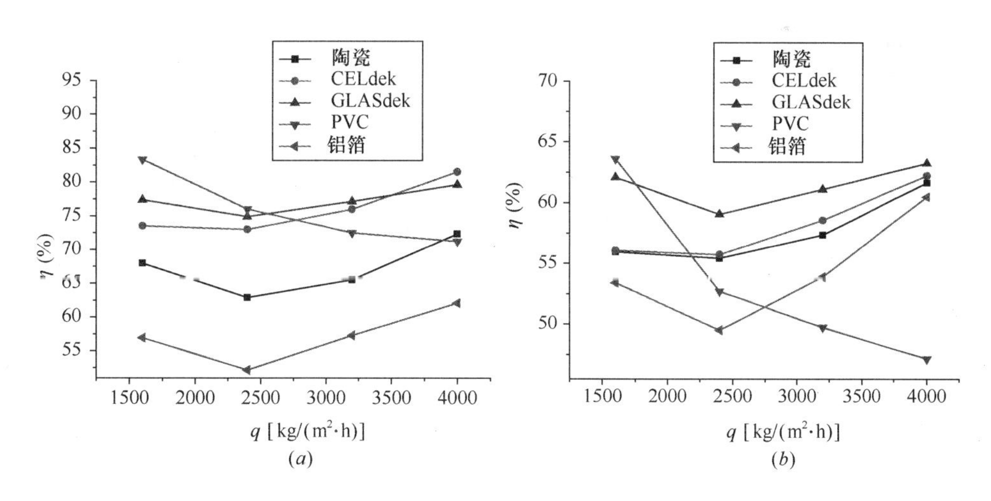

图 4-11 不同风速条件下，各填料冷却效率随淋水密度的变化

（*a*）v_a=2.0m/s；（*b*）v_a=2.5m/s

2400kg/（m^2·h）时效率最低。当风速为 2.0m/s，淋水密度分别为 1600kg/（m^2·h）和 2400kg/（m^2·h）时，这 5 种填料的效率从大到小为：PVC＞GLASdek＞CELdek＞陶瓷＞铝箔；而当风速为 2.5m/s，淋水密度为 3200kg/（m^2·h）和 4000kg/（m^2·h）时，这 5 种填料的效率从大到小为：GLASdek＞CELdek＞陶瓷＞铝箔＞PVC。

（2）PVC 填料效率随着淋水密度的增加而下降。PVC 填料通过在填料表面形成稳定

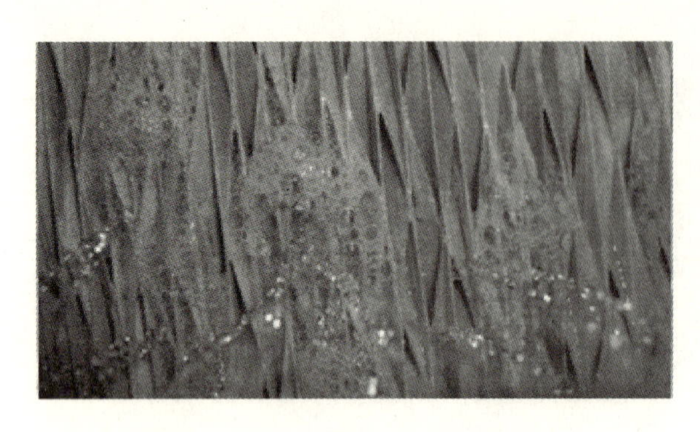

图 4-12 PVC 填料淋水产生的泡沫

的水膜与空气进行热湿交换，当淋水密度过大时，水膜厚度增加，空气过流断面大大减少，因此空气与水的热湿交换就大大减弱。而且在实验中刘小文等人发现，当淋水密度为 2400kg/（m^2・h）时，这种新型 PVC 填料淋水断面上开始产生泡沫，如图 4-12 所示。填料表面产生的大量泡沫阻碍了空气与水热湿交换的流道，并且随着淋水密度的改变泡沫越来越多，效率逐渐下降。

（3）当风速一定时，淋水密度过大或过小对热湿交换都不利。只有处于一个合适的范围内，填料表面才能形成均匀的水膜，既不会因为淋水密度太小在某些地方形成干点，也不会因为水膜太厚而减小空气过流断面造成填料效率的下降。

图 4-13 是淋水密度为 1600kg/（m^2・h）、2400kg/（m^2・h）时，各种填料效率随风速的变化，由图 4-13 可知：

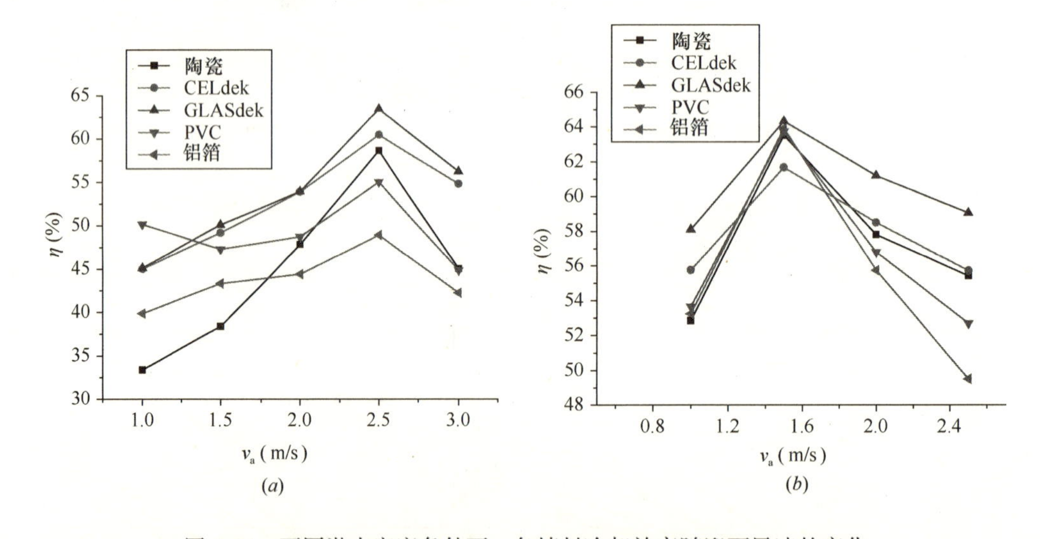

图 4-13 不同淋水密度条件下，各填料冷却效率随迎面风速的变化

（*a*）q=1600kg/（m^2・h）；（*b*）q=2400kg/（m^2・h）

（1）当淋水密度一定时，各种填料都具有最佳风速。当淋水密度为 1600kg/（m^2・h）时，这 5 种填料的最佳风速都为 2.5m/s，当淋水密度为 2400kg/（m^2・h）时，最佳风速为 1.5m/s。空气经过填料时，填料表面的水分蒸发导致空气的湿度加大，如果风速过小，这部分空气不能迅速排出，后面的蒸发过程就会减慢，导致效率下降，而当风速过大时，空气与水膜的接触时间减少，热湿交换不够充分，效率降低，而且此时在实验中观察到明显的送风带水的现象。可以认为：当淋水密度为 1600kg/（m^2・h），风速为 2.5m/s 时；或者淋水密度为 2400kg/（m^2・h），风速为 1.5m/s 时，空气与水膜接触时间已经足够使冷却效率达到最大。不同淋水密度对应的最佳风速不同，是因为淋水密度较大时，空气的

过流断面较小，如果此时风速太大会大大降低空气和水的热湿交换，因此较大淋水密度对应的最佳风速较小。

（2）当淋水密度为2400kg/（m²·h），风速为2.0m/s和2.5m/s时，这5种填料的效率从大到小依次为：GLASdek＞CELdek＞陶瓷＞PVC＞铝箔；而当淋水密度为1600kg/（m²·h），风速为2.5m/s和3.0m/s时，填料效率的规律依然是GLASdek＞CELdek＞陶瓷＞PVC＞铝箔。可以认为，当淋水密度一定时，风速处于一个合适的范围内，填料表面的热湿交换才能充分进行。

图4-14是风速为2.0m/s、2.5m/s时，各种填料过流阻力随淋水密度的变化，图4-15是淋水密度为1600kg/（m²·h）、2400kg/（m²·h）时，各种填料过流阻力随风速的变化，从图4-14和图4-15中可以看出：

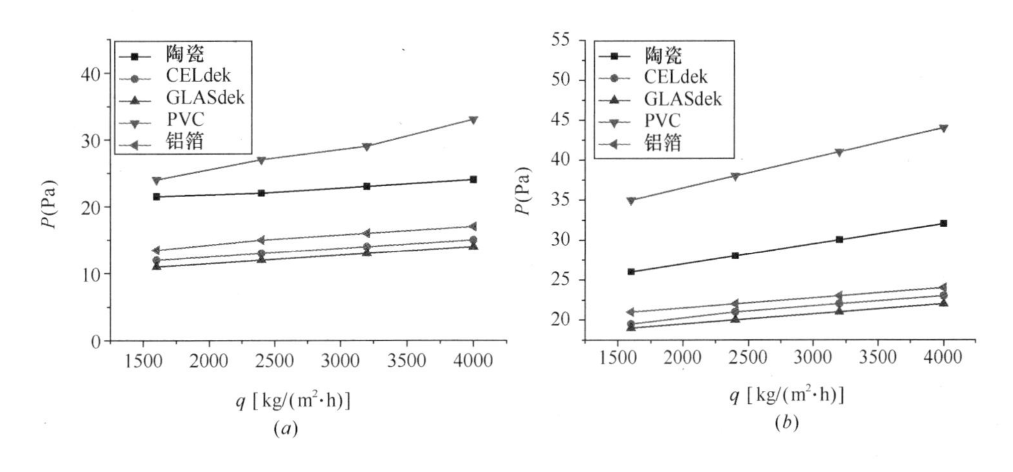

图4-14　不同风速条件下，各填料过流阻力随淋水密度的变化

（a）v_a=2.0m/s；（b）v_a=2.5m/s

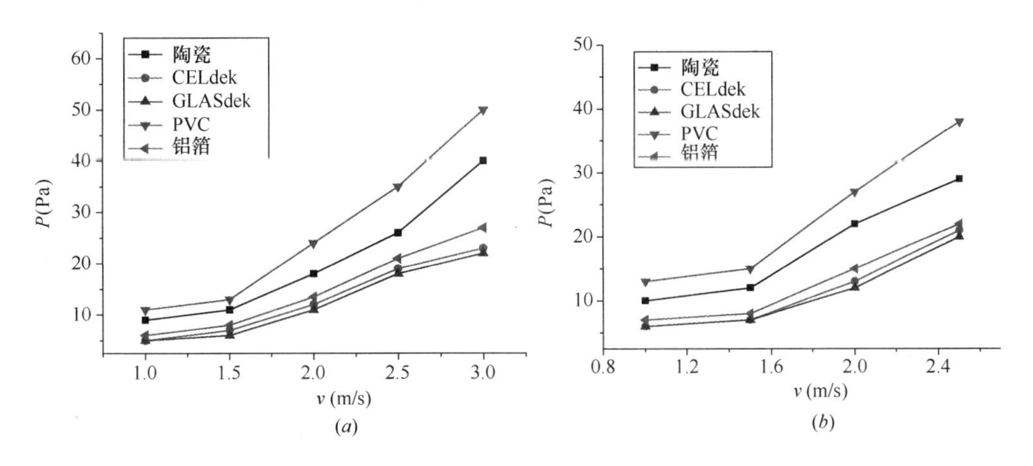

图4-15　不同淋水密度条件下，各填料过流阻力随迎面风速的变化

（a）q=1600kg/（m²·h）；（b）q=2400kg/（m²·h）

（1）各种填料过流阻力随风速的变化规律类似于幂函数曲线，变化趋势较为平稳。各种填料的过流阻力随淋水密度的变化基本呈线性规律，且变化平缓，相邻淋水密度之间阻力相差不大，在1～3Pa左右。填料过流阻力随风速的变化趋势明显大于随淋水密度的变

化，说明淋水密度对填料阻力的影响不大。

（2）在相同的风速条件和淋水密度条件下，这5种填料阻力的变化规律始终为：PVC＞陶瓷＞铝箔＞CELdek＞GLASdek。

（3）新型PVC填料的阻力最大，这是因为PVC的亲水性差，为了改善表面的亲水性，在相邻两片波纹板之间增加了吸水性很好的平板，如图4-10（e）所示，平板的增加提高了PVC的效率，在图4-11和图4-13中甚至出现PVC效率高于GLASdek的情况。但是这种效率的增加方式是以能耗增加为代价的，因为PVC填料的阻力也大大增加了。

（4）陶瓷的阻力介于PVC和铝箔之间。这是因为：第一，实验用陶瓷填料的波纹纸之间没有PVC填料的间隔平板，所以阻力小于PVC；第二，实验所用到的多孔陶瓷填料为工业冷却塔用陶瓷填料，这种填料比蒸发冷却用填料密实，而且其波峰、角度和流道均不是按蒸发冷却填料来设计的，因此阻力比铝箔大。

4.4　填料加湿性能

4.4.1　加湿原理

空气与水在直接蒸发冷却器（段）中直接接触时，空气与水表面的饱和空气层之间不仅存在着温差，还存在着水蒸气分压力差，在水蒸气分压力差的推动下，水分蒸发成水蒸气进入空气，空气的湿度增加，潜热增加。因此，利用水在填料上的蒸发吸热作用，不仅可以对空气进行降温，还可以在冬季对空气进行加湿。

这种由填料构成的加湿器称为湿膜加湿器，它属于蒸发式加湿器（也称汽化式加湿器）。填料是湿膜加湿器的核心，按填料材质的不同，湿膜加湿器可分为有机湿膜加湿器、无机湿膜加湿器、铝合金网状湿膜加湿器、不锈钢刺孔湿膜加湿器和陶瓷湿膜加湿器等。

湿膜加湿器的工作原理是[25,26]：水经上水泵由管路送至淋水系统，其下部是高吸水性的加湿材料——填料（湿膜）。水在重力作用下沿湿膜材料向下渗透，水分被湿膜材料吸收，形成均匀的水膜，当干燥的空气通过湿膜材料时，水分子充分吸收空气中的热量而汽化、蒸发，使空气的湿度增加，形成湿润的空气。这一过程中空气的湿度增加，温度下降，焓值不变，属于等焓加湿型空气加湿器。湿膜加湿器由填料模块、布水器组件、输水管、水泵、水箱、进水管、排水管等组成，如图4-16所示，其实物照片见图4-17，填料上的水膜具有除尘、脱臭的辅助作用，可以捕捉空气的灰尘、臭氧及细菌等，并通过未蒸发掉的水分排出，同时，填料表面不断有经过游离氯杀菌处理的自来水清洗，可实现洁净加湿。

湿膜加湿器的供水方式有直接供水（也称“直排水”）加湿和循环供水两种。直接供水方式不设水泵，其工作原理见图4-18（*a*），它要求供水管路能提供足够的流量和压头，并设定流量阀，可使水流量保持相对稳定的水平，经过滤器的清洁自来水通过供水管路均匀分配到填料顶部布水器，水在重力作用下沿填料表面往下流，水分被填料吸收，从而将填料表面润湿，没有蒸发掉的水流回接水盘，并通过排水弯管直接排到下水管道中，不再循环使用。

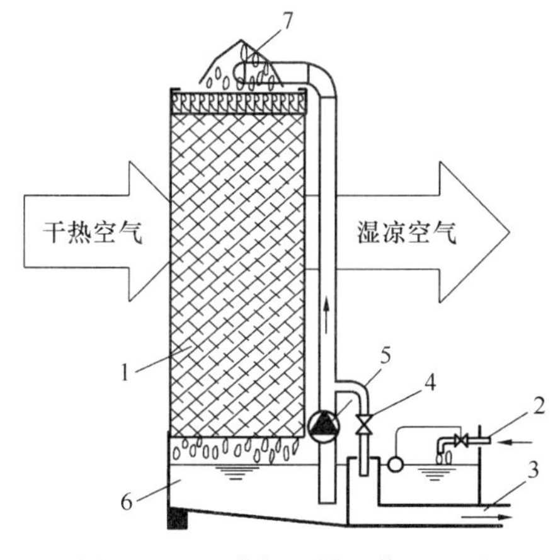

图 4-16　湿膜加湿器工作原理图
1—填料；2—进水管；3—排水管；4—排放阀；
5—水泵；6—水箱；7—布水器

图 4-17　湿膜加湿器实物图

循环供水方式设水泵，其工作原理见图 4-18（*b*），洁净自来水（或冷冻水）通过进水管路送到填料循环水的循环水箱中，进入循环水箱的水由浮球阀或液位开关来控制。加湿器工作时，循环水泵将水箱中的水送到填料顶板布水器，通过填料布水器将水均匀分布，水在重力作用下沿填料表面往下流，将填料表面润湿，从填料上流下来的未蒸发的水流入循环水箱，再由循环水泵送入湿膜顶部，此过程循环往复，从而达到节水的目的。该供水系统设有定量排放控制阀和定量排放管，将一部分循环水放掉，同时增加新鲜水供应量，以平衡水中的离子浓度，并将它维持在恒定的较低水平。

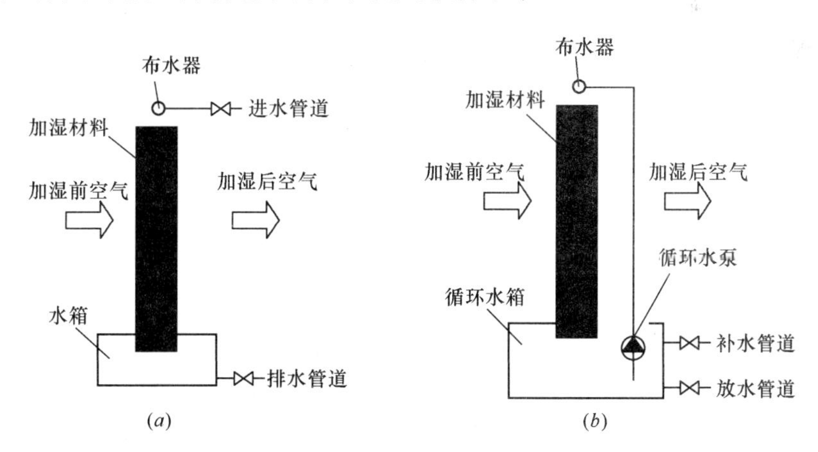

图 4-18　湿膜加湿器供水方式
（*a*）直排水；（*b*）循环水

湿膜加湿器用于冬季加湿时，直接供水方式使用的自来水温度较低，一般为 5℃左右，低温水的焓值较低，从液态变成气态所需要吸收的空气热量也较大，往往水还没有被汽化就从湿膜顶部流到底部，此时的水温虽然升高了，但又白白流走了，造成能量的浪费且达不到预定的加湿量。而采用循环供水方式时，由于水反复循环，水从空气中吸收了不少热量，加湿器工作一段时间后水温会比较高，此种温度的水焓值远高于冬季自来水焓值，故汽化比较容易，加湿效果好。工程上一般都优先采用湿膜循环水加湿器。

湿膜加湿器可广泛用于造纸、印刷、温室、人工栽培、动物饲养等行业，对于高热干燥地区，夏季的直接蒸发冷却与冬季的加湿功能将使填料型加湿器发挥更大的作用。

4.4.2 加湿性能指标

利用湿膜加湿器加湿空气，空气的状态变化在焓湿图上的表示见图 4-5。在理想状态下，当空气与水接触面积无限大，接触时间无限长时，空气可被处理至饱和点 3，而实际过程中空气处理后的状态点为 2，空气温度降低，显热减少，湿度增大，潜热增加。评价湿膜加湿器的加湿性能指标有饱和效率和加湿效率两种。

饱和效率：

$$\eta_b = \frac{t_1 - t_2}{t_1 - t_3} \tag{4-41}$$

式中 t_1——加湿前空气的干球温度,℃；

t_2——加湿后空气的干球温度,℃；

t_3——空气的湿球温度,℃。

加湿效率：

$$\eta = \frac{d_1 - d_2}{d_{max} - d_1} \tag{4-42}$$

式中 d_1——空气被加湿前的含湿量，g/kg；

d_2——空气被加湿后的含湿量，g/kg；

d_{max}——饱和状态空气的含湿量，g/kg；

饱和效率表示被处理空气经加湿后所能达到的饱和程度，反映加湿是否充分，饱和效率越高，表示加湿器使空气状态发生变化的能力越强。

4.4.3 加湿性能影响因素[26,27]

湿膜加湿器的加湿过程是空气与填料表面水膜直接接触的热质交换过程，在风机的作用下，加湿主要是以对流传质方式进行的，当干燥的空气吹过填料表面时，填料表面将维持一个较气流温度低的平衡温度，此时在填料表面上形成温度边界层，热量将通过温度边界层由气流主体传递给填料表面，向表面处的水分提供热量，将水分汽化，同时由于填料表面的水蒸气浓度高于气流主体中水蒸气的浓度，故在填料表面形成浓度边界层，汽化的水分通过浓度边界层传递到空气主流中。

目前，对同时进行热质交换过程的理论计算，尤其是当传质速率较大时，一般采用奈斯特的薄膜理论。薄膜理论是奈斯特在 1904 年提出的，其基本论点是：当空气流过一湿壁时，壁面上的空气流速应该等于零，因此在接近壁面处有一层滞流流体薄膜，其厚度为 δ，由于是滞流薄层，传质过程必定是以分子扩散形式通过这一薄层，全部对流传质的阻力都集中在这一薄层内。另外，还认为膜内的扩散传质过程具有稳态的特性。

根据膜理论有：

$$h_m = D/\delta \tag{4-43}$$

式中 h_m——对流传质系数，m/s；

D——扩散系数，m^2/s；

δ——膜层厚度，m。

根据斐克定律，分子扩散通量 J 为：

$$J = D(C_w - C_1) \tag{4-44}$$

式中 D——扩散系数，m^2/s；

C_w——湿膜处水蒸气分子浓度，mol/m^3；

C_1——湿膜表面饱和空气层水蒸气分子浓度，mol/m^3。

在汽水界面上的饱和空气主要以对流方式与主流空气进行传质，描述对流传质的基本方程与描述对流传热的基本方程相对应，对流传质通量 N 为：

$$N = K\Delta C = K(C_1 - C_A) \tag{4-45}$$

式中 K——对流传质系数，m/s；

C_1——湿膜表面饱和空气层水蒸气分子浓度，mol/m^3；

C_A——主流空气水蒸气分子浓度，mol/m^3。

假设为稳态传质，则 $J=N$，即 $D(C_w - C_1) = K(C_1 - C_A)$，可求得：$C_1 = \dfrac{DC_W + KC_A}{K+D}$，将其带入式（4-41）得：

$$J = \frac{DK}{D+K}(C_W - C_A) \tag{4-46}$$

对于水蒸气，假定符合理想气体，则 $pV=nRT$，所以分子浓度 C 为：$C=\dfrac{n}{V}=\dfrac{p}{RT}$，则式（4-43）可以写成：

$$J = \frac{DK}{(D+K)R_W}\left(\frac{p_W}{T_W} - \frac{p_A}{T_A}\right) \tag{4-47}$$

式中 R_W——水蒸气的气体常数；

T_W——水温，K；

p_W——Tw 下的饱和水蒸气分压力，Pa；

T_A——空气温度，K；

p_A——T_A下的水蒸气分压力，Pa。

从式（4-44）可见，对于一定结构的湿膜加湿器，影响其加湿性能的参数主要有水温、空气干湿球温度和空气流速，下面对各影响因素作简要分析。

1. 填料蒸发面积

影响湿膜加湿器加湿性能的因素很多，其中填料蒸发面积是影响其加湿效率的主要因素。为克服加湿能力低的缺点，必须在不改变加湿器尺寸的情况下，大幅度扩大蒸发面积。目前，填料结构上通常采用的波纹板交叉重叠形式就是提高填料蒸发面积进而提高加湿效率的一个方法。

2. 填料厚度

增加填料厚度可以使空气与湿润的填料接触时间加长，加湿效果增强，但是随着填料厚度的增加，出口空气含湿量也接近饱和含湿量，此时再增加填料厚度对空气加湿量的增加有限，但阻力会越来越大，所以应选择合适的填料厚度。

3. 空气流速

随着风机速度的增加，加湿量增加，而当加湿量达到一定数值后，再增加风机速度，加湿量反而呈现下降趋势。一方面，风速增大，热质交换系数增大，加湿效果提高，但风速太大会导致空气与湿膜之间接触时间缩短而削弱了加湿效果，空气的阻力也会急剧升高，所以应有适宜的风速。另一方面，在加湿过程中，迎面风速增大，加湿效果会提高，但风速太大会导致空气与湿膜之间的接触时间缩短，而降低加湿效果。

4. 入口空气温度和水温

对于一定结构的湿膜加湿器，空气与水表面的饱和空气层之间的温差和水蒸气分压力差是湿交换的推动力，空气和水的初参数决定了热湿交换推动力的大小，入口空气状态决定着空气吸收水分的能力，进口空气的干湿球温差越大，热质交换的推动力越大，降温加湿效果就越好，当进口空气的相对湿度增大到一定值后，水蒸气分压力差降低，进入到空气中的水蒸气减少，加湿效果降低。

4.4.4　加湿特点

1. 加湿效率高，维护简单，能耗低

填料作为湿膜加湿器使用时，属于蒸发式加湿器，由于填料采用了特殊的工艺处理，亲水性好、比表面积大、吸水性强、加湿效率高、空气阻力小；可控制循环水流量来控制加湿量，结构简单、维护费用低、使用寿命长；只有循环水泵耗电，能耗低，使用成本低，可大大节约能源，降低营业成本、节省占地面积、投资回收快。

2. 洁净加湿

采用填料蒸发加湿时，水分是通过蒸发而进入空气的，这正如江河湖泊中水的蒸发一样，很难产生喷雾加湿器常有的雾滴，加湿卫生且可靠。湿膜加湿器利用水分子汽化加湿，不带水，不必担心出现“白粉”现象，对送风机和送风管道不会有腐蚀、结垢等情况发生。填料表面形成的水膜具有除尘、脱臭的辅助作用，能捕集空气中的灰尘、臭氧、细菌和其他杂质，并通过未蒸发掉的水分而排出。同时，经过游离氯杀菌处理的自来水不断清洗填料表面，使填料具有很好的自我清洗能力，可实现洁净加湿。

3. 无需水处理

对水质无特殊要求，不需要专门的水处理，通过定期排污和添加防止微生物产生的药品可有效防止水盘中细菌的滋生。

湿膜加湿器与其他空气加湿器的性能特点比较见表 4-21[25]。

各种空气加湿器的性能特点　　**表 4-21**

加湿方法	蒸汽式加湿器					水喷雾式加湿器				汽化式加湿器	
加湿器种类	干蒸汽加湿器	间接式蒸汽加湿器	电热式加湿器	电极式加湿器	红外线加湿器	超声波加湿器	离心式加湿器	汽水混合式加湿器	高压喷雾加湿器	湿膜加湿器	板面蒸发加湿器
空气状态变化过程	等温加湿	等温加湿	等温加湿	等温加湿	等温加湿	等焓加湿	等焓加湿	等焓加湿	等焓加湿	等焓加湿	等焓加湿
加湿能力(kg/h)	100～300	10～200	容量大小可设定	4～20	2～20	1.2～20	2～5	0～400	6～250	容量大小可设定	容量小
耗电量 W/(kg·h)		0		780	0	20	50		800	耗电低	耗电低

续表

加湿方法	蒸汽式加湿器					水喷雾式加湿器				汽化式加湿器	
优点	加湿迅速均匀稳定，不带水滴，不带细菌，节省电能，运行费用低，布置方便	加湿迅速均匀稳定，不带水滴，不带细菌，节省电能，运行费用低，控制性能好	加湿迅速均匀稳定，控制方便灵活，不带水滴，不带细菌，装置简单，无需汽源，无噪声	加湿迅速，不带水滴，不带细菌，使用灵活，控制性能好，装置较简单	运行控制简单，动作灵敏，加湿迅速，产生的蒸汽中不夹带污染微粒，所用的水可不作处理，能自动地作定期清洗、排污	体积小，加湿强度大，加湿迅速，耗电量少，使用灵活，无需汽源，控制性能好，雾粒小而均匀，加湿效率高	节省电能，安装方便，使用寿命长	对水质无要求，雾粒细，加湿量可任意组合，主控箱与喷头可分离安装，尤其适合高湿冷库环境及纺织厂车间直接加湿	加湿量大，雾粒细，效率高，运行可靠，耗电量低	构造简单，运行可靠，具有一定的加湿速度，初投资和运行费用都低	加湿效果较好，运行可靠，费用低，板面垫层兼有过滤作用
缺点	必须有汽源并伴有输气管道，设备结构较复杂，使用寿命长	必须有汽源并伴有输气管道、加热盘管	耗电量大，运行费用高，不使用软化水或蒸馏水时，内部易结垢，清洗较困难	耗电量大，运行费用高，使用寿命不长，价格高	耗电量较大，价格较高	可能带菌，单价较高，使用寿命短，加湿后尚需升温	水滴颗粒较大，不能完全蒸发，需排水	需要气泵、耗气量大	可能带细菌，水未经有效过滤时喷嘴易堵塞	易产生微生物污染，必须进行水处理	易产生微生物污染，必须进行水处理

4.5 填料过滤除尘性能

4.5.1 过滤机理及特点

过滤除尘性能是指填料表面的水膜对空气中的灰尘、异味的洗涤和去除能力及自净能力。直接蒸发冷却段以及直接蒸发冷却空调机是作为空气的冷却加湿设备加以应用的，它并不是作为空气过滤器使用的，但由于填料表面的水膜具有除尘、脱臭的辅助功能，可以捕捉空气的灰尘、臭氧及细菌等，并通过未蒸发掉的水分排出，所以使用直接冷却空调机还具有潜在的益处，即对尘埃的去除作用。此外，还可以利用填料表面液体对气体的吸收作用去除空气中的气态污染物，改善中央空调系统中的空气品质。

传统空调通风系统采用的空气过滤器多以泡沫塑料、无纺布、纤维、金属网等易积尘、不易清洁的材料为滤层。传统空气过滤器滤层的捕捉机理主要是：惯性碰撞、接触阻留、筛滤、重力沉降、扩散、静电等，空气过滤器靠其中的一种或者几种机理工作，但它们的共同特点是捕集到的尘粒及其附着的细菌病毒等都聚集在滤层上，当累积到一定数量时就可能产生扬尘现象，对空气造成二次污染，使中央空调通风系统成为传播病毒和细菌的一种途径。

填料作为空气过滤器使用时，是一种湿式除尘过滤器，水被循环水泵从接水盘中抽出，经布水器均匀散布到填料上，淋水在填料上形成的水膜，带有灰尘的空气通过填料时，较大的颗粒直接撞击到液膜上被捕获，较小的颗粒也通过空气与液膜的表面接触被液膜捕获，然后淋下的水将捕集尘粒或气溶胶的水膜冲落回接水盘中，接水盘中的液体定期排泄更换以确保清洁，空气则沿水平方向通过填料。其过滤机理主要是[28~31]：

（1）惯性作用。当尘粒或气溶胶随气流运动逼近填料时，尘粒或气溶胶受惯性力作用，来不及随气流转弯而仍向前直行撞进填料表面的液膜中，然后被向下流动的水带入接水盘。

（2）洗涤作用。由于水的喷淋，会在填料的空隙间形成液滴或水雾，成为捕尘体。

以上两种机理中，捕尘体都是水，而水的流动可以将尘粒、气溶胶带走，从而实现将尘粒、气溶胶与填料脱离。细菌和病毒都是附着在尘粒或气溶胶上随尘粒或气溶胶一起被捕集和脱离的。如果喷淋水中加入有效杀毒剂，则细菌和病毒可被杀死，从而使填料作为湿式空气过滤器使用时能有效去除空气中的微生物，并能进行有效杀菌，对尘粒同时完成过滤、脱离、灭菌消毒三个过程。但需要指出的是，填料型洗涤式空气过滤器对细菌和病毒的去除主要是靠水将它们带走，排入下水道，而不是靠消毒剂将它们杀死，喷消毒剂仅为特殊时期（如传染病高发季节）的辅助手段。

传统空气过滤器捕集到的尘粒及其附着的细菌、病毒都聚集在滤层上，而填料型洗涤式空气过滤器捕集的尘粒或气溶胶及其附着的细菌、病毒可随时脱离填料被喷淋的液体带走，它属于自净式过滤器填料，这也是填料作为空气过滤器使用时区别于传统空气过滤器最重要的特征。这个自净过程可以连续进行，而不需要像其他纤维过滤器积尘后阻力增加，必须通过更换或通过反冲或敲打的方式才能再生。这种特征克服了传统空气过滤器的一些弊病，不但对空气造成污染的可能性大大降低，而且随着空气过滤器使用时间增加，除尘频率下降，空气阻力上升的可能性也大大降低。

研究结果表明，填料作为洗涤式空气过滤器使用是一种无污染、高效率、低阻力、高可靠性和易操作的空气净化装置。可用于办公楼、候机楼、宾馆等中央空调通风系统的过滤净化，尤其是它的阻力低，特别适用于既有空调系统的改造，可替代现有的粗效过滤器。

通常采用过滤效率衡量填料作为过滤器使用时，对某一粒径范围尘粒的过滤效果，过滤效率计算公式如下：

$$\eta=(1-\frac{n_2}{n_1})\times 100\% \tag{4-48}$$

式中 η——对某一粒径范围尘粒的过滤效率，%；

n_1——过滤器前单位体积空气中某一粒径范围的尘粒数量，个/m^3；

n_2——过滤器后单位体积空气中某一粒径范围的尘粒数量，个/m^3；

填料作为过滤器使用时，过滤器的过滤效率和阻力主要取决于迎面风速、淋水密度、比表面积以及填料的吸湿性等。

4.5.2 金属填料过滤性能

4.5.2.1 过滤效率

1. 实验 1

天津大学金明、由世俊、张欢、马德刚等人对表面积为 500m^2/m^3，厚 100mm 的填料（宽590mm×高570mm）进行测试，为增加除尘效率，2块填料沿气流方向放置，总厚度为200mm[26,30]。在实验在室内进行，尘源为室内空气尘。实验结果表明：在迎面风速为1.5～2.8m/s，淋水密度为0.94～2.36kg/（m^2·s）的范围内，填料对1μm颗粒的除尘效率可达25%～40%，对3μm颗粒的除尘效率为78%～95%，对5μm颗粒的除尘效率为75%～98%，压力损失范围为30～130Pa。

我国中央空调系统中的传统过滤器一般采用的粗效纤维过滤器，一般粗效过滤器要求对5μm颗粒的除尘效率为20%～80%，终阻力为100～150Pa。而金属填料作为空气过滤器使用时，对直径大于5μm的尘粒和气溶胶，大气尘计数效率在96.4%以上，空气阻力只有99.96Pa[30]。与传统粗效过滤器相比，大气尘计数效果高得多，而空气阻力低于粗效过滤器平均值。中效过滤器的空气阻力一般为80～250Pa，对于直径大于1μm的尘粒，大气尘计数效率为20%～70%。这说明金属填料作为空气过滤器使用时，具有除尘效率高、阻力小等特点，其大气尘计数效率已经达到中效过滤器水平。

2. 实验2

天津大学王一飞、张欢等人分析了化纤制造厂长丝车间喷洒化纤油剂形成的油雾特征，发现其粒径范围为1～3μm，普通纤维过滤器对这一粒径范围内尘粒的除尘效率较低，而且随着使用时间的推移，过滤器的阻力会不断上升，因此提出采用淋水金属填料去除油雾的理念[29,33]。

测试填料厚度为400mm，比表面积为500m^2/m^3，实验淋水密度分别为0.94kg（m^2s）、2.36kg（m^2s），根据长丝车间纤维过滤器前的实测风速，取迎面风速为0.5～2.8m/s。

首先测试了淋水金属填料对大气尘的过滤效果，由实验结果可知，当淋水密度为0.94kg/（m^2·s）、迎面风速0.5～2.8m/s时，金属填料过滤器对于粒径为1μm尘粒的累计过滤效率在15%～35%之间，对于粒径为3μm尘粒的累计过滤效率在30%～70%之间，对于粒径为5μm尘粒的累计过滤效率在45%～85%之间，对于粒径10μm尘粒的累计过滤效率在50%～85%之间，而在迎面风速为2.5m/s时，过滤器阻力仅为80Pa左右。实验结果证明，金属填料过滤器的过滤效率达到了中效过滤器，而阻力只为粗效过滤器的水平。

在此基础上分析了淋水金属填料去除油剂尘粒的过滤效果，实验结果表明，洗涤式金属填料过滤器对油剂尘粒的过滤效率大于大气尘粒的过滤效率。对1μm粒径的尘粒，过滤器对油剂尘粒的过滤效率（20%～45%）高于过滤器对油雾混合体系的过滤效率（20%～40%），高于过滤器对大气尘粒的过滤效率（10%～35%），对于其他粒径的尘粒也有类似规律。与传统纤维过滤器相比，洗涤式金属填料过滤器对于油剂尘粒集中的1～3μm粒径尘粒过滤效率相对较高，这说明采用金属填料过滤器去除化纤油剂形成的油雾具较高的可行性。

3. 实验3

西安工程大学张伟峰、黄翔、颜苏芊等人实验研究了金属填料对室外新风中PM_{10}（空气动力性直径在2.5～10μm之间的颗粒物，又称粗颗粒物）的净化效果[34]。测试填料为金属铝箔填料，实验粉尘采用医用滑石粉，其密度为2100kg/m^3，粒径分别为小于1μm的粉尘颗粒占总数的8.5%，1～10μm的粉尘颗粒占总数的84.3%，大于10μm的粉尘颗粒占总数的7.2%，采用人工击打尘源发尘。实验测得迎面风速以及淋水密度对 PM_{10} 的过滤效率的影响，并对比了填料与喷淋段对 PM_{10} 过滤效率的大小。

实验结果表明，淋水密度不变，风速范围为 1.2～1.58m/s 时，随着风速的增加，填料段对室外新风中 PM_{10} 的过滤效率逐渐下降，见图 4-19。这是因为风速较小时带有颗粒物的空气与铝箔表面的水膜充分接触，并随向下流动的水流流回水箱中。而随着风速的增加，气体流动速度增大，颗粒物与水接触时间变短，还没有被水冲走就已经随空气“溜走”，故过滤效率低。风速不变，随着淋水密度的增加，填料对 PM_{10} 的过滤效率增加，这是因为随着淋水密度的增加，与空气接触的水量增加，过滤效率增加，见图 4-20。风速范围为 1.2～1.58m/s 时，填料段对 PM_{10} 的过滤效果明显好于喷淋段，见图 4-21，这是由于填料大大增加了空气与水的接触面积。

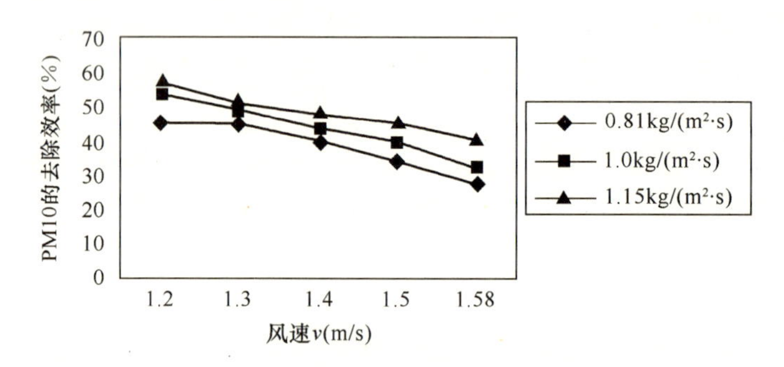

图 4-19　各种淋水密度下，风速对 PM_{10} 过滤效率的影响

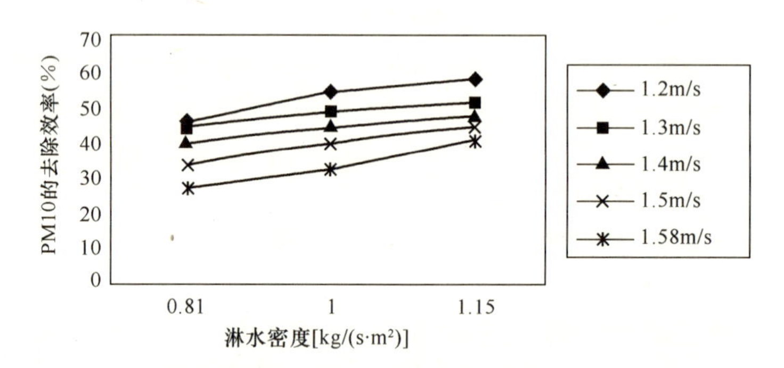

图 4-20　各种风速下，淋水密度对 PM_{10} 过滤效率的影响

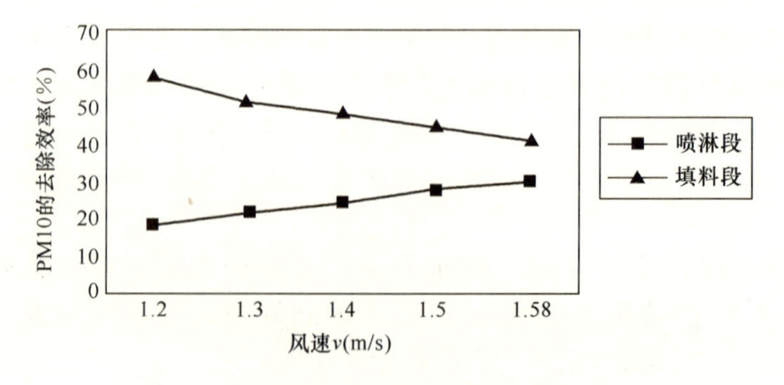

图 4-21　喷淋段与填料段对 PM_{10} 过滤效率的对比

4. 实验4

直接蒸发冷却器内的填料被喷淋水润湿，加大了空气与水的接触面积，所以对尘粒的去除很有效。美国 Helmut Paschold 等人对两个普通填料式蒸发冷却器模型进行实验对比，发现采用填料式蒸发冷却器对 PM_{10} 的去除率可达 50%，而对 $PM_{2.5}$（空气动力学直径在 2.5μm 以下的颗粒物，又称细颗粒物）的去除率为 10%～40%[35]。

4.5.2.2 过滤效率的影响因素

填料作为过滤器使用时，过滤器的过滤效率和阻力主要取决于填料的吸湿性、比表面积、淋水密度及迎面风速。

1. 迎面风速对除尘效率的影响

迎面风速对金属填料过滤器的过滤效率受粒径尘粒的影响。实验研究表明[28,30～32]，填料对 1μm 尘粒的除尘效率随迎面风速的增加而减少，对于 3μm 和 5μm 尘粒的除尘效率随迎面风速的增加而增加。以 1.89kg/（m^2·s）的淋水密度为例，迎面风速由 1.5m/s 增加到 2.8m/s 时，1μm 颗粒的除尘效率由 32.97%下降到 30.31%，而 3μm 颗粒的除尘效率由 82.58%上升到 89.77%，5μm 颗粒的除尘效率由 85.19%上升到 93.99%。

这是因为填料对 1μm 颗粒的除尘机理以扩散为主，风速的增大使扩散作用减弱，降低了除尘效率，而较大颗粒的除尘机理主要是惯性碰撞和接触阻留的作用，风速的增加使填料对大粒径粉尘的去除效率增强。

2. 淋水密度对除尘效率的影响

试验结果表明[28,30～32]，填料对不同大小粉尘的去除效率均随淋水密度的增加而增大，其中淋水密度对 1μm 颗粒的去除效率影响较大，对 3μm 和 5μm 颗粒的去除效率影响较小。这是因为液体在金属填料表面的布膜具有一定的不连续性，存在一定比例面积的干斑，淋水密度的增加减小了干斑面积，提高了除尘效率，尤其是提高了去除小颗粒粉尘的效率。

3. 迎面风速和淋水密度对阻力的影响

填料作为过滤器使用，其过滤阻力主要受迎面风速的影响，并随风速的增加而成指数增长，如风速由 1.5m/s 增加到 2.8m/s 后，阻力由 30Pa 左右增加到 120Pa 左右。过滤阻力也随淋水密度的增加而增加，但增加的幅度不大，即阻力受淋水密度的影响很小[28,30～32]。

4. 比表面积对填料除尘效率与阻力的影响

为对比不同比表面积填料除尘效率和压力损失的不同，选用了 700m^2/m^3 和 500m^2/m^3 两种比表面积填料前后放置进行实验。实验发现[28]，采用较大的比表面积（500＋700m^2/m^3）后，除尘效率有所增加，尤其是增加了小粒径粉尘的去除效率，但除尘效率增加并不显著，同时压力损失大大增加，阻力增加，而阻力的增加将使得空调系统的压力分布发生变化，并增加风机的能耗。如淋水密度为 1.89kg/（m^2·s）时，采用比表面积为 500＋700m^2/m^3 的填料后，除尘效率仅比比表面积为 500m^2/m^3 的填料增加 15.6%（由 31.4%增加到 36.3%），但阻力却增加了 81%（由 100Pa 增加到 181Pa）。其原因是大比表面积的填料虽然内部面积大，但是填料内部的缝隙减小了，淋水容易充满这些空隙而堵塞空气通道。因此，不建议使用较大比表面积的填料，使用中可以采用其他办法改善布膜效果，进而提高除尘效率。

5. 表面活性剂对除尘效率的作用

金属填料过滤器对于粒径较小的尘粒过滤效率较低，其主要原因是金属填料表面的润湿状态不佳，导致金属填料表面形成的液膜不理想。喷淋溶液会在金属填料表面形成股状流，缩短了液膜在填料表面的停留时间，甚至部分表面会形成干斑，使过滤效率下降。为改善金属填料表面的润湿状态，可在喷淋溶液中添加表面活性剂，使液膜的分布更为均匀，增大液膜面积，提高过滤效率。

天津大学金明、由世俊等人选用十二烷基硫酸钠作为表面活性剂加入水中进行实验研究[28]，该溶剂是一种阴离子表面活性剂，在很低浓度下就可以使喷淋溶液的表面张力达到最低，从而有效改善金属填料表面的润湿状态，进而增大水膜面积，提高除尘效率，同时对阻力的影响很小。从图 4-22 中可见，加入表面活性剂后，对粒径较大的颗粒，加润湿剂与不加润湿剂的差别不大，但对于 1μm 的颗粒，过滤效率有很大提高。天津大学王一飞、张欢等人也进行了表面活性剂对金属填料过滤效率的影响实验，实验结果类似[29]。这主要是由于金属填料表面的液膜布置更加均匀，液膜有效面积增加，并且由于表面活性剂的使用，改善了颗粒与水之间的浸润，不易被液膜捕捉的小粒径颗粒也更容易粘在液膜上，因此对小颗粒的过滤效率有很大的提高。表面活性剂的使用使金属填料过滤器的效率有很大提高，而阻力的影响不大，如图 4-23 所示。实验中还发现，使用十二烷基磺酸钠作为润湿剂会生产泡沫，从而加重带液，这也是对于较大粒径粒子加入润湿剂后过滤效率变化不大的原因，金明等人建议在实际应用中选用无泡型润湿剂。

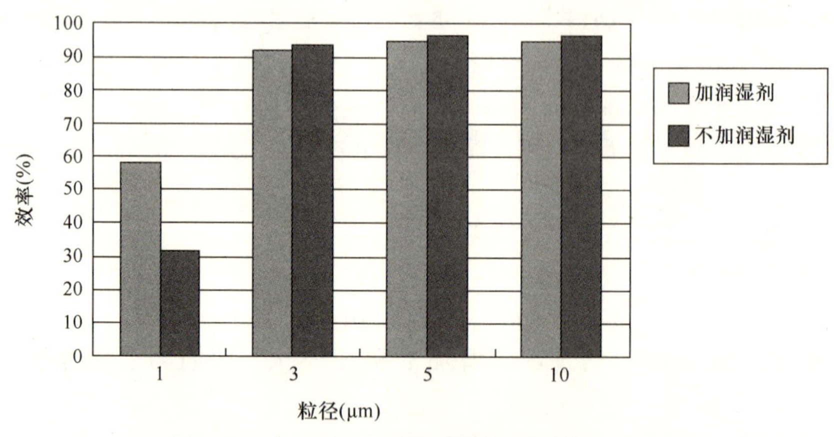

图 4-22 表面活性剂对金属填料过滤效率的影响

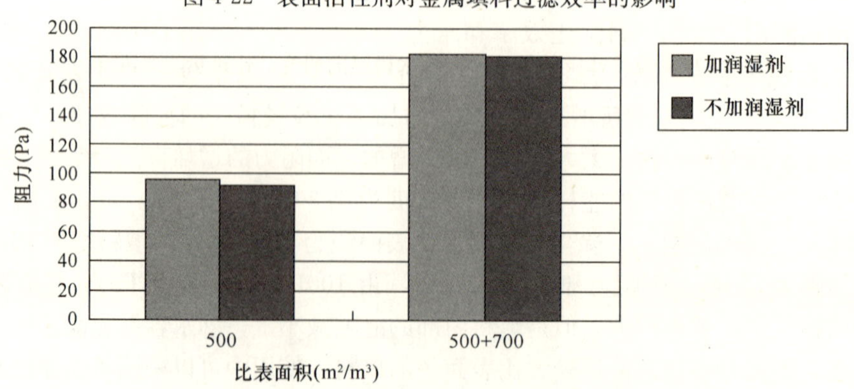

图 4-23 表面活性剂对金属填料过滤阻力的影响

4.5.3 金属填料的除菌性能

前面提到，填料作为空气过滤器使用时，在除尘的同时还有除菌的功能。为此，天津大学金明、由世俊等人在填料过滤性能实验台上增加了微生物采样器，测试了金属填料的除菌性能[26]。实验结果表明，湿式金属填料过滤器对空气中细菌及微生物的去除能力很好，在通常的空调机组工况下除菌效率达到90%以上，与5～10μm尘粒的过滤效率接近，金明等人对实验数据进行进一步处理，得到除菌效率与风速、水量之间的非线性方程式。可见，淋水填料作为过滤器使用可以实现过滤、清灰、消毒等多项功能。因此，在中央空调系统中采用湿式填料除尘器，可以有效地避免传统过滤材料易积尘、不易清洗的弊病，捕集的尘粒或气溶胶及其附着的细菌、病毒可以很容易被喷淋的液体带走，离开填料表面，同时解决过滤除尘和消毒净化等问题，对空气消毒、防止病源微生物通过中央空调传播具有重要作用。

参考文献

[1] 由世俊，华君，涂光备等．金属填料表面热质传递实验研究．制冷学报，2000，(4)：35-39.

[2] 张文敏，董谊仁，计建炳等．金属波纹板填料结构参数对液体分布性能的影响．化学工程，1992，20 (2)：64-71.

[3] 由世俊，张卫江．金属填料型直接蒸发式空气冷却器的研究．制冷学报，1994，(4)：28-31.

[4] 刘小文，黄翔，吴志湘．多孔陶瓷填料直接蒸发冷却器性能分析．建筑热能通风空调，2009，28 (5)：45-48，101.

[5] 何淦明．一种自吸水湿帘：中国，ZL200810028481.1，2008-06-03.

[6] 黄翔，刘小文等．一种基于多孔陶瓷填料的直接蒸发冷却器：中国，ZL200920031965.1，2009-02-20.

[7] 武俊梅，黄翔，陶文铨．单元式直接蒸发冷却空调机的优化设计．流体机械，2003，31 (1)：59-62.

[8] 宣永梅，黄翔，武俊梅．直接蒸发冷却空调机用填料性能评价．洁净与空调技术，2001 (1)：6-8.

[9] 强天伟，蒸发冷却空调系统在中国西部的应用及其军团菌的控制，制冷空调与电力机械，2004，(1)：61-63，53.

[10] 张旭，陈沛霖．风冷冷水机组与DEC联用系统性能及应用前景．暖通空调，1999，29 (6)：71-73.

[11] 蒋毅，张小松．直接蒸发冷却及其用于风冷冷水机组的研究．建筑热能通风空调，2006，25 (2)：7-12.

[12] 由世俊，张欢，刘耀浩，等．蒸发式空气加湿冷却器的性能及其在风冷冷水机组中的应用．暖通空调，1999，29 (5)：41-43.

[13] 宣永梅，黄翔，武俊梅．直接蒸发冷却与喷水室的对比分析．制冷与空调，2000，(3)：39-45.

[14] 魏征，耿世彬．有机填料直接蒸发冷却试验研究．洁净与空调技术，2009，(1)：22-26.

[15] 蒋毅，张小松．无机填料的直接蒸发冷却实验研究．第四届全国制冷空调新技术研讨会，2006，南京．

[16] 宣永梅．无机填料直接蒸发式冷却空调机的理论与实验研究［硕士学位论文］．西安：西安工程科技学院，2001.

[17] 葛柳平．金属填料热质交换性能研究［硕士学位论文］．天津：天津大学，2003.

[18] 孙贺江，由世俊，涂光备．空调用金属填料传热传质性能实验．天津大学学报，2005，38（6）：561-564.

[19] 杨洋、黄翔、颜苏芊．填料式喷水室中铝箔填料段的实验研究及性能分析．中国建设信息供热制冷，2007，(12)：28-30.

[20] 张庆民，陈沛霖．空气经过淋水纸质填料时的热湿交换过程．同济大学学报，1995，23（6）：648-653.

[21] 马最良，肖玉生．卧式组合空调机组直接蒸发冷却段的开发和研究．通风除尘，1997，(2)：5-8.

[22] 冯胜山，刘庆丰．泡沫陶瓷填料表面热、质传递过程研究．洁净与空调技术，2007（4）：11-14.

[23] 黄翔，武俊梅，宣永梅．两种填料直接蒸发冷却式空调机性能的实验研究．制冷学报，2001，(3)：33-40.

[24] 刘小文，黄翔，吴志湘．直接蒸发冷却器填料性能的研究．流体机械，2010（4）：53-57，62.

[25] 黄翔．空调工程．北京：机械工业出版社，2006.

[26] 黄秋菊，刘乃玲．湿膜加湿器的加湿机理及影响因素分析．节能，2005，(10)：2，8-11.

[27] 黄秋菊，刘乃玲，陈伟，等．湿膜加湿器加湿性能的数值模拟分析．制冷，2006，25（3）：44-50.

[28] 金明．金属填料过滤器的试验研究［硕士学位论文］．天津：天津大学，2004.

[29] 王一飞．洗涤式金属填料空气过滤器应用于化纤油剂去除的试验研究［硕士学位论文］．天津：天津大学，2006.

[30] 张欢，由世俊，马德刚等．空调机组用填料型洗涤式空气过滤器的实验研究．流体机械，2004，32（4）：47-50.

[31] 马德刚，张欢，叶天震，由世俊．湿式金属填料除尘器的实验．天津大学学报，2004，37（12）：1119-1122.

[32] 马德刚，张欢，叶天震，由世俊．湿式填料在中央空调中除尘的效果观察．中国公共卫生，2004，20（3）：369-370.

[33] 王一飞，张欢，由世俊．洗涤式金属填料空气过滤器的试验研究．煤气与热力，2006，26（2）：74-76.

[34] 张伟峰，黄翔，颜苏芊．填料式喷水室净化处理室外新风中 PM_{10} 的实验研究．洁净与空调技术，2006（1）：8-11，15.

[35] Helmut Paschold，Wen-WhaiLi，etc. Laboratory study of theimpact of evaporative coolers on indoor PM concentrations. Atmospheric Environment，2003，37（8）：1075-1086.

第5章　直接蒸发冷却器（段）

5.1　概述

直接蒸发冷却器（段）是利用淋水填料层直接与待处理的空气接触来冷却空气的，这时由于喷淋水的温度一般都低于待处理空气（即准备送入室内的空气）的温度。空气将会因不断地把自身的显热传递给水而得以降温；与此同时，淋水也会因不断吸收空气中的热量作为自身蒸发所耗，而蒸发后的水蒸气随后又会被气流带走。于是空气既得以降温，又实现了加湿。所以，这种用空气的显热换得潜热的处理过程，既可称为空气的直接蒸发冷却，又可称为空气的绝热降温加湿。故适用于低湿度地区，如我国海拉尔—锡林浩特—呼和浩特—西宁—兰州—甘孜一线以西的地区（如甘肃、新疆、内蒙、宁夏等省区），亦可作为降温性装置用于中等湿度和高湿度地区工业、农业等领域。

直接蒸发冷却器从不同角度有以下几种分类：

（1）从结构上来分主要有两种类型：将直接蒸发冷却装置与风机组合为一体的称为单元式直接蒸发冷却器（也称蒸发式冷气机）；另一种是将直接蒸发冷却装置设在组合式空气处理机组内作为直接蒸发冷却功能段。

1）单元式直接蒸发冷却器　单元式直接蒸发冷却器通常由离心（或轴流）风机、水泵、集水箱、填料层、自动水位控制器、喷水管路、喷嘴及箱体构成，其结构示意图如图5-1（*a*）所示，水泵将水从底部的集水箱送到顶部的布水系统，由布水系统均匀地淋在填料上，水在重力的作用下流回集水箱。而室外空气通过填料，空气在蒸发冷却的作用下被冷却，并通过送风格栅直接送入室内或输送到风管系统，由送风系统输送到各个房间。图5-1（*b*）为单元式直接蒸发冷却器实物照片。

2）组合式空气处理机组的直接蒸发冷却功能段　直接蒸发冷却功能段在组合式空调

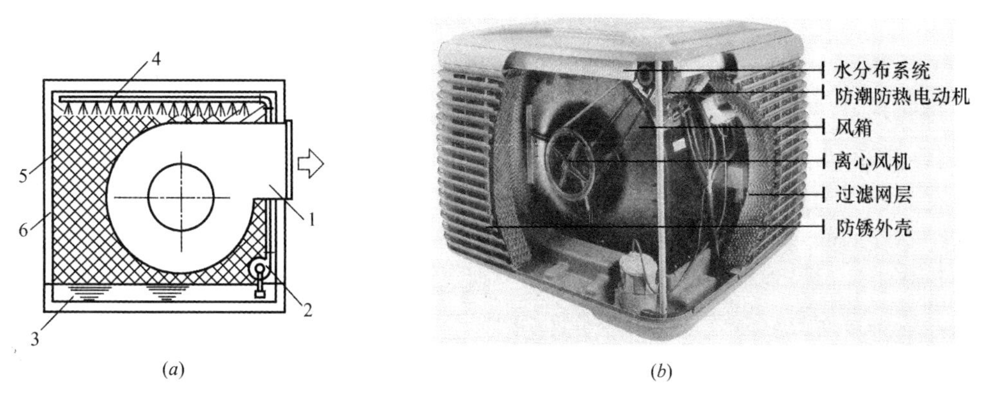

图5-1　单元式空气蒸发冷却器

（*a*）结构示意图；（*b*）实物照片

1—离心风机；2—水泵；3—集水箱；4—喷水管路；5—填料层；6—箱体

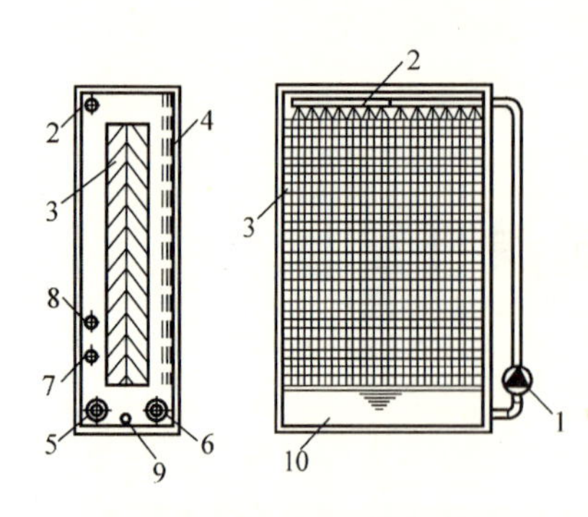

图 5-2 组合式空气处理机组的直接蒸发冷却功能段

1—水泵；2—喷水管；3—填料层；4—挡水板；5—泵吸入管；6—溢流管；7—自动补水管；8—快速充水管；9—排水管；10—集水箱

机组中具有加湿和蒸发冷却降温的双重功能。直接蒸发冷却功能段如图 5-2 所示，它是由填料层、挡水板、水泵、集水箱、喷水管、泵吸入管、溢流管、自动补水管、快速充水管及排水管等组成。与喷淋段相比，其具有更高的冷却效率，主要是由于不需消耗喷嘴前的压力（约 0.2MPa），可减少水泵的能耗，所需水压比较小，用水量也相应少，所以比喷淋方式节能 10 倍左右。同时，也不会因水质的问题而导致喷嘴堵塞现象的发生，并且其体积比喷淋段小，占地空间也小。

（2）从填料材料来分主要有：有机填料直接蒸发冷却器、无机填料直接蒸发冷却器和金属填料直接蒸发冷却器。目前国内市场上常见的填料有瑞典蒙特公司生产的 CELdek 和 GLASdek 填料及国产的金属（不锈钢或铝箔）刺孔轧制的斜波纹填料等。

（3）从采用风机类型来分主要有：离心风机式直接蒸发冷却器和轴流风机式直接蒸发冷却器。

（4）从应用领域来分有：商用（工业）直接蒸发冷却器、家用蒸发式冷气机和墙用（农业）直接蒸发冷却器。

（5）单元式直接蒸发冷却器按出风口位置可分为：下出风式直接蒸发冷却器、侧出风式直接蒸发冷却器和上出风式直接蒸发冷却器三种形式（图 5-3）。

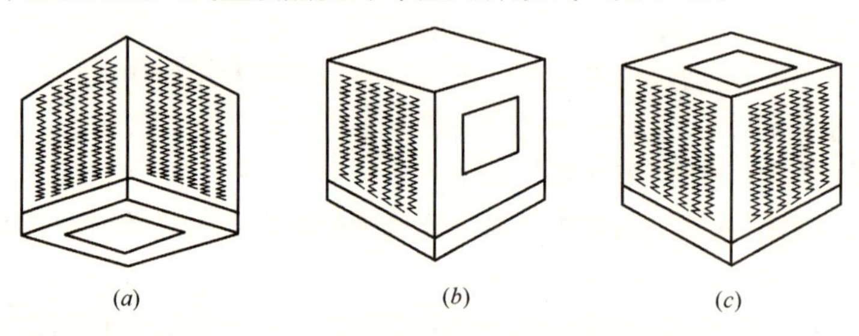

图 5-3 单元式空气蒸发冷却器的出风位置

（a）下出风；（b）侧出风；（c）上出风

直接蒸发冷却器通过空气与淋水填料层直接接触，把自身的显热传递给水而实现冷却。因此，喷淋水的温度必须低于待处理空气的温度。与此同时，淋水因吸收空气中的热量而不断蒸发，蒸发后的水蒸气又被气流带走，其结果是空气的温度降低，湿度增加。所以，这种空气的显热转化成潜热的处理过程，即可称为空气的直接蒸发冷却，又可称为空气的绝热降温加湿。直接蒸发冷却器非常适用于我国西北等干燥地区，目前蒸发式冷气机也被广泛应用在南方沿海等地区的工业车间中。

5.2 普通（商用）直接蒸发冷却器

普通（商用）直接蒸发冷却器的类型较多，主要有蒸发式冷气机、直接蒸发冷却段、墙用（农业）湿帘冷却器等。目前广泛应用于我国纺织、服装、鞋帽、塑料、化工、机械、电子、印刷、包装等工业建筑以及商场、超市、网吧等商业建筑和畜牧、花卉温室栽培等农业建筑。

5.2.1　蒸发式冷气机

蒸发式冷气机是利用循环水泵和布水器将集水器中的水均匀地喷淋在填料层上，湿填料与待处理空气直接接触进行热湿交换。由于喷淋循环水的温度一般都低于待处理空气的温度，待处理空气将自身的显热传递给水而得以降温，喷淋循环水吸收空气中的热量蒸发到处理的空气中，从而实现了空气温度降低，湿度增加的目的，如图5-4和图5-5所示。

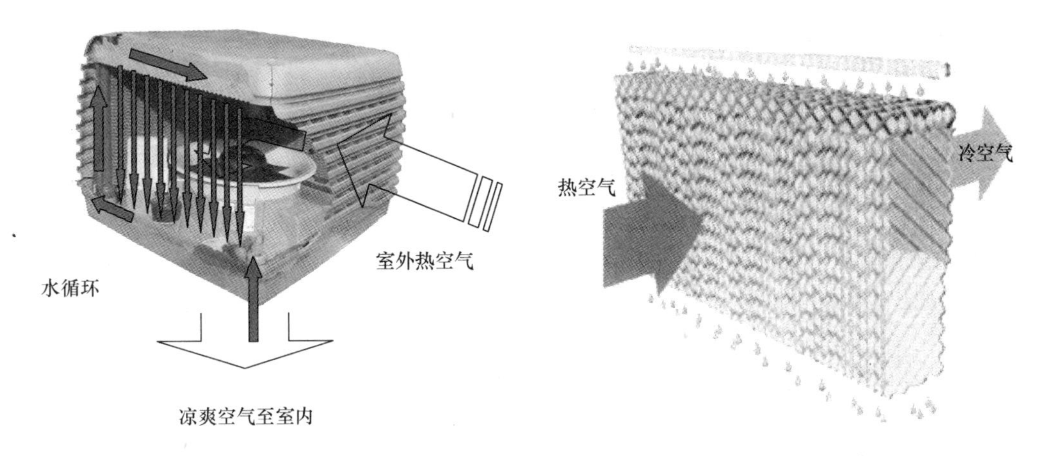

图5-4　蒸发式冷气机的工作原理图　　图5-5　填料蒸发冷却原理

蒸发式冷气机主要由风机、水泵、布水器、集水器、填料、供水管、排水管、溢水管以及外壳等部件组成，见图5-6。填料淋水方向与气流方向垂直，循环水通过布水器均匀地喷淋在填料上，形成一层薄薄水膜，布水器一般距离填料3～5cm。

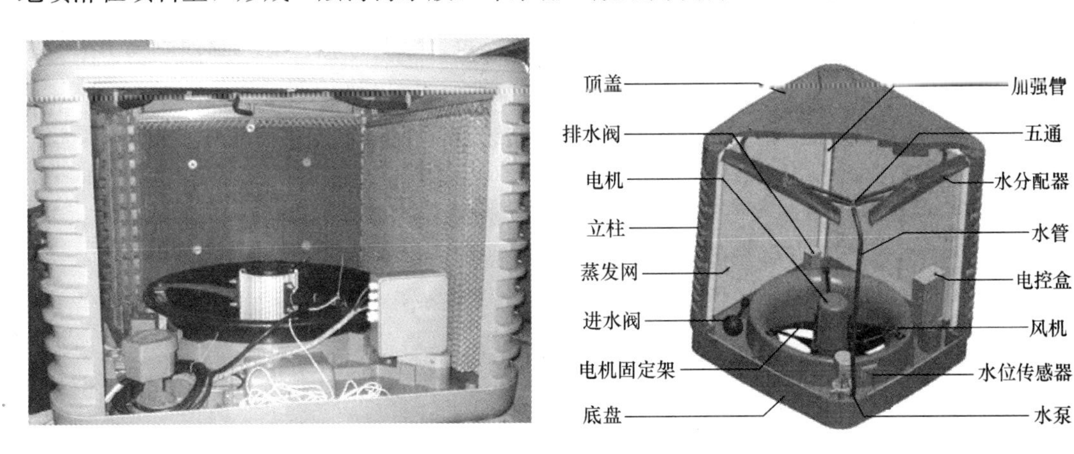

图5-6　蒸发冷气机结构

蒸发式冷气机大多采用纸质填料，这种填料冷却空气的性能较白杨木丝填料差，但是它具有密度均匀和可润湿性强的特点，并且具有阻挡沉降物以及防止腐烂的功能。可连续工作较长时间保障稳定的性能，使用寿命可达两年。此外，也有用纤维质填料的，但当纤维质填料饱和效率达到 80%时，要求迎面风速不超过 1.5m/s，风速要求过低，使得整体性能下降。

由于带水的发生，蒸发式冷气机设置了挡水板，主要是保护风机和其他电器元件。为了使蒸发式冷气机经久耐用，对于出风口、底座、拐角的支柱、填料湿膜的支撑架等部件可采用厚实的热浸镀锌钢材，但由于可能长时间暴露在水汽中或湿空气中，这些部件必须具有防腐蚀的性能。蒸发式冷气机机壳的面板一般采用高强度耐气候性聚合物，而底盘不仅作集水器用，而且要求有一定的支撑作用，因此采用不锈钢底盘的比较多。

目前，国内蒸发式冷气机生产厂家主要有澳蓝（福建）实业有限公司、东莞市科达机电设备有限公司等企业，图 5-7 为国内生产的几种蒸发式冷气机。

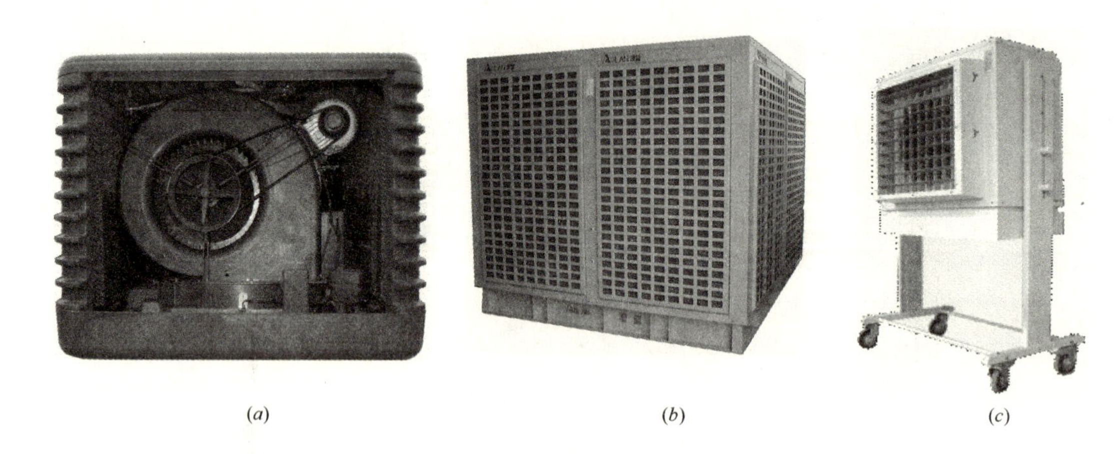

(a)　(b)　(c)

图 5-7　国内生产的几种蒸发式冷气机

(a) 静音型；(b) 大风型；(c) 小风量型

蒸发式冷气机的一般设计要求：

(1) 送风管的材料一般采用镀锌板（俗称白铁皮），也可采用玻璃钢、塑料风管等。

(2) 送风口设置在实际需要降温的地方，风口设计风量即是以其要降温的地方所需的送风量，风口规格可根据风量与出风口速度来确定，送风口材质可采用铝合金制品或木质等，风口可根据实际情况采用多种形式，但推荐选直流型四面吹风单层或双层百叶风口，风口喉部平均流速控制在 3～6m/s，推荐采用 4～5m/s 的流速；在风口处建议加装风口调节阀以便于调节风量。

(3) 送风管的规格一般采用假定流速法进行设计，主风管的风速保持在 6～9m/s，支风管为 4～6m/s，系统末端管内的风速应保持在 3～5m/s。

(4) 所设计的风管系统原则上要求既经济又能达到最低的系统风阻和噪声，使冷气机送风量尽量达到最大。风管弯管的曲率半径一般不少于管道弯边宽的 1.5 倍，以减少系统阻力。

(5) 根据冷气机风压较低（70～500Pa）的特点，其送风系统的管道不宜设计过长，一般控制在 25～60m 左右比较理想。

(6) 所设计的管道应尽量走直线，避免不必要的拐弯和分支，以减少系统管道局部阻力损失。

（7）在平面布置上，能不用风管的场所就不用风管，必须使用风管的地方，尽量把风管设计得短些。

（8）蒸发式冷气机的风机既是蒸发式冷气机的制冷耗电设备，又是蒸发式冷气机空气的输送设备。标准性能中规定了蒸发式冷气机在不同风量下出风口余压：移动式冷气机，自由出风，不小于10Pa；管道连接固定安装，风量小于15000m^3/h，不小于80Pa；管道连接固定安装，风量大于或等于15000m^3/h，不小于120Pa。标准规定的一定的出口余压，既保证了蒸发式冷气机冷却空气水分与空气热湿交换必需空气流速要求，又保证了被处理的空气的输送过程中克服阻力的需要。

蒸发式冷气机的安装要求：

（1）安装注意事项：

1）为了使空调器达到最佳效果，应保证排风量不小于进风量的80%。

2）安装时送风管不予过长，以免降低风量。另外，尽可能使出风口直接送到工作岗位，进行工位送风。

3）水泵压力控制在0.16～0.4MPa之间，过低会影响清洗效果。

（2）安装形式：

1）安装在侧墙时（图5-8），必须使主机水平，架焊接口要牢固，所有外墙风管都必须做好防水处理。上出风与下出风安装一样。另外，为减小送风阻力，从主机接出的风管曲率半径不小于管径的2倍。其他室内弯头的曲率半径也不小于管径的2倍，才能保证较佳的送风效果，送风弯管要求见图5-9。风管的形状可根据具体情况做成圆形、长方形、正方形等形状，但面积不能太小，否则会影响送风效果。

2）安装在屋顶时（图5-10），除了注意使主机水平，架焊接口牢固，所有外墙风管都必须做好防水处理外，还必须注意屋架要有足够的强度能承受空调机的重量，而且屋顶开口尺寸不能大于风管安装尺寸20mm。

5.2.2　直接蒸发冷却功能段

直接蒸发冷却能实现加湿冷却的功能以及具有节电、节水、空气流动阻力小、结构简单、一次性投资小的特点，广泛应用于组合式空调机组中（图5 11和图5 12）。

直接蒸发冷却段作为组合空调机组功能段之一，使组合式空调机组增加一种体积小的节能型的功能段，丰富了组合式空调机组的功能。

箱体采用金属可拆卸框架及可拆卸模数壁板的组合结构或者整体式结构，水箱内设有自动水位控制器，保证箱内一定的水位，水箱要做到防漏和防渗。直接蒸发冷却段填料的选择可根据组合式空调机组的用途和功能参考本书第4章“直接蒸发冷却器（段）用填料”，填料设计可参考本书第2章“直接蒸发冷却器热工设计计算”。

直接蒸发冷却功能段填料的下部设有集水器，循环水经水泵及流量调节阀送入布水装置中，将水均匀地淋在填料层上，然后淋水依靠重力下流湿润整个填料表面，空气通过淋水填料层时，与填料层表面水膜进行热、湿交换达到冷却空气的目的。

为防止水滴被空气带走，在淋水填料层后面设有挡水板。挡水板可采用填料作为挡水板，当水滴随空气通过填料挡水板时，水滴被纸填料吸收，使蒸发冷却继续进行。

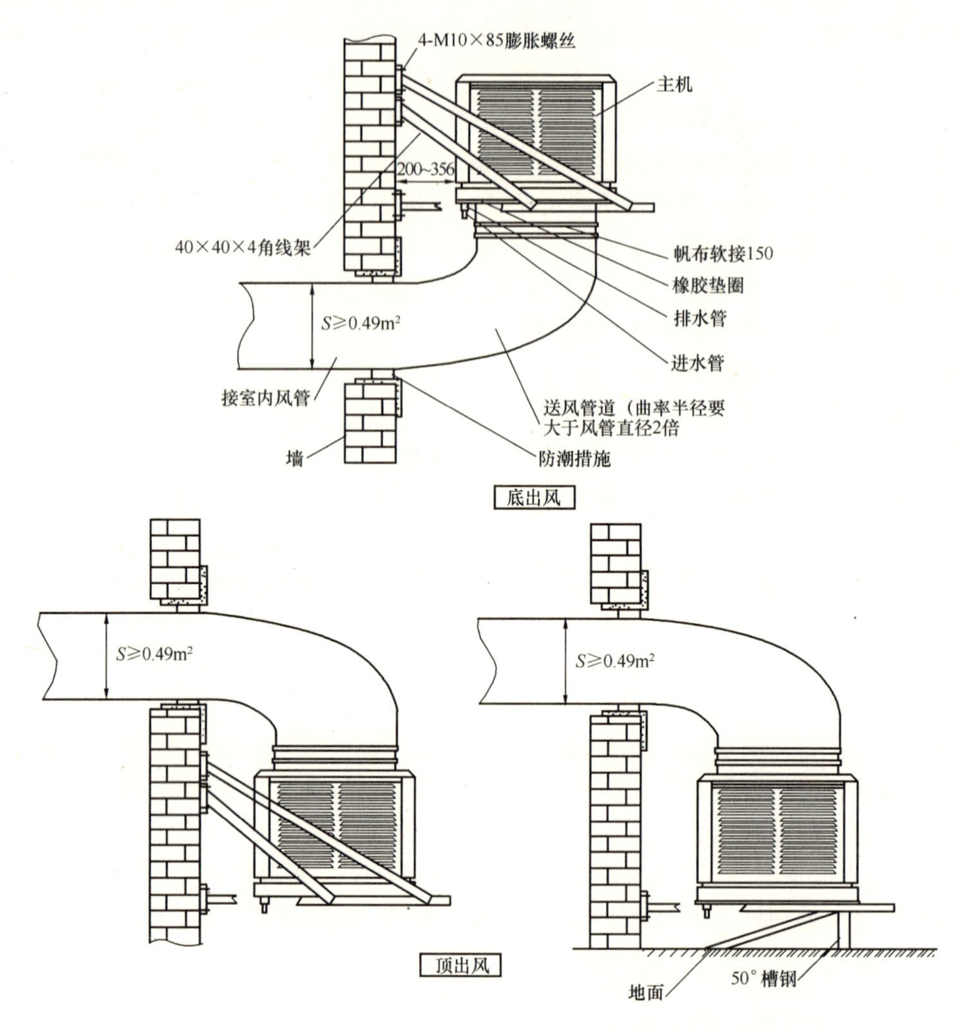

图 5-8　蒸发式冷气机侧墙安装图

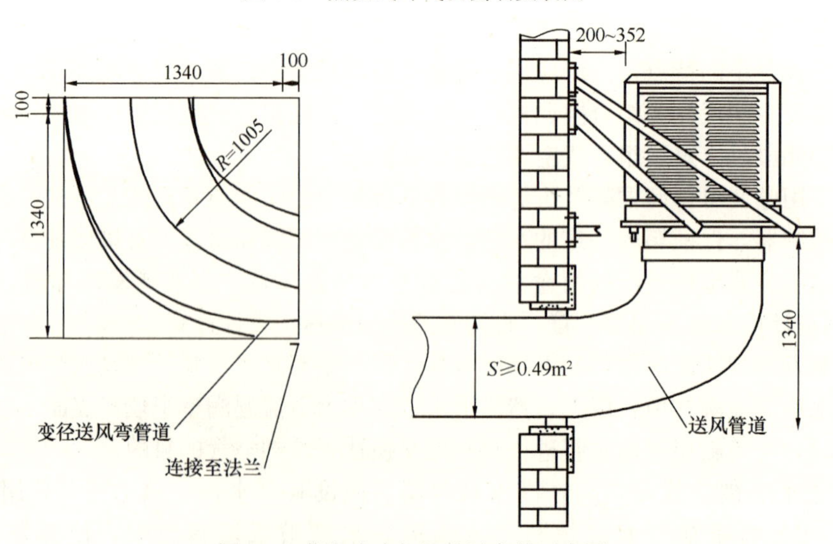

图 5-9　蒸发式冷气机送风弯管示意图

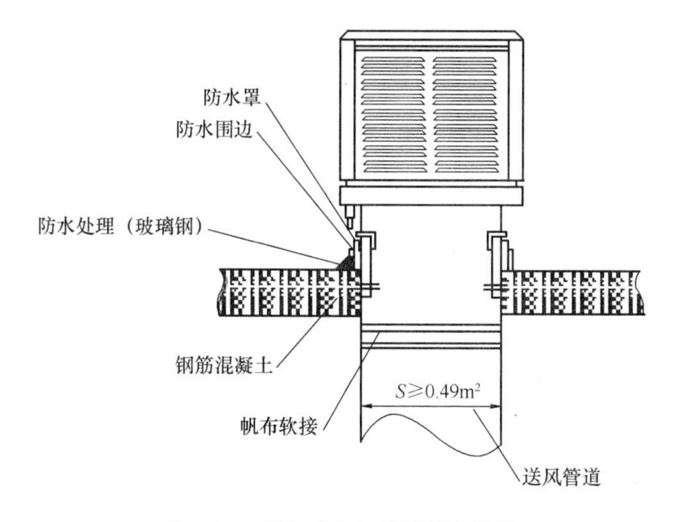

图 5-10　蒸发式冷气机屋顶安装图

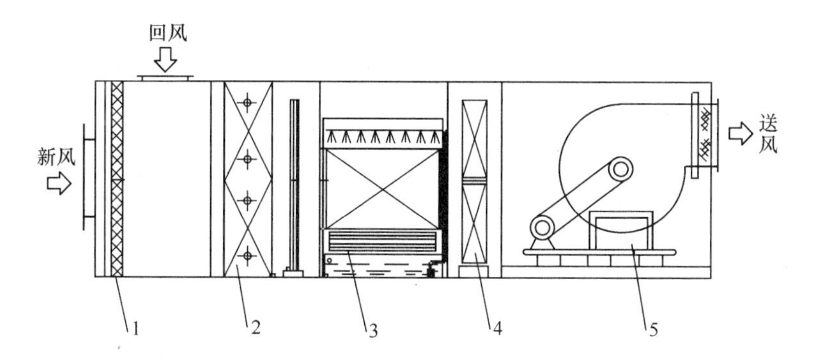

图 5-11　设置直接蒸发冷却段的组合式空调机组

1—粗效过滤段，2—表冷器段，3—直接蒸发冷却段，4—加热段，5—送风机段

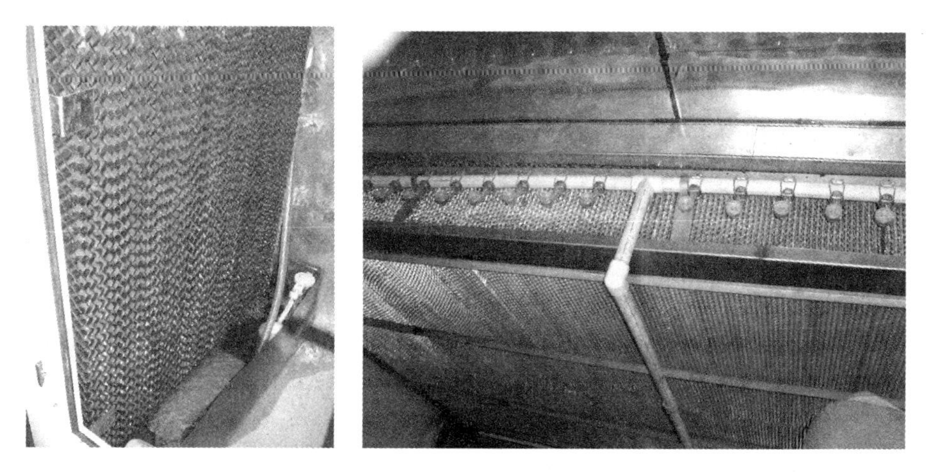

图 5-12　直接蒸发冷却段实物图

文献［3］给出了直接蒸发冷却段的主要参数表（表 5-1）。

直接蒸发冷却段的主要参数表 **表 5-1**

额定风量 Q（m^3/h）	机组型号	迎面风速 v（m/s）	填料层厚度 δ（mm）	冷却效率 （%）	淋水量 G_w（kg/h）	电动机功率 N（kW）
2000	ZL－23	2.0	140	80.6	393	1.5
200	ZL－33	1.5	140 165 200	85.5 87 92	392 681 756	2.2 2.2 1.5
4000	ZL－33	2.0	140 165 200	81 85 90.6	393 681 756	2.2 1.5
	ZL－34	1.5	140 156 200	83.3 87 92	530 605 756	
5000	ZL－33	2.4	165 200	84 89.7	681 756	3.0 2.2
	ZL－34	2.0	140 165 200	81 85 90.6	530 605 756	2.2 2.2
	ZL－35	1.5	140 165 200	83.3 87 92	796 933 1095	2.2
6000	ZL－44	1.5	140 165 200	83.3 87 92	529 605 756	2.2 3.0
7000	ZL－34	2.5	165 200	84 89.6	605 756	4.0
	ZL－35	2.0	140 165 200	80.6 85 90.6	796 933 1095	4.0
8000	ZL－44	2.3	165 200	84.3 90	933 1095	4.0
	ZL－45	2.0	140 165 200	80.5 85 90.6	529 605 756	3.0
	ZL－44	1.5	140 165 200	83.3 87 92	663 778 1095	3.0
10000	ZL－44	2.5	165 200	84 89.6	605 756	5.5
	ZL－45	2.0	140 165 200	80.6 85 90.6	663 778 1095	5.5
	ZL－55	1.5	140 165 200	83.3 87 92	663 778 1095	5.5

在实际应用时，可根据不同地区的气象条件和室内设计要求，先计算出所需要求的蒸发冷却效率，再根据风量和冷却效率，从表 5-1 中选择合适的直接蒸发冷却段或机组。

5.2.3　湿帘降温装置

湿帘降温装置由湿帘（填料）、风机、布水系统等组成。喷淋循环水自上而下流过填料，在填料表面上形成水膜，而波纹状的填料则为空气和水提供了足够大的接触面积，易于空气与水的热湿交换。湿帘降温装置安装在进风的墙上，风机向外排风，在温室内形成负压，使室外空气通过湿帘降温装置进入室内，在填料表面空气与喷淋循环水直接接触，进行热湿交换，通过水分蒸发吸收空气的显热，实现空气降温增湿目的（图 5-13）。

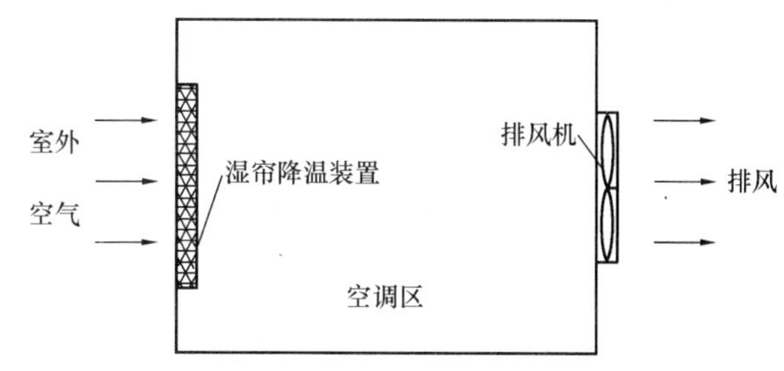

图 5-13　湿帘降温装置空调系统示意图

家禽饲养棚是使用湿帘降温装置最普遍的场所之一。湿帘降温装置主要改善以下 4 种场所环境：孵化场所、产蛋房间、暖房以及流水线厂房等（图 5-14 和图 5-15）。

图 5-14　湿帘降温装置最在家禽棚中的应用

图 5-15　湿帘降温装置最在工业车间中的应用

湿帘降温装置应用在孵化场所能提高孵化率，增加产蛋率和蛋的大小。用湿帘降温装置对孵化房间进行温度控制可以提高孵化率达3%～10%左右。一个商业性产蛋农场主要依靠的是产蛋率（每只母鸡每天产蛋的数量），这也是主要的效益所在。孵化场所被证明能够全面提高家禽的产蛋率达15%之多，蛋的质量和蛋的尺寸均可增加5%～6%。高温（37℃及其以上）将导致家禽死亡。而且采用湿帘降温装置的孵化场所家禽死亡率低，可以降低达35%，甚至更高。另外，在暖房中适当的湿帘降温装置，可使得家禽在成长的过程中按需要增加体重的5%～8%或减少体重的2%～8%，同时也可为夏季工作在饲养场的工作人员提供舒适的工作环境。这种湿帘降温装置使温室空气从进风侧到排风侧有一个明显的温度梯度，这是因为空气在经过温室时不断吸收热量的缘故。

另外，湿帘降温装置也大量应用在温室中（图5-16），由于过高的夏季温度会降低植物的生长速度，如果温度太高，则会导致植物死亡。29℃以上的温度对大多数温室植物的生长和健康有害，35℃以上的温度对好多种植物的生长造成严重的威胁。使用湿帘降温装置可以提供相当低的室内温度，从而使得温室中的植物在酷暑时节获得一个额外的生长期，从而增加年生产量。在一定的范围之内，较高的相对湿度对农作物的生长是有利的。然而，当温度升高时，相对湿度会有所降低。由于湿帘降温装置制冷降低了植物周围的热量，从而也降低了植物自身蒸发所需的热量。植物的蒸发是通过叶子来进行的，相对湿度越高意味着叶子周围的饱和度越大，则叶子的蒸发就会越少。这样一来，就可以再增加植物的产量和质量。

图5-16　湿帘降温装置在生态园中的应用

在任何的室外温度下，只要是温室中的植物是喜低温生长的，湿帘降温装置便是必不可少的。为了达到这样的设计温度，湿帘降温装置可在夜间或冷天运行。例如，温度为35℃，相对湿度为30%的空气，通过使用湿帘降温装置，可以被处理到28℃左右。湿帘降温装置的使用对温室环境有良好的改善作用。

5.3　家用直接蒸发冷却器

家用直接蒸发冷却器分为蒸发式冷风扇和窗式直接蒸发冷却器两类，目前应用较多的是蒸发式冷风扇。它是利用直接蒸发冷却的原理使空气温度降低的一种空气调节装置（图5-17），由于具有节能、经济、环保、空气品质好等优点，在美国、澳大利亚、中东地区等应用已十分普遍，从20世纪80年代开始，蒸发式冷风扇在广泛应用于我国住宅、学校、办公楼、餐厅等民用建筑。

蒸发式冷风扇是由填料、风机、循环水泵、布水系统以及电控制装置等部件组成，如图5-18所示。室外热空气通过湿填料进行热湿交换，热空气温度降低湿度增加。循环水泵将水从底部的集水器送到顶部的布水系统，由布水系统均匀地淋到填料上，水在重力的作用下回到集水器。被冷却的空气直接输送到房间或者输送到风管系统，再由风管系统输送到房间。蒸发式冷风扇具有加湿和降温的双重功能。

图5-17　蒸发式冷风扇实物图

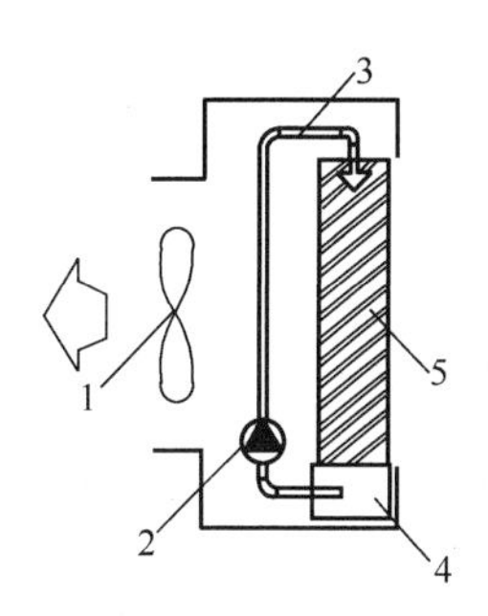

图5-18　蒸发式冷风扇结构示意图

1—轴流风机；2—水泵；3—喷水管路；4—集水器；5—填料

蒸发式冷风扇可以对建筑物室内局部进行降温，如果在室内使用，必须要有良好的通风条件以防止室内湿度过高，湿度过高会影响其降温冷却的效果。因此，在使用蒸发式冷风扇时应打开房间的门或窗户，避免室内由于蒸发式冷风扇长时间运行导致湿度过大。

5.4　新型直接蒸发冷却器

5.4.1　旋转填料式直接蒸发冷却器

1. 早期的旋转填料式直接蒸发冷却器

旋转填料式直接蒸发冷却器早在20世纪40年代就得到了广泛应用，这种冷却器的核心是旋转式填料（即转轮），转轮在具有密封珠轴的水平不锈钢轴上转动，转轮的1/3浸没在水箱中，润湿填料。当转轮以接近2r/min的速度旋转时，室外空气流经旋转填料将被冷气和加湿。这种填料装置具有良好的饱和效率和自我清洗能力，不存在填料堵塞和产生水垢等问题。这种早期的旋转填料式直接蒸发冷却器主要是结构设计上有一定的缺陷，由于1/3的旋转填料浸没在水中，再加上受到未经润湿的较大轮毂的阻挡，减少了填料与空气的接触面，也就是缩小了空气流过的横截面。为了达到冷气机的定额风量，必须提高迎风面风速，这样就增加了风机的耗电量。另外一种滚筒式填料层冷却器（图5-19），其填料层是环带状的可竖向移动的带状物，像老式的卷筒餐巾纸。填料层被安装在冷却器内部旋转的水平滚筒上，所有进入冷却器的空气都必须通过填料层。

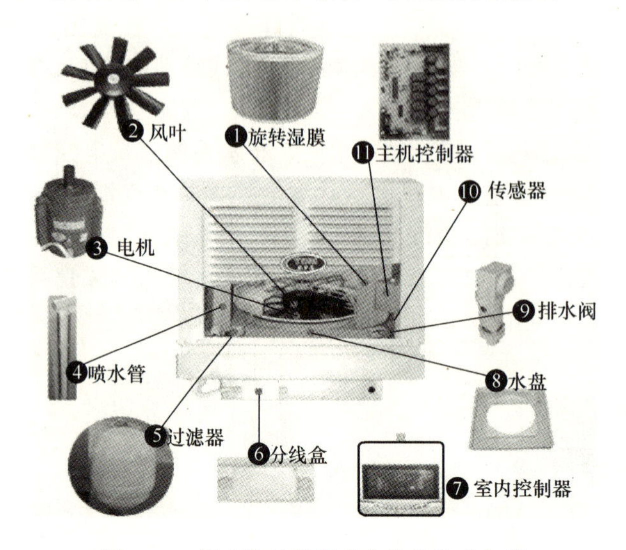

图 5-19　新型旋转填料式直接蒸发冷却器

2. 新型旋转填料式直接蒸发冷却器

目前，友邦环保技术开发有限公司研发出一种新型旋转填料式直接蒸发冷却器（图 5-20）。新型旋转填料式直接蒸发冷却器在结构上进行了优化设计，用高强度复合湿膜取代了传统固定的纸湿膜。新型旋转填料式直接蒸发冷却器的工作原理：采用双泵不间断喷射冲洗填料，一个喷水泵和一个循环水泵。喷水泵以强射水流不间断地冲洗湿膜表面，有效防止了湿膜被堵塞，而循环水泵将水通过多孔管喷水管连续不断喷射向转动的湿膜，使湿膜表面始终保持水膜覆盖，进一步保证了湿膜的加湿和降温功能。室外空气流经旋转填料湿膜时，湿膜上大面积的水蒸发吸收气流中的热量，对空气进行降温加湿。同时，由于气流中大量的灰尘或可溶性的有害物质被湿膜吸附，在强压喷水管的喷射下被及时、高效的冲洗入底盘水箱。

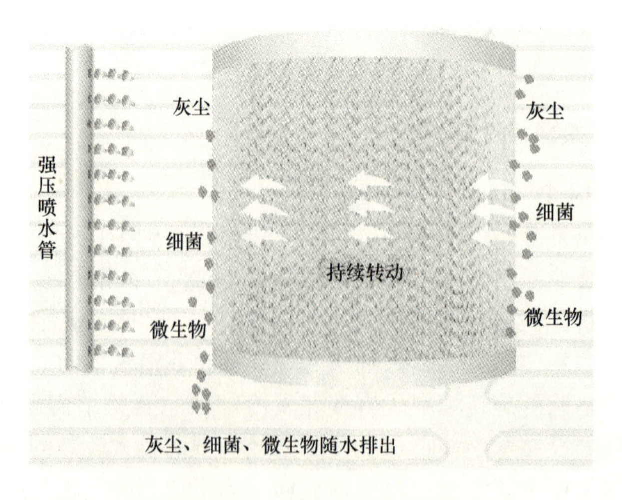

图 5-20　旋转蒸发式环保空调器湿膜防堵示意

在结构上（图 5-21），新型旋转填料式直接蒸发冷却器主要将核心的旋转式填料设计为立式、采用喷水管强压水喷射加湿填料湿膜和除尘、使用智能电控系统（如图 5-22），水位控制智能传感器，可保持底盘中水位的恒定。清洗过程中智能电控系统可根据用户的需要设定定时清洗时间。另外，突破传统的方法，将新型高强度复合湿膜和连续转动在结构上的创新。这是早期的旋转式冷却器无法比拟的。

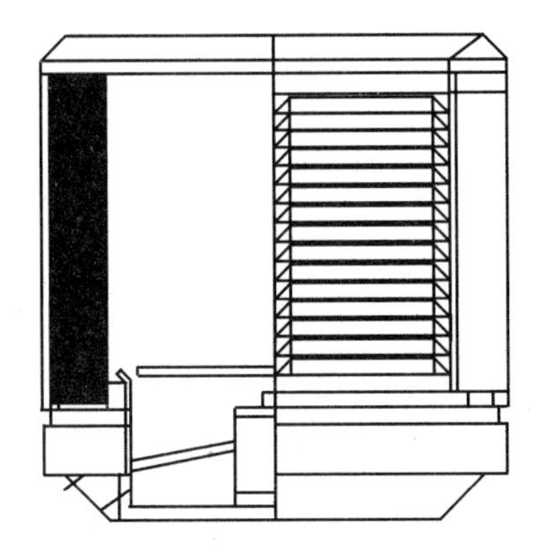

图 5-21　新型旋转填料蒸发冷却器结构图

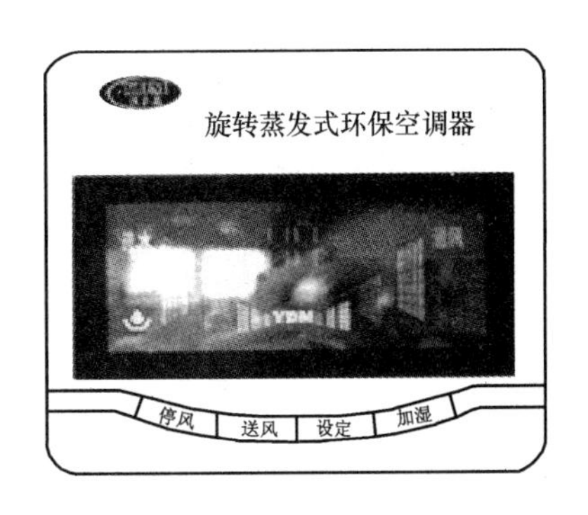

图 5-22　智能电控系统

3. 新型旋转填料式直接蒸发冷却器的特点：

（1）采用新型高强度复合湿膜和连续转动技术，彻底克服了传统固定湿膜粉尘堵塞的弊端。运转过程中，转动的湿膜持续被喷射水流冲洗，气流中的粉尘被湿膜表面粘附后，即时被重复集水池并随换水排出机外。

（2）高强度复合湿膜质地坚实、耐水浸泡不变形、耐腐蚀、正常使用寿命可超过 8 年。

（3）节能环保：初投资少、效能大、运行成本低、耗电量小，$120m^2/h$ 仅耗电 1kW/h。另外，由于采用水蒸发冷却，不含破坏大气层的冷媒氟利昂（CFC）、无污染、无发热、噪声低、振动小，符合可持续的现代化环保要求。

（4）降温显著：在潮湿地区，一般能达到 4～8℃的降温效果，而在我国西北干燥地区，降温幅度可到 8～13℃；

（5）空气品质比较好：由于即时过滤掉空气中的灰尘及空气中溶于水的有害气体（如 SO_2、H_2S、NH_3等），能保持良好的室内空气品质。

（6）送风面积大：单台冷却器风量为 $18000m^3/h$，覆盖面积达 $150m^2$左右。

（7）自动控制功能：采用 LED 显示工作状态，操作简便、安全实用、定时排出污水、自动补水、无需专人操作。

5.4.2　变风量蒸发式冷气机

实用新型专利“采用调速电机驱动的蒸发式降温换气机”（专利号：200620068179.5），采用可控硅斩波调速技术，从而实现蒸发式冷气机变风量的控制，大大降低了空调能耗（图 5-23）。采用调速电机驱动的蒸发式降温换气机机箱由两侧板、上盖板构成，机箱前、后分别设置风嘴、水帘，风嘴和水帘之间设置有风机，在机箱底部设有集水槽，集水槽底部设置有水泵。所述风机包括风叶轮和与风叶轮连接的电机。且电机为调速电机。另外，在机箱内部还设

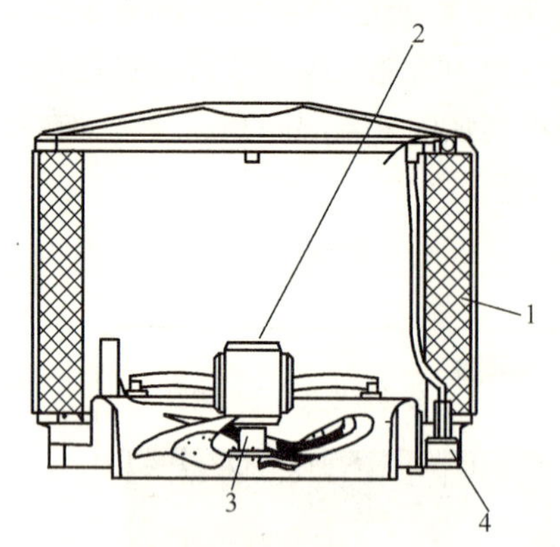

图 5-23 采用调速电机驱动的蒸发式降温换气机结构示意图
1—填料；2—风机；3—调速电机；4—水泵

有可控硅斩波调整装置，将可控硅斩波调速技术应用到蒸发式降温换气机上，其原理是：用触发脉冲控制可控硅的导通角，在电机上采用特殊工艺处理，使得电机在低速运行时不会引起温升过高等情况，可以通过在控制面板设置调速档位进行风速调节，操作简单，合理利用资源。

5.4.3 间接—直接两级蒸发式冷气机

实用新型专利“一种复合空调器”（专利号：200920032384.X）是在环绕直接蒸发式冷却器外围设置了纯逆流板翅式露点间接蒸发冷却器，从而形成间接＋直接两级蒸发式冷气机，既可提高降温幅度，又可控制空气的湿度（图 5-24）。

该两级蒸发式冷气机包括直接蒸发冷却器、环绕直接蒸发冷却器外围设置的纯逆流板翅式露点间接蒸发冷却器以及纯逆流板翅式露点间接蒸发冷却器外围设置的过滤网。直接蒸发冷却器和纯逆流板翅式露点间接蒸发冷却器的上部设置风机，直接蒸发冷却器和纯逆流板翅式露点间接蒸发冷却器的下部设置水箱。

该两级蒸发式冷气机具有以下特点：

（1）充分利用了目前较为成熟的直接蒸发冷却生产加工工艺和结构特点，方便快捷地开发、生产、加工纯逆流板翅式露点间接蒸发冷却与直接蒸发冷却复合空调器，利于空调器的加工制造，大大缩短了蒸发冷却技术新产品的开发、推广和应用周期。

（2）采用纯逆流板翅式露点间接蒸发冷却和直接蒸发冷却复合成空调器，露点间接蒸发冷却器内一次空气通道有通孔，使得部分空气预冷后再从通孔中进入湿通道成为二次空气，使与水进行热湿交换的基准温度降低，由此可以达到低于露点温度。因此，一次空气处理的温度更低，可接近露点温度，有效控制了单一直接蒸发冷却处理后空气湿度过高的现象，适用地域更广，应用领域更多。

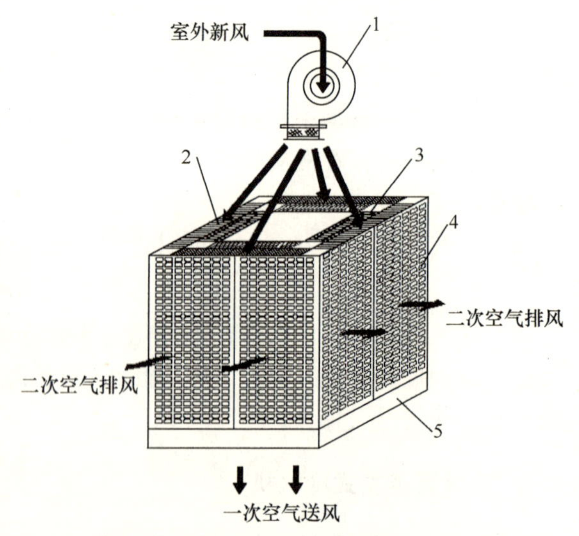

图 5-24 间接—直接两级蒸发式冷气机
1—风机；2—纯逆流板翅式露点间接蒸发冷却器；3—直接蒸发冷却器；4—过滤网；5—水箱

（3）间接蒸发冷却采用的是纯逆流板翅式露点间接蒸发冷却，一次空气与二次空气为纯逆流形式；二次空气由内向外，而水由上往下喷淋，二者形成纯逆流，换热效率更高，湿球效率可达100%。与板翅式、管式、热管式间接蒸发冷却相比，温降幅度更大，节能效果显著。

（4）空调器仅采用一台压入式轴流风机，纯逆流板翅式露点间接蒸发冷却一次空气和直接蒸发冷却合用一台风机，省去了纯逆流板翅式露点间接蒸发冷却的二次空气风机。空调器只采用一台风机，设计结构紧凑，风机能耗降低，节能潜力更为显著。

（5）采用了喷淋水管和凹槽布水器进行布水。水由喷淋水管喷到凹槽布水器中，再由凹槽布水器溢出沿着壁面润湿二次湿通道，布水更加均匀。

5.4.4　变频式直接蒸发冷却器

随着电子变频技术、微电脑控制技术等高新技术的发展，采用变频技术的变频式直接蒸发冷却器的特点是通过输入电源频率的变化使直接蒸发冷却器风机电机的转速在较宽的范围内改变，从而使直接蒸发冷却器风量和制冷量相应变化，改变了以往直接蒸发冷却器工作于开关的状态。与定频直接蒸发冷却器相比，变频直接蒸发冷却器具有高效、节能、制冷快；运行噪声低；电网电压适应性强；使用更舒适等特点（图 5-25）。

5.4.5　窗式直接蒸发冷却器

窗式直接蒸发冷却器是一种安装在窗台上的小型家用直接蒸发冷却器，它利用直接蒸发冷却的原理使室外空气经过冷却后送入室内，从而使室内保持一定的环境温度。窗式直接蒸发冷却器具有结构紧凑、体积小、噪声低及可放在窗台上或靠墙安装等特点，已越来越多地进入家庭（图 5-26）。

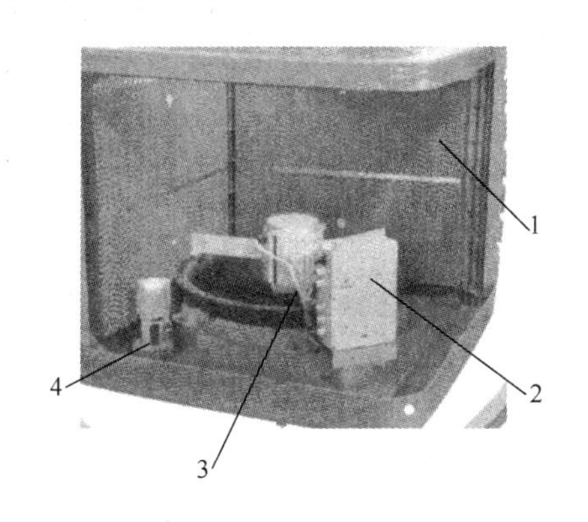

图 5-25　变频式直接蒸发冷却器实物图
1—填料；2—变频器；3—风机；4—水泵

图 5-26　窗式直接蒸发冷却器实物图

由于窗式直接蒸发冷却器在处理空气时，空气温度降低湿度增加，因此在使用时应打开房间的门或窗户进行排风，以避免室内由于窗式直接蒸发冷却器长时间运行导致湿度过大。

5.4.6　具有自动清洗装置的蒸发式冷气机

实用新型专利“蒸发式冷气机的自动清洗湿帘控制装置”（专利号：200820229587.3）是在蒸发式冷气机中设置了填料自动清洗装置。自动清洗装置的变压器的输入端连接 220V 市电的输出端，变压器的输出端连接整流器，整流器的输出端连接滤波器，滤波器的输出端同时连接到单片机的输入端——第一继电器、第二继电器、第三继电器；排水阀连接到第一继电器的输出端、电机连接到第二继电器、第三继电器的输出端；单片机的输出端分别连接到第一继电器、第二继电器、第三继电器。实现对蒸发式冷气机填料的自动化清洗，避免了填料层水垢的产生，保证了蒸发式冷气机填料的热湿交换效率其控制原理图见图 5-27。

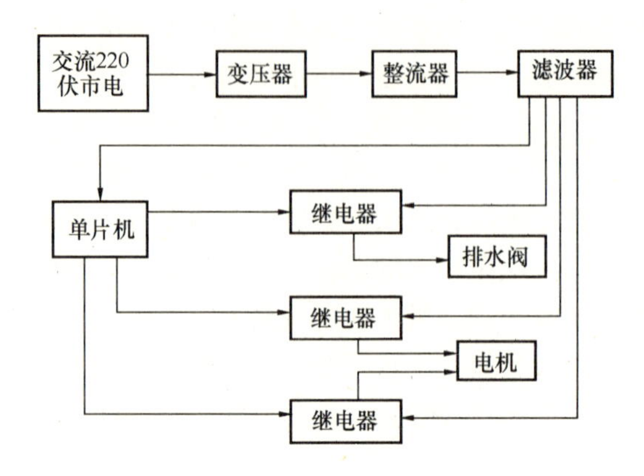

图 5-27　蒸发式冷气机的自动清洗湿帘控制装置原理图

5.5 直接蒸发冷却器的性能评价

1. 显热制冷量和加湿量

采用蒸发式冷气机处理空气的空调系统不同于传统的空调处理过程，前者的空气处理过程是等焓冷却过程。被处理空气经过等焓冷却后，温度降低，湿度增加，显热量与潜热量正负相抵，全热量为零。因此，采用蒸发式冷气机处理空气只能提供显热冷量，不能提供全热冷量。

直接蒸发冷却器处理空气所提供的显热冷量 S（kW）为：

$$S = q_m \times C_p \times (t_{g1} - t_{g2}) \tag{5-1}$$

式中　q_m——直接蒸发冷却器的风量，kg/s；

C_p——空气的比热，kJ/（kg·K）；

t_{g1}、t_{g2}——直接蒸发冷却器进出口空气的干球温度,℃。

直接蒸发冷却器的加湿量 W（g/s）为：

$$W = q_m \times (d_{w1} - d_{w2}) \tag{5-2}$$

式中　d_{w1}、d_{w2}——直接蒸发冷却器进出口空气的含湿量，g/kg 干空气。

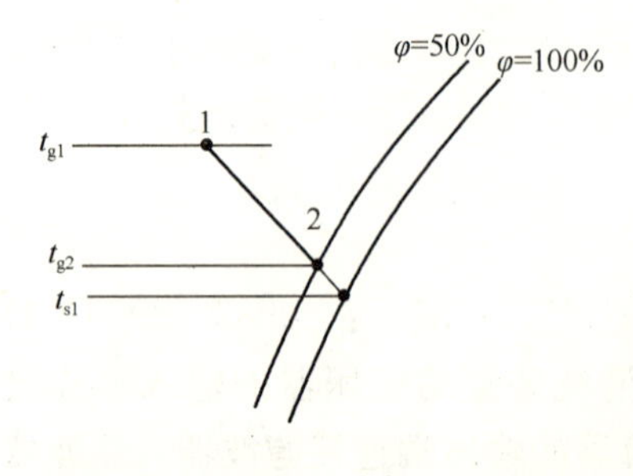

图 5-28　直接蒸发冷却过程焓湿图

2. 能效比

（1）直接蒸发冷却器的冷却效果性能评价指标

直接蒸发冷却器是空气直接与湿表面接触使水分蒸发而达到冷却的目的，其主要特点是空气在降温的同时湿度增加，而焓值不变，其理论最低温度可达到被冷却空气的湿球温度。被冷却空气在整个过程的焓湿变化如图 5-28 所示，温度由 t_{g1} 沿等焓线降到 t_{g2}，其热湿交换效率（饱和效率）为：

$$\eta_{DEC} = \frac{t_{g1} - t_{g2}}{t_{g1} - t_{s1}} \tag{5-3}$$

式中 t_{g1}——进风干球温度，℃；

t_{g2}——出风干球温度，℃；

t_{s1}——进风湿球温度，℃。

（2）直接蒸发冷却器的经济性能评价指标

能效比 EER 指的是机组进行制冷运行时，输出制冷量与输入能耗的比值，表征了空调机组的性能参数和节能性。蒸发式冷气机的耗能部件只有风机和水泵。

直接蒸发冷却器

$$EER = \frac{Q_2}{W} = \frac{q_m(h_{W_x} - h_{O'_x})}{W} = \frac{q_m\eta(1.01 + 1.84d_{W_x})(t_{W_x} - t_S)}{W} \tag{5-4}$$

其中，W 为直接蒸发冷却器功率消耗。直接蒸发冷却器的 EER 受风机、泵的效率、空气阻力等因素的影响。此外还受进口空气含湿量、直接蒸发冷却器效率以及当地实际干湿球温差因素的影响。

由于直接蒸发冷却器实际供冷能力是由当地实际干湿球温差决定的，因此，要计算蒸发式冷气机的能效比，就要将式（5-4）中的 EER 再乘以当地设计干湿球温度差，除以供冷期平均干湿球温度差，就可得到直接蒸发冷却器的当地实际的经济性能评价指标——EER_{dec}。

$$EER_{dec} = EER\frac{\Delta t_{des}}{\Delta t_{avr}} \tag{5-5}$$

式中 EER——按常规制冷模式计算的直接蒸发冷却器的能效比；

Δt_{avr}——供冷期平均干湿球温度差，℃；

Δt_{des}——当地设计干湿球温度差，℃。

由于直接蒸发冷却器的供冷能力与空气的干湿球温度差有关，所以直接蒸发冷却器当地实际的能效比应该是对常规能效比的一种修正[10]。

一个建筑的每小时显热负荷已知时，再除以这个指标，就能方便地得到每小时设计能耗 N：

$$N = \frac{Q_x}{EER\dfrac{\Delta t_{des}}{\Delta t_{avr}}} \tag{5-6}$$

式中 N——设计能耗，kW；

Q_x——设计显热冷负荷，kW。

（3）直接蒸发冷却空调系统工程的评价

对于直接蒸发冷却空调系统来说，仅有上述的经济指标还不够。一般来讲，蒸发冷却空调的送风温差不如常规空调系统的大，这时要求送风量就要很大，因此冷风在送入的过程中会有很大一部分冷量损失，要想全面而准确地评价直接蒸发冷却空调系统的经济性能，必须考虑这部分冷损失。

不管制冷效果如何，传统空调与蒸发冷却空调传送过程中都要承担一定的热量和风量损失。它由三部分组成：1）在管道中由于渗漏、吸热和摩擦引起的损失；2）在房间内，由于冷风会被过滤后的或用来通风的室外空气稀释而引起的损失；3）由回风的吸热和渗漏引起的损失（对于有回风的系统）。

如果考虑总的管道冷损失和渗漏损失（按5%计算），与因通风引起的损失算在一起，常规空调系统损失为0～25%，蒸发冷却空调系统损失为0～90%。蒸发冷却冷风损失较常规系统要大一些，因为常规空调系统有回风，而蒸发冷却空调系统的冷风送入房间，进行热湿交换后，直接被排出室外。由此产生的损失与室外干湿球温度差、送风量成正比，而与送风温差成反比关系。

在选择直接蒸发冷却设备时，必须借助于表5-2，这个表是根据一纺织厂的直接蒸发冷却空调系统，经多年实验得出来的[2]。它反映了有效冷量的百分数同室外干湿球温度差的变化关系。通常情况下，所有的管道损失和渗漏损失都包括在这个百分数中。送风温差越大，冷损失就越小，因为较小的冷风量就能满足室内负荷。相反，送风温差越小，所需的风量越大，这又导致额外的通风损失。

直接蒸发冷却器输出有效冷量百分数（%）　　　　**表5-2**

Δt_{d-h}（℃）	Δt_{out-in}（℃）													
	1.7	2.2	2.8	3.3	3.9	4.4	5.0	5.6	6.1	6.7	7.2	7.8	8.3	8.9
6.7	31	42	52	63	73	84	94							
7.8	27	36	45	54	63	71	80	89	98					
8.9	23	31	39	47	55	62	70	78	86	94				
10.0	21	28	35	42	49	56	63	69	76	84	90	97		
11.0	19	25	31	37	44	50	56	62	69	75	81	88	94	100
12.2	17	23	28	34	40	45	51	57	62	68	74	80	85	91
13.3	16	21	26	31	36	42	47	52	57	63	68	73	78	83
14.4	14	19	24	29	34	38	43	48	53	58	63	67	72	77
15.6	13	18	22	27	31	36	40	45	49	54	58	63	67	71
16.7	12.5	17	21	25	29	33	37	42	46	50	54	58	62	67
17.8	12	16	20	23	27	31	35	39	43	47	51	55	59	62
18.9	11	15	18	22	26	29	33	37	40	44	48	51	55	59
20.0	10	14	17	21	24	28	31	35	38	42	45	49	52	56
21.1		13	16.5	20	23	26	30	33	36	40	43	46	49	53
22.2		12.5	16	19	22	25	29	31	34	38	41	44	47	50
23.3		12	15	18	21	24	27	30	33	36	39	42	45	48

注：Δt_{d-h}表示被处理空气的干、湿球温差；Δt_{out-in}表示送风温差。

在效果上，如果室内温度场均匀，那么室内温度略微比送风温度高。相反，室内大的干湿球温度差将使送风量减小，送风温差增大，在效果上，送风口附近温度明显偏低，而在排风口处温度又明显偏高。

在表的左边，粗阶梯线左下方表示大风量情况，它适合在以通风为主的情况下，能量损失大约在61%～90%之间。在表中间，粗阶梯线右上方，代表房间的送风量不是很足，温度场不均匀的情况，从冷风进入到排出去，温度是明显上升的，这仅适用于较小的房间中，冷损失低，在0～38%之间。在表中部是推荐工作区，在细阶梯线附近，室内舒适度很容易达到，送风温差在4.4℃左右，冷损失在43%～60%之间。

一般情况下，当室内负荷以显热为主、房间较小、通风要求不高时，适当提高送风温差是可行的。如果室内空气对流不佳，在顶棚上装一个风扇，就可以增大对流换热，且费用很低。相反，若负荷以潜热为主，可适当降低送风温差。当然，针对我国的具体情况，该表的可行性尚需进一步分析和调查研究。

2. 直接蒸发冷却器的使用范围

相对于传统空调的多种优势，直接蒸发冷却器成为大多数商业及工业场所甚至民用居家场所的最佳选择。直接蒸发冷却器使用范围非常广泛，如高温、异味、污染严重及人群密集的地方，都是直接蒸发冷却器能发挥的最佳效果的场所。

（1）对于服装生产、加工行业，车间人员不仅密集，而且设备的发热量很大，要求有良好的通风以满足室内的空气清新，蒸发式冷气机独特的降温、通风功能，以及能增加空气中的含氧量，不仅可以改善员工的工作环境，使工人身心愉悦地工作，提高产品质量，又能节能，节省开支。在这种环境中，通常采用岗位送风模式进行降温，这样投资成本也相较低。

（2）对于大多数的纺织厂（如纺纱、织布），其设备的发热量相当的大，同时要求厂房内保持一定的湿度。直接蒸发冷却器正好能够适合纺织厂的降温、加湿的需求。夏季用蒸发式冷气机降温加湿，冬季用蒸发式冷气机送风，蒸汽加湿，取得了很好的效果。

（3）在部分制鞋、制革、印刷、包装、塑料、化工类企业，此类场合容易产生有毒、有害气体，更需要有很好的通风环境，采用直接蒸发冷却器不仅可以提供足够的冷气，而且可以通过敞开的门窗，将有害的气体排出室外，从而防止在恶劣环境下工作容易发生的中毒事件，确保工人的身体健康。

（4）电子行业属于高发热的行业，夏季车间内的温度常常达到40℃甚至更高，而且气味难闻，非常容易引起工人中暑。直接蒸发冷却器能有效地改善厂房内的空气环境，提高车间的换气次数，使员工置身于清凉、洁净的空气中，极大地提高了员工的工作效率。

（5）直接蒸发冷却器所提供的更接近自然的湿润凉爽空气，非常适用于农业科研培育中心、温室，更有利于植物的生长。

（6）在一些商场、超市、娱乐场所、医院候诊厅、车站候车室等，人员流动比较频繁，需要敞开一些门窗以便空气流通，直接蒸发冷却器的制冷原理决定了它是这种场所的最佳选择。

（7）一些礼堂、会议室、食堂、教堂、学校、体育馆等，人员密集，但使用时间短且需要快速降温，直接蒸发冷却器所提供的快速制冷、全新风的运行方式无疑是最佳选择。

（8）在气候炎热、干燥的北方地区，因为它们的干湿球温度差大，绝热制冷的效果非常有效，此时直接蒸发冷却器比传统的压缩式空调更为适用。

（9）一些高温车间，如炼钢厂、铸造厂等，工人在受四周辐射高温环境下工作，直接蒸发冷却器用于岗位送风，用较大的风速送到工作地点，使人感到非常舒适。

（10）在牲畜饲养场等使用可以避免牲畜瘟疫的发生，通风换气可使疾病传染几率下降，有效防止细菌病毒的传播，提高牲畜成活率，减少疾病产生。

参考文献

[1] 黄翔．空调工程．北京：机械工业出版社，2006.
[2] (美) 约翰·瓦特 (JohnR. Watt，P. E)，威尔·布朗 (WillK. Brown，P. E)．蒸发冷却空调技术手册．黄翔，武俊梅等译．北京：机械工业出版社，2008.
[3] 马最良，肖玉生．卧式组合空调机组直接蒸发冷却段的开发与研究．通风除尘，1997，(2)：5-8.
[4] 何淦明．采用调速电机驱动的蒸发式降温换气机．中国：ZL200620068179.5，2006-11-24.
[5] 黄翔，汪超等．一种复合空调器．中国：ZL 200920032384.X，2010-01-13.
[6] 林华君．蒸发式冷气机的自动清洗湿帘控制装置．中国：ZL200820229587.3，2009-11-4.
[7] 陆耀庆．实用供热空调设计手册（第二版）．北京：中国建筑工业出版社，2008.
[8] 张丹，黄翔．关于直接蒸发冷却空调经济性能的评价．制冷空调与电力机械，2005，26 (5)：57-59.
[9] JRWATT PHD. Power cost comparision-evaporativevs regenerativecooling. ASHRAETran，1988，94 (2)：l108-1115.
[10] 汤志勤等．一种空调器．中国：ZL200420043298.6，2004-3-9.

第6章　喷　水　室

6.1　概述

喷水室是空气与水直接接触式空气热湿处理设备。喷水室中将不同温度的水喷成雾滴与空气直接接触，或将水淋到填料层上，使空气与填料层表面形成的水膜直接接触，进行热湿交换，可实现多种空气热湿处理过程，同时对空气还具有一定的净化能力，洗涤吸附在空气中的尘埃和可溶性有害气体。在以调节湿度为主的纺织厂、烟草厂及以去除有害气体为主要目的的净化车间等得到广泛的应用，这种模仿自然界下雨的设备在节约能源与提高热质交换效率方面仍存在着很大的研究潜力。但它对水质卫生要求高、占地面积较大、水系统复杂且水泵耗能多等缺点。

6.1.1　空气与水直接接触时的热湿处理过程[1]

在喷水室内，当空气流经水面或水滴周围时，水滴表面的饱和空气层与主流空气之间通过混合与扩散，使主流空气状态发生变化。如果和空气接触的水量无限大，接触时间无限长，空气的终状态点将位于 h-d 图的饱和曲线上并且空气的终温将等于水温；与空气接触的水温不同，空气的状态变化过程也将不同。所以，在上述假想条件下，随着水温不同，可以得到图 6-1 所示的 7 种典型的空气状态变化过程，表 6-1 列出了这些过程的特点。

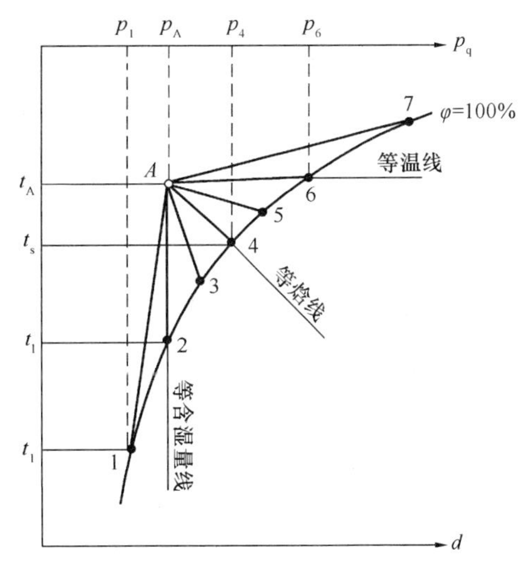

图 6-1　空气与水接触时的状态变化过程

在这 7 种过程中，A-2 过程是加湿与减湿的分界线，A-4 过程是增焓与减焓的分界线，A-6 过程是升温与降温的分界线。下面用热湿交换理论来分析这 7 种过程。

(1) 当 $t_w < t_1$ 时，为过程 A-1，喷水温度低于露点温度，空气在该过程受到冷却，同时由于空气的水蒸气分压力高于水滴周围饱和空气边界层中水蒸气的分压力（$P_A > P_1$），空气中的水蒸气将向水凝结，空气的含湿量降低，该过程为减湿冷却过程。

(2) 当 $t_w = t_1$ 时，为过程 A-2，喷水温度等于空气的露点温度而低于空气温度，空气将显热量传递给水，空气温度下降，由于空气中水蒸气分压力等于饱和空气边界层中水蒸气的分压力（$P_A = P_2$）时，所以空气的湿度并不降低，该过程为等湿冷却过程。

(3) 当 $t_1 < t_w < t_s$ 时，为过程 $A-3$，喷水温度大于空气的露点温度而低于空气湿球温度，空气仍将显热量传递给水，而饱和空气边界层中水蒸气的分压力高于空气中水蒸气分

压力（$P_3>P_A$），向空气中传递水蒸气，水滴靠吸收了空气的显热量使水蒸发成水蒸气来补充，结果空气含湿量增加，总的换热量为空气失热，焓值降低，该过程为减焓加湿过程。

空气与水直接接触时各种过程的特点　　表 6-1

过程线	水温特点	t 或 Q_x	d 或 Q_q	h 或 Q_z	过程名称
A-1	$t_w<t_l$	减	减	减	减湿冷却
A-2	$t_w=t_l$	减	不变	减	等湿冷却
A-3	$t_l<t_w<t_s$	减	增	减	减焓加湿
A-4	$t_w=t_s$	减	增	不变	等焓加湿
A-5	$t_s<t_w<t_A$	减	增	增	增焓加湿
A-6	$t_w=t_A$	不变	增	增	等温加湿
A-7	$t_w>t_A$	增	增	增	增温加湿

注：表中 t、t_s、t_l 为空气的干球温度、湿球温度和露点温度，t_w 为水温。

（4）当 $t_w=t_s$ 时，发生 $A-4$ 过程，喷水温度等于空气的湿球温度但低于空气的干球温度，空气将显热传递给水而使自身温度下降，同时由于水滴周围边界层内地饱和空气中水蒸气的分压力大于空气中的水蒸气分压力（$P_4>P_A$），不断有水蒸气蒸发到空气中，空气得到的潜热量等于失去的显热量，在此过程中，如果忽略水本身具有的焓值，即空气沿等焓线变化，该过程称为等焓加湿过程。

（5）当 $t_s<t_w<t_A$ 时，水温介于空气的干球温度和湿球温度之间，为过程线 $A-5$。在这一过程中，由于空气温度高于水温，显热量由空气传递给水，空气失去热量而使自身温度下降，但水滴周围饱和空气边界层的水蒸气分压力大于空气中的水蒸气分压力，因此有大量水蒸气蒸发到空气中，空气被加湿并得到相应的潜热量。而空气得到的潜热量大于失去的显热量，所以空气的焓值和湿度增加，温度降低，即为增焓加湿过程。

（6）当 $t_w=t_A$ 时，发生 $A-6$ 过程，空气温度与水温相同，没有显热量的交换，水滴周围饱和空气边界层的水蒸气分压力大于空气中的水蒸气分压力，不断有水蒸气蒸发到空气中去，空气被加湿并得到潜热量。因此，空气的含湿量、焓值均增加，而温度不变，即为等温加湿过程。

（7）当 $t_w>t_A$ 时，发生 $A-7$ 过程，水温大于空气温度，空气得到水的显热量，而水蒸气也不断蒸发到空气中，空气升温加湿增焓，水蒸发所需热量及加热空气的热量均来自于水本身，水温降低，该过程称为增温加湿过程。

6.1.2　喷水室的分类

（1）按被处理空气在喷水室内的流速大小分为低速（流速为 2～3m/s）和高速（流速为 3.5～6.5m/s）两类，目前多数喷水室是低速的。

（2）按喷水室内空气流动方向分为卧式（空气流动为水平方向，水以顺气流或逆气流喷出）和立式（空气流动由下向上或由上向下，水由上向下喷出）两类。卧式喷水室便于布置喷淋排管、挡水板，可以根据风量和热湿处理的需要灵活布置喷水室，方便风机的安装和运行，有利于运行管理和维修，因此目前以卧式用得最多。立式喷水室占地面积小，一般用在空调室位置有限、处理风量较小的场合。

(3) 被处理空气与喷水室只进行一次热湿交换称为单级喷水室；被处理空气与不同温度的水接触两次，进行两次热湿交换，形成双级喷水室，这种喷水室将两套喷水系统串联使用，因此水温降较大，使用的水量减少，在使空气得到较大的焓降的同时节约了用水量，特别适合于天然冷源和要求空气焓降较大的场所。纺织车间发热量大，又有较多的企业使用天然冷源，因此双级喷水室在纺织厂得到广泛应用。

6.1.3　喷水室的结构

下面以一个应用较广泛的单级、卧式、低速喷水室为例来说明喷水室的结构。喷水室主要由导流板、挡水板、各种管道、喷嘴和滤水器等组成，如图 6-2 所示。

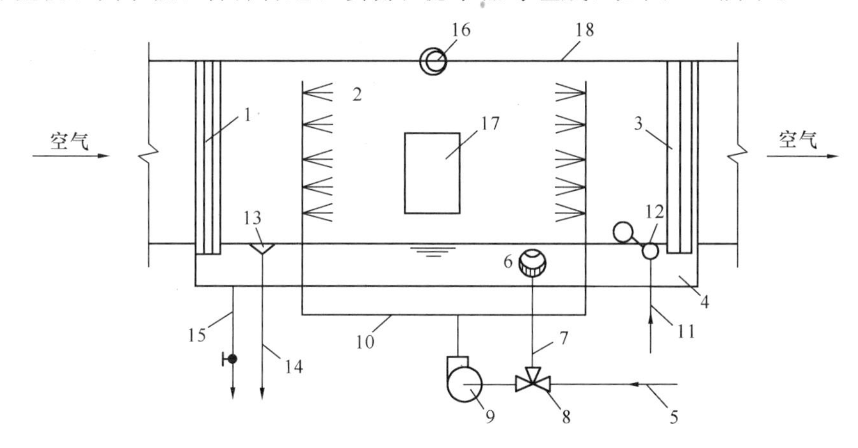

图 6-2　卧式喷水室的构造

1—整流栅；2—喷嘴；3—挡水板；4—喷淋池；5—供水管；6—滤水器；7—循环水管；8—三通调节阀；9—水泵；10—喷淋管；11—补水管；12—浮球阀；13—溢水器；14—溢水管；15—泄水管；16—防水照明灯；17—检查门；18—外壳

被处理空气经整流栅 1 进入喷水室，与排管上喷嘴 2 喷出的水滴相遇，空气与水之间进行热交换或质交换，然后经挡水板流走。喷嘴中水由供水排管中喷出，与空气进行热质交换后，落入喷淋池 4 中。喷水室中的各种管道主要包括循环水管、溢水管、补水管和泄水管。喷水室中的滤水器 6、循环水管 7、三通调节阀 8 和水泵 9 组成了循环水系统；补水管 11、浮球阀 12 组成自动补水装置；溢水器 13 和溢水管 14 组成液位控制系统；而泄水管 15、防水照明灯 16 和检查门 17 是喷水室检修、清洗、维护时的部件；外壳 18 可以是金属外壳，也可以由混凝土浇筑而成。

喷水室中通常设置 1～3 排喷嘴，最多可设置 4 排喷嘴。喷水方向根据与空气流动方向相同或相反分为顺喷、逆喷和对喷。当设置 1 排喷嘴时，通常使水与空气流动方向相反，即逆喷方式；当设置 2 排喷嘴时，通常采用对喷方式；当设置 3 排喷嘴时，采用一顺两逆的方式为好。

6.2　喷嘴

喷水室系统的关键设备是喷嘴，其作用是使喷出的水雾化，增加水与空气的接触面积。决定其性能的主要技术指标为同样喷水压力下的喷水量和雾化效果。同一类型的喷嘴，孔径越小，喷嘴前水压越高，则雾化效果越好，但喷嘴易堵塞。孔径相同时，压力越高，喷水量越大，雾化程度越好，但水泵消耗的功率越大。随着空调喷水室技术的不断推进和发展，高效、结构简单、不易堵塞的喷嘴及喷水室一直以来都是专家学者的研究方向。因此越来越多新型、高效、节能的各式喷嘴相继被研制开发并得到推广应用。如图6-3所示为各种喷嘴实物照片。

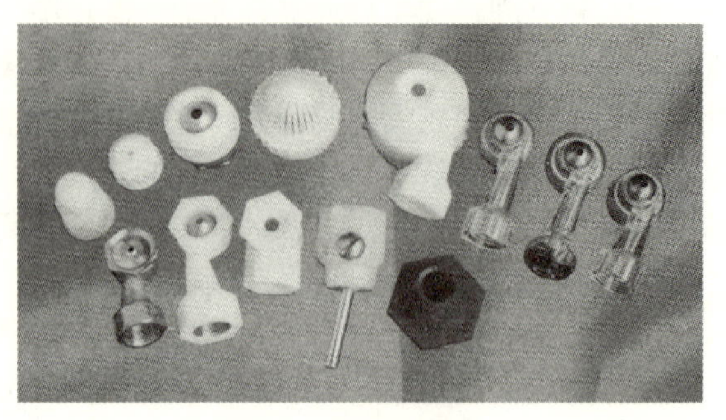

图6-3　各种喷嘴照片

6.2.1　Y-1型喷嘴[2]

Y-1型喷嘴的结构如图6-4（*a*）所示，性能参数曲线见图6-4（*b*）。采用Y-1型喷嘴的两排或三排的单级喷水室，喷嘴密度为18～24个/（m²·排），当在以下工况进行试验时：进风干球温度27℃、进风湿球温度19.5℃、进出口水温差5℃，喷水段热交换效率应不小于表6-2的规定。

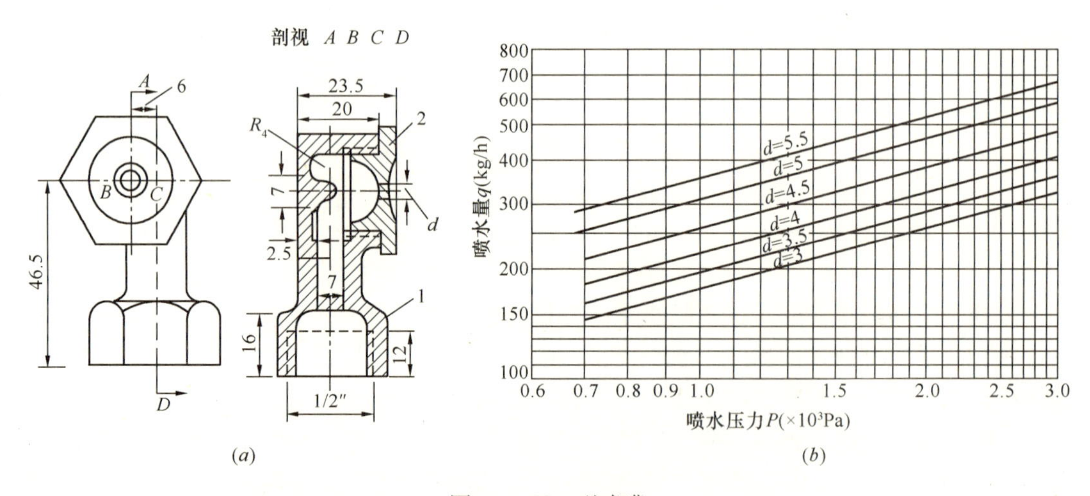

图6-4　Y-1型喷嘴

（*a*）构造；（*b*）性能曲线

1—喷嘴本体；2—喷头

Y-1型喷嘴喷水室热交换效率　　　　**表6-2**

迎面风速 v_y	kg/（m²·s）	2.0	2.2	2.4	2.6	2.8	≥3.0
喷嘴直径 d	≥4mm	0.63	0.63	0.64	0.64	0.65	0.68
	<4mm	0.72	0.72	0.73	0.74	0.74	0.78

注：喷嘴直径≥4mm，供水表压为117.7kPa；喷嘴直径为2.5～3.5mm，供水表压为196.1kPa；喷嘴直径为2～2.5mm，供水表压为345.8kPa。

6.2.2　BTL-1型双螺旋离心喷嘴[3]

该喷嘴由喷嘴盖、螺旋柱塞、喷嘴座三部分组成，喷水孔直径一般采用8mm，喷嘴

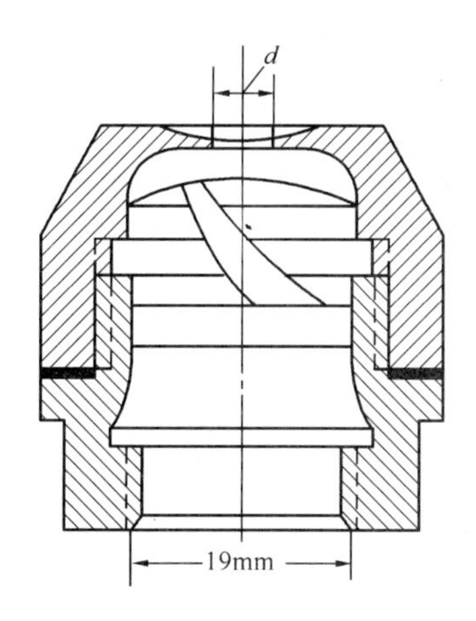

图 6-5　BTL-1 型双螺旋离心喷嘴结构示意图

高为 57mm，其结构如图 6-5 所示。

水进入喷嘴后，通过柱塞上的两条螺旋沟槽，呈旋转的趋势从喷嘴盖上的喷水孔喷出。这种喷嘴的特点是喷水压力低，喷水量大，可以减少喷嘴用量和电力消耗。由于喷嘴采用聚碳酸酯材料，所以既耐磨又抗腐蚀，使用寿命较长，但易堵塞。

BTL-1 型双螺旋离心喷嘴的喷水量可从图 6-6 查得。

6.2.3　Luwa 型喷嘴[2]

Luwa 型喷嘴的结构如图 6-7 所示，喷嘴主体由塑料制成，孔盖由塑料螺纹与不锈钢抛物面形喷口套压在一起，进水管内流道形状由圆锥逐渐过渡到方形，使水流在进入旋流室内形成带状薄膜，增加水流的旋转动能。喷嘴与喷排的连接采用不锈钢或塑料搭扣方式，安装和更换喷嘴较为方便。但由于牢固程度差和易漏水等缺点，国内改用插转式或钢管内衬丝扣式连接。喷排采用一级两排对喷形式，两排间距为 304mm，喷嘴纵向间距为 152mm，喷嘴布置密度为 38～41 只/（m^2·排）。Luwa 型喷嘴的性能曲线见图 6-8，喷水量 q 与喷水压力 P 和出口孔径 d_0 之间的关系式为：

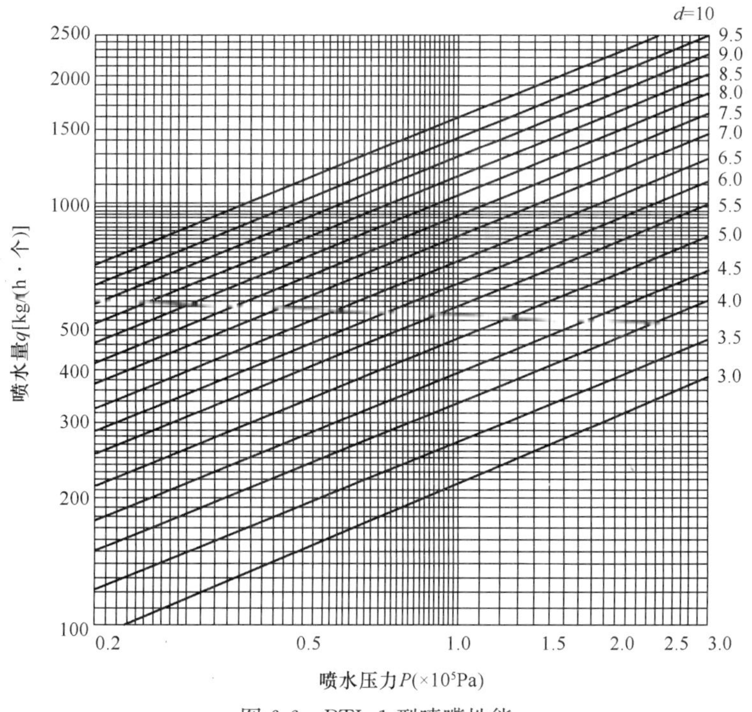

图 6-6　BTL-1 型喷嘴性能

$$q = 313.17P^{0.490}d_0^{1.013} \tag{6-1}$$

式中　q——喷水量，kg/h；

P——喷水压力，MPa；

d_0——喷嘴出口孔径，mm。

Luwa 型喷嘴出水孔径有 ϕ3mm 和 ϕ4mm 两种规格。由于孔径较小，实际使用中发现堵塞严重，不能发挥应有的作用，影响热湿交换效果。因此，国内开发研制了 PY 型和 PX 型等大孔径、高效率、防堵型离心式喷嘴。

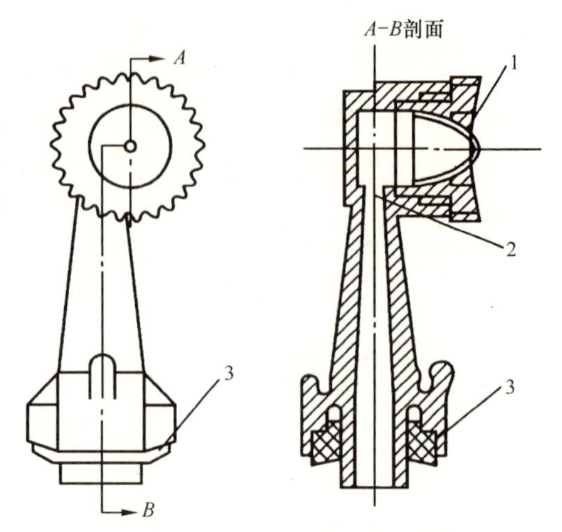

图 6-7 Luwa 型喷嘴结构示意图

1—不锈钢盖；2—矩形流道；3—橡胶密封圈

6.2.4 FL 型喷嘴[4]

FL 型喷嘴的结构和工作原理与 Y-1 型离心式喷嘴基本相同，仅在结构上作了某些改进，喷嘴孔径为 3～6mm，其规格与性能见表 6-3。

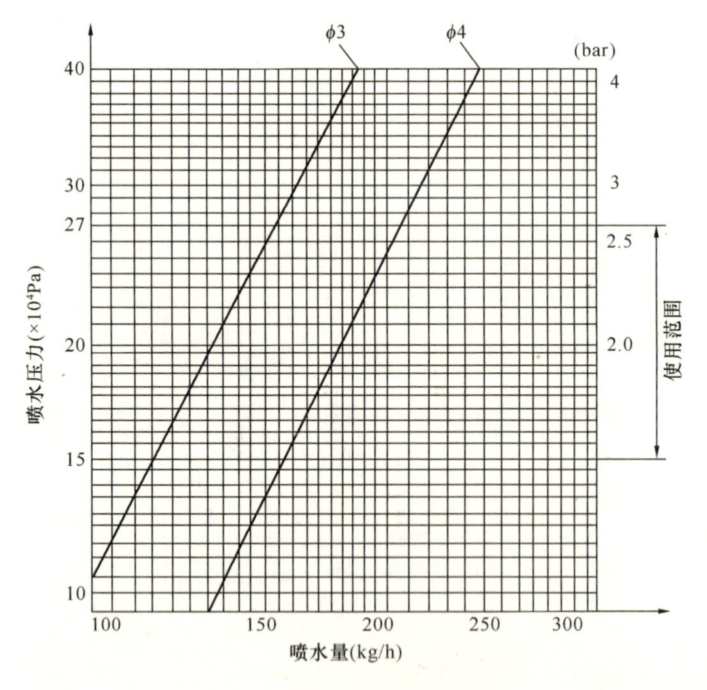

图 6-8 Luwa 型喷嘴性能曲线

FL 型喷嘴规格与性能参数表 **表 6-3**

孔径	ϕ3			ϕ4			ϕ5			ϕ6		
表压 (MPa)	喷水量 (kg/h)	喷射锥角 (°)	射程 (m)	喷水量 (kg/h)	喷射锥角 (°)	射程 (m)	喷水量 (kg/h)	喷射锥角 (°)	射程 (m)	喷水量 (kg/h)	喷射锥角 (°)	射程 (m)
0.1	125	91	0.66	213	92	0.70	280	94	0.95	320	95	1.05
0.15	153	93	0.76	259	94	0.85	335	95	1.15	390	98	1.25
0.2	178	95	0.82	290	96	1.0	380	97	1.30	450	100	1.45
0.25	197	97	0.95	320	98	1.25	420	100	1.50	500	102	1.60
0.3	214	98	1.10	350	99	1.35	465	102	1.60	540	104	1.80

6.2.5 PX型喷嘴[2]

PX型喷嘴的结构如图6-9所示，该类型喷嘴的出口孔径为6～8mm，喷嘴均采用ABS型工程塑料制成。喷嘴出口处设有锥形导流扩散管，可使喷嘴雾化角大大提高，一般在110°～130°之间，喷出的水滴颗粒细小均匀，雾化效果良好。由于该喷嘴雾化角较大，因此，喷嘴密度大为减小，通常为6～12只/（m^2·排）。PX型喷嘴的性能参数见表6-4，性能曲线见图6-10。喷水量q与喷水压力p和出口孔径d_0之间的关系式为：

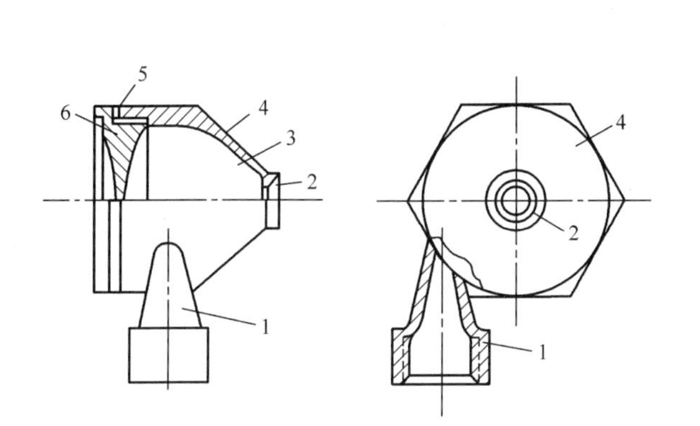

图6-9 PX型喷嘴结构示意图

1—进水管；2—出品导流扩散管；3—旋流室；4—出口端盖；5—橡胶密封圈；6—后盖

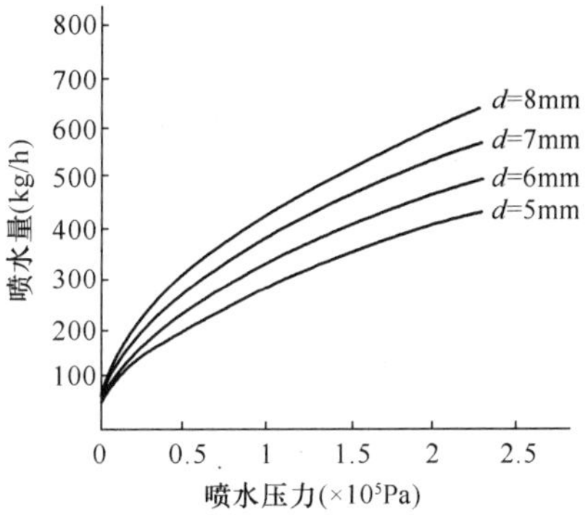

图6-10 PX型喷嘴性能曲线

$$q = 73.756P^{0.475}d_0^{0.844} \tag{6-2}$$

图6-11为采用PX型喷嘴的喷水室实物照片。

6.2.6 PY型喷嘴[2]

PY型喷嘴的出口孔径为5～8mm，喷嘴均采用ABS工程塑料制成。喷嘴密度同PX型喷嘴。该类型喷嘴有单向喷和双向喷两种形式，其性能参数见表6-5，性能曲线见图6-12。喷水量q与喷水压力P和出口孔径d_0之间的关系式为：

$$q = 266.260P^{0.313}d_0^{0.368} \tag{6-3}$$

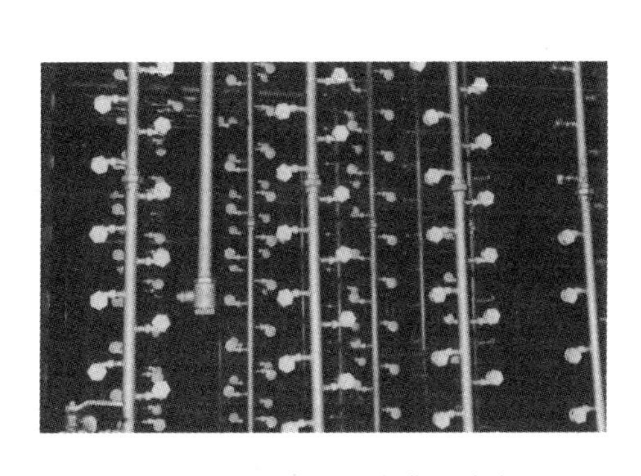

图6-11 采用PX型喷嘴的喷水室

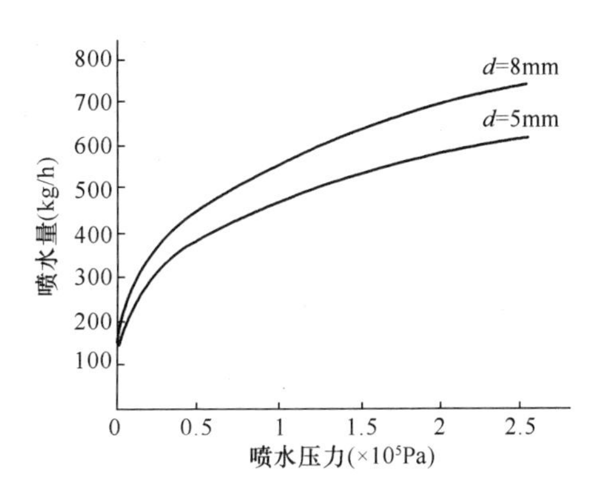

图6-12 PY型喷嘴性能曲线

PX型喷嘴性能参数表 **表6-4**

喷嘴规格	性能参数	喷水压力（MPa）											
		0.02	0.04	0.06	0.08	0.10	0.12	0.14	0.16	0.18	0.20	0.22	0.24
进水孔径为8mm，出水孔径为8mm	喷水量（kg/h）	254	365	420	488	550	581	655	690	761	783	820	915
	雾化角（°）	114	115	116	118	118	120	125	125	126	128	128	128
	射程（m）	0.85	1.10	1.40	1.70	1.85	2.00	2.10	2.25	2.35	2.45	2.50	2.55
进水孔径为7mm，出水孔径为8mm	喷水量（kg/h）	237	278	411	426	452	470	487	624	634	684	694	727
	雾化角（°）	111	112	115	117	121	123	123	125	125	127	128	128
	射程（m）	0.80	1.05	1.38	1.65	1.82	1.95	2.06	2.20	2.31	2.40	2.47	2.52
进水孔径为6mm，出水孔径为8mm	喷水量（kg/h）	221	254	392	404	421	432	451	587	603	627	642	665
	雾化角（°）	110	112	114	115	118	119	121	121	123	126	126	128
	射程（m）	0.70	0.92	1.25	1.50	1.68	1.87	1.96	2.05	2.12	2.24	2.35	2.45
进水孔径为6mm，出水孔径为6mm	喷水量（kg/h）	185	224	246	304	325	350	384	399	431	456	471	492
	雾化角（°）	114	115	116	118	118	120	121	123	125	125	127	127
	射程（m）	0.78	0.82	1.00	1.24	1.40	1.60	1.75	1.80	2.05	2.10	2.15	2.20
进水孔径为5mm，出水孔径为6mm	喷水量（kg/h）	174	216	227	300	323	346	373	394	411	422	455	482
	雾化角（°）	113	115	115	116	116	119	120	122	123	125	126	127
	射程（m）	0.70	0.75	0.95	1.20	1.35	1.45	1.70	1.75	2.00	2.05	2.10	2.15

PY型喷嘴性能参数表 **表6-5**

喷水压力	单向喷雾（Φ8mm）		双向喷雾（Φ8mm×2）	
	喷水量	雾化角	喷水量	雾化角
10^5Pa	kg/h	(°)	kg/h	(°)
0.4	318	115	390	126
0.6	386	118	471	126
0.8	444	118	540	128
1.0	522	120	591	128
1.2	558	120	630	130
1.4	588	120	675	130
1.6	624	120	750	130
2.0	678	120	820	130
2.5	780	120	910	130
3.0	840	120	990	130
3.5	912	120	1050	130

6.2.7　FD型喷嘴[2]

FD型喷嘴的出口孔径为6～8mm，喷嘴采用工程塑料聚碳酸酯（PC）及ABS工程塑料制成，喷嘴密度同PX型喷嘴，其性能曲线见图6-13。喷水量q与喷水压力P和出口孔径d_0之间的关系式为：

$$q = 89.395\,(10P)^{0.274} d_0^{0.984} \tag{6-4}$$

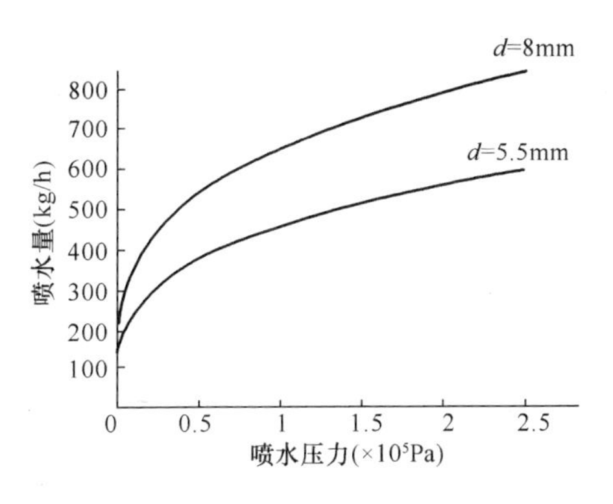

图6-13　FD型喷嘴性能曲线

6.2.8　撞击流式喷嘴[2]

撞击流式喷嘴结构如图6-14所示，对喷喷嘴［图6-14（a）］是水流通过两个直流短管喷嘴相向喷射，两股水流相遇后从两喷嘴之间的缝隙中挤压出一圆形水膜，来自喷水室的迎面气流与水膜剧烈摩擦，将其撕碎，从而达到使水雾化的目的。喷水压力越大，喷嘴孔径越小，喷嘴出口的水流速度就越大，两股对喷水流之间的撞击力也越大，形成的水膜将越薄。另外，喷嘴的间距对水膜的厚度也有影响，通常喷嘴间距越小，则水膜越薄。流体撞击流喷嘴的特点是：防堵塞，水膜雾化角可达180°，覆盖面宽且分散度均匀，喷嘴密度较小［2～3个/（m^2·排）］，可达到较高的热湿交换效率，水流在喷嘴中的阻力损失较小，节省了水泵的能耗，其喷水量见表6-6。靶式撞击流喷嘴［图6-14（b）］比对喷撞击流喷嘴便于加工和安装，精度要求低，可避免对喷式喷嘴由于加工和安装精度不够，使两短管不在同一轴线上，从而影响雾化效果的不足，它同样可以简化喷水室系统，在不更换喷排的情况下，可以较方便地实现与原有喷嘴互换，其喷水量见表6-7和表6-8。

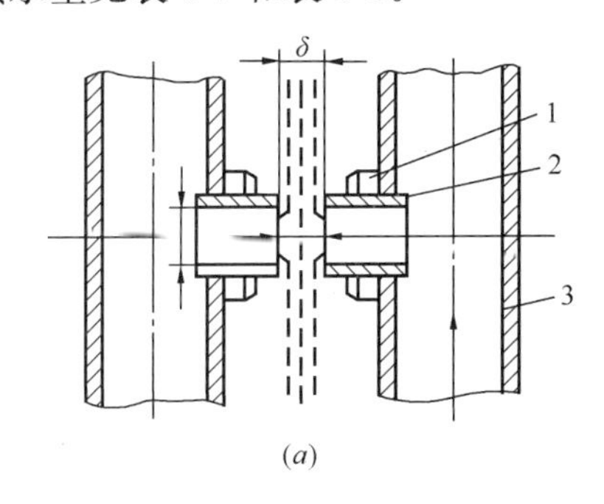

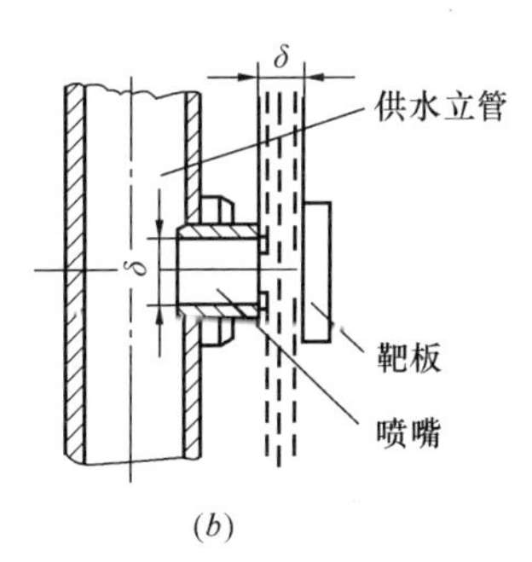

图6-14　流体动力式喷水室撞击流式喷嘴

（a）对喷式；（b）靶式

1—紧箍螺母；2—喷嘴；3—供水立管

撞击流（对喷式）**喷嘴喷水量**（kg/h）　**表6-6**

喷嘴间距δ（mm）	喷水压力P（MPa）			
	0.05	0.10	0.15	0.20
0.5	1620	2280	2640	3000
1	1920	3000	2600	3920
2	2520	4030	4920	5880

续表

喷嘴间距 δ（mm）	喷水压力 P（MPa）			
	0.05	0.10	0.15	0.20
3	2880	4440	5400	6480
4	3240	4920	6000	7200
5	3300	4920	6120	7040
6	3240	5040	6000	7040
7	3300	4860	6000	7100

对喷式撞击流式喷嘴和靶式撞击流喷嘴实物照片分别如图 6-15 和图 6-16 所示。

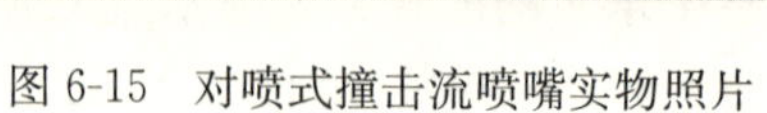

图 6-15 对喷式撞击流喷嘴实物照片

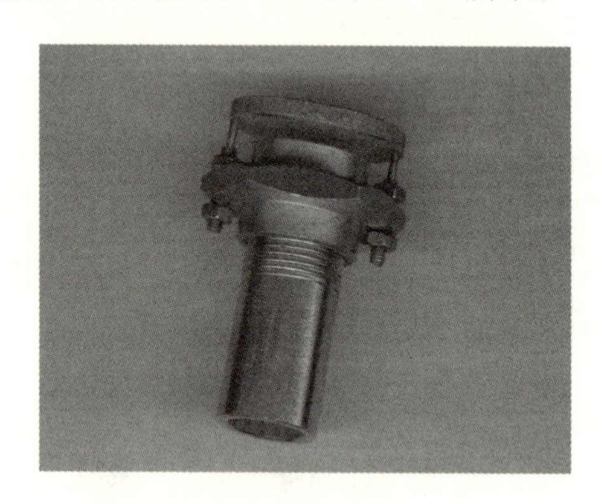

图 6-16 靶式撞击流喷嘴实物照片

撞击流（靶式）喷嘴喷水量（m^3/h）（P=0.2MPa） **表 6-7**

孔径（mm） \ 间距（mm）	2	3	4	5
Φ4	0.714	0.75	0.762	0.768
Φ5	0.96	1.11	1.158	1.158
Φ6	1.2	1.5	1.602	1.668
Φ8	1.812	2.19	2.31	2.37

撞击流（靶式）喷嘴喷水量（m^3/h）（P=0.15MPa） **表 6-8**

孔径（mm） \ 间距（mm）	2	3	4	5
Φ4	0.612	0.606	0.6	0.66
Φ5	0.816	0.942	0.99	0.99
Φ6	1.026	1.284	1.374	1.416
Φ8	1.572	1.872	2.01	2.10

6.2.9 流体动力式超声波喷嘴

流体动力式超声波喷嘴和流体动力式超声波喷水室实物照片分别如图 6-17 和图 6-18

所示。

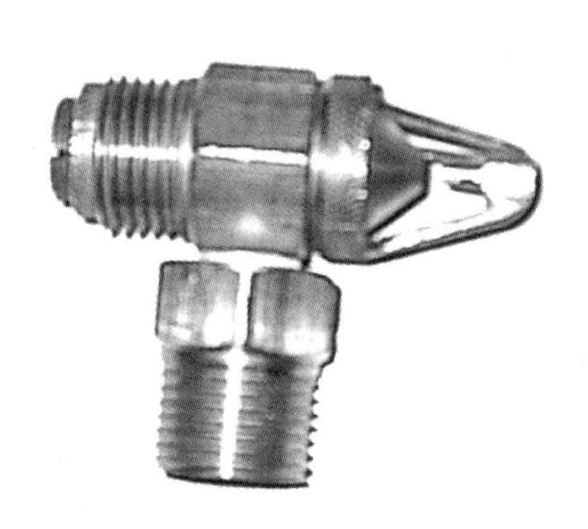

图 6-17 流体动力式超声波喷嘴

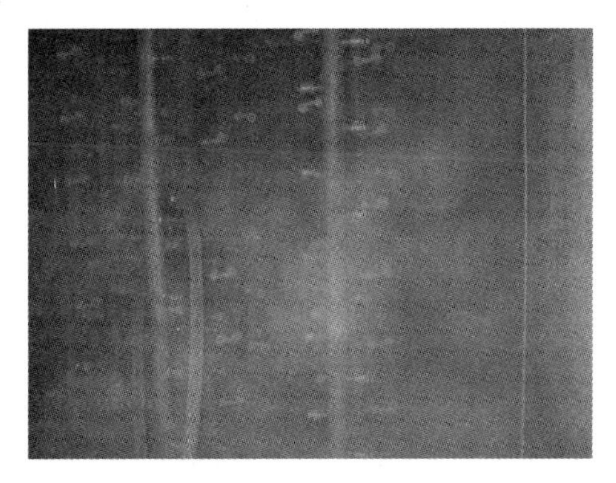

图 6-18 流体动力式超声波喷水室

6.3 喷水室的热工性能和影响因素分析

6.3.1 喷水室的热工性能

喷水室的热工性能包括全热交换效率、通用热交换效率、传热效率和热交换比等。其中，热工性能可以通过如图 6-19 和图 6-20 所示的空气、水状态变化过程表示出来。

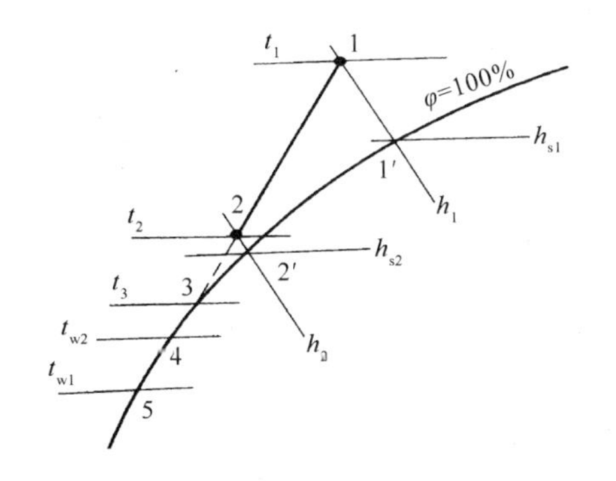

图 6-19 冷却减湿过程空气与水的状态变化

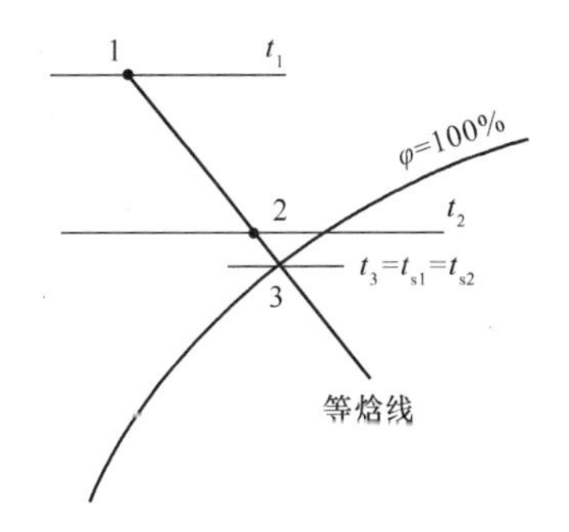

图 6-20 绝热加湿过程空气与水的状态变化

图 6-19 和图 6-20 中，各符号的意义如下：

t_1、t_2——空气初、终状态干球温度,℃；

t_{s1}、t_{s2}——空气初、终状态湿球温度,℃；

t_3——处理过程线与饱和线交点的温度,℃；

t_{w1}、t_{w2}——喷水的初、终温度,℃；

h_1、h_2——空气的初、终状态的焓，kJ/kg；

h_3——交点 3 空气饱和状态的焓，kJ/kg；

h_{w1}——相当于喷水初温的饱和空气的焓，kJ/kg。

(1) 热交换效率系数 η_1（也称第一热交换效率或全热交换效率）：对于除绝热加湿过

程外的所有空气处理过程适用。

$$\eta_1 = 1 - \frac{t_{s2} - t_{w2}}{t_{s1} - t_{w1}} \tag{6-5}$$

（2）接触系数 η_2（也称第二热交换效率或通用热交换效率）：它适用于所有的空气处理过程，绝热加湿过程中 $t_{s1} = t_{s2}$。

$$\eta_2 = \frac{h_1 - h_2}{h_1 - h_3} = 1 - \frac{t_2 - t_{s2}}{t_1 - t_{s1}} \tag{6-6}$$

（3）传热效率 X

$$X = \frac{h_1 - h_2}{h_1 - h_{w1}} \tag{6-7}$$

（4）热交换比 SWU：表示单位断面的喷水室冷量 Q_0 与气水焓差 AED 之比，即：

$$SWU = \frac{Q_0}{F \cdot AED} = \frac{G(h_1 - h_2)}{F(h_1 - h_{w1})} \tag{6-8}$$

6.3.2　影响喷水室热湿交换效率的因素

喷水室中空气与水的热交换是比较复杂的，影响喷水室热湿交换效果的因素很多，诸如空气的质量流速、喷水系数、喷水室结构特性、空气与水的初终参数等。对一定的空气处理过程来说，主要从以下几个方面来分析。

1. 空气质量流速的影响

在喷水室中，空气与水之间进行着显热交换和潜热交换。其中，显热交换是依靠传导、对流和辐射三种方式。由于空气的导热性很差，同时空气与水的温差一般也不是很大，因此，空气与水之间的显热交换主要是依靠对流换热。风速大，对流换热系数（显热交换量）亦大，而对流传质系数（潜热交换量）亦大，并在风量一定的情况下可缩小喷水室的断面尺寸，从而减少占地面积。但风速大，会使空气与水的接触时间减少，流经挡水板的过水量及喷水室阻力增加，能耗增大。由于在空气流动过程中，随着温度变化其流速也将发生变化，为了能反映空气流动状况的稳定因素，采用空气质量流速 v_ρ 比较方便。

$$v_\rho = \frac{G}{3600f} \quad \text{kg/(m}^2 \cdot \text{s)} \tag{6-9}$$

式中　G——通过喷水室的空气量，kg/h；

　　　f——喷水室的横断面积，m^2。

常用的 v_ρ 一般取 2.5～3.5kg/（$m^2 \cdot s$）。

2. 喷水系数 μ（水气比）的影响

喷水室喷水量的大小常用处理 1kg 空气所用的水量，即喷水系数来表示，即：

$$\mu = \frac{W}{G} \quad \text{kg(水)/kg(空气)} \tag{6-10}$$

式中　W——喷水室的喷水量，kg/h；

　　　G——喷水室处理的空气量，kg/h。

在一定的范围内加大喷水系数，空气状态的变化趋近于理想过程，但喷水系数过大，不仅水泵型号变大，耗水量和耗电量也要增加。对于不同的空气处理过程，喷水系数的数值具有一定的范围，应由喷水室的热工计算来确定。一般情况下，对冷却干燥过程，μ=

0.75～0.85；对等焓加湿过程，μ=0.5～0.7。

3. 喷水室结构特性的影响

喷水室的结构特性主要是指喷嘴形式、喷嘴孔径、喷嘴排数、喷嘴密度、排管间距和喷水方向等，它们不同的选型与布置，对喷水室的热湿交换效果和空调系统的节能运行均有较大影响。

（1）喷嘴形式与孔径：在第6.3.1节对不同形式和孔径的喷嘴均列出了其性能参数，总之，在其他条件相同时，喷嘴孔径小，喷水量小，需要的喷水压力越高，则喷出水滴越细，增加了与空气的接触面积，热交换效果越好，此时水滴温度容易升高，对空气的加湿有利，但喷嘴孔径太小容易堵塞，对冷却干燥不利；反之，喷嘴孔径大时，喷水量增大，水滴直径较大，接触面积减少，水温不容易升高，有利于空气的冷却干燥过程。

（2）喷嘴排数：对单级喷水室，用于冷却去湿时，通常采用2排对喷；喷大水量时，采用3排；仅用于加湿时，通常采用1排。对于2排喷水室，一般采用对喷（第一排顺喷，第二排逆喷）；采用3排时，第一排顺喷，第二、三排逆喷。喷水压力宜保持在100～150kPa，且不宜大于250kPa。

（3）喷嘴密度：每平方米喷水室断面上布置的单排喷嘴个数叫喷嘴密度。实验证明，喷嘴密度过大，水苗相互叠加，不能充分发挥各自的作用，需喷水量大，喷水室阻力增加；喷嘴密度过小时，则因水苗不能覆盖整个喷水室断面，致使部分空气旁通而过，热交换效果降低。因此，喷嘴的密度和喷嘴孔径形式、计算喷水量、喷嘴的喷水雾化角有关，应经计算确定。一般纺织空调喷嘴密度为13～24个/（m^2·排）。

（4）喷水方向：喷嘴的喷水方向可采用顺喷和逆喷。顺喷时，气流和喷嘴喷出的雾滴同向运动，空气与水接触时间长，加湿效果好；逆喷时，气流和雾滴逆向流动，换热效率高，除湿效果较好。流体对流传质交换理论研究和实验均表明，在单级喷水室中，采用单排喷嘴进行喷淋时，逆喷比顺喷的热交换效果好；采用双排喷嘴进行喷淋时，双排对喷比两排均采用逆喷或顺喷的热湿交换效果好，这主要是因为双排对喷使水苗能更好地覆盖喷水室断面的缘故。

（5）排管间距：喷淋排管距整流栅的距离一般为1000mm和挡水板的距离一般为1500～2000mm，喷淋排管之间的距离可采用300～400mm。

4. 空气与水的初终参数的影响

对于一定的喷水室而言，空气和水的初终参数决定了喷水室内热湿交换推动力的大小和方向。因此，改变空气与水的初终参数，可以导致不同的热湿处理过程。根据实验，在绝热加湿过程中的热交换效率比冷却去湿时要高，即喷水室的绝热加湿过程可以采用较小的喷水量。

6.4　低速喷水室的热工计算

6.4.1　普通喷水室的热工计算方法

1. 喷水室热交换效率系数和接触系数的实验公式

由于影响喷水室热湿交换效果的因素极其复杂，不能用纯数学方法确定热交换效率系数和接触系数，而只能用实验的方法，对一定的空气处理过程和喷水室结构参数，可得如下实验公式：

$$\eta_1 = A v_\rho{}^{m} \mu^{n} \tag{6-11}$$

$$\eta_2 = A' v_\rho{}^{m'} \mu^{n'} \tag{6-12}$$

上式中的 A、A'、m、m'、n、n' 均为实验的系数和指数。可由表 6-9 中查得。

热交换效率 η_1、η_2 的实验公式 **表 6-9**

过程特性		单排顺喷	双排对喷
一级喷水室	减焓冷却去湿	$\eta_1=0.635v_\rho{}^{0.245}\mu^{0.42}$ $\eta_2=0.662v_\rho{}^{0.23}\mu^{0.67}$	$\eta_1=0.745v_\rho{}^{0.07}\mu^{0.265}$ $\eta_2=0.755v_\rho{}^{0.12}\mu^{0.27}$
	减焓冷却加湿	—	$\eta_1=0.76v_\rho{}^{0.12}\mu^{0.234}$ $\eta_2=0.835v_\rho{}^{0.04}\mu^{0.23}$
	等焓加湿	$\eta_2=0.8v_\rho{}^{0.25}\mu^{0.4}$	$\eta_1=0.75v_\rho{}^{0.15}\mu^{0.29}$
	增焓降温加湿	$\eta_1=0.855v_\rho{}^{0.09}\mu^{0.061}$ $\eta_2=0.8v_\rho{}^{0.13}\mu^{0.42}$	$\eta_1=0.82v_\rho{}^{0.09}\mu^{0.11}$ $\eta_2=0.84v_\rho{}^{0.05}\mu^{0.21}$
	增焓等温加湿	$\eta_1=0.87v_\rho{}^{0.05}$ $\eta_2=0.89v_\rho{}^{0.06}\mu^{0.29}$	$\eta_1=0.81v_\rho{}^{0.1}\mu^{0.135}$ $\eta_2=0.88v_\rho{}^{0.03}\mu^{0.15}$
	增焓加热加湿	$\eta_1=0.86\mu^{0.09}$ $\eta_2=1.05\mu^{0.25}$	—
二级喷水室冷却去湿		—	$\eta_1=0.945v_\rho{}^{0.1}\mu^{0.36}$ $\eta_2=1$

应用表 6-9 的条件是：离心喷嘴、孔径 $d_0=5\text{mm}$；喷嘴密度为 13 个/（m^2 · 排）；空气的质量流速 $v_\rho=1.5\sim3\text{kg}/(\text{m}^2\cdot\text{s})$；喷嘴前水压 $p_0=0.10\sim0.25\text{MPa}$（表压）。

2. 喷水室的热工计算任务

对既定的空气处理过程，选择一定结构的喷水室来实现以下 3 个过程：

（1）该喷水室能达到的 η_1 应该等于空气处理过程需要的 η_1；

（2）该喷水室能达到的 η_2 应该等于空气处理过程需要的 η_2；

（3）该喷水室喷出的水能够吸收（或放出）的热量应该等于空气失去（或得到）的热量。

上述三个条件可以用下面三个方程式表示：

$$\eta_1 = A v_\rho{}^{m} \mu^{n} = 1 - \frac{t_{s2} - t_{w2}}{t_{s1} - t_{w1}} \tag{6-13}$$

$$\eta_2 = A' v_\rho{}^{m'} \mu^{n'} = 1 - \frac{t_2 - t_{s2}}{t_1 - t_{s1}} \tag{6-14}$$

$$h_1 - h_2 = \mu \cdot c(t_{w2} - t_{w1}) \tag{6-15}$$

式中 c——水的比热，取 4.19kJ/（kg · ℃）。

由于计算中常用湿球温度而不用空气的焓，故引入空气的焓与湿球温度的比值 a，并用下式代替式（6-15）：

$$a_1 t_{s1} - a_2 t_{s2} = \mu \cdot c(t_{w2} - t_{w1}) \tag{6-16}$$

a 取决于湿球温度本身和大气压力，在空气调节的常用范围内，部分 a 值列于表6-10。

空气的焓与湿球温度的比值表 表6-10

大气压力（Pa）	湿球温度 t_s（℃）					
	5	10	15	20	25	30
101325	3.73	2.93	2.81	2.87	3.06	3.21
99325	3.77	2.98	2.84	2.90	3.08	3.23
97325	3.90	3.01	2.91	2.97	3.14	3.28
95325	3.94	3.06	2.94	2.98	3.18	3.31

3. 冷冻水量和循环水量的计算

（1）在设计计算中，如果计算的喷水初温 t_{w1} 高于冷源水温度 t_L，此时需要使用一部分循环水，同时需要的冷源水量 W_L 和循环水量 W_X 可按下式求得：

$$W_L = \frac{G(h_1 - h_2)}{c(t_{w2} - t_L)} \tag{6-17}$$

$$W_X = W - W_L \tag{6-18}$$

（2）如果计算的喷水初温 t_{w1} 低于冷源水温度 t_L，此时可取冷源水温度等于喷水温度，但需依下式修改喷水系数：

$$\frac{\mu}{\mu'} = \frac{t_{L1} - t_{w1}'}{t_{L1} - t_{w1}} \tag{6-19}$$

式中 t_{w1}、μ——第一次计算时得到的喷水初温和喷水系数；

t_{w1}'、μ'——新的喷水初温和相应的喷水系数；

t_{L1}——空气初状态的露点温度。

在纺织厂空调中，经常使用深井水等天然冷源，而冷源温度往往高于计算得到的喷水初温，此时可用上式计算出的喷水系数，通过加大喷水量，同样可以达到制取相同冷量的目的。

6.4.2 普通喷水室热工计算

1. 热工设计计算（见表6-11）

已知条件：空气量 G；空气初终状态参数：t_1、t_2、t_{s1}、t_{s2}、h_1、h_2。

求解：喷水量 W；水的初终温度 t_{w1}、t_{w2}；喷水室结构。

2. 热工校核计算（见表6-12）

已知条件：空气量 G；空气初状态 t_1、t_{s1}、h_1；水量 W，水初温 t_{w1}。

求解：空气终状态 t_2、t_{s2}、h_2；水终温 t_{w2}。

普通型喷水室热工设计计算表 **表 6-11**

计算步骤	计算内容	计算公式
1	接触系数 η_2	$\eta_2=1-\frac{t_2-t_{s2}}{t_1-t_{s1}}$ (6-6)
2	η_2 实验公式	(1) 选用喷水室结构，计算 v_ρ (2) 查取相应空气处理过程 η_2 的实验公式（表 6-9） $\eta_2=A'v\rho^{m'}\mu^{n'}$ (6-12)
3	求 μ 值	(1) 使 η_2 的式（6-6）与式（6-12）两式相等 (2) 求出 μ 值
4	热交换系数 η_1	$\eta_1=1-\frac{t_{s2}-t_{w2}}{t_{s1}-t_{w1}}$ (6-5)
5	η_1 实验公式	查取相应的空气处理过程 η_1 的实验公式，查表 6-9 $\eta_1=Av_\rho^m\mu^n$ (6-11)
6	热平衡方程式	$a_1t_{s1}-a_2t_{s2}=\mu\cdot c\ (t_{w2}-t_{w1})$ (6-16)
7	水的初、终温度 t_{w1}、t_{w2}	使 η_1 的式（6-5）与式（6-11）两式相等；并联立式（6-5）和式(6-16)，求得 t_{w1}、t_{w2}
8	求喷水量 W（kg/h）	$W=\mu G$
9	校核水温，计算冷源水量 W_L 和循环水量 W_X 或 μ'，计算新的喷水量 W'	如果 t_{w1} 高于冷源水温 t_L，则： $W_L=\frac{G\ (h_1-h_2)}{c\ (t_{w2}-t_L)}$ (6-17) $W_X=W-W_L$ (6-18) 如果 t_{w1} 低于冷源水温 t_L，则： $\frac{\mu}{\mu'}=\frac{t_{L1}-t_{w1}'}{t_{L1}-t_{w1}}$ (6-19) $W'=\mu'G$

普通喷水室热工校核计算表 **表 6-12**

计算步骤	计算内容	计算公式
1	水气比 μ	$\mu=\frac{W}{G}$ (6-10)
2	η_1、η_2	按选喷水室结构的相应空气处理过程查表（6-9），求出： $\eta_1=Av_\rho{}^m\mu^n$ (6-11) $\eta_2=A'v_\rho{}^{m'}\mu^{n'}$ (6-12)
3	t_{s2}、t_{w2}	$\eta_1=1-\frac{t_{s2}-t_{w2}}{t_{s1}-t_{w1}}$ (6-5) 假设 a_2，代入式（6-16） $a_1t_{s1}-a_2t_{s2}=c\cdot\mu\ (t_{w2}-t_{w1})$ (6-16) 联立式（6-5）和式（6-16），求得 t_{s2}、t_{w2}
4	t_2	$\eta_2=1-\frac{t_2-t_{s2}}{t_1-t_{s1}}$，求得 t_2
5	h_2	$h_1-h_2=\mu c\ (t_{w2}-t_{w1})$，求得 h_2 (6-15)

3. 双级喷水室

双级喷水室是两个单级喷水室串联起来的喷水室。即空气先进入第一级喷水室，再进入第二级喷水室，而冷水是先进入第二级喷水室，然后再由第二级的底池抽出供给第一级喷水室（图 6-21 上部）。这样，空气在两级喷水室中均能得到较大的焓降，同时通过两级喷水室后也可以得到较大的水温升。在各级喷水室中，空气与水的温湿度变化情况见图 6-21 的下部和图 6-22。

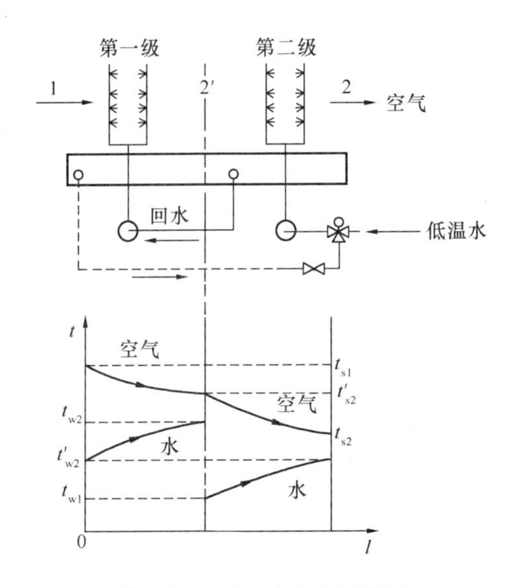

图 6-21　双级喷水室原理图

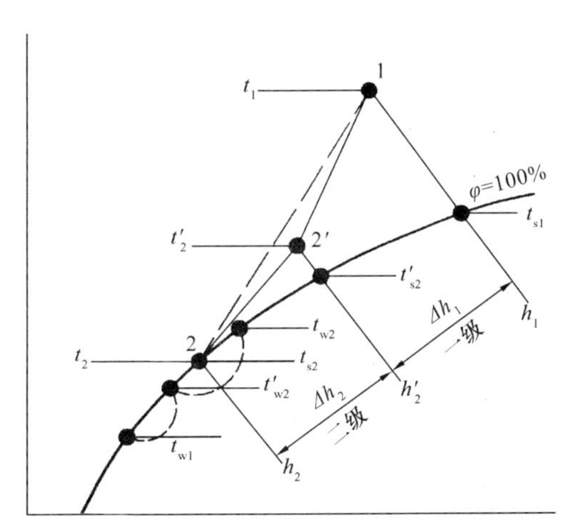

图 6-22　双级喷水室中空气与水的状态变化

这种双级喷水室的主要特点是：

（1）被处理的空气温降、焓降均较大，空气的终状态相对湿度可达到 95%以上，甚至可达到饱和；

（2）冷却除湿时，在第一级喷水室中高温空气被循环水喷淋处理，空气温降较大；而在第二级喷水室中用温度较低的水喷淋，空气减湿量较大；

（3）由于水与空气逆向流动，且两次接触，使得水的终温提高很多，甚至可能高于空气终状态的湿球温度。因此，在吸收同样空气热量时可以节省水量。双级喷水室的 η_1 可能大于 1，η_2 则可能等于 1。

双级喷水室主要用于下列情况：

（1）当用深井水作为冷源时，为了能提高喷水室的出水温度，充分发挥深井水的冷却作用，减少深井水的用水量，常采用双级喷水室。

（2）当深井水温不能满足冷却空气的要求时，有时可在第一级喷射深井水，对空气进行预处理，然后用冷冻水在第二级喷淋水，这样可减少冷冻机的冷负荷。

（3）当只有冷冻水作冷源时，如冷冻水的室外干线较长，为减少管路输送的冷冻水量，以缩小管路的管径，减少管路损耗的冷量，也可采用双级喷水室。

（4）当需要对车间进行大量加湿，仅仅开启一级喷水室达不到加湿要求时，可采用双级喷水室，这时被处理后的空气终状态相对湿度较高，甚至可达 100%。

在双级喷水室中，通常每一级的喷水量是相同的，即 $\mu_1=\mu_2$。在进行喷水室热工计算时可作为一个喷水室看待，而不必求空气的中间状态参数。目前在我国纺织厂中，双级喷水室的喷水量约为普通喷水室$\frac{1}{2}\sim\frac{1}{3}$。双级喷水室的设计计算步骤如下（表 6-13）：

已知条件：空气量 G；空气初终状态参数：t_1、t_2、t_{s1}、t_{s2}。

求解：喷水量 W；水的初终温度 t_{w1}、t_{w2}。

双级喷水室热工设计计算表　　表 6-13

计算步骤	计算内容	计算公式
1	水气比 μ	根据经验确定水气比 $\mu=\mu_1=\mu_2$
2	η_1	按选喷水室结构的相应空气处理过程查表（6-9），求出：$\eta_1=Av_\rho{}^m\mu^n$　(6-11)
3	水的初、终温度 t_{w1}、t_{w2}	联立式（6-5）和式（6-16），求得 t_{w1}、t_{w2}

6.4.3　PY 型喷水室热工计算

PY 型喷水室热工设计计算步骤见表 6-14，校核计算步骤见表 6-15。PY 型单级双排喷水室冷却干燥工况在不同喷水系数 μ 下的传热效率 X 和通用热交换效率（接触系数）η_2 见表 6-16。PY 型喷水室断面风速和冷水温度修正系数分布见表 6-17 和表 6-18。

PY 型喷水室中，第一级通常采用循环水喷淋，循环级水气比为 μ_1；第二级采用冷水喷淋，水气比为 μ_2，两级水气比之比值 S（$S=\mu_1/\mu_2$）可在热工性能图 6-23 上查取。PY 型喷水室中喷嘴设计最小密度曲线（喷嘴工作压力通常为 0.06～0.15MPa）如图 6-24 所示。

PY 型喷水室热工设计计算　　表 6-14

计算步骤	计 算 内 容
1	按公式 $\eta_2=\frac{h_1-h_2}{h_1-h_3}$，确定接触系数 η_2
2	若喷水室断面风速不为 2.5m/s，则应按表 6-17 对 η_2 值进行风速修正
3	根据 η_2 值查表 6-16 确定喷水系数 μ 和传热效率 X，按公式 $h_{w1}=h_1-(h_1-h_2)/X$，求与 h_{w1} 相对应的 t_{w1}，若 $t_{w1}\geqslant7$℃，需按表 6-18 对 η_2 和 X 值进行温度修正
4	按公式 $W=\mu G$，求喷水量 W
5	根据热平衡式 $h_1-h_2=\mu c(t_{w2}-t_{w1})$，确定冷水终温 t_{w2}
6	根据喷水量和喷嘴总数可求出每个喷嘴水量，查图 6-12 可确定喷水压力

PY型喷水室热工校核计算 表6-15

计算步骤	计算内容
1	按公式 $v=G/(3600\times1.2\times F)$ 确定断面风速
2	按公式 $\mu=W/G$ 确定水气比
3	根据 μ 值查表6-16确定 X 和 η_2 值； 若喷水室断面风速不为2.5m/s，则应按表6-17对 X 值和 η_2 值进行风速修正； 若冷水初温 $t_{w1}\geqslant7$℃，需按表6-17对 X 值和 η_2 值进行温度修正
4	按公式 $h_2=h_1-X(h_1-h_{w1})$，求 h_2 值
5	按公式 $h_3=h_1-(h_1-h_2)/\eta_2$，求 h_3 值
6	根据 $h-d$ 图确定空气终状态参数 t_2 和 t_{s2}
7	按公式 $t_{w2}=t_{w1}+(h_1-h_2)/\mu c$，求 t_{w2} 值

PY型单级双排逆喷喷水室冷却干燥工况传热效率 X 和接触系数 η_2 表6-16

μ	0.4	0.5	0.6	0.7	0.8	0.9	1.0	1.1
η_2	0.830	0.839	0.860	0.869	0.904	0.908	0.917	0.929
X	0.304	0.352	0.399	0.437	0.485	0.513	0.542	0.570
μ	1.2	1.3	1.4	1.5	1.6	1.7	1.8	1.9
η_2	0.931	0.934	0.937	0.940	0.941	0.942	0.943	0.945
X	0.590	0.609	0.627	0.643	0.657	0.670	0.681	0.693

注：PY型单侧喷水喷嘴实验条件：喷嘴孔径为10只/（m^2·排），空气的质量流速 $v_\rho=3$kg（m^2·s）

PY型喷水室风速修正系数 表6-17

断面风速（m/s）	1.5	2.0	2.5	3.0	3.5	4.0	5.0
X 值的修正系数	1.05	1.03	1.00	0.96	0.95	0.935	0.914
η_2 值的修正系数	1.01	1.003	1.00	0.994	0.988	0.984	0.978

PY型喷水室冷水温度修正系数 表6-18

冷水温度（℃）	X 值的修正系数	η_2 值的修正系数	冷水温度（℃）	X 值的修正系数	η_2 值的修正系数
7	1.000	1.000	14	0.914	0.956
8	0.992	0.996	15	0.901	0.949
9	0.982	0.990	16	0.888	0.942
10	0.966	0.984	17	0.878	0.934
11	0.951	0.976	18	0.862	0.928
12	0.940	0.970	19	0.847	0.920
13	0.927	0.962			

注：当效率修正后，单级双排 $X\geqslant0.729$ 时，$X=0.729$；$\eta_2\geqslant0.995$ 时，$\eta_2=0.995$；

当效率修正后，单级双排 $X\geqslant0.75$ 时，$X=0.75$；$\eta_2\geqslant1.0$ 时，$\eta_2=1.0$。

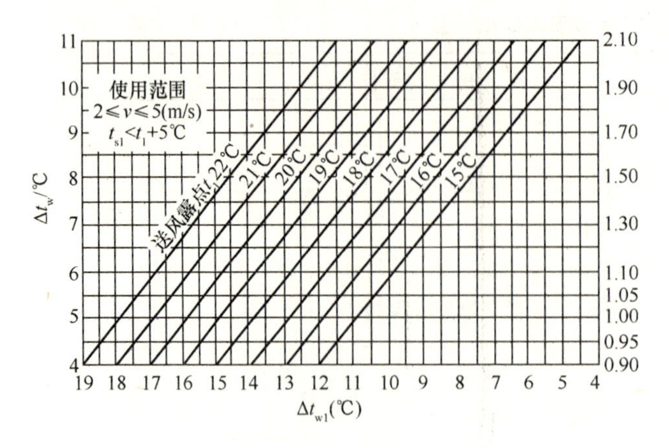

图 6-23　PY 型喷水室热工性能图

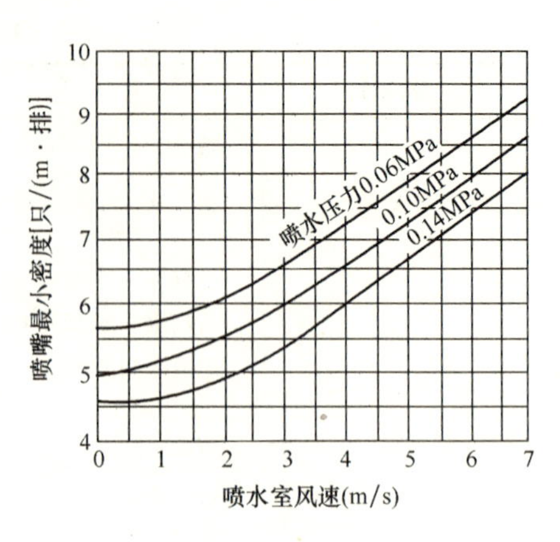

图 6-24　PY 型喷水室喷嘴最小密度曲线

6.5　高速喷水室的热工计算和实验研究

6.5.1　Luwa 型高速喷水室

1. Luwa 型喷水室的规格

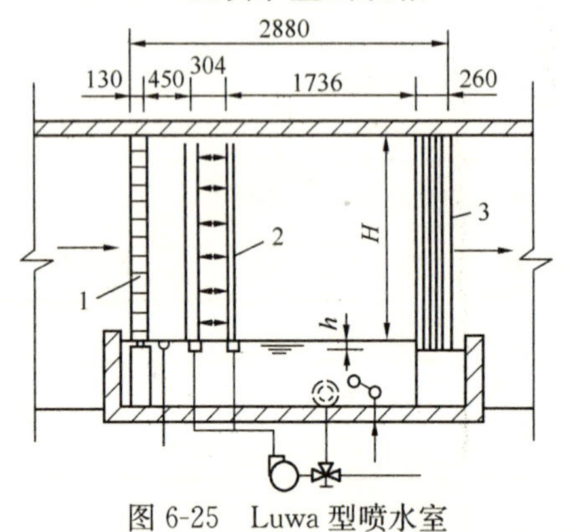

图 6-25　Luwa 型喷水室

1—整流栅；2—喷排；3—波形挡水板；H—喷水室高度；h—水位距离

Luwa 型高速喷水室中主要构件整流栅 1、喷排 2 与波形挡水板 3 之间的相互距离如图 6-25 所示，构件规格与计算面积见表 6-19。

2. Luwa 型喷水室热工计算

Luwa 型喷水室热工设计计算步骤见表 6-20，校性计算步骤见表 6-21。

Luwa 型高速喷水室（风速范围为 3.5～6.5m/s）的热交换比（SWU）和接触系数 η_B 线图分别见图 6-26 和图 6-27。Luwa 型低速喷水室（风速范围为 2～3m/s）的 SWU 和 η_B 线图分别见图 6-28 和图 6-29。

Luwa 型喷水室构件规格与计算面积　　　　**表 6-19**

公称高度 H_1（mm）	高度 H（mm）	计算面积（m²）											
		宽度 B（mm）											
		1520	1824	2128	2432	2736	3120	3424	3728	4932	4336	4640	4944
3040	2888 2736			5.8	6.6	7.4	8.3	9.2	10.0	10.8	11.7	12.5	13.4
2128	1976		3.6	4.2	4.8	5.3	6.0	6.7	7.3	7.9	8.5	9.1	9.7
1824	1672	2.5	3.0	3.5	4.0	4.5	5.1	5.6	6.1	6.6	7.2		
1520	1368	2.08	2.5	2.9	3.35								

Luwa型喷水室热工设计计算 **表 6-20**

计算步骤	计 算 内 容
1	假定喷水室内风速（3.5～6.5m/s），已知送风量 G，求断面积 F
2	按高速喷水室规格（表 6-19）确定喷水室断面尺寸，并求出实际风速 v
3	按公式 $\eta_B=1-\dfrac{t_2-t_{s2}}{t_1-t_{s1}}$，求接触系数 η_B
4	选定喷嘴孔径（ϕ3mm、ϕ4mm），根据 v 和 η_B 值按图 6-27 确定需要的喷水压力
5	根据图 6-8 确定每个喷嘴的喷水量，计算出总喷水量 W
6	根据 v 及 W/F，按图 6-26 求热交换比 SWU
7	计算处理空气需要的冷量 Q
8	令 $Q_0=Q$，根据 $AED=Q_0/(F\cdot SWU)$，求气水焓差 AED
9	按 $h_{w1}=h_1-AED$，求 h_{w1} 和与之相对应的 t_{w1}
10	根据热平衡式求水终温度 t_{w2}

Luwa型喷水室热工校核计算 **表 6-21**

计算步骤	计 算 内 容
1	根据风量及喷水室断面积求风速 v
2	根据每个喷嘴的喷水量，按图 6-8 求喷水压力
3	按喷水压力，喷嘴孔径及风速 v，根据图 6-27 查找 η_B
4	假定 t_2，根据 $\eta_B=1-\dfrac{t_2-t_{s2}}{t_1-t_{s1}}$，计算 t_{s2}，并由 t_{s2} 得到 h_2
5	按 $Q=G(h_1-h_2)$，求处理空气需要的冷量
6	根据 v 及 W/F，按图 6-26 求 SWU
7	按 $Q_0=SWU\cdot F\cdot(h_1-h_{w1})$，求喷水室能提供的冷量
8	比较 Q 与 Q_0，如果两者不相等，证明所设的 t_2 不合适，需要重新假定，并重复上述步骤，直到 Q 与 Q_0 的偏差满足一定的精度要求为止

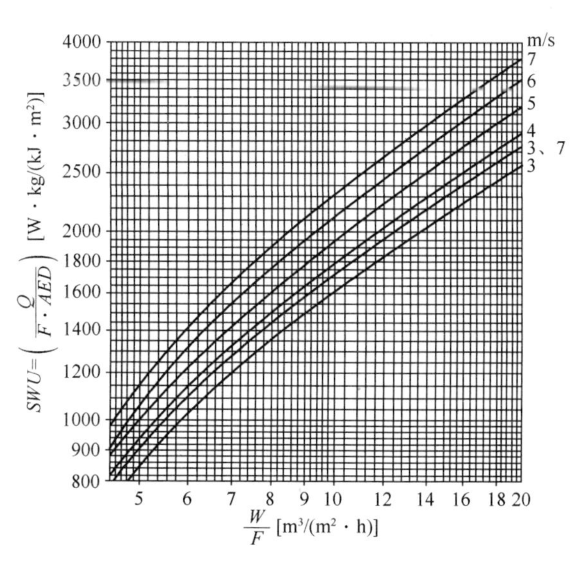

图 6-26 Luwa型高速喷水室的热交换比 SWU

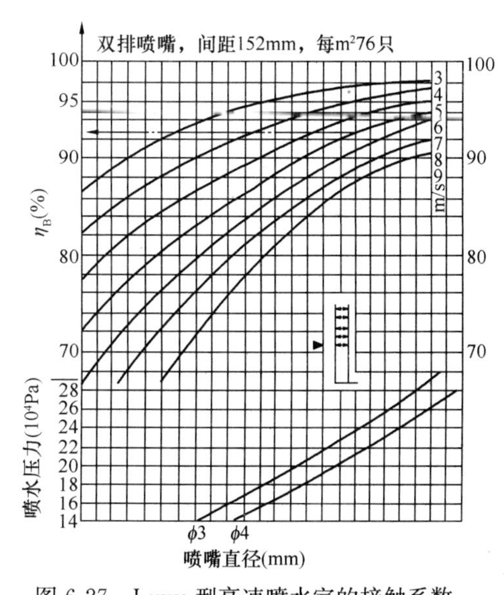

图 6-27 Luwa型高速喷水室的接触系数 η_B

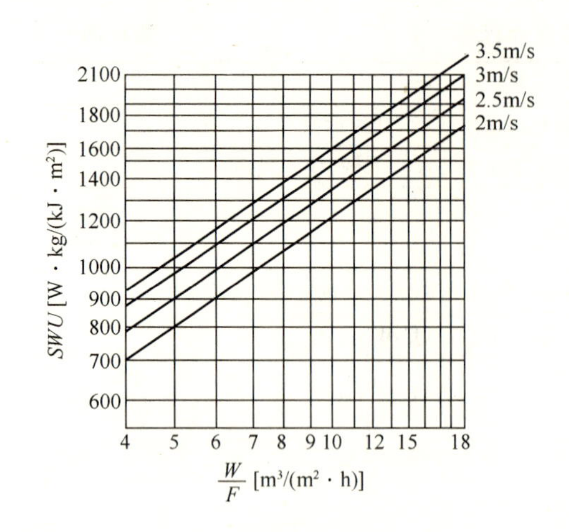

图 6-28　Luwa 型低速喷水室的热交换比（*SWU*）

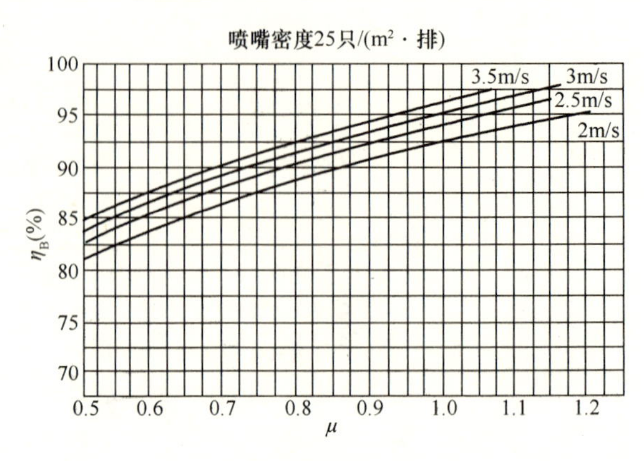

图 6-29　Luwa 型低速喷水室的接触系数 η_B

6.5.2　天津工业大学高速喷水室空气流速的实验研究[7]

1. 实验设备和测量仪表

实验是在“热湿交换实验台”上进行的，见图 6-30。该实验台由进风段、出风段、喷水室段组成，喷淋室断面为 0.784m²（0.912m×0.86m），测速断面为 0.146m²。喷淋排管为两排，间距为 300mm，每排两根立管，采用 SFD 型喷嘴，喷嘴孔径为 8mm，波形挡水板，风机为 T4-72N0.8 型离心通风机，配用四速电动机，与调节阀配合改变风机的风量。

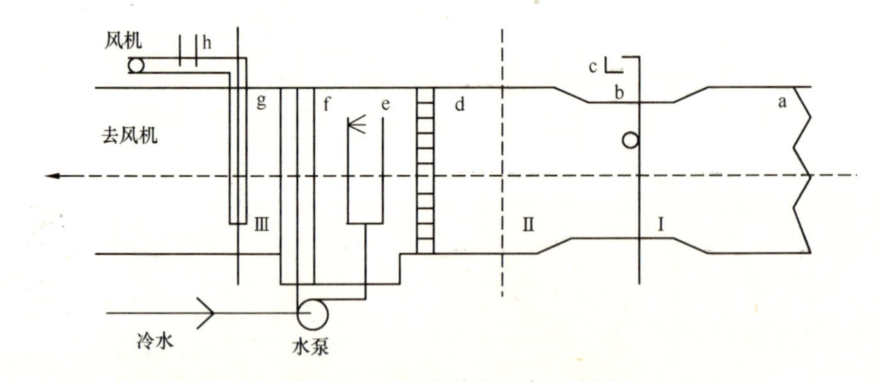

图 6-30　热湿交换实验台示意图

Ⅰ—风速测量断面；Ⅱ—初参数测量断面；Ⅲ—终参数测量断面；
a—调节阀；b—插测孔；c—倾斜微压计；d—整流栅；e—喷淋排管；
f—挡水板；g—取样装置的取样管；h—取样装置的测量部分

2. 冷却减湿过程

在喷水温度为 13℃的条件下，冷却减湿过程在不同喷水压力和风速下，根据实验数据得出水气比和全热交换效率 E 与通用热交换效率 E' 的关系，见图 6-31 和图 6-32。

3. 等焓加湿过程

在不同喷水压力和水汽比的条件下，等焓加湿处理过程针对不同风速也得出一系列热湿交换效率曲线，见图 6-33 和图 6-34。

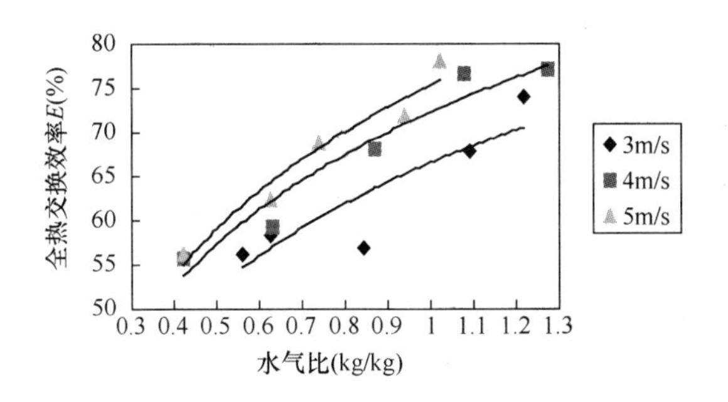

图 6-31　19.6×10⁴Pa时，不同水汽比下不同空气流速对全热交换效率 E 的影响曲线

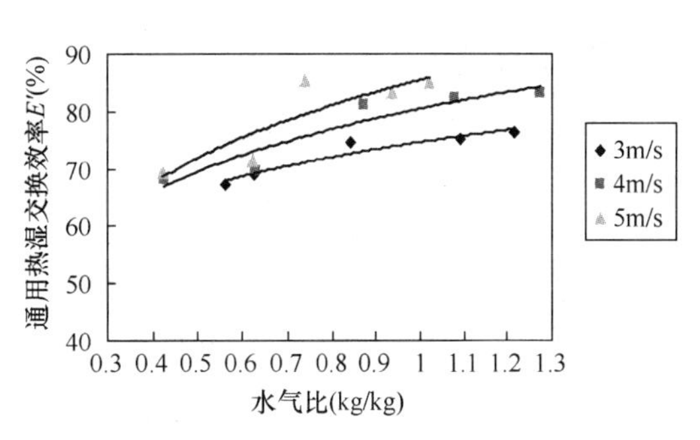

图 6-32　19.6×10⁴Pa时，不同水汽比下不同空气流速对通用热交换效率 E' 的影响曲线

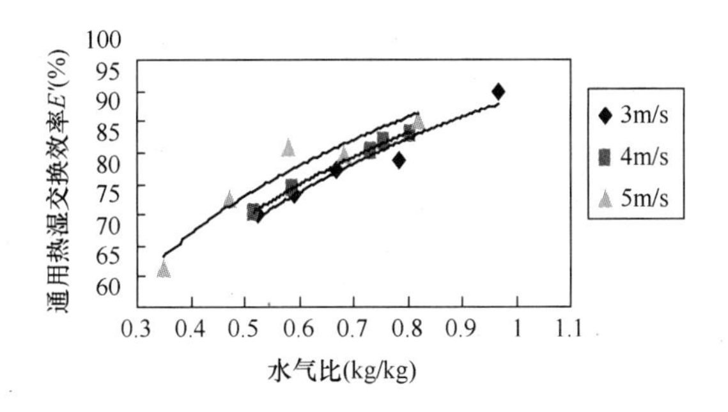

图 6-33　14.7×10⁴Pa时，不同水汽比下不同空气流速对通用热交换效率 E' 的影响曲线

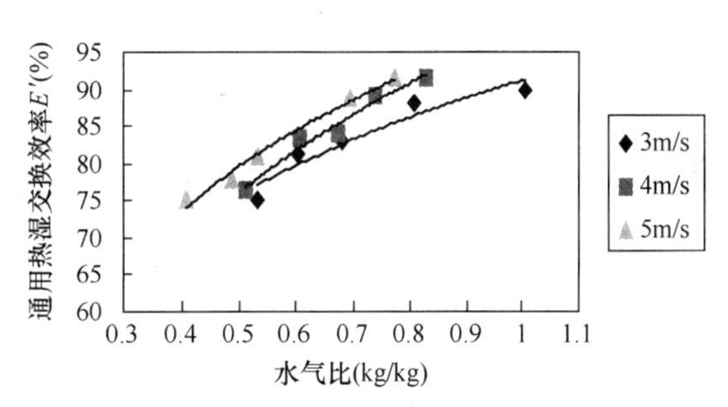

图 6-34　19.6×10⁴Pa时，不同水汽比下不同空气流速对通用热交换效率 E' 的影响曲线

4. 结论

根据喷水室两个典型处理过程的拟合趋势图可以看出，在实验条件下，同一喷水压力、相同水气比下，随着空气流速从3m/s提高到5m/s，喷水室热湿交换效率是提高的。说明随着空气流速的提高，喷水室的热湿交换效率得到了不同程度的提高。因此，可以将喷水室里的空气流速提高到5m/s，变成高速喷水室。当速度超过5m/s以后的情形还需做进一步研究。

6.6　流体动力式喷水室

流体动力式喷水室是以撞击流式喷嘴为核心的新型喷水室，其主要设计性能参数见表6-22。

流体动力式喷水室性能参数　　**表 6-22**

序号	参数单位	数值范围	序号	参数单位	数值范围
1	迎面风速（m/s）	0～5	5	喷嘴间距（mm）	2～5
2	喷水压力（MPa）	0.05～0.2	6	喷嘴孔径（mm）	4～8
3	水气比（kg/kg）	0.35～0.8	7	通用热交换效率（%）	90～95
4	喷嘴密度［对/（m²·排）］	2～3			

6.6.1　流体动力式喷水室实验研究[8]

实验台断面尺寸为 1.52m×1.52m，实验台结构如图 6-35 所示。实验中所调节的主要参数有喷嘴孔径 d、喷嘴对数 n、喷嘴间距 δ、喷水室迎面风速 v_y和喷水压力 p。流体动力式喷水室实物照片如图 6-36 所示。

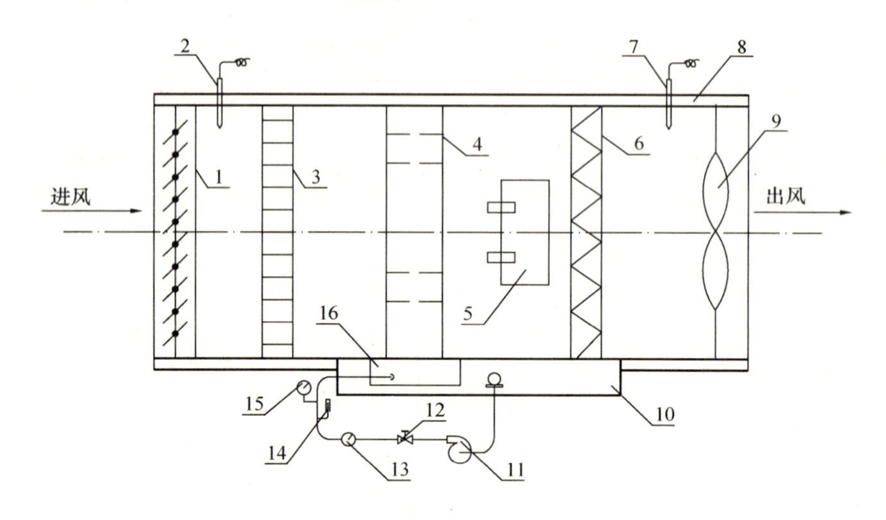

图 6-35　流体动力式喷水室实验台结构示意图

1—风量调节窗；2—进风参数温湿度仪；3—整流格栅；4—喷淋排管；5—检查门；6—挡水板；7—出风参数温湿度仪；8—风道；9—轴流风机；10—水池；11—离心水泵；12—调节阀门；13—流量计；14—玻璃水银温度计；15—压力表；16—方形静压水箱

图 6-36　流体动力式喷水室实物照片

1. 喷水量 W 的影响因素分析

由图 6-37，可以得出影响喷水量的主要因素有喷嘴孔径、喷水压力、喷嘴间距和喷嘴密度。喷水量与喷嘴孔径、喷水压力及喷嘴密度的大小成正比。而喷水量与喷嘴间距的关系是：当 δ<4mm 时，喷水量随着喷嘴间距的增大而增大；当 $\delta \geqslant$4mm 时，δ 再增大，喷水量增加缓慢，最后趋于恒定。以上因素中，喷嘴密度对喷水量的影响最大。

2. 通用热交换效率 E' 的影响因素分析

由图 6-38，可以得出影响通用热交换效率的主要因素有风速、喷水压力、喷嘴间距、喷嘴密度和喷嘴孔径。在相同条件下，低风速时的通用热交换效率高于高风速时的热交换效率。当喷水压力 $p=0.15\sim0.20$MPa、喷嘴间距 $\delta=3\sim5$mm、喷嘴密度 $n=2\sim3$ 对/(m^2 · 排) 及水汽比 $\mu=0.35\sim0.5$ 范围内都具有较高的 E'。

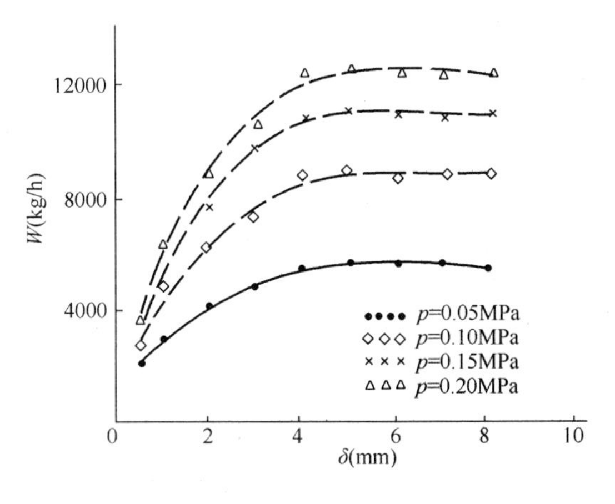

图 6-37　$d=6$mm，$n=5$ 时，p，δ 对 W 的影响

图 6-38　$d=6$mm，$v_y=2.8$m/s，$p=0.15$MPa 时，n，δ 对 E' 的影响

3. 最佳工况点

当喷嘴孔径 $d=6$mm，风速 $v_y=2.8$m/s，喷嘴间距 $\delta=4$mm，喷嘴密度 $n=2$ 对/(m^2 · 排)，喷水压力 $p=0.15$MPa，水气比 $\mu=0.38$ 时，E' 高达 91.2%。

6.6.2 流体动力式喷水室实际工程测试[10]

选择西北国棉三厂的一个使用撞击流式喷嘴的喷水室进行测试，该空调室采用喷雾风机，为三级喷水室：第一级是两排离心喷嘴对喷，第二级是一排对喷撞击流式喷嘴，喷嘴孔径为 5mm，喷嘴间距为 4mm，第三级是一排低温离心喷嘴逆喷，空调室平面图见图 6-39。

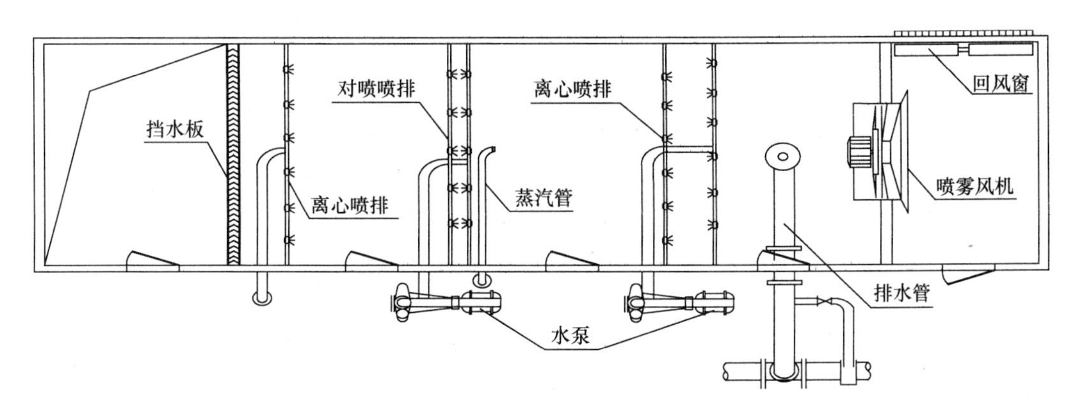

图 6-39　空调室平面图

测试时间在冬季，处理空气为车间回风，停止喷蒸汽，喷雾风机喷水管关闭，只运行对喷撞击流喷排，该级水泵喷水量为 $90m^3/h$，喷水压力为 0.22MPa，风机在高、低两种风速，空气处理过程为等焓加湿过程下，实测进、出风参数及计算通用热交换效率，计算结果见表 6-23 和表 6-24。

冬季某日上午不同风速喷水室的通用热交换效率　　**表 6-23**

风速(m/s)	进风参数			出风参数			水温(℃)	通用热交换效率（%）
	干球温度（℃）	相对湿度（%）	湿球温度（℃）	干球温度（℃）	相对湿度（%）	湿球温度（℃）		
2.3	29.4	68.8	25	26	88.4	24.5	24.3	65.9
4.8	29	71.4	25	25.8	89.6	24.5	24.3	67.5

冬季某日下午不同风速喷水室的通用热交换效率　　**表 6-24**

风速(m/s)	进风参数			出风参数			水温(℃)	通用热交换效率（%）
	干球温度（℃）	相对湿度（%）	湿球温度（℃）	干球温度（℃）	相对湿度（%）	湿球温度（℃）		
2.3	28.3	73.4	24.6	25.2	90	24.1	24.5	70.3
4.8	28.6	71.3	24.6	25.4	90.2	24.3	24.8	72.5

前面已分析，喷嘴间距 δ 对喷水室通用热交换效率有重要的影响，因此。喷水室通用热交换效率的经验公式经过修正可以表示为：

$$E' = Av_{\rho}{}^{m}P^{n}\delta^{q} \tag{6-20}$$

式中　v_{ρ}——空气质量流速，kg/（m^2·s）；

P——喷水压力，MPa；

δ——喷嘴间距，m。

A，m，n，q 均为实验的系数和指数。

将流体动力式喷水室实验研究[8]经过回归处理，对喷嘴孔径 4mm 和 6mm，且喷嘴间距 δ 在 0～4mm 范围内的对喷撞击流喷嘴得出通用热交换效率经验公式：

$$d_0 = 4\text{mm}: E' = 0.827(v_{\rho})^{0.503}P^{0.684}\delta^{0.784}$$

$$d_0 = 6\text{mm}: E' = 0.768(v_{\rho})^{0.486}P^{0.585}\delta^{0.434}$$

而本次测试中对喷撞击流喷嘴孔径为 5mm，同理得到通用热交换效率的经验公式：

$$d_0 = 5\text{mm}: E' = 0.708(v_{\rho})^{0.305}P^{0.635}\delta^{0.609}$$

为了验证修正后的经验公式系数的准确性，现将文献［8］中的通用热交换效率随空气流速、喷嘴间距和喷水压力变化的曲线与利用修正后的公式计算所得的效率曲线经过对比，得到图 6-40 和图 6-41。

图 6-40 和图 6-41 是任意选择的不同工况下，使用修正后的经验公式计算所得效率与原先的效率的对比曲线。可以看出，不仅修正前后的效率变化趋势一致，而且两者相对误差都在±1%之间，说明经过理论推导和修正后的效率经验公式是完全可以应用于实际工程的。

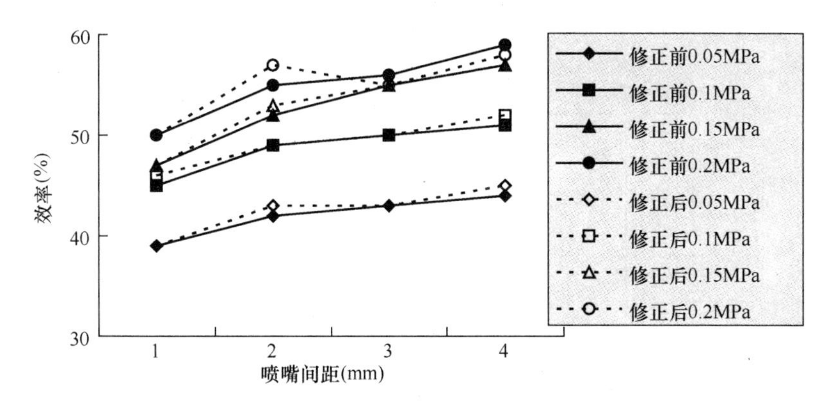

图 6-40 $d=4\text{mm}$，$v=4.6\text{m/s}$ 时，修正前后效率对比

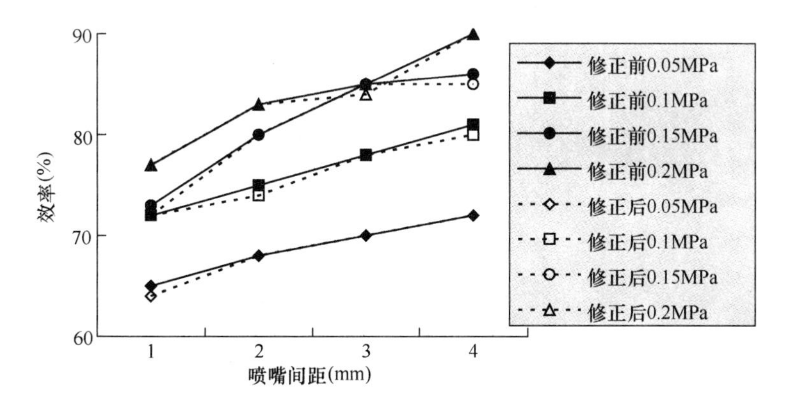

图 6-41 $d=6\text{mm}$，$v=2.8\text{m/s}$ 时，修正前后效率对比

6.7 复合式喷水室

6.7.1 填料式喷水室[11]

实验台断面尺寸为 1.6m×1.6m，第一段为填料段，采用铝箔为机芯；第二段为喷淋段，共三排，喷嘴采用靶式和 CFL-9 型离心式喷嘴，当使用其中一种时把该喷排上的另一种喷嘴的接口用端堵堵住，其结构图见图 6-42。受条件限制，本实验中暂未设置变频器，故冬季加湿实验仅进行了定风速（3.5m/s）下的加湿量实验。

处理前后含湿量的差值即是对应功能段的加湿量，见式（6-21）。

$$\Delta d = d_{\mathrm{h}} - d_{\mathrm{q}} \tag{6-21}$$

式中 Δd——处理后空气含湿量的增加量，g/kg 干空气；

d_{h}——功能段后空气含湿量，g/kg 干空气；

d_{q}——功能段前空气含湿量，g/kg 干空气。

6.7.1.1 只开启填料段对空气加湿处理实验结果分析

图 6-43 给出的是填料段定风速下变淋水密度时对室外空气的加湿量效果示意图。从图 6-43 中可以看出，当风速为 3.5m/s 时，随着淋水密度的增加，填料段对室外空气的加

湿量随之增加。但空气含湿量增加量较小，仅在0.97～1.3g/kg干空气之间。

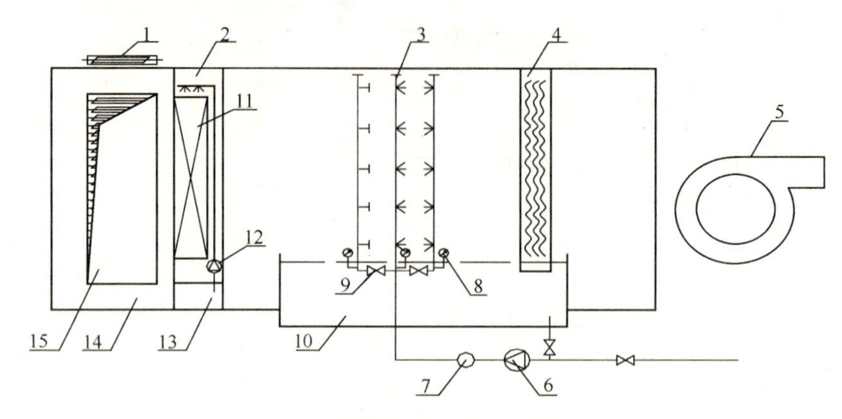

图6-42　改造后填料式喷水室结构示意图

1—回风窗；2—填料段；3—喷排；4—波纹挡水板；5—离心风机；6—喷淋段水泵；7—水表；8—压力表；9—调节阀；10—喷淋段水池；11—填料；12—填料段水泵；13—填料段水池；14—检修门；15—新风窗

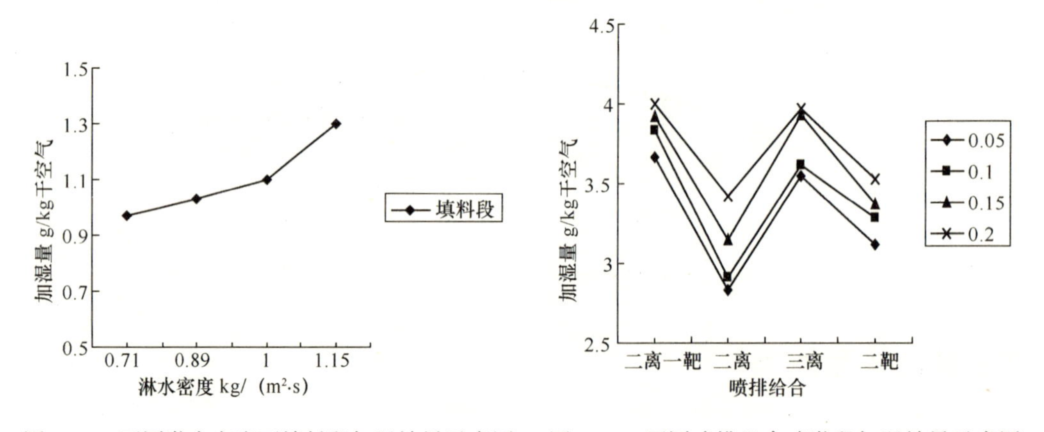

图6-43　不同淋水密度下填料段加湿效果示意图　　图6-44　不同喷排组合喷淋段加湿效果示意图

6.7.1.2　只开启喷淋段对空气加湿处理实验结果分析

1. 定喷水压力，变喷排组合

图6-44给出了在定喷水压力（分别为0.05MPa，0.10MPa，0.15MPa，0.20MPa）下变动喷排组合工况时的喷淋段处理室外空气时，对室外空气加湿效果的变化情况。

从图6-44中可以看出，在喷水压力一样的情况下，喷排组合不同，则喷淋段的加湿效果也大不相同。其中，两排离心及一排靶式喷嘴组合与三排离心处理效果最好；两排靶式次之；两排离心喷嘴时，加湿效果最差。而两排靶式喷嘴的耗水量最少；三排离心喷嘴加湿时，耗水量最大。故综合考虑，两排离心和一排靶式喷嘴的组合加湿效果最好。

2. 定喷排组合，变喷水压力

图6-45给出了定喷排组合（分别为两排离心、两排离心一排靶式、三排离心、两排靶式）下，变动喷嘴前压力时的喷淋段加湿量的变化情况。从图6-45中可以看出，在喷排组合不变的情况下，随着喷水压力的增加，加湿效果也随之增加，但在喷水压力从0.15MPa变化至0.20MPa时，加湿量增加较小，最大增加量仅为0.16g/kg干空气。故

综合考虑处理效果和节能问题，认为喷水压力在0.15MPa时，热湿处理效果最佳。

6.7.1.3　填料段、喷淋段同时开启时的加湿处理实验

具体实验结果见表6-25，可以看出第16号方案实验所得的加湿量Δd最大，此时的最优方案为"喷水压力为0.20MPa，喷水量为0.60kg/s，喷排组合为两排离心一排靶式"。但14号方案（喷水压力为0.15MPa，喷水量为0.46kg/s，喷排组合为两排离心一排靶式）加湿量为4.0g/kg干空气，与16号方案相差不多，而其能耗及耗水量较低。故综合考虑，认为14号方案最佳。

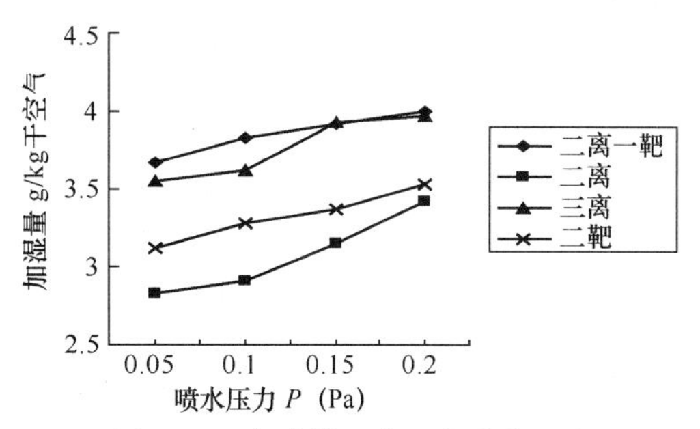

图6-45　定喷排组合，变喷水压力喷淋段加湿效果图

两功能段同时开启时实验结果　　表6-25

实验号	A喷水压力(Pa)	B喷水量(kg/s)	C喷排组合	t_g(℃)	t_s(℃)	$t_{g'}$(℃)	$t_{s'}$(℃)	Δd(g/kg干空气)
1	0.05	0.46	二靶	12.0	4.3	7.0	5.8	3.2
2	0.15	0.60	三离	11.5	4.3	7.3	7.0	3.88
3	0.10	0.60	二靶	12.0	4.3	7.0	6.0	3.37
4	0.20	0.46	三离	11.5	4.3	7.0	6.8	3.83
5	0.05	0.52	三离	11.5	4.3	7.5	6.8	3.63
6	0.15	0.37	二靶	12.0	4.3	7.0	6.2	3.53
7	0.10	0.37	三离	11.5	4.3	7.5	7.0	3.79
8	0.20	0.52	二靶	12.0	4.3	6.8	6.2	3.61
9	0.05	0.37	二离一靶	12.0	4.5	7.4	6.8	3.71
10	0.15	0.52	二离	12.5	4.8	6.8	6.2	3.42
11	0.10	0.52	二离一靶	12.0	4.5	7.4	7.0	3.88
12	0.20	0.37	二离	12.5	4.8	6.8	6.5	3.67
13	0.05	0.60	二离	12.5	4.8	7.0	6.0	3.18
14	0.15	0.46	二离一靶	12.0	4.5	7.3	7.1	4.0
15	0.10	0.46	二离	12.5	4.8	7.0	6.2	3.34
16	0.20	0.60	二离一靶	12.0	4.5	6.3	7.2	4.05

6.7.1.4　综合比较

综合考虑上述三个热湿处理实验的加湿效果，开填料段时，加湿量较小，仅为0.97～1.3g/kg干空气，而图6-46给出了仅开喷淋段、填料段与喷淋段同时开启时最佳处理效果的对比示意图，从图中可以看出，增加填料段后的加湿效果略优。

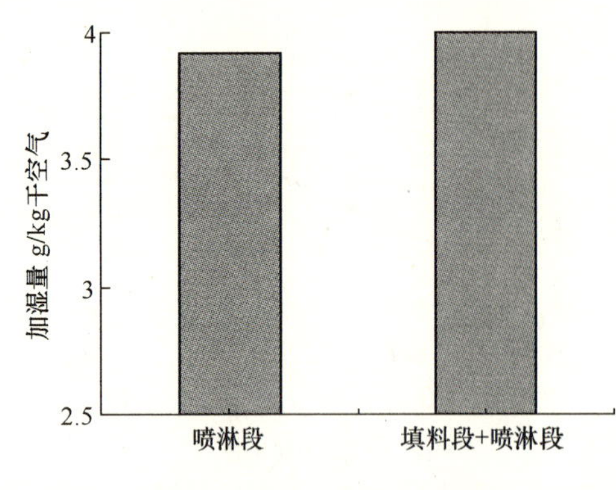

图 6-46 加湿效果对比图

6.7.2 新型多功能纺织空调喷淋室设计[13]

该结构喷淋室包括设置在底池之上的喷淋排管、分别安装在喷淋排管上的喷嘴，以及提供压头的水泵和溢水管，见图 6-47。被处理空气进入喷淋室后受到多方位、高密度水雾喷射，空气与水热质交换速度增大，热湿交换效率显著提高[14]，空气中的短纤维、尘埃等杂质得以彻底洗涤。

根据纺织车间工艺要求，喷淋室可分别选取两排、三排、四排乃至五排喷淋排管喷淋室结构等。同时根据需要喷淋排管按照不同组合可由两台水泵供水，分别喷淋不同水温的循环水和冷冻水。

图 6-47 为采用五排喷淋排管对某厂细纱车间空调室进行改造，表 6-26 为改造前后的测试结果。可以看出，在空调室其他设备不变情况下，对喷淋排管系统进行改造并将 Luwa喷嘴更换为 PX-I 型喷嘴，改造后喷淋室全热交换效率提高了 90.8%，通用热交换效率提高了 26.4%，而且喷淋室中冷水温升高，水气比小，冷水量减少为原来的 54.5%。

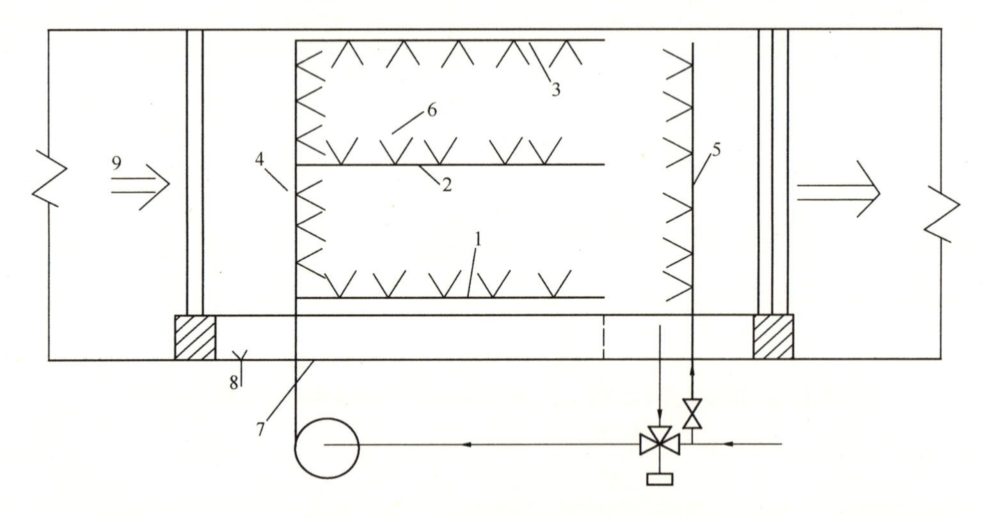

图 6-47 五排喷淋排管喷淋室结构

1～5—喷淋排管；6—喷嘴；7—底池；8—溢水管；9—被处理空气

某空调喷淋室改造前后测试结果 表 6-26

	风速 (m/s)	空气初始干球温度 (℃)	空气初始相对湿度 (%)	空气终干球温度 (℃)	空气终相对湿度 (%)	冷水初温 (℃)	冷水终温 (℃)	冷水温升 (℃)	水气比	全热交换效率	通用热交换效率
原喷淋室	2.6	31.3	58	24.2	89	12.5	18.1	5.6	1.1	0.629	0.772
改造后喷淋室	3.0	34.0	51	21.0	98	12.6	23.4	10.8	0.6	1.200	0.976

6.7.3 流体动力式超声波喷水室[15]

发明专利“流体动力式超声波空调喷水室”（专利号：200710018486.1），如图6-48所示。该喷水室包括外壳上的水箱、浮球阀、水泵组成的供水系统，空气压缩机及空气诱导软管组成的空气压缩系统，以及外壳内按进风方向依次设置的轴流风机、导流格栅、喷排上设置的多个喷嘴和挡水板。

该喷水室中的流体动力式超声波喷嘴利用从内通道喷出的压缩空气高速气流的诱导作用，将外通道中的液体喷淋液诱导，在高速情况下撞击在中心处有突出的三角锥的靶板上进行激化，产生高强度的超声波。同时，流体动力式超声波喷嘴具有雾化效果的可控性，当压缩空气以不同的压力进入内通道时，由于压力不同致使外通道中的喷淋液以不同的速度撞击在靶板上，由于速度不同，所以激化程度不同，进而雾化效果也不相同。

该喷水室中采用的超声波喷嘴相对于传统喷嘴具有以下特点：

(1) 雾化效果均匀，单喷嘴雾化面积大；

(2) 喷嘴雾化角为180°，雾化效果好，微雾粒径小。

这些明显的特点，在很大程度上节省了水资源的利用量，提高了水资源的利用率。使得热湿交换率也在很大程度上较传统的喷水室有所提高。

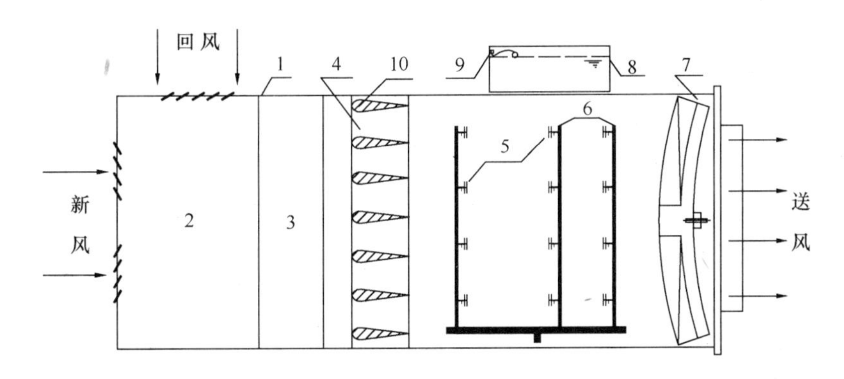

图6-48 流体动力式超声波空调喷水室

1—外壳；2—被处理空气混合室；3—轴流风机；4—导流格栅；5—喷嘴；6—喷排；7—挡水板；8—水箱；9—浮球阀；10—横向矩形叶片

6.7.4 高压喷雾（微雾）喷水室

(1) 高压喷雾喷水室是将经过高压泵加压的高压水从喷嘴小孔向空气中喷出，形成粒径细小的水雾，并与周围空气进行热湿交换而进行等焓冷却。高压喷雾喷水室的主机由加压泵、电机、电磁阀、压力表、开关或压力开关、给水滤网等部件组成。集管采用不锈钢管材，喷嘴采用耐用性的陶瓷材质，其耐磨强度大大高于不锈钢。高压喷雾喷水室体积小、质量轻。耗电量少、冷却效果好，给水压力一般为0.1～0.5MPa。

(2) 高压喷雾喷水室将精滤的水通过高压柱塞泵加压至8～9MPa，从直径为0.1mm的高压微雾嘴喷出雾化，每秒能产生50亿粒雾滴，雾滴直径为3～15μm。与空气充分接触，吸收空气的热量而蒸发为水蒸气。空气失掉显热量，温度降低，水蒸气在空气中使含湿量和潜热量增加。由于空气失掉显热，得到潜热，因而焓值不变，故高压微雾加湿的过程是等焓过程。雾化 1kg 水仅需消耗 6W 的功率。

高压微雾喷水室的主机主要由喷嘴、导流板、水雾分离器、柱塞泵组成，图 6-49 为高压微雾喷嘴实物照片。

据文献［19］介绍，工程中常用的能产生细水雾的压力式雾化喷嘴主要是螺旋形的 TF 系列、L 系列及冲击型的 P 系列，其外形结构如图 6-50 所示。

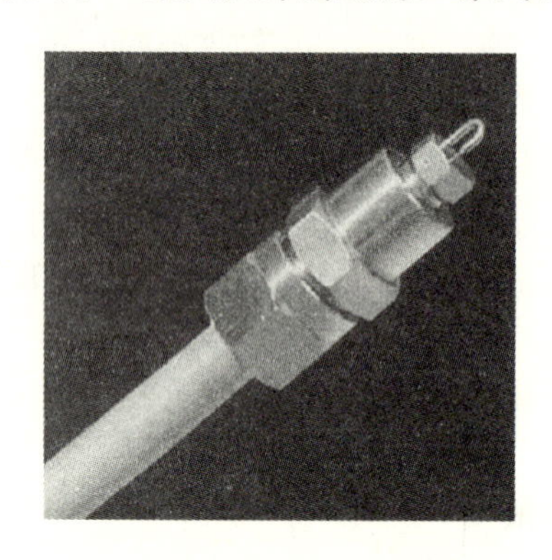

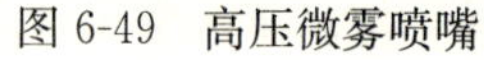

图 6-49　高压微雾喷嘴

图 6-50　压力式细雾喷嘴实物图

TF 系列是工程中应用最广泛的一种，它不但有细密的雾化效果，而且可选择的流量范围及喷雾角度范围较宽，喷雾角度从 50°到 180°不等。根据工程需要，既能提供实心锥形雾场，也能提供空心锥形雾场；既可以螺纹连接，也可以法兰连接；既可以由金属材料制作，也可以由塑料制作。无论是在抑制火灾的蔓延、空气的热湿处理，还是在温室、猪舍等场所的降温以及杀虫剂的喷洒等方面均有着广泛的应用。在火力发电厂的清除 SO_2 尾气、海上钻井平台及大型船舱的火灾保护等领域也有广泛的应用。L 系列是一种低流量的小型螺旋形喷嘴，雾场为空心锥形，喷雾角度为 90°，雾化细密程度比 TF 系列高，在花室、苗圃及农场的禽舍降温等领域有着广泛的应用。P 系列是所有直接压力式喷嘴中最细密的雾化喷嘴，高压液体经喷孔喷出后撞击目标靶针形成细密的烟雾，喷雾角度为 90°，在灰尘控制领域具有应用。由此可见，所研究的这几种喷嘴无论是流量特性、雾化特性还是在工程应用方面都具有广泛的代表性。对它们的相关特性进行研究，不仅具有重要的理论意义，而且具有较强的现实意义。压力式喷嘴的流量可用下式计算：

$$L = \mu A \sqrt{2 \frac{P}{\rho}} \tag{6-22}$$

式中　L——喷嘴的流量，m^3/s；

μ——喷嘴的流量系数；

ρ——水的密度，kg/m^3；

P——喷雾的表压力，Pa；

A——喷嘴的喉部面积，m^2；$A = \frac{\pi d_0^2}{4}$；

d_0——喷嘴的喉部直径，m。

雾化喷嘴的流量 L 与喷水压力 P、喷孔直径 d_0 之间的函数关系可以写成下面的形式：

$$L = CP^m d_0^n \tag{6-23}$$

式中，C 为系数，m，n 为指数。

根据分析，上面的系数及指数应该有如下的关系：$C=\frac{\pi\mu}{4}\sqrt{\frac{2}{\rho}}$，m=0.5，n=2。

因此，只要通过实验回归出喷嘴的流量关联式，则可以通过式（6-24）计算喷嘴的流量系数，喷嘴的关联式及相关的参数见表6-27～表6-29。

$$\mu=\frac{4C}{\pi}\sqrt{\frac{\rho}{2}} \tag{6-24}$$

TF型喷嘴的关联式及相关的参数　　**表6-27**

回归的关联式	标准误差	相关系数 R^2	残差平方和	参数范围	
				喷雾压力（MPa）	喷孔直径（mm）
$L=0.0298P^{0.5}d_0^{1992}$	0.0175	0.9996	0.0481	0.05～2	2.38～38.1

L型喷嘴的关联式及相关的参数　　**表6-28**

回归的关联式	标准误差	相关系数 R^2	残差平方和	参数范围	
				喷雾压力（MPa）	喷孔直径（mm）
$L=0.0244P^{0.5}d_0^{1997}$	0.0097	0.9995	0.00428	0.05～2	1.02～30.5

P型喷嘴的关联式及相关的参数　　**表6-29**

回归的关联式	标准误差	相关系数 R^2	残差平方和	参数范围	
				喷雾压力（MPa）	喷孔直径（mm）
$L=0.0324P^{0.5}d_0^2$	0.0116	0.9995	0.0103	0.1～3	0.508～3.05

喷嘴的流量系数是指喷嘴的实际流量与理想流量的比值，即：

$$\mu=\frac{L}{\frac{\pi}{4}d_0^2\sqrt{\frac{2P}{\rho}}} \tag{6-25}$$

三种喷嘴的通用流量系数计算的结果如表6-30所示：

三种喷嘴的流量系数计算值表　　**表6-30**

喷嘴型号	TF型	L型	P型
流量系数	0.847	0.694	0.921

参考文献

[1]　黄翔．空调工程．北京：机械工业出版社，2006.
[2]　陆耀庆．实用供热空调设计手册．第2版．北京：中国建筑工业出版，2008.
[3]　郁履方，戴元熙．纺织厂空气调节．第2版．北京：中国纺织出版社，1990.
[4]　周义德．纺织空调除尘节能技术．北京：中国纺织出版社，2009.
[5]　黄翔．纺织空调除尘手册．北京：中国纺织出版社，2002.
[6]　许为全．热质交换过程与设备．北京：清华大学出版社，1999.
[7]　李莎，安大伟，赵汉权．喷水室典型空气处理过程中空气流速的实验研究．低温与超导，2008，36

(5)：69-72.
[8] 黄翔，武俊梅，邹平辉．流体动力式空调喷水室的实验研究．暖通空调，2000，30 (1)：35-38.
[9] 黄翔，李刚，颜苏芊．流体动力式空调喷水室理论及靶式撞击流喷嘴的实验研究．暖通空调，2004，34 (12)：55-58.
[10] 王茜．撞击流喷嘴对空气热湿交换和净化效率的研究［硕士学位论文］．西安：西安工程大学，2009.
[11] 张伟峰．填料式喷水室净化室外空气中 PM10 及加湿性能的研究［硕士学位论文］．西安：西安工程大学，2006.
[12] 王茜．用正交试验的方法分析影响某喷水室热湿交换效率的因素．建筑热能通风空调，2008，6.
[13] 李刚，段焕林等．一种环保纺织厂空调．中国：ZL200520031825.6，2006-10-18.
[14] 李刚，李军等．多功能高效环保纺织空调喷淋室．中国：ZL200520031820.3，2006-10-18.
[15] 黄翔，杨洋等．流体动力式超声波空调喷水室．中国：ZL200710018486.1，2009-02-18.
[16] 黄翔．近年来空调喷水室喷嘴的理论与实验研究．建筑热能通风空调，2002，(4)：1-4.
[17] 黄翔．国内外空调喷水室喷嘴的综合分析．通风除尘，1995，(1) 18-22.
[18] 吴锐．高压微雾加湿器在卷烟空调中的应用．中国设备工程，2006，(12)：52-53.
[19] 刘乃玲．细水雾特性及其在狭长空间降温效果的研究［博士学位论文］．上海：同济大学，2006.

第 7 章　间接蒸发冷却器（段）

7.1　概述

间接蒸发冷却技术是 20 世纪 30 年代发展起来的一种空调制冷技术。随着能源短缺和环境问题的日趋突出，20 世纪 80 年代以来这项技术愈加引起很多学者的关注。间接蒸发冷却器的核心是空气—空气换热器。空气通过空气—空气换热器被冷却。之所以称为间接蒸发冷却器，是因为两部分空气不直接接触。通常称被冷却的干侧空气为一次空气，而蒸发冷却发生的湿侧空气为二次空气。通过喷循环水，二次空气侧的元件表面形成一层水膜，水膜的蒸发通过吸收热量来完成，使水膜温度维持在接近二次空气的湿球温度，一次空气通过换热元件、水膜，把热量传送给二次空气，从而达到降温目的。在此过程中，二次空气侧的情况和直接蒸发冷却相同，一次空气温度降低，其含湿量保持不变。

目前，间接蒸发冷却器主要有板翅式、管式、热管式、露点式四种。不论哪种换热器都具有两个互不连通的空气通道。让循环水和二次空气相接触产生蒸发冷却效果的是湿通道（湿侧），而让一次空气通过的是干通道（干侧）。借助两个通道的间壁进行换热，使一次空气得到冷却。

间接蒸发冷却技术能从自然环境中获取冷量，其制冷的 *COP* 值很高，现场实测和实验结果表明，与一般常规机械制冷相比，在炎热干燥地区可节能 80%～90%，在炎热潮湿地区可节能 20%～25%，在中等湿度地区可节能 40%。总体上来说，*COP* 可提高 2.5～5倍，从而可以大大降低空调制冷能耗[1～3]。

7.2　板翅式间接蒸发冷却器

板翅式间接蒸发冷却器是目前应用最多的间接蒸发冷却器形式。板翅式换热器又称为高效紧凑式换热器，它传热效率高，制造工艺比较成熟，目前应用广泛。它的核心是板翅式换热器，其结构示意图如图 7-1（*a*）所示。换热器所采用的材料为金属薄板（铝箔）和高分子材料（塑料等）。图 7-1（*b*）为板翅式间接蒸发冷却器实物照片。

交错流板式间接蒸发冷却器由许多很薄的金属薄板构成机芯，在每一薄板的两侧形成两个空腔，被处理空气（一次空气）在薄板一侧流过，通过薄板向温度较低的另一侧传热，在焓湿图上是等湿降温过程；在另一侧空气（二次空气）与水接触，借助水蒸发形成冷却的湿表面，这一过程为等焓降温过程，这些空气（二次空气）可以 100%来自于室外，也可来自于室内排风。

不同于直接蒸发冷却，在间接蒸发冷却器中，被处理空气（一次空气）从薄板另一侧获得了制冷量。获得制冷量的效果可以用间接蒸发冷却效率表示，它与一、二次空气的流

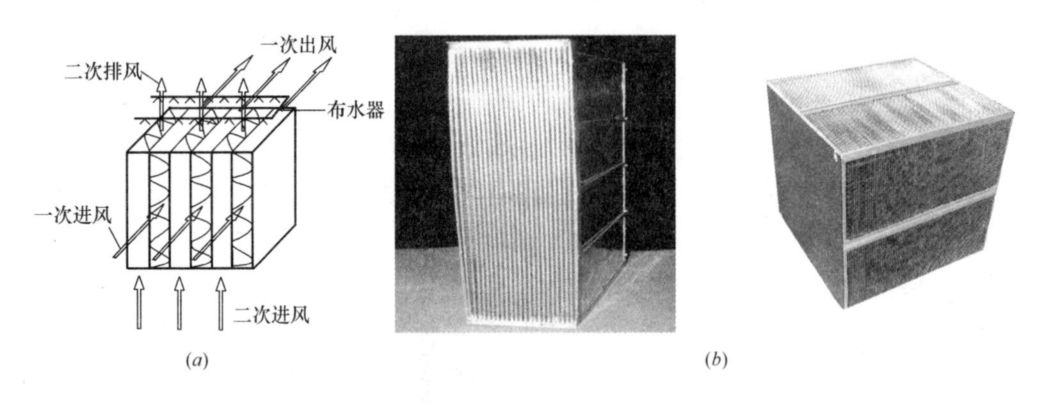

图 7-1 板式间接蒸发冷却器

(a) 结构示意图；(b) 实物照片

量等因素有关。对一次空气而言，薄板表面没有析湿，所以显热冷量就等于制冷量（全冷量）。间接蒸发冷却效率越高，制冷量就越大。

7.2.1 板式间接蒸发冷却器的特点

优点：(1) 板式换热器换热效率高，其制冷效率可达 60%～80%；

(2) 体积小，结构紧凑。

缺点：(1) 由于流道窄小，因而流道容易堵塞，尤其在空气含尘量大的场合，随着运行时间的增加，换热效率急剧降低，流动阻力大；

(2) 布水不均匀、浸润能力差；

(3) 金属表面易结垢、维护困难；

(4) 加工精度低，有漏水现象，成本高。

7.2.2 板式间接蒸发冷却器的性能参数

1. 最佳淋水密度

间接蒸发冷却器的淋水密度是影响其换热效率的重要参数之一，也是换热器热工计算的平台。如果淋水量太小，由于在壁面上形成的水膜太薄，在表面张力的作用下，液膜会产生断裂或收缩，不能全部覆盖整个换热表面，使得部分换热表面未能参与传热传质过程，从而导致其总体冷却效率不高，如图 7-2 所示。随着淋水量的增加，空白处会不断地被水膜覆盖，直至整个壁面的表面润湿率达到最大，但不能保证达到 100%。实际上，由于通道很窄，通道宽度一般只有 6mm 左右，所以内壁面的表面润湿率很难观察和测量，只能用板式间接蒸发冷却器的换热效率来间接反映，即换热效率最大时，可认为此时壁面的表面润湿率达到了最大。由于汽水接触面积逐渐增大，蒸发冷却效率及平均体积热交换系数逐渐提高。但是，当淋水密度增加到一定值时，一方面水泵能耗增加，另一方面因汽水接触面积不变，蒸发冷却效率及平均体积热交换系数的提高幅度不大，而水对空气通道的阻塞愈加严重，空气侧的阻力增加，使得二次风机的能耗

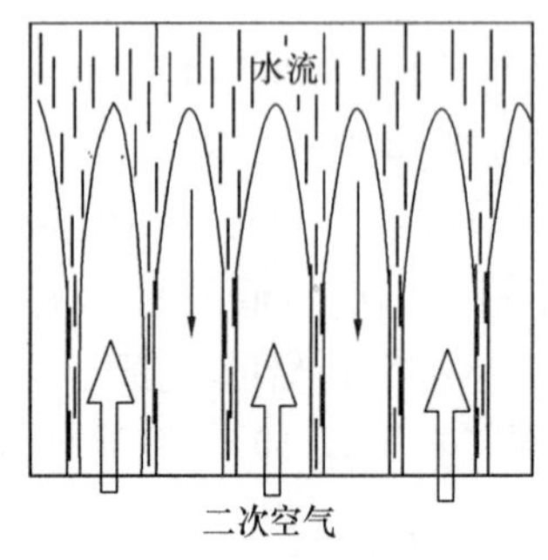

图 7-2 淋水量过小时水在壁面上的分布

增大。因此，对于间接蒸发冷却器来说，存在其对应的最佳淋水密度，即单位淋水长度上的最佳淋水量。

板式间接蒸发冷却器的淋水密度定义为：

$$\Gamma = \frac{M_w}{(n+1)L_1} \tag{7-1}$$

式中　Γ——单位淋水长度上的淋水量，kg/（m·s）；

M_w——喷淋水量，kg/s；

n——隔板数；

L_1——一次空气的通道长度，即二次通道的宽度，m。

同样，在工程上对蒸发冷却空调机组进行设计时，对于某一特定结构的板式间接蒸发冷却器来说（忽略水的蒸发量），只要$(n+1)L_1$相等，而不管n或L_1具体是多少，那么，设计的淋水量也应该是相等的，只是所冷却的风量不同而已。因为不管板式间接蒸发冷却器的垂直高度是多少，向下流动的水流或者继续流到填料上，或者流到水箱里，对它的冷却效率是没有影响的。所以，适当增加间接蒸发冷却器的高度同样可以增加机组的制冷量。

对于金属铝箔交错流板式间接蒸发冷却器，最佳淋水密度值在15～20kg/（m·h）[或0.0042～0.0056kg/（m·s）] 之间，最佳平均液膜厚度在0.5～0.55mm之间，此时二次通道内壁面的表面润湿率被认为达到最大，壁面两侧的换热效果是最好的。

2. 其他参数

交错流板式间接蒸发冷却器的二次风量/一次风量的比最佳在0.6～0.8之间；一次通道和二次通道的宽度在5mm左右，并且二次通道的宽度要略大于一次通道的宽度；一次空气的最佳迎面风速在2.2～2.8m/s之间。

7.2.3　新型板翅式间接蒸发冷却器

7.2.3.1　逆流复合间接蒸发制冷空气处理机

发明专利"逆流复合间接蒸发制冷空气处理机"[11]（专利号：200610131949.0）所采用的技术方案如图7-3所示。在板翅式换热器的出风口处通过位置调节装置设置隔板，将

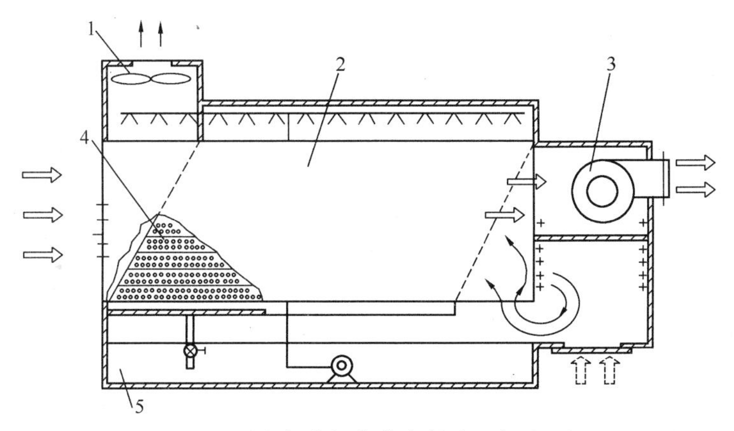

图7-3　逆流复合间接蒸发制冷空气处理机

1—二次风机；2—换热器；3—一次风机；4—水箱；5—透水支撑物

板翅式换热器的干通道出口分隔成上、下两个部分，其上部的干通道出口与一次风机的进风口相连接；下部的干通道出口与通过风道连接着板翅式换热器的湿通道；板翅式换热器干通道进风侧湿通道出口连接着二次风机的进风口。二次风与一次风呈逆向流动，不仅可提高冷却换热效率，而且可避免两个风机相互干扰。

7.2.3.2　交叉流复合间接蒸发冷却空气处理机

发明专利“交叉流复合间接蒸发冷却空气处理机”[12]（专利号：200610131948.6）所采用的技术方案如图 7-4 所示。在板翅式换热器的内部通过一列竖直的隔条将换热器湿通道竖直隔断分割成两级湿通道，其干通道贯通，在板翅式换热器下部设置的隔板将换热器干通道的出口分割成上、下两部分，其上部的干通道出口与一次风机的进风口相连接；下部的干通道出口与换热器的第二级湿通道进风口连通；机壳前下侧设置的二次风进风口与换热器第一级湿通道的进风口连通；换热器的第一级和第二级湿通道出风口与二次风机的进风口连通。不仅可提高冷却换热效率，而且可降低系统的阻力，使机组结构更加紧凑。

7.2.3.3　递进式间接蒸发冷却器

发明专利“递进式间接蒸发冷却器”[13]（专利号：200710148446.9）所采用的技术方案如图 7-5 所示。间接蒸发冷却器的二次空气供风面为倾斜面，位于倾斜面上的干通道由近及远依次伸长，使等湿降温的一次空气流量分为一次空气和二次空气，一次空气在直通的干通道中通过，位于倾斜面上每一级干通道出口排出的一次空气作为二次空气分别进入相邻的湿通道。该间接蒸发冷却器可以在使用较少的二次排风量的情况下，提高换热效率，使等湿降温后最终的一次空气获得较低的出风温度。

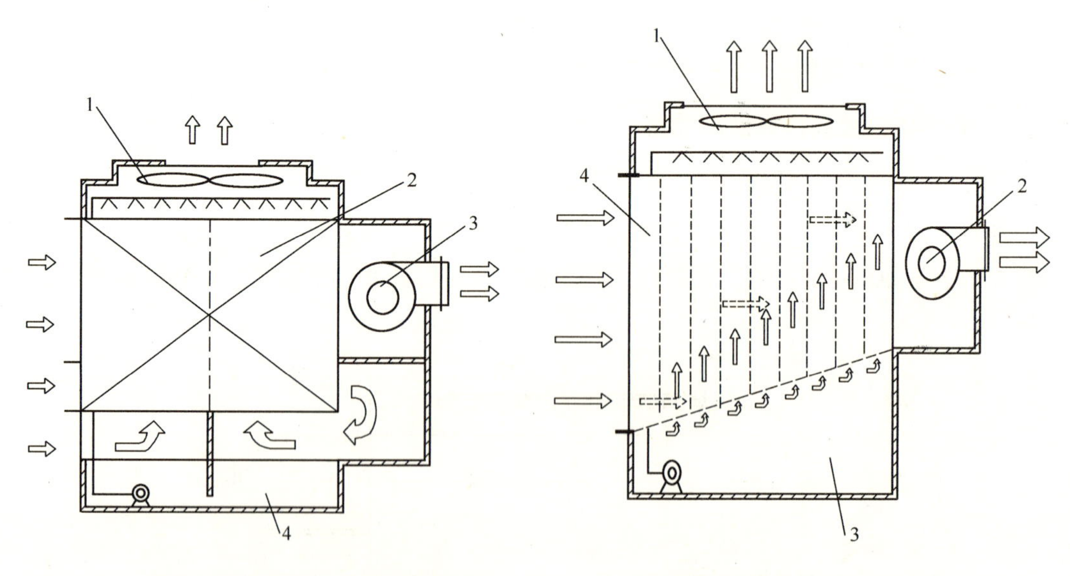

图 7-4　交叉流复合间接蒸发冷却空气处理机

1—二次风机；2—间接蒸发冷却换热器；3—一次风机；4—水箱

图 7-5　递进式间接蒸发冷却器

1—二次风机；2—一次风机；3—水箱；4—板式间接蒸发冷却器

7.2.3.4　逆流间接蒸发冷却器

发明专利“逆流间接蒸发冷却器”[14]（专利号：200710180049.X）所采用的技术方案

如图 7-6 所示。在间接蒸发冷却器上侧设置一次空气进风口，在其下侧设置二次空气进风口。在其内上部设置的进风通道与干通道的出风口相连接，出风通道与干通道呈夹角，在竖直排列的干通道和湿通道构成冷却器的主体段形成一次空气与二次空气完全逆流换热。该间接蒸发冷却器可提高传热传质驱动势，换热效率高，压降低。

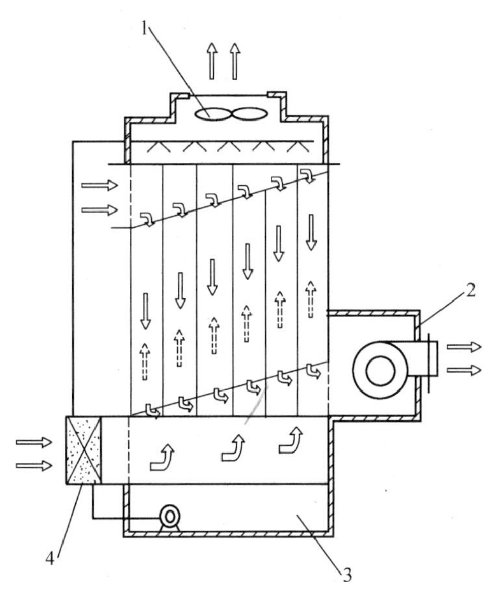

图 7-6 逆流间接蒸发冷却器
1—二次风机；2—一次风机；
3—循环水箱；4—表冷器

7.2.3.5 多孔陶瓷板翅式间接蒸发冷却器

实用新型专利“多孔陶瓷板翅式间接蒸发冷却器”[15]（专利号：200820028837.7）所采用的技术方案如图 7-7 所示。板翅式间接蒸发冷却器机芯由预冷器和冷却器组成，预冷器的上面设有直接蒸发冷却器，预冷器上部通过风管与直接蒸发冷却器底部相连通，还包括预冷器、冷却器、直接蒸发冷却器各自以及之间连通的供水系统。该板翅式间接蒸发冷却器使得出风温度进一步逼近露点，使布水更均匀，热湿交换效率大大提高。

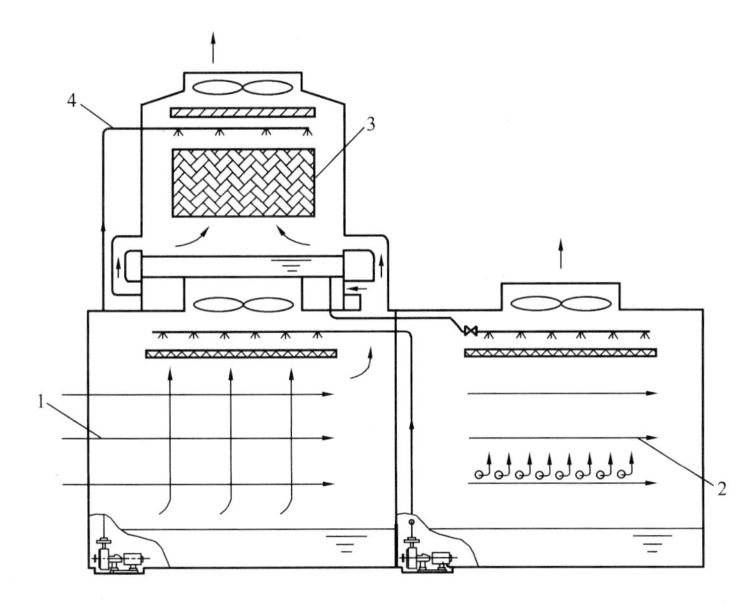

图 7-7 多孔陶瓷板翅式间接蒸发冷却器
1—预冷器；2—冷却器；3—直接蒸发冷却器；4—供水系统

7.3 管式间接蒸发冷却器

间接蒸发冷却器的另一种形式是管式间接蒸发冷却器（图 7-8）。与板翅式间接蒸发冷却器相比，管式间接蒸发冷却器换热管外容易形成稳定的水膜，能实现相对较为均匀的布水效果，在二次空气横向掠过换热管时，有利于蒸发冷却的进行。而且管式间接蒸发冷却器的流道较宽，不会出现随系统运行时间的增加而堵塞换热器流道的现象，所以流道内流体的流动阻力小，能够使换热器保持稳定的换热效率。并且管式间接蒸发冷却器的单位体积成本较低，且加工工艺简单[4]。

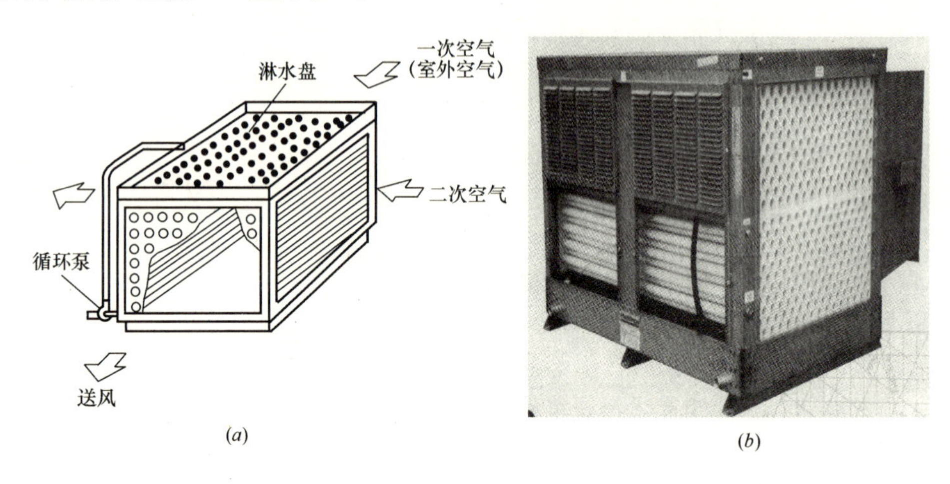

图 7-8　管式间接蒸发冷却器

(a) 结构示意图；(b) 实物照片

在管式间接蒸发冷却中被处理空气和处理空气被换热管隔开，即为一次空气和二次空气。一次空气进入换热管内部，经管内充分热交换，再由一次风机引入风管送到所需的场合。二次空气在管外热湿交换后直接由二次风机排入大气。冷却器的顶部有布水器，水泵把水盘中的水由下部打到上部的布水器中，对管束淋水，没有形成水膜的水回流到水盘中。通过喷循环水，在换热管表面形成一层水膜，水膜的蒸发通过吸收热量来完成，使水膜温度维持在接近二次空气的湿球温度，一次空气通过换热管、水膜，把热量传送给二次空气，从而达到降温的目的，在此过程中，二次空气侧的情况和直接蒸发冷却相同，一次空气温度降低，含湿量保持不变[5]。

7.3.1　管材

1. 聚氯乙烯等高分子材料

就国外来说，间接蒸发冷却器已经形成一定的生产规模，并且在一些地区得到了广泛的应用，这主要集中在美国、澳大利亚、西亚、瑞典等地区。这些管式间接蒸发冷却器全采用塑料圆管，而且体积很大。在国内可以见到的产品有 Vari-Cool 管式间接蒸发冷却器、澳大利亚生产的 Free-air 管式间接蒸发冷却器。聚氯乙烯塑料管如图 7-9 所示。

2. 铝箔等金属材料

近几年来，国内管式间接蒸发冷却器在实际工程中的应用取得了显著的节能效果，管材多采用导热性能好的铝箔。由于金属箔的厚度很薄，通常在 0.02～0.06mm 之间，热阻很小，因此可以提高换热器的换热性能（图 7-10）。

图 7-9　聚氯乙烯塑料管

图 7-10　铝箔金属管

亲水铝箔的主要性能指标是亲水性，用水滴在铝箔表面的接触角的大小来表示。与普通铝箔相比，水滴在亲水铝箔表面的接触角很小，可以形成均匀水膜，从而增大了蒸发表面，促进了蒸发传热。因此，使用亲水铝箔的换热器，不仅能大大提高热交换效率，减少空调器体积，而且可以节省能源，延长空调器的使用寿命。

另外，亲水铝箔表面光滑，容易冲洗，不易滋生细菌，耐腐蚀性能也很高。而且亲水铝箔在我国已经大量生产，成本较低。因此，亲水涂层铝箔已成为空调器升级换代必不可少的关键材料之一。

3. 多孔陶瓷材料

多孔陶瓷最大的结构特征就是多孔性，多孔陶瓷的孔结构特征与陶瓷本身的优异性能结合，使其具有均匀的透过性、较大的比表面积、低密度、低热导率、低热容以及优良的耐高温、耐磨损、耐气候性、抗腐蚀性和良好的刚度、一定的机械强度等特性。由于具有这些优良特性，多孔陶瓷可作为蒸发冷却器的一种可用材料。

陶瓷的导热系数比纤维的导热系数高，但比金属的导热系数低，这种水平在空调应用中处理热质传递是很好的。且陶瓷的孔隙度对需要传递的水分保留是足够的。带有低孔隙度的陶瓷是更好的，因为它有更小的蓄水能力，能够增强显热交换。

当多孔陶瓷应用于间接蒸发冷却系统时，可与同种材料制成的薄膜结合起来以避免水分的渗透。

在硬度方面，大多数多孔陶瓷具有 50～400GPa 的杨氏模数，适合用作换热器板。多孔陶瓷在潮湿条件下是耐用的，与同种材料制成的固体膜具有很高的兼容性。但是其在潮湿条件下可能会滋生细菌，因为小孔隐藏在结构内部，增大了清洗的困难。在成本方面，它大约是同种材料金属板价格的 2 倍。多孔陶瓷管和多孔陶瓷管式间接蒸发冷却器如图 7-11和图 7-12 所示。

7.3.2　管形

目前，管式间接蒸发冷却器常用的管子断面形状有圆形和椭圆形（异型管）两种。管式间接蒸发冷却器中的换热管选用椭圆管（图 7-13）的原因在于：

图 7-11 多孔陶瓷管

图 7-12 多孔陶瓷管式间接蒸发冷却器

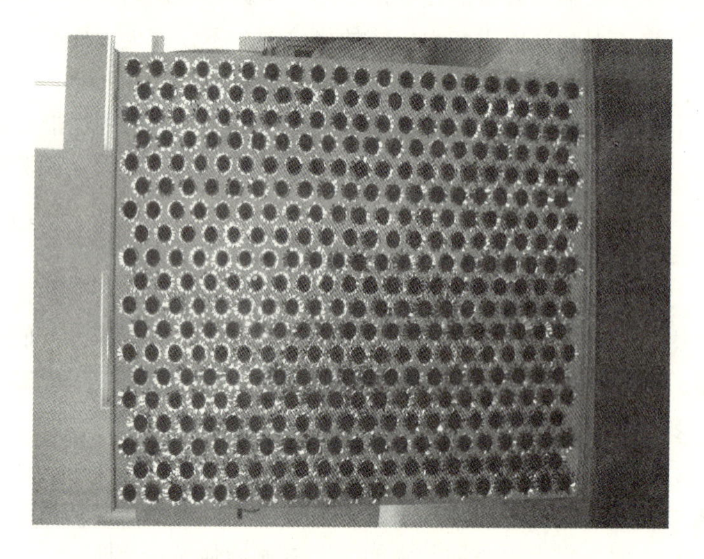

图 7-13 管式间接蒸发冷却器中椭圆铝箔换热管

（1）换热效果得到改善，对相同的管周长而言，由于椭圆管流通截面比圆管小，在流量不变的情况下，扰动得到加强，强化了管内换热。

（2）对管外情况而言，从流体分离点和边界层的发展来看，椭圆管外平均换热系数大于圆管。这由于管外近似于流线型，当流体外掠时，阻力降低，因此在相同阻力的情况下，可以提高二次空气的流速，这对管外蒸发冷却换热非常有利。

（3）椭圆管的外流动特征好，当流体沿着椭圆长轴方向横掠时，相对圆管分离点后移，无疑在分离区内由于卡门涡街造成的流动损失大大减少。

通过大量实验表明，采用椭圆管的迎风面积和涡流区域均比圆管小得多，具有有利的流型，可以有效地减少流体的流动阻力，降低能耗，而且数目相同的管束，椭圆管比圆管更容易紧凑。

7.3.3 管外包覆材料

在管式间接蒸发冷却器换热管外包覆吸水性材料的目的是在管外表面形成均匀的水膜，增加水与换热器的接触面积和接触时间，以达到强化管外的二次空气、水与管内的一次空气之间的换热，从而提高蒸发冷却器的传热传质效果。这层吸水性外套对管式间接蒸发冷却器的冷却效果影响很大。

包覆吸水性材料的管式间接蒸发冷却器在运行时，要求吸水性材料具有吸湿快干的功能，即要求其导湿性能良好，这样才能使管外的二次空气、水与管内的一次空气进行充分换热，达到提高换热器换热效率的目的。目前高导湿织物的导湿原理一般分为两类：一类是通过水汽在吸水性材料内渗透散发，达到导湿的目的；第二类是通过毛细效应，使吸水性材料内层的水分渗透到外层，再由吸水性材料的外层向大气中蒸发，实现吸水性材料的导湿快干。吸水性材料要具有良好的传递液态水和气态水的功能，必须尽可能满足以下几个基本要求：1）液态水尽可能芯吸或迁移；2）当管式间接蒸发冷却器布水器布水时，吸水性材料须有一定的保水能力；3）水分或水汽快速扩散转移；4）吸水性材料放湿干燥速度快[6]。

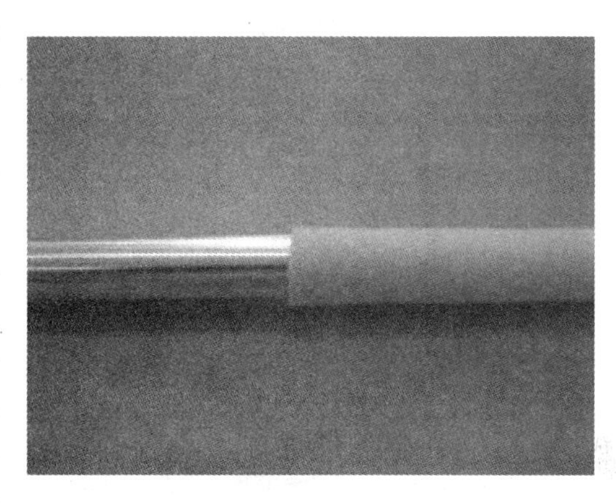

图7-14　包覆吸水性材料的铝箔换热管

通过比较可知，不锈钢网状结构材料、金属纤维织物和丙纶纤维织物是很好的包覆材料，非常适于包覆在管式间接蒸发冷却器的换热管外，以增强其传热传质。浸湿以后的纤维表面容易滋生细菌，因此纤维织物不是蒸发冷却的完美包覆材料。在造价方面，纤维制品相当便宜，可频繁替换，这可以克服其寿命短和易污染的缺点（表7-1）。包覆吸水性材料后的铝箔换热管和管式间接蒸发冷却器如图7-14和图7-15所示[7]。

多种包覆材料性能对比　　　　表7-1

性能对比 材料类型	形态特征	耐腐蚀性能	导热性能	润湿、导湿与蒸发	机理分析
棉纤维织物	多微孔结构，含有大量亲水性基团	较　差	导热性能较差	为亲水性纤维，吸水能力和保水能力很高，但导湿性差	纤维、纱线及织物的毛细效应和芯吸作用
涤纶纤维织物	少许不通透微孔结构，亲水性基团很少	较　好	导热系数一般	为疏水性纤维，具有吸水快干的特性	纤维、纱线及织物的毛细效应和芯吸作用
异形纤维Coolplus织物	纤维截面呈“十”字形，使纤维表面有四条沟槽；纤维表面有许多细微孔洞	较　好	导热系数一般	是对普通涤纶纤维进行改性后得到的，吸湿快干	纤维表面的纵向沟槽和无数微孔通过毛细管作用吸收水分

续表

性能对比 材料类型	形态特征	耐腐蚀性能	导热性能	润湿、导湿与蒸发	机理分析
金属纤维织物	新型的多孔材料	较　好	导热系数大	含有少量金属成分，吸湿快干	纤维、纱线及织物的毛细效应和芯吸作用
不锈钢网状结构材料	不锈钢丝经纬交错，构成“十”字形网状结构	很　好	导热系数最大	保水能力很好，蒸发效果最好	网状结构的网眼起到很好的保水作用，而且蒸发效果最好
丙纶纤维织物	丙纶的纵面平直光滑，截面呈圆形	较好的耐化学腐蚀性	导热系数较大	丙纶的吸湿性很小。但它有芯吸作用	毛细效应和芯吸作用

图 7-15　包覆吸水性材料的管式间接蒸发冷却器

7.3.4　管内插入螺旋线

管内插入螺旋线以强化管内单相流体对流换热是一种相对经济又能显著强化管内流体换热的一种方法，尤其适用于强化管内高速流动空气的传热，且对管表面不会产生任何破坏。换热器管内插入螺旋线后，由于螺旋线的线径增大了管壁的粗糙度，当旋转流流过时，增加了管内空气的湍流流动，使层流底层减薄，降低了热阻，达到强化传热的目的。又由于管内气体流动路径增加，形成旋转流，在离心力的作用下，热空气由管中心向管壁流动，而冷空气由管壁向管中心流动，这样二次流达到径向混合的目的。

因此，管内插入螺旋线强化传热的方式非常适用于管式间接蒸发冷却器一次空气侧的强化传热。另外，管内插入螺旋线还能起到支撑铝箔管的作用。

螺旋线是最早研究的插入物形式之一，其结构简图如图 7-16 所示，它相当于一个非整体式粗糙表面。当流速较大时，为减少内插管阻力，可采用螺旋线。多数研究是在紊流情况下进行的，不同研究者得出的结果也不尽相同。Klaczak 等对螺旋线的主要研究情况做了介绍，并做出了结论：对于直径为 20mm 左右的管子，螺旋线的最佳螺距在 30～50mm 之间。

螺旋线的强化传热机理应用了使流体旋转和使流体周期性地在螺旋线凸出区域受到扰动的原理。当螺距与螺旋线线径比较小时，螺旋线主要起边界层分离作用，当螺距与螺旋线线径比较大时，螺旋线的作用是以产生螺旋流为主。流体在管内流动时，流体的旋转主要发生在强化传热所需要扰动的近壁区域。

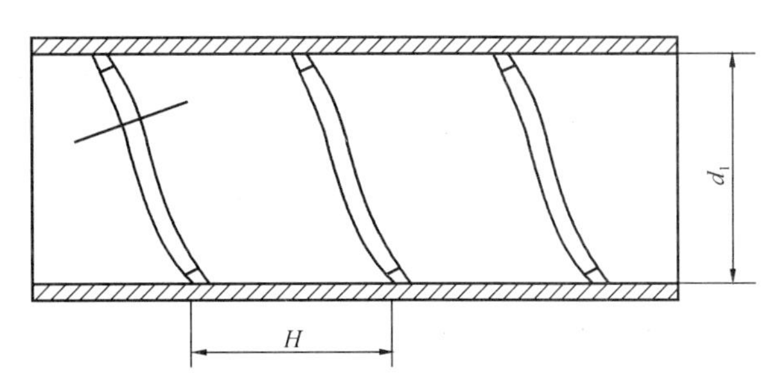

图 7-16 螺旋线内插物结构简图

插入螺旋线后的铝箔换热管和管式间接蒸发冷却器如图 7-17 和图 7-18 所示。

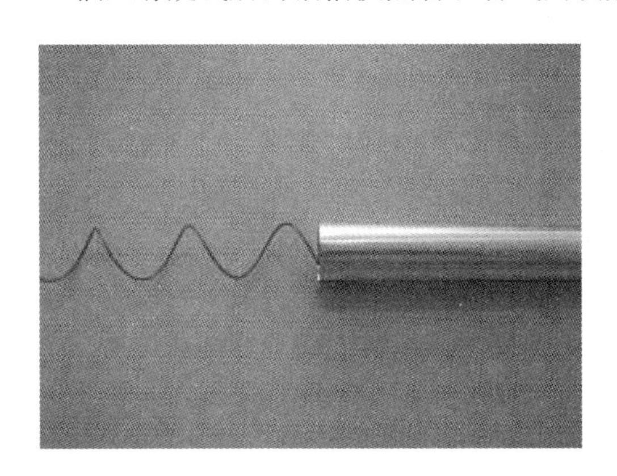
图 7-17 管内插入螺旋线的铝箔换热管

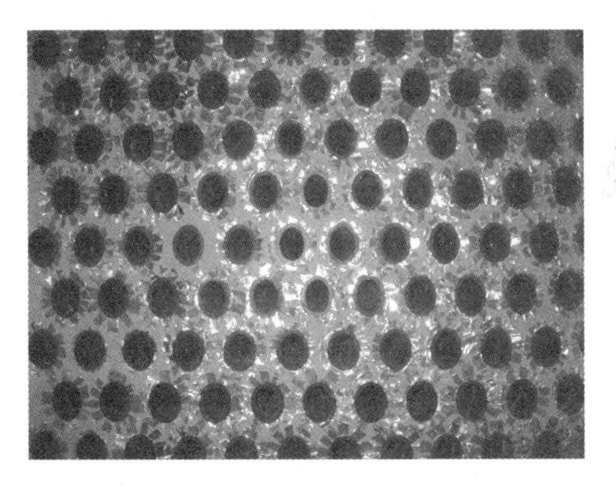
图 7-18 插入螺旋线的管式间接蒸发冷却器

7.3.5 布水器的结构形式

目前国内外间接蒸发冷却器普遍采用的是喷淋排管式布水器，布水器设置在间接蒸发冷却器的上方，喷淋排管上安装一定数量的喷嘴，喷嘴出水方向与二次空气流动方向相反（逆喷），一般认为水—空气逆流方式热湿交换效果较好，出水可相对均匀地分布在二次空气端面，在自身重力作用下，沿二次空气流道顺着换热器壁面流下，在与二次空气产生热质交换后，落入换热器下方的水池，之后由水泵送至顶部的布水器，周而复始，循环进行。

目前间接蒸发冷却器中的这种布水方式仍然存在一些问题，主要表现在：

（1）没有整体考虑间接蒸发冷却器性能参数；

（2）喷淋密度（喷嘴密度）不均匀；

（3）喷嘴雾化性能太高；

（4）喷水量选用不当；

（5）换热器壁面亲水性较差。

布水器的结构形式优化与改进措施中，通过对布水器喷嘴的选型、喷淋排管的布置、喷淋（喷嘴）密度的选取、最佳喷淋水量的确定、加装二次布水装置等改进措施，达到了改进布水器空间布水均匀的目的。

1. 喷嘴选型

喷嘴在工业领域的应用很广，可供选用的喷嘴类型也很多，其中纺织厂空调的喷水室在气一水喷嘴的应用上有许多相当成熟的理论和经验。在喷水室中，喷嘴的作用是将水喷成细小的水滴，以增大空气与水之间的接触面积，从而增强空气与水之间的热湿交换作用。从这个意义上来说，喷水室本身也是蒸发冷却技术中直接蒸发冷却的一种应用形式，所以在这里主要参照喷水室的设计方法和理论对间接蒸发冷却器中的喷嘴形式和喷淋密度进行改进和优化。

喷嘴的选用需要综合考虑的因素有喷嘴的出水孔径、喷水量、喷射角度、射程以及在一定的喷水压力下的雾化性能等。目前喷水室应用较广泛喷嘴类型主要有 Y-1 型、FL 型、FD 型、PX-I 型和 PY-1 型等。近年来，针对喷嘴在实际使用中容易堵塞，影响热湿交换效率，维护管理工作量大这一问题，西安工程大学开发研制了 PX-I 型新型大孔径强漩流离心式喷嘴和撞击流喷嘴，在纺织厂空气热湿处理及空调工程的改造中起到了良好的作用。管式间接蒸发冷却器采用离心式喷嘴和撞击流喷嘴作为布水器，如图 7-19 和图 7-20所示。

图 7-19 离心式喷嘴

图 7-20 撞击流喷嘴

喷嘴类型对雾滴的分布均匀性有很大的影响，且不同类型的喷嘴所表现的分布均匀性特征十分明显。已有实验研究表明，在其他条件不变的情况下，提高喷雾压力有助于雾滴分布均匀性的改善，但影响不明显。同类型喷嘴的喷水量变化对雾滴的分布均匀性影响也不大。在这些实验和研究的基础上，对于间接蒸发冷却器中喷嘴形式的选择，应着重考虑的因素是喷嘴的雾化能力不宜太高，这似乎和喷嘴的雾化性能越高越好这一传统的喷嘴使用观点有矛盾。实际上喷嘴在获得较高的雾化性能的同时，通常都是以提高喷水压力或改变喷嘴漩流室的结构改进来实现的，通常需要较高的喷水流量来保证；其次是喷嘴雾化能力越高，水滴越细小，在间接蒸发冷却器的二次空气流道内水滴不容易均匀沉降，很难均匀地附着在换热器壁面上形成均匀水膜，在没有充分进行热湿交换即被二次风带出。

2. 二次布水网格

在管式间接蒸发冷却器的布水中，为了提高布水的均匀性，提出二次布水的概念，并且用多层金属网格实现。

在间接蒸发冷却器的布水装置中，二次布水网格放置在喷淋布水器和换热器的中间，距换热器上端的高度为 h，二次布水网格的安装位置在喷淋重叠三角区区域的上方较为适宜。喷嘴到换热器的上端面的距离为 H，喷射角为 θ，喷嘴间距为 r，喷嘴出水重叠区宽度为 X，则二次布水网格高度 h 有如下计算式：

$$h=\frac{2H\sin\frac{\theta}{2}-r\cos\frac{\theta}{2}}{\sin\theta} \tag{7-2}$$

布水器出水落到二次布水网格后，由于丝网的分割效应及均匀作用，将水滴分散成粒径不同的细小水滴，在自下而上的二次气流的作用下，附着在平板壁面，起到均匀布水的作用，避免液滴聚集成水流；其次是网格间液滴与气流同样存在热质交换，增加了对流传热传质的效果；另外二次布水网格可以起到匀流的作用，如图 7-21 和图 7-22 所示。

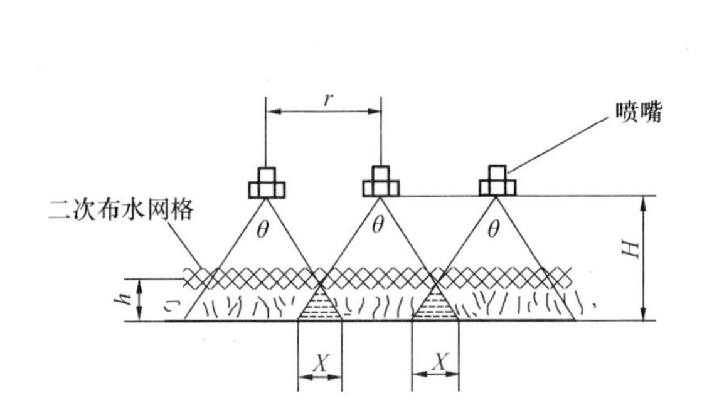

图 7-21　二次布水网格水平方向示意图

改善的水滴分布

图 7-22　加装二次布水网格的水滴分布

图 7-23 为管式间接蒸发冷却器没有加装二次布水网格时布水情况示意图。从图上可以清楚地看到，喷嘴的出水形状是一个典型的圆锥状；存在一个明显的流体分布不均匀区域；并且水滴的粒径明显偏大，不利于水滴和二次空气的热湿交换；在换热器的侧壁存在大量的多余水量。

图 7-23　没有加装二次布水网格时布水情况

图 7-24 为加装二次布水网格后，管式间接蒸发冷却器中布水示意图。从图中可见，布水器喷水降落到二次布水网格后，由于丝网的分割效应及均匀作用，将水滴匀布成粒径相仿的细小水滴，顺着网格沉降到换热器的上端面。在自身重力作用下，顺着换热器壁面

图 7-24　二次布水网格中水滴分布

流下，与二次空气产生热质交换后，落入换热器下方的水池中。另外，网格间液滴与气流同样存在热质交换。在此过程中网格起到均匀布水和提高效率的作用。

通过对布水器加装二次布水网格等优化措施，达到了改进布水器布水效果的目的。实验测定表明，加装二次布水网格后，ϕ10 管径的管式间接蒸发冷却器的冷却效率提高了 5%左右，ϕ20 管径的管式间接蒸发冷却器的冷却效率提高了 10%左右。一般而言，管径越大，则换热器效率越低，但在加装二次布水网格后，较大管径的管式间接蒸发冷却器的冷却效率相对提高较多，这在工程应用中具有一定的实用价值。

3. 布水方式

在对间接蒸发冷却器整体优化的同时，应根据间接蒸发冷却器机芯高度合理设置布水器的位置及确定何种布水方式对平板间传热传质效果有利。根据机芯高度的不同，可以采取上布水，中布水及下布水三种方式，如图 7-25 所示。

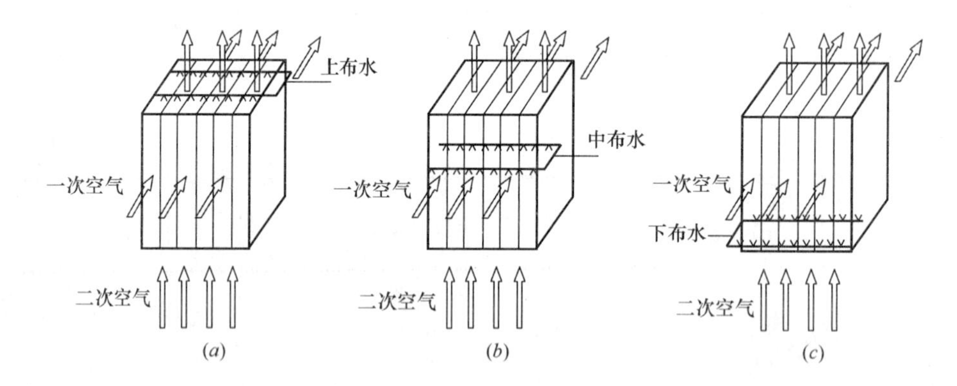

图 7-25　不同布水方式的示意图
(a) 上布水；(b) 中布水；(c) 下布水

(1) 上布水方式是使用最多的一种布水方式，当间接蒸发冷却器机芯高度较小时，采用此方式，喷水方式采用逆喷。当间接蒸发冷却器机芯高度较高时，容易出现布水不良的现象。

(2) 中布水方式是比较理想的一种布水方式，可以获得比较好的布水效果，适应性广，喷水方式可根据情况采取逆喷或顺喷，但在工程应用中要求较高。

(3) 下布水方式。当间接蒸发冷却机组结构有特殊要求，或受安装空间的限制，可使用该布水方式，喷水方式为顺喷。

4. 移动式布水

移动式布水装置采用机械传动方式，使布水喷嘴可在间接蒸发冷却器二次流道顶部往复移动，实现动态布水，可大大节省喷嘴量，同时使二次流道中的水膜充分地蒸发冷却，也节约喷水量，降低能耗（见图 7-26）[16]。

图 7-26　移动式布水装置实物图

5. 旋转式布水

自旋喷雾器的基本工作原理是以压缩空气为动力，在喷嘴气水出口处，通过高速出流的压缩空气，将出流水击碎成雾化水滴并以一定的角度呈扇状向外喷出。环境空气对出口气流形成的反作用力，推动喷雾器绕其轴心形成自旋。喷雾的补给方式采用了“周期性补给”，即通过输入压缩空气压力的调节，改变喷雾器自旋的转速，使补给的周期得以改变。通过输入水量的调节，使补给水量得以改变。旋转式布水装置如图 7-27 所示[17]。

6. 最佳淋水量

间接蒸发冷却器的喷水量是影响蒸发冷却设备性能的重要参数。如果喷水量过少，壁面上形成的液膜太薄，在表面张力的作用下，液膜会产生断裂或收缩，不能全部覆盖整个表面，部分表面未参与传热传质过程，从而导致蒸发冷却设备的总体冷却效率下降，因此合理地计算并选取喷淋水量，是所有均匀布水改进与优化措施的基础。

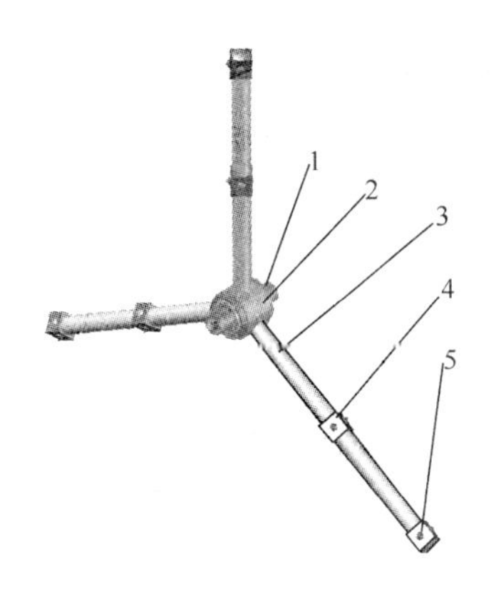

图 7-27　旋转式布水装置示意图

1—气水通道；2—旋转体；3—气水导流套管；4—引流接头；5—喷嘴

喷淋水量的大小会直接影响喷嘴的出水压力，而喷水压力的大小会影响到水滴的喷出速度、水量以及水滴的直径大小。水滴的喷出速度不同，会导致水滴与空气之间的相对速度不同，进而影响气水交界面上的质交换系数。喷淋水量的大小直接影响水膜的流动形态和厚度。随着喷淋水量的增加，水膜厚度的几率分布区域加宽，这表明水膜的波动将会加剧；虽然水膜厚度随着喷淋水量的增加而加大，但当喷淋水量增加到一定程度后，水膜的厚度将趋于稳定。

当液膜在水平管束间自上而下流动时，在不同流量下会呈现不同的流动形式，诸如滴状流、柱状流和片状流等，其传热特性也各不同。一般而言，在间接蒸发冷却器的均匀布水中，希望看到的是滴状流或柱状流，片状流通常是由于喷淋水量偏大或者是布水不均匀引起局部水量堆积而形成的。

在实验测试中，当淋水量很小时，管式间接蒸发冷却器的效率和温降都较小，此时管外并没有形成均匀的水膜，在二次空气的作用下，有些部分甚至出现“干斑”，所以热质交换效果较差。随着淋水量不断加大，效率和温降曲线不断上升，但是斜率逐渐降低。也就是说，淋水量增大到一定程度后，再增大淋水量，冷却效率和温降并没有很大改善。对于风量为 $5000m^3/h$ 的管式间接蒸发冷却器，我们可以认为 $0.64m^3/(h \cdot m)$ 为该结构配置下的最佳淋水密度。

7. 换热表面亲水处理

造成管式间接蒸发冷却器换热效率低的主要原因是管式间接蒸发冷却器中的换热管换热性能低以及管内一次空气、管外二次空气、水膜之间的换热不充分。管式间接蒸发冷却器二次空气侧实现的是水与空气直接接触，空气等焓冷却过程。根据蒸发冷却原理，水的蒸发是冷却降温的前提。如果二次空气侧水与空气间的换热不充分，那么水的温度就不会降到很低，而水的温降直接影响到一次空气的温降。也就是说，二次空气侧的传热效果直接影响到一次空气的温降，这也决定了换热器的效率。所以，设法提高二次空气侧空气与水的传热，就能提高管式间接蒸发冷却器的效率。

当前国际上提高金属或塑料管换热器热质交换效率的最佳途径是采用超亲水表面材料，这是当前国际上最新的提高换热管效率的一种方法，也是国际上最前沿最推崇的一种方法。在实际工程中，管式间接蒸发冷却器的换热管的管材普遍为金属铝箔，铝箔是非亲水性表面，水在换热管表面不能均匀分布，存在“干斑”，从而使蒸发效率降低，降温效果差。可见，换热管的亲水性能和管表面的水膜分布情况是强化传热的核心问题。也就是说，换热管的亲水性改善了，水膜就能在管外均匀分布，因此管式间接蒸发冷却器的效率也就提高了[7]。

图 7-28 是亲水性表面处理前后光管上的液体流动外形图。可见，因为在水与管之间无湿润表面性能，所以液体在未经处理的管外壁形成分散的静止液滴，但是液体在经过亲水性处理的管外壁形成薄的液膜，可以促进蒸发传热。

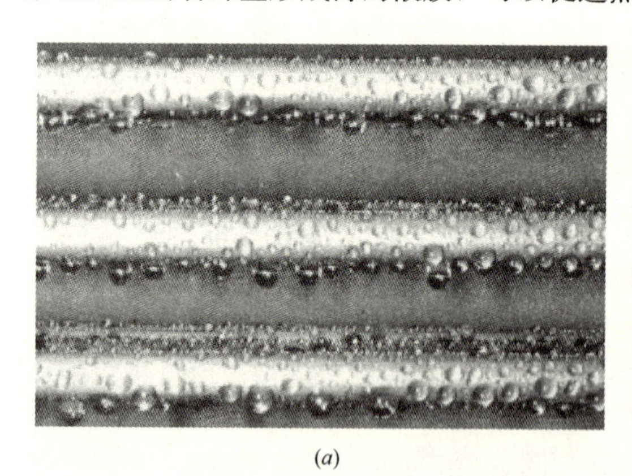

(a)

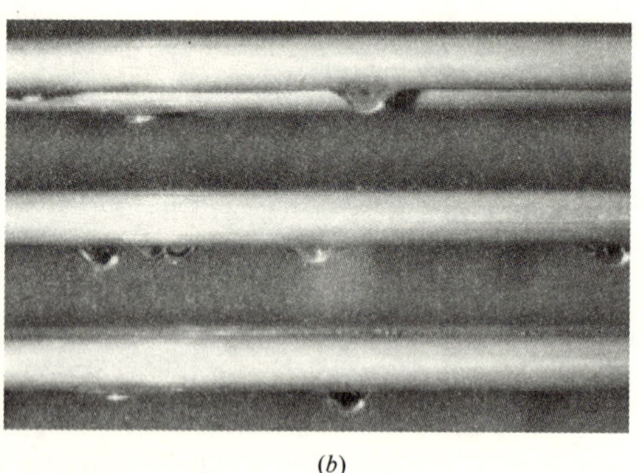

(b)

图 7-28　液体流动外形对比

(a) 未经处理管子表面；(b) 亲水处理后管子表面

由于管式间接蒸发冷却器中换热管的管材为非亲水性材料，对其进行亲水性处理的方法主要有两种：

(1) 纳米亲水涂层

TiO_2 表面经紫外光照射后具有超亲水特性。通常情况下，水滴滴在 TiO_2 薄膜表面，接触角比较大。在紫外光的照射下，TiO_2 的带价电子被激发到导带，在表面生成电子空穴对，电子与 Ti^{4+} 反应，空穴则与表面桥氧离子反应，分别生成 Ti^{3+} 和氧空位，空气中的水解离子吸附在氧空位中，形成表面羟基，表面羟基可以进一步吸收水分，形成物理水吸附层。这样，在 Ti^{3+} 缺陷周围形成了高度亲水的微区，而表面剩余区域仍为疏水性。由于水滴尺寸远远大于亲水面积，故宏观上 TiO_2 表面表现出亲水性，水被亲水微区吸附，从而扩展浸润表面。随着光照时间的延长，接触角不断减小，甚至到达 0°。停止紫外光照射，表面羟基被空气中的氧所取代，重新回到疏水状态。

（2）亲水膜

亲水涂膜按材料分类有三种：1）无机物质（如水软铝石、水玻璃等），由于这种材料水润湿性好，因而接触角小，亲水持续性好，但因处理条件严格，耐蚀性不够理想；2）有机树脂（亲水性树脂和表面活性剂合用），初期的亲水膜由于并用表面活性剂，确保了水润湿性和低接触角，但因表面活性剂的持续性差，现在基本上不再使用；3）二氧化硅、有机树脂和表面活性剂合用，这种处理剂的亲水性是利用具有和水玻璃类似结构的无机高分子二氧化硅的亲水性和保湿性，并考虑到二氧化硅不能单独成膜的特点，加进了有机树脂作为粘合剂，同时为了降低接触角又加入了具有润湿性的表面活性剂，使三者结合，起到了亲水作用。

早在 1988 年，西德就报道了一种由底、中、面三层组成的复合涂层体系，效果不错。日本 Tanaka 及 Imai 各自研制的有机无机复合亲水涂膜均具有良好的亲水性和耐蚀性，但涂料中的硅酸盐致使涂膜发出似泥的臭味。而 Bunji 等研究的双层复合亲水涂膜则具有良好的亲水性、成型性和无臭味性。

国内对铝箔亲水涂层的研究起步晚，中南大学、北京试剂研究所、东北大学等单位对亲水涂料做过初步探讨和一些研究，但都集中于对有机亲水涂层的研究，对有机无机复合薄膜的研究很少。

发明专利“强化管式间接蒸发冷却器换热管外传热传质的方法”[18]（专利号：200710018981.2）所采用的方法是首先制备 TiO_2 亲水性分散液，将高吸水性纤维织物或金属纤维织物包覆材料用纳米亲水性分散液进行整理，然后螺旋地缠绕在换热管外，最后，再将纳米亲水性分散液处理在包覆材料后的换热管上，使其均匀成膜。该方法可使换热管铝箔材料的亲水性提高，从而使换热管外形成均匀的薄水膜，使管式间接蒸发冷却器的降温效果大大增强。

7.3.6　性能参数

（1）在换热器设计中，管式间接蒸发冷却器换热管内流速可优选 8～10m/s。

管内流速太大，致使一次空气在管内停留时间较短，热量来不及传递，所以热质交换效果较差。

而管内流速太小，致使管内螺旋线不能充分发挥其优势。在换热管管内插入螺旋线的目的是使管内一次空气流动路径增加，并形成旋转流，由于离心力的作用，热空气由管中心向管壁流动，而冷空气由管壁向管中心流动，这样的二次流达到径向混合的目的。又由于螺旋线的线径增大了管壁的粗糙度，当旋转流流过时，增加了一次空气的湍流流动，使层流底层减薄，降低了热阻，达到强化传热的目的，从而使一次空气出风温度降的更低。当管内流速太小时，管内一次空气流动较平稳，不能吹散层流底层，也不能达到径向混合的目的，所以换热效果差。

（2）中湿度地区管式间接蒸发冷却器的最佳二次/一次空气风量比为0.7。

7.3.7 新型管式间接蒸发冷却器

7.3.7.1 一种椭圆管式间接蒸发冷却器

实用新型专利"一种椭圆管式间接蒸发冷却器"[19]（专利号：200720031002.2）所采用的技术方案是：采用椭圆形断面亲水铝箔管，管外包覆高吸水性纺织纤维材料，管内插入金属螺旋线圈，采用二次网格式布水形式。

与传统的管式间接蒸发冷却器相比，该新型管式间接蒸发冷却器具有如下特点：

（1）采用二次网格式布水形式，使布水器淋下来的水经二次网格疏导，相比滴管式和喷淋式布水器而言，该方式布水均匀，使换热效率提高。

（2）采用椭圆形断面亲水铝箔管，较传统的圆形断面聚氯乙烯管成本低，换热效果好。

（3）管外包覆高吸水性纺织纤维材料，比常用的普通纱布包覆材料蒸发冷却效率高。实验数据表明，管外包覆吸水性材料后的冷却效率比包覆之前提高了5%～8%。

（4）管内插入金属螺旋线圈，使被冷却一次空气管内流动时，产生扰动，达到强化传热的目的，大大提高换热效率。实验数据表明，管内插入螺旋线圈后的冷却效率比插入之前提高了约20%～30%。

7.3.7.2 一种多孔陶瓷管式露点间接蒸发冷却器

实用新型专利"一种多孔陶瓷管式露点间接蒸发冷却器"[20]（专利号：200820029064.4）所采用的技术方案如图7-29所示，包括管箱，管箱为端板围成的箱体，箱体内布置了多根换热器管。管箱的侧面设置一次风机，管箱的上部设置布水器和二次风机，布水器上分布靶式撞击流喷嘴，布水器分两层设置且间歇供水。布水器和管箱之间还设置有多层金属丝构成的二次网格层。箱体中的换热器管采用多孔陶瓷材料，且管的内表面粘贴高密度多孔陶瓷膜[30]。

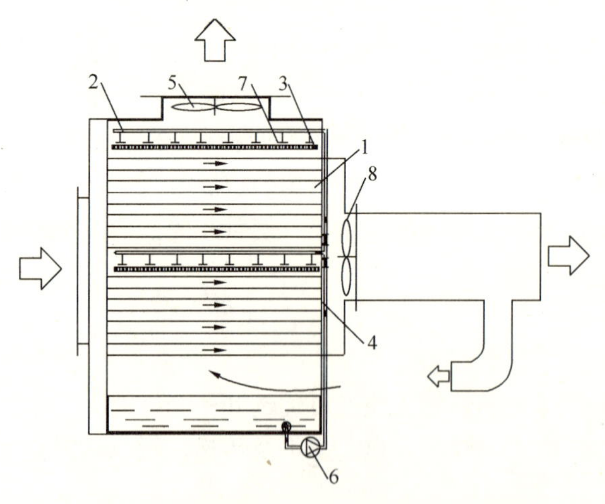

图7-29 多孔陶瓷管式露点间接蒸发冷却器

1—换热器管；2—布水器；3—二次网格层；4—端板；5—二次风机；6—水泵；7—靶式撞击流喷嘴；8——次风机；

该管式间接蒸发冷却器的工作过程为：一次空气（室外新风）进入多孔陶瓷换热器管内，经散热降温后部分回风接至水槽上部，其余空气送至空调区域。二次空气（室外新风及部分回风）与一次空气呈叉流方向流动，并与水呈逆流方向流动。水通过布水器淋洒到二次网格层上，经二次网格疏导将水均匀地分布到换热器管上，进入换热器管内部的空隙，换热器管内部的水滴与二次空气进行热湿交换，将换热器管内的一次空气的热量吸收，使一次空气冷却，从而达到降温的目的。

7.3.7.3　立管式露点间接蒸发冷却器

实用新型专利“立管式露点间接蒸发冷却器”[21]（专利号：200820029619.5）所采用的技术方案如图7-30所示。立管式间接蒸发冷却器按二次空气进风方向，从下到上包括依次设置的集水箱、换热管、喷嘴、挡水板和二次风机。集水箱通过管道与喷嘴相连接，该管道上设置水泵。换热管采用竖直方式设置，由多根平行的管道组成，管内通二次空气和水，管外通一次空气，换热管的顶部出风口处设置集水盘。换热管采用铝箔管，其截面为椭圆形，管外包覆有吸湿性亲水材料，管内插有金属螺旋线圈。

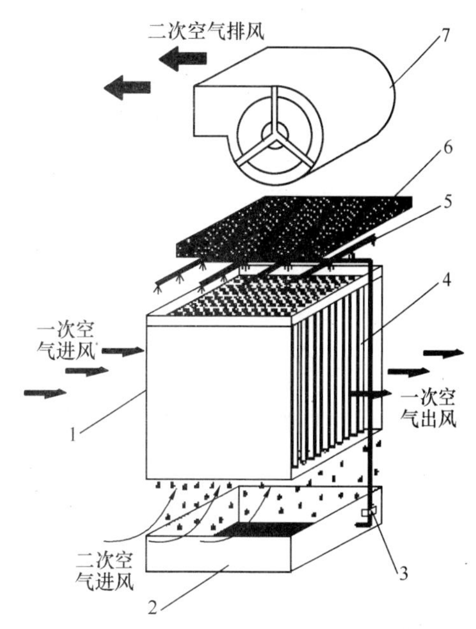

图7-30　立管式露点间接蒸发冷却器

1—立管式间接蒸发冷却器；2—集水箱；3—水泵；4—换热管；5—喷嘴；6—挡水板；7—次风机

与目前现有的水平设置的管式间接蒸发冷却器相比，该新型立管式间接蒸发冷却器具有如下特点：

（1）立管式间接蒸发冷却器采用的是换热管立式设置，管内通二次空气和水，管外通一次空气。为了确保有效的温度降，设置适当的管长（高度），仅需增加换热管的排数，而不增加换热管的长度，能有效地减少制造加工难度，延长换热管的使用寿命，布置使用更加灵活。

（2）立管式间接蒸发冷却器换热管采用的管内设置包覆吸湿性亲水材料内撑螺旋线的铝箔圆管。提高了二次空气和水的热湿交换效率，并利用换热管流道独特的结构，避免了流道易结垢、容易堵塞、阻力大、能耗高、效率低等缺点。

（3）立管式间接蒸发冷却器可实现对空气的等湿降温处理，效率高，温降幅度更大，被处理的空气热舒适性更高。同时，立管式间接蒸发冷却器冬季在不喷淋循环水时可采用室内排风作为二次空气对一次空气进行预热，是良好的热回收装置。

7.4　热管式间接蒸发冷却器

热管是依靠自身内部工作液体的相变来实现传热的元件。由于热管具有热传递速度快，传热温降小，结构简单和易控制等特点，广泛应用于空调系统的热回收和热控制。

典型的热管由管壳、吸液芯和端盖组成，在抽成真空的管子里充以适当的工作液作为工质，靠近管子内壁贴装吸液芯，再将其两端封死即成热管。热管既是蒸发器又是冷凝器，从热流吸热的一端为蒸发段，工质吸收潜热后蒸发汽化，流动至冷流体一端即冷凝段放热液化，并依靠毛细力作用流回蒸发段，自动完成循环。热管换热器就是由这些单根热管集装在一起，中间用隔板将蒸发段与冷凝段分开的装置，热管吸热器无需外部动力来促使工作流体循环，这是它的一个主要优点。图7-31为热管换热器结构示意图及实物照片。

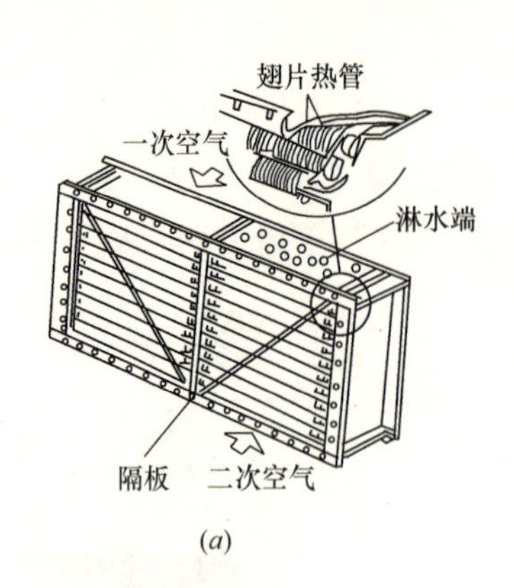

(a)

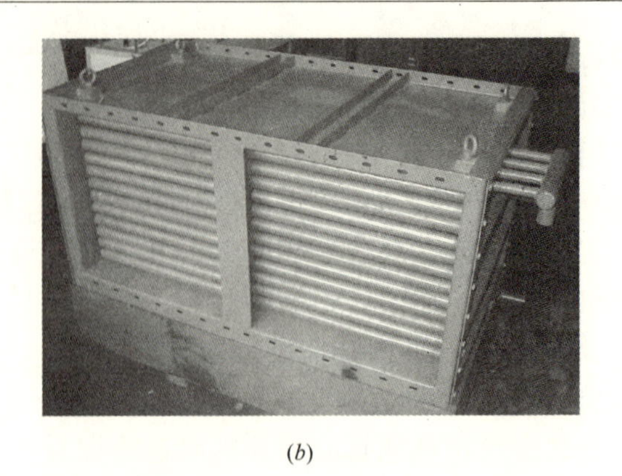

(b)

图 7-31　热管换热器

(a) 结构示意图；(b) 实物照片

7.4.1　热管简介

热管是一种高效导热元件，它依靠传热工质在一个高真空的封闭壳体内不断循环相变传递热量，其导热能力是一般金属的几百倍。它的换热原理为：热管一端吸收热量即为蒸发段，另一端为冷凝段。管内工作液体吸收热量后蒸发，由于蒸发段和冷凝段间存在饱和压力差，蒸发产生的蒸汽会不断流到冷凝段。蒸汽在冷凝段放出热量变成液体，在热管内吸液芯的作用下又流回蒸发段，并再次蒸发，如此不断循环，如图 7-32 所示。

热管的主要特性有：

(1) 很高的导热性。热管内部主要靠工作液体的汽、液相变进行传热，热阻很小，因此具有很高的导热能力。与银、铜、铝等金属相比，单位重量的热管可多传递几个数量级的热量。

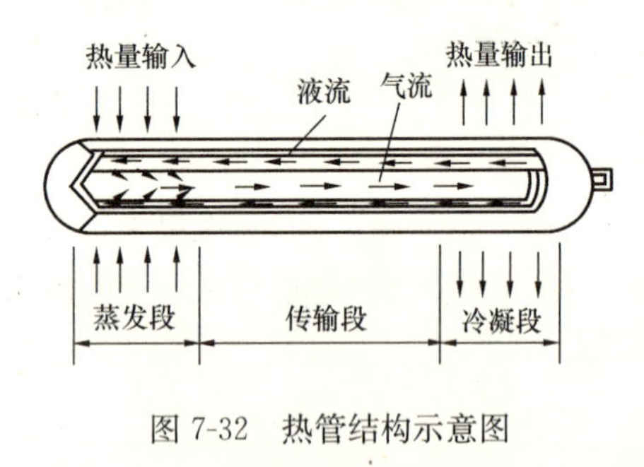

图 7-32　热管结构示意图

(2) 优良的等温性。在热管正常工作时，无论是蒸发段还是凝结段，工质均处于饱和状态，饱和蒸汽的压力与饱和温度的关系符合 Clausius-Clapeyron 方程，即式 (7-3)，由于蒸发段与凝结段间只存在使蒸汽流动的极微小的压差 dp。由式 (7-3) 可知，由于 dp 极小，所以相应的 dt 也必然很小，即热管蒸发段与凝结段间的温差极小。

$$dt = \frac{t_v}{p_v r} dp \tag{7-3}$$

(3) 小温差下的大传热能力。在热管换热器中，冷、热流体温差即使在很小的场合也能可靠地进行热交换，且换热效率高，适用于低温位热回收。热管是借助于工质的相变过程，通过工质携带相变潜热来传递热量的。与通过物质显热的增减来传热相比，热管传热能力就非常大。如 1kg 水在常压下的汽化潜热量为 2257.1kJ/kg，几乎相当于 5.4kg 水从 0℃加热到 100℃所需的热量。所以说，热管在小温差下有很大的传热能力。

(4) 传热方向的可逆性。对有吸液芯的热管水平放置或处于零重力场下的情况，任何一端受热将成为蒸发段，另一端则成为凝结段，热管内传热方向可以逆转。

(5) 由于是空心管，重量比实心管轻。

（6）热管不需要外部动力，维修量小。

7.4.2　热管换热器结构的选择

热管形式多样，应根据应用场合及要求选择合适的热管形式，暖通空调领域中可采用的形式有重力式热管、分离式热管和吸液芯式热管（图7-33～图7-35）。

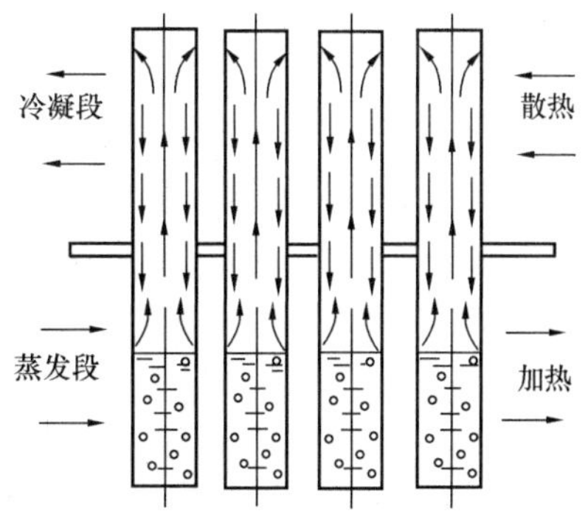

图7-33　重力式热管换热器

重力热管换热器管内没有吸液芯，靠重力回流，因此传热具有不可逆性，冷凝段必须置于蒸发段之上，只能单独进行热回收或单独进行冷回收。管道一经确定后，若要改变冷热气流的上下方向就会无法运行。但其结构简单，制造容易，成本较低。安装时竖直放置，或以一定的安装角度进行安装。工作液装入量一般是内部容积的1/4左右。

分离式热管换热器依靠冷凝液的位差和密度差的作用进行循环，加热段和冷凝段分开设置，通过一根上升管和一根回流管把分离开的两组管束连接起来。工作介质在一个闭合回路中同向循环。当蒸汽在低温侧放热冷凝时，压力降低，造成高温侧与低温侧的压差，使高温侧的工质蒸汽不断向低温侧流动。而要使冷凝液返流回蒸发段，则在冷凝液返流管内的液面必须高出一段距离 H，靠液柱的静压差来克服蒸汽的压差。为了保证热管冷凝段的正常工作，它的实际安装高度与蒸发段中液面高度的位差 H_{max} 应大于 H。这种热管高温侧和低温侧分成两个单独壳体，分离式热管相互串通的管件较多，一旦某处出现泄露，就会导致整排组件或整个换热器功能的丧失。同时，需要将冷凝段布置在较高的位置，以保证液体返流。但这种形式的换热器不需要中间隔板，制造简单，对抽真空的要求也不高，换热器布置灵活。适用于钢铁厂等大型余热回收用的热交换器。

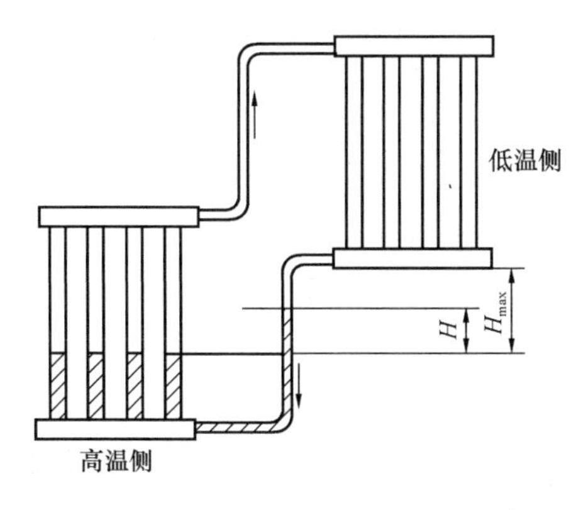

图7-34　分离式热管换热器

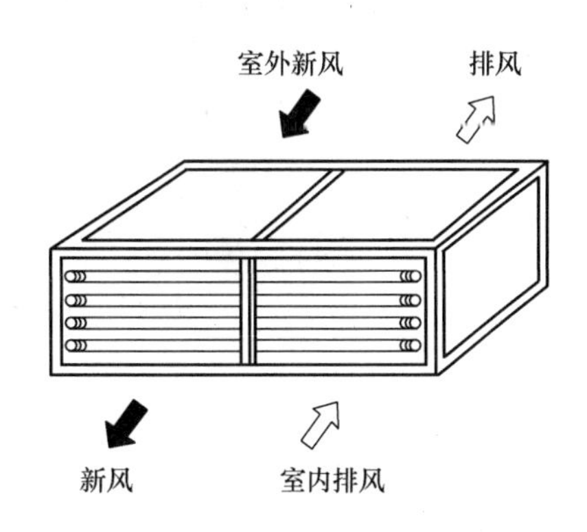

图7-35　水平热管式换热器

整体式吸液芯热管凝液靠吸液芯的毛细作用回流，不依靠重力场的作用，在失重的情况下也能工作。不需要外加动力，无机械运行部件，增加了设备的可靠性，也极大地减少了运营费用。吸液芯热管换热器作为能量回收装置使用时，在不改变气流方向和管道布置的情况下，可同时实现夏天回收冷量和冬天回收热量，是一种很好的冷、热回收设备。安装时水平放置即可。

7.4.3　吸液芯热管式间接蒸发冷却器

吸液芯热管实物图和吸液芯热管换热器实物图见图 7-36 和图 7-37，该设备实测性能如下：

图 7-36　吸液芯热管实物图

图 7-37　吸液芯热管换热器实物图

（1）在二次空气侧采取的两种蒸发冷却方式（湿膜降温加湿处理，直接淋水的热管冷凝段），处理的空气温降比热管显热交换要高出 1～3℃。当一次空气干球温度达到 30℃以上时，直接向热管冷凝段喷淋的间接蒸发冷却方式平均处理空气温降最佳，可达 5～6℃以上，换热效率可达 60%左右。

（2）一次空气入口干球温度对热管式间接蒸发冷却器影响较大，随着一次空气入口干球温度的升高，出口干球温度随之升高，但温降还是呈上升趋势，系统换热效率也有上升的趋势。

（3）二次空气入口干球温度的变化对热管式间接蒸发冷却器也有影响，当其干球温度升高时，一次空气出口温度升高，但温降减小。在二次空气干球温度一定的情况下，二次空气湿球温度对冷却器性能影响较大，随着湿球温度升高，一次空气出口温度升高，温降下降，冷却器换热效率也呈下降趋势。

7.4.4 热回收型热管间接蒸发冷却器

7.4.4.1 热回收型热管式两级蒸发冷却空调系统

图7-38为热回收型热管式两级蒸发冷却空调系统实验装置示意图。在4种空气处理方式下（方式1：排风→冷凝段→室外；方式2：排风→喷水室→冷凝段→室外；方式3：排风→填料式直接蒸发冷却器→冷凝段→室外；方式4：排风→冷凝段（顶部直接喷水）→室外），该系统的夏季性能参数为：

（1）热管式两级蒸发冷却空调系统最佳二次/一次空气风量比为0.9；

（2）断面风速取值不应大于3.0m/s；

（3）采用蒸发冷却降温措施有利于加大对新风的处理能力，其中以直接喷水的方式4效果最好。当新风入口干球温度为32.9℃时，新风进出口干球温度差为9.5℃，换热效率为67.6%。

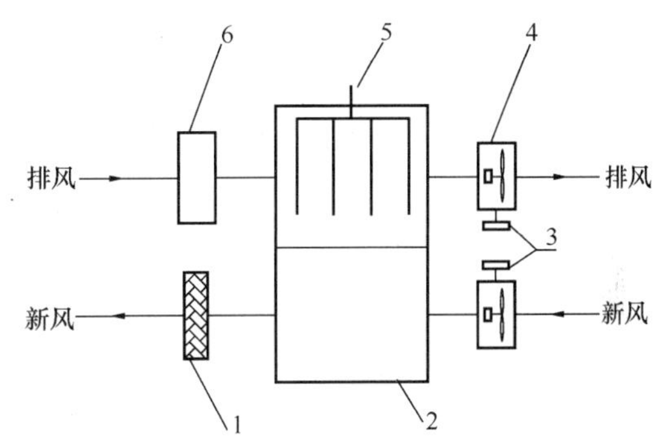

图7-38 实验装置示意图

1—填料式直接蒸发冷却器；2—热管换热器；3—变频器；4—风机；5—布水器；6—填料式直接蒸发冷却器/喷水室

该系统的冬季性能参数为：

（1）最佳二次/一次空气风量比为1.0；

（2）新风入口干球温度为1.5℃时，出口干球温度为14.3℃，换热效率为74.3%；

（3）排风入口干球温度为22.6℃时，新风出口干球温度为18.6℃，换热效率为76.8%。

7.4.4.2 热回收型热管式间接蒸发冷却空调机组

图7-39～图7-41分别为热回收型热管间接蒸发冷却段结构示意图、实物照片和空调机组图。它是一台风量为5000m^3/h的蒸发冷却组合式空调机组的一个功能段，该空调机组主要由热管间接蒸发冷却段、管式间接蒸发冷却段、表冷段、直接蒸发冷却段、加热段和送风机段组成，另外还有风系统、水系统和控制系统等。图7-42为热管间接蒸发冷却段与直接蒸发冷却段和表冷段相结合的空调系统原理图。

7.4.5 布水器结构形式

热管间接蒸发冷却器布水器改进的指导思想有两个：其一是实现换热器水平断面和垂直断面的均匀布水，其二是保证水滴均匀沉降。布水器结构形式的优化与改进措施主要包括：加装二次网格布水装置、最佳喷淋水量的确定、喷淋排管的布置、喷嘴形式的选取等，以改进布水器空间布水的均匀性，增加换热器表面润湿系数，提高热管式间接蒸发冷却器的热质交换效率。

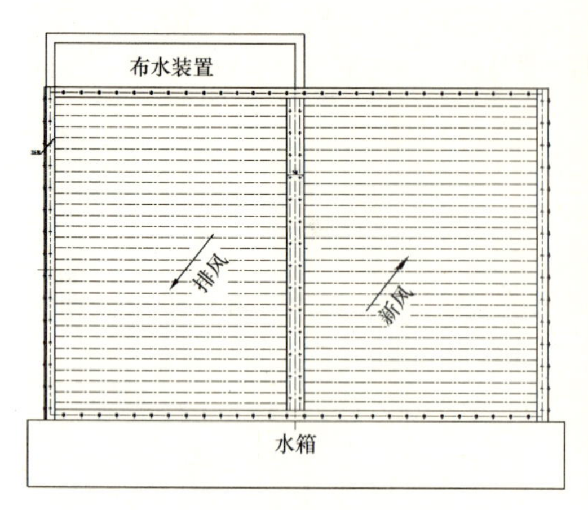

图 7-39　热回收型热管间接蒸发冷却段结构示意图

图 7-40　热管式间接蒸发冷却器实物图

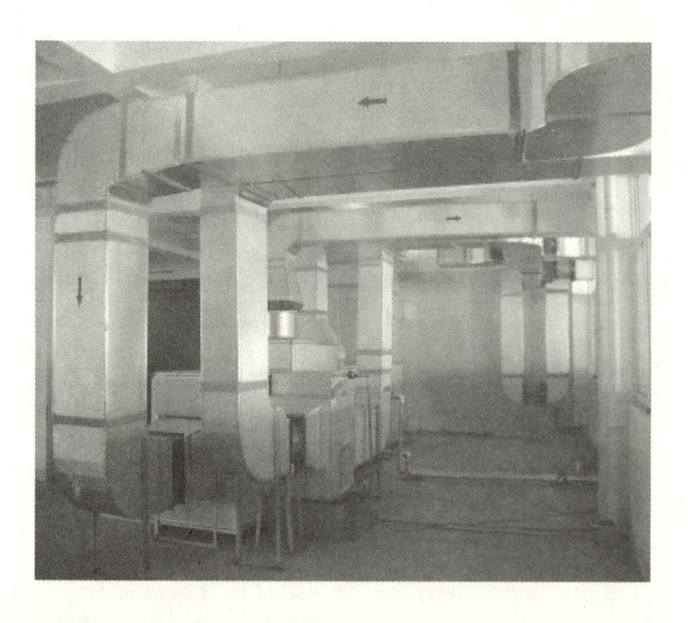

图 7-41　热回收型热管式间接蒸发冷却空调机组实物图

1. 二次网格式布水

在热管式间接蒸发冷却器的均匀布水中，为了提高布水的均匀性，仍采用多层金属网格实现二次布水，使其换热效率高于常见的滴管式布水器，且布水更为均匀。图 7-43 为加装二次布水网格的热管式间接蒸发冷却器示意图。

布水器出水降落到二次布水网格后，由于丝网的分割效应及均匀作用，将水滴分散成粒径不同的细小水滴，避免液滴聚集成水流；其次是网格间液滴与气流同样存在热质交换，增加了对流传热传质的效果；另外，二次布水网格可以起到匀流的作用。热管换热器的热管采用叉排形式布置，有利于热管表面的润湿。

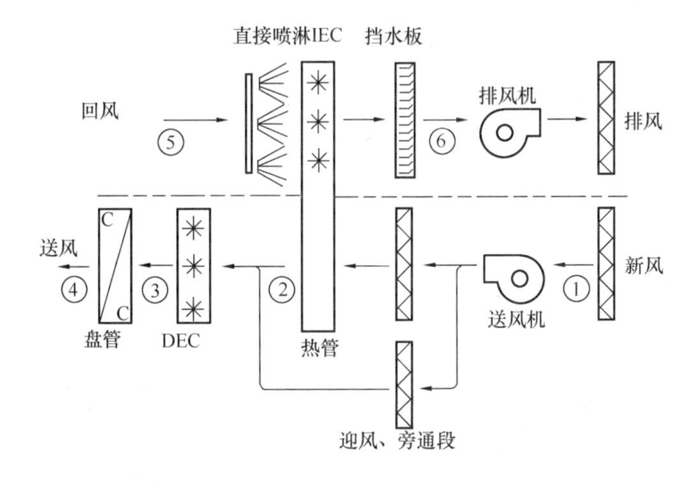

图 7-42　热管间接蒸发冷却段＋直接蒸发冷却段＋表冷段空调系统

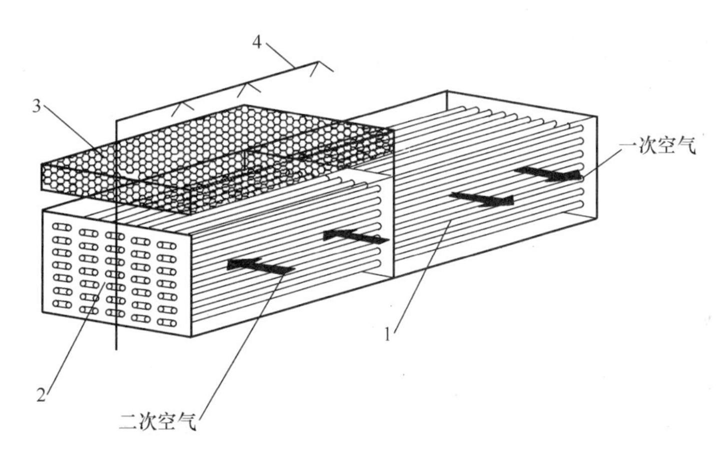

图 7-43　加装二次布水网格热管式间接蒸发冷却器示意图

1—热管换热器蒸发段；2—热管换热器冷凝段；3—二次网格层；4—布水器

图 7-44 为加装二次网格布水装置后，热管式间接蒸发冷却器中布水示意图。从图中可见，网格起到均匀布水、提高效率的作用。

图 7-44　二次布水网格中布水示意图

热管式间接蒸发冷却器在加装二次布水网格后，不仅直观上布水更为均匀，而且使其换热效率提高 8%左右，这说明二次网格布水在间接蒸发冷却工程应用中具有一定的实用价值。

2. 三维式布水

当热管式间接蒸发冷却器换热管纵向布置较多时，采用二次网格的二维式布水方式尽管提高了位于上面部分换热管布水的均匀性，却很难实现对位于下面部分换热管的均匀布水。为了改变这种情况，提出了三维式布水方式，即除了保留上布水外，在顺着气流方向加装侧布水喷嘴，从而大大提高下面部分换热

(a)

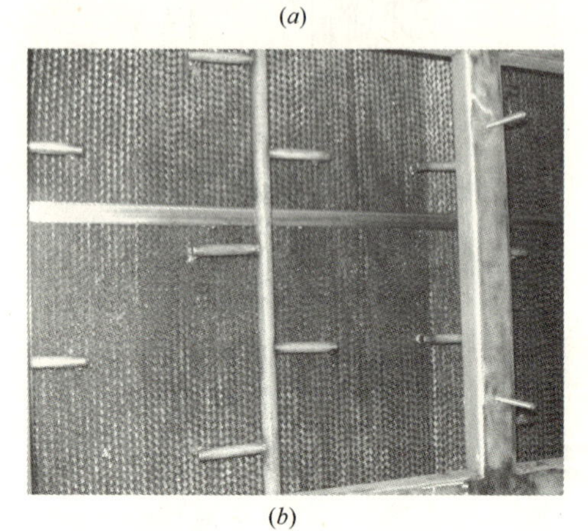

(b)

图 7-45　三维布水方式

管布水的均匀性，如图 7-45 所示。

7.4.6　性能参数

7.4.6.1　热回收型热管式间接蒸发冷却段夏季性能参数

（1）二次/一次空气风量比为 0.8 比较合适。

（2）当二次/一次空气风量比为 0.8 时，热回收型热管换热器间接蒸发冷却段的最佳水淋密度为 0.322～0.418t/h。并且热管式间接蒸发冷却器的最佳淋水密度与二次空气的流速无关。

（3）热管式间接蒸发冷却段进出口温差可达 9.01℃；热管式间接蒸发冷却段冷却效率可达 70.39%；热管式间接＋直接蒸发冷却空调机组进出口温差可达 12.3℃。

7.4.6.2　热回收型热管式间接蒸发冷却空调机组冬季性能参数

（1）二次空气/一次空气最佳风量比为 0.9，二次回风的排风断面风速以 2.5m/s 为宜。

（2）当室外一次空气入口干球温度为 0℃时，热管换热器出口一次空气干球温度为 14.2℃，温度提升了 14.2℃。

（3）二次空气干球温度与一次空气干球温度合适的差值应为 18℃。

7.4.7　新型热管式间接蒸发冷却器

7.4.7.1　热回收型热管式两级蒸发冷却器

实用新型专利“热回收型热管式两级蒸发冷却器”[22]（专利号：200720031417.X）所采用的技术方案如图 7-46 所示。采用热回收装置与蒸发冷却装置复合的结构，采用热管换热器，将热管换热器的热管冷端与其前方设置的第一过滤器、热管冷端后方设置的送风机组成蒸发冷却装置，在热管冷端与送风机之间，热管冷端的通道还设置了直接蒸发冷却段；热管换热器的热管热端与其前方设置的第二过滤器、热管热端上部的布水装置以及热管热端后方设置的二次风机组成热回收装置。

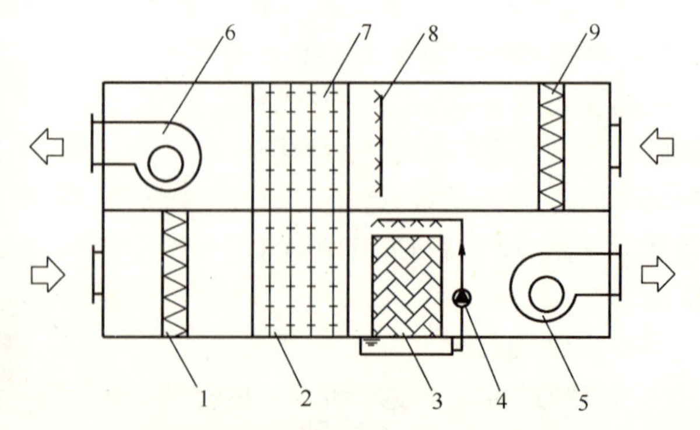

图 7-46　热回收型热管式两级蒸发冷却器

1—第一过滤器；2—热管冷端；3—直接蒸发冷却段；4—循环水泵；5—送风机；6—二次风机；7—热管热端；8—滴淋式布水装置；9—第二过滤器

室外新风经第一过滤器把灰尘过滤后，通过热管冷端进行第一级降温处理，然后经过直接蒸发冷却段进行第二级降温（加湿）处理，最后经送风机将处理后的空气送入室内。室内排风经第二过滤器把灰尘过滤后，经滴淋式布水装置和热管热端进行热质交换后，由二次风机将吸收热量的空气排至室外。热管冷端和热管热端在冬季和夏季运行时，作用相反，从而对室外新风进行预热处理，达到热回收的目的。

该热管式两级蒸发冷却器的工作过程为：室外新风经第一过滤器把灰尘过滤后，通过热管冷端进行第一级降温处理，然后经过直接蒸发冷却段进行第二级降温（加湿）处理，最后经送风机将处理后的空气送入室内。室内排风经第二过滤器把灰尘过滤后，经滴淋式布水装置和热管热端进行热质交换后，由二次风机将吸收热量的空气排至室外。热管冷端和热管热端在冬季和夏季运行时，作用相反，从而对室外新风进行预热处理，达到热回收的目的。

该热管式两级蒸发冷却器具有如下特点：

（1）将热管技术应用于空调蒸发冷却器，采用平置吸液芯热管换热器，以取代目前所采用的板翅式热交换器，大大提高了换热效率，效率可高达80%以上，降低了运行能耗。

（2）将热回收装置与蒸发冷却装置有机地结合，使一套装置具有热回收和蒸发冷却两种功能，从而达到夏季降温，冬季热回收的目的。

（3）将间接蒸发冷却与直接蒸发冷却相结合，使空调降温10℃以上，提高冷却效率。

（4）冬季可对室外新风进行预热，使室外新风温升10℃左右，提高了换热效率。

（5）由于增设了直接蒸发冷却段，从而使该装置具有加湿和净化的功能。

（6）设置了滴淋式布水装置，使得布水均匀，散热效果好，提高了蒸发冷却效率，同时还可节约水量，与传统的热管热端采用风冷式热管换热器相比，效率可提高20%以上。

7.4.7.2　一种热端带有多孔陶瓷储水器的热管间接蒸发冷却器

实用新型专利“一种热端带有多孔陶瓷储水器的热管间接蒸发冷却器”[23]（专利号：200820029279.6）所采用的技术方案如图7-47所示。热管间接蒸发冷却器由多根热管并排设置组成，管子的两端分别为热管热端和热管冷端，所有的热管热端均放置在换热器热端外壳内，所有的热管冷端均放置在换热器冷端外壳内，换热器热端外壳和换热器冷端外壳之间由间隔段连接。每排热管热端都包覆着多孔陶瓷储水器，多孔陶瓷储水器与注水管管口连通，注水管管口与外部的循环注水系统连通，通过注水管道进行循环注水蒸发。

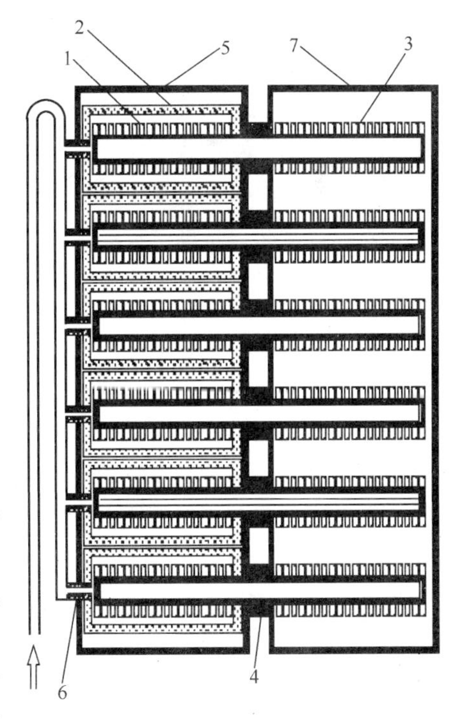

图7-47　热端带有多孔陶瓷储水器的热管间接蒸发冷却器

1—热管热端；2—多孔陶瓷储水器；3—热管冷端；4—间隔段；5—换热器热端外壳；6—注水管管口；7—换热器冷端外壳

与现有的热管换热器相比，该热管间接蒸发冷却器具有如下特点：

（1）设置了多孔陶瓷储水器，使得布水均匀，散热效果好，提高了蒸发冷却效率，同时还可节约水量，与传统的热管热端采用风冷式相比，效率可提高30%以上。

（2）该间接蒸发冷却器是在热管热端每排套一个多孔陶瓷储水器，将多孔陶瓷容器及被动热管的蒸发冷却器蒸发表冷器相结合，所组成的一种新型高效紧凑式间接蒸发冷却器。该多孔陶瓷储水器为冷源，一方面对新风进行冷却；另一方面是一种很好的间接蒸发储水容器，提高了热管间接蒸发冷却器的冷却效率。

（3）提出的间接蒸发冷却器，有两条分明的空气流道，即室内空气通过流道和室外空气通过流道，在室外空气通过流道中，有一个装满水的多孔陶瓷容器。水渗入到容器中的众多小孔内。水在太阳辐射及室外空气运动的作用下，靠毛细作用被吸到陶瓷容器表面，并在表面均匀地蒸发，实现良好的散热效果。结合了多孔陶瓷容器及被动热管的蒸发冷却器，把冷量送入建筑物内部，而陶瓷容器和蒸发过程则在建筑物外实现。由此实现的冷却效果既简单能耗又低，同时也解决了湿量问题。

7.5　露点式间接蒸发冷却器

露点式间接蒸发冷却技术是在原有间接蒸发冷却技术上的一个新发展，单独使用具有更大的温降效果。它与原有的板式和管式间接蒸发冷却器的最大不同就是，干通道的一次空气经预冷后部分可以经过换热面上的穿孔进入湿通道，然后作为二次空气与水进行绝热加湿。这样，一次空气被预冷的程度越大，作为二次空气时与水热湿交换的基准温度就越低。露点间接蒸发冷却技术是利用空气的干球温度和不断降低的湿球温度之差来换热的，这不同于一般间接蒸发冷却技术是利用空气的干球温度和固定的湿球温度之差来换热。所以，露点间接蒸发冷却技术的驱动势是一次空气的干球温度与二次空气的露点温度之差，送风温度的极限是一次空气的露点温度。因此，可以提供送风干球温度比室外湿球温度低且接近露点温度的空气，温降较大[8]，见图7-48。

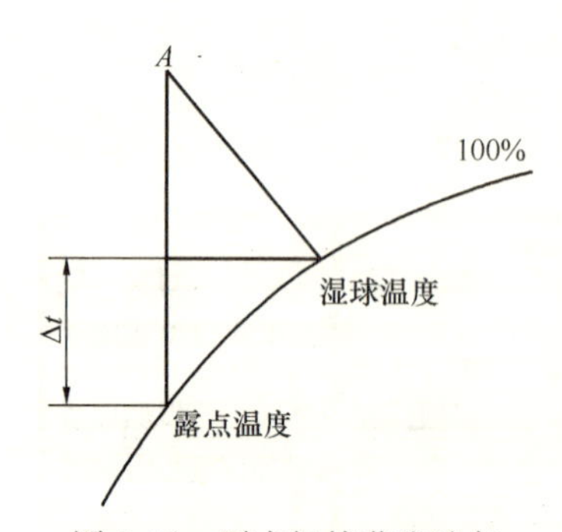

图7-48　露点间接蒸发冷却器可实现更大温降

露点间接蒸发冷却器中空气通道由纵向干空气通道和横向湿空气通道组成，互相垂直成交叉流，干湿通道分别由若干个互不相混的小流道组成。干通道的一部分小流道中打有小孔。室外新鲜空气首先经过干通道，被湿通道侧的空气冷却，从无穿孔的干通道通过的一次空气一直被冷却，最后作为送风；从有穿孔的干通道中进入的空气首先被湿侧预冷，然后通过穿孔进入到湿通道中，作为二次空气，二次空气侧淋水，这些空气与水膜进行热湿交换，水膜温度降低，来冷却干通道中的空气，最后从侧面排入大气。一次与二次空气呈交叉流。有穿孔的干通道末端用挡板挡住，使其中的一次空气只能从穿孔进入，而不与送风混合。这里的一、二次空气都是室外新鲜空气。空气的流程见图7-49。

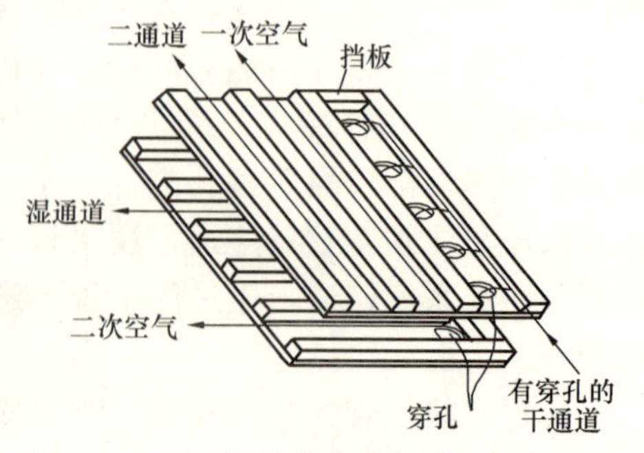

图7-49　露点间接蒸发冷却器空气流程图

露点间接蒸发冷却器的原理是能量的梯级利用，利用多个通道不同状态的气流，使进行热交换的气流间温差增大，传热动力增大，避免由于温差太小而影响热交换的效率[29]。

根据上述露点间接蒸发冷却的流程及原理，将空气经该冷却器处理后，温度接近入口空气的露点温度，可以弥补板式和管式冷却器温降不大、效率不高因而使用受限的缺陷。它的独特之处在于：第一，因为可以使空气冷却至湿球温度以下，所以比已有的管式、热管式、板式间接蒸发冷却器效率高，其湿球效率可达100%以上。第二，低湿度地区可以完全代替一般空调机组以及多级蒸发冷却系统。它可以加工成单独的房间空调器，使用范围较广；也可以作为组合式空调机组中的一部分，从而取代之前的双级或三级蒸发冷却器，减少设备投资和占地面积。

露点间接蒸发冷却器样机见图7-50。

(a)

(b)

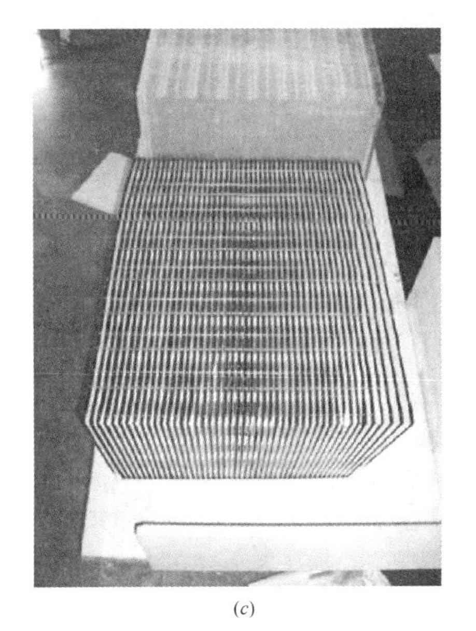

(c)

图7-50　露点间接蒸发冷却器样机

(a) 展开的露点间接蒸发冷却器换热板表面；(b) 露点间接蒸发冷却器的顶部；(c) 露点间接蒸发冷却器的前侧

7.5.1 结构类型

7.5.1.1 俄罗斯专利（专利号：RU2046257）

俄罗斯 Maisotsenko 博士的露点间接蒸发冷却器由一些铺附纤维素复合纤维材料的平板组成，这样做可以达到均匀吸水的目的，不需要太多的水就可以在换热器内形成均匀的湿表面，加强一次空气热量转移。纤维素材料的自然吸水性也有助于防止水在湿表面的聚集。它使用的是位于每一个湿润通道中复杂而昂贵的喷头，而它的干通道侧包附有挤压成型的聚乙烯。使用聚乙烯是因为它在厚度方向的低热阻性能，有利于干侧和湿侧之间的热交换，同时在宽度和长度方向能够有较高的热阻，则一次空气热量不易向前方传递。该产品的中间通道有穿孔，成 V 形，角度很大，见图 7-51。从有穿孔处经过的空气在最末端有挡板挡住，即不作为送风，只能从气孔处进入湿通道，以交叉流的方式在上下侧面流经出风通道。

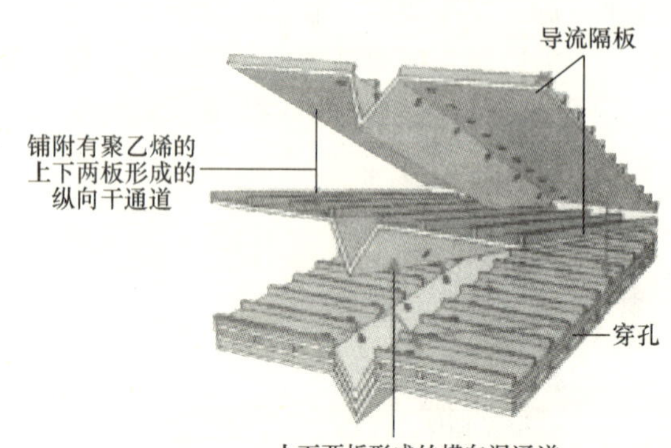

图 7-51　俄罗斯专利结构

7.5.1.2 美国专利（专利号：02828060.1）

美国 IDALEX 技术公司的专利（也是 Maisotsenko 博士申请的专利），将换热的薄塑料板制成小斜坡型，两侧对称形成向上或向下的角度－10°～＋10°之间（结构见图 7-52），使其横向传热以产生有效的芯吸作用。芯吸层可包括以下材料中的一种：纤维素、有机纤维、有机基纤维、泡沫塑料、碳基纤维、聚酯、聚丙烯、玻璃纤维、硅基纤维以及这些物质的组合。该芯吸层可基本上覆盖湿润侧的整个表面积。供水的是供给器芯吸部件，它的穿孔可为圆形或者例如倒圆角的多角形的形状，通过防止紊流，可使得横向间接蒸发冷却器的压降最小化。从穿孔处经过的气流在最末端也被挡住，不作为送风。

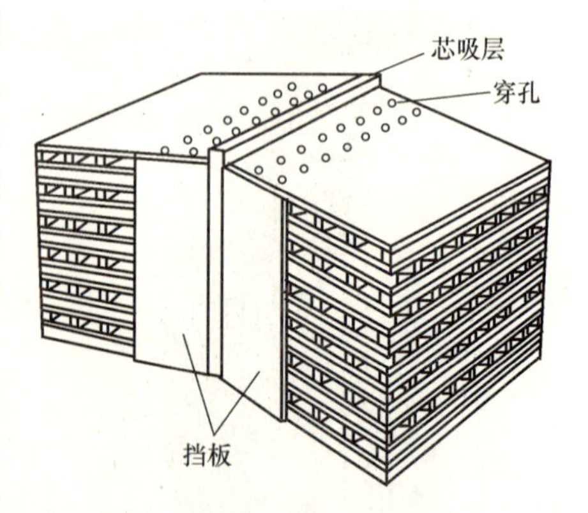

图 7-52　美国专利结构

其板翼以－10°～＋10°从中心向上或向下倾斜。向下倾斜的优势在于由于重力的作用，液体将更容易到达边缘，即使增加板翼的长度也同样可以润湿，并且有助于减小含有矿物质的液体在板上积累的程度。其缺点是多余的被冷却的水形成液滴向下排走，浪费冷源，降低了蒸发冷却器的效率。向上倾斜，板翼虽不会在边缘收集到多余的水，但是很可能到达边缘的水不够，导致冷却潜能的损失和矿物质积累在干燥边缘处。

7.5.1.3 韩国专利（专利号：01123204.8）

韩国专利是典型的回热式蒸发冷却器，结构见图 7-53。其冷却单元由彼此接触的干通道和湿通道构成，干通道用于使初始空气通过，而湿通道用于从干通道的出口端分离一部分初始空气，以便形成在湿通道内与初始空气的流动方向相反方向流动的被分离的空气。第一鼓风机将初始空气吸入干通道内，而第二鼓风机将干通道的一部分初始空气吸入湿通道内，以形成被分离的空气。水供给单元将水供给到湿通道，湿通道内为z形结构的散热片，是为了改善湿通道的水蒸发率和蒸发面积，上面设有小孔，是为了让从上而下淋的水能够进入每一层通道，保证水与二次空气的接触与热交换。二次空气通过自身温度的降低，吸收相邻的一次空气的热量，进入三角区域内后往上排入大气。干通道内一次空气被冷却作为送风。

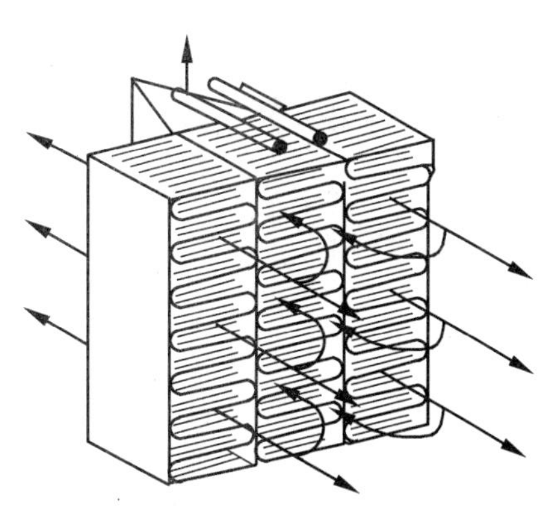

图 7-53 韩国专利结构

7.5.1.4 英国专利

英国诺丁汉赵旭东开发了多边形板叠置式热湿交换器以实现建筑的露点冷却，其露点效率增加到85%。这些多边形板用相同材料的导线层叠在一起，如图7-54所示，且每片板的一侧涂有防水材料以防止水的渗透。吸入的空气从换热器右下角进入干通道。运行过程如下：气流通过通道并且最终在通道的另一端被分为两部分：一部分空气沿着相同的方向继续前进并最终送入需要冷量的空间，另一部分空气被送入临近的湿通道中。湿通道表面被水湿润。湿通道中通过壁面水分的蒸发吸收热量。空气在湿通道中流入反方向并最终从换热器右上角排放到大气中。在设计中，干通道中不仅包括生成气流（送风）还有工作气流（二次空气），湿通道中仅仅存在工作气流（二次空气），是入口空气的一部分。由于干通道和邻近湿通道中的热交换，干通道中最终的一次空气被冷却并且湿通道中的二次空气被加湿和加热。

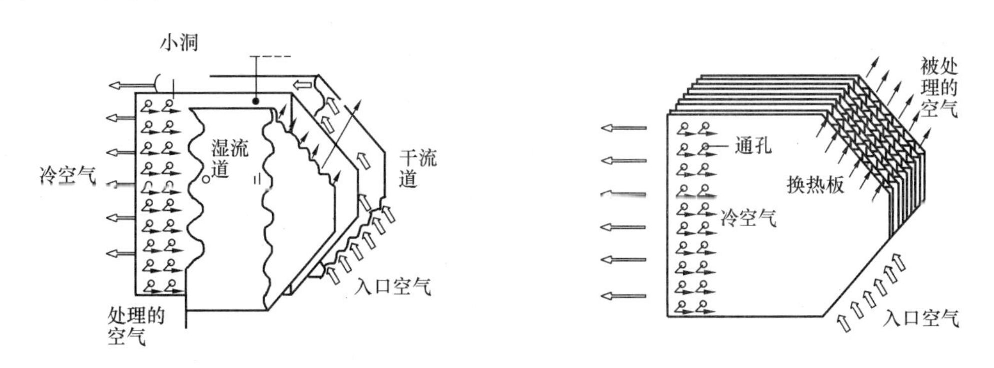

图 7-54 英国专利结构

7.5.1.5 一种多级再生式多通道冷却方法及其换热器

实用新型专利“一种多级再生式多通道冷却方法及其换热器”[24]（专利号：200310122817.8）所采用的技术方案如图7-55所示。如图7-55（*a*）所示，一股或多股气流流入多通道换热板的干侧［图7-55（*b*）］，被逐渐冷却，其中部分依次通过干湿侧之间的通孔依次进入湿侧［图7-55（*c*）］，加湿、饱和、升温后排出，另一部分直接从干侧排出。

图7-56为该多通道换热板及换热器实物照片。

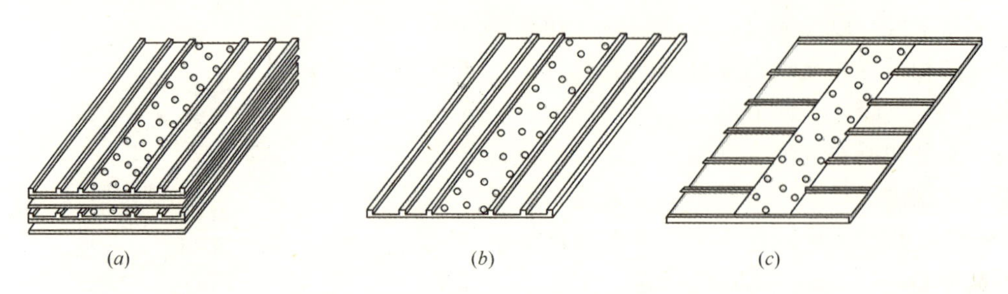

图 7-55　多级再生式多通道蒸发冷却器
(a) 多层叠加结构；(b) 干侧结构；(c) 湿侧结构

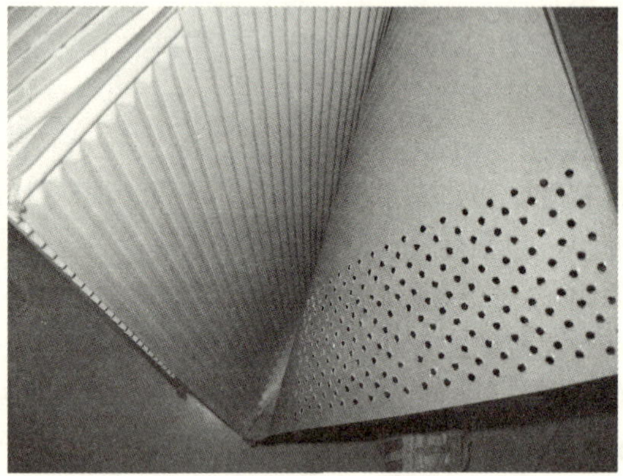

图 7-56　多通道换热板及换热器实物照片

7.5.1.6　一种重复利用湿能的单多级间接蒸发冷却方法

实用新型专利“一种重复利用湿能的单多级间接蒸发冷却方法”[25]（专利号 200510018082.3）所采用的技术方案如图 7-57 所示。产出气流通过间壁式通道的一侧干通道，被另一侧湿通道中的工作气流和水吸热降温，含湿量不变；工作气流 2-1 和 3-1 首先通过干通道，被另一侧湿通道通过的喷淋饱和气流吸热降温，降温后的工作气流 2-2 和 3-2 进入湿通道，被逆向喷淋的水饱和，部分水分蒸发，将另一侧干通道中的产出气流1-1 及工作气流 2-1 和 3-1 依次降温，然后排出 2-3 和 3-3；产出气流 1-2 的出口温度可接近露点温度。其实质也是一种回热式蒸发冷却。

7.5.1.7 多级蒸发冷却器

实用新型专利“多级蒸发冷却器”[26]（专利号：99259083.3）所采用的技术方案如图 7-58 所示。它将至少 3 个单级间接蒸发冷却器串联在一起，上一单级间接蒸发冷却器的一次空气分离为两部分，一部分作为二次空气从下往上，最后排出；另一部分继续作为一次空气到第二单级冷却器，在出风处继续分为两部分。其目的也是将预冷过的部分一次空气作为二次空气，使二次空气与水交换后的湿球温度逐渐降低，从而使一次空气温度更低。在理想情况下，由于对一次风实现多级等湿降温后的温度可低于当地空气的湿球温度，接近露点温度。图 7-59 为多级蒸发冷却器实物照片。

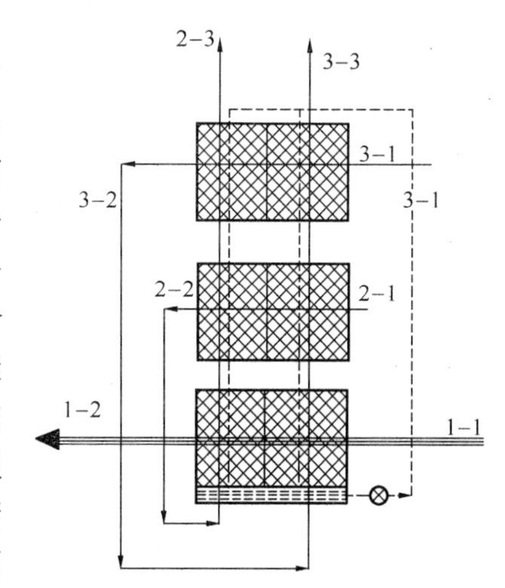

图 7-57 一种重复利用湿能的单多级蒸发冷却器

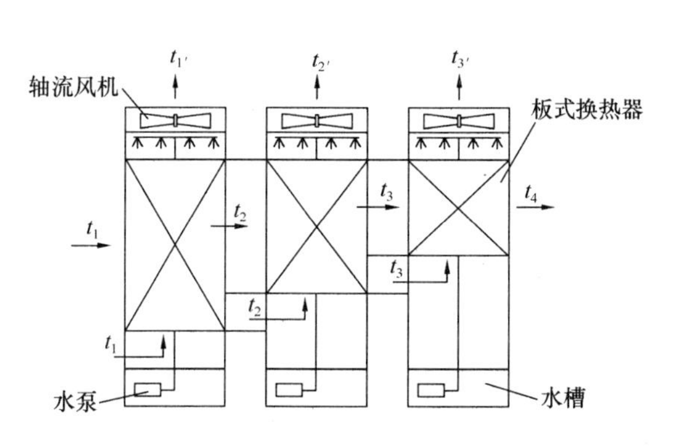

图 7-58 多级蒸发冷却器结构原理图

图 7-59 多级蒸发冷却器实物照片

7.5.1.8 一种露点板式间接蒸发冷却器

发明专利“一种露点板式间接蒸发冷却器”[27]（专利号：ZL200710017989.7）所采用的技术方案如图 7-60 所示，包括相连接的预冷段和冷却段构成的板式冷却器机芯和供水装置。在预冷段和冷却段内，相折叠的隔层构成空气通道，相对布置的光面之间构成一次空气通道，相对布置的毛面之间构成二次空气通道。构成一次空气通道的隔层内部夹有轧制多个水平流向波纹流道的夹层，构成二次空气通道的隔层内部夹有轧制多个弯曲流道的夹层，冷却段内隔层的下部设置有多个通孔，构成一次空气通道的隔层的顶部折叠出一凹槽，凹槽能使湿通道壁面水膜分布更加均匀；供水装置包括预冷段和冷却段上方、下方分别设置的喷淋水管和蓄水池，并且蓄水池在各段之间由隔板相间隔，池水互不相混。

该露点间接蒸发冷却器的工作过程为：室外新风直接进入冷却器第一段的一、二次空气通道。一次空气沿波纹通道进入干通道，二次空气沿长度各不相同的弯曲通道进入湿通道。二次空气与水进行热湿交换，温度降低但同时吸收一次空气侧的热量，并迅速排出。一次空气被预冷后继续进入冷却器第二段的一次空气波纹通道。在经过流道下侧紧贴带有

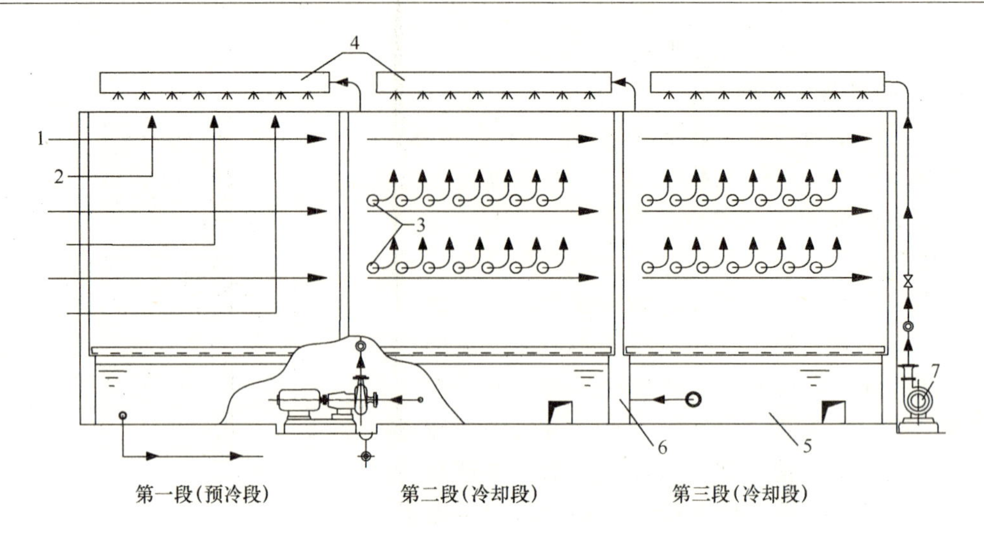

图 7-60 露点板式间接蒸发冷却器

1—一次空气通道（即干通道）；2—二次空气通道（即湿通道）；3—通孔；
4—喷淋水管；5—蓄水池；6—隔板；7—泵

通孔的纤维纸隔层时，一次空气通道末端被堵住，因而只能从通孔中进入二次空气通道，作为二次空气与水进行热湿交换。从不同位置进入通孔的空气温度是不同的，越靠后，温度越低，因而当作为二次空气时与水进行热湿交换后的湿球温度越低，同时吸收一次空气热量，最后从顶部排出。一次空气通道上部分紧贴没有通孔的纤维纸的空气继续前进，一直被冷却。第三部分蒸发冷却段与第二部分相同，此时，分流进入二次通道的部分一次空气温度更低，以至二次空气最终与水交换的湿球温度接近一次空气露点温度，从而使送风温度接近露点温度。

图 7-61 新型露点板式间接蒸发冷却器实物照片

该露点间接蒸发冷却器的特点为：冷却段为依次连接的两段或两段以上，其中隔层的材质为纤维纸，直角弯形流道和波纹流道的材质为薄塑料片，波纹流道的倾角为 70°～80°，通孔的直径为 3～5mm。图 7-61 为该露点板式间接蒸发冷却器的实物照片。

7.5.1.9 一种再循环管式露点蒸发冷却空调机组

实用新型专利"一种再循环管式露点蒸发冷却空调机组"[28]（专利号：200820028836.2）所采用的技术方案如图 7-62 所示，包括按进风方向依次设置的管式间接蒸发冷却器、直接蒸发冷却器 B 和送风机，管式间接蒸发冷却器上面设置有直接蒸发冷却器 A，管式间接蒸发冷却器上部的出风口通过通风管与直接蒸发冷却器 A 一侧的进风口连通，直接蒸发冷却器 A 另一侧的出风口处设置二次风机，管式间接蒸发器下部的蓄水池设置有出水口，该出水口通过设置有水泵 A 的管路与布水器 A 连通。

该再循环管式露点蒸发冷却空调机组的工作过程为：启动空调机组，室外新风进入管

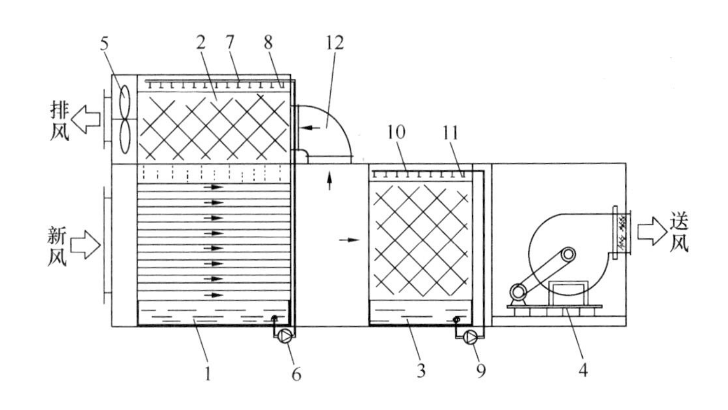

图 7-62 再循环管式露点蒸发冷却空调机组

1—管式间接蒸发冷却器；2—直接蒸发冷却器 A；3—直接蒸发冷却器 B；4—送风机；5—二次风机；6—水泵 A；7—布水器 A；8—喷嘴 A；9—水泵 B；10—布水器 B；11—喷嘴 B；12—通风管

式间接蒸发冷却器的传热管内，通过管壁与管外侧的冷水进行热交换，新风被冷却降温。降温后的新风进入管式间接蒸发冷却器与直接蒸发冷却器 B 之间的空隙。

进入管式间接蒸发冷却器与直接蒸发冷却器 B 之间空隙的经冷却的新风，分成两部分：

一部分进入直接蒸发冷却器 B，在直接蒸发冷却器 B 内，水泵 B 将直接蒸发冷却器 B 下部的水输送到布水器 B，并进入靶式撞击流喷嘴 B，通过靶式撞击流喷嘴 B 的喷水孔喷出，形成伞状水膜，将水均匀地喷淋到直接蒸发冷却器 B 上，对管道内的新风再次冷却，并加湿，之后，由送风机送入空调房间。

另一部分经冷却的风通过通风管进入直接蒸发冷却器 A，在直接蒸发冷却器 A 内，水泵 A 将直接蒸发冷却器 A 下部的温水输送到布水器 A，并进入靶式撞击流喷嘴 A，通过靶式撞击流喷嘴 A 的喷水孔喷出，形成伞状水膜，将温水均匀地喷淋到直接蒸发冷却器 A 上，并与管道内的冷风通过管壁进行热交换，使水降温，得到的冷水向下流动，滴淋到管式间接蒸发冷却器的管壁外侧，再次与进入管式间接蒸发冷却器的新风进行热交换。直接蒸发冷却器 A 的管道内经过热交换的冷风，温度上升，成为热风，该热风通过二次风机排至室外。

与现有技术的蒸发冷却空调机组相比，再循环管式露点蒸发冷却空调机组具有如下特点：

（1）采用管式间接蒸发冷却器与直接蒸发冷却器在水侧与气侧分别相结合的结构，使空气处理后的温度接近露点温度。

（2）管式间接蒸发冷却器的管外侧二次流道与目前的管式间接蒸发器不同，采用管内侧已降温的空气再循环冷却处理直接蒸发冷却器 A 布水器所喷出的水这种方式，使滴淋到管式间接蒸发器管外侧的水温接近露点温度，大大提高管内侧空气的冷却效果。

（3）布水器采用靶式撞击流喷嘴，形成伞状水膜，提高了布水的均匀性，进而提高了管式间接蒸发器管外侧冷水与管内侧空气的换热效率。

7.5.1.10 再循环蒸发冷却空调[9,10]

再循环蒸发冷却空调就是组合式直接蒸发冷却（Direct Evaporative Cooling，简称

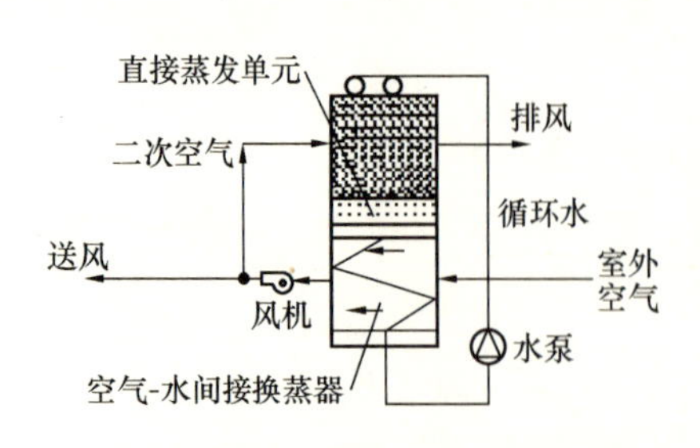

图 7-63　再循环蒸发冷却空调原理图

DEC）和间接蒸发冷却方法（Indirect Evaporative cooling，简称 IEC）。其原理是利用一部分经间接蒸发冷却后的处理空气作为二次空气（即再循环风量）直接蒸发制取冷水，用冷水反过来间接冷却进风空气，如图 7-63 所示。

根据再循环蒸发冷却空调原理，该装置由一个直接蒸发冷却器和一个间接蒸发冷却器组成。直接蒸发冷却器的填料是影响直接蒸发冷却效率的关键元件，常用的填料有无机填料、有机填料、天然植物纤维填料、金属填料以及无纺布填料，综合考虑到填料的热工性能、阻力和吸湿性，选用 Celdek7090 无机规则填料。间接蒸发冷却器的换热器是水—空气表冷器，设计风量为 $3000m^3/h$，风量由变频器调节风机转速进行无级调节。连接风管为 320mm×250mm 的矩形 PVC 管，外部采取保温措施。直接蒸发后获得的冷水由小水泵推动通过表冷器管内，与通过翅片的空气进行热交换后再喷淋到填料直接蒸发，组成循环水系统[10]。图 7-64 是该装置的外形图。

再循环蒸发冷却空调测试的实验数据如表 7-2 所示。从表中的实验数据可以知道，室外空气的相对湿度在 55%～60%左右，通过再循环蒸发冷却，室外空气在不增加含湿量的情况下，获得了 3.6～6℃的温降。再循环风量比例和再循环蒸发冷却效率之间变化关系如图 7-65 所示。

再循环风量比例和蒸发冷却效的实验数据　　**表 7-2**

室外空气干球温度 t_w（℃）	室外空气湿球温度 t_s（℃）	送风空气干球温度 t_n（℃）	再循环风量占总进风量比例（%）	再循环蒸发冷却效率 ε_r
32.26	26.30	28.36	23	0.65
31.44	26.10	27.80	33	0.68
31.13	26.40	27.33	38	0.80
32.77	25.76	27.16	51	0.80
32.46	26.47	27.33	60	0.86
32.73	26.22	26.98	71	0.88
33.07	26.19	26.91	80	0.89

图 7-64　再循环蒸发冷却空调实验装置

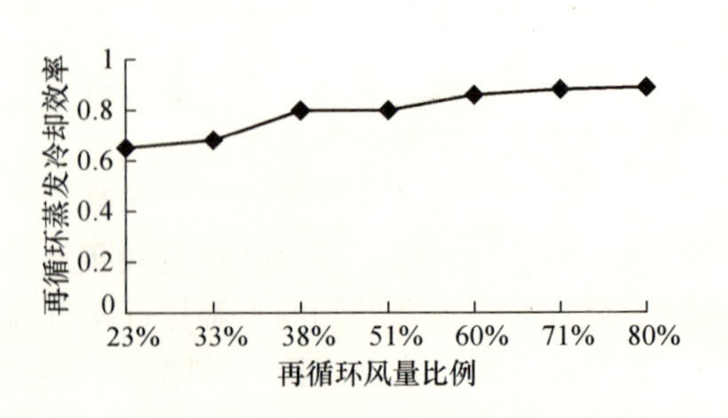

图 7-65　再循环风量比例和蒸发冷却效率的变化关系

从表 7-2 和图 7-65 可知，再循环风量比例从 33%增加到 38%，蒸发冷却效率上了一个台阶，从 0.68 增加到 0.80，再循环风量比例从 51%增加到 60%，蒸发冷却效率从 0.80 上升到 0.86。再循环风量比例的增加意味着送到空调房间的送风量减少，风机消耗的能量有一部分用于再循环风量的输送。由实验数据分析，再循环风量比例增加到 40%左右后，蒸发冷却效率的提高趋于平缓，因而合适的再循环风量比例为 40%左右。当然，这部分能量的消耗可以带来好处，由于再循环空气的湿球温度比室外空气的湿球温度低，所以由再循环空气直接蒸发获得的冷水温度比间接蒸发冷却中利用室外空气直接蒸发获得的冷水温度低。这样，在不增加含湿量的前提下，获得的送风空气温度会低于间接蒸发冷却获得的送风空气。

7.5.2　性能参数

（1）出口干球温度受进口湿球温度、进口焓值、进口干球温度的影响较大，成正相关关系。

（2）露点间接蒸发冷却器可以降温 6～8℃，维持室内相对湿度在 70%～85%之间。

（3）一、二次风量的最佳比值为 1.48∶1，此时冷却器效率最高。

（4）相同条件下，露点间接蒸发冷却器效率比管式间接蒸发冷却器高 10%，比热管间接蒸发冷却器高 20%（湿球效率）；比韩国同类冷却器效率高 5.4%（露点效率），并且露点间接蒸发冷却器本身的效率还可进一步提高。

（5）同风量时，露点间接蒸发冷却器的阻力比管式和热管式间接蒸发冷却器的阻力都要高。

7.6　半间接式蒸发冷却器[31～34]

蒸发冷却作为一种能效比高、节能环保的空调方式，可替代传统空调，通常使用的是高效直接蒸发冷却器。然而直接蒸发冷却器可能将小水滴带到送风区域，不仅增加了送风区域的湿度，还有可能会引起军团病的发生。为了避免军团病的爆发，人们开发了间接蒸发冷却系统。送风不与水直接接触，空气被等湿冷却，不会增加送风区域的湿度，更不会存在与此相关的携带气溶胶细菌的问题。

半间接式蒸发冷却器是在间接蒸发冷却器的基础上发展起来的。半间接式蒸发冷却器是性能较好的系统，因为在热交换的同时伴随有质传递的过程，除了具有显热冷却，还有潜热冷却的能力。该装置由固体多孔陶瓷管制成，一次风除了热交换以外，还存在质交换的现象。因为有复合式传热传质过程，制冷效果得以优化。该装置的优点在于可以预防军团病的产生，因为陶瓷管有过滤的作用，不会让细菌进入送风区域。这套系统称之为半间接蒸发冷却系统是因为制冷效果依赖多孔陶瓷管对水扩散作用的大小和进风的相对湿度。

该设备类似直接蒸发冷却器，在陶瓷的表面发生热质交换及能量转移，不存在复杂的配水装置，但比直接蒸发冷却系统有效。

间接蒸发冷却系统的一个演化就是利用多孔材料的半间接式蒸发冷却系统。在该系统中，进入空气的冷却效果是两个过程的叠加：两种气流（供给和返回）之间的热量交换过程加上供给空气与外壁之间通过蒸发作用产生的热量交换过程。依靠隔开两种气流的多孔

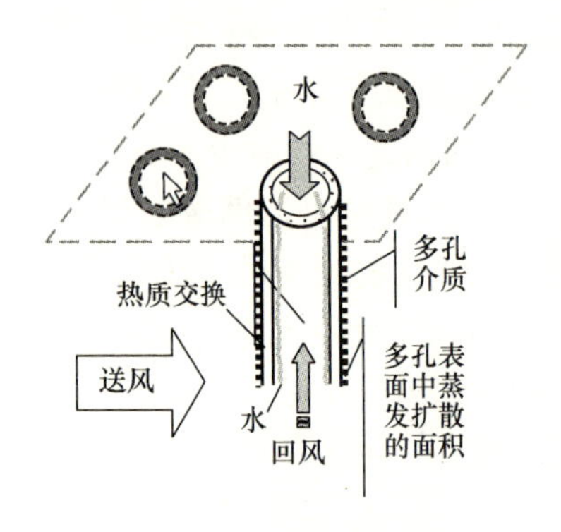

图 7-66　SIEC 热质传递装置

材料冷却器壁的渗透性，在任何情况下，由于向来自外部小孔的供给气流的蒸发，会有更多或更少的液体扩散（水）。供给气流的绝对湿度在质的传递过程中是一个控制因素，这就是它为什么被叫做半间接的原因。该半间接式蒸发冷却器（SIEC）热质传递装置如图 7-66 所示。

SIEC 通过以下的机制来运行：

（1）返回气流中的热质传递；

（2）由于多孔性和通过固体壁的热传输引起的质扩散；

（3）蒸发、冷凝以及供给气流中的热质交换。

所选的冷却材料应有低热阻、抗侵蚀、经济和高的孔隙度的特性，多孔陶瓷材料满足这些特性。在此需要重点指出的是，该系统可使水在送风中蒸发，但陶瓷材料使用的多孔孔径是特定的，可以阻止有害的物质通过多孔结构，防止回风中污染物造成的二次污染。因此具有过滤器的功能。

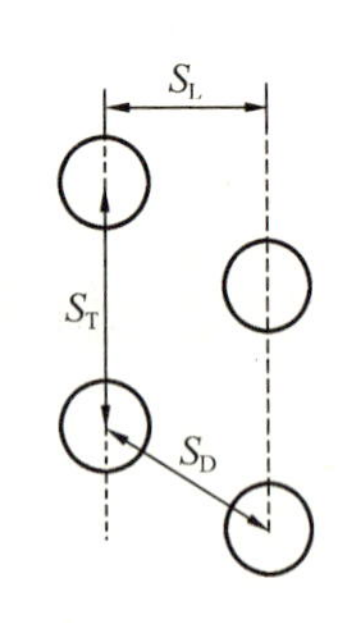

图 7-67　平板间接蒸发冷却器中陶瓷管束的几何尺寸

图 7-68　陶瓷管束的实物照片

半间接式蒸发冷却器的机械特征如下：

（1）回风中进行热质交换；

（2）通过固体壁面上多孔介质进行热质交换；

（3）蒸发或冷凝的同时进行热质交换。

平板间接式蒸发冷却器中陶瓷管束的几何尺寸如图 7-67 所示。

陶瓷管束的实物照片如图 7-68 所示。

安装好上部的管束后，在顶部进行密封以阻止水与空气的直接接触。图 7-69 所示的是装置上部的情况。

图 7-70 和图 7-71 分别展示了半间接式蒸发冷却设备及其在容纳蒸发冷却用水的水箱上的布置及 SIEC 装置。

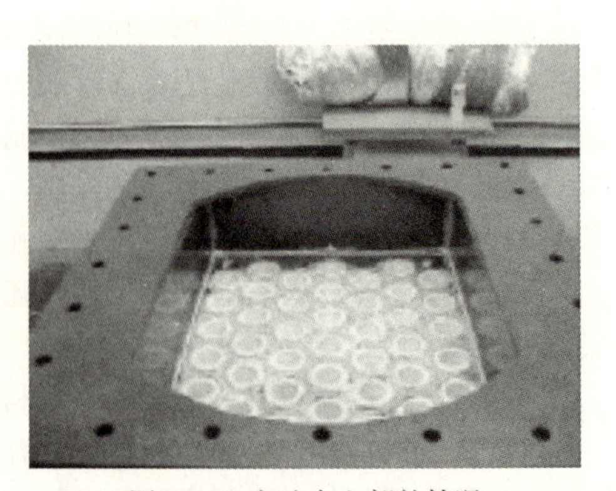
图 7-69　实验台上部的情况

图 7-70　半间接式蒸发冷却器被布置在盛水容器上

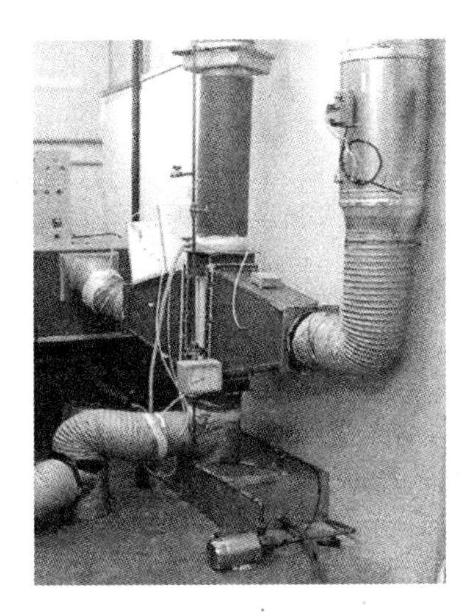

图 7-71　SIEC 装置

7.7　间接蒸发冷却器的性能评价

间接蒸发冷却器是通过换热器使被冷却空气（一次空气）不与水接触，利用另一股气流（二次空气）与水接触，让水分蒸发吸收周围环境的热量而降低空气和其他介质的温度。一次空气的冷却和水的蒸发分别在两个通道内完成，因此间接蒸发冷却的主要特点是降低了温度并保持了一次空气的湿度不变，其理论最低温度可降至蒸发侧二次空气的湿球温度。一次空气在整个过程的焓湿变化如图 7-72 所示，温度由 t_{g1} 沿等湿线降到 t_{g2}，其热湿交换效率为：

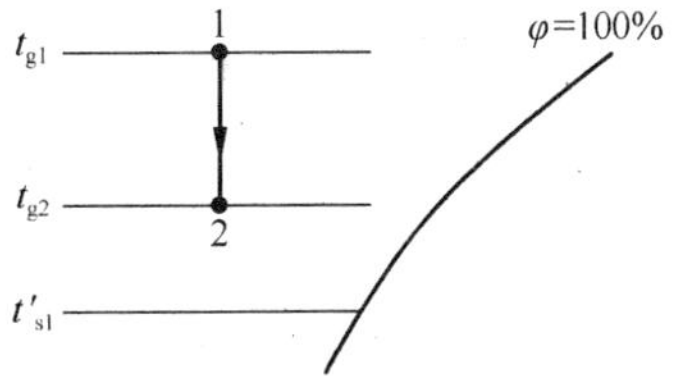

图 7-72　间接蒸发冷却过程焓湿图

$$\eta_{IEC} = t_{g1} - t'_{s1} \tag{7-4}$$

式中　t_{g1}——一次气流进风干球温度，℃；

t'_{s1}——二次气流进风湿球温度，℃。

露点间接蒸发冷却器是利用空气干球温度与露点温度之差作为冷却空气的驱动势，是通过露点间接蒸发冷却器使被冷却空气（一次气流）不与水接触，利用另一股气流（二次气流）与水接触让水分蒸发吸收周围环境的热量而降低空气和其他介质的温度。一次气流在整个过程的焓湿变化如图 7-73 所示，温度由 t_{g1} 沿等湿线降到 t_{g2}，其露点效率为：

$$\eta_{DIEC} = \frac{t_{g1} - t_{g2}}{t_{g1} - t'_{d1}} \tag{7-5}$$

式中　t_{g1}——一次气流进风干球温度，℃；

t'_{d1}——二次气流进风露点温度，℃。

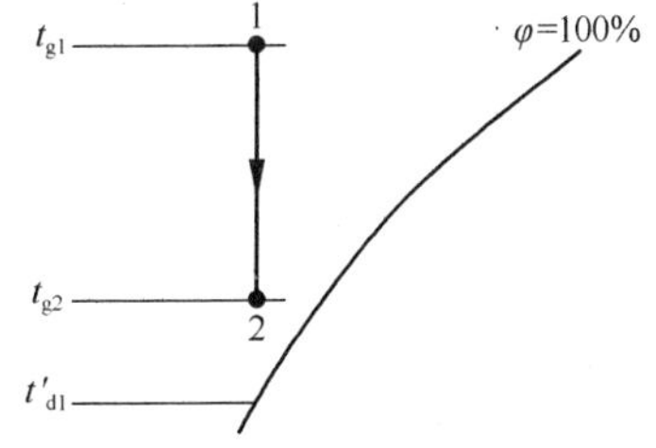

图 7-73　露点间接蒸发冷却过程焓湿图

参考文献

[1] 黄翔．空调工程．北京：机械工业出版社，2006.

[2] 陆耀庆．实用供热空调设计手册．北京：中国建筑工业出版社，1993.

[3] 赵荣义，范存养，薛殿华，钱以明．空气调节．北京：中国建筑工业出版社，1994.

[4] 嵇伏耀．包覆吸水材料椭圆管式间接蒸发冷却器的研究［硕士学位论文］．西安：西安工程科技学院，2004.

[5] 周斌．间接蒸发冷却器中均匀布水的实验研究［硕士学位论文］．西安：西安工程科技学院，2005.

[6] 王玉刚．增强管式间接蒸发冷却器热质交换的实验研究［硕士学位论文］．西安：西安工程科技学院，2006.

[7] 樊丽娟．管式间接蒸发冷却器亲水性能的实验研究［硕士学位论文］．西安：西安工程大学，2009.

[8] 陈俊萍．露点间接蒸发冷却器优化及应用研究［硕士学位论文］．西安：西安工程大学，2008.

[9] 熊军，刘泽华，宁顺清．再循环蒸发冷却技术及其应用．建筑热能通风空调，2005，(4)：41-44.

[10] 熊军，刘泽华，谢东．再循环蒸发冷却中再循环风量的实验研究．暖通空调，2007，36（12）：120-121.

[11] 于向阳．逆流复合间接蒸发制冷空气处理机．中国：ZL 200610131949.0，2008-04-16.

[12] 于向阳．交叉流复合间接蒸发冷却空气处理机．中国：ZL 200610131948.6，2008-04-16.

[13] 于向阳．递进式间接蒸发冷却器．中国：ZL 200710148446.9，2009-03-04.

[14] 于向阳．逆流间接蒸发冷却器．中国：ZL 200710180049.X，2009-06-24.

[15] 黄翔，毛秀明．多孔陶瓷板翅式间接蒸发冷却器．中国：ZL 200820028837.7，2009-01-28.

[16] 钟星灿，何叶从等．蒸发补水器．中国：ZL 200910300391.8，2009-07-15.

[17] 钟星灿，彭金龙等．涂抹式蒸发补水器．中国：ZL 200910300388.6，2009-07-22.

[18] 黄翔，樊丽娟等．强化管式间接蒸发冷却器换热管外传热传质的方法．中国：ZL200710018981.2，2009-01-28.

[19] 黄翔，宣永梅．一种椭圆管式间接蒸发冷却器．中国：ZL 200720031002.2，2007-12-26.

[20] 黄翔，王芳．一种多孔陶瓷管式露点间接蒸发冷却器．中国：ZL 200820029064.4，2009-03-04.

[21] 黄翔，毛秀明．立管式露点间接蒸发冷却器．中国：ZL 200820029619.5，2009-05.20.

[22] 黄翔，殷清海．热回收型热管式两级蒸发冷却器．中国：ZL 200720031417.X，2008-02-27.

[23] 黄翔，吴生．一种热端带有多孔陶瓷储水器的热管间接蒸发冷却器．中国：ZL 200820029279.6，2009-03-25.

[24] 袁一军，沃尔特·阿尔伯斯等．多级再生式多通道蒸发冷却方法及其换热器．中国：ZL 200310122817.8，2004-12-15.

[25] 尹进福．一种重复利用湿能的单多级间接蒸发冷却方法．中国：ZL 200510018082.3.

[26] 于向阳．多级蒸发冷却器．中国：ZL 99259083.3，2000-10-18.

[27] 黄翔，陈俊萍．一种露点板式间接蒸发冷却器．中国：ZL 200710017989.7，2007-11-28.

[28] 黄翔，武俊梅．一种再循环管式露点蒸发冷却空调机组．中国：ZL 200820028836.2，2009-02-04.

[29] 张强，郝玉涛，杨双等．露点间接蒸发冷却技术的研究进展及现状分析．制冷与空调，2010，10（1）：17-22.

[30] 毛秀明．多孔陶瓷管式露点间接蒸发冷却器的研究［硕士学位论文］．西安：西安工程大学，2010.

[31] Martinez F J R，Gomez E V，Martin R H，et al. Comparative study of two different evaporative systems：an indirect evaporative cooler and a semi-indirect ceramic evaporative cooler. Energy and Buildings，2004.

[32] R. Herrero Martı′n，F. J. Rey Martı′nez，E. Velasco Go′mez. Thermal comfort analysis of a low temperature waste energy recovery system：SIECHP Energy and Buildings，2008，(40)：561-572.

[33] R. Herrero Martı′n. Numerical simulation of a semi-indirect evaporative cooler. Energy and Buildings，2009，(41)：1205-1214.

[34] R. Herrero Martı′n. Characterization of a semi-indirect evaporative cooler Applied Thermal Engineering，2009，(29)：2113-2117.

第8章　集中式蒸发冷却空调系统

8.1　概述

集中式蒸发冷却空调系统按被处理空气的来源不同，主要分为直流式和混合式系统。通常采用全新风的直流式空调系统，也就是将室外的新鲜空气通过集中设置的蒸发冷却空调机组处理后，由风管送入各房间，从而在满足室内热舒适性的同时，改善室内空气品质。集中式蒸发冷却空调系统设备集中，便于集中管理和维修，使用寿命长。目前广泛应用于商场、体育馆、影剧院等大空间公共建筑。

集中式蒸发冷却空调系统与传统的集中式空调系统的不同之处主要体现在以下三个方面：

首先，集中式蒸发冷却空调系统中比传统的集中式空调系统增加了间接蒸发冷却器（段）和直接蒸发冷却器（段），其中间接蒸发冷却器（段）的级数视具体情况而定。

其次，传统的集中式空调系统多采用混合式系统，而集中式蒸发冷却空调系统则多采用全新风的直流式空调系统。

再有，集中式蒸发冷却空调系统中除了有一次空气系统，还有二次空气系统，而传统的集中式空调系统中没有二次空气系统。

8.2　系统流程及应用模式

8.2.1　系统流程

8.2.1.1　干燥地区

在我国西北等干燥地区，由于室外干湿球温差较大，蒸发冷却空调系统一般可采用全新风直流式系统，且蒸发冷却空调机组不需要机械制冷表冷段。如图8-1所示，室外新风依次经过蒸发冷却空调机组的过滤段、一级或两级间接蒸发冷却段、直接蒸发冷却段、送风段后，送风温度能达到15～20℃之间（根据气象资料，西北大部分地区，尤其是甘肃、

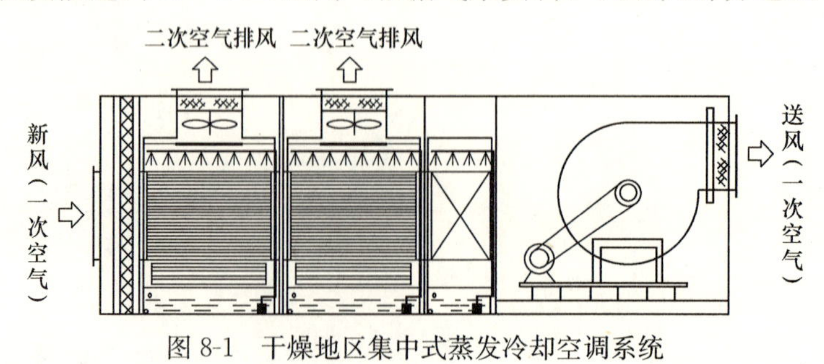

图8-1　干燥地区集中式蒸发冷却空调系统

新疆等地采用这种系统送风温度一般在15～20℃之间，对于舒适性空调尤为理想）。

8.2.1.2　中等湿度地区

在我国中等湿度地区，空调系统的冷源获取方式与西北干燥地区有所不同。由于中等湿度地区室外空气湿球温度偏高（以西安为例，夏季空调室外计算干球温度为35.1℃，湿球温度为25.8℃），干湿球温差有限，采用传统的蒸发冷却空调系统时，夏季供给空调区的冷风温度偏高于设计要求值，故夏季供冷时不能单独采用蒸发冷却空调系统。目前蒸发冷却空调技术在此区域应用时，通常要和机械制冷相结合，在夏季炎热季节由机械制冷来承担一部分负荷，以达到满意的空调效果。为了节能，此时需利用部分回风，采用蒸发制冷与机械制冷相结合的蒸发冷却空调机组处理空气。室外新风依次经过该机组的过滤段、一级或两级间接蒸发冷却段、机械制冷表冷段、直接蒸发冷却段、加热段、送风段，通过调整机械制冷段的冷水参数，可得到17～23℃的送风温度，如图8-2所示。

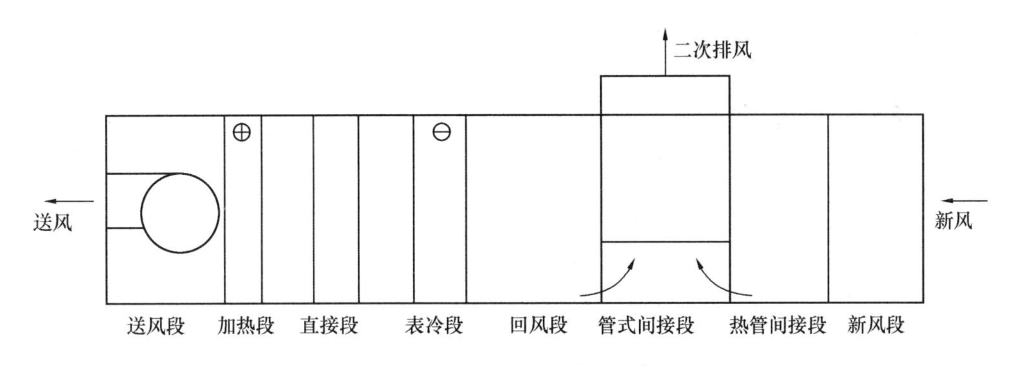

图8-2　中等湿度地区集中式蒸发冷却空调系统

8.2.1.3　高湿度地区

将蒸发冷却空调机组应用于高湿度地区时，可以采用除湿技术与蒸发冷却技术相结合的除湿冷却系统。其工作原理是将室外高湿度空气经除湿处理为干燥空气后再同干燥地区一样，采用蒸发冷却技术进行处理，这里不做详细介绍。

8.2.2　运行模式

室外空气状态在不同地区，不同季节的差异很大。蒸发冷却空调系统的运行模式应能根据不同的室外气候实现自动转换，从而提高能量的有效利用率，少使用或不使用高品质的能源，减少机械制冷开启时间，提高机组综合性能。

8.2.2.1　夏季运行模式

1. 干燥地区

集中式蒸发冷却空调系统在干燥地区夏季运行时的空气处理过程见图8-3，空调系统运行状态如表8-1[1]所示。

当室外空气焓值小于送风焓值，室外空气含湿量小于送风状态点的含湿量，经等焓加湿即可达到要求的送风状态时，应使用模式Ⅰ。当室外空气焓值大于送风焓值，室外空气含湿量小于送风含湿量时，采用一级或两级间接蒸发冷却和直接蒸发冷却联合处理可满足空调要求，即运行模式Ⅱ、Ⅲ或Ⅳ。

2. 中等湿度地区

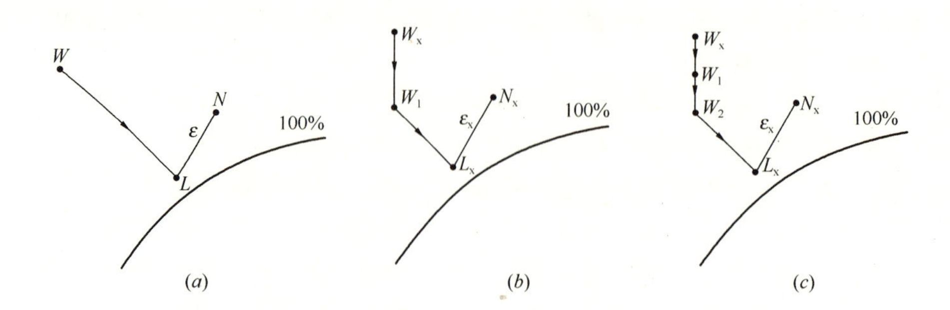

图 8-3 集中式蒸发冷却空调系统干燥地区夏季空气处理焓湿图

(a) 运行模式Ⅰ (DEC)；(b) 运行模式Ⅱ、Ⅲ (IEC+DEC)；(c) 运行模式Ⅳ (IEC+IEC+DEC)

注：W 为过渡季室外状态，W_1 为过渡季经过一级间接的室外状态，W_2 为过渡季经过两级间接的室外状态；ε 为过渡季热湿比线，N 为过渡季室内状态，L 为过渡季露点状态。

集中式蒸发冷却空调系统在中等湿度地区夏季运行时的空气处理过程见图 8-4，空调系统运行状态如表 8-2 所示。

集中式蒸发冷却空调系统干燥地区夏季设备开闭工况　　表 8-1

段号	1	2	3	4	5	6	7	8
功能段 / 运行模式	粗效过滤段	热管间接蒸发冷却段	管式间接蒸发冷却段	回风段	空气冷却段（表冷段）	直接蒸发冷却段	加热段	送风机段
Ⅰ	√					√		√
Ⅱ	√	√				√		√
Ⅲ	√		√			√		√
Ⅳ	√	√	√			√		√

集中式蒸发冷却空调系统中等湿度地区夏季设备开闭工况　　表 8-2

段号	1	2	3	4	5	6	7	8
功能段 / 运行模式	粗效过滤段	热管间接蒸发冷却段	管式间接蒸发冷却段	回风段	空气冷却段（表冷段）	直接蒸发冷却段	加热段	送风机段
Ⅰ	√	√		√	√			√
Ⅱ	√		√	√	√			√
Ⅲ	√	√	√	√	√			√

室外空气焓值大于室内空气的焓值，室外空气含湿量大于室内空气含湿量，此时单独使用蒸发冷却空调不能达到空调要求，需要开启机械制冷与间接蒸发冷却预冷联合处理。

8.2.2.2 过渡季运行模式

过渡季节时，室外相对湿度偏低，室外空气工况点在室内设计工况点的左侧，集中式蒸发冷却空调系统的空气处理过程、空气处理流程及空调系统运行状态同干燥地区夏季运行模式。

8.2.2.3 冬季运行模式

冬季运行时，室外空气焓值小于冬季送风状态点的焓值，室外空气含湿量小于送风状态含湿量时，采用热管间接预热或管式间接预热加直接蒸发加湿处理加再热可满足空调要求。空调过程如图 8-5 所示，空调系统运行状态如表 8-3 所示。

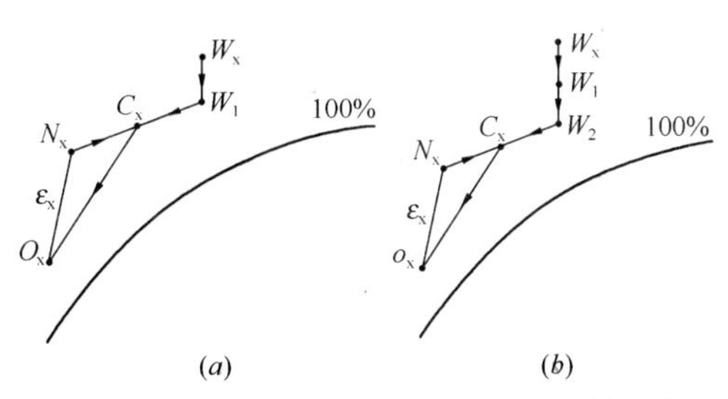

图 8-4　集中式蒸发冷却空调系统中等湿度地区夏季空气处理焓湿图

（*a*）运行模式Ⅰ、Ⅱ（IEC+CC）；（*b*）运行模式Ⅲ（IEC+IEC+CC）

W_X 为夏季室外状态，W_1 为夏季经过一级间接的室外状态，W_2 为夏季经过两级间接的室外状态，C_X 为夏季混合状态，ε_X 为夏季热湿比线，N_X 为夏季室内状态，O_x 为夏季送风状态。

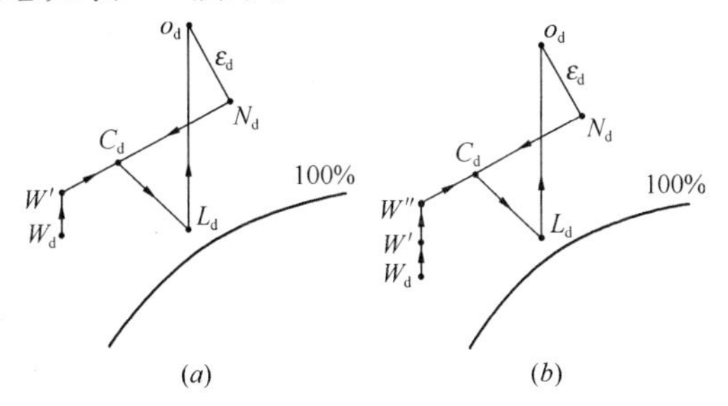

图 8-5　集中式蒸发冷却空调系统冬季空气处理 *h-d* 图

（*a*）冬季运行模式Ⅰ、Ⅱ（IEC+DEC+HC）；（*b*）冬季运行模式Ⅲ（IEC+IEC+DEC+HC）

图中，W_d 为冬季室外状态，W'为冬季经过一级预热的室外状态，W''为冬季经过两级预热的室外状态，C_d 为冬季混合状态，ε_d 为冬季热湿的线，N_d 为冬季室内状态，O_d 为冬季送风状态，L_d 为冬季露点状态。

集中式蒸发冷却空调系统冬季设备开闭工况　　表 8-3

段号	1	2	3	4	5	6	7	8
功能段 / 运行模式	粗效过滤段	热管间接预热段	管式间接预热段	回风段	空气冷却段（表冷段）	直接蒸发加湿段	加热段	送风机段
Ⅰ	✓	✓		✓		✓	✓	✓
Ⅱ	✓		✓	✓		✓	✓	✓
Ⅲ	✓	✓	✓	✓		✓	✓	✓

8.3　多级蒸发冷却空调机组

蒸发冷却空调的形式很多，有单级和多级之分。单级蒸发冷却空调机多为单元机，单元式直接蒸发冷却器（也称为蒸发式冷气机）最常见，详见本书第 5 章。多级空调机组中有二级、三级甚至四级，其中以二级应用最多。本章重点介绍多级蒸发冷却空调机组。

8.3.1　二级蒸发冷却空调机组

如前所述，一级直接或间接蒸发冷却空调由于其自身的特点在适用范围上都受到限制。在舒适性空调的应用中，常将直接蒸发冷却和间接蒸发冷却结合起来使用或辅助机械制冷构成二级或多级蒸发冷却空调系统。其中，二级蒸发冷却空调机组应用最多。

8.3.1.1　IEC+DEC 二级蒸发冷却空调机组

1. IEC+DEC 二级蒸发冷却空调机组类型

直接和间接蒸发冷却可以组合使用。第一级采用间接蒸发冷却使空气等湿冷却，第二级采用直接蒸发冷却使空气等焓冷却。

这种二级机组中，间接蒸发冷却器可采用冷却塔、板翅式换热器、管式换热器、热管式换热器、露点式换热器等。直接蒸发冷却器既可采用填料式也可采用喷水室形式。

图 8-6 为第一级采用冷却塔，第二级采用填料型直接蒸发冷却器的二级蒸发冷却空调机组示意图。

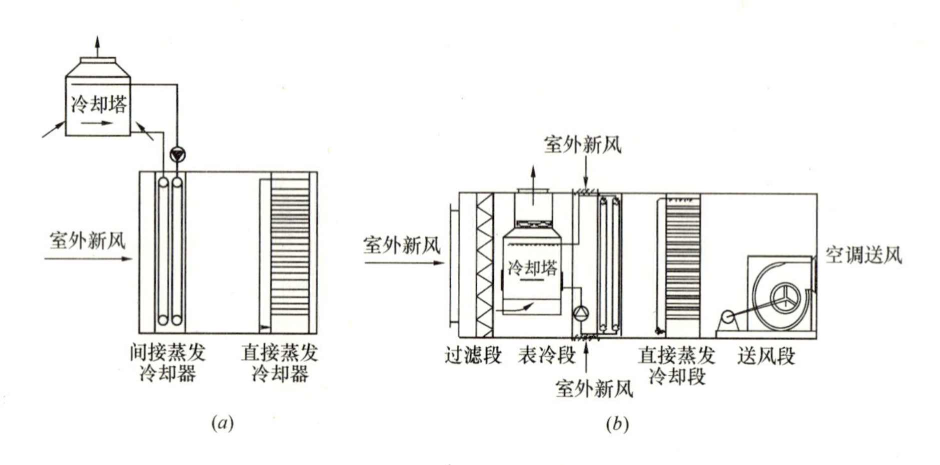

图 8-6　冷却塔供冷表冷器＋直接蒸发冷却的二级蒸发冷却空调系统

（a）冷却塔外置式二级蒸发冷却机组；（b）冷却塔嵌入式二级蒸发冷却机组

图 8-7 为第一级采用板翅式间接蒸发冷却器；第二级采用填料型直接蒸发冷却器的二级蒸发冷却空调机组实物照片。

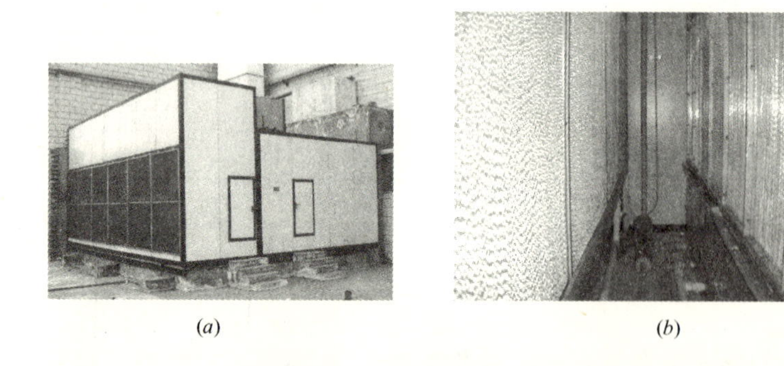

(a)　(b)

图 8-7　板翅式间接蒸发冷却＋直接蒸发冷却的二级蒸发冷却空调机组

（a）二级蒸发冷却空调机组外形照片；（b）二级蒸发冷却空调机组内板翅式间接蒸发冷却器＋金属填料型直接蒸发冷却器功能段照片

图 8-8 为第一级采用管式间接蒸发冷却器，第二级采用填料型直接蒸发冷却器的二级蒸发冷却空调机组实物照片。

若冬季热回收量大，第一级宜采用转轮式或热管式间接蒸发冷却器，如图 8-9 和图 8-10所示。

图 8-11 为第一级采用露点式间接蒸发冷却器，第二级采用填料型直接蒸发冷却器的二级蒸发冷却空调机组实物照片。

设计者应考虑间接段既能使用室内排风又能使用室外新风作为二次空气的可能性（这取决于谁的湿球温度更低）。可采用风阀和焓传感器进行控制。如果室内潜热量巨大，在

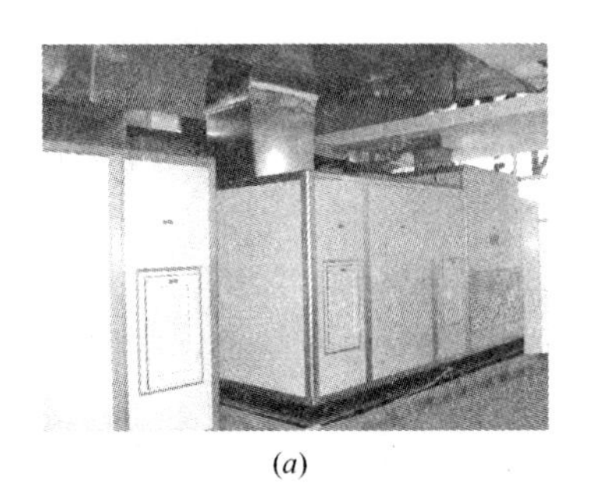

(a)

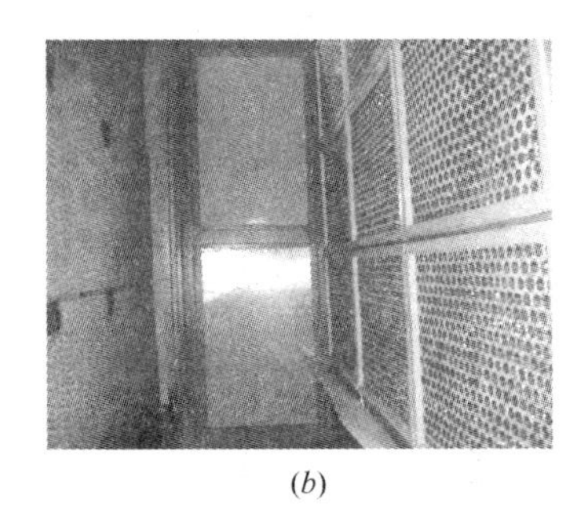

(b)

图 8-8 管式间接蒸发冷却＋直接蒸发冷却的二级蒸发冷却空调机组
(a) 二级蒸发冷却空调机组外形照片；(b) 二级蒸发冷却空调机组内
管式间接蒸发冷却器＋纸质填料型直接蒸发冷却器功能段照片

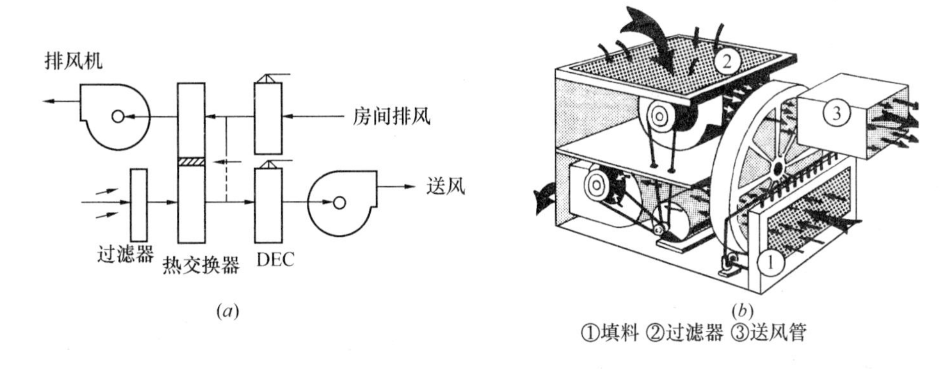

图 8-9 转轮式间接蒸发冷却＋直接蒸发冷却的二级蒸发冷却空调机组
(a) 转轮式间接蒸发冷却＋直接蒸发冷却二级蒸发冷却空调机组工作过程示意图；
(b) 转轮式间接蒸发冷却器结构示意图

(a)

(b)

图 8-10 热管式间接蒸发冷却＋直接蒸发冷却的二级蒸发冷却空调机组
(a) 二级蒸发冷却空调机组外形照片；(b) 二级蒸发冷却空调机组内热管式间接
蒸发冷却器＋玻璃纤维填料型直接蒸发冷却器功能段照片

供冷模式下，室内排风湿球温度可能会高于室外空气湿球温度。这种情况下，采用室外空气作为间接段的二次空气更经济。

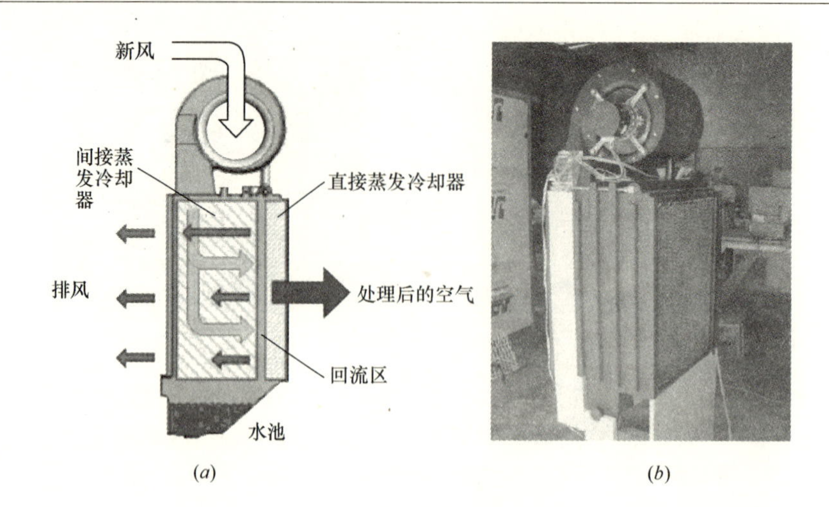

图 8-11 露点式间接蒸发冷却+直接蒸发冷却的二级蒸发冷却空调机组
(a) 原理图；(b) 实物图

习惯上 IEC+DEC 机组的布局要允许回风、排风和室外新风段、混风段、旁通元件或变风量控制这些部件有多种布置方式。其中，可控制的部分包括：

(1) 新、回风混合调节阀；

(2) 间接段的二次风机和循环水泵；

(3) 直接段的循环水泵；

(4) 直接段和间接段的迎面及旁通风阀；

(5) 变风量系统或末端，可调间距风机，或变速风机。

2. IEC+DEC 二级机组性能

直接蒸发冷却器的冷却效率可达 85%～95%，甚至更高。不过，设计湿球温度应低于 25℃[2]，使它的应用受限。在 IEC+DEC 的二级蒸发冷却系统中，间接蒸发冷却降低了直接段入口空气的干、湿球温度。从空气处理过程焓湿图上可看出，其送风温度和含湿量均比一级系统的低，扩大了蒸发冷却的适用范围，使其能用于干燥地区及中等湿度地区。根据文献［3］，在 0.4%的平均同期设计湿球温度低于 19℃的干燥地区，IEC+DEC 系统年平均能耗低至 0.22kW/RT。当 0.4%的平均同期设计湿球温度升高至 23.3℃时，IEC+DEC 系统年平均能耗为 0.81kW/RT。相比之下，典型的采用风冷冷凝器的机械制冷系统年平均能耗高于 1.0kW/RT。在与机械制冷提供相同的降温效果条件下，可减少 60%～75%甚至更多的运行费用[2]。

此外，在干燥地区，IEC+DEC 系统通常采用 100%新风。这种直流式系统将空调区的潜热负荷及回风的显热负荷都排至室外，而不是将它们带回空调设备中。因此，这些系统需要的制冷量可能比传统机械制冷系统少。

文献［2］根据美国采暖、制冷和空气调节工程师学会（ASHRAE）的 bin 气象数据对美国不同气候区使用二级蒸发冷却系统的节能效果进行了详细的研究。在干旱地区，如美国西部许多城市使用效率为 70%的热管式 IEC 与效率为 90%的填料式 DEC 的二级蒸发冷却 VAV 系统可使送风温度达到 13℃或更低[2]。在半干旱地区，如美国的萨克拉曼多市和加利福尼亚州，送风量为 4.7m^3/s 的二级蒸发冷却 VAV 空调系统与常规采用 25%新风节能器的机械制冷系统相比，在使用100%新风情况下，减少峰值制冷负荷49%。全年运行时间8760h，节省电费119712美元。当周围环境条件在干球温度为17℃，湿球温度为12℃到干球温度为14℃、湿球温度为11℃范围内时，每年供冷时间为2376h（占全年供冷时间的27%），无需机械制冷，效率为90%的直接蒸发冷却就能提供13℃的送风。结果见表8-4。

加利福尼亚州和萨克拉曼多市冷负荷比较　　表8-4

室外空气干/湿球温度（℃）	VAV送风（L/s）	年运行小时数④（h）	采用100%新风的间接蒸发冷却				采用25%新风节能器		
			间接LAT干/湿球温度（℃）	直接LAT干/湿球温度（℃）	机械制冷①（kW）	机械制冷②（kWh）	混合风LAT干/湿球温度（℃）	机械制冷①（kW）	机械制冷②（kWh）
41.6/21.1	4720	7	25/15.5	16.5/15.5	49.9	349	28.3/18.8	102.7	719
38.9/21.1	4602	59	24/16.2	17.0/16.2	61.2	3611	27.7/18.8	99.5	5871
36.1/20.0	4425	144	23.3/15.6	16.4/15.6	49.2	7085	27.2/18.3	91.1	13118
33.3/18.9	4277	242	22.3/15.0	15.7/15.0	40.4	9777	26.1/18.4	83.4	20183
30.5/18.34	4130	301	21.6/15.2	15.8/15.2	36.9	11107	25.5/18.4	78.4	23598
27.8/17.2	3983	397	20.6/14.8	15.4/14.8	33.4	13260	24.9/17.7	71.4	28346
25/16.1	3835	497	20/14.2	14.8/14.2	23.6	11729	25.2/17.4	64.4	32007
22.2/15.0	3687	641	18.8/13.9	14.4/13.9	18.6	11923	22.2/15.0②	45.4	29101
19.4/13.88	3540	821	18.3/13.3	13.8/13.3	13.7	11248	19.4/13.88②	31.6	25944
16.7/12.2	3393	1086	16.7/12.2	12.6/12.2	0	0	16.7/12.2②	15.1	16399③
13.8/11.1	3245	1290	13.8/11.1	11.4/11.1	0	0	13.8/11.1②	3.5	4515③
					总耗电量=80089kWh			总耗电量=199801kWh	

注：LAT—出风温度。

①达到所需送风干球温度12.8℃时需要的总冷量。

②在干旱的气候下空气侧节能器风阀引入100%室外新风时的环境状况。

③当饱和效率为90%的直接蒸发冷却器可用于减少机械制冷负荷时的环境状况。热管旁通阀应打开以保持最小附加损失。间接段的喷水装置应关闭。

④每种条件下的Bin小时数依据24h/d，365d/a运行周期计算。

图8-12采用典型的年气象数据（TMY）对美国西部14座城市使用同上文相同的系统时，蒸发冷却系统与机械制冷系统相比年节省的能耗。

在干燥地区这样设计的好处有：

（1）供冷期间，使用全新风提高了室内空气品质，通过热管经济器可提高冬季通风量。

（2）制取每千瓦冷量，耗电0.04～0.07kW，而风冷式制冷机为0.3～0.4kW。

（3）建筑物峰值供冷用电负荷和供热用燃气量都减少，尤其是需要使用大量新风的场合。

（4）由于VAV末端装置会将风量设定值降到最低，在较冷的天气时，使用全新风运行可以减少送、回风机能耗。

（5）在环境温度较低时，VAV系统风机转速降低，可减少来自蒸发冷却系统部件产

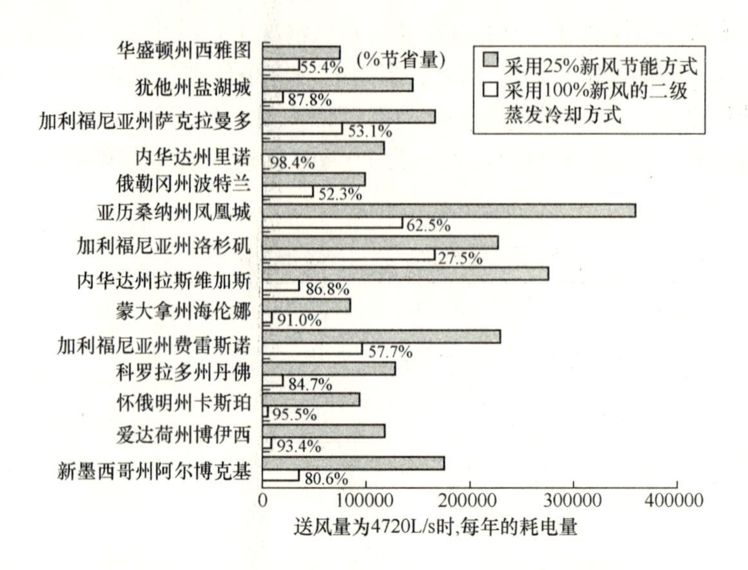

图 8-12 二级蒸发冷却系统与机械制冷相比节省的能耗

注：14 座城市使用的间接/直接蒸发冷却系统中，间接段为效率 70%的热管式，直接段饱和效率为 90%。系统可采用 100%新风，与传统采用 24%新风节能风阀设计相比，可显著减少制冷所需能量。每个系统年耗能量以 24h/d，365d/a，VAV 系统送风量为 4720L/s 作为计算依据。上面列出的耗电量数由 NREL 逐时 TMY 数据得出。风机发热量不计。

生的风机静压损失。

（6）可同时提高气/气换热器和直接蒸发冷却器的效率。

（7）在需要增加冷冻水末级装置的半干旱地区，二级蒸发冷却让集中式冷水机组在秋季时关得早一些，在春季时开得晚一些。这样极大地节省了维护和供冷费用。

（8）当天气凉爽时，重新设定送风温度至 10℃，只使用间接蒸发冷却器，延长免费供冷时间，减少风机能耗。

（9）当使用建筑物回风时，冬季热回收的使用增加了新风量。

（10）冬季白天环境条件较为温和时，100mm 厚的湿填料可用于对建筑物加湿。

二级蒸发冷却机组可为办公建筑、学校、健身房、运动场所、百货商店、餐厅、工厂和其他建筑充分供冷。它还可以控制室内干球温度和相对湿度。有研究表明[2]，在 1%的平均同期设计湿球温度为 24℃的高湿度地区，二级蒸发冷却系统可承担年供冷负荷的 42%，机械制冷只需承担 58%的负荷。

表 8-5 列出了美国 16 座城市使用间接—直接二级系统的效果。间接段效率为 60%，直接段效率为 90%。在 0.4%的平均同期设计干球和湿球温度下，送风温度范围在 13.4～22.4℃之间。与传统机械制冷相比，能耗仅为 16.4%～51.8%。

中国西北地区气候干燥，夏季室外空调计算湿球温度较低（一般低于 22℃），温度一般在 30℃以上，昼夜温差大；对传统机械制冷来说，很难独立完成对空调房间的降温加湿。冬季室外干球温度低，多为干冷气候（空气相对湿度一般低于 20%），需要对空气加热加湿。这些独特的气象条件既为蒸发冷却空调技术提供了良好的应用场所，也对蒸发冷却系统提出了特殊的要求。

间接/直接二级系统性能 **表8-5**

城　市	室外空气设计干/湿球温度（℃）	间接/直接性能（送风＝1.55kJ/m³）				
		间接干/湿球温度（℃）	送风db（℃）	两级显热负荷（W）	两级显热EER	EUC（%）
加利福尼亚州洛杉矶	29.4/17.8	22.4/15.3	16.6	2303	8.2	30.5
加利福尼亚州旧金山	28.3/17.2	21.7/14.8	16.1	2421	8.6	29.0
华盛顿州西雅图	29.4/18.3	22.8/16.1	17.3	2142	7.7	32.6
新墨西哥州阿尔伯克基	35.6/15.6	23.6/11.4	13.2	3080	11.3	22.3
科罗拉多州丹佛	33.9/15.6	22.9/11.8	13.4	3018	11.3	22.3
犹他州盐湖城	35.5/16.7	24.2/12.8	14.5	2774	10.1	24.7
亚历桑纳州凤凰城	43.3/21.1	30.0/16.9	18.8	1796	6.6	38.0
得克萨斯州埃尔帕索	38.3/17.8	26.0/13.7	15.5	2549	9.4	36.8
加利福尼亚圣罗萨	29.4/19.4	23.4/17.5	18.6	1834	6.6	37.7
华盛顿州斯波坎	33.3/16.7	23.3/13.2	14.7	2728	9.8	25.5
爱达荷州博伊西	35.6/17.2	24.6/13.4	15.1	2638	9.6	26.7
蒙大拿州毕令兹	33.9/17.2	23.9/13.9	15.4	2565	9.3	26.8
俄勒冈州波特兰	32.2/19.4	24.6/16.9	18.2	1930	6.9	36.0
加利福尼亚州萨克拉曼多	37.8/20.6	27.4/17.2	18.8	1799	6.5	38.5
加利福尼亚州弗雷斯诺	39.4/21.7	28.8/28.4	19.9	1528	5.6	44.5
得克萨斯州奥斯汀	36.7/23.3	28.7/21.1	22.4	977	3.7	66.6

间接/直接系统工作过程示意图

室外空气　IEC　DEC　送风

室外空气

注：

I/D效率：间接蒸发冷却效率＝60%或0.6（干球温度/湿球温度）；直接蒸发冷却效率＝90%或0.9（干球温度/湿球温度）。

室外空气设计：0.4%的干球/伴随平均湿球（2005 ASHRAE Handbook-Fundamentals，Chapter28）。

风机发热量计入二级系统送风干球温度（0.5K）；

假设直接段每L/s流量耗能0.6W，间接段（总计200W）每L/s*流量耗能0.4W。AC在所有情况下耗能1000W。

显热负荷＝1.08×L/s*×Δt。对于AC，按Δt为11K，所有条件下负荷为2530W。

EER＝输出功率/输入电功率。与具有15.5℃送风和11K温降的传统机械制冷比较。

显热*EER*＝显冷负荷÷功率

EUC＝与传统*EER*为8.6（冷量/输入）的传统机械制冷相比的能耗。

焓湿图过程计算采用当地大气压

* 在20℃，101.325kPa条件下。

两级间接/直接系统是西北地区使用最多的形式。根据气象资料，西北大部分地区，尤其是甘肃、新疆等地采用这种系统送风温度一般在15～20℃之间，见表8-6，对于舒适性空调尤为理想[4]。根据对新疆地区某工程采用的多级蒸发冷却机组实测数据，金属铝箔板式间接蒸发冷却器效率达60%以上；冷却塔加表冷器的间接蒸发冷却段效率可达50%

以上。它们与金属填料型直接蒸发冷却器都可组成二级蒸发冷却系统。对该系统的研究表明，无论是板式 IEC+DEC 的二级系统还是冷却塔加表冷器的 IEC+DEC 的二级系统在当地夏季的室外空气状态下都能提供温度低于 18℃的出风[5]。

蒸发冷却空调地区的夏季室外空气参数及处理室外空气的终状态[6]　　**表 8-6**

序号	城市	夏季室外空气计算参数				室外空气经不同形式机组处理后的终温（℃）			说明
		大气压（mbar）	干球温度（℃）	湿球温度（℃）	空气焓值（kJ/kg）	Ⅰ型	Ⅱ型	Ⅲ型	
1	乌鲁木齐	907	34.1	18.5	56.0	17.0	17.5	15.3	制表条件：依据各地焓湿图。采用100%新风，板式间冷效率按 60%计，冷却塔间冷效率按 47%计，直冷处理至相对湿度 90%的机器露点为终状态
2	兰　州	843	30.5	20.2	65.8	20.0	20.4	19.0	
3	西　宁	774	25.9	16.4	55.3	15.8	16.2	14.9	
4	银　川	884	30.6	22.0	70.9	21.7	22.0	20.8	
5	拉　萨	652	22.8	13.5	51.6	12.5	13.0	11.6	
6	昆　明	808	25.8	19.9	66.9	20.0	20.2	19.5	
7	呼和浩特	889	29.9	20.8	65.1	20.3	20.7	19.6	
8	阿拉木图	930	27.6	17.5	51.5	16.4	17	15.6	
9	杜尚别	910	34.3	19.4	57.8	17.6	18.2	16.2	
10	塔什干	930	33.2	19.6	58.2	18.0	18.6	17.0	
11	石河子	957	32.4	21.6	65.3	20.9	21.3	20.0	
12	克拉玛依	958	35.4	19.3	56.6	17.4	18.2	15.8	
13	伊　宁	984	32.1	21.4	65.7	20.6	21.1	19.7	
14	博　乐	948	31.7	21.0	63.5	20.3	20.8	19.4	
15	阿尔泰	925	30.6	18.7	55.8	18.7	19.1	17.8	
16	塔　城	948	31.1	20.3	60.9	19.4	20.4	18.5	
17	呼图壁	948	33.6	20.8	62.6	19.7	20.0	18.5	
18	米　泉	940	33.8	20.4	61.6	19.1	19.7	18.0	
19	昌　吉	944	32.7	20.9	63.2	19.8	20.4	19.0	
20	吐鲁番	998	41.1	23.8	71.5	22.0	22.6	20.6	
21	鄯　善	961	37.0	21.3	63.7	19.4	20.0	18.0	
22	哈　密	921	36.5	19.9	60.3	18.0	18.6	16.4	
23	库尔勒	901	33.8	21.6	68.0	20.6	21.0	19.6	
24	喀　什	865	33.2	20.0	63.6	18.8	19.3	17.5	
25	和　田	856	33.8	20.4	65.7	19.1	19.8	17.9	
26	且　末	868	34.1	19.4	61.1	17.6	18.2	16.2	
27	托克逊	1001	39.5	22.2	65.1	21.0	21.8	19.7	
28	阿克苏	882	32.0	21.0	66.8	19.6	20.0	18.8	
29	库　车	885	34.5	19.0	58.8	17.1	17.8	15.6	

注：Ⅰ型为金属铝箔板式 IEC 与金属填料型 DEC 组成的二级蒸发冷却空调机组；
Ⅱ型为冷却塔加表冷器式 IEC 与金属填料型 DEC 组成的二级蒸发冷却空调机组；
Ⅲ型为冷却塔加表冷器式 IEC、金属铝箔板式 IEC 与金属填料型 DEC 组成的三级级蒸发冷却空调机组，其中冷却塔加表冷器式 IEC 为第一级，金属铝箔板式 IEC 为第二级，金属填料型 DEC 为第三级。

文献［7］采用“蒸发冷却空调系统能耗模拟计算程序”对兰州某工程应用二级间接蒸发冷却空调进行了方案计算，结果表明，采用二级系统可满足室内设计温湿度要求；在相同室内设计条件下，二级蒸发冷却空调系统的机电安装功率为普通集中式空调系统的50.7％；系统夏季运行耗电量为普通集中式空调系统耗电量的71.7％。

文献［8］以乌鲁木齐市某工程为例，结合当地气候特点、能源特性和价格、空调制冷系统自身特性，对常规典型电制冷、直燃型溴化锂制冷空调、地源热泵、二级蒸发冷却空调系统的耗电量、耗水量、耗气量进行了分析计算。结果表明，二级蒸发冷却系统的耗电量最少；耗水量较热泵式多，但少于常规典型电制冷、直燃型溴化锂制冷空调；夏季各系统1h运行费用见表8-7。

夏季各系统一小时运行费用　　表8-7

参数 / 系统	总耗电量（kW）	天然气总耗量（m^3/h）	总耗水量（kg/h）	总耗电、气、水耗费用（元/h）	四系统之间关系
电制冷空调系统	410.0	0	4025.0	239.0	1.0
直燃式制冷空调系统	234.2	91.2	4455.0	263.7	1.10
地源热泵制冷空调系统	612.0	0	2375.0	348.3	1.46
二级蒸发冷却空调系统	207.0	0	3473.0	124.0	0.52

3. IEC＋DEC二级系统的应用

用于商业领域的二级系统与直接蒸发相比，不仅能使满足舒适性要求的气象区扩大3倍[9]，还节省了能耗费用。在相同的设计条件下，二级系统提供的送风温度更低，所需风量减少。不过，第二级DEC必须使用100％新风，并将室内空气全部排至室外。如果室内空气不能自由排出，不断升高的室内静压将使蒸发冷却机组送风量减小。其后果是蒸发冷却机组单位质量的送风所吸收的湿量和热量明显升高。送风量减小的同时使室内空气流速降低。这些因素的综合作用是降低了室内舒适水平。好的设计应使系统最大排风风速达到2.5m/s。如果排风面积不足，应采用强制排风。有些场所需要的强制排风量与送风量相等。

文献［10］选择遍布全国的77个城市，根据有关规范规定的气象资料进行计算。采用的室内温度分别是26℃、27℃、28℃和29℃，相对湿度是60％。间接蒸发空气冷却器的一次空气和二次空气都是室外空气。根据一般能达到的水平，设间接蒸发冷却器的热交换效率为0.7。认为空气的初状态对效率的影响不大，可以分别计算出在夏季设计条件下的送风温度和最热月的平均送风温度。

根据计算结果，在地图上绘出蒸发冷却在我国的适用范围和使用方式的分布情况。图8-13所示的是在夏季设计条件下蒸发冷却空调技术的适用范围。图中有4条曲线，它们分别表示室温为26℃、27℃、28℃和29℃，相对湿度都是60％。凡在每条线左方的地区可达到该线所要求的室内状态。而对线的右方地区，只能起新风预冷作用。图中另外有一

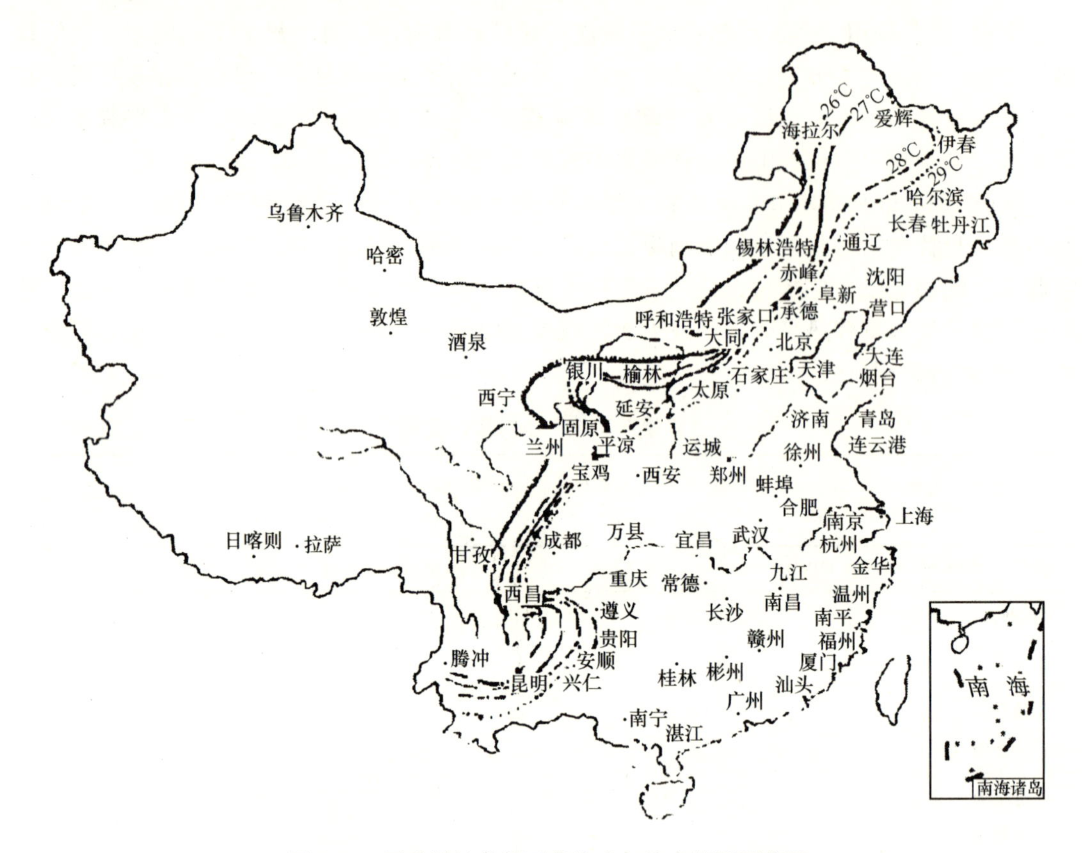

图 8-13　夏季设计条件下蒸发冷却技术的适用范围

线在上述 4 条线的左方，它将全国分成左右两区。该线的左方地区用 DEC 就能维持室温 26～29℃，相对湿度为 60％。

文献［11］根据我国气候条件，按一般舒适条件（被调节房间主要是显冷负荷，且间接段效率为 60％，直接段效率为 90％），对二级蒸发冷却空调系统在我国的应用进行了分析。计算结果表明，我国黑龙江北部、华北地区的西北部、西部的大部分地区、西南地区的云贵高原等地，室外设计湿球温度一般低于 21.8℃，采用间接/直接二级系统，送风温度一般都在 15～20.8℃之间，送风湿球温度一般为 14～20.2℃。若室内温度为 27℃，相对湿度不超过 60％，送风温差在 6～12℃。对于其中的甘肃、新疆、云南等地，这种系统尤为理想，可以用在室内设计温度低或有较多湿负荷的空调中。

对于我国的东北中部、河北北部等地区，室外设计湿球温度为 22～23℃，用二级蒸发冷却系统的送风温度为 21～22℃，只能用于室内温度稍高（28～29℃）及湿度稍大（<70％）的场合。

对于东北的南部地区、华北部分地区、山东部分地区、广西部分地区，室外设计湿球温度为 23～25.4℃，送风温度一般为 23～24℃，二级蒸发冷却系统不能满足一般舒适性空调的要求，但用于热车间的降温空调，牛舍、鸡舍等的通风空调相当理想。

对于华东及中南的大部分高湿度地区，室外设计湿球温度一般在 26～27℃，这时室外空气的露点温度远远高于室内空气的露点温度，要求系统有足够的除湿功能。显然，间接/直接蒸发冷却系统不能承担室内热湿负荷。

8.3.1.2 IEC＋IEC串联的二级蒸发冷却

当两个间接蒸发冷却器串联在一起形成二级蒸发冷却系统时，第二级蒸发冷却器的干、湿球温降总是比第一级的少。通常，这种系统单独使用时并不经济。由于IEC的效率总是比DEC的低，使得两台IEC串联时被处理空气的温降总是比同等条件下IEC＋DEC二级系统的小，而设备成本及安装费用比后者高。

然而，正如后面将要提到的三级蒸发冷却系统所描述的那样，有时为了增大等湿降温的幅度，需要将两级IEC串联。例如冷却塔供冷型间接蒸发冷却装置与其他形式的IEC串联。假设采用室外设计干球温度为37℃、湿球温度为20℃的空气作为第一级IEC的一次空气和二次空气，第一级出口空气一部分作为第二级的一次空气，另一部分作为第二级的二次空气。冷却塔供冷型IEC效率为50%，板式IEC效率为60%。

运行方式一：仅采用板式IEC。

板式IEC出口温度＝37－(37－20)×60%＝26.8℃。

运行方式二：板式IEC前采用冷却塔供冷型IEC预冷。

冷却塔供冷型预冷器出口温度＝37－(37－20)×50%＝28.5℃（对应的湿球温度为17.3℃）；

板式IEC出口温度＝28.5－(28.5－17.3)×60%＝21.8℃。

显然，两级IEC串联的结果明显优于单级IEC制冷的效果。然而，若将冷却塔供冷型IEC置于板式IEC后部，却得不到上述结果。冷却塔中的冷却水通过与外界大气进行热湿交换，温度降低，室外空气湿球温度对冷却塔出口水温影响很大。冷却塔的冷幅高（冷却塔的出水温度与空气湿球温度的差），在其他条件不变的情况下，与冷却塔的尺寸系数有关，通常大于2℃。而冷却水与被处理空气之间至少应有2～3℃的换热温差。这样，处于IEC后的冷却塔供冷型间接蒸发冷却装置根本起不了降温的作用。因此，若两种不同形式的IEC串联，需要通过计算确定哪种形式的IEC作为第一级，哪种作为第二级。

当建筑物内的空气焓值足够低（低于第一级IEC出口空气焓）时，用回风作为第二级IEC的二次空气，则一次空气可被冷却至室外湿球温度以下。

8.3.1.3 IEC＋机械制冷（冷冻水或直接蒸发）的二级蒸发冷却

在潮湿无风的地区，一次空气最好用小型机械制冷装置进一步冷却以降低湿度。这种形式的组合能减少机械制冷系统的显热负荷，间接段作为新风预冷器。间接蒸发冷却段能耗包括水泵和二次风机的能耗，以及用于克服一次空气流动阻力所需的风机能耗。间接段的总能耗比制冷设备负荷减少所节省的能耗少。因此，整个系统的效率可以显著增加，所需制冷设备尺寸相应减少。此外，利用间接段的二次排风冷却机械制冷的风冷式冷凝器还可提高制冷系统的效率，见图8-14。

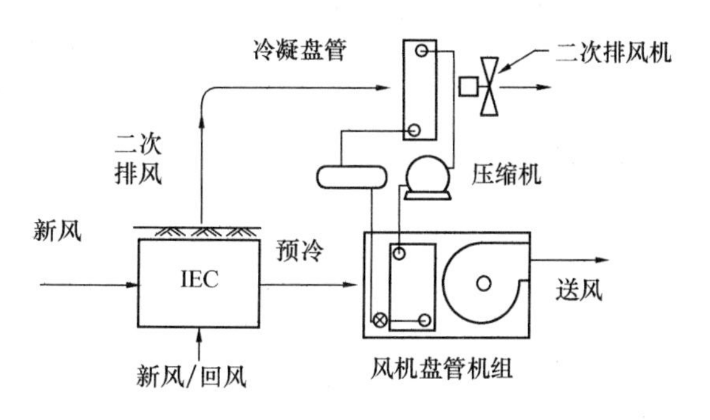

图8-14 间接蒸发冷却器作为预冷器

图8-15是一台立管式间接蒸发冷却器和一台机械制冷空调机组成的二级系统。图中室外空气从右边被吸入，一部分作为一次空气，另一部分作为二次空气。前者从

蒸发冷却管间流过并被冷却，然后与从下部进入的室内回风混合后一起进入左边的机械制冷设备并最终成为送风。二次空气从间接冷却器上方排出。该间接冷却器预冷风量为5000cfm（2.4m³/s），耗电量约2.5kW，这取决于天气情况。如果使用机械制冷，耗电量为7.2kW，几乎是它的3倍。

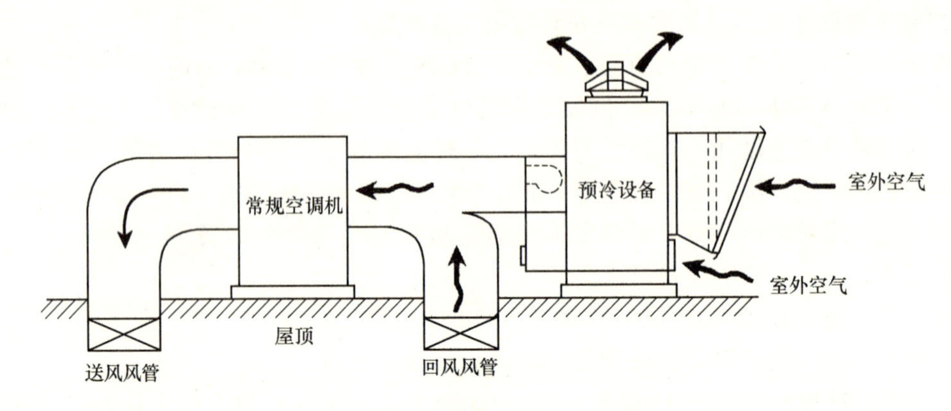

图 8-15 间接/机械制冷二级系统

某立管式间接冷却器的制造商曾资助一项节能方面的研究[9]。通过计算机模拟，将全部采用500RT的离心压缩机的制冷系统与一个同4台间接预冷设备结合的450RT的离心压缩机制冷系统进行了对比。假设间接预冷设备对32000cfm（15.1m³/s）的新风进行显热预冷。

研究中选取了12个城市，在全年平均天气条件下，比较两个系统在当地的总的空气冷却 *EER* 值，并预测为替代50RT制冷容量所购买的间接冷却器的回收期。在计算节省的费用时采用了当地的电价，由于减少了制冷设备容量而节省的初投资为15000美元，用于购买4台风量为8000cfm（3.8m³/s）的间接冷却器的费用为38000美元。

计算机模拟结果见表8-8。

IEC/机械制冷复合系统与传统机械制冷 *EER* 值的比较 **表 8-8**

城　　市	离心机系统 *EER*	组合机系统 *EER*	*EER* 提高	间接系统回收期（年）
阿尔伯克基	8.70	9.77	1.07	1.24*
伯明翰	8.69	9.25	0.56	2.15
波士顿	8.57	9.01	0.44	3.64
芝加哥	8.65	9.16	0.51	2.30
达拉斯	8.73	9.46	0.73	2.19
丹佛	8.65	9.93	1.28	1.27
洛杉矶	8.61	9.23	0.62	1.46
纽瓦克	8.64	9.12	0.48	2.31
纽约	8.63	9.09	0.46	1.49
凤凰城	8.71	9.83	1.12	1.22*
匹兹堡	8.60	9.08	0.48	3.07
华盛顿	8.65	9.17	0.52	3.32
		平均	0.69	2.14

* 这两个城市所采用离心制冷机的冷吨数本可以进一步减少，进而缩短回收期，只是所用设备要和其他城市相同。

上述城市如波士顿、匹兹堡、芝加哥、纽约和华盛顿回收期短，说明间接预冷器在几乎任何地方都能提高机械制冷的经济性。

当间接蒸发冷却器对第二级机械制冷段的一次空气进行预冷时，承担了机械制冷段承担的显热负荷。这样减少了压缩机总负荷即释放了压缩机容量以便更好地带走潜热负荷。系统送风的湿度比 IEC+DEC 系统的低得多。当室内空气足够干燥和清洁时，可以作为回风循环利用，系统处理的风量相应减少。不论哪种情况，压缩机运行时间缩短，冷凝压力相对降低，从而减少机械制冷系统磨损和能耗。

当间接冷却器湿侧排出的冷空气用于冷却机械制冷冷凝器以及建筑排风进入间接冷却器作为二次空气时，系统的经济性会进一步提高。因此 IEC+机械制冷二级系统在几乎任何吹不到海风的地方都可以获得成功。在某些气候地区，间接段可以在夜晚以及温度适中的白天承担所有的冷负荷。在许多地区，需要机械制冷段运行的时间占总运行时间不到15%，蒸发冷却分阶段承担负荷。这种情况下，全年总能耗可能仅为传统机械制冷系统的10%。

8.3.2 三级蒸发冷却空调机组

在设计湿球温度较高的地区，或那些设计要求送风温度比间接/直接二级蒸发冷却机组获得的送风温度低的场所，需要在机组上增加一级冷却段，从而构成三级蒸发冷却机组空调机组。增加的冷却段可以是间接蒸发冷却段、直接蒸发式机械制冷装置或机械制冷冷冻水盘管。机械制冷段只有在蒸发冷却机组无法提供需要的送风温度时才使用。

8.3.2.1 IEC+IEC+DEC 三级蒸发冷却空调机组

1. IEC+IEC+DEC 三级蒸发冷却空调机组类型

典型的三级蒸发冷却空调有两种类型，第一种是不带冷却塔的，第一级和第二级都为间接蒸发冷却段，第三级为直接蒸发冷却段，如图 8-16 所示。

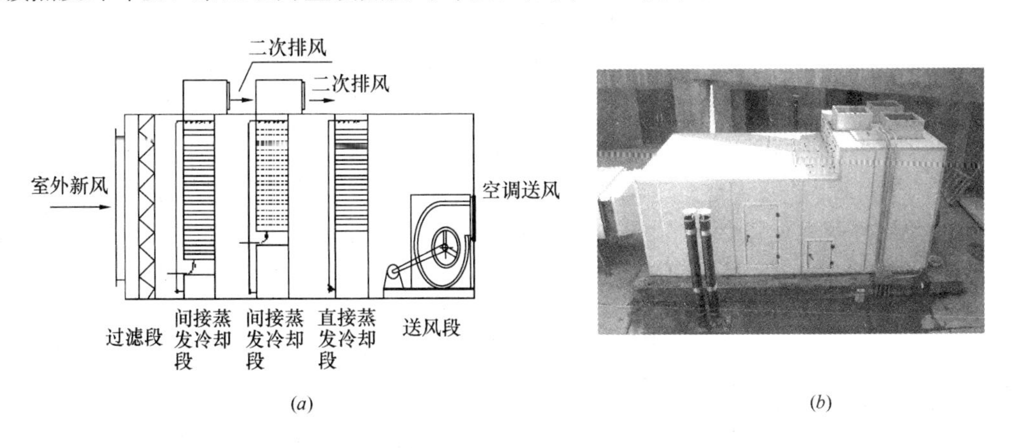

图 8-16 板翅式间接蒸发冷却+板翅式间接蒸发冷却+直接蒸发冷却三级蒸发冷却机组
(a) 原理图；(b) 实物照片

第二种是带冷却塔的，第一级为冷却塔加表冷器，第二级为间接蒸发冷却段，第三级为直接蒸发冷却段。冷却塔的布置有内外两种方式，如图 8-17 和图 8-18 所示[12]。图 8-19 是冷却塔外置式三级蒸发冷却机组实物照片。目前，我国实际工程中用得较多是第二种形式，其中，第二级常用板（翅）式间接冷却段，第三级常用填料型直接蒸发冷却段。

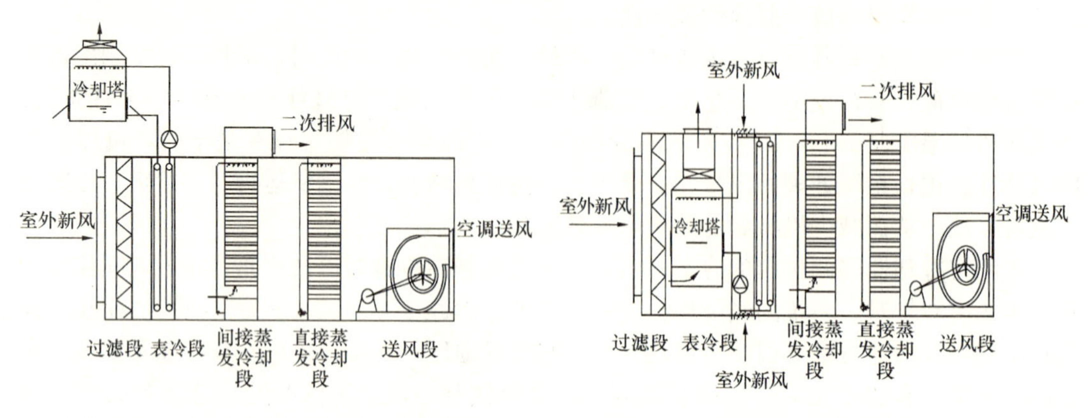

图 8-17 冷却塔外置式三级蒸发冷却机组

图 8-18 冷却塔嵌入式三级蒸发冷却机组

图 8-19 冷却塔外置式三级蒸发冷却机组实物照片

图 8-20 为第一级和第二级均采用管式间接蒸发冷却的三级蒸发冷却空调机组。

图 8-20 管式间接蒸发冷却+管式间接蒸发冷却+直接蒸发冷却三级蒸发冷却机组

除了上面提到的两种 IEC+IEC+DEC 的三级蒸发冷却空调形式以外，另一种形式的三级系统中，第一级 IEC 为辅助预冷段，它只为第二级主 IEC 提供二次空气。典型的机组是管式间接+筒式间接+直接的三级蒸发冷却空调机组。有研究表明[9]，在美国的凤凰城，干球温度为 42.8℃，湿球温度为 21.7℃，假设管式间接段冷却效率为 60%，直接段为 90%，系统出风温度为 18.1℃。若辅助 IEC 送出的冷空气中有一半成为主间接蒸发冷却器的一次空气，另一半成为二次空气，在同样的气候条件下，系统出风温度低于 16℃[9]。

2. IEC+IEC+DEC 三级蒸发冷却空调的应用

理论和实践表明，三级蒸发冷却空调方式可以将送风温度降至室外空气的湿球温度以下，在干燥地区甚至可以趋近于室外空气的露点温度[12]。因此，适用的地区更广，在室内舒适度要求较高的场所也完全能满足要求。

另一项研究[5]表明，该系统各功能段配备齐全，组合灵活。在不同的气象条件下开启不同的功能段，可以实现各种气象条件下的空气处理过程，实现分季节、分时段控制和调节。为简单表示不同功能段组合的效果，将冷却塔加盘管供冷的这一段称为表冷段，将板式间接蒸发冷却段称为板式间冷段，将直接蒸发冷却段称为直冷段。系统按以下方式运行的效果如下：

（1）表冷段+板式间冷段+直冷段

图 8-21 和图 8-22 是在不同的进口状态下三段全开的制冷效果。

从图 8-21 和图 8-22 可看出，当进口湿球温度不变时，出口空气干球温度随进口干球温度的增加反而降低，温降增大。这是因为湿球温度不变，干球温度增加的同时增强了空气与水之间热湿交换的推动力。对于给定的 DEC 和 IEC，效率不随进口干、湿球温度变化。因此，进口干、温球温差增大，温降也增大。

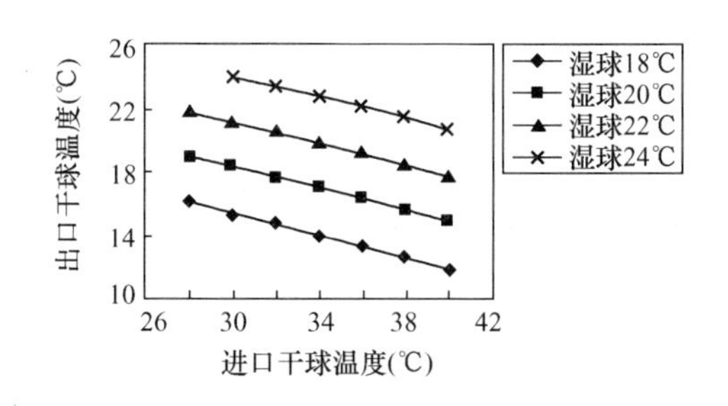

图 8-21　三级蒸发冷却送风状态

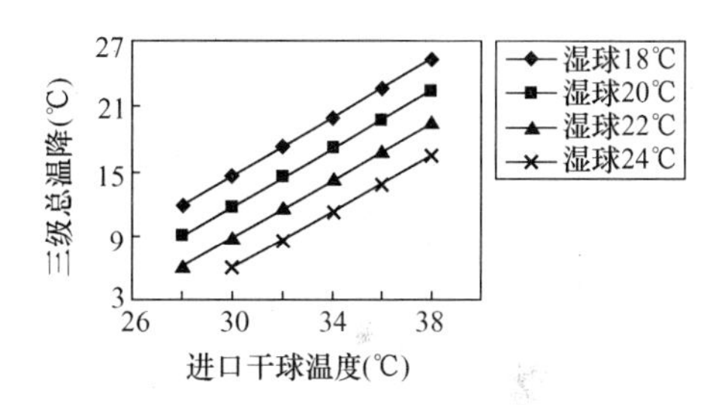

图 8-22　三级蒸发冷却空气温降

当室外空气湿球温度 $t_{wb} \leqslant 18$℃，干球温度 $t_{db} > 28$℃时，系统送风温度 t 达到 16℃以下，完全可以替代传统机械制冷空调，适用于室内设计温、湿度要求较高的场所。

当 $t_{wb}=20$℃，送风温度 $t<19$℃时，对于舒适性空调，适当提高送风量也可满足舒适性要求。

当 $t_{wb}=22$℃，$t_{db}>30$℃时，送风温度 $t<21$℃。这种系统只能用于室内温度稍高（28～29℃）及湿度稍大（<70%）的场合。

当 $t_{wb}=24$℃，$t_{db}>32$℃时，机组温降>8℃。此时，可以通过对机组进行优化设计或辅助其他手段来提高其冷却能力，但需要对系统进行运行能耗和经济性分析。

（2）板式间冷段+直冷段

图 8-23 和图 8-24 是在不同进口状态下开启板式间冷段和直冷段的效果。

对比图 8-21 和图 8-23，后者的曲线比前者平缓。当干球温度在 28～40℃之间变化时，送风温度变化在 3℃以内。相对于干球温度，湿球温度对送风状态的影响显著。

当 $t_{wb} \leqslant 20$℃，$t_{db}>30$℃时，板式间冷段+直冷段的组合可以为用户提供 19℃以下的新鲜空气，维持舒适的室内环境。

当 $t_{wb} \geqslant 22$℃时，这种组合不能满足一般的舒适性空调要求。

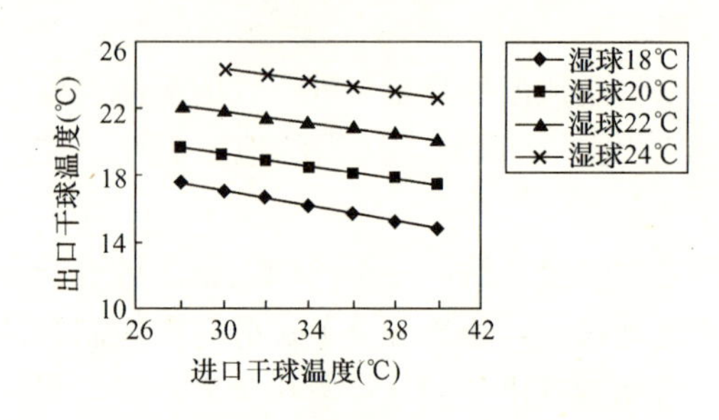

图 8-23　板式间接段＋直冷段送风状态

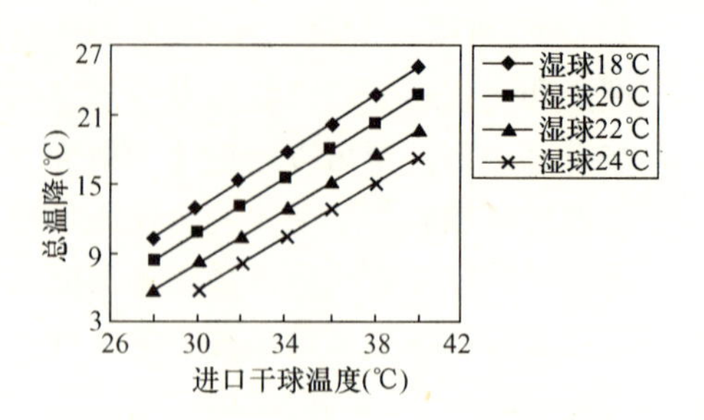

图 8-24　板式间冷段＋直冷段温降

(3) 表冷段＋直冷段

图 8-25 和图 8-26 是在不同进口状态下开启表冷段和直冷段的效果。

图 8-25 与图 8-21 和图 8-23 相比，送风温度曲线更为平缓，送风温度变化在 2℃以内；而湿球温度每增加 2℃，送风温度提高约 2.3℃。由此可见，湿球温度对这种系统送风温度的影响较前两者大。

图 8-25、图 8-26 与图 8-23、图 8-24 相似，说明表冷段＋直冷段的组合与板式间冷段＋直冷段的组合效果差异不大。当 t_{wb}＜18℃时，送风温度 t＜18℃，能满足舒适性空调要求。

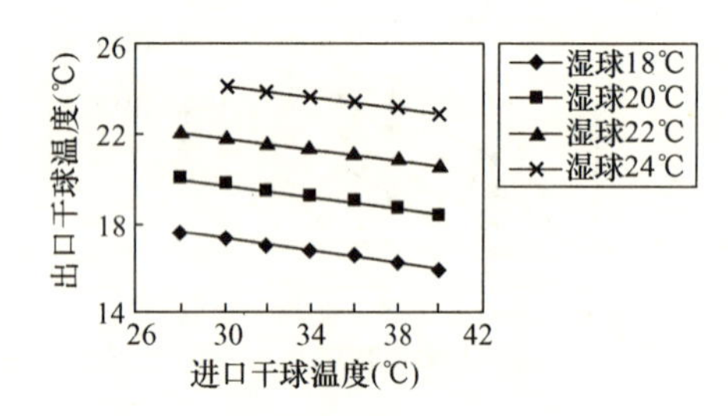

图 8-25　表冷段＋直冷段送风状态

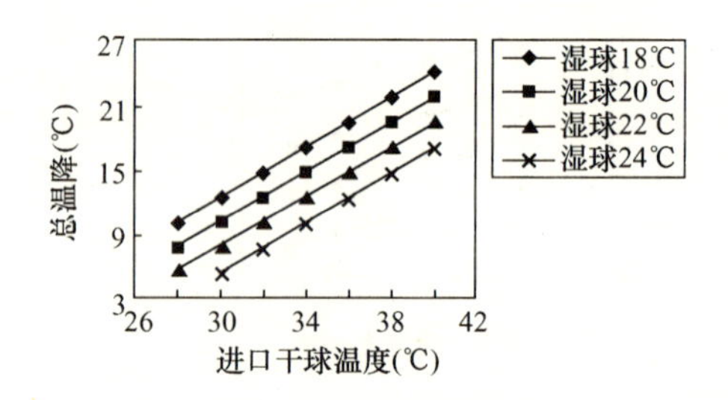

图 8-26　表冷段＋直冷段温降

(4) 几种运行方式的对比

图 8-27 是上述三种组合方式在相同进口条件下的冷却效果。将表冷段＋板式间冷段＋直冷段的组合称为方式一，板式间冷段＋直冷段的组合称为方式二，表冷段＋直冷段的组合称为方式三。

图 8-27 明显地表示出三级系统和二级系统供冷效果的差异。由于增加了预冷段，三级系统的送风温度低于二级系统。随着进口干球温度的增加，三级和二级系统送风温度的差值增大，预冷段的作用更显著。当进口干、湿球温差减小时，三种运行方式送风温度的差值减小。因此，这种三级系统适宜在室外空气干、湿球温差较大的地区使用。

方式二和方式三出口温度曲线很接近。方式三的出口温度比方式二略高，这是因为冷却塔加表冷器的间接蒸发预冷段效率比板式间接蒸发冷却段低。

对比图 8-27 中的三幅图，随着进口湿球温度升高，方式一与方式二的送风温度曲线越接近，预冷段的作用则减弱。

根据上述三种组合方式所能提供的送风温度，若室内设计温度为 27℃，相对湿度不超过 60%，以不小于 6℃的送风温差作为适用范围（对应送风温度 t＜21℃），以不小于 9℃的送风温差作为适宜范围（对应送风温度 t＜18℃），则可绘出影响三级系统和两级系

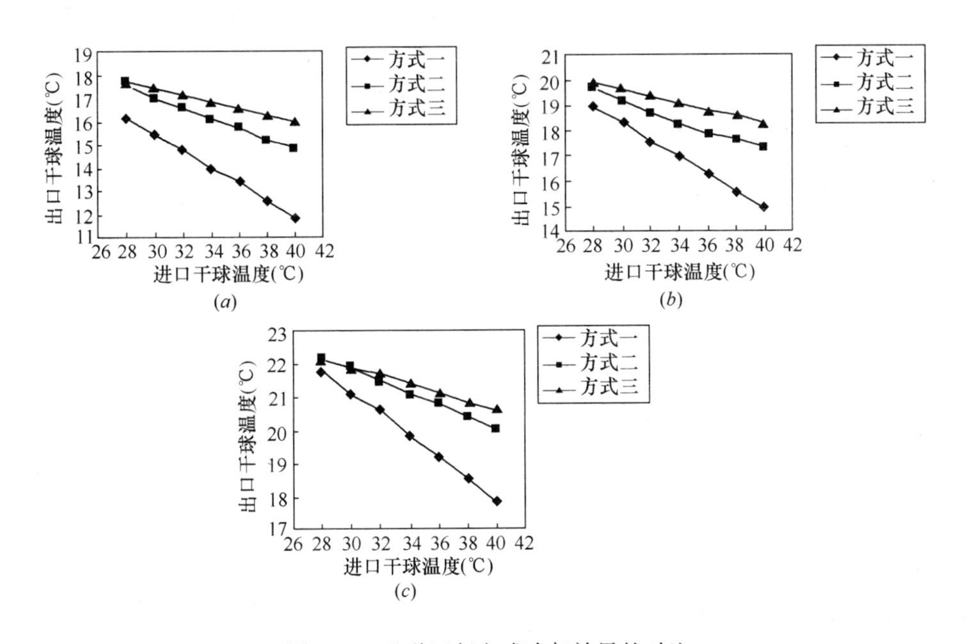

图 8-27 几种运行方式冷却效果的对比

(a) 进口湿球温度=18℃；(b) 进口湿球温度=20℃；(c) 进口湿球温度=22℃

统使用的气象条件。由于方式二和方式三的效果相差不大，以方式二作为二级系统与三级系统进行比较，如图 8-28 所示。

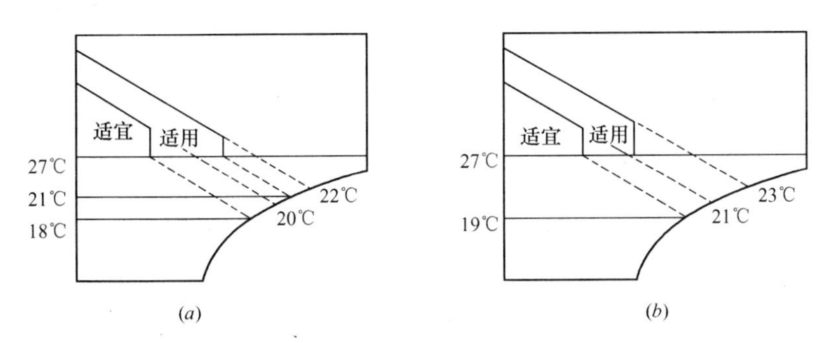

图 8-28 二级系统与三级系统使用范围的比较

(a) 二级系统；(b) 三级系统

图 8-28 在焓湿图上表示出二级系统和三级系统适宜和适用的范围。对于二级系统，如图 8-28 (a) 所示，适宜使用在湿球温度低于 20℃的地区，如我国新疆、青海及甘肃部分地区；适用于湿球温度低于 22℃的地区，如云南、宁夏、内蒙等地。

对于三级系统，如图 8-28 (b) 所示，适宜使用在湿球温度低于 21℃的地区，如我国新疆、青海、甘肃、内蒙等地区；适用于湿球温度低于 23℃的地区，如云南、贵州、宁夏、黑龙江北部、陕西北部的榆林、延安等地。

从焓湿图上来看，三级系统比二级系统的适用范围更广。当湿球温度低于 18℃时，三级系统甚至可以完全替代传统机械制冷，用于室内设计温度低或湿负荷较大的空调场所。

文献［12］介绍了新疆乌鲁木齐市某培训中心选用三级蒸发冷却空调在不同运行方式

下的降温效果。该培训中心主要负责各类培训及会议的接待等。按照星级酒店的标准装修，室内空气设计参数按照星级酒店的标准和规范进行设计。机组夏季送风量为40000m^3/h，机组总用电功率为26.1kW。

表8-9是不同运行方式的出风状态和温降。表中一级形式1为冷却塔表冷段单独运行；一级形式2为板翅式间接蒸发冷却段单独运行；一级形式3为直接蒸发冷却段单独运行；两级组合1为冷却塔表冷段＋板翅式间接蒸发冷却段运行方式；两级组合2为板翅式间接蒸发冷却段＋直接蒸发冷却段的两级蒸发冷却运行方式；三级指冷却塔表冷段、板翅式间冷段、直冷段全开方式。

乌鲁木齐市某培训中心三级蒸发冷却空调系统实际运行情况 **表8-9**

测试项目	干球平均温度（℃）	湿球平均温度（℃）	干球平均温降（℃）	测试时刻
室外气象条件	31.5	18.3		16：30
一级形式1	22.1	15.1	9.4	16：30
一级形式2	21.5	15.3	10	17：00
一级形式3	20	19.3	11.5	17：00
两级组合1	19	13.6	12.5	17：30
两级组合2	17	15.8	14.5	17：00
三　级	14.6	13.6	16.9	17：30
室内空气系数	23	16.5	8.5	17：30

注：测试时间为2004年8月24日。

测试数据表明，在一级冷却中，冷却塔表冷段和板翅式间接蒸发冷却段的冷却效果接近，出风干球温度下降，含湿量不变，为等湿冷却过程。一级直接蒸发冷却段出风干球温度与湿球温度几乎相等，出风接近饱和，说明冷却效率（饱和效率）很高，为绝热等焓加湿过程。冷却塔表冷段＋板翅式间接蒸发冷却段的两级组合在等湿冷却的基础上，出风干球温度已经接近进风的湿球温度。板翅式间接蒸发冷却段＋直接蒸发冷却段的两级蒸发冷却的出风温度为17℃，已经低于进风的湿球温度（18.5℃）。而冷却塔表冷段＋板翅式间接蒸发冷却段＋直接蒸发冷却段的三级蒸发冷却的出风温度为14.5℃，已经远低于进风的湿球温度（18.5℃），趋近于进风的露点温度（10℃）。

8.3.2.2 IEC、DEC与机械制冷复合的三级系统

辅助机械制冷可以为室内提供舒适环境而无需考虑室外湿球温度，因为它和消除室内总冷负荷的机械制冷设备的容量没有关系。当需要增加机械制冷段时，该段既可设在直接蒸发冷却段的上游又可放在它的下游。这样就有以下两种形式。

1. IEC＋DEC＋机械制冷表冷器

将机械制冷段装在直接段的下游是复合系统常见的做法，其结构原理图见图8-29。在这种布置中，需要谨慎选择和调节，以控制机械制冷段的除湿量不能比直接蒸发冷却段的加湿量还大。在设计过程中，对整个机组静压损失的分析对维持系统最佳压力损失和整个系统效率是至关重要的。如果室内湿度水平变得令人不舒适，那么必须限制进入送风气流中水蒸气的量以控制室内湿度。在设计相对湿度上限很重要的地方，使用寿命和成本分析

对设计间接冷却段和机械制冷段是有用的。这种复合系统可控制部分包括机械制冷段的冷冻水或制冷剂流量，其余和IEC+DEC二级系统的要求相同。

由于机械制冷段需要一个较低的盘管表面温度来冷凝由直接蒸发冷却器所吸入的水蒸气，所以其运行效率较低。然而，就整体而言，DEC装在机械制冷段前可节约电能。

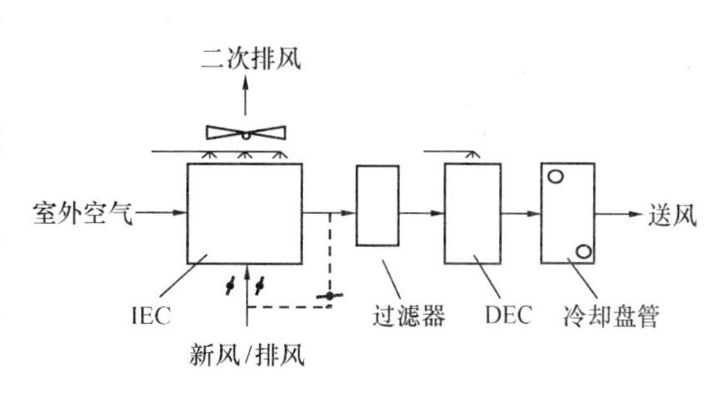

图8-29　与机械制冷结合的三级蒸发冷却系统

某项研究对一台IEC/DEC与机械制冷复合的三级蒸发冷却机组的经济性进行了评价[2]。该机组第一级为直接淋水式热管间接蒸发冷却器，采用室内回风作为二次空气。机械制冷的冷凝盘管装在间接段二次排风机的下游，由潮湿、低温的二次排风带走它的冷凝热。直接蒸发式（DX）机械制冷盘管作为机组的最后一级，当二级蒸发冷却系统不能达到设计供冷量时，机械制冷段为室内提供所需的送风。该研究使用加利福尼亚州斯托克顿市，ASHRAE夏季0.4%的室外同期设计干球温度。该系统有以下优点：

(1) 建筑物回风的湿球温度比室外空气更容易预测也更稳定（15.5～18℃），可用于第一级间接蒸发冷却。白天大多数建筑内吸收的水汽提高了第一级的冷却效果。

(2) 将冷凝盘管安装在热管式间接蒸发冷却段的排风侧比装在室外空气环境中更能有效排除冷凝热。

(3) 降低冷凝温度，提高压缩机容量，延长压缩机寿命，降低能耗。

(4) 集中的制冷站或远处的冷水机组以及管线的费用都降低。

(5) 一旦压缩机故障，蒸发冷却装置能代替机械制冷供冷。

(6) 在加利福尼亚州这种半干燥气候条件下，该系统能使机械制冷峰值负荷降低14%～40%。

(7) 压入式送风机和抽出式排风机的设计使送风机发热量对DX冷却系统的附加影响降低；应用在医院和实验室这类场所时，能减少送风机和排风机的交叉污染；减少风机噪声在建筑物风系统的传递。

2. IEC+机械制冷表冷器+DEC

这种方式将机械制冷段放在直接蒸发冷却段之前，提高了该段的运行效率。送风温度较方式1低，可节省风机、管道及风口的初投资。但由于盘管长期处于干工况条件下，故盘管体积较大。文献[9]对美国4座城市采用间接/直接/机械制冷三级系统的能耗进行了分析，见表8-10。该三级系统中间接段采用管式间接蒸发冷却器。

4座城市采用三级蒸发冷却系统的能耗比较　　表8-10

	阿尔伯克基	图　森	芝加哥	萨凡纳
冷吨小时数	108864	177485	68155	183587
间接冷却（%）	47%	41%	30%	13%
直接冷却（%）	22%	22%	12%	2%

续表

	阿尔伯克基	图　森	芝加哥	萨凡纳
蒸发冷却（%）	69%	63%	42%	15%
机械制冷（%）	31%	37%	58%	85%
蒸发（kW/ton）	0.31	0.22	0.81	0.89
制冷（kW/ton）	1.46	1.46	1.46	1.46
总量（kW/ton）	0.66	0.68	1.19	1.37

从总量（kW/ton）中减去相应的机械制冷（kW/ton）就得到了大概的节电量。如果把其他费用也算进去，这种三级系统虽然不能用于潮湿的萨凡纳，但在芝加哥也许是合算的。因此它在没有海风的任何地方都能提供良好的服务。

在决定是否增加机械制冷段时应考虑以下因素：

（1）当室内显热比增加时，为维持给定室内状态的送风温度也降低。

（2）当送风温度升高时，送风量也必须增大以维持空间温度，这导致空气侧初投资增加，风机功率提高。

（3）室内要求的干球温度降低需要加大送风量。对给定的室内显热比，室内干球温度下降会引起相对湿度超出舒适区。

（4）唯一要关心的是0.4%的空气进口设计状态（干球/平均湿球）。还应考虑部分负荷状况以及极端湿球温度（程度和时间）的影响。平均湿球温度决定了间接/直接系统的能耗。然而，应注意较高的湿球状态点已确定它们对室内温度的影响。

对三级系统而言，消耗最少能量获得最大收益的理想条件是：显热比为90%或以上，送风温度为16℃，室内设计干球温度为25.5℃。在很多时候需要机械制冷段维持令人满意的干球温度和相对湿度。

由IEC＋机械制冷表冷器＋DEC组成的三级蒸发冷却空调机组如图8-30所示。

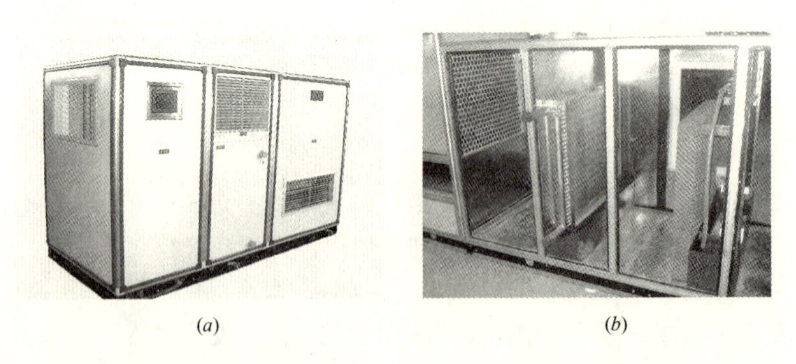

(a)　　　　(b)

图8-30　IEC＋机械制冷表冷器＋DEC三级蒸发冷却空调机组

(a) 三级蒸发冷却空调机组外形照片；(b) 三级蒸发冷却空调机组内部功能段照片

8.3.3　四级蒸发冷却系统

多个间接蒸发冷却器串联，理论上可使一次空气出口温度趋近于露点温度，若在其后串联机械制冷段或直接蒸发冷却段则使送风温度更低。

NeilEskra[14] 提出了一种采用管式间接冷却器的四级蒸发冷却系统。他在三级系统的基础上增设一个辅助间接冷却器，预冷第一级间接冷却器的二次空气，如图8-31所示。

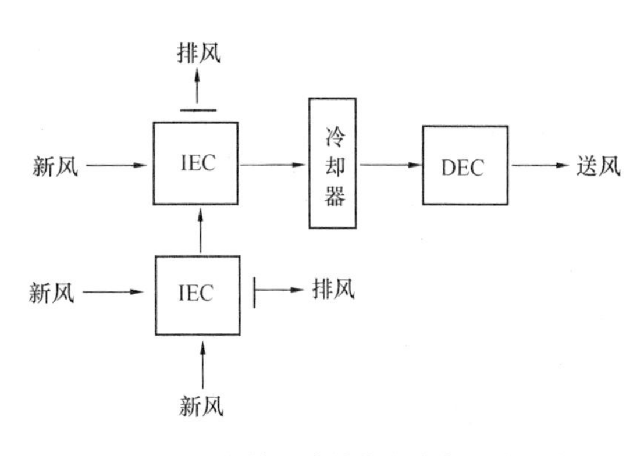

图 8-31 四级间接—直接蒸发冷却系统示意图

此外，包含两个冷却塔/盘管组件的紧凑式四级系统也由美国新墨西哥州的 Courtesy of Aztec International，Ltd. 生产出来，并列出了二级、三级和四级系统的能效比。数据显示，带有小风机的四级系统能效比最高[9]。

图 8-32 和图 8-33 分别是由热管间接蒸发冷却段、管式间接蒸发冷却段、机械制冷表冷段及直接蒸发冷却段所组成的四级蒸发冷却空调机组结构示意图和实物图。

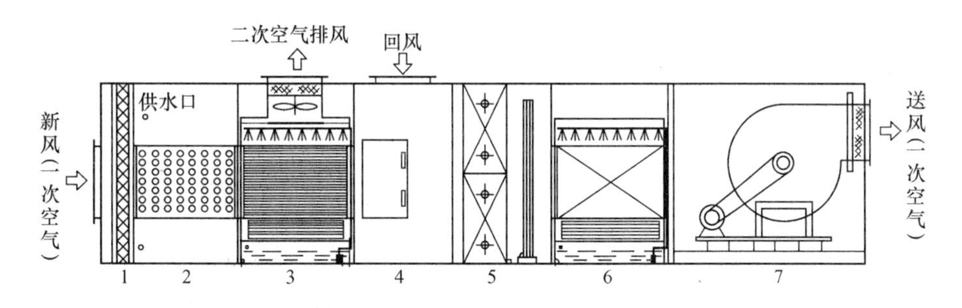

图 8-32 四级间接—直接—机械制冷蒸发冷却空调机组结构示意图

1—粗效过滤段；2—热管间接蒸发冷却段；3—管式间接蒸发冷却段；4—回风段；5—表冷段；6—直接蒸发冷却段；7—送风段

图 8-33 四级间接—直接—机械制冷蒸发冷却空调机组实物图

8.4 集中式蒸发冷却空调系统设计

8.4.1 设计要点

1. 舒适性问题

人体舒适与否与人体周围的气流速度紧密相关，在其他条件不变的情况下，蒸发冷却空调系统的送风量一般较传统机械制冷空调系统的送风量大，室内空气流速相应也大。根据 ASHRAE Systems Handbook（1980）舒适图介绍，蒸发冷却空调系统室内空气设计干球温度比传统空调系统的温度舒适区高 2～3℃。

2. 湿度问题

在餐厅、舞厅、会议厅等高密度人流场所工程中，直接蒸发换热效率太高（$E \geqslant 90\%$），会使室内湿度太大，造成人体的不舒适，这是人们对蒸发冷却空调经常提出的一个质疑。为避免室内湿度过大，采用多级蒸发冷却，降低了送风的含湿量，增强了送风的除湿能力，可有效降低室内相对湿度。在对湿度精度要求很高的系统中，选用室内湿度传感器（H7012A）可准确控制室内空气相对湿度。

3. 冬季使用问题

为满足冬季室内新风量的要求，由蒸发冷却空调机组提供经过滤加湿的预热新风，并对回风进行处理，以保持室内空气品质的良好。需要指出的是，在冬季室内热负荷由专门的采暖系统来承担，蒸发冷却空调机组只起到新风换气和净化回风的作用。进出蒸发冷却空调机组加热器的热水温度一般为 60～50℃或 95～70℃。全年使用的二级、三级蒸发冷却空调机组在二次排风处必须设密封效果好的密闭阀门。

4. 送风量问题

不得按一般资料介绍的换气次数法确定系统送风量，其大小与建筑物性质、室外空气状态、舒适性空调，蒸发冷却空调机组处理空气的送风状态等因素相关，应根据热湿平衡公式进行准确计算。

由于蒸发冷却空调的送风温度由当地的干湿球温差决定，从对中国西北地区适宜或适用蒸发冷却空调的计算来看，理论送风温度绝大多数在 16～20℃之间，详见表 8-11，这样必然使得室内空气流速较大，但同时弥补了送风温差较小带来舒适度不高的缺陷。

中国西北地区适宜或适用蒸发冷却空调的范围　　**表 8-11**

地区参数范围	送风温度	所属类别	备　注
$t_s \leqslant 20$℃，$t_g > 28$℃	16℃以下	适　宜	用于室内设计温度较高的场所
20℃$< t_s <$23℃	19℃以下	适　用	一般舒适性空调
$t_s = 23$℃，$t_g > 30$℃	21℃以下	可　用	只能用于室内温度稍高（28～29℃）及湿度稍大（<70%）的场所

5. 能效比的问题

一般来讲，蒸发冷却空调的能效比是机械制冷空调的 2.5～5 倍。从技术经济和工程实践角度考虑，应尽可能地采用二级蒸发冷却空调系统，对室内空气舒适度要求较高的场所，可以采用三级或多级蒸发冷却空调系统。

6. 间接蒸发冷却器的一、二次风量比的问题

一、二次风量比对间接蒸发冷却器的效率影响较大，实践表明，二次风量为送风量的 60%～80%之间时，换热效率较高，系统运行最经济，所以总进风量应考虑为送风量的 1.6～1.8 倍。目前工程中常用的二次风参数与一次风参数相同，但是当室内回风焓值小于一次风焓值时，可以考虑用回风作为二次风，效果会更好。也就是二次进风口与回风管相连，此时间接蒸发冷却器的总送风量就是实际的送风量。

7. 热回收问题

一般情况下，蒸发冷却空调系统采用全新风直流式，当夏季室外空气焓值大于要求的室内空气焓值时，利用排风作二次空气冷却一次空气，在冬季采用排风对新风进行预热，以达到热回收的目的，利于节能。

8. 机房设计问题

蒸发冷却机房设计需要配合的专业有电气、给水排水、土建，特别是多级蒸发制冷。机房设计时，除要考虑机组的新风进口、送风、冬季回风的土建配合外，还必须考虑二次空气的进口与排风的土建配合（二次空气大概为送风量的 60%，则新风进口应考虑 1.6 倍送风量）。

9. 设计参数的选择问题

（1）蒸发冷却器的迎面风速一般采用 2.2～2.8m/s，通常 $1m^2$迎风面积按 $10000m^3/h$ 设计，即对应的额定迎面风速为 2.7m/s。

（2）蒸发冷却空调送风系统风管内的风速：主风管 6～8m/s，支风管 4～5m/s，末端风管 3～4m/s。

（3）蒸发冷却空调送风系统送风口喉部平均风速：4～5m/s 设计。送风口出口风速按居室 4～5m/s，办公室、影剧院 5～6m/s，储藏室、饭店 6～7m/s，工厂、商场 7～8m/s。

（4）蒸发冷却空调房间的换气次数：一般环境 25～30 次/h，人流密集的公共场所 30～40 次/h，有发热设备的生产车间 40～50 次/h，高温及有严重污染的生产车间 50～60 次/h。在较潮湿的南方地区，换气次数应适当增加，而较炎热干燥的北方地区则可适当减少换气次数。

（5）直接蒸发冷却器的淋水密度按 6000kg/（m^2・h）设计；间接蒸发冷却器的淋水密度按 16kg/（m^2・h）设计。

8.4.2　设计步骤和设计实例

8.4.2.1　一级蒸发冷却空调系统

1. 设计步骤

在设计选型时，首先确定夏季室外空气状态点 W_x（t_{Wx}，t_{Ws}），见图 8-34，然后从 W_x作等焓线与 $\varphi=95\%$等相对湿度线相交于 L_x点（机器露点，送风状态点）。通过 L_x点作空调房间的热湿比线 $\varepsilon_x=\frac{\sum Q}{\sum W}$，该线与过室内设计温度 t_{Nx}的等温线相交于 Nx，该点为一级直接蒸发冷却可实现的室内空气状态点。检查室内空气的相对湿度 φ_{Nx}是否满足要求，送风温差 $\Delta t_o=t_{Nx}-t_{Lx}$是否符合规范要求。如果符合，则焓湿图绘制毕。

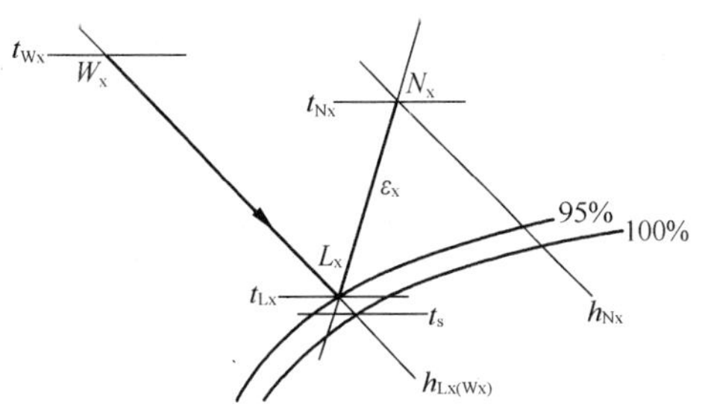

图 8-34　一级蒸发冷却系统夏季空气处理过程

空气处理过程：

$$W_x \xrightarrow[\text{直接蒸发冷却器}]{\text{绝热加湿}} L_x \xrightarrow{\varepsilon} N_x \longrightarrow \text{排至室外}$$

空调房间的送风量 q_m（kg/s）：

$$q_m = \frac{\sum Q}{h_{Nx} - h_{Lx}}$$

直接蒸发冷却器处理空气所需显热冷量 Q_0（kW）：

$$Q_0 = q_m C_p (t_{Wx} - t_{Lx})$$

式中　$C_p = 1.01$kJ/（kg·K）；

t_{Wx}、t_{Lx}——夏季室外干球温度、夏季机器露点温度,℃。

直接蒸发冷却器的加湿量 W（kg/s）：

$$W = q_m \left(\frac{d_{Lx}}{1000} - \frac{d_{Wx}}{1000} \right)$$

2. 设计实例

西藏自治区昌都市一办公楼，室内设计状态参数为：$t_{Nx}=24$℃，$\varphi_{Nx}=60\%$，夏季室外空气设计状态参数为：$t_{Wx}=26$℃，$d_{Wx}=11.22$g/kg 干空气，$t_{Ws}=14.8$℃。室内余热量为 100kW，室内余湿量为 36kg/h（0.01kg/s）。求采用一级直接蒸发冷却空调的换热效率，送风量与制冷量。

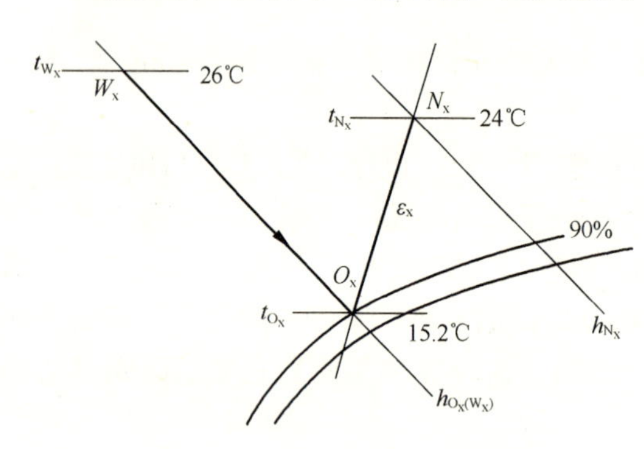

图 8-35　单级蒸发冷却例题焓湿图

（1）确定 W_x点。过 W_x画等焓线与 $\varphi=90\%$线交于 O_x点，该点为机器露点，也是送风状态点。过 O_x点作 $\varepsilon=\frac{\sum Q}{\sum W}=\frac{100}{0.01}=10000$kJ/kg 线与室内设计温度 $t_{Nx}=24$℃交于 N_x点（图 8-35）。经查 $P=68133$Pa 的焓湿图知，$t_{Ox}=15.2$℃，$d_{Ox}=15.729$g/kg 干空气。

（2）直接蒸发冷却空调的换热效率：

$$\eta_{DEC} = \frac{t_{Wx} - t_{Ox}}{t_{Wx} - t_{Ws}} = \frac{26 - 15.2}{26 - 14.8} = 0.96$$

（3）送风量：

$$q_m = \frac{\sum Q}{h_{Nx} - h_{Ox}} \approx \frac{\sum Q_{显}}{c_p (t_{Nx} - t_{Ox})} = \frac{100}{1.01 \times (24 - 15.2)} \text{kg/s} = 11.25 \text{kg/s}$$

（4）制冷量：

$$\begin{aligned} Q &= q_m c_p (t_{Wx} - t_{Ox}) \\ &= 11.25 \times 1.01 \times (26 - 15.2) \text{kW} \\ &= 122.7 \text{kW} \end{aligned}$$

8.4.2.2　*二级蒸发冷却空调系统*

1. 设计步骤

首先确定室内空气状态点 N_x（t_{Nx}，φ_{Nx}）（图 8-36）和夏季室外空气状态点 W_x（t_{Wx}，t_{Ws}），过 N_x点作空调房间的热湿比线 $\varepsilon_x=\frac{\sum Q}{\sum W}$，该线与 $\varphi=95\%$线相交于 L_x点，该点为机器露

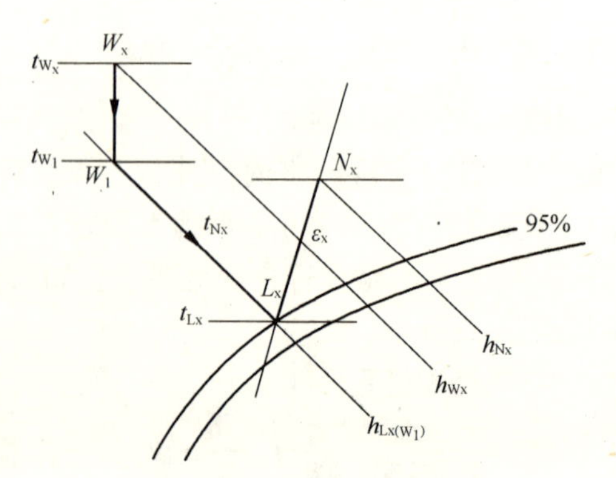

图 8-36　二级蒸发冷却系统夏季空气处理过程

点和送风状态点。从 W_x点向下作等焓湿量线，从 L_x点作等焓线，这两条线相交于 W_1点，该点为室外新风经间接蒸发冷却器后的状态点，也是进入直接蒸发冷却器的初状态点。

空气处理过程：

$$W_x \xrightarrow[\text{间接蒸发冷却器}]{\text{等湿冷却}} W_1 \xrightarrow[\text{直接蒸发冷却器}]{\text{绝热加湿}} L_x \xrightarrow{\varepsilon} N_x \longrightarrow \text{排至室外}$$

空调房间的送风量 q_m（kg/s）：

$$q_m = \frac{\sum Q}{h_{Nx} - h_{Lx}}$$

间接蒸发冷却器处理空气所需显热冷量 Q_{01}（kW）：

$$Q_{01} = q_m(h_{Wx} - h_{Lx})$$

直接蒸发冷却器处理空气所需显热冷量 Q_{02}（kW）：

$$Q_{02} = q_m c_p(t_{Wx1} - t_{Lx})$$

式中，c_p=1.01kJ（kg・K）。

2. 设计实例

已知乌鲁木齐市某二层高级办公楼 1800m²，其室内设计参数为：t_{Nx}=26℃，φ_{Nx}=60%，h_{Nx}=61.2kJ/kg。乌鲁木齐市室外干球温度 t_{Wx}=34.1℃，湿球温度 t_{Ws}=18.5℃，室外空气焓值 h_{Wx}=56.0kJ/kg，经计算夏季室内冷负荷 Q=126kW，室内散湿量 W=45kg/h（0.0125kg/s），热湿比 $\varepsilon=Q/W$=10080kJ/kg。确定夏季机组功能段，并求系统送风量及设备总显热制冷量。

（1）空气处理过程及焓湿图图（图 8-37）：根据已知条件，室外空气焓值小于室内焓值，故采用直流式系统。

室外状态 W_x（t_{Wx} = 34.1℃，t_{Ws} = 18.5℃）等含湿量冷却处理至 W_1（tw_1 = 28.5℃，h_{w1}=50.2kJ/kg，$t_{w_{1s}}$=16.9℃）点，再经绝热加湿处理至与 ε 线相应的机器露点 L_x，此点即是送风状态点 O_x（t_{O_x}=18.1℃，$h_{O_x}=h_{W_1}$，$t_{O_s}=t_{W_1s}$）。

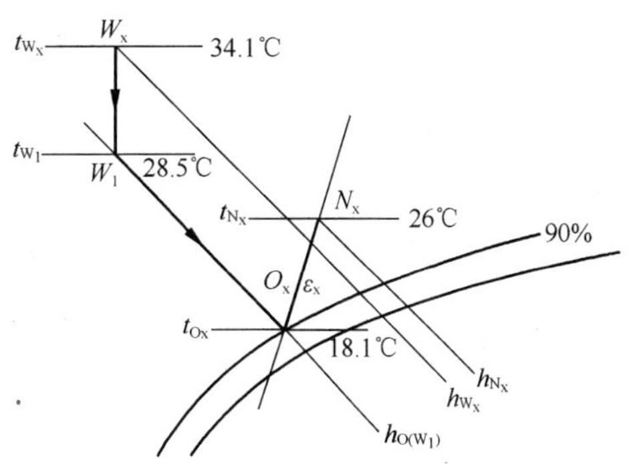

图 8-37　二级蒸发冷却例题焓湿图

W_x—W_1 换热效率：

$$\eta_{IEC} = (t_{w_x} - t_{w_1})/(t_{w_x} - t_{w_s}) = (34.1 - 28.5)/(34.1 - 18.5) = 0.36$$

所以选择间接蒸发冷却段或者冷却塔空气冷却器冷却段都可以。

W_1—O_X点为绝热加湿过程，选用直接蒸发冷却段即可，相应的加湿换热效率：

$$\eta_{DEC} = (t_{w_1} - t_{O_x})/(t_{w_1} - t_{w_1 s}) = (28.5 - 18.1)/(28.5 - 16.9) = 90\%$$

符合要求。

机组功能段为：混合进风段—过滤段—空气冷却器段—中间段—间接蒸发冷却段—中间段—直接蒸发冷却段—中间段—风机段；或为混风进风段—过滤段—冷却塔空气冷却器段—中间段—直接蒸发冷却段—中间段—风机段。

（2）系统送风量：

$$q_m = \frac{\sum Q}{h_{Nx} - h_{Ox}} = \frac{126}{(68 - 50.2)}\text{kg/s} = 11.9\text{kg/s}$$

(3) 总显热冷量：

1) 由于 W_x-W_1 过程的换热效率 $E=0.36$，其显热冷量按下式计算：

$$Q_1 = q_m c_p(t_{w_x} - t_{w_1}) = 11.9 \times 1.01 \times (34.1 - 28.5)\text{kW} = 67.3\text{kW}$$

2) W_1-O_X 点的冷却加湿过程显热量应按公式计算：

$$Q_2 = q_m c_p(t_{w_1} - t_{O_x}) = 11.9 \times 1.01 \times (28.5 - 18.1)\text{kW} = 125.0\text{kW}$$

机组提供的总显热量：$Q_0 = Q_1 + Q_2 = (67.3 + 125.0)\text{kW} = 192.3\text{kW}$

8.4.2.3 三级蒸发冷却空调系统

1. 设计步骤

首先确定室内空气状态点 N_x（t_{Nx}，φ_{Nx}）（图 8-38）和夏季室外空气状态点 W_x（t_{Wx}，t_{Ws}），过 N_x 点作空调房间的热湿比线 $\varepsilon_x = \frac{\sum Q}{\sum W}$，该线与 $\varphi=95\%$ 线相交于 L_x 点，该点为机器露点和送风状态点。从 W_x 点向下作等含湿量线，从 L_x 点作等焓线，这两条线相交于 W_2 点。

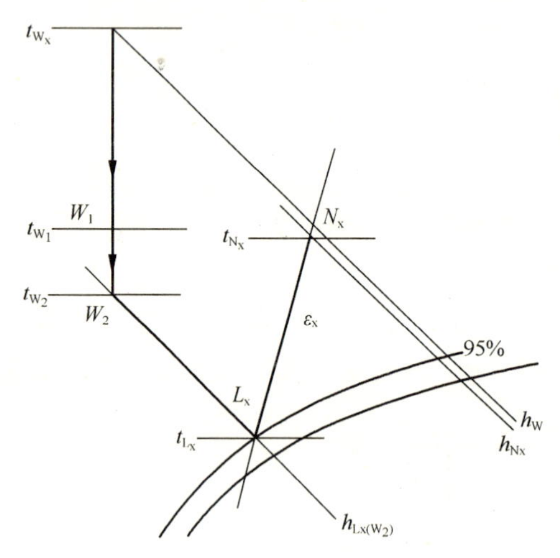

图 8-38 三级蒸发冷却系统夏季空气处理过程

计算 W_x-W_2 点的冷却效率。该值若低于60%，则采用二级蒸发冷却系统；反之，采用三级蒸发冷却系统。

根据冷却塔空气冷却器或板翅式间接蒸发冷却器的冷却能力确定第一级蒸发冷却段的终状态点 W_1。

计算 W_1-W_2 点的冷却效率并校核其是否满足第二级蒸发冷却段的冷却能力。若满足，则可采用三级蒸发冷却系统；若不满足，则采用四级或与机械制冷相结合的形式。风量和冷量的计算方法同二级蒸发冷却系统。

三级蒸发冷却空调的空气处理过程：

$$W_x \xrightarrow[\text{第一级间接蒸发冷却器}]{\text{等湿冷却}} W_1 \xrightarrow[\text{第二级间接蒸发冷却器}]{\text{等湿冷却}} W_2 \xrightarrow[\text{直接蒸发冷却器}]{\text{绝热加湿}} L_x \xrightarrow{\varepsilon} N_x \longrightarrow \text{排至}$$

室外

2. 设计实例

其他条件同第 8.4.2.2 节例题，仅提高室内舒适标准：$t_{Nx}=25℃$，$\varphi_{Nx}=55\%$，$h_{Nx}=55\text{kJ/kg}$。确定夏季机组功能段，并求系统送风量及设备总显热制冷量。

(1) 空气处理过程及焓湿图（图 8-39）：根据已知条件，室外空气焓值（$h_{wx}=56.0\text{kJ/kg}$）与室内焓值（$h_{Nx}=55.0\text{kJ/kg}$）几乎相等，可以使用100%新风。

假设机组提供的冷量能满足最大冷量要求，送风状态点 O_x（$t_{Ox}=15.5℃$，$h_{Ox}=43.0\text{kJ/kg}$，$t_{Os}=14.6℃$）仍为机器露点 L。室外状态 W_x（$t_{wx}=34.1℃$，$t_{ws}=18.5℃$）等含湿量冷却处理至 W_2（$t_{w_2}=22.3℃$，$h_{w_2}=h_{O_x}$，$t_{w_2s}=t_{O_s}$）点，经绝热加湿至送风状态 O_x。

W_x-W_2 点的冷却效率：

$$\eta_{IEC} = (t_{w_x} - t_{w_2})/(t_{w_x} - t_{w_s}) = (34.1 - 22.3)/(34.1 - 18.5) = 76.1\% > 60\%$$

所以仅靠间接蒸发冷却段处理空气，制冷能力难以达到，要靠三级蒸发冷却处理空气才能把室外空气处理至送风状态点。根据冷却塔空气冷却器冷却段处理空气的终状态 W_1（$t_{w_1}=26.5℃$，$t_{w_1 s}=16.4℃$，$h_{w_1}=48.0kJ/kg$），相应换热效率为：

$$\eta_{IEC}=(t_{w_1}-t_{w_2})/(t_{w_1}-t_{w_1 s})$$
$$=(26.5-22.3)/(26.5-16.4)$$
$$=41.6\%<60\%$$

已满足要求。机组功能段为：混合进风段、过滤段、冷却塔空气冷却器段、中间段、间接蒸发冷却段、中间段、直接蒸发冷却段、中间段、风机段。

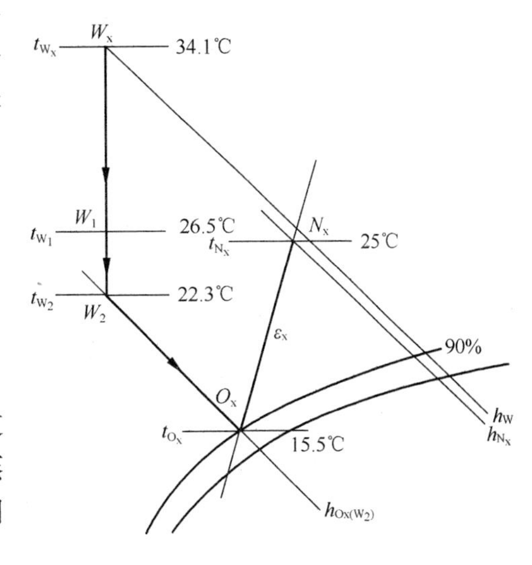

图 8-39　三级蒸发冷却例题焓湿图

（2）系统送风量：

$$q_m=\frac{\sum Q}{h_{N_x}-h_{O_x}}=\frac{126}{(55-43.0)}kg/s=10.5kg/s$$

（3）总显热冷量：

1）W_x—W_1的显热冷量：

$$Q_{O_1}=q_m c_p(t_{w_x}-t_{w_1})=10.5\times1.01\times(34.1-26.5)kW=80.6kW$$

2）W_1—W_2的显热冷量：

$$Q_{O_2}=q_m c_p(t_{w_1}-t_{w_2})=10.5\times1.01\times(26.5-22.3)kW=44.5kW$$

3）W_2-O_x 的显热冷量：

$$Q_{O_3}=q_m c_p(t_{w_2}-t_{O_x})=10.5\times1.01\times(22.3-15.5)kW=72.1kW$$

机组提供的总显热冷量：$Q_O=Q_{O_1}+Q_{O_2}+Q_{O_3}=(80.6+44.5+72.1)kW=197.2kW$。

参考文献

[1]　熊理．蒸发冷却组合式空调机组自控系统的研究［硕士］．西安工程大学，2010.

[2]　2007 ASHARE Handbook，HVAC Applications，American Society of Heating，Refrigerating and air conditioning，Engineers，Inc.，1791 Tullie Circle，N. E.，Atalanta，GA 30329.

[3]　2008 ASHARE Handbook，HVAC Systems and Equipment，American Society of Heating，Refrigerating and air conditioning，Engineers，Inc.，1791Tullie Circle，N. E.，Atalanta，GA30329.

[4]　黄翔，屈元，狄育慧．多级蒸发冷却空调系统在西北地区的应用．暖通空调．2004. 34（6）67-71.

[5]　屈元．多级蒸发冷却空调系统的理论与实验研究［硕士学位论文］．西安：西安工程大学，2003.

[6]　中国气象局气象信息中心气象资料室，清华大学建筑技术科学系．中国建筑热环境分析专用气象数据集．北京：中国建筑工业出版社，2005.

[7]　陈旸，姚杨，路亚俊等．对利用西北地区的自然条件，降低空调耗电量，减少 CFCs 污染问题的分析与研究．暖通空调．1993. 4：15-18.

[8]　刘鸣，张振东．几种典型冷源空调系统的运行费用比较．全国暖通空调制冷学术年会论文

集，2004.

[9] (美) 约翰·瓦特 (John R. Watt，P. E)，威尔·布朗 (Will K. Brown，P. E). 蒸发冷却空调技术手册. 黄翔，武俊梅，等，译. 北京：机械工业出版社，2008.

[10] 陈沛霖. 间接蒸发冷却在我国适用性的分析. 暖通空调，1994. (5)：3-5.

[11] 陆亚俊. 间接—直接蒸发冷却在空调中的应用. 暖通空调，1982. 12 (6)：37-40.

[12] 黄翔，周斌，于向阳，张新利等. 新疆地区三级蒸发冷却空调系统工程应用分析. 暖通空调，2005. 35 (7)：104-107.

[13] 楚新艳，孙国成，郭效富，谢荣生. 东方红世纪购物中心空调设计. 第2届中国勘察设计协会建筑环境与设备专业委员会大会文集，2007：218-221.

[14] Indirect/Direct Evaporative Cooling System，by Neil Eskra，Ashrae Journal，1980：21-25.

[15] 周彤宇，黄翔，吴志湘. 基于网络的蒸发冷却空调计算选型程序的研究. 暖通空调. 2007，37 (增刊)：297-301.

[16] 孙贺江，由世俊，涂光备. 空调用金属填料传热传质性能实验. 天津大学学报，2005，38 (6)：561-564.

[17] 陆耀庆，实用供热空调设计手册，第2版. 北京：中国建筑工业出版社，2008.

[18] 黄翔. 空调工程. 北京：机械工业出版社，2006.

[19] 张寅平，张立志，刘晓华等著. 建筑环境传质学. 北京：中国建筑工业出版社，2006.

[20] 张国强. 中国制冷空调暖通年鉴. 北京：中国环境科学出版社，2005.

[21] 黄翔，周斌，于向阳等. 新疆地区三级蒸发冷却空调系统工程应用分析. 暖通空调，2005，35 (7)，104-107.

[22] 祝大顺. 浅谈新疆某医院住院楼蒸发制冷空调系统. 制冷与空调，2004 (3)：50-53.

[23] 徐方成. 蒸发冷却与机械制冷复合空调机组的研究 [硕士学位论文]. 西安：西安工程大学，2009.

[24] 黄翔. 蒸发冷却新风空调集成系统. 暖通空调，2003，33 (5)：13-16.

[25] 熊军，刘泽华，宁顺清. 再循环蒸发冷却技术及其应用. 建筑热能通风空调，2005，(4)：41-44.

第9章　半集中式蒸发冷却空调系统

9.1　概述

在实际应用中，集中式蒸发冷却空调系统一般多采用全新风的直流式空调系统，也就是将室外的新鲜空气通过集中设置的蒸发冷却机组处理后，由风管送入各房间，从而在满足室内热舒适性的同时，改善室内空气品质。集中式蒸发冷却空调系统设备集中，便于集中管理和维修，使用寿命长。但是，由于集中式蒸发冷却空调全部采用空气承担室内负荷，并且送风温度较高，送风焓差较小，因此这种全新风的空调系统所需的风量较大，风机的能耗较大，风管的截面面积较大，占用空间较大，在房间吊顶高度较小时很难布置，给蒸发冷却空调的推广造成了困难。此外，集中式蒸发冷却空调系统也不能灵活地对各房间进行分时分室控制，使用灵活性差。为此，借鉴传统半集中式空调系统的理念，提出适用于炎热干燥地区的半集中式蒸发冷却空调系统[2,3,17]，其中文献［17］提出的系统原理图见图9-1。

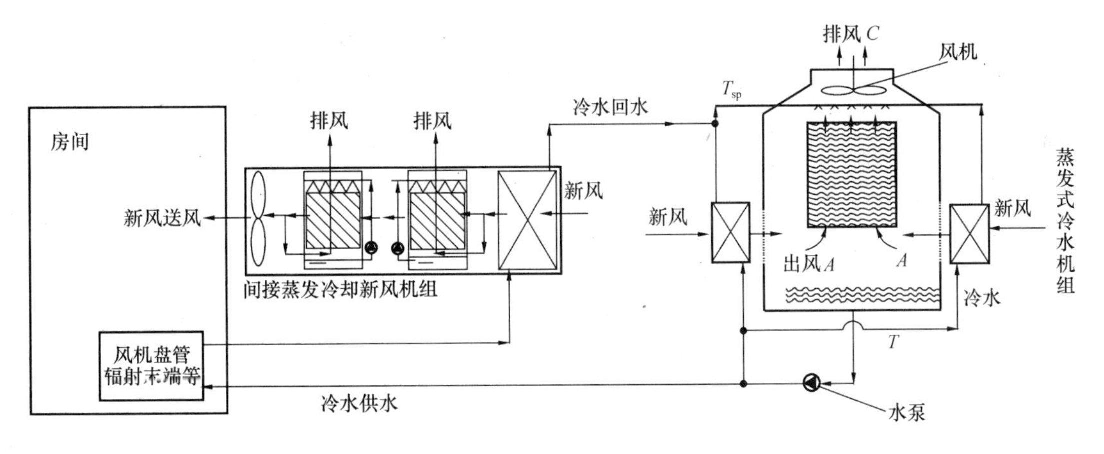

图9-1　半集中式空调系统原理图

如图9-1所示，新风经蒸发冷却新风机组集中处理后送入空调房间，高温冷水由蒸发式冷水机组（或冷却塔）制取后送入室内显热末端。新风含湿量低于室内空气含湿量，新风承担室内全部潜热负荷和部分显热负荷，室内显热末端承担室内剩余显热负荷。

当工程条件允许时，通常建议蒸发式冷水机组（或冷却塔）输出的冷水先经室内显热末端吸收房间显热后，通入蒸发冷却新风机组第一级表冷段对新风进行预冷，再与空气冷却器出水混合后回到蒸发式冷水机组（或冷却塔）喷淋。此种串联的冷水流程可以使冷水机更多地利用干空气的能量，同时降低新风机组中进行间接蒸发冷却的进风温度，提高系统的新风冷却效率。

由于工程中的限制，比如由于机组放置位置使得管路连接受限时，设计冷水机组的冷水只供给室内显热末端，此时新风机组可选择多级间接冷却的形式。

为了防止冷水直接通入显热换热末端（特别是毛细管）后在换热器内表面产生水垢而堵塞，也可采用高效板式换热器将冷水机组产生的冷水进行逆流换热后再送入显热末端。

与传统半集中式空调系统相同的是，半集中式蒸发冷却空调系统除了有集中的新风处理设备外，在各个空调区域内还增加了处理空气的“末端装置”（如风机盘管、辐射板等）。目前，半集中式蒸发冷却空调系统最常见的末端装置是干式风机盘管和辐射末端，末端装置多采用水作为冷媒，仅仅对室内回风进行处理。这样做的好处是可以减少新风管道的断面积，节省建筑空间，还可以根据各室负荷情况单独调节。

半集中式蒸发冷却空调系统与传统半集中式空调系统的不同之处主要体现在以下两个方面：

首先，传统的半集中式空调系统中，新风机组与风机盘管等末端装置中所用的冷媒多由常规冷水机组（如电驱动的活塞式、螺杆式、离心式冷水机组，以及热驱动的吸收式冷水机组等）提供。而半集中式蒸发冷却空调系统中，可利用我国西北地区独有的炎热干燥的气候环境选用单级或多级蒸发冷却新风机组处理新风，选用蒸发式冷水机组或冷却塔提供“末端装置”所需的高温冷媒水。根据新疆、西藏、青海、宁夏、甘肃五省气象台站的统计数据，最湿月室外平均含湿量为 10.2g/kg 干空气。由此，房间的湿负荷可以完全依靠干燥的新风带走。同时通过设计蒸发式冷水机组，利用室外干空气制得 15～20℃的高温冷水，送入室内的辐射地板、风机盘管等干式末端，带走房间的显热。蒸发冷却新风机组以及蒸发式冷水机组能效比较高，系统的节能效果更好。

其次，传统的半集中式空调系统如风机盘管加新风系统，风机盘管进水温度较低（一般为 7℃），室内空气被冷却去湿，室内热湿负荷联合处理，风机盘管工作在湿工况下。而半集中式蒸发冷却空调系统中，由于蒸发式冷水机组提供的冷水温度较高（16～18℃），半集中式蒸发冷却空调系统的末端装置多采用去除显热的末端装置，而室内的全部潜热负荷、新风负荷及剩余显热负荷则由新风系统承担。末端装置工作在干工况下，系统属于独立新风空调系统（DOAS，Dedicated Outdoor Air System），是一种全新风系统，系统无回风，所有送风均通过渗透和排风排出建筑物外，在防止病毒、细菌扩散方面具有其他空调系统无法比拟的优越性，避免了现有空调系统中温湿度联合带来的损失，实现了温湿度独立控制[5]，可以满足房间温湿度不断变化的要求。

9.2 系统流程及应用模式[1]

目前最常见的半集中式蒸发冷却空调系统是基于蒸发冷却的干式风机盘管加新风系统以及辐射末端加新风系统。下面以基于蒸发冷却的辐射末端加新风系统为例，说明半集中式蒸发冷却空调系统在不同地区（干燥地区、中等湿度地区、高湿度地区）以及不同季节（夏季、过渡季、冬季）的系统流程及应用模式的差异。

9.2.1 系统流程

9.2.1.1 干燥地区

在我国西北等干燥地区，由于室外干湿球温差较大，新风可直接通过蒸发冷却新风机

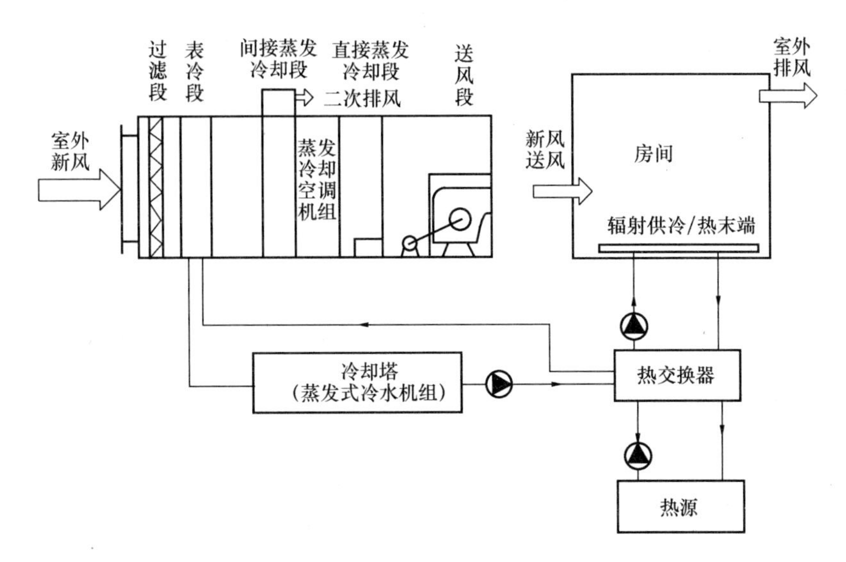

图 9-2 干燥地区半集中式蒸发冷却空调系统（辐射末端）

组处理得到。如图 9-2 所示，室外新风依次经过蒸发冷却新风机组的过滤段、表冷段（预冷作用）、间接蒸发冷却段、直接蒸发冷却段、送风段处理后，送风温度能达到 15～20℃之间（根据气象资料，西北大部分地区，尤其是甘肃、新疆等地采用这种系统送风温度一般在 15～20℃之间，对于舒适性空调尤为理想）。另一方面，高温冷水由冷却塔（或蒸发式冷水机组）直接获取，温度可达 18℃左右。

发明专利“基于蒸发冷却的置换通风与辐射供冷/热复合空调系统”[23]（专利号：200710019193.5）是针对我国西北等干燥地区提出的半集中式蒸发冷却空调系统。如图 9-3 所示，该复合空调系统主要包括蒸发冷却新风机组、冷却塔/间接蒸发冷水机组、双制式热泵、PEX 辐射地板、毛细管网辐射吊顶、1/4 圆柱形置换通风器、百叶排风口、换热器等。

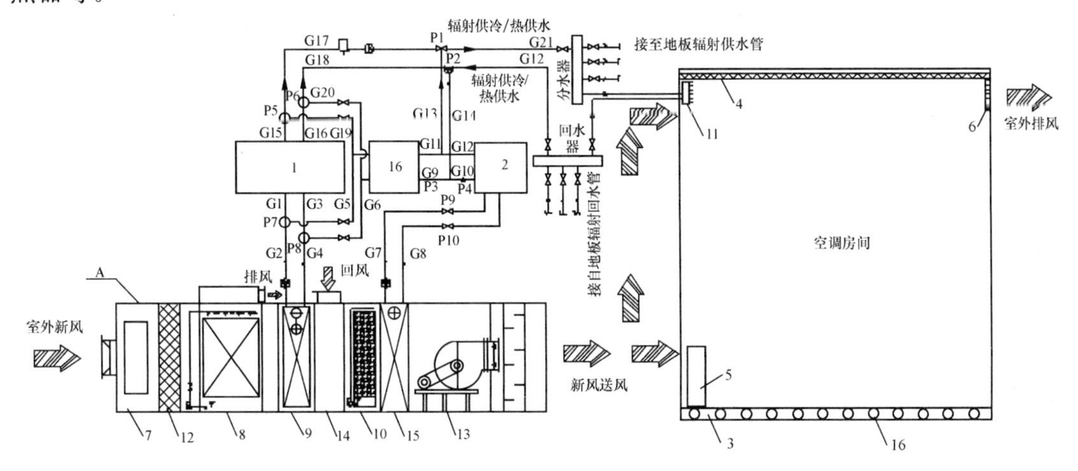

图 9-3 基于蒸发冷却的置换通风与辐射供冷/热复合空调系统

A—蒸发冷却新风机组；1—冷却塔/间接蒸发冷水机组；2—双制式热泵；3—PEX 辐射地板；4—毛细管网辐射吊顶；5—1/4 圆柱形置换通风器；6—百叶排风口；7—新风段；8—间接蒸发冷却器；9—空气冷却/加热器；10—直接蒸发冷却器；11—分集水器；12—过滤器；13—送风机；14—回风段；15—再热器；16—PEX 冷/热盘管

该复合空调系统运行时，是通过以下方式来实现的。

夏季运行时，通过开启新风机组不同功能段及调节水温的高低来实现。

当室外空气状态点落在室内空气状态点的左侧时，开启新风机组的间接蒸发冷却器、空气冷却器和直接蒸发冷却器，使室外空气达到送风状态点。此时调整三通阀 P7、P8，将冷却塔/间接蒸发冷水机组制取的高温冷水通过 G1、G2 管送至空气冷却器，吸热后沿 G4、G3 返回，同时关闭 G5、G6 管段。当负荷较大时，调整三通阀 P7、P8 和截止阀 P9、P10 将双制式热泵经换热器制取的低温冷水通过 G5、G2 管送至空气冷却器，吸热后沿管 G4、G6 返回，同时 G1、G3、G7、G8 管段关闭。对于辐射末端，可调整三通阀 P5、P6、P1、P2 将冷却塔/间接蒸发冷水机组制取的高温冷水通过 G15、G17、G21 管分别送至 PEX 辐射地板和毛细管网辐射吊顶，吸热后沿管 G22、G18、G16 返回，同时 G13、G14、G19、G20 管段关闭。

当室外空气状态点落在室内空气状态点的右侧时，开启新风机组的间接蒸发冷却器、空气冷却器，使室外空气达到送风状态点。此时调整三通阀 P7、P8 和截止阀 P9、P10，将双制式热泵经换热器制取的低温冷水通过 G5、G2 管送至空气冷却器，吸热后沿管 G4、G6 返回，同时关闭 G1、G3、G7、G8 管段。对于辐射末端，可调整三通阀 P5、P6、P1、P2 将冷却塔/间接蒸发冷水机组制取的高温冷水和双制式热泵经换热器制取的低温冷水相混合，把配比好温度的高温冷水通过 G15、G17、G21 管分别送至 PEX 辐射地板和毛细管网辐射吊顶，吸热后沿管 G22、G18、G16、G20 返回，同时 G13、G14 管段关闭。

冬季运行时，方法如下：开启新风机组的空气加热器、直接蒸发冷却器和再热器，同时利用回风段回收部分余热，使室外空气达到送风状态点。此时开启阀门 P7、P8、P9、P10，将双制式热泵制取的低温热水通过 G5、G2 管送至空气加热器，放热后沿管 G4、G6 返回，此时 G1、G3 管段关闭，同时双制式热泵制取的低温热水通过 G7 管送至再热器，放热后沿管 G8 返回。对于辐射末端，可调整三通阀 P3、P4、P1、P2，将双制式热泵制取的高温冷水通过 G12、G13、G21 管分别送至 PEX 辐射地板和毛细管网辐射吊顶，放热后沿管 G22、G14、G10 返回，同时 G9、G11、G17、G18 管段关闭。

过渡季节运行时，方法如下：当室外空气状态点落在室内空气状态点的左侧时，开启新风机组的间接蒸发冷却器或空气冷却器，如开启空气冷却器，则需调整三通阀 P7、P8 和截止阀 P9、P10，将冷却塔/间接蒸发冷水机组制取的高温冷水通过 G1、G2 管送至空气冷却器，吸热后沿 G4、G3 返回，同时 G5、G6 管段关闭。

对于辐射末端供回水方式则同夏季运行时室外空气状态点落在室内空气状态点的左侧的。

当室外空气状态点落在室内空气状态点的右侧时，开启空气冷却器，使室外空气达到送风状态点。此时调整三通阀 P7、P8 和截止阀 P9、P10 将双制式热泵经换热器制取的低温冷水通过 G5、G2 管送至空气冷却器，吸热后沿管 G4、G6 返回，同时关闭 G1、G3、G7、G8 管段。对于辐射末端，可调整三通阀 P5、P6、P1、P2 将冷却塔/间接蒸发冷水机组制取的高温冷水通过 G15、G17、G21 管分别送至 PEX 辐射地板和毛细管网辐射吊顶，吸热后沿管 G22、G18、G16 返回，同时 G13、G14、G19、G20 管段关闭。

该复合空调系统，与传统的辐射供冷和蒸发冷却技术相比，具有以下明显优势：

（1）辐射末端采用顶板和地板相复合形式，提高了辐射供冷能力，且同一末端冬夏均可运行；

（2）新风采用蒸发冷却新风机组获得，并运用蒸发冷却与机械制冷技术相结合，扩大了其供冷能力且节能效果显著，尤其是西北地区夏季能为空调房间提供100%干燥全新风，室内空气品质极佳且有效避免辐射供冷表面结露；

（3）采用蒸发冷却技术为辐射末端提供免费高温冷水，节能减排效果好，运行费用低。

9.2.1.2　中等湿度地区

在我国中等湿度地区，空调系统的冷源获取方式与西北干燥地区有所不同。由于中等湿度地区的室外空气湿球温度偏高（以西安为例，夏季空调室外计算干球温度为35.1℃，湿球温度为25.8℃），干湿球温差有限，采用传统的蒸发冷却空调系统时，夏季供给空调区的冷风和冷水温度都偏高于设计要求值，故夏季供冷时不能单独采用蒸发冷却空调系统。目前蒸发冷却空调系统在此区域应用时，通常要和机械制冷相结合，在夏季炎热季节由机械制冷来承担一部分负荷，以达到满意的空调效果。新风采用蒸发冷却与机械制冷相结合的蒸发冷却新风机组处理。室外新风依次经过该机组的过滤段、间接蒸发冷却段、机械制冷段、直接蒸发冷却段、送风段，通过调整机械制冷段的冷水参数，可得到17～23℃的送风温度，如图9-4所示[1]。

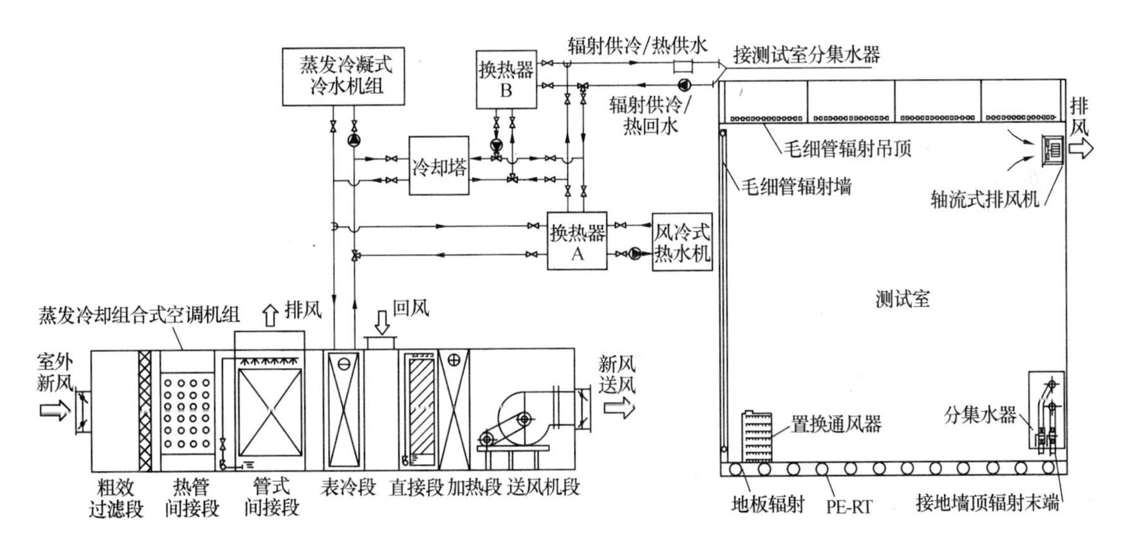

图9-4　中等湿度地区半集中式蒸发冷却空调系统（辐射末端）

9.2.1.3　高湿度地区

将蒸发冷却新风机组应用于高湿度地区时，可以采用除湿技术与蒸发冷却技术相结合的除湿冷却系统。其工作原理是将室外高湿度空气经除湿处理为干燥空气后再同干燥地区一样，采用蒸发冷却空调技术进行处理，这里不做详细介绍。

9.2.2　运行模式

以图9-5和图9-6为例，说明基于蒸发冷却新风机组的半集中式蒸发冷却空调系统在不同地区、不同季节的运行模式[1]。

9.2.2.1　夏季运行模式

1. 干燥地区

半集中式蒸发冷却空调系统在干燥地区夏季运行时的空气处理过程焓湿图见图 9-5，空气处理过程见图 9-6，空调系统运行状态如表 9-1 所示。辐射供冷末端承担建筑围护结构传热负荷、日照热负荷、室内设备负荷、人员的瞬时显热负荷，辐射供冷末端将室内回风 N_x 处理到 M_x 点。室内的湿负荷和部分显热负荷由蒸发冷却新风机组承担，新风被处理到机器露点 L_x，状态 L_x 的新风送入室内与状态 M_x 的回风混合达到室内送风状态点 O_x。

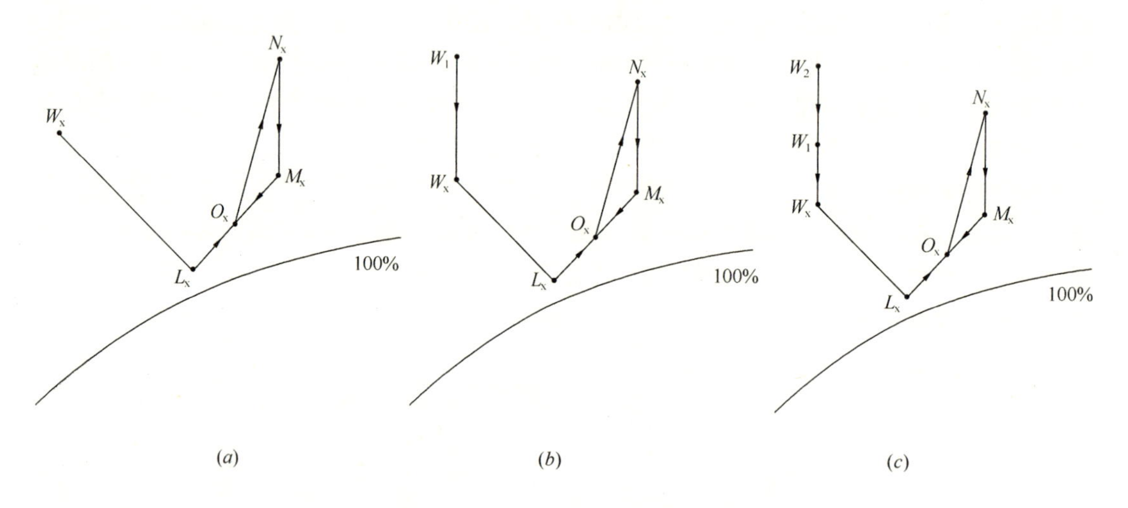

图 9-5　半集中式蒸发冷却空调系统干燥地区夏季空气处理过程焓湿图

(a) DEC；(b) IEC+DEC；(c) IEC+IEC+DEC

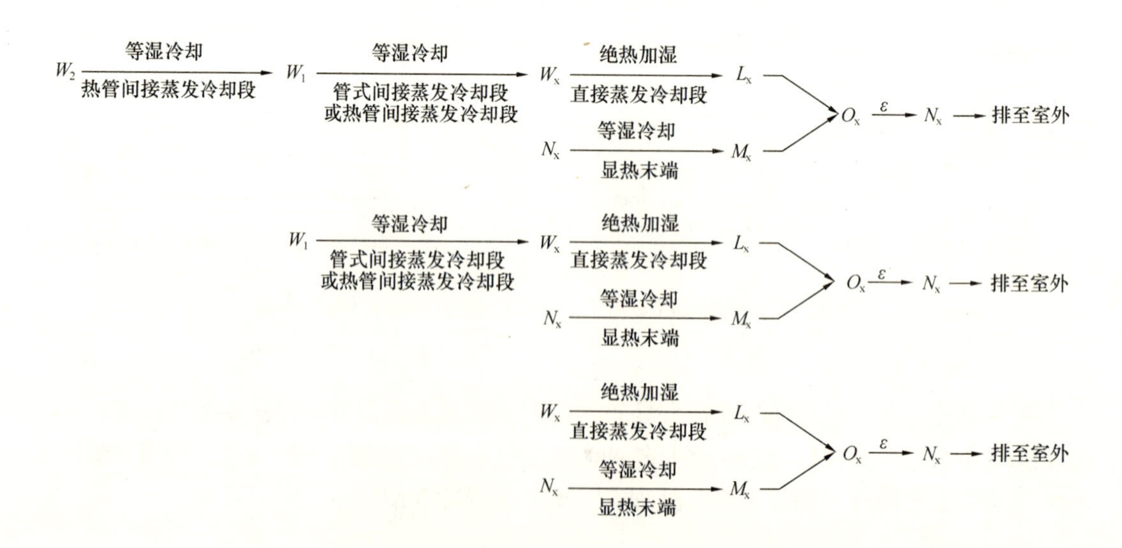

图 9-6　半集中式蒸发冷却空调系统干燥地区夏季空气处理过程

半集中式蒸发冷却空调系统干燥地区夏季设备开闭工况　表 9-1

	1	2	3	4	5	6	7	8	9	10	11	12
	新风机组（蒸发冷却组合式空调机组）						显热末端（冷热源）			附属设备		
	粗效过滤段	热管间接蒸发冷却段	管式间接蒸发冷却段	空气冷却段（表冷段）	直接蒸发冷却段	加热段	冷却塔	蒸发冷凝式冷水机组	风冷式热水机	换热器Ⅰ	换热器Ⅱ	显热末端
Ⅰ	√				√		√				√	√
Ⅱ	√				√			√		√		√
Ⅲ	√				√		√	√		√	√	√
Ⅳ	√	√			√		√				√	√
Ⅴ	√	√			√			√		√		√
Ⅵ	√	√			√		√	√		√	√	√
Ⅶ	√		√		√		√				√	√
Ⅷ	√		√		√			√		√		√
Ⅸ	√		√		√		√	√		√	√	√
Ⅹ	√	√	√		√		√				√	√
Ⅺ	√	√	√		√			√		√		√
Ⅻ	√	√	√		√		√	√		√	√	√

2. 中等湿度地区

半集中式蒸发冷却空调系统在中等湿度地区夏季运行时的空气处理过程焓湿图见图 9-7，空气处理过程见图 9-8，空调系统运行状态如表 9-2 所示。

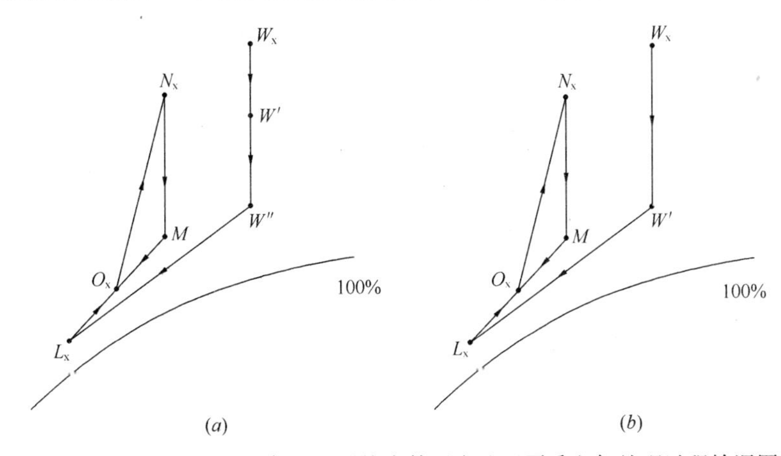

图 9-7　半集中式蒸发冷却空调系统中等湿度地区夏季空气处理过程焓湿图

（a）IEC+IEC+MR；（b）IEC+M

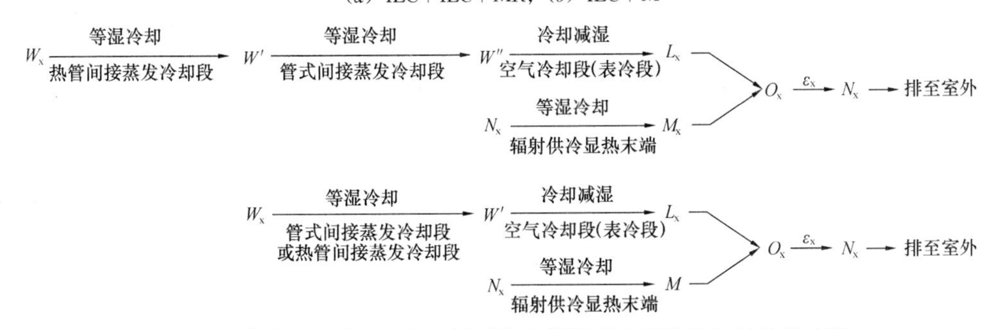

图 9-8　半集中式蒸发冷却空调系统中等湿度地区夏季空气处理过程

半集中式蒸发冷却空调系统中等湿度地区夏季设备开闭工况 表 9-2

类别	新风机组（蒸发冷却组合式空调机组）						冷热源			附属设备 显热末端		
	粗效过滤段	热管间接蒸发冷却段	管式间接蒸发冷却段	空气冷却段（表冷段）	直接蒸发冷却段	加热段	冷却塔	蒸发冷凝式冷水机组	风冷式热水机	换热器Ⅰ	换热器Ⅱ	显热末端
Ⅰ	√	√		√			√				√	√
Ⅱ	√	√		√				√		√		√
Ⅲ	√	√		√			√	√		√	√	√
Ⅳ	√		√	√			√				√	√
Ⅴ	√		√	√				√		√		√
Ⅵ	√		√	√			√	√		√	√	√
Ⅶ	√	√	√	√			√				√	√
Ⅷ	√	√	√	√				√		√		√
Ⅸ	√	√	√	√			√	√		√	√	√

9.2.2.2 过渡季运行模式

在过渡季节，室外相对湿度偏低，室外空气工况点在室内设计工况点的左侧，空调运行时，负荷分配同夏季。新风处理到机器露点 L 后，送入室内与辐射供冷末端处理后的室内循环风混合达到室内送风状态点 O。其空气处理过程焓湿图如图 9-9 所示，空气处理过程如图 9-10 所示，空调系统运行状态如表 9-3 所示。

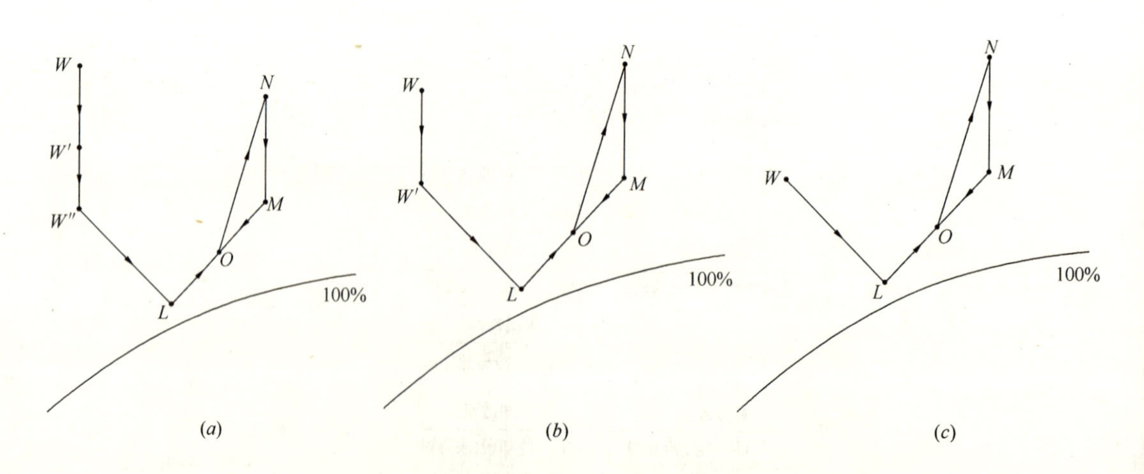

图 9-9 半集中式蒸发冷却空调系统过渡季空气处理过程焓湿图

(a) IEC+IEC+DEC；(b) IEC+DEC；(c) DEC

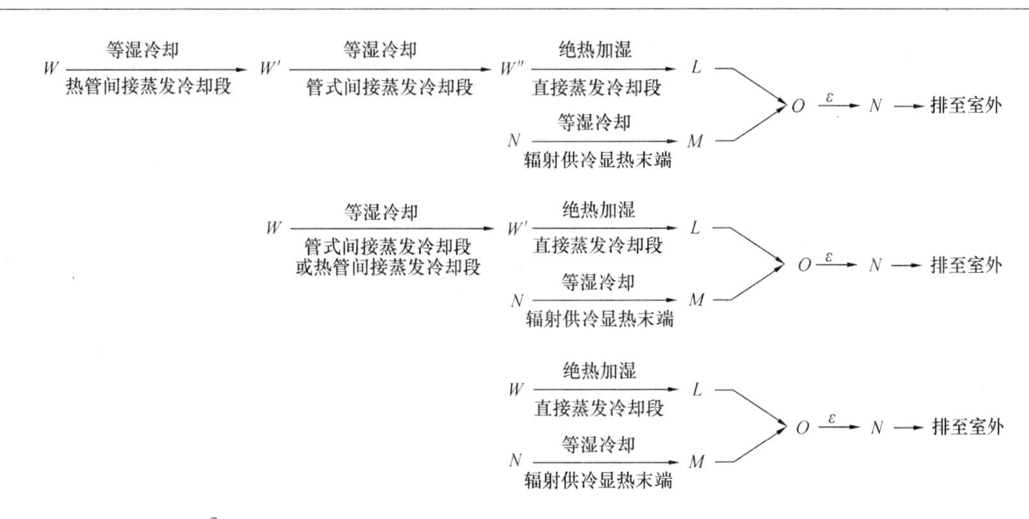

图 9-10　半集中式蒸发冷却空调系统过渡季空气处理过程

半集中式蒸发冷却空调系统过渡季设备开闭工况　　**表 9-3**

类别	新风机组（蒸发冷却组合式空调机组）						冷热源			附属设备 显热末端		
	粗效过滤段	热管间接蒸发冷却段	管式间接蒸发冷却段	空气冷却段（表冷段）	直接蒸发冷却段	加热段	冷却塔	蒸发冷凝式冷水机组	风冷式热水机	换热器Ⅰ	换热器Ⅱ	显热末端
Ⅰ	√				√		√				√	√
Ⅱ	√	√			√		√				√	√
Ⅲ	√		√		√		√				√	√
Ⅳ	√	√	√		√		√				√	√

9.2.2.3　冬季运行模式

冬季运行时，辐射供热末端承担室内显冷负荷，室内的湿负荷和部分显冷负荷由蒸发冷却组合式空调机组承担，室外新风处理到 W'_d 或 W''_d 后，送入室内与辐射供热末端处理后的室内循环风混合达到室内送风状态点 O_d。其空气处理过程焓湿图如图 9-11 所示，

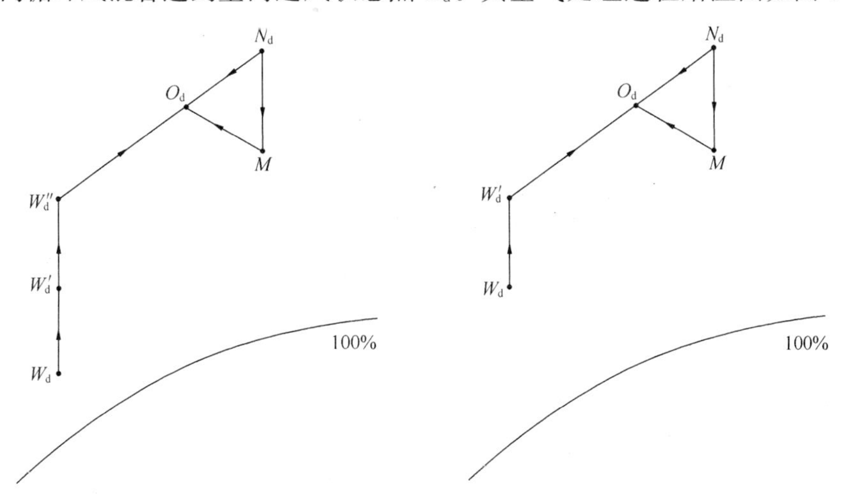

图 9-11　半集中式蒸发冷却空调系统冬季空气处理过程焓湿图

空气处理过程如图 9-12 所示，空调系统运行状态如表 9-4 所示。

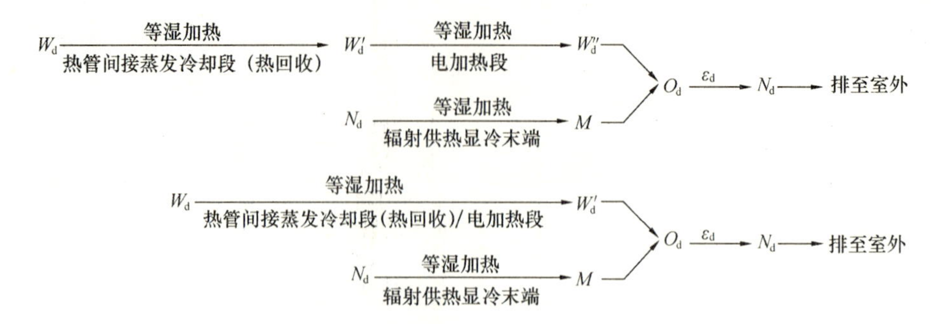

图 9-12　半集中式蒸发冷却空调系统冬季空气处理过程

半集中式蒸发冷却空调系统冬季设备开闭工况　　表 9-4

类别	新风机组（蒸发冷却组合式空调机组）						冷热源			附属设备显热末端		
	粗效过滤段	热管间接蒸发冷却段	管式间接蒸发冷却段	空气冷却段（表冷段）	直接蒸发冷却段	加热段	冷却塔	蒸发冷凝式冷水机组	风冷式热水机	换热器Ⅰ	换热器Ⅱ	显热末端
Ⅰ	✓	✓							✓	✓		✓
Ⅱ	✓					✓			✓	✓		✓
Ⅲ	✓	✓				✓			✓	✓		✓

9.3　蒸发冷却新风机组

9.3.1　蒸发冷却新风机组与传统新风机组的比较[3,30]

空调新风机组主要用来对新风进行预处理，以满足空调系统对新风的要求。传统的空调新风机组多由空气过滤器、热交换器和离心风机组成，如图 9-13（*a*）所示。也可根据用户需要，在新风机组中增加蒸汽加湿段（干蒸汽加湿器或电极式加湿器），以满足冬季对新风进行加湿的要求，如图 9-13（*b*）所示。传统新风机组自身不带冷热源设备，通常采用冷水机组提供的冷冻水作为冷媒，冷水机组是传统的半

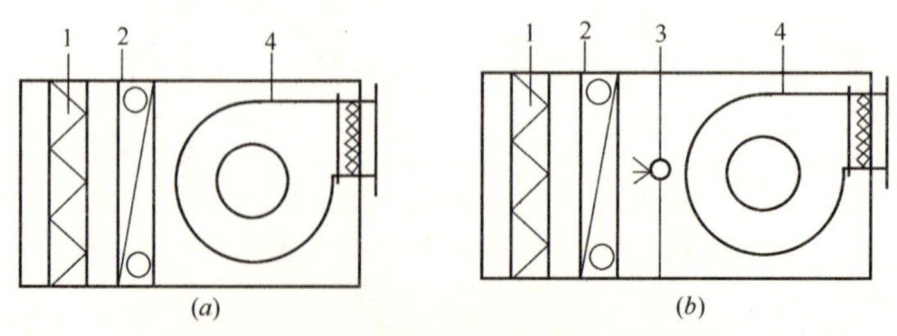

图 9-13　传统新风机组结构示意图

（*a*）不带加湿段的新风机组；（*b*）带加湿段的新风机组

1—过滤段；2—热交换段；3—加湿段；4—风机段

集中式空调系统的核心。

与传统的新风处理机组不同，半集中式蒸发冷却空调系统中新风由蒸发冷却新风机组处理，利用水的蒸发取得能量，蒸发后的水蒸气直接补充水分来维持蒸发过程的进行，而不再进行压缩、冷凝及再次蒸发的循环过程，不需要独立的冷水机组，可根据室外设计参数和负荷特点可选用单级或多级蒸发冷却系统。

下面以乌鲁木齐市某半集中式蒸发冷却空调系统为例，比较传统新风机组和蒸发冷却新风机组的新风处理过程。该空调系统设计采用风机盘管作为空调系统的末端，夏季室外空调计算湿球温度约18℃，室内设计温度为27℃，相对湿度为60%（图9-14）。夏季室外空气的含湿量 d_w 小于室内空气的含湿量 d_n，即室外空气需要加湿处理。

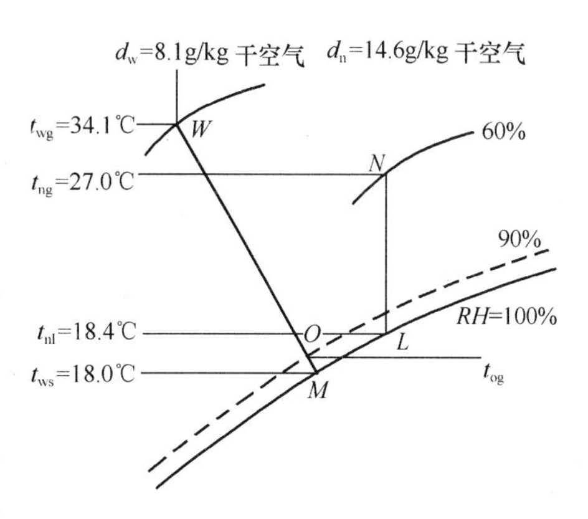

图9-14 室内、外状态点

为实现上述目的，在传统的新风机组中，一般是在送风机前安装蒸汽加湿装置，对空气进行等温加湿，见图9-15。新风被冷却加湿（$W \to P \to L \to K$），而风机盘管将室内回风冷却去湿（$N \to M$），K 和 M 状态点的空气混合时，部分加湿和除湿效果抵消，存在不合理之处。

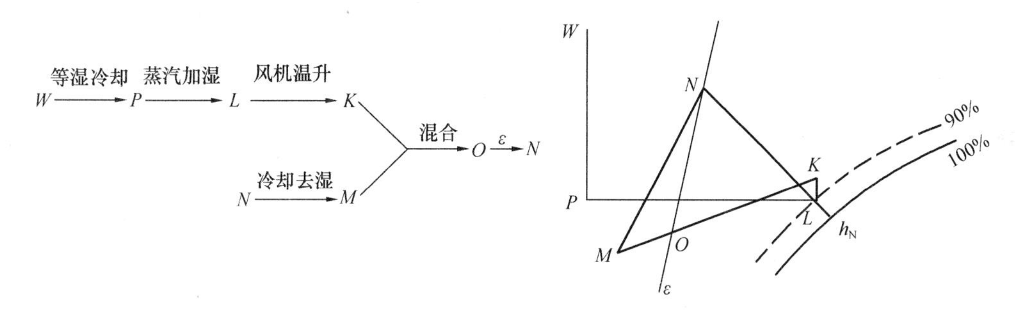

图9-15 传统风机盘管加新风系统空气状态变化过程

若采用一级直接蒸发冷却新风机组，其空气变化过程则如图9-16所示。为节约用水，直接蒸发冷却可采用循环水来实现，直接蒸发冷却处理过程中，新风被等焓加湿，循环水温近似等于进口空气湿球温度。当空气被直接蒸发冷却处理后，理论上循环水温亦能达到18℃。风机盘管对室内回风进行等湿冷却。

若使用二级间接—直接蒸发冷却过程，则新风首先经等湿冷却，然后等焓加湿，空气变化过程见图9-17。这样处理后循环水温可进一步降低达到13～16℃。

虽然经上述两种方式处理后的水温均高于冷水机组的冷水温度（7～12℃），但只要加大水量，通入冷却盘管后仍然可以承担部分负荷。

采用三级蒸发冷却新风机组的半集中式蒸发冷却系统（Ⅲ）其空气变化过程如图9-18所示。采用带有表冷却段（冷却塔供冷的第一级间接蒸发冷却段）的三级蒸发冷却新风机组（两级间接蒸发冷却加直接蒸发冷却），其表冷段利用冷却塔的冷却水对新风进行冷却，可实现对空气的等湿降温处理。然后将循环水通入风机盘管，由于循环水水温低于室内空

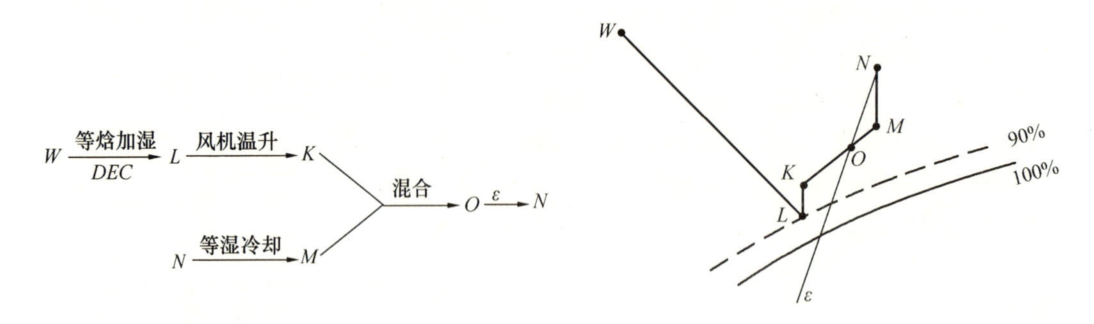

图 9-16　半集中式蒸发冷却系统（Ⅰ）空气状态变化过程

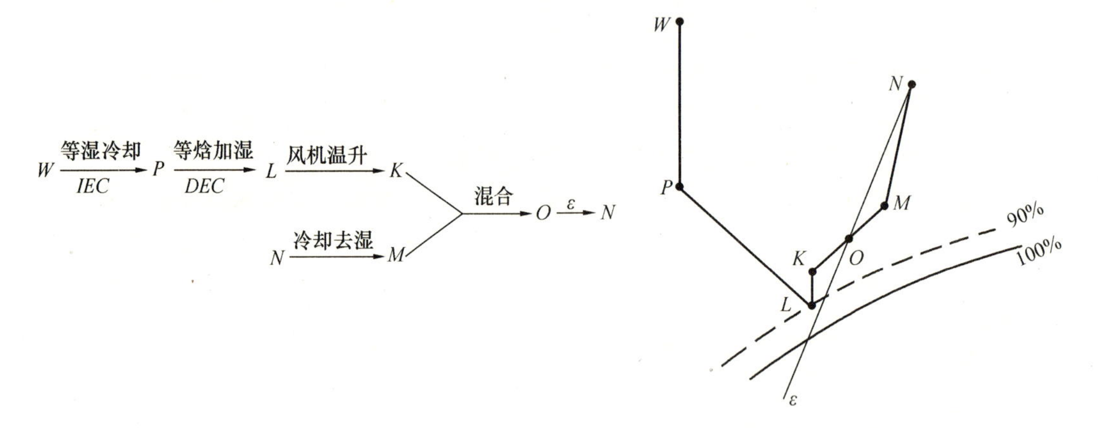

图 9-17　半集中式蒸发冷系统（Ⅱ）空气状态变化过程

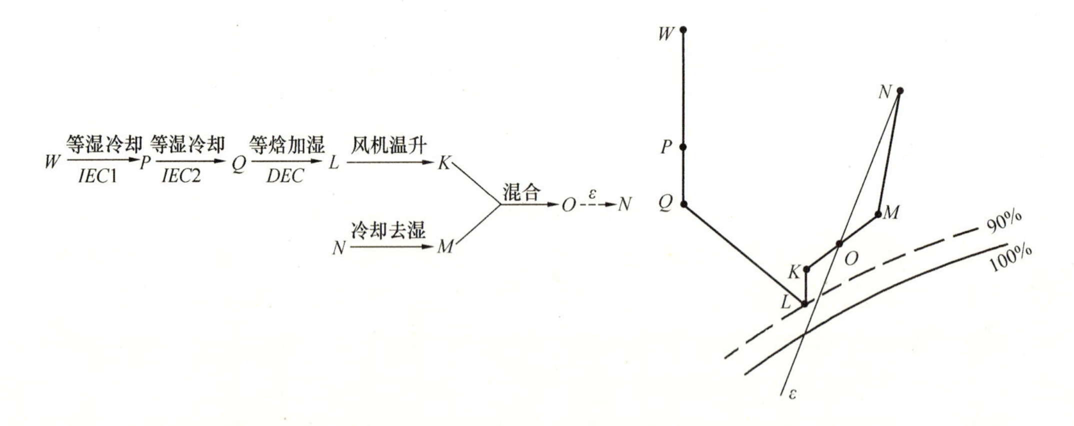

图 9-18　半集中式蒸发冷系统（Ⅲ）空气状态变化过程

气露点温度（18.4℃），所以可对室内回风进行除湿冷却。

由此可以看出，半集中式蒸发冷却空调系统中采用不同类型的蒸发冷却新风机组处理新风，不需要传统的机械制冷方式处理新风。蒸发冷却新风机组与传统新风机组在系统配置、处理过程及运行等方面的不同，使得基于蒸发冷却新风机组的半集中式蒸发冷却空调系统初投资大大降低，一次投资综合造价仅为传统制冷空调方式的 40%～80%，两种系统的比较见图 9-19 和表 9-5。

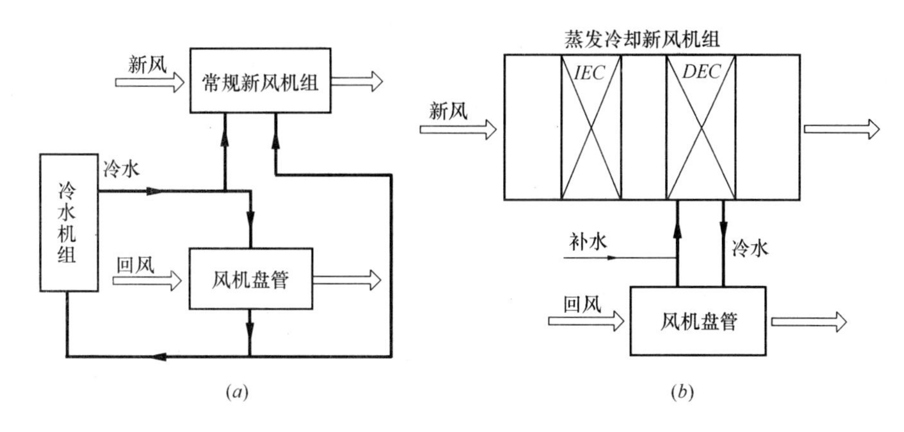

图 9-19 传统系统与蒸发冷却系统的比较
(a) 传统半集中式系统；(b) 半集中式蒸发冷却系统

半集中式蒸发冷却系统与传统风机盘管系统的比较 表 9-5

项目	传统风机盘管加新风系统	半集中式蒸发冷却系统		
		方案 (a)	方案 (b)	方案 (c)
制冷剂	CFC	水	水	水
有无冷水机组	有	无	无	无
有无冷却水系统	有	无	无	有
有无加湿功能	无	有	有	有
初投资	最多	最少	少	多
运行费用及能耗	最大	最小	小	大
盘管供水温度 (℃)	7～12	≤21.8	14.5～19	13～17
盘管供水量	最少	最多	较多	少
室内舒适标准	任何标准	低	较高	高
适用地区	很广	干燥地区	干燥及半干燥地区	干燥及半干燥地区

9.3.2 蒸发冷却新风机组的形式

蒸发冷却新风机组主要有以下几种形式：

1. 一级（直接）蒸发冷却新风机组

这种系统的制造技术和工艺都相对成熟，初投资和运行费用低，占地空间小，安装方便。如图 9-20 所示。

2. 二级（间接—直接）蒸发冷却新风机组

与直接蒸发冷却系统比较而言，二级蒸发冷却系统处理空气的能力增强，目前，该系统在实际工程中应用比较广泛。可以将二级蒸发冷却系统分为两大类：表冷段＋直接蒸发冷却段和板翅式间接蒸发冷却段＋直接蒸发冷却段，如图 8-6 所示。

3. 三级（二级间接＋一级直接）蒸发冷却新风机组

对于室内空气条件要求较高的场所（如星级宾馆、医院等），二级蒸发冷却的处理能

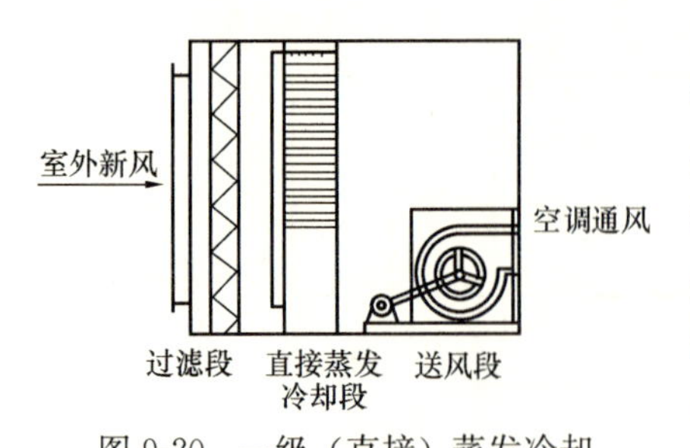

图 9-20 一级（直接）蒸发冷却新风机组结构示意图

力达不到送风要求。此时，可采用二级间接蒸发冷却与一级直接蒸发冷却复合的三级蒸发冷却系统。典型的三级蒸发冷却系统有两种类型：第一种是一级和二级均采用板翅式间接蒸发冷却器；第二种是采用冷却塔和空气冷却器作为第一级间接蒸发冷却器，第二级为板翅式间接蒸发冷却器，如图 8-16（*a*）所示。

4. 多级蒸发冷却新风机组

对于湿热地区，可以采用多级蒸发冷却系统。所谓多级就是增加了间接段的级数，使多个间接蒸发冷却器串联在一起，共同组成蒸发冷却器的间接段，一般可以由 3～5 级间接蒸发冷却器组成，蒸发冷却器的形式可以是管式、板式、热管式或露点式，甚至还可以与机械制冷提供冷源的表冷器联合使用。表 9-6 是各种蒸发冷却器结构特点对比分析表[4]，图 8-32 是一种多级蒸发冷却组合式空调机组。新风送风由蒸发冷却组合式空调机组获取，室外新风依次经过该机组的过滤段、间接蒸发冷却段、机械制冷段、直接蒸发冷却段、送风段后，送风温度能达到 17～23℃。实际工程应用中究竟采用何种形式的新风机组，应根据空调工程夏季、过渡季和冬季空气处理过程的焓湿图等来确定蒸发冷却新风机组各功能段的组合。

各种蒸发冷却器结构特点比较分析 **表 9-6**

型　号	组　成	特　点	出口空气温度	出口空气含湿量
一级蒸发冷却器	直接蒸发冷却器	优点：结构简单，布置灵活，费用较低； 缺点：处理空气能力小，与室外空气湿球温度有关；送风湿度大	逼近湿球温度	最大
二级蒸发冷却器	空气冷却器＋直接蒸发冷却器 间接蒸发冷却器＋直接蒸发冷却器	优点：处理空气能力增强； 缺点：体积大，费用高；处理空气能力提高，但还是很难满足湿热地区使用	湿球温度附近	大
三级蒸发冷却器	间接蒸发冷却器＋间接蒸发冷却器＋直接蒸发冷却器 空气冷却器＋间接蒸发冷却器＋直接蒸发冷却器	优点：处理空气能力进一步增强； 缺点：体积大，费用高；处理空气能力提高，能满足较广地区使用	低于湿球温度	较大
多级蒸发冷却器	3～5 级间接蒸发冷却器串联＋直接蒸发冷却器	优点：处理空气能力比三级更强； 缺点：体积大，费用高，管路复杂	接近露点温度	较小

实用新型专利“一种超薄吊顶式蒸发冷却新风机组”[25]（专利号：200920308897.9）是一种针对中等湿度地区和高湿度地区设计的蒸发冷却新风机组。如图9-21所示，该新风机组将空气通道分层设置，上下两层分别为二次空气通道和一次空气通道，在空气进风处，贯穿上下通道设置粗效过滤器，按进风方向，在粗效过滤器的后面贯穿上下通道设置热管式间接蒸发冷却器，按进风方向，在二次空气通道内，热管式间接蒸发冷却器的后面依次设置挡水板和排风机；在一次空气通道内，热管式间接蒸发冷却器的后面依次设置直接蒸发冷却器、空气冷却器和送风机。

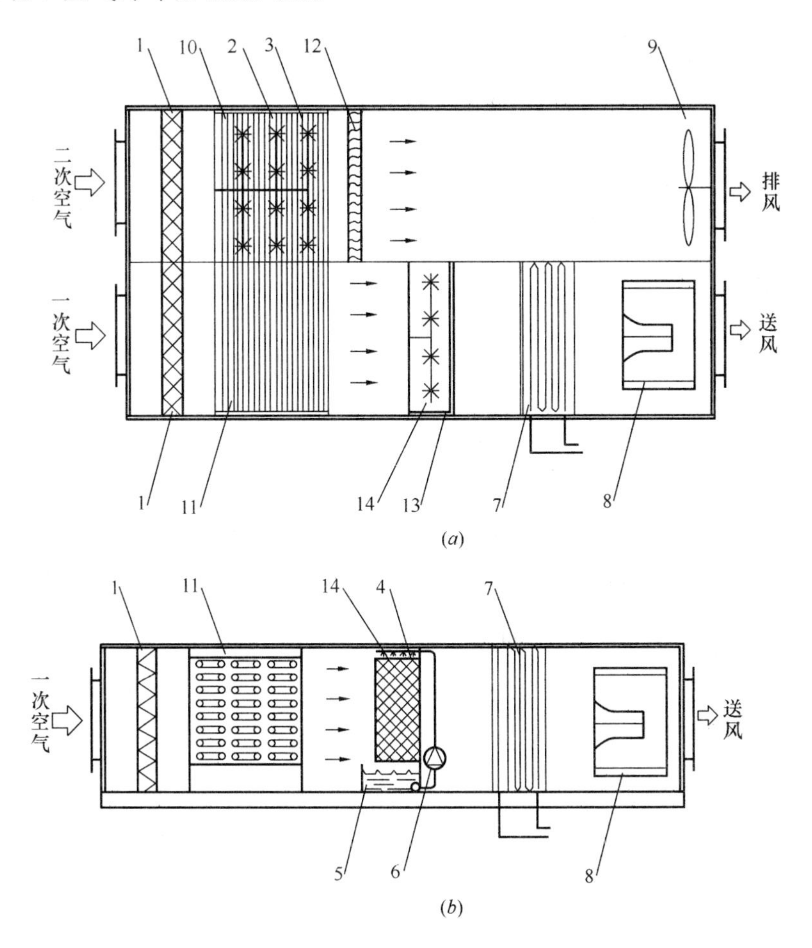

图9-21　超薄吊顶式蒸发冷却新风机组

(a) 机组俯视图；(b) 机组立面图

1—粗效过滤器；2—热管式间接蒸发冷却器；3—布水器a；4—填料；5—集水箱；6—水泵；7—空气冷却器；8—送风机；9—排风机；10—热管式间接蒸发冷却器二次侧；11—热管式间接蒸发冷却器一次侧；12—挡水板；13—直接蒸发冷却器；14—布水器b

该蒸发冷却新风机组的工作过程是：

采用热管式间接蒸发冷却利用室内排风在夏季和春秋季节喷淋循环水对新风进行冷却，在冬季不喷淋循环水对新风进行预热，利用空气冷却器，夏季采用低温冷水对一次空气进行冷却去湿，冬季采用热水对一次空气进行再热，过渡季采用冷却塔冷却水或蒸发式冷水机组高温冷水或显热末端回水等冷源对一次空气进行冷却处理，利用直接蒸发冷却在春秋季节对空气进行冷却、在冬季对空气进行加湿处理。具体为：

在夏季干燥地区，室外新风先经过粗效过滤段进行粗效过滤，经热管式间接蒸发冷却器进行冷却，再经直接蒸发冷却器进行再次冷却，由送风机进行送风；

干燥地区在春秋过渡季节的运行模式同夏季运行；

在夏季高湿度地区，室外新风先经过粗效过滤段进行粗效过滤，经热管式间接蒸发冷却器进行冷却，再经空气冷却器进行冷却去湿，由送风机进行送风；

高湿度地区在春秋过渡季节的运行模式同夏季运行。

在冬季，室外新风依次经过粗效过滤段进行粗效过滤，经热管式间接蒸发冷却器进行预热，经直接蒸发冷却器进行加湿，再经空气冷却器进行再热，由送风机进行送风。

与传统机械制冷新风机组相比，该吊顶式蒸发冷却新风机组具有如下特点：

（1）该实用新型设置的热管式间接蒸发冷却器利用其换热管水平布置结构优势，高度较低，实现了超薄，结构紧凑，占地空间小，符合新风机组占地空间小的要求，并完全可以为蒸发冷却半集中式空调系统提供蒸发冷却新风。

（2）该实用新型的新风机组平置吸液芯铝—氨热管式间接蒸发冷却器。热管水平放置，依靠吸液芯的毛细作用将冷凝液输送到蒸发段，维持管内工质的连续循环，并且冬夏季冷凝段、蒸发段自行转换，全年性使用。热管式间接蒸发冷却器二次空气采用室内排风，在夏季和春秋季喷淋循环水对一次空气进行冷却、在冬季不喷淋循环水利用室内排风对一次空气进行预热处理，起到了较好的冷热回收利用的效果，并且符合大风量空调机组必须设置冷热回收的规定以及新风机组结构紧凑、占地空间小的特点。

（3）该实用新型的新风机组设置了一级直接蒸发冷却器，在春秋季利用直接蒸发冷却绝热处理空气过程冷却室外新风，处理的空气更加清洁卫生，空气品质更好。在冬季利用直接蒸发冷却对空气进行加湿，完全充当加湿器的作用，符合西北地区冬季处理空气加湿的要求。这种设置方式，春秋季和冬季两用，同时也是很好的空气净化装置，节约了成本，降低了运行费用。

（4）该实用新型的新风机组设置了一级空气冷却器，空气冷却器在夏季高湿度地区采用低温冷水对一次空气进行冷却去湿处理，夏季干燥地区或春秋过渡季节用冷却塔冷却水或蒸发式冷水机组高温冷水或显热末端回水等冷源对一次空气进行冷却处理，冬季采用热水对一次空气进行再热处理。减少甚至完全不使用机械制冷制取的低温冷水，符合我国西北区和高湿度地区的使用条件，达到了处理新风的效果，节约了机械制冷，降低了运行费用，并且减少甚至不使用 CFC_S及 HCFC 工质，减少对大气臭氧层的破坏以及温室效应的产生，更加环保，符合国家的节能减排方针。

实用新型专利“多孔陶瓷间接、直接蒸发冷却器组合吊顶式蒸发冷却机组”[26]（专利号：200920308694.X）也是一种针对中等湿度地区和高湿度地区设计的蒸发冷却新风机组。如图 9-22 所示，该新风机组按进风方向包括依次设置的粗效过滤器、空气冷却器Ⅰ（表冷器）、多孔陶瓷板翅式间接蒸发冷却器、多孔陶瓷填料、由水泵及集水箱的多孔陶瓷直接蒸发冷却器、空气冷却器Ⅱ（表冷器）、送风机。

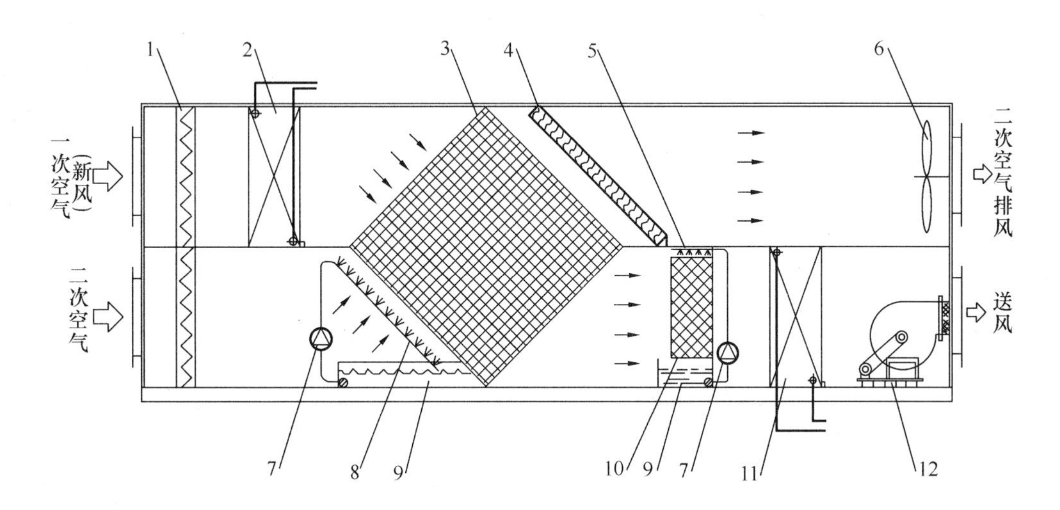

图 9-22　多孔陶瓷间接、直接蒸发冷却器组合吊顶式蒸发冷却机组

1—粗效过滤器；2—空气冷却器Ⅰ（表冷器）；3—多孔陶瓷板翅式间接蒸发冷却器；4—挡水板；5—喷嘴；6—排风机；7—水泵；8—高压喷雾喷嘴；9—集水箱；10—多孔陶瓷填料；11—空气冷却器Ⅱ（表冷器）；12—送风机

该蒸发冷却新风机组的工作过程是：

在夏季干燥地区，室外新风先经过粗效过滤段进行粗效过滤，经空气冷却器Ⅰ（表冷器）进行预冷，经多孔陶瓷板翅式间接蒸发冷却器进行冷却，再经由多孔陶瓷填料、水泵及集水箱组成的多孔陶瓷直接蒸发冷却器进行再次冷却，由风机段送风；

干燥地区在春秋过渡季节运行模式同夏季运行。

在夏季高湿度地区，室外新风先经过粗效过滤段进行粗效过滤，经空气冷却器Ⅰ（表冷器）进行预冷，经多孔陶瓷板翅式间接蒸发冷却器进行冷却，再经空气冷却器Ⅱ（表冷器）进行冷却去湿，由风机段进行送风。

高湿度地区在春秋过渡季节的运行模式同夏季运行。

在冬季，室外新风依次经过粗效过滤段进行粗效过滤，经空气冷却器（表冷器）进行预热，经多孔陶瓷板翅式间接蒸发冷却器进行冷却，经由多孔陶瓷填料、水泵及集水箱组成的多孔陶瓷直接蒸发冷却器进行加湿，再经空气冷却器Ⅱ（表冷器）进行再热，由风机段进行送风。

与传统机械制冷新风机组相比，该蒸发冷却新风机组具有如下特点：

（1）设置的板翅式间接蒸发冷却器换热板和直接蒸发冷却器填料采用多孔陶瓷材料。多孔陶瓷具有高承受力、高导热系数、多孔性、防水性和耐用性的先进特性，可以保留水分，使水分很快浸润整个流道并进行高效的热湿交换，热湿交换充分，并且多孔陶瓷孔隙度较小，毛细作用较大，多孔陶瓷填料和板翅式间接蒸发冷却器换热板表面的液膜不会出现干点和过厚的现象，换热效果稳定。

（2）设置了一级二次流道（湿通道）侧采用高压喷雾喷嘴喷淋循环水的交叉流多孔陶瓷板翅式间接蒸发冷却器，两级空气冷却器，一级多孔陶瓷直接蒸发冷却器，一、二次空气分上下两层布置，结构紧凑，占地空间小，完全可以为蒸发冷却半集中式空调系统提供蒸发冷却新风，具有显著的节能特点和使用控制灵活的特点。

（3）新风机组采用了交叉流多孔陶瓷板翅式间接蒸发冷却器，采用了交叉流，并在二次流道（湿通道）进口侧采用顺喷高压喷雾喷嘴喷淋循环水，在不影响性能的前提下节约了新风机组的体积。二次空气采用室内排风，在夏季和春秋季喷淋循环水对一次空气进行冷却、在冬季不喷淋循环水利用室内排风对一次空气进行预热处理，起到了较好的冷热回收利用的效果，并且符合大风量空调机组必须设置冷热回收的规定以及新风机组结构紧凑、占地空间小的特点。

（4）新风机组设置了两级空气冷却器，空气冷却器Ⅰ在夏季和春秋季采用冷却塔冷却水或蒸发式冷水机组的高温冷水或显热末端回水对空气进行预冷，冬季采用热水对空气进行预热。空气冷却器Ⅱ在夏季高湿度地区采用低温冷水对空气进行冷却去湿，冬季采用热水对空气进行再热处理。减少或完全不使用机械制冷制取的低温冷水，符合我国西北区和高湿度地区的使用条件，达到了处理新风的效果，节约了机械制冷，降低了运行费用，并且减少甚至不使用 CFC_S及 HCFC 工质，减少对大气臭氧层的破坏以及温室效应的产生，更加环保，符合国家的节能减排方针。

（5）新风机组设置了一级多孔陶瓷直接蒸发冷却器，在春秋季利用多孔陶瓷直接蒸发冷却绝热处理过程冷却室外新风，并且陶瓷材料特有的多孔孔径可以有效地阻止有害物质通过多孔结构，相当于过滤器，经多孔陶瓷直接蒸发冷却器处理的空气更加清洁卫生，空气品质更好。在冬季利用多孔陶瓷直接蒸发冷却对空气进行加湿，完全充当加湿器的作用，符合西北地区冬季加湿的要求。这种设置方式春秋季和冬季两用，同时也是很好的空气净化装置，节约了成本，降低了运行费用。

实用新型专利“一种蒸发冷却空调新风机组”[27]（专利号：200920313644 0）还是一种针对中等湿度地区和高湿度地区设计的蒸发冷却新风机组。如图 9-23 所示，该新风机组包括过滤器、高温表冷器、低温表冷器、直接蒸发冷却器、风机、水槽、吊环。

该蒸发冷却新风机组的工作过程是：

夏季运行时，当室外空气状态点落在室内空气状态点的左侧时，开启蒸发冷却空调新风机组的高温表冷器和直接蒸发冷却器，使室外空气达到送风状态点。此时高温表冷器通入蒸发冷却制取的高温冷水，起到等湿降温的作用；直接蒸发冷却器的主要作用是降温加湿。

当室外空气状态点落在室内空气状态点的右侧时，开启蒸发冷却空调新风机组的高温表冷器和低温表冷器，使室外空气达到送风状态点。此时高温表冷器还是通入蒸发冷却制取的高温冷水，起到等湿降温的作用；低温表冷器的作用是降温去湿；直接蒸发冷却器起到挡水板的作用，阻挡低温表冷器飞出的冷凝水。

冬季运行时，开启蒸发冷却空调新风机组的高温表冷器、直接蒸发冷却器，使室外空气达到送风状态点。此时高温表冷器通入空调热水作为加热器使用；直接蒸发冷却器作为加湿器使用，主要作用是加湿。

过渡季节运行时，室外空气状态点落在室内空气状态点的左侧，开启蒸发冷却空调新风机组的直接蒸发冷却器或者同时开启高温表冷器、直接蒸发冷却器，使室外空气达到送风状态点。此时高温表冷器通入蒸发冷却制取的高温冷水，直接蒸发冷却器的主要作用是降温加湿。当室外空气状态点落在室内空气状态点的右侧时，同夏季运行模式室外状态点在右侧的情况。

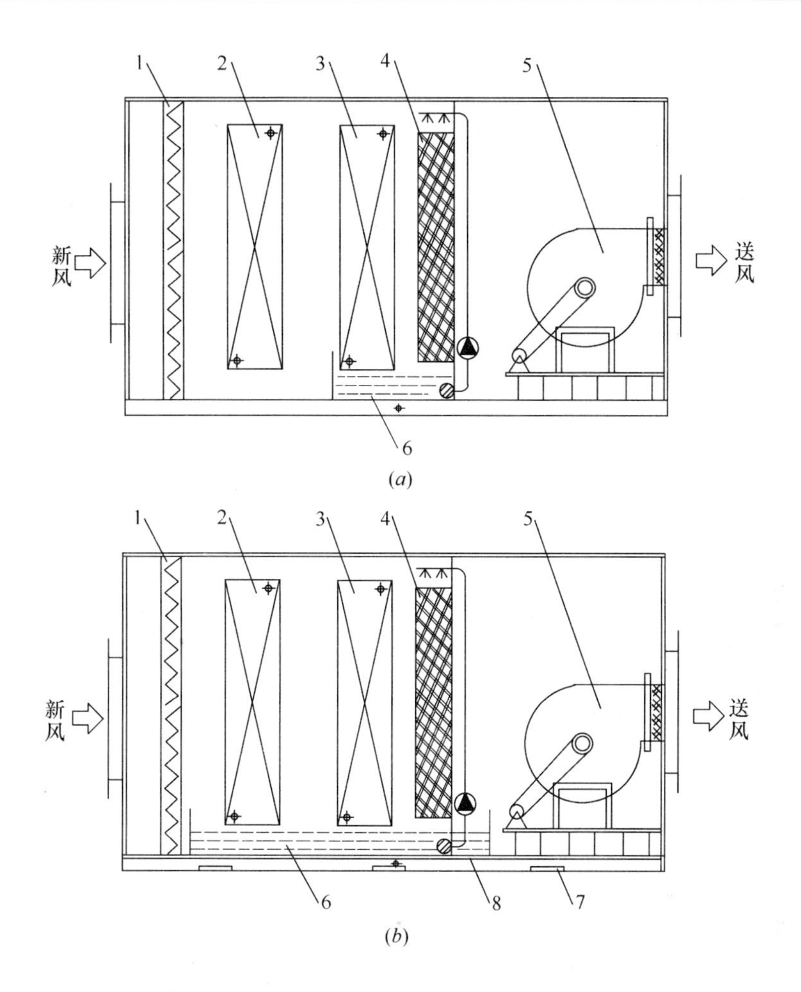

图 9-23 蒸发冷却空调新风机组结构示意图

(*a*) 落地式；(*b*) 吊装式

1—过滤器；2—高温表冷器；3—低温表冷器；4—直接蒸发冷却器；

5—风机；6—水槽；7—吊环；8—钢板

该蒸发冷却新风机组具有如下特点：

(1) 该蒸发冷却空调新风机组中的低温表冷器只在供冷季节供冷量不足时才开启，作为蒸发冷却的补充，起到降温去湿的作用。

(2) 该蒸发冷却空调新风机组中的高温表冷器全年使用，在供冷季节通入蒸发冷却制取的高温冷水，供热季节通入空调热水，即该高温表冷器为两用换热器。

(3) 该蒸发冷却空调新风机组中的直接蒸发冷却器全年使用，在供冷季节的主要作用是降温；在供热季节的主要作用是加湿，作为加湿器使用，通过控制淋水量来控制加湿量。

(4) 直接蒸发冷却器在低温表冷后面，一是便于加湿，提高加湿效果；二是起到挡水板的作用，阻挡低温表冷飞出的凝结水。

图 9-24 为按上述文献［27］的方案制作的吊装式蒸发冷却空调新风机组样机。

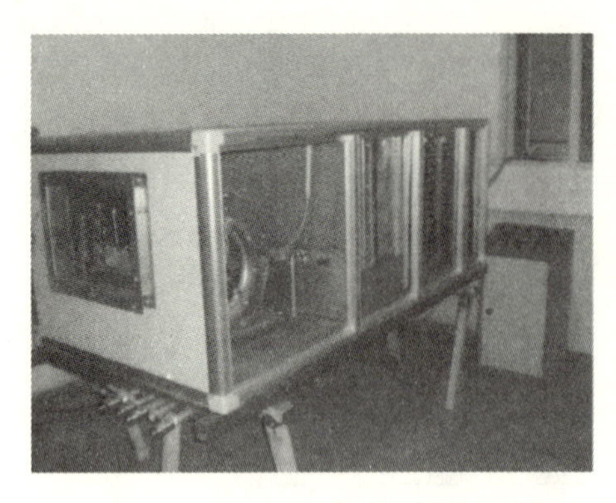
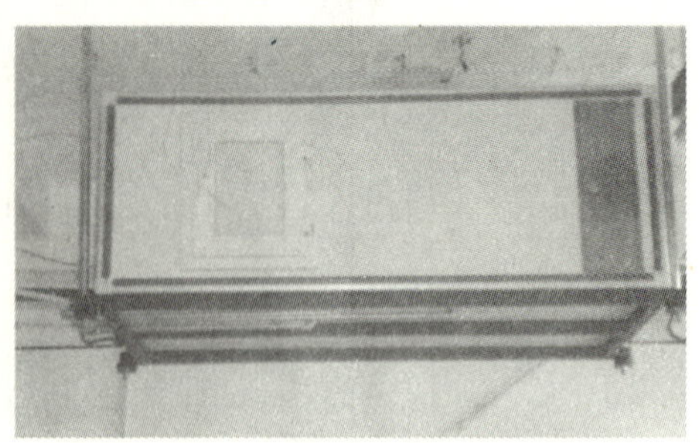

图 9-24　蒸发冷却空调新风机组实物照片

9.4　蒸发式冷水机组及冷却塔

在我国西北大部分地区，室外空气含湿量低于室内设计参数下的含湿量值，湿球温度平均只有 19.0℃甚至更低，利用蒸发冷却技术可以免费获得 18℃左右甚至更低温度的高温冷水，为半集中式蒸发冷却空调系统提供零费用冷源。高温冷水可由蒸发式冷水机组（或冷却塔）直接获取。

在中等湿度地区，由于夏季室外湿球温度偏高，干湿球温差有限，不能仅采用蒸发冷却技术获取冷水，而是采用蒸发冷却与机械制冷相结合的形式，产生符合要求的高温冷水。在夏季炎热季节，由机械制冷设备（蒸发冷凝式冷水机组）制取低温冷水，然后通过高效板式换热器进行热交换，于二次侧产生高温冷水。在夏季空调区非高峰负荷时，由机械制冷设备制取低温冷水，间接换热后与冷却塔制取的高温冷水进行配水，然后通过高效板式换热器进行热交换，于二次侧产生高温冷水。在春秋季可由冷却塔直接制取高温冷水。

9.4.1　蒸发式冷水机组

半集中式蒸发冷却空调系统中的冷水可以由一种新型的蒸发式冷水机组来提供，该机组不仅可以为空调末端装置提供较低温度的高温冷水，还可以为蒸发冷却空调新风机组的间接段提供较低温度的冷水，能达到较好的冷却效果。

9.4.1.1　工作原理[5]

蒸发式冷水机组的主要工作原理是利用西北地区得天独厚的干热气候条件，以室外空气干球温度和露点温度的差值作为制冷驱动势，实现一种节能环保、绿色健康、经济安全的冷水处理方式，获得接近空气露点温度的天然冷水。

蒸发式冷水机组的工作过程就是一个多级蒸发冷却过程。图 9-25 为该机组的工作原理图。室外空气先经过一个表冷器后再与喷淋水充分接触，实现直接蒸发冷却，通过这个过程可以获得较低温度的冷水。制备的冷水温度低于入口空气的湿球温度，高于其露点温度。

为得到较低的供冷温度和较大的供冷量，该间接蒸发冷却过程采用逆流换热、逆流传质来减小不可逆损失，以充分利用外界干空气中具有的潜在能源。理论上产生的冷水温度可无限接近进口空气的露点温度。在此间接蒸发冷却过程中，冷水获得的冷量等于空气进出口的能量变化。空气在换热器中被自身产生的冷水等湿降温，使其接近饱和状态，然后再和水接触进行蒸发冷却，这样做比不饱和空气直接跟水接触减小了传热传质的不可逆损失，使得蒸发在较低的温度下进行。产生的冷水温度也随之降低。测试结果表明，机组的冷水出水温度比进口空气露点温度平均高 3～5℃，低于进口空气的湿球温度。

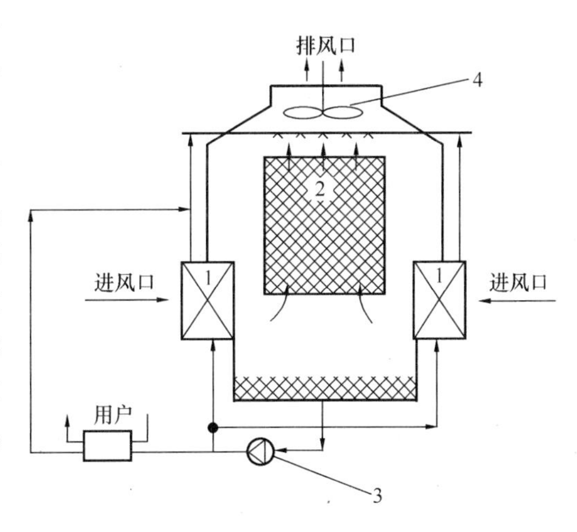

图 9-25　蒸发式冷水机组原理图

1—空气冷却器；2—空气—水直接接触逆流式填料塔；3—循环水泵；4—风机

在焓湿图上的变化过程如图 9-26 所示。一方面，状态为 A 的室外空气从进风口进入逆流空气冷却器，与从塔底部流出的状态为 B 的冷水换热后被冷却至 A_1 状态，然后进入塔尾部的喷雾区和 B 状态的冷水进行充分热湿交换后等焓到达接近饱和的状态 B，在排风机的作用下，空气进一步沿塔内填料层上升，上升过程中与顶部淋水逆流接触，沿饱和线升至状态 C 后排出。另一方面，塔内状态为 B 的冷水，一部分进入换热器后用以冷却空气，另一部分输出到用户，两部分回水温度接近室外空气的干球温度，混合后再从塔顶淋下，与空气进行逆流的热湿交换，产生状态为 B 的冷水，完成水侧循环。

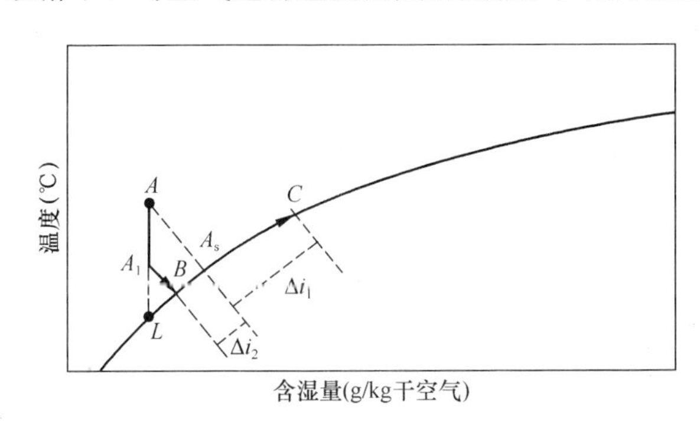

图 9-26　间接蒸发供冷装置空气处理过程

间接蒸发冷却过程的核心是采用逆流换热、逆流传质来减小不可逆损失，以充分利用外界干空气中具有的潜在能源，得到较低的供冷温度和较大的供冷量。空气在空气冷却器中被自身产生的冷水等湿降温，使其接近饱和状态，然后再和水接触，进行蒸发冷却，这样做比不饱和空气直接与水接触减少了传热传质的不可逆损失，使蒸发在较低的温度下进行，产生的冷水温度也随之降低。

9.4.1.2　性能[5,6]

蒸发式冷水机组的出水温度理论上可无限接近室外空气的露点温度，室外空气越干燥，露点温度越低，冷水出水温度越低。研究表明，对于实际的蒸发式冷水机组，室外空气的含湿量是冷水出水温度的主要影响因素。且由于换热面积有限，冷水的出水温度将处于湿球温度和露点温度之间，一般比进口空气的露点温度平均高 3～5℃。其次，由于空气冷却器属于显热换热器，在换热面积一定的情况下，进风的干球温度影响了其出风温度，从而会影响喷淋得到的冷水出水温度，因此冷水出水温度还受室外干球温度的

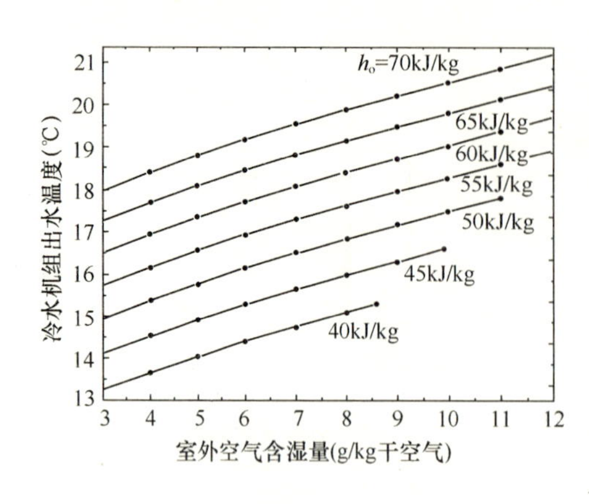

图 9-27 蒸发式冷水机组出水温度随室外含湿量的变化关系

影响。图 9-27 给出了冷水出水温度随室外含湿量的变化关系。从图中可知，在不同的室外空气的等焓线上，出水温度随室外含湿量线性变化。

冷水机组的排风焓值越高，则从干空气中获得的能量越大。因此，要求冷水用户尽可能提高出口水温。在工程条件允许的情况下，建议的冷水流程形式是：蒸发式冷水机组冷水先经过室内末端吸收房间显热，再通入新风机组表冷段冷却新风，最后回到机组与空气冷却器出水混合后到冷却塔部分喷淋，这种串联的冷水流程设计能使冷水机组更充分地利用干空气的能量，同时满足不同温度热源的冷却需求。

9.4.1.3 结构形式[7]

蒸发式冷水机组以干空气能为制冷的动力，利用预冷逆流热湿交换循环系统获得空调末端所需的冷水，可实现空调末端干工况运行。该机组结构如图 9-28 和图 9-29 所示，实物照片如图 9-30 所示。

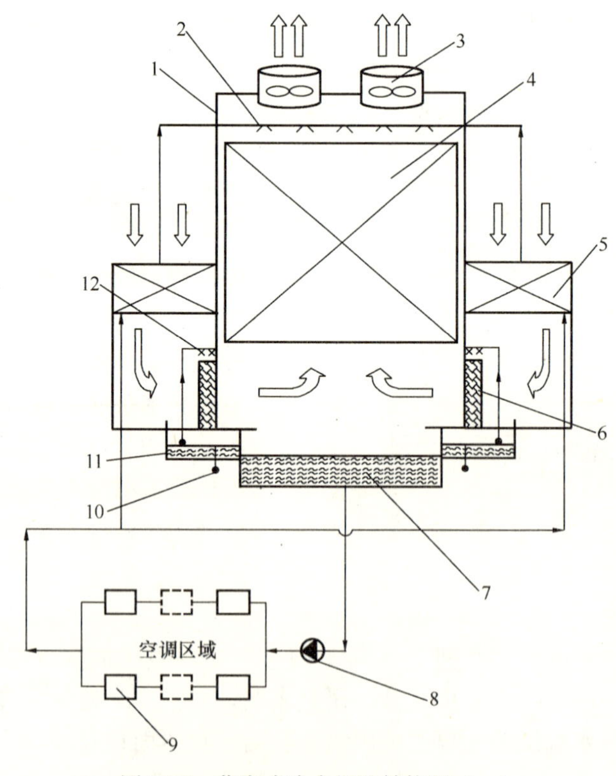

图 9-28 蒸发式冷水机组结构图（一）

1—机壳；2—喷淋布水器；3—风机；4—蒸发冷却换热器；5—单级表冷器；6—直接蒸发冷却器；7—储水池；8—循环水泵；9—显热供冷末端；10—水泵；11—水池；12—喷淋布水器

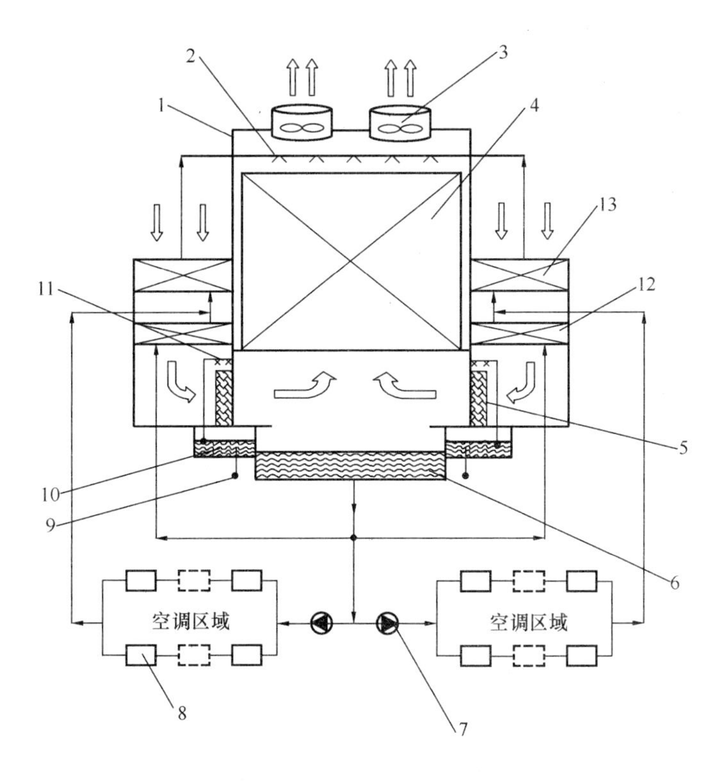

图 9-29　蒸发式冷水机组结构图（二）

1—机壳；2—喷淋布水器；3—风机；4—蒸发冷却换热器；5—直接蒸发冷却器；6—贮水池；7—循环水泵；8—显热供冷末端；9—水泵；10—水池；11—喷淋布水器；12—第一级表冷器；13—第二级表冷器

图 9-30　蒸发式冷水机组实物照片

在机壳内安装有直接蒸发冷却换热器，其上方是喷淋布水器和风机，其下部设置带有循环水泵的贮水池，在机壳的进风口处设置表冷器，循环水泵的进水口通过管路与贮水池底部的出水口相连接，水泵的出水口通过管路与供冷末端相连接，供冷末端的出水口通过管路与表冷器进水口相连接，表冷器出口通过管路与喷淋布水器相连接。

表冷器可采用单级表冷器（图 9-28），也可以由串联的第一级和第二级表冷器组成（图 9-29）。

表冷器出风口下方的直接蒸发冷却器具有独立的水冷却系统，具有独立的水池、水泵和喷淋布水器，喷淋布水器通过独立的管路与直接蒸发冷却器连接。冷却水与进风直接接触，对冷水进风进行充分洗涤，可以有效地改善循环水系统的水质，能进一步防止换热器产生结垢现象，将空气洗涤后，污水可直接或定期排放。

9.4.1.4　型号与规格

表 9-7 列出了某公司蒸发冷水机组的规格，供设计选型时参考[6]。

蒸发式冷水机组的规格　　**表 9-7**

参数 \ 型号	SZHJ-L-24	SZHJ-L-48	SZHJ-L-72	SZHJ-L-96	SZHJ-L-120	SZHJ-L-144
室内末端供冷量（kW）	140	280	420	560	700	840
预冷新风冷量（kW）	75	150	225	300	375	450
冷水出水温度（℃）	16.5					
室内末端回水温度（℃）	21.5					
出水量（m^3/h）	24	48	72	96	120	144
输入总功率（kW）	7.5	15	22.5	30	37.5	45
室内末端冷量 *COP*	18.7	18.7	18.7	18.7	18.7	18.7
总冷量 *COP*	28.7	28.7	28.7	28.7	28.7	28.7

注：1. 表中蒸发式冷水机组的性能参数，是以乌鲁木齐室外气象参数为条件获得的。
2. 蒸发式冷水机组的冷量分为两部分，第一部分是室内末端冷量；当采用室内末端和新风机组串联的冷水流程时，冷水机组还提供了新风预冷量，此处所取新风量与用户水侧质量流量之比为 10∶7，当新风量加大时，新风预冷量还可相应的加大。
3. 当水量变化和水温变化时，需对冷水机组冷量进行修正。
4. 冷水机组的运转部件只有风机和水泵，且室外越干燥，机组 *COP* 越高。

9.4.1.5　一种热管冷回收型蒸发冷却式高温冷水机组

实用新型专利“一种热管冷回收型蒸发冷却式高温冷水机组”[21]（专利号：200820029280.9）也是一种针对干燥地区设计的蒸发式冷水机组。如图 9-31 所示，该高温冷水机组的主体为填料式冷却塔，塔内部设置有填料，填料的上部分别设置有风机和布水器，填料的下部设置有水箱和水泵，水泵将水箱中的水通过管道输送给布水器进行循环利用，其结构的核心是在冷却塔的底侧两进风口处倾斜设置有热管换热器，使热管换热器的冷端与空调区域或房间的排风相连，回收其冷量；热管换热器的热端依靠室外新风冷却散热，将热量由风机排至室外大气。

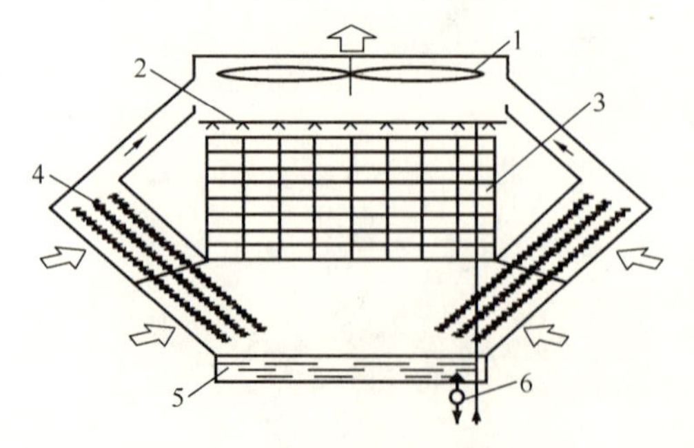

图 9-31　热管冷回收型蒸发冷却式高温冷水机组

1—风机；2—布水器；3—填料；4—热管换热器；5—水箱；6—水泵

该高温冷水机组的工作过程是：经热管换热器冷端冷却后的空气，逆流与通过布水器喷淋在填料表面的空调显热末端回水进行直接热湿交换，吸收水的热量后同样由风机排至室外大气，被冷却后的冷水流入水箱，依靠水泵将其送往空调显热末端；热管换热器的热端依靠室外新风冷却散热，将热量由风机排至室外大气。

与现有的蒸发式冷水机组相比，该高温冷水机组具有如下特点：

(1) 采用热管与填料式冷却塔相结合的结构，既可为空调显热末端装置提供冷媒水，又可为蒸发冷却新风机组提供冷媒水。

(2) 充分利用热管高效显热回收的优势，回收空调区域或房间排风中的冷量，同时使冷却后水的终温接近或略高于空调区域或房间空气的露点温度，可产生 12～20℃的冷媒水。

(3) 将热管热端空气的散热与空调显热末端回水冷却塔散热的风系统有机结合，既达到了良好的冷却效果，又节约了冷水机组的能耗。

9.4.1.6　管式蒸发冷却器、蒸发冷却盘管组成的闭式空调机组

实用新型专利“管式蒸发冷却器、蒸发冷却盘管组成的闭式空调机组”[22]（专利号：200920308695.4）是一种针对干燥地区设计的蒸发式冷水机组。如图 9-32 所示，按管式间接蒸发冷却器一次空气进风方向包括管式间接蒸发冷却器、蒸发冷却盘管、填料、布水器、挡水板（脱水器）、风机；按管式间接蒸发冷却器一次空气进风方向包括管式间接蒸发冷却器、填料，布水器，挡水板（脱水器），风机。

该高温冷水机组的工作过程是：

夏季室外二次空气经过管式间接蒸发冷却器换热管内与喷淋循环水进行热湿交换，使管式间接蒸发冷却喷淋循环水水温趋近于室外空气的湿球温度。

夏季室外一次空气经过管式间接蒸发冷却器换热管外，通过管壁与管内管式间接蒸发冷却喷淋循环水热交换，进行预冷，再经蒸发冷却盘管在管外进行热湿交换使蒸发冷却盘管外的喷淋循环水水温趋近于预冷空气的湿球温度。

蒸发冷却盘管内空调系统循环水通过管壁与蒸发冷却盘管喷淋循环水进行热交换，制取水温介于室外空气露点温度和湿球温度之间的高温冷水进行供水，回水再通入蒸发冷却盘管进行热交换循环。

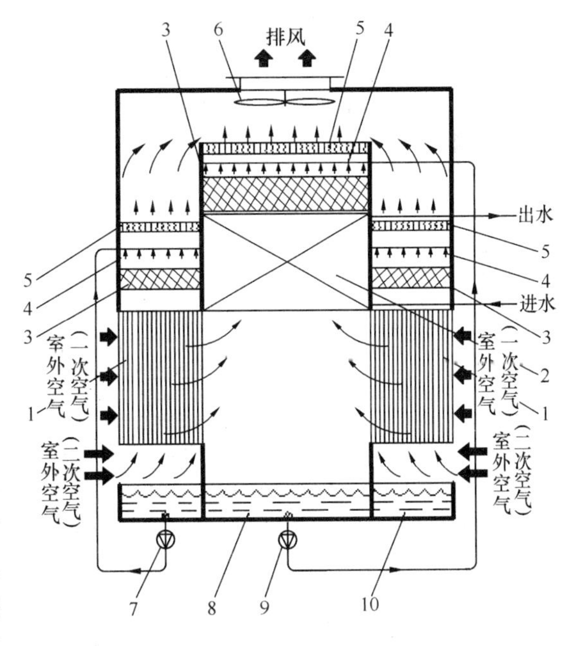

图 9-32　管式蒸发冷却器、蒸发冷却盘管组成的闭式空调机组

1—管式间接蒸发冷却器；2—蒸发冷却盘管；3—填料；4—布水器；5—挡水板（脱水器）；6—风机；7—水泵Ⅰ；8—开式水箱（盘）Ⅰ；9—水泵Ⅱ；10—开式水箱（盘）Ⅱ

与传统的机械制冷高温冷水机组以及开式蒸发冷却高温冷水机组相比，该闭式蒸发冷却高温冷水机组具有如下特点：

（1）采用管式换热管竖立设置，管外走一次空气，管内喷淋循环水，走二次空气的管式间接蒸发冷却器对空气先进行预冷，预冷效率高，避免了因西北地区风沙、灰尘大，采用表冷器和板翅式间接蒸发冷却器预冷造成堵塞或结垢现象的发生。

（2）经管式间接蒸发冷却器预冷后的空气干球温度和相应的湿球温度更低，再经与蒸发冷却盘管外的喷淋水进行热湿交换后与蒸发冷却盘管内的水进行热交换，制取的冷水水温介于外界空气露点温度和湿球温度之间，能满足干式（或干工况）显热末端的水温要求，并且避免了显热末端结露现象的发生，符合我国西北地区蒸发冷却半集中式空调系统的水温要求，具有更好的节能性和实用性。

（3）采用蒸发冷却盘管，喷淋水在蒸发冷却盘管外与预冷的一次空气进行热湿交换，再通过管壁与管内水进行热交换，蒸发冷却盘管提供给蒸发冷却半集中空调系统的高温冷水是闭式水系统，克服了西北地区风沙、灰尘大的问题，循环水不易受污染，管路腐蚀程度轻，符合我国西北干燥地区的气候特点，具有较强的是应用性。

（4）该装置提供的是闭式水系统，蒸发冷却半集中式空调系统水泵扬程低，仅需可克服闭式水系统环路阻力，与建筑物高度无关，输送耗电量小，更加节能，并且不用设回水池，机房占地面积小。

（5）开式水箱（盘）分开设置，管式间接蒸发冷却器预冷装置开式水箱（盘）、循环水装置、布水装置与蒸发冷却盘管开式水箱（盘）、循环水装置、布水装置分开设置，并相互独立，避免了由于管式间接蒸发冷却器喷淋循环水与蒸发冷却盘管喷淋循环水水温不同，二者相混，影响高温冷水水温。

9.4.1.7　蒸发式冷凝/冷却空调冷水机组

实用新型专利“蒸发式冷凝/冷却空调冷水机组”[20]（专利号：200820228444.0），是一种既可在夏季利用冷水机组的蒸发器为空气处理机组和空调末端装置提供低温冷水，又可在春秋过渡季节利用冷却塔为空气处理机组和空调末端装置提供高温冷水的冷水机组。如图 9-33 所示，该冷水机组由蒸发器、压缩机、冷凝器、节流阀所组成。蒸发器、压缩机和冷凝器依次相连接，冷凝器通过节流阀和蒸发器相连接。

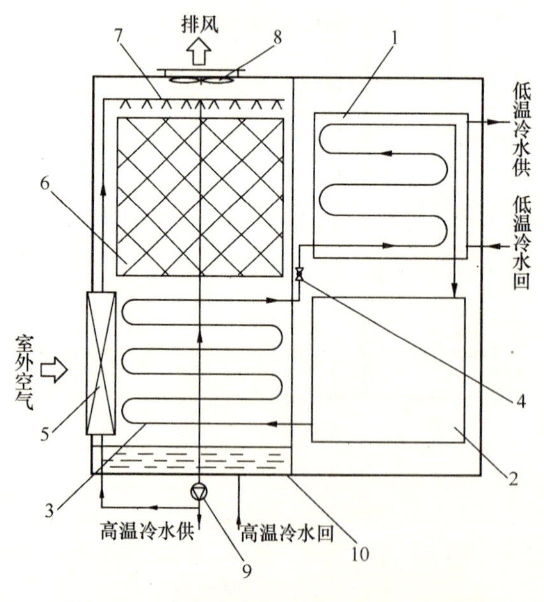

图 9-33　蒸发式冷凝/冷却空调冷水机组

1—蒸发器；2—压缩机；3—冷凝器；4—节流阀；5—表冷器；6—填料；7—布水器；8—排风机；9—水泵；10—水箱

其中的蒸发冷凝式冷水机组的工作过程：低温低压的液态制冷剂在蒸发器中吸收空调回水中的热量，制取出低温冷水，用于夏季空气处理机组和空调末端装置。汽化后的制冷剂通过压缩机压缩成高温高压的气体，在冷凝器中冷凝成中温高压的液体，冷凝器所放出的热量由冷凝器管外的冷水和空气带走，由排风机排出室外。中温高压的液态制冷剂再经过节流阀还原成低温低压的液态制冷剂，重新进入蒸发器，完成制冷循环。

其中的冷却塔的工作过程：室外新风通过表冷器预冷，冷却后的空气依次经过冷凝器和填料，与布水器滴淋下来的水逆流接触，实现纯逆流传热，使水温降低到低于室外空气的湿球温度，可逼近室外空气的露点温度。吸收冷凝器散热或冷却塔布水器滴淋水散热后的空气则由排风机排出室外。被冷却后的高温冷水，一部分直接可供到空气处理机组，用于春秋过渡季节空气处理机组和空调末端装置；另一部分则分别通到3个并联的表冷器内，用于冷却室外新风。

与传统的蒸发冷凝式冷水机组相比，该冷水机组具有如下特点：

（1）蒸发式冷凝/冷却空调冷水机组采用蒸发式冷凝器与冷却塔相结合，实现“一机两用”，既可在夏季利用冷水机组的蒸发器为空气处理机组和空调末端装置提供低温冷水，又可在春秋过渡季节利用冷却塔为空气处理机组和空调末端装置提供高温冷水。

（2）在蒸发式冷凝器换热管上方装设冷却塔填料，既可使通过布水器滴淋到换热管外的水温进一步降低，大大提高蒸发冷却效率，又能节省水泵的能耗；另外还可增强布水的均匀性，强化传热效果。

（3）在冷却塔的三面进风口处均装设有表冷器，表冷器的水路采用并联形式，对室外新风进行预冷，然后逆流依次与蒸发式冷凝器换热管、冷却塔填料及布水器接触，最后由排风机排出室外，实现纯逆流换热，大大提高换热效率，使水温比传统冷却塔的极限温度（室外空气的湿球温度）更低，可逼近室外空气的露点温度。

9.4.1.8　蒸发冷却加机械制冷高温冷水机组

在中等湿度和高湿度地区，由于其湿球温度较高，单凭蒸发冷却技术不可能制得满足显热末端供冷要求的冷水，但这并不代表蒸发冷却技术在该地区不可以利用。可以充分利用蒸发冷却技术的节能、环保等特点，尽可能降低机械制冷单独使用时的能耗，使蒸发冷却技术与机械制冷相结合，制取高温冷水。下面以某一蒸发冷却与机械制冷复合机组为例阐述如何利用室外空气制取高温冷水。

某一蒸发冷却加机械制冷冷水机组见图9-34，图9-35，图9-36是蒸发冷却段高温冷水产生的焓湿图。图9-34中间接蒸发冷却段为二级间接蒸发冷却，上面是高温冷水空气冷却器，内部所通的高温冷水来自水箱（由蒸发冷却段产生的高温冷水）；下面是低温冷水空气冷却器，内部所通的低温冷水来自经由用户的回水。W_x状态的室外空气在间接蒸发冷却段，首先经过高温冷水空气冷却器，等湿降温到状态W_1；然后再经过低温冷水空气冷却器，第二次等湿降温到状态W_2。W_2状态的空气在风机的作用下经过直接蒸发冷却段进行热湿交换，在该段等焓降温到状态L_x，此时产生温度为t_{Lx}的高温冷水。制取的高温冷水再和机械制冷段制取的7℃冷水按一定

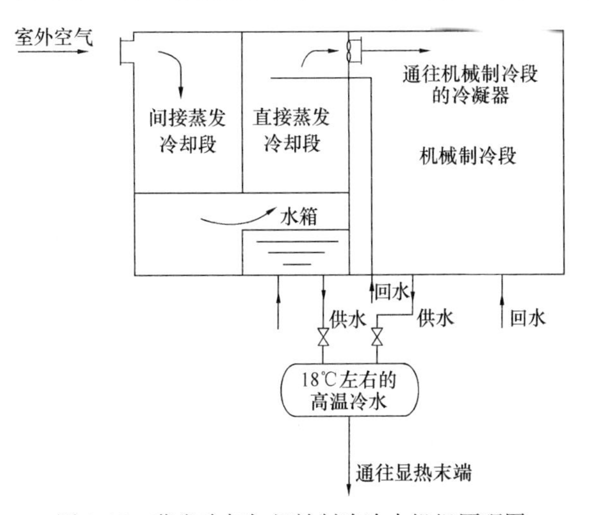

图9-34　蒸发冷却加机械制冷冷水机组原理图

图 9-35　蒸发冷却加机械制冷冷水机组实物图

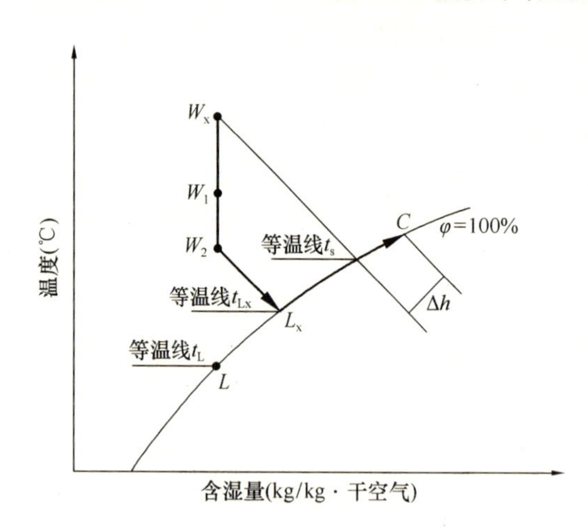

图 9-36　机组蒸发冷却段冷水产生的焓湿图

比例在集水器进行混合，最终得到温度稳定的高温冷水。我们以中等湿度地区西安为例做了理论计算，由蒸发冷却段制得的高温冷水温度可达 24℃，比当地的湿球温度（26℃）低 2℃。另外，经过蒸发冷却段处理的室外空气由于温度得到降低和清洁，为了不浪费，可以把它通往机械制冷段的冷凝器，以提高冷凝器的冷凝效率。

目前在中等湿度和高湿度地区通常用机械制冷通过换热或者与自来水混合来制取高温冷水，也有使用机械制冷式高温冷水机组和土壤源热泵的。相比而言，蒸发冷却加机械制冷是比较经济节能的，响应了我国节能减排的号召。

9.4.1.9　优点及适用地区

与传统的冷水机组相比，蒸发式冷水机组不使用 CFC 制冷剂，是一种经济、节能、环保的冷水机组，具有下述优点：

（1）蒸发式冷水机组的能效比（*COP*）可高达 18 以上；

（2）可最大程度地降低空调系统的运行能耗和费用；

（3）降低了初投资费用；

（4）维护保养简便经济，运行管理方便。

在中国西部、北部等气候比较干燥的城市，利用间接蒸发冷却技术能产生较低温度的冷水。以冷水机组出水温度为 20℃ 为标准，新疆、青海、西藏、甘肃、宁夏、内蒙古、黑龙江的全部地区，吉林的大部分地区，陕西、山西的北部，四川、云南的西部等地区冷水机组的供水温度均低于 20℃，在这些地区可以采用蒸发式冷水机组作为蒸发冷却空调系统的高温冷源[8]。

9.4.1.10　运行安装注意事项[6]

（1）由于系统为开式系统，需要将蒸发式冷水机组安装在系统最高处，如屋顶、建筑的顶层屋面等。

（2）用户冷水循环泵应设在机组外机房内，而机组自身的旁路循环泵设在机组内。

（3）由于冷水的温度在 15～20℃之间变化，在此温度范围内一般没有结垢的危险，同时由于是开式系统，需做好水的过滤。除机组内部水槽设置过滤装置外，需在冷水进入用户前的总供水管上再设置过滤。另外，可在泄水管上设电磁阀定期排水。

（4）机组本身应做好风侧的过滤，一是保证自身空气冷却器的效果，二是保证冷水水质。

（5）应定期清洗或更换过滤网，冬季停用时放空水槽与盘管内的存水，关闭水管路上的阀门，并用雨布做好风机与盘管的维护。

9.4.2 蒸发式冷风（水）复合型空调机组

9.4.2.1 一种同时产生冷水和冷风的间接蒸发制冷方法及装置

发明专利“一种同时产生冷水和冷风的间接蒸发制冷方法及装置”[18]（专利号：200810103448.0），是一种针对干燥地区设计的能同时产生冷水和冷风的复合型空调机组。如图 9-37 所示，新风首先进入多级蒸发冷却式热回收器，利用排风蒸发冷却进行等湿冷却处理，之后进入同时产生冷水和冷风的蒸发冷却器，和喷淋水接触进行直接蒸

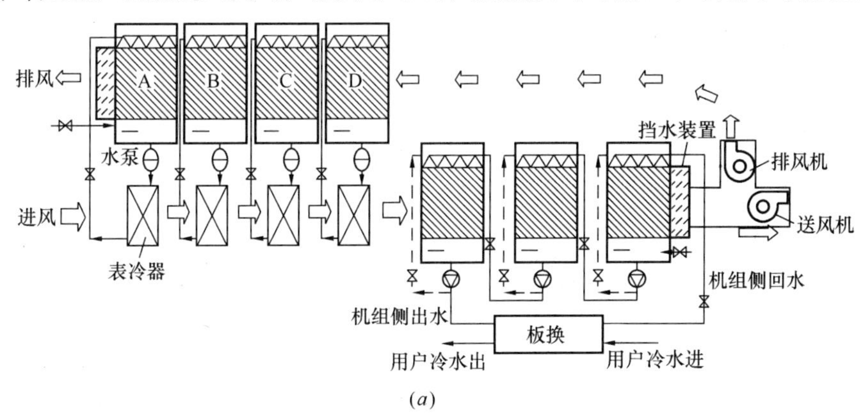

(*a*)

(*b*)

图 9-37　同时产生冷水和冷风的间接蒸发制冷方法及装置

(*a*) 原理图；(*b*) 实物图

发冷却，蒸发冷却器的出风一部分输出到用户，一部分作为排风，经过多级蒸发冷却过程冷却进风后被排出室外。在蒸发冷却器中，用户冷水回水被喷淋水和空气蒸发冷却过程冷却后输出冷水；出水水温低于进风湿球温度。该复合型空调机组可同时输出用户冷水和低温的新风，解决显热换热过程和热湿交换过程风、水流量比的不匹配问题，通过多级装置解决饱和线的非线性引起的不匹配问题；用户冷水侧可为闭式系统，机组应用场合更加广泛。

9.4.2.2 一种间接蒸发冷却式冷风/冷水复合型空调机组

发明专利"一种间接蒸发冷却式冷风/冷水复合型空调机组"[19]（专利号：200810017581.4），是一种可适用于干燥地区、中等湿度地区和高湿度地区的能同时产生冷风和冷水的复合型空调机组。如图 9-38 所示，该复合型空调机组为间接蒸发冷却式冷风机组和间接蒸发冷却式冷水机组的复合型机组。

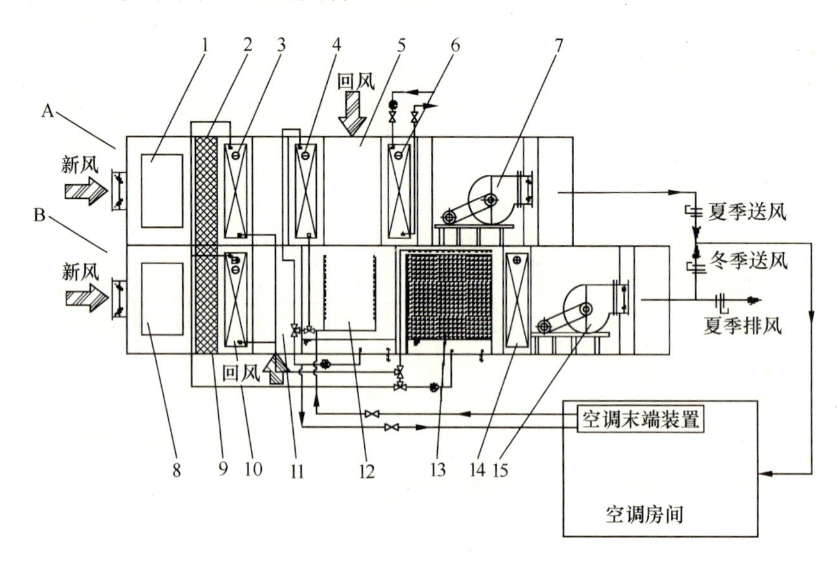

图 9-38 间接蒸发冷却式冷风/冷水复合型空调机组

A—间接蒸发冷却式冷风机组；B—间接蒸发冷却式冷水机组；
1—冷风机组新风段；2—冷风机组过滤器；3—第一级间接蒸发表冷器；4—第二级间接蒸发表冷器；
5—冷风机组回风段；6—第三级机械制冷表冷器；7—冷风机组送风机；8—冷水机组新风段；
9—冷水机组过滤器；10—表面换热器；11—冷水机组回风段；12—喷水室；13—直接蒸发冷却器；
14—加热器；15—冷水机组排（送）风机

间接蒸发冷却式冷风机组采用两级间接蒸发表冷器预冷与机械制冷表冷器相结合组成的三级空调机组。按进风方向依次设置冷风机组新风段、冷风机组过滤器、第一级间接蒸发表冷器、第二级间接蒸发表冷器、冷风机组回风段、第三级机械制冷表冷器以及冷风机组送风机。

间接蒸发冷却式冷水机组包括按进风方向依次设置的冷水机组新风段、冷水机组过滤器、表面换热器、冷水机组回风段、喷水室、直接蒸发冷却器、加热器以及冷水机组排（送）风机。

间接蒸发冷却式冷风机组的工作过程：室外空气依次经过冷风机组新风段，经冷风机组过滤器过滤后，经第一级间接蒸发表冷器降温，再经第二级间接蒸发表冷器继续降温，通过冷风机组回风段后经第三级机械制冷表冷器进一步冷却，可使室外空气温度降低到15～20℃左右，将降温后的空气由冷风机组送风机送入建筑物内。

间接蒸发冷却式冷水机组的工作过程：室外空气依次经过冷水机组新风段，经冷水机组过滤器过滤后，经表面换热器进行预冷（热），再经过冷水机组回风段、喷水室和直接蒸发冷却器吸收水所放出的热量后，通过冷水机组排（送）风机排至室外。直接蒸发冷却器所产生的冷水，一部分直接供给间接蒸发冷却式冷水机组中的表面换热器，一部分直接供给间接蒸发冷却式冷风机组中的第一级间接蒸发表冷器，另外还供给空调末端装置。喷水室所产生的冷水则供给间接蒸发冷却式冷风机组中的第二级间接蒸发表冷器。间接蒸发冷却式冷水机组夏季分别为间接蒸发冷却式冷风机组和空调末端装置提供所需的冷水；冬季，表面换热器、喷水室（或直接蒸发冷却器）、加热器开启运行，可为建筑物提供加热的空气。

与传统的蒸发冷却空调机组和间接蒸发冷水机组相比，该实用新型的空调机组具有如下特点：

（1）间接蒸发冷却式冷风机组采用二级间接蒸发表冷器预冷与机械制冷表冷器相结合，组成三级空调机组，且二级间接蒸发表冷器中所用冷水分别来自间接蒸发冷却式冷水机组中的喷水室和直接蒸发冷却器，而机械制冷表冷器中所用冷水来自机械制冷冷水机组。

（2）间接蒸发冷却式冷水机组夏季分别为间接蒸发冷却式冷风机组和空调末端装置提供冷水；而冬季，预热器、喷水室（或直接蒸发冷却器）、再热器开启运行，作为热风机组为空调房间送风。

（3）可同时提供二级间接蒸发冷却与机械制冷相结合的空调送风（温降达15～20℃），并可产生15～20℃的冷水。

9.4.3　冷却塔

冷却塔是利用水和空气的接触，通过蒸发冷却作用来排除工业上或制冷空调中产生的废热的一种设备。水被输送到冷却塔内，与空气进行热、质交换后，达到降低水温的目的。

9.4.3.1　冷却塔的类型

1. 按通风方式分类

（1）自然通风冷却塔：靠塔内外的空气密度差或自然风力形成的空气对流作用进行通风的冷却塔。

（2）机械通风冷却塔：靠风机驱动空气对流进行通风的冷却塔。

（3）混合通风冷却塔：自然通风和机械通风共同作用的冷却塔。

2. 按水和空气的接触方式分类

（1）湿式冷却塔：水和空气直接接触，热、质交换同时进行的冷却塔。

（2）干式冷却塔：水和空气不直接接触，只有热交换的冷却塔。

（3）干—湿式冷却塔：由干式、湿式两部分组成的冷却塔。

3. 按水和空气的流动方向分类

（1）横流式冷却塔：水流从塔上部垂直落下，空气水平通过淋水填料，气流与水流正交的冷却塔。其优点表现为节能、水压低、风阻小，配置低速电机、无滴水噪声和风动噪声，填料和配水系统检修方便。但其热交换时要有较多的填料体积，填料易老化、配水孔易堵塞、防结冰不好、湿气回流大。

（2）逆流式冷却塔：水流在塔内垂直落下，空气由下向上通过淋水填料，气流方向与水流方向相反的冷却塔。在相同的情况下，逆流式冷却塔比横流式冷却塔填料体积小20%左右，逆流式冷却塔热交换过程更合理、冷效率更高。此外，逆流式冷却塔配水系统不易堵塞、淋水填料不易老化、湿气回流小、防冻化冰措施更容易，施工安装检修容易、费用低，空调系统常采用逆流式冷却塔。

4. 其他形式的冷却塔

（1）喷射式冷却塔：利用循环泵提供的扬程，让水以较高的速度通过喷水口喷出，从而引射一定量的空气进入塔内与雾化的水进行热交换的冷却塔。

（2）蒸发式冷却塔：也称闭式冷却塔，冷却塔内循环的喷淋水在盘管外壁蒸发以冷却管内的冷却水，同时利用风机及时地把产生的水蒸气带走。管内的冷却水不与大气接触，不易被污染。

9.4.3.2　冷却塔的组成部分[9]

1. 塔体

塔体是冷却塔的外部围护结构，起到支承、维护和组织合适气流的作用。

大型机械通风冷却塔一般采用钢筋混凝土结构或钢结构（玻璃钢板围护），也有用经防腐处理的木结构。

中小型机械通风冷却塔一般采用玻璃钢、型钢作为塔体结构材料，外壁用聚酯玻璃钢、塑料板、带隔热层钢板或不锈钢板作为围护结构。

冷却塔内、外与水汽接触的金属构件、管道和机械设备均应采取有效的防腐蚀措施。

2. 填料

水的冷却过程主要在填料中进行。在填料中，将需要冷却的水（热水）多次溅散成水滴或形成水膜，以增加水和空气的接触时间和面积，促进水和空气的热交换。

填料分点滴式、薄膜式、点滴薄膜式等。

点滴式淋水填料主要依靠水在溅落过程中形成的小水滴进行散热。因其对横向气流具有阻力小、单位体积耗材少、允许淋水密度大等优点，所以在大型横流式冷却塔中使用广泛，常见的形式有弧形板条，M形板，蜂窝形板等。

薄膜式淋水填料的散热主要依靠水膜表面。在填料中，热水以水膜状态流动，增加了水与空气的接触表面积，从而提高了热交换能力。由于薄膜式填料冷却效率高，是目前使用较为广泛的淋水填料。这种填料可分为平膜板式、凹凸形模板式等多种。

3. 配水系统

配水系统的功能是将需要冷却的热水均匀地分布于冷却塔整个淋水填料表面上，充分发挥其冷却作用。整个配水过程包括：将热水升到配水高程，分配到整个填料断面，热水通过喷溅装置转变成小水滴后洒到填料上。常见的有管式、槽式和池式配水系统。

配水系统直接关系到冷却效果的好坏。此外，还要求供水水压低，通风阻力小，维护管理简单和调节水量方便。

4. 收水器（又称除水器）

收水器的作用是将排出的湿热空气中所携带的水滴与空气分离，减少逸出水量损失和对周围环境的影响。

在逆流式机械通风冷却塔中，采用管式配水系统时，收水器安装在配水管之上，当采用槽式配水系统时，可将收水器安装在配水槽中间或配水槽之上。

5. 雨区及集水池

在逆流式冷却塔中，填料以下、水池水面以上的部分称为雨区。

集水池设于冷却塔下部，汇集淋水填料落下的冷却水，集水池有时还具有一定的储备容积，起调节流量的作用。热水经过冷却后，汇集到集水池内，然后从集水池流到水泵房，循环使用。如不需考虑储存和调节水量时，可以设计成集水盘。根据国内外的设计资料统计，循环水系统的容积约为每小时循环水量的1/3～1/5。

6. 空气分配装置

包括进风口、百叶窗和导风板等装置，用以引导空气均匀分布于冷却塔的整个截面上。

在逆流式冷却塔中，空气分配装置包括进风口和导风装置两部分。在横流式冷却塔中仅有进风口，但具有导流作用。

在机械通风冷却塔的进风口处，一般都要加百叶窗，主要是防止塔中的淋水溅出塔外，造成水的损失并影响塔周围环境。百叶窗也起导流的作用，在需要时可调整百叶窗间距及角度，使气流更均匀；也可将百叶窗做成可关闭的，以调整进风量，防止塔内结冰，也可防止杂物进入塔内，减小塔周围的噪声等。

7. 风机和风筒

在机械通风冷却塔中，通风是靠风机来完成的，除特殊情况外，我国一般都采用抽风式轴流风机。风机及其传动设备都装在塔的顶部，这样可使塔内气流分布更均匀。

在风机进口处有一个收缩段将塔体和风机相连。收缩段后为机壳，在机壳上方接一段扩散筒，即为风筒。风筒的作用有两个：一是减小气流出口的动能损失；二是减小或防止从冷却塔排出的湿热空气由进风口重新进入塔内。

8. 输水系统

进水管将热水送到配水系统，进水管上设置阀门，以调节冷却塔的进水量。出水管将冷却后的水送往用水设备或循环水泵，在集水池还装设补水管、排污管、溢流管、放空管等。必要时还可在多台冷却塔之间设连通管。

9. 其他设施

包括检修门、检修梯、走道、照明灯、电气控制、避雷装置以及必要时设置的飞行障碍标志等，有时为了测试需要还需设置冷却塔测试部件。

9.4.3.3 常见冷却塔类型[9]

1. 机械通风逆流湿式冷却塔

机械通风逆流湿式冷却塔是制冷空调系统中采用较为普遍的一种类型，可分鼓风式和抽风式两种。鼓风式冷却塔从塔底部进风口用风机向塔内鼓风，目前很少使用。抽风式冷却塔如图9-39所示。

热水通过上水管进入冷却塔，通过槽式或管式配水系统使热水沿塔平面成网状均匀分

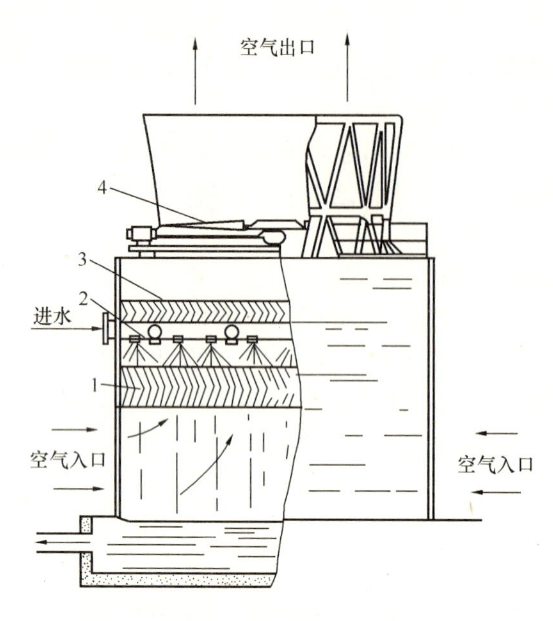

图 9-39 抽风式冷却塔
1—淋水填料；2—配水装置；3—除水器；4—抽风机

布，然后通过喷嘴将热水洒到填料上，穿过滤料，成雨状通过空气分配区（雨区），落入塔底水池，变成冷却后的水待重复使用。空气从进风口进入塔内，穿过填料下的雨区、与热水成相反方向（逆流）穿过填料、通过收水器、抽风机、从风筒排出。

2. 机械通风横流湿式冷却塔

这种塔的填料设置在塔筒外，如图 9-40 所示。热水通过上水管流入配水池，池底布设水孔，下连喷嘴，将热水洒到填料上冷却后进入塔底水池，抽走重复使用。空气从进风口水平向穿过填料，与水流方向正交，故称横流式或交流式。空气出填料后，通过收水器，从风筒出口排出。

机械通风横流湿式冷却塔的配水用盘式，为了保证水深比较均匀，配水盘可以分几格，盘底打孔，装喷嘴将热水洒向填料，然后流入底部水池。填料倾斜安装，以保证运行时水不洒到填料外。对点滴式填料，倾角为 9°～11°；薄膜式填料倾角为 5°～6°。

9.4.3.4 冷却塔供冷

对于一种结构已确定的冷却塔而言，冷却水理论上能降低到的极限温度为当时室外空气的湿球温度。随着过渡季及冬季的到来，室外湿球温度下降，冷却塔出口水温也随之降低。与此同时，建筑室内的冷负荷以及湿负荷也随着室外气温的下降而减少，此时提高冷冻水温度也能够满足室内的舒适性要求。当冷却塔出口处的冷却水温度与空调末端所需的冷冻水温相吻合或接近时，以冷却塔作为空调系统的冷源便有其可行性和节能潜力。

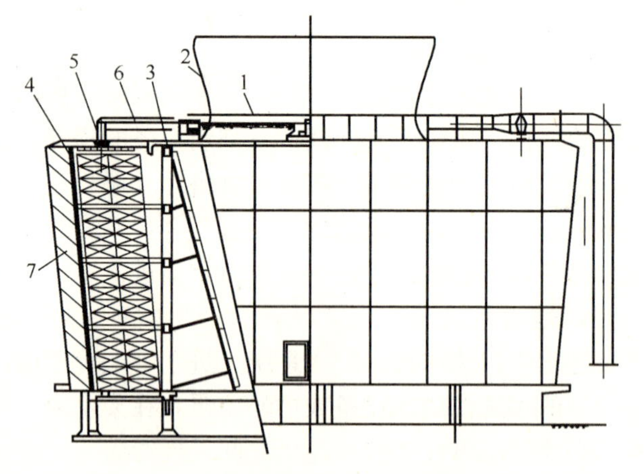

图 9-40 机械通风横流湿式冷却塔
1—轴流风机；2—风筒；3—收水器；4—薄膜填料；5—配水系统；6—进水系统；7—进风百叶窗

一些办公或商业建筑，由于围护结构隔热性能较好，室内散热设备增多，导致冷负荷增加，在过渡季和初冬都需要供冷。对于此类室内散热冷负荷占主导的建筑，在室外环境湿球温度比系统要求的冷水温度低 3～5℃时，制冷机可停止运行。利用蒸发冷却技术由冷却塔直接为空调系统末端提供冷量，可以减少系统能耗。当采用以辐射换热为主的冷却顶板供冷时，冷却顶板与室内温差较小，此时可以采用相对较高的冷水温度（18～20℃），采用冷却塔供冷即可满足供冷要求，仅需要消耗少量的水泵和风机功耗，从而大大节省运行费用。

此外，《公共建筑节能设计标准》GB 50189—2005 明确提出：“对冬季或过渡季存在一定量供冷需求的建筑，经技术经济分析合理时应利用冷却塔提供空气调节冷水”。

因此，使用冷却塔供冷可以减少制冷机组在过渡季节和冬季的运行时间，减少空调系统能耗，减少因制冷机组运行所产生的环境污染。同时可以防止当冷冻机长期在远离设备设计工况的情况下工作，或因冷却水温度较低而无法启动的情况，对制冷机组的使用寿命也有一定的保护作用。

冷却塔供冷系统按照冷却水供往末端设备的方式，主要可分为直接供冷系统和间接供冷系统。

1. 直接供冷系统

直接供冷系统中将冷却塔与一个水冷却盘管连接在一起，冷却塔＋盘管就变成了一个间接式蒸发冷却器。在供冷季节，来自冷却塔的冷却水通过盘管冷却流过的空气，这样的冷却盘管常作为预冷盘管。

(1) 冷却塔＋过滤器（开式冷却塔形式）

开式冷却塔制得的冷却水直接代替冷冻水通入空调系统末端设备的冷却盘管。在这种形式中，冷却塔及冷却盘管的效率在很大程度上取决于冷却塔填充物及冷却盘管内表面的状态。

由于开式冷却塔中的水流与室外空气接触换热，易被污染，进而造成系统中管路腐蚀、结垢和堵塞。因此，在冷却塔和管路之间设置过滤装置，以保证水系统的清洁。

如果冷却塔和冷却盘管中的湿表面被灰尘或水垢堵塞，效率将会相应地下降，导致蒸发过程减弱，气流速度减小。因此，需要定期排气及必要的水处理。鉴于上述缺点，在实际应用中这种方式很少被采用。

(2) 冷却塔＋蒸发冷却盘管（闭式冷却塔形式）

闭式冷却塔直接供冷的形式与开式直接供冷系统的原理非常相似，它也是用从冷却塔流出的冷却水直接代替冷冻水进入空调末端进行供冷，所不同的只是冷却塔改为封闭式。图 9-41 是一种常见的闭式冷却塔结构示意图[10]。在冷却塔中设置蒸发冷却盘管，并将蒸发冷却盘管中的水通入空调系统末端设备的冷却盘管。冷却塔中有 3 种流体：管内的空调冷却水、向上横掠管束的空气和喷淋于管束表面的水。

与开式冷却塔相比，传统的填料被管束取代，增强了耐温能力。此外，冷却水始终在冷却盘管内流动，通过盘管壁与外界空气进行换热，不与外界空气接触，避免冷却水受环境的污染，保持冷却水水质洁净；管内流体的散热量由塔内循环喷淋的水流带走，蒸发的水蒸气则由空气流带出塔外。除了图 9-27 中的盘管逆流式闭式冷却塔外，目前还有盘管横流式和“管排＋填料”式等几种闭式冷却塔形式。

闭式冷却塔是利用间接蒸发冷却（冷却水通过盘管壁与外界空气换热）原理降温，冷却塔的换热效果要受到影响，在同样的冷却水进水温度和室外空气温度下，闭式冷却塔的出水温度高于开式冷却塔，冷却效率低于开式冷却塔，进而会影响冷却塔供冷时数，减小节能效益。

2. 间接供冷系统

为了防止开式冷却塔的管路发生腐蚀、结垢和堵塞等问题，可采用冷却塔与板式换热

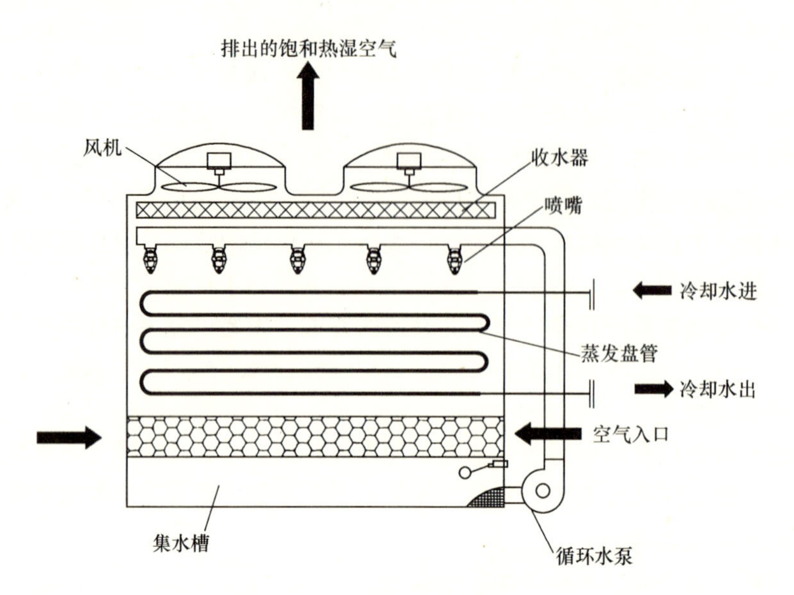

图 9-41 闭式冷却塔结构示意图

器和盘管组合的方式以辅助机械制冷。

(1) 冷却塔+换热器(开式冷却塔形式)

从开式冷却塔来的冷却水通过板式换热器与封闭的循环冷冻水进行热交换，冷冻水系统和冷却水系统是相互独立的循环，并不直接接触。然后，从板式换热器出来的冷冻水与从冷水机组出来的水混合，进入冷却盘管，减少了制冷机送出的冷水量。

由于存在中间换热损失，与直接供冷系统相比，间接供冷系统热效率比直接供冷系统低。研究表明，要达到相同的室内供冷效果，间接供冷系统的冷却水温度应比直接供冷系统低 1～2℃。因此，该系统的可利用时间比直接式供冷系统更短。此外，间接供冷初投资更多[11]。

(2) 冷却塔+蒸发冷却盘管+换热器(闭式冷却塔形式)[12]

采用闭式冷却塔直接自然冷却供冷方式见图 9-42 (*a*)，当用户端距离较远，或者冷水系统环路阻力较大时，为了避免增大闭式冷却塔蒸发冷却盘管承受的压力，可以采用增加中间换热器的间接冷却方式，见图 9-42 (*b*)。此系统的另一个特点是系统布置灵活，可

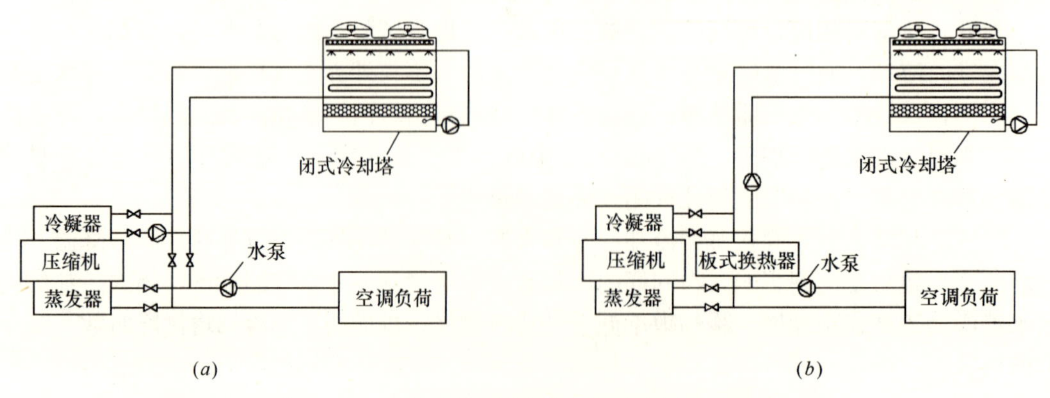

图 9-42 采用闭式冷却塔的空调系统原理示意图
(*a*) 直接自然冷却；(*b*) 间接自然冷却

以最大限度地减少系统换热损失。采用的板式换热器可以实现小温差换热（1～2℃），减少中间换热损失。由于增加了中间换热器，水泵的耗功量有所增加。该系统一般只能在室外湿球温度低于冷水回水温度5℃以上时才能采用，因此可利用自然冷源的时间较直接式系统大为缩短。

3. 再循环蒸发冷却塔[13]

空调末端形式采用辐射供冷方式时，可以采用低品位的高温冷源，其冷水温度一般为16～18℃。这样的水温供给辐射供冷末端时不会生成凝结水，还可以节省能耗。而传统冷却塔是引入室外空气直接进行热湿交换，制取的冷却水温度在理论上是空气的露点温度。此外，受环境条件限制，冷却水的温降幅度有限，冷却效果不理想，在大多数地区不能达到16～18℃的温度。

再循环蒸发冷却塔利用经两级间接蒸发冷却处理后的空气作为冷却塔的吸入空气，提供给冷却塔进行热湿交换制备冷却水（图9-43）。经预冷处理后的空气温度更低，可以使产生的冷却水温度接近空气的露点温度。当室外温度不是很高时，为了满足室内温度要求，可将再循环冷却塔制备的冷却水提供给辐射末端，以承担室内冷负荷，当室外温度较高时，再循环冷却塔制备的冷却水不能作为独立冷源时，可采用与地源热泵组成集成系统的方式来加以应用。同时，冷却塔制备的冷水可供给新风机组的表冷器，实现免费供冷，节约机械制冷的部分能耗。

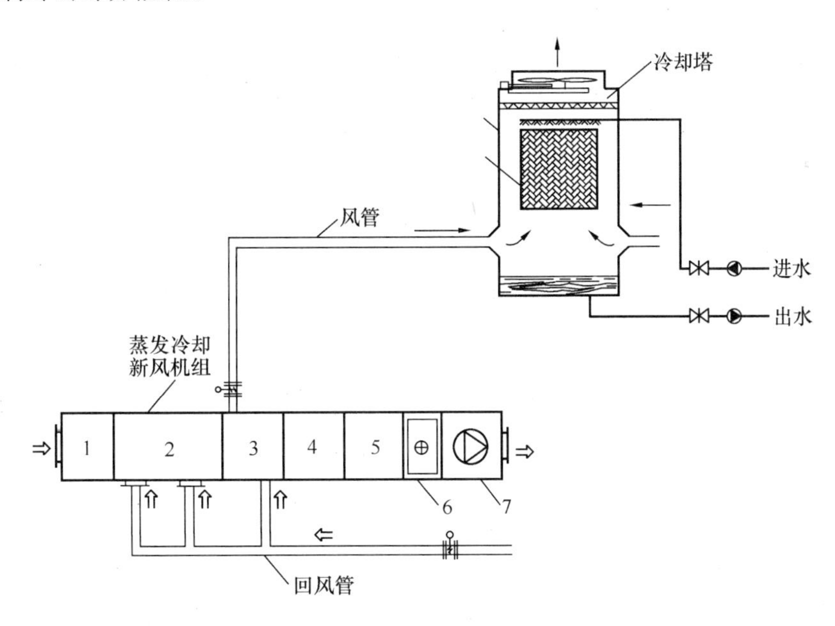

图9-43　再循环蒸发冷却塔工作示意图

1—新风段；2—两级间接预冷/热器；3—表冷段；4—直接蒸发冷却段；5—回风段；6—加热段；7—送风段

再循环蒸发冷却塔的冷却水出水温度低于常规冷却塔的出水温度，高于传统冷水机组的出水温度。因此，在应用过程中可依据自身的特点及建筑物使用功能的要求来决定其应用方式。

9.5 半集中式蒸发冷却空调系统末端装置

9.5.1 干式风机盘管

9.5.1.1 干式风机盘管的定义和特点

传统半集中式空调系统中采用的风机盘管多为湿式风机盘管，送入风机盘管的冷水温度约为7℃，空气被除湿冷却，风机盘管下部必须设置凝水盘及冷凝水管路。这样，不仅使设备变得复杂，而且风机盘管的凝水盘也会成为微生物滋生的温床。

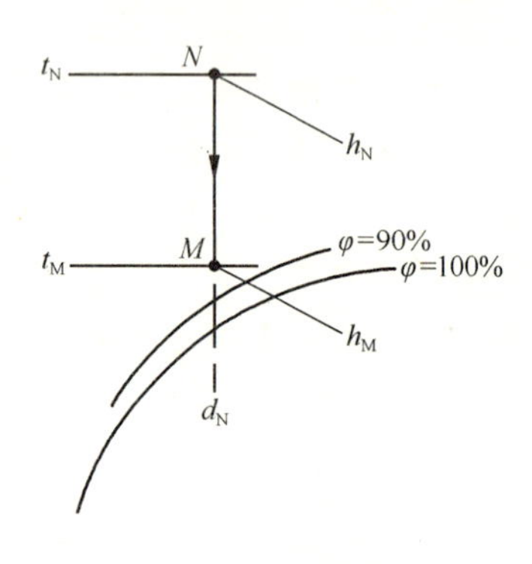

图 9-44 干式风机盘管的空气处理过程焓湿图

半集中式蒸发冷却空调系统所采用的干式风机盘管是指表冷器按高温水工况进行设计的风机盘管，机组表面温度高于被处理空气露点温度，风机盘管机组无冷凝水出现，风机盘管运行在干工况下，只承担室内的部分显热负荷，而不承担室内湿负荷。干式风机盘管是一种大风量、小焓差的风机盘管机组，它不同于干工况风机盘管，所谓的干工况风机盘管是指盘管内通16～18℃高温冷水的普通风机盘管。为使得干式风机盘管运行在干工况下，目前通常的做法是将干式盘管的进水温度控制在进风状态的露点温度以上。干式风机盘管的空气处理过程焓湿图如图9-44所示，被处理空气N被等湿冷却到M点，M点的相对湿度低于盘管机器露点对应的相对湿度，该处理过程中风机盘管无冷凝水析出，盘管保持干工况运行。

干式风机盘管主要有以下特点：

（1）解决了湿工况下冷却盘管表面因冷凝水而滋生微生物和病菌等问题，改善了室内空气品质；

（2）不需设置冷凝水系统，减少初投资和安装费用；

（3）防止冷凝水渗漏对建筑物及装饰物造成破坏；

（4）低焓差送风有助于提高空调精度和舒适性。

干式风机盘管的典型设计思路是[5]：

（1）可选取较大的设计风量；

（2）选取较大的盘管换热面积，但较少的盘管排数，以降低空气侧流动阻力；

（3）选用大流量、小压头、低电耗的贯流风机或轴流式风机，或以自然对流方式实现空气侧的流动；

（4）选取灵活的安装方式，例如吊扇形式、安装于墙角、工位转角等，充分利用无凝水盘和凝水管所带来的灵活性。

9.5.1.2 常见的干式风机盘管结构形式[5]

下面介绍几种常见的干式风机盘管结构形式。

1. 仿吊扇式干式风机盘管

仿吊扇式干式风机盘管的安装形式见图9-45，只需在空气通路上布置换热盘管，即可对室内空气进行处理，这可使风机盘管的成本和安装费大幅度降低，并且不再占用吊顶空间。

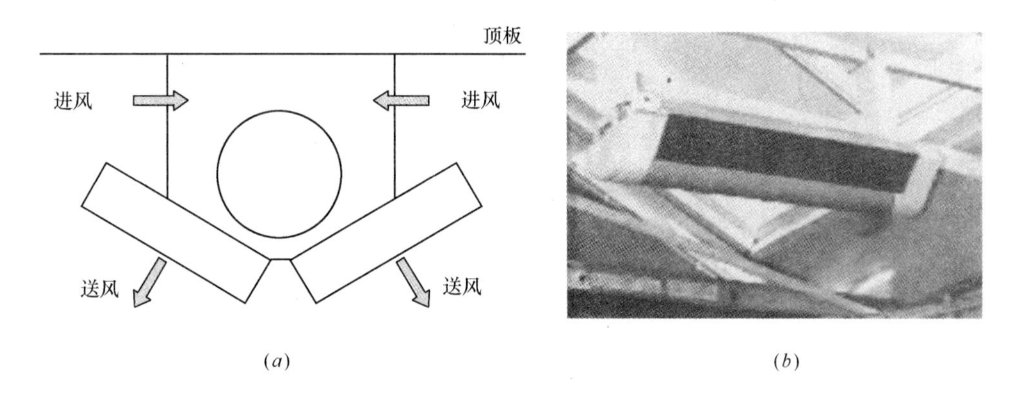

(a)　　(b)

图 9-45　仿吊扇式干式风机盘管
(a) 示意图；(b) 安装图片

2. 贯流型干式风机盘管

图 9-46 为目前欧洲已出现的新型贯流式干式风机盘管（Danfoss 公司）的结构示意图，图 9-47 为其安装实例。图 9-46 所示的干式风机盘管产品为模块化设计，在长度方面可灵活改变，很容易与建筑物的尺寸配合。在风扇和导流板之间放置了特殊的材料（VORTEX）以消除由于高风速引起的噪声。采用专用高精度轴承，确保长寿命及消除机械噪声。电机为直流无刷型，这也就意味着无磨损件。电机的效率很高，并且可以在 400～3000r/min 的范围内进行连续调节。

3. 自然对流式空气冷却器

将图 9-48 所示的“冷网格”型辐射板的 PP 管置入图 9-49 所示的塔式或柜式空气冷却器（德国 CLINA 公司），高温的室内空气从塔式或柜式冷却器的上部进入，通过与 PP 管表面换热降温后，由于自然对流的作用，冷空气从下部送入室内，其原理如图 9-50 所示。

9.5.2　辐射末端

辐射末端是另一种常见的末端装置形式，也称为“辐射板”，一般以水作为冷媒传递能量，冷水通过不同结构的辐射板，将能量传递到其表面，并通过对流和辐射的方式直接与室内空气进行换热，极大地简化了能量从冷源到终端用户——室内环境之间的传递过程，减少了不可逆损失，提高低品质自然冷源的可利用性。

按辐射板的位置，辐射末端可分为辐射顶板、辐射地板和垂直墙壁辐射板等。按辐射板结构，可分为“混凝土核心”型、“三明治”型、“冷网格”型、“双层波状不锈钢”型、“多通道塑料板”型等不同辐射板形式。按构造形式，辐射末端主要有两大类：一类是沿袭辐射采暖楼板的思想，将特制的塑料管直接埋在混凝土楼板中，形成冷辐射地板或顶板；另一类是以金属或塑料为材料，制成模块化的辐射板产品，安装在室内形成冷辐射吊顶或墙壁，这类辐射板的结构形式较多。

不同构造形式的辐射板不仅传热特性不同，即使是相同的辐射板由于安装位置不同，

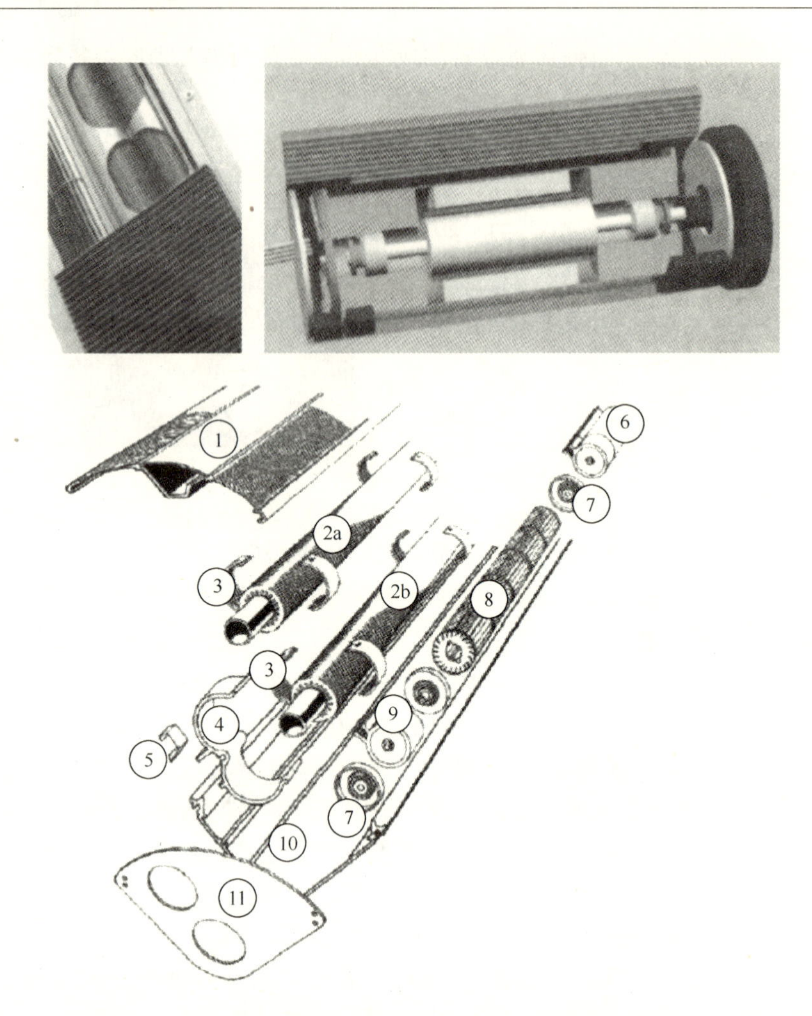

图 9-46　贯流式干式风机盘管产品结构示意图

1—面板（铝）；2a—翅片管（铜），气流；2b—翅片管（铜），回风；3—滑套；
4—管支架（铝）；5—铰链夹；6—电机；7—联轴器（塑料）；8—风机（铝）；
9—轴承座（铝/黄铜）；10—安装断面；11—侧板（铝）

图 9-47　干式风机盘管应用效果图

其传热特性、舒适性以及节能效果也会有所区别。辐射板的选择直接影响到系统初投资和辐射供冷的效果，下面对几种常见的辐射末端形式及其特点进行分析。

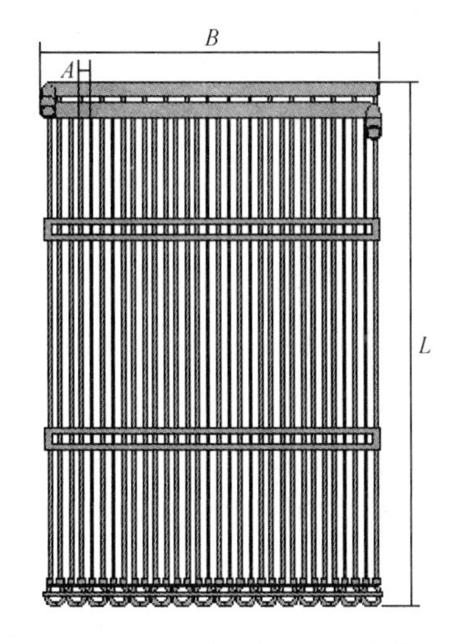

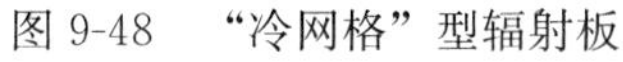
图 9-48　“冷网格”型辐射板

图 9-49　自然对流塔式和柜式空气冷却器应用效果图

9.5.2.1　地埋管式辐射末端[5,14]

埋管式辐射末端中，热媒水循环流动于埋置在地面、墙面或平顶的填充层或粉刷层内的、公称外径大于 12mm 的金属管或塑料管内。地埋管式辐射末端主要有两种安装形式，早期的安装形式是在楼板浇筑前将特制的热塑性管材或金属管材排布并固定在钢筋网上，浇筑在混凝土楼板内，形成“水泥核心”（Concrete Core，简称“C”型）结构。该结构在瑞士得到较为广泛的应用，在我国住宅建筑如北京锋尚国际公寓等工程中也有少量的试点应用，该结构如图 9-51 所示。另一种安装形式是在建筑的结构层（楼板或地面）之上，依次安装保温层（上部敷设辐射盘管）、填充层（水泥砂浆或豆石混凝土）和地面覆盖层（面层），在洗手间或游泳池等潮湿房间，还需要在填充层上部设隔离层，具体结构见图 9-52。

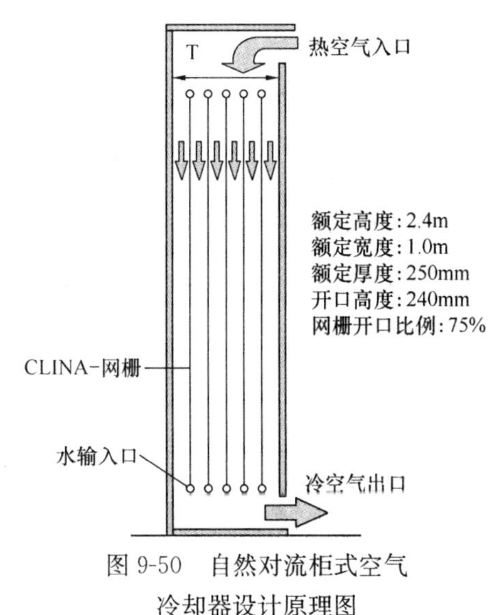

图 9-50　自然对流柜式空气冷却器设计原理图

地埋管型辐射板的优点是：

1）工艺较成熟，施工安装方便简单，造价相对较低，特别是与采暖结合使用时，具有更大的经济性；

2）对负荷的变化反应不灵敏，不利于控制调节，需要很长时间的预冷或预热；

3）可以利用混凝土楼板实现较大能力的蓄热，供冷暖效果更加持久稳定。

地埋管型辐射板的缺点是：

1）系统热惯性大、启动时间长、动态响应慢，有时不利控制调节，需要很长的预冷或预热时间；

2）管径较大，铺设层较厚，在施工及装饰工程等方面存在一定的缺陷，尤其是安装

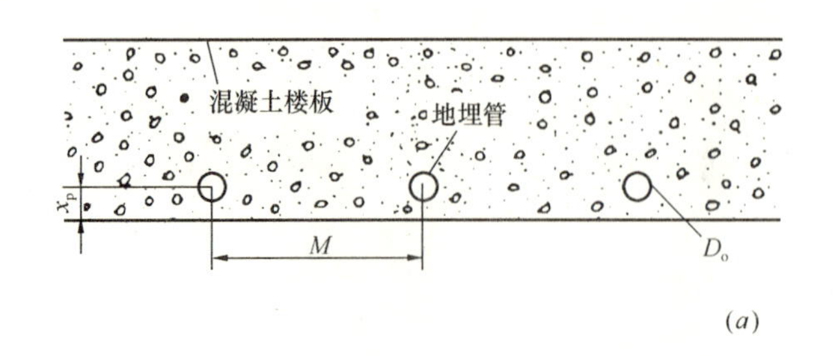

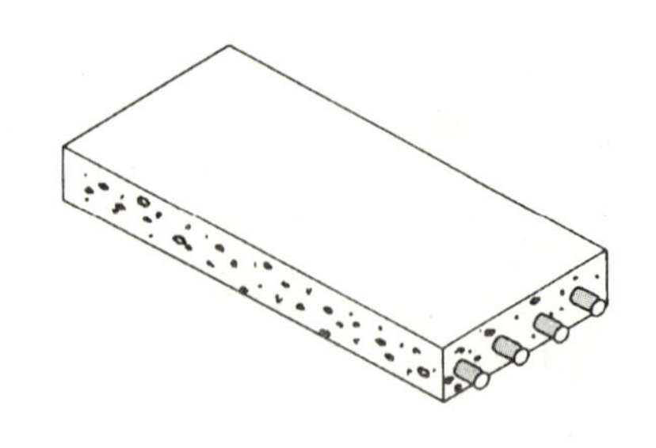

(a)

(b)

图 9-51 埋管式辐射板安装形式一

(a) 结构示意图；(b) 浇筑混凝土前

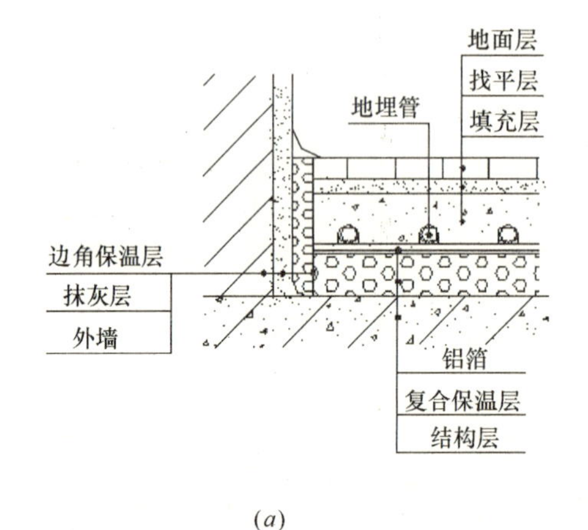

(a) (b)

图 9-52 埋管式辐射板安装形式二

(a) 结构示意图；(b) 实物图

形式一中，加热管位于建筑结构层内，对施工质量有严格要求，根据我国国情，从安全方面考虑，这种构造形式目前不宜大力推广，更常见的是安装形式二。

地埋管管材的种类较多，按材质来分，有热塑性塑料管、铝塑复合管或铜管，应用较为普遍的是热塑性塑料管，热塑性塑料管又有 PB（聚丁烯管）、PE-X（交联聚乙烯管）、PE-RT（耐热聚乙烯管，也称耐高温非交联聚乙烯）、PP 管（聚丙烯塑胶管）、XPAP 管（交联铝塑复合管）等多种材质可供选择。各种管道性能的综合比较见表 9-8[6]。

管道性能综合比较 表 9-8

比较内容	管道种类				
	PB管	PE-X管	PE-RT管	PP管	XPAP管
110℃、8760h试验	通过	通过	通过	通过	—①
低温下的韧性	很好	很好	很好	PP-H很差 PP-B很好 PP-C较差	很好
热强度	很高	高	较高	低	极高
输送热水时的壁厚	薄	较薄	较薄	厚	薄
加工性能	方便	方便	很方便	方便	不方便
卫生性能	优	PE-Xa优 PE-Xb差 PE-Xc优	优	优	优
环保性（回收利用可能性）	差（不可）	差（不可）	好（可）	好（可）	差（不可）
气味	有	有	无	无	有
热熔连接	不能②	不能	能	能	不能
变形后的恢复情况	能复原	能复原	能复原	能复原	不能
施工方便程度	方便	方便	最方便	方便	不方便
小口径管材价格比	>1.0	1.0	<1.0	>1.0	>1.0

①XPAP管材热熔胶熔点接近110℃，无法进行该实验；
②个别企业生产的PB管产品，能热熔连接。

管材选择时应从工作压力、工作温度、使用寿命以及环保性能等方面综合考虑。目前国际上普遍认为最适宜作为辐射供暖/冷加热管的管材是PE-RT和PE-X管，尤其是PE-RT管，不仅承压和耐温适中，便于安装，能热熔连接，而且废料能回收利用，不会形成“白色污染”，符合环保要求。

埋管的布置形式也很多，有回字形、平行形（也称S形）、双平行形、双螺旋形（L形）、三螺旋形（U形）等。其中，回字形铺设简单，供回水管路相间，温度较为均匀，是较为常见的铺设方式，见图9-53[15]。

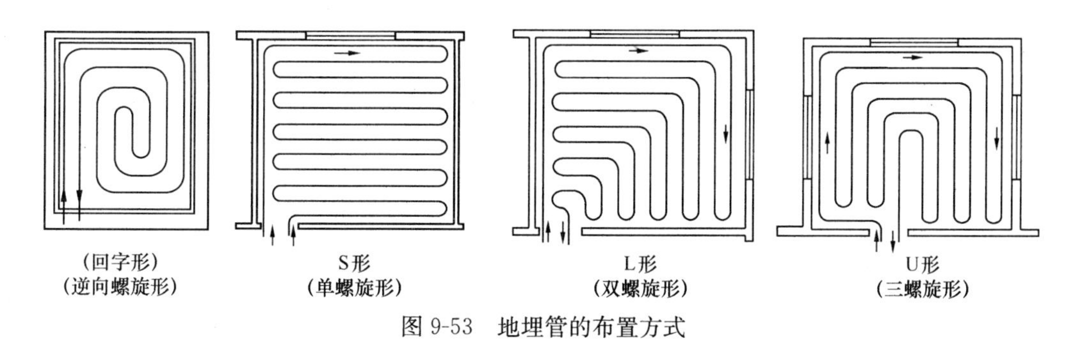

图9-53 地埋管的布置方式

9.5.2.2 金属平顶辐射末端

金属平顶辐射末端是由穿孔板吸声平顶发展而来的，它的总体构造是在穿孔平顶板的上表面装配一定数量的管道，让冷（热）水在管内循环流动，将冷（热）量经平顶表面传递给室内。传统的金属平顶辐射板有以下几种典型形式[6]。

（1）固定在管侧的金属平顶辐射板：是一种在现场将 300mm×600mm 的铝穿孔板与 DN=15mm 的镀锌钢管（盘管）的侧面相固定而组成的轻型铝制辐射板，而盘管都与 38mm 的方形集管相连接，如图 9-54 所示。

（2）粘结在铜管上的平顶辐射板：是一种将铜盘管与穿孔铝板表面紧密粘结而组成的具有标准尺寸的装配式辐射板，板的大小也可以根据需要加工成不同尺寸，实践中大都采用 600mm×1200mm。辐射板一般安装在以 T 形标准型材制成的吊顶格栅上，如图 9-55 所示。

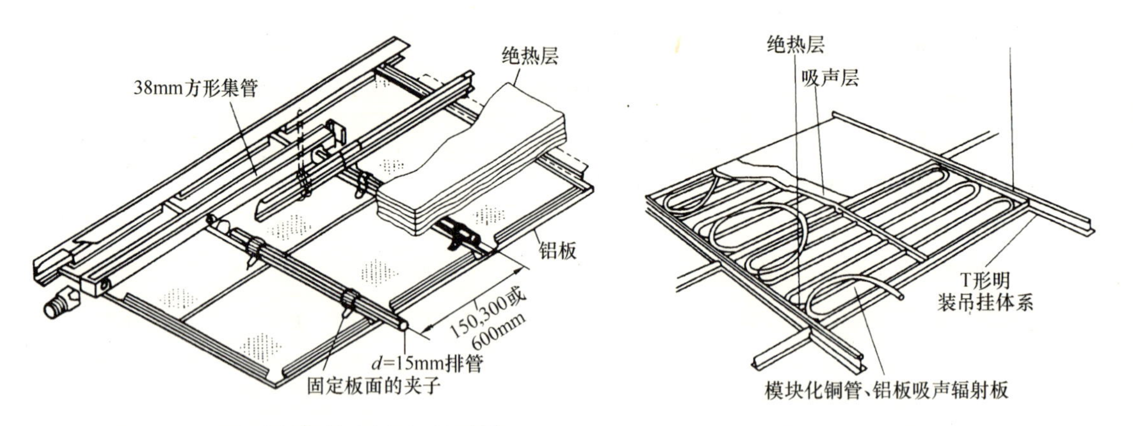

图 9-54 固定在管侧的金属平顶辐射板

图 9-55 粘结在铜管上的金属平顶辐射板

（3）带整体铜管的压制铝辐射板：铝板铜管模压加工成辐射板，将铜管嵌入铝板背面的槽内而组成，它可以加工成任何不同尺寸，在靠近外墙的区域，经常使用狭长的辐射板，如图 9-56 所示。铝制平顶辐射板的背面必须覆盖一定厚度的绝热材料，这既是减少向上传热的有效措施，也是出于吸声（通过穿孔铝板）的需要。

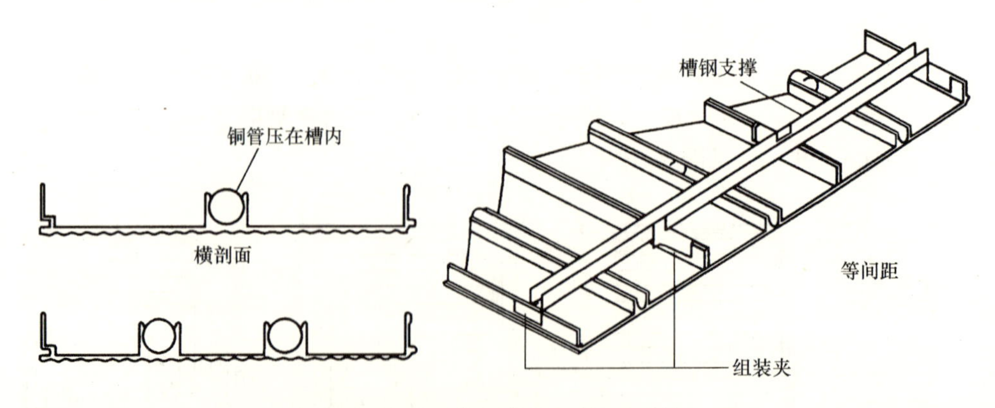

图 9-56 带整体铜管的压制铝辐射板

9.5.2.3 预制组装型辐射供冷平顶[6,16]

预制组装型辐射供冷平顶，实质上也是水系统金属平顶辐射板的一种形式，其商品名为吊顶冷却单元（德国 TROX 公司生产）。图 9-57 为辐射供冷平顶的基本构造（TROX 公司，WK-D-UM 系列嵌装式冷吊顶单元），吊顶冷却单元内含一块基座孔板，上面紧贴 ϕ10mm 的铜质盘管，盘管压成扁平形，目的是使盘管与基座孔板能保持良好的接触，最大限度地降低接触热阻，安装时应注意盘管面要背对平顶板，基座孔板应正对平顶板，以确保平顶板和基座孔板之间产生辐射换热，提高传热效果，并且不影响吊顶的噪声特性，冷却单元与吊顶板之间采用一种特殊的定位卡固定（每块吊顶板 2 个）。

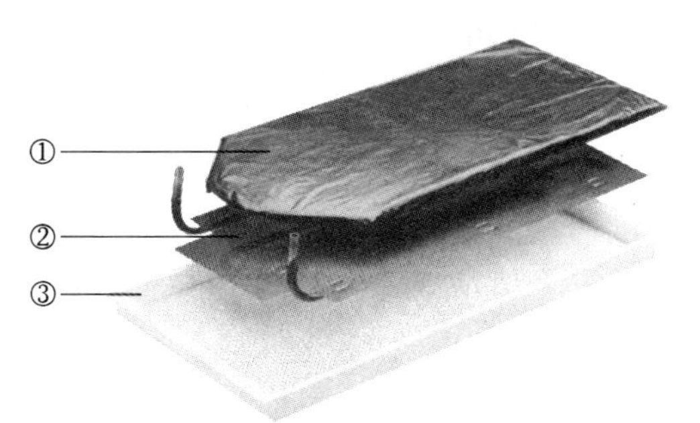

图 9-57　WK-D-UM 型冷却吊顶的基本构造
①—外包聚乙烯薄膜矿棉；②—冷吊顶单元；③—金属孔板吊顶板

常见的顶棚板由钢板和铝板制作。出于吸声的需要，顶棚板上通常有细孔，并且还贴有纤维层。有的纤维层贴在顶棚板的背面，也有的贴在正面。若用未贴纤维层的顶棚板，冷吊顶板背面必须加一层绝热材料，起到消声和隔热的作用，为了隔热的需要，在贴有纤维层的顶棚板上也可加绝热层。根据不同的组合，冷却顶棚有多种结构形式，如带孔平顶板、带孔平顶板加绝热层、背侧贴有纤维层的带孔平顶板、背侧贴有纤维层的带孔平顶板加绝热层、正面贴有纤维层的带孔平顶板、正面贴有纤维层的带孔平顶板加绝热层、放置于敞开式的搁栅平顶上、夹心式安装法，下部 6mm 厚。这些结构形式见图 9-58。

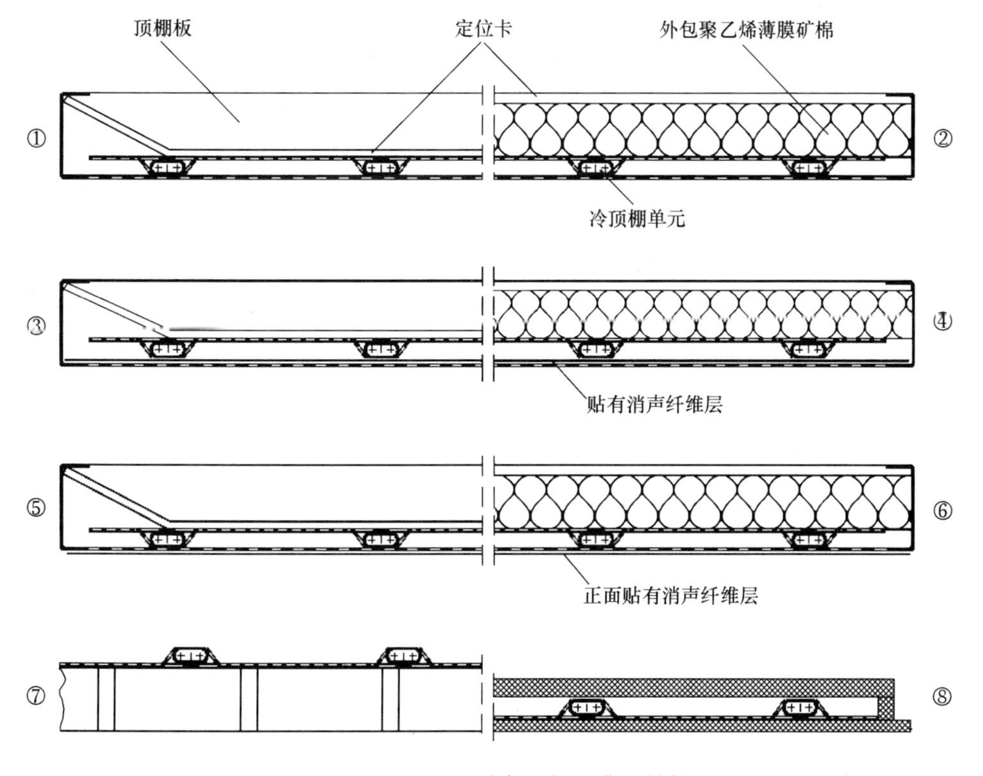

图 9-58　WK-D-UM 型冷却顶棚的典型结构形式

冷却顶棚单元的安装只需放入金属的顶棚板内，然后将绝热层放在基座孔板的上方，图 9-59 是冷却顶棚的安装图。

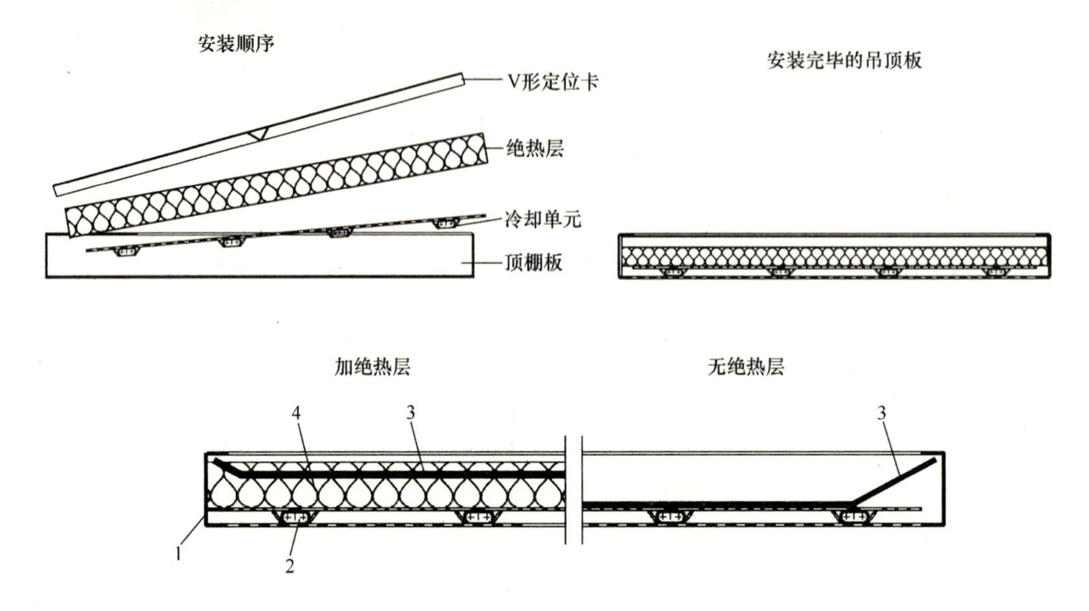

图 9-59　WK-D-UM 型冷却顶棚安装图

1—顶棚板；2—冷却单元；3—定位卡；4—绝热层

冷却顶棚通常由多个冷却单元组成，相互间以软管相连接，室内所需块数，可根据室内冷负荷和冷却单元的供冷量确定。冷却单元的基本供冷量（或“供冷功率”，W/m²）随吊顶结构和温差而变化。WK-D-UM 型冷却顶棚单元所能提供的供冷量一般为 50～80 W/m²，其中辐射传热占总传热量的 70%以上。在单位面积所需供冷量较大的场合，还有其他形式的预制组装型辐射供冷平顶可供选择，如 WK-D-UL 型冷顶板单元［图 9-60（*a*）］最大供冷量可达 110W/m²，其中辐射消除的负荷约占 55%，对流消除的负荷占 45%；WK-D-WF 型冷顶棚单元［图 9-60（*b*）］最大供冷量约为 150 W/m²，其中对流换热比例约占 70%，辐射换热比例约占 30%；WK-D-KV 型冷却顶棚［图 9-60（*c*）］最大供冷量可达 230W/m²，对流换热约占 80%，辐射换热仅占 20%。可见，随着冷顶板对流换热比例的增大，冷却顶棚的供冷量也随之增大，从某种程度上讲，后两种冷却顶棚已经不是传统意义上的辐射末端了。

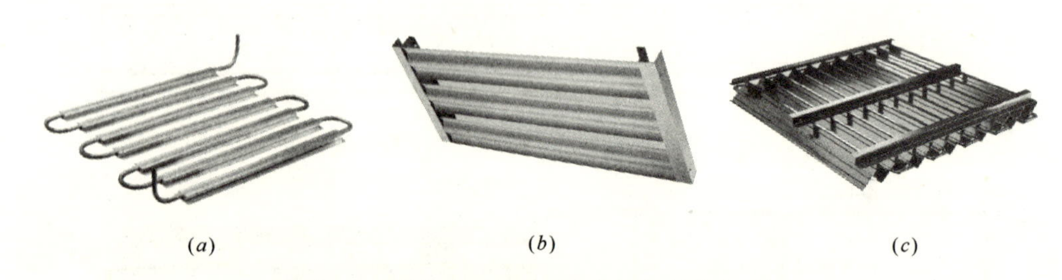

图 9-60　其他类型的预制组装型辐射供冷顶板

（*a*）WK-D-UL 型；（*b*）WK-D-WF 型；（*c*）WK-D-KV 型

9.5.2.4　整体型金属平顶辐射板[6]

整体型金属平顶辐射板是湖南大学殷平教授等人研制的一种新型辐射板形式，其断面形式如图9-61所示，该辐射板没有接触热阻，热工性能优良；表面经过特殊的憎水处理，因此不会结露，供水温度可以大幅度降低；加工工艺先进，采用模压成型，成本可大幅度降低；根据对研制品的初步测试，该辐射板的单位面积供冷量 q（W/m^2）为：自然对流时，q=110～145 W/m^2，强迫对流时（v=2m/s），q=178～228 W/m^2。

图9-61　整体型平顶辐射板

上述几种金属平顶辐射板的共同特点是：金属耗量大，质量大，制造工艺复杂，价格偏高；安装、检修方便，集装饰和环境调节功能于一体，可制成模块化产品；对负荷反应迅速灵敏；占用室内空间小，能够灵活配合建筑美观及空调系统分区的要求，适合新建建筑及改造项目使用。成本造价和施工安装是限制金属平顶辐射板广泛应用的主要瓶颈。

9.5.2.5　毛细管型辐射末端[5,6]

毛细管型辐射末端实质上是埋管型辐射末端的一种特殊形式，它是根据仿真原理模拟自然界植物利用叶脉和人体依靠皮下血管输送能量的一种较为先进的辐射板形式，也称“冷网格”结构（Cooling Grid，简称G型辐射板）。一般采用直径 ϕ=3.35×0.5mm的导热塑料作为毛细管，用 ϕ=20×2mm的塑料管作为分水、集水管，通过热熔焊接组成间距为10～20mm的密布毛细管席，然后采用砂浆直接粘贴在墙面、地面或平顶表面而组成辐射板，其结构见图9-62，其主要生产厂家是德国BEKA公司。

毛细管的安装形式灵活，有墙面埋置式、平顶安装式和地面埋置式，不同的安装形式具有不同的供热供冷能力，单独供冷或冷热两用时，宜采用吊顶安装方式；单独供暖时，宜采用地面埋管方式或墙面埋置方式。

毛细管型辐射板的优点是：1）以塑料为主要材料，质量轻，造价较低；2）利用无源强化传热技术，扩展了散热表面积，降低了包覆层厚度，与传统的辐射供冷末端相比，热惰性小，启动快，效率更高；3）节省室内建筑空间，建筑物荷载增加小，毛细管席的厚度一般小于5mm，安装时灰泥包裹毛细管席的厚度通常为15～20mm，充满水的重量在600～900g/m^2，一座20层使用传统中央空调的大厦中，如果使用毛细管则可以节省出2层的空间，从而产生巨大的经济效益；4）施工方便，安装快速简易，可用5～10mm灰浆直接粘贴固定在顶棚、

图9-62　G型辐射板的墙面安装效果图

地面或墙壁上，不受吊顶样式及高度的限制，见图 9-62；也可以结合建筑装修，与石膏板或金属板组合成模块化辐射板，见图 9-63，进行模块化安装，其模块化安装效果图见图 9-64，不仅适用于新建筑，对于旧建筑的节能改造更有传统空调不可替代的优势。毛细管辐射末端对负荷变化的反应时间介于金属辐射板和地埋管辐射板之间。其主要缺点是：1）接触热阻较金属平顶辐射板大；2）对水质要求严格，增加了水处理设备的投资和运行费用。

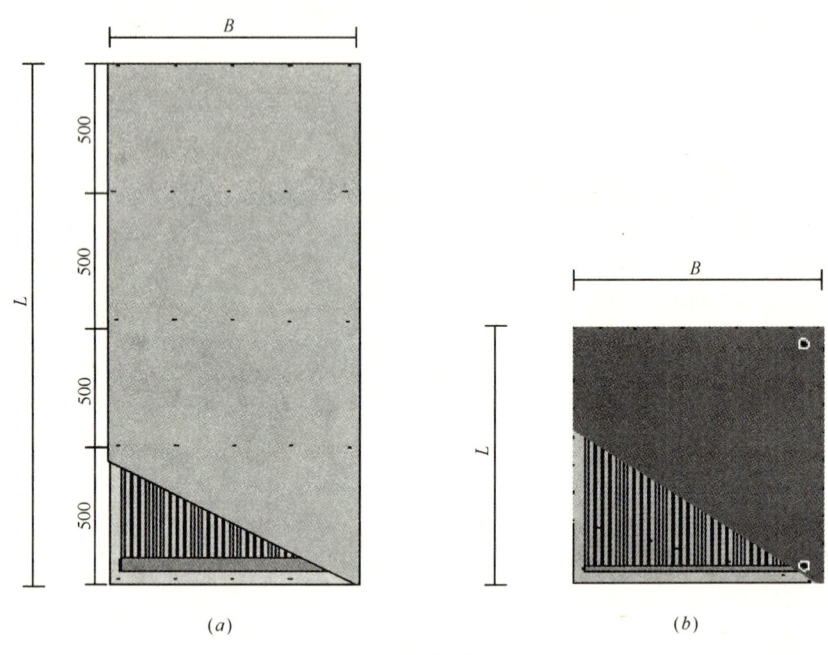

图 9-63 G 型辐射板模块化效果图

（a）石膏板模块效果图；（b）金属板模块效果图

（a） （b）

图 9-64 G 型辐射板安装效果图

（a）石膏板安装效果图；（b）金属板安装效果图

9.5.3 新型末端装置[16]

9.5.3.1 冷梁

冷梁（Chilled Beams）是在欧洲应用较为普遍的一种末端装置形式，其主体是一个翅片式冷水盘管，可让空气穿越翅片以达到冷却的效果，左右有铝壳支撑，看起来就像是横梁一样，所以称为“冷梁”，它通常可以与照明设备和扬声器整合成一体。冷梁设计中增加了对流换热在总换热量中的比例，对流/辐射换热比约为85/15，而普通辐射供冷顶棚中辐射/对流比例较为平衡，换热过程中，对流/辐射的换热比约为45/55，冷梁的总换热量增加，可承担更大的单位面积冷负荷。冷梁有两种不同形式，一种称为主动式冷梁（Active Chilled Beams），另一种称为被动式冷梁（Passive Chilled Beams）。

被动式冷梁如图9-65所示，它不带送风，仅用于排走室内高热负荷，最大有效供冷量一般不超过300W/m，典型冷负荷为120W/m^2，与前述辐射冷却顶棚相比，被动式冷梁增加了辐射换热面积和对流换热成分，典型冷负荷增大。

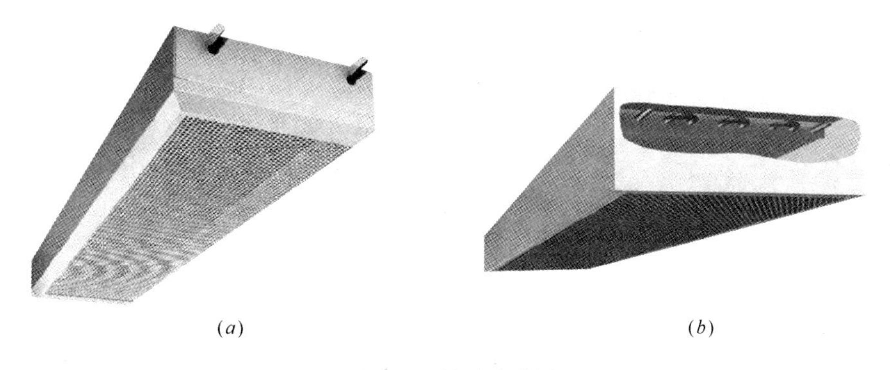

(*a*)　(*b*)

图9-65　被动式冷梁

与被动式冷梁相对应，主动式冷梁本质上是一种干盘管，其动力为所供给的外部强制送风，在冷梁内部形成空气诱导过程。主动式冷梁的工作原理见图9-66，经处理后带有余压的新风送入活动式冷梁，形成高速气流与冷梁处理后的回风形成诱导气流，混合后送入室内，正因如此，主动式冷梁的冷量高于被动式冷梁，最大有效供冷量可大于500W/m，典型冷负荷160W/m^2，其外观结构示意图如图9-67所示。

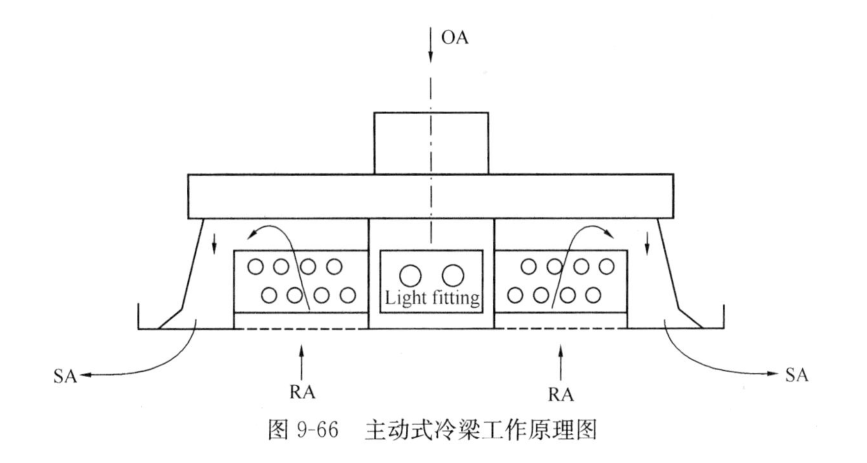

图9-66　主动式冷梁工作原理图

图 9-67 主动式冷梁

虽然主动式冷梁本质上是一种干盘管，但与前述干式风机盘管相比，主动式冷梁具有以下特点：

（1）机房及主机近似于风机盘管；

（2）无二次回风部分设备，无二次消声配件；无需 240V 配电，无过滤器；

（3）更美观，管理费用低；

（4）无电机，节省能源；

（5）无活动及损耗部件，故其运行寿命更长；

（6）具有更高的冷处理能力。

9.5.3.2 诱导器

1. 地板诱导器

地板诱导器通过送风管道将新风作为一次风送入一次风道，并由喷嘴喷出，以保证室内所需的新风量。从室内诱导吸入的二次风，通过水盘管加热或冷却，并在地板诱导器的混合室内与一次风混合，然后通过条形格栅或可卷绕式条栅送入房间。地板诱导器通常布置在靠近外墙的地板区域。在供热工况下，地板诱导器可以阻止由外墙冷空气降落而引起的吹风感，在供冷工况下，可以将由外墙进入室内的热负荷和热辐射减小到最小。

地板诱导器采用扁平式构造，特别适用于楼层高度或夹层高度较小的场合，不仅适用于新建筑，也能很好地应用于旧建筑的改造项目中。由于地板诱导器既不需要窗台也无需吊顶，实现了建筑结构上的自由最大化，对于没有吊顶夹层的全玻璃幕墙和低楼层高度的建筑中尤其适用，其外观结构如图 9-68 所示。

2. 吊顶式诱导器

吊顶式诱导器如图 9-69（*a*）所示，室内所需新风量通过一次风接管送入吊顶式诱导

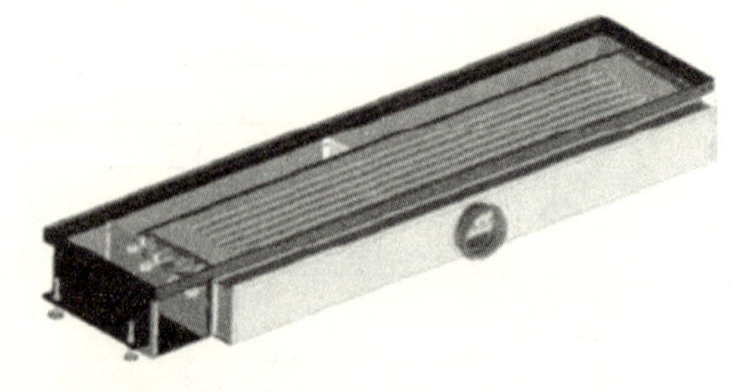

图 9-68 地板诱导器外观图

器上部的静压箱，而后经由安装在隔板上的喷嘴进入混合区域。从室内诱导吸入二次风，并通过水盘管加热或冷却，在吊顶式诱导器的混合室内与一次风混合，然后通过条形风口送入室内。一次风接管有顶接式和侧接式两种，见图 9-69（*b*）和图 9-69（*c*）。

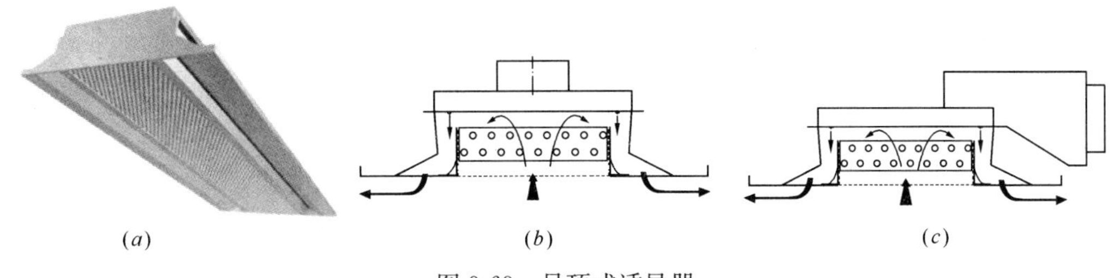

（*a*）　（*b*）　（*c*）

图 9-69　吊顶式诱导器

（*a*）外观图；（*b*）顶接管式；（*c*）侧接管式

9.6　半集中式蒸发冷却空调系统设计

9.6.1　设计流程

半集中式蒸发冷却空调系统的设计流程如图 9-70 所示[6]：

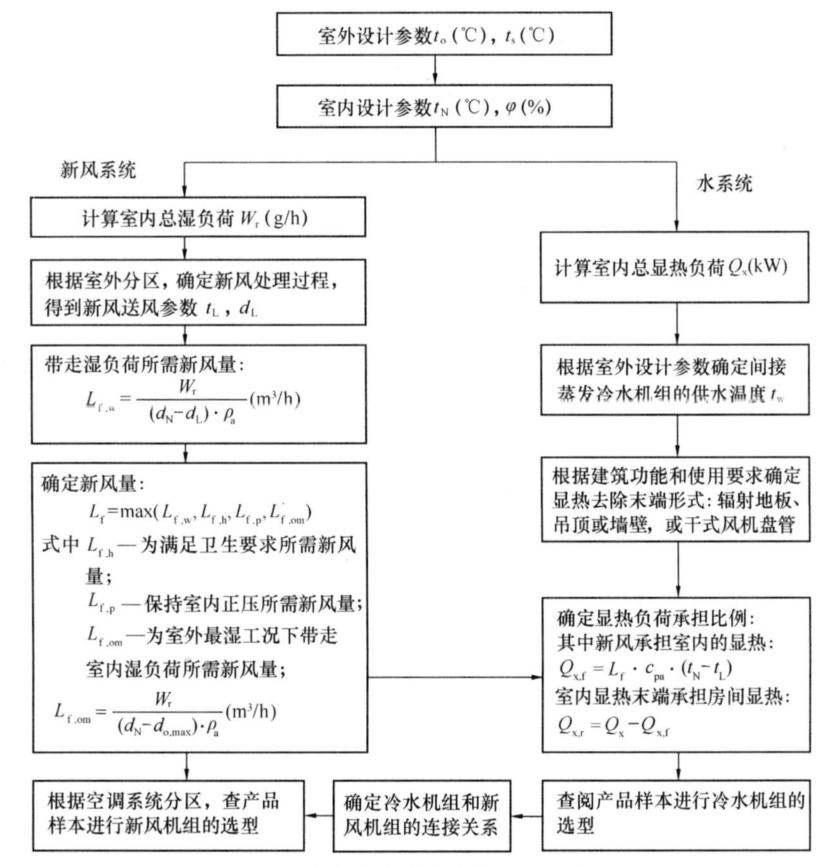

图 9-70　半集中式蒸发冷却空调设计流程

下面结合流程图9-70，说明干燥地区半集中式蒸发冷却空调系统具体的设计步骤。

9.6.2 室内外设计参数的确定

9.6.2.1 室内空气设计参数

在舒适性空调中，涉及到热舒适标准与卫生要求的室内设计计算参数有6个：温度、湿度、新风量、风速、噪声等级、室内空气含尘浓度。上述6个参数设计标准的高低，不仅从使用功能上体现了该工程的等级，而且是空调区冷热负荷计算和空调设备选择的依据。

在半集中式蒸发冷却空调系统设计过程中，室内设计参数可参照相关规范规定，如《室内空气质量标准》GB/T 18883—2002、《采暖通风与空气调节设计规范》GB 50019—2003、《公共建筑节能设计标准》GB 50189—2005，并结合房间的类型、功能等要求来确定。

根据我国国家标准《室内空气质量标准》的规定，室内空气设计计算参数可按表9-9规定的数值选用。

室内空气质量标准　　表9-9

序号	参数类别	参　数	单　位	标准值	备　注
1	物理性	温度	℃	22～28	夏季空调
				16～24	冬季采暖
2		相对湿度	%	40～80	夏季空调
				30～60	冬季采暖
3		空气流速	m/s	0.3	夏季空调
				0.2	冬季采暖
4		新风量	m^3/（h·人）	30①	
5	化学性	二氧化硫（SO_2）	mg/m^3	0.50	1h均值
6		二氧化氮（NO_2）	mg/m^3	0.24	1h均值
7		一氧化碳（CO）	mg/m^3	10	1h均值
8		二氧化碳（CO_2）	%	0.10	日平均值
9		氨（NH_3）	mg/m^3	0.20	1h均值
10		臭氧（O_3）	mg/m^3	0.16	1h均值
11		甲醛（HCHO）	mg/m^3	0.10	1h均值
12		苯（C_6H_6）	mg/m^3	0.11	1h均值
13		甲苯（C_7H_8）	mg/m^3	0.20	1h均值
14		二甲苯（C_8H_{10}）	mg/m^3	0.20	1h均值
15		苯并[a]芘B（*a*）P	ng/m^3	1.0	日平均值
16		可吸入颗粒物PM10	mg/m^3	0.15	日平均值
17		总挥发性有机物(TVOC)	mg/m^3	0.60	8h均值
18	生物性	菌落总数	cfu/m^3	2500	依据仪器定
19	放射性	氡（^{222}Rn）	Bq/m^3	400	年平均值(行动水平②)

①新风量要求不小于标准值，除温度、相对湿度外的其他参数要求不大于标准值。

②行动水平即达到此水平建议采取干预行动以降低室内氡浓度。

根据我国国家标准《采暖通风与空气调节设计规范》的规定，对于舒适性空调，室内计算参数可按表 9-10 规定的数值选用。

舒适性空调室内计算参数 表 9-10

参 数	单 位	冬 季	夏 季
温 度	℃	18～24	22～28
风 速	m/s	≤0.2	≤0.3
相对湿度	%	30～0	40～65

根据我国国家标准《公共建筑节能设计标准》的规定，对于公共建筑空调系统室内计算参数可按表 9-11 规定的数值选用。

公共建筑空调系统室内计算参数 表 9-11

参 数			冬 季	夏 季
温 度	一般房间	℃	20	25
	大堂、过厅	℃	18	室内外温差≤10
风 速		m/s	$0.10\leqslant v\leqslant 0.20$	$0.15\leqslant v\leqslant 0.30$
相对湿度		%	30～60	40～65

对于设置工艺性空气调节的工业建筑，其室内设计参数应根据工艺要求，并考虑必要的卫生条件确定，不同生产工艺所需的室内计算参数请查阅相关手册，这里不做详细介绍。

值得注意的是，在半集中式蒸发冷却空调系统中，当显热末端采用干式风机盘管时，室内设计参数的选取和传统空调一致。然而，当显热末端采用辐射末端时，由于采用辐射传热为主要份额的辐射供冷暖方式，仅使用室内空气温度已不能准确地评价室内舒适性，此时，室内设计温度的选择略有差异。在有些国家的设计规范中，室内设计温度直接使用作用温度。

作用温度 t_0（℃）是考虑平均辐射温度与室内空气温度综合作用而引入的参数，其定义为：假设在一个各表面温度都相同的绝热黑体表面构成的封闭空间里，人体与周围的辐射和对流换热量之和与在一个实际房间里的换热量相同，则这一合体封闭空间的表面温度称为实际房间的作用温度。作用温度是平均辐射温度与室内空气温度的加权平均值，所用的权系数为辐射换热系数 h_r 对流换热系数 h_c。因此，作用温度可按下式计算：

$$t_0=\frac{\bar{h}_r\cdot\bar{t}_r+h_c\cdot t_a}{\bar{h}_r+h_c} \tag{9-1}$$

式中 $\bar{h}_r$——平均辐射换热系数，W/（m²·K）；

$\bar{t}_r$——平均辐射温度，℃；

h_c——对流换热系数，W/（m²·K）；

t_a——室内空气温度，℃。

当室内空气流速 $v<0.2$m/s 时，平均辐射温度 $\bar{t}_r$ 和室内空气温度 t_a 的差异小于 4℃ 时，可近似地认为作用温度等于室内空气温度和平均辐射温度的平均值，即：

$$t_0 = \frac{\bar{t}_r + t_a}{2} \tag{9-2}$$

平均辐射温度可以从辐射强度直接计算得到，工程应用中，可认为其近似等于围护结构的内表面的面积加权平均温度。

$$\bar{t}_r = \frac{\sum A_i t_i}{\sum A_i} \tag{9-3}$$

式中　A_i——i 表面面积，m^2；

　　　t_i——i 表面温度，℃。

国内外大量的实验研究一致证实，在人体舒适范围之内，作用温度可比周围空气温度高 2～3℃。这意味着在保持相同舒适感的前提下，辐射供暖的室内空气温度，可比对流供暖时降低 1～2℃，辐射供冷时，室内空气温度可提高 1～2℃。我国现行的一些地方标准中指出[15]：

（1）当采用辐射末端供暖时，室内设计温度（空气温度）可以比采用传统采暖方式降低 2～3℃，这是由于采用辐射供暖时，室内作用温度要比传统采暖方式高 2～3℃，通常，在低温辐射供暖时，建议取 2℃，中温和高温辐射供暖时，建议取 3℃。

（2）当采用辐射末端供冷时，室内作用温度要比传统空调系统低 1～2℃，照此推理，室内设计温度可以提高 1～2℃，但由于室内风速较低，如室温过高则会产生闷热感，故室内设计温度仍以 26～28℃为上限，不宜再高。

（3）采用辐射供冷时，为防止辐射面结露，应当关注室内空气露点温度和含湿量。设计时要单独给出室内设计参数对应的露点温度，一方面是为了突出露点参数在辐射供冷系统中的重要性，同时也为冷媒参数的选定和调节控制方案设计提供了重要的目标参数。例如，采用地板辐射供冷的地面舒适温度下限一般为 19℃，当室内相对湿度为 50%，若干球温度为 26℃，则空气的含湿量为 10.5g/kg 干空气，露点温度为 15℃；当干球温度为 28℃，则空气含湿量约为 12g/kg 干空气，露点温度约为 16.8℃，均不会引起结露。但当温度为 28℃，相对湿度为 65%时，空气含湿量为 15.5g/kg 干空气，露点温度为 21℃，若不采取其他措施，将造成地板结露，所以此时适宜的室内设计参数建议为：室温 26～28℃，相对湿度 50%，或室内作用温度 26℃，相对湿度 50%。表 9-12 给出了采用辐射供暖、供冷时的室内参数推荐值[15]。

采用辐射供暖、供冷时室内参数推荐值　　　　表 9-12

供暖、供冷方式	空气温度（℃）	作用温度（℃）	相对湿度（%）
地板、顶板供暖	16～18	16	—
地板、顶板供冷	26～28	26	50

9.6.2.2　室外空气计算参数

室外空气计算参数是采暖空调系统设计选型的基础，半集中式蒸发冷却空调系统室外计算参数的选用和其他采暖空调方式大体上相同。按照我国《采暖通风与空气调节设计规范》（GB 50019—2003）中规定，选择下列统计值作为室外空气设计参数：

（1）采用历年平均不保证 1d 的日平均温度作为冬季空调室外空气计算温度。

（2）采用累年最冷月平均相对湿度作为冬季空调室外计算相对湿度。

（3）采用历年平均不保证 50h 的干球温度作为夏季空调室外计算干球温度。

（4）采用历年平均不保证 50h 的湿球温度作为夏季空调室外计算湿球温度。

（5）采用历年平均不保证 5d 的日平均温度作为夏季空调室外计算日平均温度。

（6）夏季计算日空调室外计算逐时温度是为了适应关于按不稳定传热计算空气调节冷负荷的需要，可按式（9-4）确定。

$$t_{sh} = t_{wp} + \beta \Delta t_{\tau} \tag{9-4}$$

式中　t_{sh}——室外计算逐时温度,℃；

t_{wp}——夏季空气调节室外计算日平均温度，按《采暖通风与空气调节设计规范》第 3.2.9 条采用,℃；

β——室外温度逐时变化系数，按表 9-13 采用；

Δt_{τ}——夏季室外计算平均日较差，应按式（9-5）计算,℃；

$$\Delta t_{\tau} = \frac{t_{wg} - t_{wp}}{0.52} \tag{9-5}$$

式中　t_{wg}——夏季空气调节室外计算干球温度，按《采暖通风与空气调节设计规范》第 9.2.7 条采用,℃。

室外温度逐时变化系数　　**表 9-13**

时　刻	1	2	3	4	5	6	7	8
β	−0.35	−0.38	−0.42	−0.45	−0.47	−0.41	−0.28	−0.12
时　刻	9	10	11	12	13	14	15	16
β	0.03	0.16	0.29	0.40	0.48	0.52	0.51	0.43
时　刻	17	18	19	20	21	22	23	24
β	0.39	0.28	0.14	0.00	−0.10	−0.17	−0.23	−0.26

各典型城市的冬夏季空调设计室外计算参数可查《实用供热空调设计手册（第二版）》。需要强调的是，在半集中式蒸发冷却空调系统中，若采用辐射末端供冷，此时系统需要新风来承担房间的湿负荷，设计得到的新风量必须保证在最湿工况下仍能满足室内的设计要求。因此，室外空调空气计算参数中除标明干湿球温度外，还应指出相应的室外最湿工况的含湿量参数，见表 9-14[6]，对室外设计条件下选取的新风量进行校核，如流程图 9-70 所述。这样不仅为空调区负荷计算提供数据，而且也为确定蒸发冷却组合式空调机组的运行模式提供方便。

干燥地区各城市的最湿工况含湿量（g/kg 干空气，不满足率为 8%）　　**表 9-14**

城　　市	最湿工况室外新风含湿量	城　　市	最湿工况室外新风含湿量
和布克塞尔	9.2	克拉玛依	10.4
乌鲁木齐	10.2	民丰	12.15
富蕴	10.65	和田	12.4
库车	11.53	阿勒泰	11.4

续表

城　市	最湿工况室外新风含湿量	城　市	最湿工况室外新风含湿量
乌苏	11	格尔木	8.5
巴楚	12.52	都兰	9.1
哈密	11.9	敦煌	12.0
塔城	11.7	玉门镇	11.1
若羌	12.6	酒泉	12.3
伊宁	12.3	民勤	12.3
精河	11.8	合作	11.6
吐鲁番	12.0	松潘	12.1
拉萨	12.0	甘孜	12.0
昌都	12.6	理塘	11.2
冷湖	6.6	额济纳旗	11.0
大柴旦	8.3	巴音毛道	11.5
西宁	12.8	海力素	11.4

9.6.3　负荷计算

根据室内外空气计算参数，计算半集中式蒸发冷却空调系统的冷、热负荷，具体计算方法与传统空调系统相同，空调热负荷可采用基于日平均温差的稳态计算法，空调冷负荷可采用谐波反应法或冷负荷系数法。

空调区冬季热负荷主要为围护结构传热所形成的耗热量，对于生产车间还应包括由室外运入的冷物料及运输工具的耗热量、水分蒸发的耗热量，并应考虑车间内设备散热量、热物料散热量等。根据《采暖通风与空气调节设计规范》GB50019—2003，围护结构的耗热量包括基本耗热量、附加耗热量和高度附加耗热量三部分。

空调区夏季冷负荷主要由围护结构冷负荷和室内热源造成的冷负荷两部分组成。围护结构冷负荷主要包括围护结构瞬变传热形成的冷负荷和透过玻璃窗的日射得热形成的冷负荷。室内热源散热主要指室内工艺设备及办公等设备散热、照明散热、人体散热和食物散热等。室内热源散热包括显热和潜热两部分，潜热散热作为瞬时冷负荷，显热散热中以对流形式散出的热量成为瞬时冷负荷，而以辐射形式散出的热量则先被围护结构表面所吸收，然后再缓慢地逐渐散出，形成滞后冷负荷。

需要指出的是，与传统空调系统负荷计算不同，应单独列出空调区湿负荷 W_r（g/h）和总显热负荷 Q_x（kW）。

9.6.4　负荷分配

半集中式蒸发冷却空调系统由新风和室内显热末端共同承担空调区负荷，新风系统和显热末端在共同消除室内余热余湿的过程中需要有一个合理的负荷分配。新风除满足空调区新风量要求外，还应承担室内湿负荷和部分室内显热负荷，显热末端不承担室内湿负荷，仅承担室内剩余显热负荷。确定新风机组和显热末端承担显热负荷的比例，是半集中式蒸发冷却空调系统设计中一个重要的过程。

通常可根据新风送风温度确定其承担的显热负荷，进而确定负荷分配比例，如图9-70所示，还可以按负荷的来源进行显热负荷的分配。由干式风机盘管或辐射末端等“末端装置”承担围护结构、照明、设备等的显热负荷，由新风承担房间的湿负荷和人员的显热负荷。这种分配负荷的方法可根据人员的多少控制新风量，更方便地实现房间温湿度独立控制，但需根据显热末端的负荷承担能力，进行细致校核。

9.6.5　蒸发冷却新风系统的设计

9.6.5.1　新风处理过程的确定

前面提到（第9.2.2.1节），干燥地区半集中式蒸发冷却空调系统中，采用蒸发冷却对新风进行处理的方式主要有三种：直接蒸发冷却、间接蒸发冷却、间接蒸发冷却和直接蒸发冷却相结合（两级或多级蒸发冷却）。当给定室内设计参数后，不同的室外设计状态、不同的室内热湿负荷下，有不同的蒸发冷却新风处理方式，需对具体设计状况进行分析，以确定新风的具体处理过程。

1. 送风状态点的确定

根据室内热湿负荷和室内热湿比，过室内状态点 N 作热湿比线 ε，与相对湿度90%的等相对湿度线相交，确定出室内送风状态点。不同的空调区负荷对应在焓湿图上就是送风状态点在90%相对湿度线上的位置不同，作为半集中式空调系统而言，能够选用的新风机组就不一样。

2. 确定新风处理机组类型

根据 O 点落在不同的位置，半集中式空调系统主要可以分以下几种情况[4]：

第一种情况：O 点落在 L 点和 M 点之间，如图9-71所示。一级直接蒸发冷却、二级蒸发冷却、三级蒸发冷却都可以作为半集中式蒸发冷却空调的新风处理机组。

第二种情况：O 点落在 L 点的左边，L_1 点的右边，如图9-72所示。这种情况下，二级蒸发冷却和三级蒸发冷却可分别作为半集中式蒸发冷却空调的新风处理机组。

第三种情况：O 点在 L_2 点的右边，L_1 点的左边，如图9-73所示。此时只有三级蒸发

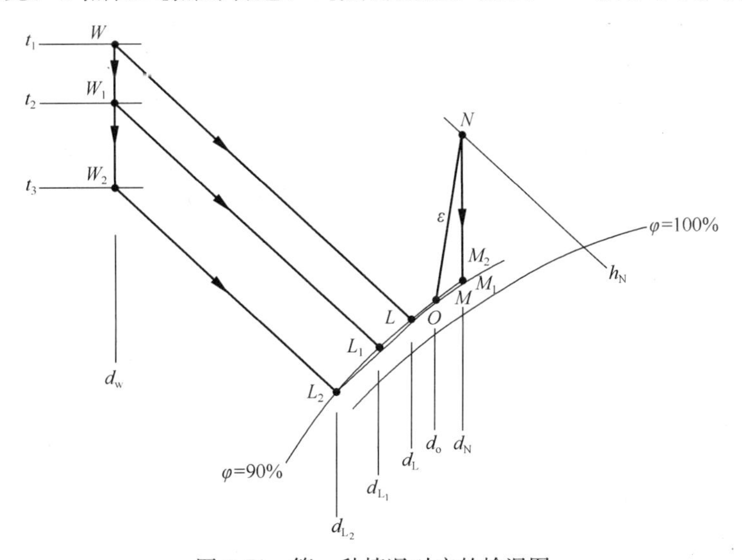

图9-71　第一种情况对应的焓湿图

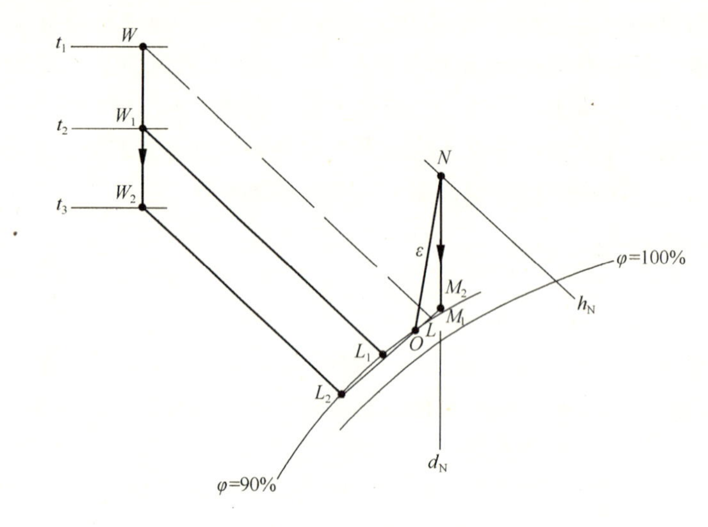

图 9-72　第二种情况时的焓湿图

冷却可以作为半集中式蒸发冷却空调系统的新风处理机组。

第四种情况：O 点落在 L_2 点的左边，如图 9-74 所示。此时，无论是直流式全新风系统还是半集中式蒸发冷却空调系统，都无法达到送风状态点 O，此时室内湿负荷比较大，单纯的蒸发冷却无法将新风处理到所需状态点。

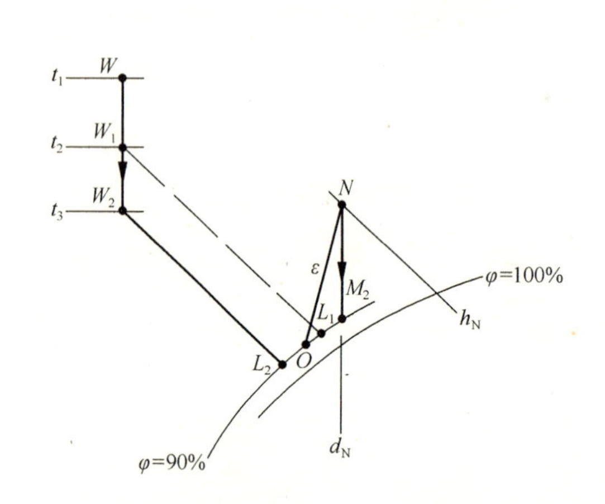

图 9-73　第三种情况时的焓湿图

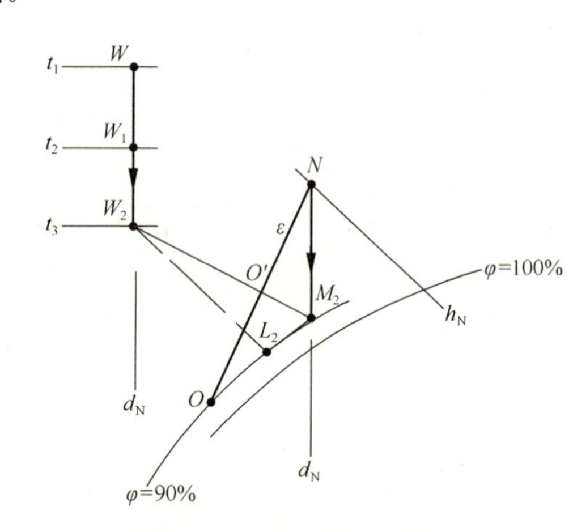

图 9-74　第四种情况时的焓湿图

以上四种情况归纳到表 9-15 中。

不同工作状况对应的半集中式新风机组　　**表 9-15**

系统类别	O 点位置	适用半集中式系统新风机组	过程焓湿图
第一种	L 点右边、M 点左边	一级直接蒸发冷却	图 9-71
		二级蒸发冷却	
		三级蒸发冷却	
第二种	L_1 点右边、L 点左边	二级蒸发冷却	图 9-72
		三级蒸发冷却	
第三种	L_2 点右边、L_1 点左边	三级蒸发冷却	图 9-73
第四种	L_2 点左边	考虑使用多级蒸发冷却机组或露点式冷却器	图 9-74

9.6.5.2　新风量L_f的确定

新风量的多少是影响空调负荷的重要因素，《公共建筑节能设计标准》GB 50189—2005 明确指出：空调系统所需的新风主要有两个用途：一是稀释室内有害物质的浓度，满足人员的卫生要求，二是补充室内排风和保持室内正压。前者有害物质指的是CO_2，使其浓度保持在0.1%以内，后者通常根据风量平衡计算确定。

和传统空调系统一样，半集中式蒸发冷却空调系统的新风量应满足卫生要求和正压要求。此外，由于半集中式蒸发冷却空调系统中，室内湿负荷完全由新风系统承担，因此，还应根据图 9-70 的流程，对新风量进行校核，满足设计工况和最湿工况要求。

1. 满足卫生要求所需最小新风量$L_{f,h}$

《采暖通风与空气调节设计规范》GB 50019—2003 第 3.1.9 规定（强制性条文）：民用建筑人员所需最小新风量按国家现行有关卫生标准确定；工业建筑应保证每人不少于 30 m³/h 的新风量。对于公共建筑，根据《公共建筑节能设计标准》GB 50189—2005 中的规定，其主要空间的设计新风量应符合表 9-16 的规定。

公共建筑主要空间的设计新风量　　　　**表 9-16**

建筑类型和房间名称			新风量[m³/(h·人)]
旅游旅馆	客房	5星级	50
		4星级	40
		3星级	30
	餐厅、宴会厅 多功能厅	5星级	30
		4星级	25
		3星级	20
		2星级	15
	大堂、四季厅	4～5星级	10
	商业、服务	4～5星级	20
		2～3星级	10
	美容、理发、康乐设施		30
旅店	客房	一～三级	30
		四级	20
文化娱乐	影剧院、音乐厅、录像厅		20
	游艺厅、舞厅（包括卡拉OK歌厅）		30
	酒吧、茶座、咖啡厅		10
	体育馆		20
	商场（店）、书店		20
	饭馆（餐厅）		20
	办公		30
学校	教室	小学	11
		初中	14
		高中	17

2. 保持房间正压所需最小新风量 $L_{f,p}$

为了防止外界未经处理的空气渗入空调房间，保证房间清洁度和室内参数少受外界干扰，需要使空调区保持一定的正压值，即用增加一部分新风量的方法，使室内空气压力高于外界压力，然后再让这部分多余的空气从房间门窗缝隙等不严密处渗透出去。此外，若半集中式蒸发冷却空调采用辐射末端作为显热末端时，一定的房间正压还可以防止室外渗入的热湿空气直接与冷辐射板表面接触，避免出现结露现象。

舒适性空调室内正压值不宜过小，也不宜过大，一般采用5Pa的正压值就可满足要求。当室内正压值为10Pa时，保持室内正压所需的新风量，每小时约为1.0～1.5次换气，舒适性空调的新风量一般都能满足此要求。对于工艺性空调，因与其相同房间的压力差有特殊要求，其压差值应按工艺要求确定。

3. 设计工况下所需新风量 $L_{f,w}$

设计工况下，带走室内湿负荷所需新风量按式（9-6）计算：

$$L_{f,w}=\frac{W_r}{(d_N-d_L)\cdot\rho_a}(m^3/h) \tag{9-6}$$

式中 $L_{f,w}$——带走湿负荷所需新风量，m^3/h；

W_r——空调区内总湿负荷，g/h；

d_N——室内空气含湿量，g/kg 干空气；

d_L——新风送风含湿量，g/kg 干空气；

ρ_a——空气密度，kg/m^3。

4. 最湿工况下所需新风量 $L_{f,om}$

最湿室外工况下，带走室内湿负荷所需新风量按式（9-7）计算：

$$L_{f,om}=\frac{W_r}{(d_N-d_{o,max})\cdot\rho_a}(m^3/h) \tag{9-7}$$

式中 $L_{f,om}$——最湿工况下，带走湿负荷所需新风量，m^3/h；

$d_{o,max}$——设计地区最湿工况含湿量，g/kg 干空气，见表9-14。

5. 最小新风量 L_f 的确定

如图9-70所示，半集中式蒸发冷却空调系统最小新风量 L_f（m^3/h）取 $L_{f,w}$，$L_{f,h}$，$L_{f,p}$，$L_{f,om}$ 中最大值，即：

$$L_f=\max(L_{f,w},L_{f,h},L_{f,p},L_{f,om}) \tag{9-8}$$

需要指出的是，若半集中式蒸发冷却空调系统采用置换通风新风系统，空调系统的送风量应根据置换通风设计方法进行计算，详见《实用供热空调设计手册（第二版）》。

9.6.5.3 新风机组选型及风系统设计

根据新风处理流程、最小新风量以及分配的新风机组承担的冷负荷，查阅有关公司样本，进行新风机组的选型，选择合理的送风口形式及风速，进行水力计算，确定送风管道尺寸。

9.6.6 水系统的设计

9.6.6.1 确定末端装置形式

根据室外设计参数，确定蒸发式冷水机组的供水温度 t_w；根据建筑功能和使用要求，确定显热去除末端装置的形式，如干式风机盘管、辐射地板、辐射吊顶或墙壁等。根据末端装置的形式、所需承担的显热负荷 $Q_{x,r}$ 等参数，进行设备选型和计算。不同的末端装置，其设计计算过程也不尽相同，下面主要介绍干式风机盘管和辐射末端的设计选型。

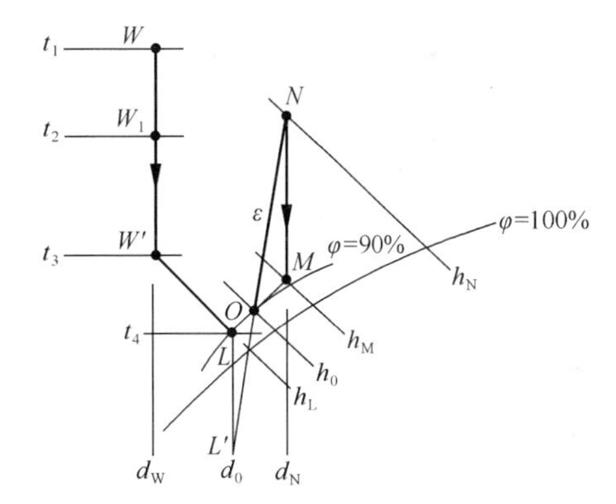

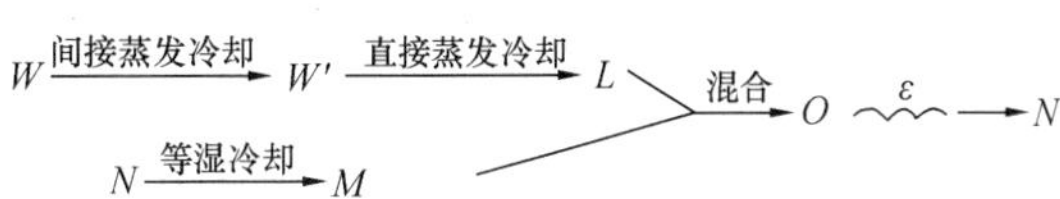

图 9-75　采用干式风机盘管的半集中式蒸发冷却空调系统焓湿图及空气处理过程图

9.6.6.2　干式风机盘管的设计选型[4,31]

采用干式风机盘管的半集中式蒸发冷却空调系统中焓湿图及空气处理流程如图 9-75 所示。

图 9-75 中新风系统采用三级蒸发冷却新风机组处理，实际系统中新风系统流程应根据室外状态点进行选择，新风处理到机器露点 L 后，送入室内与由风机盘管处理的室内循环风混合达到室内送风状态点 O。

1. 系统总风量 L

过室内状态点 N 作热湿比线 ε，与相对湿度 90% 的等相对湿度线相交，可确定出室内送风状态点，在送风状态点 O 确定之后，即可计算出总送风量：

$$L=\frac{Q_N}{h_N-h_O} \tag{9-9}$$

式中　L ——空调系统总送风量，kg/s；

Q_N——室内计算冷负荷，kW；

h_N——室内空气的焓，kJ/kg；

h_O——室内送风状态点的焓，kJ/kg。

2. 风机盘管处理风量 L_{FC}

根据已确定房间新风量 L_f，得到房间内风机盘管机组的风量为：

$$L_{FC}=L-L_f \tag{9-10}$$

式中　L_f——半集中式蒸发冷却空调系统新风量，kg/s；

L_{FC}——风机盘管处理风量，kg/s。

3. 确定新风处理后的送风状态 L

如图 9-75 所示，延长 $\overline{NO}$ 连线至 L'，使：

$$\overline{NO}/\overline{OL'}=\frac{L_f}{L_{FC}} \tag{9-11}$$

过 L' 点作等 d 线，交 90% 相对湿度线于 L 点。此点就是新风的送风状态点。

4. 确定风机盘管承担的显热负荷 $Q_{x,r}$

根据半集中式蒸发冷却空调系统新风量，按式（9-12）计算新风系统承担的室内显热负荷 $Q_{x,f}$：

$$Q_{x,f}=L_f\cdot c_{pa}\cdot(t_N-t_L) \tag{9-12}$$

式中 c_{pa}——干空气定压比热，在常温下，$c_{pa}=1.005$kJ/（kg·K），近似取 1.01 kJ/（kg·K）；

t_L——新风送风温度，℃。

则室内显热末端承担的房间显热负荷 $Q_{x,r}$ 可按式（9-13）计算：

$$Q_{x,r}=Q_x-Q_{x,f} \tag{9-13}$$

式中 Q_x——房间总显热负荷，kW。

5. 确定干式风机盘管的送风状态点 M

过 N 点作等 d 线 d_N，连接 LO 并延长交 d_N 线于 M 点，此点即为干式风机盘管的送风状态点，其中：

$$\overline{MO}/\overline{OL}=L_f/L_{FC} \tag{9-14}$$

6. 计算干式风机盘管的处理空气焓差

从以上步骤可以看出，送风状态点 M 高于风机盘管的机器露点（风机盘管的机器露点在 90%～95%的相对湿度线上）。干式风机盘管处理空气焓差为：

$$\Delta h=h_N-h_M \tag{9-15}$$

式中 h_M——干式风机盘管送风状态点的焓，kJ/kg。

7. 干式风机盘管选型[4,5,31]

根据干式风机盘管所需承担的显热负荷及处理风量，查相关干式风机盘管手册进行设计选型。

值得注意的是，目前市场上干式风机盘管较少，更常见的仍然是各种“湿工况”风机盘管，风机盘管样本中提供的换热能力，也基本上都是在“湿工况”下运行的数据，若将普通风机盘管运行在“干工况”下，由于供回水温度的改变，“干工况”风机盘管的实际供冷量与常规“湿工况”风机盘管样本中的数据存在很大差别，不能按照常规样本提供的供冷量数据进行选型。

表 9-17 给出了两种型号的风机盘管在干工况下的性能参数与样本额定值[5]。由计算结果可以看出，在给定供回水温度的情况下，同一盘管干工况的供冷量约为湿工况的 40%，但由于不需要除湿，盘管所需承担的负荷减小，实际盘管面积需根据工况进行核算。

风机盘管在不同工况下的工作性能 **表 9-17**

型 号	干工况（冷水供/回水温度为 17/21℃）		湿工况（冷水供/回水温度为 7/12℃）	
	FP-5	FP-10	FP-5	FP-10
额定风量（m³/h）	619	1058	619	1058
室内状态	干球温度：26℃，相对湿度：50%			
送风温度（℃）	20.7	20.6	14.2	14.0
送风相对湿度（%）	69	69	95	95
冷量（W）	1102	1914	2976	5312

因此，若将常规的湿式风机盘管直接使用在干工况下，可根据产品样本中给出的标准工况下的供热量及供热工况下的对数平均温差由式（9-16）反算出风机盘管的传热能力。

继而根据供冷工况下的对数平均温差，由式（9-17）得到干工况下的实际供冷量。这种热量折算法可计算出普通“湿工况”风机盘管“干工况”下的名义冷量，结合风机盘管所需承担的显热负荷 $Q_{x,r}$ 及处理风量 G_{FC}，进行风机盘管的选型。

$$Q_h = K \cdot F \cdot \Delta t_{m,h} \tag{9-16}$$

$$Q_c = K \cdot F \cdot \Delta t_{m,c} \tag{9-17}$$

式中 Q_h——标准工况下的供热量，W；

Q_c——干工况下的供冷量，W；

F——传热面积，m^2；

K——传热系数，W/（$m^2 \cdot$℃）；

$\Delta t_{m,h}$，$\Delta t_{m,c}$——供热与供冷工况下的对数平均温差，℃。

9.6.6.3 辐射末端的设计选型

图 9-76 是采用辐射末端的半集中式蒸发冷却空调系统设计过程流程图[1]，下面详细阐述其设计步骤及方法。

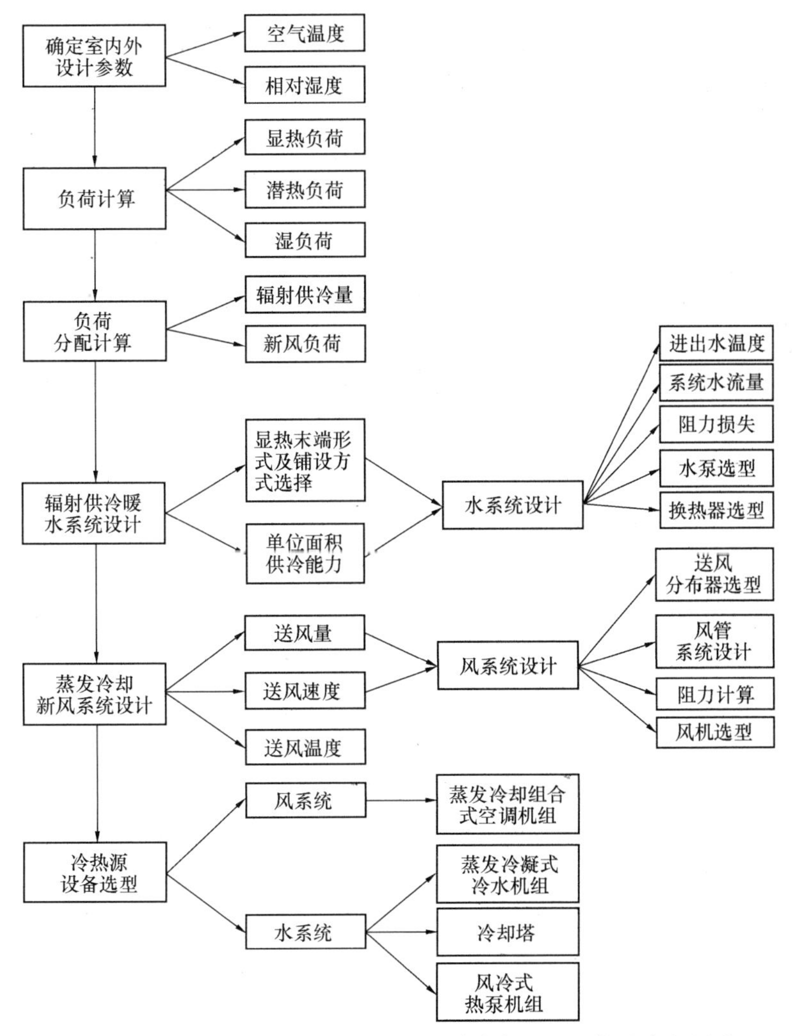

图 9-76 采用辐射末端的半集中式蒸发冷却空调系统设计流程图

1. 确定辐射末端形式

根据建筑结构特点和使用要求及经济性比较，确定辐射末端类型及铺设方式。对于地埋管型辐射末端，还应根据工作压力和流体温度等参数，选择盘管管径、管间距、铺设方式等。

2. 估算铺设面积

根据进出水温度（值得注意的是，为了防止辐射板表面结露，ASHRAE 手册建议，供水温度应高于室内空气的露点温度 0.5℃，有的文献介绍，辐射供冷板的表面温度应高于室内空气露点温度 1～2℃）以及盘管间距、热阻等数据，查手册或从生产厂家等其他来源，得到选定形式的辐射末端单位面积供冷能力，根据辐射末端所需承担显热负荷 $Q_{x,r}$（计算方法同干式风机盘管），估算铺设面积。

$$F=\frac{Q_{x,r}}{q} \tag{9-18}$$

式中　q——单位面积辐射板综合传热量，W/m²；

F——辐射板铺设面积，m²。

注意，辐射末端铺设时，应考虑家具和其他覆盖物的遮挡因素，通常按房间的总面积乘以适当的修正系数确定可安装辐射末端的面积，如估算得到的辐射板铺设面积大于可安装面积，需要重新选择辐射末端形式，重新计算。

3. 确定辐射板综合传热量 q [6]

辐射板的综合传热量 q，实际上是单位面积辐射传热量 q_r 与单位面积对流传热量 q_c 之和，即：

$$q=q_r+q_c \tag{9-19}$$

（1）单位面积辐射传热量 q_r

辐射供冷/暖时，单位面积辐射传热量为：

$$q_r=5\times10^{-8}[(t_p+273)^4-(AUST+273)^4] \tag{9-20}$$

式中　t_p——有效辐射板的表面温度，℃；

$AUST$——室内除辐射板外其余表面的加权平均温度，℃。

$$AUST=\frac{\sum t_b F}{\sum F} \tag{9-21}$$

式中　t_b——室内除辐射板外其余表面的表面温度，℃；

F——室内除辐射板外其余表面的表面积，m²。

在地面供暖或平顶供冷时，$AUST$ 可近似取室内空气的设计温度 t_a，在辐射板供暖时，q_r 为正值；供冷时，q_r 为负值。

（2）单位面积对流传热量 q_c

单位面积辐射板的对流传热量 q_c（W/m²）是由于辐射板表面因空气边界层处温度差，使空气产生流动而产生的自然对流换热量，辐射面的位置和布置均影响辐射面对流传热量。

平顶供暖时：

$$q_c=0.20\times\frac{(t_p-t_a)^{1.25}}{D_e^{0.25}} \tag{9-22}$$

平顶供冷和地面供暖时：

$$q_c = 2.42 \times \frac{|(t_p - t_a)|^{0.31}(t_p - t_a)}{D_e^{0.08}} \tag{9-23}$$

墙面供暖（冷）时：

$$q_c = 1.87 \times \frac{|(t_p - t_a)|^{0.32}(t_p - t_a)}{H^{0.05}} \tag{9-24}$$

式中　t_a——室内空气温度，℃；

D_e——辐射板的当量直径，$D_e = 4A/L$（A—板面积，m^2；L—板周长，m）；

H——墙面辐射板的高度，m。

非常大的空间（如飞机库等场所）应根据上式进行计算。一般的房间，D_e、H 的大小对辐射板对流换热量影响不大，式（9-22）～式（9-24）可以简化为：

全部平顶供暖：

$$q_c = 0.134 \times (t_p - t_a)^{0.25}(t_p - t_a) \tag{9-25}$$

非全部平顶供暖时，辐射板之间留有间隔，则自然对流增强，这时，采用式（9-26）代替式（9-25）进行计算：

$$q_c = 0.87 \times (t_p - t_a)^{0.25}(t_p - t_a) \tag{9-26}$$

地面供暖，平顶供冷时：

$$q_c = 2.13 \times |t_p - t_a|^{0.31}(t_p - t_a) \tag{9-27}$$

墙面供暖或供冷时：

$$q_c = 1.78 \times |t_p - t_a|^{0.32}(t_p - t_a) \tag{9-28}$$

地面供冷的计算缺乏确切数据，ASHRAE HANDBOOk 2000 建议采用式（9-26）进行计算。将一般房间辐射供冷暖对流换热量的公式进行汇总，见表 9-18。

一般房间辐射供冷暖对流换热量计算公式　　表 9-18

	平顶		地面	墙面
	全部平顶	非全部平顶		
供暖	式（9-25）	式（9-26）	式（9-27）	式（9-28）
供冷	式（9-27）	式（9-27）	式（9-26）	式（9-28）

4. 辐射板特征热阻 r_u 计算

辐射板特征热阻 r_u（$m^2 \cdot k/W$）可根据盘管间距、盘管管径、铺设方式等，按式（9-29）进行计算。

$$r_u = r_t B + r_s B + r_p + r_c \tag{9-29}$$

式中　r_u——辐射板的特征热阻，$m^2 \cdot K/W$；

r_t——单位管间距的管壁热阻（水循环系统），$m \cdot K/W$；

r_s——单位管间距盘管与辐射板之间的热阻，$m \cdot K/W$；

r_p——辐射板的热阻，$m^2 \cdot K/W$；

r_c——辐射板覆盖层的热阻，$m^2 \cdot K/W$；

B——管间距，m。

(1) r_t的计算

对于发热电缆，$r_t=0$。

内径为 D_i，导热系数为 λ_t 的盘管单位管间距的管壁热阻，可按式（9-30）计算：

$$r_t=\frac{\ln\left(\frac{D_o}{D_i}\right)}{2\cdot\pi\cdot\lambda_t} \tag{9-30}$$

对于金属管，r_t实际上是流体侧的热阻，可按式（9-31）进行计算：

$$r_t=\frac{1}{h\cdot D_i} \tag{9-31}$$

式中 D_i——盘管内径，m；

D_o——盘管外径，m；

λ_t——盘管导热系数，W/（m·K）；

h——辐射管外侧流体传热系数，W/（m^2·K）。

(2) r_s 和 r_p的计算

表 9-19 列出了各种平顶辐射板的热阻值 r_s和 r_p[6]。

平顶辐射板的热阻 **表 9-19**

辐射板类型	r_s（m·K/W）	r_p（m^2·K/W）
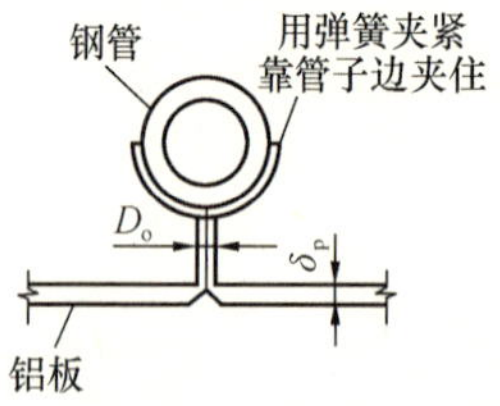 钢管；用弹簧夹紧靠管子边夹住；D_o；δ_p；铝板	0.32	$\frac{\delta_p}{\lambda_p}$
M；D_o；δ_p；铜管固定于铝板上	0.38	$\frac{\delta_p}{\lambda_p}$
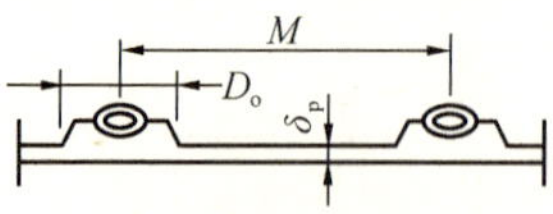 M；D_o；δ_p；铜管、铝板模压固定	0.10	$\frac{\delta_p}{\lambda_p}$
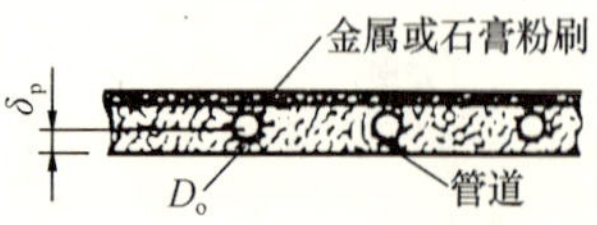 金属或石膏粉刷；δ_p；D_o；管道	0	$\frac{\delta_p-\frac{D_o}{2}}{\lambda_p}$
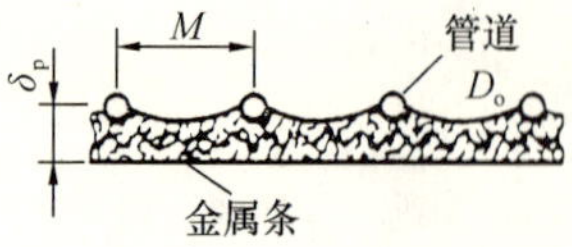 M；管道；D_o；δ_p；金属条	≤0.12	$\frac{\delta_p-\frac{D_o}{2}}{\lambda_p}$

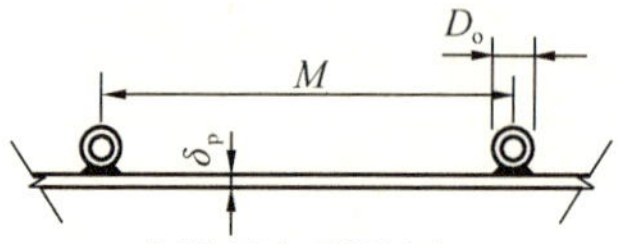

从表9-19中可知，当盘管埋在混凝土内时，热阻 r_s 可以忽略。如果已知板的特征厚度 δ_p 和辐射板材料的导热系数 λ_p，则可根据盘管位置，估算出 r_p 的值。

当盘管埋在辐射板内时，可按式（9-32）进行计算：

$$r_p = \frac{\delta_p - \frac{D_o}{2}}{\lambda_p} \tag{9-32}$$

当盘管固定在辐射板上时，可按式（9-33）进行计算：

$$r_p = \frac{\delta_p}{\lambda_p} \tag{9-33}$$

式中 δ_p——板的特征厚度；

D_o——盘管外径，m；

λ_p——管材的导热系数，W/（m·K）。

表9-20列出了部分管材的导热系数[6]。

管材的导热系数 λ 表9-20

材 料	导热系数 λ [W/（m·K）]	材 料	导热系数 λ [W/（m·K）]
碳钢（AISI 1020）	52（52）	交联聚乙烯（PE-X或VPE）	0.38（0.35）
紫铜	390（390）	耐热聚丁烯（PE-RT）	0.40
红（色黄）铜（85Cu-15Zn）	159	无规共聚聚丙烯（PP-R）	0.24（0.22）
不锈钢（AISI 202）	17	嵌段共聚聚丙烯（PP-C）	0.23（0.22）
聚丁烯（PB）	0.23（0.22）	铝塑复合管	0.23
低密度聚丁烯（LDPE）	0.31（0.35）	混凝土填充层	（1.20）
高密度聚丁烯（HDPE）	0.42	铝导热片	（200）

注：括号中的数字引自EN1264标准，其他数据引自ASHRAE Handbook 2001。

（3）r_c 的计算

当选取地埋管型辐射末端时，各种地面材料，如水泥地、水磨石、瓷砖、大理石、花岗岩、复合木地板、实铺地板（实铺或架空）、地毯等会不同程度地影响地面的传热量，因此，必须计算地面层的热阻。

$$r_c = \frac{\delta_c}{\lambda_c} \tag{9-34}$$

式中 δ_c——地面层的厚度，m；

λ_c——地面层材料的导热系数，W/（m·K）。

表9-21列出了部分地面材料的热阻值[6]，从提高供冷/供暖效率、节省能源、降低供暖和供冷费用等方面考虑，应优先选择采用热阻小的材料作地面材料，如水泥、石材和瓷砖等。当地面层由几层组成时，应取各层热阻值的总和作为地面层的热阻。

地面层材料的热阻值 r_c　　表 9-21

材　料	r_c（$m^2 \cdot K/W$）	材　料	r_c（$m^2 \cdot K/W$）
水泥及水磨石（无覆盖层）	0.000	薄地毯带橡胶垫	0.176
瓷砖	0.009（0.00）	薄地毯带薄垫	0.247
大理石	0.031	薄地毯带厚垫	0.300
10mm 硬木	0.095（0.10）	厚地毯	0.141（0.15）
16mm 橡木地板	0.100（0.15）	厚地毯带橡胶垫	0.211
橡胶垫	0.009	厚地毯带薄垫	0.281
薄地毯	0.106（0.10）	厚地毯带厚垫	0.335

注：①括号中数字引自 BSEN 1264 标准，其他引自 ASHRAE 2000 手册；
②地毯垫层的厚度，不应大于 6mm；
③地毯的热阻，可近似的按地毯总厚度（以 mm 计）乘以 0.018 确定。

5. 辐射板的表面温度 t_p 及平均水温 t_w 的确定

辐射板的表面温度 t_p 是受水路控制的，而辐射板的平均水温，则主要取决于 t_p、管间距 M 和辐射板的特征热阻 r_u。

对于综合传热量 q（$q=q_r+q_c$）所需的有效表面温度 t_p，可以根据辐射板的位置，通过上述 q_r 和 q_c 的传热方程来计算。在已知室内空气温度 t_a 时，首先应计算 $AUST$。当已知 q 和 $AUST$ 时，也可查图 9-77 所示的 ASHRAE 线算图计算 t_p 和 t_w[6]。

图 9-77 是 ASHRAE HandBook 2000 手册线算图，它给出了地面或平顶辐射供冷暖时的设计资料，其中，q_u 是指地面辐射时的综合传热量，q_d 是指顶板辐射时的综合传热量。

辐射供冷计算时，可在图 9-77 左侧纵坐标上确定选定辐射板的综合供冷量 q，向右与辐射板特征热阻值 r_u 相交，再向上（地面供冷）或向下（平顶供冷）与代表管间距 M 的线段相交，得到供冷时的平均水温 t_w，此时应校核供水温度是否大于室内空气露点温度。

沿图 9-77 左侧纵坐标上辐射板的综合供冷量 q，向右与（$AUST$-t_a）线相交，可读出辐射板表面温度 t_p 与室温 t_a 之间的修正温差，进而计算得到辐射板表面温度 t_p。

需要指出的是，当辐射板冷热两用时，为了同时满足夏季供冷和冬季供热的需要，应综合考虑冷热负荷和辐射板的供冷量和供热量。

6. 水系统设计

冷/热媒参数确定后，可根据式（9-35）确定系统水的质量流量：

$$M_W = \frac{Q_{x,r}}{c\Delta t} \tag{9-35}$$

式中　M_W——水的质量流量，kg/s；

c——水的比热，4.2kJ/（kg·℃）；

Δt——供回水温差，℃。

为了使水流能将空气带走，盘管内的水流速不宜小于 0.25m/s，但盘管内的水流速越大，沿程阻力损失就越大，需要的水泵压头增加，噪声增加，常用的水流速通常为 0.25～0.5m/s。且换热管内水的流速同时满足不小于 0.25m/s，也不应大于 0.5m/s 为合格。

水流阻力损失、水系统形式以及水泵的选型等，与常规空调系统方式基本相同。水流阻力损失参照以下方式确定：

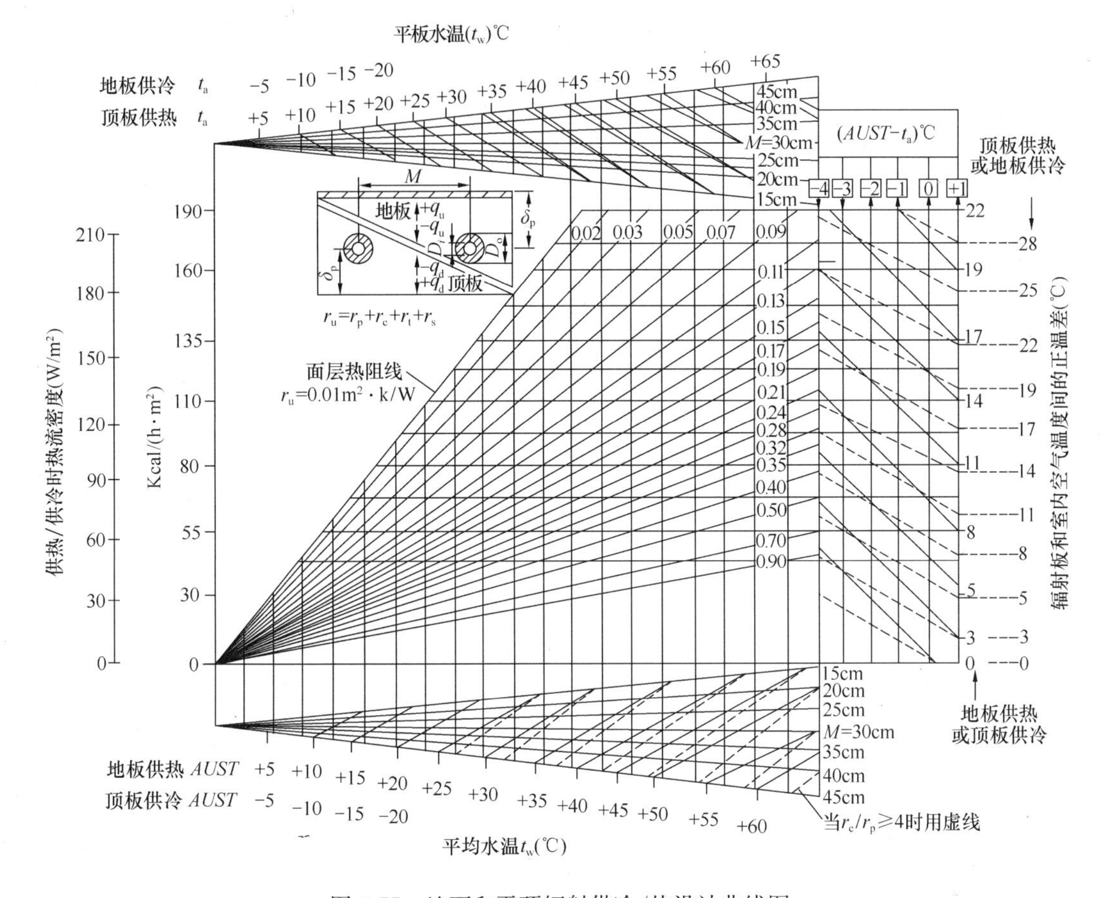

图 9-77　地面和平顶辐射供冷/热设计曲线图

（1）塑料管比摩阻按塑料管及铝塑复合管水力计算表进行查算；

（2）局部压力损失应通过计算确定，其局部阻力系数按塑料管及铝塑复合管局部阻力系数表进行查算；

（3）每套分集水器环路的总压力损失不宜超过 30kPa；

（4）毛细管席的压力损失按长度分类查算，其配套管道及流入/出弯头也可按图算求出。

9.6.7　冷水机组的设计选型

根据设计的冷水温度及流量，查有关公司样本，选择冷水机组型号及台数。

参考文献

［1］ 闫振华. 基于蒸发冷却辐射供冷/热空调系统实验研究［硕士学位论文］. 西安：西安工程大学，2009.

［2］ 黄翔，张天纬，武俊海，狄育慧. 蒸发冷却空调系统自动控制方案的探讨. 暖通空调，2003，33（4）：109-112.

［3］ 屈元，黄翔，狄育慧. 西北地区半集中式蒸发冷却空调系统的设计. 西安工程科技学院学报，2003（2）：158-161.

[4] 兰治科. 蒸发冷却+干工况风机盘管半集中式空调系统的研究［硕士学位论文］. 西安：西安工程大学，2007.
[5] 江亿，刘晓华. 温湿度独立控制空调系统. 北京：建筑工业出版社，2006.
[6] 陆耀庆. 实用供热空调设计手册. 第2版，北京：中国建筑工业出版社，2008.
[7] 江亿，于向阳，谢晓云. 蒸发制冷冷水机组. 中国：ZL 200610164414，2006-11-30.
[8] 谢晓云，江亿，刘栓强，曲凯阳. 间接蒸发冷水机组设计开发及性能分析. 暖通空调，2007，37(4)：66-71.
[9] 赵振国. 冷却塔. 北京：水利水电出版社，2001.
[10] 金兴才. 闭式冷却塔. 中国：ZL 200610037853，2006-01-18.
[11] 李竞. 过渡季节冷却水的节能应用研究［硕士学位论文］. 上海：同济大学，2007.
[12] 朱冬生，涂爱民. 闭式冷却塔直接供冷及其经济性分析. 暖通空调，2008，38(4)：100～103.
[13] 黄翔，高宏博. 基于再循环蒸发冷却塔和地源热泵冷热源的辐射空调系统. 中国：ZL 200820028783，2008-04-10.
[14] 黄翔 等编. 空调工程. 北京：机械工业出版社，2006.
[15] 王子介 编著. 低温辐射供暖与辐射供冷. 北京：机械工业出版社，2004.
[16] 妥思（Trox）公司样本.
[17] 江亿. 一种基于间接蒸发冷却技术的空调系统. 中国：ZL 200610114684. 3. 2006-11-21.
[18] 江亿. 一种同时产生冷水和冷风的间接蒸发制冷方法及装置. 中国：ZL 200810103448. 0，2008-4-3.
[19] 黄翔，徐方成. 一种间接蒸发冷却式冷风/冷水复合型空调机组. 中国：ZL 200810017581. 4，2008-3-3.
[20] 黄翔，于优城. 蒸发式冷凝/冷却空调冷水机组. 中国：ZL 200820228444. 0，2008-12-25.
[21] 黄翔，汪超. 一种热管冷回收型蒸发冷却式高温冷水机组. 中国：ZL 200820029280. 9，2008-6-4.
[22] 黄翔，汪超. 管式蒸发冷却器、蒸发冷却盘管组成的闭式空调机组. 中国：ZL 200920308695.4，2009-8-24.
[23] 黄翔，闫振华. 基于蒸发冷却的置换通风与辐射供冷/热复合空调系统. 中国：ZL 200710019193. 5，2007-11-27.
[24] 黄翔，高宏博. 基于再循环蒸发冷却塔和地源热泵冷热源的辐射空调系统. 中国：ZL 200820028783. 4，2008-4-10.
[25] 黄翔，汪超. 一种超薄吊顶式蒸发冷却新风机组. 中国：ZL 2009203088979，2009-8-26.
[26] 黄翔，汪超. 多孔陶瓷间接、直接蒸发冷却器组合吊顶式蒸发冷却机组. 中国：ZL 200920308694. X，2009-8-24.
[27] 黄翔，尧德华. 一种蒸发冷却空调新风机组. 中国：ZL 2009203136440，2009-10-29.
[28] 高宏博. 再循环冷却塔与辐射供冷复合式空调系统实验研究［硕士学位论文］. 西安：西安工程大学，2010.
[29] 康宁. 基于蒸发冷却的辐射供冷加置换通风系统的实验与数值模拟研究［硕士学位论文］. 西安：西安工程大学，2010.
[30] 王天富，买宏金. 空调设备. 北京：科学出版社，2003.
[31] 黄翔，周彤宇，吴志湘，兰治科. 蒸气冷却新风机组加干工况风机盘管系统设计方法及软件开发：暖通空调，2008，38(4)：72-75.

第10章 蒸发冷却技术与其他空调新技术的结合

10.1 概述

蒸发冷却空调技术是一种节能环保和可持续发展的空调技术，但是如任何空调技术一样，蒸发冷却空调技术也不是尽善尽美的。目前主要存在以下三大问题：一是温降有限，且无法实现除湿功能。因为蒸发冷却空调毕竟是一种靠天吃饭的“气象空调”，对于湿球温度较低的干燥地区，其蒸发冷却效率较高，温降范围较大，但对于湿球温度较高的中等湿度或高湿度地区，温降范围则有限。且间接蒸发冷却或直接蒸发冷却只能实现等湿冷却或绝热冷却，无法在中等湿度或高湿度地区实现除湿功能。二是设备体积较大，全空气集中式蒸发冷却空调系统的空气处理机组较传统机械制冷的占地空间大，即便是空气—水半集中式系统的蒸发式高温冷水机组也要占据较大的空间。所以有些人把蒸发冷却空调冠以“巨无霸”的称谓。因此，把蒸发冷却空调技术与机械制冷、除湿等技术相结合，才能扩展该技术的应用领域，减小设备的占地空间，并提高其设备运行的稳定性和可靠性。三是对空气的污染问题。蒸发冷却空调中，空气与水的接触较多，尤其是直接蒸发冷却器中被处理空气与水直接发生关系，而循环水中会滋长许多细菌，若不进行有效的水处理，势必会影响被处理空气的质量。尽管国外学者研究结果表明蒸发冷却空调不会产生“军团病”，但这种长期以来被看作是“沼泽空调”的设备，不可避免地会给使用者带来担忧。因此，把蒸发冷却空调技术与纳米光催化技术或负离子等净化技术相结合，才能保证蒸发冷却器湿表面的清洁，提高室内空气品质。另外，蒸发冷却空调技术与现有的辐射供冷（暖）技术、自然通风技术、置换通风技术及工位—环境送风技术等新技术相结合，又能大大提高这些技术的节能效果和室内空气品质。蒸发冷却空调技术与蓄冷技术及太阳能利用等相结合，还可进一步提高其节能效果，并使这些技术在更大范围推广应用。本章将分别介绍蒸发冷却空调技术与机械制冷、除湿技术、辐射供冷（暖）技术、自然通风技术、置换通风技术、工位—环境送风技术、纳米光催化技术及负离子净化技术等空调新技术的结合[1~3]。

10.2 蒸发冷却与机械制冷的结合[4]

10.2.1 蒸发冷却与机械制冷系统的集成

1. 传统机械制冷空调系统存在的问题

由于传统的机械制冷蒸发温度低，冷水供水温度为5～9℃，一般为7℃，处理的空气温度一般为16℃左右，对于全年运行的集中式空调系统来说，*COP*值很低，机械制冷运行费用很高，能耗极大。而从多年来机械制冷的应用来看，传统的机械制冷系统也存在着许多弊端：

(1) 在空调负荷的计算过程中，如采用冷负荷系数法等，就可以看出传统的空调负荷设计计算都是选取极端最热天的瞬时最大冷负荷作为空调设计负荷，而实际上约 80%以上的过渡季节里，都是在部分负荷下运行的。例如根据《中国建筑热环境分析专用气象数据集》典型气象（设计典型）年逐时参数报表，以西安地区为例，一年中高温天气（35℃以上）不超过 10 天。而冷水机组的选取却是根据极端最热天最大冷负荷选取的；再者，工程中选取冷水机组时考虑有富余度，又人为地乘以 1.1～1.2 的富余系数，这样一来，冷水机组的制冷能力远远大于空调实际所需冷负荷，造成极大的能源浪费。为了节能，机械制冷系统需要寻求一种节能的空调方式与之配合。

(2) 机械制冷多年来所使用的制冷剂 CFC_S及 HCFC 工质，因其对臭氧层的破坏和导致温室效应的产生，《蒙特利尔议定书》及《京都议定书》对其都做出了明确的淘汰和限制使用的规定。为了保护臭氧层，降低温室效应，多年来科学家通过不懈努力一直在研制大量 CFC_S及 HCFC 的替代物。目前尚没有开发出性能稳定、制冷效率高、对臭氧层无破坏、不会导致温室效应的经济可行的理想替代物质。所以机械制冷系统也急需寻求一种环保无污染而且节能的制冷方式与之配合，尽量减少对环境的污染。

事实上，机械制冷系统中，为了节电降耗，在大多数时间里不开启制冷主机，直接将冷却塔降温后的水绕过冷凝器送到机组表冷器中对空气降温，就构成了冷却塔供冷型间接蒸发冷却器，降低了能耗，实现了冷却塔“免费供冷”。

2. 蒸发冷却空调的不足之处

利用干热地区的干燥空气等可再生能源，以湿空气干球温度与露点温度差为空调制冷动力，蒸发冷却空调特别适用于西北等干热气候条件地区，但是该项技术也存在着受气候条件制约的弱点：

(1) 一般情况下，蒸发冷却空调只能实现对空气等焓加湿和等湿冷却两个冷却过程（图 10-1）。在非干燥地区，夏季室外空气的含湿量过大，蒸发冷却自身没有除湿能力，无法降低室外空气的含湿量以满足送风要求。因此，要使得节能环保的蒸发冷却空调技术在广大中等湿度及高湿度地区得以推广应用，还需要除湿技术来承担室内湿负荷。

(2) 由于不同功能的建筑物室内余热和余湿负荷是不同的，所以表征室内余热、余湿比的 ε 线的斜率也不同。如图 10-2 所示，当室内余湿量较大时，即 $\varepsilon_1>\varepsilon_2$时，送风状态点降低，要求经过直接蒸发冷却处理的温差 $\Delta t_2>\Delta t_1$，所以当室内余热、余湿变化时，要求蒸发冷却空调处理的温降也不同。然而，蒸发冷却空调处理空气温降是有限的，目前所使用的仅采用蒸发冷却多级蒸发冷却机组最多只有三级，再增加机组的功能段，不但温降很有限，机

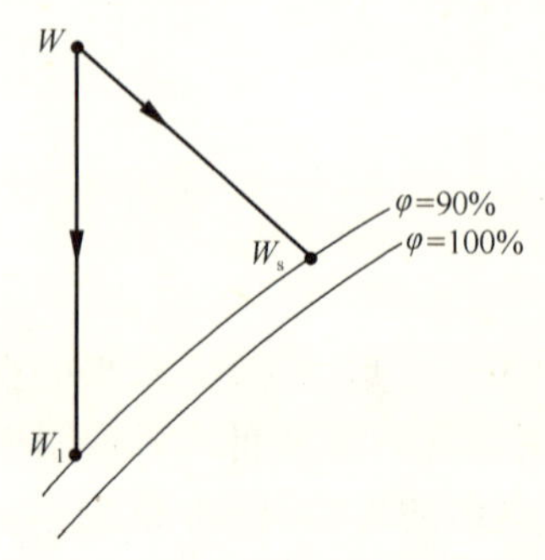

图 10-1　蒸发冷却空气处理过程

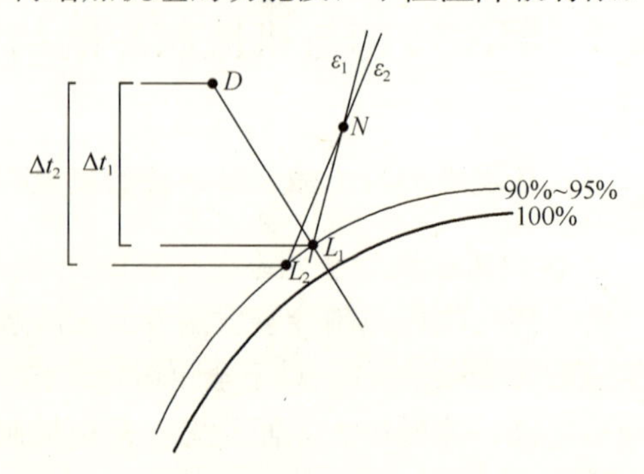

图 10-2　热湿比变化对空气处理过程的影响

组成本、运行费用等都将增加，经过技术、经济比较反而得不偿失。所以蒸发冷却在尽可能发挥其优势的同时，要与机械制冷结合，经过机械制冷再次降温，最终满足空调要求。

3. 蒸发冷却与机械制冷集成的原因

除了克服上述蒸发冷却与机械制冷系统各自存在的问题外，将蒸发冷却空调技术与机械制冷相结合还有以下几方面原因：

（1）蒸发冷却空调能潜在地减少机械制冷部件的成本。蒸发冷却空调在提供相同舒适性的同时还能节约大量的功率，并且减少压缩机、冷凝器和冷却塔的磨损。

（2）当机械制冷系统发生故障或维修期间，蒸发冷却空调可以替代机械制冷进行冷却。

（3）蒸发冷却空调可提供大量新风。

（4）蒸发冷却空调能减少冷却塔系统中的用水量。

（5）根据需要，蒸发冷却空调可以在冬季提供廉价的加湿。

（6）蒸发冷却空调有利于保护环境，因为它消耗很少的化石燃料产生的功率。

总之，蒸发冷却与机械制冷 HVAC 系统的集成是由于电力、设备、维修劳动力价格的上涨和改善室内空气品质，减少全球温室效应需要的结果。

10.2.2　蒸发冷却与机械制冷相结合的方案及空调机组

10.2.2.1　蒸发冷却与机械制冷相结合的新风空调集成系统

西安工程大学黄翔教授在多年研究的基础上并结合我国的实际情况，提出了蒸发冷却新风空调集成系统（图 10-3），其中对蒸发冷却与机械制冷作了详细设计和方案构想。该集成系统采用蒸发（除湿）冷却与机械制冷相结合，并配备有全热交换器及高效空气过滤器组成的新风机组，除了承担新风负荷外，还承担室内全部负荷；除采用空调机组构成的全空气系统外，均无回风系统；新风与排风之间采用全热交换器；新风机组安装粒子过滤效率≥99.999%的高效空气过滤器；系统采用 VAV 控制。

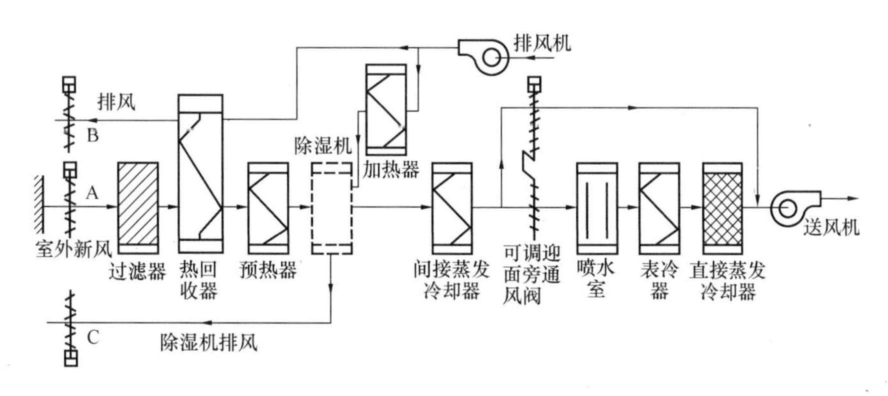

图 10-3　蒸发冷却新风空调集成系统

该集成系统设计思想是充分发挥蒸发（除湿）冷却技术在新风系统中的节能优势，并将它与全热交换器和 VAV 控制系统加以集成，从而大大降低由于采用全新风所造成的能耗损失。同时，与高效空气过滤器和填料式（或喷水室）直接蒸发冷却器进行集成，可提高空气过滤效率、阻隔细菌（病毒）等微小颗粒、吸收（附）有害气体，改善室内空气品质。目前建议采用驻极体空气过滤器。

对于除湿冷却系统，只需在预热器和间接蒸发冷却器之间加装除湿机即可，除湿机配有再生加热系统。间接蒸发冷却器可采用冷却塔（供冷型）、板式换热器、管式换热器，热管式换热器，也可采用多级间接蒸发冷却形式。直接蒸发冷却器既可采用填料式，也可采用喷水室形式。驻极体式高效空气过滤器前需有粗效和中效空气过滤器预处理。全热交换器可采用转轮式或板式、热管式换热器。表冷器中冷水由机械制冷设备提供。

10.2.2.2 一种蒸发冷却与机械制冷复合空调机组

实用新型专利“一种蒸发冷却与机械制冷复合空调机组”（专利号：200720126381.3）所采用的技术方案如图10-4所示，按进风方向包括依次设置的新风段、过滤器、管式间接蒸发冷却器、回风段、机械制冷表冷器、直接蒸发冷却器和风机等。

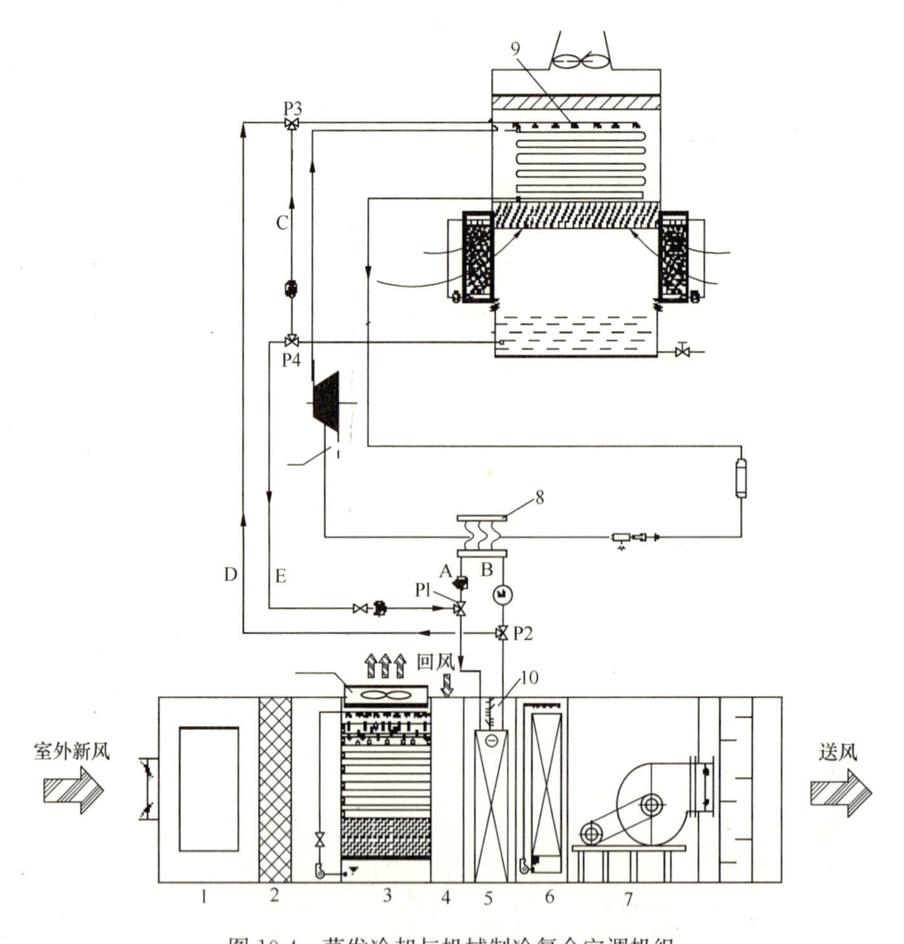

图10-4 蒸发冷却与机械制冷复合空调机组

1—新风段；2—过滤器；3—管式间接蒸发冷却器；4—回风段；5—机械制冷表冷器；
6—直接蒸发冷却器；7—风机；8—机械制冷蒸发器；9—蒸发式冷凝器；10—可调节旁通风阀

机械制冷表冷器经过三通阀门P1、P2的转换通过管道A、B及D、E分别与机械制冷蒸发器和蒸发式冷凝器的进出口相连接；当机械制冷表冷器通过管道A、B与机械制冷蒸发器连接时，调节三通阀门P3、P4，关闭D、E管段，使蒸发式冷凝器的喷淋循环水通过管段C进行自循环喷淋。

该蒸发冷却与机械制冷复合空调机组中的第一级管式间接蒸发冷却器采用循环水喷淋，机械制冷表冷器中所用低温及高温冷水分别来自机械制冷冷水机组和冷却塔。其中，为了满足不同房间送风状态点的要求，在表冷器处设有可调节旁通风阀。设计工况下，可调节旁通风阀完全关闭，新回风混合后完全经处理后送入房间。当室内余热、余湿变化时，电动风阀自动调节开度，并调节旁通风与处理风的混合比，使混合后送风达到室内状态参数的要求。蒸发冷却与机械制冷复合空调机组为建筑物提供冷却的空气。

蒸发冷却与机械制冷复合空调机组的工作过程是：夏季，室外空气依次经过新风段，经过滤器过滤后，经管式间接蒸发冷却器降温，通过回风段后再经机械制冷表冷器进一步冷却；过渡季节，室外空气依次经过新风段，经过滤器过滤后，经管式间接蒸发冷却器降温，再经表冷器继续降温（此时表冷器通冷却塔制备的高温冷水），经第三级直接蒸发冷却器等焓加湿，可使室外空气温度降低 15～20℃左右，将降温后的空气经风机送入建筑物内。

与传统的蒸发冷却空调机组和机械制冷冷水机组相比，该空调机组具有如下特点：

（1）采用一级间接蒸发表冷器预冷与机械制冷表冷器、直接蒸发冷却器相结合，组成三级空调机组，且机械制冷系统的冷凝器选用蒸发式冷凝器。“一机两用”，一方面，在夏季最热月开启机械制冷时作为蒸发式冷凝器；对制冷剂起到冷凝散热作用。另一方面，在机械制冷机不开启的过渡季节里，作为冷却塔用，与表冷器组合成冷却塔供冷型间接蒸发冷却器，进行“免费供冷”。为了提高蒸发式冷凝器的换热效率，在空气入口处设置蒸发冷却填料，既对空气进行预冷又起到了过滤作用，将入口空气中的灰尘、污物进行过滤，保证了底部水槽中通往表冷器的水质较为洁净。

（2）机械制冷表冷器“一器两用”，夏季炎热季节通机械制冷制取的低温冷水，过渡季节机械制冷机组不开启，通冷却塔制取的高温冷水。

（3）可同时提供三级蒸发冷却空调送风或一级间接蒸发冷却与机械制冷相结合的空调送风（温降达 15～20℃），并可产生 15～20℃的冷媒水。

10.2.2.3　一种四级蒸发冷却组合式空调机组

实用新型专利“一种四级蒸发冷却组合式空调机组”（专利号：200820028835.8）所采用的技术方案如图 10-5 所示，按进风方向包括依次设置的粗效过滤器、热管间接蒸发冷却器、管式间接蒸发冷却器、回风混合段、表冷器、直接蒸发冷却器、加热器和风机。

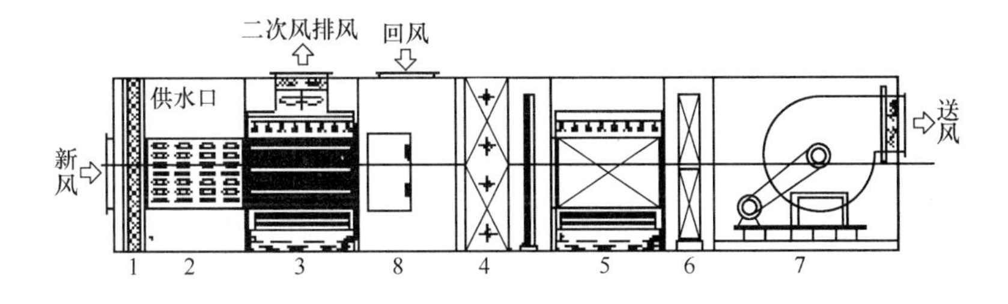

图 10-5　四级蒸发冷却组合式空调机组

1—粗效过滤器；2—热管间接蒸发冷却器；3—管式间接蒸发冷却器；4—表冷器；5—直接蒸发冷却器；6—加热器；7—风机；8—回风混合段

热管间接蒸发冷却器采用二次侧喷淋循环水结构，用于对室内排风进行冷/热回收，夏季对新风进行预冷，冬季在不喷淋循环水的条件下，将室内排风作为二次空气，并对新风进行两级预热处理。其中，热管间接蒸发冷却段一次侧用于通室外新风；热管间接蒸发冷却段二次侧用于在夏季和春秋过渡季节通室内排风或室外新风并喷淋循环水，冬季通室内排风不喷淋循环水。

管式间接蒸发冷却器的换热管内插有螺旋线，管外包覆亲水铝箔椭圆管和二次网格布水，管式间接蒸发冷却段用于夏季和春秋过渡季节，以室外新风或室内排风作为二次空气并喷淋循环水，冬季以室内排风作为二次空气不喷淋循环水。

表冷器用于夏季通机械制冷制取的低温冷水，对空气进行冷却除湿；春秋过渡季节，机械制冷不开启，表冷器通冷却塔制取的高温冷水（免费供冷），对空气进行处理。

直接蒸发冷却器用于春秋过渡季节对空气进行冷却，在冬季对空气进行加湿，同时也是很好的空气净化装置。

加热器用来对预热后的空气进行再加热处理。

该空调机组的工作过程：

夏季，启动风机，室外空气进入粗效过滤器，进行粗效过滤，经过滤后的空气进入热管间接蒸发冷却器进行预冷，预冷后的空气进入管式间接蒸发冷却器进行二次预冷，经过两次预冷的空气进入回风混合段，并与回风在回风混合段进行混合，形成混合气体，该混合气体进入表冷器，在表冷器内进行冷却去湿，之后进入风机，由风机将经过冷却除湿后的空气送出空调机组，送入室内。

春秋过渡季节，启动风机，室外空气进入粗效过滤器进行过滤，经过滤的空气进入热管间接蒸发冷却器进行预冷，经过预冷的空气，或者进入管式间接蒸发冷却器进行二次预冷，或者进入回风混合段，与回风在回风混合段内进行混合。经过两次处理的空气，进入直接蒸发冷却器进行冷却，冷却后的空气进入风机，由风机将经过净化冷却处理的空气送出空调机组，向室内送风。

寒冬季节，启动风机，室外空气进入粗效过滤器进行过滤，过滤后的空气，或者进入热管间接蒸发冷却器进行预热，或者进入管式间接蒸发冷却器进行预热。经过净化预热的空气，进入回风段，并与回风在回风混合段内进行混合，形成混合气体，该混合气体进入直接蒸发冷却器进行加湿处理，加湿后的混合气体进入加热器进行再热处理，之后进入风机，由风机送入室内，对室内进行送风。

该空调机组采用热管间接蒸发冷却器，利用室内排风对新风进行预冷或预热，同时采用管式间接蒸发冷却器、表冷器和直接蒸发冷却器不同的组合段对新风进行处理。夏季利用热管间接蒸发冷却器、管式间接蒸发冷却器和表冷器对空气进行处理；春秋过渡季节利用热管间接蒸发冷却器、或管式间接蒸发冷却器和直接蒸发冷却器对空气进行处理；冬季利用热管间接蒸发冷却器、或管式间接蒸发冷却器、直接蒸发冷却器和加热器对空气进行处理。

充分利用热管间接蒸发冷却器进行空气的冷/热回收和管式间接蒸发冷却器“免费供冷”的节能效果，根据室外气象条件和室内负荷的变化，单独或与机械制冷组合来对建筑物进行空气调节。实现全年室内排风的冷/热回收，避免了空调系统全年运行机械制冷所造成的高费用、大能耗，降低了冷却设备成本和用电量以及用电高峰期对电能的要求，减少了温室气体和CFC的排放，并适用于中等湿度及高湿度地区。

10.2.2.4　蒸发冷却与机械制冷相结合的三级蒸发冷却空调机组

实用新型专利“蒸发冷却与机械制冷相结合的三级蒸发冷却空调机组”（专利号：200920032353.4）所采用的技术方案如图 10-6 所示，空调机组包括壳体，壳体内按进风方向依次设有露点间接蒸发冷却段、直接蒸发冷却段、表面式空气换热段和送风机。该空调机组的工作过程：

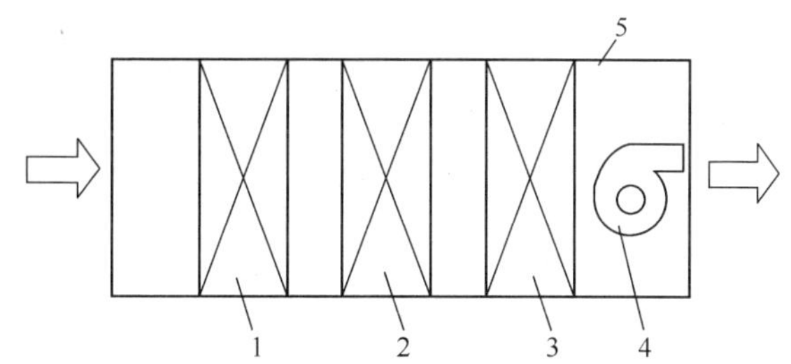

图 10-6　蒸发冷却与机械制冷相结合的三级蒸发冷却空调机组
1—露点间接蒸发冷却段；2—直接蒸发冷却段；3—表面式空气换热段；4—送风机；5—壳体

夏季运行时，通过开启蒸发冷却与机械制冷复合机组的不同功能段来实现。

当室外空气状态点落在室内空气状态点左侧时，开启蒸发冷却与机械制冷复合机组的露点间接蒸发冷却段和直接蒸发冷却段，使室外空气达到送风状态点。

当室外空气状态点落在室内空气状态点右侧时，开启蒸发冷却与机械制冷复合机组的露点间接蒸发冷却段和表面式空气换热段（此时作为表冷器使用），使室外空气达到送风状态点。

冬季运行时，开启蒸发冷却与机械制冷复合机组的露点间接蒸发冷却段、直接蒸发冷却段和表面式空气换热段，其中的露点间接蒸发冷却段不淋水，用室内排风作为二次空气来预热室外新风，作为预热器使用，表面式空气换热段充热水，作为空气加热器使用，使室外空气达到送风状态点。

过渡季节运行时：

当室外空气状态点落在室内空气状态点左侧时，开启蒸发冷却与机械制冷复合机组的直接蒸发冷却段和表面式空气换热段，使室外空气达到送风状态点。

当室外空气状态点落在室内空气状态点右侧时，开启蒸发冷却与机械制冷复合机组的露点间接蒸发冷却段和表面式空气换热段，使室外空气达到送风状态点。

该空调机组将蒸发冷却技术与机械制冷相结合，集结了两者的优势，与传统机械制冷空调机组相比，具有明显的节能优势。采用露点间接蒸发冷却段代替了四级蒸发冷却空调机组中的管式间接段和热管间接段，不仅温降效果更好，机组的阻力降低，而且减小了占地面积，节省了初投资。将直接蒸发冷却段移到了表面空气换热段的前面，不仅起到保护换热器的作用，还能保证表面式空气冷却器（表冷器）盘管表面湿润，从而使盘管尺寸减小。

10.2.2.5　紧凑型蒸发冷却与机械制冷复合空调机组

实用新型专利“紧凑型蒸发冷却与机械制冷复合空调机组”（专利号：200820222560.1）所采用的技术方案如图 10-7 所示，包括间接盘管和直接蒸发冷却器，按送风方向在直接蒸发冷却器后还包括依次设置的压缩机、制冷剂直接膨胀式空气冷却器和送风机；按排风方向在直接蒸发冷却器后还包括依次设置的冷凝器、挡水板和排风机，制冷剂直接膨胀式空气冷却器和冷凝器之间设置膨胀阀，冷凝器、膨胀阀、制冷剂直接膨胀式空气冷却器和压缩机之间通过管道构成闭合回路。

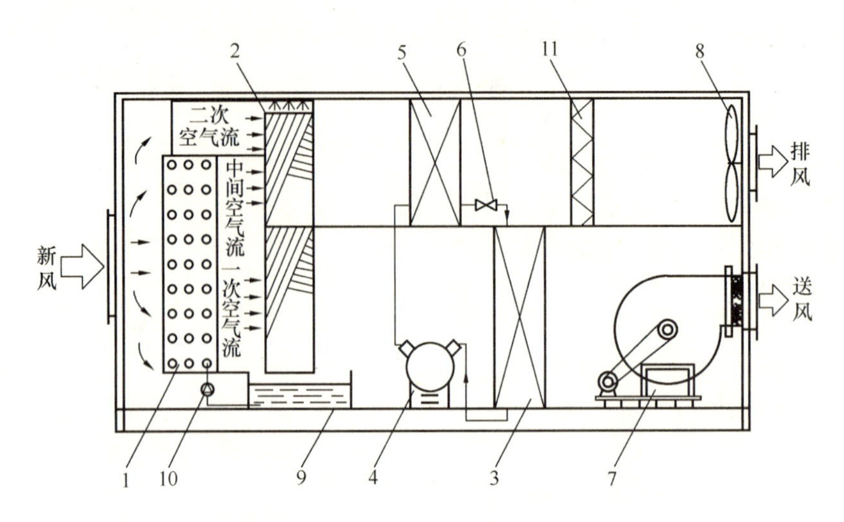

图 10-7 紧凑型蒸发冷却与机械制冷复合空调机组

1—间接盘管；2—直接蒸发冷却器；3—制冷剂直接膨胀式空气冷却器；4—压缩机；
5—冷凝器；6—膨胀阀；7—送风机；8—排风机；9—集水器；10—水泵；11—挡水板

该空调机组的工作过程是：由上面的排风机吸入的室外二次空气对间接盘管中的循环水进行预冷，循环水同时对另一股室外空气（中间空气）进行冷却，而这股气流经过直接蒸发冷却器时反过来使下落的水进一步降温。产生的潮湿空气内上方排风机排出。最后，一次空气（也就是室外空气）加上适量的建筑回风，首先被间接盘管温度最低的部分间接冷却，然后经过直接蒸发冷却器温度最低的部位进行最终的直接蒸发冷却。下面的送风机送出的空气温度比类似的蒸发冷却器送风温度更低，因此所需风量更小，节省风机能耗。同时，紧凑的三级机组（间接盘管、直接蒸发冷却器与制冷剂直接膨胀式空气冷却器）可以节省室内占地空间或减轻屋顶负荷。

与传统的空调机组及同类蒸发冷却空调机组相比，该空调机组具有如下特点：

（1）采用蒸发冷却与机械制冷相结合，可满足中等湿度地区乃至高湿度地区夏季的空调需要。

（2）将间接盘管与直接蒸发冷却器有机地相结合，用直接蒸发冷却器为间接盘管提供冷水，同时进一步降低一次空气的温度。

（3）在一次空气（室外空气加上适量的建筑回风）与二次空气之间设置一部分中间空气，这股气流被循环水冷却，且在经过直接蒸发冷却器填料时反过来使下落的水进一步降温。

（4）下面的送风机送出的空气温度比类似的冷却器送风温度更低，因此所需风量更小，节省风机能耗。

（5）比类似的冷却器结构更紧凑，可节省占地空间或减轻屋顶负荷。

10.2.2.6 蒸发冷却与蒸发冷凝相结合的空调机组

实用新型专利“蒸发冷却与蒸发冷凝相结合的空调机组”（专利号：200820221674.4）所采用的技术方案如图 10-8 所示，按进风方向包括依次设置的粗效过滤器、管式间接蒸发冷却器、直接蒸发冷却器、制冷剂直接膨胀式空气冷却器和一次风机，直接蒸发冷却器和制冷剂直接膨胀式空气冷却器的上部分别设置旁通风阀，直接蒸发冷却器和制冷剂直接

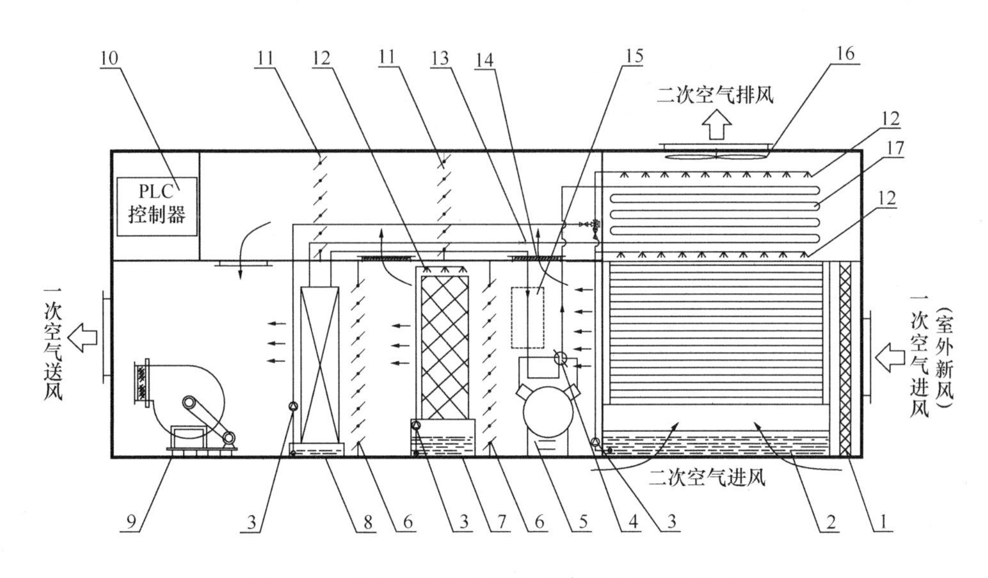

图10-8 蒸发冷却与蒸发冷凝相结合的空调机组

1—粗效过滤器；2—管式间接蒸发冷却器；3—水泵；4—四通换向阀；5—压缩机；6—迎面风阀；7—直接蒸发冷却器；8—制冷剂直接膨胀式空气冷却器；9——次风机；10—PLC控制器；11—旁通风阀；12—布水器；13—节流阀；14—调节风阀；15—回风窗；16—二次风机；17—蒸发式冷凝器

膨胀式空气冷却器，按进风方向的前部分别设置迎面风阀，上述各部件构成空气处理部分。

管式间接蒸发冷却器的上部设置蒸发式冷凝器和二次风机，管式间接蒸发冷却器与蒸发式冷凝器上下叠置融为一体。蒸发式冷凝器的上部以及蒸发式冷凝器和管式间接蒸发冷却器之间分别设置布水器，直接蒸发冷却器的上部设置布水器，布水器与制冷剂直接膨胀式空气冷却器通过管道相连通，将制冷剂直接膨胀式空气冷却器的凝结水喷洒到管式间接蒸发冷却器与蒸发式冷凝器的管外。

压缩机与制冷剂直接膨胀式空气冷却器和蒸发式冷凝器通过管道构成闭合回路，制冷剂直接膨胀式空气冷却器与蒸发式冷凝器之间设置节流阀。

夏季空气处理的工作过程：室外新风经过粗效过滤器进入管式间接蒸发冷却器等湿冷却后，通过调节风阀与回风窗的回风进行混合然后经过直接蒸发冷却器上方的旁通风阀进入制冷剂直接膨胀式空气冷却器，最终由一次风机送往空调房间。而室内回风通过管式间接蒸发冷却器二次空气进风口先进入管式间接蒸发冷却器，然后再经过蒸发式冷凝器，最后由二次风机排至室外。

空气源热泵制冷循环的工作过程：低温低压的液态制冷剂在制冷剂直接膨胀式空气冷却器中吸收空气的热量汽化，由压缩机压缩成高温高压的气体，然后经蒸发式冷凝器冷凝成中温高压的液体，再由节流阀降压还原为低温低压的液态制冷剂，继续循环吸热。

冬季空气处理的工作过程：室外新风经过粗效过滤器进入管式间接蒸发冷却器等湿加热后，通过调节风阀与回风窗的回风进行混合然后经过直接蒸发冷却器下方的迎面风阀进入直接蒸发冷却器，经绝热加湿处理后，再通过制冷剂直接膨胀式空气冷却器（作为冷凝器用）等湿加热（再热），最终由一次风机送往空调房间。而室内回风通过管式间接蒸发冷却器的二次空气进风口先进入管式间接蒸发冷却器然后再经过蒸发式冷凝器（此时管式间接蒸发冷却器和蒸发式冷凝器均停止喷水）后，由二次风机排至室外。

空气源热泵供热循环的工作过程：由四通换向阀切换，制冷剂反方向流动，完成制冷剂直接膨胀式空气冷却器与冷凝器的功能交换。

春秋过渡季节空气处理的工作过程：室外新风经过粗效过滤器进入管式间接蒸发冷却器等湿冷却后，经过直接蒸发冷却器下方的迎面风阀进入直接蒸发冷却器，经绝热加湿处理后，再经过制冷剂直接膨胀式空气冷却器上方的旁通风阀，最终由一次风机送往空调房间。

与传统的空调机组及同类蒸发冷却空调机组相比，该空调机组具有如下特点：

（1）采用蒸发冷却与热泵相结合，实现了蒸发冷却空调机组内置冷热源，既可在夏季为建筑物提供冷风，又可在冬季建筑物提供热风。

（2）将蒸发式冷凝器与管式蒸发冷却器有机地集成在一起，构成蒸发冷却/冷凝空调机组。

（3）将蒸发器（制冷剂直接膨胀式空气冷却器）的凝结水喷洒到管式蒸发冷却器和蒸发式冷凝器管外，大大提高冷却/冷凝效率。

（4）直接蒸发冷却器和蒸发器（制冷剂直接膨胀式空气冷却器）处均设置旁通风阀，大大减少空气经过这些构件时的局部阻力损失。

（5）采用 PLC 控制，控制稳定可靠且经济。

10.2.2.7 热管与热泵相结合的蒸发冷却空调机组

实用新型专利“热管与热泵相结合的蒸发冷却空调机组”（专利号：200820221681.4）所采用的技术方案如图 10-9 所示，包括按进风方向依次设置的粗效过滤器、热管式间接蒸发冷却器一次空气端、直接蒸发冷却器、制冷剂直接膨胀式空气冷却器及送风机；热管间接蒸发冷却器一次空气端和直接蒸发冷却器之间并排设置旁通风阀和迎面风阀，构成送风通道，用于空气处理。

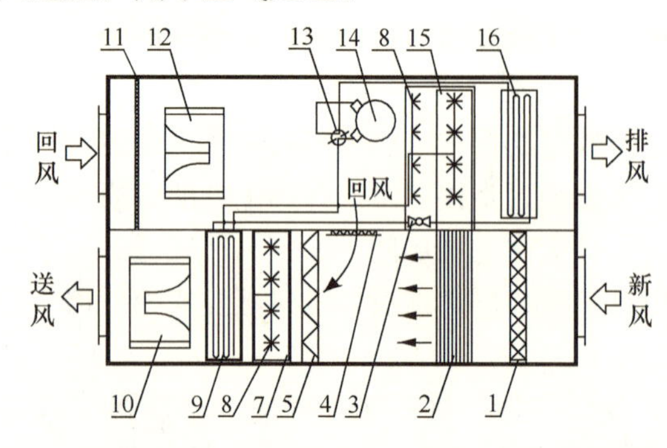

图 10-9 热管与热泵相结合的蒸发冷却空调机组

1—粗效过滤器；2—热管间接蒸发冷却器一次空气端；3—节流阀；4—调节风阀；5—旁通风阀；6—迎面风阀；7—直接蒸发冷却器；8—布水器；9—制冷剂直接膨胀式空气冷却器；10—送风机；11—过滤网；12—回风机；13—四通换向阀；14—压缩机；15—热管间接蒸发冷却器二次空气端；16—冷凝器

还包括按回风方向依次设置的过滤网、回风机、压缩机、热管间接蒸发冷却器二次空气端和冷凝器，构成回风通道。

制冷剂直接膨胀式空气冷却器、压缩机和冷凝器之间构成一闭合回路。制冷剂直接膨胀式空气冷却器和冷凝器之间设置节流阀，压缩机上设置四通换向阀，热管间接蒸发冷却器二次空气端的侧面和顶部设置有布水器，布水器与制冷剂直接膨胀式空气冷却器通过管道连通，将制冷剂直接膨胀式空气冷却器的凝结水喷洒到热管间接蒸发冷却器二次空气端的表面。

送风通道和回风通道之间设置有调节风阀。

热管与热泵相结合的蒸发冷却空调机

组夏季按制冷工况运行，可为建筑物提供冷风；冬季按供热工况运行，可为建筑物提供热风。

夏季空气处理的工作过程：室外新风经过粗效过滤器进入热管的一次空气端（作为冷端）等湿冷却后，与回风进行混合然后经过直接蒸发冷却器上方的旁通风阀进入制冷剂直接膨胀式空气冷却器，最终由送风机送往空调房间。而室内回风通过过滤网、回风机、掠过压缩机、通过热管的二次空气端（作为热端，并给该端喷水）进入冷凝器，然后由排风口排至室外。

空气源热泵制冷循环的工作过程：低温低压的液态制冷剂在蒸发器（制冷剂直接膨胀式空气冷却器）中吸收空气的热量汽化；由压缩机压缩成高温高压的气体；然后经冷凝器冷凝成中温高压的液体；再由节流阀降压还原为低温低压的液态制冷剂，继续循环吸热。

冬季空气处理的工作过程：室外新风经过粗效过滤器进入热管的一次空气端（此时当热端用）等湿加热后，与回风进行混合然后经过直接蒸发冷却器下方的迎面风阀进入直接蒸发冷却器，经绝热加湿处理后，再通过制冷剂直接膨胀式空气冷却器（作为冷凝器用）等湿加热（再热），最终由送风机送往空调房间。而室内回风通过过滤网、回风机、掠过压缩机、通过热管的二次空气端（此时作为冷端用，停止喷水）吸热后进入冷凝器（作为蒸发器用）继续吸热，然后由排风口排至室外。

空气源热泵供热循环的工作过程：由四通换向阀切换，制冷剂反方向流动，原蒸发器（制冷剂直接膨胀式空气冷却器）与冷凝器交换功能。

与传统的空调机组及同类蒸发冷却空调机组相比，该空调机组具有如下特点：

(1) 采用热管与热泵相结合，实现了热管式间接蒸发冷却器、直接蒸发冷却器与空气源热泵冷热源的有机集成，既可在夏季为建筑物提供冷风，又可在冬季为建筑物提供热风。

(2) 将空气源热泵中的蒸发器作为蒸发冷却空调机组中的制冷剂直接膨胀式空气冷却器，夏季可实现冷却除湿；冬季可实现等湿加热（再热器）的功能。

(3) 将热管热端的上部和侧部均设置布水器，同时将蒸发器（制冷剂直接膨胀式空气冷却器）的凝结水喷洒到热管热端表面，大大提高热管的冷却效率。

(4) 充分利用热管热端的二次空气排风，使之经过冷凝器将散热最终带走，排至室外，提高了空调建筑排风的冷（热）回收效率。

10.2.2.8　蒸发冷却与机械制冷复合空调机组

图10-10　蒸发冷却与机械制冷相结合的组合式空调机组

图10-10是由热管间接蒸发冷却、管式间接蒸发冷却以及直接蒸发冷却与采用蒸发式冷凝器的机械制冷系统相结合的5000m^3/h风量组合式空调机组。机组的外形尺寸为6930mm（长）×1021（宽）×1350mm（高），底座高度100mm。设计迎面风速2.5～3m/s。机组各功能段外形尺寸如表10-1所示。

机组各功能段外形尺寸设计表　**表 10-1**

功能段	尺寸（长×宽×高）mm（不含底座高度）	备注
新风段	650×1021×1350	均流，安装粗效过滤网
热管间接段	700×1021×1350	外形 600mm×1500mm×1200mm
管式间接段	1500×1021×1650	—
回风段	650×1021×1350	回风口 800×500mm，电动百叶调节
机械表冷器段	500×1021×1350	—
中间段	630×1021×1350	—
直接蒸发段	500×1021×1350	选用 100mm 厚直接蒸发冷却填料
电加热段	370×1021×1350	30kW，分 3 档均匀调节
加湿段	200×1021×1350	高压喷雾加湿
风机段	1000×1021×1350	—

该空调机组的结构设计充分兼顾了蒸发冷却“免费供冷”的优势和机械冷却除湿功能，并考虑到机组冬夏季及过渡季节时不同功能段的切换使用，设计出了自进风口方向由新风过滤段、热管（热回收）间接蒸发冷却段、管式间接蒸发冷却段、机械制冷表冷器段、直接蒸发冷却段、再热段以及挡水板和送风机所组合而成的全年运行空调机组（图10-11）。

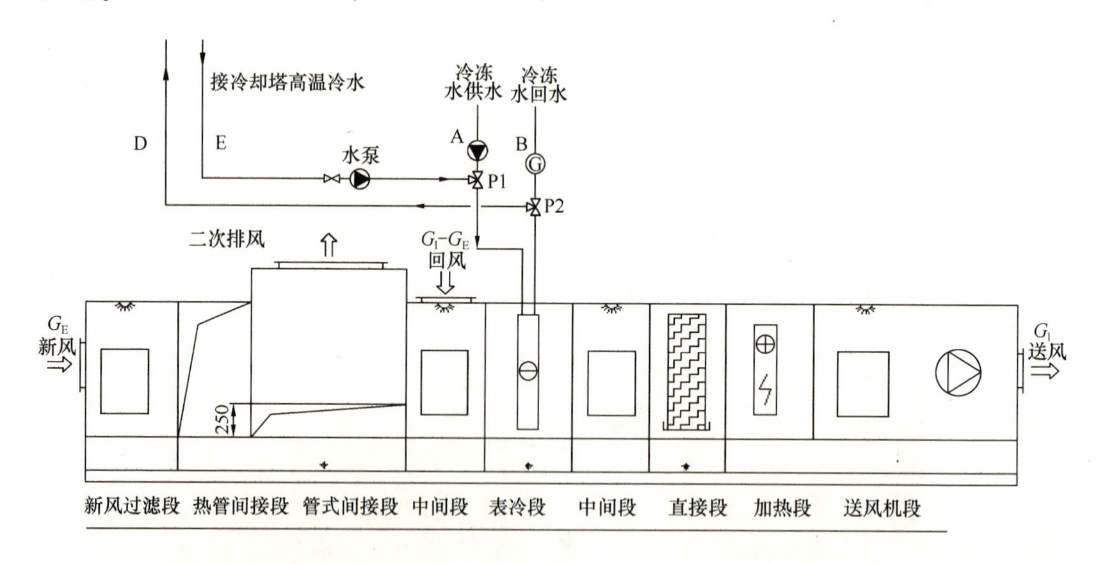

图 10-11　蒸发冷却与机械制冷复合空调机组结构示意图

该空调机组可根据室内外状态变化，开启不同功能段来满足室内空调要求。选取夏季及过渡季节（5～10 月）空调季节为研究对象：

（1）在大部分过渡季节，关闭机械制冷主机，阀门 P1，P2 关闭，机组运行功能段为热管间接蒸发冷却段、管式间接蒸发冷却段、直接蒸发冷却段三级蒸发冷却机组，进行“免费供冷”。此时，为全新风工况，一、二次空气均使用室外新风，间接蒸发冷却采用自来水循环喷淋。

（2）夏季，开启阀门 P1，P2，将机械制冷制取的冷水通过 A 管送至表冷器。此时机组运行功能段为热管热回收间接蒸发冷却段、管式间接蒸发冷却段及表冷器段，热管及管式间接蒸发冷却段对新风进行等湿预冷降温，来降低机械制冷表冷段所承担的负荷，从而降低机械制冷能耗。

图 10-12 为热管（热回收）间接蒸发冷却段实物照片。

图 10-13 为管式间接蒸发冷却段实物照片。

图 10-12　热管（热回收）间接蒸发冷却段实物照片

图 10-13　管式间接蒸发冷却段实物照片

图 10-14 为机械制冷表冷器段实物照片。

图 10-14　机械制冷表冷器段实物照片

图 10-15 为直接蒸发段实物照片。

10.2.3　蒸发冷却与机械制冷复合空调在中湿度地区全年运行模式

1. 蒸发冷却与机械制冷复合空调全年运行工况分区

图 10-16 所示为设计工况下蒸发冷却与机械制冷复合系统全年空调工况分区。图中的

室外气象包络线是对全年出现的干、湿球温度状态点在焓湿图上的分布进行统计得到的。其中，h_{W_x}为夏季室外焓值；h_{N_x}为夏季室内焓值；h_{L_x}为夏季送风状态点焓值；h_{L_d}为冬季送风状态点焓值；$h_{W'}$为冬季预冷后状态点焓值；h_{W_d}为冬季室外焓值。C_X为夏季混合状态点；C_d为冬季混合状态点。图中除Ⅰ、Ⅱ区在处在冬季外，Ⅱ′区、Ⅲ区及Ⅳ区处于夏季及过渡季节。

图 10-15　直接蒸发段实物照片

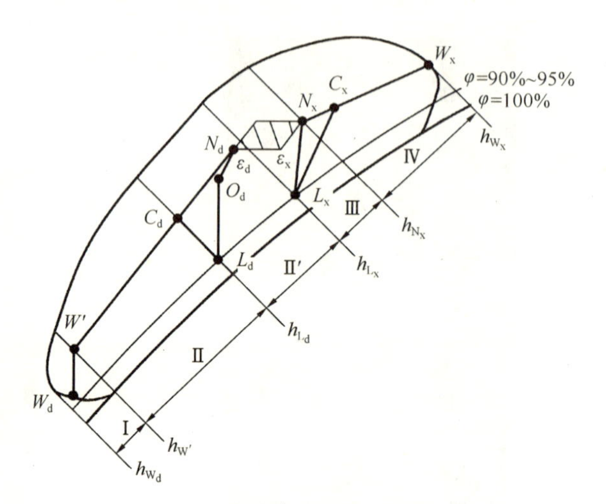

图 10-16　蒸发冷却与机械制冷复合系统全年空调工况分区

2. 夏季运行模式

夏季，室外空气状态点W在象限Ⅳ区，室外空气焓值大于室内空气的焓值，即$h_{W_x} > h_{N_x}$，室外空气含湿量大于室内空气含湿量，即$d_w > d_0$。此时，单独使用蒸发冷却空调不能达到制冷要求，需要开启机械制冷主机与间接蒸发冷却预冷联合处理。采用最小新风比的一次回风比采用全新风经济，以下对一次回风工况气流组合形式做以下分析。

（1）先混合后预冷

先混合后预冷是指间接蒸发冷却段对室外新风与室内回风混合后的空气进行预冷，再经机械制冷表冷器进一步冷却去湿，达到送风状态点，其焓湿图如图 10-17 所示。

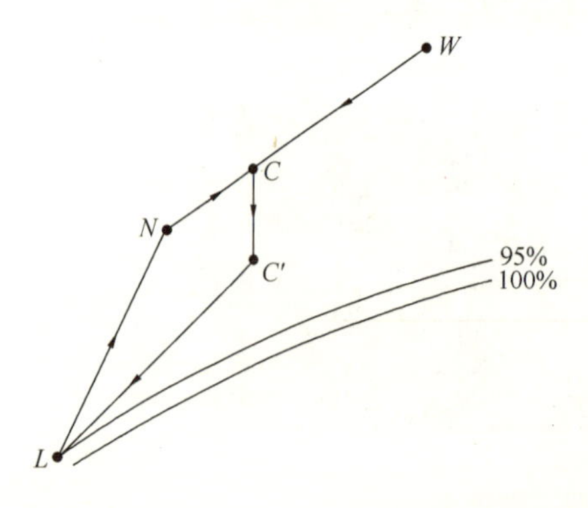

图 10-17　先混合后预冷处理过程焓湿图

（2）先预冷后混合

先预冷后混合是指间接蒸发冷却段对室外空气先预冷再与室内回风混合经过机械制冷表冷器进一步冷却去湿，达到送风状态点，其焓湿图如图 10-18 所示。

（3）两种处理模式比较

如图 10-19 所示，W_1为干热地区夏季室外状态点；W_2为中湿度地区夏季夏季室外状态点；N为室内设计状态点。由于间接蒸发冷却段所使用的辅助空气（二次空气）的湿球温度决定着该间接蒸发冷却器的效率及其温降的大小。对于干热地区，室外空气含湿量小、湿球温度低，适宜用室外空气作为间接蒸发冷却段二次空气使用，其极限温度为

t_{sW1}；但对于中湿度地区，由于室外空气含湿量大，湿球温度高，不利于带走二次流道内水分蒸发所产生的潜热负荷，且其处理空气极限温度为 t_{sW2}。所以，在中等湿度地区无论间接蒸发冷却采用先混合后预冷还是采用先预冷后混合，宜使用室内排风作为间接段二次空气，且当二次空气的湿球温度低于室外空气（一次空气）露点温度（$t_{sN}<t_{LW2}$）时，还会对一次空气产生除湿效果。

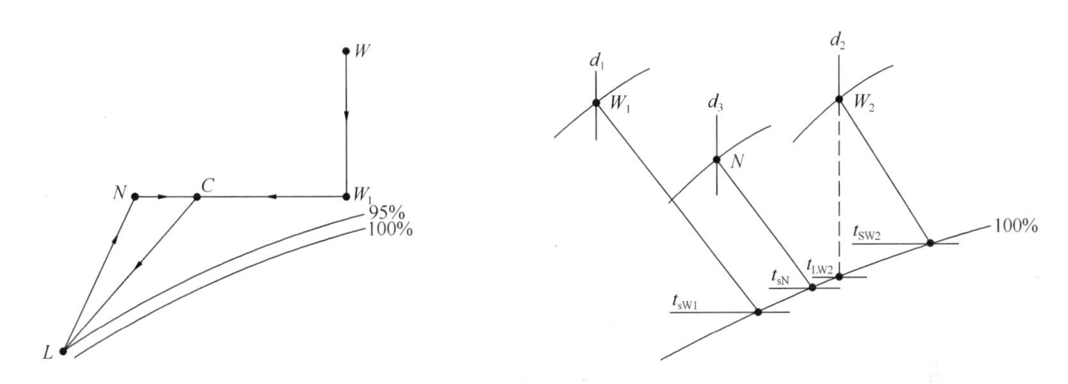

图 10-18　先预冷后混合处理过程焓湿图　　　图 10-19　夏季室内外状态点在焓湿图上的表示

结合以上焓湿图分析，管式间接蒸发冷却段二次空气使用室内排风。设空调系统总送风量为 q_m，管式蒸发冷却段二次/一次风量比 β，夏季新风比为 α。

1）风系统平衡方面

如图 10-20 所示，对于先混合后预冷：当总送风量 q_m，新风比为 α 时，回风量为 $q_m-q_m\times\alpha$，而管式蒸发冷却段二次风（排风）需要量为 $q_m\times\beta$。设 $q_m=60000\text{m}^3/\text{h}$，$\beta=0.6$，$\alpha=15\%$，则总送风量为 60000m³/h，新风量为 9000m³/h，回风量为 51000m³/h，而管式蒸发冷却段二次风（排风）需要风量为 36000m³/h，风量不能平衡。所以，只有在保证总送风量为 60000m³/h，二次排风量为 36000m³/h，回风量为 24000m³/h，新风加上 27000m³/h，才能平衡。也就是说，α 最小也要达到 60%才能平衡。而且，当 β 从 0.5 增大到 1 时，α 将随之从 50%逐渐增大到 100%。考虑到风量、风压平衡，得出先混合后预冷的风系统平衡关系如图 10-21 所示，K 线以上为风系统不平衡区域，K 线以下为风系统平衡区域，且 β 不变，α 增大时，房间剩余风量增大，房间正压逐渐增大。这样就无法保证 α 为 15%的设定值，新回风混合状态点向室外 W 点偏移，如图 10-22 所示。

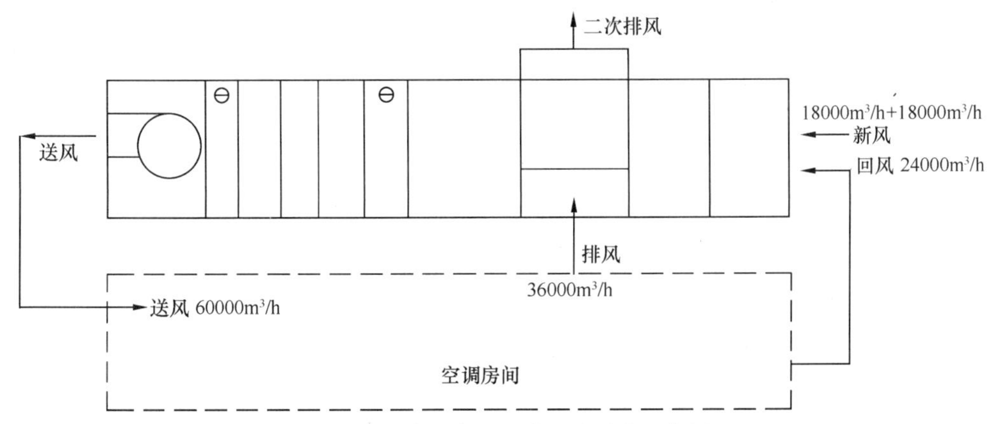

图 10-20　先混合后预冷风量平衡示意图

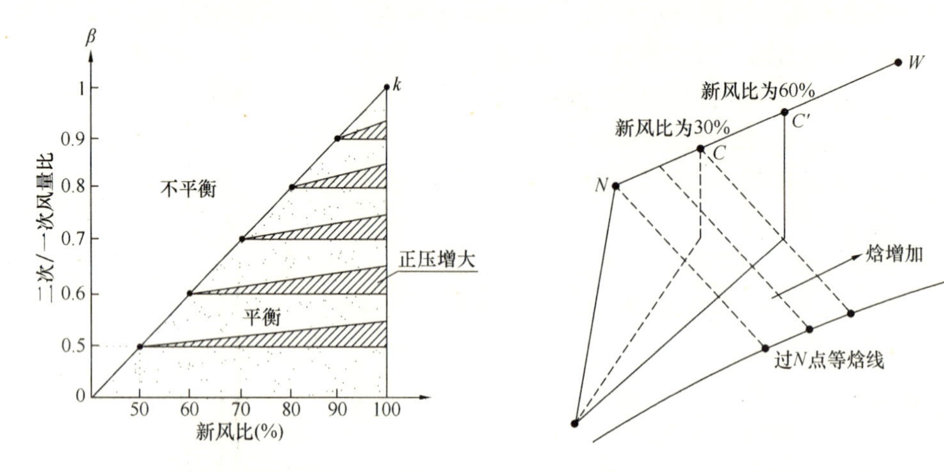

图 10-21　先混合后预冷 α 随 β 变化关系　　　　图 10-22　焓湿图混合点向 W 偏移

分析其原因，当新回风先混合后经管式间接蒸发冷却段处理时，由于使用了室内空气作为二次空气被排出，打破了室内风系统的平衡，为了保持风量的平衡，被迫加大新风量，即使达到了平衡状态，也会导致间接蒸发冷却段二次风量大，二次风机能耗增加。且混合风较为污浊，易对间接蒸发冷却段一次流道形成堵塞。而先预冷后混合不会出现风量不平衡和新风比随二次/一次风量比变化而变化的问题，二次空气需用量大大减少，无需增大设备体积和二次风机的功率。

2）制冷“驱动势”方面

与机械压缩制冷不同，用间接蒸发冷却处理空气，间接蒸发冷却段二次空气的湿球温度与被处理空气（一次空气）的干球温度差是间接蒸发冷却制冷的温差推动力，而二次空气与一次空气的焓差是驱动间接蒸发冷却制冷总的推动力。间接蒸发冷却制冷“驱动势”在焓湿图上的表示见图 10-23。

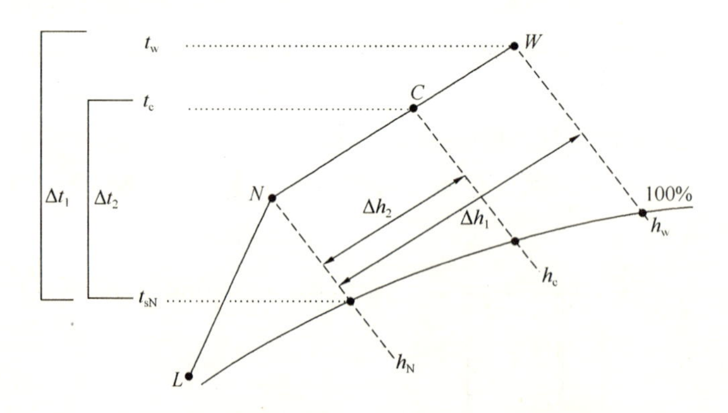

图 10-23　间接蒸发冷却制冷“驱动势”在焓湿图上表示

间接冷却二次空气使用室内排风处理室外 W 点新风时的温差 Δt_1 及焓差 Δh_1 均大于处理混合状态 c 点的温差 Δt_2 和焓差 Δh_2，即间接蒸发冷却直接处理室外新风的制冷推动力大于处理混合空气。且处理混合空气时，间接蒸发冷却器内一次空气量是室内总的送风量，对于同一个间接蒸发冷却换热器而言，一次空气流道内风速将大幅度提高，直接影响到换热效果和一次空气温降。

3）减少机械制冷能耗方面

中等湿度地区夏季，间接蒸发冷却与机械制冷联用，目的就是用间接蒸发冷却对机械制冷表冷段前的空气预冷却，以减少机械制冷的负荷和能耗。从理论上分析，间接蒸发冷却处理的一次空气最大温降可以达到其露点温度。由图 10-24 可以看出，先混合后预冷，处理空气即使达到了其露点温度 c_L 点，机械制冷仍需承担的空气处理焓差为 Δh_1；而先预冷后混合时，当空气由 W 点被处理到其露点 W_L 时，一次空气流道内会有水分析出，即一次空气降温同时被除湿，可进一步减少机械制冷的湿负荷，从而使得一次空气出口状态点向左偏移，达到 W_1 点。这样，机械制冷需承担的空气处理焓差为 Δh_2，小于 Δh_1。综上所述，先预冷后混合比先混合后预冷更有助于减少机械制冷负荷。

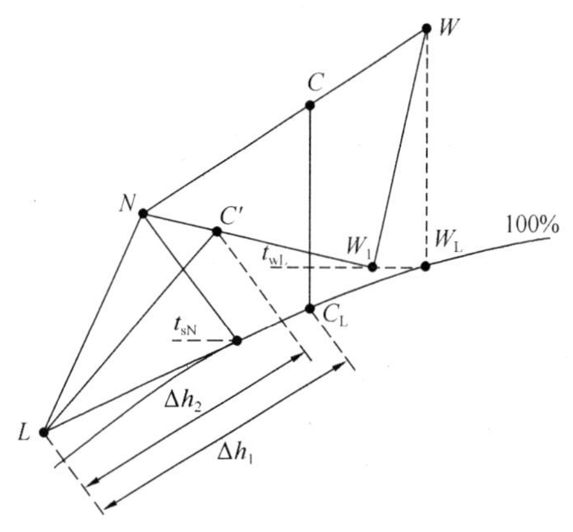

图 10-24　两种处理模式对机械制冷的预冷作用比较

3. 两种处理模式工程计算实例

（1）工程概况

陕西省西安市某工程，其室内设计参数为：$t_{NX}=26℃$，$\varphi_N=60\%$，夏季室外空气设计状态参数为：$t_{WXg}=35.1℃$，$t_{WXs}=25.8℃$。室内余热量 $\sum Q_X=222\text{kW}$，室内余湿量 $\sum W_X=0.026\text{kg/s}$。采用蒸发冷却与机械制冷复合空调系统，分别采用先混合后预冷和先预冷后混合处理模式。间接蒸发冷却采用室内排风作为二次空气。其计算过程：

1）计算热湿比

$$\varepsilon_X=\frac{\sum Q_X}{\sum W_X}=\frac{222}{0.026}\text{kJ/kg}=8538\text{kJ/kg}$$

2）由焓湿图查得，室内状态点参数：$t_{NXg}=26℃$，$t_{NXs}=20.2℃$，$d_{NX}=13.4\text{g/kg}$，$h_{NX}=60.3\text{kJ/kg}$；室外状态点参数：$t_{WXg}=35.1℃$，$t_{WXs}=25.8℃$，$t_{WXL}=22.8℃$，$h_{WX}=83.0\text{kJ/kg}$，$d_{WX}=18.6\text{g/kg}$。采用露点送风，取风机温升为 1.5℃，由焓湿图 L 的状态参数：$t_{LX}=16.9℃$，$d_{LX}=12.1\text{g/kg}$，$h_{LX}=47.7\text{kJ/kg}$；送风状态 O 点的参数：$t_{OX}=18.4℃$，$d_{OX}=12.1\text{g/kg}$，$h_{OX}=49.2\text{kJ/kg}$。

3）计算送风量：

$$q_m=\frac{\sum Q_X}{(h_{NX}-h_{OX})}=\frac{222}{(60.3-49.2)}\text{kg/s}=20\text{kg/s}=60000\text{m}^3/\text{h}$$

又设蒸发冷却与机械制冷复合空调系统中管式间接蒸发冷却段 $\beta=0.6$，夏季新风比 $\alpha=30\%$。

（2）计算结果与分析（表 10-2）

两种处理方式各自承担负荷与传统机械制冷的比较　　**表 10-2**

运行模式	蒸发冷却承担负荷	机械制冷承担负荷	传统机械制冷
	kW	kW	kW
先混合后预冷	272.4	252	388.2
先预冷后混合	136.2	252	

为了更好地比较两种处理模式，计算中均取管式间接蒸发冷却段所能达到的最大温降，即按效率为100%计算。其中，先混合后预冷，管式间接蒸发冷却段$\beta=0.6$，夏季新风比$\alpha=60\%$。从理论计算结果可以看出，两种处理方式均可减少机械制冷的负荷。对比两种处理方式，由于先混合后预冷新风负荷的增加，较先预冷后混合多承担了272.4kW－136.2kW＝136.2kW的制冷量，这部分多承担的制冷量就是导致间接蒸发冷却段容量加大，设备体积加大，二次风机能耗增加，且混合风较为污浊，易对间接蒸发冷却段一次流道形成堵塞的原因所在。

综上分析，在中等湿度地区的夏季，空调运行时如图10-24所示，应采用先预冷后混合一次回风形式。开启功能段为：管式间接蒸发冷却段（一级间接预冷）＋机械制冷表冷器段，此时管式间接蒸发冷却段二次空气使用室内排风；或热管间接蒸发冷却段＋管式间接蒸发冷却段（两级间接预冷）＋机械制冷表冷器段，此时考虑到风系统的平衡问题，管式间接蒸发冷却段二次空气使用室内排风，而热管间接蒸发冷却段二次空气使用室外新风。考虑到风系统平衡，复合空调机组全年运行调节方案如附表1和附图2所示。

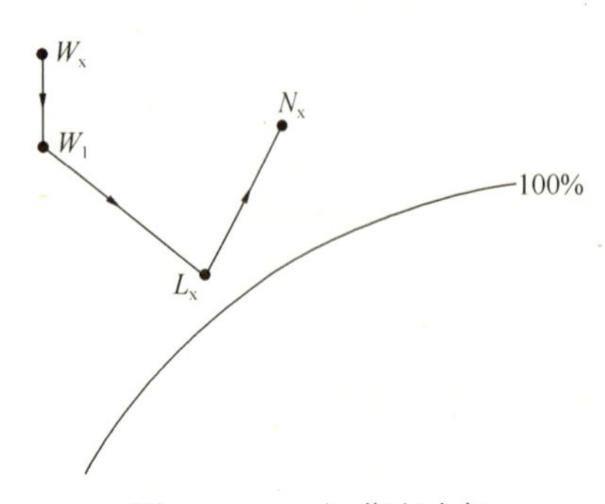

图10-25 二级蒸发冷却空气处理过程焓湿图

4. 过渡季节

如图10-25所示，当室外空气状态点W在象限Ⅱ′区，即室外空气焓值介于冬季和夏季送风状态点的焓值（即$h_{L_d}\sim h_{L_X}$之间）的区域，室外空气含湿量小于冬季送风状态含湿量。此时可采用全新风送风，使用一级间接加直接蒸发冷却处理可满足空调要求。所开启功能段为：管式间接蒸发冷却段（或热管）＋直接蒸发冷却段。

如图10-26所示，当室外空气状态点W在象限Ⅲ区，即室外空气焓值大于夏季送风状态点的焓值（即$h_{L_X}\sim h_{N_X}$之间）的区域，室外空气含湿量小于室内状态含湿量，h_{N_X}总大于h_{L_X}，如果采用室内回风，将会使得混合点的焓值比原室外空气的焓值更高，把混合状态点空气处理到机器露点的冷量比把室外新风处理到机器露点的冷量需求更大。所以应采用全新风工况，使用二级间接加直接蒸发冷却处理可满足空调要求。所开启功能段为：热管间接蒸发冷却段＋管式间接蒸发冷却段＋直接蒸发冷却段。

过渡季节，热管及管式间接蒸发冷却段的二次空气均使用室外新风。

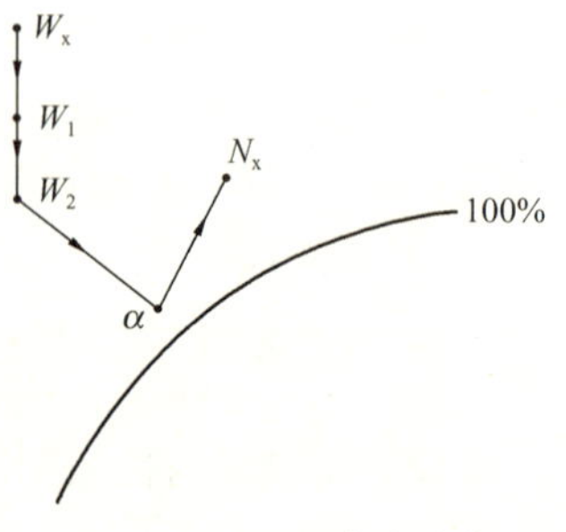

图10-26 三级蒸发冷却空气处理过程焓湿图

5. 冬季

如图10-27（a）所示，当室外空气状态点W在Ⅰ、Ⅱ象限区，即室外空气焓值小于冬季送风状态点的焓值，即$h_{W_d}>h_{L_d}$，室外空气含湿量小于送风状态含湿量，即$d_w<d_o$，这一区域对应冬季寒冷时段。在该区域应采用一次回风最小新风比$m\%$来满足室内空气品质要求。针对冬季采用一次回风绝热加湿方案，为了避免有可能使混合点的焓值低于冬季机器露点的焓值而出现结露现象，先确定冬季室外设计参数下空气的焓值，计算如式（10-1）。

$$h_{W'} = h_{N_d} - \frac{h_{N_d} - h_{L_d}}{m\%} \tag{10-1}$$

当室外空气焓值 $h_{W_d} \geqslant h_{W'}$ 时，可不必预热；当室外空气比焓值 $h_W < h_{W'}$ 时，则需要对新风进行预热；冬季采用热管段（关闭热端喷淋水泵）进行排风余热回收，预热新风。先求出 $h_{W'}$，自新风状态点 W 向上作等含湿量线，并与 $h_{W'}$ 交于 W' 点。将 W' 与 N_d 连成直线，该线与 h_{L_d} 交于 C 点，即是混合空气状态点，预热后状态点即为 W' 点，最终确定热管段预热量，如图 10-27（b）所示。冬季所开启功能段为：热管间接预热段＋直接蒸发冷却段＋再热段。

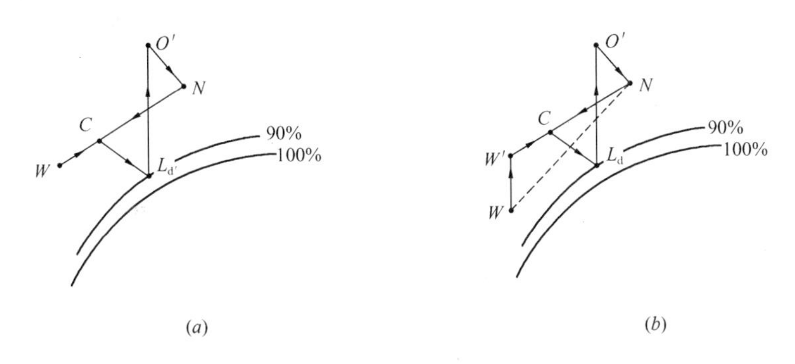

图 10-27　冬季空气处理过程焓湿图

（a）$h_{Wd} \geqslant h_{W'}$；（b）$h_{Wd} < h_{W'}$

附表　考虑到风系统平衡的复合空调机组全年运行调节方案

级数	新风比（%）	新风量（m³/h）	回风比（%）	回风量（m³/h）	余量（m³/h）	二次风的使用	所处季节	开启的功能段	节能性	备　注
二级	15	750	85	4250	150	室内风	夏季	TIEC＋CC	↑	—
	30	1500	70	3500	300	室内风	夏季	TIEC＋CC		—
	50	2500	50	2500	500	室内风→室外风	夏季→过渡季节	TIEC＋CC	↓	新回风调节阶段（EC 加强，CC 逐渐关闭）
	70	3500	30	1500	700					
	100	5000	0	0	1000	室外风	过渡季节	TIEC＋DEC		—
三级	15	750	85	4250	150	TIEC 用室内风，HPIEC 用室外风	夏季	HPIEC＋TIEC＋CC	↑	—
	30	1500	70	3500	300	IEC 用室内风，HPIEC 用室外风	夏季	HPIEC＋TIEC＋CC		
	50	2500	50	2500	500	室内风→室外风	夏季→过渡季节	HPIEC＋TIEC＋CC	↓	新回风调节阶段（EC 加强，CC 逐渐关闭）
	70	3500	30	1500	700					
	100	5000	0	0	1000	室外风	过渡季节	HPIEC＋TIEC＋DEC		—
	15	750	85	4250	150	室内风	冬季	HPIEC＋DEC＋HB	↑	冬季新风比越小，节能性越好
	30	1500	70	3500	300					

注：设机组的额定风量为 5000m³/h；管式蒸发冷却段二次风/一次风量比取 0.8，热管二次风/一次风量比取 1。
余量＝送风量－回风量－机械排风量，余量≥0 表示室内为微正压，风量平衡。
箭头：↑增强、↓降低。
表中：TIEC——管式间接蒸发冷却段（Tube indirect evaporative cooler）；HPIEC——热管间接蒸发冷却段（Heat pipe indirect evaporative cooler）；DEC——直接蒸发冷却段（direct evaporative cooler）；EC——蒸发冷却（evaporative cooling）；CC——机械制冷表冷器段（Cooling coil）；HB——加热器（heat booster）。

附图　复合空调机组全年运行风量平衡图

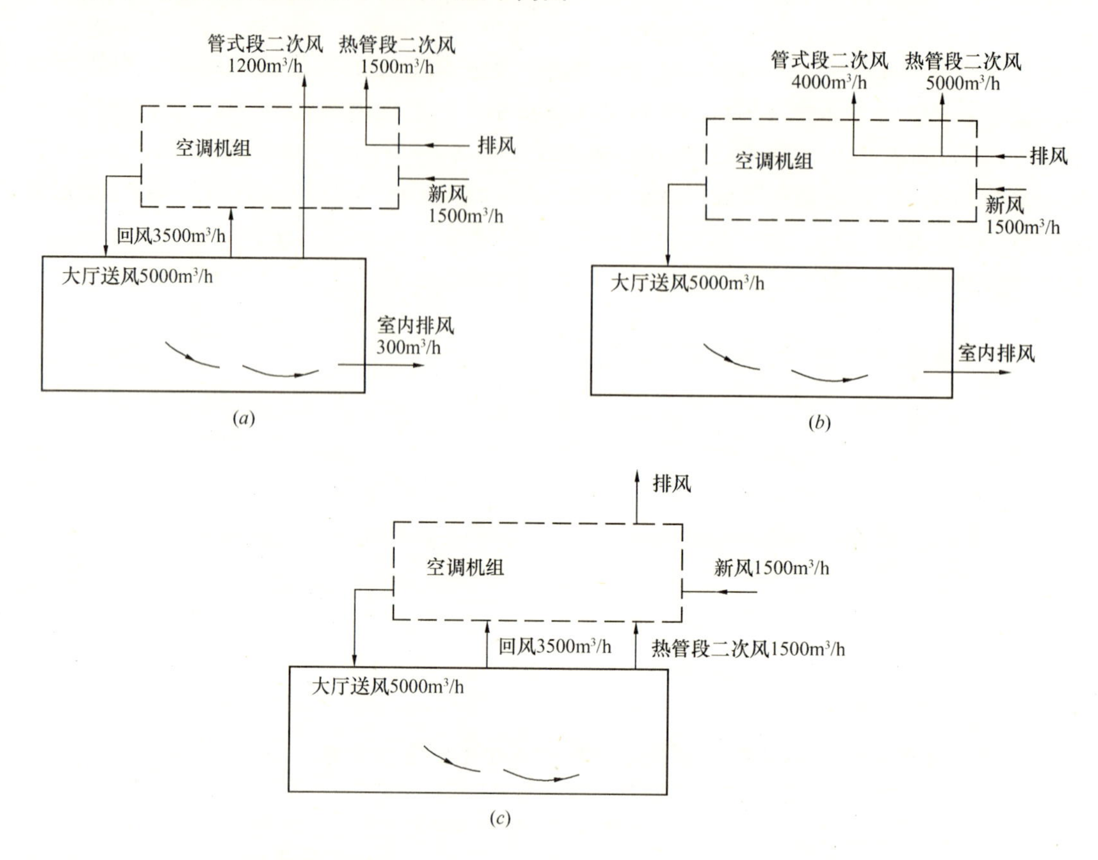

(a) 夏季风系统平衡图；(b) 过渡季节季风系统平衡图；(c) 冬季风系统平衡图

10.2.4　蒸发冷却与机械制冷复合空调系统分类

蒸发冷却与机械制冷复合空调系统主要分为集中式、半集中式、双系统式。

10.2.4.1　集中式

如第 10.2.2 节所介绍的蒸发冷却与机械制冷复合空调机组即为集中式全空气空调系统形式。

10.2.4.2　半集中式

蒸发冷却与机械制冷复合空调机组又可作为半集中式空调系统的新风机组采用置换通风送风形式并与干式风机盘管、辐射末端（辐射吊顶、辐射墙、辐射地板）等形式组合成为半集中式空调系统。

10.2.4.3　双系统

对于已有工程，还可分别设置蒸发冷却与机械制冷双空调系统，通过不同季节切换使用，达到节能目的。

10.3　蒸发冷却与除湿技术的结合[5,6]

近年来，除湿空调技术的迅速发展为除湿技术和蒸发冷却技术的联合应用提供了一个良好的途径。除湿空调是将干燥剂除湿和蒸发冷却结合起来实现空气调节的技术，其中干燥剂除湿是以空气和水为工质，采用太阳能等低品位热源驱动，而蒸发冷却则属于零费用冷却技术，这使得该技术在干热、热湿地区相比常规空调具有更强的经济性和实用性。此外，除湿空调克服了常规空调露点除湿的不足，可以实现温湿度独立控制，进而提供舒适的室内环境，经配套组合处理后空气露点温度可达－40℃以下（常规空调只能达到 4℃）。

根据采用的干燥剂种类不同，除湿空调可分为固体除湿空调和溶液除湿空调。对固体除湿空调，依其吸附床工作状态不同又可分为固定床式和转轮式，其中转轮式除湿空调和溶液式除湿空调是研究最活跃、应用最广泛的除湿空调技术。

10.3.1　蒸发冷却与转轮除湿技术的结合

转轮式除湿空调系统是指采用干燥剂转轮处理潜热负荷，采用蒸发冷却器处理显热负荷的除湿空调系统。系统流程图如图 10-28（*a*）所示，空气处理过程如图 10-28（*b*）。室外空气（*O* 点）与部分回风（*R* 点）混合到 *M* 点，经转轮式除湿机除湿，这是一个增焓去湿过程，即过程 *M*-1。然后利用室外空气经空气—空气换热器（板翅式换热器）将状态 1 的空气冷却到状态 2；这部分室外空气可用作转轮除湿机的再生空气，但需在空气加热器内继续进行加热。因此，通过空气—空气换热器回收了一部分热量。状态 2 的空气在二级蒸发冷却器内进行冷却，即 2—3-*S*。间接蒸发冷却器的二次空气可直接应用室内的排风。由于排风的含湿量与焓值均小于室外空气的含湿量与焓值，因此可获得比较低的 IEC 出口空气（即 3 点）温度。这个系统除了泵、风机等消耗电能外，还需要消耗再生空气的加热量。如果这部分热量来自于一次能源或电能，则这个系统并不节能，而且设备庞大，并无推广价值。但如果再生能量采用废热或太阳能等可再生能源，这种联合系统具有节能意义。

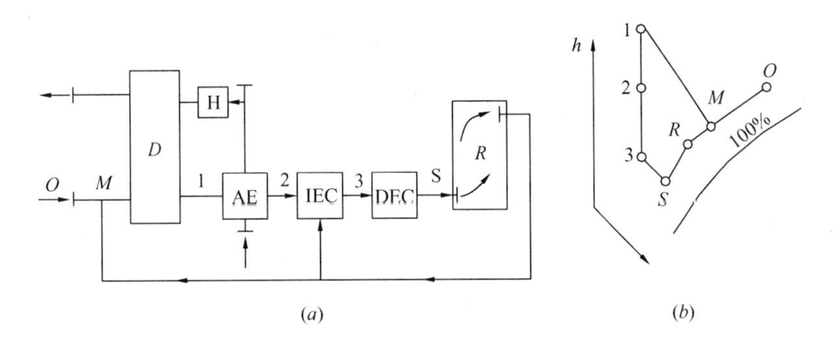

图 10-28　转轮除湿与蒸发冷却联合系统

（*a*）系统流程图；（*b*）处理过程在焓湿图上的表示

D—转轮式除湿机；AE—空气/空气换热器；IEC—间接蒸发冷却器；

DEC—直接蒸发冷却器；H—空气加热器；*R*—被调房间

第一个转轮式除湿空调系统的专利是 Pennington 于 1955 年取得的，如图 10-29（*a*）所示，该系统以通风模式运行，工作气流完全来自室外。外界空气进入干燥转轮，其中的水分被吸附剂吸附，湿度降低。由于吸附过程中释放大量吸附热，空气和吸附剂的温度都升高。在风机带动下，空气进入显热换热器，其显热被冷却介质带走，温度降低。流经直接蒸发冷却器时，水分蒸发，吸收潜热，空气湿度增加，温度降低至理想条件后，送入室内。来自室内的排风首先经直接蒸发冷却器冷却后，作为冷却介质送入显热换热器。回收来自工作气流的显热后温度升高，再经低品质热源加热至再生温度，引入干燥转轮对吸附剂进行再生。再生后的热湿空气排到室外。

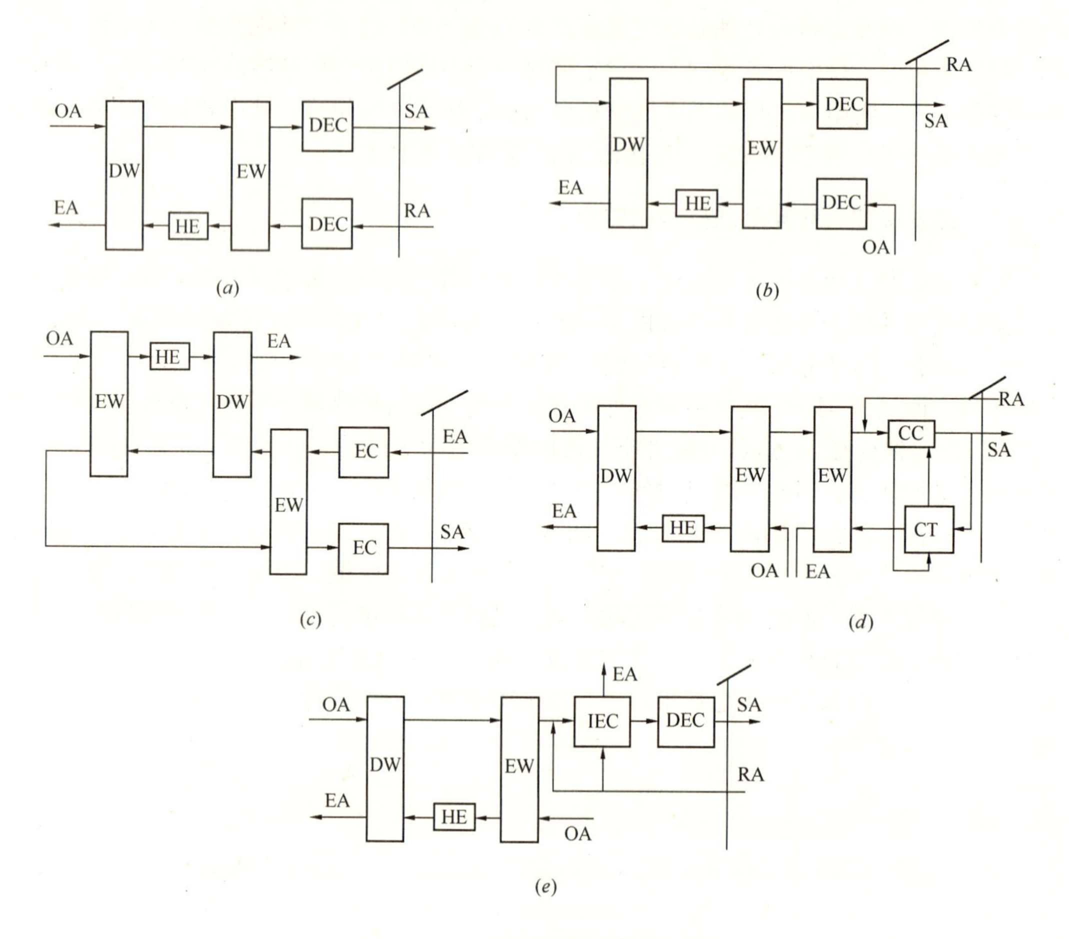

图 10-29　基本除湿空调循环

（*a*）Pennington 循环；（*b*）再循环式干燥冷却系统；（*c*）Dunkle 循环干燥冷却系统；（*d*）SENS 干燥冷却系统；（*e*）DINC 干燥冷却系统

OA—室外空气；SA—送风；RA—回风；EA—排气；DW—除湿转轮；EW—转轮换热器；DEC—直接蒸发冷却器；HE—加热器；EC—蒸发冷却器；CC—冷却盘管；CT—冷却塔；IEC—间接蒸发冷却器

对 Pennington 通风模式循环的一个早期改进是再循环模式，如图 10-29（*b*）所示。这种系统的 *COP*（ARI 工况下）通常不高于 0.8。图 10-29（*c*）所示的 Dunkle 循环综合了再循环模式可以给制冷空间提供较大制冷量以及通风模式可以给换热器提供较低冷却气流温度的特点，把通风模式和再循环模式的优点结合在一起。其做法是增加了一个转轮换热器。与再循环模式一样，其缺点是新风量不足。

Maclaine-cross 于 1974 年提出的一种固体干燥冷却循环（SENS）在理想条件下 *COP* 可达到 2.0 以上。循环简图见图 10-29（*d*）。外界空气首先由干燥转轮除湿，然后用转轮换热器将其冷却，再与来自室内的循环空气混合引入翅片式换热器（冷却盘管）。该换热器冷却介质为来自小型冷却塔的冷却水。从冷却盘管出来的冷却空气一部分送入室内实现空调，一部分送至冷却塔将从换热器出来的冷却水蒸发冷却后排放至大气。再生空气来自室外，先经换热器初步加热后，送入太阳能（或余热）加热器加热至再生温度后，引入干燥转轮对干燥剂进行再生，再生后的热湿空气排至室外。科罗拉多州立大学太阳能应用实验室（SEAL）对该循环进行了测试，在环境温度为26℃、相对湿度为26%的条件下，*COP*为2.45。

得克萨斯A&M的研究者们提出了直接和间接蒸发冷却组合循环（DINC），与通风模式的不同之处在于该系统以直接和间接方式相组合的蒸发冷却器取代了通风系统中的直接蒸发冷却器，如图10-29（*e*）所示。

10.3.2　蒸发冷却与溶液除湿技术的结合

溶液除湿蒸发冷却系统是一种新型的空调系统，首先利用溶液除湿系统将室外空气或室外与室内的混合空气进行除湿，降低处理空气的湿度，再利用蒸发冷却技术将空气处理到所需的温湿度范围。溶液除湿蒸发冷却空调系统基于溶液除湿与蒸发冷却原理，以水和空气为制冷工质，可由低品位热源太阳能驱动，具有环保、节能、健康和适应性强等优点。该系统可以将蒸发冷却空调技术应用到非干燥地区，从而充分发挥蒸发冷却系统的节能效果。

溶液除湿系统相对其他除湿技术，再生温度较低，一般只要求70～80℃的再生温度，可利用太阳能、废热等低品位热源实现再生，性能系数较高，具有较好的热力学性能，不仅对环境无污染，而且除湿盐溶液能杀死葡萄球菌、链球菌、肝炎杆菌、大肠杆菌、变形菌、绿脓杆菌等细菌。

根据溶液除湿器在除湿过程中冷却与否，可将除湿器分为绝热型和内冷型。早期的研究主要集中在绝热型除湿器上，但是除湿和再生过程中同时发生潜热和显热的转换，空气与吸湿介质在传质的同时产生或吸收相变热，湿空气和吸湿介质的温度同时发生变化，而这一变化恰恰抑制了传质推动力，从而不可能实现传热传质推动力在接触面上的均匀，由此导致较大的不可逆损失，能源利用效率低。

为了改善空气除湿器的效果，从20世纪90年代起，内冷型除湿器受到了人们的关注，该技术的关键就是变等焓过程为等温过程，吸收空气与吸湿介质之间传质产生的相变潜热，从而减少这一过程的不可逆损失，即在溶液除湿装置中增加外加冷源（如冷却水或冷却空气等），实现等温的吸湿和再生过程，提高除湿效率。

溶液除湿蒸发冷却复合系统空气处理过程及其在焓湿图上表示见图10-30。室外新风W与室内回风N按一定的新风比混合到C点，进入溶液除湿装置，等温除湿到状态D，D状态的空气经过间接蒸发冷却器等湿冷却为E，E状态的空气分为两部分，一部分旁通，一部分经直接蒸发冷却绝热冷却为F，两部分空气在送入房间前混合到送风状态点O，吸收房间的余热余湿，沿热湿比线ε到N点。

在我国香港地区，由于室外空气潮湿，单独采用蒸发冷却技术无法得到要求的室内空气状态，需要采用溶液除湿将空气先行干燥后再进行蒸发冷却。该复合系统相对表冷器冷却的一次回风全空气系统，在空气处理过程中无冷热抵消过程，节能率达到41.6%，具

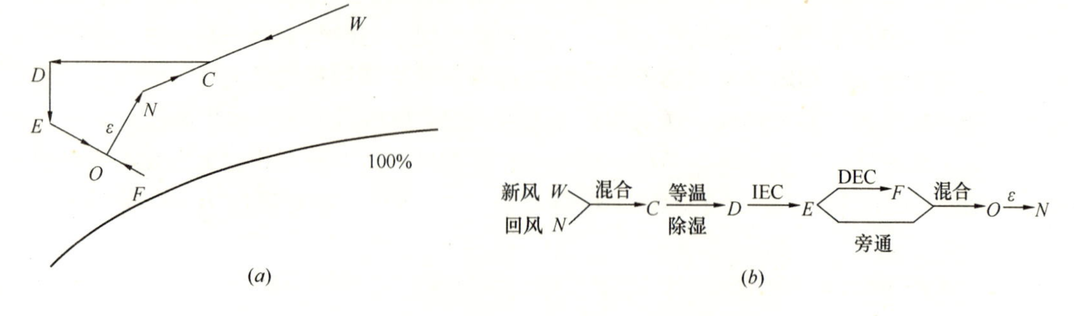

图 10-30　复合系统空气处理过程及其焓湿图

（a）空气处理过程焓湿图；（b）空气处理过程

有良好的应用前景。如果溶液除湿中部分再生热可以采用太阳能、地热等可再生能源或者工业废热，而不消耗一次能源，那么除湿供冷的节能效果将更加突出。

早在 1955 年，Löf 首次提出太阳能溶液除湿蒸发冷却空调系统，并对此进行了实验研究。该系统采用三甘醇为除湿剂，被干燥的空气经过蒸发室进行冷却，除湿后的稀溶液由被太阳能加热的空气再生。

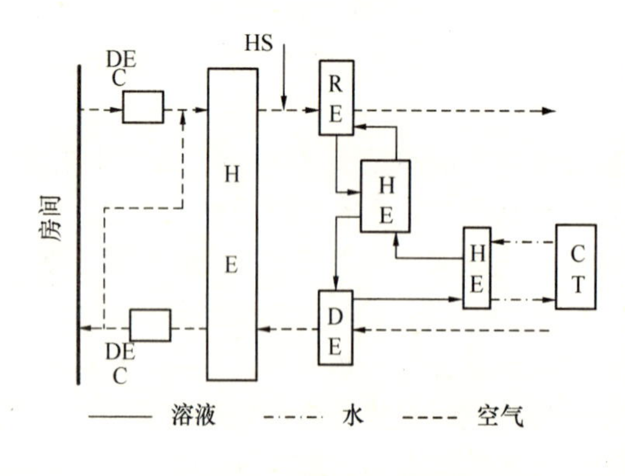

图 10-31　溶液除湿蒸发冷却系统流程（Patnaik，1987）

DEC—直接蒸发冷却器；HE—换热器；HS—热源；RE—溶液再生器；DE—溶液除湿器；CT—冷却塔

1987 年，Patnaik 提出一个溶液除湿蒸发冷却空调系统，其原理图如图 10-31 所示。在该系统中，环境空气被除湿器干燥后，在显热换热器中预冷，然后经过直接蒸发冷却器加湿降温。一部分空气直接送入空调房间，排除室内余热余湿；另一部分与经直接蒸发冷却的排风混合后冷却送风，之后经热源加热后用于溶液再生。再生之后的高温浓溶液与除湿后的稀溶液换热后，由冷却塔提供的冷水进行冷却，恢复其除湿能力。据测试，虽然没有其他冷却设备，但该系统的制冷量可达 3.5～10.4kW。

图 10-32 是 Jain 于 2000 年提出的一次回风溶液除湿蒸发冷却全空气系统。室外新风与部分房间排风混合后，经过除湿器干燥，由显热换热器冷却，一部分经直接蒸发冷却器加湿冷却后送入房间，另一部分则被引入冷却塔，蒸发冷却产生的冷水用来冷却除湿器出口的空气。系统使用冷却塔排除除湿过程中的凝结热，但再生后的浓溶液与除湿后的稀溶液换热之后未进行冷却即被送入除湿器。Ritunesh Kumar 等指出该系统的不足之处在于：1）除湿器进口溶液没有充分冷却，影响了除湿效果；2）部分室内空气直接排至室外，室内的能量未得到充分回收利用。在此基础上，对系统循环进行了改进，提出二级（图 10-33）、三级的溶液除湿蒸发冷却系统，性能系数分别提高了 67%、116%。

图 10-34 是张小松等构建的太阳能溶液除湿蒸发冷却与辐射供冷空调系统，主要由除湿器、太阳能集热器、再生器、绝热加湿器、辐射盘管、间接蒸发冷却器、其他换热器、溶液泵、风管、水管等组成。该空调系统将除湿之后的一部分空气直接送入室内用于排除

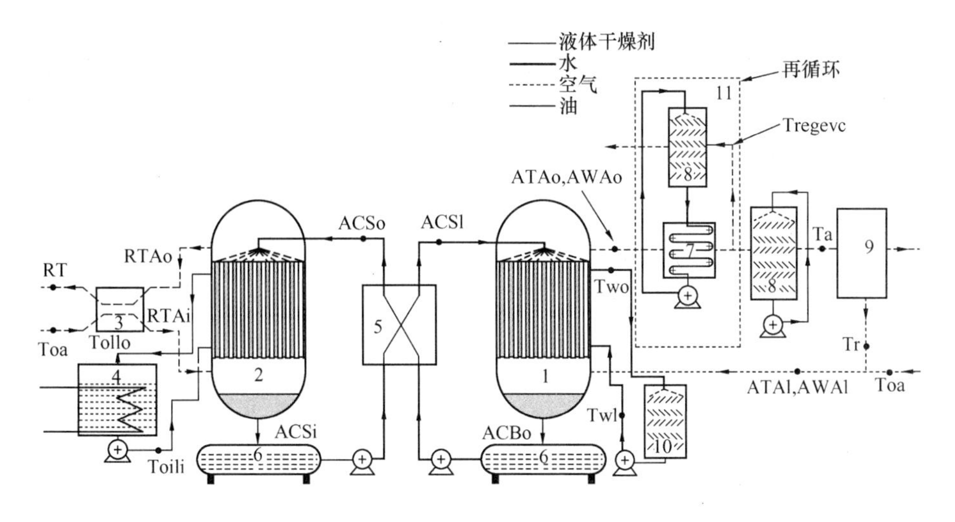

图 10-32　单级溶液除湿蒸发冷却系统（Jain，2000）

1—除湿器；2—冷却塔；3—气-气换热器；4—热槽；5—固-固换热器；
6—热回收装置；7—气-水换热器；8—蒸发冷却器；9—房间；
10—集水箱；11—再循环

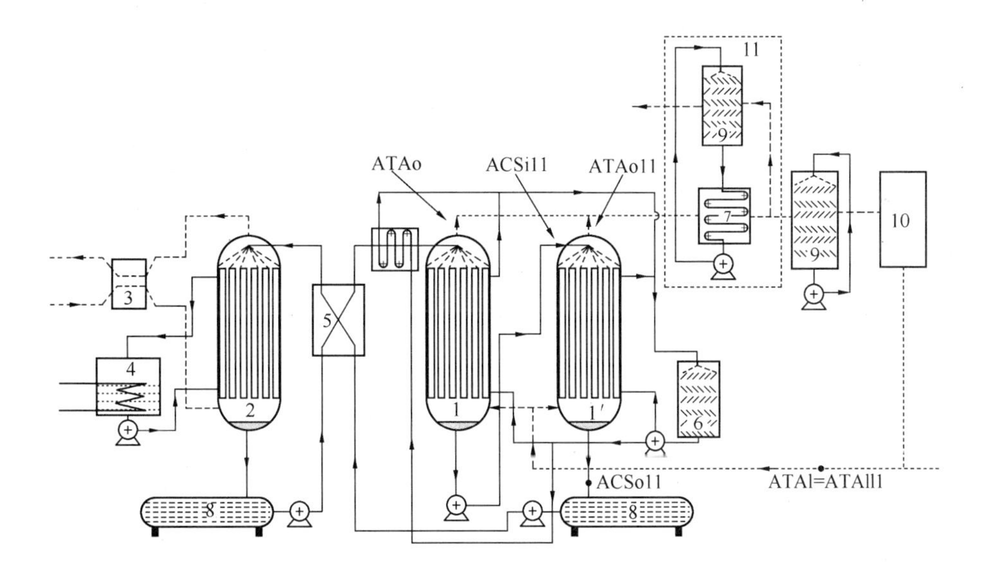

图 10-33　双级溶液除湿蒸发冷却系统（Ritunesh Kumar 等，2008）

1—除湿器；2—冷却塔；3—气-气换热器；4—热槽；5—固-固换热器；
6—热回收装置；7—气-水换热器；8—蒸发冷却器；
9—房间；10—集水箱；11—再循环

室内潜热负荷；另一部分空气进入绝热加湿器，产生的高温冷水送入空调房间的屋顶或者周围墙壁的辐射盘管，通过辐射供冷方式去除室内显热负荷。从绝热加湿器排出的低温高湿的空气冷却送风后，经间接蒸发冷却器预冷除湿器进口的新风。为使除湿溶液恢复除湿能力，可利用太阳能等低温热源（60～80℃）实现溶液再生。

该系统室内排风没有被直接释放到室外，而是经过除湿、降温、加湿冷却送风、间接蒸发冷却新风等一系列过程后排出，实现了排风的全热回收；除湿器进口浓溶液由冷却塔产生的冷却水或者环境水进行冷却，新风经预冷后引入除湿器，促进了除湿过程的进行；采取溶液除湿蒸发冷却的方式可生产 13～18℃的高温冷水，用于提供辐射供冷的冷媒介质；采用辐射供冷与置换通风相结合的末端形式，可解决常规辐射供冷的结露问题，同时可实现温湿度独立控制。

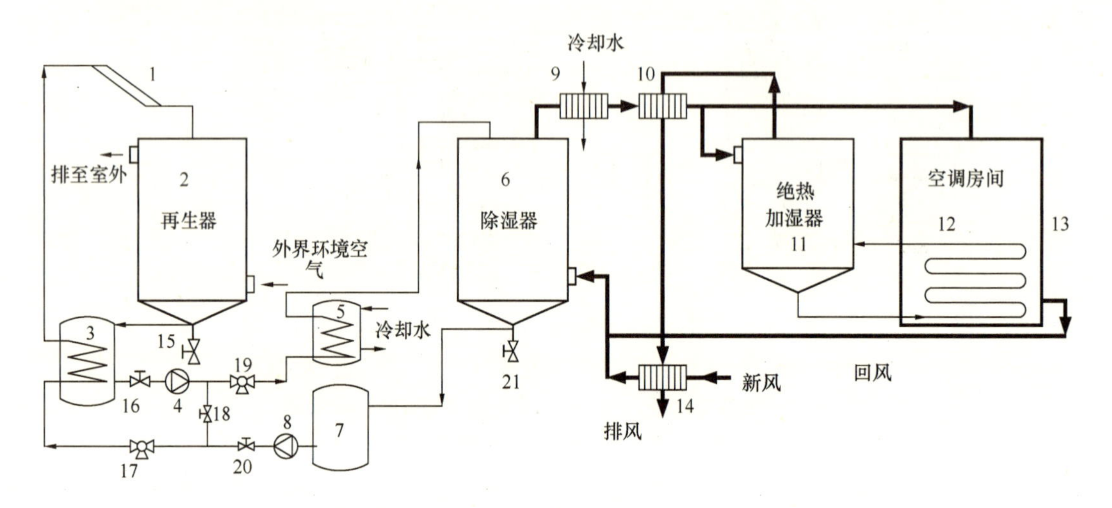

图 10-34　热湿独立处理的新型一体化制冷空调系统流程图

1—太阳能集热器；2—填料塔再生器；3—带盘管热交换器的浓溶液储液桶；4、8—泵；5—水冷热交换器；6—内冷型除湿器；7—稀溶液储液桶；9—空气－水热交换器；10—空气－空气热交换器；11—绝热加湿器；12—辐射盘管；13—空调房间；14—间接蒸发冷却器；15、16、17、18、19、20、21—阀

10.4　蒸发冷却与辐射供冷（暖）技术的结合

10.4.1　蒸发冷却与辐射供冷（暖）技术结合的背景

蒸发冷却新风＋辐射供冷（暖）半集中式空调系统是针对当前节能减排的严峻形势，结合我国西北地区等的气候特征，利用干燥空气可再生能源制冷的节能生态型半集中式空调系统。

一般情况下，蒸发冷却实现的是对空气等焓降温和等湿降温两个冷却过程，被处理空气最大降温到空气的露点温度，从而蒸发冷却的温降是有限的。当空调区需要大温差送风时，蒸发冷却的节能优势就会削弱。另一方面，有限的温降会引起风量的增加，导致“巨型”风管的出现，从而不适合层高有限的建筑空调。

辐射供冷单独应用时面临着结露、供冷能力有限、无新风等系列问题，这些已成为阻碍辐射供冷大面积推广应用的主要原因。

随着我国节能减排工作的深入开展，要想进一步推广蒸发冷却空调和辐射供冷空调的应用，各自缺点的必须得到克服。而基于蒸发冷却的辐射供冷（暖）空调系统却能很好地弥补它们的不足，可谓“取长补短，相得益彰”。

该系统克服了目前正在新疆地区应用的集中式蒸发冷却空调系统风道占地空间大、无法实现空调区分室、分时控制、在层高较低的高层建筑中使用受限等缺点。采用蒸发冷却组合式空调机组为建筑物输送新风，承担室内的潜热负荷；采用金属（毛细管）辐射吊顶、毛细管辐射墙、地埋辐射管等辐射末端，承担室内的显热负荷。其中地埋辐射管方式可与地板辐射供热相结合，实现一套系统全年性应用。

由于该系统的新风及辐射末端中的高温冷水均充分利用西北地区的干燥空气可再生能源制冷方式，因此，省去了除湿及人工制冷获得冷水所需的初投资和运行费用，且可避免辐射供冷在南方地区易出现结露等缺点。另外，该系统在机械制冷的配合下，可成功应用于中等湿度地区[7]。

10.4.2 蒸发冷却与辐射供冷（暖）半集中空调结合的机理

把蒸发冷却与辐射供冷相结合，有效实现空调系统集成优化，具体如下：

1. 对辐射供冷方面

(1) 改善室内空气品质，解决了新风问题

单独采用辐射供冷时，室内没有新风送入，空气条件要受到影响。当和蒸发冷却空调机组配合时，在满足室内新风量要求的同时，蒸发冷却还兼有对新风进行洁净和加湿功能，非常适合西北地区干旱及半干旱的气候条件。因此，蒸发冷却与辐射供冷相结合，可大大改善室内空气品质，创造健康舒适的室内环境。

(2) 有效避免辐射供冷结露问题

当供水温度较低或室内湿度较大时，单一的地板供冷系统地板表面可能结露，此时冷地板承担室内冷负荷的能力将受到削弱，不能满足室内冷负荷的需要。因此，在气候较为潮湿的地区，新风的处理要有除湿设备，初投资和运行成本比较高。而在西北地区，由于气候干燥炎热，新风含湿量低，通过合理选定地板表面温度，可直接送入室外新风进行置换通风或混合通风，而不会出现地板表面结露现象，而且新风处理是充分利用了自然湿能，从而节约能耗。

(3) 扩大了辐射供冷的应用场合

单独采用辐射供冷时，受空气露点温度的限制，所以在一定程度上限制了辐射末端的供冷能力。在一般情况下，其供冷量不超过 $70W/m^2$，仅能满足围护结构保温较好的居住建筑的要求，而不适用于单位面积冷负荷较大的场合及人员密度较大的建筑。当把蒸发冷却与辐射供冷相结合时，由蒸发冷却产生的新风以置换通风或混合送风方式进入房间时，一方面，新风在承担湿负荷的同时，还能承担部分显热负荷；另一方面，由于新风的上升或扰动可以加大冷板的对流换热量，再者由于辐射作用，房间冷负荷要比常规系统低10%～20%。基于这三个方面，蒸发冷却与辐射供冷相结合的空调系统，完全可以满足一般建筑的使用要求。

(4) 充分利用了零费用的高温冷源

辐射供冷工作在低品位的高温冷源下，其冷水温度一般在16～18℃范围内。在西北炎热干燥的气候条件下，利用蒸发冷却这种天然冷源方式就能免费提供该冷水温度，可以利用冷却塔的自然冷却（Free Cooling）直接为辐射供冷提供免费自然冷源，也可以利用间接蒸发式冷水机组提供冷水。研究表明，间接蒸发冷水机组出水温度的大致范围为16～18℃。这说明利用蒸发冷却技术提供的冷水温度完全可以满足辐射供冷所需的冷媒水温

度，从而进一步扩展了辐射供冷系统的节能优势。

2. 对蒸发冷却空调技术应用方面

目前，蒸发冷却空调技术在我国西北地区的公共与民用建筑以及一些工业建筑中已广泛应用，但在这些实际应用中，几乎所有的蒸发冷却系统均为直流式全空气系统。这种集中式全空气系统使用寿命长，便于维修管理，较适宜于在影剧院、体育馆等人员较多大空间建筑中使用。但是，在应用于其他建筑时，却存在着风管尺寸较大，占用建筑空间，且难以实现分室、分时控制的缺点。

蒸发冷却与辐射供冷相结合的半集中式空调系统能较好地弥补上述蒸发冷却空调技术在工程应用中的不足。首先，辐射供冷末端承担了集中式系统中本应该由风管中空气承担的冷负荷，减轻了空气系统的负担，大大减少了对风管中风量的要求，从而减小了集中式空调系统中风管较大的问题。其次，在半集中式空调系统中，蒸发冷却空调机组只承担空调区域的部分负荷，其余负荷由每个空调房间的辐射末端来承担，而末端装置可以由每个房间的人员自行独立控制。从而灵活实现空调区域分室、分时控制。

10.4.3 蒸发冷却与辐射供冷（暖）技术结合的系统形式

根据蒸发冷却和辐射供冷（暖）的特点，蒸发冷却＋辐射供冷（暖）复合式半集中空调系统在干燥地区和中等湿度地区的应用形式存在一定的差异，其辐射末端形式基本一致，而采用蒸发冷却技术制取冷风冷水时，冷源形式有差别，如图 9-2 和图 9-4 所示。

10.4.4 蒸发冷却与辐射供冷（暖）技术结合的系统特点

（1）高效节能：充分利用了西北地区干燥空气可再生能源和免费供冷提供的冷风和冷水资源，大大降低空调系统运行费用。

（2）初投资少：一套系统，既能冬季供暖，又可夏季供冷，全年使用，大大降低空调系统初投资。

（3）舒适性高：采用辐射空调系统，室内垂直温度梯度小，舒适性提高，供冷、供暖效果优于传统的对流空调方式。

（4）生态环保：采用水为制冷剂的蒸发冷却制冷方式，降低了 CFCs 的排放及温室效应，符合环保要求。

该复合式半集中空调系统适合于我国广大的干燥地区、中等湿度地区的旅馆饭店、写字楼、医院、住宅、高层（档）建筑等场所。

10.5 蒸发冷却与自然通风技术的结合

新疆地区气候干燥，夏季室外湿球温度较低（一般低于 20℃），昼夜温差大，这些独特条件为直接蒸发冷却技术的应用提供了良好场所。文献表明，冷却 $700m^3/h$ 的空气，约需 1～1.5kg/h 的水量，与制冷用电相比经济性好。另外，该地区日照丰富，年平均日照达 2500h 以上，可利用太阳能产生的热压进行自然通风。建筑可采用蓄热墙，夏季用以延迟白天室外热量向室内的传递，晚上可利用室外凉爽的空气进行通风，对蓄热墙进行冷却。这样夏季把自然通风与蒸发冷却技术结合起来，既可降低室内空气温度，又可增加其湿度，更好地满足了人体舒适性要求[8]。

新疆和田地区夏季室外气压 $P=85417$Pa，室外空调设计温度 $t=34.5$℃，相对湿度 $\varphi=28.8\%$，湿球温度 $t=21.4$℃。该地区空气干燥，空气中含尘量较大，给空气降温的同时还要加湿和除尘，因而选择喷水室来处理室外空气。图 10-35 为设计的室外空气处理装置示意图。风机将室外空气送入喷水室，喷水室中采用常温水，其温度接近空气的湿球温度。空气经喷水室处理沿着等焓线达到了机器露点，相对湿度 $\varphi\approx95\%$。未经喷水室处理的空气，在地下埋设的管道里与经喷水室处理的一部分空气进行换热降温后（即间接蒸发冷却后），和经喷水室处理另一部分空气混合后直接送入室内。图 10-36 为空气处理过程在标准焓湿图上的表示。

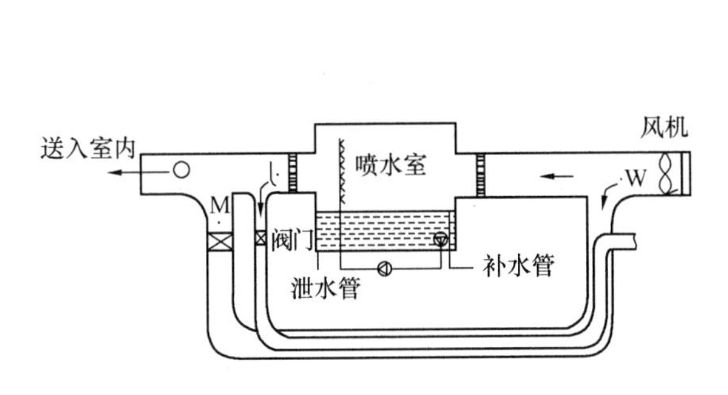

图 10-35　空气处理装置示意图

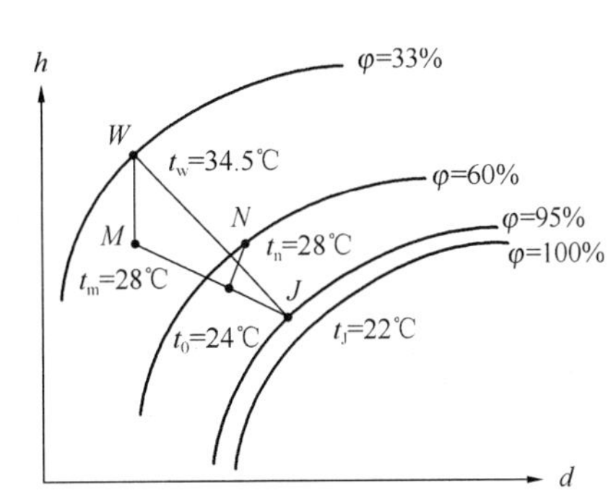

图 10-36　空气处理焓湿图

对该系统模拟分析后可得到以下结论：

(1) 夏季，采用蒸发冷却空调技术可将室外空气处理到温度 24℃，相对湿度 73%的状态，省去了再热再冷设备，在满足送风条件时很大程度上降低了系统的费用。

(2) 模拟结果显示，处理后送入室内的空气，在工作区的温度能保持 26.8℃，风速为 0.6m/s，基本可以满足人体舒适性要求。

(3) 室外温度适宜时，可采用蓄热墙和太阳能烟囱复合系统进行自然通风。

在蒸发冷却与自然通风技术的复合空调系统应用中，需注意以下两点：

(1) 新疆地区气候的显著特点之一是风大、沙尘暴现象严重，如和田地区 3～6 月份沙尘暴天数约 23 天，采用自然通风必须考虑对空气进行除尘，以保证进入室内空气的质量。

(2) 自然通风系统中的风压和热压具有很大随机性，控制起来比较困难，室温可能出现剧烈波动的现象，因此自然通风中需保持风量的相对稳定，提高通风的可靠性。

自然通风是一种有潜力的通风方式，它具有节能、改善室内空气环境、提高室内空气品质的优点，但是受室外气候、建筑物周围环境等因素影响，设计和控制比较复杂。蒸发冷却空调技术节能、无污染，虽然在使用过程中要消耗一定的水量，但其费用远小于电制冷的费用，故蒸发冷却空调技术具有良好前景。把自然通风和蒸发冷却技术相结合，应用于生态建筑，在降低室内空气温度的同时还改变湿度，更好的满足人体的舒适性要求[9]。

10.6 蒸发冷却与置换通风技术的结合

10.6.1 蒸发冷却与置换通风技术结合的背景

1. 蒸发冷却空调技术

蒸发冷却只能实现对空气等焓降温和等湿降温两个冷却过程，被处理空气温度最大降到空气的露点温度，从而决定蒸发冷却的温降是有限的。目前所使用的多级蒸发冷却最多为三级结构，降温接近被处理空气的露点温度。混合通风中，当大温差送风时，就要再增加机组处理的功能段，或继续增加间接段，或增加除湿段，以满足要求。这样机组成本、运行费用也随之增加。

2. 置换通风技术

置换通风是一种通风效率高、室内空气品质好的通风方式。从其原理看，它是利用空气密度差而形成的。由房间低处送出的冷风低速进入工作区，因密度大而像湖水一样弥漫整个房间地板，遇到室内热源产生向上的对流气流，使室内产生垂直的温度梯度，向上的热对流将污染物和大部分照明和围护结构的冷负荷带到高处，由排风直接带走。目前，从置换通风的应用情况看，置换通风系统设有回风装置，为了获得比排风温度低的空气，一些回风装置设置在排风口的下端，然而这样却改变了真正的置换通风流态。

置换通风技术的不足：

（1）送风温度高，供冷能力有限：由于置换通风热力分层现象而使得室内温度场存在明显的垂直温度分布，从舒适性考虑，这一垂直温差不应太大，以免人体产生脚凉头暖的不适感。按照 ISO 7730 标准，对于静坐着的活动量水平，地板上方 0.1 m 和 1.1 m 间的垂直温差不应大于 3℃。出于此种考虑，送风温差一般为 4～6℃，送风温度一般为 19～21℃。又由于受空间和送风速度的限制，置换通风所能提供的风量和冷量也就较小。对于冷负荷较大的场合，一般都与辐射末端（冷却顶板或辐射地板）结合使用，由冷却顶板负责大部分室内负荷，而置换通风负责少部分负荷。

（2）与机械制冷结合，能耗过大：常规机械制冷的供水温度为 5～9℃，一般为 7℃，处理后的送风温度一般为 16℃左右，而置换通风的送风温度较高，这就使得机械制冷空调机组处理后的送风空气还需加热升温处理，从而增加能耗。另外，由于机械制冷使用制冷压缩机，压缩机本身也是一个高能耗部件[10]。

如上所述，将蒸发冷却与置换通风结合起来，不仅可以发挥彼此的优点，更可以相互弥补各自的不足。

10.6.2 蒸发冷却与置换通风技术结合的形式

如图 10-37 所示，由于西北地区独特的气候特点，室外空气参数在室内设计参数的左上部。蒸发冷却与置换通风结合时，蒸发冷却新风机组可将室外空气处理到置换通风系统所要求的送风温度。置换通风的送风温差一般为 4～6℃。图 10-37 中 O_1 为最大送风状态点，O_2 为最小送风状态点。当室外空气状态点落在 W_1 和 W_2 之间时，可直接选用一级蒸发冷却，将空气等焓降温即可满足要求；当室外状态点落在 W_1 以上时，则需选用二级蒸发冷却，先将空气等湿降温到 W_1 点，然后再等焓降温处理到送风状态点[11]。

蒸发冷却与置换通风复合系统如图 10-38 所示，新风机组选择时可选用二级蒸发冷却机组，根据需要开启一级或二级。

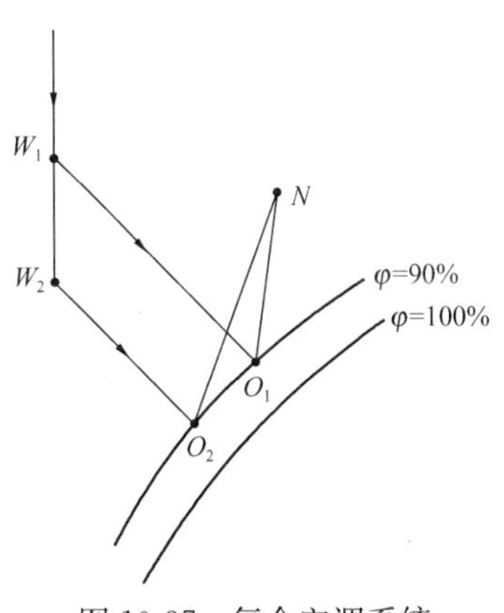

图 10-37　复合空调系统空气处理过程

对一个应用蒸发冷却与置换通风复合系统的体育馆建筑进行实际测试，得出如下结论：工作区垂直方向温度梯度与送风速度（送风量）呈反比例关系。测试的送风速度范围为 0.2～1.1m/s，送风风速在 0.25m/s 左右，坐姿时人体头脚的温差接近 3℃，符合 ISO 7330 标准规定的人体舒适范围。送风风速在 0.45m/s 左右，坐姿时人体头脚的温差介于 2～3℃之间。建议蒸发冷却与置换通风复合空调系统应用于类似建筑物时，系统送风速度范围取 0.4～0.5m/s。

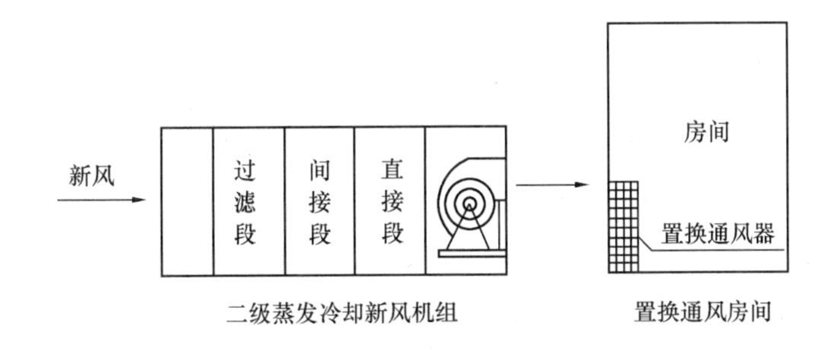

图 10-38　蒸发冷却与置换通风复合系统

在西北地区的置换通风系统中，蒸发冷却比常规机械制冷有着明显的节能优势。常规机械制冷的冷水供水温度为 5～9℃，一般为 7℃，处理的空气温度一般为 16℃左右，而置换通风系统中的送风温差不受限制，因此送风温度可接近室温，这就使得机械制冷空调机组处理的空气还需加热处理，增加了能耗。而蒸发冷却系统可以克服这点，当系统的冷水供水温度为 18℃左右时，无论经一级或二级蒸发冷却机组处理的空气，都可以满足置换通风送风温度的要求。而在某些干燥地区，特别是在新疆地区，可直接利用天然冷源或冷却塔来提供 18℃左右的冷水。由此可见，置换通风系统在我国西北地区与蒸发冷却空调系统结合起来，不仅有着独特的天然条件，而且无需再热系统，可以达到节能的效果。

蒸发冷却与置换通风复合空调系统适用于主要的热源和污染源是观众、且灯光负荷也占相当比例的报告厅、影剧院等一些公共大厅建筑，另外还有一些高大工业厂房。这类建筑中，热污染流形成一种自下而上的流动，靠近顶棚的地方空气温度及污染源浓度均高于下部区域。应用置换通风系统将蒸发冷却机组处理的全新风新鲜空气直接送向观众，而在顶棚附近设排风口将热污染空气排走，可产生良好的通风效果和节能效益。

10.7　蒸发冷却与工位—环境送风技术的结合[12,13]

传统空调方式是将整个房间作为调节对象，系统能耗比较大，而采用工位与环境相结合的送风方式，则使调节区局部化，非工作区的环境参数要求可以相对放宽，以节约能源。工位与环境相结合的送风方式考虑到室内人员个人偏好的差异，可以最大可能地提高每个人对其微环境的满意程度，从而提高其生产率。

蒸发冷却系统能够采用全新风，但由于其送风温度略高于传统空调，难以达到人们满意的效果。目前，工位—环境送风系统与全机械制冷系统相结合组成空调系统，为人员活动区提供通风，改善空气状况，但该空调系统的能耗较大。而蒸发冷却空调采用传统的顶部送风系统，很难满足工位区域的送风要求。若将蒸发冷却与工位—环境送风方式有效地结合，不仅使通风效率得到提高，也大大地降低了空调的能耗。

10.7.1 工位与环境相结合的空调系统的概念及特点

工位与环境相结合的调节系统（Task/Ambient Conditioning System——TAC 系统），由两套送风系统组成，一套是工位送风系统，它能够让使用者部分或者完全控制送风量、送风方向甚至送风温湿度，实现局部小范围热湿环境，实现局部的微气候。工位送风系统以每个工作台作为一个单位，控制工作区域内温度、湿度和产生的污染源来创造良好的局部微环境，满足工作人员舒适要求或生产工艺要求。另一套是环境送风系统，它是使周边地区（其他非工位区）仍能保持合适的环境条件的空调系统。环境送风系统是以相对工位区较低要求的新风，来维持较大空间的环境状态。

工位—环境送风系统的特点就是降低了非关键区域内周围环境的空调要求，只有在需要维持室内人员舒适或生产工艺要求的时间和场合，通过控制工位—环境送风系统达到相应的要求。该系统的理念是将许多小控制区（如工作站）集合起来，并且每个区都在按要求布置并经过标定的“人性化”控制器控制之下，来提供优化的方案。在舒适性空调和工艺性空调中，其主要的控制对象刚好相反，即舒适性空调主要是满足人的舒适性要求，人员工作区域是工位；而工艺性空调主要是满足工艺设备的要求，工艺设备区域才是工位，人处于环境之中。

10.7.2 蒸发冷却与工位—环境送风相结合的意义及作用

工位—环境送风与传统的混合式送风系统相比，能在人员活动区改善空气流动状况、提供良好的通风。该系统超过传统的顶部送风系统的最大潜在优点之一就是使室内人员处于热舒适范围内。而蒸发冷却空调可采用全新风，若与工位—环境送风相结合，将进一步提高工位区域的热舒适性。另外，工位—环境送风系统的环境区域一般相对于工位区域来讲对温湿度的要求不高。而蒸发冷却空调送风温度一般较传统空调略高，若采用传统的顶部送风系统，则很难满足工位区域的要求，但如果与工位—环境送风相结合，为环境区域送风，就可达到经济送风的目的。

工位送风系统的冷新风由蒸发冷却与机械制冷复合空调机组制取，只在夏天最热的几天里，供冷不足时才开启机械制冷，故该机组全年大部分时间实现的是免费供冷。环境送风系统的冷新风是由纯蒸发冷却空调机组提供，故该机组是全年免费供冷，大大降低整个空调系统的能耗。

同传统机械制冷＋工位—环境空调系统相比，该复合系统的节能效果很明显。该复合空调系统的能效比很高，可大大节省运行能耗。

蒸发冷却新风＋工位—环境送风的空调系统是针对我国当前节能减排的严峻形势，结合我国西北等地区的气候特征，利用干燥空气等可再生能源制冷的节能生态型集中式空调系统。该系统克服了目前正在新疆地区应用的集中式蒸发冷却空调系统风道占地空间大、无法实现空调区分区、分时控制，在层高较低的高层建筑中使用受限等缺点。

在办公室空调中（舒适性空调），经过蒸发冷却与机械制冷复合空调机组处理的新风，刚好满足人体舒适性的要求，通过工位送风系统直接送往工作区，而且其新风清新洁净、含氧量高，可以达到最佳的室内空气品质。而在工作区周围的区域即环境，则使用纯蒸发冷却处理的新风，使其维持人体可接受的环境状态即可。

对于织机车间空调（工艺性空调），经过蒸发冷却与机械制冷复合空调机组处理的新风通过工位送风系统直接送往布机工作区，在布机工作区保持一个相对较高的相对湿度和较低的温度，很好地满足了生产工艺的特殊要求。而在车间人员操作区和布机工作区上部的大环境，使用纯蒸发冷却制取的新风，使环境保持一个人体可接受的环境状态即可。不难看出，对工艺性空调而言，用工位—环境送风系统，既保证了工艺要求，又考虑到了人的舒适性，而且其节能效果明显。

蒸发冷却与工位—环境相结合的空调系统将蒸发冷却空调系统与工位—环境送风系统相结合，集结了两者的优点，具有明显的节能优势。该复合空调系统在改善室内空气品质和节能方面具有广阔的应用前景。

10.8　蒸发冷却与纳米光催化技术的结合[14]

近年来，纳米光催化材料作为一种高活性和高选择性的新型催化剂材料引起了人们的普遍关注。光催化技术能够处理许多对环境有害的物质，它不但能有效地将有机污染物完全无机化，还能降解一些无机污染物；不仅能用于污水处理，还能用于处理空气中的有害气体；近年来发现它还有抗菌抗病毒的特性。此外，光催化技术可在常温常压下进行，不需要其他化学助剂，反应温和持续，不会产生二次污染、而且最终产物通常只有 CO_2 和 H_2O。

目前，蒸发冷却空调在我国西部地区得到了广泛的应用，但是在实际工程中发现无论是直接还是间接蒸发冷却系统，蒸发表面都是湿润的，是细菌的滋长源，经过处理的空气的品质很差，降低了蒸发冷却空调工作效率并严重影响了其使用寿命，使得蒸发冷却空调优势得不到充分发挥，并影响了蒸发冷却空调技术的推广，而且会引发各种疾病，其中最常见的就是军团病。

蒸发冷却水系统运行时，有充足的阳光、中性的 pH 值、适宜的温度和大量的养分，为细菌、病毒的繁殖、复制提供了良好的条件，这些细菌、病毒可以通过送风系统进行传播、扩散。为降低运行成本而采用自来水补水，腐蚀、结垢、菌藻滋生等问题更为突出。蒸发冷却器中通常使用自来水、河水、湖水和水库中的水，这些水中通常含有溶解的矿物质，如细菌（包括军团菌）和悬浮物。已发现空调系统的冷却塔水中含有军团菌，且检出率颇高，还发现空调系统的凝水盘、滤网、风道内以及过滤器滤材上都积存有微生物。存在于风道系统内的微生物在系统停机温度回升生存环境适宜后大量繁殖，并代谢出许多恶臭气体，当机组重新启动时，这些微生物颗粒以及恶臭气体随送风气流进入空调室内，使室内空气品质恶化，传统的过滤除菌方法虽然能够过滤微生物颗粒，但对这些恶臭气体无

图 10-39 蒸发冷却与纳米光催化相结合的家用空调器

过滤效果，其应用性面临着严峻挑战。

基于以上背景，将纳米光催化技术用于蒸发冷却系统中，以解决蒸发冷却器易滋生细菌的问题，形成具有杀菌功能的蒸发冷却系统。图 10-39 为蒸发冷却与纳米光催化相结合的家用空调器。

目前采用的基本方法有两种：1）将 TiO_2 颗粒粘附于传统的空气过滤网上；2）将 TiO_2 纳米材料与活性炭联合使用。上述方法都能产生一定的净化效果，但都存在一些问题：方法 1）的杀菌效率太低，所杀除的只能是自然粘附在净化网上的病毒病菌；方法 2）所采用的活性炭材料对除菌效率有一定提高，但活性炭易于饱和，需要再生，另外活性炭吸附只是将污染物由一相转移到另一相，因此极易造成二次污染。因此蒸发冷却与纳米光催化技术的结合应用有待进一步研究和探索。

10.9 蒸发冷却与负离子净化技术的结合[15]

直接蒸发冷却器是一种环保、高效且经济的热湿处理设备。为了进一步提高经直接蒸发冷却器处理后的空气品质，将直接蒸发冷却与负离子技术相结合，利用天然负离子材料持续发射负离子的功能来增加室内空气中的负离子浓度，维持室内空气的正负离子平衡。同时，利用负离子的净化功能来清除室内部分污染物，使空气更能满足人体的健康、舒适性要求。直接蒸发冷却与负离子技术相结合的优点主要体现在以下两个方面：

第一，直接蒸发冷却器凭借其热湿处理功能可使室内空气满足人体的温湿度要求，同时也可以利用直接蒸发冷却器的出风使风道内布置的多层负离子功能滤料相互摩擦，产生负离子，这样既可以避免目前负离子发生器产生负离子过程中伴有臭氧、氮氧化物等有害物质的产生，也可以弥补一般负离子材料发射负离子浓度低的缺点。

第二，负离子技术与直接蒸发冷却相结合是通过在直接蒸发冷却器出风口处增加负离子功能滤料段来实现的，这种操作方式主要有两个方面的优点：其一，根据负离子材料发射负离子与环境湿度的关系可知，空气中负离子的浓度随着湿度的增加而升高。通过在直接蒸发冷却器出风口处增加负离子功能滤料段，出风口处的相对湿度明显高于空调房间内的相对湿度，即直接蒸发冷却器为负离子材料产生大量的负离子提供了适宜的湿度条件，所以更利于负离子的产生；其二，在直接蒸发冷却器出风口处增加负离子功能滤料段，可以使产生的负离子随送风一起均匀地送入室内各个区域，避免了室内局部负离子浓度过高以及负离子未到达所需室内工作区就已经衰减的缺点。

直接蒸发冷却器如图 10-40 所示，水箱中的循环水通过水泵送到填料顶部经由布水管均匀淋下，使填料得到很好的润湿；室外新风在风机的抽吸下穿过填料层与水直接接触进行热湿交换，即水吸收空气中的热量蒸发为水蒸气。水蒸气随被冷却的空气一起到达出风口，进入室内的空气就为低温而潮湿的空气。

在直接蒸发冷却器的出口处安装一个长 30cm 风道，如图 10-41 所示。将滤料织物裁剪成与出风口断面相应的布样，将布样置于图 10-41 所示的横杠上，使滤料织物处于自然悬垂状态，开启空调，利用出风使滤料试样飘动，相互摩擦，可使空调出风口中的氧气分

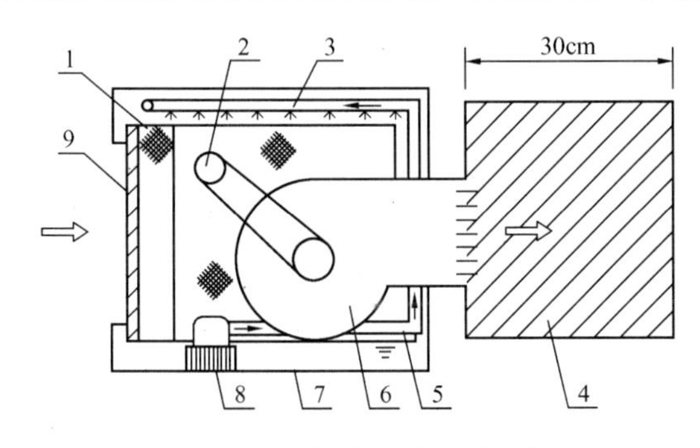

图 10-40　直接蒸发冷却器示意图

1—填料；2—电机；3—布水管；4—出风风道；
5—供水管；6—风机；7—水箱；8—水泵；9—过滤器

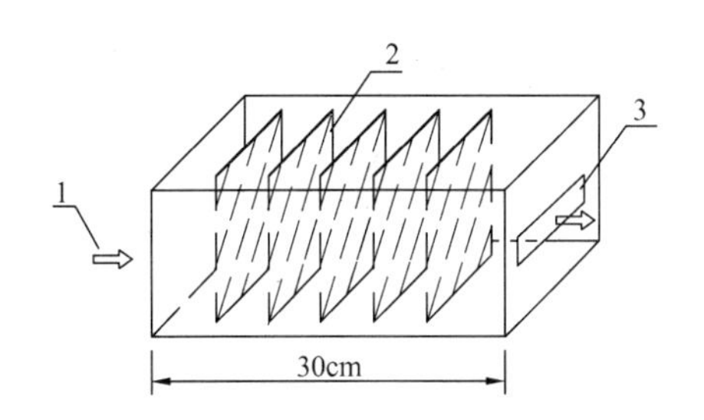

图 10-41　测试实验图

1—风机出风口；2—负离子功能滤料；
3—出风口负离子测试点

子和水分子发生有效电离，从而产生大量负离子。

参考文献

[1]　黄翔. 空调工程. 北京：机械工业出版社，2006.

[2]　陆耀庆. 实用供热空调设计手册. 北京：中国建筑工业出版社，1993.

[3]　赵荣义，范存养，薛殿华，钱以明. 空气调节. 北京：中国建筑工业出版社，1994.

[4]　徐方成，蒸发冷却与机械制冷复合空调机组的研究［硕士学位论文］. 西安：西安工程大学，2009.

[5]　代彦军，腊栋. 转轮式除湿空调研究与应用最新进展. 制冷学报，2009，30：4，1-8.

[6]　曹熔泉，张小松，彭冬根. 溶液除湿蒸发冷却空调系统及其若干重要问题. 暖通空调，2009，39（9）：13-19.

[7]　闫振华，基于蒸发冷却辐射供冷/热空调系统实验研究［硕士学位论文］. 西安：西安工程大学，2009.

[8]　李峥嵘，陈沛霖. 晚间通风及其与蒸发冷却技术的联合应用. 同济大学学报，1995，23（6）：660-663.

[9]　王鸽鹏，张鸿雁. 自然通风和蒸发冷却在新疆建筑应用的数值分析. 西安航空技术高等专科学校学报，2007，25（1）：30-33.

[10]　向瑾. 蒸发冷却与置换通风相结合空调系统的研究［硕士学位论文］. 西安：西安工程大学，2008.

[11]　向瑾，黄翔，武俊梅. 蒸发冷却与置换通风复合空调系统设计探讨，建筑科学，2008，37（6）：49-53.

[12]　尧德华，黄翔，吴志湘. 蒸发冷却与工位—环境送风相结合空调系统的应用分析. 制冷空调与电力机械，2009，30（3）：69-71.

[13]　黄翔，尧德华等. 蒸气冷却与工位—环境送风相结合的空调系统. 中国：ZL200920032005.7，2009-12-30.

[14]　樊丽娟，黄翔，吴志湘. 纳米光催化与蒸发冷却技术的空调系统初探. 洁净与空调技术，2007，（3）：42-45.

[15]　黄翔，王与娟，文力等. 带负离子功能滤料的直接蒸发冷却器的实验研究. 建筑热能通风空调，2007，26（6）：6-9.

[16]　黄翔. 蒸发冷却新风空调集成系统. 暖通空调，2003，33（5）：13-16.

第 11 章　建筑表面被动蒸发冷却

11.1　概述

建筑表面被动蒸发冷却就是直接利用太阳能使外表面表层水分蒸发而获得冷却的方法，是基于蒸发冷却现象实现建筑围护结构被动式降温的技术。这一技术的核心是水分的蒸发消耗大量的太阳能量，以减少传入建筑物的热量。建筑蒸发降温旨在利用天然降雨的水量，通过围护结构构造形式或蓄存手段使其在建筑围护结构表面形成蒸发冷却现象，实现建筑物的降温，从而达到改善室内热环境和降低空调负荷的目的。

理论上讲，蒸发过程是一个相变传热过程。相变的存在必然要强化边界的对流换热。所谓蒸发冷却，就是指液体或含湿多孔体的表面与大气直接接触时，由于热交换与质交换的共同作用而使液体或含湿多孔体得到冷却。这时的液体或含湿材料与气体介质之间通过接触或辐射作用进行热交换，由液体水分的蒸发进行质交换而带走大量汽化潜热[1]。

以降低建筑物围护结构外表面温度为目的的利用太阳能被动蒸发冷却问题，按蒸发机理可分为两类：一类是自由水面的蒸发冷却问题，这类问题相当于包括蓄水屋面、蓄水漂浮物、浅层蓄水、流动水膜及复杂的喷雾措施等，这些问题的共同机理可认为是由一个液体自由表面与空气介质直接接触时产生的热质交换过程；另一类则是多孔材料蓄水蒸发冷却问题，这类问题的机理十分复杂，一般认为它是在毛细作用为主的热湿耦合迁移机理作用下所完成的热质交换过程。

被动蒸发冷却技术在建筑物中的应用方式可按照作用对象的不同分为四类：第一类主要是对建筑物屋顶进行冷却（设置蓄水屋顶、含湿材料、加盖隔热板、设置空气层等）；第二类主要是对建筑物墙体进行冷却（在墙体中间设置空气间层）；第三类主要是对建筑物的采光顶、窗、玻璃幕、阳台等透光部分进行冷却（设置遮阳、贴附水膜等）；第四类主要是对建筑物室内地板进行冷却（建地下室等）。建筑物被动冷却技术应用形式汇总见表 11-1。

建筑物被动冷却技术应用形式汇总　　表 11-1

建筑物结构	类　型		结构特征	作用机理及特点	备　注
屋顶	屋顶水池	屋顶蓄水池[4]	直接在坚固且高导热屋顶设置浅水池，不设置任何附加设备	屋顶蓄水后，太阳的辐射热由于水分的不断蒸发而减缓，由于水层的吸收作用也要夺走部分辐射热，从而可以有效地防止建筑物屋顶房间的过热。同时，由于屋面的防水层是处在水层之下，不直接接受太阳紫外线的强烈照射，可以延缓材料老化。对于刚性防水屋面，蓄水层还可以缓解温度伸缩的张力，减少屋面开裂的可能性	屋面蓄水对屋顶绝湿层结构要求较高，否则会产生屋顶漏水等问题，同时维修不便，屋面无法直接上人维修

续表

建筑物结构	类型		结构特征	作用机理及特点	备注
屋顶	屋顶水池	蓄水漂浮物[4]	在屋顶蓄水基础上在水面上增加一些浮游植物	在屋顶蓄水的基础上增加浮游植物可以使得蓄水层对于太阳辐射的透射率大大降低，同时具有普通蓄水屋面的优点，因此，带有浮游植物的蓄水屋面与普通蓄水屋面相比对于建筑物的降温效果较为显著	蓄水漂浮物这种被动方式同蓄水屋顶存在同样的问题，另外漂浮物的选择上也要注意季节与气候的问题。初投资也要稍高于前者
		带有可移动隔热板的屋顶水池[6]	在屋顶水池上覆盖一层可移动隔热板	在夏季，日间水池由隔热板覆盖，夜间可移动的隔热板移走并且通过夜间冷却使水冷却。建筑物热量通过屋顶由室内传至周围环境并且获得冷却。通过使用带有隔热板的屋顶水池可使得屋顶得热减小，它减少了屋顶吸收的太阳辐射。在冬季，可移动隔热板在日间移开，以便水池里的水吸收太阳辐射热并加热建筑物。水池在夜间盖上隔热板以便于水池中热的水将热量传进建筑物	这种被动方式同蓄水屋顶存在同样的问题，要比先前的冷却方式多增加一些设备，需要人工操作。当然要根据气候环境的不同选择其适用的区域。初投资也要稍高于前面提到的两种方式
		上部铺有粗麻布袋的屋顶水池[6]	在屋顶水池上部铺设一层润湿的粗麻布袋，这层粗麻布袋由格栅支撑以飘浮于水面之上	粗麻布袋用来截取太阳辐射，并且通过水的蒸发、对流和热辐射以消除辐射得热和建筑物通过屋顶的热量获得	这种被动方式同蓄水屋顶存在同样的问题，这种被动冷却方式在布袋的选择上要多加注意，要选择孔隙率较大且导湿效果好的材料
		蒸发反射屋顶[7]	屋顶由一个混凝土吊顶和一个平铝板构成，屋顶直接与岩石和水的基体接触，在基体与铝板间存在一个空气层	高热容量的材料（岩石床）可以延迟日间热量进入建筑物的时间，使之在夜间进入建筑物内，从而使建筑物受其影响较小。屋顶由一个混凝土吊顶和一个平铝板构成，平铝板使得位于以岩石床为底的水池上空气层与外界环境分隔开来。这个部分防止水蒸气向外界扩散	这种方式结构较为复杂，对于构成的材料要求较高，投资较前几种方式要高，要有较好的密闭性，维修不是很方便

续表

建筑物结构	类　型	结构特征	作用机理及特点	备　注
屋顶	屋顶铺设含湿材料[8]	在建筑物面上铺设一层含湿材料，这种含湿材料多为松散的砂层或加气混凝土层等	此层材料依靠淋水或天然降水来补充含湿层水分。当材料含湿后受太阳辐射和大气对流及天空长波辐射换热，内部水分通过热湿迁移机理的作用迁移至表面并在此蒸发。屋顶铺设多孔含湿材料的方法首先解决了蓄水屋面无法上人的问题，此外多孔含湿材料被动降温效果显著，优于现行的传统蓄水屋面	这种冷却方式解决了屋面无法上人的问题，屋顶铺设松散的多孔含湿材料的被动蒸发冷却方法适用于一些雨量丰富、风力较小的北亚热带地区（我国长江流域），在建筑物屋顶平面使用。在气候比较干旱少雨的地区，可以采取喷淋水的方法给多孔材料层补水
	屋顶贴附水膜[4]	在屋顶贴附一层薄水膜	贴附水膜通过水自身的显热变化吸收表面热量，而且通过水本身的蒸发作用及水与表面的综合反射作用使得来自太阳的辐射热被有效地阻隔下来，从而达到隔热降温的目的	屋顶贴附水膜在水量控制的问题上较为复杂，同时存在蓄水屋面的绝湿层问题
	屋顶设置空气隔热层[5]	在屋顶上设置一空气隔热层：在屋顶放置一些导热性能较低的支撑物，并在上面盖一层隔热板，这样在屋顶和隔热板之间就形成了一个空气层	空气层起到了隔热作用，不但可以通过隔热板而使屋顶太阳辐射得热减少，还可以通过空气层的隔热作用使得隔热板到屋顶的传热减少，从而减少室内得热	在屋顶设置空气隔热层可以避免屋顶水池和含湿材料两种情况中屋顶防腐和绝湿层的问题，但是这种方式只能在减少建筑物得热方面有一定作用，比较单一
	屋顶铺设湿润草层[1]	直接在屋顶铺薄土层，并在土层之上种植草类植物，形成草层	这种方法方便快捷，投资少，对建筑物结构要求不高，同时草类植物可以吸收一定的太阳辐射以减少屋顶得热，并且草层内水分的蒸发有利于热量的散失	这种被动方式只是起到一个辅助的作用，对建筑物内环境影响不大，宜于同其他方式结合使用。这种方法适用于一些建筑结构已确定且改造困难的情况

续表

建筑物结构	类型	结构特征	作用机理及特点	备注
墙体	墙体内部设置空气间层[9]	通过空心砖或双层砖体形成墙体内的空间层	建筑物围护结构内部存有空间层有可能大大提高建筑物热阻值，使得建筑物围护结构热量的散失和获得都降低，并且无论是在冬季还是夏季都可以获得能量以保持适合的室内空气温度。另外还可以提高用户的舒适性——随着冬夏的不同通过升高或降低墙体内表面温度——大多数情况下，可以降低系统热量需求和制冷系统制冷能量的需求	这种方式现今在许多建筑中都得以应用，可以防止在冷气候条件下墙体结露。采用建筑物墙体内空间层通风要比采用密封墙体节约能量
	墙体外表面铺设固体多孔材料[4]	在墙体外表面铺设固体多孔含湿材料	墙体外表面铺设多孔含湿材料可以通过含湿材料的蒸发冷却作用降低墙体温度，同时吸收一定量的太阳辐射使得含湿材料的蒸发冷却作用增强	由于建筑物结构中墙体所占面积较大，所以应用这种方式可使得建筑物在整体上得以冷却，但在含湿材料补水方面应多加注意。铺设固体的多孔材料对于雨量丰富、风速大的南亚热带地区（我国华南地区）在建筑物外表面及城市道路上使用。初投资较大
窗、阳台、玻璃幕	流动水膜、水帘[1,10]	在窗、阳台上设置一个简单水帘，建筑物外表面玻璃幕墙表面设置流动水膜	流过系统的空气被冷却加湿。如果使水和空气充分接触并使水和出口处的空气均达到平衡态（饱和），那么系统里的空气达到的温度将接近于出口处空气的湿球温度	这种冷却方式使得建筑物外表美观，在炎热干旱季节提高建筑物内空气湿度，提高室内舒适性。适用于开放空间多或玻璃幕大量存在的建筑物，宜于与其他冷却技术结合使用。应注意玻璃幕密封问题
地板	建构地下结构	在建筑物下的地面以下建构一个地下结构（譬如地下室、储藏室等）	这种结构主要是使得建筑物地面蓄热能力增强，使建筑物室内空气温度曲线较为平稳，室内温度变化幅度较小，与其他冷却方法相结合使得室内条件较为接近舒适度条件	这种被动方式只是起到一个辅助的作用，对建筑物内环境影响不大，宜于同其他方式结合使用
建筑物外部环境	种植植物用以遮荫	在建筑物周围种植草木，为建筑物遮荫	这种被动方式投资少，不需要特别的设置，可以在视觉效果上使人们感到舒适	

11.1.1　国内外建筑淋水或蓄水被动蒸发冷却研究

在建筑物围护结构的外面淋水、喷水的蒸发冷却效果比较显著，长期以来，这项降温措施一直深受重视。国际上最早提出这一设想的是美国学者。在 20 世纪 30 年代末期，美国得克萨斯大学的学者提出在建筑物的屋顶蓄水来降低屋顶温度，但由于当时屋顶结构与防水构造技术性问题还没有很好地解决，所以没有能够实现[2]。随后由 Houghten 等人在 1940 年作为一个研究项目首次对屋顶蓄水和洒水两种情况的蒸发冷却效果进行了测试，并证明了这两种方法的冷却降温有效性[3]。而后他们又进一步测试了屋顶蓄水的隔热性能，得出了"当蓄水深度在 0.05～0.15m 范围内变化时，屋顶内表面温度及热流没有明显变化"的结论。

根据 Houghten 的测试结果和后来 Mackey 等人对匀质材料与复合材料构造屋顶的周期性传热过程分析的结果[11,12]，美国 ASHAE 手册公布了一组用来比较蓄水屋面和洒水屋面两种方法隔热效果的数据。

Thappen、Holder 和 Blount 在他们的报告中指出，作为安装空调设备的单层厂房或低层商场等大屋面类型的建筑物，使用屋面洒水系统后可以使空调负荷降低 25%[13～15]。不仅如此，Blount 还认为，由于洒水的蒸发冷却作用，屋顶上的空气冷却后变重，这部分重空气将会沿着墙面向下滑动，使得一部分空气由窗门等孔口进入建筑内部，从而对房间也起到二次降温作用。

Sutton 观测了洒水和无洒水屋顶表面的温度变化情况。在不洒水时高达 65.6℃，当屋面有 0.05m 和 0.15m 的水膜时，屋顶外表面温度分别降到 42.2℃和 39.4℃[16]。

1959 年赵鸿佐在西安对房屋室内自然通风状况下的洒水瓦屋面进行了观测。结果表明，瓦屋顶表面的最高温度在不洒水时高达 52℃，洒水后急剧下降到 25℃[17]。并且由于瓦的吸收作用，在洒水停止后的一段时间内，瓦表面继续蒸发而吸收水分，使得瓦表面温度继续降低。因此，洒水蒸发冷却作用不仅能够大大削弱屋面的温度峰值，同时也显著地降低了通过屋顶的平均传热量。同时测得室内最高气温从不洒水时的 32℃下降到 27℃，室温下降值达 5℃。

1974 年 Jain 和 Rao 为了观测屋顶蒸发冷却效果，建立了 4 间朝向与体量相同的实验房（3.5m×2.9m×3.2m），在最热的气候条件下，分别对应房内有空调和无空调两种情形，详细地测试了屋顶蓄水、洒水两种情况的温度和热流变化[2]。测试表明，洒水情况下屋面最高温度从干表面时的 55℃降到 28℃，蓄水情况下屋面最高温度从干表面时的 55℃降到 32℃，显然洒水效果优于蓄水的情况。

Jain 和 Rao 首次对于油毡防水屋面上设置淋湿的含水材料面层蒸发冷却情况进行了实验研究。在这种含水层上每天喷水 2～3 次以上保证全天所有时间屋顶都处于湿状态。实验结果与屋顶蓄水和洒水两种情况作了比较，如表 11-2 所示。1976 年，Jain 又对含水层的材料进行了详细的研究，发现用多层黄麻纤维布组成的含水层具有相当优越的蓄水品质。

进入 20 世纪 70 年代中期，我国建筑热工界展开了对蓄水蒸发屋面的大范围研究工作。1977 年，国家建委建筑研究院组成"轻型屋盖热工研究小组"，专门组织力量实测了蓄水屋盖的热工性能，获得了一批宝贵的资料。此项成果现已推广作为南方工业与民用建筑屋面的防热措施之一[18]。

三种蒸发形式效果比较 表11-2

屋顶蒸发形式	外表面（℃）	内表面（℃）	室温（℃）
屋顶水池	23	13	3
屋顶洒水	25	15	3.5
屋顶含水层	27	17	4

注：表中数字为与无蒸发情况相比的温降值。

1980年，陈启高对蓄水屋盖水面的反射系数进行了测定。经过多次反复观测数据统计，计算得到水面的平均反射率均值 $\bar{\rho}=0.101$ [19]。这个参数既不是纯水面的反射率，也不是干屋面的反射率，而是蓄水屋面水层与屋面的综合反射率。确定这一参数的重要意义在于用它来准确评价蓄水屋面对太阳辐射热的吸收比例。

进入20世纪90年代以来，现代建筑围护结构形式发生了巨大的变化，透明或半透明的玻璃、聚碳酸酯板以及热惰性小的塑料或金属扣板、保温夹心钢板等现代建筑材料的大量出现，使得轻钢屋面厂房、玻璃光顶建筑、夹心钢板房的建造数量增多起来。由于这类建筑物热惰性差和强烈的温室效应，导致建筑热环境差和空调能耗的偏高，于是引发人们从新的构造技术角度考虑炎热地区现代建筑应用水分蒸发降温的技术形式。

华南理工大学的孟庆林等2005年在广州一栋住宅的一间玻璃光顶上首次进行了太阳能动力水泵循环和依靠收集天然降雨补充屋顶水蒸发量的实验。玻璃光顶房间的热环境所采取的降温措施主要有三种：玻璃屋面淋水、玻璃屋面铺设遮阳网、屋面铺设遮阳网同时淋水。

通过在玻璃光顶房间在屋顶没有任何措施和采用以上三种降温措施工况下，利用测试仪器测试了室内外的空气干湿温度、壁面温度、室内外辐射度等，得出了如下结论[1]：

（1）屋面淋水：玻璃屋面在淋水过程中部分蒸发，可以带走部分太阳辐射带来的热量，降低了玻璃光顶的内表面温度，也使得室内空气温度降低。测试期间与室外同时刻的日平均温度之差在1～2℃之间，和有相同室外日平均温度且没有淋水和遮阳的情况相比，室内温度降低了1.9℃。测试期间室内实墙的壁面日平均温度在30.3～36.3℃之间，比没有任何措施时的室内实墙日平均值下降了0.7℃。测试期间室内玻璃壁面温度在30.4～34.9℃之间，比没有措施时降低了最大0.4℃。玻璃光顶内表面的日平均温度在30.5～33.5℃。

（2）屋面铺遮阳网：铺在玻璃光顶的遮阳网可吸收太阳辐射，使得热量停留在遮阳网上，减少了热量向室内传递，也使得室内空气温度降低。测试期间与室外同时刻的日平均温度之差在0.4～2.5℃之间，和有相同室外日平均温度且没有淋水和遮阳的情况相比，室内温度降低了1.9℃。测试期间室内实墙的壁面日平均温度在29.4～35.2℃之间，比没有任何措施时的室内实墙日平均值最大下降了1.8℃。测试期间室内玻璃壁面温度在31.4～33.9℃之间，比没有措施时降低1.4℃。玻璃光顶内表面的日平均温度为32.7～36.2℃。

（3）屋面淋水且铺遮阳网：在玻璃光顶同时采取淋水和遮阳的措施，减少了太阳辐射热向室内的传导和辐射，使得室内空气温度平均值相对最低。测试期间与室外同时刻的日平均温度之差在－0.2～1℃之间，和有相同室外日平均温度且没有淋水和遮阳的情况相比，室内温度降低了2.7℃。测试期间室内实墙的壁面日平均温度在31.2～35.4℃之间，比没有任何措施时的室内实墙日平均值最大下降了2.2℃。测试期间室内玻璃壁面温度在31.8～34.2℃之间，比没有措施时降低0.3℃。玻璃光顶内表面的日平均温度为31.9～33.8℃。

通过对屋面降温措施各个工况下室内外空气温度的分析和对比，回归出两者之间的线性关系，得出以室外空气温度为自变量的关于室内空气温度的函数关系式：

屋面没有降温措施：$Y=0.844X+7.773$

屋面淋水：$Y=0.73X+10.697$

屋面铺遮阳网：$Y=0.65X+12.206$

屋面淋水并铺遮阳网：$Y=0.585X+14.222$

函数的斜率越小，说明室内温度随室外气温升高而变化的越小，那么降温的效果也就越好。各个降温措施对室内都起到了一定的效果，其中屋面淋水并铺遮阳网的降温效果最好，其次是屋面铺遮阳网，屋面淋水效果次之。

11.1.2　贴附蓄水材料的蒸发冷却研究

与围护结构表面淋水、蓄水等措施相比，在围护结构表面贴附能够蓄水的多孔材料，利用多孔材料热湿迁移特性实现围护结构蒸发冷却降温更具有优越性。相比之下后者具有如下特点：

（1）可实现建筑立面的蓄水降温；

（2）水平面蓄水蒸发面上可以行人；

（3）多孔材料的蒸发阻力大，延缓材料水分干涸。

首例以蒸发冷却为目的多孔材料蓄水蒸发冷却建筑表面的研究工作，于1983年由日本九州大学蒲野等人提出，在1983年建成了两栋实验房进行对比研究[20]。这两栋实验房命名为A、B栋，其中A栋采用含湿墙面，B栋为常规参照用房。A栋东、西向墙体构造由内向外依次是胶合板（6mm）（涂灰色涂料）、砖（60mm）、面砖（3mm）、保温材料；B栋东西墙面的构造由内向外依次为胶合板（6mm）（涂灰色涂料）、保温材料、砖（60mm）面砖（3mm）。A栋是外保温墙体，B栋是内保温墙体。两栋屋面用加气混凝土板铺成，内表面贴面砖。A栋墙面上安装了洒水装置。测试结果表明，A栋室内气温要比B栋最高温度低2℃。A栋墙面洒水降温后再测试，结果显示室内空气温度A与B相比，白天低3～4℃，夜间低1.5～2℃。

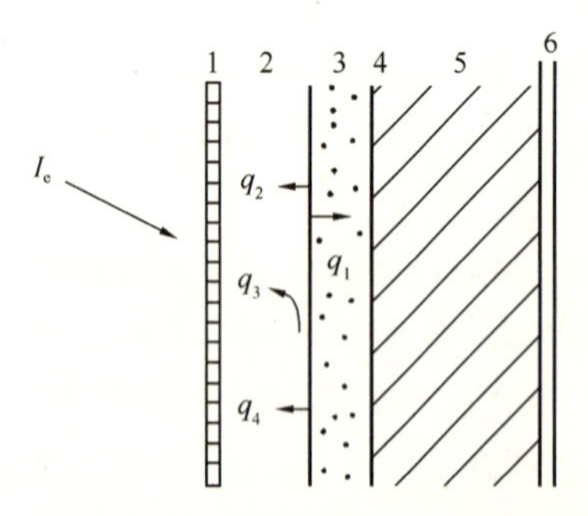

图11-1　空气层蒸发示意图

1—钢板（0.45mm）；2—空气层（35mm）；3—石棉板（50mm）；4—防水层；5—砖砌体（60mm）；6—胶合板（6mm）

q_1—导热，W/m²；q_2—蒸发，W/m²；q_3—对流，W/m²；q_4—辐射，W/m²

该课题组还测试了A、B两栋实验房在空调情况下，空调设备运行费用的变化情况。结果表明，有蒸发冷却方式的A栋比B栋全天可节电24%。

蒲野等对墙面蒸发冷却的强化进行了实验研究，提出了在蒸发面外侧加一层挡板，并与蒸发面之间保持一个空气间层，使得蒸发在通风空气间层内部进行。1985年蒲野等对前述实验用房的A栋按图11-1进行了改造，

B栋不变。测试发现，当A栋空气间层内有蒸发时，室内温度下降3～4℃，全天平均比室外低0.6℃，白天低1.5～2℃。

该课题组在上述实验的基础上，提出了利用屋顶蒸发冷却措施向房间内送冷风的降温方式，见图11-2。实验结果表明，在梅雨季节（7月），靠自然循环将屋面的冷却风送入房间，加之东、西墙也同时进行空气层蒸发时，室内温度将比无蒸发时低2～4℃，而室内气温比室外高1.5℃；在夏季（7月末～8月），室内温度将比室外气温低3～5℃。强制循环情况的实验结论是：与自然循环效果差别不明显，降低0.5℃左右，但室内的热舒适感可能会有所提高。

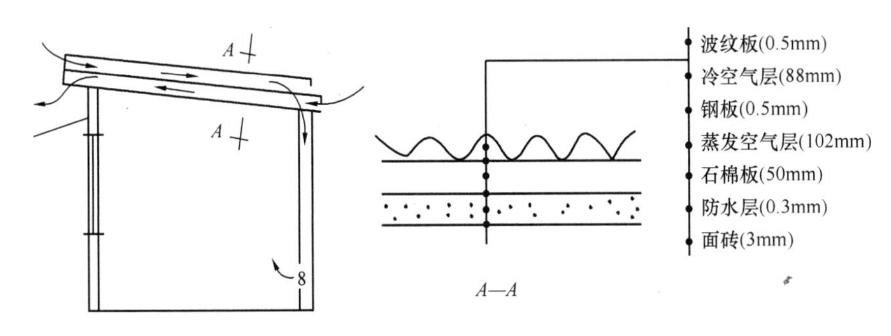

图11-2　蒸发冷却送风

华南理工大学的孟庆林等在重庆建筑大学测试分析中心的平屋顶上，采用砂层蓄水和加气混凝土蓄水两种隔热方式，于1994年7月25日～8月11日共计连续18天进行实测[4]。实测期间，重庆市气温逐日上升，最高气温达41℃，整个测试期无雨。屋顶的构造状况如图11-3所示。

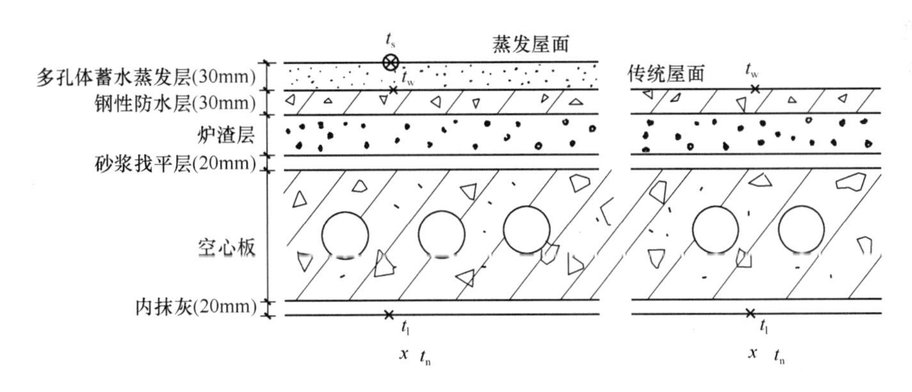

图11-3　多孔材料蓄水蒸发屋顶的构造

1. 砂层蓄水屋面温度测试分析

(1) 屋面外表面温度状况

如表11-3、图11-4和图11-5所示，砂层蓄水屋面的外表面最高温度在3天里分别是39.5℃、38.5℃、45.2℃，与参照屋面相比，分别比刚性屋面低27.3℃、28.3℃、21.6℃，与蓄水屋面相比，第1、2天分别低5.8℃和6.8℃，第3天基本与之相同，为45.2℃。3天的最高温度比蓄水加盖板的温度略高，加盖板的目的是防止太阳辐射的强烈影响，日射强度被隔绝，水温上升很缓慢。与流水屋面比，砂层情况中前两天都低于流水屋面的最高温，第三天比流水屋面高5.1℃。

各种蒸发冷却方法的效果分析 表 11-3

项目	30mm 厚砂层蓄水屋面			30mm 厚加气块层蓄水屋面			水层屋面			刚性屋面
	第 1 天	第 2 天	第 3 天	第 1 天	第 2 天	第 3 天	蓄水 (4cm)	蓄水加盖板	流动水膜	
$t_{s,max}$ (℃)	40.0	41.6	62.5	43.9	55.5	56.4				
$t_{s,min}$ (℃)	26.8	26.6	27.4	26.0	27.5	28.2				
$t_{w,max}$ (℃)	39.5	38.5	45.2	38.1	43.0	44.2	45.3	38.3	40.1	61.8
$t_{w,min}$ (℃)	27.0	26.2	28.4	27.0	27.5	29.5	28.5	27.7	25.0	29.4
$t_{i,max}$ (℃)	32.9	33.0	33.4	33.4	33.0	34.8	34.0	33.1	32.9	37.5
$t_{i,min}$ (℃)	32.0	31.2	31.5	32.2	31.7	32.1	32.4	31.9	31.4	35.5
$\bar{t}_w$ (℃)	33.2	32.3	36.8	32.6	35.3	36.8	36.9	33.3	32.5	48.6
$\bar{t}_i$ (℃)	32.5	32.1	32.4	32.8	32.4	33.4	33.2	32.5	32.2	36.5
ζ (℃)	0.35	0.40	0.93	0.48	0.74	0.75	0.45	0.25	0.40	1

外屋面最低温度更有良好的表现，3 天的数值分别为 27.0℃、26.2℃、28.4℃，变化不大，均低于刚性屋面的温度，与蓄水情况相当，略低于蓄水加盖板的情况，比流水屋面情形略高。

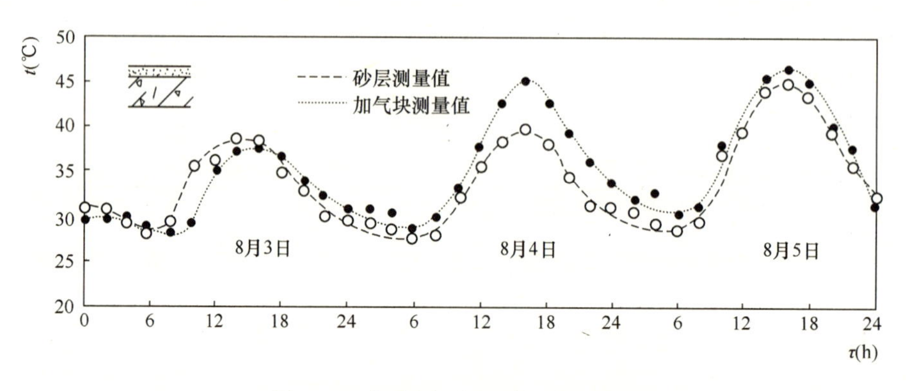

图 11-4 蒸发层下界面的温度变化

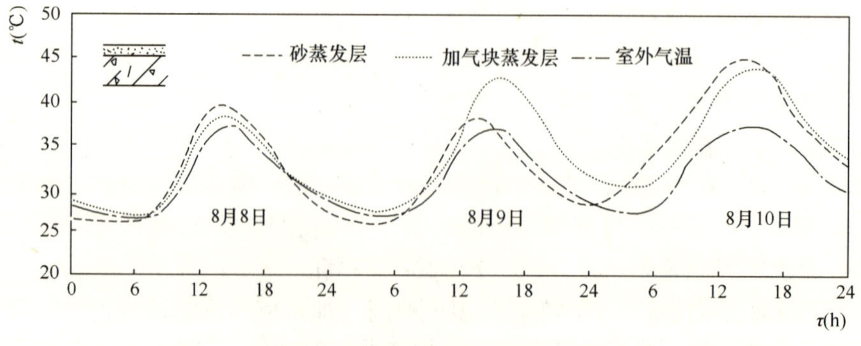

图 11-5 蒸发层下界面温度比较

（2）屋顶内表面温度状况

如表 11-3、图 11-6 和图 11-7 所示，3 天内屋顶内表面温度的波幅变化不大，平均约为 0.8℃，温度最高值依次为 32.9℃、33.0℃、33.4℃。与刚性屋面比较，依次低 4.6℃、4.5℃、4.1℃。与蓄水屋面相比，差别不大，平均值低于蓄水屋面约 0.4℃。与蓄水加板和水流动情况大致相同，最低值依次为 32.0℃、31.2℃、31.5℃。

从以上结果看，砂层屋面内表面温度有以下特征：温度波动幅度小，比刚性屋面低 0.2℃，热稳定性好；降温效果显著，30mm 厚砂层使屋顶内表面温度下降约 5℃；优于蓄水、蓄水加盖板，与流动水层蒸发冷却效果相当。

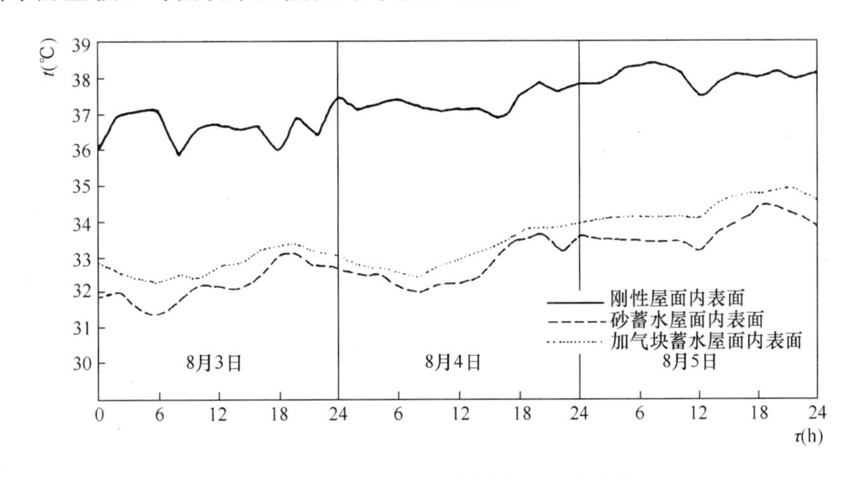

图 11-6　三种屋面室内侧表面温度比较

2. 加气混凝土层蓄水屋面

（1）屋顶外表面温度状况

如表 11-3、图 11-4 和图 11-5 所示，加气混凝土层蓄水屋面外表面最高温度 3 天里分别是 38.1℃、43.0℃、44.2℃，分别比刚性屋面低 28.7℃、23.8℃、22.6℃，3 天都低于蓄水屋面的情况，降低值依次为 7.1℃、2.2℃、1℃。与加盖板蓄水和水膜流动情况相比，第 1 天分别低 0.7℃和 2℃，而后 2 天都略高于两者。最低温度 3 日里分别是 27.0℃、27.5℃、29.5℃，分别与刚性屋面和蓄水及蓄水加盖板屋面情况相接近，比水流屋面高出约 2～4℃。看来加气混凝土层蓄水蒸发的外表面降温效果要优于蓄水屋面及蓄水加盖板情况，与水膜流动相比稍逊。

（2）屋顶内表面温度状况

如表 11-3、图 11-6 和图 11-7 所示，与砂层蓄水屋顶相比，内表面温度略高约 0.7℃，可见两者的蒸发冷却效果是接近的，比刚性屋面降低约 5℃，而且内表面温度波动振幅最大约为 1.3℃，足见其热稳定性较好；与砂层蓄水屋顶相比，3 天内的均匀度要好。究其原因，是由于砂层和加气块层的蒸发速度不一致的缘故，在外扰工况相同的情况下，蒸发速度快亦即蒸发率大者将会得到较大的蒸发率衰减趋势，蒸发速度慢者蒸发率的衰减也慢，从而在整个蒸发周期里，蒸发量的分布比例后者较前者趋于均匀。

以上论述了国内外主要针对在建筑屋面铺设多孔材料或设置蓄水池而进行的蒸发冷却性能研究。随着现代建筑业的不断发展，为了节省占地空间，出现了越来越多的高层建筑。高层建筑的出现使建筑物墙体面积比例大大增加。据统计，高层建筑物墙体冷负荷占

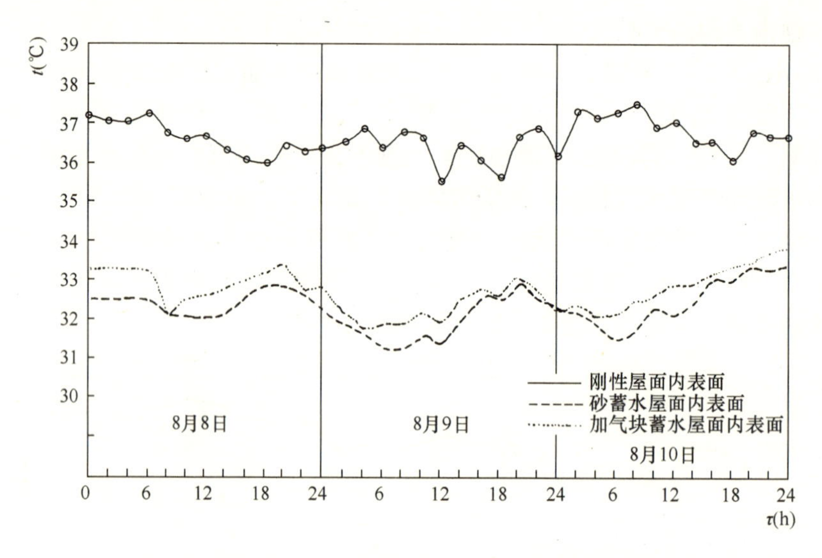

图 11-7　三种屋面室内侧表面温度比较

建筑物围护结构冷负荷的比例大约为 50%～60%，所以对墙体的保温或被动蒸发冷却的研究势在必行。国外对于建筑物墙体的研究主要是多孔材料在墙体蓄水蒸发冷却的研究[20]；同时对墙面蒸发冷却的强化进行了实验研究，提出了在蒸发面外侧加一层挡板，并与蒸发面之间保持一个空气间层，使得蒸发在通风空气间层内部进行，但对建筑物外观有影响，而且增加了施工难度。

结合国内外对于被动冷却技术的总结，笔者提出一种可以直接应用于建筑物墙体外表面的多孔调湿材料，这种多孔调湿材料结合了调湿材料和多孔材料的性能特点，具有较好的调湿性能及蒸发冷却性能。

11.2　建筑表面被动蒸发降温基础

11.2.1　调湿材料的调湿原理

调湿材料的调湿原理可从图 11-8[21] 所示的吸放湿曲线来说明：当空气相对湿度超过某值（φ_2）时，平衡含湿量急剧增加，材料吸收空气中水分，阻止空气相对湿度增加；当空气相对湿度低于某一值（φ_1）时，平衡含湿量迅速降低，材料放出水分加湿空气，阻止空气相对湿度下降。图 11-9[22,23] 以另一种方式来说明调湿材料的调湿原理，其中 P_S 表示

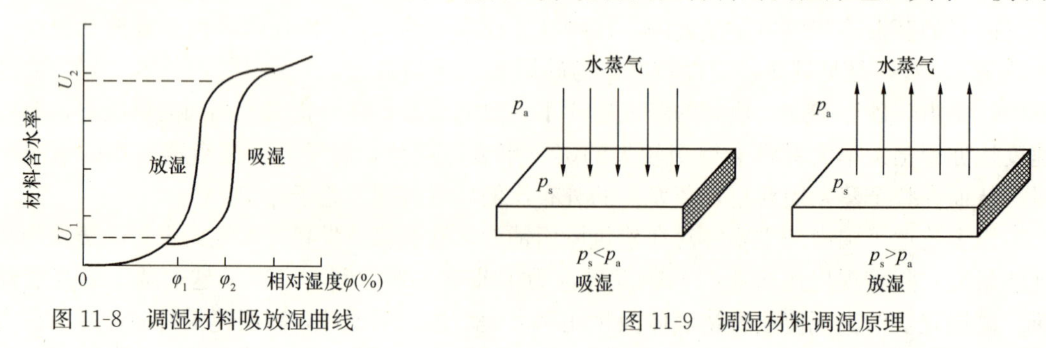

图 11-8　调湿材料吸放湿曲线

图 11-9　调湿材料调湿原理

调湿材料表面水蒸气分压力，P_a表示周围环境空气的水蒸气分压力。

11.2.2 多孔材料

多孔材料是指材料内部存有微孔结构，这些孔结构内部可以充满空气或水和空气的混合物。对于吸湿材料，其内部的多孔性随着其内部湿度百分比的变化而变化；对于非吸湿性材料，则相反。由于多孔材料具有多孔性和毛细性的特点，具有较好的蓄湿能力和蒸发效果。

现存大量关于多孔材料应用于建筑物的研究，华南理工大学建筑学院的孟庆林在自然气候控制多孔材料蒸发冷却的热湿特征方面进行过大量的实验研究[4]。这里的多孔材料蒸发床放置于重庆地区无遮挡的建筑物屋面上，多孔材料选取为最常见的加气混凝土和建筑砂，经过一段时间的蒸发作用，蒸发床内部湿度分布如图 11-10 所示，蒸发床内温度分布如图 11-11 所示。蒸发床上下界面的温度差别反映了被动蒸发冷却的降温特征，如图11-11 所示，当午后强烈日照较大的时段（ 10：00～15：00)，蒸发床内部温度梯度在湿分沉积层上发生了较大幅度的转折，沉积层上部梯度大，下部梯度小，形成蒸发床上下界面的温差最高可达 18.5℃；而在凌晨时段（ 6：00～7：30)，砂层的下界面比上界面温度高，但最高不超过 1.6℃。可见含湿材料的蓄水被动蒸发的降温效果十分显著。

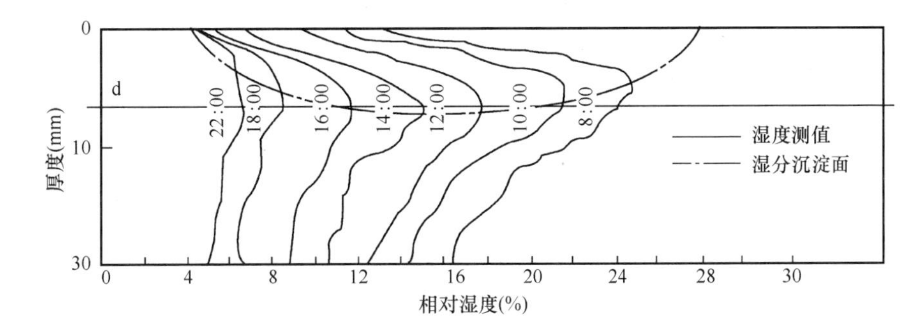

图 11-10　蒸发床内湿分布

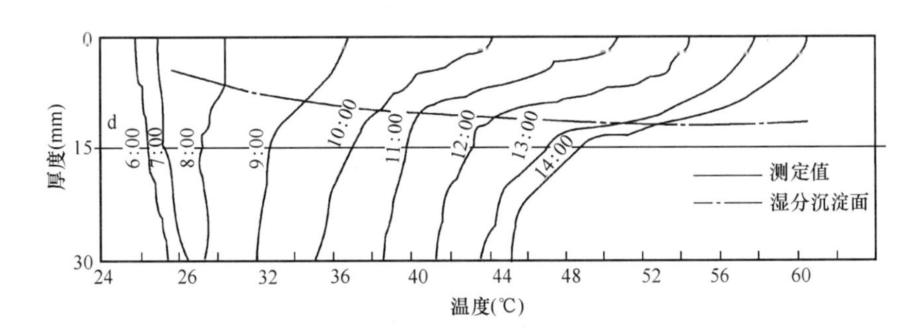

图 11-11　蒸发床内温度分布

11.2.3 多孔调湿材料

结合使用调湿材料和多孔材料的各种特性，可形成一种复合的多孔调湿材料，这种多孔性复合调湿材料与被动蒸发冷却技术相结合，贴附于墙体表面（图 11-12)。这种多孔

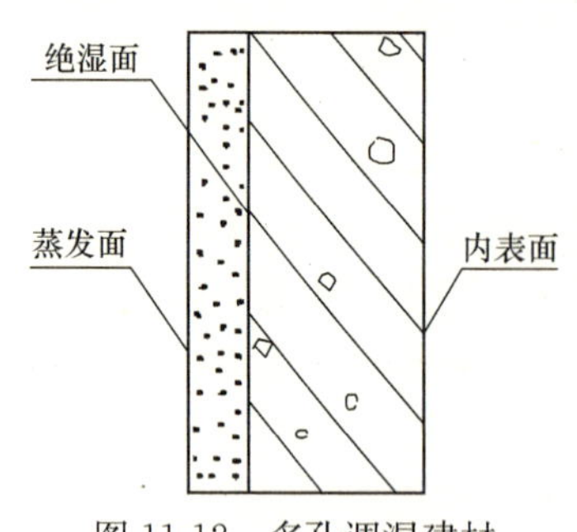

图 11-12　多孔调湿建材应用于墙体的结构图

调湿材料兼有自动吸放湿作用和较好的蓄湿能力、蒸发效果。板层间的湿度迁移如图 11-13 所示。从图中可以看出，这种多孔调湿材料的湿迁移过程与调湿材料的吸放湿原理相似，当外界水蒸气分压力小于材料表面水蒸气分压力时，材料向外释放水分，同时由于多孔材料层的毛细作用在复合多孔调湿材料内部形成一种湿度迁移，调湿层从多孔层吸收水分持续蒸发［图 11-13（*a*）］；当外界水蒸气分压力大于材料表面水蒸气分压力时，材料开始吸收空气中的水分，随着调湿层对于水分的不断吸收使得调湿层内的水蒸气分压力大于多孔材料层，因此多孔材料层发挥其毛细、蓄湿作用，从调湿材料层吸收水分［图 11-13（*b*）］。这一过程是在不需要任何附加能源的情况下的一种吸湿和放湿蒸发过程。利用多孔调湿材料置于围护结构外表面，在一定程度上可以解决补水和管理问题，同时又可大大降低围护结构对空调系统造成的冷负荷。这种多孔吸湿体夜间受空气冷却和天空辐射冷却，温度降低，从空气中吸湿蓄水；白天受太阳辐射和空气加热，水分蒸发解湿冷却围护结构。

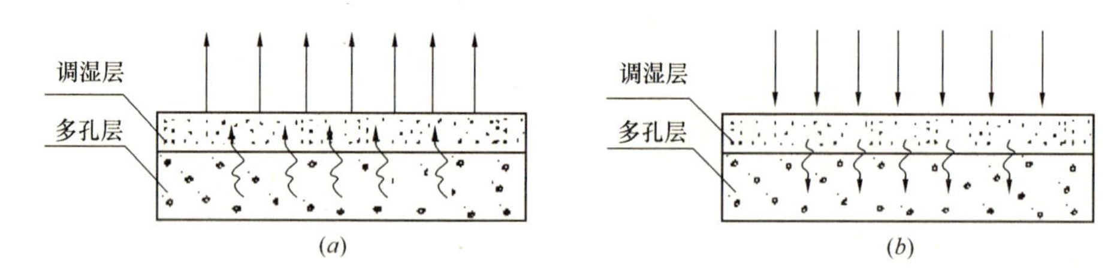

图 11-13　多孔调湿材料吸放湿情况材料内部的湿迁移

（*a*）放湿情况下材料内部的湿迁移；（*b*）吸湿情况下材料内部的湿迁移

这种复合型的含湿多孔调湿材料的热湿迁移特性数据包括导热系数、导温系数（热扩散系数）、质扩散系数、热质扩散系数、渗透率等，与周围环境的温湿度、材料本身的吸放湿能力、材料内部的含湿量、孔隙率等紧密相关。

11.2.4　多孔调湿材料表面蒸发冷却模型[1]

如图 11-14 所示，在楼板上铺设一层厚度为 d 的多孔材料，当材料含湿后受太阳辐射和大气对流及天空长波辐射换热作用后，内部水分通过热湿迁移机理作用迁移至表面并蒸发。描述多孔体中的热湿迁移过程，显然过于复杂也难于求解，因此，这里不妨把问题作如下简化：

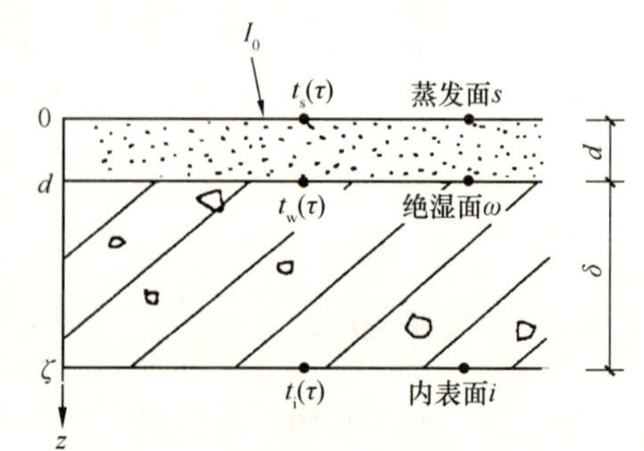

图 11-14　砂层蓄水蒸发冷却模型

（1）所研究的材料在宏观上是均匀的，且吸水和蒸发后的体积不发生变化；

（2）材料孔隙中总压力保持均匀分布，可以忽略由于压力梯度造成的热湿迁移；

（3）固体骨架与水分之间不发生生物或化学反应；

（4）介质中的毛细势远大于重力势，重力作用予以忽略；

（5）温度范围常温条件。

由假设，并考虑大平板含湿蒸发情形，模型可简化为：

$$\frac{\partial u}{\partial \tau}=\frac{\partial}{\partial z}\left(D_{\mathrm{m}}\frac{\partial u}{\partial z}\right)+\frac{\partial}{\partial z}\left(D_{\mathrm{t}}\frac{\partial u}{\partial z}\right) \tag{11-1}$$

$$\frac{\partial t}{\partial \tau}=\frac{\partial}{\partial z}\left(D\frac{\partial t}{\partial z}\right) \tag{11-2}$$

式中　D_{m}——含湿材料的质扩散系数，m^2/s；

D_{t}——含湿材料的热质扩散系数，$m^2/(s\cdot ℃)$，它们是材料含湿量 u 和温度 t 的函数；

D——湿材料的温度扩散系数，m^2/s，因湿材料的导热系数 λ 随含湿量 u 及温度 t 变化，α 亦为 u 与 t 的函数。

对一维湿砂层，可给出式（11-1）的湿边界条件为：

$$\begin{cases} z=0,\ -\rho\left(D_{\mathrm{m}}\dfrac{\mathrm{d}u}{\mathrm{d}z}+D_{\mathrm{t}}\dfrac{\mathrm{d}t}{\mathrm{d}z}\right)=E_{\mathrm{s}}(\tau) & (11\text{-}3)\\ z=d,\ -\rho\left(D_{\mathrm{m}}\dfrac{\mathrm{d}u}{\mathrm{d}z}+D_{\mathrm{t}}\dfrac{\mathrm{d}t}{\mathrm{d}z}\right)=0 & (11\text{-}4)\end{cases}$$

导热方程式（11-2）的热边界条件为：

$$\begin{cases} z=0, t=t_{\mathrm{s}}(\tau) & (11\text{-}5)\\ z=d, t=t_{\mathrm{w}}=(rh_{\mathrm{i}}+1)t_{\mathrm{i}}-r(h_{\mathrm{i}}t_{\mathrm{n}}) & (11\text{-}6)\end{cases}$$

式中　ρ——砂子的干基容重，kg/m^3；

E_{s}——蒸发率，是蒸发表面温度 t_{s} 的函数；

t_{w}——砂层底面温度，℃，它由实测或由楼板底面温度 t_i 与室内空气温度 t_{n} 的实测量确定；

r——楼板的热阻，$m^2\cdot K/W$；

h_{i}——楼板内表面与室内空气的换热系数，一般取为 7.56W/（$m^2\cdot K$）。

对于已知的楼板内表面温度和室内气温，在使用之时需进行谐量分析，有：

$$t_{\mathrm{i}}=I_0+\sum_{n=1}^{\infty}I_{\mathrm{n}}e^{\mathrm{i}n\omega\tau} \tag{11-7}$$

$$t_{\mathrm{n}}=N_0+\sum_{n=1}^{\infty}N_{\mathrm{n}}e^{\mathrm{i}n\omega\tau} \tag{11-8}$$

$$\begin{cases} I_{\mathrm{n}}=A_{\mathrm{n}}\exp(-i\sigma_{\mathrm{n}})\\ N_{\mathrm{n}}=A'_{\mathrm{n}}\exp(-i\sigma'_{\mathrm{n}})\end{cases} \tag{11-9}$$

式中　I_0，N_0——分别是表面和室温的平均值；

A_{n}，A'_{n}——分别是内表面和室温第 n 级谐量的振幅；

σ_{n}，σ'_{n}——分别是内表面和室温第 n 级谐量的相位角，周期为 24h，$\omega=15°$；

τ——时间变量。

蒸发面的温度 t_s 是直接标识蒸发过程中能量交换过程的一个重要的特征量。这个量一经确定，不单表示模型的边界条件已被确定，还能够方便地计算出材料表面的蒸发率，下面讨论以蒸发表面能量平衡方程出发确定 t_s 的方法。

根据材料层表面的能量守恒方程

$$q_o + q_{ar} - q_{sr} = q_e + q_c + q_d \tag{11-10}$$

式中 q_o——材料吸收太阳总辐射热量，kJ；

q_{ar}——大气的长波辐射热量，kJ；

q_{sr}——材料表面对天空的长波辐射热量，kJ；

q_e——材料表面蒸发逸热量，kJ；

q_c——材料表面对流换热量，kJ；

q_d——由材料表面进入内部的热量，kJ。

式（11-10）左端为材料层表面所获得的净辐射热，右端为材料表面上对流、导热、蒸发热量的分配量，可表示为：

$$q_r = q_e + q_c + q_d \tag{11-11}$$

$$q_r = q_o + q_{ar} - q_{sr} \tag{11-12}$$

$$q_o = (1 - \rho_s) I_\Theta \tag{11-13}$$

$$q_{ar} = \sigma \left[\frac{t_a(\tau) + 273.6}{100} \right]^4 \times [0.802 + 0.004 t_d(\tau)] \tag{11-14}$$

$$q_{sr} = \varepsilon\sigma \left[\frac{t_s(\tau) + 273.16}{100} \right]^4 \tag{11-15}$$

式中 I_Θ——太阳辐射照度；

ρ_s——含湿材料蒸发面的反射率；

ε——蒸发面的发射率；

σ——Stefan-Boltxmann 常数；

t_a，t_d——分别是大气温度和露点温度，在 t_a=0～65℃时，t_d 按下式计算

$$t_d = 8.22 + 12.4 \ln P_{ab} + 1.9 (\ln P_{ab})^2 \tag{11-16}$$

$$q_c = h_c [t_s(\tau) - t_a(\tau)] \tag{11-17}$$

$$q_e = E_s(\tau) r \tag{11-18}$$

式中 r——水的气化潜热，kJ/kg；

E_s（τ）——蒸发面的蒸发率；

P_{ab}——大气饱和水蒸气分压力，pa；

h_c——对流换热系数，W/（m^2·℃）。

用于多孔含湿材料表面的蒸发率参考了土壤表面蒸发率的技术方法，这里引入表面蒸发阻力修正过的模型来计算材料的表面蒸发率 E_s，即

$$E_s(\tau) = (d_s - d_a)/(\zeta_c + \zeta_s) \tag{11-19}$$

式中 d_s，d_a——分别是温度为 t_s 时蒸发面处空气的含湿量和空气在参考高度 z 处的含湿量，$kg/kg_{干空气}$；

ζ_c——蒸发表面上的空气动力学阻力，m^2·s/kg；

ζ_s——材料表层的蒸发阻力，m^2·s/kg。

实时测定了含水砂层蒸发过程中，厚1mm左右的表面层的含湿量和饱和含湿量以及表面蒸发率，拟合了下面的计算式：

$$\zeta_s = a + b(d_{sb} - d_s) \tag{11-20}$$

$$a = -1523.59, b = 55.89$$

式中 ζ_s——材料表层的蒸发阻力，$m^2 \cdot s/kg$；

d_{sb}，d_s——分别是材料表层的饱和含湿量和表面含湿量，$kg/kg_{干空气}$；

a，b——拟合参数。

式（11-19）中的绝对湿度 d_s 和 d_a 可以分别表示为

$$d_s = \frac{0.622\varphi_s P_{sb}}{B - \varphi_s P_{sb}} \tag{11-21}$$

$$d_a = \frac{0.622\varphi P_{ab}}{B - \varphi P_{ab}} \tag{11-22}$$

式中 B——当地大气压，Pa；

P_{sb}，P_{ab}——分别是蒸发面温度 t_s 的饱和水蒸气分压力和空气温度 t_a 的饱和水蒸气分压力，Pa；

φ，φ_s——分别是空气相对湿度和蒸发面上的空气相对湿度，%。

$$P_{sb} = \exp[23.5612 - 4030/(t_s + 235)] \tag{11-23}$$

$$P_{ab} = \exp[23.5612 - 4030/(t_a + 235)] \tag{11-24}$$

由式（11-11）知，进入蒸发面内部的热流为：

$$q_d = q_r - q_c - q_e \tag{11-25}$$

式中，q_c，q_e 是表面温度 t_s 的强函数，受 t_s 影响程度大；而 q_r 是 t_s 的弱函数，特别是在白天，受材料表面温度影响不大，而主要是受太阳辐射 I_Θ 的影响。在夜间，I_Θ 为0时，q_r 主要是由大气与表面之间的长波换热构成。此时由表面温度 t_s 决定的 q_r 量值大小也很可观而不容忽视，因此有：

$$q_d(t_s) = q_r(t_s) - q_c(t_s) - q_e(t_s) \tag{11-26}$$

在任意时刻 τ（k），对于材料层上表面厚度为 dz（1）薄层，其温度为 t（1，k），于是

$$q_d(t_s) = -\frac{\lambda(1,k)}{dz(1)}[t(1,k) - t_s(k)] \tag{11-27}$$

代入式（11-26）得：

$$t_s(k) = t(1,k) + \left[\frac{dz(1)}{\lambda(1,k)}\right][q_r(t_s) - q_c(t_s) - q_e(t_s)] \tag{11-28}$$

式（11-28）具有 $t_s(k) = f[t_s(k)]$ 的形式，通过迭代法即可求解。求解出 t_s 后，采用有限差分方法离散方程式（11-1）、式（11-2）及其边界条件，可得到多孔调湿材料的含湿量及温度分布的计算方程组。

11.3 多孔调湿材料被动蒸发冷却综合实验研究[24]

11.3.1 实验概况

该实验中搭建了多孔调湿材料性能测试实验风道，通过风机来模拟室外风速，通过有

机玻璃箱的透光作用透射太阳光用以模拟室外太阳辐射，与材料直接接触的空气不经过任何处理，即实验系统的空气条件（温度、湿度）与外界实时变化相同；多孔调湿材料（由调湿材料和多孔材料结合组成）置于管道中部，采用抽拉式活连接，可按要求更换，同时材料上部和下部设有补水孔和泄水孔，用以保证材料内部水分供给及多余水分的排出；实验测试管道后部为密闭空间，外加有保温层，通过测试密闭空间内部的温度变化来间接描述材料的蒸发冷却性能。此外，实验管道密闭空间可以当作密闭小室用以测试调湿材料的调湿性能，如图 11-15 和图 11-16 所示。

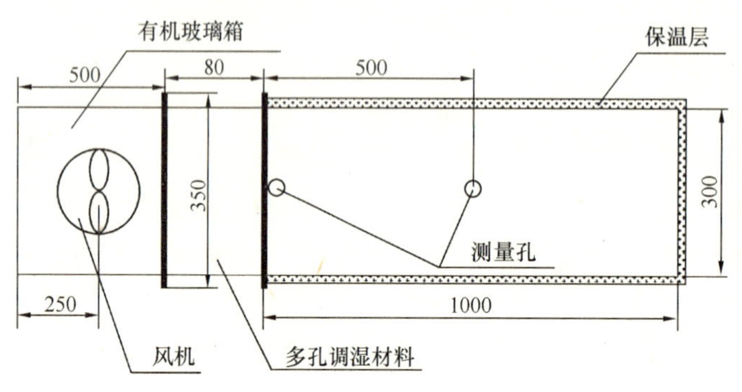

图 11-15　实验测试管道结构图

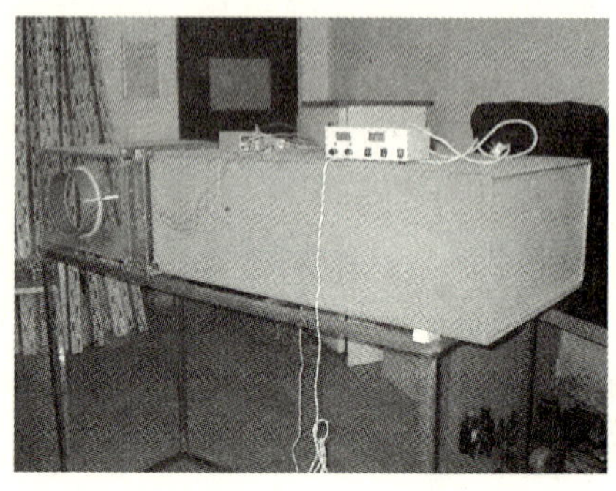
图 11-16　实验测试管道实物图片

11.3.2　实验的研究内容

11.3.2.1　研究假设

由于实验条件有限，该实验有一些因素不能完全模拟室外条件，因此对于实验数据的测量做了一下假设：

（1）未能直接将材料固定于墙体外表面，实验台部分也未能模拟太阳辐射，后来在设计上通过有机玻璃箱的透光作用将其伸出窗外以模拟材料表面的太阳辐射，所以在该实验中假设透过有机玻璃箱透过到达材料表面的太阳辐射强度与外界相同。

（2）实验材料没有直接接触外界，因此表面风速是通过风机来调节，风机风速的调节有一定的限制，无法完全模拟室外风速的变化，所以在该实验中假设风机调节的材料表面风速与室外计算风速相同。

（3）材料段上部和下部设有补水孔和泄水孔，用以保证材料内部水分供给及多余水分的排出，假设材料内部水分充足，处于饱和状态。

11.3.2.2　实验内容

（1）含水加气混凝土蒸发冷却性能测试；

（2）不同温度对于材料的蒸发冷却效果的影响；

（3）调湿材料调湿能力的测定。

11.3.2.3　实验材料

（1）多孔材料：加气混凝土（80mm）；

（2）调湿材料：

1）调湿涂料（由高吸水性树脂、有机添加剂、成膜物质组成）；

2）调湿板材（由高吸水性树脂、粉煤灰、$CaCl_2$溶液、发泡剂组成）（20mm）。

11.3.3　实验结果

11.3.3.1　调湿涂料与多孔材料相结合的多孔调湿材料性能

1. 材料调湿性能测试结果分析

在其他条件基本相同的情况下，分别对有调湿涂料和无调湿涂料两种情况下密闭空间的湿度变化规律分别进行了 10h 的测试，如图 11-17 所示。从图中可以看出，当无调湿材料时，密闭空间内环境相对湿度在 10h 内只降低了 7%，即相对湿度由 92%降低到 85%。而调湿材料的调湿能力在相对湿度为 73%～74%之间出现转折，说明调湿材料在环境相对湿度为 73%～74%的情况下调湿作用强，在低于此点时调湿能力减弱。当调湿材料放进去 60min 内，相对湿度就降低了 11.7%左右，即相对湿度由 92%左右降低到了 79%左右，在 10h 内相对湿度就降低了 24.1%～24.7%，即由 92%左右降低到了 67.2%～68%，同时，由于多孔材料的毛细作用，会逐渐从调湿材料吸收部分水分，因此会使得调湿材料内部水蒸气分压力一直处于下降趋势，调湿材料的吸湿作用会一直继续，但其吸湿能力曲线逐渐趋于平缓。

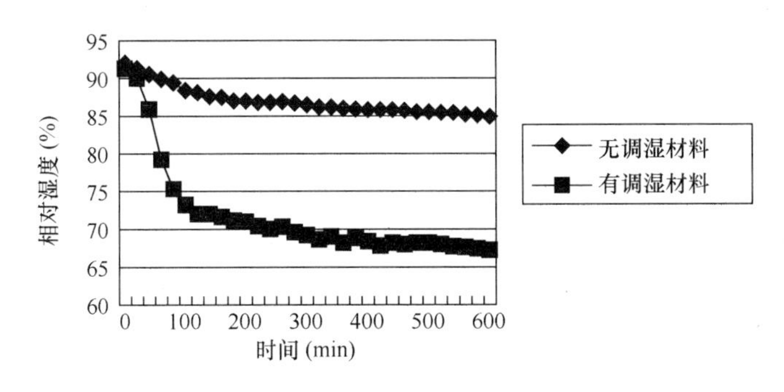

图 11-17　密闭空间相对湿度变化对比图

2. 调湿材料蒸发冷却性能分析

图 11-18 为材料前后壁面温度差（随环境温度变化时）对比曲线图（室外计算风速条件下），实验过程中保持材料内水分补给充足，即材料在饱和状态下进行蒸发冷却性能测试。由图中可以看出由于淋水和表面风速的原因，材料前壁面温度比环境干球温度稍低，前后壁面温度之差随环境干球温度的升高而加大，前后壁面温差在环境温度为 40℃时可达到 6.2～6.9℃，由此可知材料的蒸发冷却降温效果十分显著。

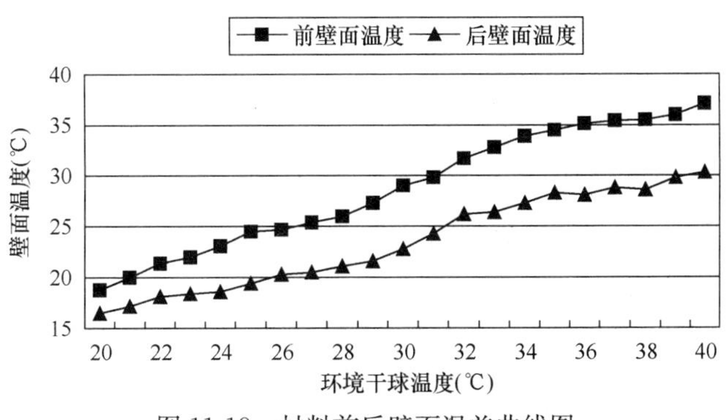

图 11-18　材料前后壁面温差曲线图

图 11-19 为 24h 逐时测量的环境干、湿球温度与材料后壁面温度曲线对比图（室外计算风速条件下）。由图中可以看出，多孔调湿材料的降温效果最佳时间段出现在 12：00～15：00 之间，其中最大值出现在 13：00 或 14：00，环境干球温度与后壁温差在 6.5～7.9℃之间，平均温差约为 4.3℃。

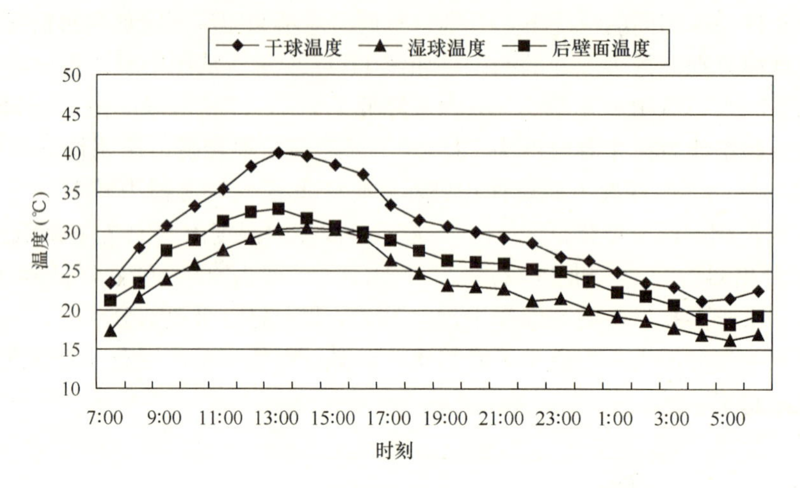

图 11-19　24h 蒸发冷却效果

3. 性能特点

（1）调湿性能好，调湿速率快，蒸发冷却性能好。

（2）有机添加剂对吸水性树脂的吸水率有影响；表面调湿涂料层耐雨水冲刷能力较差，会由于雨水冲刷引起调湿体内调湿成分的流失，使得调湿材料性能不稳定，随着使用时间的增加，调湿能力逐渐减弱。

11.3.3.2　调湿板材与多孔材料相结合的多孔调湿材料

1. 调湿材料调湿性能测试结果分析

在其他条件基本相同的情况下，分别对有调湿材料和无调湿材料两种情况下密闭空间的湿度变化规律分别进行了 10h 的测试，相应的曲线如图 11-20 所示。从图中可以看出，调湿材料的调湿能力在相对湿度为 72％左右时出现转折。由图中的曲线斜率可以看出，调湿材料在环境相对湿度为 72％以上调湿作用强，在低于此点时调湿能力逐渐减弱，曲线斜率逐渐平缓。同时还应该注意到，由于调湿材料后部为具有毛细作用的多孔材料，也

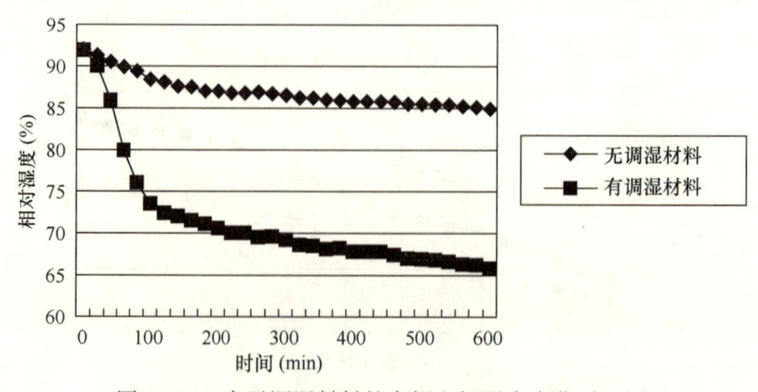

图 11-20　有无调湿材料的密闭空间湿度变化对比图

就是说多孔材料通过毛细作用会从调湿材料中吸收一定量的水分，这样就会使得调湿材料内部水分含量处于饱和线之下，因此会使调湿材料还具有一定的吸湿能力，所以理论上调湿曲线会一直是下降趋势，但是这种下降趋势很小，趋于水平。从实验可以看出，调湿材料和多孔材料的复合，增强了调湿材料的调湿性能。当无调湿材料时，密闭空间内环境相对湿度在 10h 内只降低了 7%，即相对湿度由 92%降低到 85%，对密闭空间湿度的调节能力较差，速度缓慢，调湿曲线趋势平缓。当调湿材料放进去后，在 60min 内，相对湿度就降低了 11.6%～12.8%，最大的差值达到 12.8%，即相对湿度由 92.4%降低到了 79.6%，在 10h 内相对湿度就降低了 26.1%～26.8%，最大差值为 26.87%，即由 92%降低到了 65.2%。由此可见，调湿材料的吸湿性能还是比较明显的。

与前一种调湿涂料的调湿性能相比，这种调湿板材的总体调湿能力稍优于调湿涂料，对密闭小室相对湿度影响差异约在 3%左右，但对于密闭空间内相对湿度的调节速率调湿涂料则较优于调湿板材。

2. 多孔调湿材料蒸发冷却性能分析

图 11-21 为多孔调湿材料（调湿板材＋多孔材料）在外界温度不同的情况下，材料前后壁面温度对比曲线图（室外计算风速条件下）。实验过程中保持材料内水分补给充足，即材料在饱和状态下进行蒸发冷却性能测试。由图中可以看出，由于淋水和表面风速的原因，材料前壁面温度比环境温度稍低，前后壁面温度之差随环境温度、前壁面温度的升高而加大，前后壁面温差可达到 8℃左右，由此可知材料的蒸发冷却降温效果十分显著。

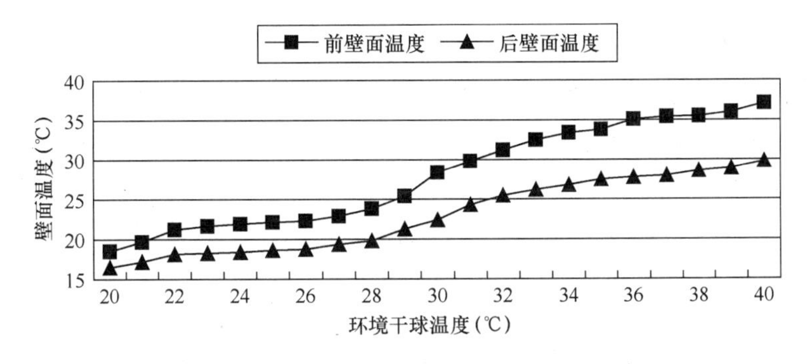

图 11-21　材料前后壁面温差曲线图

图 11-22 为逐时测量的外界气温与材料后壁面温度曲线对比图（室外计算风速条件下）。由图中可以看出，在 12：00～15：00 之间环境温度在 30℃以上，这种情况下温差相对比较大，是多孔调湿材料的降温效果最佳时间段，其中最大值出现在 13：00 左右，温差约为 7.8℃，最小值大约出现在凌晨 4：00～5：00 左右，温差约为 2.8℃，全天平均温差约为 4.2℃。

3. 性能特点

（1）调湿性能好，调湿速率较快，耐雨水冲刷，内部吸放湿成分不易流失。

（2）表面类似于加气混凝土表面结构，有微孔存在，美观性不足，若要使其成为一种成熟的饰面材料还需要继续努力，在不改变其性能的情况下使其外表更为美观以适用于直接作为建筑物饰面材料使用。

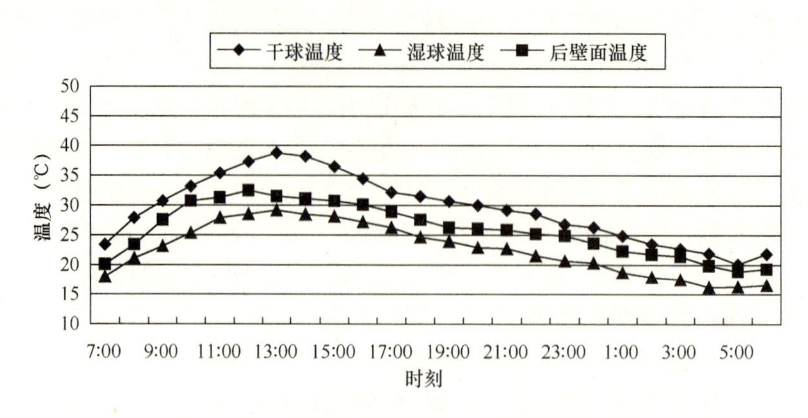

图 11-22　多孔调湿材料 24h 蒸发冷却效果图

11.3.4　结论

1. 调湿涂料与多孔材料相结合的多孔调湿材料

（1）调湿材料的调湿能力在相对湿度为 73%～74%范围内出现转折，说明调湿材料在环境相对湿度为 73%～74%以上的情况下调湿作用强，在低于此点时调湿能力减弱。当无调湿材料时，密闭空间内环境相对湿度在 10h 内只降低了 7%，即相对湿度由 92%降低到 85%。当调湿材料放进去后，在 60min 内，相对湿度就降低了 11.7%左右，即相对湿度由 92%左右降低到了 79%左右，在 10h 内相对湿度就降低了 24.1%～24.7%，即由 92%左右降低到了 67.2%～68%，由此可见调湿材料的吸湿性能还是比较明显的。

（2）多孔调湿材料的被动蒸发冷却降温效果显著。多孔调湿材料的降温效果最佳时间段出现在 12∶00～15∶00 之间，其中最大值出现在 13∶00 或 14∶00，温差在 6.5～7.9℃之间，平均温差约为 4.3℃。材料前后壁面温差最大可以达到 7.9℃。同时，多孔调湿材料的蒸发冷却性能随着环境温度的升高而逐渐增强，在降低墙体冷负荷方面可以起到较好的作用。

2. 调湿板材与多孔材料相结合的多孔调湿材料

（1）调湿材料的调湿能力在相对湿度为 72%左右出现转折，由图中的曲线斜率可以看出，调湿材料在环境相对湿度为 72%以上的情况下调湿作用强，在低于此点时调湿能力逐渐减弱，曲线斜率逐渐平缓。从实验可以看出，调湿材料和多孔材料的复合，增强了调湿材料的调湿性能。当无调湿材料时，密闭空间内环境相对湿度在 10h 内只降低了 7%，即相对湿度由 92%降低到 85%，对密闭空间湿度的调节能力较差，速度缓慢，调湿曲线趋势平缓。当调湿材料放进去后，在 60min 内，相对湿度就降低了 11.6%～12.8%，最大的差值达到 12.8%，即相对湿度由 92.4%降低到了 79.6%，在 10h 内相对湿度就降低了 26.1%～26.8%，最大差值为 26.87%，即由 92%降低到了 65.2%，由此可见调湿材料的吸湿性能还是比较明显的。

（2）多孔调湿材料的降温效果最佳时间段，其中最大值出现在 13∶00 左右，温差值约为 7.8℃，最小值大约出现在凌晨 4∶00～5∶00 左右，温差约为 2.8℃，全天平均温差约为 4.2℃。由于实验过程中风速未能完全真实体现室外风速变化，所以实验测得数据与实际情况会有一定差距。

3. 性能对比

与调湿涂料的调湿性能相比，调湿板材的总体调湿能力稍优于调湿涂料，对密闭小室相对湿度影响差异约在 3%左右。但对于密闭空间内相对湿度的调节速率，调湿涂料则较优于调湿板材。这两种多孔调湿材料的蒸发冷却性能差距不大，这是由于实验过程中材料内水分充足，始终处于饱和状态，所以无法测量由于其饱和水量的差异而引起的蒸发效率差异。与含水加气混凝土的蒸发冷却效果相比，多孔调湿材料的蒸发温差一般要高于含水加气混凝土 1～2℃，且含水加气混凝土无明显的调湿作用。

4. 两种多孔调湿材料在实际应用中的优势

(1) 多孔调湿材料（调湿涂料）：在基材表面涂有调湿涂料，此种涂料具有较强的调湿能力，涂料的颜色可根据需求变换。

(2) 多孔调湿材料（调湿板材）：具有较强的调湿能力，耐雨水冲刷，调湿体内的调湿成分流失量少，随使用时间的增加对调湿材料的调湿能力影响不大。

11.4　新型建筑表面被动蒸发冷却技术

11.4.1　被动蒸发冷却墙[25]

被动蒸发冷却墙由多孔陶瓷构成的被动式蒸发冷却壁面（图 11-23 和图 11-24）。这些陶瓷具有毛细作用力可以储存水分，这意味着在它们的垂直表面是潮湿的，当将其下端段放在水中时湿润高度可以高达 100cm，证实了管状陶瓷 PECW 原型的冷却效果。该 PECW 能够吸收水分并且使空气流过，因此可以通过水分的蒸发降低其表面温度。被动式冷却，例如遮阳、辐射供冷、通风冷却等，可以通过在露天或者半露天环境的公园、步行区、住宅设计中引入 PECWs 以加强其效果。下面的发现是通过夏季收集到的实验数据得到的：湿润的陶瓷管垂直表面放在室外有太阳辐射的地方，1h 湿润高度超过 1m。潮湿的表面状况可以在夏季连续晴朗的条件下维持。陶瓷管垂直表面的温度发生了微小的变

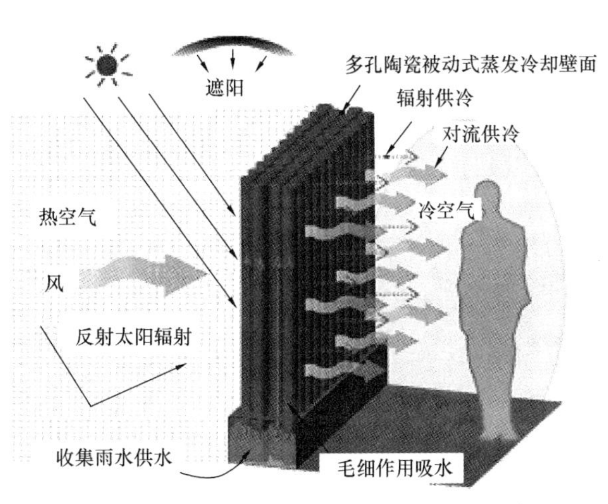

图 11-23　多孔陶瓷被动式蒸发冷却壁面示意图

图 11-24　被动式蒸发冷却壁面试验模型图

化。在夏季的白天，空气流过 PECW 时被冷却，并且温度被降低到最小值。同时发现陶瓷管阴面表面温度能够维持在一个温度几乎接近室外空气的湿球温度。

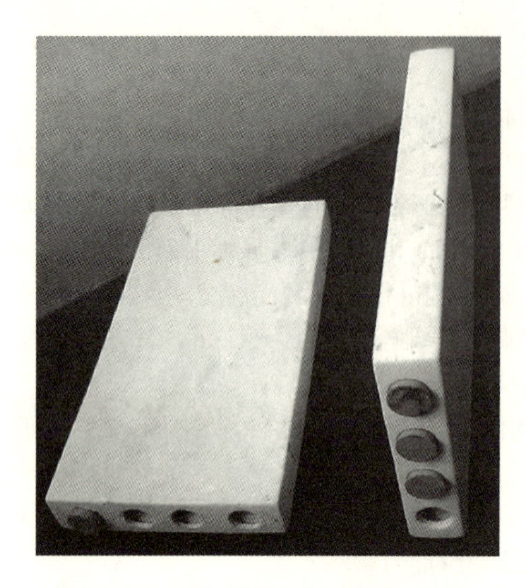

图 11-25 多孔陶瓷蒸发器样品的图片

11.4.2 多孔陶瓷蒸发器[26]

国外有人把合适的多孔介质冷却元件集成到建筑中，并已对多孔蒸发冷却器的样品的性能进行了研究。多孔陶瓷蒸发器样品的图片如图 11-25 所示。

11.4.3 具有风向自动跟踪装置的被动式蒸发冷却空调系统[27]

具有风向自动跟踪装置被动式蒸发冷却空调系统蒸发冷却器使用一个可以转动的缸，利用自然通风或风机送风（图 11-26）。导流叶片确保了进口槽总是面向自然风的方向。缸套固定在管轴上，在轴承的帮助下管轴可以旋转。冷却水通过管轴上的小孔流动，并在泵的作用下进行循环。这些喷嘴由位于圆盘底部的许多小孔组成，并与风机相连接。盘子顶端密封。如果蒸发冷却缸被应用在湿热的环境中，应在蒸发冷却缸的入口放置固体吸湿剂，如 SiO_2（硅胶）、氯化锂（锂氯化物）、氧化铝（活性氧化铝）、LiBr（溴化锂）或分子筛，来降低潮湿自然风的含湿量。吸湿后的吸湿剂通过干燥过程可再生为干吸湿剂。如果没有自然风或者自然风很弱，风机将在弹簧的拉动下自动开启开关上的“风挡”，如图 11-27 所示。如果是强自然风吹在叶片上，将使“风开关”关闭风机。电线和导流叶片固

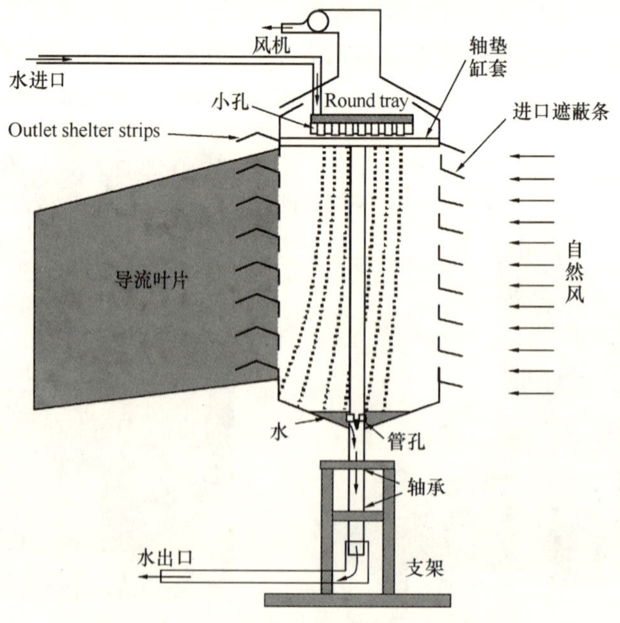

图 11-26 一种室外蒸发冷却装置的结构图

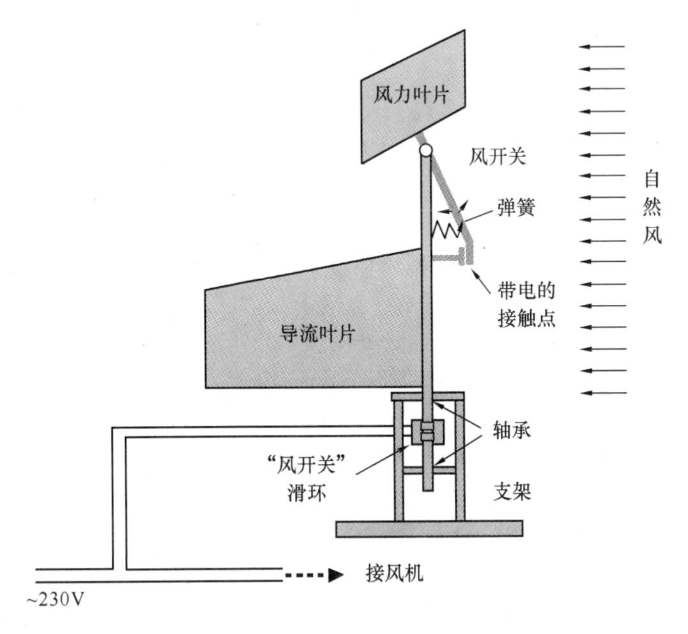

图 11-27　风机“风开关”的原理图

定在管轴上，在轴承的帮助下可以旋转。滑环是用来防止电线缠绕在管轴上。如果要求更大的冷却能力，将会需要多个蒸发冷却缸，但对于多个风机一个“风开关”就足够了。

冷却水会循环到建筑物，通过一个热交换器（IEC）、室内装饰的喷泉（DEC）或室内壁挂瀑布（DEC）提供一个舒适的环境。装饰的喷泉和壁挂小瀑布，可安装在建筑物的大厅，它们既具装饰性和又可为所在空间提供冷量，如图 11-28 所示。

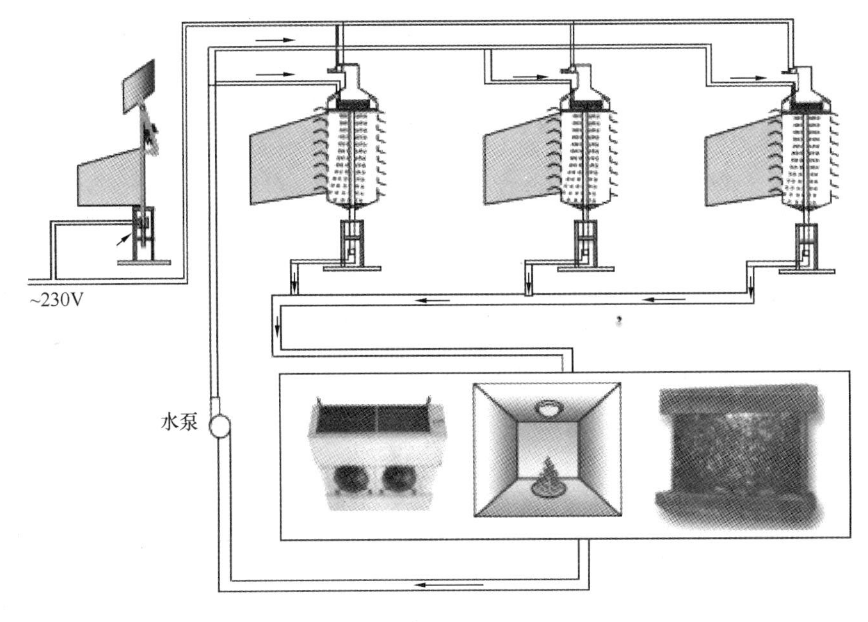

图 11-28　一种具有风向自动跟踪装置被动式蒸发冷却空调系统

参考文献

[1] 孟庆林，胡文斌，张磊，张玉. 建筑蒸发降温基础. 北京：科学出版社，2006.

[2] S. P. Jain and K. R. Rao. Experimental studies on the effect of roof system cooling on unconditioned building. Build Sci，1974，(9)：9.

[3] F. C. Houghten，H. T. Olsen，C. Gutberlet. Am. Soc. Heat. Vent. Engrs Trans，1940，(46)：231.

[4] 孟庆林. 建筑物表面被动蒸发冷却. 广州：华南理工大学出版社，2001.

[5] N. M. Nahar，P. Sharma，M. M. Purohit. Performance of different passive techniquesfor cooling of buildings in arid regions. Building and Enviornment，2003：109-116.

[6] Tang Runsheng，Y. Etxion，E. Erell. Experimentmal studies on a novel roof pond configuration for the cooling of buildings. Renewable Energy，2003：1513-1522.

[7] Hamida Ben Cheikh，Ammar Bouchair. Passive cooling by evapo-reflective roof for hot dry climates. Renewable Energy，2004：1-5.

[8] N. M. Nahar，P. Sharma，M. M. Purohit. Studies on Solar Passive cooling techniques for arid areas. Energy Conversion & Management，1999：89-95.

[9] M. Cappelli D’Orazio，C. Cianfrini and M. Corcione，Energy Saving by Evaporative Air-Cooling Processes in Building-Envelope Ventilated Air Spaces. Heat and Technology，1999：21-27.

[10] Zahra Ghiabaklou. Thermal comfort prediction for a new passive cooling system. Building and Environment，2003：883-891.

[11] C. O. Mackey，L. T. Wright. Am. Soc. Heat. Vent. Engrs Trans，1944，(50)：292.

[12] C. O. Mackey，L. T. Wright. Am. Soc. Heat. Vent. Engrs Trans，1946，(52)：293.

[13] A. B. Thappen. Excessive. Temperature in Fiat-top Building. Refrigerating Engineering，1943，(163).

[14] L. H. Holder. Automatic Roof Cooling. April Showers，Washington，1975，(2).

[15] S. M. Blount. Ind. Exp. Prog. Facts for Industry Ser. North Carolina state College，Bul2，1958,(9).

[16] G. E. Sutton. Am. Soc. Heat. Vent. Engrs Trans，1950，(131).

[17] 赵鸿佐. 屋顶淋水降温. 南方建筑降温问题研究. 西安冶金学院，1959.

[18] 课题组，刚性蓄水屋面，南方轻型屋盖热工设计研究. 四川省建筑科学研究院，1980.

[19] 陈启高. 蓄水屋盖的热工计算理论//陈启高建筑物理学术论文选集. 北京：中国建筑工业出版社，2004：175-203.

[20] 蒲野良美ら. 建物の大气放射冷却. 蒸发冷却の利用な考虑した外壁热性能の最造化に关する研究. 自然エネルギ—研究，1983.

[21] 冉茂宇. 日本对调湿材料的研究及应用. 材料导报，2002，11 (16)：42-44.

[22] 黄季宜，金招芬. 调湿建材调节室内湿度的可行性分析. 暖通空调，2002，(1)：105-106.

[23] 郑树伟，丘林，王文海. 调湿建材应用于辐射供冷房间的可行性. 制冷与空调，2004，8 (4)：70-73.

[24] 范影. 应用于被动蒸发冷却的复合型高分子多孔调湿材料的理论及实验研究 [硕士学位论文]. 西安：西安工程大学，2006.

[25] Jiang He，Akira Hoyano. Experimental study of cooling effects of a passive evaporative cooling wall constructed of porous ceramics with high water soaking-up ability. Building and Environment，

2010，(45)：461 - 472.

[26] Elfatih Ibrahim，Li Shao，Saffa B. Riffat. Performance of porous ceramic evaporators for building cooling application. Energy and Buildings，2003，(35)：941-949.

[27] G. Q. Qiun，y and S. B. Riffat. Novel design and modelling of an evaporative cooling system for buildings. Int. J. Energy Res，2006，(30)：985-999.

[28] A. B. 雷柯夫. 建筑热物理理论基础. 北京：科学出版社，1965.

[29] 范影，黄翔，狄育慧. 利用太阳能的被动蒸发冷却. 中国建设，2004，(8)：46-50.

[30] 范影，黄翔，狄育慧. 被动冷却技术在我国建筑节能中应用展望. 建筑热能通风空调，2005，24 (5)：29-32.

[31] 范影，黄翔，狄育慧. 用于建筑物被动技术的多孔调湿材料. 西部制冷空调与暖通，2006，(1)：46-52.

[32] 黄翔，范影，狄育慧. 用于墙体表面的多孔调湿材料实验研究. 西安工程科技学院学报，2006，(6)：731-734.

第 12 章　蒸发冷却空调其他方面的问题

12.1　概述

近年来国内对蒸发冷却空调技术日益重视，蒸发冷却空调机组已经在我国干燥地区的公共建筑和民用建筑中得到推广应用。单元式直接蒸发冷却器——蒸发式冷气机也已开始在我国非干燥地区工业厂房和商业建筑中作为通风降温设备使用，蒸发冷却与机械制冷相结合的空调机组正在中等湿度地区积极推广应用中。通过实际应用发现，由于蒸发冷却空调毕竟是靠天的“气象空调”，且间接蒸发冷却与直接蒸发冷却等功能段切换频繁，交替使用。因此，对蒸发冷却空调机组的自动控制要求较传统的空调机组的高。另外，蒸发冷却空调机组是以水作为制冷剂，对于直接蒸发冷却器（段）水与被处理的空气直接接触，对于蒸发式冷水机组，由于采用开式水系统，冷水与散热空气也直接接触。因此，若水质较差，一方面所产生的粉尘和细菌等会污染空调送风和冷水，另一方面所产生的水垢等会腐蚀和影响蒸发冷却换热器，降低冷却效果。因此，蒸发冷却空调系统的自控问题和蒸发冷却空调水系统的水质问题是蒸发冷却空调中需要引起高度重视的两大问题。

12.1.1　蒸发冷却空调系统自动控制的提出

由于蒸发冷却空调机组在使用过程中受室外空气状况影响较大，为了保障空调机组工作的稳定性，需要其自身运行状态要随着室外空气状况的改变而自我调节，这样就必须引入自动控制技术，而自动控制技术的应用又能大大提高蒸发冷却系统的节能效果。此外，即使蒸发冷却空调机组使用了自控技术，但是如果自控技术人员对蒸发冷却空调技术了解不透彻，使得控制程序编写与蒸发冷却空调技术衔接不紧密，可能会造成温度控制不理想。因此，有必要将蒸发冷却空调机组和自动控制技术结合起来并提出合理的控制方法。

自动控制和管理对充分发挥暖通空调设备的各项功能并实施节能运行非常重要，目前此领域做得还不够，这与我国暖通空调事业和计算机应用及自控技术的发展相比，显得很不协调。因此有必要将两者结合起来使自控系统在暖通空调领域中发挥越来越大的作用。

自动控制的功能及意义：

（1）安全　安全可靠是暖通空调系统运行的首要要求，尤其是大型空调系统，热力系统复杂，操作项目繁多，整个系统运行若依靠人工监测和操作，劳动强度大，也容易出现误操作。必须采用一套自动化装置来完成系统运行工况的自动监测和控制，保障空调系统在安全状态下运行，同时当故障出现时能发出报警并给予适当处理避免事故发生和扩大。

（2）舒适　空调系统由空气加热、冷却、加湿、去湿、净化、风量调节及冷、热源等设备组成。其容量是设计容量，但日常运行中实际负荷大部分时间是部分负荷，达不到设计容量。为了舒适和节能，必须对空调设备进行动态控制使其实际输出量与实际负荷相适应。要进行动态控制就需要自动控制系统来保持空气的最佳品质，提供良好的工作和生活环境。特别是对工艺性空调和对环境参数要求高的场所而言，没有自动控制装置时不可能满足生产工艺所需的空气温湿度、清洁度等条件。

（3）节能　随着世界能源资源的紧张和全球气候变暖带来的环境压力的加大，节约能源、保护环境已成为世界各国关注的焦点。目前我国已成为继美国之后的世界第二大空调市场，空调能耗也在逐年持续增加，约为总能耗的20%，在某些发达工业国家空调能耗已占总能耗的1/3。目前我国很多空调系统运行中能源利用率不高，节能潜力巨大，如何提高暖通空调系统运行的经济性，最大限度地节省能源消耗，对建筑物有着十分重要的意义。自动控制系统可以根据冷热负荷变化的情况，随时调整冷热量的生产和输送量，使之与负荷的变化相一致，达到最佳节能效果。

（4）管理高效 暖通空调系统自动化，可以使运行工作人员从繁忙的体力劳动和紧张的精神负担中解脱出来，值班操作人员除了在机组启停时进行一些简单的操作外，正常运行时只需要在监控室内的集中监视屏幕上监视空调系统各设备的运行情况，从而减轻了体力劳动，改善了劳动条件。同时为用户节省了人力成本。

通过工业控制网络把现场参数变化及时传递到管理中心，管理中心能及时了解空调系统的工作状态、远程启停设备、改变房间温湿度设定参数，同时显示记录各设备的运行参数并进行统计、分析，极大地提高了空调系统的管理水平。

蒸发冷却空调系统是我国现代空调技术领域的一个重要的新的发展方向，该系统的运行同样需要自动控制系统的监控以达到安全、舒适、节能及管理高效的目的。

12.1.2　蒸发冷却空调水系统存在的问题

在我国西北地区应用蒸发冷却空调机组的项目工程中，有单独直接蒸发冷却的一级系统，间接蒸发与直接蒸发相结合的二级系统，两级间接蒸发与直接蒸发相结合的三级系统，而所有蒸发冷却空调系统都由直接蒸发冷却段（简称DEC）和间接蒸发冷却段（简称IEC）组合而成，它们的水系统都属于开式系统。开式空调水系统均存在结垢、腐蚀、细菌滋生等问题，导致空调热湿交换效率下降、阻力和能耗增加严重影响了其使用寿命，并对人体健康存在着潜在的威胁。

由于细菌、结垢、腐蚀现象的存在，给蒸发冷却空调这种原本集环保、节能、经济及改善室内空气品质于一体的空调的使用寿命和使用效率带来了不利影响。因此，有必要对其进行杀菌、阻垢、防腐来延长蒸发冷却空调的使用寿命并提高其使用效率。

12.2　蒸发冷却空调自动控制系统

12.2.1　模拟仪表自动控制

电动模拟控制器使用电作为能源，分电气式和电子式。电气式不使用电子元件，利用传感器从被控介质中取得能量推动微动开关等电触点控制执行器工作；电子式采用电子元器件，可对输入信号进行各种控制规律运算，它可分为简易整装式和模件式电子控制器。

简易整装式电子控制器通常将测量控制电路集成在一个仪表盒内，仪表只有1路或2路输出，有指示或无指示且均不能记录被控参数。它结构简单、价格便宜，适合控制回路少的系统或设备。

模件式电子控制器由不同的功能模块组成，各功能模块即各种典型线路构成的标准电路板，每个电路板具有一种或多种功能，有统一尺寸及输入输出端子，也称插入式仪表。设计人员可根据具体工程需要，灵活地组成各种专用的控制装置。它功能齐全、组装灵活、方便选型，适合控制多回路的场合。

目前我国生产的暖通空调专用仪表属于功能模件式，较先进的仪表配置了由单片机构成的智能化数显单元，可在仪表盘上进行数字显示，可通过标准接口、网络连接器与计算机通信[1]。

12.2.1.1 模拟仪表常用控制器

1. 温度控制器

自力式温度控制器：应用于采暖散热器上，集传感器、控制器、调节器于一体的控制装置，也称恒温控制阀。安装在散热器进水管上，用户可设定室温。

电气式温度控制器：它的传感器有膜盒、温包、双金属片等，与控制部分组装在一个仪表盒内，常应用在风机盘管、空调器冷热水阀、换热器阀的控制上。结构简单，价格便宜，控制精度低。

电子式温度控制器：由电子元器件、电子放大器等组成。测量精度高，可对输入信号进行多种运算，可实现多种调节规律提高控制精度。

2. 湿度控制器

电气式湿度控制器：由毛发或尼龙制成，将其置于被控介质中，毛发或尼龙束吸湿后长度发生变化，通过机械放大装置带动指针偏转指示湿度值。

电子式湿度控制器：常用的有电容湿度传感器，通过电化学方法在金属铝表面形成一层氧化膜，进而在膜上沉积一薄层金属。其工作原理是氧化铝吸附水汽后会引起电抗的变化。

3. 压力、压差控制器

电气式压力控制器：常用的有波纹管压力控制器，利用力平衡原理，依靠弹性元件受力后产生形变来控制微动开关动作。

电气式压差控制器：水系统压差控制器用于供水系统的控制，以保持供、回水干管间的压差恒定。空气系统压差控制器用于测量空气处理机中的空气过滤器压差或自动控制卷绕式空气过滤器，即可用来自动控制冷风机冲霜，也可以在变风量系统中最大风量的控制[2]。

12.2.1.2 模拟仪表控制实例

新疆某发电厂蒸发冷却空调控制系统的设计：整个建筑共3层，地下一层装有各种发电设备，一层是中控大厅及办公室，二层是库房及办公室。该建筑原设置有一套蒸发冷却式空调机组，夏季通过直接与间接两级蒸发冷却设备提供冷量，冬季通过热水换热器供暖。为进一步节约费用，便于管理，决定对该蒸发冷却空调机组加装自控系统[3]。

1. 控制要求

当室外气温在－20～＋45℃之间时，通过加热、制冷、调节送风量等方法使室内环境温度保持在18～26℃之间。在满足最小新风量的条件下尽量使用新风，以提高室内空气品质。

2. 控制方式选择

因只对蒸发冷却空调机组进行控制改造，对象少，系统独立，所以采用模拟仪表进行控制，结构简单、投资少、易于调整又可满足一般控制要求。

3. 控制系统的组成

整个控制系统由 3 部分组成。第一部分如图 12-1 所示，第一个闭环回路由送风温度传感器 TE1，控制器 TC1 与执行器 M 组成。这个环路只在室外气温处于 18℃以下的冬季运行模式下才工作，并由室外温度传感器 TE3 及控制器 TC3 来决定。在冬季，新风与回风混合后经过换热器，出口空气温度经传感器 TE1 送至控制器 TC1，在 TC1 内与设定值比较，当超出设定偏差允许值时，执行器 M 调节出水管路中阀门的开度，使换热器后送风温度保持在设定范围。

第二部分如图 12-2 所示，第二个闭环回路由室内温度传感器 TE2、控制器 TC2 与装有变频器的送、回风机组成。这个环路全年工作，在不同温度段有不同的工作模式，在室外气温处于 18℃以下的冬季模式时，送风量随室外气温的升高而降低；在室外气温处于 26℃以上的夏季模式时，送风量随室外气温的升高而增加；在 18～26℃之间的过渡季节运行模式中，送风量为定值；不同温度段的转换由室外温度传感器 TE3 及控制器 TC3 控制。温度传感器 TE2 测出室内代表点的温度，在 TC2 内与设定值比较，控制送、回风机转速，改变送、回风量，继而将室内气温稳定在允许范围内。

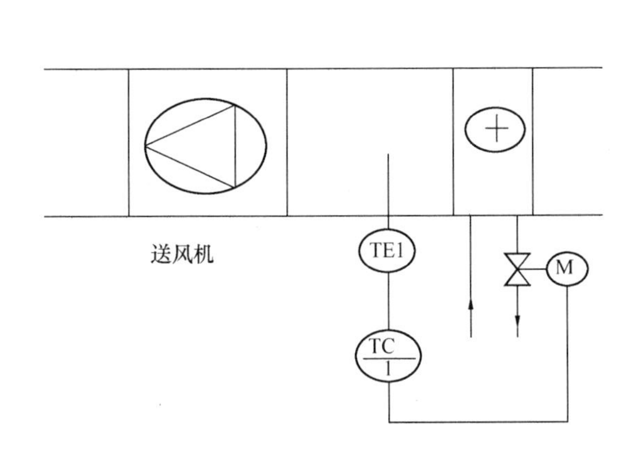

图 12-1　冬季控制原理图

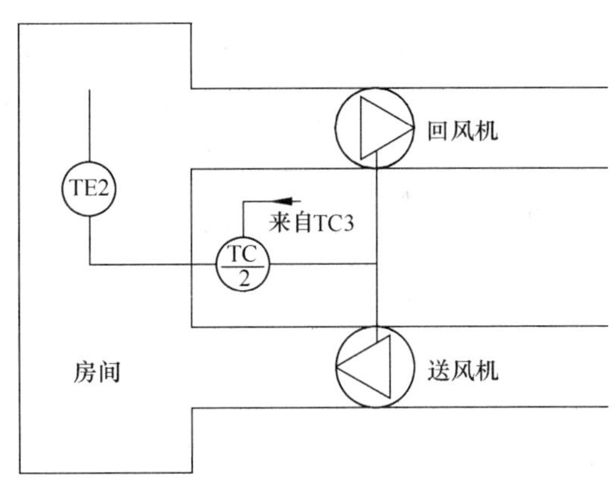

图 12-2　夏季及过渡季控制原理图

第三部分为系统总的控制结构，见图 12-3，主要由室外空气温度传感器 TE3、控制器 TC3、上位计算机 PC、数字 I/O 模块和光字牌等组成。除上位机与传感器外，均安装于控制柜中。当室外空气温度传感器 TE3 把空气温度送至 TC3 时，TC3 进行判断，在不同的温度下执行图示的操作。同时，上位计算机从 TC3 中读出温度值，并通过 I/O 模块点亮光字牌的相应温度指示部分。上位机同时也与 TC1、TC2 通信，读取其中数据，这些数据值可以显示在空调系统状态模拟图中，例如风机转速，阀门开度，室内气温等。通过计算机可以修改 TC1、TC2、TC3 中的设定值。当新风口过滤器两边压差过大时，或变频器与水阀上执行器出现故障时，或冬季运行模式下热水换热器后风温低于设定范围时，系统报警提醒管理人员及时做出反应。各种报警信号经 I/O 模块送至上位机，再由上位机通过 I/O 模块打开报警器。

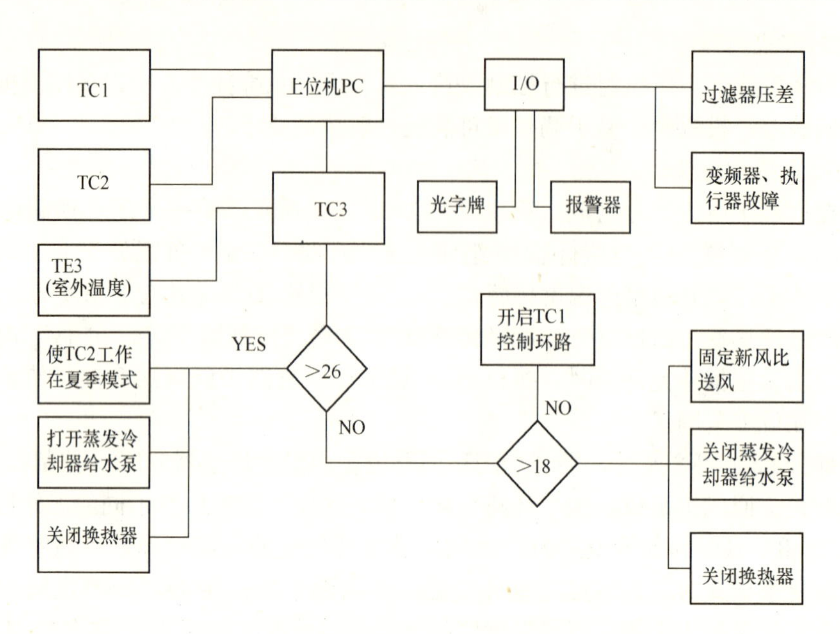

图 12-3　系统控制原理图

12.2.2　PLC 控制

可编程控制器（Programmable Controller）简称 PC，由于早期的可编程控制器主要用于计数、定时以及开关量的逻辑控制，且为了和个人计算机（Personal Computer）区别，把可编程控制器缩写为 PLC（Programmable Logic Controller）。它也是一种数字控制器，是在电器控制和计算机技术的基础上发展起来的，结合计算机技术、通信技术和控制技术为一体的工业控制器。目前 PLC 已广泛应用于各种工业控制过程，在暖通空调领域中也逐渐得到应用[4]。

12.2.2.1　PLC 控制器特点及组成

1. PLC 的特点

在空调控制系统中，DDC（Direct Digital Control 直接数字控制器）占有很大比重，近年来 PLC 在空调自动控制系统中的应用很多。与 DDC 相比，PLC 为工业级控制器，运算速度快，可靠性高。相同点数的 PLC 成本是 DDC 的 70%左右，性价比高。相比 DDC PLC 方便、经济、安全、灵活。

它的可靠性高，抗干扰力强；编程简单，使用方便；功能完善，通用性强；设计安装简单，维护方便；体积小，重量轻，能耗低，是机电控制的理想控制设备。

2. PLC 的分类

按结构形式可分为箱体式和模块式。小型 PLC 一般是箱体式，电源、CPU、I/O 接口等设备集中装在一个机箱内。结构紧凑、体积小、价格低。大、中型 PLC 则常采用模块式，即 PLC 各个组成部分分别做成若干单独的模块，如 CPU 模块、I/O模块、电源模块以及各种功能模块，用户可根据工程具体需要选配不同数量的控制模块，配置方便，易于扩展和维修。

按功能可分为高、中、低三档。低档 PLC 主要用于逻辑控制、顺序控制及少量模拟控制的单台设备控制。中档 PLC 还包括较强的模拟量输入/输出、算术运算、数据传输比较、通信联网等功能，适用于复杂控制系统。高档 PLC 功能更强，具有更强的通信联网功能，可用于大规模过程控制并可构成分布式网络控制系统。

按 I/O 点数的多少分为大型、中型和小型三类。通常少于 256 点一下成为小型，少于 64 点的为微型 PLC。点数在 256 和 2048 之间的为中型 PLC。点数大于 2048 的为大型 PLC。

3. PLC 的基本组成

不论哪种 PLC，其基本组成是相同的。对箱体式 PLC，有一块 CPU 板、I/O 板、显示面板、内存块、电源等，当然按 CPU 性能分成若干型号，并按 I/O 点数又有若干规格。对模块式 PLC，有 CPU 模块、I/O模块、内存、电源模块、底板或机架。无论哪种结构类型的 PLC，都属于总线式开放型结构，其 I/O 能力可按用户需要进行扩展与组合。PLC 的基本结构框图如图 12-4 所示。

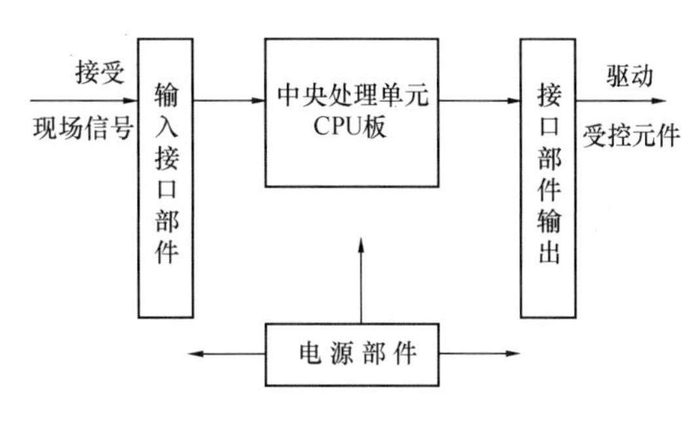

图 12-4　PLC 的基本结构框图

(1) CPU 的构成

PLC 中的 CPU 是 PLC 的核心，起神经中枢的作用，每台 PLC 至少有一个 CPU，它按 PLC 的系统程序赋予的功能接收并存储用户程序和数据，用扫描的方式采集由现场输入装置送来的状态或数据，并存入规定的寄存器中，同时诊断电源和 PLC 内部电路的工作状态和编程过程中的语法错误等。进入运行后，从用户程序存储器中逐条读取指令，经分析后再按指令规定的任务产生相应的控制信号去指挥有关的控制电路，与通用计算机一样，主要由运算器、控制器、寄存器及实现它们之间联系的数据、控制及状态总线构成，还有外围芯片、总线接口及有关电路。它确定了进行控制的规模、工作速度、内存容量等。内存主要用于存储程序及数据，是 PLC 不可缺少的组成单元。CPU 的控制器读取指令、解释指令及执行指令，但工作节奏由振荡信号控制，CPU 的寄存器参与运算，并存储运算的中间结果，它也是在控制器的指挥下工作。

CPU 虽然划分为以上儿个部分，但 PLC 中的 CPU 芯片实际上就是微处理器，由于电路的高度集成，对 CPU 内部的详细分析已无必要，只要弄清它在 PLC 中的功能与性能，能正确地使用它就够了。

CPU 模块的外部表现就是它的工作状态的种种显示、种种接口及设定或控制开关。一般来讲，CPU 模块总要有相应的状态指示灯，如电源显示、运行显示、故障显示等。箱体式 PLC 的主箱体也有这些显示。它的总线接口用于接 I/O 模板或底板；内存接口用于安装内存；外设接口用于接外部设备；通信接口用于进行通信；CPU 模块上还有许多设定开关，用以对 PLC 作设定，如设定起始工作方式、内存区等。

(2) I/O 模块

PLC 的对外功能主要是通过各种 I/O 接口模块与外界联系的，按 I/O 点数确定模块规格及数量，I/O 模块可多可少，但其最大数受 CPU 所能管理的基本配置的能力，即受最大的底板或机架槽数限制。I/O 模块集成了 PLC 的 I/O 电路，其输入暂存器反映输入信号状态，输出点反映输出锁存器状态。

（3）电源模块

有些PLC中的电源是与CPU模块合二为一的，有些是分开的，其主要用途是为PLC各模块的集成电路提供工作电源。同时，有的还为输入电路提供24V的工作电源。电源以其输入类型可分为：交流电源220VAC或110VAC，直流电源为24V。

（4）底板或机架

大多数模块式PLC使用底板或机架，其作用是：电气上实现各模块间的联系，使CPU能访问底板上的所有模块；机械上实现各模块间的连接，使各模块构成一个整体。

（5）PLC的外部设备

外部设备是PLC系统不可分割的一部分，包括编程设备，即有简易编程器和智能图形编程器，用于编程、对系统作一些设定、监控PLC及PLC所控制的系统的工作状况。编程器是PLC开发应用、监测运行、检查维护不可缺少的器件，但它不直接参与现场控制运行。监控设备：有数据监视器和图形监视器。直接监视数据或通过画面监视数据。存储设备：有存储卡、存储磁带、软磁盘或只读存储器，用于永久性地存储用户数据，使用户程序不丢失，如EPROM、EEPROM写入器等。输入输出设备：用于接收信号或输出信号，一般有条码读入器，输入模拟量的电位器，打印机等。

12.2.2.2　西门子S7-200 Micro PLC

S7-200系列是西门子PLC的一个系列，这一系列产品可满足各种自动化控制需要，其外形如图12-5所示。结构紧凑，具有良好的扩展性及强大的指令，使用于小规模的控制要求，通常少于256点。

系统开发包括一个S7-200CPU模块、一台PC、STEP 7-Micro/WIN编程软件及一条通信电缆即可。

S7-200系列包括多种CPU单元，其主要性能如表12-1所示。S7-200 CPU单元模块包括中央处理单元（CPU）、电源、数字量I/O点，都被集中在一个紧凑独立的设备中。实际工程中S7-200 Micro PLC不但包括一个独立的S7-200 CPU单元，还可根据需要选择各种类型的扩展模块，可利用这些扩展模块完善CPU的功能。表12-2列出了现有的扩展模块，其具体信息参考有关产品样本手册。

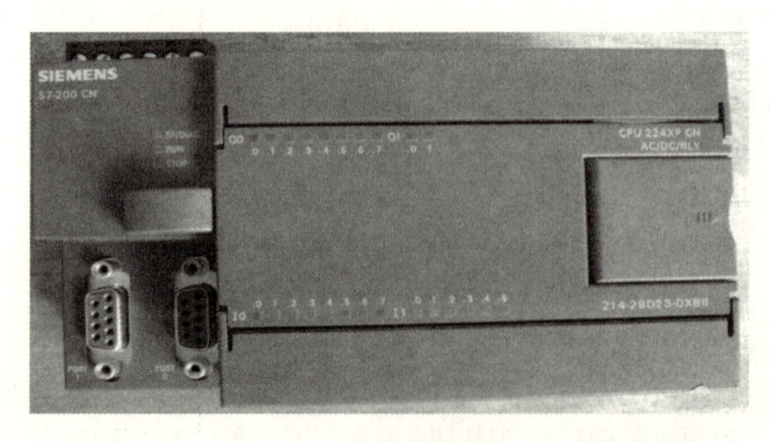

图12-5　S7-224cn外观图

S7-200 CPU 主要参数表　表 12-1

特　性	CPU 221	CPU 222	CPU 224	CPU 224×P	CPU 226
外形尺寸（mm）	90×80×62	90×80×62	120.5×80×62	140×80×62	190×80×62
数据存储区	2048 字节	2048 字节	8192 字节	10240 字节	10240 字节
I/O 数字量 模拟量	6/4 —	8/6 —	14/10 —	14/10 2/1	24/16 —
扩展模块数	0	2	7	7	7
高速计数器 单相 双相	4 路 30kHz 2 路 20kHz	4 路 30kHz 2 路 20kHz	6 路 30kHz 4 路 20kHz	4 路 30kHz 3 路 200kHz 2 路 20kHz 1 路 100kHz	6 路 30kHz 4 路 20kHz
脉冲输出（DC）	2 路 20kHz	2 路 20kHz	2 路 20kHz	2 路 100kHz	2 路 20kHz
模拟电位器	1	1	2	2	2
实时时钟	配时钟卡	配时钟卡	内置	内置	内置
通讯口	1 RS-485	1 RS-485	1 RS-485	2 RS-485	2 RS-485

扩展模块参数　表 12-2

扩展模块数量	型　号		
数字量模块　输入 输出 混合	8×DC 输入 4×DC 输出 8×DC 输出 4×DC 输入/4×DC 输出 4×DC 输入/4×继电器输出	8×AC 输入 4×继电器输出 8×AC 输出 8×DC 输入/8×DC 输出 8×DC 输入/8×继电器输出	16×DC 输入 8×继电器输出 16×DC 输入/16×DC 输出 16×DC 输入/16×继电器输出
模拟量模块　输入 输出 混合	4 输入 2 输出 4 输入/1 输出	4 热电偶输入	2 热电阻输入
智能模块	定位 以太网	调制解调器 互联网	PROFIBUS-DP
其他模块	ASI		

(1) CPU 负责执行程序和存储数据，以便对工业自动控制工程进行控制。

(2) 输入和输出是系统的控制点。输入部分从现场设备中采集信号；输出部分控制水泵、风机以及工业工程中的其他设备。

(3) 电源向 CPU 及其扩展模块供电。

(4) 通信接口允许将 CPU 同编程器或其他设备进行连接。

(5) 状态信号灯显示 CPU 工作模式（停止或运行），本机 I/O 的状态以及系统错误。

（6）扩展模块可增加 CPU 的 I/O 点数，但 CPU 221 不可以扩展。

（7）CPU 221 和 CPU 222 需要配置实时时钟卡，而 CPU 224、CPU 224×P 以及 CPU 226 具有内置的实时时钟。

（8）EEPROM 卡可存储 CPU 程序，也可将一个 CPU 程序传送给另一个 CPU 中。

（9）通过可选的插入式电池盒可延长 RAM 中的数据存储时间。

12.2.2.3 西门子 S7-200 Micro PLC 控制实例

以多级蒸发冷却段和机械制冷段组成的复合式蒸发冷却空调机组为研究对象，配备 PLC 自动控制系统，使空调机组在使用过程中能自动调节输出的空气温湿度，保障空调机组工作的稳定性。具体通过对蒸发冷却空调机组自控电气线路原理和控制程序的设计，完成对空调设备的自动控制和故障保护；人机界面的设计；系统温度、湿度及各种模拟量参数的采集；对运行参数的时时监测等。

1. 复合式蒸发冷却空调机组空气处理过程及焓湿图

（1）复合式蒸发冷却空调机组结构[5]

机组为 5000m^3/h 风量的蒸发冷却与机械制冷复合空调机组，其结构如图 8-2 所示，尺寸为：6930mm（长）×1021（宽）×1350mm（高），底座高度为 100mm。机组设计送风量 5000m^3/h，设计断面风速 2.5～3m/s。

（2）复合式蒸发冷却空调机组空气处理过程及焓湿图

图 10-16 所示为设计工况下蒸发冷却与机械制冷复合空调机组全年空调工况分区。其夏季空气处理过程焓湿图见 10-18；过渡季空气处理过程焓湿图见图 10-25 和图 10-26；冬季空气处理过程焓湿图见图 10-27。

2. 控制程序流程

由于蒸发冷却空调机组对室外空气进行处理，而室外空气状态在一年中的波动较大，所以空调机组配置自动控制系统很有必要。完善的控制系统在空调机组开机运行后会自动判断当时的季节，启动相应的运行程序，自动调节必要的参数以保持室内具有良好的舒适性。

但蒸发冷却空调机组在实际运行中每天的气温变化幅度较大（早晚凉，中午热），为了避免出现夏季加热、冬季制冷运行的出现，本着实用、节能的目的，可将空调机组的运行模式分为 3 种：过渡季节控制模式、夏季控制模式和冬季控制模式，其控制程序流程图分别见图 12-6～图 12-8[6~8]。

注：间接蒸发冷却段 1（IEC1）：管式间接蒸发冷却段；
　　间接蒸发冷却段 2（IEC2）：热管间接蒸发冷却段。

（1）过渡季节控制流程

过渡季节采用全新风空气系统，即新风阀、排风阀全开，回风阀关闭（此过程由 PLC 对风阀进行控制实现），门窗打开。控制程序流程图如图 12-6 所示。

温度上升控制：首先开启送风机，当室内温度小于其设定值上限时，蒸发冷却空调机组持续运行。当室内温度大于其设定值上限并持续一个时间段，开启直接蒸发冷却段（DEC），如果在该段的作用下室内温度小于其设定值上限则空调系统持续运行。当室内温度持续升高并大于其设定值上限一个时间段，也就是说只开启直接蒸发冷却段（DEC）已不能够保持室内温度在舒适性的范围内，这时需要再开启间接蒸发冷却段 1（IEC1）以保持室内温度不超过设定温度的上限。空调机组运行一段时间后，当露点温度上升，大于其设定值上限并持续一个时间段，即开启直接蒸发冷却段（DEC）和间接蒸发冷却段1（IEC1）已不能够保持室内温度在舒适性的范围内，就需要再开启间接蒸发冷却段2（IEC2）来保持室内温度不超过设定温度的上限。

温度下降控制：三级蒸发冷却段（DEC＋IEC1＋IEC2）全开启时，当露点温度持续下降并小于其设定值下限一个时间段，也就是说只开启直接蒸发冷却段（DEC）和间接蒸发冷却段1（IEC1）即可保持室内温度在舒适性的范围，此时关闭间接蒸发冷却段2（IEC2）。同样，当露点温度再继续降低，并小于其设定值下限一个时间段，即开启直接蒸发冷却段（DEC）就能够保持室内温度在舒适性的范围，此时再关闭间接蒸发冷却段1（IEC1）。

当然也可能存在三个蒸发冷却段DEC、IEC1、IEC2全部开启但室内温度仍然偏高的情况，考虑到是过渡季节应所以不开启冷机。

（2）夏季控制流程

夏季采用新、回风及排风系统，管式间接蒸发冷却段（IEC1）和热管间接蒸发冷却段（IEC2）运行时，二次空气使用室外新风。控制程序流程图如图12-7所示。

温度上升控制：首先设置新风阀＝15％、回风阀＝85％、排风阀略小于15％，同时开启送风机，当室内温度小于其设定值上限时，空调机组持续运行。当室内温度大于其设定值上限并持续一个时间段，开启管式间接蒸发冷却段（IEC1），此时用回风温度实测值和设定值的偏差调节变频器1以保持室内温度恒定。当室内温度继续上升并大于其设定值上限一个时间段，则保持变频器1频率最大，同时开启热管间接蒸发冷却段（IEC2）及热管段排风阀，并用回风温度实测值和设定值的偏差调节变频器2以保持室内温度恒定。同样，当室内温度继续上升并大于其设定值上限一个时间段，保持变频器2频率最大，用回风温度实测值和设定值的偏差调节冷水阀控制流过冷却盘管的冷水量以保持室内温度恒定，即表冷段开始工作。

温度下降控制：两级蒸发冷却段和表冷段（IEC1＋IEC2＋表冷段）全开启时，当室内温度持续下降并小于其设定值下限一个时间段，即开启IEC1和IEC2就可保持室内温度在舒适性的范围，此时关闭冷水阀。同样，当室内温度再继续降低，小于其设定值下限一个时间段，关闭间接蒸发冷却段2（IEC2）及热管段排风阀。

（3）冬季控制流程

冬季采用定露点控制模式，开启直接蒸发冷却段（DEC）用来固定露点温度，采用新、回风及排风系统。冬季控制包括露点控制和室内温度控制，露点控制用来保证空调机组送风点恒定，室内温度控制用来保证室内温度恒定。控制程序流程图如图12-8所示。

露点温度控制：首先设置新风阀＝15％、回风阀＝85％、排风阀略小于15％以保证室内微正压，同时开启送风机和直接蒸发冷却段（DEC）。空调机组运行一个时间段后，当露点温度大于其设定值上限时，用露点温度实测值和设定值的偏差调节新风和回风的混合比例以保持露点温度恒定（新、回风阀联动，新风＋回风＝100％），即露点温度在设定的范围内波动。当露点温度小于其设定值上限时，由于新风量已经设定到最小，即15％，此时不可能再减少新风量使得新风、回风混合点上移动，所以必须对新风进行预热处理以提高室外空气状态点在焓湿图中的位置。预热处理利用露点温度实测值和设定值的偏差调节预热器阀门的开启程度来保持露点温度在设定的范围内波动。

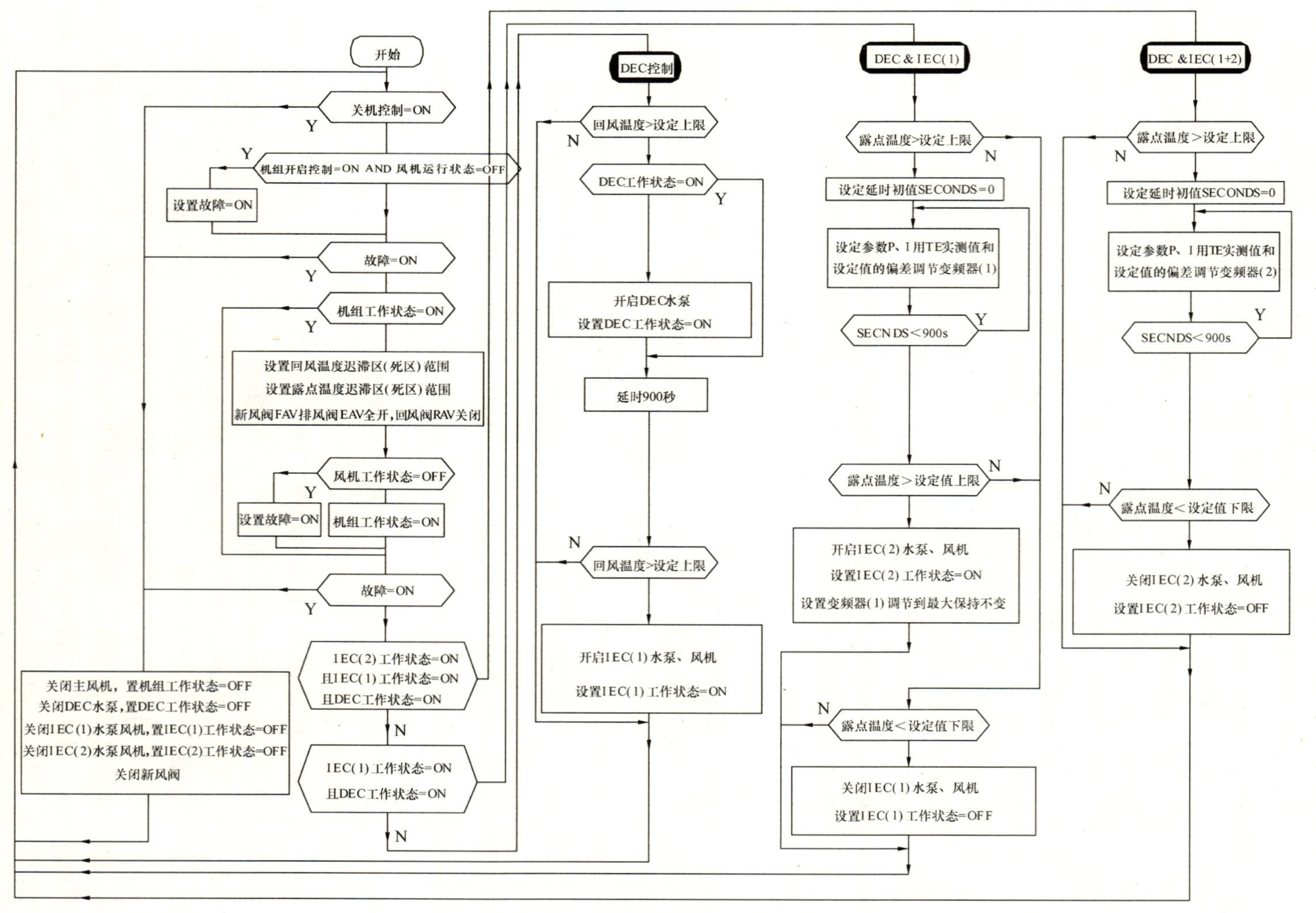

图 12-6　过渡季节控制程序流程图

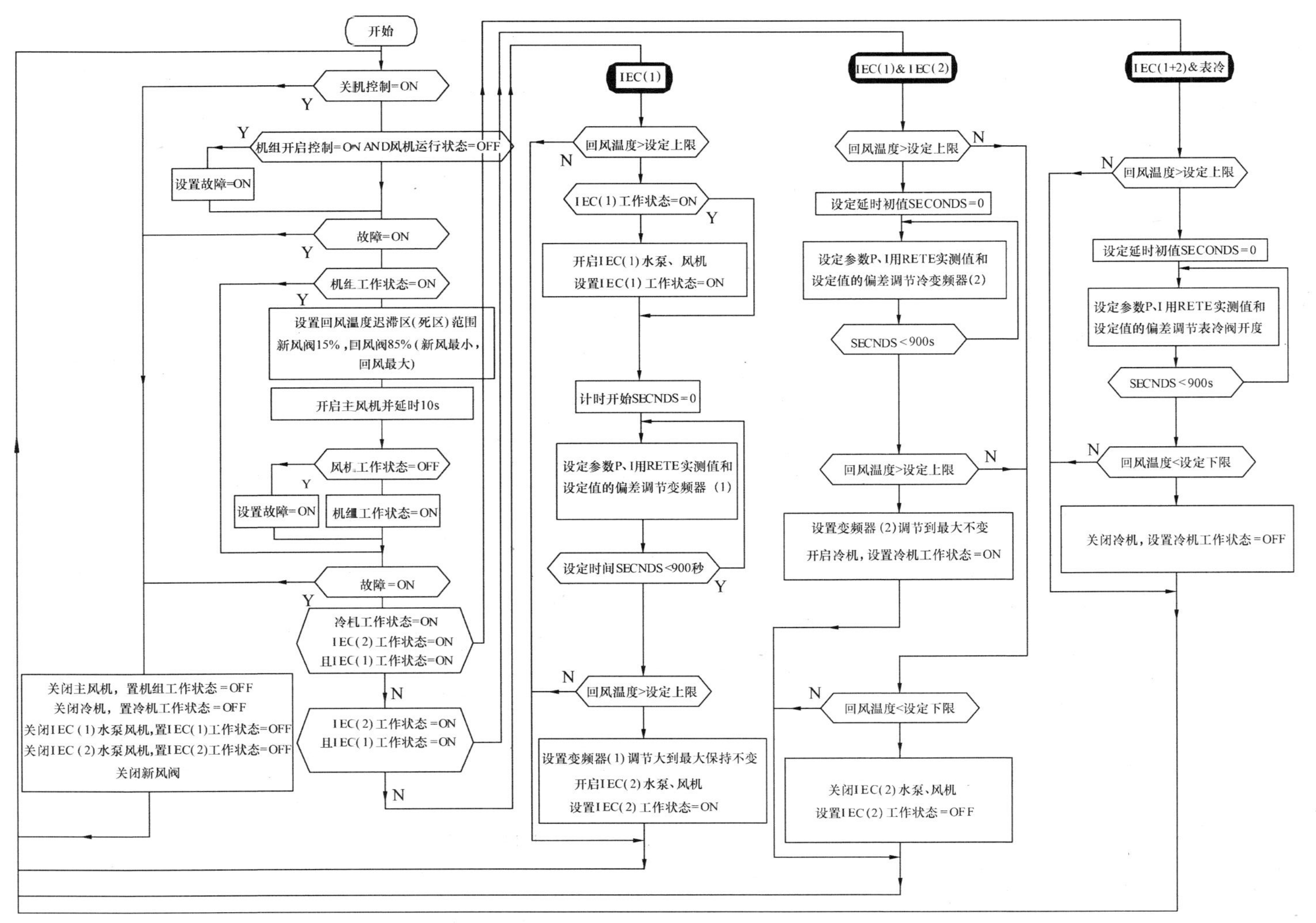

图 12-7　夏季控制程序流程图

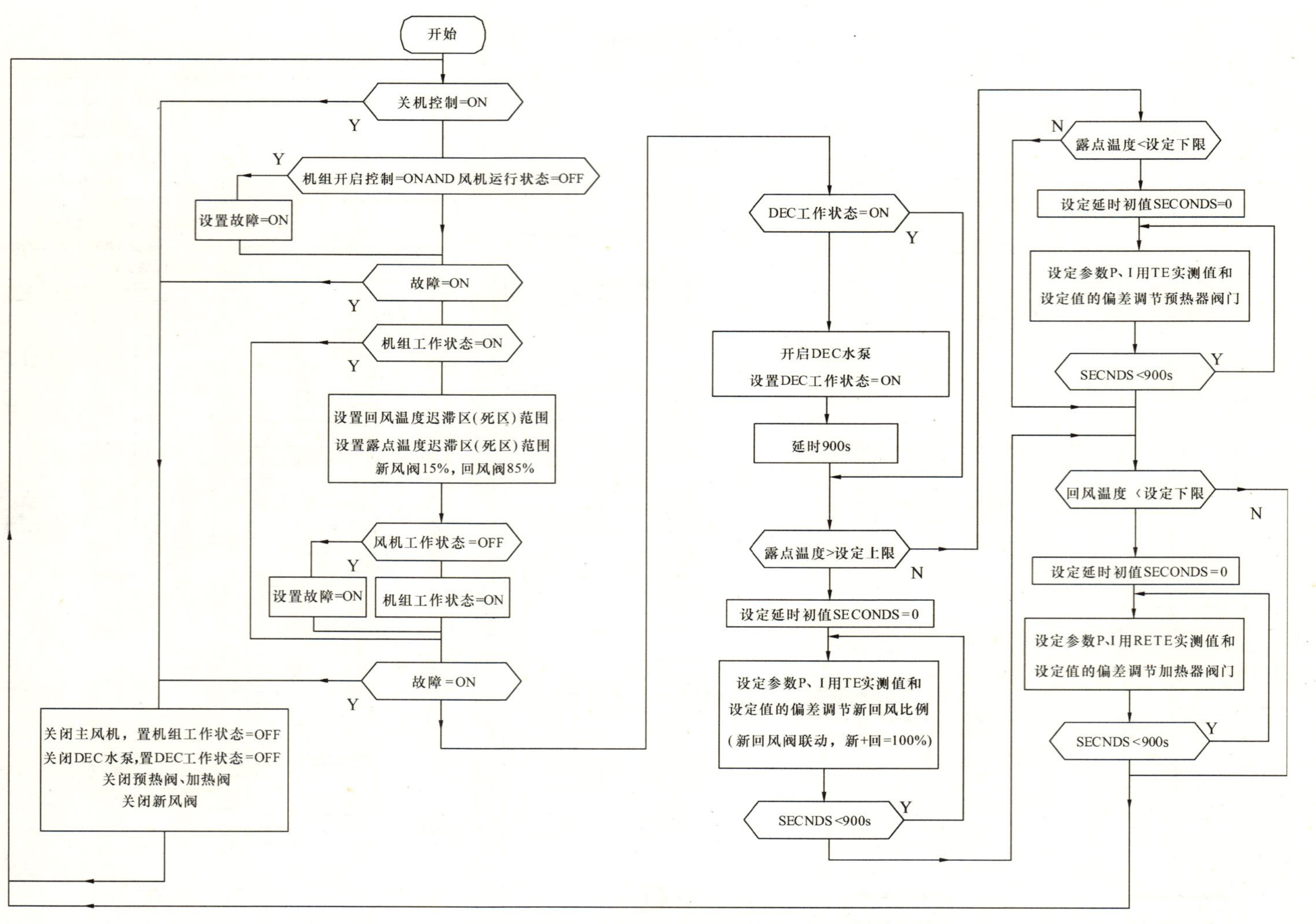

图 12-8　冬季控制程序流程图

室内温度控制：三级电加热，当回风温度持续下降并小于其设定值下限并持续一个时间段后，开启三个加热器。当回风温度处于其设定值和设定值下限之间并持续一个时间段后，开启两个加热器。当回风温度处于其设定值和设定值上限之间并持续一个时间段后，开启一个加热器。当回风温度持续上升并大于其设定值上限并持续一个时间段后，关闭所有加热器。如果采用蒸汽式再热装置，则控制过程就变得简单，直接用室内温度实测值和设定值的偏差控制再热装置的阀门以维持室内温度在许可范围内波动即可。

3. PLC 控制系统

（1）硬件

系统主控采用德国西门子可编程控制器 S7200 系列 PLC，型号为 CPU226CN，配 1 个模拟量输入模块 EM231CN，3 个热电阻输入模块 EM231CN，3 个模拟量输出模块 EM232CN。变频器共 3 台，型号为日立 SJ300 系列通用变频器。1 台威纶公司型号为 MT508TV5 的 8 英寸彩色触摸屏。控制系统工作平台即复合式蒸发冷却空调机组，如图 8-2 所示。

（2）软件支撑

西门子 STEP7-200Micro PLC，EasyBuilder500 组态软件

（3）控制箱内部结构及接线

图 12-9 和图 12-10 分别显示控制箱内部结构及 CPU 接线。

图 12-9　PLC 控制柜内部结构

（4）控制系统人机界面

人机界面是在操作人员和机器设备之间作双向沟通的桥梁，用户可以自由地组合文字、按钮、图形、数字等来处理或监控管理及应付随时可能变化信息的多功能显示屏幕。显示器采用威纶公司 MT508TV5 8 英寸彩色触摸屏，该触摸屏对可编程控制 PLC 进行数据采集和显示，操作人员对蒸发冷却空调机组进行控制和时时监控。主控界面如图 12-11 所示。

（5）应用效果

蒸发冷却空调机组的自动控制，不但解决了操作人员频繁操作的问题，而且将全年的操作规程简化到了夏季、冬季、过渡季节三种操作模式。大大降低了操作人员的操作难度和频繁度，同时提高了设备的工作效率和空调温湿度控制的准确性。由于采用了自动控制模式，所以能耗大大降低。

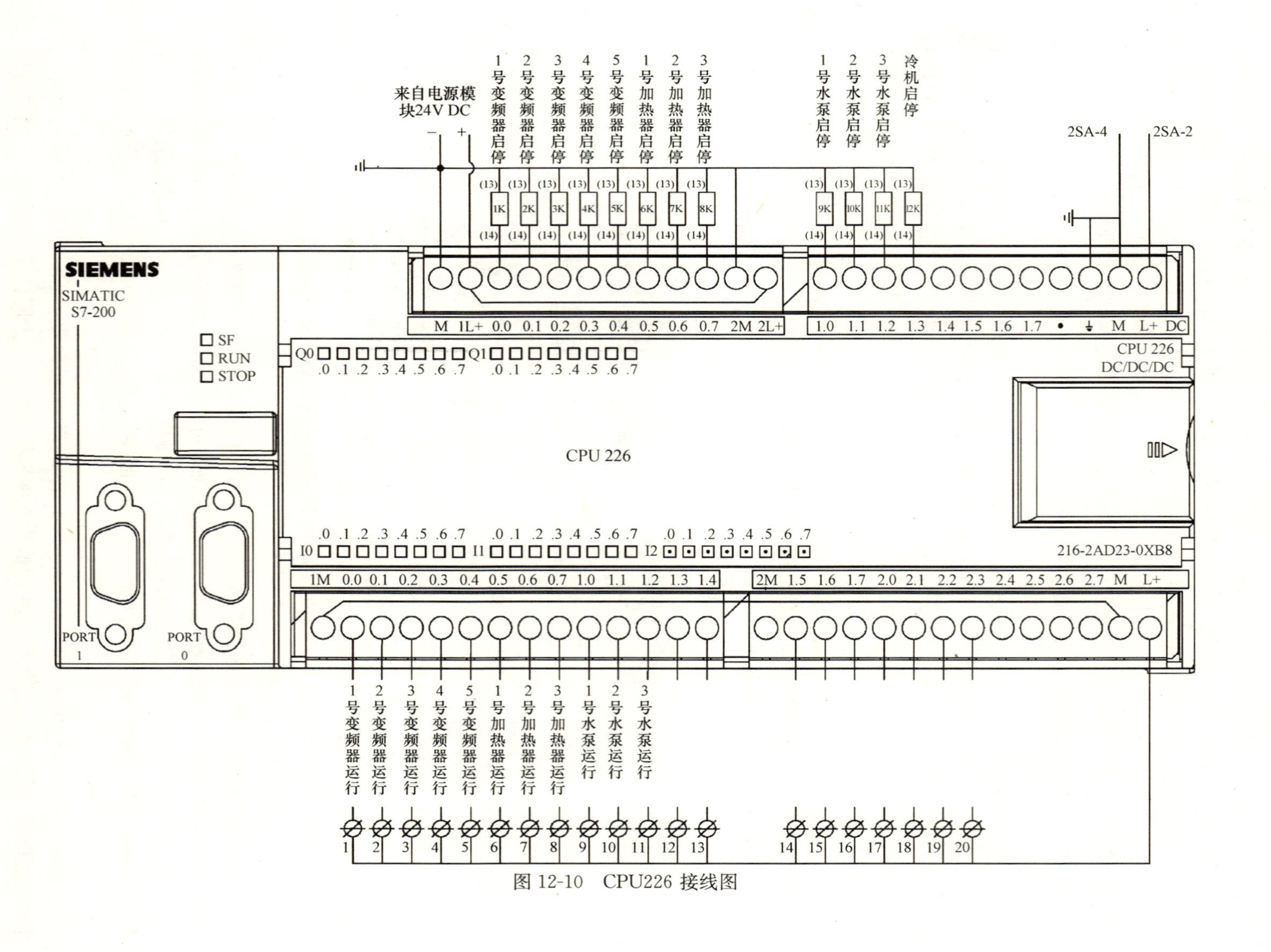

图 12-10　CPU226 接线图

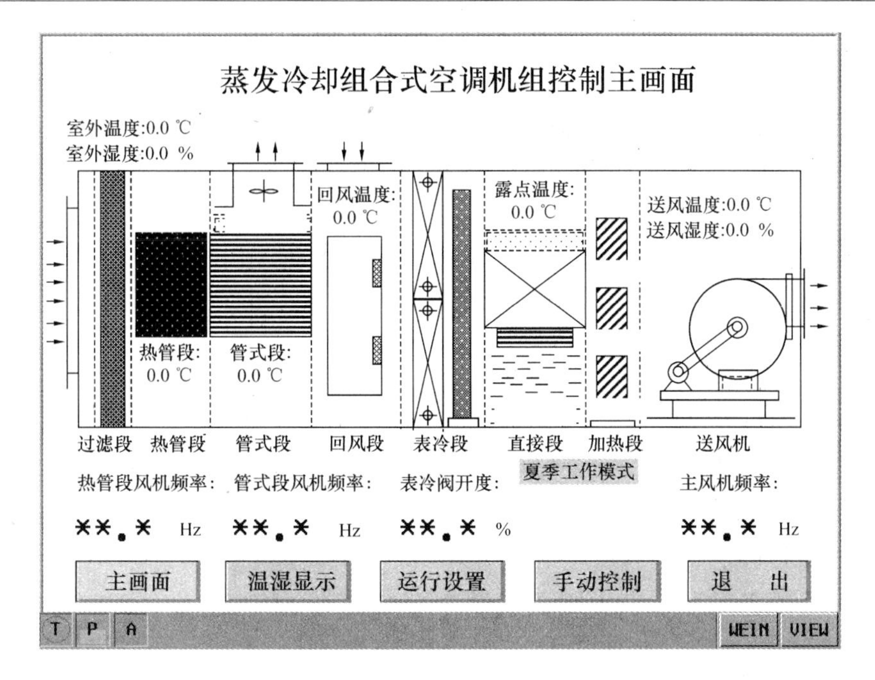

图 12-11　主控界面

12.2.3　直接数字控制

所谓直接数字控制是以微处理机为基础，不借助模拟仪表而将系统中的传感器或变送器的输出送到微处理机中，经过处理后，直接驱动执行器的一种控制方式，也称 DDC（Direct Digital Control）控制，这种控制器称作直接数字控制器或 DDC 控制器。DDC 控制器体积小、连线少、功能齐全、安全可靠，它可以作为独立的现场控制器安装在现场设备附近。

12.2.3.1　直接数字控制的特点及工作原理

1. 直接数字控制的概念

DDC 控制系统原理如图 12-12 所示，通过控制器上的 DI，AI，DO，AO 端子与控制现场的传感器、执行器连接，完成现场控制和对现场参数进行监控。各种现场参数，例如温度、湿度、压力、风速、流量等参数通过传感器或变送器按一定时间间隔取样的方式读入 DDC 控制器，读入的数值与 DDC 控制器中设定值进行比较，利用两者的偏差按照预先设置好的控制规律计算出为消除偏差执行器需要改变的量，用这个量来调整执行器的动作。

DDC 控制器用计算机对控制规律的数值计算来取代模拟控制器的控制作用，计算的结果以数字量的形式或变成模拟量的形式直接控制生产过程。DDC 控制器中的 CPU 运行速度快，可以分时控制多个回路的控制，即其实质是一种多回路数字控制器，一个 DDC 可以替代多个模拟控制器。

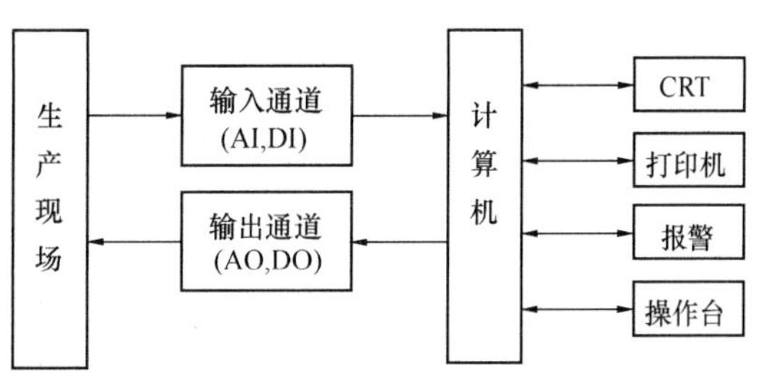

图 12-12　DDC 控制系统原理图

任何一个 DDC 控制器都有与其他 DDC 控制器及中央站进行通信的功能，提供网络信息通信和信息管理，实现全面的信箱共享和传输。即它本身可以作为单独的现场控制器控制一台或若干台现场设备，也可以和其他 DDC 控制器及中央管理计算机组成网络控制系统对整栋楼宇或楼宇群进行集散控制。

DDC 控制器的主要参数之一是输入、输出量的点数。这些点分为：数字输入量（DI）、模拟输入量（AI）、数字输出量（DO）、模拟输出量（AO）。如果能完成模拟量和数字量的处理，则称为通用输入输出量。通用量用 U 表示，可分为通用输入量（UI）和通用输出量（UO），UO 主要是模拟量信号输出，但只要附加一组继电器模块，就可以变成数字量输出。

DDC 控制器型号规格不同，其输入输出总点数不同，可以完成不同规模的现场设备控制。每一个 DDC 控制器都必须输入程序，程序一旦输入，就可以立刻投入运行。

通用输入量有以下几种类型：

负温度系数热敏电阻 NTC（20kΩ，25℃）；

铂电阻 PT1000-1（－50～150℃），PT1000-2（0～400℃）；

0～10V DC；

0～10mA DC；

4～20mA DC；

干接点（无源开关，例如限位开关、行程开关、旋转开关、温度开关、液位开关等）。

2. 直接数字控制过程

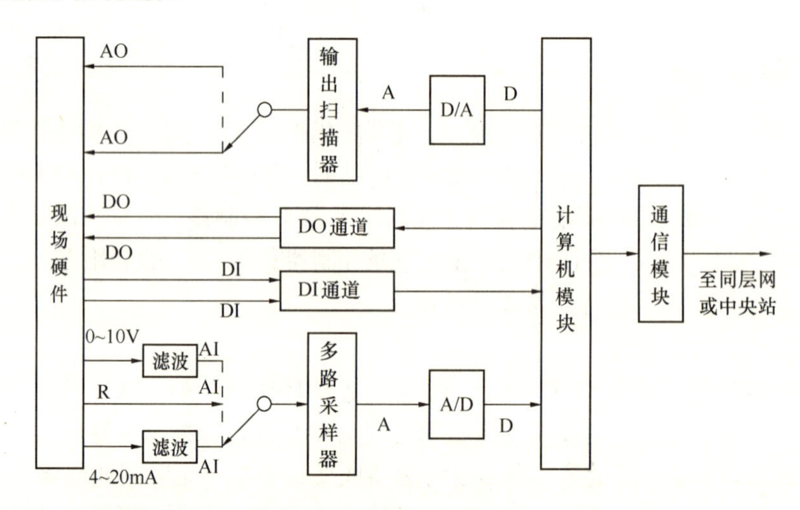

图 12-13 DDC 系统框图

图 12-13 是直接数字控制器框图，控制过程如下：

首先，为了避免现场输入线路电磁干扰和变送器交流噪声，用滤波网络对各输入信号分别滤波。

然后，多路采样器在时序控制器作用下，以一定的速度按顺序对多路被控参数进行采样，即把传感器或变送器送来的反映被控参数的模拟信号（电压、电阻、电路信号）送入放大器，经 A/D 转换器将输入的模拟信号转换成数字信号输入到计算机微处理器中。

微处理器按预先确定的控制算法，分别对各路参数进行比较、分析和计算，最后将结果送到 D/A 转换器，D/A 转换器将经过计算机输出的数字信号转换成能控制模拟执行器动作的模拟信号输出到输出扫描器，由输出扫描器按顺序送至相应的模拟量执行机构，实现对建筑物中各有关过程的模拟参数进行控制，使之保持在合理范围内。

在处理过程中，数字输入信号不经过 A/D 转换器而直接送到计算机微处理器中，同样计算机输出的数字输出信号也不需要经过 D/A 转换器而直接送至相应的数字量执行机构（开/关，启/停等只有两种控制状态的执行机构）。

3. 常用的 DDC 控制器

常用的 DDC 控制器有霍尼韦尔公司的 EXCEL5000 系列，其中 XL20 小型控制器总点数为 16，适合新风机组、空调机组的控制。XL100 为中型控制器，总点数为 36 点。XL500、XL600 为大型控制器，XL500 输入输出总点数最多为 128 点。

江森公司的 91 系列直接数字控制器，即可作为一个独立控制器使用，又可作为集散系统中的现场控制器使用。常用型号 DC—9100 总点数为 24 点。

北京柏斯顿公司为 BS 系列 DDC 控制器，常用的有两种规格：BS-3000，BS-2000。BS-3000最多 30 点，BS—2000 最多 74 点。

清华同方的 RU-DCU 系列 DDC 控制器，其中 RH—DCU6403 有 64 点输入输出可选。

西门子公司的 DDC 控制器，其中常用的单元控制器（Unitary Controller，UC）最多点数 24 点。

12.2.3.2　西门子 DDC 控制实例

西门子公司单元控制器（Unitary Controller，UC）可以为单独空气处理设备（如空调机组或新风机组）的温度控制和能源管理提供直接数字控制技术，既可以作为独立的控制器使用，又可以与楼宇级网络连接构成复杂系统。一个单元控制器有一块 CPU 板、两块 IO 板，每块 IO 板最多可控 3 个 DI 点、2 个 DO 点、4 个 UI（DI 或 AI）点、3 个 UO（DO 或 AO）点，能满足常用蒸发冷却空调机组的控制点数的需要。

本节以西门子单元控制器（Unitary Controller，UC）控制集中式蒸发冷却空调系统控制。

1. 蒸发冷却空调机组

图 12-14 为蒸发冷却空调机组控制原理图[8]，UC 接线图如图 12-15 所示。蒸发冷却空调机组的优点是使用时间长，便于维护，整个系统在需进行空气调节的场所仅有风道敷设而没有水路布置，故设计简单，成本低。因不需在吊顶中设置水管，从而彻底消除了凝结水渗漏的问题。系统采用全新风，大大改善室内空气品质，在过渡季节采用全新风可节约能耗。因此，集中式蒸发冷却空调系统目前在我国西北地区应用广泛。

集中式蒸发冷却空调系统由各个设备段组成，这些控制设备按顺序排列可以在空间中产生一个适宜的空气温度。在此系统中，送风风机在使用模式下会持续运行，在非完全使用模式下会按需求运行。布风系统是一个定风量风道系统。

第一部分混合段包括新风风阀和回风风阀，新风风阀、回风风阀均可从 0～100％调节，但两者之和需为 100％，即新风风阀开度＋回风风阀开度＝100％，并且新风风阀最小开度≥15％，以确保室内空气品质。新风风阀开度与排风风阀开度同步调节。

第二部分蒸汽预热段，冬季时用来预热室外冷空气（在冬季寒冷地区使用）。

第三部分过滤段，用可拆卸的过滤器来阻挡灰尘进入蒸发冷却器的表面，因为灰尘和脏物的附着将降低蒸发冷却器的蒸发冷却效率。当过滤器前后压差达到初阻力的 2 倍时，应及时清洗过滤器。

第四部分间接蒸发冷却段，它由一个冷却盘管组成、盘管中循环的冷却水经冷却塔蒸发冷却，间接蒸发冷却设备效率通常可达 40％～50％。间接蒸发冷却空气处理过程如图12-16 所示。

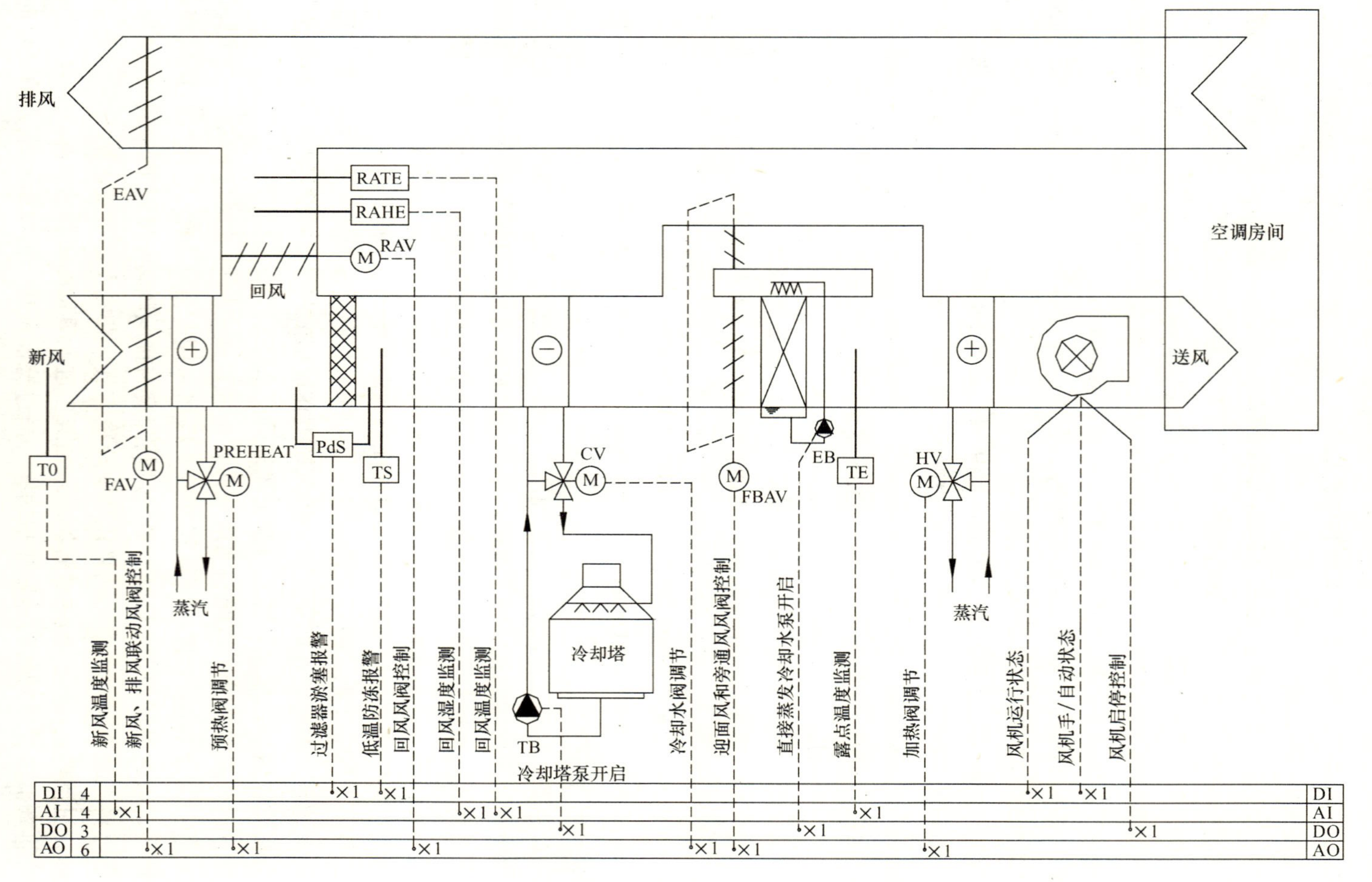

图 12-14　蒸发冷却空调机组控制原理图

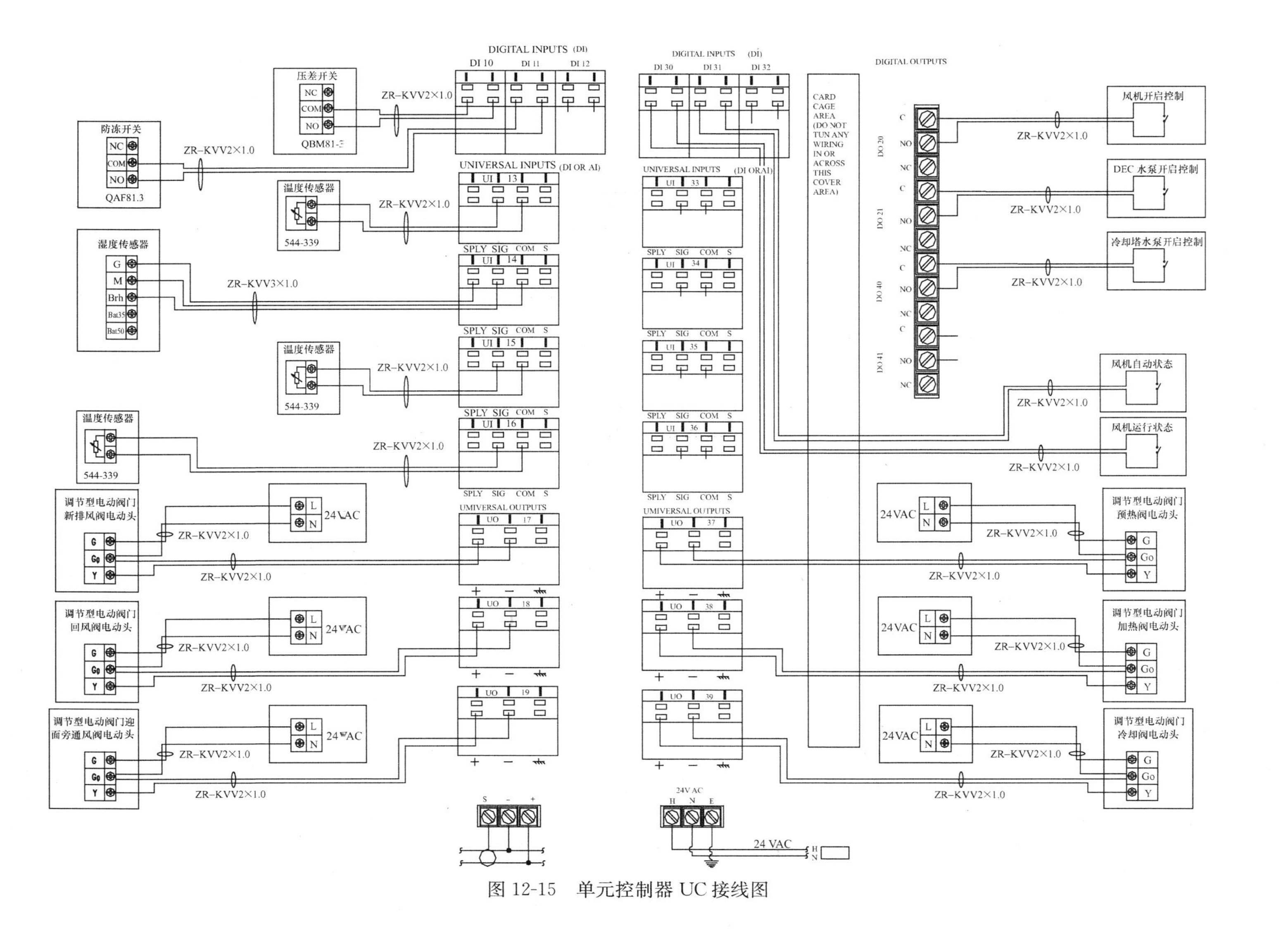

图 12-15　单元控制器 UC 接线图

第五部分直接蒸发冷却段，采用金属填料，直接蒸发冷却设备的效率通常可以到90%。在直接蒸发冷却器进风侧装有迎面风和旁通风风阀，用以调节通过直接蒸发冷却器的风量。直接蒸发冷却空气处理过程如图 12-17 所示。

第六部分蒸汽加热段，由一个热水盘管组成。

第七部分是送风段，即送风机（可采用变频器控制其转速改变送风量）。

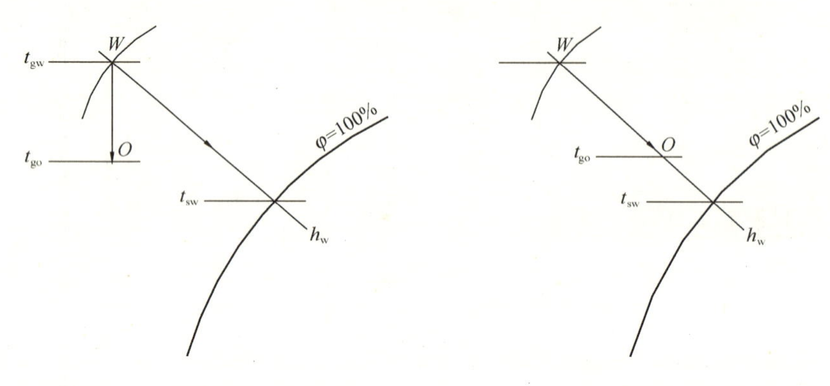

图 12-16 间接蒸发冷却过程　　图 12-17 直接蒸发冷却过程

2. 控制流程[7,9]

(1) 夏季控制流程

1) 当室外空气温度低于设置点上限温度时，室外空气风门 FAV 以及回风风门 RAV 由回风温度传感器 RETE 调整，从而提供一个合适的温度。在此操作过程中，间接蒸发冷却器盘管控制阀 CV 和加热盘管的控制阀 HV 都处在关闭位置，直接蒸发冷却器的迎面风和旁通风风阀 FBAV 也处在全旁通位置（迎面风 0%、旁通风 100%），冷却塔风机、泵关闭。

2) 蒸发冷却系统的间接段和直接段在理论上都可以作为第一级冷却。对此系统而言，用直接蒸发冷却段 DEC 作为第一级，这有两个原因：首先在系统中用直接蒸发冷却段 DEC 制冷比用间接蒸发冷却段 IEC 制冷能耗小，制冷效率高；其次，虽然这两种模式制冷都可以加以控制，产生一个相对稳定的出风干球温度，但是直接蒸发冷却段 DEC 会同时产生一个相对稳定的出风湿球温度，从而产生一个更舒适的空间温度。

所以当室外空气温度上升到设置转换点上限时，系统进入分级冷却控制，系统首先开启直接蒸发冷却设备，室外空气风阀 FAV 全开（排风风阀 EAV 也同时全开），回风风阀 RAV 全闭，设备在全新风状况下持续运转。此时系统只进行直接蒸发冷却，直接蒸发冷却段水泵 EB 开启，间接蒸发冷却段的冷水阀 CV、预热加热器控制阀 PREHEAT 和送风加热盘管的控制阀 HV 都处在关闭状态，冷却塔风机、泵关闭。迎面风及旁通风风阀 FBAV 由回风温度传感器 RETE 调节，即通过 RETE 调节 FBAV 使得经过直接蒸发冷却器处理后的饱和湿空气和未经处理的室外空气相互混合以维持室内温度恒定，由于有一部分未经过处理的室外干燥空气，所以室内湿度好于没有旁通的直接蒸发段。

在无旁通风阀的直接蒸发冷却设备运行模式下，系统既不能使室温随室内负荷变化而变化，也不能保证室内湿度到舒适值（湿度偏大）。通过对正在应用的直接蒸发冷却机组（无旁通风阀）进行现场测试，发现室内湿度均在 75%以上且送风温度不会随室内温度变化而得到调节。

使用旁通风阀后，首先直接蒸发冷却设备能通过回风温度调节迎面风和旁通风风阀以改变送风温度使室内温度恒定；其次，虽然它也不能维持室内湿度恒定到舒适值，但它将室外干空气和处理过的饱和湿空气相混合，使得送风空气含湿量减小，在一定程度上缓和了湿度过大的问题。

经验表明，直接蒸发冷却段连续运行，通过直接蒸发冷却段的设计效率使得离开它的空气总是达到饱和点，这种状况是相当稳定、可预测的。而调节通过直接蒸发冷却段的水流大小则会产生不可预测的结果，并且会引起出风温度的较大波动，而且这样做对某些类型填料的寿命也有损害。通过维持满水流量（即恒定的最大流量）以及以上描述的变空气流量使蒸发冷却器的效率维持在其峰值会产生一个容易预测并可以准确控制的出风温度（机器露点）。图 12-18 显示了一个直接蒸发冷却过程，如果热湿交换过程充分，那么在理论上分析 t_{go} 就可以等于 t_{sw}（O 点和 M 点重合），而实际过程中 O 点接近 M 点的距离取决于热湿交换的完善程度，设备的效率 η_{DEC} 愈高，O 点就愈接近 M 点，降温效果愈好。一般情况下，$\eta_{DEC}=90\%$，故通常 O 点处在 $\varphi=90\%\sim95\%$ 线上，而不是等焓线和 $\varphi=100\%$ 线相交的位置。图中 ε 线为最大热湿比线，ε′ 线为室内负荷变小时的热湿比线。

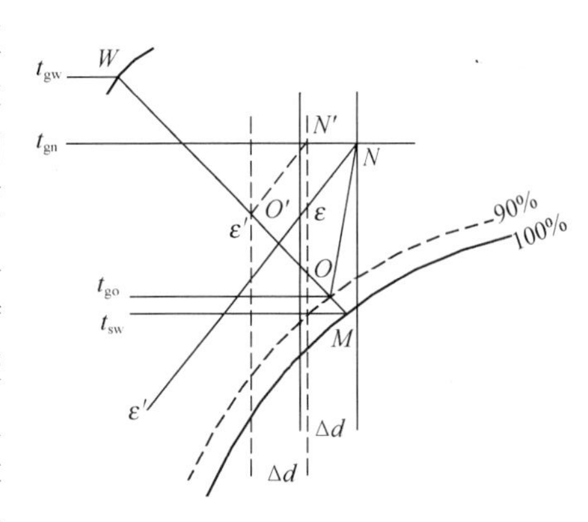

图 12-18　直接蒸发冷却（有旁通）控制过程

3）当直接蒸发冷段开启且迎面风及旁通风风阀 FBAV 保持在 100％迎面风位置，在这种状态下运行一个时间段后温度仍降不到需要的设定点时，就需再启动间接蒸发冷却段，对室外干空气进行等湿冷却（即预冷），然后再对预冷过的室外干空气进行直接蒸发冷却处理（即等焓加湿）。此时，直接蒸发冷却段继续工作，但需将迎面风及旁通风风阀 FBAV 调到 100％迎面风位置，开启冷却塔水泵、风机，用露点温度传感器 TE 调节间接蒸发冷却盘管的控制阀 CV，通过调节流过冷却盘管冷却水量的大小来控制等湿冷却降温的程度，使得进入直接蒸发冷却器的温度线刚好和等焓线 h_w 相交。具体控制过程焓湿图见图 12-19～图 12～22。

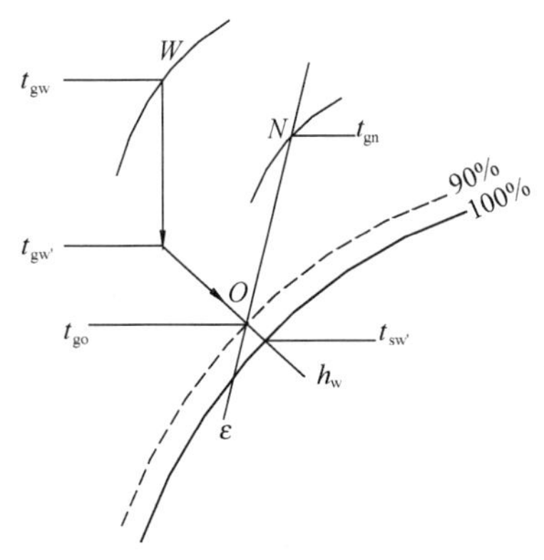

图 12-19　满负荷时焓湿图

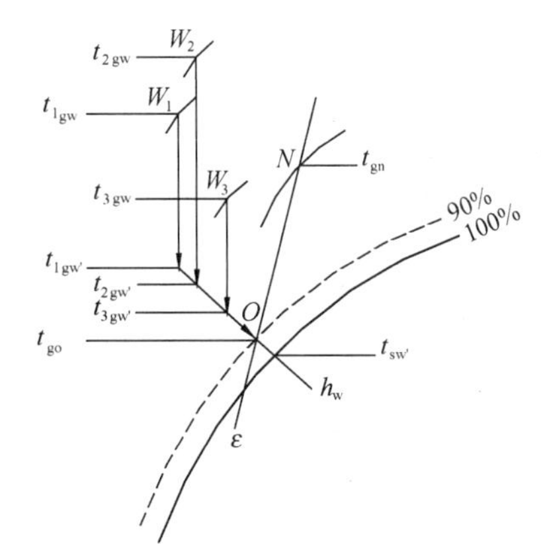

图 12-20　满负荷且室外参数变化较大时焓湿图

图 12-19 显示，满负荷状况下两级蒸发冷却过程。室外空气在温度 t_{gw} 时进入间接蒸发冷却进行等湿冷却，当空气进入到直接蒸发冷却器时被预冷到 $t_{gw'}$。直接蒸发冷却过程沿着定湿球温度线（等焓线）将空气进行等焓加湿冷却到 t_{go}。空气在温度 t_{go} 点离开直接蒸发冷却器，然后沿着房间热湿比线作为送风进入室内。因为间接和直接蒸发冷却器的冷却效率不可能达到 100%，所以 t_{go} 略小于 $t_{sw'}$。

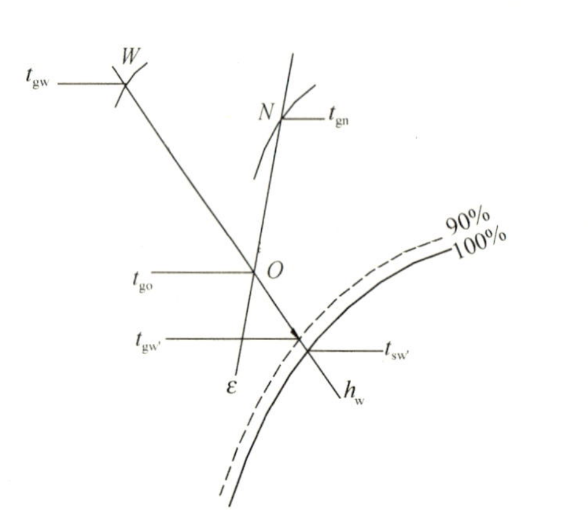

图 12-21　部分负荷时焓湿图

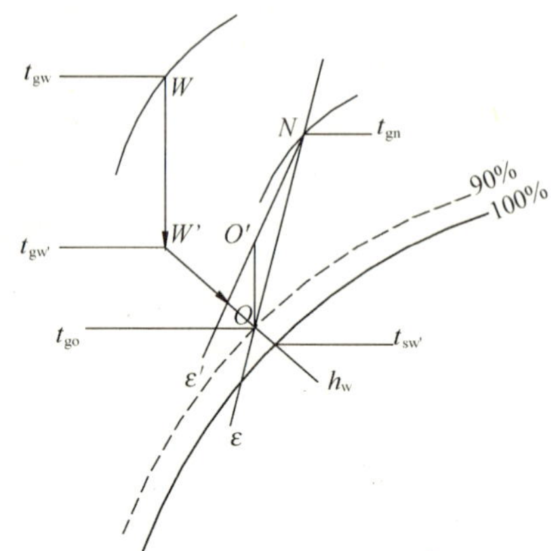

图 12-22　室内负荷变化时焓湿图

图 12-20 显示当系统处于满负荷且室外参数变化较大时，由过室内设计工况 N 点的 ε 线交机器露点于 O，则送风点 O 确定。直接蒸发冷却过程会沿着经过 O 点的等焓线保持恒定，即直接蒸发冷却过程固定在等焓线 h_w 上，温度传感器 TE（设定值为 t_{go}）通过调节冷却盘管的控制阀，改变等湿冷却的降温程度，则表示间接蒸发冷却过程的等含湿量线的位置以及它与经过 O 点的定湿球温度线的交点位置就会随室外温度的变化而改变。总之，通过 TE 调节间接蒸发冷却盘管的三通阀，使得室外空气等湿冷却的等含湿量线和经过 O 点的表示直接蒸发冷却的等焓线相交，则交点即为直接蒸发冷却过程空气入口温度。

图 12-21 显示当系统处于部分负荷运转时，不仅室外温度低于设计状况，而且室内负荷也低于设计要求。在这种情况下，不需要预冷，且系统在单级冷却模式下运转。t_{gw} 是空气进入直接蒸发冷却器的温度，$t_{gw'}$ 是空气离开直接蒸发冷却器的温度，t_{go} 是旁通空气和经直接蒸发冷却过程处理过的空气相混合后的混合温度。t_{go} 由回风温度 RETE 控制，即此时关闭间接蒸发冷却设备。

图 12-22 显示当室内负荷变化，而室外参数较高时，仍由露点温度 TE 调节冷水阀使得离开直接蒸发冷却器的饱和空气温度恒定在 t_{go}，然后再由回风温度 RETE 控制加热阀 HV，使得空气状态点由 O 点沿等含湿量线上升到 O′点，送入室内。虽然这样能够保证室内恒温、恒湿，但需在夏季增加再热。

4）当室外湿球温度过高，空调机组在两级冷却模式下运行一个时间段后，如果蒸发冷却设备仍然无法将室外的空气状况降至所需要的送风湿球温度（即当 t_{go}＞TE 实测值时），而此时又必须使室内状况维持在设计工况，则必须增加机械制冷设备（即增加冷机 1 台），此时可以应用间接蒸发冷却盘管作为冷冻水冷却盘管，当需要机械制冷时通过阀门转换使得冷冻水流经间接蒸发冷却盘管。关闭 DEC 水泵 EB，调节迎面风和旁通风风阀到 100%旁通风位置，新风阀开度为 15%，回风阀开度为

85%，系统处于典型的机械制冷模式。

5）当直接、间接蒸发冷却设备均开启，经运行一个时间段后如果机器露点温度仍小于其设定点 t_{go}，则应当关闭间接蒸发冷却设备，即关闭冷却盘管调节阀，由回风温度传感器 RETE 用实测值和设定值的偏差调节迎面风及旁通风风阀 FBAV，使回风温度维持在其设定值，此时机组仅进行直接蒸发冷却处理。

（2）冬季控制流程

1）冬季空气处理焓湿图如图 12-23 所示，当室外空气温度高于设定温度时，回风温度传感器 RETE 控制室外空气风阀 FAV 以及回风风阀 RAV，从而提供一个合适的混风温度送入室内。在此操作过程中，间接蒸发冷却器 IEC、加热盘管 HC 的控制阀和预热器的预热阀 PRE-HEAT 都处在关闭位置，直接蒸发冷却器 DEC 的迎面风和旁通风风阀 FBAV 也都处在全旁通位置。

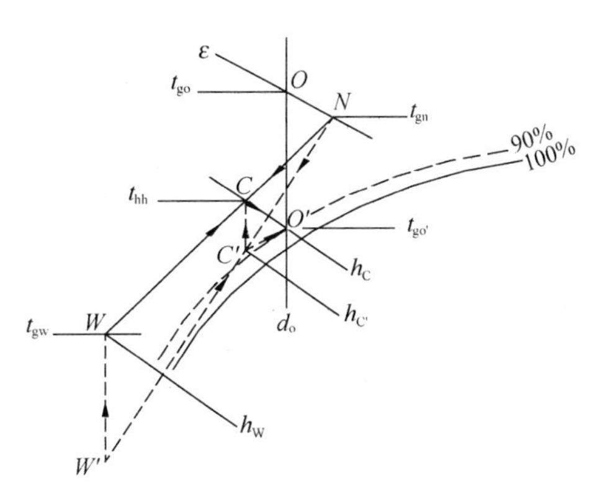

图 12-23　冬季焓湿图

2）当室外空气温度下降到节能设定点下限时，由露点温度传感器 TE（设定值 $t_{go'}$）调节室外空气风阀 FAV 和回风风阀 RAV（回风量=总风量－新风量），使得混风点 C 刚好落在过 O′点的等焓线 h_c上，混合风由 C 点被等焓加湿到 O′点，由回风温度传感器 RE-TE 控制加热器的加热阀 HV 使得空气沿等含湿量线被加热到 O 点送入室内，维持室内恒温、恒湿。

3）当室外温度继续下降以至于维持最小新风 15%、回风 85%时，混合空气的混合点 C'所在的等焓线 $h_{c'}$仍然在过 O′点的等焓线 h_c下面，即此时室外空气焓值 $h_{w'}$为：

$$
\begin{aligned}
h_{w'} &< h_n - \frac{G(h_n - h_o{}')}{G_W} \\
&= h_n - \frac{h_n - h_o{}'}{m\%}
\end{aligned}
\tag{12-1}
$$

式中　G_W——新风量，kg/s；

G——送风量，kg/s；

h_n——过室内空气状态点等焓线；

$h_{o'}$——过露点的等焓线，$h_c = h_{o'}$。

此时必须对室外空气进行预热，首先将新风设置到最小值 15%（这样会使预热量最小），然后对新风进行预热使室外空气的焓值 $h_{w'} \geqslant h_n - \frac{h_n - h_{o'}}{15\%}$ 最后再通过露点温度传感器 TE 调节新回风比使混合空气混合点落在 h_c上以便进行绝热加湿。

4）冬季防冻开关 TS 作为温度下限控制，TS 能调节室外空气风门 FAV 的位置以避免混合空气温度低于设定值 5℃。如果混合空气的温度低于设定值 5℃，则 TS 控制供风风机停止运转，随着供风风机停止运转，室外空气风门 FAV 完全关闭且回风风阀 RAV 完全打开。

5）当室外露点低于期望的室内露点时，蒸发冷却器才被局限于提供去湿作用。当室外露点高于期望的室内露点则蒸发冷却系统不能提供去湿作用时，就需要用别的方法进行去湿。为满足这个需要，间接冷却盘管可以充当冷冻水盘管。当需要去湿时，间接蒸发冷却盘管就成了制冷除湿器。对普通舒适性空调一般不提供制冷除湿功能，因为为满足制冷除湿功能不但在冬季要制冷而且要提供更多的热量去抵消制冷量，既不经济又不节能。

12.2.4 集散控制系统简介

1. 集散控制系统简介

集散控制系统又称分布式控制系统（Distributed Control System），简称 DCS，它既有计算机控制系统编程方便、精度高、响应速度快的优点，又有仪表系统安全可靠、维护方便的优点。其主要特点是集中管理、分散控制。

（1）采用分级分布式控制。以微处理机为核心的基本控制器，不但能代替模拟仪表完成常规的过程控制，并且能进行复杂的运算和顺序控制。该控制器采用固化的应用软件，在现场对输入、输出数据进行处理，减少了信息传递量，降低了对上级计算机的要求，使系统的应用程序较为简单。

（2）采用物理上的分散结构，实现真正的分散控制，提高了控制性能，使故障分散，使系统更可靠。

（3）采用高速数据通道，使基本控制等设备与监控计算机联系起来，进行协调控制，实行整体最优化运行。

（4）备有多功能 CRT 操作台作为集中型的人机接口，在 CRT 操作台上，可存取并能以多种画面显示流程、全部过程变量、控制变量及其他参数，并可在屏幕上实现参数设定、设备操作等，实现了集中监测和集中操作。

2. 西门子楼宇自控系统简介

（1）系统轮廓（System Profile）

系统轮廓详见图 12-24。系统树最上层的图标代表管理层网络（MLN），它是在 Insight 软件包的安装过程中自动以隐含名增加上去的。可以对该隐含名进行修改，以便更直接地反映楼宇系统。可以设定每周起始日，还可以设定在系统活动日志（System Activity log）中 Insight 事件的保留时间。

Insight PC 位于系统树中 MLN 的下一层。可以通过 Insight PC 的定义来设置报警级别的颜色、打开或关闭报警铃及报警灯、定义远程伙伴。在 MLN 上定义的 Insight PC 数量可以不受限制。

Insight PC 的下一层是楼宇级网络（BLN）、调制解调器（modem）（对于远程 BLN）或打印机的定义。楼宇级网络是连接楼宇系统的 InsightPC 和现场控制点的通讯主干网。在系统树中，BLN 处在 Insight PC 的下一层。一个 Insight 系统可以最多定义 4 个 BLN。

楼宇级网络（BLN）的下一层是现场控制器。现场控制器位于系统树中 BLN 的下一层。在定义现场控制器时，可以定义现场控制器的类型、使用的固件版本、节点编号、端子定义、报警消息、远程伙伴以及网络上的活动通信等。在一个 BLN 网络中，最多可以

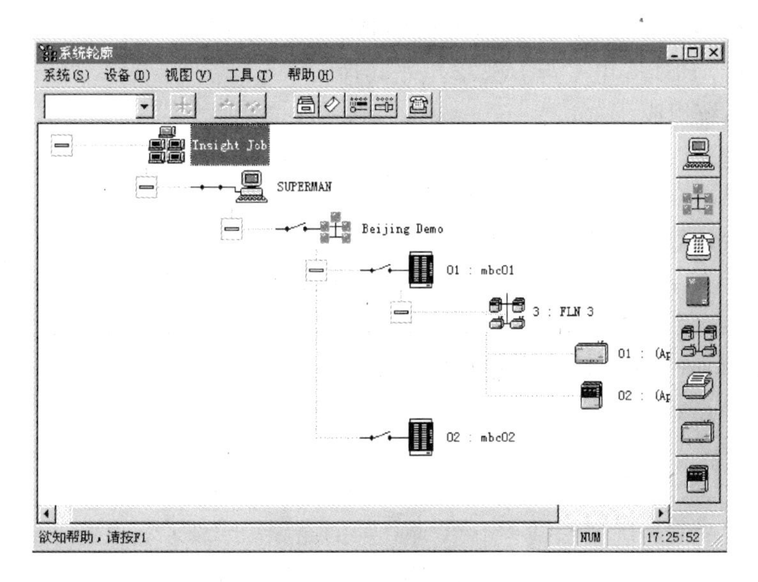

图 12-24　系统轮廓图

定义 100 个现场控制器。

在进行现场控制器（MBC）的定义之前，必须首先完成现场控制器与 BLN 的连接。完成了现场控制器的定义之后，楼宇系统设置的下一层定义就是楼层级网络（FLN）、调制解调器（modem）或打印机。楼层网络（FLN）是 FLN 设备（TEC、UC、DPU）与 BLN 以及 BLN 上的现场控制器之间的数据通信链路，它用于楼宇中所有楼层级的数据交换。FLN 位于系统树中现场控制器的下一层。在一个现场控制器中，可以最多连接 3 个 FLN。在进行 FLN 的定义之前，必须首先完成现场控制器的定义，而且，FLN 需要连接到现场控制器中。

在完成了 FLN 的定义之后，楼宇系统设置的下一层定义就是终端设备控制器（TEC）或单元控制器（UC）、数字处理单元（DPU）。

单元控制器（UC）为单台设备提供了温度控制和能源管理的功能。UC 在系统树中与 TEC、DPU 处于同一层。UC 和 TEC、DPU 都是在 FLN 上的。UC 的定义内容包括 UC 的名称、应用和地址。在一个 FLN 中，最多可以连接 32 个控制器。同样在进行 UC 的定义之前，必须首先完成 FLN 的定义，而且 UC 需要连接到 FLN 上。TEC 控制器是用于诸如热泵、VAV 终端盒、风机盘管单元机、单元排风机等终端设备的控制单元。数字处理单元（DPU）用于处理数字点较集中的场合，例如冷热站等场所。

（2）RS—485 总线通信网络

基于 RS232/RS422 总线通信，一般通信距离限制在 15m，最长不超过 60m。RS422 总线一般通信距离小于 20m，只适合于传输距离较近的场合，抗干扰性差，传输速率很慢，目前已趋于淘汰。

基于 RS485 总线通信是每个控制器通过 RS485 总线接口实现与监控中心的通信。这种方式传输距离可达 1200m，抗干扰能力大为增强，传输速率也有提高，可达 19200bps，是一种非常实用、可靠和经济的方法，也是一种目前广泛应用的形式。该系统采用 RS485 现场总线，这主要是为了满足长线通信的要求，其传输距离、传输速率、抗干扰能力要比

RS232 接口强很多，但 PC 机的 COM1 和 COM2 口均为 RS232 接口，因此传输信号进入 PC 机时必须进行 RS485 电平与 RS232 电平转换。

（3）自控系统组成

系统采用中央计算机为核心的自动控制系统来实现对蒸发冷却空调机组、蒸发冷却新风机组、冷热站、变配电、给排水系统的全自动控制。

系统由 1 台计算机工作站，1 台 MBC 主控制器，1 台 UC 单元控制器控制 1 台空调（新风），如果有 *N* 台机组则需 *N* 台 UC。冷热站采用 DPU 数字处理单元的台数由冷热站具体的控制点数决定，同样用 MEC 模块化终端设备控制器完成对变配电系统的监测（只监测，不控制）。系统还包括末端传感器和阀门等。

12.2.5 设备安装

各控制器、电源箱采用墙面安装。用于自控系统的流量、温度、压力传感器在管道上安装时，传感器的安装位置遵循“上 10 下 5”的原则。水流量开关、压差开关在安装时应正对水流方向。电动蝶阀、调节阀的安装应遵循各厂家说明书。

各自控设备、检测点与控制器、电源箱之间的走线采用点对点星形连接方式。桥架、线管敷设高度均为 2.5m，与就地设备的距离小于 1.5m 时，可采用金属软管连接。各控制器之间的网络通信线采用综合布线来统一施工，线缆可选用超五类水平八芯电缆。对 485 总线也可采用 ZR－RVVP（带屏蔽阻燃多股软线）。

（1）线缆选用型号

信号线：阻燃多股软线，ZR－RVV（模拟信号则应采用带屏蔽阻燃多股软线 ZR－RVVP）；通信线：水平八芯双绞线，Cat.5＋8AWG22；电源线：阻燃单股软线，ZR－VV。

（2）电源

自控系统电源由地下配电室柜引出（220VAC 30A）。

自控系统在各分区均设电源箱，统一给设备供电。

（3）接地

通信接地：控制系统的通信接地至防雷接地系统。

所有网络线的屏蔽线必须采用单点接地。

12.2.6 新型蒸发冷却空调自动控制系统

12.2.6.1 蒸发冷却空调机组自控装置

实用新型专利“蒸发冷却空调机组自控装置”[10]（专利号：200720032677.9），其控制系统硬件 PLC 选用西门子可编程控制器 S7200，CPU226XP 集成 14 输入/10 输出，共 24 个数字量 I/O 点；2 输入/1 输出，共 3 个模拟量 I/O 点；可连接 7 个扩展模块，最大扩展至 168 路数字量 I/O 点或 38 路模拟量 I/O 点。22K 字节程序和数据存储空间，6 个独立的高速计数器（100kHz），2 个 100kHz 的高速脉冲输出，2 个 RS485 通信/编程口，具有 PPI 通信协议、MPI 通信协议和自由方式通信能力。该自控装置还新增多种功能，如内置模拟量 I/O，位控特性，自整定 PID 功能，线性斜坡脉冲指令，诊断 LED，数据记录及配方功能等。

该自控装置的工作原理如图12-25所示。蒸发冷却空调机组通过自控装置时时采集空调房间的温度、湿度、风速等参数信号，并将蒸发冷却空调机组自身的信号也输入自控装置。自控装置通过预装入的程序软件对各种信号进行统计、运算，在将控制信号输给蒸发冷却空调机组，完成空调机组随时根据外界情况的改变而实现自动控制的功能。

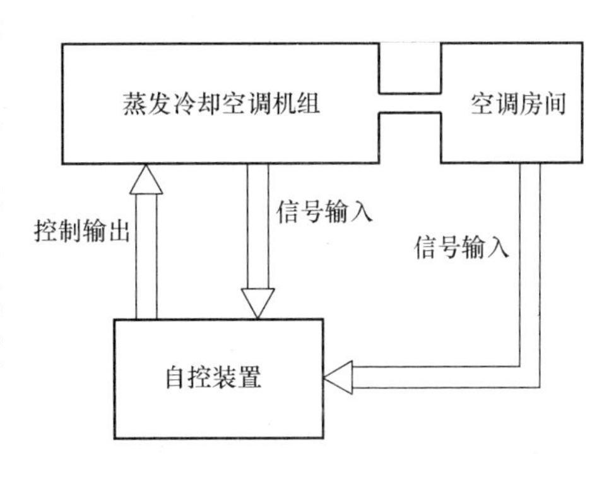

图12-25 蒸发冷却空调机组自控装置工作原理图

与传统的蒸发冷却空调自动控制系统相比，该自控装置具有如下特点：

（1）与DDC相比，PLC的运算速度快，可靠性高。相同点数的PLC成本是DDC的70%左右，性价比高，而且具有功能强大的自由编程功能。采用PLC可编程控制器来实现对蒸发冷却空调机组的自动控制，即对风机、水泵、风阀及新风量进行控制，优化控制策略和控制流程，解决末端数量多的分时、分室控制问题，使控制系统准确而稳定地反映末端负荷变化，进而对蒸发冷却空调系统进行温、湿度及风机总风量的控制，达到有效的节能效果。

（2）通过对蒸发冷却空调机组电气线路原理的设计和控制程序的编写，完成了对空调设备的自动控制和故障保护。人机界面的设计对系统温度、湿度及各种模拟量参数的采集，完成了对运行参数的时时监测；控制平台的设计简化了操作过程，使空调机组操作简单实用。

可编程控制器PLC在蒸发冷却空调自动控制系统中的应用，将蒸发冷却空调的具体应用和自动控制紧密地结合起来，增强了蒸发冷却系统在不同室外工况下工作的稳定性，提高了其节能效果。

12.2.6.2 节能生态型智能化蒸发冷却组合式空调机组自控装置

实用新型专利“节能生态型智能化蒸发冷却组合式空调机组自控装置”[11]（专利号：2008200289632），其控制系统硬件PLC可编程控制器选用西门子可编程控制器S7200，CPU226CN集成24输入/16输出共40个数字量I/O点。可连接7个扩展模块，最大扩展至248路数字量I/O点或35路模拟量I/O点。26K字节程序和数据存储空间。6个独立的30kHz高速计数器，2路独立的20kHz高速脉冲输出。2个RS485通信/编程口，具有PPI通信协议、MPI通信协议和自由方式通信能力。I/O端子排可很容易地整体拆卸。用于较高要求的控制系统，具有更多的输入/输出点，更强的模块扩展能力，更快的运行速度和功能更强的内部集成特殊功能。

该自控装置的工作原理如图12-26所示。通过自控装置时时采集空调房间的温度、湿度、风速等参数信号，并将蒸发冷却组合式空调机组自身的信号通过A/D转换器进行模/数转换输入自控装置，自控装置通过预装入的程序软件对各种信号进行统计、运算，再通过D/A转换器进行数/模转换将控制信号输送给蒸发冷却组合式空调机组，完成空调机组随时根据外界情况的改变而实现自动控制的功能。

与传统的蒸发冷却空调自动控制系统相比，该自控装置具有如下特点：

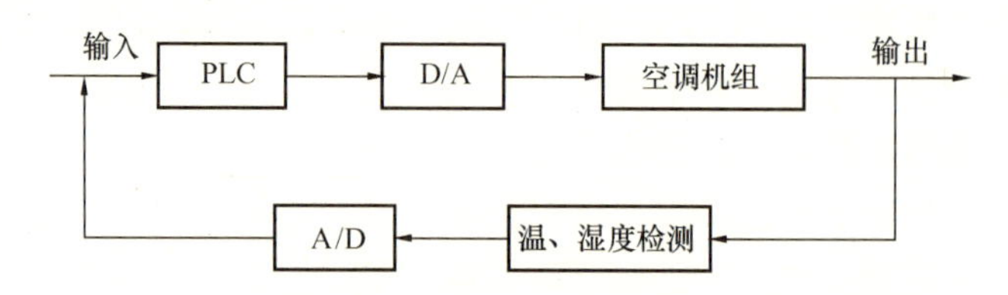

图 12-26 节能生态型智能化蒸发冷却组合式空调机组自控装置工作原理图

(1) 智能化。自控装置对空调机组实现了全面的自动化控制，整个系统随着全年自然气候的动态变化自行调节空调机组的运行状态并对其监测。蒸发冷却组合式空调系统运行工况可分为夏季空气处理过程、冬季空气处理过程以及过渡季节空气处理过程来考虑。通过对蒸发冷却组合式空调机组电气线路原理的设计和控制程序的编写，完成了对空调设备的自动控制和故障保护。人机界面的设计对系统温度、湿度及各种模拟量参数的采集，完成了对运行参数的时时监测。控制平台的设计简化了操作过程，使空调机组操作简单实用。

(2) 节能环保。全面采用最优启停控制、焓值控制、定“露点”温度控制等有效节能运行控制，具有十分重要的经济环境保护意义。

(3) 采用 PLC 的优势。PLC 可编程控制器性价比高，运算速度快，可靠性高，而且具有功能强大的自由编程功能，体积小、功耗低，设计施工周期短。采用 PLC 可编程控制器来实现对蒸发冷却组合式空调机组的自动控制，即对风机、水泵、风阀及冷水阀进行控制，优化控制策略和控制流程，解决末端数量多的分时、分室控制问题，使控制系统准确而稳定地反映末端负荷变化，进而对该空调系统进行温、湿度及风机总风量的控制，达到有效的节能效果。

可编程控制器 PLC 在蒸发冷却组合式空调机组自动控制系统中的应用，将蒸发冷却空调的具体应用和自动控制紧密地结合起来，增强了蒸发冷却系统在不同室外工况下工作的稳定性，提高了其节能效果。

12.2.6.3 蒸发冷却空调的可视化监控系统

实用新型专利“蒸发冷却空调的可视化监控系统”[12]（专利号：200920032793X），其控制系统硬件包括：上位机、打印机、屏蔽双绞线、RS232/RS485 转换器，PLC 可编程控制器和触摸屏。该系统的物理组网：将打印机的 RS－232 接口连接到上位机上；将 PLC 可编程控制器的 RS－485 接口上连接一个触摸屏；将 PLC 通过 DB9 接头和屏蔽双绞线串联连接；再由屏蔽双绞线连至上位机的 RS232/RS485 转换器上，然后将转换器与上位机的串口（COM）相连接就完成了系统硬件的组网。

该监控系统的工作原理如图 12-27 所示。

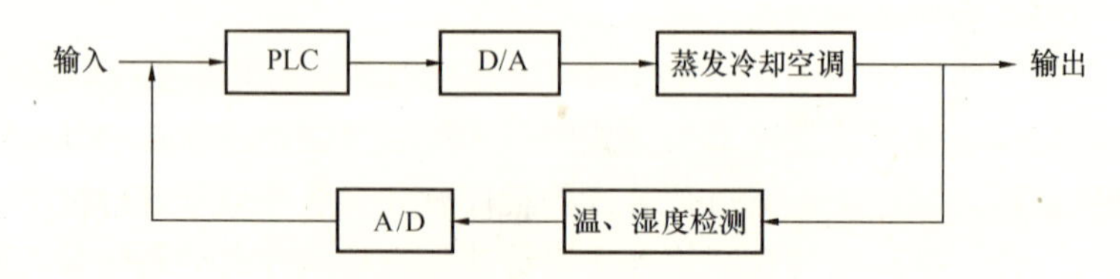

图 12-27 蒸发冷却空调的可视化监控系统工作原理图

可编程控制器PLC程序设计：通过PLC时时采集空调房间的温度、湿度、风度等信号，并将蒸发冷却空调自身的信号通过A/D转换器进行模/数转换输入PLC装置，PLC装置通过预先装入的程序软件对各种信号进行统计、运算，再通过D/A进行数/模转换，将控制信号输送给蒸发冷却空调，完成空调随时根据外界情况的改变而实现自动控制的功能。同时，PLC程序还对设备的运行状况及故障及时进行反馈和报警。

上位机程序设计：采用西门子组态软件Wincc flexible 2007开发上位机监控程序。WINcc（Windows Control Center，窗口控制中心）是西门子公司实现PLC与上位机之间通信及上位机监控画面制作的组态软件，是目前所有组态软件中功能比较强大的一个。通过WINcc组态，实现上位机与PLC的连接、通信，进行数据处理和数据交换。在监控主页面可以形象地看到整个空调系统的布局，当前各个设备的运行状况，故障实时保护报警及记录，室内温湿度实时数据曲线，并将现场运行数据实时存入数据库，可以随时打印数据，也可以检索以前的历史数据。而且提供了人机对话的窗口，可以在监控主机的监控画面中修改PLC控制程序中的参数。这些都为现场设备维护人员提供了详细的资料，使操作、维护工作变得简单易行。

与传统的蒸发冷却空调自动控制系统相比，该可视化监控系统具有如下特点：

（1）过程可视化：该监控系统通过WINcc组态，实现上位机、触摸屏与PLC的连接、通信，进行数据处理和数据交换，在上位机、触摸屏上可以形象地看到整个空调系统的布局，以及当前各个设备的运行状况，故障实时保护报警及记录，室内温湿度实时数据曲线等。

（2）操作员对过程的控制：操作人员可以通过上位机或触摸屏的监控画面上的输入域来修改PLC控制程序中的参数。

（3）记录（归档）功能、输出过程值和报警记录：在上位机、触摸屏上可以显示当前各个设备的运行状况，故障实时保护报警及记录，室内温、湿度实时数据曲线，并将现场运行数据实时存入数据库，可以随时打印数据，也可以检索以前的历史数据。

（4）监控系统分为远程控制和就地控制两种方式。组态软件很好地解决了画面设计与PLC通信的问题。人机界面用文字或图形动态地显示PLC中开关量的状态和数字量的数值。通过各种输入方式，将操作人员的开关量命令和数字量设定值传送到PLC。

12.3 蒸发冷却空调循环水质处理系统

12.3.1 蒸发冷却水系统中军团菌、结垢和腐蚀状况及危害

在我国西北地区应用蒸发冷却空调机组的项目工程中，有单独直接蒸发冷却的一级系统，间接蒸发与直接蒸发相结合的二级系统，两级间接蒸发与直接蒸发相结合的三级系统，而所有蒸发冷却空调系统都由直接蒸发冷却段（简称DEC）和间接蒸发冷却段（简称IEC）组合而成，它们的水系统都属于开式系统。开式空调水系统均存在结垢、腐蚀、细菌滋生等问题，导致空调热湿交换效率下降、阻力和能耗增加严重影响了其使用寿命，并对人体健康存在着潜在的威胁。

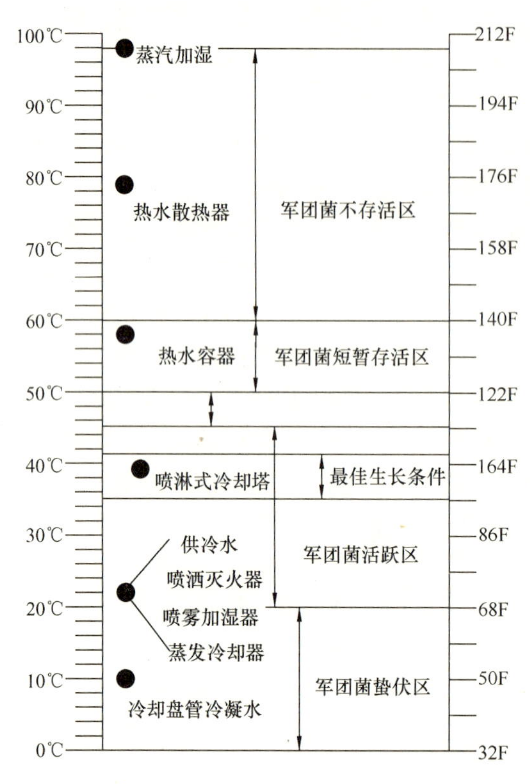

图 12-28 温度对军团菌的影响图

12.3.1.1 军团菌

军团菌是一种容易引起肺炎的特殊杆菌，军团菌外形为杆状，1×3μm 大小，能够被悬浮颗粒俘获病传送，当悬浮颗粒粒径在 1～5μm 之间才会深深地吸入肺部。在肺部的深处粘附，经过 3～10d 的潜伏期后开始爆发，产生疾病。由军团菌引起的呼吸道疾病（军团病）首先发现于 20 世纪 70 年代美国退伍军人中，病者潜伏期为 5～10d 不等，会出现发烧、头痛、咳嗽、胸痛等肺炎症状，是一种非常常见的一般肺炎。军团菌大量存活于水中，易在建筑物的热水和冷水中繁殖，例如冷却塔、膨胀水箱和循环水系统中。在冷却系统中的水温与水质极易滋生和繁殖军团菌。如图 12-28 所示，军团菌在温度为 20～45℃的范围具有活性，最适宜的生长条件为 37～41℃[11,12]。

我国西北地区蒸发冷却水系统大多数运行情况下低于图 12-28 中温度对军团菌的影响或稍高于湿球温度，此时军团菌处于蛰伏区或活跃区。水中存在的营养物质、沉淀物，其他一些微生物常常给军团菌提供合适的生长条件。而蒸发冷却空调开式水系统在运行时，空气和水直接接触，使得空气中灰尘等物质沉淀到水中，加上外界高温，为军团菌的潜伏存活提供了有利条件。军团菌通过空调喷出的水滴（或水汽）传播，人一旦吸入含有军团菌的水滴或水汽，就有可能感染军团病。

12.3.1.2 水垢与污垢

循环冷却水系统中的污垢，按照沉积物的成分可分为水垢和污垢两大类。由于水中微生物的参与导致垢的形成复杂，对其过程难以用单纯的化学理论来解释。一般认为，水垢是溶于水中的盐类物质，由于温度升高或冷却水在冷却过程中不断蒸发浓缩，使得超过其饱和溶解度而结晶析出，形成水垢，如钙、镁、铁的碳酸盐、硫酸盐、硅酸盐及磷酸盐等，这类结晶析出的沉积，质地坚硬密实，能牢固地粘着在金属表面上。污垢则是水中菌藻新陈代谢产生的分泌物、微生物残骸、黏土等有机物和泥砂悬浮物所形成的沉积物，具有疏松性，只粘附在金属表面。实际上，水垢与污垢在形成的过程中都混杂了彼此所含有的污染成分，而且均有互相促进的粘聚作用或催化作用。

1. 水垢

开式循环冷却水系统运行时，由于水箱中的水暴露于空气中，一方面水中 CO_2 逸入空气中，水中的碳酸平衡状态因而被破坏，另一方面冷却水中带进了溶解氧，从而造成了水质不稳定，在系统中会产生水垢及腐蚀现象。同时，充足的阳光、中性的 pH 值、适宜的温度和大量的养分，给细菌、病毒的繁殖和复制提供了良好的条件，这些细菌病毒可以通过送风系统进行传播、扩散[13]。

蒸发冷却器中一般使用自来水、河水、湖水和水库中的水。这些水中通常含有溶解的矿物质、细菌（包括军团菌）和悬浮物。这些矿物质中钙和镁的硫酸盐和重碳酸盐，它们溶解于水中时以钙、镁正离子根及硫酸根和重碳酸根负离子的状态在水中运动。用水设备与管道与大地相连呈负极性，于是正离子将受器壁吸引产生附壁效应，负离子又和固定在器壁上的正离子结合，因而形成水垢[14]，长期反复上述过程，水垢越来越厚使得空调的使用寿命缩短，效率降低，能源浪费。

2. 污垢

蒸发冷却器的进风也可能含有一系列的污染物，包括灰尘、烟尘细菌（包括军团菌）、可溶气体和一些营养物质，这些杂质可被去除一部分。当水蒸发时只有纯净的水挥发出来，因此这些杂质的浓度将进一步增加。水中杂质的数量累积程度不仅与水和空气品质有关，也和蒸发冷却器的操作运行有关。如果蒸发冷却器水箱补水很少或根本没有（即补水量和排水量），循环水中杂质的浓度将变得相当大，同时水中藻类和其他微生物的浓度也增大。

3. 结垢对蒸发冷却器的影响[15]

水垢及污垢是热的不良导体，其热导率一般只有碳钢的数十分之一，不到不锈钢的 1/10。一旦蒸发冷却器表面上有了垢，按串联热阻的观点，流体与蒸发冷却器之间的传热热阻就增加。

$$R = 1/k + r \tag{12-2}$$

式中　r——污垢热阻，即污垢层形成的附加热阻，$m^2 \cdot K/W$；

R——总传热热阻，$W/(m^2 \cdot K)$；

k——传热系数，$W/(m^2 \cdot K)$。

蒸发冷却设备的性能取决于传热能力即传热系数的大小。但是由式（12-3）可知，由于污垢的附着导致总传热系数显著降低，使蒸发冷却设备不能发挥设定的性能，因此有必要抑制污垢的附着或者将其除去。

$$1/K = 1/a_0 + b/\lambda + 1/a_i + R_f \tag{12-3}$$

式中　K——总传热系数；

a_0，a_i——分别为壁面两侧流体的传热膜系数，$W/(m^2 \cdot K)$；

b——壁厚，m；

λ——壁面材料的热导率，$W/(m \cdot K)$。

结垢对蒸发冷却器有以下几方面的影响：

（1）总传热系数 K 随污垢热阻的增加而减少，清洁条件下的 K 越高，则污垢热阻的影响也越大。因此设计蒸发冷却器时必须额外增加传热面积，以补偿污垢热阻的影响。

（2）由于污垢热阻具有某些不确定性，设计者在设计蒸发冷却器时往往采用较保守的值以增加安全系数，这使传热面积更加不必要地增大。

（3）由于污垢是热的不良导体，污垢沉积在蒸发冷却器表面影响了传热效果，降低了生产效率。

（4）污垢聚集在蒸发冷却器的表面，使局部腐蚀加剧，容易产生点腐蚀造成穿孔。

（5）污垢在管内沉积使管内流体的流道截面积变小，增大了流动阻力，降低了蒸发冷却空调设备的制冷制热效率，导致泵或风机的消耗功率增加，使设备的总能量消耗增加。

（6）由于污垢而引起的停工清洗，降低了整个蒸发冷却空调设备的运转周期，造成工作效率的下降。

这些问题的存在可缩短设备的使用寿命，导致设备换热效率明显下降，造成能源浪费，并且增加管道阻力，使管道输送能力下降35%～55%。

腐蚀、水垢和生物黏泥，三者相互联系、相互影响，盐垢和污垢往往结合在一起，结垢和黏泥能引起或加重腐蚀，腐蚀也会产生结垢。

12.3.1.3　腐蚀

腐蚀是金属受到周围环境中某些氧化剂的作用而发生的一种氧化现象。金属被氧化的地方称为阳极，氧化剂受到还原就成为阴极，当腐蚀现象发生时，电子流经两极的金属之间，即产生腐蚀电流。从热力学角度上来讲，大多数工业合金在热力学上是不稳定的。因此，有自发的腐蚀破坏的倾向，即它们有从金属原子状态转变为离子状态的倾向。如果腐蚀反应的自由能的变化（$\triangle G$）是负值，就表明腐蚀的热力学过程是可能的，$\triangle G$的数值愈负，金属的腐蚀的倾向就愈大，腐蚀过程愈易进行[16]。腐蚀过程的结果是金属原子从金属点阵中转变为离子状态，即形成可溶性的金属氧化物、氢氧化物或较复杂的络合物。

全世界现存的金属设备每年腐蚀率大约为10%，全世界每年因腐蚀损失约高于7000亿美元[17]，一般看来，由于腐蚀所造成的经济损失约占国民经济总产值的2%～4%。由此可见，金属腐蚀问题十分严重和普遍。因此，也越来越引起人们的重视。

腐蚀形状金属冷却水腐蚀的形态可分为两大类，即均匀腐蚀和局部腐蚀，而后者是由以下一些原因引起：

（1）用保护膜或涂料抑制腐蚀时，保护膜局部破裂或涂料局部脱落，这些破裂或脱落的地方易受到腐蚀。

（2）金属本身有缺陷。

（3）当水垢局部剥离时，露出的金属部分就成为阳极，腐蚀就在这些地方进行。因此，旧的冷却水系统在开始运行前必须将老垢清洗干净。

（4）金属表面所接触的水溶液中，氧的浓度不同，形成氧的浓差电池，富氧部分为阴极，而缺氧部分则成阳极受到腐蚀。

腐蚀的反应过程可表示为：

阳极反应：$Fe \longrightarrow Fe^{2+} + 2e$

阴极反应：$1/2O_2 + H_2O + 2e \longrightarrow 2OH^-$

在水中：$Fe^{2+} + 2OH^- \longrightarrow Fe(OH)_2$

在开式水系统中，由于系统部分暴露于空气中或与空气直接接触，系统中溶解氧的含量比较充足，所以溶解氧是造成系统腐蚀的主要原因。

伴随着氧化铁的腐蚀机理，另一种腐蚀循环反应也同时发生，反应过程可表示为：

$$1/2Fe^{3+} + Fe \longrightarrow 3Fe^{2+}$$

$$Fe^{2+} + 1/2O_2 \longrightarrow Fe^{3+}$$

（5）金属表面局部附着的微生物是引起腐蚀的另外一个因素。

虽然有关金属腐蚀的微生物种类很多，但是其中比较重要的是直接参与自然界硫、铁和氮循环的微生物；参与硫循环的有硫氧化细菌和硫酸盐还原菌；参与铁循环的有铁氧化细菌和铁细菌；参与氮循环的主要有硝化细菌和反硝化细菌等。

12.3.2　处理循环水的常用方法

目前常用的处理循环冷却水的方法有：

1. 不进行处理或采取简单的排污来控制结垢或腐蚀

对于蒸发水量损失引起的冷却水浓缩，可以人为地排放掉一部分浓缩水，并补充新鲜水量。该方法简单、方便，但不能从根本上解决水中不稳定溶解盐的问题，仍有结垢的可能。

2. 软化法控制循环水水质[18]

由于一般循环水浓缩一定倍数以上时，多数为结垢性水，并且有些地区的水质属于恶劣型结垢水质，采取软化处理，目的是去除 Ca^{2+} 、Mg^{2+} 离子。常用方法有离子交换树脂法，纯水法，部分软化法。

离子交换树脂法解决了高硬度、高碱水的严重结垢趋势，缺点是增加了腐蚀性离子、腐蚀严重。纯水法则由于水中溶解氧的存在，腐蚀避免不了。部分软化法常用于高硬、高碱水预处理，并且成本低，但环境污染大，不易操作，在空调水处理中一般不用。

3. 静电处理法

静电处理法是近几年来在中央空调冷却水循环系统中开始采用的一种水质控制方式，由高压发生器和电极组成，它是一种物理作用，利用静电作用使水中产生一些自由电子，附着于管壁，可防止管壁被氧化，同时氧气吸收电子后生成 O^{2-} 和 H_2O_2 等物质。这种方法既能防垢，又能除垢，并兼有显著的杀菌作用。但从测试结果来看，除垢效果一般，对缓蚀和杀菌作用，经检测没有变化。此外，该设备价格昂贵，且电极维护要求极高需定期清洗。

4. 磁化处理法

水被磁化后，形成的水垢质脆疏松、附着力减弱。因此该法对防垢有一定的作用，但磁场强度会随时间推移而逐步减弱，进而影响其效果。

5. 高频电子法

利用集成电路产生的高频电信号，使水中原来缔合链状的大分子断裂成单个水分子，同时水体吸收大量被激活的电子，使水的偶极矩增大，从而使水和盐离子的亲和力增大，进而使管壁上的水垢脱落。另外，水中的氧被处理为惰性氧，兼有防腐杀菌作用。但该法还处于理论与实用相适应阶段，处理能力有限，有成功的报道，也有不可取的事例，该项技术仍处于不成熟阶段。

6. 药剂法

在水中加入一些杀菌剂能有效去除水中的细菌，对防止军团菌的产生有良好效果。药剂法虽然很大程度上解决了蒸发冷却空调水系统中存在的问题，基本上满足了生产要求，但处理过程复杂及运行费用较高，排污量大，容易造成二次污染，不利于节约用水。为了使各种药剂能更好的作用，达到较好的处理效果，必须配备专业操作及分析人员，加强运行维护和管理，增加了工作量。

而臭氧法能集防腐、除垢、杀菌、灭藻于一体，既能减小排污量，降低运行费用，又不产生二次污染。

12.3.3　臭氧处理循环冷却水

臭氧与其他化学药剂相比不会产生对环境造成污染的化学物质，臭氧系统引起的环境问题较少。臭氧保存在侧流管中，随着循环水被分散到末端系统。因为臭氧在被注入水箱循环水几分钟内就会分解成氧气，它必须随时产生并不断地注入系统。在应用臭氧的时候应该根据需要控制好臭氧的产生及投放量[19]。

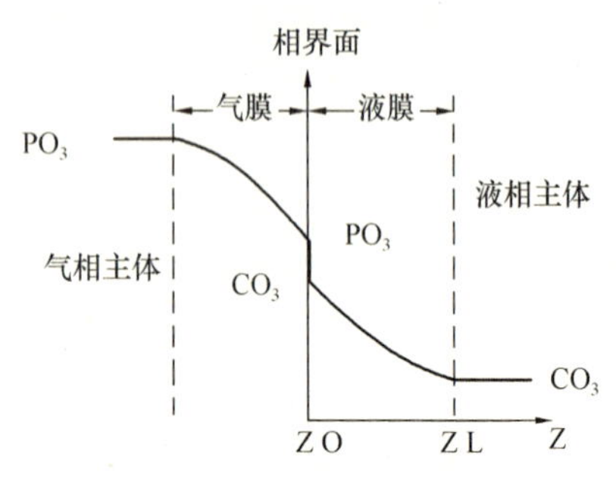

图 12-29　臭氧在相际间传递

臭氧法水处理属气液反应过程，该过程可分为以下几个步骤，见图 12-29，臭氧通过气相向气液相界面的扩散，通过界面向液相边界的传递，以及随后向液相主体的传递，而气液反应则在液膜或液相主体中进行，一般认为臭氧化属传质控制或反应控制。

12.3.3.1　杀菌灭藻

臭氧有较高的氧化还原电位，分解后产生的新生氧具有较强的氧化能力。臭氧首先与细胞壁的脂类的双键起反应，穿破细胞壁进入细胞内部，作用于外壳脂蛋白和内面的脂多糖，使细胞的通透性发生改变，最后导致细胞融解、死亡。因而可以降解水中多种杂质和杀灭多种致病菌、霉菌、病毒以及杀死诸如饰贝科软体动物幼虫（达 98%）及水生物如剑水蚤、寡毛环节动物、水蚤轮虫等。

臭氧杀菌灭藻能力受臭氧浓度、水温、pH 值、水的浊度等因素的影响。一般来说，臭氧浓度越高，杀菌作用越强。随着水温的增加，臭氧的分解速度增加，从而使得杀菌效果也加强。若水温在 4～6℃时臭氧的杀菌效果作用为 1，则在 8～21℃时为 1.6，在 36～38℃时为 3.2。当水的 pH 值高时，杀菌效果不好，应增加臭氧的投放量。水的浊度对臭氧杀菌有一定的影响，浊度在 5mL/L 以下则影响不大。

臭氧杀菌具有以下特点：

（1）高效性：臭氧杀菌以空气为媒质，不需要其他任何辅助材料和添加剂。杀菌进行时，臭氧发生器产生一定量的臭氧，在相对密封的环境下，扩散均匀，包容性好，克服了紫外线杀菌存在的诸多死角的特点，可达到全方位快速高效的杀菌灭菌目的。另外，它的灭菌谱广，既可杀灭细菌繁殖体、芽孢、甲乙型肝炎病毒、真菌和原虫胞体等多种病毒，还可以破坏肉毒杆菌和毒素及立克次氏体等，同时还具有很强的除霉、腥、臭等异味的功能。

（2）高洁净性：臭氧快速自然分解为氧的特性，是臭氧作灭菌剂的独特优点。杀菌氧化过程中，多余氧（O）在 30min 后又结合成氧分子（O_2），不存在任何残留物，解决了杀菌剂方法产生的二次污染问题，同时省去了杀菌结束后的再次清洁。

（3）方便性：臭氧灭菌器一般安装在洁净室内或空气净化系统中或灭菌设备内（如臭氧灭菌柜、传递窗等）。根据调试验证的灭菌浓度及时间，设置灭菌器的按时间开启及运行时间，操作使用方便。臭氧杀菌可以天天定时开启使用。

（4）经济性：通过臭氧灭菌在诸多制药行业及医疗卫生单位的使用及运行比较，臭氧杀菌方法与其他方法相比具有很大的经济效益和社会效益。在当今工业快速发展中，环保问题特别重要，而臭氧杀菌却避免了其他杀菌方法产生的二次污染。

12.3.3.2　阻垢与缓蚀

臭氧作为单一使用的水处理药剂，具有操作简单，排污量少，既能节水、节能，又不用调节水的 pH 值，不存在二次污染等诸多优点，对循环冷却水的阻垢、缓蚀效果均有良好的效果[20]。

1. 阻垢

通过对 $CaCO_3$ 阻垢机理的研究，认为 $CaCO_3$ 晶体的形成是一个非均匀成核的过程。$CaCO_3$ 晶体的生长分为两个阶段：第一阶段是 $CaCO_3$ 原核的形成，逐步形成速度快，非速度控制步骤；第二阶段是晶核的成长，逐步形成速度较慢，是速度控制步骤，也是抑制剂发生作用的一步。经臭氧处理后，臭氧使得 $CaCO_3$ 晶体在成长过程中发生位错。随着晶体的缓慢增长，晶体晶格上就可能出现台阶式的螺旋位错，台阶一层一层地堆积，因而起到阻垢作用。

另一方面，冷却水结垢不是单纯地由致垢盐超过其饱和溶解度所造成，它与腐蚀的具体过程有着复杂的联系。结垢沉积物不均匀会促进腐蚀，腐蚀也能导致结垢沉积物的增加。另外，微生物的繁殖也促进了冷却水的结垢和腐蚀。

臭氧与水分子接触后，会立即发生还原反应，产生原子氧（O）和羟基（OH），羟基（OH）是一种催化剂，能使有机物发生连锁反应，因此臭氧的强氧化性有效地控制了循环水中微生物的生长，减轻了生物污垢及其引起的垢下腐蚀。臭氧还能氧化垢层基质中有机物成分，使垢层变松脱落，从而引起阻垢的作用。

2. 缓蚀

冷却水系统腐蚀主要是由于水中存在的溶解氧与金属反应形成的化学和电化学腐蚀。大量研究表明，臭氧具有防腐蚀性，其抑制腐蚀的机理与铬酸盐缓蚀剂的作用大致相似，主要原因是由于冷却水中活泼的氧原子与亚铁离子反应后，在阳极表面形成一层含 γ—Fe_2O_3 的氧化物钝化膜。这种膜薄密实且与金属结合牢固，能阻碍水中的溶解氧扩散到金属表面，从而抑制腐蚀反应的进行。同时，由于这种氧化膜的产生，使金属的腐蚀电位向正方向移动，迅速降低了腐蚀速率。使用臭氧后的冷却水系统钢铁的腐蚀速度一般降至标准要求的 1/2～1/3。

另一方面，臭氧法水处理不需向水中投加药剂，使排污量减少，循环水的 pH 值维持在 8～9 之间，属于弱碱性，减轻了腐蚀的作用。随着水中 pH 值的增大，碳钢的腐蚀率明显下降。

常见金属的腐蚀状况如表 12-3 所示。

集水池中试片腐蚀情况　　表 12-3

材　料	时间（d）	腐蚀速率（密耳/年）（实测）	外　观
碳钢	30	0.0464～0.0928	钝化膜清晰可见
不锈钢	30	0.0036～0.0074	明显的金属光泽
黄铜	30	0.0128～0.0344	明显的金属光泽

12.3.3.3　优点

采用臭氧技术处理冷却循环水，具有如下优点：

（1）污水排放量减少 50%以上；

（2）不需要化学药剂，可完全满足环保要求；

（3）臭氧是最好的杀生剂，可以有效地杀灭细菌及病毒，包括军团菌，去除生物黏泥、藻类、霉菌等；

（4）使用臭氧可降低腐蚀速率50%以上（包括钢铁和铜）；

（5）由于臭氧能有效杀灭生物质，因而可以减少甚至清除蒸发冷却器上的污垢，使用臭氧后，最高可节能16%，压缩机能力提高6%；

（6）由于臭氧是现场制造，只使用电及空气，可实现自动控制，不需要储存和投加药品，因而可节约操作及管理费用50%以上；

（7）投资可在6～18个月内收回。我国环境空气质量标准（GB 3095—1996）中规定臭氧的浓度限值（1h平均）一级标准为0.12mg/m³，二级标准为0.16mg/m³，三级标准为0.20mg/m³。臭氧的工业卫生标准大多数国家最高限值为0.1ppm（0.20mg/m³）。

一般认为，臭氧浓度达到15～60mg/m³时对人体有危害；相反在呼吸浓度为0.214mg/m³（即0.1ppm）以下的臭氧时，对人体有保健作用。有人把低浓度的臭氧比作美酒，是有其道理的。臭氧应用100多年来至今，世界上无一臭氧中毒事件发生。

12.3.3.4　*蒸发冷却空调循环水的臭氧净化实验研究*

1. 实验方法

（1）实验装置及流程

实验在两个相同小型填料（铝箔）式蒸发冷却空调机组上进行，循环水箱容积为0.2625m³，循环水量为2.67m³/h。Ⅰ机组循环水系统水泵为潜水泵，不加臭氧；Ⅱ机组循环水臭氧净化试验装置及流程如图12-30所示，主要由高效气液混合泵和臭氧发生装置组成。气液混合泵将水箱中水抽出的同时吸入臭氧发生器产生的臭氧，在泵内加压混合形成臭氧水，臭氧水被送至水分布器喷淋在铝箔填料上，与经间接段过滤、预冷的空气进行充分的湿热交换后流回循环水箱，未溶解臭氧气体经气液分离罐分离、活性炭吸附后排入大气，臭氧发生器气源为空气。

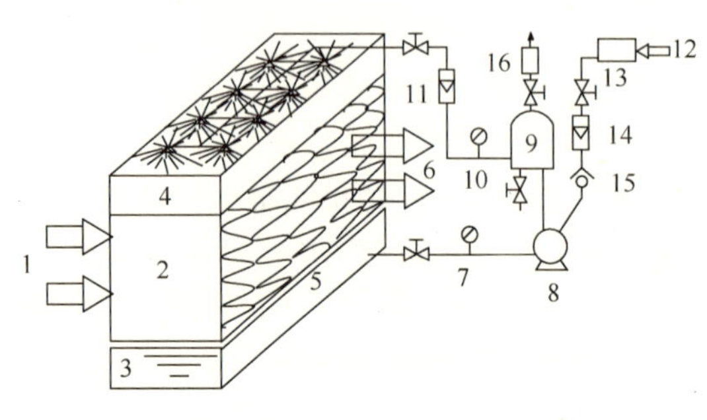

图12-30　循环水臭氧净化试验装置及流程

1—间接段过滤、预冷空气；2—直接蒸发冷却器；3—水箱；4—喷淋水；5—铝箔填料；6—清凉洁净空气；7—真空表；8—溶气泵；9—气液分离罐；10—压力表；11—液体流量计；12—空气；13—臭氧发生器；14—气体流量计；15—单向阀；16—活性炭吸附柱

（2）实验方法

将标准试片悬挂在Ⅰ、Ⅱ机组水箱内，加入总硬度为1.5mmol/L，含广谱菌10×1111个/m³的水样至刻度，启动系统，调节潜水泵和气液混合泵流量为2.67m³/h，然后打开臭氧发生器，调节进气流量，使气液混合最佳，开始计时，定时取样，测定、分析。考虑到实验场所补充水的硬度、碱度偏高，空气质量变化较大，整个试验周期定为32d，补水方式为自动补水[21]。

2. 结果与讨论

（1）臭氧投加方式

投加点设在循环水泵出口，臭氧溶解效率较高，但需要设置引射水泵和文丘里注射器，管路设计、安装复杂，电耗增加；通过气体扩散板在循环水箱中进行气水混合，设计、安装简便，运行费用低，但臭氧溶解效率低，投加量大。同时，未溶解臭氧易随湿冷气体进入室内，产生安全隐患。

气液混合泵边吸水边吸气，泵内加压混合，臭氧溶解效率比文氏混合器高 3 倍，达到 90%以上，且设备性能稳定，噪声低，耗电少，用该设备投加臭氧，净化循环水，简单、高效、节能、可靠。

（2）臭氧投加量

一般来说，臭氧浓度越高，杀菌、阻垢效果越好。但臭氧浓度过高，不仅增加了臭氧发生器的体积和能耗，同时还会对人体健康产生危害。工业卫生标准中，大多数国家最高限值为 0.1ppm（0.20mg/m^3）。为此，后续试验控制引风机出口臭氧浓度在 0.2mg/m^3（即 0.1ppm）以下进行。32d 连续检测显示，臭氧连续投加量在 0.03～0.09g/（m^3·h）范围内。这是由于高效气液混合泵大大提高了臭氧利用率，使臭氧投加量减少，而补充水质，循环水温度、pH 值与浊度的变化等对臭氧消耗量有一定影响。

（3）臭氧对循环水箱水质影响

连续运行 32d，Ⅰ机组浓缩倍数控制在 1.5～2，每周排水 1 次，水的浊度由 1～3mg/L 升至 30～40mg/L，水质渐渐浑浊；Ⅱ机组一直未排水，浓缩倍数由 1.5 逐步提高到 4.5，浊度稳定在 5mg/L 以下，水质清澈，但水箱底有少量细垢和软泥。图 12-31 为Ⅰ、Ⅱ机组广谱菌数量随时间的变化。

由图 12-31 可以看出，随着时间的延续，Ⅰ机组广谱菌数量逐步增至 36×1111 个/m^3，Ⅱ机组广谱菌数量迅速减少，最终降至 1.0×10^2～2.0×10^2 个/m^3。说明臭氧具有良好的杀菌功效，而杀菌不完全主要是由于循环水中臭氧浓度较低，同时自动补水不断带入少量广谱菌所致。

图 12-32 为Ⅰ机组未排水，Ⅰ、Ⅱ机组连续运行一周循环水的总硬度随时间的变化。

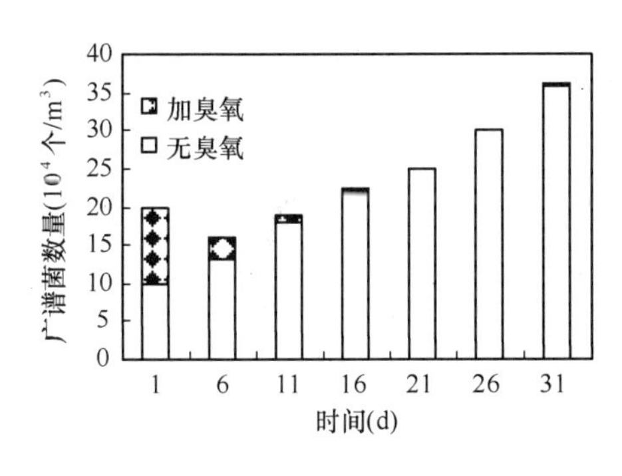

图 12-31　广普菌数量随时间的变化

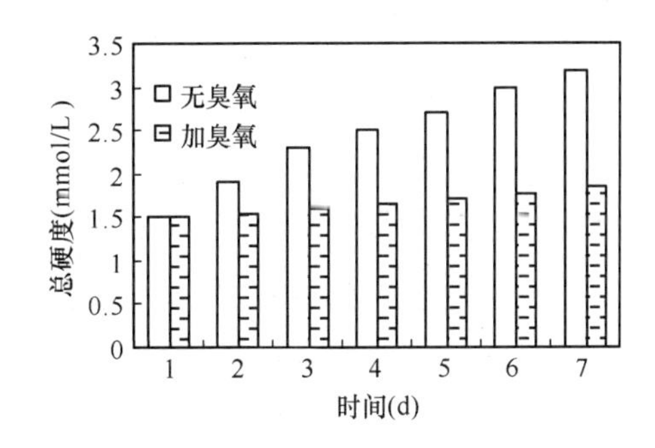

图 12-32　水的硬度随时间的变化

由图 12-32 可以看出，随着时间的延续，Ⅰ机组水的总硬度增加了 1.7mmol/L，Ⅱ机组水的总硬度仅增加了 0.5mmol/L。这是由于臭氧使得 $CaCO_3$ 晶格发生畸变，结构疏松而形成细垢，经失活黏泥吸附、夹带沉于水箱底部所致。同时说明了臭氧可提高循环水的浓缩倍数，减少补充水量和排污量。

（4）臭氧对标准试片的缓蚀作用

Ⅰ、Ⅱ机组标准试片厚度、质量随时间变化如图 12-33 和图 12-34 所示。

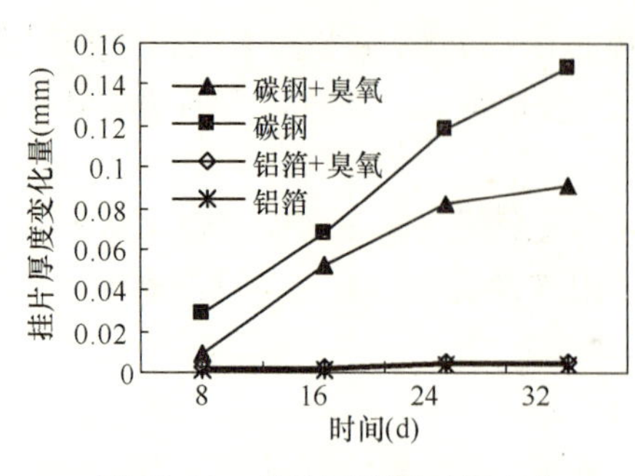

图 12-33　挂片厚度随时间变化

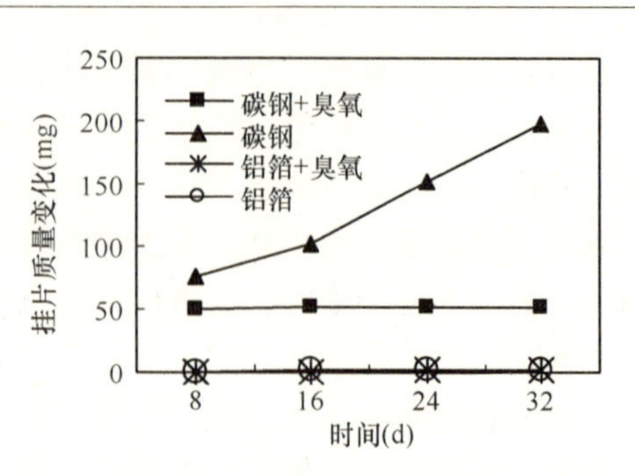

图 12-34　挂片质量随时间变化

通过观察和测量，Ⅱ组碳钢开始时腐蚀较快，随时间的延长逐步趋于稳定，铝箔腐蚀随时间变化很小，两者表面钝化膜清晰可见；Ⅰ组碳钢腐蚀迅速，质量变化较大，且表面多处腐蚀点逐渐扩大，铝箔腐蚀较为缓慢，质量变化较小，未见腐蚀点。其原因是碳钢腐蚀速率远大于铝箔，且表面形成氧化膜缓蚀层较为缓慢，而铝箔表面材质较碳钢致密，易于钝化。

(5) 臭氧在铝箔填料表面的阻垢作用

铝箔填料的污垢热阻随时间变化如图 12-35 所示。由图 12-35 看出，Ⅰ、Ⅱ机组污垢热阻变化开始相差不大，5d 后Ⅰ机组污垢热阻明显高于Ⅱ机组。这是因为Ⅱ机组循环水中臭氧的灭菌作用，使生物黏泥失去活性，难与钙、镁盐结合，导致可降低热交换效率的污垢难于在铝箔填料表面形成，提高了阻垢能力。

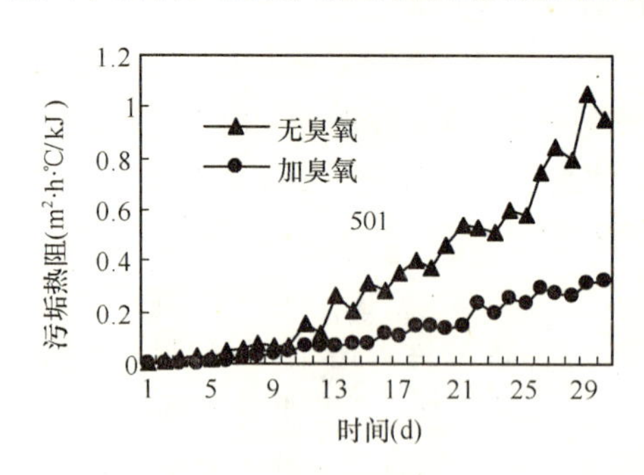

图 12-35　铝箔填料的污垢热阻随时间变化

通过试验分析，可得出如下结论：1) 气液混合泵用于蒸发冷却空调循环水的臭氧净化，操作简单，高效节能；2) 气液分离罐能将未溶于水的臭氧气体分离排出，便于引风机出口臭氧浓度的有效控制，提高系统安全程度；3) 通过控制引风机出口臭氧浓度达到工业卫生标准最高限值 0.1ppm (0.20mg/L)，确定循环水中臭氧连续投加量为 0.03～0.09g/ (m^3 · h)；4) 连续投加少量臭氧，浓缩倍数由 1.5 提高到 4.5，循环水水质清澈，杀菌、缓蚀、阻垢效果明显。

实际应用时，循环水箱应加设固液分离装置，及时排出沉淀物；引风机出口臭氧浓度可通过在线控制臭氧发生器运行来实现。

12.3.4　新型蒸发冷却空调循环水质处理系统

12.3.4.1　蒸发冷却空调循环冷却水的臭氧净化装置

实用新型专利“蒸发冷却空调循环冷却水的臭氧净化装置”[22]（专利号：200820028148.6），如图 12-36 所示。气液混合泵的进口连接集水沉淀槽的出水管和臭氧发生器的出气口，气液混合泵的出口连接到气液分离罐的进口，活性炭吸附柱的进口连接到气液分离罐的出气口，空调布水器进口连接到气液分离罐的出口，集水沉淀槽收集空调布水器的出水。

该臭氧净化装置的工作原理：气液混合泵将臭氧发生器产生的臭氧与集水沉淀槽的上清液吸入，通过泵内加压、混合，使臭氧充分、快速的溶解到水中，然后送到气液分离罐内，杀灭水中的病原菌，分离出未溶解的臭氧。气液分离罐内产生的臭氧水经空调布水器喷淋在直接蒸发冷却器的填料或间接蒸发冷却器的二次空气流道上，与引风机吸入空气进行热、湿交换后返回集水沉淀槽，生物黏泥、水垢等沉积至集水沉淀槽泥斗内排出。未溶解的臭氧则通过活性炭吸附柱吸附后排入大气。

该臭氧净化装置的特点：采用气液混合泵替代循环水泵和文氏混合器或气体扩散板，使气液混合泵边吸水边吸气、在泵内加压混合的方式投加臭氧，噪声低、耗电少，臭氧溶解效率比文氏混合器高 3 倍，达到 90％以上；在线控制臭氧投加量为 0.03～0.09g/(m^3 · h)，减小了臭氧发生器的体积与能耗、提高了臭氧的利用率；使用气液分离罐将未溶于水的臭氧气体分离排出，可有效控制引风机出口臭氧浓度在工业卫生标准最高限值 0.20mg/L 以下，提高了空调系统的安全程度；在线控制臭氧投加量，循环水浓缩倍数由 1.5 提高到 4.5，补水量和排污量减少，节水效果明显；同时，杀菌、缓蚀、阻垢效果得到最大限度的提高。

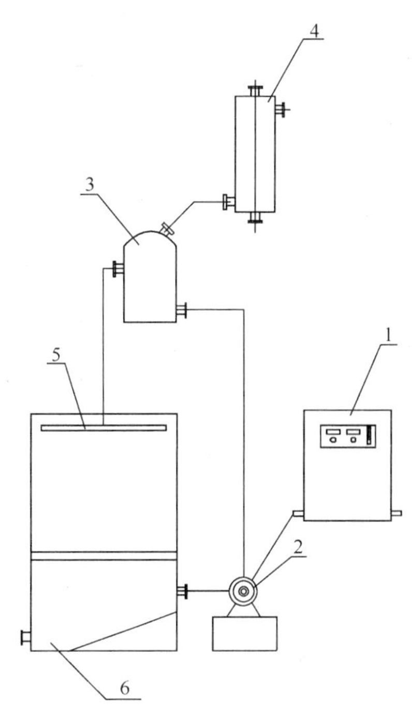

图 12-36　蒸发冷却空调循环冷却水的臭氧净化装置

1—臭氧发生器；2—气液混合泵；3—气液分离罐；4—活性炭吸附柱；5—空调布水器；6—集水沉淀槽

12.3.4.2　臭氧协同紫外光催化净化蒸发冷却空调循环冷却水的装置

实用新型专利“臭氧协同紫外光催化净化蒸发冷却空调循环冷却水的装置”[23]（专利号：200820028147.1），如图 12-37 所示。气液混合泵的进口连接集水沉淀槽的出水管和臭氧发生器的出气口，气液混合泵的出口连接到气液分离罐的进口，活性炭吸附柱的进口连接到气液分离罐的出气口，紫外光催化反应器的进水口连接到气液分离罐的出水口，紫外光催化反应器出水口与空调布水器连接，集水沉淀槽收集空调布水器的喷淋水。

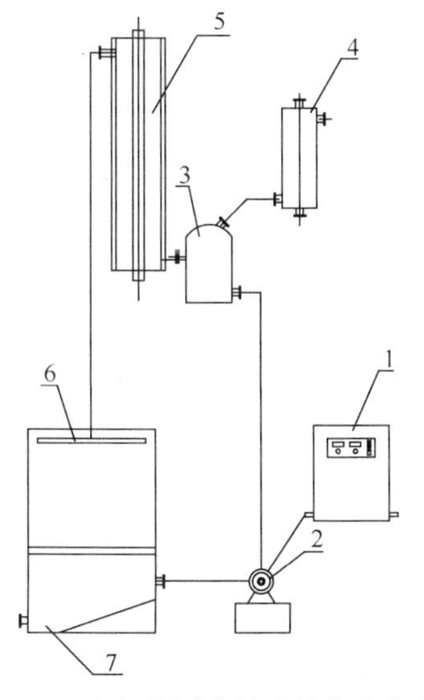

图 12-37　臭氧协同紫外光催化净化蒸发冷却空调循环冷却水的装置

1—臭氧发生器；2—气液混合泵；3—气液分离罐；4—活性炭吸附柱；5—紫外光催化反应器；6—空调布水器；7—集水沉淀槽

该装置的工作原理：气液混合泵将臭氧发生器产生的臭氧与集水沉淀槽的上清液同时吸入，通过泵内加压、混合，使臭氧充分、快速的溶解到水中，然后送到气液分离罐内，杀灭水中的病原菌，分离出未溶解的臭氧，该未溶解的臭氧气体经活性炭吸附柱吸附后排入大气。气液分离罐内产生的臭氧水释放到紫外光催化反应器中，在紫外光催化反应器腔体内装有涂敷氧化锌—二氧化钛复合半导体的筒体，筒体中的紫外灯放置在石英套管内。氧化锌一二氧化钛复合半导体在紫外线照射下产生大量的羟基自由基，可迅速有效的杀灭病原菌、将有机物彻底分解为二氧化碳和水等。通过紫外光催化反应器处理的出水经空调布水器喷淋到直接蒸发冷却器的填料或间接蒸发冷却器的二次空气流道上，与引入空气进行充分的热、湿交换后返回集水沉淀槽，生物黏泥、水垢等由集水沉淀槽的泥斗排出。

该装置的特点：采用气液混合泵替代循环水泵和文氏混合器或气体扩散板，使气液混合泵边吸水边吸气、在泵内加压混合的方式投加臭氧，噪声低、耗电少，臭氧溶解效率比文氏混合器高3倍，达到90%以上；在线控制臭氧投加量，充分利用紫外线光催化反应产生的羟基自由基，进一步减小了臭氧发生器的体积与能耗、提高了臭氧的利用率；使用气液分离罐将未溶于水的臭氧气体分离排出，可有效控制引风机出口臭氧浓度在工业卫生标准限值以下，提高了空调系统的安全程度；在线控制臭氧投加量，充分利用紫外线光催化反应产生的羟基自由基，可高效、彻底的杀灭病原菌、分解有机物为二氧化碳和水等，大幅提高循环水浓缩倍数，减少补水量、排污量，最大限度提高杀菌、缓蚀和阻垢效果。

参考文献

[1] 张子慧，黄翔，张景春．制冷空调自动控制．北京：中国科学出版社，1999.
[2] 张子慧．热工测量与自动控制．北京：中国建筑工业出版社，1999.
[3] 贺进宝，黄翔．新疆乌鲁瓦提水利枢纽发电厂蒸发冷却空调控制系统的设计．制冷空调与电力机械，2002，(4)：31～32.
[4] 安大伟．暖通空调系统自动化．北京：中国建筑工业出版社，2009.
[5] 徐方成．蒸发冷却与机械制冷复合空调机组实验台设计［硕士学位论文］．西安：西安工程大学，2008.
[6] Qiang Tianwei. Application of Autocontrol Technology in Evaporative Cooling Systems in Northwest Areaof China. International Journal of Heat & Technology，2004，22 (1)：165～170.
[7] 强天伟．蒸发冷却空调自控系统［硕士学位论文］．西安：西安工程科技学院，2002.
[8] 黄翔，强天伟．蒸发冷却空调系统自动控制方案的探讨．暖通空调，2003，33 (4)：109～112.
[9] Charles W. Curt，P. E.. Control Concept for Evaporative Cooling Systems. SF-86-01NO. 1.
[10] 黄翔．强天伟等．蒸发冷却空调机组自控装置．中国：ZL200720032677.9，2008-07-30.
[11] 黄翔，熊理等．节能生态型智能化蒸发冷却组合式空调机组自控装置．中国，ZL200820028963.2，2009-04-01.
[12] 黄翔，卢永梅等．蒸发冷却空调的可视化监控系统．中国：ZL200920032793.X，2010-01-06.
[13] 周斌，黄翔．为何蒸发冷却器不会导致军团病的发生．西安制冷，2003，(1)：145～150.
[14] 强天伟，沈恒根．蒸发冷却空调系统在中国西部的应用及军团菌控制．制冷空调与电力机械，2004，25 (1)：61～63.
[15] 沈学明，陈晓进．空调机组过滤器及换热设备结尘、结垢的处理方法．制冷与空调，2003，3 (2)：57～59.
[16] 夏克盛，丁玉娟，岳永亮．空调系统水质及水处理问题探讨．暖通空调，2000，30 (1)：75～78.
[17] 张少锋，刘燕．换热设备防除垢技术．北京：化学工业出版社，2003.
[18] 李金桂，赵闺彦．腐蚀和腐蚀控制手册．北京：国防工业出版社，1988.
[19] 刘燕敏．冷却塔的冷却水温对军团病菌和设备费用的影响．暖通空调，1999，29 (2)：16～18.
[20] 徐寿昌．工业循环水处理．北京：化学工业出版社，1988.

[21] 储金宇，吴春笃，陈万金等．臭氧技术及应用．北京：化学工业出版社，2002.

[22] 周本省．工业冷却水系统中金属的腐蚀与防护．北京：化学工业出版社，1994.

[23] 程刚，黄翔，杨秀贞．直接蒸发冷却空调循环冷却水的臭氧净化．暖通空调，2007，37 (9)：148～150.

[24] 黄翔，程刚．蒸发冷却空调循环冷却水的臭氧净化装置．中国：ZL200820028148.6，2008-11-26.

[25] 程刚，黄翔．臭氧协同紫外光催化净化蒸发冷却空调循环冷却水的装置．中国：ZL200820028147.1，2008-11-26.

第 13 章　蒸发冷却空调的应用

13.1　工业应用

13.1.1　发电厂

1. 工程概况

该工程为新疆乌鲁木齐市某电厂的空冷配电室，配电室内布置有散热量很大的空冷风机用变频器（约 135kW）及干式变压器（约 57kW），设备工作时室温要求不高于 40℃，对湿度无具体要求。

以往工程做法为夏季设空调柜机降温，其余季节通风采用百叶窗自然进风，外墙轴流风机排风的通风方式。

图 13-1　直接蒸发冷却机组

2. 设计方案

（1）方案及设备

该工程地处新疆，当地室外计算湿球温度为 18.5℃，非常适合采用蒸发冷却方式处理空气替代常规空调机械制冷方式为工艺房间降温。

设计采用一台直接蒸发冷却机组为空冷配电室送风降温（图 13-1）。蒸发冷却机组段体组成为：进风段＋粗效过滤段＋蒸发冷却段＋挡水板＋送风机段。经计算，要满足夏季室内温度不高于 40℃，蒸发冷却机组风量为 60000m^3/h，设备耗水量约 0.2t/h。

配电室外墙设轴流风机机械排风。另外，为保证配电室室内微正压，排风量略小于送风量。

（2）气流组织

送风经过滤降温后，经送风口下送至配电室内下部，通过在变频器和干式变顶部设置的吸风罩将吸收余热后的热空气收集后经排风系统排出室外。

（3）系统运行

夏季室外通风温度高于 24℃时开启蒸发冷却段，将经蒸发冷却段降温后约 21℃新风送入室内，消除室内余热。通风温度低于 24℃时，直接蒸发冷却段不需运行，仅将经初效过滤段过滤后新风直接送入空冷配电室内即可。

图 13-2 和图 13-3 为送排风系统平面布置图及剖面图。

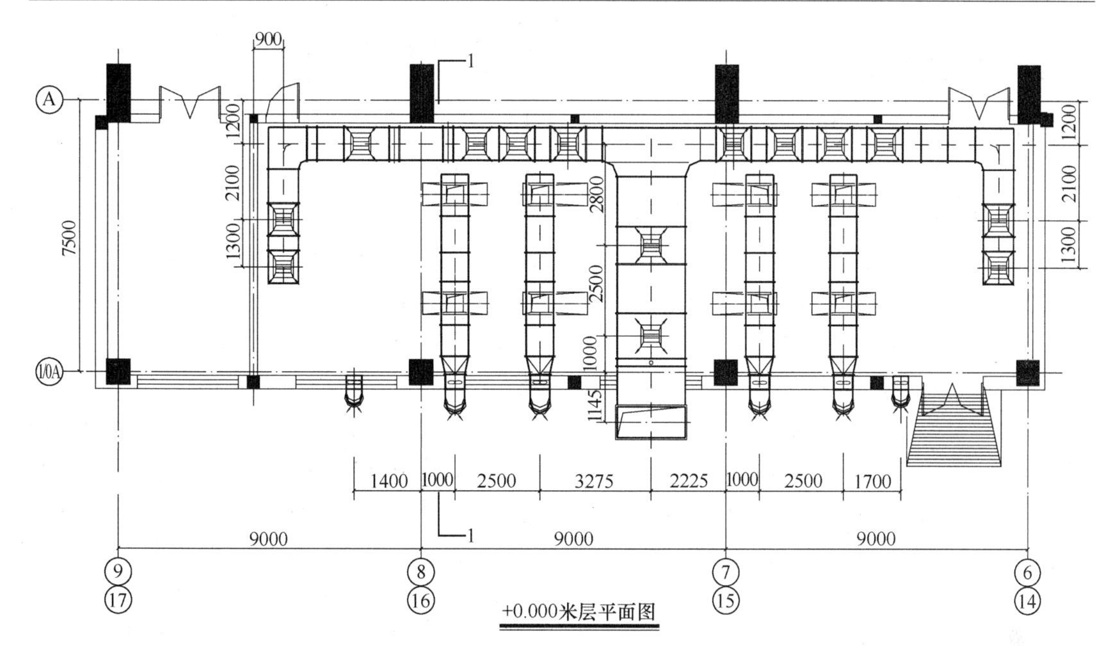

图 13-2　送排风系统平面布置图

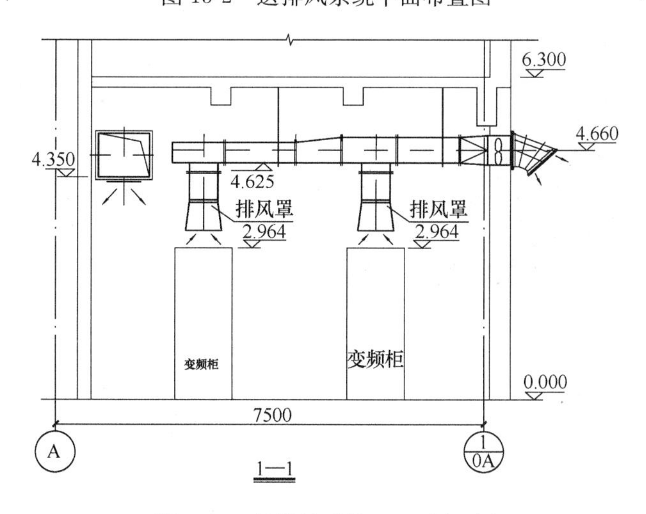

图 13-3　送排风系统 1—1 剖面图

13.1.2　制鞋厂

1. 工程概况

福建某制鞋厂，共 3 层，一层为成型车间，二层为仓库，三层为缝纫车间；每层车间面积为 22m×120m。该工厂的成型车间人员多、烘干处理设备发热量大，从 6 月份到 9 月份有约 75%的时间段车间温度在 35℃以上，有时高达 40℃。同时，粘合剂的使用产生大量的甲苯等有害、有毒气体，工人常产生胸闷、恶心等不良反应。该工程采用蒸发冷却空调技术对一层的成型车间进行通风、降温处理。

2. 设计方案

（1）当地夏季空气调节室外计算参数：干球温度 t_w＝33.5℃，湿球温度 t_s＝24.1℃。

按蒸发式冷气机的饱和效率为85%的计算，出风口降温幅度为：

$$\Delta t = (t_w - t_s) \times 85\% = (33.5 - 24.1) \times 85\% = 7.99℃$$

这个降温幅度可以满足车间生产工作要求。

(2) 为稀释有害物和夏季降温，选用每台风量为15000m^3/h的蒸发式冷气机22台，总送风量为330000m^3/h。换气次数达到42h^{-1}（车间体积7920m^3）。

该方案夏季作为全新风系统（全部设备在制冷工况下运行）对车间通风降温、排除甲苯等有毒气体。春季可作为通风系统（部分设备在通风工况下运行），排出室内有害气体；秋、冬季可作为通风加湿系统（部分设备在制冷或通风工况下运行），通风驱除有害气体，对车间进行适当地加湿，保持车间良好的舒适性。

(3) 经蒸发式冷气机降温后的室外空气从车间东面窗户处安装送风管侧面进入车间，风管标高3m。由于该车间为非独立车间，为达到降温的目的，尽量以岗位送风的方式将冷气吹到工作人员周围，以便达到更好的降温的效果。风口的风速设计为5～7m/s，使该降温区域依靠较大的风压形成有效的冷气屏障，防止周围热空气的侵入。为扩大降温区域、保证舒适性，送风口采用可以自动改变送风方向的电动摇摆风口。

图13-4　厂房侧墙安装蒸发式冷气机实景

(4) 车间采用侧墙安装轴流风机的排风方式，保证有效的降温并排除有害气体，如图13-4所示。

3. 运行实测及效果

图13-5为蒸发式冷气机运行前后车间的降温效果对比。

通过实测数据可以看出，未开冷气机时车间温度是较高的，特别在11时至17时这段时间内，都在35℃以上。但通过蒸发式冷气机的降温处理，车间整体温度大部分时间都在30℃以下，在靠近出风口位置的工作岗位，其降温效果更明显，显著地改善了该制鞋企业车间内空气品质，工人

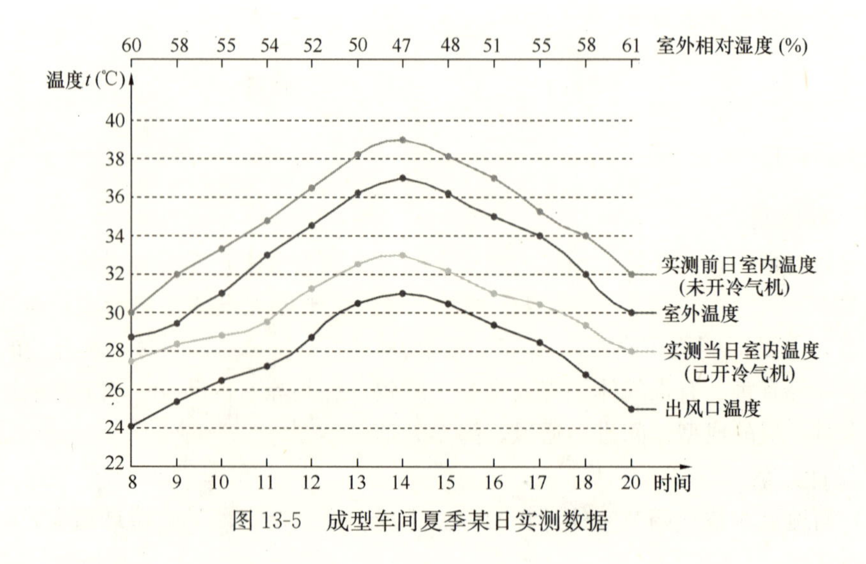

图13-5　成型车间夏季某日实测数据

工作的舒适性、积极性显著提高。车间内部送风系统如图 13-6 所示。

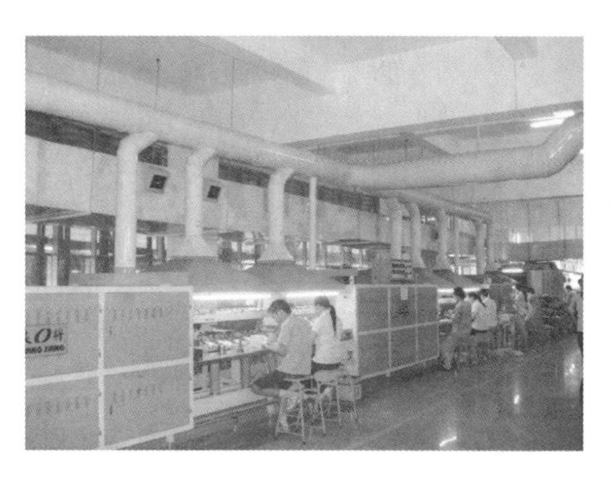

图 13-6　车间内部送风系统

13.1.3　钢铁厂

1. 工程概况

该工程为上海某冷轧车间厂房的磨辊间。该车间长 250m、跨距 33m、高 24.3m。

在轧辊加工过程中，工艺设备对厂房的温、湿度有一定要求。另外，由于行车在整个厂房的上部运行，磨辊间无法与同一厂房内相邻车间完全隔离，即不是一个密闭空间。同时，根据全厂总平面布置，磨辊间被酸洗轧机和常化酸洗区域包围，周围的环境较差。

在以往的工程设计中，夏季一般采用机械排风＋自然进风的办法来解决，冬季采用暖风机采暖。采用上述措施，在一定的程度上能解决厂房通风换气的问题，但在高温季节，厂房内温度很高，降温效果较差。

2. 设计方案

（1）方案及设备选择

夏季系统全新风运行，室外空气经组合式空调机组喷淋段蒸发冷却降温后送入室内；为避免冬季送风时温度过低产生吹冷风的感觉，冬季时考虑蒸汽加热后送风，保持室内温度不低于 10℃。为节约能源，冬季采用循环送风，不考虑送新风。

由于缺乏确切的磨辊间的通风量计算资料，只能按经验数据计算通所需送风量。夏季按 $5h^{-1}$换气次数计算，总的风量为 $960000m^3/h$。

选用组合式空调处理机组，主要功能段为：进风段、过滤段、蒸汽加热段、喷淋蒸发段及风机段等。选用 16 台机组，每台机组风量为 $60000m^3/h$，风机功率为 30kW。组合式空调机组喷淋蒸发段如图 13-7 所示。

（2）气流组织

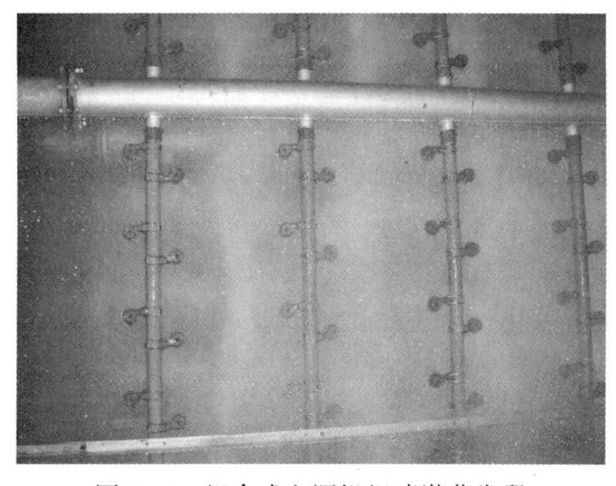

图 13-7　组合式空调机组喷淋蒸发段

磨辊间处于酸洗轧机区域和常化酸洗区域的包围中，周边的空气质量很差，因此通风的气流组织很关键，从控制污染物的角度考虑，磨辊间厂房应保持一定的正压。所以，磨辊间为机械送风＋自然排风，相邻的酸洗轧机区域和常化酸洗区域采用自然进风＋机械排风的形式。对磨辊间而言，室外新鲜空气经过蒸发冷却空调机组降温后送入车间内吸收室内余热后，一部分热空气经渗透排至邻近的车间，大部分空气经过上部侧天窗排至室外。

(3) 系统布置

设备布置在磨辊车间柱间内，考虑厂房跨距大（跨距达 33m），厂房空间高，而工作区又仅限于高度<3m 的范围内，同时由于受平面布置的限制，送风口布置在厂房的一侧，设计采用手动可调喷口，每个喷口的送风量为 $12000m^3/h$，喷口前端接口采用静压箱式风管设计。

13.1.4 机房

13.1.4.1 通信机房

1. 工程概况

福建省福州某通信基站的通信机房面积为 $380m^2$，层高 4m；机房主设备功耗 45kW。原配置 3 台机房专用精密空调机组，每台空调机组制冷量为 46kW、功耗为 15.6kW。夏季高温季节 3 台空调机组均需运行，其他季节部分运行。该机房全年耗电约 65.8 万 kWh，其中空调耗电约 26.4 万 kWh。

2008 年 11 月 1 日实施的《通信中心机房环境条件要求》YD/T 1821—2008，明确将汇接局、关口局、智能网 SCP、传输设备机房、数据通信设备机房等本地网机房归为二类通信机房，普通基站归为三类通信机房，其温度、相对湿度及洁净度的指标见表 13-1。

通信机房温湿度及洁净度指标　　表 13-1

机房类别	温度	相对湿度	洁净度
二类通信机房	10～28℃	20%～80%	直径大于 0.5μm 的灰尘粒子浓度≤3500 粒/L，直径大于 5μm 的灰尘粒子浓度≤30 粒/L
三类通信机房	10～30℃	20%～85%	直径大于 0.5μm 的灰尘粒子浓度≤18000 粒/L，直径大于 5μm 的灰尘粒子浓度≤300 粒/L

考虑到直接蒸发式冷气机不仅节能、经济，又可以起到降温、换气、加湿及防尘四合一的功效。业主决定采用蒸发式冷气机部分替代原有的机械制冷空调机组。蒸发式冷气机在机房和基站应用实例如图 13-8 所示。

2. 设计方案

经测算，在福建全年大多数时间内，单独使用冷气机就能够满足以上二类、三类通信

(a)

(b)

图 13-8　蒸发式冷气机在机房和基站的应用

(a) 机房；(b) 基站

机房的温、湿度要求。同时，冷气机与机房专用空调联动，在少数高温天气和潮湿天气，需要时开启机械制冷补充机房所需冷量即可。

设计选用 5 台风量为 15000m³/h、电机功率为 1.1kW 的直接蒸发式冷气机，对应配置 5 台排风机，每台排风机的风量为 10000m³/h、电机功率为 1.1kW。机房安装的送风管高度为 2.1m。系统布置如图 13-9 所示。

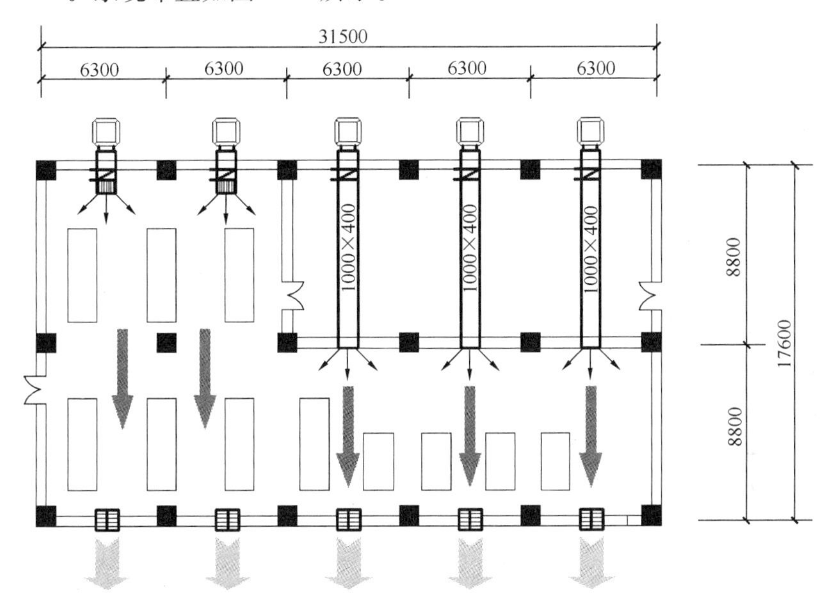

图 13-9　通信机房直接蒸发系统布置图

机房的最大换气次数为 $90h^{-1}$。

经计算知：当室外温度为 25℃、相对湿度为 80%时，送风口温度为 22.8℃（相对湿度为 30%时，送风口温度只有 16.1℃）；当室外温度为 35℃、相对湿度为 35%时，送风口温度约为 24.2℃。

因此，当室外温度低于 25℃、相对湿度低于 80%，以及当室外温度高于 30℃、低于 35℃，相对湿度低于 35%时，理论上仅依靠蒸发冷却基本上就可以满足机房的制冷要求，而不需启动机房专用空调。

3. 系统运行情况

（1）温、湿度

该机房的空调改造项目于 2009 年 1 月 23 日改造完成，1 月 23 日～2 月 22 日期间，室外温度基本上都在 32℃以内，一直采用冷气机进行制冷降温，未启动机房专用空调，图 13-10是每天 14：00 实际测量的温度值，图 13-11 是每天 14：00 实际测量的相对湿度值。

从图 13-10 的室内外温度变化曲线可看出，当室外温度在 7～25℃间变化时，机房环境温度控制在 18～22℃；当室外温度升高到 32℃（室外相对湿度为 48%）时，机房环境温度为 24℃，满足机房的温度要求。

从图 13-11 的室内外湿度变化曲线可看出，机房相对湿度略高于室外相对湿度（1 月 26 日～28 日下雨，且室外温度低于 10℃例外），当室外相对湿度在 35%～70%间变化时，机房相对湿度基本控制在 55%～73%范围内。以上机房相对湿度的测量点为距空调送风

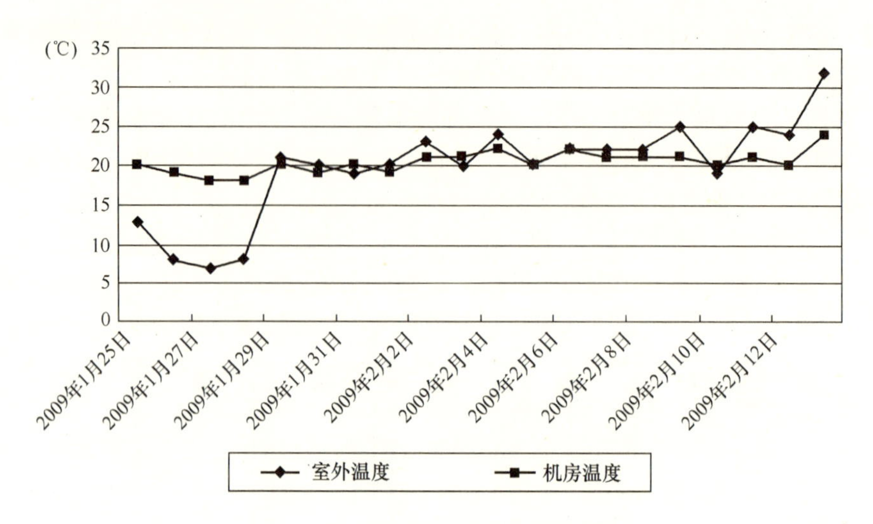

图 13-10 通信机房室内外温度变化

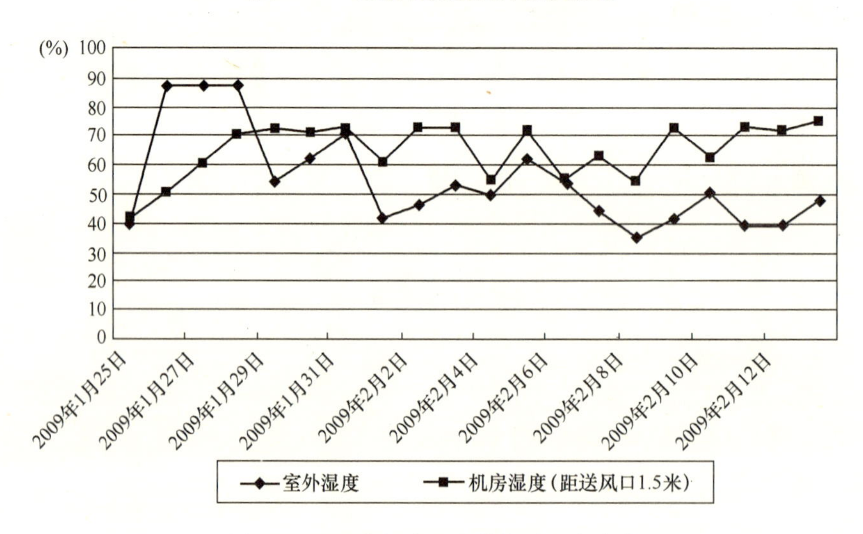

图 13-11 通信机房室内外相对湿度变化

口 1.5m 处，通过现场测量还发现，距离送风口越远，相对湿度也相对应降低，在机房及机柜表面没有发现结露现象，满足机房的相对湿度要求。

（2）耗电量

在蒸发式冷气机投入使用前，机房每台机房专用空调各安装一个独立的三相电表，记录每天空调的耗电量，从 1 月 15 日～23 日的 8d（192h）内空调累计耗电 3971kWh，该期间平均室外温度为 15.2℃，室内平均温度为 15.2℃。安装蒸发式冷气机后，蒸发式冷气机也单独安装三相电表，记录每天蒸发式冷气机的耗电量，从 1 月 27 日～2 月 4 日的 8d（192h）内蒸发式冷气机累计耗电 386kWh，该期间平均室外温度为 15.5℃，室内平均温度为 20.7℃。

从累计用电记录看，机房冷气机较机房专用空调节电率达到 90%。

（3）耗水量

所选冷气机单台理论耗水量为 20～25L/h，按冷气机全速不间断运行情况计算，5 台冷气机耗水量最高月为 90m³/h。而 1～2 月实际测试耗水量尚不到其 1/3。即便如此，与节省的电费相比，需要的水费几乎可以忽略不计。

根据当地的气象条件和蒸发式冷气机的降温能力，在室外温度低于 30℃ 的环境下，蒸发式冷气机基本上都可以替代机房专用空调来满足通信机房的使用要求；预计该机组每年可独立运行 300 天左右。

13.1.4.2 变频机房

图 13-12 为山西某煤矿变频机房空调改造项目。该变频机房主要负责煤井传输设备的电机［图 13-12（*a*）］。变频机房内共有 6 台变频机，每台变频机的功率为 80kW。机房内原有 4 台 6P 的柜机，所配置的柜机制冷量不够，另外，由于该变频机房排风量较大，机房处于负压，室外新风通过门窗渗入机房。而室外新风中又夹杂大量煤灰，因此对室内造成严重污染。改造后采用带有自动卷绕式空气过滤器的管式间接—直接蒸发冷却空调机组［图 13-12（*b*）］，该空调机组是由管式间接蒸发冷却段与直接蒸发冷却段所组成的二级蒸发冷却空调机组（为了避免室外新风中大量煤灰的进入，设置了自动卷绕式空气过滤器）。该项目改造后不但满足了变频机房降温的需要，而且大大改善了室内空气品质和气流组织，收到良好的效果。

(*a*)

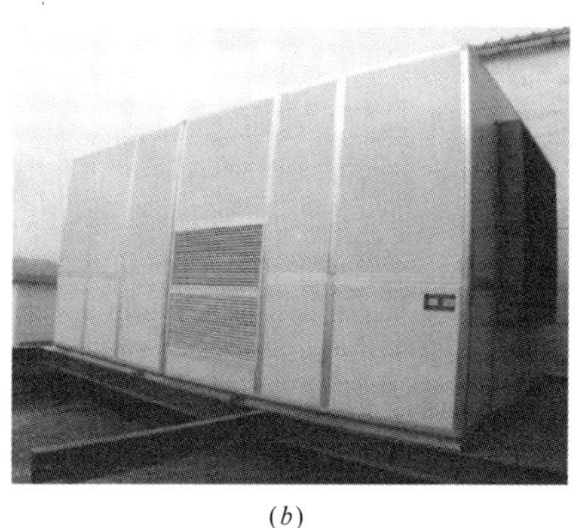

(*b*)

图 13-12 管式间接—直接蒸发冷却空调机组在变频机房的应用

（*a*）变频机房；（*b*）管式间接—直接蒸发冷却空调机组

13.1.5 纺织厂

1. 工程概况

该工程为浙江绍兴某纺织厂车间，车间长为 60m，宽为 20m。车间共有 120 台纺织机，每台机器的装机功率 10kW，耗功率为 4.6kW，每班工人一般维持在 24 人左右。纺织车间在生产过程中产生大量的湿热。

2. 设计方案及系统布置

该工程空调设备采用蒸发冷却与机械制冷相结合的复合式空调机组为车间输送夏季所需冷量。复合式空调机组如图 13-13 所示。

考虑到纺织厂车间在生产过程中会产生大量的湿热，并且空气中还有很多尘埃和短纤维，所以设计采用全新风直流式空调系统。图 13-14 为复合式空调机组的典型夏季空气处

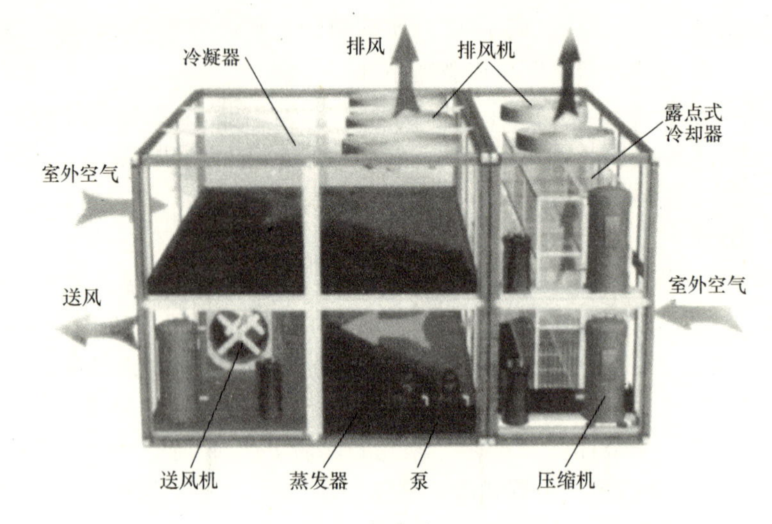

图 13-13 复合式空调机组

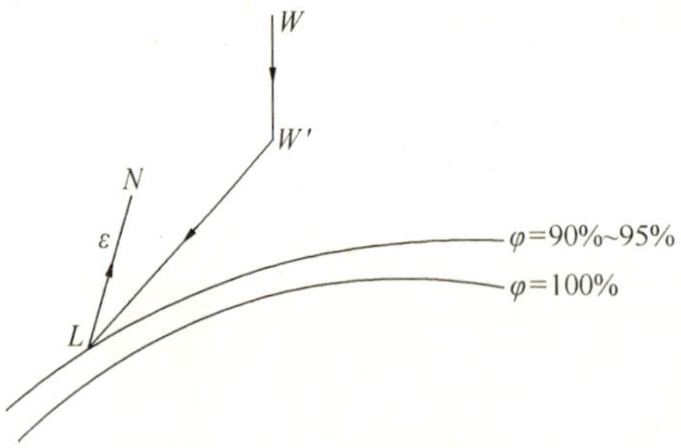

理过程焓湿图。

整个厂房的两侧各装有 6 台复合式空调机组，每台空调机组的送风分别由主风管送入车间，主风管上每隔 3m 设有支风管，通过散流器向下送风。图 13-15 是该纺织车间的风管平面布置图，空调系统见图 13-16 和图 13-17。

3. 机组运行模式

根据室外气象参数的不同，分别采取以下 3 种空调机组运行模式以满足室内温湿度要求。

图 13-14 夏季典型空气处理过程

（1）室外温度低于或等于室内温度要求时，通过机组将室外新风直接送入室内。此时尽管室外新风对室内没有多少降温作用，但是其较低的相对湿度可以带走室内产生的湿量，从而维持一个相对舒适的室内环境。

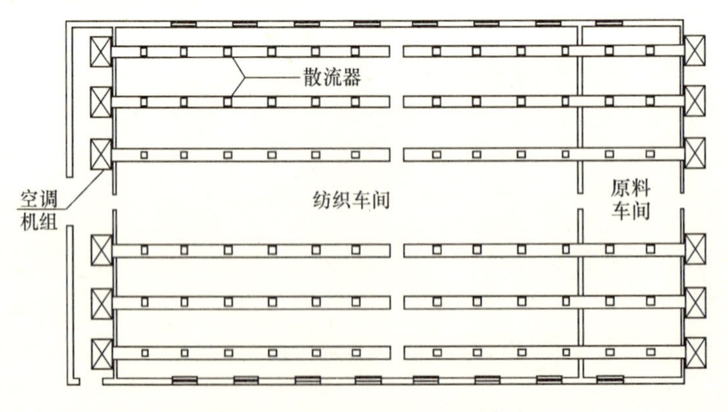

图 13-15 纺织车间风管平面布置图

（2）室外温度高于室内温度但不高于 35℃时，开启露点间接蒸发冷却段。经露点间接蒸发冷却段的正常处理后，可使出风干球温度降低 6～8℃。此时室内温度可以维持在人体可适应的温度范围。

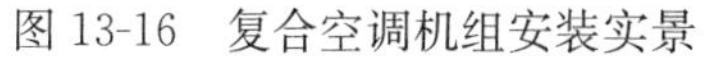
图 13-16　复合空调机组安装实景

图 13-17　车间风管安装实景

（3）当室外气温升高至 35℃及以上时，为了调整室内高温高湿状态，需将复合机组的露点间接蒸发冷却段和机械制冷段同时开启。前者可以对高温的室外空气进行预冷，降低机械制冷能耗。在机械制冷的调节下，即使进风干球温度不断升高，仍可以维持室内较舒适的环境温度（28℃左右）。

图 13-18 为采用露点间接蒸发冷却空调的服装车间。

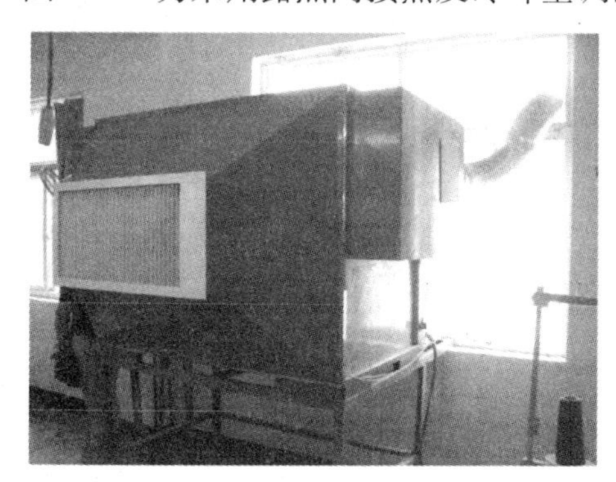

图 13-18　露点间接蒸发冷却空调在纺织厂的应用

图 13-19 为采用直接蒸发冷却空调段的织布车间。

图 13-20 为采用蒸发式冷气机的纺纱车间。

图 13-19　纺织车间蒸发冷却空调机组

图 13-20　蒸发式冷气机在纺织厂的应用

13.2 农业应用

13.2.1 猪舍

1. 概述

根据家畜的生物学特点，科学规划猪场和建筑猪舍，采取工程技术措施为家畜创造适宜的环境，是提高生产力和预防疾病的有效措施，目前已成为畜牧生产现代化的重要标志。

国内外在猪舍夏季降温技术的研究和应用方面做了许多工作，有一些较成熟的降温措施，其中应用较为广泛的方式主要有通风降温法和蒸发冷却降温法。

2. 通风降温

在夏季，为排除猪舍内的热量必须进行有效的通风，其方式有自然通风和机械强制通风两种，但在酷暑的日子里，单靠通风仍不能有效降低舍内气温。

如果条件允许，也可通过地下管道、地道及自然洞穴等冷却空气并送入猪舍通风降温。由于空气在流经地下管道或地道时的冷却过程为等湿冷却过程，因此这种降温方式不会造成舍内绝对湿度过高的情况，降温效果较好。但若专门建设地下工程，虽其运行费用较低，但初投资较大，接近于人工制冷系统。

3. 蒸发冷却降温

利用水蒸发吸热的蒸发冷却降温技术已在农业建筑夏季生产环境控制中得到了广泛运用。该方式效果显著、运行可靠、维护方便、费用低廉，它不仅适于我国气候干燥的北方地区，同时也适合于我国夏季炎热、潮湿的南方大多数地区。

在农业环境工程领域，直接蒸发冷却降温方式应用更为普遍，其具体应用形式通常有两种：其一为湿帘风机系统，即在猪舍的一侧外墙安装湿帘，室外空气通过湿帘降温进入室内，并通过另一侧外墙上安装的排风机带走室内的热量后排出；或将湿帘安装在猪舍中央，两侧外墙上均安装排风机。其二是利用蒸发式冷气机向室内送风（图 13-21），冷空气吸热后排出。前者降温系统降温效果显著、运行可靠，是目前最为成熟的蒸发降温系统，其效率一般达到 75%～90%，通风阻力仅为 10～50Pa，而后者效率更高，且便于气流组织。

图 13-21 蒸发式冷气机系统

如果空气相对湿度较高，仅靠直接蒸发的形式受到湿球温度的限制其降温效果较差，可采用间接蒸发与直接蒸发串联的二级蒸发冷却降温系统来满足降温要求。

蒸发冷却机组的另一个优点是不仅可用于密闭式畜禽舍中降温，而且适用于开放型畜禽舍。在开放型的育肥猪舍内，湿帘风机降温系统难以按需要组织舍内气流，降温效果很差，而蒸发冷却机组则可以采用送风管道向猪栏定位输送空气，依靠合理组织气流在猪栏内形成局部低温区域、带走猪只体热。采用局部环境控制的方法同时又降低了送风量和用水量。

湿帘的材料形式多样，即可采用麻纱、塑料、棉、化纤织物、木丝板及金属等板材，也有用多孔空心砖、多孔陶瓷等砌成墙体兼作湿帘使用的。

13.2.2 蛋鸡舍

1. 工程概述

由于鸡的生理特点导致其体温调节能力较差，高温对蛋鸡的产蛋率会产生直接影响并导致其下降。目前，在鸡舍建筑的设计中用于降低夏季舍温的主要方法是“纵向通风—湿帘蒸发降温系统”。据有关资料报道，在夏季高温期间使用该系统能够使鸡舍温度降低3～7℃，缓解高温对蛋鸡产生的热应激有明显的效果。

在高温季节，鸡舍的温度控制以纵向通风加湿帘的效果最好，但价格较高。而纵向通风加湿墙的降温效果虽然不如湿帘，但造价较低，仅是湿帘的 10%左右，从性能价格比来说，湿墙优于湿帘。对于不发达地区的养鸡企业，夏季鸡舍的环境控制采用湿墙蒸发降温也不失为一个良好的方式。

图 13-22 为河南东部某县种鸡场的密闭式鸡舍。鸡舍长度为 80m，净宽度为 7m，屋檐高度为 2.7m。鸡笼为 3 层全阶梯式，在舍内鸡笼排列方式为 2 列 3 走道，采用机械清粪方式。饲养的种鸡采用人工授精方式。

图 13-22 鸡舍蒸发冷却空调

2. 系统设计

（1）该工程设计采用湿帘蒸发冷却降温材料进风和鸡舍纵向通风系统。用于排风的 QCHS—1250 型和 QCHS—750 型轴流式风机各两台安装在鸡舍靠污道端的山墙上。湿帘位于鸡舍靠净道端两侧墙上。

蒸发冷却降温系统启用时，将湿帘上的水管打开使清水沿湿帘缓慢地流下。室外空气经过湿帘降温进入鸡舍，吸收舍内热量后被山墙上的轴流风机排至室外，如此循环工作保证舍内要求的温度。

（2）当舍内温度低于 30℃时，单纯利用通风系统降温；舍内温度超过 30℃的情况下启用湿帘。

3. 效果测试

测试时间安排在 2002 年 7 月 2 日开始到 8 月 29 日为止。

为进行对比，同时对采用蒸发冷却降温的鸡舍和另一间仅采用机械通风的鸡舍进行了测试（记录了每天上午 12 时鸡舍内外的温度和相对湿度）。表 13-2 为测试期间某日的舍内外温度和相对湿度。

测试结果表明，鸡舍内温湿度的改善对鸡的死亡率、产蛋率和种蛋受精率都有着直接的影响，具体统计数据详见表 13-3。

不同降温方式的结果　表 13-2

鸡舍降温方式	舍外参数		舍内参数	
	温度（℃）	相对湿度（%）	温度（℃）	相对湿度（%）
蒸发冷却	35.6	51	31	77
机械通风	35.6	51	34.5	65

不同降温方式对鸡的影响　表 13-3

鸡舍降温方式	死亡率（%）	产蛋率（%）	种蛋受精率（%）
蒸发冷却	2.25	85.75	87
机械通风	4.62	79.67	77

13.2.3　玻璃温室

1. 概述

自 1979 年我国开始大规模引进国外现代化温室以来，通过借鉴和实践，温室制造业已有了很大进步。随着工农业生产的发展，土地资源日渐珍贵，为实现农业稳产高产，建造更多能调控内部温湿度环境以适应作物生长的温室势在必行。

众所周知，温室是太阳辐射的转换器，阳光照射到密闭温室后使室内温度升高。只要光照充足，当室外温度超过 0℃时，一般温室接受的能量就要多于通过温室结构物损失的能量，要使温室内的气温下降，就需要采取专门的措施。温室降温通常采用通风和蒸发冷却降温等形式。

不同植物对空气温湿度要求不一，应根据不同的室内温湿度要求和室外参数，确定采用相应的降温方式。

2. 通风降温

通风利用流动的空气带走温室内的热量，这是最经济的降温方法，具体可分为自然通风、混合式机械通风、置换式机械通风等。

但由于单纯的通风降温仅仅利用了室内外空气的干球温差，未充分利用室外空气降低室内温度的潜能，室内温降效果有限且当室外温度高于或等于室内温度是无法降温。

3. 蒸发冷却降温

温室大棚的功能为种植绿色植物，间或布置具有观赏功能的小型瀑布、水池等。这些植物和瀑布、水池与通风系统配合具有一定的、被动的蒸发冷却作用。而利用湿帘淋水蒸发冷却进入室内的空气并带走室内热量是使温室内部温度降低的主动、有效且较经济的方法。其系统配置如图 5-21所示。在理想条件下，通过湿帘后的空气可从干球温度降到湿球温度以上约 1～2℃。图 13-23 为采用蒸发式冷气机系统的玻璃温室。

图 13-23　采用蒸发式冷气机系统的玻璃温室

4. 系统布置

通常将厚度为 0.1m，高度为 1.5m 的湿帘材料布置在横向外墙下部空间，并尽量沿整个进气墙遍设，流过湿帘的理想风速为1.0m/s左右。

应合理控制流过每米长度湿帘的水量。水量过少湿润不足、影响蒸发，过大则水膜过厚，增加输水能耗。

由于进风口到排风口的距离过大会使温升加大，平均气温上升，而距离过小则不经济，故应控制在30～35m之间，这样气流从进入到排出的温升不超过4℃。

为使温室内温度场均匀并充分利用低温空气，应选择若干台小风量排风机均匀分布于与湿帘相对的外墙上部排风，或在温室上部布置有均匀排风口的纵向集中排风系统。

温室应有良好的密封，保证温室内排风量略大于送风量，使温室处于微负压状态，以避免热空气不经湿帘而进入温室，影响冷却效果。

湿帘外侧通常遍设外翻窗，供冬季关闭送风通道、室内保温时使用。

在我国长江以北，夏季最热月平均相对湿度在75%以下的地区，湿帘蒸发冷却系统一般能使平均室内温度低于室外5℃以上，相对湿度约增至80%。但在长江以南的沿海地区，由于夏季最热月平均相对湿度达83%，降温效果就不明显，一般只能低于室外3℃，而相对湿度会增至90%以上，这对有些作物来说是不适合的，故在选用时要注意结合当地的实际情况。

除此之外，随着蒸发冷却设备的发展、完善，还可对温室采用直接蒸发冷气机或间接＋直接两级蒸发冷却设备集中送风的方式夏季降温。此方式适用范围更广，且便于系统布置、简化温室结构，但相对于湿帘方式造价较高。

13.3　公共建筑应用

13.3.1　医院（一）

1. 工程概况

该工程建设方为位于新疆乌鲁木齐市内的某医院住院大楼（图13-24）。该住院大楼地下1层、地上12层，每层建筑面积约2700m²，房间主要功能为病房（每层约75个床位）和办公室。

2. 系统方案

该大楼采用全新风空调系统，空调机组选用三级蒸发冷却空调机组，夏季不需要其他冷源及冷却设备。每层设置一台机组，机组送风机由变频器控制，变频器与风管内的定静压传感器连接，由此控制机组的送风量；各房间设有定风量调节装置（图13-25）。

图13-24　乌鲁木齐市某医院住院大楼

该系统每层的送风主管设置在走廊内，由各支管将空气送到各个房间，在每个支管上设置定风量调节装置，以实现各房间分别进行风量控制、调节室内温度。空调机组送风机由变频器控制，变频器由风道系统1/3处设置的定静压传感器提供的信号对送风机电机转速的调节，以实现对系统总送风量的调节，从而实现总送风量与各房间送风量的平衡。

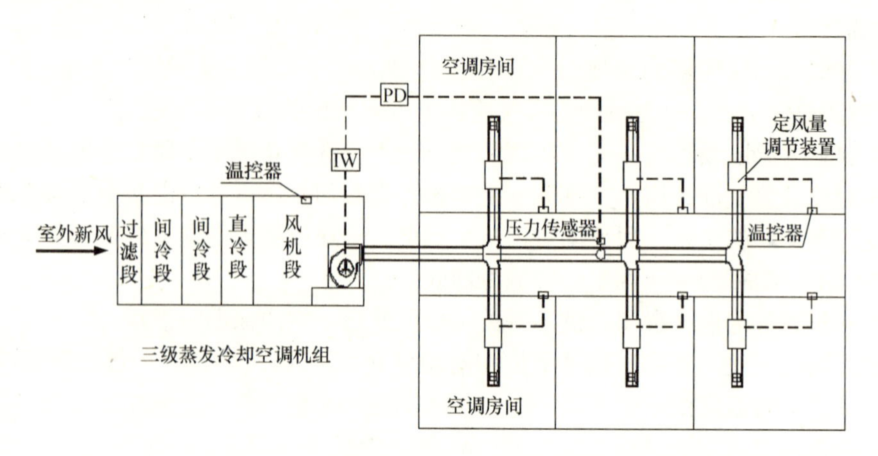

图 13-25　典型三级蒸发冷却空调自动控制系统示意图

图 13-26 所示为乌鲁木齐地区采用三级蒸发冷却的空气处理过程。在第三段，当空气被加湿到 90％的相对湿度时，对空气的加湿量只有 1.8g/kg 干空气，机组的出风状态含湿量为 10.4g/kg 干空气，而温度只有 14℃，具有这样的送风状态点，室内温度达到 24℃，相对湿度达到 55％是很容易实现的。

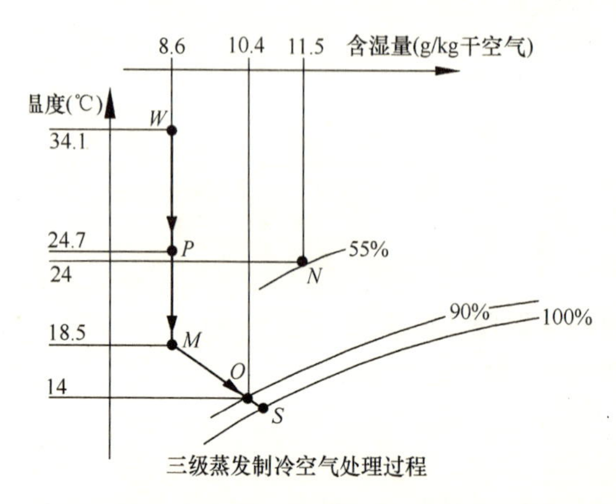

图 13-26　乌鲁木齐典型的三级蒸发空气处理过程

3. 系统特点

（1）夏季采用三级蒸发冷却空调系统，空气的冷却完全依靠空气中的自然能，因此能效比很高。

以实现夏季最热时期室内温度在 24℃左右为基准，每层蒸发冷却机组的风机和循环水泵的耗电量为 20kW；如果采用传统的机械冷却方式，要达到同样的室内效果，需要耗电量为 110kW 以上，约为采用三级蒸发冷却空调系统耗电量的 5 倍。

（2）分层独立控制，易于管理。

每层为一个单独的空调系统，送风管路比较简单，所选用的送风机的风压需求相对较小、风机的功率需求较低；如某层不使用时，可以关闭该层的系统，又进一步从运行管理上实现了节能。另外，各房间可以单独控制，不同的病人根据不同的需要调节送入房间的送风量，有利于病人生理和心理的需求。

（3）按需运行功能段，节省能源。

根据不同的空调负荷，可以开启空调机组不同的冷却段。在夏季，一般情况下只需开启一个或者两个冷却段，最热的时间里可将三个冷却段都开启，在过渡季节甚至可以不开冷却段，如此可以节约一部分能源（节能可达该空调机组额定耗能状态的 30％左右）。

（4）该系统设计了自动控制系统，机组的送风机由变频器控制，变频器与风道系统中的定静压传感器联动，以实现对系统送风量的调节。从而降低了风机的转速，机组的输入功率也降低了，如此又进一步从自动控制上的实现了节能（节能可达该空调机组额定耗能状态的30%左右）。

13.3.2 医院（二）

1. 工程概况

该工程为新疆阿克苏地区某医院医疗建筑，大楼建筑面积约2000m²，主要由报告厅、学术厅、贵宾休息厅组成。报告厅可容纳约300人，学术厅能容纳约70人，休息厅建筑面积约200m²。设计显热负荷700kW，单位面积显热负荷100W/m²左右。该三级蒸发冷却空调机组送风量5000m³/h，第一级为冷却塔加表冷器的间接预冷段，冷却塔采用外置式。表冷器中通入冷却塔的冷却水，效率达到50%以上。第二级为板式间接蒸发冷却段，该段效率达60%以上，机芯由金属铝箔制成。第三级为直接蒸发冷却段，该段由三层组成。第一、二层为铝质混合式换热器，第三层为纸质填料，既具有降温功能，又可起到挡水作用，减少送风带水量（见图13-27）。

图13-27 阿克苏地区某医院

2. 系统方案

该大楼采用蒸发冷却与干工况风机盘管相结合的半集中式空调系统。图13-28和图13-29分别为该空调系统所采用的蒸发冷却新风机组和蒸发式冷水机组。

图13-28 蒸发冷却新风机组

图13-29 间接蒸发冷水机组

3. 使用情况

对该工程运行情况测试结果见表13-4。

阿克苏地区某医院测试数据 **表13-4**

新风干球温度（℃）	新风湿球温度（℃）	新风露点温度（℃）	送风干球温度（℃）	送风湿球温度（℃）	冷却塔供水温度（℃）	风机盘管回水温度（℃）	风机盘管送风温度（℃）	风机盘管回风温度（℃）
36.69	19.47	10.57	17.35	16.18	17.41	17.92	18.53	25.90
36.64	18.73	8.81	16.17	15.32	16.48	17.00	18.23	25.87

续表

新风干球温度(℃)	新风湿球温度(℃)	新风露点温度(℃)	送风干球温度(℃)	送风湿球温度(℃)	冷却塔供水温度(℃)	风机盘管回水温度(℃)	风机盘管送风温度(℃)	风机盘管回风温度(℃)
36.44	19.38	10.54	17.29	16.15	18.94	21.81	19.75	26.25
35.76	18.60	9.14	16.17	15.40	17.61	22.32	18.97	26.17
35.36	19.76	12.07	18.10	17.25	19.25	19.56	20.18	26.06
35.31	19.45	11.43	17.36	16.23	20.99	28.47	22.34	26.85
34.71	19.89	12.74	18.65	17.19	18.94	23.66	19.80	26.27
34.25	20.58	14.41	19.53	18.15	19.86	22.43	20.37	26.29
33.48	19.23	12.10	18.28	17.14	17.61	17.81	18.45	25.91
32.15	18.50	11.38	16.89	15.78	16.89	17.20	17.93	25.65
31.37	18.04	10.90	16.43	15.69	16.38	16.79	17.56	25.51

13.3.3 网吧

1. 工程概况

该工程为位于甘肃省兰州市的一所网吧，建筑面积为 1400m²，室内有计算机 400 台。网吧处在一幢高层住宅的裙楼内；裙楼为 3 层框架结构，网吧处于二层，层高 4.85m，北侧围护结构为玻璃幕墙。网吧内设大众区、贵宾区、商务区等。大众区为大厅敞开式布局，贵宾区为小屏风隔间，商务区为全封闭包厢。该网吧冬季为散热器采暖，要求夏季室温为 26℃、相对湿度为 65%。

2. 方案设计

(1) 夏季空调负荷

空调冷负荷：82kW，湿负荷：17.08kg/h。

图 13-30 安装在空调机房内二级蒸发冷却空调机组

(2) 机组选型

为保证要求的温度和相对湿度，选用管式间接蒸发冷却器＋直接蒸发冷却器构成的二级蒸发冷却空调机组 2 台，送风量均为 20000m³/h，安装在空调机房内，如图 13-30 所示。

机组外形尺寸：长×宽×高＝5540mm×2100mm×2470mm；

整机装机功率 13.3kW。

图 13-31 中，W_X—M_1 为间接蒸发冷却过程，M_1—O 为直接蒸发冷却过程。

(3) 系统形式

根据蒸发冷却空调的特点，系统设计成

直流式系统。除商务包厢双层百叶上送上排外，其他空间设计为单层百叶侧送风、自然排风。网吧蒸发冷却系统平面图 13-32 所示。

3. 运行效果测试

测试时室外空气干球温度为 30℃、湿球温度为 20℃。

测试结果：

间接蒸发冷却器出风干球温度 22.5℃；

直接蒸发冷却器出风干球温度 20.5℃；

网吧内大众区干球温度 25℃、湿球温度 18.5℃；

贵宾包厢干球温度 26℃、湿球温度 21℃。

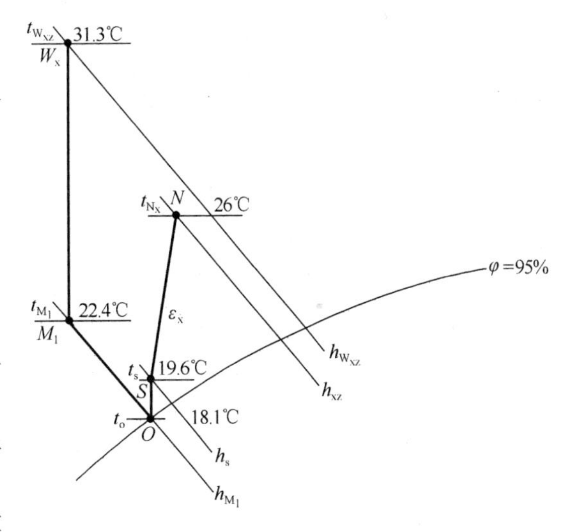

图 13-31　空气处理过程焓湿图

图 13-33 为某网吧安装的蒸发式冷气机空调系统。

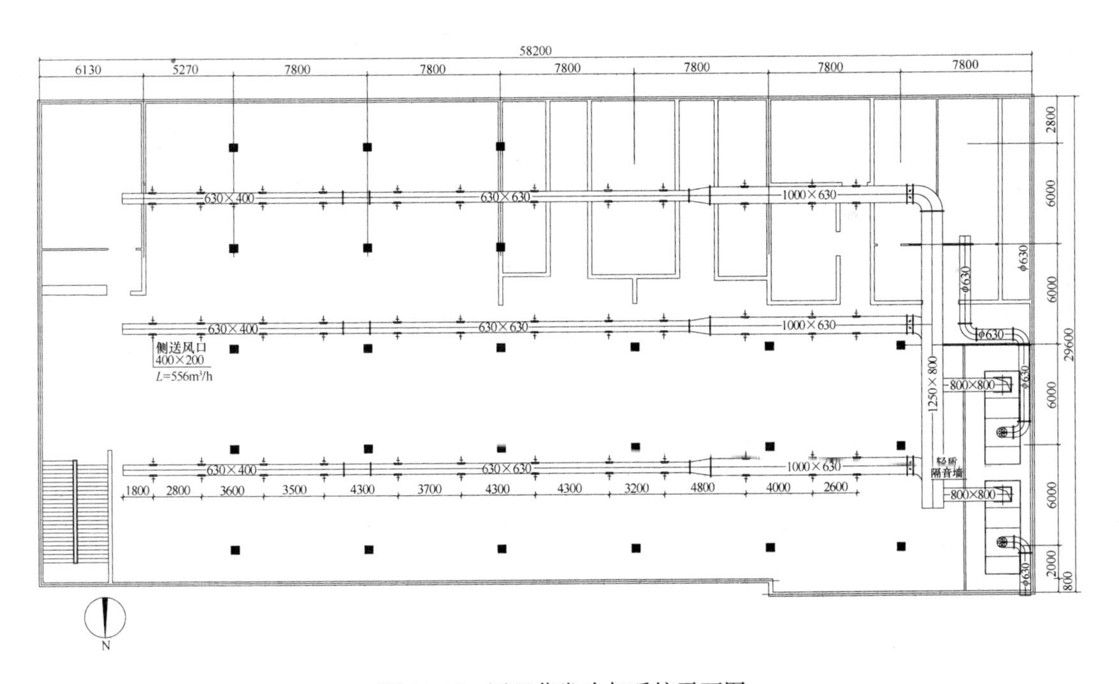

图 13-32　网吧蒸发冷却系统平面图

13.3.4　娱乐城

1. 工程概况

新疆石河子市某娱乐城建筑为餐饮建筑，空调使用面积为 870m²，共 2 层，一层为宴会厅，二层为 17 个小包厢，均为风机盘管加新风系统（图 13-34）。

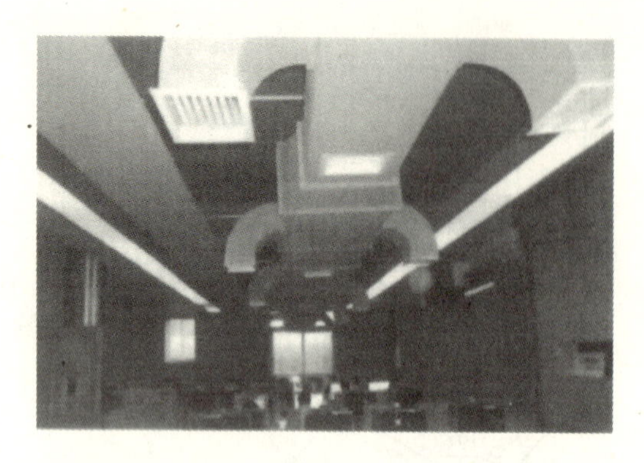

图 13-33 蒸发式冷气机在网吧的应用

图 13-34 石河子市某娱乐城

2. 系统方案

该建筑是国内第一个采用蒸发冷却与干工况风机盘管相结合的半集中式空调系统的工程。

3. 使用情况

对该工程运行情况测试结果见表 13-5。

石河子市某娱乐城测试数据 **表 13-5**

新风干球温度（℃）	新风相对湿度（%）	送风干球温度（℃）	送风湿球温度（℃）	冷却塔供水温度（℃）	风机盘管回水温度（℃）	风机盘管送风温度（℃）	风机盘管回风温度（℃）
36.69	20.7	18.46	17.50	20.26	32.12	21.37	26.10
36.18	21.3	18.41	17.52	18.75	20.59	19.60	25.43
35.73	21.1	18.90	18.13	18.17	20.03	19.54	25.31
35.16	21.3	18.37	17.67	17.77	19.46	18.89	24.37
34.37	24	19.25	18.53	17.77	19.46	18.89	24.36
34.02	31.4	22.08	21.22	19.7	21.4	20.65	25.75
33.62	32.2	22.56	21.97	22.41	22.92	23.25	26.53
32.35	39.1	22.58	21.02	20.81	22.39	21.33	26.19
31.89	35.5	21.63	19.04	20.08	21.68	20.87	25.76
30.25	30.9	18.67	17.94	18.17	19.84	19.51	25.30

13.3.5 商场

1. 工程概况

该工程为一大型购物中心（如图 13-35 所示），位于新疆克拉玛依市，占地面积 $2996m^2$，建筑面积约 $22651m^2$，建筑高度 34.80m，层高均为 4.5m，建筑平面呈 L 型布置，共分三部分：地下停车场、商业楼和办公楼。地下一层后半部分为车库，建筑面积约

1116m²；地下一层前半部分为商场约 1400m²；一～五层为商场，建筑面积约 12580m²；娱乐场所为六～八层，建筑面积约 7550m²。商场、娱乐场所及办公夏季空调、冬季采暖。本工程采用三级蒸发冷却全新风空调系统，2003 年 5 月 1 日正式投入使用。2003 年 8 月 24～25 日下午，新疆维吾尔自治区技术监督局在该空调系统运行时对空调机组运行状况进行了测试。

图 13-35　克拉玛依市某购物中心建筑物

2. 室内外设计参数

(1) 室外设计参数：

空气干球温度：夏季空调 34.9℃，夏季通风 30℃；
冬季通风－17℃，冬季采暖－24℃。

空气湿球温度：夏季空调 19.1℃。

空气相对湿度：夏季空调 32%，夏季通风 29%。

冬季风向及风速：冬季平均 1.5m/sNW，夏季平均 5.1m/sNW。

(2) 室内设计参数

夏季：温度 24～26℃、相对湿度 45%～55%；冬季：温度 18℃。

3. 设计方案

该工程夏季采用全新风三级蒸发冷却空调系统，冬季采用散热器采暖。空调设计采用三级蒸发冷却全新风空调系统。

(1) 系统布置

该工程地下一～五层为商场部分，六～八层为娱乐场所及办公部分，由于这两种功能的使用时间不一致，从节能和便于管理出发，其空调分为两个系统。在屋面设置 6 台 100%新风的三级蒸发冷却空调机组，其中 4 台 SZHJ-Ⅲ-90B 空调机组（每台风量为 90000m³/h）专门用于地下一层～五层为商场部分送风，2 台 SZHJ-Ⅲ-70B（每台风量为 70000m³/h）空调机组专门用于六～八层为娱乐场所部分送风。6 台设备均露天布置在屋顶上，空调机组平面布置图详见图 13-36。各空调机组出风经竖向送风道送至地下一层～五层各层水平风管，各层水平风管再将空调风送入各房间。

(2) 运行方式

夏季：6 台空调机组全部运行，经机组处理过的空气由风管送至各层送风口。

冬季：所有空调机组全部停止运行，各层排风机可根据室内温度情况进行排风。

过渡季：可根据室外温度情况，通过空调机组将室外新风直接送至室内。

(3) 控制方式

该空调系统运转部件少，控制系统简单，在每台空调机组送风机上设置变频装置，将室内温度作为反馈信号，通过变频器来调节送风机的转数，从而达到调节送风量的目的，调节室内温度的目的。

4. 运行效果

该工程于 2002 年 3 月完成设计，2002 年 4 月 5 日动工，2003 年 5 月 1 日正式投入使用。2003 年 8 月 24～25 日下午，新疆维吾尔自治区技术监督局在该空调系统运行时对空

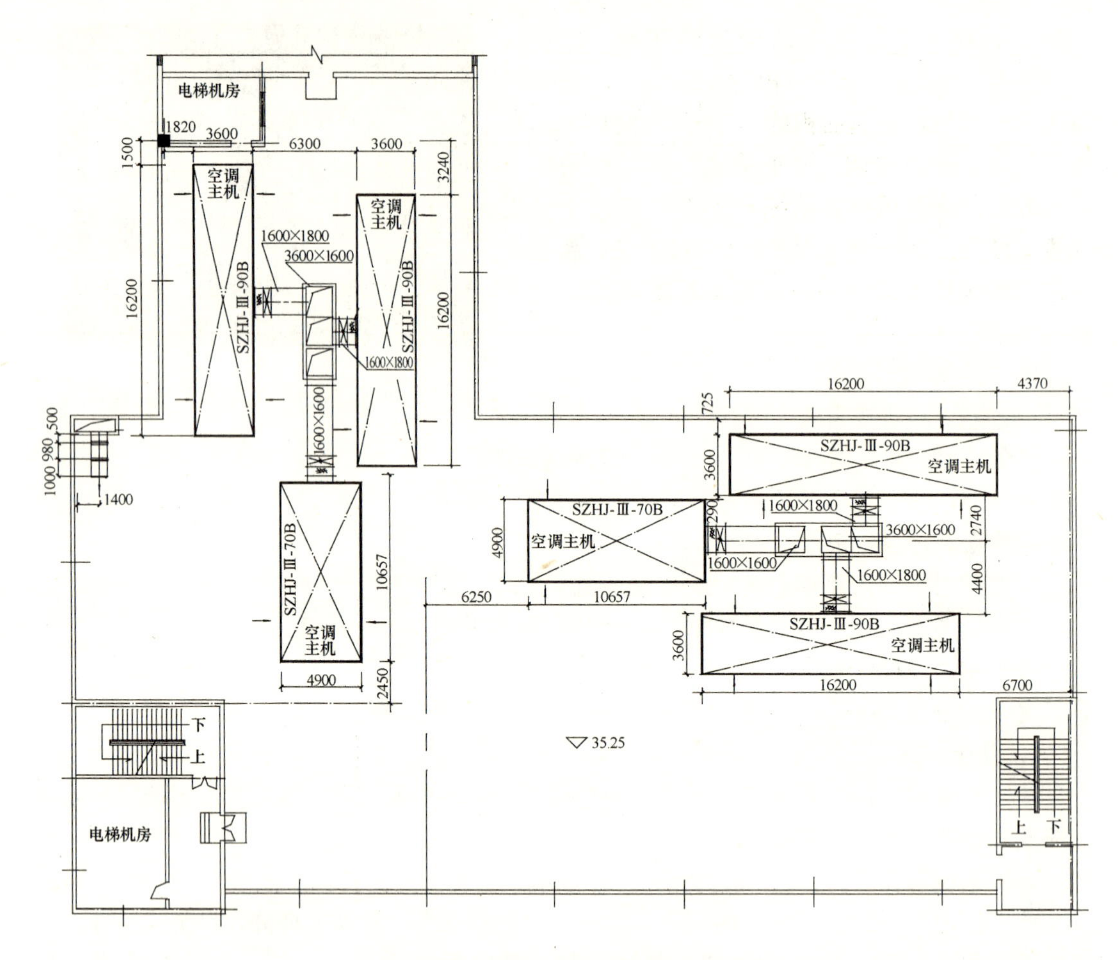

图 13-36 屋面空调机组平面布置图

调机组运行状况进行了测试，测试数据及结果见表 13-6。

克拉玛依市某购物中心测试数据 **表 13-6**

序号	地点	时刻	室外温度（℃）	机组出风温度（℃）	室内	
					干球温度（℃）	相对湿度（%）
1	1号机组	13：00	34	14	23.5	54
2	2号机组	14：00	35	14.5	24	56
3	3号机组	14：30	35.6	14.5	22	58
4	4号机组	16：00	35.5	14.5	24	55
5	5号机组	16：30	35.5	17	24	56
6	6号机组	16：50	33.5	17	23.5	56
7	三层	17：00	33.5	17	22.5	54
8	二层	17：05	33.5	17	20.5	58
9	一层	17：08	33.5	17	24	56
10	地下一层	17：10	33.5	15	22.5	55

续表

序号	地点	时刻	室外温度（℃）	机组出风温度（℃）	室内	
					干球温度（℃）	相对湿度（%）
11	八层	16：55	35	14.5	23	58
12	四层	16：10	35	15	25	56
13	五层	16：11	35	15	26	56
14	六层	16：12	35	15	26	56
15	七层	16：15	35	15	25.5	57

注：序号 1～9 测试时间是 2003 年 8 月 24 日；序号 10～15 数据的测试时间是 2003 年 8 月 25 日。

该项目最初按传统机械制冷螺杆式冷水机组＋风机盘管＋新风的集中式空调系统进行设计，通过技术性能比较改为三级蒸发冷却空调系统。表 13-7 是前后两种设计方案的比较。从表中可以很明显地看出，蒸发冷却集中空调有明显的优势，该空调最大的特点是运转设备少、耗电低、运行费用低、占用建筑面积省、无需专人管理。

三级蒸发冷却空调与传统集中空调技术性能对比表　　表 13-7

序号	比较内容	传统空调	蒸发冷却　　备注
1	空调面积	$6880m^2$ （一层～四层）	$17200m^2$ （地下一层～八层）
2	空调机房占室内面积	$596m^2$	无需占室内面积
3	主要设备	冷水机组 2 台 冷冻水泵 3 台 冷却水泵 3 台 冷却塔 2 台 补水泵 2 台 空气处理机组 8 台	SZHJ-Ⅲ-90 机组 4 台 SZHJ-Ⅲ-70 机组 2 台
4	总耗电量	595.6kW	344.3kW
5	耗水量	$7.2m^3/h$ （3%循环水量）	$2.1m^3/h$
6	空气品质	新风量少、空气品质较差、易得空调病	100%全新风、空气品质好、避免得空调病
7	安装、维护、管理	复杂、维修量大、需专人管理、费用较高	方便、不需专人管理、费用较低
8	投资与运行费用	系统复杂、一次性投资较多。运行费用较高，约 464 万元	系统简单、一次性投资较少、运行费用较低，约 344 万元
9	环保	要采用制冷剂，影响环境	无需制冷制，利用天然冷源，无污染

13.3.6　办公楼（一）

1. 工程概况

新疆克拉玛依市某研究院综合办公楼的舒适性空调工程是我国第一个采用三级蒸发冷却空调系统的工程。如图 13-37 所示，大楼建筑面积约 $2000m^2$，主要由报告厅、学术厅、贵宾休息厅组成。采用的三级蒸发冷却空调机组，送风量为 50000m^3/h。三级蒸发冷却空调机组示意图如图 13-38 所示。

图 13-37　克拉玛依市某研究院综合办公楼及报告厅

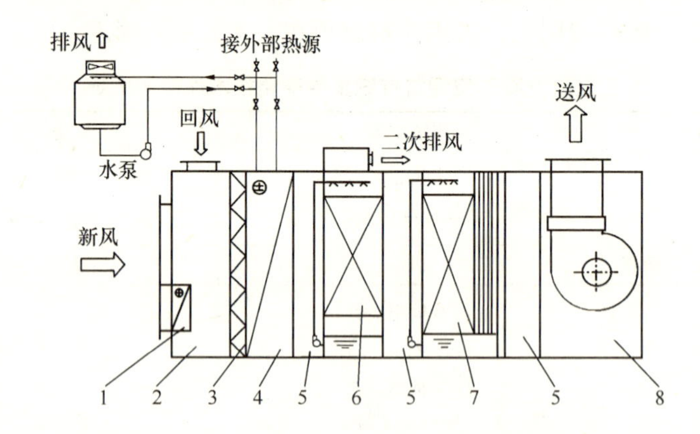

图 13-38　三级蒸发冷却空调机组示意图

1—冬季新风预热器；2—新回风段；3—过滤段；4—表冷/加热段；5—中间段；6—板式间冷段；7—直冷段；8—风机段

2. 使用情况

该三级蒸发冷却空调机组于 2001 年 7 月投入使用，同年 8 月进行了测试，其时室外干球温度为 35℃，湿球温度为 19℃。报告厅满员时，室内干球温度保持在 25～26℃，相对湿度为 56%～57%。表 13-8 是 2001 年 8 月 12 日对报告厅使用情况进行测试的部分数据。

克拉玛依市某综合楼测试数据　　　**表 13-8**

时　刻	室外空气参数		机组出风参数	
	干球温度（℃）	湿球温度（℃）	干球温度（℃）	湿球温度（℃）
15：52	35.5	20	15.5	14.5
16：07	36	20	15.5	14.5
16：52	35.5	19.5	15.5	14.5
17：32	35.5	19.5	16	14.2
17：54	35.5	19.5	15.5	14.5

注：1. 测试时室内干球温度为 23.8℃，相对湿度为 57%；

2. 测试时间为 2001 年 8 月 12 日。

13.3.7　办公楼（二）

1. 工程概况

该项目位于新疆喀什地区巴楚县工业开发区，系某公司行政办公楼空调工程。一期只为一层设置夏季空调系统（冬季采暖）。一层功能主要为办公、休息及餐厅，空调面积为 400m^2。

2. 夏季空调负荷

室外计算干球温度 33.3℃；

室外计算湿球温度 20℃；

室内设计干球温度 25℃；

室内设计相对湿度 55%。

经计算，该工程夏季冷负荷 33.7kW，湿负荷为 4.35kg/h。

3. 空气处理过程和机组选型

选用三级蒸发冷却处理空气（两级管式间接蒸发冷却器＋直接蒸发冷却器构成三级蒸发冷却空调机组）。空调机组采用全新风形式，送风量为 17000m^3/h。空气处理过程如图 13-39。

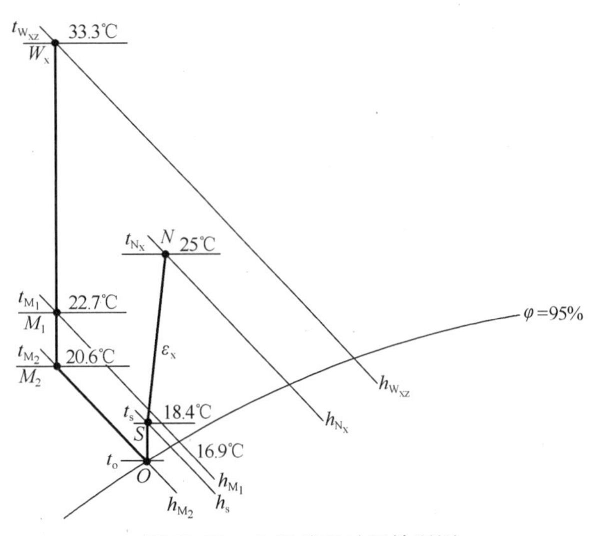

图 13-39　空调处理过程焓湿图

采用的管式间接蒸发冷却器模块单位风量为 5000m^3/h，故选择 20000m^3/h 三级蒸发冷却空调机组 1 台。

机组外形尺寸：长×宽×高＝8000mm×2700mm×2480mm；

机组额定功率：10.75kW。

系统气流组织方式采用单层百叶风口侧送，自然排风；空调主风管布置在建筑物的北墙外；蒸发冷却机组布置在建筑物的北侧。图 13-40 为系统平面布置图。

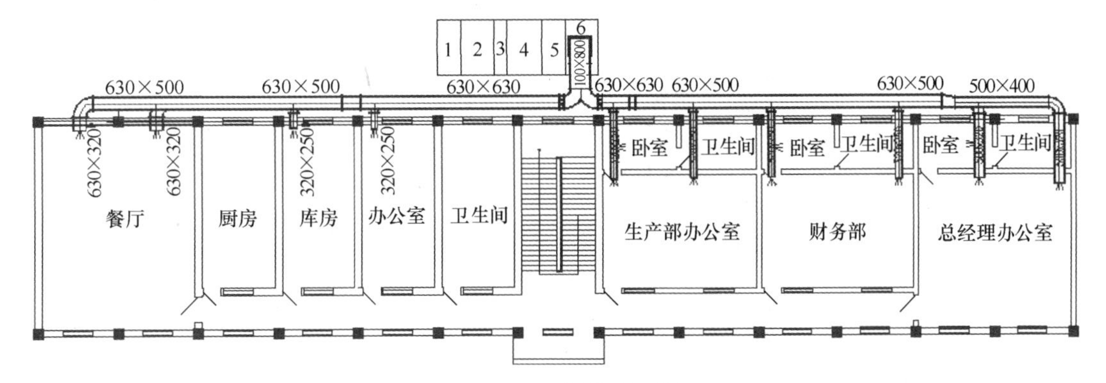

图 13-40　系统平面布置图

1—过滤段；2—间冷段；3—中间段；4—间冷段；5—直冷段；6—风机段

图 13-41　安装在办公楼的三级蒸发冷却空调机组

4. 实测效果

2009 年 9 月进行了测试，结果见表 13-9。

室内外温湿度测试结果　　表 13-9

测试时室外参数		室内测试结果	
干球温度（℃）	湿球温度（℃）	干球温度（℃）	湿球温度（℃）
33	21	23	16.8

13.3.8　体育馆

图 13-42 和图 13-43 分别为新疆体育中心和新疆大学体育馆，采用的均是二级蒸发冷却空调机组。

图 13-42　新疆体育中心

图 13-43　新疆大学体育馆

参考文献

[1] 陆耀庆．实用供热空调设计手册．第 2 版．北京：中国建筑工业出版社，2008
[2] 黄翔．空调工程．北京：机械工业出版社，2006
[3] 张寅平，张立志，刘晓华等．建筑环境学．北京：中国建筑工业出版社，2006
[4] 王如竹．制冷学科进展研究与发展报告．北京：科学出版社，2007
[5] 黄翔，屈元，狄育慧．多级蒸发冷却空调系统在西北地区的应用．暖通空调．2004．34（6）：67-71
[6] 黄翔，周斌，于向阳等．新疆地区三级蒸发冷却空调系统工程应用分析．暖通空调，2005，35（7）：104-107
[7] 谢晓云，江亿，刘拴强等．间接蒸发冷水机组设计开发及性能分析．暖通空调，2007，37（7）：66-71
[8] 江亿，谢晓云，于向阳．间接蒸发冷却技术——中国西北地区可再生干空气资源的高效应用［J］．暖通空调，2009，39（9）：1-4

第 14 章　蒸发冷却空调标准

14.1　概述

14.1.1　标准现状

20 世纪 70 年代，印度率先制订了蒸发冷却空调标准——“蒸发式空气冷却器”，随后加拿大、澳大利亚、美国等国家先后都制订了这方面专门的标准。近年来，我国在蒸发冷却空调领域取得了长足发展，但目前蒸发冷却空调市场没有相应的准则来规范，生产的蒸发冷却空调产品无统一的规则作为依据，市场上的产品呈现出非标准化特征，加之设计不合理、安装不当、排风不合理等因素，导致湿度过大，甚至因安装不当发生设备坠落伤人事件，这些极不利于蒸发冷却空调技术在我国的推广应用，因此现阶段加快制订我国蒸发冷却空调标准显得尤为重要。近年来，国际能源和环境形势日益严峻，节能和环保成了时代的主旋律。从某种意义上讲，现代空调的发展，也是节能技术的发展。而蒸发冷却空调设备中除了所需风机和水泵动力外，无需输入能量，并且以水作为制冷剂，无温室气体排放，制订蒸发冷却空调标准推进蒸发冷却空调技术的应用在节能减排的主旋律下显得极为紧迫。蒸发冷却空调标准的制订能在法规上推进我国蒸发冷却空调事业的又好又快发展，使这项节能技术在节能减排中落到实处。

制订我国的蒸发冷却空调标准是为了使这项环保、高效、经济的制冷技术在我国更好地推广应用，在节能、减排和提高室内空气品质方面发挥更重要的作用。国内制订蒸发冷却空调标准的条件已经成熟。

（1）国内从 20 世纪 80 年代就开始了蒸发冷却空调技术的研究，形成了一定的理论体系，并不断有实际工程应用，尤其进入新世纪后，西安工程大学对蒸发冷却空调技术开展了大量的研究和推广应用，掀开了现代蒸发冷却空调技术新的一页，取得了可喜的理论和实践成果，奠定了我国蒸发冷却空调标准制订的理论和实践基础。

（2）国内组合式空调机组、空气—空气能量回收装置、换热器等相关标准的制订为蒸发冷却空调标准的制订提供了参考。

（3）部分蒸发冷却空调生产企业制订了自己的企业标准，也为蒸发冷却空调标准的制订提供了参考。

（4）西安工程大学等单位已经搭建起了国内较为系统、标准的蒸发冷却空调试验台，为蒸发冷却空调标准的制订提供了测试环境。

（5）国外蒸发冷却空调标准的发展为我国蒸发冷却空调标准的制订提供了借鉴。

14.1.2　国外标准

目前，ISO、IEC 和 CEN 都没有蒸发冷却空调国际标准。美国、澳大利亚、沙特阿拉伯、印度、加拿大等国都先后制定了蒸发冷却空调标准[3]。

14.1.2.1　美国标准[8~11]

美国在蒸发冷却空调的标准方面比较完善，ASHRAE 专门成立了蒸发冷却技术委员（TC 5.7）。成立的“直接蒸发空气冷却器测试方法”标准制订委员会（SPC 133P），在 1986 年 6 月 22 日公布了《直接蒸发空气冷却器测试方法》ANSI/ASHRAE Standard 133—2001。成立的“额定间接蒸发冷却器测试方法”标准制订委员会（SPC 143P），在 1989 年 6 月 25 日公布了《额定间接蒸发冷却器测试方法》ANSI/ASHRAE Standard 143—2000。两个标准分别于 2002 年 2 月 4 日和 2000 年 10 月 6 日被美国国家标准学会（ANSI）审核通过，成为美国国家标准，并在 1996 年和 1995 年、2008 年和 2007 年分别做了修订。

（1）SPC133P：《直接蒸发空气冷却器测试方法》ANSI/ASHRAES tandard 133—2008

标准确定了额定单元式和组合式直接蒸发空气冷却器的实验室统一测试方法。标准的范围包括测定额定饱和效率、空气流量和单元式及组合式直接蒸发空气冷却器总功率等方法。测试还包括测量直接蒸发空气冷却器静压差、空气密度和风机转速的方法。

标准虽然以《风机额定值试验测试方法》ASHRAE standard 51/AMCA210 为基础，但仍需要同时测定单元式和组合式直接蒸发空气冷却器的空气流量、总功率及饱和效率。利用标准测定的参数可以用给生产制造商、样本说明、安装人员和住宅、商业、农业及工业通风中的蒸发空气冷却装置用户；空气制冷应用；以及商业、工业及农业工艺生产应用。

（2）SPC143P：《额定间接蒸发冷却器测试方法》ANSI/ASHRAE Standard 143—2007

该标准为确定间接蒸发冷却设备的制冷能力和所需要的动力匹配提供了标准的测试方法和计算程序。

涵盖了在稳定工况下测试一次空气和水分蒸发进入到空气中形成的二次空气在换热器中交换显冷以及整体式系统中的单元式或组合式额定间接蒸发冷却器的方法。该标准不包括采用机械制冷或蓄热来冷却一次空气，二次空气或水分用于蒸发的设备以及干燥一次或二次空气的设备。

14.1.2.2　澳大利亚标准[12]

澳大利亚的蒸发冷却空调标准是《蒸发式空调设备》AS 2913—2000。这个标准在 1987 年 4 月颁布，2000 年做了修订。该标准是蒸发式空气冷却器协会委员会（ACE）应澳大利亚空调和制冷设备制造协会（ACREMAA）邀请，为满足测定用于产品信息数据的测试方法符合标准化的要求而制订的。该协会还准备并提交了建议使标准得到更好的发展，标准随后转到由澳大利亚标准委员会 ME/62（SAC）通风和空调委员会归口。

该标准规定了蒸发式空调设备基本特性的额定值和测试产品及设备各种适用形式的额定值，也规定了必要的基本结构。该标准适用于利用水分蒸发获得冷空气的蒸发式空调设备。这种设备的性能通过空气流量、蒸发效率、内外部噪声等级以及耗电量来表示。该标准还对产品性能和测试方法以及其他相关结构的设备、标记、公布的数据都做了规定。

该标准在 2000 年完成了修订，修订的目的是确保公布的涉及任何特定设备的数据足够精确以保证个别应用中能够准确选择设备。新修订内容对合理选择机组涉及到的流量、蒸发效率、电能消耗、名义额定值和实际输出功率以及每个测定方法需要的信息做了描述。

14.1.2.3 印度标准[13]

印度的蒸发冷却空调标准是《蒸发式空气冷却器》IS 3315—1994。这个标准是由印度标准局（BIS）于1974颁布的，并在1991年做了修订。

14.1.2.4 沙特阿拉伯标准[14,15]

沙特阿拉伯的沙漠干燥气候为蒸发冷却空调提供了得天独厚的应用地域。沙特阿拉伯将蒸发冷却空调称为“沙漠冷却器”，在蒸发冷却空调标准方面非常完善。沙特阿拉伯标准组织（SASO）在1997年10月10日颁布了《蒸发式空气冷却器》SASO 35和《蒸发式空气冷却器测试方法》SASO 36两项蒸发冷却空调标准。

14.1.2.5 加拿大标准[16]

加拿大蒸发冷却空调标准是1983年加拿大标准协会（CSA）颁布的《加湿器和蒸发式冷却器》C22.2 No 104，并在1989年对标准做了修订。

14.1.3 国内相关标准及资料

国内目前尚无专门针对蒸发冷却空调的标准，只有相关的标准、规范、措施、手册和教材等资料及企业标准。

14.1.3.1 蒸发冷却空调相关标准

（1）公共建筑节能设计标准[18]：《公共建筑节能设计标准》GB 50189—2005 第5.3.24条明确指出，在满足使用要求的前提下，对于夏季空气调节室外计算湿球温度较低、温度日较差大的地区，空气的冷却过程宜采用直接蒸发冷却、间接蒸发冷却或直接蒸发冷却与间接蒸发冷却相结合的二级或三级冷却方式。

（2）组合式空调机组标准[19]：最近正在修订的《组合式空调机组》GB/T 14294 规定，标准适用于以功能段为组合式单元，能够完成空气输送、混合、加热、冷却、去湿、过滤、消声、热回收等几种处理功能段的机组。

该标准规定了适用范围以及机组的分类情况，对机组的制造、结构、零部件和表面处理基本要求、外观要求、材料要求、性能要求、安全要求做了详细的规定，还给出了试验工况、规定了试验方法以及产品检验规则。蒸发冷却空调的蒸发冷却段可能作为组合式空调机组的一个功能段而执行标准的相关规定。

（3）空气—空气能量回收装置标准[20]：正在制订的空气—空气能量回收装置标准适用于在采暖、通风、空调、净化用途中回收排风能量使用的空气—空气能量回收装置。蒸发冷却空调中的间接蒸发冷却器就是典型的空气—空气能量回收装置，其相关要求应执行该标准的规定。

该标准规定了空气—空气能量回收装置的分类和标记，对性能和制造做了详细的要求，给出了试验条件和试验方法，并对产品的检测规则、标志包装运输和贮存、产品样本和说明书的基本内容做了相关规定。

（4）其他相关标准：蒸发冷却空调中间接蒸发冷却空调技术的核心部分是换热器，我国已先后制订了《空冷式换热器标准》[22] GB/T 15386—94、《板式换热器标准》[23] GB 16409—1996、《管壳式换热器标准》[24] GB 151—1999。此外，国家烟草专卖局还制订了《卷烟厂空调机组标准》[25] YC/T 24—1995 用于工业生产领域的行业标准，都为蒸发冷却空调标准的制订提供了参考。

（5）企业标准；国内一些生产蒸发冷却空调产品的企业制订了相关的企业产品标准。

14.1.3.2　蒸发冷却空调相关规范

《采暖通风与空气调节设计规范》GB 50019—2003 第 6.6.2 条规定：空气的冷却应根据不同条件和要求，分别采用以下处理方式：

（1）循环水蒸发冷却；

（2）江水、湖水、地下水等天然冷源冷却；

（3）采用蒸发冷却和天然冷源等自然冷却方式达不到要求时，应采用人工冷源冷却。

第 6.6.3 条规定：空气的蒸发冷却采用江水、湖水、地下水等天然冷源时，应符合下列要求：

（1）水质符合卫生要求；

（2）水的温度、硬度等符合使用要求；

（3）使用过后的回水予以再利用；

（4）地下水使用过后的回水全部回灌并不得造成污染[26]。

2010 年修订的《民用建筑供暖通风与空气调节设计规范》（征求意见稿）第 7.3.18 条和第 7.3.19 条等条款对蒸气冷却空调系统进行了规定。[27]

14.1.3.3　蒸发冷却空调相关技术措施

《全国民用建筑工程设计技术措施—节能专篇》（2007）《暖通空调·动力》第 5.7 节对蒸发冷却空调系统做了一般规定：

（1）在满足使用要求的前提下，对于夏季空气调节室外计算湿球温度较低、温度日较差大的地区，空气的冷却过程宜采用直接蒸发冷却、间接蒸发冷却或直接蒸发冷却与间接蒸发冷却相结合的二级或三级冷却方式。

（2）在气候比较干燥的西部地区和北部地区，如新疆、青海、西藏、甘肃、宁夏、内蒙古、黑龙江的全部、吉林的大部分地区、陕西、山西的北部、四川、云南的西部等地，空气的冷却过程应优先采用直接蒸发冷却、间接蒸发冷却或直接蒸发冷却与间接蒸发冷却相结合的二级或三级冷却方式。

（3）在不同的夏季室外空气设计干球、湿球温度下，应采用不同的蒸发冷却机组的功能段[28]。

该技术措施还对蒸发冷却空调系统的设计原则做了规定。在工程实例中介绍了新疆乌鲁木齐市某办公楼三级蒸发冷却空气调节系统的设计实例。

《全国民用建筑工程设计技术措施》（2009）《暖通空调·动力》第 5.15 节蒸发冷却空调系统，对 2007 年版技术措施中有关蒸发冷却空调系统的内容做了进一步的修订[29]。

14.1.3.4　蒸发冷却空调相关手册

《实用供热空调设计手册》[30]（第二版）对蒸发冷却空调做了系统详细的介绍，分别介绍了直接蒸发冷却器的类型、填料性能、热工计算及压力损失计算、性能评价和间接蒸发冷却器的类型、热工计算、性能评价等。

14.1.3.5　蒸发冷却空调相关专著

（1）《空调工程》：普通高等教育“十一五”国家级规划教材《空调工程》第 4.3.5 节介绍了空气蒸发冷却器的处理过程；第 5.1.6 节介绍了空气蒸发冷却器；第 6.2.4 节介绍

了蒸发冷却空调系统。

(2)《制冷学科进展研究与发展报告》[31]：中国制冷学会组编的《制冷学科进展研究与发展报告》中第11章介绍了“零费用冷却技术”。详细介绍了直接蒸发冷却器填料的传热传质性能、填料净化性能及应用和几种间接蒸发冷却器，并对多级蒸发冷却空调系统及工程应用实例做了介绍。还对除湿与蒸发冷却相结合的空调系统、半集中式蒸发冷却空调系统及工程应用实例、建筑物被动蒸发冷却技术、蒸发冷却自动控制、蒸发冷却水质处理以及蒸发冷却与纳米光催化相结合的空调系统做了介绍。

14.1.4　国内标准制订的基本思路

制订我国的蒸发冷却空调标准，其主要目的是实现工业产品质量控制和产品评价，进而推广应用蒸发冷却空调技术，也为国家正积极着手的能效标识和能源审计工作发挥积极的促进作用。

(1) 作为控制我国快速发展的蒸发冷却空调产品质量和性能评价的有效手段，我国的蒸发冷却空调标准应首先倾向于产品类标准，用以规范工业产品质量，在此基础上逐步制订我国蒸发冷却空调技术类标准。

(2) 标准应采用测试项目、基本要求、试验方法和检验规则的结构体系，方便使用和便于以后的修订。

(3) 由于我国地域广阔，气候差异较大，标准应规定不同地域使用不同形式的蒸发冷却空调，以及规定在不同的夏季室外空气设计干、湿球温度下，应采用不同功能段所组合而成的蒸发冷却空调机组，实现蒸发冷却空调技术的合理应用。

(4) 搭建适合我国国情的蒸发冷却空调标准试验台，为各类标准的制订奠定基础。

(5) 为充分落实国家“走可持续发展道路”的战略思想，标准应对蒸发冷却空调的水质等要求做严格规定，真正实现节约、绿色、环保、可持续发展的理念。

(6) 与现有相关标准相似，蒸发冷却空调标准主要技术内容应包括以下方面：范围、术语、分类与标记、基本要求、试验方法和检验规则等方面内容。

为了落实国家的节能减排政策，进一步规范蒸发冷却空调技术市场，使我国的蒸发冷却空调技术沿着健康、可持续的道路发展。为此，当前尽快制订出我国的蒸发冷却空调标准具有重要的现时意义和深远的历史意义。我们相信，该标准的制订将会使我国的蒸发冷却空调技术提高到一个新的层次，为众多蒸发冷却空调的设计、生产和施工等单位提供较为完善的依据，切实发挥这一节能环保空调技术在节能减排中的重要作用，促进现代蒸发冷却空调事业的蓬勃发展。

14.2　国外蒸发冷却空调标准

14.2.1　国外直接蒸发冷却空调标准

14.2.1.1　国外直接蒸发冷却空调标准发展情况

国外直接蒸发冷却空调发展迅速，尤其是20世纪70年代，当电力和效率的上升以及通货膨胀第一次成为发展制冷系统的障碍时，蒸发冷却空调技术再次焕发了活力。

自此，直接蒸发冷却空调的销售额一直年年攀升，同时直接蒸发冷却空调的相关标准应运出台。20世纪70年代，印度率先制订了蒸发冷却空调标准——“蒸发式空气冷却器”，随后加拿大、澳大利亚、美国等国家先后制订了这方面的相关标准。其中，美国和澳大利亚在产品和标准方面发展最为迅速，根据产品的发展情况对标准作了相应的修订。

14.2.1.2　美国和澳大利亚直接蒸发冷却空调标准简介[9][12]

美国的《直接蒸发空气冷却器测试方法》ANSI/ASHRAE Standard 133—2008是技术标准；而澳大利亚的《蒸发式空调设备》AS 2913—2000是产品标准。ANSI/ASHRAE Standard 133—2008规定了一种统一评价单元式和组合式直接蒸发空气冷却器的试验室测试方法；AS 2913—2000的目的是使公布的任何特殊装置的数据非常精确以确保个别应用中能够正确选取装置，两个标准各有侧重点。

1. 适用范围

ANSI/ASHRAES tandard 133—2008涵盖了测定直接蒸发空气冷却器饱和效率、空气流量和单元式及组合式机组总功率等方法，以及静压差、空气密度和风机转速的测定方法，并给出了测试参数的用途。AS 2913—2000规定了蒸发式空调装置具体特征的基本性能额定值和测试程序，以及各种形式额定值的适用装置，还规定了制造的最低基本要求。因此可以说，ANSI/ASHRAE Standard 133—2008是技术标准，AS 2913—2000是产品标准。

2. 定义

ANSI/ASHRAE Standard 133—2008从利用水分蒸发冷却空气的绝热加湿直接方法和等湿冷却间接方法两种具体方式定义了“蒸发冷却”。AS 2913—2000没有对蒸发冷却作相应的规定，只是和ANSI/ASHRAE Standard 133—2008一样规定了“蒸发冷却效率”和“直接蒸发冷却器”的定义。ANSI/ASHRAE Standard 133—2008从冷却角度规定了“冷却效率(饱和效率)”；AS 2913—2000从蒸发角度规定了“蒸发效率”。两个标准对“干湿球温差”的定义相同，在“蒸发冷却效率”表述上不同但本质相同，都表征干球温度趋向有效湿球温度的程度。在设备的定义上，ANSI/ASHRAE Standard 133—2008是从直接蒸发冷却的两种应用形式：“单元式”和“组合式”对直接蒸发冷却器下了定义，AS 2913—2000只是广义的对直接蒸发冷却器作了规定。此外，ANSI/ASHRAE Standard 133—2008还从技术参数测试角度对“边界条件”、“测定法”、“工况点”以及相关的技术参数作了定义，而AS 2913—2000是从设备产品的角度上规定了“名义额定冷却性能”、“额定冷却性能”、“额定流量”、“典型试验”产品性能参数的定义。

3. 分类

AS 2913—2000没有对直接蒸发冷却空调设备作具体分类，只是广义地定义了蒸发式空调为通过水分蒸发冷却空气的设备。ANSI/ASHRAE Standard 133—2008从直接蒸发冷却空调的两种应用形式对直接蒸发冷却空调作了划分：单元式直接蒸发空气冷却器和组合式直接蒸发空气冷却器（图14-1和图14-2）。

4. 要求

试验仪器和装置的精度决定测试结果的准确性和成本的高低。准确、经济、合理是试验仪器和装置的基本要求。ANSI/ASHRAE Standard 133—2008对试验参数的单位和仪

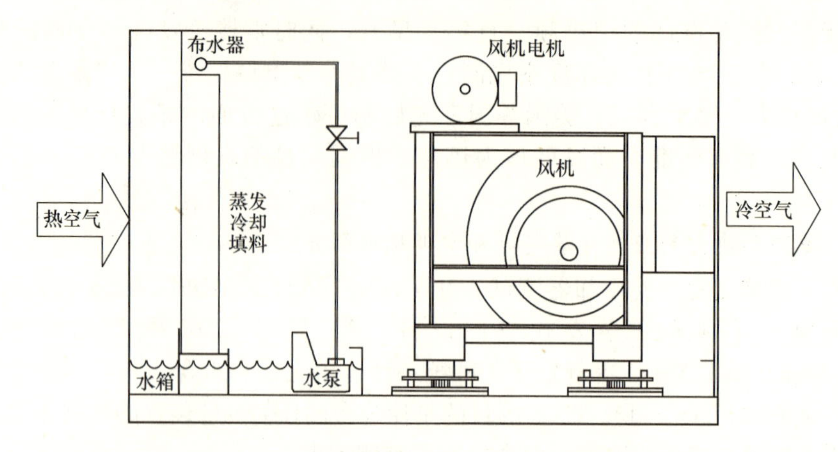

图 14-1　单元式直接蒸发空气冷却器示意图

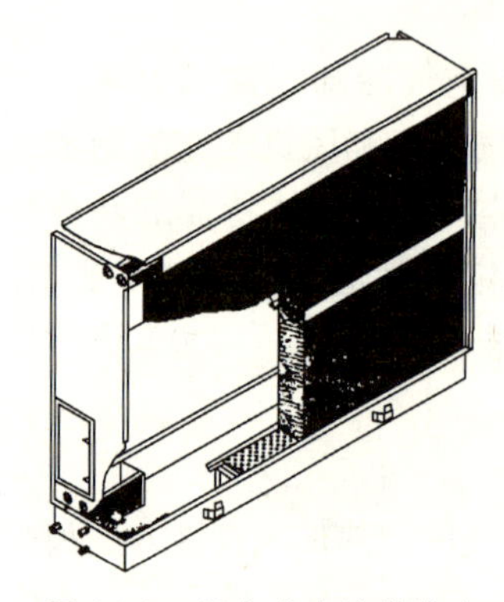

图 14-2　组合式直接蒸发空气冷却器示意图

器的精确度以及测试方法作了详细要求。该标准的所有单位采用的是国际单位制（le SystemeInternational d'Unites）(SI)，并在国际单位制后注明英制单位值（IP）。必要时，该标准还给出完整的国际单位和英制单位转换公式。表 14-1 和表 14-2 为 ANSI/ASHRAE Standard 133—2008 的单位制和精度要求。

不同于 ANSI/ASHRAE Standard 133—2008 技术标准，AS 2913—2000 从产品性能和质量方面对直接蒸发冷却空调装置作了相应的要求，对用于制造的材料、装置结构的强度和刚度、振动、装置检修口、风雨防护、带水、铭牌标识等实际应用方面的性能作了规定。表 14-3 是 AS 2913—2000 的精确度要求。

ANSI/ASHRAE Standard 133—2008 单位制　　**表 14-1**

名称	国际单位		英制单位	
长度	m	mm	ft	in
质量	kg	—	lb	—
时间	min	S	—	—
温度	℃	K	℉	^{0}R
力	N	—	lb_f	—
流量	m^3/s	—	cfm	—
流速	m/s	—	fpm	—
	L/s	—	gpm	—
压力	Pa	—	in. wg	in. Hg
功率和能	W	—	—	—
转速	rpm	—	—	—
气体密度	kg/m^3	—	lb_m/ft^3	—
气体常数	J/（kg・K）	—	ft・lb/lb_m・^{0}R	—

ANSI/ASHRAE Standard 133—2008 精确度　　**表 14-2**

参　数	精　确　度	参　数	精　确　度
压力	≤1%或 1Pa（0.005in. wg）	空气密度	≤0.5%
空气流量	≤1.2% *	温度	≤0.44℃（0.80 ℉）
功率	±1.0%	气压计	±200Pa（0.05in. Hg）
水流量	±5.0%	水的导电性	±10%
速度	±0.5%		

* 表示气流流量的综合误差不能超过对应流量喷嘴出口系数的 1.2%。

AS 2913—2000 精确度　　**表 14-3**

参　数	精　确　度	参　数	精　确　度
电压	±1%	进口湿球温度	±0.2℃
风量	±5%	出口干球温度	±0.2℃
进口干球温度	±0.2℃		

5. 试验装置

ANSI/ASHRAE Standard 133—2008 给出了推荐的测试方案试验台安装原理图，试验装置对用来模拟安装条件但不参与测量的管道、试验仓以及提供变工况点装置等都作了相应的规定。图 14-3 为 ANSI/ASHRAE Standard 133—2008 推荐的直接蒸发冷却空调测试方案原理图。AS 2913—2000 没有给出具体的试验装置图，只是规定了被测空调机应具有完整性，所有实际安装时的零部件必须安装到位，并规定蒸发效率试验和风量试验的试验台应保持一致。

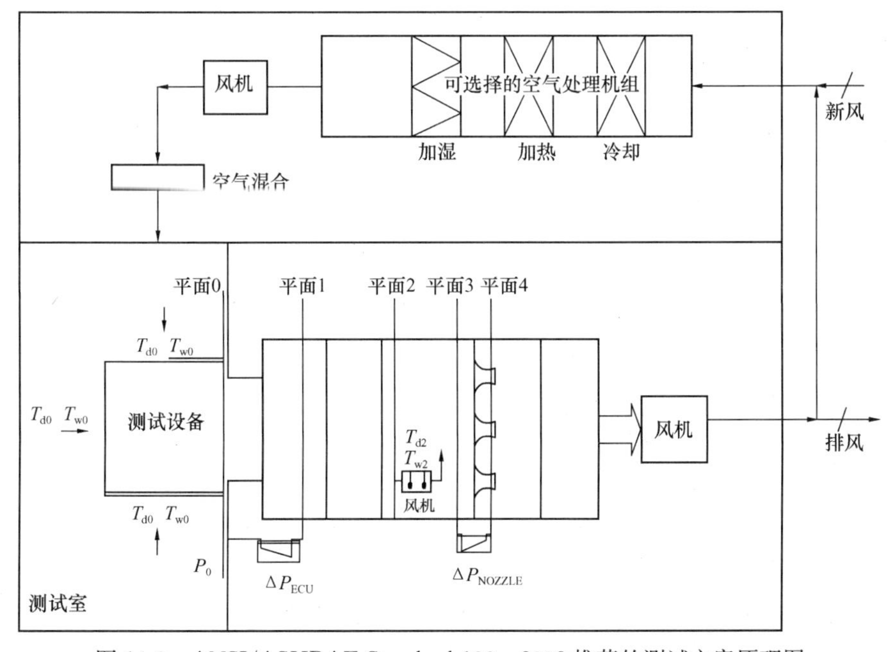

图 14-3　ANSI/ASHRAE Standard 133—2008 推荐的测试方案原理图

6. 试验测试与计算

（1）试验工况

ANSI/ASHRAE Standard 133—2001 规定了可允许的试验工况，进口空气的干球温度最大应为 46℃（115℉），湿球温度最小应为 5℃（41℉），湿球温度降最小应为 14℃（58℉）。确保试验结果有效，上游湿球温度与下游湿球温度差值应不大于 1℃（2℉）。新修订的《直接蒸发空气冷却器测试方法》ANSI/ASHRAE Standard 133—2008 对可允许的试验工况做了修改，进口空气的干球温度最大应为 46℃（115℉），湿球温度最小应为 5℃（41℉），湿球温度降最小应为 11℃（20℉），确保试验结果有效，上游湿球温度与下游湿球温度差值不应大于 1℃（2℉）。做此修改是为了增加采用非标准工况空气且不减少准确性的测试完成次数。AS 2913—2000 未推荐具体的试验工况值，只是要求试验应在与标识数据一致的工况下进行，如供电条件，或者试验应在能代表实际工况的温湿度环境下进行。该标准在参考性附录中给出了具体的名义试验工况条件：进口干球温度为 38℃，进口湿球温度 21℃，室内干球温度 27.4℃。

（2）试验项目

ANSI/ASHRAE Standard 133—2008 在标准试验台的基础上规定了详细的试验项目，一部分性能参数可通过试验直接测试得到，而另一部分性能参数是在试验参数的基础上通过计算得到的。AS 2913—2000 没有规定标准化试验台，试验是在完整的空调装置上进行的，只对风量、蒸发效率、声级和耗电量等性能参数进行试验。不同的试验项目和试验装置反映了标准的性质，体现了试验装置的准确性、经济性、合理性的基本要求（表 14-4）。

ANSI/ASHRAE Standard 133—2008 和 AS 2913—2000 试验项目及装置　　表 14-4

ANSI/ASHRAE Standard 133—2008		AS 2913—2000	
试验项目	试验装置	试验项目	试验装置
入口干球温度（t_{go}）	直接蒸发冷却空调标准试验台	风量 q_v	各零部件安装到位的空调装置
入口湿球温度（t_{so}）			
环境大气压（P_b）		蒸发效率 e	
下游干球温度（t_{g2}）			
试验仓湿球温度（t_{s2}）		声级 La	
风机转速（N）			
风机输入功率（W_f）		耗电量	
泵或旋转设备输入功率（W_P）			
附属设备的输入功率（W_a）			
空调装置的静压差（ΔP_{ECU}）			
喷嘴压力差（ΔP_{nozzle}）			
水的导电率			
带水	试纸		

（3）性能参数计算

在 ANSI/ASHRAE Standard 133—2008 中，空调装置风量（Q_{DEC}）、输入功率（W）、冷却效率即饱和效率（η）不能通过试验直接测得，需要经过相关公式计算得到。

风量采用流量喷嘴风量法，连接试验仓的喷嘴入口处的体积风量（Q_2）由温度测量平面 2 的空气密度决定。

$$Q_2 = Y\sqrt{(2\Delta P_{\text{Nozzle}}/\rho_2)\Sigma(CA_4)} \tag{14-1}$$

或

$$Q_2 = 1097Y\sqrt{(2\Delta P_{\text{Nozzle}}/\rho_2)\Sigma(CA_4)} \tag{14-2}$$

式中　C——喷嘴的送风系数；

A_4——喷嘴面积；

ρ_2——空气密度。

空调装置的输入功率按下式计算：

$$W = W_{\text{f}} + W_{\text{p}} + W_{\text{a}} \tag{14-3}$$

冷却效率为：

$$\eta_{\text{DEC}} = \frac{100(t_{\text{g0}} - t_{\text{g2}})}{t_{\text{g0}} - t_{\text{s0}}} \tag{14-4}$$

为了对不同厂家、不同型号直接蒸发冷却空调装置的有关性能进行比较，AS 2913—2000 给出了以额定冷却能力的计算。

$$S = \frac{q_{\text{v}}\rho c_{\text{p}}}{1000}\left[\frac{\eta_{\text{DEC}}}{100}(t_i - t_{\text{w}i}) + t_{\text{r}} - t_i\right] \tag{14-5}$$

式中　S——额定冷却性能；

q_{v}——风量；

ρ——标准空气的密度；

c_{p}——恒定压力下湿空气的比热容；

t_{i}——进口干球温度；

t_{wi}——进口湿球温度；

t_{r}——室内干球温度。

7. 非标准工况的规定

技术标准的空调装置可在标准试验台上进行测试，但作为产品标准的产品不仅在标准规定的工况下运行和使用，事实上产品绝大多数的使用工况都是非标准的。为适应标准执行的实际需要和相同参数测试结果之间的比较，ANSI/ASHRAE Standard 133—2008 和 AS 2913—2000 都对非标准工况下的参数转换成标准工况下的参数作了的规定。

ANSI/ASHRAE Standard 133—2008 对非标准工况下的参数转换成标准工况下的参数或名义参数给出了如下转换公式。公式中 std 表示标准工况，n 表示名义工况。

标准饱和效率为：

$$\eta_{\text{std}} = 1 - (1 - \eta_{\text{DEC}})^{(\rho_0/\rho_{\text{std}})} \tag{14-6}$$

空调装置标准静压差为：

$$\Delta P_{\text{std}} = \Delta P_{\text{ECU}}(\rho_{\text{std}}/\rho_0) \tag{14-7}$$

风机标准功率为：

$$W_{\text{fstd}} = W_{\text{f}}(\rho_{\text{std}}/\rho_0) \tag{14-8}$$

空调装置标准输入功率为：

$$W_{\text{std}} = W_{\text{fstd}} + W_{\text{p}} + W_{\text{a}} \tag{14-9}$$

标准空气密度下名义恒定转速时的名义值为：

$$Q_n = Q_{ECU}(N_n/N) \tag{14-10}$$

$$\Delta P_n = \Delta P_{std}(N_n/N)^2 \tag{14-11}$$

$$W_{fn} = W_{fstd}(N_n/N)^3 \tag{14-12}$$

AS 2913—2000 给出了名义额定工况下的名义蒸发效率：

$$\eta_{DEC} = \frac{t_i - t_r}{t_i - t_{si}} \times 100\% \tag{14-13}$$

式中 t_i——进口干球温度，名义额定取值为 38℃；

t_{si}——进口湿球温度，名义额定取值为 21℃；

t_r——室内干球温度，名义额定取值为 27.4℃。

8. 测试结果及报告

ANSI/ASHRAE Standard 133—2008 规定了直接蒸发冷却空调测试的报告要求，并给出了标准格式，试验报告必须包括测试目的、结果、测试数据、性能曲线及有关包括附属设备、测试台及测试仪器，并标明测试的大气压力、实验室名称和地点等记录。AS 2913—2000 也规定了出具完成的测试报告的要求，测试报告必须有流量、蒸发效率、声功率测试和电能消耗以及名义额定冷却性能。

14.2.1.3 我国直接蒸发冷却空调标准的制订思路

国外直接蒸发冷却空调起步较早，发展较快，技术比较成熟，标准较为完善，为我国直接蒸发冷却空调标准化工作提供了较好的借鉴和参考，但将国外标准直接应用于我国，不符合我国的实际国情，存在一些问题：

（1）作为试验基本条件的试验工况在我国存在特殊情况。国外是将直接蒸发冷却空调广泛应用于干燥地区，标准的试验工况是依据干燥地区的气象设计参数确定的。在我国，随着沿海地区经济迅速发展起来，直接蒸发冷却空调广泛应用于华东、华南地区的服装厂、纺织厂、制鞋厂、皮革厂等小工业厂房和设备机房中，而在使用地域占优势的西北等干燥地区应用的反而相对较少，国内的试验工况不能完全依照国外标准。

（2）我国的直接蒸发冷却空调标准是作为控制产品质量和性能评价的有效手段，必须具有符合我国实际的检验规则，而国外直接蒸发冷却标准在此方面无法提供相关依据。

因此，国外直接蒸发冷却空调标准只能作为制订我国直接蒸发冷却空调标准的参考，而不能直接应用于我国实际情况。为此，提出以下国内直接蒸发冷却空调标准的基本思路：

（1）国内直接蒸发冷却空调标准的制订应参考国外标准、国内相关标准以及直接蒸发冷却空调技术方面的标准，采用测试项目、基本要求、试验方法和检验规则的结构体系，方便使用且便于以后修订。

（2）国内直接蒸发冷却空调产品类标准应规定采用准确、经济、合理的试验装置，提高测试结果的准确性、降低测试成本。

（3）由于直接蒸发冷却空调的应用受气候条件限制明显，国内直接蒸发冷却空调标准应结合我国实际情况，在应用条件上作适当的规定，确保直接蒸发冷却空调应用到合理的区域，发挥积极的作用。

（4）国内直接蒸发冷却空调标准应对水质等要求作严格规定，合理有效地利用水源，真正实现节约、绿色、环保、可持续发展的理念。

国外直接蒸发冷却空调发展迅速，标准比较完善，尤其是美国的直接蒸发冷却空调技术标准和澳大利亚的直接蒸发冷却空调产品标准，为我国直接蒸发冷却空调标准化工作提供了很好的参考。随着国内直接蒸发冷却空调产业化、规模化的迅速发展，当务之急是制订出台符合我国国情的直接蒸发冷却空调相关标准，有效地控制直接蒸发冷却空调产品质量、推动直接蒸发冷却空调技术的发展。

14.2.2　国外间接蒸发冷却空调标准

14.2.2.1　美国间接蒸发冷却空调标准发展情况[11]

美国在蒸发冷却空调标准方面发展较快，其中间接蒸发冷却空调标准在世界比较领先。ASHRAE 成立的蒸发冷却技术委员会（TC 5.7）成立了“额定间接蒸发冷却器测试方法”标准制订委员会（SPC143P）在 1989 年 6 月 25 日公布了《额定间接蒸发冷却器测试方法》ANSI/ASHRAE Standard 143，并于 1990 年 6 月 12 日召开了标准方案委员会首次会议讨论该标准。随后标准进行了修订，其中最近两次修订分别是 2000 年和 2007 年。经过修订，该标准于 2000 年 2 月 10 日通过 ASHARE 标准委员会审核；2000 年 2 月 10 日通过 ASHARE 董事会审核；2000 年 10 月 6 日通过美国国家标准学会审核。经过再次修订该标准于 2007 年 6 月 23 日通过 ASHARE 标准委员会审核；2007 年 6 月 27 日通过 ASHARE 董事会审核；2007 年 6 月 28 日通过美国国家标准学会审核。这次修订最主要的两大变化是：1）一次空气干球温度与二次空气湿球温度的温差由 14℃修改为 11℃，在不降低测试的准确性的前提下，干湿球温差的减小将增加采用非标准工况空气完成试验的次数；2）修订后的第 8.1.1 条规定了更加灵活的温度测量，只要能满足 ANSI/ASHRAE Standard 41.1 温度测量方法标准的要求，将不再限制特殊型的仪器。

14.2.2.2　《额定间接蒸发冷却器测试方法》简介

美国《额定间接蒸发冷却器测试方法》为确定制冷能力和所需要的动力匹配提供了测试程序和计算方法。

1. 适用范围

ANSI/ASHRAE Standard 143—2007 明确了标准适用的条件和不适用的条件。在稳定工况下测试的额定间接蒸发冷却器包括：1）一次空气通过热交换获得冷量是利用水分蒸发进入到二次空气中得到的；2）单元式或单元式系统中的组合式。该标准不包括：1）采用机械制冷或蓄热来冷却一次空气的设备，二次空气或水分用于蒸发的设备；2）干燥一次或二次空气的设备。

2. 定义

ANSI/ASHRAE Standard 143—2007 定义了绝热饱和、冷却效率、蒸发冷却、一次空气、二次空气、干球温度、湿球温度、湿球温降等基本术语；定义了组合式间接蒸发冷却器、间接蒸发冷却器、整体换热器间接蒸发冷却器、非整体换热器间接蒸发冷却器、单元式间接蒸发冷却器、半集中式一次空气间接蒸发冷却器、半集中式二次空气间接蒸发冷却器等间接蒸发冷却设备；定义了测定法、IECU 输入功率边界、IECU 总功率、IECU 总压力、风机速度、IECU 动压、运行点、压强、绝对压力、分压、测量压力、静压、全压、动压、标准值、额定工况、标称标准、标准额定工况、测试、测试标准等测试方法及参数。

3. 分类

间接蒸发冷却器的核心部件是空气—空气热交换器。ANSI/ASHRAE Standard 143—2007 对间接蒸发冷却器进行了分类，蒸发冷却换热器分为：整体式空气—空气换热器、分体式显热和蒸发换热器；间接蒸发冷却器分为：组合式间接蒸发冷却器、半单元式间接蒸发冷却器和单元式间接蒸发冷却器；半单元式间接蒸发冷却器分为：整体式空气—空气换热器半单元式二次空气间接蒸发冷却器、分体式显热和蒸发换热器半单元式二次空气间接蒸发冷却器、半单元式一次空气间接蒸发冷却器（图 14-4～图 14-10）。

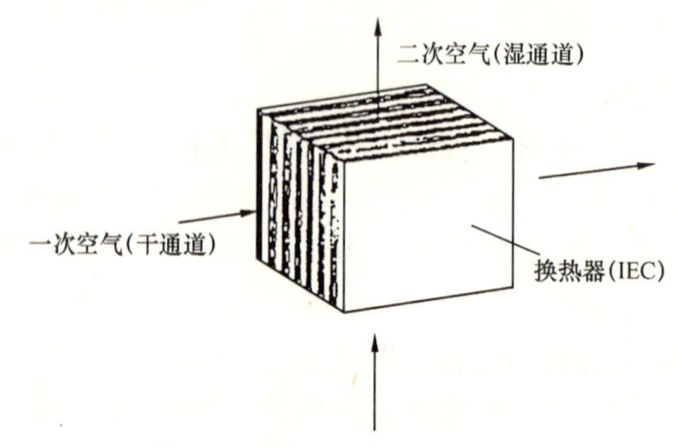

图 14-4 整体式气—气换热器

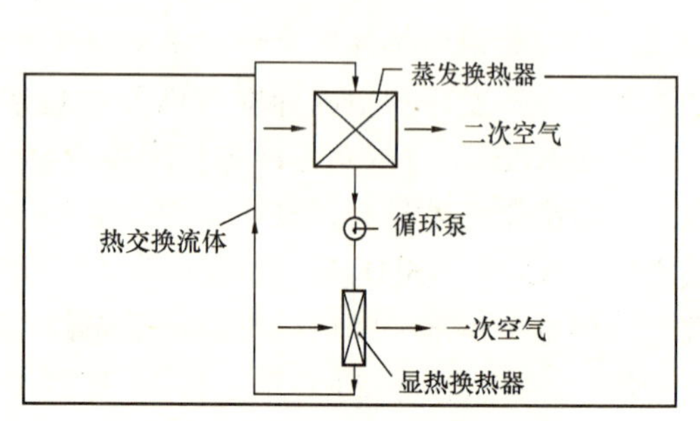

图 14-5 分体式显热和蒸发换热器

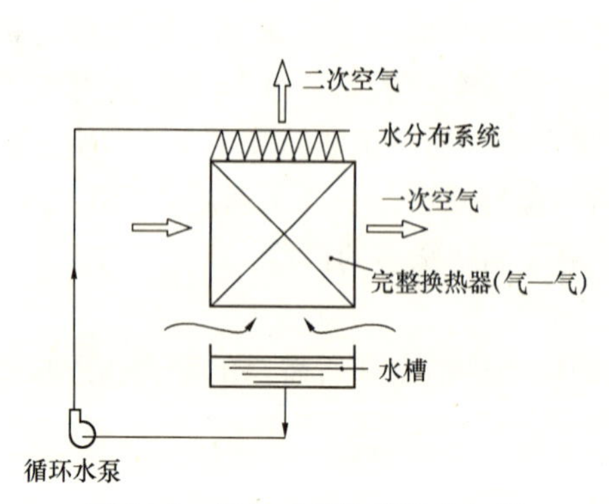

图 14-6 组合式间接蒸发冷却器

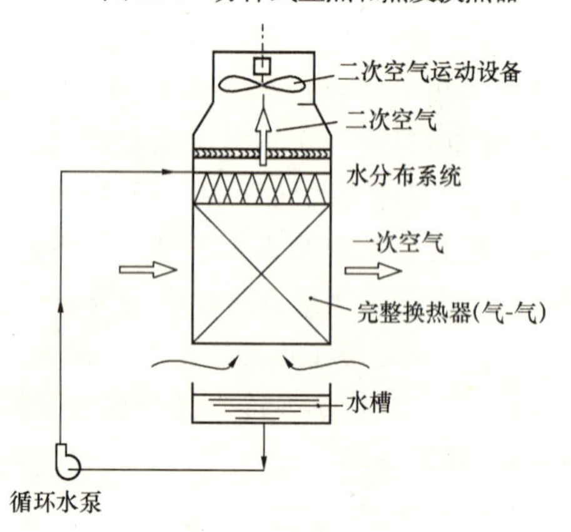

图 14-7 整体气—气换热器的半单元式二次空气间接蒸发冷却器

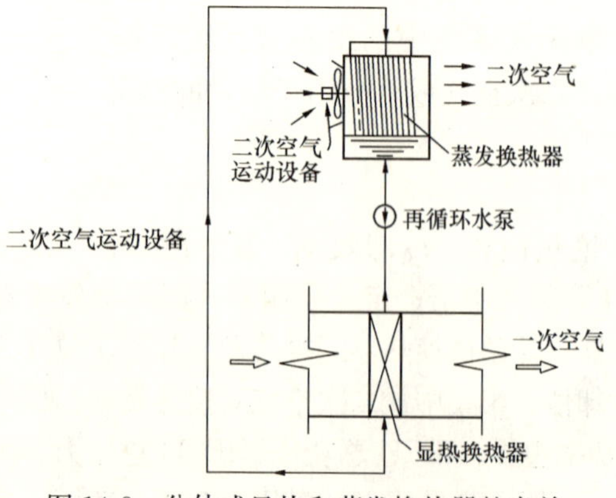

图 14-8 分体式显热和蒸发换热器的半单元式二次空气间接蒸发冷却器

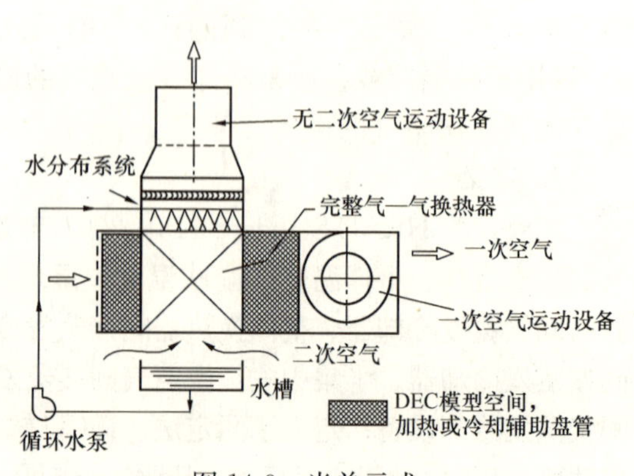

图 14-9 半单元式一次空气间接蒸发冷却器

4. 要求

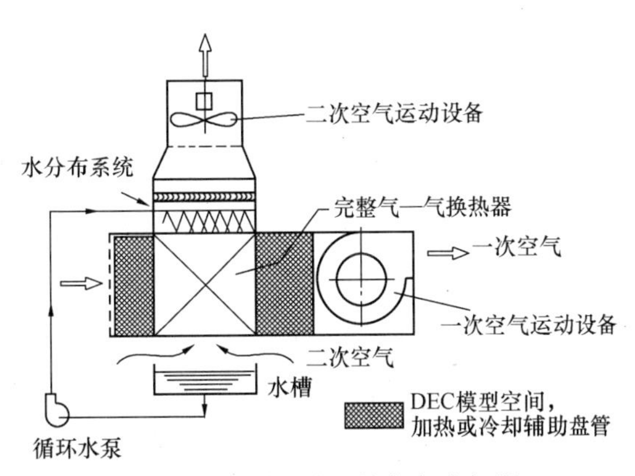

图 14-10　单元式间接蒸发冷却器

ANSI/ASHRAE Standard 143—2007 通过测量间接蒸发冷却器进出口风量和温度来确定制冷量以及所消耗的功率，因此标准对风量和温度测量做了相关要求。

(1) 风量　该标准所适用的设备都必须进行一次和二次空气的流量测量。只有 IECU 在满足以下条件时才例外：1) 属于条款所述的分体式间接蒸发冷却设备；2) 作为组合式的一部分并依照 CTI 法则 ATC—105 进行了测试了的冷却塔。

(2) 温度　该标准规定了进口一次空气干球温度和进口二次空气湿球温度差最小应为 11℃。

(3) 测量　该标准规定了出具完整的测试报告至少要进行 5 次测量，在不连续或其他异常情况下应有更多次的测量。

5. 测量仪器仪表

ANSI/ASHRAE Standard 143—2007 标准对温度、压力、流量和功率仪器仪表进行了相关的规定，见表 14-5。

仪器仪表要求　　表 14-5

仪器仪表		准确度	最小分度	其他要求
温度仪表	空气干球温度	±0.2℃	≤准确度 2 倍	—
	空气湿球温度	±0.2℃	≤准确度 2 倍	风速 3.5～10m/s
	其他干球温度	±0.3℃	≤准确度 2 倍	—
压力仪表		测量值的±1%	≤准确度 2 倍	—
气压仪表		±34Pa	≤准确度 2 倍	—
功率仪表		测量值的±1%		—
流量仪表		—	—	流量喷嘴喉部流速 15～35m/s

6. 试验装置

由于间接蒸发冷却器结构形式不同，ANSI/ASHRAE Standard 143—2007 推荐了两种间接蒸发冷却器测试台：开式间接蒸发冷却器测试试验台和冷却塔/翅片盘管间接蒸发冷却器测试试验台（图 14-11 和图 14-12）。

7. 试验测试与计算

(1) 试验项目

ANSI/ASHRAE Standard 143—2007 在推荐的标准试验台的基础上规定了详细的试验项目（表 14-6），一部分性能参数可通过试验直接测试得到，而另一部分性能参数是在试验参数的基础上通过计算得到的。不同的试验项目和试验装置反映了标准的性质，体现

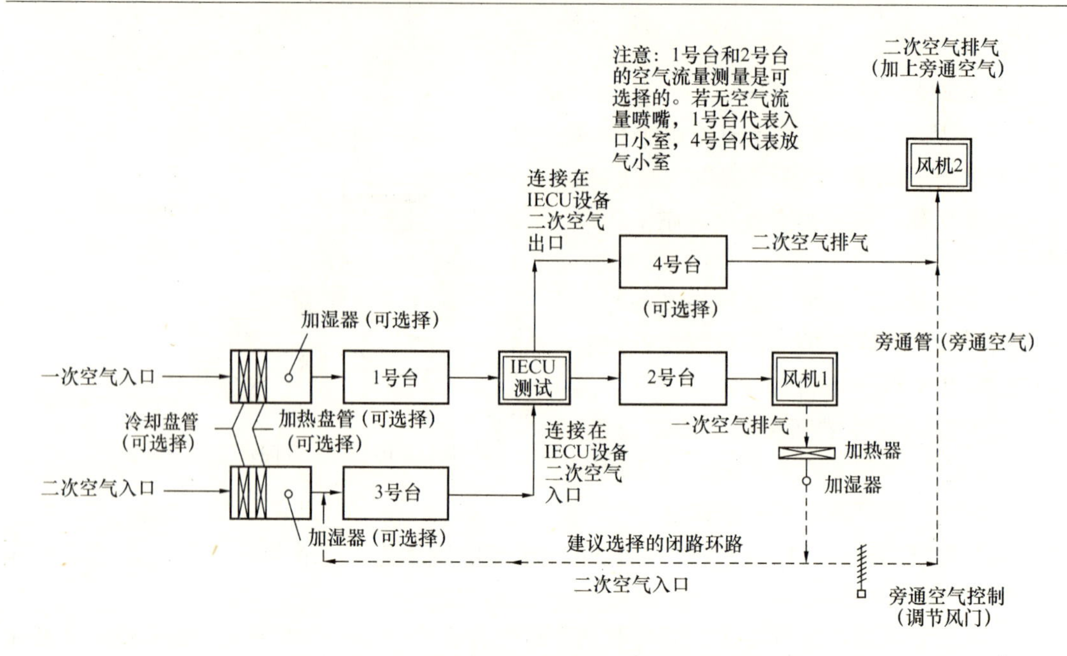

图 14-11　开式间接蒸发冷却器测试试验台示意图

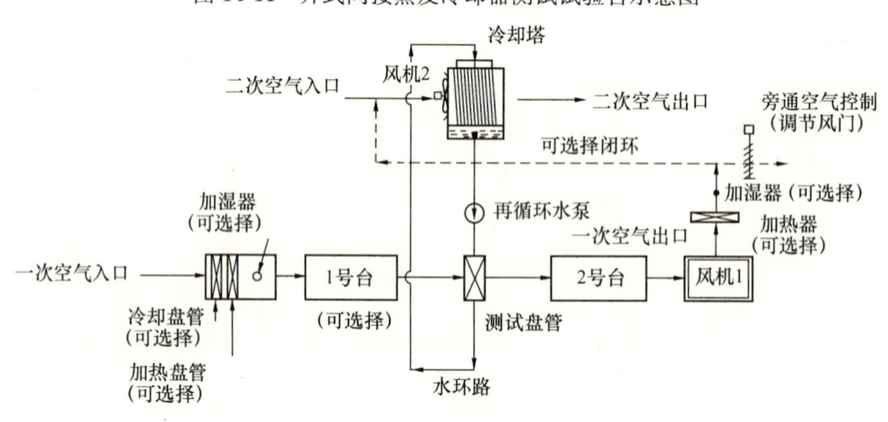

图 14-12　冷却塔/翅片盘管间接蒸发冷却器测试试验台示意图

试验项目及装置　　表 14-6

试验项目	试验装置
一次空气进口温度	温度测量装置
一次空气出口温度	
二次空气进口温度	
二次空气出口温度	
大气压	压力测量装置
一次空气压差	
二次空气压差	
水泵功率	功率测量装置
一次空气动力设备功率	
二次空气动力设备功率	

了试验装置的准确性、经济性、合理性的基本要求。

(2) 性能参数计算

空气密度：

$$\rho_x = (p_b + p_{sx} - 0.378p_p)/R(t_{dy} + 273.15) \tag{14-14}$$

式中　ρ_x——截面 x 的空气密度，kg/m^3；

p_b——大气压力，Pa；

p_{sx}——截面 x 的静压，Pa；

p_p——水蒸气分压力，Pa；

R——气体常数，kJ/(kg·K)；

t_{dy}——空气干球温度,℃。

空气黏度：

$$\mu_x = (17.23 + 0.048t_{dy})E^{-06} \quad (14\text{-}15)$$

式中　μ_x——截面 x 的空气黏度，$N \cdot s/m^2$。

空气流量：

$$Q_x = 1.414Y\sqrt{(\Delta P_{noz}/\rho_x)}\Sigma(CA_e) \quad (14\text{-}16)$$

式中　Q_x——截面 x 的空气流量，m^3/s；

ΔP_{noz}——喷嘴压差，Pa；

C——喷嘴排放系数；

Y——喷嘴膨胀系数；

A_e——喷嘴截面积，m^2。

标准空气流量：

$$Q_p = Q_x(\rho_x/\rho_{std}) \quad (14\text{-}17)$$

式中　Q_p——标准空气流量，m^3/s；

ρ_{std}——标准空气密度，kg/m^3。

冷却效率：

$$\eta_{IEC} = (t_{g1} - t_{g2})/(t_{g1} - t_{s3}) \quad (14\text{-}18)$$

式中　η_{IEC}——冷却效率；

t_{g1}——截面 1 的空气干球温度,℃；

t_{g2}——截面 2 的空气干球温度,℃；

t_{s3}——截面 3 的空气湿球温度,℃。

冷却能力：

$$q = 1.21Q_p(t_{g1} - t_{g2}) \quad (14\text{-}19)$$

式中　q——冷却能力，kW。

总功率：

$$W = W_p + W_s + W_c + W_a \quad (14\text{-}20)$$

式中　W——总功率，kW；

W_p——一次风机输入功率，kW；

W_s——二次风机输入功率，kW；

W_c——循环水泵输入功率，kW；

W_a——辅助部件输入功率，kW。

8. 测试结果及报告

ANSI/ASHRAE Standard 143—2007 规定了测试报告必须包括目标、结果及测试设备的相关测试数据，包括附件、测试装置、测试仪器。应绘制出性能曲线：定一次空气流量的冷却能力的曲线、定二次空气流量的冷却能力的曲线、定一次空气流量的效率的曲线、定二次空气流量的效率的曲线、一次空气变流量的静压降、二次空气变流量的静压降的曲线，并包括输入电功率、静压降以及大气压力、空气流速、静压降、输入功率、温度等数据信息。

我国间接蒸发冷却空调技术近几年发展迅速，而标准一直处于空白。美国间接蒸发冷却空调标准发展迅速，体系比较完善，将为我国间接蒸发冷却空调提供了很好的技术参考。随着国内直接蒸发冷却空调产业化、规模化的迅速发展，当务之急是制订符合我国国情的间接蒸发冷却空调标准，有效地控制间接蒸发冷却空调产品质量、推动间接蒸发冷却空调技术的发展和推广应用，发挥出更大的节能减排作用。

14.3　国内蒸发冷却空调标准

14.3.1　蒸发式冷气机[42]

蒸发式冷气机是利用自然界中可再生干空气能，采用水作为制冷剂，通过水与空气进行热湿交换实现降温的空调装置。具有经济、节能、环保的特点，广泛应用于我国工业、农业生产的降温车间以及商业和住宅建筑中。目前蒸发式冷气机主要应用于江苏、浙江、福建和广东沿海地区的企业厂房以及西北干燥地区的超市、餐厅、娱乐场所、礼堂、花房和花卉市场等场所。据统计，国内蒸发式冷气机生产厂家在近 200 家左右，每年市场销量达数十万台，并且蒸发式冷气机生产厂家和国内的销量仍在逐年递增。由于某些工厂技术落后，管理不当，市场竞争混乱，产品质量参差不齐，甚至一些低劣产品大量流入市场，给用户造成了一定的损失，严重影响了蒸发式冷气机的节能形象，阻碍了产品的推广和应用，国内急需有一个统一、正确的蒸发式冷气机性能评价指标及其试验方法。目前由全国冷冻空调设备标准化技术委员会牵头，合肥通用机械研究院、澳蓝（福建）实业有限公司、西安工程大学起草的《蒸发式冷气机》（计划编号：20081657－T－604）国家标准在分析研究大量国内外蒸发式冷气机性能和试验方法的基础上，提出了一套蒸发式冷气机性能评价指标及其试验方法，用于检验评价产品性能，以便改进和提高产品质量，推动蒸发式冷气机的研究、生产和推广应用向着更加科学的方向发展。

14.3.1.1　性能评价指标

1. 基本原则

蒸发式冷气机处理空气是等焓冷却过程，被处理空气经过等焓冷却后，温度降低，湿度增加。在分析国内外现有蒸发式冷气机或利用直接蒸发冷却原理的装置性能评价指标的基础上，针对蒸发式冷气机冷却加湿的空气处理功能特点以及用户对产品的要求，以科学性、可行性和适应性为原则，确定蒸发式冷气机的性能评价指标，用于蒸发式冷气机性能评价和产品质量控制，全面反映蒸发式冷气机制冷能力、蒸发效率、蒸发量、能效和环境等方面性能。

2. 评价指标

（1）风量和出口静压：一定的出口静压，既保证了蒸发式冷气机冷却空气水分与空气热湿交换所必需的空气流速要求，又保证了被处理的空气在输送过程中克服阻力的需要。不同的风量规格满足了用户对蒸发式冷气的不同要求。

（2）输入功率：风机、水泵和辅助用电设备是蒸发式冷气机的耗能部件，反映了蒸发式冷气机耗电的大小。

（3）蒸发效率：蒸发式冷气机进、出口空气干球温度差与进口空气干、湿球温度差之比，反映了蒸发式冷气机制冷效率。

(4) 显热制冷量：单位时间内通过水分蒸发吸热而使通过的空气显热降低的量值，反映了蒸发式冷气机制冷能力的大小。

(5) 蒸发量：单位时间内水分蒸发所消耗的水量，反映了蒸发式冷气机对被处理空气的加湿能力。

(6) 能效比：制冷量与输入功率之比反映了蒸发式冷气单位耗电量转化的冷量，反映了蒸发式冷气机的节能效果。

(7) 噪声：蒸发式冷气机在稳定制冷状态下的噪声值，反映了对周围环境的污染程度。

14.3.1.2 试验方法

1. 试验条件

空气的干球温度与湿球温度差是蒸发式冷气机制冷的温差推动力。合理的干球温度、湿球温度试验工况是合理评价蒸发型冷气机性能的基础（表14-7）。

蒸发式冷气机试验名义工况 **表14-7**

工况类型	干球温度	湿球温度	大气压力	额定电压	额定频率
干燥工况	38℃	23℃	101325Pa	AC220V或AC380V	50Hz
高湿工况	38℃	28℃	101325Pa	AC220V或AC380V	50Hz

2. 试验装置

蒸发式冷气机的测试要同时进行风量、出口静压、输入功率、蒸发效率、制冷量、蒸发量以及能效比的试验。试验工况中规定了名义工况和高湿工况，根据规定，蒸发式冷气机的试验必须有名义工况的试验，有条件的情况下可进行高湿工况的试验。蒸发式冷气机是利用自然界中可再生干空气能的干球温度和湿球温度温差作为制冷驱动势，模拟试验工况稳定的干湿球温度是测试的关键。

(1) 试验装置组成

蒸发式冷气机标准试验装置主要由受试间、空气处理系统、数据采集系统、控制系统、测量装置以及测量仪器等组成。通过空气处理系统为测试环境间提供模拟稳定的试验气象条件，对蒸发式冷气机进行准确的测试。标准试验装置如图14-13和图14-14所示。标准试验台不采用室外新风，空气处理后系统将蒸发式冷气机出口的空气送到受试室，模拟试验名义工况气象参数。在蒸发效率、制冷量、蒸发量、输入功率和能效比的试验中对试验受试室做了基本的规定：试验装置应能模拟冷气机实际工作状态，试验室大小应满足冷气机离四周墙壁的最小距离不小于1m，出风口到墙壁最小距离不小于1.8m。

(2) 试验装置的空气处理过程

蒸发式冷气机空气处理过程为等焓过程，空气处理过程为：

$$W \xrightarrow[\text{蒸发式冷气机}]{\text{冷却加湿}} O \xrightarrow{\varepsilon} N \longrightarrow \text{排至室外}$$

蒸发式冷气机的送风在实际过程中吸收一定的余热余湿，沿着热湿比线到达室内状态点。而在标准试验台中，蒸发式冷气机的送风经风量测量装置和管道（相当于实际过程中

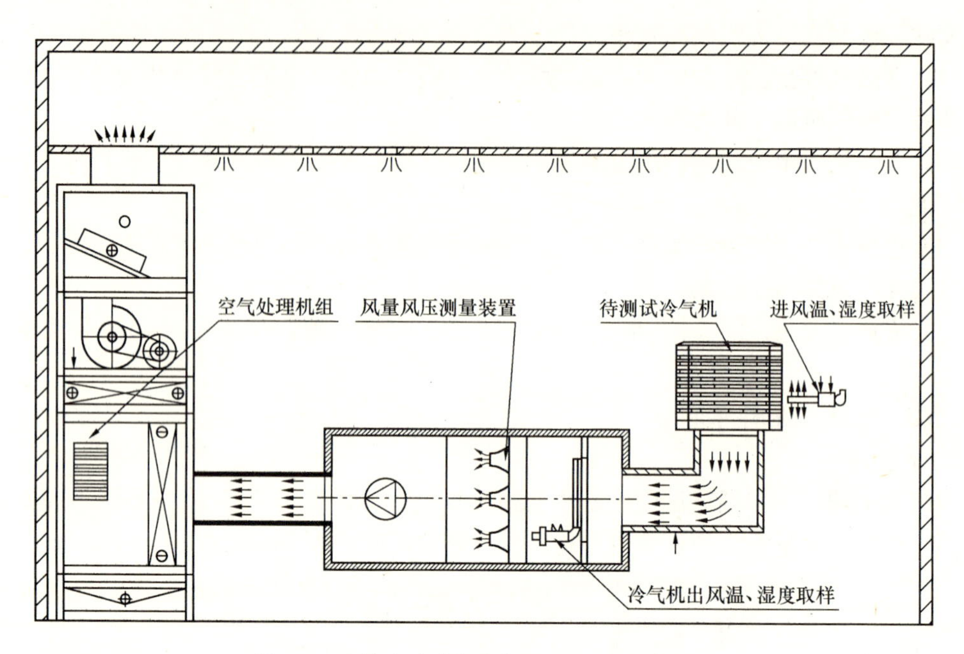

图 14-13　蒸发式冷气机标准试验装置示意图

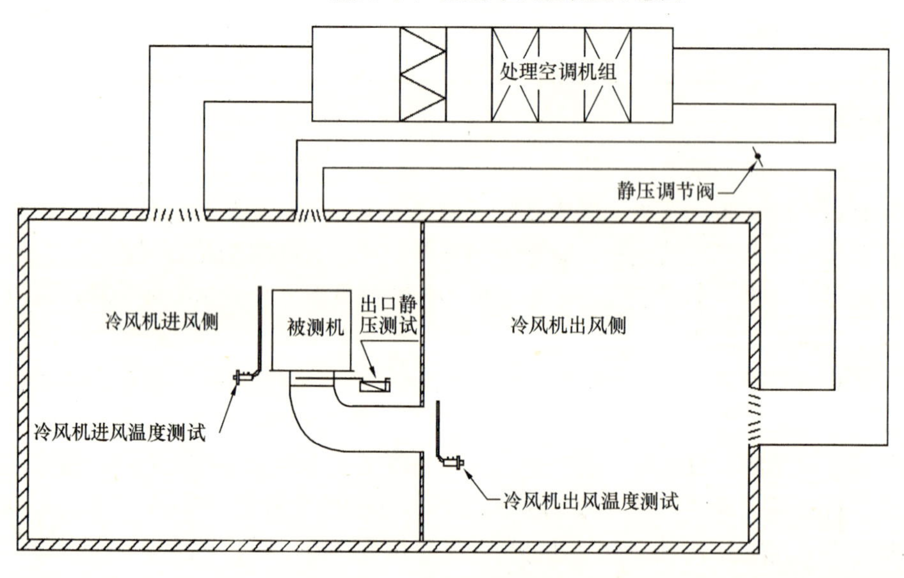

图 14-14　房间式试验装置

的建筑物）吸收一定的余热，此时余湿为零，沿着一定的热湿比线到达室内 N 状态点，空气处理过程如图 14-15 所示。

室内状态点 N 的空气再经标准试验台中的空气处理系统进行处理，对受试室进行送风，模拟试验名义工况气象参数，空气的处理过程如图 14-16 所示。

空气的处理过程为：

$$W_b \xrightarrow[\text{表冷器}]{\text{冷却去湿}} L_b \xrightarrow[\text{加热器}]{\text{加热}} O_b \xrightarrow{\varepsilon} N_b\text{（名义试验工况）}$$

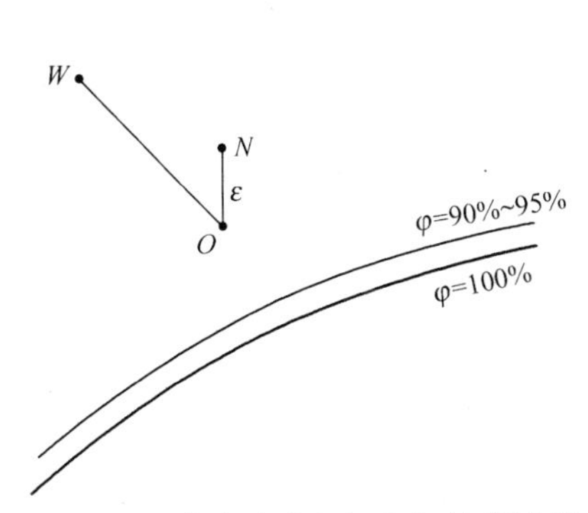

图 14-15　蒸发式冷气机空气处理过程

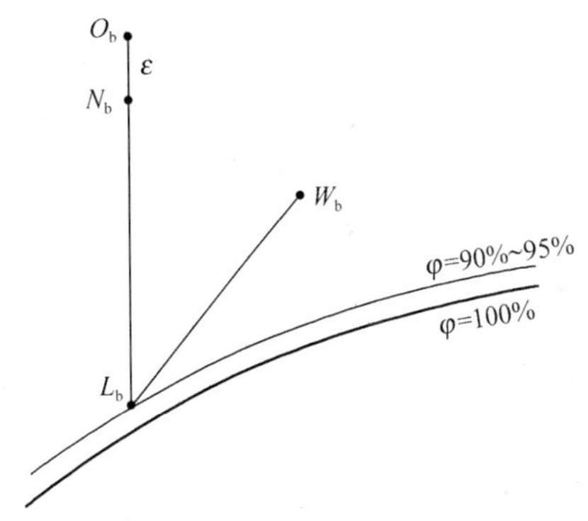

图 14-16　蒸发式冷气机标准试验台空气处理系统空气处理过程

空气冷却器处理空气所需的冷量 Q_1（kW）为：

$$Q_1 = q_m(h_{W_b} - h_{L_b}) \tag{14-21}$$

式中　q_m——空气处理系统处理的空气风量，kg/s；

h_{W_b}——空气状态点 $W_{b'}$ 的焓值，kJ/kg；

h_{L_b}——空气状态点 L_b 的焓值，kJ/kg。

加热器的加热量 Q_1（kW）为：

$$Q_2 = q_m(h_{O_b} - h_{L_b}) \tag{14-22}$$

式中　h_{O_b}——空气状态点 O_b 的焓值，kJ/kg。

（3）主要性能参数允许误差和仪器仪表精确度（表 14-8 和表 14-9）

主要性能参数允许误差　**表 14-8**

项　　目	试验工况允许误差	试验操作允许误差
干球温度（℃）	±0.2	±0.2
湿球温度（℃）	±0.2	±0.2
出口静压（%*）	±1	±1
风量（%*）	±5	±5
水流量（%*）	±1	±1
电能参数（%*）	±1	±1

*指与名义值相差的百分比。

仪器仪表准确度　**表 14-9**

仪器仪表		准确度	最小分度
温度测量仪表（℃）		±0.05	≤准确度的 2 倍
电气仪表		测量值的±0.5%	—
压力（Pa）	>5 且≤25	±0.25	1
	>25 且≤250	±1.0	2.5
	>250 且≤500	±2.5	5

续表

仪器仪表	准确度	最小分度
大气压力表	测量值的±0.1%	—
水流量仪表	测量值的±1%	—
时间仪表	测量值的±0.2%	—
质量仪表	测量值的±1%	—
转速仪表	测量值的±1%	—
噪声仪表	测量值的±1%	—

3. 试验参数的确定及性能指标的计算

（1）风量和出口静压

测试工况：蒸发式冷气机在喷淋循环水下的工况为湿工况，在不喷淋循环水下的工况为干工况。蒸发式冷气机填料的阻力湿工况比干工况大。然而，湿工况蒸发式冷气机填料阻力的变化取决于填料的淋水密度。蒸发式冷气机运行调节与冷却效果取决于地域气候条件，各个地区的气候条件不同，蒸发式冷气机运行的最佳淋水密度不同，填料阻力也不同。采用湿工况下测试蒸发式冷气机风量和出口静压，填料的阻力将有较大的变化范围。风量和出口静压也将随着不同地区、不同淋水密度、不同填料阻力而变化，作为标准评价参数的重要指标，将无法进行统一衡量，不具有可比性。考虑到现有的技术条件以及统一衡量的指标、蒸发式冷气机运行的实际和简化试验程序等因素，应在常温常压、无淋水状况下，即干工况下进行风量和出口静压的测试。

风量：采用GB/T1236“风室中多喷嘴测定流量”装置在常温常压、无淋水状况进行试验。用毕托管测量同一截面上的各点动压，毕托管必须垂直于管壁，侧头正对着气流方向且与风管轴平行，与风道主轴平行的偏差在±2°。

平均动压：

$$P_{\mathrm{d}}=\left(\frac{(\sqrt{P_{\mathrm{d1}}}+\sqrt{P_{\mathrm{d2}}}+\cdots\cdots\sqrt{P_{\mathrm{d}i}})}{n}\right)^{2} \tag{14-23}$$

式中　P_{d}——平均动压，Pa；

$P_{\mathrm{d}i}$——第 i 个测点的动压，Pa；

n——测点个数。

蒸发式冷气机的风量：

$$L_{\mathrm{s}}=3600\times A\times\sqrt{\frac{2P_{\mathrm{d}}}{\rho}} \tag{14-24}$$

其中

$$\rho=\frac{P_{\mathrm{t}}+B}{287T}$$

式中　L_{s}——风量，m^3/h；

A——测量断面面积，m^2；

ρ——测量断面处空气密度，kg/m^3；

P_{t}——测量断面处空气全压，Pa；

B——大气压力，Pa；

T——测量断面处空气热力学温度，K。

出口静压：调整测量设备，控制被测试冷气机达到要求的风量，测量风量及对应风量的出口静压。

（2）输入功率

蒸发式冷气机的耗能设备主要有风机、水泵和辅助用电设备，输入功率为风机、水泵和辅助用电设备的功率之和。测量对应风量的输入功率。

（3）蒸发效率

蒸发式冷气机要在规定的试验工况和连接管道下进行测试，测试机应采用新的填料，并且测量时填料应被水彻底浸透，干湿球温度的测量方法应采用 GB/T 17758 所列的方法。蒸发效率计算如下：

$$\eta_{DEC}=\frac{t_{w1}-t_{w2}}{t_{w1}-t_{s1}}\times 100\% \tag{14-25}$$

式中 η_{DEC}——蒸发式冷气机蒸发效率；

t_{w1}——进风口的空气干球温度，℃；

t_{w2}——出风口的空气干球温度，℃；

t_{s1}——进风口的空气湿球温度，℃。

（4）制冷量

在蒸发效率测试中，根据测得的进风口的空气干球温度、进风口的空气湿球温度，以及风量和蒸发效率，通过下式计算蒸发式冷气机制冷量。

$$S=\frac{L_s\times\rho\times C_p\times\eta_{DEC}\times(t_{w1}-t_{s1})}{3600} \tag{14-26}$$

式中 S——蒸发式冷气机制冷量，kW；

ρ——空气的密度，kg/m^3；

C_p——空气的比热，kJ/（kg·K）。

蒸发式冷气机的空气处理过程是等焓冷却，温度降低，湿度增加，空气的显热量转换为潜热量，并且正负相抵，全热量为零。因此，由上式确定的制冷量为蒸发式冷气机的显热制冷量。

（5）蒸发量

蒸发式冷气机的热湿交换过程为水分通过蒸发进入到空气中，空气温度降低，湿度增加，确定的蒸发冷量即为蒸发式冷气机的加湿量。蒸发式冷气机采用浮球阀自动补水，并在进水口处安装流量计，测得单位时间的耗水量。

$$Q=\frac{W_1-W_2}{t} \tag{14-27}$$

式中 Q——蒸发量，ml/h；

W_1——测试开始时流量计的起始数值，ml；

W_2——测试结束时流量计的最终数值，ml；

t——测量所用时间，h。

（6）能效比

根据计算得到的制冷量和测得的输入功率，通过下式计算蒸发式冷气机的能效比：

$$EER = \frac{S}{W} \tag{14-28}$$

式中　EER——能效比，kW/kW；

S——制冷量，kW；

W——输入功率，kW。

（7）噪声

蒸发式冷气机主要由风机、水循环系统、填料及外壳等部件组成，其中风机是蒸发式冷气机主要的发声源。可采用《工业通风　机噪声限值》JB/T 8690—1998 的方法规定蒸发式冷气机风机的噪声限值。按照 GB 9068 的规定进行冷气机噪声的测定，在满足下列条件下进行噪声测试：1）冷气机测试环境和仪器应符合 GB 9068 中的规定；2）在制冷工作模式下，电机以最高转速运转；3）如冷气机配有出风口调节阀门，出风口调节阀门应处于对气流的阻碍为最不利的状态。

14.3.1.3　试验结果的评定

按照上述确定的试验参数和计算方法，对蒸发式冷气机进行了试验，并结合蒸发式冷气机生产厂家的大量试验，根据我国蒸发式冷气机产品生产发展水平现状，用统计的方法对试验结果进行分析可知，蒸发式冷气机满足实际使用要求并设置一定的行业门槛的性能指标为：1）风量的实测值不低于名义值的 95%；出口静压冷气机出口静压的实测值不低于名义值的 90%，并且在不同风量下出风口余压为：①移动式冷气机，自由出风，不小于 10Pa；②管道连接固定安装，风量小于 15000m^3/h，不小于 80Pa；③管道连接固定安装，风量大于或等于 15000m^3/h，不小于 120Pa。2）输入功率的实测值不超过名义值的 110%。3）蒸发效率的实测值不低于名义值的 90%。4）制冷量的实测值不低于名义值的 90%。5）蒸发量的实测值不低于名义值的 90%。6）能效比实测值不低于名义值的 90%。7）采用离心式的冷气机，最佳效率工况点的比 A 声级 L_{SA} 限值应不大于 23dB；采用轴流式的冷气机，最佳效率工况点的比 A 声级 L_{SA} 限值应不大于 33dB。

标准《蒸发式冷气机》确定了风量和出口静压、输入功率、蒸发效率、制冷量、蒸发量、能效比以及噪声的蒸发式冷气机性能评价指标。通过试验，根据我国蒸发式冷气机产品生产发展水平现状，用统计的方法对试验结果进行分析设置了评定方法，既满足了实际使用要求又设置一定的行业准入门槛，将发挥较好的产品质量控制和提升产品技术水平的作用。

14.3.2　蒸发式冷风扇[49]

蒸发式冷风扇是利用直接蒸发冷却原理使空气温度降低的一种空气调节装置。在美国、澳大利亚、中东地区等国家应用已十分普遍。早在 1958 年，美国蒸发式冷风扇生产厂家就达 25 家，产量达 125 万台。从 20 世纪 80 年代开始，冷风扇在我国也广泛应用于家庭、学校、办公楼、餐厅等民用建筑。据统计，仅 2008 年度，国内生产冷风扇的厂家超过 150 家，年销售量超过 200 万台（套）。

由中国轻工业联合会提出，宁波市产品质量监督检验所、东莞科达机电设备有限公司、深圳市联创实业有限公司等负责起草的《蒸发式冷风扇》GB/T 23333—2009，已获得国家质量监督检验检疫总局和国家标准化管理委员会审核通过，该标准已于 2009 年 11

月 1 日起实施。

14.3.2.1　性能评价指标

（1）输出风量：冷风扇在规定条件下，单位时间内所送出的风量。

（2）蒸发量：冷风扇在规定条件下进行蒸发冷却运行时，单位时间内所消耗的水的容积。

（3）能效比：冷风扇在规定条件下进行蒸发冷却运行时，单位时间内气流所减少的显热量与冷风扇输入功率之比。

（4）噪声：蒸发式冷风扇在规定条件下进行蒸发冷却运行时的噪声值，反映了对周围环境的污染程度。

14.3.2.2　试验方法

1. 试验条件

蒸发式冷风扇处理空气，空气的干球温度与湿球温度差是推动力。试验工况是蒸发式冷气机性能评价的基础（表 4-10～表 14-12）。

蒸发式冷风扇试验工况　　**表 14-10**

	干球温度	湿球温度
试验工况	38℃	23℃

主要性能参数允许误差　　**表 14-11**

项目	不确定度	精确度	试验操作允许误差
干球温度（℃）	±0.15	±0.1	±0.2
湿球温度（℃）	±0.2	±0.1	±0.2
计时器（s）	—	±0.1	—
电子秤（g）	—	±0.5	—
电参数	—	—	±1%

仪器仪表准确度　　**表 14-12**

仪　器　仪　表	准　确　度
温度测量仪表（℃）	±0.1

2. 试验参数的确定及性能指标的计算

（1）输出风量

风量：采用 GB/T 1236 中规定的方法测量计算冷风扇的体积流量。冷风扇不供水，加湿过滤材料（湿帘）处于干状态，冷风扇任一面与周围障碍物的距离应不小于冷风扇该面对角线长度的 1.5 倍，并且进风口干球温度 38℃，湿球温度 23℃。

（2）蒸发量

进入冷风扇的空气干球温度为 38℃，湿球温度为 23℃，使用水的硬度应为 255±34mg/L。蒸发量 Q 可由式（14-29）计算：

$$Q = A[(W_{\mathrm{I}} - W_{\mathrm{F}})/t][15/(T - T')] \tag{14-29}$$

式中　Q——蒸发量，ml/h；

A——由质量转化为容积的常数，取值 1000ml/kg；

W_I——测试起始质量，kg；

W_F——测试最终质量，kg；

t——测量所用时间，取值 0.75h；

T——10 次进口空气干球温度读数的算术平均值,℃；

T'——10 次进口空气湿球温度读数的算术平均值,℃；

15——标准干湿球温度差。

（3）能效比

应在测量蒸发量的同时，测量冷风扇的能效比，能效比的值按式（14-30）计算。

$$EER = q_v \rho c_p (t_i - t_o)/W \tag{14-30}$$

式中　EER——冷风扇的能效比，W/W；

q_v——额定工况下冷风扇输出风量，m^3/s；

ρ——额定工况下的空气密度，kg/m^3，取 $1.13kg/m^3$；

c_p——额定工况下湿空气的定压比热，J/（kg·K），取 1.033kJ/（kg·K）；

t_i——10 次入口空气干球温度读数的算术平均值,℃；

t_o——10 次出口空气干球温度读数的算术平均值,℃；

W——10 次实测冷风扇输入功率的算术平均值，W。

（4）噪声

将冷风扇按正常使用状态放置于半消声室中间的地面上，并在地面上铺一厚 5～10mm 的弹性垫层，在额定电压、额定频率下，处于冷风工作模式，电机在最高转速档位运转，出风口摆叶处于对气流的阻碍为最不利的状态，可同时正常工作的所有其他功能部件均应工作。

噪声的声功率级：

$$L_W = (\overline{L}_P - 2) + 10\lg\frac{S}{S_0} \tag{14-31}$$

式中　L_W——冷风扇噪声声功率值，单位 dB；

$\overline{L}_P$——四个测试点噪声的噪声平均声压级值，单位 dB。

S——测量表面的包络面积，m^2：

$$a = \frac{l_1}{2} + 1; b = \frac{l_2}{2} + 1; c = l_3 + 1 \tag{14-32}$$

设 l_1、l_2、l_3、分别为冷风扇机体的长、宽和高，单位 m；则 $S=4(ab+bc+ac)$；

S_0——基准面面积，取 $S_0=1m^2$。

14.3.2.3　试验结果的评定

按照上述确定的试验参数及性能指标的计算方法，对蒸发式冷风扇进行试验，并根据我国蒸发式冷风扇产品生产发展水平现状，设置一定的行业门槛的性能指标为：

（1）输出风量：蒸发式冷风扇的实测输出风量不应小于额定输出风量的 95%。

（2）蒸发量：蒸发式冷风扇蒸发量不应小于额定蒸发量的 95%。

（3）能效比：见表 14-13。

（4）噪声：见表 14-14。

能效比（EER） 表14-13

额定输出风量（m³/h）	能效比
≦200	4
>200～350	5
>350～500	7
>500～1000	10
>1000～1800	12
>1800～3000	15
>3000	18

噪声声功率级 表14-14

额定输出风量 m³/h	噪声声功率级 dB（A）
≦200	58
>200～350	61
>350～500	64
>500～1000	67
>1000～1800	70
>1800～3000	73
>3000	75

《蒸发式冷风扇》GB/T 23333—2009采用蒸发量输入风量、蒸发量、能效比和噪声等评价指标评价蒸发式冷风扇的性能，既考虑到我国现阶段生产力发展水平，又设置了一定的行业门槛，将大大提高蒸发式冷风扇行业水平，将更有利于推广蒸发式冷风扇这种经济、节能、环保、健康的蒸发冷却空调技术。

14.3.3 水蒸发冷却空调机组标准

蒸发冷却空调机组中的核心构件是间接蒸发冷却器。空气通过间接蒸发冷却器冷却时，它不增加空气的湿度。目前，这类间接蒸发冷却器主要有板翅式、管式和热管式3种。

直接蒸发冷却器和间接蒸发冷却器各有利弊，若两者单独使用，空气的温降是很有限的。对于湿球温度较高的高湿度地区，使用相对简单的直接蒸发冷却器不能获得足够低的室内温度，而且相对湿度高。因而需将直接蒸发冷却器与间接蒸发冷却器加以结合，构成蒸发冷却空调机组，从空调器出来的最终的空气温度，比仅采用直接蒸发冷却空调器所获得的温度要低。这相当于把蒸发冷却空调的应用扩大到湿球温度较高的地区。

蒸发冷却空调机组常见的复合形式有以下3种：间接蒸发冷却器＋直接蒸发冷却器；冷却塔供冷型间接蒸发冷却器＋其他形式间接蒸发冷却器＋直接蒸发冷却器；间接蒸发冷却器＋机械制冷空气冷却器＋直接蒸发冷却器。

目前，蒸发冷却空调机组在新疆、陕西、甘肃、宁夏、青海等西北地区得到了大量的应用和推广，但这些产品均属于非标产品。2008年，国家标准化管理委员会下达了《水蒸发冷却空调机组》国家标准制订计划，计划编号20080969－T－333，标准归口单位为全国暖通空调及净化设备标准化技术委员会。受全国暖通空调及净化设备标准化技术委员会委托，中国建筑科学研究院、西安工程大学等单位组成标准起草小组负责标准起草工作。该标准目前正在制订中。

14.3.4 水蒸发冷却工程技术规程

根据中华人民共和国住房和建设部建标［2010］77号《关于印发〈2010年工程建设标准规范制订、修订计划（第一批）〉的通知》，《水蒸发冷却工程技术规程》已被列入国家建筑工程标准制订项目计划，由中国建筑科学研究院、北京市建筑设计研究院，上海机电设计研究院有限公司、新疆建筑设计研究院、西安工程大学等单位编写，该工程技术规程目前正在制订中。

参考文献

[1] 潘秋生．中国制冷史．北京：中国科学技术出版社，2008.

[2] 陈沛霖．间接蒸发冷却技术在空调中的应用．制冷技术，1988，(2)：1-8.

[3] Australian Greenhouse Office. Analysis of Potential for Minimum Energy Performance Standards for Evaporative Air Conditioners，2001.

[4] 黄翔．面向环保、节能、经济及室内空气品质联合挑战的蒸发冷却技术．建筑热能通风空调，2003，(4)：1-3.

[5] 谭良才．现代空调的两个发展方向．制冷空调与电力机械，2001，(12)：1-8.

[6] 黄翔，刘鸣等．我国新疆地区蒸发冷却技术应用现状分析．制冷与空调，2001，(6)：33-38.

[7] 黄翔，武俊梅．两种适合西北地区气象条件的新型空调的设备的开发．西安制冷，1999，(1)：26-40.

[8] ASHRAE Standards Committee. ANSI/ASHRAE Standard 133—2001 Method of Testing Direct Evaporative Air Coolers，2001.

[9] ASHRAE Standards Committee. ANSI/ASHRAE Standard 133—2008 Methodof Testing Direct Evaporative Air Coolers，2008.

[10] ASHRAE Standards Committee. ANSI/ASHRAE Standard 143—2000 Method of Testfor RatingIn direct Evaporative Coolers，2000.

[11] ASHRAE Standards Committee. ANSI/ASHRAE Standard 143—2007 Method of Test for RatingIn-direct Evaporative Coolers，2007.

[12] Standards Australia International Ltd. AS 2913—2000 Evaporative Air Conditioning Equipment，2000.

[13] Bureau of Indian Standards. IS 3315－1974 Evaporative Air Coolers，1974.

[14] Saudi Arabian Standards Organization. SASO 35 Evaporative Air Coolers，1997.

[15] Saudi Arabian Standards Organization. SASO 36 Evaporative Air Coolers，1997.

[16] Canadian Standards Association International. C22. 2 No 104：Humidifiers and Evaporative Coolers，1983.

[17] 黄翔，徐方成．蒸发冷却空调技术在节能与减排中的重要作用．中国制冷学会2007学术年会论文集，2007：234-238.

[18] 中国建筑科学研究院等．公共建筑节能设计标准GB 50189—2005，2005.

[19] 中国建筑科学研究院．组合式空调机组GB/T 14294，2008.

[20] 中国建筑科学研究院．空气—空气能量回收装置．暖通空调标准与质检，2006，(5)：21-28.

[21] 郑久军，黄翔，狄育慧等．炎热干旱地区一种节能空调系统的初讨．中国勘察设计，2006，(5)：18-21.

[22] 机械工业部兰州石油机械研究所等．空冷式换热器标准GB/T 15386—94，1994.

[23] 机械工业部兰州石油机械研究所等．板式换热器标准GB 16409—1996，1996.

[24] 机械工业部兰州石油机械研究所等．管壳式换热器标准GB 151—1999，1999.

[25] 国家烟草专卖局．卷烟厂空调机组标准，YC/T 24—19951995.

[26] 中国有色工程设计研究总院等．采暖通风与空气调节设计规范GB 50019—2003，2003.

[27] 中国建筑科学研究院等。民用建筑保暖通风与住宅调节设计规范（征求意见稿）。2010.

[28] 建设部工程质量安全监督与行业发展司，中国建筑标准设计研究院．全国民用建筑工程设计技术

措施节能专篇—暖通空调・动力．北京：中国计划出版社，2007.
[29] 住房和城乡建设部工程质量安全监管司，中国建筑标准设计研究院．全国民用建筑工程设计技术措施——暖通空调・动力．北京：中国计划出版社，2009.
[30] 陆耀庆．实用供热空调设计手册（第二版）．北京：中国建筑工业出版社，2008.
[31] 王如竹．制冷学科进展研究与发展报告．北京：科学出版社，2007.
[32] 徐选才．《居住建筑节能检验标准》（报批稿）简介．暖通空调，2007，(11)：60-61.
[33] 黄翔．国内外蒸发冷却空调技术研究进展（1）．暖通空调，2007，37（2）：24-30.
[34] 黄翔，汪超，吴志湘．国内外蒸发冷却空标准初探．暖通空调，2008，38（12）：71-75.
[35] ANSI/ASHRAE Standard 133—2008 Method of Testing Direct Evaporative Air Coolers. AS 2913—2000 Evaporative Air Conditioning Equipment.
[36] 曹阳．国外空气—空气能量回收通风装置标准比较．暖通空调，2004，37（9）：29-31.
[37] 黄翔．空调工程．北京：机械工业出版社，2006.
[38] 黄翔．国内外蒸发冷却空调技术研究进展（2）．暖通空调，2007，(3) 37：32-37.
[39] 约翰・瓦特（John R. Watt，P. E)，威尔・布朗（WillK. Brown，P. E）（美）编著．黄翔，武俊梅等译．蒸发冷却空调技术手册．北京：机械工业出版社，2008.
[40] 黄翔．中国蒸发冷却空调设备行业分析报告，2009.
[41] ASHRAE Standards Committee. ANSI/ASHRAE Standard 143—2007 Method of Testfor RatingIn direct Evaporative Coolers，2007.
[42] 汪超，黄翔，吴志湘．国外直接蒸发冷却空调标准的分析．制冷与空调，2009，6（9)：25-29.
[43] 汪超，黄翔，张明圣．《商业或工业用的蒸发型冷气机》标准制订的若干问题探讨．暖通空调，2009，9（39)：20-23.
[44] 蒸发式冷气机国家标准起草工作组．蒸发式冷气机（报批稿）．20010.
[45] 沈阳鼓风机研究所．工业通风机　用标准化风道进行性能试验 GB/T 1236—2000，2000.
[46] 合肥通用机械研究所，广东省吉荣空调设备公司．单元式空气调节机 GB/T 17758—1999，1999.
[47] 合肥通用机械研究所．采暖通风与空气调节设备噪声声功率级的测定　工程法 GB 9068—1988，1998.
[48] 沈阳鼓风机研究所．工业通风机　噪声限值 JB/T 8690—1998，1998.
[49] 辛军哲，刘群赐．蒸发式冷风扇性能评价及其检测系统设计．制冷，2009，28（1)：26-31.
[50] 安洪萍，催远勃，张鉴铭．家用炊事暖煤炉热性能．制冷，2009，28（1)：26-31.
[51] 宁波市产品质量监督检验所，东莞市科达机电设备有限公司，深圳市联创实业有限公司．蒸发式冷风扇 GB/T 23333—2009，2009.
[52] 汪超，黄翔，吴志湘．《蒸发式冷气机》国家标准起草中的关键问题研究．西安工程大学学报，2009，23（6)：90-94.
[53] 黄翔，汪超，吴志湘．美国间接蒸发冷却空调标准的分析．暖通空调标准与质检，2009，6：14-17.
[54] 汪超．蒸发式冷气机标准的研究［硕士学位论文］．西安：西安工程大学，2010

尊敬的读者：

感谢您选购我社图书！建工版图书按图书销售分类在卖场上架，共设22个一级分类及43个二级分类，根据图书销售分类选购建筑类图书会节省您的大量时间。现将建工版图书销售分类及与我社联系方式介绍给您，欢迎随时与我们联系。

★建工版图书销售分类表（见下表）。

★欢迎登陆中国建筑工业出版社网站www.cabp.com.cn，本网站为您提供建工版图书信息查询，网上留言、购书服务，并邀请您加入网上读者俱乐部。

★中国建筑工业出版社总编室　电　话：010—58337016　传　真：010—68321361

★中国建筑工业出版社发行部　电　话：010—58337346　传　真：010—68325420
E-mail：hbw@cabp.com.cn

建工版图书销售分类表

一级分类名称（代码）	二级分类名称（代码）	一级分类名称（代码）	二级分类名称（代码）
建筑学（A）	建筑历史与理论（A10）	园林景观（G）	园林史与园林景观理论（G10）
	建筑设计（A20）		园林景观规划与设计（G20）
	建筑技术（A30）		环境艺术设计（G30）
	建筑表现・建筑制图（A40）		园林景观施工（G40）
	建筑艺术（A50）		园林植物与应用（G50）
建筑设备・建筑材料（F）	暖通空调（F10）	城乡建设・市政工程・环境工程（B）	城镇与乡（村）建设（B10）
	建筑给水排水（F20）		道路桥梁工程（B20）
	建筑电气与建筑智能化技术（F30）		市政给水排水工程（B30）
	建筑节能・建筑防火（F40）		市政供热、供燃气工程（B40）
	建筑材料（F50）		环境工程（B50）
城市规划・城市设计（P）	城市史与城市规划理论（P10）	建筑结构与岩土工程（S）	建筑结构（S10）
	城市规划与城市设计（P20）		岩土工程（S20）
室内设计・装饰装修（D）	室内设计与表现（D10）	建筑施工・设备安装技术（C）	施工技术（C10）
	家具与装饰（D20）		设备安装技术（C20）
	装修材料与施工（D30）		工程质量与安全（C30）
建筑工程经济与管理（M）	施工管理（M10）	房地产开发管理（E）	房地产开发与经营（E10）
	工程管理（M20）		物业管理（E20）
	工程监理（M30）	辞典・连续出版物（Z）	辞典（Z10）
	工程经济与造价（M40）		连续出版物（Z20）
艺术・设计（K）	艺术（K10）	旅游・其他（Q）	旅游（Q10）
	工业设计（K20）		其他（Q20）
	平面设计（K30）	土木建筑计算机应用系列（J）	
执业资格考试用书（R）		法律法规与标准规范单行本（T）	
高校教材（V）		法律法规与标准规范汇编/大全（U）	
高职高专教材（X）		培训教材（Y）	
中职中专教材（W）		电子出版物（H）	

注：建工版图书销售分类已标注于图书封底。